KB233437

전기 기능장 필기

김평식 · 김찬혁 · 박왕서 · 김학동 공저

일진사

머리말

전기를 다루는 기술은 현대 산업 사회의 원동력이며, 전기를 다루는 기술인은 산업의 발전과 더불어 그 수요가 날로 급증하고 있다.

이에 따라 풍부하고 숙련된 현장 경험과 탁월한 능력을 가진 기능인을 더욱 필요로 하고 있으며, 전기기능장의 자격을 인정받은 기능인의 책임과 우대가 더욱 높아지고 있다.

이 책은 전기기능장 자격취득을 위하여 준비하고 있는 많은 기능인들에게 보다 확실한 길잡이가 되고자 다음과 같은 특징으로 구성하였다.

첫째, 과목별, 단원별로 세분하여 과년도 출제 문항 수와 최근 7년간 과목별 평균 출제 문항 수를 제시하여 출제 경향을 파악할 수 있게 하였다.

둘째, 출제 기준을 충실히 반영한 구체적인 내용 정리와 함께 출제 경향에 맞추어 중단원마다 예상 문제를 수록하였다.

셋째, 최근 9년간의 과년도 문제를 명확한 해설과 함께 수록하여 철저한 시험 대비서가 될 수 있도록 구성하였다.

넷째, 새롭게 출제되는 문제 또는 응용 문제에 대응할 수 있도록 주요 문제 해설에 [참고] 사항을 수록하여 이에 대비할 수 있도록 하였다.

앞으로 부족하고 미흡한 부분은 수정 보완해 나갈 것이며, 수험생 여러분의 자격 취득을 진심으로 기원한다.

끝으로 이 책을 출판하기 위해 애써주신 도서출판 **일진사** 임직원 여러분께 깊은 감사를 드린다.

저자 씀

전기기능장 출제기준(필기)

직무분야	전기	자격종목	전기기능장	적용기간	2011.1.1 ~ 2015.12.31
O 직무내용 : 전기에 관한 최상급 숙련기능을 가지고 산업현장에서 작업관리와 소속 기능자의 지도 및 감독, 현장훈련, 경영계층과 생산계층을 유기적으로 결합시켜주는 현장의 중간 관리 등의 직무수행					
필기검정방법	객관식	문제수	60	시험시간	1시간

주요 항목	세부 항목	세세 항목
전기 이론	1. 정전기와 자기	(1) 정전기 및 정전용량 (2) 유전체 (3) 전계 및 자계 (4) 자성체와 자기회로 등
	2. 직류이론	(1) 전자유도 및 인덕턴스 (2) 직류회로 등
	3. 교류회로	(1) 정현파 교류 (2) 3상교류 (3) 교류전력 등
전기 기기	1. 직류기	(1) 직류기의 원리, 구조 및 유기기 전력 (2) 직류발전기의 특성과 운전 (3) 직류전동기의 특성과 운전 및 제어 등
	2. 변압기	(1) 변압기의 원리, 구조 및 특성 (2) 변압기의 임피던스와 등가회로 (3) 변압기의 시험과 변압기 정수 (4) 변압기의 결선 및 병렬운전 (5) 변압기의 손실, 효율 및 전압 변동률 (6) 특수변압기 등
	3. 유도전동기	(1) 3상 유도전동기의 원리 및 구조 (2) 3상 유도전동기의 속도특성, 출력특성, 비례추이 및 원선도 (3) 3상 유도전동기의 기동 및 운전 (4) 유도기의 속도제어, 제동 및 역률제어 (5) 단상 유도전동기의 원리 및 구조 (6) 단상 유도전동기의 종류 및 특성 등
	4. 동기기기	(1) 동기발전기의 원리 및 구조 (2) 동기발전기의 특성 및 단락현상 (3) 동기발전기의 여자장치와 전압조정 (4) 동기전동기의 원리 및 구조 (5) 동기전동기의 기동 및 특성 (6) 동기기의 병렬운전 및 시험, 보수 (7) 동기기의 손실 및 효율 등
	5. 정류기	(1) 교류정류자기 (2) 제어기기 및 보호기기의 원리 등
전력 전자	1. 반도체소자의 구조, 원리	(1) 반도체소자의 구조 및 원리 (2) 다이리스터의 구조 및 동작원리 등

전력 전자	2. 정류, 트리거 및 인버터 회로	(1) SCR의 정격, 특성 및 접속 (2) 게이트 트리거 특성 및 회로 (3) 정지스위치 회로 (4) 교류위상제어 (5) 전동기 제어회로 (6) 인버터 및 컨버터 회로 (7) 다이리스터에 의한 제어 (8) 특수다이리스터의 응용 (9) 다이리스터의 측정 및 시험회로 (10) 과전류 및 과전압에 대한 보호 (11) 직류전력제어 등
전기 설비 설계 및 시공	1. 배선재료 및 공구	(1) 전기설비용 공구와 측정기구 (2) 조명설비 (3) 동력설비 (4) 수변전설비 (5) 방재설비 (6) 전선 및 케이블 (7) 배선재료와 공구 (8) 전선접속 (9) 애자사용 공사 (10) 각종 모울드 공사 (11) 각종 관 공사 (12) 전선의 굵기 선정(간선, 분기선) (13) 전선로의 절연과 접지 (14) 간선의 시설과 보호 (15) 지중전선로 (16) 역률개선 (17) 전선 및 기계기구 보안공사 (18) 가공인입선 공사 (19) 배전선 공사 (20) 고압 배전선 공사 (21) 저압 배전선 공사 (22) 위험장소의 공사 (23) 적산 (24) 시험 등
마이크로 컴퓨터	1. 마이크로프로세서	(1) 마이크로프로세서의 구조, 원리 및 특징 (2) 명령형식, 명령집합 및 어드레스 지정방식 (3) 서브루틴과 스텍 및 인터럽트 (4) 연산기 및 레지스터 (5) 기억장치 (6) 입출력장치 등
디지털 공학	1. 수의 집합 및 코드화	(1) 수의 진법 및 코드화 등
	2. 불대수 및 논리회로	(1) 불대수 (2) 논리회로 등
	3. 플립플롭	(1) 플립플롭회로 등
	4. 조합논리회로	(1) 가산기 및 감산기 (2) 인코더 및 디코더 등
공업 경영	1. 품질관리	(1) 통계적 방법의 기초 (2) 샘플링 검사 (3) 관리도 등
	2. 생산관리	(1) 생산계획 (2) 생산통계 등
	3. 작업관리	(1) 작업방법연구 (2) 작업시간연구 등
	4. 기타 공업경영에 관한 사항	(1) 기타 공업경영에 관한 사항 등

최근 기출문제 출제경향 분석표

■ 최근 8년간 과목별-단원별 출제 문항 수

과목명	단원명	07년	08년	09년	10년	11년	12년	13년	14년	평균
제1편 전기 이론	제1장 정전기와 자기	10	5	8	5	5	3	4	5	5.00
	제2장 직류 이론	2	3	3	4	4	2	6	3	3.57
	제3장 교류 이론	5	8	6	5	6	9	9	6	7.00
제2편 전기 기기	제1장 직류기	4	6	4	3	5	4	3	6	4.43
	제2장 변압기	9	8	6	6	5	8	6	7	6.57
	제3장 유도 전동기	4	7	5	5	5	6	8	6	6.00
	제4장 동기기	7	8	7	7	8	6	6	7	7.00
	제5장 • 교류 정류 자기 • 특수 회전 기기 및 제어 기기	1	1	2	2	1	1	0	2	1.29
제3편 전기 설비	제1장 전기 설비의 개요	3	5	5	7	6	3	3	4	4.71
	제2장 • 옥내 배선 공사 • 특수 장소의 전기 시설 공사	6	4	4	6	6	6	6	6	5.43
	제3장 전선 및 기계 기구의 보안 공사	4	7	4	8	8	5	7	4	6.14
	제4장 • 가공 인입선 공사 • 가공 배전선 공사 • 지중 배전선 공사	5	4	5	7	4	7	8	9	6.29
	제5장 • 수 · 변전 설비 • 배 · 분전반 공사	4	3	7	4	6	7	4	4	5.00
	제6장 • 조명 설비 • 동력 설비 • 특수 설비 • 적산과 품셈	6	5	5	7	6	4	7	5	5.57
제4편 전력 전자	제1장 전력용 반도체 소자	10	7	9	6	5	7	6	9	7.00
	제2장 정류 회로	4	4	2	3	3	4	3	3	3.14
	제3장 전력 변환 제어 및 응용	4	3	2	3	4	3	1	3	2.71
제5편 디지털 공학	제1장 • 수의 표현과 코드화 • 불대수와 논리 회로	6	5	5	5	5	6	6	6	5.43
	제2장 • 조합 논리 회로 • 순서 논리 회로	4	4	6	4	5	6	6	4	5.00
제6편 마이크로 컴퓨터	제1장 마이크로프로세스	6	6	7	7	6	5	7	4	6.00
	제2장 • 기억 장치 • 입출력 장치 • 인터럽트	4	5	5	4	5	5	2	5	4.43
제7편 공업 경영	제1장 품질 관리	6	6	8	7	7	8	6	4	6.57
	제2장 생산 관리 · 공정 관리	2	2	2	2	2	2	2	4	2.29
	제3장 • 작업 관리 • 설비 관리 • 자재 관리 및 재고 관리	4	4	3	3	3	3	4	4	3.43

■ 최근 8년간 과목별 평균 출제 문항 수

과목명	전기 이론	전기 기기	전기 설비	전력 전자	디지털 공학	마이크로 컴퓨터	공업 경영
평균 출제 문항수	8.2	12.5	15.5	7.7	5.2	5	6
%	13.6	20.8	25.8	12.8	8.7	8.3	10

차 례

part 01 전기 이론

제1장 정전기와 자기

제2장 직류 이론

제3장 교류 이론

part 02 전기 기기

제1장 직류기

제 2 장 변압기

제 3 장 유도 전동기

제 4 장 동기기

제 5 장 교류 정류 자기 · 특수 회전 기기 및 제어 기기

part 03 전기 설비

제1장 전기 설비의 개요

제2장 옥내 배선 공사 · 특수 장소의 전기 시설 공사

제3장 전선 및 기계 기구의 보안 공사

제4장 가공 인입선 · 가공 배전선 · 지중 배전선 공사

제5장 수 · 변전 설비 및 배 · 분전반 공사

제 6 장 조명 설비 · 동력 설비 · 특수 설비 · 적산과 품셈

part 04 전력 전자

제 1 장 전력용 반도체 소자

제 2 장 정류 회로

제 3 장 전력 변환 제어 및 응용

part 05 디지털 공학

제 1 장 수의 표현과 코드화 · 불 대수와 논리 회로

제 3 장 작업 관리 · 설비 관리 · 자재 관리 및 재고 관리

부 록 과년도 출제 문제

전기 이론

제 1 장

정전기와 자기

1. 정전기(static electricity)

- 대전(electrification) : 물체가 전기를 띠는 현상
- 전하(electric charge) : 대전에 의해서 물체가 띠고 있는 전기
- 전기장(electric field) : 전하가 존재하면 그 주위 공간
- 정전력(electrostatic force) : 전하 사이에 작용하는 힘

1-1 정전기의 특성과 특수 현상

(1) 정전기 현상

일반적으로 원자가 가지고 있는 전자 중 일부가 외부의 자극을 받아 빠져나가게 되면, 그 원자는 전자인 음(－)전하를 잃어 양(＋)극을 띠는 양이온이 되고, 빠져 나온 전자를 흡수한 다른 원자는 음(－)극을 띠는 음이온이 되는 것을 말한다.

(2) 전하의 성질

① 같은 종류의 전하는 서로 반발하고, 다른 종류의 전하는 서로 흡인한다.
② 전하는 가장 안정한 상태를 유지하려는 성질이 있다.
③ 접지(earth) : 어떤 대전체에 들어 있는 전하를 없애려고 할 때에는 대전체와 지구(대지)를 도선으로 연결하면 되는데, 이것을 어스 또는 접지한다고 말한다.

(3) 정전 유도(electrostatic induction) 현상

① 대전체 A 근처에 대전되지 않은 도체 B를 가져오면 대전체 가까운 쪽에는 다른 종류의 전하가, 먼 쪽에는 같은 종류의 전하가 나타나는 현상으로, 전기량은 대전체의 전기량과 같고 유도된 양전하와 음전하의 양은 같다.

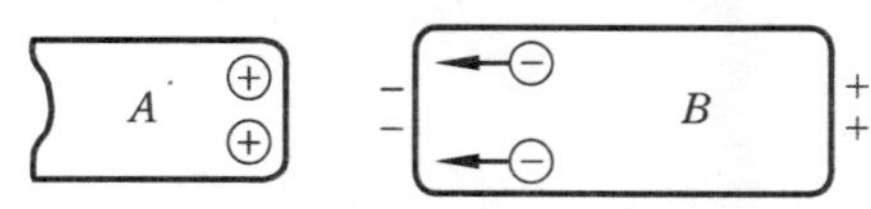

그림 1-1 도체에서의 정전 유도

② 대전체 A와 도체 B 사이에는 흡인력이 작용한다.

(4) 쿨롱의 법칙 (Coulomb's law)

두 전하 사이에 작용하는 전기력은 전하의 크기에 비례하고, 두 전하 사이의 거리의 제곱에 반비례한다.

$$F = 9 \times 10^9 \times \frac{Q_1 \cdot Q_2}{\epsilon r^2} \text{ [N] (매질의 유전율 } \epsilon = \epsilon_0 \cdot \epsilon_s \text{ [F/m])}$$

① 진공의 유전율 : ϵ_0

$$\epsilon_0 = \frac{10^7}{4\pi C^2} = 8.855 \times 10^{-12} \text{ [F/m]}$$

(가) 빛의 속도 $C \fallingdotseq 3 \times 10^8$ [m/s]

(나) ϵ_0은 쿨롱의 법칙에서, [C^2/Nm^2] = [F/m]의 단위를 가지는 정수이다.

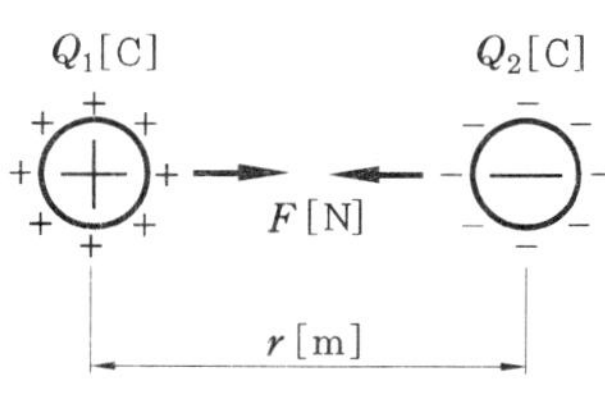

그림 1-2 전기력

② 비유전율 (relative per mittivity) : ϵ_s

진공의 유전율에 대해 매질의 유전율이 가지는 상대적인 비를 그 물질(유전체)의 비유전율이라 한다.

$$\epsilon_s = \frac{\epsilon}{\epsilon_o} \text{ (진공 중의 } \epsilon_s = 1 \text{, 공기 중의 } \epsilon_s \fallingdotseq 1)$$

1-2 정전 용량·콘덴서

(1) 정전 용량(electrostatic capacity)

① 전극이 전하를 축적하는 능력의 정도를 나타내는 상수이다.

② 콘덴서에 가해지는 전압 V[V]와 충전되는 전기량 Q[C]의 비를 표시한다.

(가) 정전 용량 $C = \frac{Q}{V}$ [F]

(나) 단위 : [F], Farad

$1F = 10^6 \mu F = 10^{12} pF$

(다) 축적된 전하 $Q = CV$ [C]

(2) 콘덴서(condenser)

① 평행판 콘덴서에 있어서 전극의 면적을 A[m^2], 극판 사이의 거리를 l[m], 극판 사이에 채워진 절연체의 유전율을 ε이라고 하면, 콘덴서의 용량 C[F]는 다음과 같다.

$$C = \varepsilon \frac{A}{l} \text{ [F]}$$

② 정전 용량을 크게 하는 방법

㈎ 극판의 면적을 넓게 한다.

㈏ 극판 간의 간격을 작게 한다.

㈐ 극판 간의 절연물을 비유전율(ε_s)이 큰 것으로 사용한다.

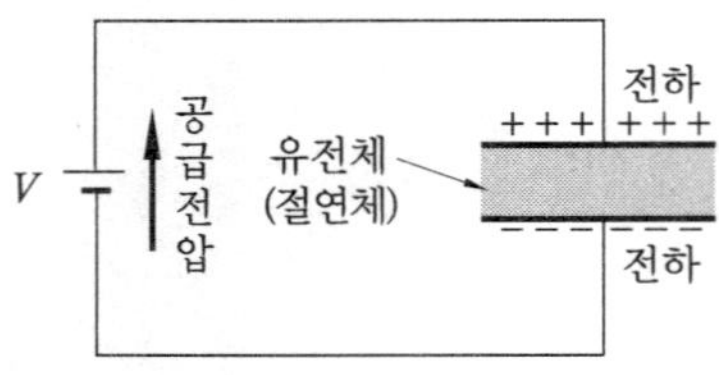

그림 1-3 정전 용량

1-3 전기장 · 정전에너지

- 전기장(electric field) : 정전력이 작용하는 공간
- 전기력선(line off electric field) : 전기장에서 전기력을 나타내는 가상적인 선
- 전속(dielectric flux) : 유전체 내의 전하의 연결을 가상하여 나타내는 선

(1) 전기장의 방향과 세기

① 전기장의 방향은 전기장 속에 양전하가 있을 때 받는 방향이다.

② 전기장의 세기(E)는 전기장 중에 단위 전하인 +1C의 전하를 놓을 때, 여기에 작용하는 전기력의 크기(F)를 나타낸다.

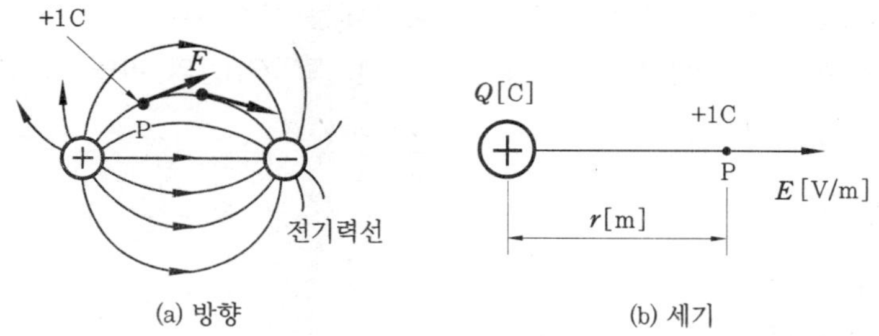

그림 1-4 전기장의 방향과 세기

③ 비유전율 ϵ_s 의 매질 내에서 Q[C]의 전하로부터 r[m]의 거리에 있는 점 P에서의 전기장의 세기 E는 다음과 같다.

$$E = \frac{9\times10^9}{\epsilon_s}\cdot\frac{Q}{r^2} = \frac{1}{4\pi\epsilon_0\epsilon_s}\cdot\frac{Q_1}{r^2} = \frac{1}{4\pi\epsilon}\cdot\frac{Q}{r^2}\,[\mathrm{V/m}]$$

④ Q_1 [C]과 +1 C 사이에 작용하는 전기력(정전력) F[N]와의 관계는 다음과 같다.

$$E = \frac{F}{Q}\,[\mathrm{V/m}]$$

⑤ 1 V/m는 전기장 중에 놓인 +1 C의 전하에 작용하는 힘이 1 N인 경우의 전기장 세기를 의미한다.

⑥ 가우스의 법칙(Gauss's law)

(가) 정전기학에서 다수의 점전하 또는 전하 분포가 만드는 전기장을 쿨롱의 법칙과 중첩의 원리를 이용해 직접 계산할 수도 있지만, 가우스의 법칙을 사용하면 보다 간단하게 구할 수 있다.

(나) 중력장에서와 마찬가지로 주어진 전하 분포의 바깥에 부피 V인 폐곡면을 가정하면, 폐곡면의 표면 S를 통과하는 총전기력선속 Φ_E은 그 폐곡면 속에 포함된 총전하량과 같다.

$$\Phi_E = \oint_s \vec{E}\cdot\hat{n}\,dA = \frac{1}{\epsilon_o}\int_v \rho\,dV = \frac{Q}{\epsilon_o}$$

여기서, E : 전기장, ϵ_o : 진공의 유전율, ρ : 전하밀도, Q : 전체 전하량

(다) 무한 도선 주위에 원통형의 가우스면을 가정하면 도선 주위의 전기장을 쉽게 구할 수 있으며, 전하가 분포된 구는 구의 내부와 외부에 각각 가우스 표면을 가정하여 구할 수 있다.

(2) 정전 에너지(electrostatic energy)

① 콘덴서에 축적되는 정전 에너지

(가) 콘덴서에 직류 전원을 가하면, 충전할 때 에너지가 주입된다.

(나) 그림 1-5와 같은 회로에서 전압 V를 가하면 저항 R을 통하여 서서히 충전할 때 C에 축적되는 정전 에너지 W는 다음과 같다.

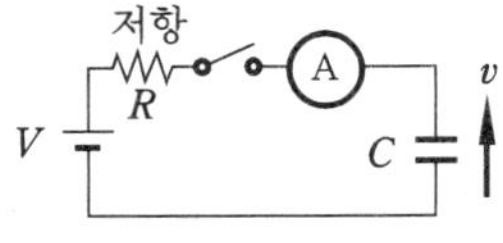

그림 1-5 충전 회로

$$W = \frac{1}{2}VQ = \frac{1}{2}CV^2\,[\mathrm{J}]$$

② 유전체 내의 전기장 에너지

$$W = \frac{1}{2}CV^2 = \frac{1}{2}CV\cdot V = \frac{1}{2}QEl = \frac{1}{2}DA\cdot El\,[\mathrm{J}]$$

③ 유전체의 단위 체적 에너지

$$W_0 = \frac{1}{2}DE = \frac{1}{2}\epsilon E^2 = \frac{1}{2}\epsilon\left(\frac{D}{\epsilon}\right)^2 = \frac{1}{2}\cdot\frac{D^2}{\epsilon}\,[\mathrm{J/m^3}]$$

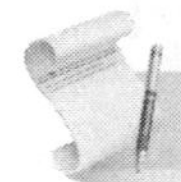

예·상·문·제

1. 정전기 (static electricity)

1. **물질이 자유 전자의 이동으로 양전기나 음전기를 띠게 되는 것은?**

㉮ 대전 ㉯ 전하
㉰ 전기량 ㉱ 중성자

해설 대전(electrification) : 어떤 물질이 정상 상태보다 전자의 수가 많거나 작아졌을 때 양전기나 음전기를 가지게 되는데, 이를 대전이라 한다.
① 양전기(+) : 전자 부족
② 음전기(−) : 전자 남음

2. **1C의 전기량은 약 몇 개의 전자의 이동으로 발생하는가? (단, 전자 1개의 전기량은 1.602×10^{-19}[C]이다.)** [11]

㉮ 8.855×10^{-12} ㉯ 6.33×10^{4}
㉰ 9×10^{9} ㉱ 6.24×10^{18}

해설 ① 전기량의 단위는 쿨롱(Coulomb[C])을 사용한다.
② 한 개의 전자는 1.602×10^{-9}[C]의 음(−)의 전기량을 가지므로 $1[C] \fallingdotseq 6.24 \times 10^{18}$개의 전자의 과부족으로 생기는 전하의 전기량이다.

$$1[C] = \frac{1}{1.602 \times 10^{-19}} \fallingdotseq 6.24 \times 10^{18}[개]$$

3. **그림과 같이 대전된 에보나이트 막대를 박검전기의 금속관에 닿지 않도록 가깝게 가져갔을 때 금박이 열렸다면 다음 중 옳은 것은? (단, A는 원판, B는 박, C는 에보나이트 막대이다.)** [06, 12]

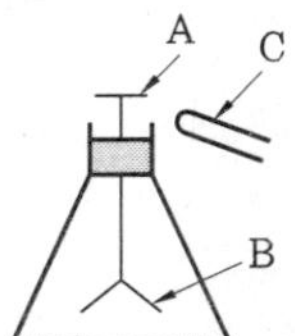

㉮ A : 양전기, B : 양전기, C : 음전기
㉯ A : 음전기, B : 음전기, C : 음전기
㉰ A : 양전기, B : 음전기, C : 음전기
㉱ A : 양전기, B : 양전기, C : 양전기

해설 정전유도(본문 그림 1-1 참조)
① 대전된 에보나이트(C)를 원판(A)에 접근시키면 정전유도에 의해서 A는 C와 반대 부호로, 금박(B)은 같은 부호로 대전된다.
② C가 음전기로 대전되었다면 B는 같은 음전기로 대전되며, 따라서 금박(B)의 끝 부분은 서로 반발하므로 문제의 그림처럼 벌어진다.

참고 박검전기(leaf electroscope, 箔檢電器) : 가장 간단한 검전기로서, 유리병 속에 매단 도체 끝에 금박을 붙인 것이다.

4. **공기 중에 같은 전기량을 가진 2×10^{-5}[C]의 두 전하가 2m 거리에 있을 때 그 사이에 작용하는 힘은 몇 N인가?** [06]

㉮ 0.9 ㉯ 1.8 ㉰ 9 ㉱ 18

해설 쿨롱의 법칙(본문 그림 1-2 참조)

$$F = 9 \times 10^9 \times \frac{Q_1 \cdot Q_2}{r^2}$$
$$= 9 \times 10^9 \times \frac{2 \times 10^{-5} \times 2 \times 10^{-5}}{2^2}$$
$$= 9 \times 10^{-1} = 0.9 \text{ N}$$

5. **진공 중 30 cm의 거리에 2 μC와 5 μC의 정전하가 있을 때 이에 작용하는 정전력 N은?**

㉮ 3 ㉯ 0.3 ㉰ 1 ㉱ 0.1

해설 정전력 − 쿨롱의 법칙 (Coulomb's law)

$$F = 9 \times 10^9 \times \frac{Q_1 \cdot Q_2}{r^2}$$
$$= 9 \times 10^9 \times \frac{2 \times 10^{-6} \times 5 \times 10^{-6}}{(30 \times 10^{-2})^2}$$

정답 1. ㉮ 2. ㉱ 3. ㉰ 4. ㉮ 5. ㉰

$$= 9 \times 10^9 \times \frac{1 \times 10^{-11}}{9 \times 10^{-2}} = \frac{9 \times 10^{-2}}{9 \times 10^{-2}} = 1\,\text{N}$$

6. 비유전율이 9인 물질의 유전율은 약 얼마인가?

㉮ 80×10^{-12}[F/m]

㉯ 1×10^{-12}[F/m]

㉰ 80×10^{-6}[F/m]

㉱ 1×10^{-6}[F/m]

해설 $\epsilon = \epsilon_0 \cdot \epsilon_s$

$= 8.855 \times 10^{-12} \times 9 \fallingdotseq 80 \times 10^{-12}$[F/m]

참고 진공의 유전율

$$\epsilon_o = \frac{10^7}{4\pi C^2} = 8.855 \times 10^{-12}\,[\text{F/m}]$$

(여기서, $C \fallingdotseq 3 \times 10^8$)

7. 공기 중에서 어느 일정한 거리를 두고 있는 두 점전하 사이에 작용하는 힘이 16 N이 었는데, 두 전하 사이에 유리를 채웠더니 작용하는 힘이 4N으로 감소하였다. 이 유리의 비유전율은? [08, 12]

㉮ 2 ㉯ 4 ㉰ 8 ㉱ 12

해설 쿨롱의 법칙(Coulomb's law)

$$F = \frac{1}{4\pi\epsilon_o\epsilon_s} \cdot \frac{Q_1 \cdot Q_2}{r^2}\,[\text{N}]\text{에서,}$$

$F = k\frac{1}{\epsilon_s}$[N] 즉, 반비례한다.

① 공기 중 : $F_o = 16$ N

② 유리 유전체 중 : $F_s = \frac{F_o}{\epsilon_s} = 4$N

$$\therefore \epsilon_s = \frac{F_o}{F_s} = \frac{16}{4} = 4$$

8. 진공 중의 두 대전체 사이에 작용하는 힘이 1.2×10^{-8}[N]이고, 대전체 사이에 유전체를 넣으니 작용하는 힘이 0.03×10^{-6}[N]이 되었다면 여기에서 유전체의 비유전율은? [06]

㉮ 0.036 ㉯ 0.4 ㉰ 3.6 ㉱ 4,000

해설 문제 7. 해설에서

$$\epsilon_s = \frac{F_o}{F_s} = \frac{1.2 \times 10^{-8}}{0.03 \times 10^{-6}} = 0.4$$

9. 20μF과 50μF의 콘덴서를 병렬로 접속하여 200V 전압을 가하였을 때 전 전하량은?

㉮ 4×10^{-4}C ㉯ 10^{-3}C

㉰ 7×10^{-4}C ㉱ 14×10^{-3}C

해설 $Q = CV = (C_1 + C_2) \cdot V$

$= (20 + 50) \times 10^{-6} \times 200$

$= 70 \times 10^{-6} \times 200 = 14 \times 10^{-3}$[C]

10. 용량이 큰 콘덴서를 만들기 위한 방법이 아닌 것은?

㉮ 극판의 면적을 작게 한다.

㉯ 극판 간의 간격을 작게 한다.

㉰ 극판 간에 넣는 유전체를 비유전율이 큰 것으로 사용한다.

㉱ 극판의 면적을 크게 한다.

해설 콘덴서의 정전 용량을 크게 하는 방법

① 극판의 면적을 넓게 한다.

② 극판 간의 간격을 작게 한다.

③ 극판 간의 절연물을 비유전율(ϵ_s)이 큰 것으로 사용한다.

참고 정전 용량

$C = \epsilon\frac{A}{l}$[F]

A : 극판 면적, ϵ : 유전체의 유전율

l : 극판 간의 간격

11. 콘덴서에 비유전율 ϵ_s인 유전체가 채워져 있을 때의 정전용량 C와 공기로 채워져 있을 때의 정전용량 C_0와의 비(C/C_0)는 어느 것인가? [09]

정답 6. ㉮ 7. ㉯ 8. ㉯ 9. ㉱ 10. ㉮ 11. ㉮

㉮ ϵ_s ㉯ $\frac{1}{\epsilon_s}$ ㉰ $\sqrt{\epsilon_s}$ ㉱ $\frac{1}{\sqrt{\epsilon_s}}$

해설 ① $C_o = \epsilon_o \frac{l}{A}[F]$

② $C = \epsilon_s \epsilon_o \frac{l}{A} = \epsilon_s \cdot C_o$

$\therefore \frac{C}{C_o} = \epsilon_s$

12. **동일 규격 콘덴서의 극판 간에 유전체를 넣으면 어떻게 되는가?** [11]

㉮ 용량이 증가하고, 극판 간 전계는 감소한다.

㉯ 용량이 증가하고, 극판 간 전계도 증가한다.

㉰ 용량이 감소하고, 극판 간 전계는 불변이다.

㉱ 용량이 불변이고, 극판 간 전계는 감소한다.

해설 ① 콘덴서의 용량

$C = \epsilon \frac{A}{l} = k \cdot \epsilon_s [F]$에서, 용량 C는 유전율 ϵ에 비례하므로 증가한다.

② 극판 간의 전계

$E = k' \frac{1}{\epsilon} [v/m]$에서, 전계 E는 유전율 ϵ에 반비례하므로 감소한다.

13. **C[F]의 콘덴서에 V[V]의 전압을 가한 결과 Q[C]의 전기량이 충전되었다. 이 콘덴서에 저장된 에너지 J는 어떻게 표현되는가?** [09]

㉮ $2CV$ ㉯ $2CV^2$

㉰ $\frac{1}{2}CV$ ㉱ $\frac{1}{2}CV^2$

해설 $W = \frac{1}{2} VQ = \frac{1}{2} CV^2 [J]$

여기서, $Q = CV[C]$

14. **10μF의 콘덴서를 1kV로 충적되는 에너지는 몇 J인가?** [08]

㉮ 5 ㉯ 10 ㉰ 15 ㉱ 20

해설 $W = \frac{1}{2} CV^2$

$= \frac{1}{2} \times 10 \times 10^{-6} \times (1 \times 10^3)^2 = 5J$

15. **50kV의 전압으로 충전하여 5J의 에너지를 축적하는 콘덴서의 용량은 몇 pF인가?** [06]

㉮ 4,000 ㉯ 25,000

㉰ 40,000 ㉱ 250,000

해설 $W = \frac{1}{2} CV^2 [J]$에서,

$C = 2 \cdot \frac{W}{V^2} = 2 \times \frac{5}{(50 \times 10^3)^2}$

$= \frac{10}{2500} \times 10^{-6} = 0.004 \times 10^{-6}$

$= 4000 \times 10^{-12} [F]$ $\therefore$ 4000 pF

16. **평행판 콘덴서에 100V의 전압이 걸려 있다. 이 전원을 가한 상태로 평행판 간격을 처음의 2배로 증가시키면?** [10]

㉮ 용량은 반으로 줄고, 저장되는 에너지는 2배가 된다.

㉯ 용량은 2배가 되고, 저장되는 에너지는 반으로 줄어든다.

㉰ 용량과 저장되는 에너지는 각각 반으로 줄어든다.

㉱ 용량과 저장되는 에너지는 각각 2배가 된다.

해설 평행판 콘덴서의 특징

① 정전용량 $C = \epsilon \frac{A}{l} [F] \rightarrow C = k \frac{1}{l}$

$\therefore$ 간격 l을 2배로 하면 용량 C는 $\frac{1}{2}$배로 줄어든다.

정답 12. ㉮ 13. ㉱ 14. ㉮ 15. ㉰ 16. ㉰

② 정전에너지 $W=\frac{1}{2}CV^2$[J] → $W=k'C$

∴ 간격 l을 2배로 하면 에너지 W는 $\frac{1}{2}$배로 줄어든다.

17. **정전콘덴서에서 축적된 에너지와 전위차와의 관계를 그림으로 나타내면 어떤 형태로 나타나는가?** [06]

㉮ 쌍곡선 ㉯ 타원
㉰ 포물선 ㉱ 원

해설 콘덴서에 축적된 정전에너지

$W=\frac{1}{2}CV^2$[J]에서, $W=k\cdot V^2$[J]

∴ 에너지 W는 전위차 V의 제곱에 비례하므로 관계식은 포물선을 그린다.

18. **전계 중에 단위 점전하를 놓았을 때, 그 단위 점전하에 작용하는 힘을 그 점에 대한 무엇이라고 하는가?** [11]

㉮ 전위 ㉯ 전위차
㉰ 전계의 세기 ㉱ 변위전류

해설 전기장(전계)의 세기(intensity of electric field)

① 전기장 중에 단위 정전하 +1C의 전하를 놓았을 때 작용하는 전자력(힘)의 크기로 정의할 수 있다.

② 전기장 중에서, 전기력선에 수직한 단위면적($1m^2$)당 전기력선 수가 그 점의 전기장 세기를 나타낸다.

19. **다음 중 전계의 세기를 구하는 법칙은 어느 것인가?** [09]

㉮ 비오-사바르의 법칙
㉯ 가우스의 법칙
㉰ 플레밍의 왼손법칙
㉱ 암페어의 법칙

해설 가우스의 정리(Gauss's theorem)

① 전체 전하량 Q[C]를 둘러싼 폐곡면을 관통하고 밖으로 나가는 전기력선의 총수 N은 다음과 같다.

$$N=\frac{Q}{\epsilon}=\frac{Q}{\epsilon_0\epsilon_s}[\text{개}]$$

여기서, ϵ : 유전율, ϵ_0 : 진공 유전율

ϵ_s : 비유전율

② 반경 r인 구체의 표면적 $4\pi r^2[m^3]$에서의 전기력선 밀도와 전계의 세기는 같으므로

$$E=\frac{N}{4\pi r^2}=\frac{Q}{4\pi\epsilon_0\epsilon_s r^2}[V/m]$$

∴ 전계의 세기를 구하는데 가우스 정리가 적용된다.

20. **5×10^{-8}C의 전하에 1.5×10^{-3}N의 힘을 작용시키기 위해서 필요한 전기장의 세기(V/m)는?**

㉮ 5×10^3 ㉯ 4×10^4
㉰ 3×10^4 ㉱ 2×10^3

해설 전기장의 세기(intensity of electric field)

전기력선 밀도(개/m^2)는 그 점의 전장의 세기(V/m)와 같다.

$$\therefore E=\frac{F}{Q}=\frac{1.5\times10^{-3}}{5\times10^{-8}}$$

$$=0.3\times10^{-3}\times10^8=3\times10^4[V/m]$$

21. **1전자 볼트(eV)는 약 몇 J인가?** [09]

㉮ 1.60×10^{-19} ㉯ 1.67×10^{-21}
㉰ 1.72×10^{-24} ㉱ 1.76×10^9

해설 전자의 전하 $e=1.60219\times10^{-19}$[C]

$$\therefore 1\text{eV}=1.60219\times10^{-19}\times1$$

$$\fallingdotseq 1.602\times10^{-19}[J]$$

참고 전하 e[C]의 전하가 V[V]의 전위차를 가진 두 점 사이를 이동할 때, 전자가 얻는 에너지 W는,

$W=eV$[J]

여기서, 전위차의 값 V만으로 표시한 에너지를 V 전자볼트(electron volt, eV)의 에너지라 한다.

정답 17. ㉰ 18. ㉰ 19. ㉯ 20. ㉰ 21. ㉮

2. 자 기(magnetism)

■ 자기장(magnetic field) : 자극에 대하여 자력이 작용하는 공간
■ 자기(magnetism) : 자석이 쇠붙이를 끌어당기는 성질의 근원
■ 자기 작용(magnetic action) : 자기에 의하여 생기는 작용
■ 자기력(magnetic force) : 자기적인 힘

2-1 자기의 성질과 전류에 의한 자기장

(1) 자석과 자극 및 자력선(line of magnetic force)

① 자석은 쇠붙이를 끌어당기는 힘이 있으며, 남북을 가리키는 성질이 있다.
② 자석의 양끝은 자기력이 가장 강하게 작용하는데, 이것을 자극이라 한다.
③ 자석에는 언제나 N, S 두 극성이 존재하며 자기량은 같다.
④ 같은 극성의 자석은 서로 반발하고, 다른 극성은 서로 흡인한다.
⑤ 자극의 세기 단위는 [Wb], Weber가 사용된다.
⑥ 진공 중에 2개의 같은 크기를 갖는 자극을 1 m의 거리로 유지할 때, 상호 간에 6.33×10^4N의 힘이 작용하는 자극의 세기를 1 Wb라 한다.
⑦ 자력선은 N 극에서 나와 S 극으로 향한다.
⑧ 자력선은 비자성체를 투과한다. 자력선은 자기장의 상태를 표시하는 선을 가상하여 자기장의 크기와 방향을 표시한다.
⑨ 자력선은 서로 교차하지 않는다.
⑩ 자석은 임계 온도 이상으로 가열하면 자석의 성질이 없어진다.

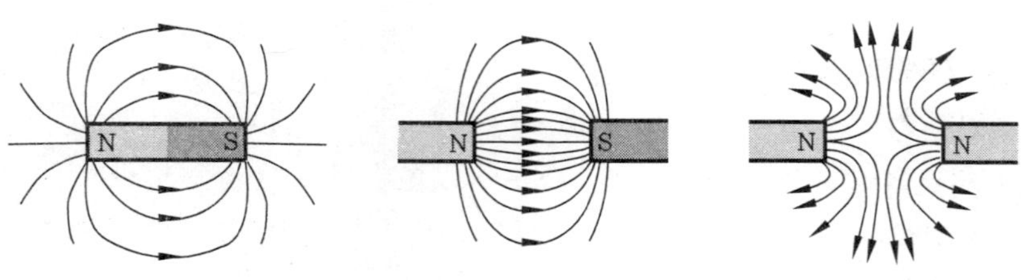

그림 1-6 자력선

(2) 자기 유도

① 자성체를 자석 가까이 놓으면 자화되는 현상을 말한다.
② 자화(magnetization) : 쇳조각 등 자성체를 자석으로 만드는 것을 말한다.

(3) 자기 모멘트와 회전력

① 자기 모멘트 (magnetic moment) : 자극의 세기가 m이고, 자극 간의 거리가 l일 때 자기 모멘트 M은 다음과 같다.

$$M = ml \text{ [Wb·m]}$$

② 토크 (회전력, torque) : H [A/m]의 평등 자장 중에 자극의 세기 m, 길이 l인 자석을 놓았을 때 토크 T는 다음과 같다.

$$T = f \times \overline{ab} = mlH\sin\theta \text{ [N·m]}$$

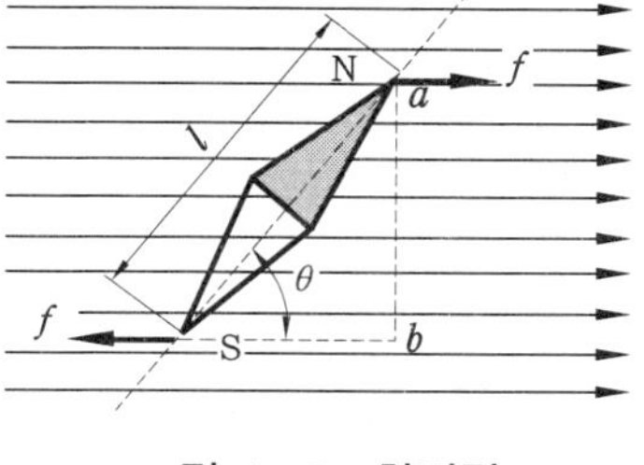

그림 1-7 회전력

(4) 쿨롱의 법칙 (Coulomb's law)

① 두 자극 사이에 작용하는 자력의 크기는 양 자극의 세기의 곱에 비례하고, 자극 간의 거리의 제곱에 비례한다.

$$F = \frac{1}{4\pi\mu_0\mu_s} \cdot \frac{m_1 m_2}{r^2} = 6.33 \times 10^4 \cdot \frac{m_1 m_2}{\mu_s r^2} \text{ [N]}$$

여기서, m_1, m_2 : 자극의 세기(Wb), r : 자극 간의 거리(m)
μ_0 : 진공 투자율, μ_s : 비투자율

② MKS 단위계에서는 진공 중에서 같은 크기의 두 자극을 1 m 거리에 놓았을 때, 그 작용하는 힘이 6.33×10^4[N]이 되는 자극의 세기를 단위로 하여 1 Wb라고 한다.

(5) 투자율과 비투자율

① 투자율 (permeability)

(가) 강자성체의 투자율은 상수가 아니고, 외부 자기장의 세기(자화력)에 따라 변화한다.

(나) 투자율은 매질의 두께에 반비례하고, 자속 밀도에 비례한다.

(다) 자속은 투자율이 클수록 잘 통과한다.

- 진공의 투자율 : $\mu_0 = 4\pi \times 10^{-7} = 1.257 \times 10^{-6}$ [H/m]
- 매질의 투자율 : $\mu = \mu_s \cdot \mu_0 = 4\pi \times 10^{-7} \times \mu_s$ [H/m]

② 비투자율 : 진공 투자율에 대한 매질 투자율의 비를 나타낸다.

$$\mu_s = \frac{\mu}{\mu_0}$$

(6) 자기장 (magnetic field)의 크기와 방향

① 자기장 중의 어느 점에 단위 정 자하 (+1 Wb) 를 놓고, 이 자하에 작용하는 자력의 방향과 크기를 그 점에서의 자기장의 방향 · 크기로 나타낸다.

② m_1[Wb] 자극으로부터 r [m]거리에 있는 점에서의 자기장 세기 H는 다음과 같다.

$$H = \frac{1}{4\pi\mu_0\mu_s} \cdot \frac{m_1}{r^2} = 6.33 \times 10^4 \times \frac{m_1}{r^2\mu_s} \text{[AT/m]}$$

③ 자기장의 세기가 H[A/m]가 되는 자기장 안에 m_2[Wb]의 자극이 있을 때, 작용하는 힘 F는 다음과 같다.

$$F = m_2 H \text{[N]}$$

④ 1 AT/m의 자기장 크기는 1 Wb의 자하에 1 N의 자력이 작용하는 자기장의 크기를 나타낸다.

⑤ 진공 중에서 $+m$ [Wb]의 자극으로부터 나오는 총 자력선 수

$$N = H \times 4\pi r^2 = \frac{1}{4\pi\mu_0} \cdot \frac{m}{r^2} \times 4\pi r^2 = \frac{m}{\mu_0} = \frac{m}{4\pi \times 10^{-7}} ≒ 7.958 \times 10^5 \times m \text{ [개]}$$

(7) 자속 밀도 (magnetic flux density)

① 자속의 방향에 수직인 단위 면적 1 cm²를 통과하는 자속 수를 나타내며, 단위는 [Wb/m²], 기호는 B를 사용한다.

$$B = \frac{\Phi}{A} \text{ [Wb/m}^2\text{]}$$

② 자기장과의 관계는 다음과 같다.

$$B = \mu H = \mu_0 \mu_s H \text{ [Wb/m}^2\text{]}$$

(8) 앙페르의 오른나사의 법칙 (Ampere's right-handed screw rule)

① 전류에 의해서 생기는 자기장의 방향은 전류 방향에 따라 결정된다.

② 전류의 방향을 오른나사가 진행하는 방향으로 하면, 자기장의 방향은 오른나사의 회전 방향이 된다.

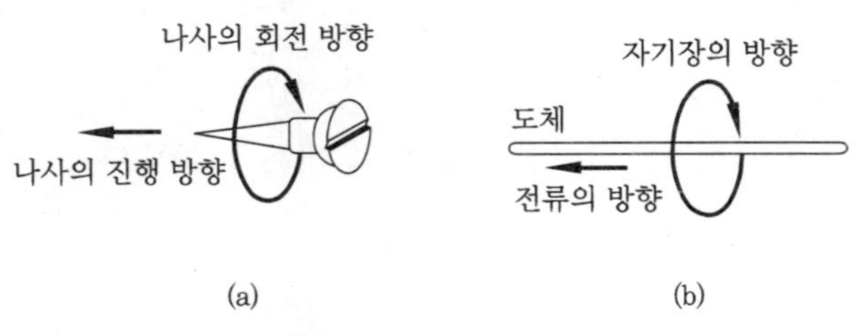

그림 1-8 전류와 자기장의 방향

(9) 직선상 전류에 의한 자기장

① 무한장 직선 전류에 의한 자기장의 세기 : 직선상 도체에 전류 I가 흐를 때, 거리 r인 점

P의 자기장의 세기는 주회 적분의 법칙에 의하면 다음과 같다.

(가) $\Sigma Hl = H \times$(반지름 r 의 원주) $= H \cdot 2\pi r$

$$\therefore \ H \cdot 2\pi r = I$$

(나) $H = \dfrac{I}{2\pi r}$ [AT/m]

(다) 자기장의 방향은 이 원의 접선 방향이 된다.

② 유한장 직선 전류에 의한 자기장의 세기

$$H = \frac{I}{4\pi r}(\sin\theta_2 - \sin\theta_1)$$

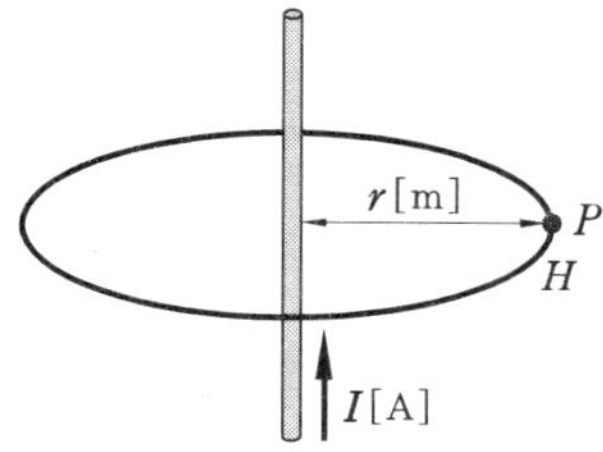

그림 1-9 직선 도체에 의한 자기장

(10) 원형 코일의 자기장

① 원형 도체의 미소 부분 Δl 에 의해 원의 중심에 발생하는 자기장 ΔH_0는 비오-사바르 법칙에 의하여 다음과 같다.

$$\Delta H_0 = \frac{I}{4\pi r^2}\Delta l \ [\text{A/m}]$$

② 도체가 N회 감겨져 있는 경우, $H = N \cdot \dfrac{I}{2r}$ [AT/m]

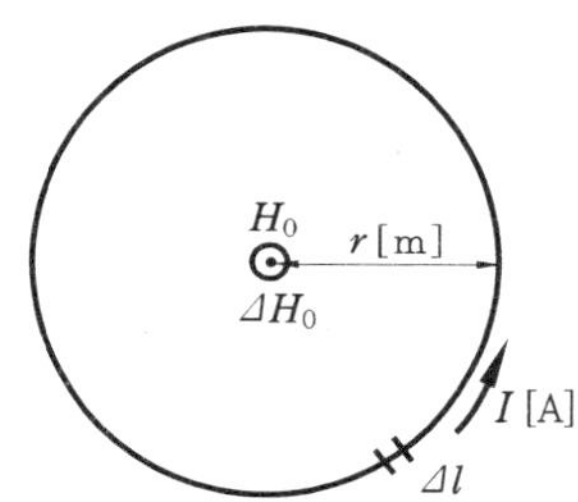

그림 1-10 원형 코일의 자기장

(11) 환상 솔레노이드 (solenoid) 내부의 자기장

① 평균 반지름이 r [m]이고, 권수가 N인 환상 솔레노이드에 전류 I가 흐를 때 솔레노이드 내부의 자기장은 다음과 같다.

$$H = \frac{NI}{2\pi r} \ [\text{AT/m}]$$

여기서, $\Sigma Hl = H2\pi r$, $F = NI$[AT], $H \cdot 2\pi r = NI$

② 무한장 솔레노이드 내부의 자기장 세기는 다음과 같다.

$$H_0 = N_o I \ [\text{AT/m}]$$

여기서, N_o : 단위 길이당 권수

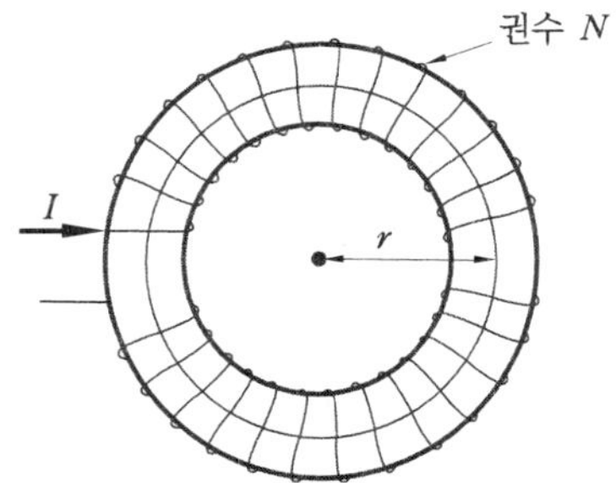

그림 1-11 환상 솔레노이드

(12) 자기 회로 (magnetic circuit)

① 그림과 같이 환상 코일에 전류 I[A]를 흘리면 자속 ϕ[Wb]가 생기는 통로를 자기 회로라 한다.

② 자로의 평균 길이가 l[m]일 때, 전류에 의한 자기장의 세기 H는 다음과 같다.

$$H = \frac{NI}{l} \text{[AT/m]}$$

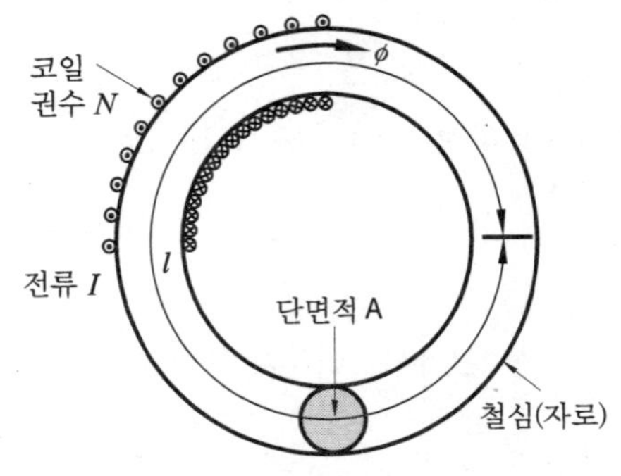

그림 1-12 환상 코일에 의한 자기 회로

③ 자속(magnetic flux) : ϕ

그림에서 철심의 단면적을 A[m^2], 철심 내부에 발생하는 자속 밀도 $B = \mu H$ 이므로 철심 내부를 통과하는 전자속 ϕ 는 다음과 같다.

$$\phi = BA = \mu HA = \mu \frac{NI}{l} A = \frac{NI}{\left(\dfrac{l}{\mu A}\right)} \text{[Wb]}$$

④ 기자력(magnetic motive force)

(가) N회 감긴 코일에 전류 I[A]가 흐를 때 기자력 F는

$$F = NI \text{ [AT, ampere turn]}$$

(나) 기자력은 자속을 만드는 원동력으로 전류(A)와 코일의 감긴 횟수(turns)의 곱으로 정의한다.

⑤ 자기 저항(reluctance) : 자속의 발생을 방해하는 성질의 정도로, 자로의 길이 l[m]에 비례하고 단면적 A[m^2]에 반비례한다.

$$R = \frac{l}{\mu A} = \frac{NI}{\phi} \text{[AT/Wb]}$$

⑥ 자기 회로의 옴 법칙 : 자기 회로를 통하는 자속 ϕ는 기자력 F에 비례하고, 자기 저항 R에 반비례한다.

$$\phi = \frac{F}{R} \text{[Wb]}$$

예·상·문·제

2. 자기 (magnetism)

1. 자력선은 다음과 같은 성질을 가지고 있다. 잘못된 것은?

㉮ N극에서 나와서 S극에서 끝난다.
㉯ 자력선에 그은 접선은 그 접점에서의 자장 방향을 나타낸다.
㉰ 자력선은 서로 교차한다.
㉱ 한 점의 자력선 밀도는 그 점의 자장 세기를 나타낸다.

해설 자력선은 서로 교차하지 않는다.

2. 자극 세기 10 Wb, 길이 20 cm의 막대 자석의 자기 모멘트는?

㉮ 2 Wb·cm　　㉯ 20 Wb·cm
㉰ 2 Wb·m　　㉱ 20 Wb·m

해설 $M = ml = 10 \times 20 \times 10^{-2} = 2\ \text{Wb}\cdot\text{m}$

3. 다음 중 공기 중에 있는 5×10^{-4} Wb의 자극으로부터 10 cm 떨어진 점에 3×10^{-4} Wb의 자극을 놓으면 몇 N의 힘이 작용하는가?

㉮ 95　　㉯ 90
㉰ 95×10^{-2}　　㉱ 90×10^{-2}

해설 $F = 6.33 \times 10^4 \times \dfrac{m_1 \cdot m_2}{r^2}$

$= 6.33 \times 10^4 \times \dfrac{5 \times 10^{-4} \times 3 \times 10^{-4}}{(10 \times 10^{-2})^{-2}}$

$= 6.33 \times 10^4 \times \dfrac{1.5 \times 10^{-7}}{1 \times 10^{-2}}$

$\fallingdotseq 95 \times 10^{-2}$[N]

4. 다음 중 자기장의 크기를 나타내는 단위는 어느 것인가? [06]

㉮ Wb/m　　㉯ Wb/m²
㉰ AT/m²　　㉱ AT/m

해설 자기장의 세기와 단위
① 자기장 세기의 기호는 H, 단위는 AT/m를 사용한다.
② 원래 자기장의 세기를 나타내는 단위인 A/m에 감긴 횟수(코일)를 곱한 [ampere-turn per meter ; AT/m]는 자기장 세기를 나타내는 일반적인 단위이다.

5. H[AT/m]의 자계 내에 놓인 m[Wb]의 자극에 작용하는 힘은 몇 N인가? [06]

㉮ $\dfrac{H}{m}$　　㉯ $\dfrac{m}{H}$　　㉰ mH　　㉱ m^2H

해설 자기장의 세기 H와 자기력 F의 관계
① 1 AT/m : 1 Wb의 자하에 1 N의 자기력이 작용하는 자기장의 크기를 나타낸다.
② H[AT/m]의 자기장 내에 m[Wb]의 자하를 두었을 때 작용하는 자기력 F는 다음과 같다. $F = mH$[N]

6. 자계의 세기 4 AT/m의 자계 속에 5×10^{-5} Wb의 자극을 놓았을 때 작용하는 힘의 크기는 얼마인가?

㉮ 2×10^{-4} N　　㉯ 20×10^{-4} N
㉰ 3×10^{-4} N　　㉱ 30×10^{-4} N

해설 $F = mH = 5 \times 10^{-5} \times 4 = 20 \times 10^{-5}$
$= 2 \times 10^{-4}$[N]

7. 다음 중 자장의 세기에 대한 설명이 잘못된 것은?

㉮ 단위 자극에 작용하는 힘과 같다.
㉯ 수직 단면의 자력선 밀도와 같다.

정답 1. ㉰ 2. ㉰ 3. ㉰ 4. ㉱ 5. ㉰ 6. ㉮ 7. ㉰

㉰ 자속 밀도에 투자율을 곱한 것과 같다.
㉱ 단위 길이당 기자력과 같다.

해설 자속 밀도 B[Wb/m^2]와 자기장의 세기 H[A/m]와의 관계

$H=\frac{B}{\mu}$ [A/m] (μ : 물질의 투자율)

∴ 자기장의 세기는 자속 밀도를 투자율로 나눈 것과 같다.

8. 다음 중 전류에 의해 만들어지는 자기장의 자기력선 방향을 간단하게 알아내는 법칙은? [09]

㉮ 앙페르의 오른나사 법칙
㉯ 렌츠의 법칙
㉰ 플레밍의 왼손 법칙
㉱ 가우스의 법칙

해설 앙페르의 오른나사 법칙 : 본문 그림 1-8 참조

참고 ① 렌츠의 법칙 : 유도기 전력의 방향을 정의
② 플레밍의 왼손 법칙 : 전자력의 방향을 정의
③ 가우스의 법칙 : 전기장의 세기-전기력선 수를 정의

9. 직선 전류에 의해서 그 주위에 생기는 환상 자계의 방향은? [06]

㉮ 전류의 방향
㉯ 전류와 반대 방향
㉰ 오른나사의 진행 방향
㉱ 오른나사의 회전 방향

10. MKS 단위로 기자력의 단위는? [06]

㉮ AT ㉯ Wb
㉰ Gauss ㉱ Maxwell

해설 기자력은 자속을 만드는 원동력으로 전류(A)와 코일의 감긴수(T ; turns)의 곱으로 나타낸다. $F=IN$ [A/T]

참고 ① Wb(weber) : 자속의 단위
② Gauss : 자속 밀도의 단위
③ Maxwell : 자속의 단위(1 Mx=10 nWb)

11. 무한히 긴 직선 도선에 30 A의 전류가 흐를 때 이 도선에서 20 cm 떨어진 점의 자장의 세기는?

㉮ 약 21.2 AT/m ㉯ 약 22.5 AT/m
㉰ 약 23.9 AT/m ㉱ 약 24.8 AT/m

해설 $H=\frac{I}{2\pi r}=\frac{30}{2\times3.14\times20\times10^{-2}}$

$=\frac{30}{1.256}\fallingdotseq 23.9$ AT/m

참고 본문 그림 1-9 참조

12. 무한장 직선 전류에서 5 cm 떨어진 점의 자계의 세기가 5 AT/m였다면 전류의 크기는?

㉮ 0.157 A ㉯ 0.32 A
㉰ 1.57 A ㉱ 3.2 A

해설 $H=\frac{I}{2\pi r}$ [AT/m]

$\therefore I=2\pi rH=2\pi\times5\times10^{-2}\times5=1.57$ A

13. 반지름 25 cm의 원형 코일에 π[A]의 전류가 흐를 때, 코일 중심의 자기장 세기는 몇 AT/m인가? (단, 코일의 권수는 50회이다.)

㉮ $\pi\times10^2$ ㉯ $\pi\times10^4$
㉰ $\pi\times10^{-4}$ ㉱ $\pi\times10^{-2}$

해설 원형 코일의 자기장의 세기

$H=\frac{NI}{2r}=\frac{50\times\pi}{2\times25\times10^{-2}}=\pi\times10^2$[AT/m]

14. 평균 자로의 길이가 80 cm인 환상

정답 8. ㉮ 9. ㉱ 10. ㉮ 11. ㉰ 12. ㉰ 13. ㉮ 14. ㉮

철심에 500회의 코일을 감고 여기에 4 A의 전류를 흘렸을 때 자기장의 세기는 몇 AT/m인가? [07]

㉮ 2500 ㉯ 3500 ㉰ 4000 ㉱ 4500

해설 자기회로(본문 그림 1-12 참조)

$$H=\frac{NI}{l}=\frac{500\times 4}{80\times 10^{-2}}=25\times 10^2$$
$$=2500 \text{ AT/m}$$

15. 단면적 $S[\text{m}^2]$, 길이 l[m], 투자율 μ[H/m]의 자기 회로에 N회의 코일을 감고 I[A]의 전류를 흘릴 때 발생하는 자속(Wb)을 구하는 식은? [09]

㉮ $\mu lNIS$ ㉯ $\frac{\mu lS}{NI}$

㉰ $\frac{\mu SNI}{l}$ ㉱ $\frac{\mu lSN}{I}$

해설 자기회로(본문 그림 1-12 참조)

$$\phi=BS=\mu H\cdot S=\mu\cdot\frac{NI}{l}\cdot S$$
$$=\frac{\mu SNI}{l}[\text{Wb}]$$

16. 단면적이 50 cm²인 환상 철심에 500 AT/m의 자기장을 가할 때 전 자속은 몇 Wb인가? (단, 진공 중의 투자율은 $4\pi\times 10^{-7}$ H/m이고, 철심의 비투자율은 800이다.) [07]

㉮ $16\pi\times 10^{-2}$

㉯ $8\pi\times 10^{-4}$

㉰ $4\pi\times 10^{-4}$

㉱ $2\pi\times 10^{-2}$

해설 $\phi=\mu_o\mu_s HS$

$$=4\pi\times 10^{-7}\times 800\times 500\times 50\times 10^{-4}$$
$$=4\pi\times 10^{-7}\times 2\times 10^7\times 10^{-4}$$
$$=8\pi\times 10^{-4}\text{ [Wb]}$$

17. 비투자율 $\mu_s=800$, 단면적 $S=10$ cm², 평균 자로 길이 $l=30$ cm의 환상 철심에 $N=600$회의 권선을 감은 무단 솔레노이드가 있다. 이것에 $I=1$A의 전류를 흘릴 때 솔레노이드 내부의 자속은 약 몇 Wb인가? [07]

㉮ 1.10×10^{-3}

㉯ 1.10×10^{-4}

㉰ 2.01×10^{-3}

㉱ 2.01×10^{-4}

해설 솔레노이드 내부의 자속 : ϕ[Wb]

① $\mu=\mu_o\mu_s=4\pi\times 10^{-7}\times 800 ≒ 1\times 10^{-3}$

② $H=\frac{NI}{l}=\frac{600\times 1}{30\times 10^{-2}}=2\times 10^3$ [AT/m]

$\therefore \phi=BS=\mu HS$

$$=1\times 10^{-3}\times 2\times 10^3\times 10\times 10^{-4}$$
$$≒ 2\times 10^{-3}\text{ [Wb]}$$

정답 15. ㉰ 16. ㉯ 17. ㉰

2-2 전자력과 전자 유도

- 전자력(electromagnetic force) : 자기장 내에서 도선에 전류를 흐르게 하면 도선에는 전류에 의한 자기장이 형성되어 최초의 자기장과 상호 작용을 일으켜 힘, 즉 전자력이 발생된다. 이 원리를 이용하여 회전력을 만들어 내는 것이 전동기이다.
- 전자 유도(electromagnetic induction) : 도체와 자속이 쇄교(변화)하거나 또는 자장 중에 도체를 움직일 때 도체에 기전력이 유도되는 현상이다.

(1) 플레밍의 왼손 법칙(Fleming's left-hand rule)

① 자기장 내의 도선에 전류가 흐를 때 도선이 받는 힘의 방향을 나타낸다.

② 전동기의 회전 방향을 결정한다.

㈎ 엄지손가락 : 전자력(힘)의 방향

㈏ 집게손가락 : 자장의 방향

㈐ 가운뎃손가락 : 전류의 방향

(2) 직선 도체에 작용하는 전자력

그림과 같은 평등 자기장 내에서 직선 도체가 받는 전자력 F는 다음과 같다.

$$F = BIl\sin\theta\ [\mathrm{N}]$$

여기서, B : 자속 밀도 (Wb/m^2), I : 도체에 흐르는 전류 (A)

l : 도체의 길이(m), θ : 자장과 도체가 이루는 각

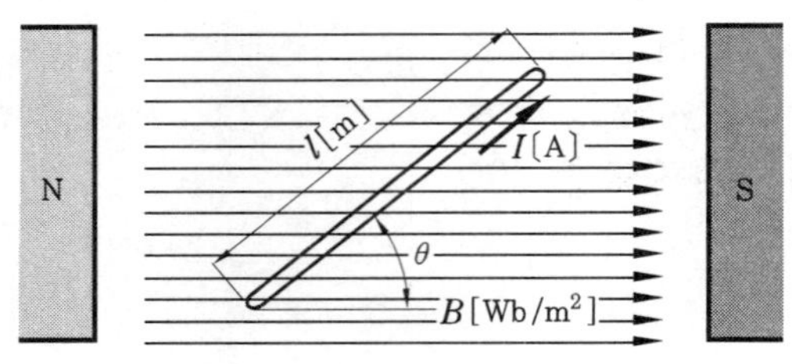

그림 1-13 전자력의 크기

(3) 평행 도체 사이에 작용하는 전자력

① 전자력의 작용(힘의 방향)

㈎ 각각의 도체에는 전류의 방향에 의하여 왼손 법칙에 따른 힘이 작용한다.

㈏ 반대 방향일 때 : 반발력

㈐ 동일 방향일 때 : 흡인력

② 전자력의 크기

㈎ 전선 1 m 당 작용하는 힘 : $F = \dfrac{2I_1I_2}{r} \times 10^{-7}\ [\mathrm{N}]$

㈏ 1 A 의 정의 : 무한히 긴 두 개의 도체를 진공 중에서 1 m의 간격으로 놓고 전류를 흘렸을 때, 그 길이 1 m 마다 2×10^{-7}[N]의 힘을 생기게 하는 전류를 1 A라 한다.

(4) 자속의 변화에 의한 유도 기전력

① 유도 기전력의 방향: 렌츠의 법칙(Lenz's law)

전자 유도에 의하여 생긴 기전력의 방향은 그림 1-14와 같이 그 유도 전류가 만드는 자속이 항상 원래 자속의 증가 또는 감소를 방해하는 방향이다.

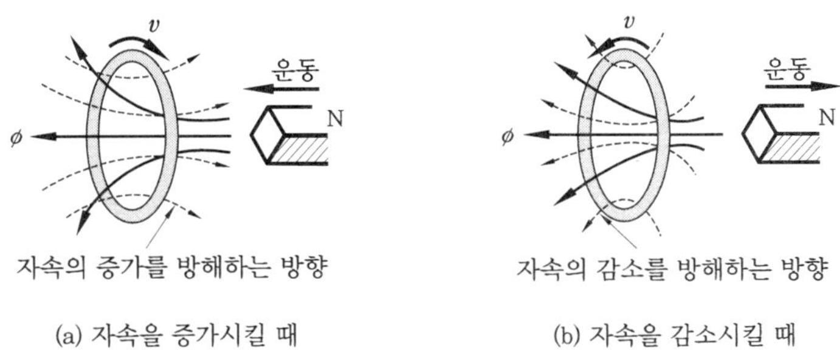

(a) 자속을 증가시킬 때 (b) 자속을 감소시킬 때

그림 1-14 유도 기전력의 방향

② 유도 기전력의 크기 : 패러데이 법칙(Faraday's law)

㈎ 유도 기전력의 크기는 코일을 지나는 자속의 매초 변화량과 코일의 권수에 비례한다.

㈏ 유도 기전력의 크기 v는 다음과 같다.

$$v = -N\frac{\Delta\phi}{\Delta t}\,[\mathrm{V}]$$

여기서, $\frac{\Delta\phi}{\Delta t}$: 자속의 변화율

③ 자속 단위의 정의 : 1 Wb의 자속은 1권선의 코일과 쇄교하여 1초간에 일정한 비율로 감소하여 0으로 될 때, 1 V의 기전력을 유도하는 자속의 크기로 정의한다.

(5) 도체 운동에 의한 유도 기전력

① 자속 밀도 B[Wb/m^2]인 평등 자기장 속에서 길이 l [m]의 도체가 자속과 직각 방향으로 속도 u[m/s]로 운동했을 때 도체에 유도되는 기전력 e는 다음과 같다.

$$e = N\frac{\Delta\phi}{\Delta t} = 1\times\left(\frac{Blu\,\Delta t}{\Delta t}\right) = Blu\,[\mathrm{V}]$$

② 자기장과 θ의 각을 이루면서 운동했을 때는 다음과 같다.

$$e' = Blu\cdot\sin\theta\,[\mathrm{V}]$$

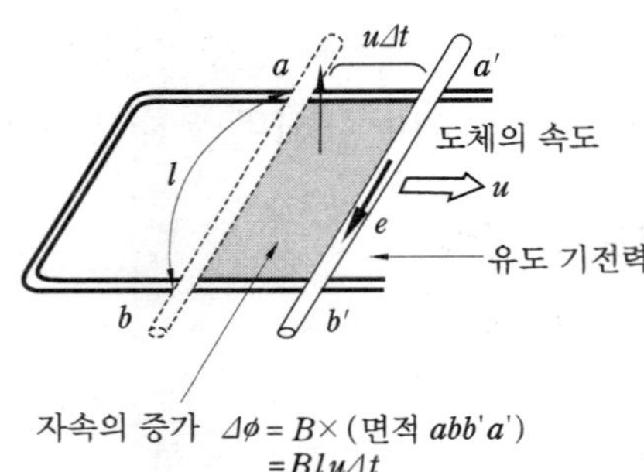

그림 1-15 도체의 운동과 유도 기전력

③ 유도 기전력의 방향 : 플레밍의 오른손 법칙 (Fleming's right-hand rule)

㈎ 엄지손가락 : 운동의 방향

㈏ 집게손가락 : 자속의 방향

㈐ 가운뎃손가락 : 기전력의 방향

(6) 자기 인덕턴스 (self-inductance)

① 코일의 자체 유도 능력 정도를 나타내는 값으로 단위는 henry, [H]이다.

② 코일에 발생되는 유도 기전력

㈎ 유도 기전력 v 는 전류의 변화율($\Delta I/\Delta t$)에 비례한다.

$$v = -L\frac{\Delta I}{\Delta t}[\mathrm{V}]$$

여기서, L : 비례상수-자기 인덕턴스

㈏ 유도 기전력 v 는 자속의 변화율($\Delta\phi/\Delta t$)에 비례한다.

$$v = -N\frac{\Delta\phi}{\Delta t}[\mathrm{V}]$$

여기서, N : 코일의 권수

③ 자기 인덕턴스

$$L = \frac{N\phi_1}{I}[\mathrm{H}]$$

여기서, $\Delta\phi$: ΔI에 의하여 발생하므로 $N\cdot\Delta\phi = L\cdot\Delta I$

④ 1H : 1S 동안에 1A 의 전류 변화에 의하여 코일 1V 의 유도 기전력을 발생시키는 코일의 자기 인덕턴스 용량을 나타낸다.

(7) 환상 코일의 자기 인덕턴스

① 자 속

$$\phi = \mu_0 HA = \mu_0 \cdot \frac{NI_1}{l} \cdot A \text{ [Wb]}$$

② 자기 인덕턴스

$$L = \frac{N\phi}{I} = \mu_0 \cdot \frac{A}{l} N^2 \text{[H]}$$

③ 비투자율 μ_s인 철심이 있을 때

$$L_s = \mu_s L = \mu_0 \mu_s \frac{A}{l} N^2 \text{[H]}$$

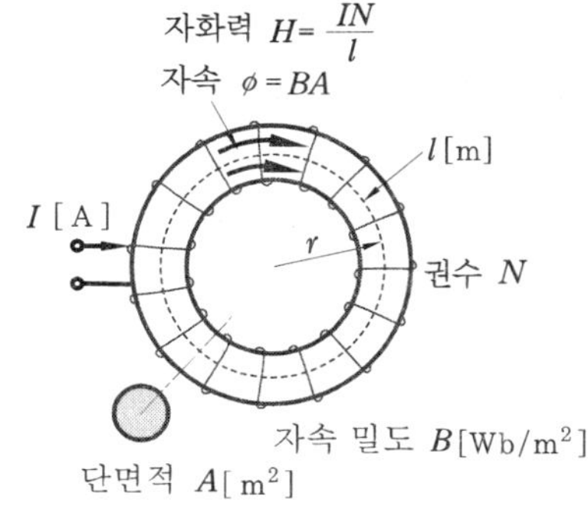

그림 1-16 환상 코일의 자기 인덕턴스

(8) 상호 인덕턴스

① 두 코일의 상호 유도 능력 정도를 나타내는 값으로 단위는 Henry, [H]를 사용한다.

② 권수 N_2 의 2차 코일에 발생하는 기전력 v_2는 다음과 같다.

$$v_2 = -N_2 \frac{\Delta\phi}{\Delta t} \text{ [V]}$$

③ 상호 인덕턴스

$$M = \frac{N_2 \phi}{I_1} \text{ [H]}$$

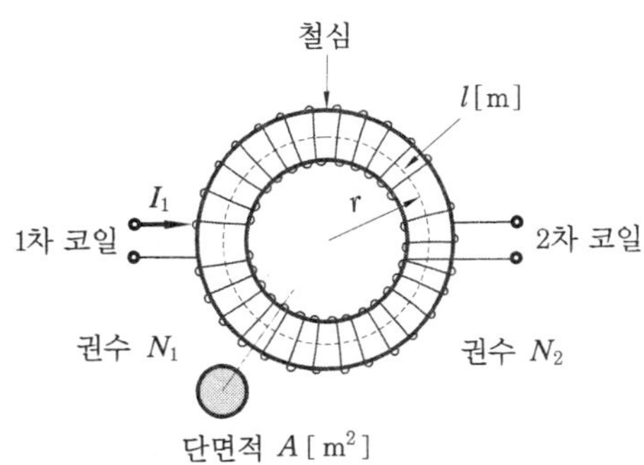

그림 1-17 상호 인덕턴스

(9) 결합 계수(coupling coefficient)

① 자기 인덕턴스와 상호 인덕턴스와의 관계

$$M = k\sqrt{L_1 L_2} \text{ [H]}$$

② 코일 간의 결합 계수

$$k = \frac{M}{\sqrt{L_1 L_2}}$$

여기서, 누설 자속이 없는 이상적인 결합일 때 $k = 1$이다.

(10) 인덕턴스의 접속

① 차동 접속

$$L_{ab} = L_1 + L_2 - 2M \text{ [H]}$$

② 가동 접속

$$L_{ab} = L_1 + L_2 + 2M \text{ [H]}$$

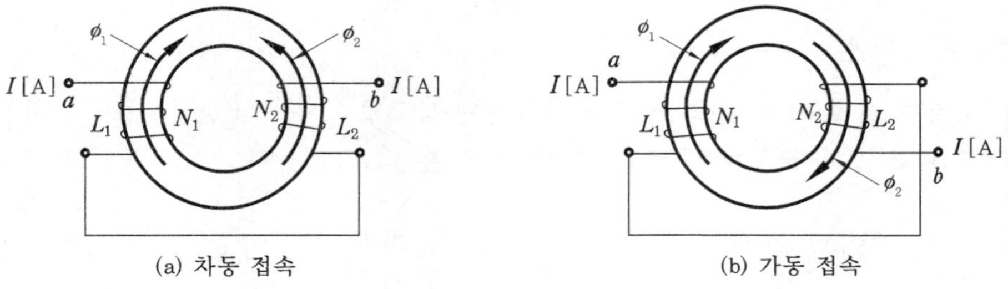

(a) 차동 접속　　(b) 가동 접속

그림 1-18 인덕턴스의 결합

(11) 자기 인덕턴스에 축적되는 에너지

인덕턴스 L [H]의 코일에 그림 1-19과 같이 전류가 0에서 I [A]까지 증가될 때 코일에 저장되는 전자 에너지 W는 다음과 같다.

$$W = \frac{1}{2} L I^2 \text{ [J]}$$

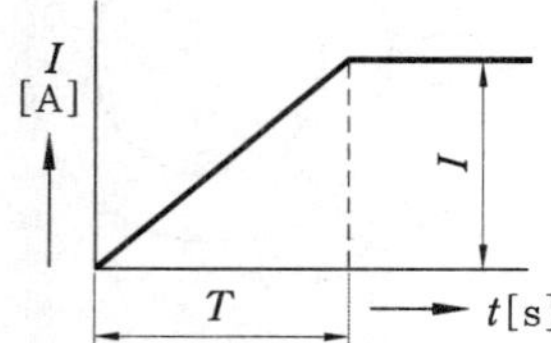

그림 1-19 전류의 변화

(12) 자기장 중에 축적되는 에너지

자속 밀도 B [Wb/m^2]와 자기장 H [AT/m]가 비례하는 공간에서의 단위 부피당 축적되는 에너지 W_0 는 다음과 같다.

$$W_0 = \frac{1}{2} NH = \frac{1}{2} HB \text{ [J/m}^3\text{]}$$

(13) 히스테리시스 곡선 (hysteresis loop)

① 잔류 자기 (residual magnetism) : 그림 1-20에서 자기장의 세기 H가 0인 경우에도, 남아 있는 자속의 크기를 잔류 자기라 한다.

- 잔류 자기의 크기 : $\overline{0b} = B_r$

② 보자력 (coercive force) : 잔류 자기를 없애는 데 필요한 $-H$ 방향의 자기장 세기이다.

- 보자력의 크기 : $\overline{0c} = H_c$

③ 히스테리시스 손실 (hysteresis loss) : 히스테리시스 곡선으로 둘러싸인 면적은 단위 체적당의 에너지 손실을 나타낸다.

$$P_h = \eta f B_m^{\ 1.6}\ [\mathrm{W/m^3}]$$

여기서, η : 히스테리시스 상수, f : 주파수 (Hz), B_m : 최대 자속 밀도

④ 히스테리시스 손실을 줄이기 위하여 전기 기기에 사용되는 철심에는 규소 (Si)가 함유된 철심을 성층으로 하여 사용한다.

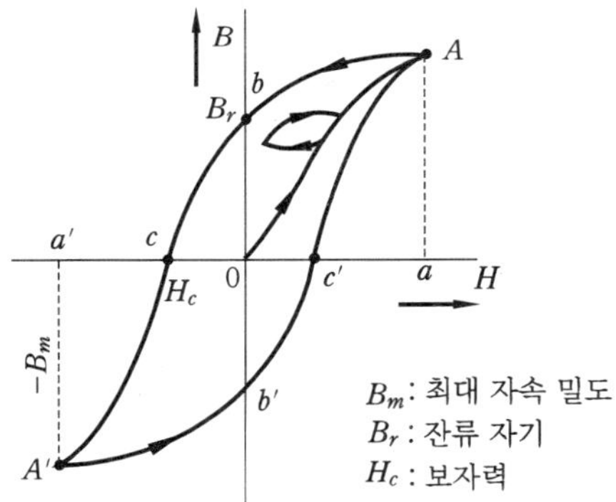

그림 1-20 히스테리시스 곡선

예·상·문·제

2. 자기 (magnetism)

1. 공기 중에서 자속 밀도 3 Wb/m²의 평등 자기장 속에 길이 10 cm의 직선 도선을 자기장의 방향과 직각으로 놓고 여기에 4 A의 전류를 흐르게 했을 때 도선에 받는 힘 N은?

㉮ 1.2 ㉯ 2.4
㉰ 3.6 ㉱ 4.8

해설 전자력

$F = Bl\,I\sin\theta = 3\times10\times10^{-2}\times4\times1$

$= 120\times10^{-2} = 1.2$ N

여기서, $\sin\theta = \sin90° = 1$

$l = 10\,\text{cm} = 10\times10^{-2}$[m]

2. 자속 밀도 0.5 Wb/m²의 자장 안에 자장과 직각으로 20 cm의 도체를 놓고 10 A의 전류를 흘릴 때 도체가 50 cm 운동한 경우의 한 일(J)은?

㉮ 0.5 ㉯ 1 ㉰ 1.5 ㉱ 5

해설 ① 전자력 F[N]

$F = IBl\sin\theta = 10\times0.5\times20\times10^{-2} = 1$N

② 한 일 W[J]

= 도체에 작용하는 힘×도체의 운동 거리

$W = F\cdot r = 1\times50\times10^{-2} = 0.5$ J

3. 공기 중에서 간격 1 m의 평행 왕복 도체에 길이 1 m당 10^{-7} N의 반발력이 작용한다면 이 도체에 흐르는 전류는 몇 A인가? [06]

㉮ $\sqrt{2}$ ㉯ $\frac{1}{\sqrt{2}}$ ㉰ 2 ㉱ $\frac{1}{2}$

해설 평행 왕복 도체 간에 작용하는 힘(전자력)

$F = \frac{2I^2}{r}\times10^{-7}$[N/m]에서,

$$I = \frac{\sqrt{F\cdot r\times10^7}}{\sqrt{2}} = \frac{\sqrt{10^{-7}\times1\times10^7}}{\sqrt{2}}$$

$$= \frac{1}{\sqrt{2}}\text{A}$$

4. 전류의 방향과 기전력의 방향을 결정하는 법칙은? [06]

㉮ 렌츠의 법칙
㉯ 플레밍의 오른손 법칙
㉰ 패러데이의 전자 유도 법칙
㉱ 앙페르의 오른나사의 법칙

해설 렌츠의 법칙(Lenz's law) : 본문 그림 1-14 참조

① 플레밍의 오른손 법칙 : 자속의 방향과 도체의 운동 방향에 따른 유도 기전력의 방향 정의

② 패러데이의 전자 유도 법칙 : 유도 기전력의 크기 정의

③ 앙페르의 오른나사 법칙 : 전류의 방향에 따른 자기장의 방향 정의

5. 권회수 2회의 코일에 5 Wb의 자속이 쇄교하고 있을 때, 0.1초 사이에 자속이 0 Wb로 변환하였다면, 이때 코일에 유도되는 기전력은 몇 V인가? [08]

㉮ 10 ㉯ 50 ㉰ 100 ㉱ 500

해설 패러데이의 법칙에서 유도 기전력의 크기

$$v = N\frac{\Delta\phi}{\Delta t} = 2\times\frac{5}{0.1} = 100\text{ V}$$

6. 1회 감은 코일에 지나가는 자속이 1/100 s 동안에 0.3 Wb에서 0.5 Wb로 증가하였다. 이 유도 기전력(V)은 얼마인가?

㉮ 5 ㉯ 10 ㉰ 20 ㉱ 40

정답 1. ㉮ 2. ㉮ 3. ㉯ 4. ㉮ 5. ㉰ 6. ㉰

해설 유도 기전력의 크기

$$v = N \cdot \frac{\Delta\phi}{\Delta t} = 1 \times \frac{0.2}{1 \times 10^{-2}} = 20 \text{ V}$$

여기서, $N = 1$회

$$\Delta\phi = 0.5 - 0.3 = 0.2 \text{ Wb}$$

$$\Delta t = \frac{1}{100} = 1 \times 10^{-2} \text{ s}$$

7. 10 H의 자기 인덕턴스를 가지는 코일의 전류 변화량이 그림과 같은 때 유도 기전력은?

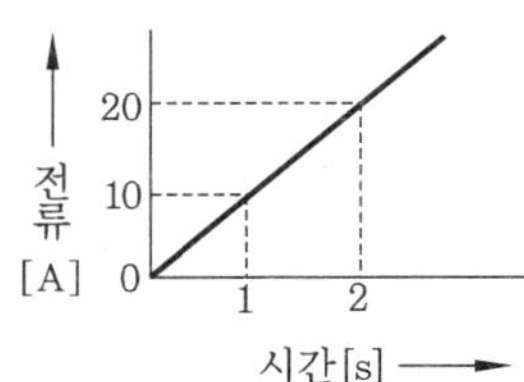

㉮ 100 V　　㉯ 110 V
㉰ 200 V　　㉱ 220 V

해설 $v = L\frac{\Delta I}{\Delta t} = 10 \times \frac{10}{1} = 100 \text{ V}$

8. 자속 밀도 1 Wb/m²인 평등 자계의 방향과 수직으로 놓인 50 cm의 도선을 자계와 30° 방향으로 40 m/s의 속도로 움직일 때 도선에 유기되는 기전력은 몇 V 인가? [07]

㉮ 5　㉯ 10　㉯ 20　㉱ 40

해설 $v = Blu\sin\theta$

$$= 1 \times 50 \times 10^{-2} \times 40 \times \sin 30°$$

$$= 20 \times \frac{1}{2} = 10 \text{ V}$$

9. 길이 50 cm인 직선상의 도체봉을 자속 밀도 0.1 Wb/m²의 평등 자계 중에 자계와 수직으로 놓고 이것을 50 m/s의 속도로 자계와 60°의 각으로 움직였을 때 유도 기전력은 약 몇 V가 되는가? [09]

㉮ 1.08　㉯ 1.25　㉰ 2.17　㉱ 2.51

해설 $v = Blu\sin\theta$

$$= 0.1 \times 50 \times 10^{-2} \times 50 \times \frac{\sqrt{3}}{2}$$

$$\fallingdotseq 2.17 \text{ V}$$

여기서, $\sin 60° = \frac{\sqrt{3}}{2}$

10. 권선수 50인 코일에 5 A의 전류가 흘렀을 때 10^{-3}Wb의 자속이 코일 전체를 쇄교하였다면 이 코일의 자기 인덕턴스는?

㉮ 10 mH　　㉯ 20 mH
㉰ 30 mH　　㉱ 40 mH

해설 $L = N \cdot \frac{\phi}{I} = 50 \times \frac{1}{5} \times 10^{-3}$

$$= 10 \times 10^{-3} = 10 \text{ mH}$$

11. 자기 인덕턴스가 L_1, L_2, 상호 인덕턴스가 M인 두 회로의 결합계수가 1인 경우 L_1, L_2, M의 관계는? [08, 11]

㉮ $L_{1,}L_2 = M$　　㉯ $L_1L_2 < M_2$
㉰ $L_1L_2 < M^2$　　㉱ $L_1L_2 = M^2$

해설 ① 상호 인덕턴스 : $M = k\sqrt{L_1 \cdot L_2}$

② 결합 계수 : $k = 1$일 때,

$M = \sqrt{L_1 \cdot L_2}$

$\therefore M^2 = L_1 \cdot L_2$

12. 그림에서 1차 코일의 자기 인덕턴스 L_1, 2차 코일의 자기 인덕턴스 L_2, 상호 인덕턴스를 M이라고 할 때 L_A의 값으로 옳은 것은?

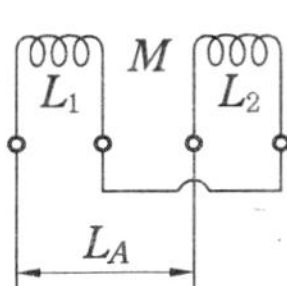

정답 7. ㉮　8. ㉯　9. ㉰　10. ㉮　11. ㉱　12. ㉰

㉮ L_1+L_2+2M ㉯ L_1-L_2+2M
㉰ L_1+L_2-2M ㉱ L_1-L_2-2M

해설 인덕턴스의 차동 접속(본문 그림 1-18 참조)

$L_A=L_1+L_2-2M$

13. 같은 철심 위에 동일한 권수로 자체 인덕턴스 L[H]의 코일 두 개를 접근해서 감고 이것을 같은 방향으로 직렬 연결할 때 합성 인덕턴스(H)는?(단, 두 코일의 결합계수는 0.5이다.) [11]

㉮ L ㉯ $2L$
㉰ $3L$ ㉱ $4L$

해설 인덕턴스의 가동 접속

① $L_o=L_1+L_2+2M=2L+2M$

② 결합 계수 $k=\dfrac{M}{\sqrt{L_1L_2}}$에서,

$k=0.5$이므로

$0.5=\dfrac{M}{\sqrt{L^2}}$, $M=0.5L$

∴ ①, ②식에서

$L_o=2L+2M=2L+2\times0.5L=3L$

14. 동일한 보빈 위에 동일한 인덕턴스 L[H]인 두 코일을 반대 방향으로 직렬로 연결할 때 합성 인덕턴스는 몇 H인가? [07]

㉮ 0 ㉯ L
㉰ $2L$ ㉱ $4L$

해설 차동 접속 : $L_s=L_1+L_2-2M$ [H]

($L_1=L_2$, 반대 방향 직렬 접속)

$L_s=L+L-2\sqrt{L\cdot L}$

$=2L-2L=0$

참고 가동 접속 : $L_p=L_1+L_2+2M$ [H]

($L_1=L_2$, 같은 방향 직렬 접속)

$L_p=L+L+2\sqrt{L\cdot L}$

$=2L+2L=4L$ [H]

15. 자기 인덕턴스 L[H]의 코일에 I[A]의 전류가 흐를 때 코일에 저장되는 에너지는 몇 J인가? [07]

㉮ $W=\dfrac{1}{2}LI^2$ ㉯ $W=2LI^2$
㉰ $W=\dfrac{I}{2L}$ ㉱ $S=\dfrac{2L}{I^2}$

해설 코일에 저장되는 에너지(본문 그림 1-19 참조)

$W=\dfrac{1}{2}LI^2$[J]

16. 자기 인덕턴스 10 mH의 코일에 10 A의 전류를 흘렸을 때 코일에 저축되는 에너지는 몇 J인가? [06]

㉮ 0.5 ㉯ 5 ㉰ 50 ㉱ 500

해설 $W=\dfrac{1}{2}LI^2$

$=\dfrac{1}{2}\times10\times10^{-3}\times10^2=0.5$ J

17. 비투자율이 1000인 철심의 자속 밀도가 1 Wb/m^{2}일 경우 이 철심에 축적된 에너지는 대략 얼마인가?

㉮ 300 J/m^3 ㉯ 400 J/m^3
㉰ 500 J/m^3 ㉱ 600 J/m^3

해설 $W=\dfrac{1}{2}\times\dfrac{B^2}{\mu_o\mu_s}$

$=\dfrac{1^2}{2\times4\pi\times10^{-7}\times1000}\fallingdotseq400$ J/m^3

18. 비투자율이 1500인 자로의 평균 길이 50 cm, 단면적 30 cm^{3}인 철심에 감긴 권수 425회의 코일에 0.5 A의 전류가 흐를 때 저축된 전자(電磁)에너지는 약 몇 J인가? [07, 09]

정답 13. ㉰ 14. ㉮ 15. ㉮ 16. ㉮ 17. ㉯ 18. ㉮

㉮ 0.25 ㉯ 2.73 ㉰ 4.96 ㉱ 15.3

해설 ① $\mu = \mu_o \mu_s = 4\pi \times 10^{-7} \times 1500$

$\fallingdotseq 1.885 \times 10^{-3}$

② $L = \mu \cdot \dfrac{A}{l} N^2$

$= 1.885 \times 10^{-3} \times \dfrac{30 \times 10^{-4}}{50 \times 10^{-2}} \times 425^2$

$\fallingdotseq 2\,\text{H}$

$\therefore W = \dfrac{1}{2} LI^2 = \dfrac{1}{2} \times 2 \times 0.5^2 = 0.25\,\text{J}$

19. 히스테리시스 곡선의 횡축과 종축을 나타내는 것은? [07]

㉮ 자속 밀도-투자율

㉯ 자장의 세기-자속 밀도

㉰ 자계의 세기-자화

㉱ 자화-자속 밀도

해설 히스테리시스 곡선(본문 그림 1-20 참조)

① 횡축 H : 자장의 세기

② 종축 B : 자속 밀도

20. 강자성체의 히스테리시스 루프의 면적은? [07]

㉮ 강자성체의 단위 체적당 필요한 에너지이다.

㉯ 강자성체의 단위 면적당 필요한 에너지이다.

㉰ 강자성체의 단위 길이당 필요한 에너지이다.

㉱ 강자성체의 단위 체적의 필요한 에너지이다.

해설 히스테리시스 루프(hysteresis loop)의 면적

① 철심을 사용한 코일에 교류 전류를 흘리면 철심의 히스테리시스 루프 면적에 비례하는 양의 에너지를 잃게 되는데, 이 손실을 말한다.

② 히스테리시스 루프를 따라서 B, H가 변화하면 코일은 에너지를 흡수하든지 방출하든지 하여 그 차(루프 내의 면적)의 에너지가 철심(단위 체적)에서 잃게 되어 기기의 온도 상승, 효율 저하를 초래한다.

21. 철심을 자화할 때 발생하는 자기 점성의 원인은? [07]

㉮ 자화에 따른 발열

㉯ 자구의 변화에 대한 관성

㉰ 맴돌이 전류에 의한 자화 방해

㉱ 전자의 전자 운동의 감속

해설 자기 점성의 원인 : 자구의 변화에 대한 관성

① 자기 점성(magnetic viscosity) : 강자성체에 약한 자장을 작용시킬 경우, 자화가 평형 값에 도달하는 데에는 시간이 지연된다. 이 현상을 자기점성 또는 자기여효(magnetic after effect)라 한다.

② 자구(magnetic domain) : 원자의 집단에서 전 영역을 말하며, 철판은 자구라고 하는 영역으로 구성되어 있고, 이들의 영역에는 각각 10^{15}개 정도의 원자가 함유되어 있다.

정답 19. ㉯ 20. ㉮ 21. ㉯

제 2 장

직류 이론

1. 직류 회로의 성질

■ 전기 회로(electric circuit) : 전원과 부하 등이 도선으로 접속되어 전기적인 현상을 나타내도록 한 상태를 말한다.

■ 전원(electric source) : 전기적인 에너지를 공급하는 전원 장치
- 발전기 : 기계적 에너지를 전기 에너지로 변환
- 전기 : 화학 변화에 의하여 전기 에너지를 발생
- 태양 전지 : 빛의 에너지로부터 전기 에너지를 발생
- 열전쌍 : 열 에너지를 전기 에너지로 변환

■ 부하(electric load)
- 전기적인 에너지를 다른 에너지로 변환 소비하는 장치이다.
- 실생활이나 산업 현장에 쓰이는 모든 전기 장치 및 기계 기구는 모두 부하이다.

1-1 전기 회로의 전류와 전압

(1) 전류(electrical current)

① 전류는 전기 현상을 다루는 기본적인 물리량으로, 어떤 도체의 단면을 1초 간에 통과하는 전하량이다. 단위는 암페어(Ampere, [A])를 사용한다.

② t [s] 동안에 Q [C]의 전하가 이동했다면 1 s 동안에는 Q/t의 전하가 이동하고 있다.

$$I = \frac{Q}{t} \text{ [A]}$$

(2) 전위차 : 전압(voltage)

① 회로 내에서 전류를 흐르게 하는 전기적인 에너지의 차이를 두 점 사이의 전위차라 한다.

② 전원으로부터 어떤 전하량 Q[C]를 이동시키는 데 W[J]의 에너지를 소비하였다면, 전원 두 단자 사이의 전위차, 즉 전압 V는 다음과 같다.

$$V = \frac{W}{Q} \text{ [V]}$$

(3) 전압과 전류 측정

① 배율기(multiplier)

(가) 배율기는 전압계의 측정 범위를 넓히기 위한 목적으로, 전압계에 직렬로 접속하는 일종의 저항기이다.

(나) 배율기의 배율

$$m = 1 + \frac{R_m}{R_v}$$

여기서, R_m : 배율기의 저항, R_v : 전압계의 내부 저항, V : 전압계의 지시값, V_o : 피측정 전압

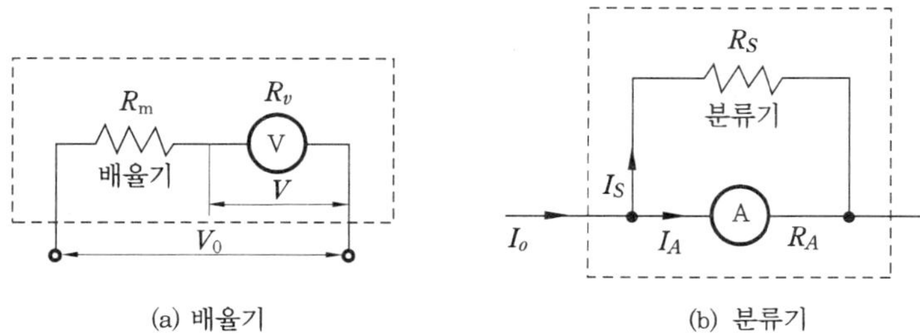

그림 1-21 배율기와 분류기

② 분류기(shunt)

(가) 분류기는 전류계의 측정 범위를 넓히기 위한 목적으로, 전류계에 병렬로 접속하여 사용하는 일종의 저항기이다.

(나) 분류기의 배율

$$m = 1 + \frac{R_A}{R_S}$$

여기서, R_A : 전류계의 내부 저항, R_S : 분류기의 저항, I_A : 전류계의 지시값, I_o : 피측정 전류

(4) 저항의 접속

① 직렬 접속과 전압 분배

(가) 합성 저항 : $R_s = R_1 + R_2 + R_3 + \cdots R_n$ [Ω]

(나) 전압 강하는 저항에 비례하여 분배된다.

$$V_1 = IR_1 \text{ [V]},\ V_2 = IR_2 \text{ [V]},\ V_3 = IR_3 \text{ [V]} \cdots V_n = IR_n \text{ [V]}$$

② 병렬 접속과 전류 분배

(가) 합성 저항

• 서로 다른 두 개의 저항이 병렬로 접속된 경우

$$R_p = \frac{R_1 \cdot R_2}{R_1 + R_2} = \frac{\text{두 저항의 곱}}{\text{두 저항의 합}}$$

• 서로 다른 세 개의 저항이 병렬로 접속된 경우

$$R_p = \frac{R_1R_2R_3}{R_1R_2 + R_2R_3 + R_3R_1} = \frac{\text{세 저항의 곱}}{\text{두 저항들의 곱의 합}}$$

• 동일한 N개의 저항이 모두 병렬로 접속된 경우

$$R_p = \frac{R}{N}\ [\Omega]$$

• 합성 저항의 역수 = 각 저항의 역수의 합

$$\frac{1}{R_p} = \frac{1}{R_1} + \frac{1}{R_2} + \frac{1}{R_3} + \cdots \frac{1}{R_n}\ [\Omega]$$

(나) 전류의 분배

$$I_1 = \frac{V}{R_1}\ [\text{A}],\ I_2 = \frac{V}{R_2}\ [\text{A}],\ I_3 = \frac{V}{R_3}\ [\text{A}]$$

$$\therefore\ I_p = I_1 + I_2 + I_3\ [\text{A}]$$

• 전류는 각 저항의 크기에 반비례하여 흐른다.

$$I_1 : I_2 : I_3 = \frac{1}{R_1} : \frac{1}{R_2} : \frac{1}{R_3}$$

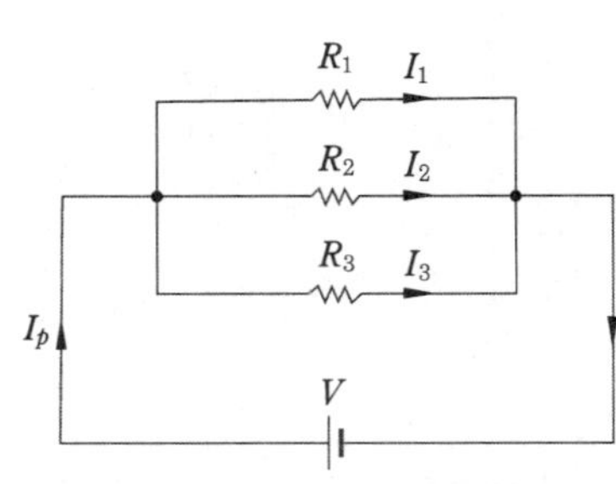

그림 1-22 전류의 분배

1-2 전기 저항과 저항기

• 저항(resistance)의 성질
- 물질의 내부에 자유 전자가 이동하게 되면 전류가 흐른다. 그런데 물질 내부에서는 자유 전자의 이동을 방해하는 성질이 있다.
- 도체의 전기 저항은 그 재료의 종류, 모양, 온도, 압력, 자기장 등의 영향에 따라 변화한다.

(1) 고유 저항(specific resistance) : 저항률(resistivity)

① 단면적 1 m^2, 길이 1 m 의 임의의 도체 양면 사이의 저항값을 그 물체의 고유 저항이라 한다.

② 기호는 ρ, 단위는 [Ω·m]를 사용한다.

$$1\ \Omega\cdot\text{m} = 10^2\ \Omega\cdot\text{cm} = 10^6\ \Omega\cdot\text{mm}^2/\text{m}$$

③ 모든 물질의 고유 저항은 다르며, 전기 회로에 사용되는 도체는 고유 저항이 작을수록 전기 저항이 작으므로 유리하다.

(2) 전기 저항 (electric resistance)

전기 저항은 그 도체의 길이에 비례하고 단면적에 반비례한다.

$$R = \rho \frac{l}{A}\ [\Omega]$$

여기서, ρ : 도체의 고유 저항 $[\Omega \cdot m]$, A : 도체의 단면적 $[m^2]$, l : 길이 $[m]$

(3) 전도율 (conductivity)

① 고유 저항의 역수로, 물질 내 전류 흐름의 정도를 나타낸다.

② 기호는 σ, 단위는 [℧/m]를 사용한다.

$$\sigma = \frac{1}{\rho} = \frac{1}{\frac{RA}{l}} = \frac{l}{RA}\ [℧/m],\ [\Omega^{-1}/m]$$

(4) 부 (−) 저항 온도 계수

① 온도가 상승하면 저항값이 감소하는 특성을 나타낸다.

② 반도체, 탄소, 절연체, 전해액, 서미스터 (thermistor) 등이 있다.

③ 서미스터(thermister) 온도 검출용으로 사용한다.

④ 전해액과 전해질의 종류 및 농도에 따라 저항이 다르지만, 1 ℃의 온도 상승에 대하여 대개 2 %의 저항 감소가 생긴다.

표 1-1 금속의 고유 저항, % 전도율, 온도 계수

물 질	고유 저항 ρ (20℃) [$\mu\ \Omega \cdot cm$]	% 전도율 (20℃)	온도 계수 (20℃)
순 동	1.7241	100	0.00393
경동선	1.7774	97	0.00381
아연도금철선	13.262	13	−
순알루미늄 (99.5 %)	2.733	63.3	0.0042
순니켈	7.500	23.1	0.0054
은	1.585	109	0.00405
니크롬 Ⅰ	109.0	1.57	0.00019
니크롬 Ⅱ	112.0	1.54	0.000172

예·상·문·제

1. 직류 회로의 성질

1. 어느 도체의 단면을 1시간에 18000 C의 전기량이 지났다면 전류의 크기는?

㉮ 10 A ㉯ 5 A ㉰ 3 A ㉱ 1 A

해설 $I = \frac{Q}{t} = \frac{18000}{1 \times 60 \times 60} = 5\text{A}$

2. 1.5 V의 전위차로 3 A의 전류가 2분 동안 흐를 때 한 일 J은?

㉮ 180 ㉯ 250
㉰ 540 ㉱ 590

해설 전기 에너지 – 한 일

$W = VQ = VIt = 1.5 \times 3 \times 2 \times 60 = 540\,\text{J}$

3. 직류 전류계의 측정 범위를 확대하는 데 사용되는 것은? [10]

㉮ 계기용 변류기 ㉯ 영상 변류기
㉰ 분류기 ㉱ 배율기

해설 분류기와 배율기(본문 그림 1-21 참조)

① 분류기(shunt) : 전류계의 측정 범위의 확대를 위해 전류계의 병렬로 접속하는 저항기

② 배율기(multiplier) : 전압계의 측정 범위의 확대를 위해 전압계와 직렬로 접속하는 저항기

4. 분류기를 사용하여 전류를 측정하는 경우 전류계의 내부 저항이 0.12 Ω, 분류기의 저항이 0.03 Ω이면 그 배율은?

㉮ 4 ㉯ 5 [10, 12]
㉰ 15 ㉱ 36

해설 분류기의 배율

$m = 1 + \frac{R_A}{R_s} = 1 + \frac{0.12}{0.03} = 5$

5. DC 12 V의 전압을 측정하려고 10 V용 전압계 Ⓐ와 Ⓑ 두 개를 직렬로 연결하였다. 이때 전압계 Ⓐ의 지시값은? (단, 전압계 Ⓐ의 내부저항은 8 kΩ이고, Ⓑ의 내부저항은 4 kΩ이다.) [11]

㉮ 4 V ㉯ 6 V ㉰ 8 V ㉱ 10 V

해설 등가회로에서 각 전압계에 흐르는 전류는 같으므로 전압계가 지시하는 값은 내부 저항값의 크기에 비례한다.

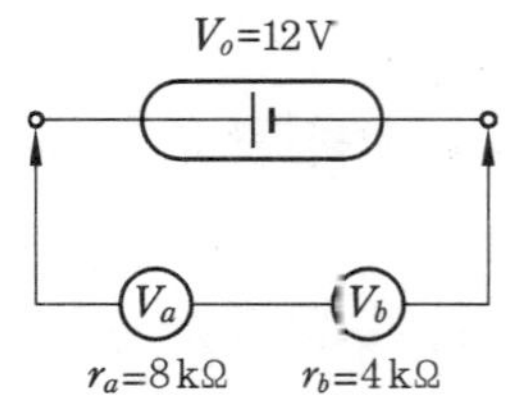

$r_a : r_b = 2:1$, $V_a : V_b = 2:1$

① $V_a = 2V_b$

② $V_a + V_b = 12$

①, ②에서 $V_a = 8\,[\text{V}]$, $V_b = 6\,[\text{V}]$

참고 $V_a = \frac{r_a}{r_a + r_b} \times V_o = \frac{8}{8+4} \times 12 = 8\,[\text{V}]$

6. 5Ω의 저항 10개를 직렬 접속하면 병렬 접속 시의 몇 배가 되는가? [07]

㉮ 20 ㉯ 50
㉰ 100 ㉱ 250

해설 ① 직렬 접속 : $R_s = nR_1$

② 병렬 접속 : $R_p = R_1/n$

$\therefore \frac{R_s}{R_p} = \frac{nR_1}{R_1/n} = n^2 = 10^2 = 100$배

7. 100Ω의 저항을 병렬로 무한히 연결하였을 때 합성 저항은 몇 Ω인가? [08]

정답 1. ㉯ 2. ㉰ 3. ㉰ 4. ㉯ 5. ㉰ 6. ㉰ 7. ㉯

㉮ 1 ㉯ 0

㉰ ∞ ㉱ 100

해설 $R_p = \frac{R_1}{n} = \frac{100}{\infty} = 0$

8. 다음 회로에서 단자 AB간의 합성 저항은 몇 Ω인가? [09]

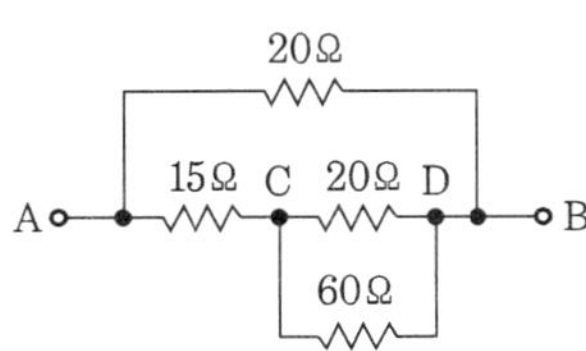

㉮ 10 ㉯ 12

㉰ 15 ㉱ 30

해설 합성 저항-등가 회로

①

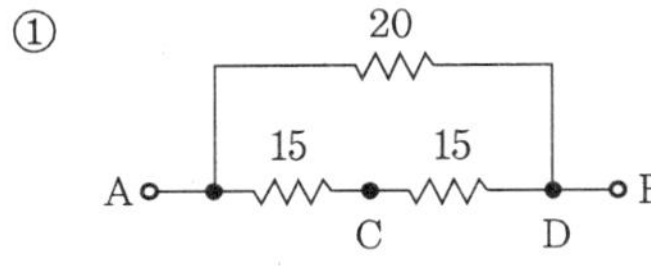

$$R_{CD} = \frac{20 \times 60}{20+60} = 15\,\Omega$$

②

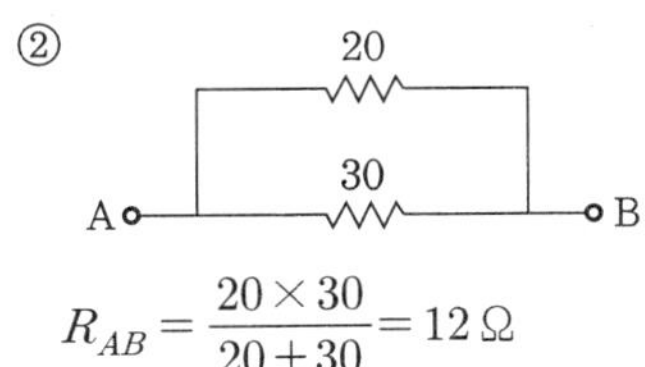

$$R_{AB} = \frac{20 \times 30}{20+30} = 12\,\Omega$$

9. 그림과 같은 회로에서 단자 a, b에서 본 합성 저항 Ω은? [06, 12]

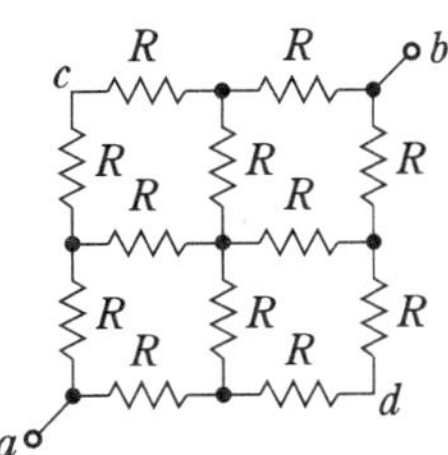

㉮ $\frac{1}{2}R$ ㉯ $\frac{1}{3}R$ ㉰ $\frac{3}{2}R$ ㉱ $2R$

해설 단위 전류법에 의한 등가회로에서,

$$R_{ab} = \left(\frac{1}{2} + \frac{1}{4} + \frac{1}{4} + \frac{1}{2}\right)R = \frac{3}{2}R$$

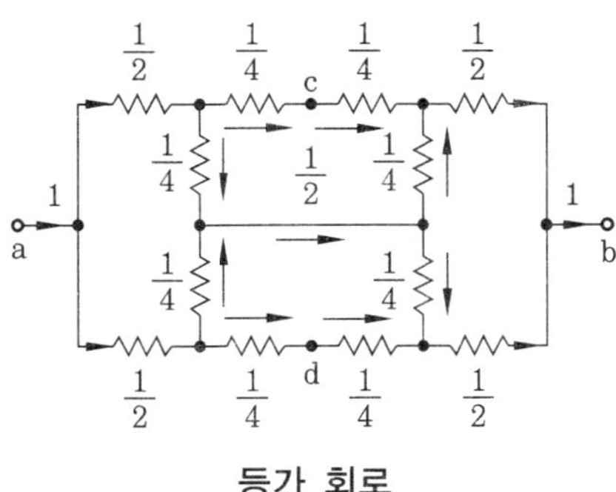

등가 회로

10. 그림과 같은 회로에 입력 전압 200 V를 가할 때 20Ω의 저항에 흐르는 전류는 몇 A인가? [08, 11]

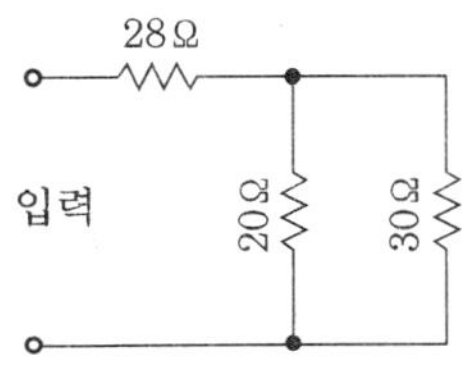

㉮ 2 ㉯ 3 ㉰ 5 ㉱ 8

해설 ① $R_{ab} = 28 + \frac{30 \times 20}{30+20} = 40\,\Omega$

② $I = \frac{V}{R_{ab}} = \frac{200}{40} = 5\,\text{A}$

$$\therefore I_2 = \frac{30}{30+20} \times 5 = 3\,\text{A}$$

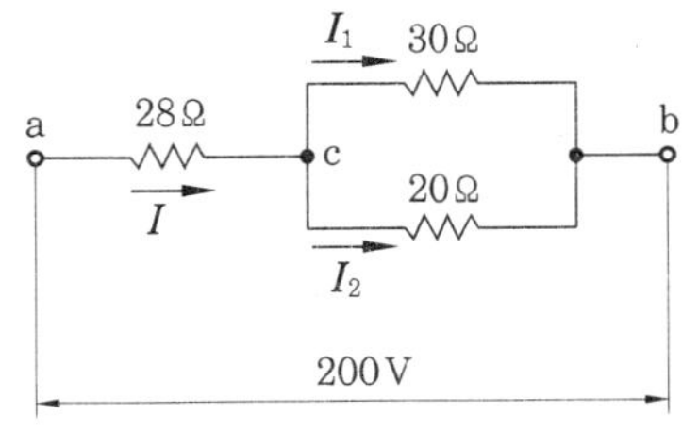

등가 회로

11. 그림과 같은 회로에서 a, b간에 100 V의 직류 전압을 가했을 때 10Ω의 저항

에 4 A의 전류가 흘렀다. 이때 저항 r_1에 흐르는 전류와 저항 r_2에 흐르는 전류의 비가 1 : 4라고 하면 r_1 및 r_2의 저항값은 각각 얼마인가? [07]

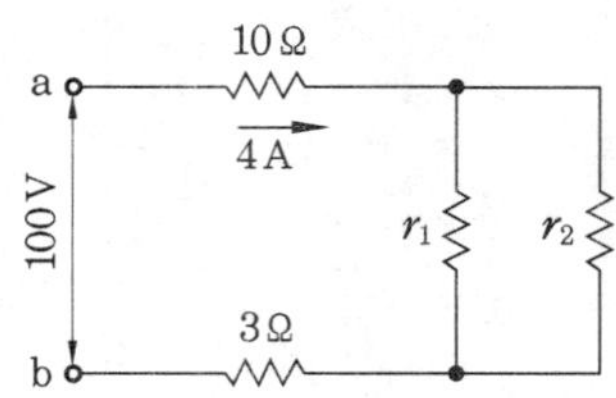

㉮ $r_1=12$, $r_2=3$
㉯ $r_1=36$, $r_2=9$
㉰ $r_1=60$, $r_2=15$
㉱ $r_1=40$, $r_2=10$

해설 ① $V_{cd}=100-(V_{ac}+V_{db})$
$=100-(40+12)=48\text{V}$

② $R_{cd}=\dfrac{V_{cd}}{I}=\dfrac{48}{4}=12\,\Omega$

③ $R_{cd}=\dfrac{r_1\times r_2}{r_1+r_2}=12\,\Omega$에서, 전류비가 1 : 4일 때, 저항비는 4 : 1이므로 $r_1=4r_2$가 된다.

$\therefore R_{cd}=\dfrac{4r_2\times r_2}{4r_2+r_2}=\dfrac{4r_2^2}{5r_2}=\dfrac{4}{5}r_2=12\,\Omega$에서,

$r_2=\dfrac{5}{4}\times 12=15\,\Omega$

$r_1=4r_2=4\times 15=60\,\Omega$

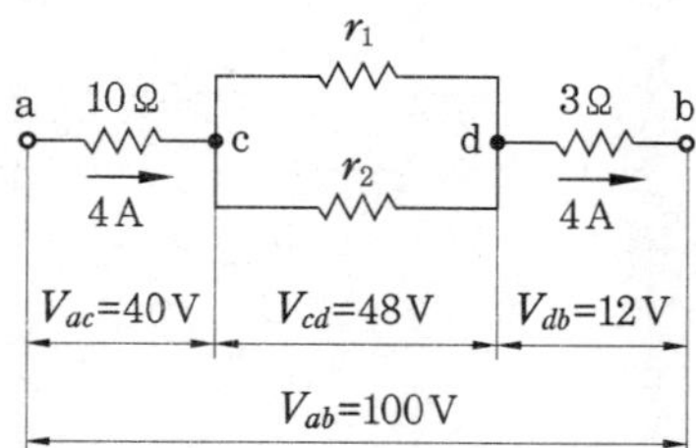

등가 회로

12. 그림과 같은 회로에서 ab간에 전압을 가하니 전류계는 2.5 A를 지시했다. 다음에 스위치 S를 닫으니 전류계 및 전압계는 각각 2.55 A 및 100 V를 지시했다. 저항 R의 값은 약 몇 Ω인가? (단, 전류계 내부 저항 $r_a=0.2\,\Omega$이고, ab 사이에 가한 전압은 S에 관계없이 일정하다고 한다.) [11]

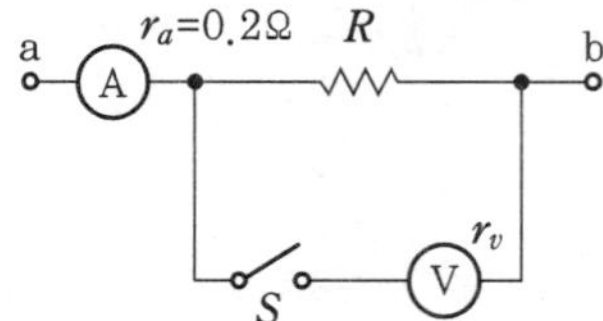

㉮ 30 ㉯ 40 ㉰ 50 ㉱ 60

해설 $R\fallingdotseq\dfrac{\text{전압계의 지시값}}{\text{전류계의 지시값}}$

$=\dfrac{100}{2.55}=39.22\,\Omega\left(R\fallingdotseq\dfrac{100}{2.5}=40\,\Omega\right)$

참고 전압계의 내부 저항 r_v는 매우 큰 값이므로 전압계에 흐르는 전류는 매우 작아 무시해도 된다.

풀이 ① S가 off 상태일 때
$V_{ab}=I(r_a+R)=2.5(0.2+R)$

② S가 on 상태일 때
$V_{ab}=I'r_a+V=2.55\times 0.2+100$
$=100.51\text{ V}$

①, ②식에서, $2.5(0.2+R)=100.51$

$\therefore R=\dfrac{100.51-0.5}{2.5}=40.004\,\Omega$

13. 그림과 같은 회로에서 10Ω에 흐르는 전류는? [10]

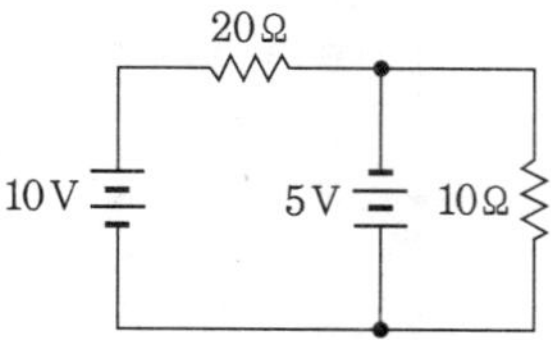

㉮ 0.2 A ㉯ 0.5 A ㉰ 1 A ㉱ 1.5 A

해설 중첩의 원리<10Ω의 저항에 흐르는 전류 I_{10}일 때>

정답 12. ㉯ 13. ㉯

① 전압원 10 V에 의한 $I_{10}=0$(5 V 전원이 단락 상태이므로)

② 전압원 5 V에 의한 $I'_{10}=\frac{5}{10}=0.5$ A

∴ 10 Ω의 저항에 흐르는 전류 = 0.5 A

14. **주어진 구리선을 단면적이 균일하게 4배의 길이로 늘리면 저항은 몇 배가 되는가? (단, 체적은 일정)**

㉮ 4배 ㉯ $\frac{1}{4}$배 ㉰ 16배 ㉱ $\frac{1}{16}$배

해설 전기 저항

$$R=\rho\frac{l}{A}=\rho\frac{4l}{\frac{1}{4}A}=16\rho\frac{l}{A}\ [\Omega]$$

∴ 길이는 4배, 단면적은 $\frac{1}{4}$배가 되므로 저항은 16배가 된다.

15. **전선의 길이를 2배로 늘리면 저항은 몇 배가 되는가? (단, 체적은 일정)**

㉮ 1 ㉯ 2 ㉰ 4 ㉱ 8

해설 전선의 저항

① 체적은 일정하다는 조건하에서, 길이를 n배로 늘리면 단면적은 $\frac{1}{n}$배로 감소한다.

② $R=\rho\frac{l}{A}$에서,

$$R_n=\rho\frac{nl}{\frac{A}{n}}=n^2\cdot\rho\frac{l}{A}=n^2R$$

∴ $R_2=2^2\times R=4R$

16. **도선의 반지름이 2배로 늘어나면 그 저항은 어떻게 되는가?**

㉮ 4배로 는다. ㉯ 2배로 는다.

㉰ $\frac{1}{4}$로 준다. ㉱ $\frac{1}{2}$로 준다.

해설 도선의 전기 저항(electric resistance)

① $R=\rho\frac{l}{A}=\rho\frac{l}{\pi r^2}$ [Ω]에서, 반지름은 2배로 늘리고 길이는 일정하다.

② $R'=\rho\frac{l}{\pi(2r)^2}=\rho\frac{l}{4\pi r^2}$

$=\frac{1}{4}\rho\frac{l}{\pi r^2}=\frac{1}{4}\cdot R$

∴ 반지름을 2배로 늘리면, 저항은 $\frac{1}{4}$배로 감소한다.

17. **회로에서 검류계의 지시가 0일 때 저항 X는 몇 Ω인가?**

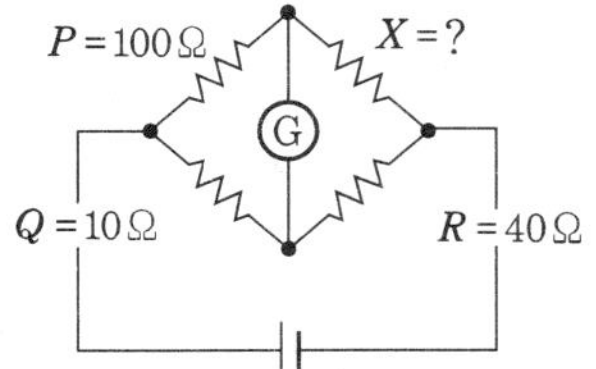

㉮ 10 Ω ㉯ 40 Ω

㉰ 100 Ω ㉱ 400 Ω

해설 휘트스톤 브리지 회로 – 평형 조건

① 평형 조건 : $PR=QX$

② 미지의 저항 : $X=\frac{P}{Q}R$

∴ $X=\frac{100}{10}\times 40=400$ Ω

18. **도전율이 큰 것부터 작은 것의 순으로 나열된 것은?** [11]

㉮ 금 > 은 > 구리 > 수은

㉯ 은 > 구리 > 금 > 수은

㉰ 금 > 구리 > 은 > 수은

㉱ 은 > 구리 > 수은 > 금

해설 ① 도전율 σ와 고유저항 ρ의 관계

$\sigma=\frac{1}{\rho}$ [℧ · m^{-1}]

② 저항률([Ω · m]×10^{-8})이 작은 순서와 도전율이 큰 순서는 같다.

은(Ag) : 1.62 → 구리(Cu) : 1.69 → 금(Au) : 2.4 → 수은(Hg) : 95.8

정답 14. ㉰ 15. ㉰ 16. ㉰ 17. ㉱ 18. ㉯

2. 전류의 열작용과 화학 작용

- 전류의 3대 작용 : 발열 작용, 자기 작용, 화학 작용
- 열전 효과(thermoelectric effect)
  제베크(Seebeck) 효과, 펠티에(Peltier) 효과, 톰슨(Thomson) 효과

2-1 전류의 발열 작용·열전 효과

(1) 줄의 법칙(Joule's law)

① 저항에 전류가 흐를 때 발생하는 열량은 전류 세기의 제곱에 비례한다.

② 저항 R[Ω]에 전류 I[A]가 t[s] 동안 흘렀을 때 발생한 열에너지는 다음과 같다.

$$H = I^2 \cdot R \cdot t \text{ [J]} \qquad H = 0.24 I^2 Rt \text{ [cal]}$$

여기서, 1 [J] = 0.24 cal

(2) 열에너지와 전기 에너지의 단위

① 1 cal = 4.186 J

② 1 J = 1 W·s = 0.24 cal

③ 1 kWh = 860 kcal = 3.6×10^6 J

④ 줄열의 이용

㈎ 공업용 : 전기 용접기, 전기로 등

㈏ 가정용 : 전기난로, 전기밥솥, 전기다리미, 백열전구 등

(3) 제베크 효과(Seebeck effect)

① 두 종류의 금속을 접속하여 폐회로를 만들고, 두 접속점에 온도의 차이를 주면 기전력이 발생하여 전류가 흐른다.

② 열전쌍(열전대)은 두 종류의 금속을 조합한 장치이다.

③ 열기전력의 크기와 방향은 두 금속점의 온도차에 따라서 정해진다.

④ 열전 온도계, 열전 계기 등에 응용된다.

(4) 펠티에 효과(Peltier effect)

① 두 종류의 금속 접속점에 전류를 흘리면 전류의 방향에 따라 줄열(Joule heat) 이외의 열의 흡수 또는 발생 현상이 생기는 것이다.

② 응 용

(가) 흡열 : 전자 냉동기 (나) 발열 : 전자 온풍기

(5) 톰슨 효과 (Thomson effect)

온도차가 있는 한 물체에 전류를 흘릴 때, 이 물체 내에 줄열 (Joule heat) 또는 열전도에 의한 열 이외의 열발생·흡수가 일어난다.

(6) 전력 (electric power)

① 단위 시간당에 전기 에너지가 소비되어 한 일의 비율을 나타낸다.

② 기호는 P, 단위는 [W], Watt를 사용하며 1 W = 1 J/s이다.

③ 전기가 t [s] 동안에 W [J]의 일을 했다면, 전력 P 는

$$P = \frac{W}{t} = \frac{VIt}{t} = VI = V\left(\frac{V}{R}\right) = \frac{V^2}{R} = I^2 R \text{[W]}$$

(7) 전력량

① R [Ω]의 저항에 전류 I [A]의 전류가 t [s] 동안 흐를 때의 열에너지는

$$H = I^2 Rt \text{ [J]}$$

② 저항 R [Ω]에 V [V]의 전압을 가하여 I [A]의 전류가 t [s] 동안 흘렀을 때 공급된 전기적인 에너지는 다음과 같다.

$$W = VIt = I^2 Rt \text{ [J]} \qquad (W = V \cdot Q \text{ [J]})$$

③ 전기적 에너지 W [J]를 t [s] 동안에 전기가 한 일 또는 t [s] 동안의 전력량이라고도 하며, 단위는 [W·s], [Wh], [kWh]로 표시한다.

1 W·s = 1 J, 1 Wh = 3600 W·s = 3600 J

1 kWh = 10^3 Wh = 3.6×10^6 J = 860 kcal

2-2 전류의 화학 작용과 전지

- 전지 (battery) : 화학 변화에 의해서 생기는 에너지 또는 빛, 열 등의 물리적인 에너지를 전기 에너지로 변화시키는 장치를 말한다.

(1) 전기 분해 (electrolysis)

① 전해액 : 전류가 흐르면 화학적 변화가 나타나 양이온과 음이온으로 전리되는 수용액이다.

② 전기 분해 : 전해액에 전류를 흘려 화학적으로 변화를 일으키는 현상이다.

(2) 패러데이의 법칙 (Faraday's law)

① 전기 분해 시 전극에 석출되는 물질의 양은 전해액을 통한 전기량에 비례한다.

② 전기량이 같을 때 석출되는 물질의 양은 그 물질의 화학당량에 비례한다.

$$화학당량 = \frac{원자량}{원자가}$$

③ 화학당량 e의 물질에 Q [C]의 전기량을 흐르게 했을 때 석출되는 물질의 양은 다음과 같다.

$$W = keQ = KIt\,[\mathrm{g}]$$

여기서, K : 전기 화학당량

(3) 전지의 접속

① 직렬 접속 : 기전력 E [V], 내부 저항 r [Ω]인 전지 n개를 직렬 접속하고, 여기에 부하 저항 R [Ω]을 연결했을 때, 부하에 흐르는 전류는

$$I = \frac{nE}{R + nr}\,[\mathrm{A}]$$

여기서, nE : 합성 기전력, nr : 합성 내부 저항

② 병렬 접속 : 기전력 E [V], 내부 저항 r [Ω]인 전기 n개를 병렬 접속하고, 여기에 부하 저항 R [Ω]를 연결했을 때 부하에 흐르는 전류는

$$I = \frac{E}{\frac{r}{n} + R}\,[\mathrm{A}]$$

여기서, E : 합성 기전력 (1개의 기전력), $\frac{r}{n}$: 합성 내부 저항

③ 직·병렬 접속 : 기전력 E [V], 내부 저항 r [Ω]의 전지 n개를 직렬로 접속하고, 이것을 다시 병렬로 m 줄을 접속했을 때의 전류는

$$I = \frac{nE}{\frac{rn}{m} + R} = \frac{E}{\frac{r}{m} + \frac{R}{n}}\,[\mathrm{A}]$$

여기서, nE : 합성 기전력, $\frac{rn}{m}$: 합성 내부 저항

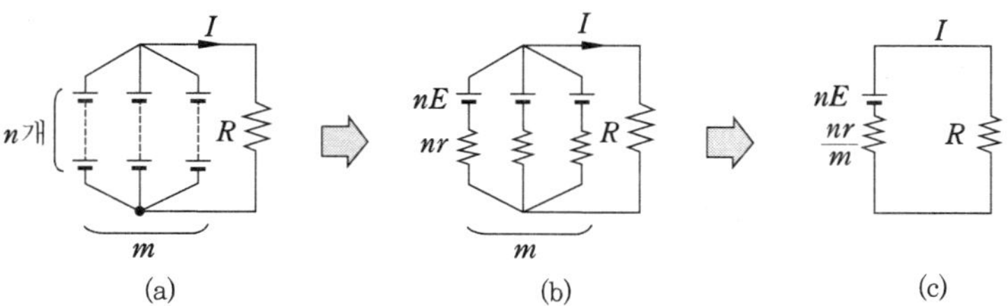

그림 1-23 전자의 직·병렬 접속

④ 최대 전류를 얻는 전지의 접속

$$I = \frac{E}{\frac{r}{m} + \frac{R}{n}} \text{[A]}$$

여기서, 분모 $\left(\frac{r}{m} + \frac{R}{n}\right)$가 최소가 되어야 하므로, 최소 조건$\left(\frac{r}{m} = \left(\frac{R}{n}\right)\right)$을 만족시키도록 접속한다.

• 최대 전류의 조건 : $\frac{r}{m} = \frac{R}{n}$

예·상·문·제

2. 전류의 열작용과 화학 작용

1. **다음 중 전류의 열작용과 관계가 있는 법칙은?** [09]

㉮ 옴의 법칙
㉯ 키르히호프의 법칙
㉰ 줄의 법칙
㉱ 플레밍의 법칙

해설 전류의 발열 작용 : 줄의 법칙 (Joule's law)

2. **500 Ω의 저항에 1 A의 전류가 1분 동안 흐를 때에 발생하는 열량은 몇 cal인가?**

㉮ 3600 ㉯ 5000
㉰ 6200 ㉱ 7200

해설 $H = 0.24I^2Rt$

$= 0.24 \times 1^2 \times 500 \times 1 \times 60$

$= 7200\,\text{cal}$

3. **저항 20Ω인 전열기로 21.6 kcal의 열량을 발생시키려면 5 A의 전류를 약 몇 분간 흘려주면 되는가?**

㉮ 3 ㉯ 5.7
㉰ 7.2 ㉱ 18

해설 $H = 0.24I^2Rt\,[\text{cal}]$에서,

$$\therefore t = \frac{H}{0.24I^2R} = \frac{2.16 \times 10^3}{0.24 \times 5^2 \times 20}$$

$= 180\,\text{s} \rightarrow 3$분

4. **서로 다른 금속으로 폐회로를 만들고 두 접점을 상이한 온도로 유지시키면 전류가 흐르는데, 이 현상을 무엇이라 하는가?**

㉮ 열전 현상
㉯ 표피 현상
㉰ 과도 현상
㉱ 발열 현상

해설 열전 현상 : 제베크 효과, 펠티에 효과, 톰슨 효과와 같이 열과 전기 관계의 각종 효과를 총칭하는 것이다.

5. **두 종류의 금속을 접속하여 두 접합 부분을 다른 온도로 유지하면 열기전력을 일으켜 열전류가 흐른다. 이 현상을 지칭하는 것은?** [08]

㉮ 제어벡 효과
㉯ 제3금속의 법칙
㉰ 펠티어 효과
㉱ 패러데이의 법칙

6. **저항 100 Ω의 부하에서 10 kW의 전력이 소비되었다면 이때 흐르는 전류 A 값은 어느 것인가?**

㉮ 1 ㉯ 2
㉰ 5 ㉱ 10

해설 소비 전력 : $P = I^2R\,[\text{W}]$에서,

$$I = \sqrt{\frac{P}{R}} = \sqrt{\frac{10 \times 10^3}{100}} = 10\,\text{A}$$

7. **100 V, 500 W의 전열기를 90 V에 사용 시 소비 전력 W은?**

㉮ 320 ㉯ 405
㉰ 445 ㉱ 500

해설 사용 전압에 따른 소비 전력

풀이 ① 소비 전력은 전압의 제곱에 비례

$$P' = P \times \left(\frac{V'}{V}\right)^2 = 500 \times \left(\frac{90}{100}\right)^2$$

정답 1. ㉰ 2. ㉱ 3. ㉮ 4. ㉮ 5. ㉮ 6. ㉱ 7. ㉯

$$= 500 \times 0.81 = 405 \text{ W}$$

② $R = \dfrac{V_1^2}{P} = \dfrac{100^2}{500} = 20\,\Omega$

$\therefore P' = \dfrac{V_2^2}{R} = \dfrac{90^2}{20} = 405 \text{ W}$

8. 정격전압에서 소비전력이 600 W인 정격전압의 90 %의 전압을 가할 때 소비되는 전력은? [10]

㉮ 480 W ㉯ 486 W
㉰ 540 W ㉱ 545 W

해설 $P = \dfrac{V^2}{R} = 600 \text{ W}$

$\therefore P' = \dfrac{(0.9\,V)^2}{R} = 0.9^2 \times \dfrac{V^2}{R}$

$= 0.81 \times 600 = 486 \text{ W}$

9. 20℃의 물 200 L를 2시간 동안에 40℃로 올리기 위하여 써야 할 전열기의 용량은 몇 kW이면 되겠는가? (단, 이때 전열기의 효율은 60 %라 한다.)

㉮ 약 3.858
㉯ 약 3.900
㉰ 약 3858
㉱ 약 3900

해설 전력과 전력량

① 20℃의 물 200 L를 40℃로 올리는 데 필요한 열량 H[cal]는,

$H = m(T_2 - T_1) = 200 \times 10^3 (40 - 20)$

$= 4 \times 10^6 \text{ cal}$

② 열량 H[cal]을 얻기 위한 전력 P[W]는,

$P = \dfrac{H}{0.24 \times t \times \eta}$

$= \dfrac{4 \times 10^6}{0.24 \times 2 \times 3600 \times 0.6}$

$= \dfrac{4 \times 10^6}{1036.8} \fallingdotseq 3858 = 3.858 \times 10^3$

$= 3.858 \text{ kW}$

여기서, 1 W·s=0.24 cal

10. 100 V, 5 A의 전열기를 사용하여 2 L의 물을 20℃에서 100℃로 올리는 데 필요한 시간(s)은? (단, 열량은 전부 유효하게 사용된다.)

㉮ 1.33×10^3
㉯ 1.34×10^4
㉰ 1.35×10^5
㉱ 1.35×10^6

해설 전류의 발열 작용

① 2 L의 물을 20℃에서 100℃로 올리는 데 필요한 열량 H[cal]는,

$H = m(T_2 - T_1)$

$= 2 \times 10^3 (100 - 20)$

$= 1.6 \times 10^5 \text{ cal}$

② 1 W=0.24 cal이므로 $H = 0.24\,VI \cdot t$에서 필요한 시간 t[s]는,

$t = \dfrac{H}{0.24\,VI} = \dfrac{1.6 \times 10^5}{0.24 \times 100 \times 5}$

$= \dfrac{1.6 \times 10^5}{1.2 \times 10^2} \fallingdotseq 1.33 \times 10^3 \text{[s]}$

11. 전기 분해에 의해 전극에 석출된 물질의 양은 통과한 전기량과 그 물질의 전기 화학당량에 비례하는 것은?

㉮ 줄의 법칙
㉯ 앙페르의 법칙
㉰ 패러데이의 법칙
㉱ 렌츠의 법칙

12. 전기분해에 관한 패러데이의 법칙에서 전기분해 시 전기량이 일정하면 전극에서 석출되는 물질의 양은?

㉮ 원자가에 비례한다.
㉯ 전류에 반비례한다.
㉰ 시간에 반비례한다.
㉱ 화학당량에 비례한다.

정답 8. ㉯ 9. ㉮ 10. ㉮ 11. ㉰ 12. ㉱

해설 전기량이 같을 때 석출되는 물질의 양은 그 물질의 화학당량에 비례한다.

13. **같은 규격의 축전지 2개를 병렬로 연결하면?**

㉮ 전압과 용량이 모두 2배가 된다.

㉯ 전압과 용량이 모두 $\frac{1}{2}$배가 된다.

㉰ 전압은 그대로, 용량은 2배가 된다.

㉱ 전압은 2배 용량은 그대로이다.

해설 축전지의 연결

① 직렬 연결 시 : 기전력은 n배가 되고, 용량은 변하지 않는다.

② 병렬 연결 시 : 기전력은 변함이 없고, 용량은 n배가 된다.

14 **기전력이 1.5 V, 내부 저항 0.1 Ω인 전지 10개를 직렬로 연결하고 2 Ω의 저항을 가진 전구에 연결할 때, 전구에 흐르는 전류 A는?**

㉮ 2 ㉯ 3

㉰ 4 ㉱ 5

해설 전지의 직렬 접속

$$I = \frac{nE}{nr+R} = \frac{10 \times 1.5}{(10 \times 0.1)+2} = \frac{15}{3} = 5\text{A}$$

15. **기전력이 1.5 V, 내부 저항 0.1 Ω의 전지 10개를 직렬로 접속한 전원에 부하 R을 접속하니 10 A가 흘렀다. 저항 R[Ω]은 어느 것인가?**

㉮ 0.02

㉯ 0.14

㉰ 0.4

㉱ 0.5

해설 $I = \frac{nE}{nr+R}$[A]에서,

$$R = \frac{nE}{I} - nr = \frac{10 \times 1.5}{10} - (10 \times 0.1) = 0.5\Omega$$

정답 13. ㉰ 14. ㉱ 15. ㉱

제 3 장

교류 이론

1. 정현파 교류 회로

- 교류 (alternating current : AC)
  시간에 따라서 크기와 방향이 변화하는 전압 또는 전류를 말한다.
- 파형 (waveform)
  교류의 크기와 방향이 시간에 따라 어떻게 변화하는가를 나타내는 곡선을 말한다.
- 정현파 (正弦波, sinusoidal wave) : 파형이 정현 곡선을 이루는 파 (wave), 즉 사인 함수를 나타내는 곡선과 같은 형태를 가지기 때문에 사인파 (sine wave)라 한다.

1-1 교류의 표시와 기본 소자의 특성

(1) 순시값 (instantaneous value)

① 순간순간 변하는 교류의 임의의 순간 크기이다.

② $v = V_m \sin\omega t$ [V]

(2) 최대값 (maximum value) : V_m

① 순시값 중에서 가장 큰 값이다.

② 진폭 (amplitude)

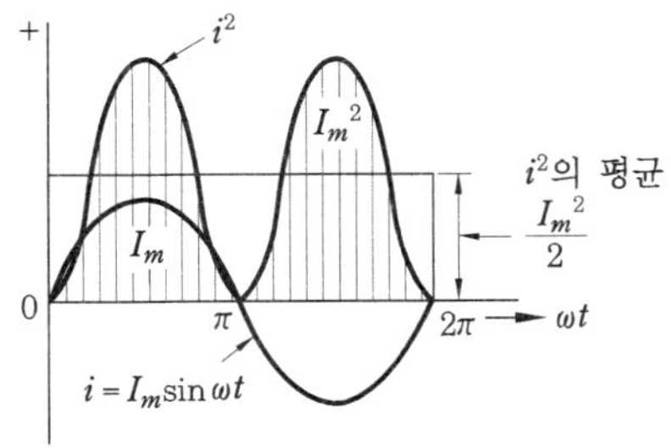

그림 1-24 i^2의 평균

(3) 평균값 (average value)

① 순시값의 반주기에 대해 평균한 값이다.

② $V_a = \frac{2}{\pi} V_m \fallingdotseq 0.637 V_m$ [V]

(4) 실효값 (effective value)

① 직류의 크기와 같은 일을 하는 교류의 크기값이다.

(가) 1주기에서 순시값의 제곱의 평균을 평방근으로 표시한다.

(나) $V = \sqrt{(\text{순시값})^2\text{의 합의 평균}}$ [V]

② 실효값 V와 최대값 V_m의 관계

$$V = \frac{V_m}{\sqrt{2}} = 0.707\,V_m$$

$$V_m = \sqrt{2} \times V \fallingdotseq 1.414 \times V$$

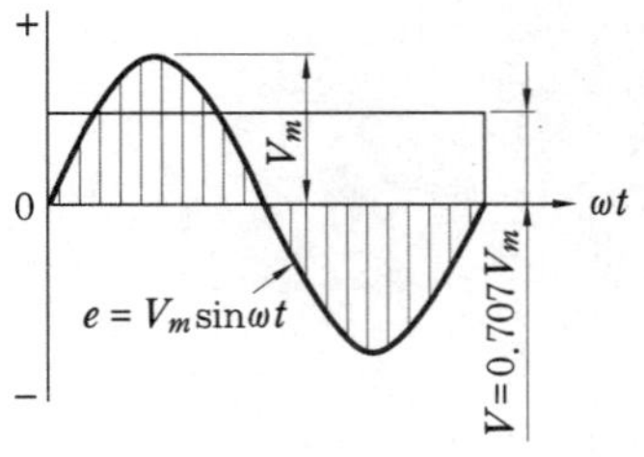

그림 1-25 실효값과 최대값의 관계

③ 실효값 V와 평균값 V_a의 관계

$$\frac{V}{V_a} = \frac{\dfrac{1}{\sqrt{2}} \cdot V_m}{\dfrac{2}{\pi} \cdot V_m} = \frac{\pi}{2\sqrt{2}} \fallingdotseq 1.111$$

(5) 저항의 특성

① 저항 회로의 전압과 전류

$$i = \sqrt{2}\,I\sin\omega t = I_m \sin\omega t\,[\mathrm{A}],\ v = Ri = RI_m \sin\omega t = V_m \sin\omega t\,[\mathrm{V}]$$

② 전압·전류의 최대값의 관계

$$V_m = RI_m\,[\mathrm{V}],\ R = \frac{V_m}{I_m}\,[\Omega]$$

③ 실효값으로 표시

$$V = RI\,[\mathrm{V}],\ R = \frac{V}{I}\,[\Omega]$$

④ 저항만의 교류 회로

㈎ 전압과 전류는 동일 주파수의 사인파이다.

㈏ 전압과 전류는 동상이다.

㈐ 전압과 전류의 실효값 (또는 최대값)의 비는 R이다.

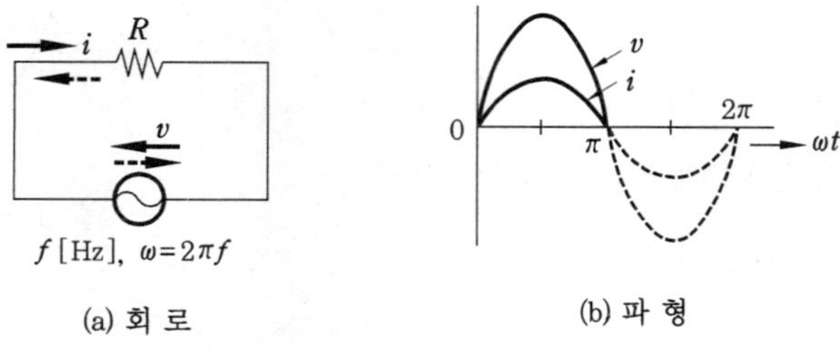

그림 1-26 저항의 특성

(6) 인덕턴스의 특성

① 인덕턴스 회로의 전압과 전류

$$i = I_m \sin\omega t\,[\mathrm{A}],\ v = V_m \sin(\omega t + 90^\circ)\,[\mathrm{V}]$$

② 전압·전류의 최대값의 관계

$$V_m = \omega L \cdot I_m \text{ [V]}$$

③ 실효값으로 표시

$$V = \omega L \cdot I \text{[V]}$$

④ 유도 리액턴스(inductive reactance) : 인덕턴스 회로에서 전류를 제한하는 일종의 교류 저항이다.

$$X_L = \omega L = 2\pi f L \text{ [Ω]}$$

⑤ 인덕턴스만의 교류 회로

(가) 전압과 전류는 동일 주파수의 사인파이다.

(나) 전압은 전류보다 위상이 90° 앞선다.

(다) 전압과 전류의 실효값(또는 최대값)의 비는 ωL이다.

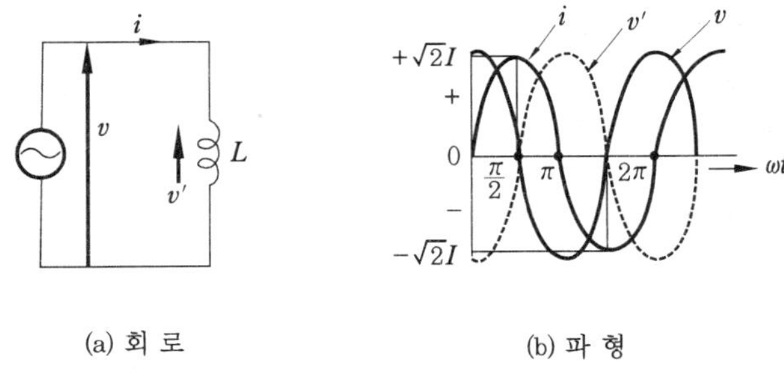

(a) 회 로 (b) 파 형

그림 1-27 인덕턴스의 특성

(7) 정전 용량의 특성

① 정전 용량 회로의 전압과 전류

$$v = V_m \sin\omega t \text{ [V]},\ i = I_m \sin(\omega t + 90°) \text{[A]}$$

② 회로에 축적되는 전하

$$q = C \cdot v = CV_m \sin\omega t \text{ [C]}$$

③ 전압과 전류의 관계

$$V = \frac{1}{\omega C} \cdot I \text{[V]},\ I = \omega C \cdot V = 2\pi f C \cdot V \text{[A]}$$

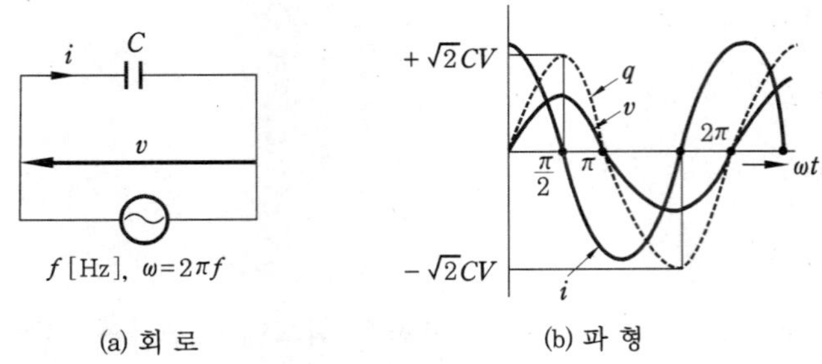

(a) 회 로 (b) 파 형

그림 1-28 정전 용량의 특성

④ 용량 리액턴스(capacitive reactance) : 저항과 같이 전류를 제한하는 일종의 교류 저항이다.

$$X_c = \frac{1}{\omega C} = \frac{1}{2\pi f C}\ [\Omega]$$

⑤ 콘덴서만의 교류 회로

㈎ 정전기에서 콘덴서의 전하는 전압에 비례한다.

㈏ 전압과 전류는 동일 주파수의 사인파이다.

㈐ 전류는 전압보다 위상이 90° 앞선다.

㈑ 전압과 전류의 실효값(또는 최대값)의 비는 $\frac{1}{\omega C}$이다.

⑥ 용량 리액턴스의 주파수 특성

$$X_c = \frac{1}{2\pi C} \cdot \frac{1}{f}\ [\Omega]\text{에서, } X_c = k\,\frac{1}{f}$$

㈎ 용량 리액턴스는 주파수에 반비례한다.

㈏ X_c는 주파수 f에 따라 변화하는 상태를 나타내면 그림 1-29와 같다.

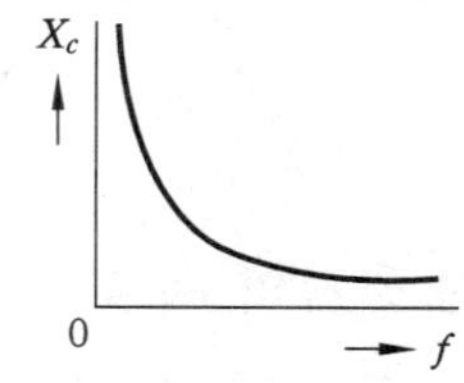

그림 1-29 주파수의 특성(C : 일정)

예·상·문·제

1. 정현파 교류 회로

1. $i = I_m \sin\omega t$ 인 사인파 교류에서 ωt 가 몇 도일 때 순시값과 실효값이 같게 되는가?

㉮ 0° ㉯ 45° ㉰ 60° ㉱ 90°

해설 sin파 교류의 표시

① $i = I_m \sin\omega t = \sqrt{2} I \sin\omega t$ [A]

② 순시값 i와 실효값 I가 같게 되는 조건

$\sin\omega t = \frac{1}{\sqrt{2}}$

$\therefore \theta = \omega t = \sin^{-1}\frac{1}{\sqrt{2}} = 45°$

2. $e = 141.4\sin(100\pi t)$[V]의 교류 전압이 있다. 이 교류의 실효값은?

㉮ 40 V ㉯ 70 V

㉰ 100 V ㉱ 141.4 V

해설 sin파 교류의 표시－실효값

① $e = 141.4\sin(100\pi t)$
$= \sqrt{2} \times 100\sin(100\pi t)$

② $E_m = 141.4 = \sqrt{2} \times 100 = \sqrt{2} E$

∴ 실효값 $E = 100$ V, 최대값 $E_m = 141.4$ V

3. 전기회로에 100 V라는 표시가 있다. 여기서 100 V는 무엇을 나타내는가? [09]

㉮ 최대값 ㉯ 실효값

㉰ 평균값 ㉱ 파고율

4. 정현파 교류의 실효값을 계산하는 식은 어느 것인가? (단, T는 주기이다.) [07]

㉮ $I = \frac{1}{T}\int_0^T i\,dt$

㉯ $I = \sqrt{\frac{2}{T}\int_0^T i\,dt}$

㉰ $I = \sqrt{\frac{1}{T}\int_0^T i^2\,dt}$

㉱ $I = \sqrt{\frac{2}{T}\int_0^T i^2\,dt}$

해설 실효값은 1주기에서 순시값의 제곱의 평균을 평방근으로 표시한다.

$\therefore I = \sqrt{\frac{1}{T}\int_0^T i^2\,dt}$

참고 실효값의 표시

① 저항 R에 직류 I_d를 흘릴 때의 소비 전력 : $P_d = I_d^{\,2} \cdot R$

② 저항 R에 정현파 교류 전류 i를 흘릴 때의 1주기의 평균전력 : $P_a = \frac{1}{T}\int_0^T i^2 R\,dt$

①, ②가 같아질 때의 직류 전류의 값이 교류 전류의 실효값으로 정의되므로

$I_d^{\,2} R = \frac{1}{T}\int_0^T i^2 R\,dt$

$\therefore I_d = \sqrt{\frac{1}{T}\int_0^T i^2\,dt}$

5. 어떤 교류 전압의 실효값이 314 V일 때 평균값은 약 몇 V인가? [08]

㉮ 122 ㉯ 141 ㉰ 253 ㉱ 283

해설 실효값 V와 평균값 V_a의 관계

$V_a = \frac{2\sqrt{2}}{\pi} V ≒ 0.9 \times 314 ≒ 283$ V

6. 어떤 정현파 전압의 평균값이 200V 이면 최대값은 약 몇 V인가? [08, 09]

㉮ 282 ㉯ 314 ㉰ 346 ㉱ 487

해설 평균값 V_a와 최대값 V_m의 관계

$V_m = \frac{\pi}{2} V_a = \frac{\pi}{2} \times 200 ≒ 314$V

정답 1. ㉯ 2. ㉰ 3. ㉯ 4. ㉰ 5. ㉱ 6. ㉯

7. **교류 전압을 사용하는 전기난로의 경우 전압과 전류의 위상은?**

㉮ 동상이다.
㉯ 전류가 전압보다 90° 앞선다.
㉰ 전압이 전류보다 90° 앞선다.
㉱ 처음에는 전압이 빠르고 갈수록 전류가 빨라진다.

해설 백열전구, 전기난로, 전기다리미 등은 무유도성 저항(전열)선이므로, 전압과 전류의 위상은 동상이다.

8. **어떤 회로 소자에 $e = 250\sin 377t$ [V]의 전압을 인가하였더니 전류 $i = 50\sin 377t$[A]가 흘렀다. 이 회로의 소자는 어느 것인가?** [11]

㉮ 용량 리액턴스 ㉯ 유도 리액턴스
㉰ 순저항 ㉱ 다이오드

해설 전압 e와 전류 i는 sin파로서, 각속도(주파수)와 위상이 동일하므로 회로 소자는 순저항이다.

참고 $\omega = 2\pi f = 377$ rad/s에서,

$$f = \frac{\omega}{2}\pi = \frac{377}{2\pi} \fallingdotseq 60 \text{ Hz}$$(본문 그림 1-26)

9. **1H인 코일의 리액턴스가 377Ω일 때 주파수는 몇 Hz인가?** [08,10]

㉮ 약 60 ㉯ 약 120
㉰ 약 360 ㉱ 약 600

해설 $X_L = 2\pi f L\,\Omega$에서,

$$f = \frac{X_L}{2\pi L} = \frac{377}{2\pi \times 1} = 60\text{Hz}$$

10. **53 mH의 코일에 $10\sqrt{2}\sin 377t$[A]의 전류를 흘리려면 인가해야 할 전압은 어느 것인가?** [11]

㉮ 약 60 V ㉯ 약 200 V
㉰ 약 530 V ㉱ 약 $530\sqrt{2}$ V

해설 ① $\omega = 2\pi f = 377$ rad/s에서,

$$f = \frac{377}{2\pi} \fallingdotseq 60 \text{ Hz}$$

② $X_L = 2\pi f L = 2\pi \times 60 \times 53 \times 10^{-3} \fallingdotseq 20\,\Omega$

$\therefore V = IX_L = 10 \times 20 = 200\text{V}$

11. **314 mH의 자기 인덕턴스에 120 V, 60 Hz의 교류 전압을 가하였을 때 흐르는 전류는 몇 A인가?** [06]

㉮ 10 ㉯ 8 ㉰ 4 ㉱ 1

해설 $X_L = 2\pi f L = 2\pi \times 60 \times 314 \times 10^{-3} \fallingdotseq 118.4\,\Omega$

$$I = \frac{V}{X_L} = \frac{120}{118.4} \fallingdotseq 1\text{V}$$

12. **인덕턴스 $L = 20$ mH인 코일에 실효값 $V = 50$ V, 주파수 $f = 60$ Hz인 정현파 전압을 인가했을 때 코일에 축적되는 평균 자기 에너지 W_L[J]는 약 얼마인가?** [09]

㉮ 6.3 ㉯ 4.4 ㉰ 0.63 ㉱ 0.44

해설 $X_L = 2\pi f L = 2\pi \times 60 \times 20 \times 10^{-3} \fallingdotseq 7.5\,\Omega$

$$I = \frac{V}{X_L} = \frac{50}{7.5} \fallingdotseq 6.7\text{A}$$

$$\therefore W = \frac{1}{2}LI^2 = \frac{1}{2} \times 20 \times 10^{-3} \times 6.7^2 \fallingdotseq 0.44\text{J}$$

13. **교류 회로에서 유도 리액턴스는 어떤 역할을 하는가?**

㉮ 전류를 잘 흐르게 한다.
㉯ 전류의 위상을 전압보다 $\frac{\pi}{2}$rad 만큼 뒤지게 한다.

정답 7. ㉮ 8. ㉰ 9. ㉮ 10. ㉯ 11. ㉱ 12. ㉱ 13. ㉯

㉰ 전류의 위상을 90° 빠르게 한다.
㉱ 전압의 위상을 45° 늦게 한다.

해설 인덕턴스(inductance)의 특성 : 전압을 기준 벡터로 했을 때, 전류는 그 위상이 전압보다 90°, 즉 $\frac{\pi}{2}$ rad만큼 뒤진다.

14. 인덕터의 특징을 요약한 것 중 잘못된 것은? [12]

㉮ 인덕터는 에너지를 축적하지만 소모하지는 않는다.
㉯ 인덕터의 전류가 불연속적으로 급격히 변화하면 전압이 무한대가 되어야 하므로 인덕터 전류가 불연속적으로 변할 수 없다.
㉰ 일정한 전류가 흐를 때 전압은 무한대이지만 일정량의 에너지가 축적된다.
㉱ 인덕터는 직류에 대해서 단락 회로로 작용한다.

해설 인덕터의 특징 중에서

① $v = L\frac{di}{dt}$에서, i가 일정하면 전압 v은 "0"이 된다. 따라서 인덕터는 직류 전류에 대해서는 단락 회로로 작용한다.
② 인덕터에 흐르는 전류는 항상 연속적이다. 즉 불연속적으로 변할 수 없다.
③ 인덕터는 에너지를 축적하지만 소모하지는 않는다. 즉 소모 전력은 없다.

15. 10 μF의 콘덴서 60 Hz, 100 V의 교류 전압을 가하면 흐르는 전류 A는?

㉮ 약 0.16 ㉯ 약 0.38
㉰ 약 2.1 ㉱ 약 4.8

해설 $I = \omega CV = 2\pi f CV$
$= 2\pi \times 60 \times 10 \times 10^{-6} \times 100 ≒ 0.38$ A

16. 1000 Hz에서 30 Ω인 콘덴서를 2000 Hz에 사용하면 리액턴스 Ω는?

㉮ 60 ㉯ 45 ㉰ 30 ㉱ 15

해설 용량 리액턴스 X_C와 주파수 f는 반비례 관계이므로 비례식으로 구하면,
$f_1 : f_2 = 1000 : 2000 = 1 : 2$이므로
$X_{C1} : X_{C2} = 2 : 1$이 된다.
$\therefore X_{C2} = \frac{1}{2}X_{C1} = \frac{1}{2} \times 30 = 15\ \Omega$

17. 다음 설명 중 옳은 것은? [09, 13]

㉮ 인덕턴스를 직렬 연결하면 리액턴스가 커진다.
㉯ 저항을 병렬 연결하면 합성저항은 커진다.
㉰ 콘덴서를 직렬 연결하면 용량이 커진다.
㉱ 유도 리액턴스는 주파수에 반비례한다.

해설 교류 회로의 기본 소자의 특성

① 인덕턴스는 직렬 연결하면 리액턴스가 커진다.
② 저항을 병렬 연결하면 합성 저항은 작아진다.
③ 콘덴서는 직렬 연결하면 용량이 작아진다.
④ 유도 리액턴스는 주파수에 비례한다.

18. 콘덴서에서 전압과 전류의 변화에 대한 설명으로 옳은 것은? [08]

㉮ 전압은 급격히 변화하지 않는다.
㉯ 전류는 급격히 변화하지 않는다.
㉰ 전압과 전류 모두가 급격히 변화한다.
㉱ 전압과 전류 모두가 급격히 변화하지 않는다.

해설 콘덴서에서 전압은 급격히 변화할 수 없다. $i_c = C\frac{dv}{dt}$에서 v가 급격히 변화한다면, i_c가 ∞가 되는 모순이 생긴다.

참고 코일에서 전류가 급격히 변화할 수 없다. $v = L\frac{di}{dt}$에서 i가 급격히 변화하면 v_L이 ∞가 되는 모순이 생긴다. 즉, 무한대의 단자 전압을 필요로 하기 때문이다.

정답 14. ㉰ 15. ㉯ 16. ㉱ 17. ㉮ 18. ㉮

1-2 RLC의 직·병렬 접속 회로와 공진회로의 특성

(1) 구성 회로의 특성

표 1-2

구 분	회로와 벡터도	임피던스와 전류 · 전압의 관계식	위상차 · 역률
$R-L$ 직렬	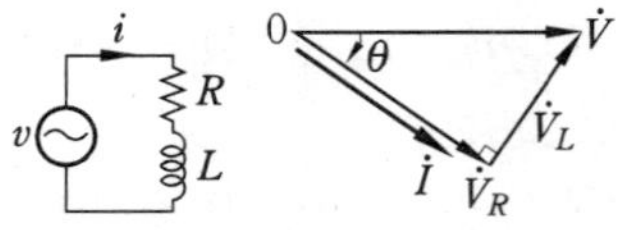	$\dot{Z}=R+j\omega L$ $\dot{I}=\dfrac{\dot{V}}{R+j\omega L}$	$\theta=\tan^{-1}\dfrac{\omega L}{R}$ $\cos\theta=\dfrac{R}{\sqrt{R^2+X_L^{\ 2}}}$
$R-C$ 직렬	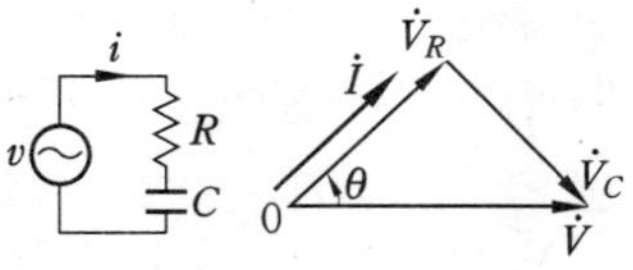	$\dot{Z}=R-j\dfrac{1}{\omega C}$ $\dot{I}=\dfrac{\dot{V}}{R-j\dfrac{1}{\omega C}}$	$\theta=\tan^{-1}\dfrac{1}{\omega CR}$ $\cos\theta=\dfrac{R}{\sqrt{R^2+X_C^{\ 2}}}$
$R-L-C$ 직렬	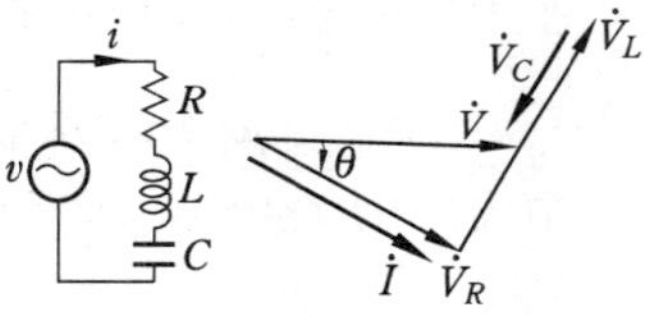	$\dot{Z}=R+j\left(\omega L-\dfrac{1}{\omega C}\right)$ $\dot{I}=\dfrac{\dot{V}}{R-j\left(\omega L-\dfrac{1}{\omega C}\right)}$	$\theta=\tan^{-1}\dfrac{X_L-X_C}{R}$ $\cos\theta=\dfrac{R}{Z}$
$R-L$ 병렬	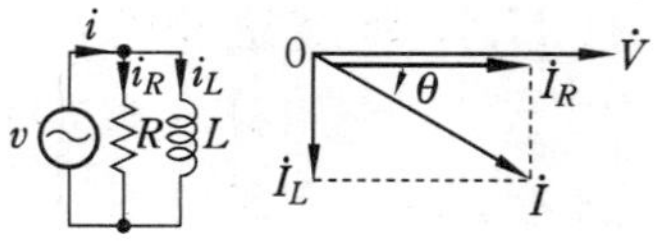	$\dot{Y}=\dfrac{1}{R}-j\dfrac{1}{\omega L}$ $\dot{I}=\dot{Y}\ \dot{V}$ $=\left(\dfrac{1}{R}-j\dfrac{1}{\omega C}\right)\dot{V}$	$\theta=\tan^{-1}\dfrac{R}{\omega L}$ $\cos\theta=\dfrac{X_L}{\sqrt{R^2+X_L^{\ 2}}}$
$R-C$ 병렬	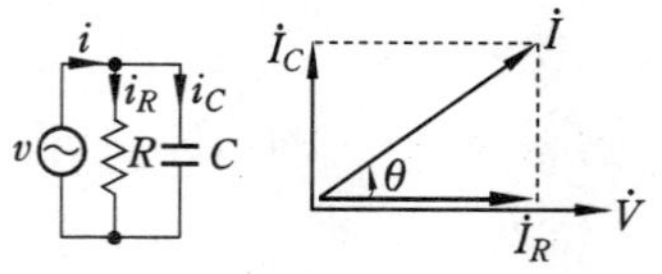	$\dot{Y}=\dfrac{1}{R}+j\omega C$ $\dot{I}=\dot{Y}\ \dot{V}$ $=\left(\dfrac{1}{R}+j\omega C\right)\dot{V}$	$\theta=\tan^{-1}\omega CR$ $\cos\theta=\dfrac{X_C}{\sqrt{R^2+X_C^{\ 2}}}$
$R-L-C$ 병렬	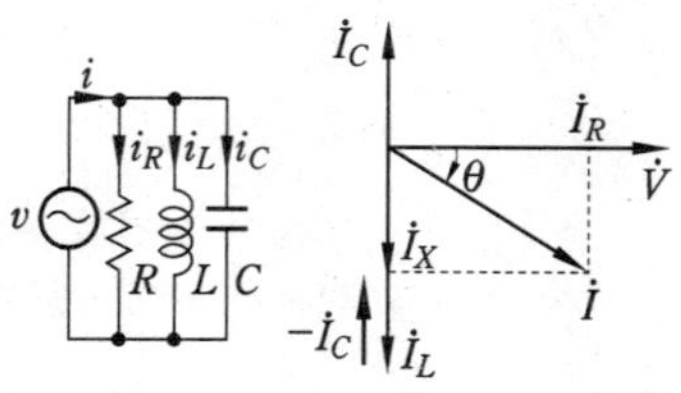	$\dot{Y}=\dfrac{1}{R}+j\left(\omega C-\dfrac{1}{\omega L}\right)$ $\dot{I}=\dot{Y}\ \dot{V}$ $=\left\{\dfrac{1}{R}+j\left(\omega C-\dfrac{1}{\omega L}\right)\right\}\dot{V}$	$\theta=\tan^{-1}\left(\omega C-\dfrac{1}{\omega L}\right)R$ $\cos\theta=\dfrac{G}{Y}$

(2) 직렬 공진 회로의 특성

① 공진 조건 : $X_L = X_c$

여기서, $\omega_0 L = \frac{1}{\omega_0} C$, $V_L = V_c$

② 공진 주파수 : $f_0 = \frac{1}{2\pi\sqrt{LC}}$ [Hz]

여기서, $\omega_0 L - \frac{1}{\omega_0 C} = 0$, $2\pi f_0 L - \frac{1}{2\pi f_0 C} = 0$

③ 공진 임피던스 : $Z_0 = R$ [Ω], $X_L - X_c = 0$

④ 공진 전류 : $I_0 = \frac{V}{R}$ [A]

⑤ 선택도 (selectivity)

(가) 첨예도 (sharpness) = 전압 확대율

$$Q = \frac{\omega_o L}{R} = \frac{1}{\omega_o RC} = \frac{1}{\frac{1}{\sqrt{LC}} RC} = \frac{1}{R}\sqrt{\frac{L}{C}}$$

(나) R 이 작으며 공진 곡선이 날카롭게 되어 회로의 공진 주파수에 대한 응답이 예민하게 되므로 Q를 첨예도 또는 선택도라 한다.

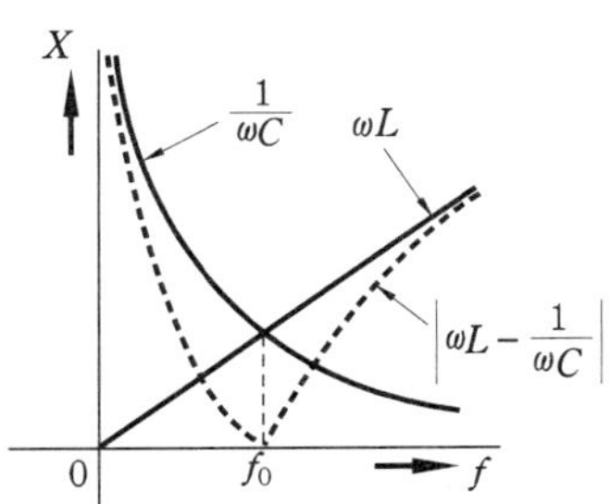

그림 1-30 직렬 공진 특성

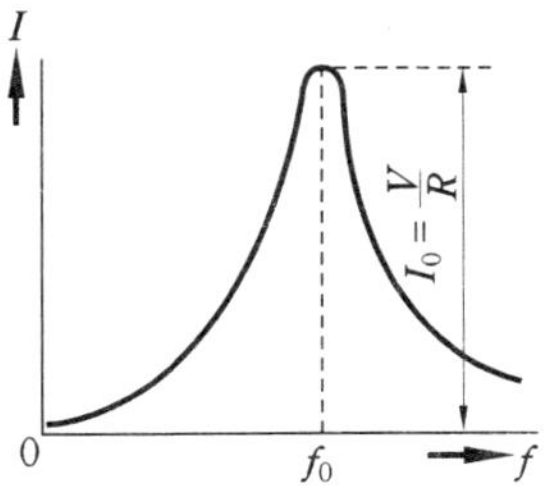

그림 1-31 직렬 공진 곡선

(3) 병렬 공진 회로의 특성

① 공진 조건

$$\omega_0 C = \frac{\omega_0 L}{R^2 + \omega_0^2 L^2} \quad \text{(서셉턴스 = 0)}$$

② 공진 주파수

$$f_0 = \frac{1}{2\pi}\sqrt{\frac{1}{LC} - \frac{R^2}{L^2}} \ \text{[Hz]}$$

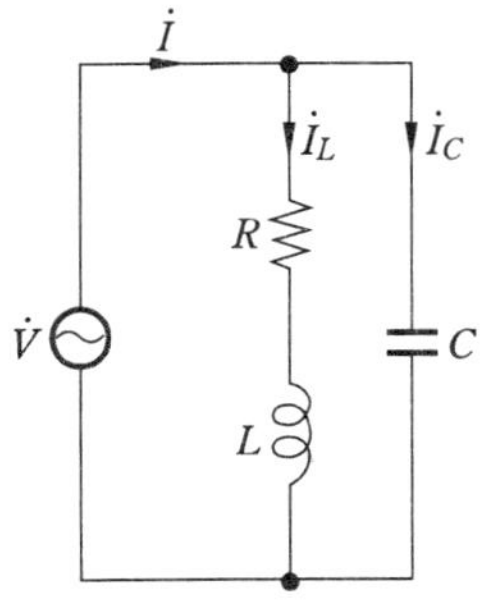

그림 1-32 LC 병렬 회로
(R = 코일의 저항)

$$f_0 = \frac{1}{2\pi\sqrt{LC}} \text{ [Hz]}$$

$$\left(\frac{1}{LC} \gg \frac{R^2}{L^2} \text{ 인 경우}\right)$$

③ 공진 임피던스

$$Z_0 = \frac{1}{G_0} = \frac{R^2 + {\omega_0}^2 L^2}{R} \fallingdotseq \frac{{\omega_0}^2 L^2}{R} [\Omega] \ (R^2 \ll {\omega_0}^2 L^2 \text{ 인 경우})$$

$$Z_0 = \frac{L}{CR} [\Omega]$$

④ 병렬 공진 회로에서는 공진 시에 어드미턴스가 최소, 임피던스는 최대가 된다.

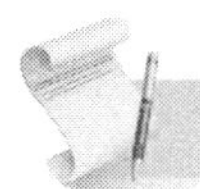

예·상·문·제

1. 정현파 교류 회로

1. 저항 4 Ω과 유도리액턴스 3 Ω이 직렬로 연결된 회로에 5 A의 전류가 흐른다면, 이 회로에 가한 전압은 몇 V인가? [06]

㉮ 5 ㉯ 25
㉰ 100 ㉱ 200

해설 $Z=\sqrt{R^2+X_L^2}=\sqrt{4^2+3^2}\fallingdotseq 5\,\Omega$

$\therefore V=IZ=5\times 5=25\text{V}$

2. 저항 8 Ω과 유도 리액턴스 6 Ω이 직렬로 접속된 회로에 100 V의 교류 전압을 가하면 몇 A의 전류가 흐르며, 역률은 얼마인가?

㉮ 10 A, 80 % ㉯ 9 A, 75 %
㉰ 8 A, 70 % ㉱ 7 A, 60 %

해설 ① 전류

$Z=\sqrt{R^2+X^2}=\sqrt{8^2+6^2}=10\,\Omega$

$\therefore I=\dfrac{V}{Z}=\dfrac{100}{10}=10\text{A}$

② 역률

$\cos\theta=\dfrac{R}{Z}\times 100=\dfrac{8}{10}\times 100=80\,\%$

3. 저항 3 Ω과 유도 리액턴스 X_L [Ω]가 직렬로 접속된 회로에 100 V의 교류 전압을 가하면 20 A의 전류가 흐른다. 이 회로의 X_L [Ω]의 값은 얼마인가?

㉮ 3 ㉯ 4
㉰ 5 ㉱ 6

해설 ① $Z=\dfrac{V}{I}=\dfrac{100}{20}=5\,\Omega$

② $Z=\sqrt{R^2+X_L^2}$

$\therefore X_L=\sqrt{Z^2-R^2}=\sqrt{5^2-3^2}$

$=\sqrt{16}=4\,\Omega$

4. 4 Ω의 저항과 8 mH의 인덕턴스가 직렬로 접속된 회로에 $f=60$ Hz, $E=100$ V의 교류 전압을 가하면 전류는 몇 A인가?

㉮ 약 20 A ㉯ 약 25 A
㉰ 약 24 A ㉱ 약 12 A

해설 ① $X_L=2\pi fL=2\pi\times 60\times 8\times 10^{-3}$

$=3\,\Omega$

② $Z=\sqrt{R^2+{X_L}^2}=\sqrt{4^2+3^2}=5\,\Omega$

$\therefore I=\dfrac{E}{Z}=\dfrac{100}{5}=20\text{ A}$

5. $R=6\Omega$, $X_L=16\Omega$, $X_C=8\Omega$의 RLC 직렬 회로에 40 V의 교류를 가할 때 유도 리액턴스 X_L에 걸리는 전압 V은?

㉮ 24 ㉯ 36 ㉰ 48 ㉱ 64

해설 ① $Z=\sqrt{R^2+(X_L-X_C)^2}$

$=\sqrt{6^2+(16-8)^2}=10\,\Omega$

② $I=\dfrac{V}{Z}=\dfrac{40}{10}=4\text{ A}$

$\therefore V_L=I\cdot X_L=4\times 16=64\text{ V}$

6. $R=3\ \Omega$, $X_L=4\ \Omega$의 병렬 회로의 역률은 얼마인가?

㉮ 0.4 ㉯ 0.6
㉰ 0.8 ㉱ 1.0

해설 $R-L$ 병렬 회로의 역률

$\cos\theta=\dfrac{X_L}{\sqrt{R^2+X_L^2}}=\dfrac{4}{\sqrt{3^2+4^2}}=\dfrac{4}{5}$

$=0.8$

7. 그림과 같은 회로에서 합성 임피던스 Ω의 값은?

정답 1. ㉯ 2. ㉮ 3. ㉯ 4. ㉮ 5. ㉱ 6. ㉰ 7. ㉱

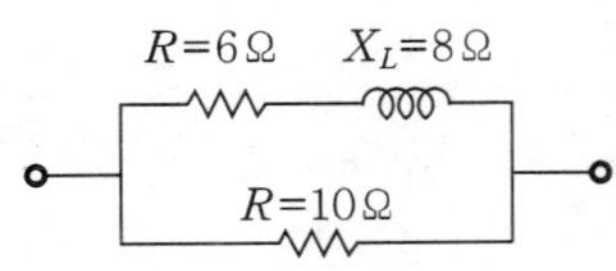

㉮ 1 ㉯ 2
㉰ 3 ㉱ 5

해설 ① $R-X_L$ 직렬회로의 임피던스

$$Z_L=\sqrt{R^2+X_L^2}=\sqrt{6^2+8^2}=\sqrt{100}=10\,\Omega$$

② 합성 임피던스

$$Z\fallingdotseq\frac{R\cdot Z_L}{R+Z_L}=\frac{10\times10}{10+10}=\frac{100}{20}=5\,\Omega$$

8. 그림과 같은 회로의 합성 임피던스는 몇 Ω인가? [12]

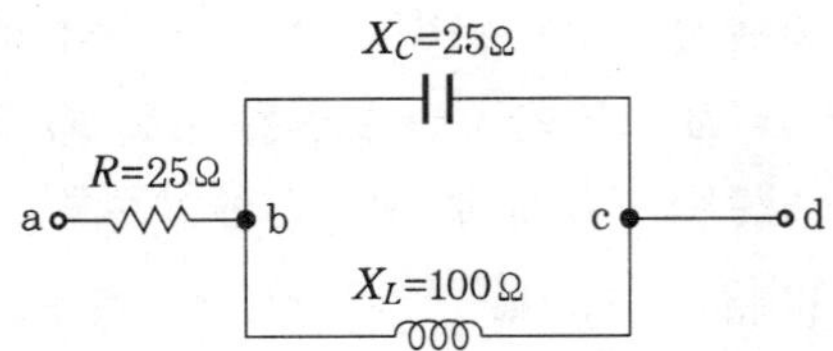

㉮ $25+j20$ ㉯ $25-j20$
㉰ $25+j\dfrac{100}{3}$ ㉱ $25-j\dfrac{100}{3}$

해설 $$\dot{Z}_{bc}=\frac{jX_L(-jX_c)}{jX_L-jX_c}=\frac{j100\times(-j25)}{j100-j25}$$

$$=\frac{2500}{j75}=-j\frac{100}{3}$$

$$\therefore \dot{Z}_{ad}=R+\dot{Z}_{bc}=25-j\frac{100}{3}\,\Omega$$

9. $R=10\,\Omega$, $X_L=8\,\Omega$, $X_C=20\,\Omega$이 병렬로 접속된 회로에 80 V의 교류 전압을 가하면 전원에 흐르는 전류는 몇 A인가? [12]

㉮ 5 A ㉯ 10 A
㉰ 15 A ㉱ 20 A

해설 등가회로에서,

$$I_R=\frac{V}{R}=\frac{80}{10}=8\text{A}$$

$$I_L=\frac{V}{X_L}=\frac{80}{8}=10\text{A}$$

$$I_C=\frac{V}{X_C}=\frac{80}{20}=4\text{A}$$

$$\therefore I=\sqrt{I_R^2+(I_L-I_C)^2}=\sqrt{(8^2+(10-4)^2}=10\text{A}$$

등가 회로

10. 어떤 회로에 50 V의 전압을 가하니 $8+j6$ [A]의 전류가 흘렀다면, 이 회로의 임피던스(Ω)는?

㉮ $3-j4$ ㉯ $3+j4$
㉰ $4-j3$ ㉱ $4+j3$

해설 $$\dot{Z}=\frac{\dot{V}}{\dot{I}}=\frac{50}{8+j6}=\frac{50(8-j6)}{(8+j6)(8-j6)}$$

$$=\frac{400-j300}{8^2+6^2}=4-j3[\Omega]$$

11. $R=5\Omega$, $L=20$ mH 및 가변 콘덴서 C로 구성된 $R-L-C$ 직렬회로에 주파수 1000 Hz인 교류를 가한 다음 C를 가변시켜 직렬 공진시킬 때 C의 값은 약 몇 μF인가? [08]

㉮ 1.27 ㉯ 2.54
㉰ 3.52 ㉱ 4.99

해설 공진 조건 : $\omega L=\dfrac{1}{\omega c}$에서,

$$C=\frac{1}{\omega^2 L}=\frac{1}{(2\pi f)^2\times20\times10^{-3}}$$

$$=\frac{1}{4\pi^2\times1000^2\times20\times10^{-3}}$$

$$\fallingdotseq 1.27\times10^{-6}[\text{F}]$$

$$\therefore 1.27\,\mu\text{F}$$

정답 8. ㉱ 9. ㉯ 10. ㉰ 11. ㉮

12. $R=10\ \Omega$, $L=10\ \text{mH}$, $C=1\ \mu\text{F}$인 직렬 회로에 100 V 전압을 가했을 때 공진의 첨예도 Q는 얼마인가? [08]

㉮ 1 ㉯ 10

㉰ 100 ㉱ 1000

해설 직렬 공진 시 첨예도(sharpness)

$$Q=\frac{1}{R}\sqrt{\frac{L}{C}}=\frac{1}{10}\sqrt{\frac{10\times10^{-3}}{1\times10^{-6}}}$$

$$=\frac{1}{10}\sqrt{10\times10^{3}}=10$$

13. 어떤 RLC 병렬 회로가 병렬 공진이 되었을 때 합성 전류에 대한 설명으로 옳은 것은? [06, 07, 12]

㉮ 전류는 무한대가 된다.

㉯ 전류는 최대가 된다.

㉰ 전류는 흐르지 않는다.

㉱ 전류는 최소가 된다.

해설 RLC 병렬 공진 시 어드미턴스는 최소, 임피던스는 최대가 된다.

∴ 전류는 최소가 된다.

14. 그림과 같은 $R-L-C$ 병렬 공진회로에 관한 설명 중 옳지 않은 것은? [09]

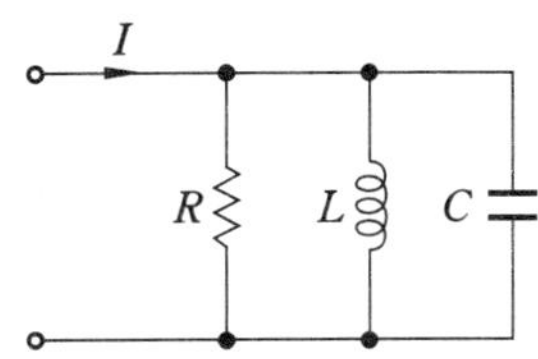

㉮ R이 작을수록 Q가 높다.

㉯ 공진 시 L또는 C를 흐르는 전류는 입력 전류 크기의 Q배가 된다.

㉰ 공진 주파수 이하에서의 입력 전류는 전압보다 위상이 뒤진다.

㉱ 공진 시 입력 어드미턴스는 매우 작아진다.

해설 R이 작을수록 Q가 낮다 또는 R이 클수록 Q가 높다.

참고 ① 선택도 Q는 R이 클수록 커진다. 즉, 비례한다.

$$Q=\frac{I_L}{I_0}=\frac{I_C}{I_0}=\frac{R}{\omega L}=\omega CR=R\sqrt{\frac{C}{L}}$$

$I_L=QI_0$, $I_C=QI_0$

② 공진 주파수 이하에서의 입력 전류는 전압보다 위상이 뒤진다.

• $f<f_0$이면 $\frac{1}{\omega C}>\omega L$이 되어 유도성 회로가 되기 때문이다.

③ 공진 시 입력 어드미턴스는 매우 작아진다.

• $Y_0=\frac{1}{R}$

15. 임피던스 $\dot{Z}=R+jX$로 표시될 때 어드미턴스 $\dot{Y}=G+jB$로 된다. 서셉턴스(suscep tance)는 어느 것인가?

㉮ R ㉯ X ㉰ G ㉱ B

해설 어드미턴스와 임피던스의 관계

$$\dot{Y}=\frac{1}{\dot{Z}}=\frac{1}{R+jX}=\frac{R-jX}{(R+jX)(R-jX)}$$

$$=\frac{R}{R^2+X^2}+j\frac{-X}{R^2+X^2}=G+jB\ [\mho]$$

① 실수부 : 컨덕턴스(conductance)

$$G=\frac{R}{R^2+X^2}$$

② 허수부 : 서셉턴스(susceptance)

$$B=\frac{-X}{R^2+X^2}$$

정답 12. ㉯ 13. ㉱ 14. ㉮ 15. ㉱

2. 3상 교류 회로와 비정현파 교류 회로

- 대칭 3상 교류(symmetrical three phase AC)
  - 3상 교류는 크기와 주파수가 같고 위상만 120° 씩 서로 다른 단상 교류로 구성된다.
  - 대칭 3상 교류와 비대칭 3상 교류로 구분된다.
- 비사인파(nonsinusoidal AC)

  실제 교류 회로의 전압이나 전류의 파형은 반드시 사인파라고 할 수 없는데, 이와 같이 순수한 사인파형이 아닌 것을 왜형파 교류(distorted AC)라 한다.

2-1 3상 교류의 결선

(1) Y 결선의 상전압과 선간 전압의 관계

① 상전압(V_p) : $\dot{V}_a$, $\dot{V}_b$, $\dot{V}_c$

② 선간 전압(V_l) : $\dot{V}_a$, $\dot{V}_b$, $\dot{V}_{ca}$

(가) $V_l = \sqrt{3}\, V_p$ [V]

(나) 선간 전압은 상전압보다 위상이 $\frac{\pi}{6}$[rad] 앞선다.

③ 선전류(I_l)=상전류(I_p)

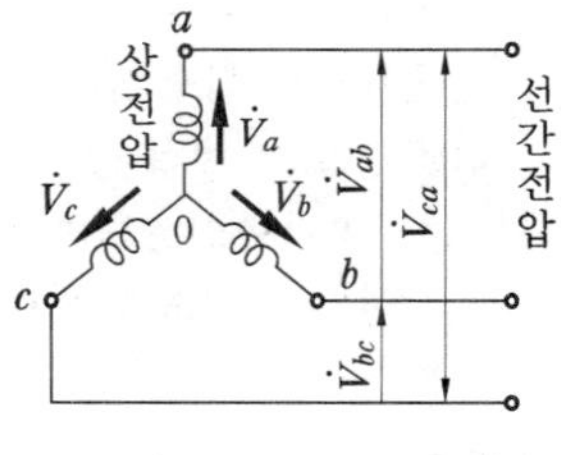

그림 1-33 Y 결선

(2) Δ 결선의 상전류와 선전류의 관계

① 상전류(I_p) : $\dot{I}_{ab}$, $\dot{I}_{bc}$, $\dot{I}_{ca}$

② 선전류(I_l) : $\dot{I}_a$, $\dot{I}_b$, $\dot{I}_c$

(가) $I_l = \sqrt{3}\, I_p$ [A]

(나) 선전류는 상전류보다 위상이 $\frac{\pi}{6}$ [rad] 뒤진다.

③ 선간 전압(V_l) =상전압(V_p)

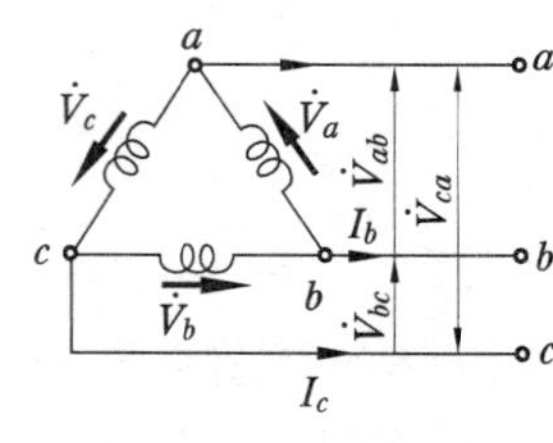

그림 1-34 Δ 결선

(3) Y 회로와 Δ 회로의 임피던스 변환(평형 부하인 경우)

① Y 회로를 Δ 회로로 변환하기 위해서는 각 상의 임피던스를 3배로 해야 한다.

② Δ 회로를 Y 회로로 변환하기 위해서는 각 상의 임피던스를 1/3배로 해야 한다.

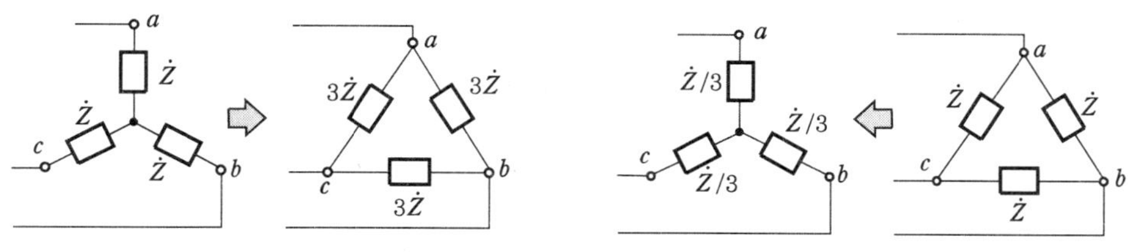

(a) 부하의 Y-Δ 변환 (b) 부하의 Δ- Y 변환

그림 1-35 부하의 Y-Δ, Δ-Y 변환

(4) V 결선(V connection)

단상 변압기 V-V 결선은 Δ - Δ 결선에 의해 3상 변압을 하는 경우 1대의 변압기가 고장이 나면 이를 제거하고, 남은 2대의 변압기를 이용하여 3상 변압을 계속하는 3상 결선 방식이다.

① V 결선의 총 출력

$$P_V = VI\cos(30+\theta) + VI\cos(30-\theta) = \sqrt{3}\,VI\cos\theta = \sqrt{3}\,P_1\ [\mathrm{W}]$$

여기서, P_1 : 단상 변압기 출력

② 출력비 $= \dfrac{\text{V 결선 출력}}{\Delta\text{ 결선 출력}} = \dfrac{\sqrt{3}\,V_p I_p\cos\theta}{3\,V_p I_p\cos\theta} = \dfrac{1}{\sqrt{3}} = 0.577$

③ 이용률 $= \dfrac{\text{출력}}{\text{용량}} = \dfrac{\sqrt{3}\,V_p I_p\cos\theta}{2\,V_p I_p\cos\theta} = \dfrac{\sqrt{3}}{2} = 0.866(86.6\,\%)$

2-2 비사인파 교류

(1) 비사인파의 분류

① 파형이 사인파와 상당히 달라도 규칙적으로 반복하는 교류이며, 파형의 지속 시간의 차이에 따라 연속파와 불연속파로 구분된다.

② 비사인파 교류의 파형은 대칭파, 비대칭파, 펄스 등 종류가 많다.

(2) 비사인파의 분해와 분석

① 비사인파 전압 v 는 여러 개의 직류·교류 전압으로 분해할 수 있다.

- 푸리에 급수(Fourier series)

$$v = V_o + V_{m1}\sin(\omega t+\theta_1) + V_{m2}\sin(2\omega t+\theta_2) + \cdots + V_{mn}\sin(n\omega t+\theta_n)$$

$$= V_0 + \sum_{n=1}^{\infty} V_{mn}\sin(n\omega t+\theta_n)[\mathrm{V}]$$

여기서, 1항 : 직류분, 2항 : 기본파, 3항 이하 : 고조파

② 비사인파 = 직류분 + 기본파 + 고조파

비사인파의 실효값은 직류 성분 및 각 고조파 실효값 제곱의 합의 제곱근과 같다.

$$V_s = \sqrt{V_0^{\,2} + V_1^{\,2} + V_2^{\,2} + \cdots}\ \text{[V]}$$

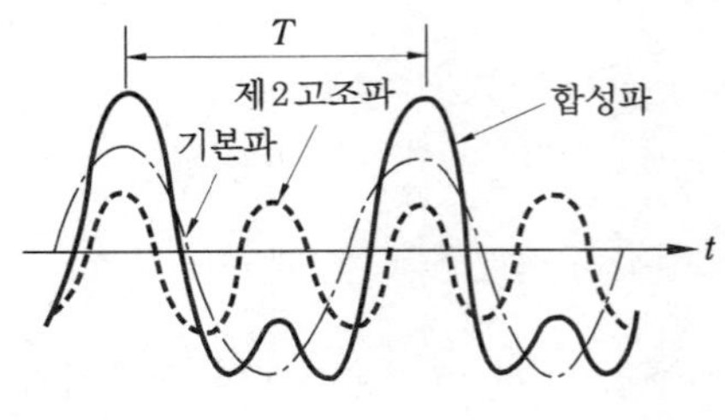

(a) 기본파와 제2고조파의 합

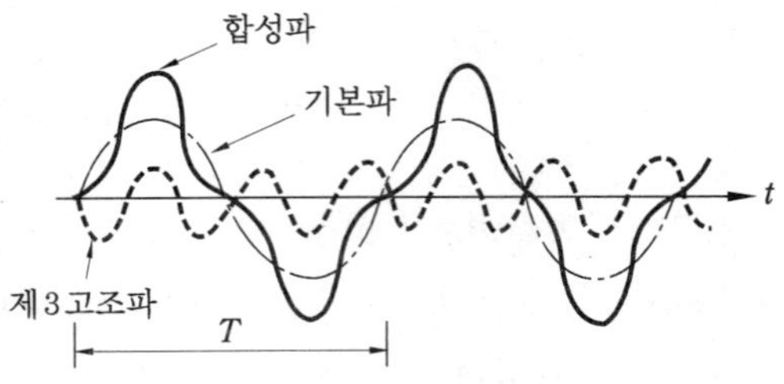

(b) 기본파와 제3고조파의 합

그림 1-36 기본파와 고조파의 합

(3) 일그러짐률 (distortion factor)

비사인파에서 기본파에 의해 고조파 성분이 어느 정도 포함되어 있는가는 다음 식으로 정의할 수 있다.

$$R = \frac{\text{고조파의 실효값}}{\text{기본파의 실효값}} = \frac{\sqrt{V_2^{\,2} + V_3^{\,3} + \cdots}}{V_1}$$

표 1-3 파형의 일그러짐률

파 형	사인파	사각형파	삼각형파	반파 정류파	전파 정류파
일그러짐률	0	0.4834	0.1212	0.4352	0.2273

(2) 파형률과 파고율

① 파형률 (form factor) : 평균값과 실효값의 비

② 파고율 (crest factor) : 실효값과 최대값의 비

표 1-4 파형률과 파고율

파 형	최대값	실효값	평균값	파형률	파고율
직사각형파	V	V	V	1	1
사 인 파	V	$\frac{V}{\sqrt{2}}$	$\frac{2V}{\pi}$	1.11	1.414
전파 정류파	V	$\frac{V}{\sqrt{2}}$	$\frac{2V}{\pi}$	1.11	1.414
삼 각 파	V	$\frac{V}{\sqrt{3}}$	$\frac{V}{2}$	1.155	1.732

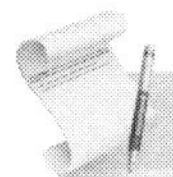

예·상·문·제

2. 3상 교류 회로와 비정현파 교류 회로

1. 상전압이 173 V인 3상 평형 Y 결선인 교류 전압의 선간 전압 크기는 약 몇 V인가?

㉮ 173 ㉯ $173\sqrt{2}$

㉰ $\frac{173}{\sqrt{3}}$ ㉱ 300

해설 3상 평형 Y 결선

$V_l = \sqrt{3}\, V_p = 1.732 \times 173 \fallingdotseq 300\text{ V}$

2. 각 상의 임피던스가 $\dot{Z} = 8 + j6[\Omega]$인 평형 Y결선 부하에 선간전압 220 V의 대칭 3상 전압을 인가하였을 때 흐르는 선전류는 약 몇 A인가? [09]

㉮ 8.7 ㉯ 10.5

㉰ 12.7 ㉱ 17.5

해설 평형 Y결선에서의 상전류와 선전류는 같다.

$I = \frac{V_p}{Z} = \frac{220/\sqrt{3}}{8+j6} = \frac{127}{\sqrt{8^2+6^2}} \fallingdotseq 12.7\text{A}$

3. 그림과 같은 회로에서 대칭 3상 전압(선간전압) 173 V를 $Z = 12 + j16[\Omega]$인 성형결선 부하에 인가하였다. 이 경우의 선전류는 몇 A인가? [12]

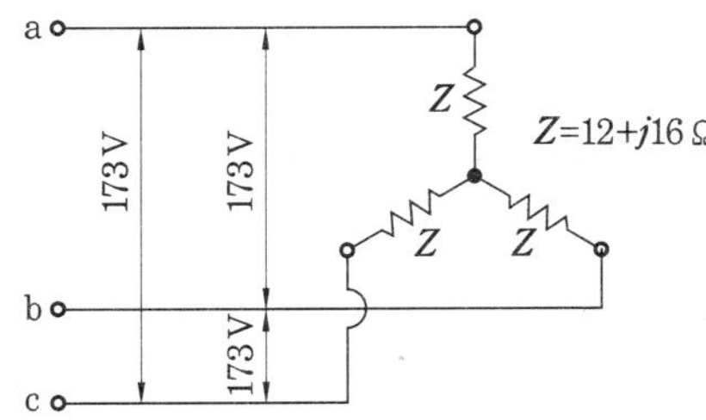

㉮ 5.0 A ㉯ 8.3 A

㉰ 10.0 A ㉱ 15.0 A

해설 $I_l = \frac{V_p}{Z} = \frac{173/\sqrt{3}}{12+j16} = \frac{100}{\sqrt{12^2+16^2}} = 5.0\text{ A}$

4. 전원과 부하가 다같이 Δ 결선된 3상 평형 회로가 있다. 전원 전압이 200 V, 부하 임피던스가 $6 + j8\,\Omega$인 경우 선전류는 몇 A인가? [06]

㉮ 10 ㉯ 20

㉰ $10\sqrt{3}$ ㉱ $20\sqrt{3}$

해설 $I_p = \frac{V}{Z} = \frac{200}{8+j6} = \frac{200}{\sqrt{8^2+6^2}} = 20\text{A}$

$\therefore I_l = \sqrt{3}\, I_p = \sqrt{3} \times 20 = 20\sqrt{3}\text{ A}$

5. $Z[\Omega]$의 임피던스 3개로 된 Δ 결선을 등가 Y 결선으로 변환하면 1상의 임피던스 Z는 몇 $[\Omega]$인가?

㉮ $3Z$ ㉯ $\frac{Z}{3}$ ㉰ $\frac{Z}{\sqrt{3}}$ ㉱ $\sqrt{3}Z$

해설 $\Delta \rightarrow Y$ 변환(본문 그림 1-35 참조)

6. 같은 정전 용량의 콘덴서 3개를 Δ 결선으로 하면 Y 결선으로 한 경우의 몇 배 용량으로 되는가?

㉮ $\frac{1}{\sqrt{3}}$ ㉯ $\frac{1}{3}$ ㉰ 3 ㉱ $\sqrt{3}$

해설 Δ-Y 결선의 합성 용량 비교 : 같은 정전 용량의 콘덴서 3개를 Δ 결선으로 하면, Y 결선으로 하는 경우보다 그 3상 합성 정전 용량이 3배가 된다.

참고 저항 결선일 때는 반대로 Y 결선이 3배가 된다.

정답 1. ㉱ 2. ㉰ 3. ㉮ 4. ㉱ 5. ㉯ 6. ㉰

7. 그림과 같은 회로의 a, b 단자에서 본 합성 저항은 얼마인가?(단, 숫자의 단위는 Ω이다.)

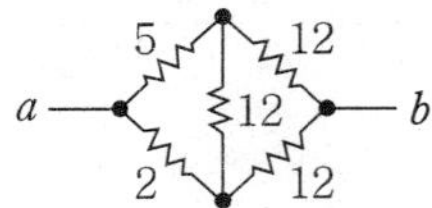

㉮ 11.6　　㉯ 7.6
㉰ 7.0　　㉱ 4.6

해설 Δ-Y 임피던스 변환(평형 부하인 경우)
① Δ 회로를 Y 회로로 변환하기 위해서는 다음 변환 회로와 같이 $\frac{1}{3}$배하면 된다.

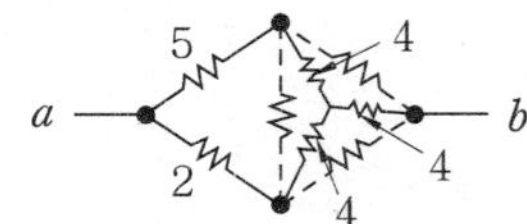

② 등가 회로를 그리면 다음과 같다.

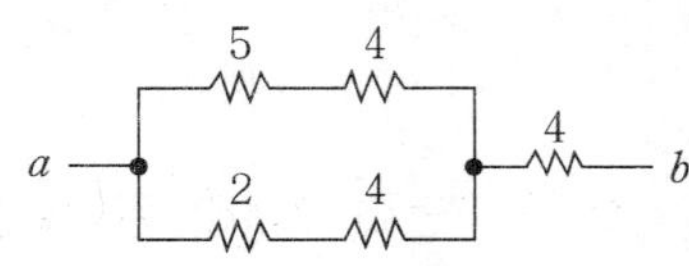

$\therefore\ R=\dfrac{9\times 6}{9+6}+4=7.6\,\Omega$

8. $R[\Omega]$인 3개의 저항을 같은 전원에 Δ 결선으로 접속시킬 때와 Y결선으로 접속시킬 때 선전류의 크기 비$\left(\dfrac{I_\Delta}{I_Y}\right)$는? [06]

㉮ $\frac{1}{3}$　　㉯ $\sqrt{6}$
㉰ $\sqrt{3}$　　㉱ 3

해설 동일한 저항의 Δ결선과 Y결선의 3상 합성 저항의 비 : $\dfrac{R_\Delta}{R_Y}=\dfrac{1}{3}$

$\therefore$ 선전류비 : $\dfrac{I_\Delta}{I_Y}=3$

참고 ① $I_\Delta=\sqrt{3}\,I_p=\sqrt{3}\,V_l\cdot\dfrac{1}{R}$

② $I_Y=I_p=\dfrac{V_l}{\sqrt{3}}\cdot\dfrac{1}{R}$

$\therefore\ \dfrac{I_\Delta}{I_Y}=\dfrac{\sqrt{3}\,V_l/R}{V_l/\sqrt{3}\,R}=3$

9. Δ 결선으로 3대의 변압기로 공급되는 전력에서 1대를 없애고 V 결선으로 바꾸어 전력을 공급했을 때 그 출력비는?

㉮ 0.577　　㉯ 0.666
㉰ 0.868　　㉱ 0.950

해설 출력비 $=\dfrac{V\text{결선출력}}{\Delta\text{결선출력}}$

$=\dfrac{\sqrt{3}\,V_P I_P\cos\theta}{3\,V_P I_P\cos\theta}=\dfrac{\sqrt{3}}{3}$

$=0.577$

10. Δ 결선 전압기 1개가 고장으로 V 결선으로 바꾸었을 때 변압기의 이용률은 얼마인가?

㉮ 약 0.57　　㉯ 약 0.87
㉰ 약 0.90　　㉱ 약 0.95

해설 이용률

$=\dfrac{\text{출력}}{\text{용량}}=\dfrac{\sqrt{3}\,V_p I_p\cos\theta}{2\,V_p I_p\cos\theta}=\dfrac{\sqrt{3}}{2}=0.866$

11. 비사인파의 일반적인 구성이 아닌 것은 어느 것인가?

㉮ 삼각파　　㉯ 고조파
㉰ 기본파　　㉱ 직류분

해설 비사인파=직류분+기본파+고조파

12. 전류 순시값 $i=30\sin\omega t+40\sin(30\omega t+60^\circ)$[A]의 실효값은? [08, 10]

㉮ 약 35.4 A　　㉯ 약 42.4 A
㉰ 약 56.6 A　　㉱ 약 70.7 A

정답 7. ㉯ 8. ㉱ 9. ㉮ 10. ㉯ 11. ㉮ 12. ㉮

해설 ① $I_1 = \frac{30}{\sqrt{2}} = 21.2\text{A}$

② $I_2 = \frac{40}{\sqrt{2}} = 28.3\text{A}$

$\therefore I = \sqrt{I_1^2 + I_2^2} = \sqrt{21.2^2 + 28.3^2} \fallingdotseq 35.4\text{ A}$

13. $e = 10\sqrt{2}\sin\omega t + 5\sqrt{2}\sin\left(3\omega t + \frac{\pi}{6}\right)$[V] 인 전압의 실효값은?

㉮ $5\sqrt{10}$ V　　㉯ 15 V
㉰ $5\sqrt{5}$ V　　㉱ 20 V

해설 비사인파 교류의 전압 표시

① 기본파의 실효값 $V_1 = 10\text{V}$

② 제 3 고조파의 실효값 $V_3 = 5\text{V}$

∴ 비사인파의 실효값

$V = \sqrt{V_1^2 + V_3^2} = \sqrt{10^2 + 5^2} = \sqrt{125}$
$= \sqrt{25 \times 5} = 5\sqrt{5}\text{ V}$

14. 다음 중 파형의 일그러짐률이 가장 큰 것은?

㉮ 삼각파　　㉯ 사각파
㉰ 반파 정류파　　㉱ 전파 정류파

해설 본문 표 1-3 참조

15. 사인파의 파형률은 얼마인가? [06]

㉮ 0.577　　㉯ 1.11
㉰ 1.414　　㉱ 1.732

해설 $\text{파형률} = \frac{\text{실효값}}{\text{평균값}} = \frac{\frac{1}{\sqrt{2}}V_m}{\frac{2}{\pi}V_m}$

$= \frac{\pi}{2\sqrt{2}} = 1.11$

참고 $\text{파고율} = \frac{\text{최대값}}{\text{실효값}} = \frac{V_m}{V} = \frac{\sqrt{2}\,V}{V}$

$= \sqrt{2} = 1.414$

16. 정현파에서 파고율이란? [12]

㉮ $\frac{\text{최대값}}{\text{실효값}}$　　㉯ $\frac{\text{평균값}}{\text{실효값}}$
㉰ $\frac{\text{실효값}}{\text{평균값}}$　　㉱ $\frac{\text{최대값}}{\text{평균값}}$

17. 파형률과 파고율이 같고 그 값이 1인 파형은? [11]

㉮ 사인파　　㉯ 구형파
㉰ 삼각파　　㉱ 고조파

18. 3상 불평형 전압에서 역상전압 40 V, 정상전압 200 V, 영상전압이 20 V라고 할 때 전압의 불평형률은 얼마인가? [07]

㉮ 0.1　　㉯ 0.2
㉰ 5　　㉱ 6

해설 $\text{불평형률} = \frac{\text{역상전압}}{\text{정상전압}} = \frac{40}{200} = 0.2$

정답 13. ㉰ 14. ㉯ 15. ㉯ 16. ㉮ 17. ㉯ 18. ㉯

3. 교류 회로의 전력

3-1 단상 교류 전력

(1) 전력의 표시

① 피상 전력

$$P_a = VI \text{ [VA]}$$

② 유효 전력

$$P = VI\cos\theta \text{ [W]}$$

③ 무효 전력

$$P_r = VI\sin\theta \text{ [Var]}$$

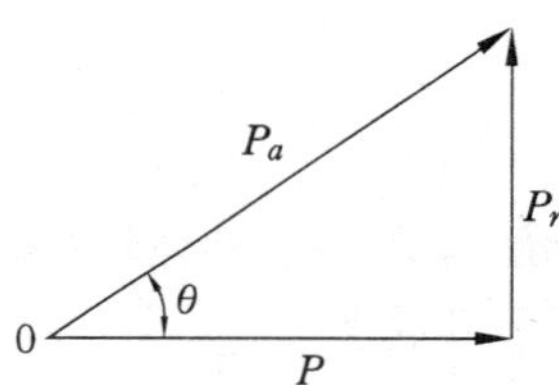

그림 1-37 전력의 벡터도

④ 역률과 무효율의 관계

㈎ 역률 : $\cos\theta = \sqrt{1-\sin^2\theta}$

㈏ 무효율 : $\sin\theta = \sqrt{1-\cos^2\theta}$

⑤ 피상 전력 P_a, 유효 전력 P, 무효 전력 P_r의 관계

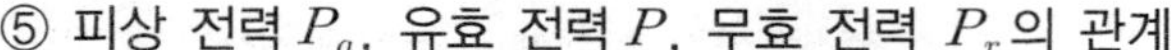

$$P_a{}^2 = P^2 + P_r{}^2,\ P_a = \sqrt{P^2 + P_r{}^2}$$

$$\cos\theta = \frac{P}{P_a},\ \sin\theta = \frac{P_r}{P_a}$$

(2) 복소 전력 계산

① 복소수로 표시된 전압과 전류에 의한 복소 전력 계산은 공액 복소를 취하여 구한다.

$$\dot{V} = V_1 + jV_2 \text{ [V]} \leftarrow (\text{공액}) \rightarrow \overline{V} = V_1 - jV_2 \text{ [V]}$$

$$\dot{I} = I_1 + jI_2 \text{ [V]} \leftarrow (\text{공액}) \rightarrow \overline{I} = I_1 - jI_2 \text{ [A]}$$

② 복소 전력 계산

㈎ 전압에 복소 전력을 취하면 다음과 같다.

$$\dot{P}_a = \overline{V}\,\dot{I} = P - jP_r \text{ [VA]}$$

여기서, (+) P_r : 용량성, (−) P_r : 유도성

(나) 전류에 복소 전력을 취하면 다음과 같다.

$$\dot{P}_a = \dot{V}\,\overline{I} = P + jP_r \text{ [VA]}$$

여기서, (+) P_r : 유도성, (−) P_r : 용량성

3-2 평형 3상 회로의 전력 및 비사인파 교류 회로의 전력

(1) 3상 회로의 전력 표시

① 각 상에 대한 것을 기초로 한다.

(가) 유효 전력 $P_p = 3V_p \cdot I_p \cos\theta$ [W]

(나) 무효 전력 $P_r = 3V_p \cdot I_p \sin\theta$ [Var]

② 실제로는 선간 전압 V_l, 선전류 I_l 로 전력을 표시한다.

(가) 유효 전력 $P = \sqrt{3}\, V_l \cdot I_l \cos\theta$ [W]

(나) 무효 전력 $P_r = \sqrt{3}\, V_l \cdot I_l \sin\theta$ [Var]

③ 겉보기 전력(피상 전력)

(가) $P_a = 3V_p \cdot I_p = \sqrt{3}\, V_l I_l$ [VA]

(나) $P_a = \sqrt{P^2 + {P_r}^2}$ [VA]

(2) 3상 교류 전력의 측정

① 1전력계법 : 1대의 단상 전력계로 3상 평형 부하의 전력을 측정할 수 있는 방법이다. 1전력계법의 접속법과 3상 전력 계산은 그림 1-38과 같다.

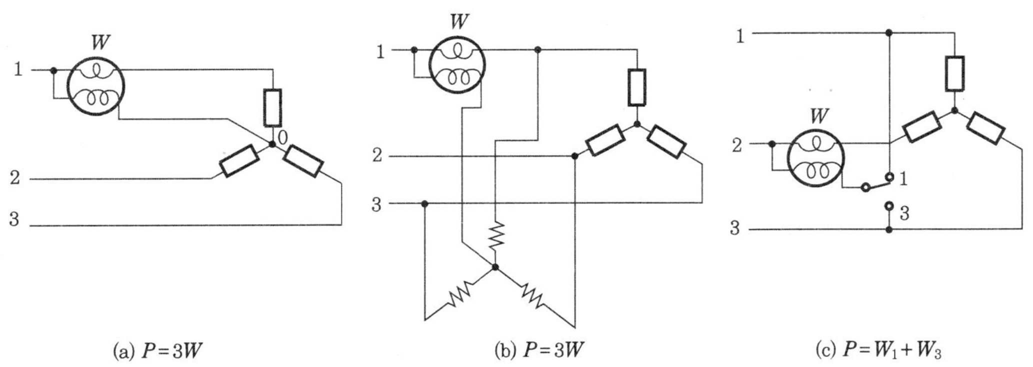

그림 1-38 전력계의 접속도

③ 2, 3전력계법

(가) 단상 전력계 2대를 접속하여 3상 전력을 측정하는 방법으로, 부하가 평형 또는 불평형에 상관없이 사용할 수 있다.

(나) 2, 3전력계의 접속법과 3상 전력 계산은 그림 1-39와 같다. 여기서, W_1, W_2 및 W_3은 각 전력계의 지시값이다.

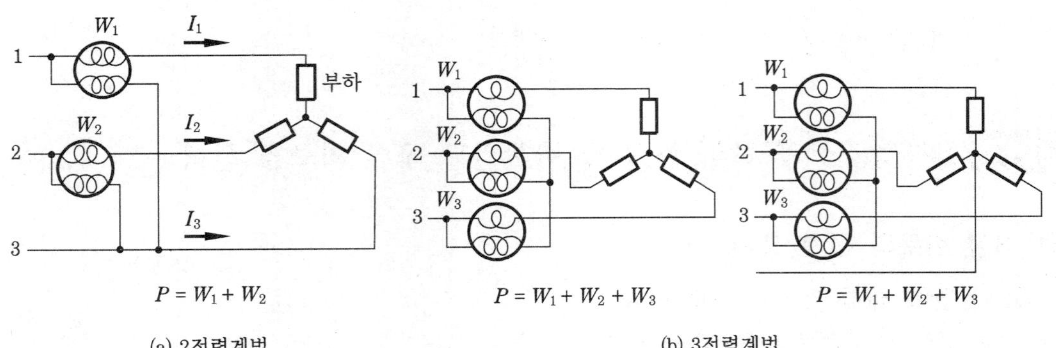

(a) 2전력계법 (b) 3전력계법

그림 1-39 2, 3전력계의 접속도

(3) 비사인파 교류 회로의 전력

① 회로망에 인가되는 비사인파 교류 전압 v 에 의해서 흐르는 전류 i

(가) $v = V_0 + V_{m1}\sin(\omega t + \alpha_1) + V_{m2}\sin(2\omega t + \alpha_2) + \cdots$

(나) $i = I_0 + I_{m1}\sin(\omega t + \beta_1) + V_{m2}\sin(2\omega t + \beta_2) + \cdots$

② 평균 전력 : 순시 전력 p 의 한 주기 동안의 평균값을 말한다.

$$P = \frac{1}{T}\int_T^0 pdt \text{ [W]}$$

③ 전력의 성분

(가) 직류 성분 : V_0, I_0

(나) 직류 성분 (V_0, I_0)과 사인파와의 곱

(다) 주파수가 같은 두 사인파의 곱

(라) 주파수가 다른 두 사인파의 곱

④ 소비 전력 표시

$$P = V_1 I_1 \cos\theta_1 + V_2 I_2 \cos_2 + \cdots \text{ [W]}$$

3. 교류 회로의 전력

1. 20 Ω의 저항에 최대값 120 V의 정현파 전압을 가했을 때 이 저항에 소비되는 유효 전력(W)은?

㉮ 200 ㉯ 360
㉰ 440 ㉱ 500

해설 유효 전력

① 실효값 $V=\frac{최대값}{\sqrt{2}}=\frac{120}{1.414} ≒ 85$ V

② $I=\frac{V}{R}=\frac{85}{20}=4.25$A

∴ $P=VI\cos\theta=85\times4.25 ≒ 360$ W

(여기서, $\cos\theta=\cos0°=1$)

참고 $P=\frac{V^2}{R}=\frac{85^2}{20} ≒ 360$ W

2. 리액턴스가 10 Ω인 코일에 직류 전압 100 V를 가하였더니 전력 500 W를 소비하였다. 이 코일의 저항은?

㉮ 10 Ω ㉯ 5 Ω
㉰ 20 Ω ㉱ 2 Ω

해설 코일에 직류를 가할 때의 소비 전력

$P=\frac{V^2}{R}$ [W]에서,

∴ $R=\frac{V^2}{P}=\frac{100^2}{500}=20$ Ω

3. 60 μF의 콘덴서에 100 V, 60 Hz의 교류를 가할 때 무효 전력(Var)은?

㉮ 113 ㉯ 165
㉰ 226 ㉱ 274

해설 콘덴서(condenser)만의 회로의 무효 전력

① $X_c=\frac{1}{2\pi fC}$

$=\frac{1}{2\times3.14\times60\times60\times10^{-6}}$

$≒ 44.2$ Ω

② $P_r=\frac{V^2}{X_c}=\frac{100^2}{44.2}=\frac{10000}{44.2} ≒ 226$ Var

4. 100 V 전원에 30 W의 선풍기를 접속하였더니 0.5 A의 전류가 흘렀다. 이 선풍기의 역률은 얼마인가? [07]

㉮ 0.6 ㉯ 0.7 ㉰ 0.8 ㉱ 0.9

해설 $\cos\theta=\frac{P}{VI}=\frac{30}{100\times0.5}=0.6$

5. 단상 교류 전동기의 입력을 표시하는 것은? [06]

㉮ $3EI\cos\theta$ ㉯ $\sqrt{3}EI\cos\theta$
㉰ EI ㉱ $EI\cos\theta$

해설 전동기의 역률이 $\cos\theta$일 때 입력 P=전동기에 가해지는 전원 전압×전류×역률$=EI\cos\theta$[W]

6. 100 V용 30 W의 전구와 60 W의 전구가 있다. 이것을 직렬로 접속하여 100 V의 전압을 인가하였을 때 두 전구의 상태는 어떠한가? [06, 12]

㉮ 30 W의 전구가 더 밝다.
㉯ 60 W의 전구가 더 밝다.
㉰ 두 전구의 밝기가 모두 같다.
㉱ 두 전구 모두 켜지지 않는다.

해설 ① 소비 전력은 전구의 내부 저항에 반비례하므로 30 W 전구의 내부 저항은 60 W 전구의 2배이다.

② 등가회로와 같이 직렬 접속인 경우, 두 전구에 흐르는 전류는 같으며 내부 저항이 2배인 30 W 전구 양단(aN) 전압이 2배가 되므로 30 W가 더 밝게 된다.

정답 1. ㉯ 2. ㉰ 3. ㉰ 4. ㉮ 5. ㉱ 6. ㉮

등가회로

참고 $R_{30} = V^2/P_{30} = 100^2/30 \fallingdotseq 333.3\ \Omega$

$R_{60} = V^2/P_{60} = 100^2/60 \fallingdotseq 166.7\ \Omega$

7. 그림과 같은 회로에서 소비되는 전력은 어느 것인가? [10]

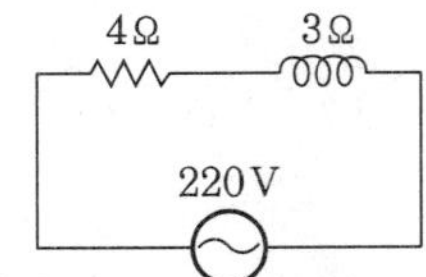

가 5,808 W	나 7,744 W
다 9,680 W	라 12,100 W

해설 $I = \dfrac{V}{|Z|} = \dfrac{V}{\sqrt{R^2+X^2}}$

$= \dfrac{220}{\sqrt{4^2+3^2}} = 44\text{A}$

$\therefore\ P = I^2 \cdot R = 44^2 \times 4 = 7744\ \text{W}$

8. $R = 40\Omega$, $L = 80$ mH 코일이 있다. 이 코일에 100 V, 60 Hz의 전압을 가할 때에 소비되는 전력은 몇 W인가? [11]

가 100	나 120
다 160	라 200

해설 ① $X_L = 2\pi f L = 2\pi \times 60 \times 80 \times 10^{-3}$

$\fallingdotseq 30\ \Omega$

② $Z = \sqrt{R^2 + X_L{}^2} = \sqrt{40^2+30^2} = 50\ \Omega$

③ $I = \dfrac{V}{Z} = \dfrac{100}{50} = 2\text{A}$

$\therefore\ P = I^2 \cdot R = 2^2 \times 40 = 160\text{W}$

9. 어떤 회로에 $\dot{V} = 100\angle\dfrac{\pi}{3}$[V]의 전압을 가하니 $\dot{V} = 10\sqrt{3} + j10$[A]의 전류가 흘렀다. 이 회로의 무효전력(Var)은? [12]

가 0	나 1000
다 1732	라 2000

해설 • 복소 전력 – 무효 전력

1. ① $\dot{V} = 100\cos\dfrac{\pi}{3} + j100\sin\dfrac{\pi}{3}$

$= 100 \times \dfrac{1}{2} + 100 \times \dfrac{\sqrt{3}}{2} \fallingdotseq 50 + j86.6$

② $\dot{I} = 10\sqrt{3} + j10 \fallingdotseq 17.3 + j10$

$\dot{P} = \dot{V} \times \overline{I} = (50 + j86.6) \times (17.3 - j10)$

$\fallingdotseq 865 - j500 + j1498.2 + 866$

$= 1731 + j998.2$

$\therefore$ 무효 전력 $P_r \fallingdotseq 1000\ \text{Var}$

(유효 전력 $P = 1731\ \text{W}$)

2. ① $\dot{I} = 10\sqrt{3} + j10 = 20\angle 30°$[A]

여기서, $|I| = \sqrt{(10\sqrt{3})^2 + 10^2} = 20$

$\phi = \tan^{-1}\dfrac{10}{10\sqrt{3}} = 30°$

② $\dot{V} = 100\angle\dfrac{\pi}{3} = 100\angle 60°$

③ 위상차 $\theta = 60° - 30° = 30°$

$\therefore\ P_r = VI\sin\theta = 100 \times 20 \times \sin 30°$

$= 2000 \times \dfrac{1}{2} = 1000\ \text{var}$

10. $\dot{E} = 100 + j20$[V]와 $\dot{I} = 20 - j30$[A]일 때 유효 전력 P는 몇 W인가?

가 1400	나 1600
다 2000	라 2600

해설 복소 전력 표시

$\dot{P} = \dot{V} \times \overline{I} = (100 + j20) \times (20 + j30)$

$= 2000 + j3000 + j400 - 600$

$= 1400 + j3400$[W]

$\therefore$ 유효 전력 $= 1400$ W

11. 어떤 가정에서 220 V 100 W의 전구 2개를 매일 8시간, 220 V 1 kW의 전열기 1대를 매일 2시간씩 사용한다고 한다. 이 집

정답 7. 나 8. 다 9. 나 10. 가 11. 라

의 한 달 동안의 소비 전력량은 몇 kWh인가?(단, 한 달은 30일로 한다.) [07]

㉮ 432 ㉯ 32 ㉰ 216 ㉱ 108

해설 ① 전구

$W_L = P \cdot t$

$= 100 \times 10^{-3}[\text{kW}] \times 2(\text{개}) \times 8[\text{h}] \times 30(\text{일}) = 48 \text{ kW}$

② 전열기

$W_H = P \cdot t$

$= 1[\text{kW}] \times 2[\text{h}] \times 30(\text{일}) = 60 \text{ kW}$

$\therefore W = W_L + W_H = 48 + 60 = 108 \text{ kW}$

12. 어느 공장의 평형 3상 부하의 전압을 측정하였을 때 선간 전압이 200 V, 소비 전력이 21 kW, 역률이 80 %라고 한다. 이때 전류는 약 몇 A인가?

㉮ 58 ㉯ 64 ㉰ 76 ㉱ 131

해설 3상 교류 회로의 전력(소비 전력=유효 전력)

$P = \sqrt{3}\, V_l \cdot I_l \cos\theta$ [W]에서,

$I_l = \dfrac{P}{\sqrt{3}\, V_l \cos\theta} = \dfrac{21 \times 10^3}{\sqrt{3} \times 200 \times 0.8}$

$= \dfrac{21000}{277} \fallingdotseq 76\text{A}$

13. 2전력계법으로 3상 전력을 측정할 때 지시 $P_1 = 200$ W, $P_2 = 200$ W일 때 부하 전력은 얼마인가?

㉮ 200 W ㉯ 200 $\sqrt{3}$ W

㉰ 400 W ㉱ 400 $\sqrt{3}$ W

해설 $P = P_1 + P_2 = 200 + 200 = 400 \text{ W}$

참고 본문 그림 1-39참조

14. 2개의 전력계를 사용하여 평형부하의 3상 회로의 역률을 측정하고자 한다. 전력계의 지시가 각각 1 kW 및 2 kW라 할 때 이 회로의 역률은 약 몇 %인가? [08]

㉮ 58.8 ㉯ 63.3

㉰ 74.4 ㉱ 86.6

해설 $\cos\theta = \dfrac{P_1 + P_2}{2\sqrt{P_1^2 + P_2^2 - P_1 P_2}}$

$= \dfrac{1+2}{2\sqrt{1^2 + 2^2 - 1 \times 2}}$

$= \dfrac{3}{3.464}$

$\fallingdotseq 0.866$

$\therefore 86.6\,\%$

정답 12. ㉰ 13. ㉰ 14. ㉱

전기 기기

제 1 장

직류기

1. 직류 발전기의 원리와 구조 및 이론

■ 직류기 : 직류 전기를 발생하는 직류 발전기와 직류 전기를 사용하여 회전력을 얻는 직류 전동기를 일컫는 말이다.

1-1 직류 발전기의 구조

(1) 직류 발전기의 3요소

① 자속을 만드는 계자 (field)
② 기전력을 발생하는 전기자 (armature)
③ 교류를 직류로 변환하는 정류자 (commutator)

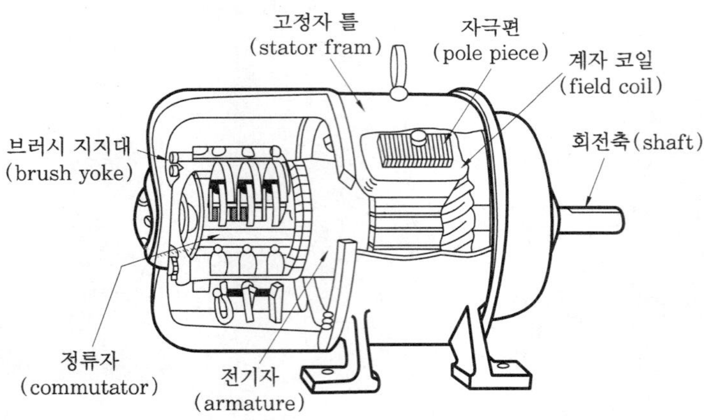

그림 2-1 4극 직류 발전기의 내부 구조

(2) 계자 (field magnet)

① 전기자가 쇄교하는 자속을 만들어 주는 부분으로, 공극 (air gap)에 필요한 자속을 만들어 준다.
② 계자 권선, 계자 철심, 자극편, 계철 등으로 구성되며 계철, 공극, 전기자 철심을 직류기의 자기 회로 (magnetic circuit)라 한다.

(3) 전기자 (armature)

① 전기자는 계자와 함께 자기 회로를 만드는 전기자 철심과 기전력을 유도하는 전기자 권선으로 되어 있다.

② 전기자 철심은 철손을 적게 하기 위하여 두께 0.35~0.5 mm의 규소 강판을 성층하여 사용한다.

(4) 정류자 (commutator)

① 정류자는 직류기의 가장 중요한 부분이며, 브러시와 접촉하여 유기 기전력을 정류, 직류로 바꾸어 외부 회로와 연결시켜 주는 역할을 한다.

② 정류자는 쐐기 모양의 경동제의 정류자편과 두께 0.8 mm의 정류자 편간 마이카(segment mica)를 교대로 겹쳐서 원통 모양으로 조립하여 마이카로 절연한 다음, 죔고리(shrink ring)로 죈 것이다.

(5) 브러시와 브러시 홀더 (brush holder)

① 브러시의 구비 조건

㈎ 접촉 저항을 가질 것(좋은 정류를 위하여 접촉 저항이 클 것)

㈏ 전기 저항이 적을 것

㈐ 정류자와 잘 접촉되어 마찰 저항이 적을 것

㈑ 기계적 강도가 클 것

㈒ 내열성이 클 것

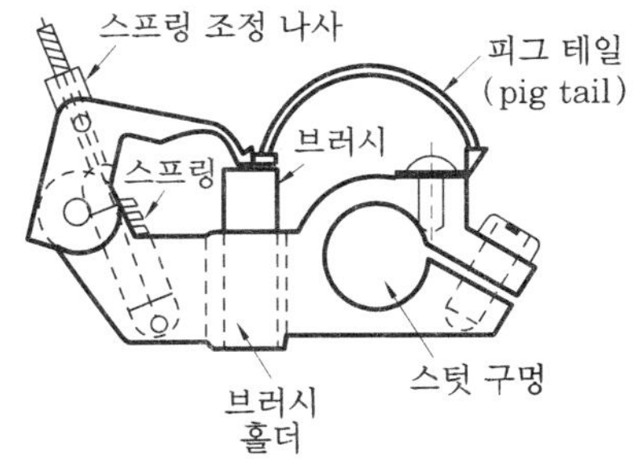

그림 2-2 브러시

② 기울기 : 정류자면에 대한 브러시의 기울기는 회전 방향이 바꾸어지는 기계에서는 수직이고, 일정한 방향의 기계에서는 회전 방향으로 30~35°, 역방향으로는 10~15° 정도 기울게 붙인다.

③ 역할 : 브러시(bruch)는 회전하는 정류자로부터 외부 회로로 전류를 흐르게 하는 역할을 한다.

1-2 전기자 권선법

- 전기자 권선
  - 환상권
  - 고상권
    - 개로권
    - 폐로권
      - 단층권
      - 2층권
        - 중권
          - 전절권
          - 단절권
        - 파권

(1) 환상권과 고상권

① 환상권(ring winding) : 원통 철심에 코일을 감은 것이다.

② 고상권(drum winding) : 도체를 원통 철심의 바깥쪽에만 배치한 것으로, 직류기의 전기자 권선은 모두 고상권이다.

(2) 중권과 파권의 비교

표 2-1 중권과 파권의 비교

비교 항목	중권(병렬권)	파권(직렬권)
전기자 병렬 회로수	극수 p 와 같다.	항상 2
브러시 수	극수와 같다.	2개 또는 극수만큼 둘 수 있다.
용 도	저전압, 대전류용	소전류, 고전압용
균압 고리	대용량에서 필요	불필요

(3) 균압 고리(equalizing ring)

① 대형 직류기에서는 전기자 권선 중 같은 전위의 점을 구리 고리로 묶는다.

② 브러시 불꽃 방지 목적으로 사용된다.

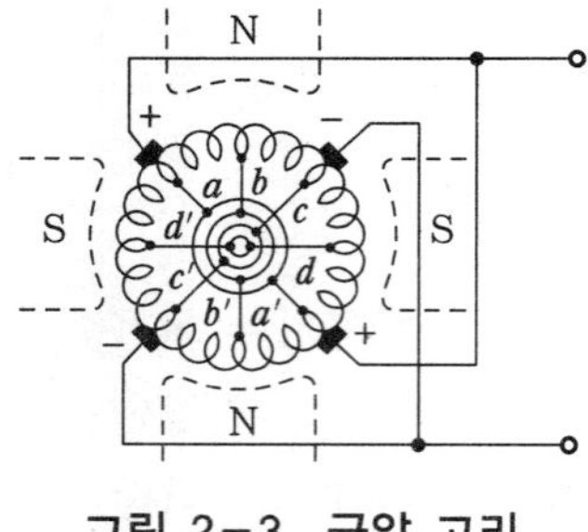

그림 2-3 균압 고리

1-3 직류 발전기의 이론

• 전자 유도 작용 : 도체가 자속을 끊거나 쇄교하거나 또는 도체 주위의 자기장이 변화하면 도체에는 기전력(전력)이 유기되는데, 이러한 현상을 전자 유도 작용이라 한다. 이때 기전력의 방향은 플레밍의 오른손 법칙 또는 렌츠의 법칙(Lenz's law)에 따른다.

(1) 유도 기전력

① 1개의 전기자 도선에 유도하는 평균 기전력

$$e = Blv = Bl \cdot \frac{2\pi rN}{60} \text{ [V]}$$

여기서, B : 자속 밀도 [wb/m^2], l : 도선의 유효 길이 [m]
N : 회전 속도 [rpm], r : 평균 반지름 [m]
v : 도선이 자속을 수직으로 끊는 속도 [m/s]

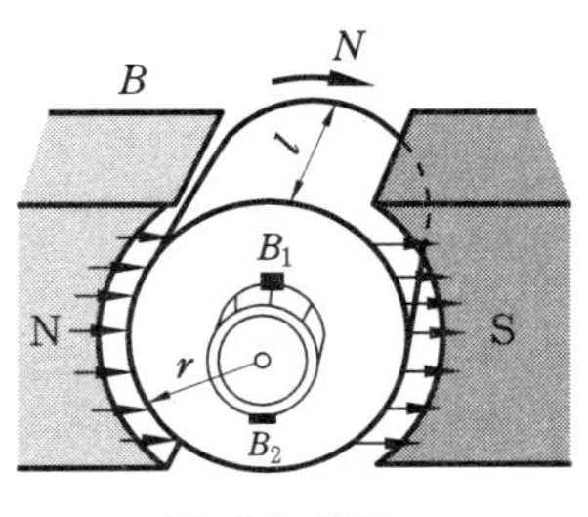

(a) 자속 분포

(b) 공극의 평균 자속 밀도

그림 2-4 자속 분표

② 브러시 사이의 유도 기전력

$$E = e \cdot \frac{z}{a} = Bl \cdot \frac{2\pi rN}{60} \cdot \frac{z}{a} \text{ [V]}$$

여기서, z : 전기자 도선의 수, a : 전기자 권선의 병렬 회로수

$$E = \frac{pz}{60a}\phi N = K_1 \phi N \text{ [V]}$$

여기서, p : 극수, ϕ : 1극당 자속 [wb], $K_1 = \frac{pz}{60a}$

③ 직류 발전기의 유도 기전력은 회전수와 자속의 곱에 비례한다.

④ 전기자의 주변 속도

$$v = \pi D \frac{N}{60} \text{ [m/s]}$$

여기서, D : 전기자 지름 [m], N : 전기자 회전 속도 [rpm]

(2) 전기자 반작용 (armature reaction)

① 전기자 전류에 의한 기자력의 영향으로 주자극의 자속 분포와 크기를 변화시키는 작용

㈎ 편자 작용 : 회전자의 회전 방향에 대하여 자극의 끝부분에서는 자속이 증가하고, 앞부분에서는 자속이 감소하여 자속 분포가 회전 방향으로 이동하는 모양이 되는 작용을 말한다.

② 전기자 반작용이 직류 발전기에 주는 현상

㈎ 전기적 중성축이 이동된다.

- 발전기 : 회전 방향
- 전동기 : 회전 방향과 반대 방향

(나) 주자속이 감소하여 기전력이 감소된다.

(다) 정류자편 사이의 전압이 고르지 못하게 되어, 부분적으로 전압이 높아지고 불꽃 섬락이 일어난다.

③ 전기자 반작용을 감소시키는 방법

(가) 자기 회로의 자기 저항을 크게 한다.

(나) 계자 기자력을 크게 한다.

(다) 큰 기계는 보상 권선을 설치하여, 그 기자력으로 전기자 기자력을 상쇄시킨다.

(라) 보극을 설치하여 중성점의 이동을 막는다.

(마) 보극과 보상 권선은 전기자 반작용을 없애 주는 작용과 정류를 양호하게 하는 작용을 한다.

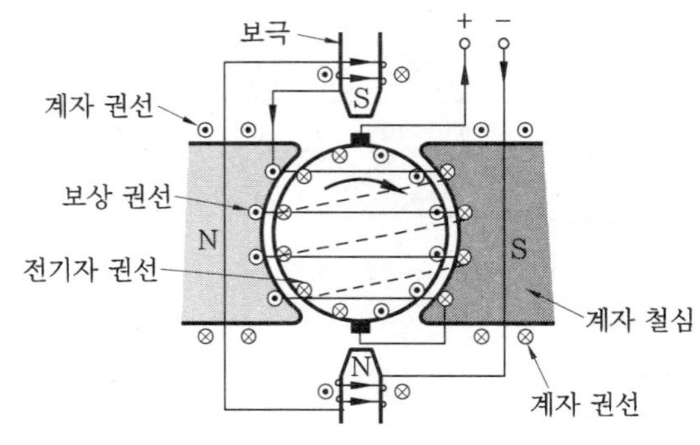

그림 2-5 보상 권선과 보극

(3) 정류 작용

① 정류(commutation) : 전기자가 회전할 때 브러시에 의하여 단락되는 코일의 전류 방향이 다음 순간 반대로 바뀌는 것을 이용하여 교류를 직류로 바꾸는 작용을 말한다.

② 정류 곡선(commutation curve) : 정류 중인 단락 코일(또는 정류 코일) 내의 전류의 변화를 나타내는 곡선이다.

(가) 직선 정류 : 이상적인 정류 ①

(나) 사인파 정류 : 불꽃없는 ②

(다) 부족 정류 : 브러시 후단 불꽃 발생 ③

(라) 과 정류 : 브러시 전단 불꽃 발생 ④

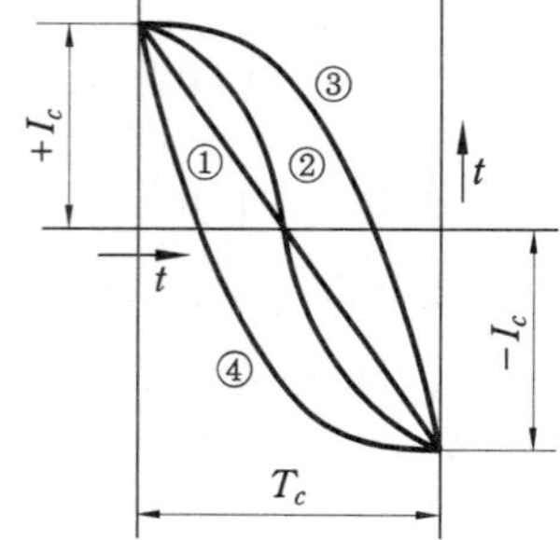

그림 2-6 정류 곡선

③ 양호한 정류를 얻는 방법

(가) 전압 정류 : 보극(정류극)을 설치하여, 정류 코일 내에 유기되는 리액턴스 전압과 반대 방향으로 정류 전압을 유기시켜 양호한 정류를 얻는다.

(나) 저항 정류 : 브러시의 접촉 저항이 큰 것을 사용하여, 정류 코일의 단락 전류를 억제하여 양호한 정류를 얻는다(탄소질 및 금속 흑연질의 브러시).

(다) 정류 주기를 크게 한다.

(라) 계자극 철심의 모양을 좋게 하여 자속 분포의 변화를 줄이고 자기적으로 포화시킨다.

(마) 전기자 교차 기자력에 대한 자기 저항을 크게 하고, 보상 권선을 설치한다.

(바) 단일권을 사용하고, 인덕턴스를 적게 한다.

예·상·문·제

1. 직류 발전기의 원리와 구조 및 이론

1. 직류기의 주요 구성 요소라 할 수 있는 것은? [06]

㉮ 정류자, 계자, 브러시, 보상권선
㉯ 계자, 브러시, 전기자, 보극
㉰ 계자, 전기자, 정류자, 브러시
㉱ 보극, 보상권선, 전기자, 계자

해설 직류기의 주요 구성 요소
① 주요 3요소 : 계자, 전기자, 정류자
② 브러시(brush)

2. 직류기의 전기자 지름에 대한 정류자 지름은 대략 몇 % 정도인가?

㉮ 60∼65
㉯ 65∼70
㉰ 70∼75
㉱ 75∼80

해설 정류자(commutator)
① 정류자 편간 전압을 낮추기 위해서는 정류자 지름이 큰 것이 좋고, 표면 속도를 크지 않게 하기 위해서는 지름이 작은 것이 좋다.
② 보통 70~75 % 정도가 좋다.

3. 직류기의 전기자 철심을 규소 강판으로 성층하는 가장 큰 이유는? [07]

㉮ 기계손을 줄이기 위해서
㉯ 철손을 줄이기 위해서
㉰ 제작이 간편하기 때문에
㉱ 가격이 싸기 때문에

해설 전기 기계의 철손 감소 방법
① 히스테리시스 손(histeresis loss)을 감소시키기 위하여 철심에 규소를 함유시켜 투자율을 크게 한다.
② 맴돌이 전류손(eddy current loss)을 감소시키기 위하여 철심을 얇게, 표면을 절연 처리하여 성층으로 사용한다.

참고 철손=히스테리시스 손+맴돌이 전류손

4. 전기 기계의 철심을 성층하는 가장 적절한 이유는?

㉮ 기계손을 적게 하기 위하여
㉯ 히스테리시스 손을 적게 하기 위하여
㉰ 표유 부하손을 적게 하기 위하여
㉱ 와류손을 적게 하기 위하여

해설 와류손 : 맴돌이 전류손(eddy current loss) 철심을 얇게 하고 표면을 절연 처리하여 성층으로 하면 전기 저항이 커지므로, 맴돌이(와류) 전류를 억제할 수 있어 손실을 적게 한다.

5. 직류기의 계자와 전기자 사이의 공극은 몇 mm 정도인가?

㉮ 0.5∼0.8
㉯ 1∼3
㉰ 3∼8
㉱ 9∼12

해설 ① 공극이 크면 자기 저항이 커서 계자 전류를 많이 흘려야 하며, 작으면 고장이 잦다.
② 보통 3~8 mm가 적당하다(소형기 : 3 mm, 대형기 : 6~8 mm).

6. 직류기에 사용되는 브러시가 갖추어야 할 성질 중 틀린 것은?

㉮ 접촉 저항이 적당할 것
㉯ 마모성이 적을 것
㉰ 마찰 저항이 클 것
㉱ 기계적으로 튼튼할 것

정답 1. ㉰ 2. ㉰ 3. ㉯ 4. ㉱ 5. ㉰ 6. ㉰

해설 정류자와 잘 접촉되어 마찰 저항이 적을 것

7. 다음 중 전기 기계의 전기자 권선법으로 쓰이는 것은?

㉮ 단층권 ㉯ 2층권
㉰ 환상권 ㉱ 개로권

해설 전기자 권선법으로는 고상권-폐로권-2층권(중권, 파권)이 쓰인다.

8. 직류기의 권선을 중권으로 할 때 전기자 회로수는 극수의 몇 배인가?

㉮ 1/2배 ㉯ 1배
㉰ 2배 ㉱ 4배

해설 표 2-1 참조
중권의 경우 : 전기자 병렬 회로수=극수

9. 직류기의 전기자 권선법 중 파권 권선에 대한 설명으로 옳은 것은? [06]

㉮ 브러시수가 극수와 같다.
㉯ 균압환이 필요하다.
㉰ 저전압 대전류용이다.
㉱ 전기자 병렬회로 수는 항상 2이다.

해설 중권과 파권의 비교 : 표 2-1 참조

10. 직류기에서 파권 권선의 이점은 어느 것인가? [12]

㉮ 효율이 좋다.
㉯ 출력이 크다.
㉰ 전압이 높게 된다.
㉱ 역률이 안정된다.

11. 8극 100 V, 200 A의 직류 발전기가 있다. 전기자 권선이 중권으로 되어 있는 것을 파권으로 바꾸면 전압은 몇 V로 되겠는가?

㉮ 400 ㉯ 200
㉰ 100 ㉱ 50

해설 중권을 파권으로 바꾸면 병렬 회로수가 8에서 2로 되므로 전압은 4배, 전류는 $\frac{1}{4}$배가 된다.

12. 직류 발전기에서 균압환(고리)을 설치하는 목적은 무엇인가?

㉮ 전압을 높인다.
㉯ 전압 강화 방지
㉰ 저항 감소
㉱ 브러시 불꽃 방지

해설 균압환(equalizing ring) : 브러시 불꽃 방지 목적으로 사용된다(그림 2-3 참조).

13. 직류 발전기의 유기 기전력을 E, 극당 자속을 Φ, 회전 속도를 N이라 할 때 이들의 관계로 옳은 것은? [08, 11, 12]

㉮ $E \propto \frac{N}{\Phi}$

㉯ $E \propto \frac{\Phi}{N}$

㉰ $E \propto \Phi N^2$

㉱ $E \propto \Phi N$

해설 $E = \frac{p}{a} Z\phi \frac{N}{60} = k \cdot \phi N$

$\left(k = \frac{p \cdot Z}{60 \cdot \alpha}\right)$

14. 포화하고 있지 않은 직류 발전기의 회전수가 $\frac{1}{2}$로 감소되었을 때 기전력을 전과 같은 값으로 하자면 여자를 속도 변화전에 비하여 몇 배로 하여야 하는가?

정답 7. ㉯ 8. ㉯ 9. ㉱ 10. ㉰ 11. ㉮ 12. ㉱ 13. ㉱ 14. ㉰

㉮ 0.5배　　㉯ 1배
㉰ 2배　　㉱ 4배

해설 직류 발전기의 특성 – 속도와 자속

① $E=\frac{p}{a}Z\phi\frac{N}{60}$[V]에서,

$\phi=k'E\cdot\frac{1}{N}$

② $\phi'=k'E\cdot\frac{1}{\frac{N}{2}}$

$=k'EN\times 2=k'2\phi$

∴ 여자를 2배로 하여야 한다.

15. 4극 직류 발전기가 전기자 도체수 600, 매극당 유효자속 0.035 Wb, 회전수가 1200 rpm일 때 유기되는 기전력은 몇 V인가?(단, 권선은 단중 중권이다.) [11]

㉮ 120　　㉯ 220
㉰ 320　　㉱ 420

해설 $E=\frac{p}{a}Z\phi\frac{N}{60}$

$=\frac{4}{4}\times 0.035\times\frac{1200}{60}=420\text{ V}$

참고 $a=p$

16. 전기자 도체의 총수 500, 10극, 단중 파권으로 매극의 자속수가 0.2 Wb인 직류 발전기가 600 rpm으로 회전할 때의 유도 기전력은 몇 V인가? [07]

㉮ 2500　　㉯ 5000
㉰ 10000　　㉱ 15000

해설 $E=\frac{p}{a}Z\phi\frac{N}{60}$

$=\frac{10}{2}\times 500\times 0.2\times\frac{600}{60}=5000\text{ V}$

17. 6극 단중 파권, 전기자 도체수 250의 직류 발전기가 1200 rpm으로 회전할 때 유기 기전력이 600 V라 한다. 매극당 자속은 몇 Wb인가?

㉮ 6.6×10^{-4}　　㉯ 0.002
㉰ 0.04　　㉱ 0.12

해설 $E=\frac{p}{a}Z\phi\frac{N}{60}$에서,

$\phi=\frac{60Ea}{pNZ}=\frac{60\times 600\times 2}{6\times 1200\times 250}$

$=0.04\text{ Wb}$

18. 전기자 지름이 0.2 m의 직류 발전기가 있다. 1.5 kW의 출력에서 1800 rpm으로 회전하고 있을 때 전기자의 주변 속도는 몇 m/s인가?

㉮ 약 9.42
㉯ 약 12.35
㉰ 약 18.84
㉱ 약 22.43

해설 $v=\pi D\frac{N}{60}=3.14\times 0.2\times\frac{1800}{60}$

$\fallingdotseq 18.84\text{ m/s}$

19. 직류 발전기의 전기자 반작용으로 일어나는 현상은?

㉮ 기전력의 감소
㉯ 과대 전압 유기
㉰ 철손의 증가
㉱ 철손의 감소

해설 전기자 반작용으로 일어나는 현상
① 주자속이 감소하여 기전력 감소
② 전기적 중성축 이동
③ 부분적으로 전압이 높아지고, 불꽃 섬락이 일어난다.

20. 전기자 권선에 의해 생기는 전기자 기자력을 없애기 위하여 주 자극의 중간에 작은 자극으로 전기자 반작용을 상쇄하고 또한 정류에 의한 리액턴스 전압을

정답 15. ㉱　16. ㉯　17. ㉰　18. ㉰　19. ㉮　20. ㉱

상쇄하여 불꽃을 없애는 역할을 하는 것은 어느 것인가? [09]

㉮ 보상권선
㉯ 공극
㉰ 전기자권선
㉱ 보극

해설 보극(interpole) : 그림 2-5 참조

① 자극 중간에 소형의 자극 N, S를 설치함으로써, 리액턴스 전압을 지워 주는 기전력(정류 전압)을 정류 코일에 유도시켜 불꽃을 없애주는 역할을 한다.
② 보극 권선은 전기자 권선과 직렬로 접속하고, 전기자 자속을 상쇄할 수 있는 극성이 되도록 한다.
③ 정류 작용을 돕고, 전기자 반작용을 약화시킨다.

21. **직류기에서 보극을 설치하는 목적이 아닌 것은?** [10]

㉮ 정류자의 불꽃 방지
㉯ 브러시의 이동 방지
㉰ 정류 기전력의 발생
㉱ 난조의 방지

22. **정류 주기 T, 전류 I일 때 이상적인 정류 곡선은?**

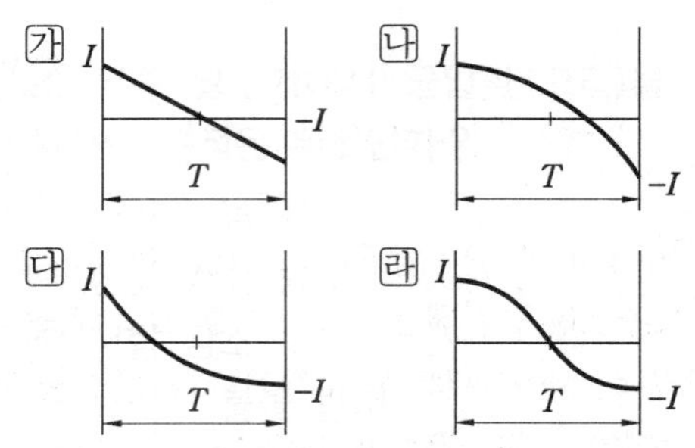

해설 정류 곡선 : 그림 2-6에서,

㉮ 직선 정류 : 이상적 정류
㉯ 부족 정류 ㉰ 과정류 ㉱ 사인파 정류

2. 직류 발전기의 특성 및 운전

- 직류 발전기
  - 자석 발전기
  - 타여자 발전기
  - 자여자 발전기
    - 직권 발전기
    - 분권 발전기
    - 복권 발전기
      - 가동 복권 발전기
      - 차동 복권 발전기

2-1 직류 발전기의 특성과 용도

(1) 타여자 발전기의 특성

① 무부하 포화 곡선 : 직류 발전기를 정격 속도, 무부하로 운전하였을 때 계자 전류 I_f [A]와 유도 기전력 E [V]와의 관계를 나타내는 곡선이다.

② 외부 특성 곡선 : 직류 발전기를 정격 속도, 정격 부하 전류에서 정격 전압을 발생하도록 계자 저항기를 조정한다. 그리고 이 저항과 회전 속도를 변화하지 않도록 하고, 부하 저항을 변화시킬 때의 부하 전류 I와 단자 전압 V의 관계를 나타내는 곡선이다.

$$V = E - R_a \cdot I \qquad E = V + R_a \cdot I$$

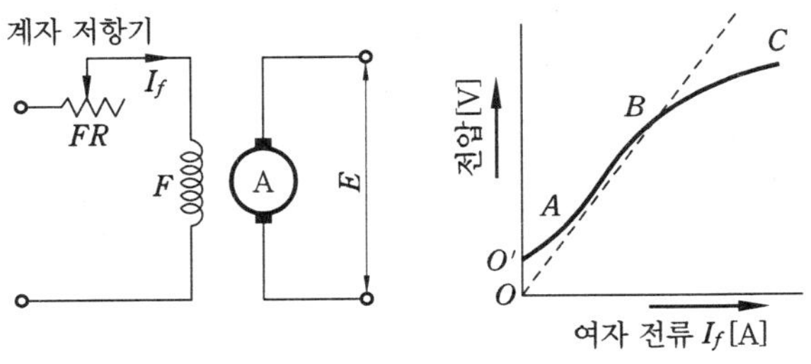

그림 2-7 무부하 특성 곡선

(3) 분권 발전기의 외부 특성과 용도

① 그림 2-8은 분권 발전기의 외부 특성을 나타낸다.

$$V = E - R_a I_a \qquad E = V + R_a I_a \qquad I_a = I + I_f \qquad I_f = \frac{V}{R_f}$$

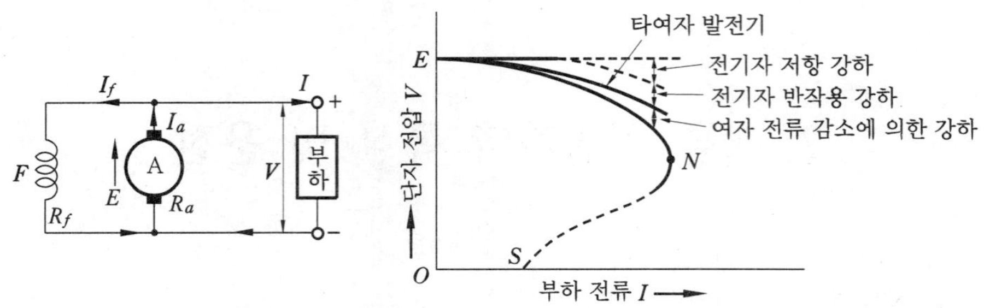

그림 2-8 분권 발전기의 외부 특성

② 계자 저항기를 사용하여 어느 범위의 전압 조정도 안정하게 할 수 있으므로 전기 화학 공업용 전원, 축전지의 충전용, 동기기의 여자용 및 일반 직류 전원용에 적당하다.

(4) 직권 발전기의 외부 특성과 용도

① 직권 발전기는 부하 전류로 여자되므로, 무부하 포화 곡선의 계자 전류는 부하 전류와 같다.

$$E = V + (R_a + R_s)\, I_a \qquad I_a = I = I_f$$

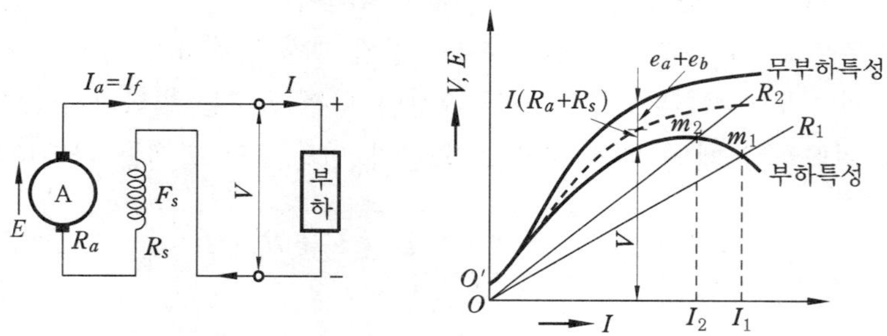

그림 2-9 직권 발전기의 외부 특성

② 특성 곡선이 부하전류에 거의 비례하므로 전압이 상승하는 부분을 이용, 선로의 전압 강하를 보상하는 목적으로 장거리 급전선에 직렬로 연결해서 승압기(booster)로 사용되고 있다.

(5) 복권 발전기의 외부 특성과 용도

① 외부 특성 곡선은 분권 발전기와 직권 발전기의 특성을 합한 것이 된다.

㈎ 평복권 발전기(flat-compound generator) : 무부하 전압과 전부하 전압의 특성이 같은 것

㈏ 과복권 발전기(overcompound generator) : 전부하 전압이 무부하 전압보다 특성이 높은 것

㈐ 차동 복권 발전기의 수하 특성 : 단자 전압이 부하 전류가 늘어남에 따라 심하게 떨어진다.

• 내분권기 : $E = V + R_a\ I_a + R_s\ I$ ┐ $I_a = I + I_f\ ,\ I_f = \dfrac{V}{R_f}$
• 외분권기 : $E = V + (R_a + R_s)\ I_a$ ┘

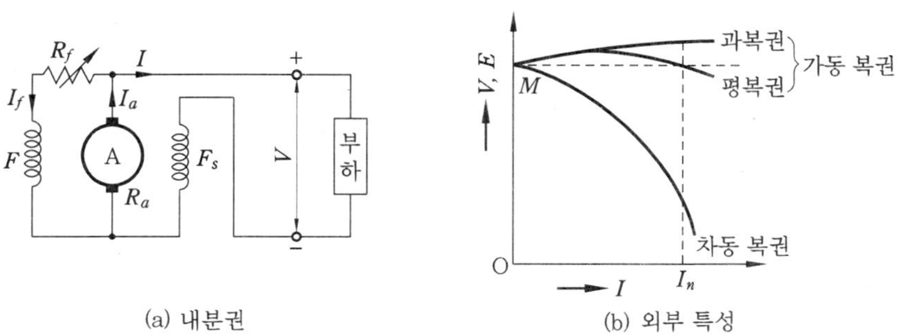

(a) 내분권 (b) 외부 특성

그림 2-10 복권 발전기의 외부 특성

② 용 도

(가) 평복권 발전기 : 부하에 관계없이 거의 일정한 전압이 얻어지므로, 일반적인 직류 전원 및 여자기 등에 사용된다.

(나) 차동 복권 발전기 : 수하 특성을 가지므로, 용접기용 전원으로 사용된다.

2-2 직류 발전기의 운전

(1) 운전하기 전에 할 일

① 절연 저항 측정 : 메거(megger)로 각 부분의 절연 저항을 측정하여 절연 내력을 점검한다.

② 결선 및 기계적인 접속 부분을 점검한다.

③ 베어링 부분을 점검한다.

④ 브러시 (brush) 부분 : 접촉 상태, 정류자편의 청결 상태, 위치를 점검한다.

(2) 기동, 운동 및 정지

① 부하 회로의 개폐기를 열어 두고, 계자 저항기의 손잡이를 돌려 저항이 최대가 되는 위치에 두고 원동기를 회전시킨다.

② 이상이 없으면 전압계를 보면서 계자 저항을 줄여 전압을 정격 전압까지 올린다.

③ 정지시킬 때에는 계자 저항기로 전압을 낮춘 다음, 부하 개폐기를 열고 정지시킨다. 정지한 다음에는 반드시 계자 저항기를 최대로 하여 둔다.

(3) 복권 발전기의 병렬 운전과 균압 모선

① 균압 모선 (equalizer) : 2대의 발전기의 직권 계자 권선의 한끝을 연결하는 굵은 도선이다.

② 직권 및 복권 발전기에서는 직권 계자 코일에 흐르는 전류에 의하여 병렬 운전이 불안정하게 되므로, 균압선을 설치하여 직권 계자 코일에 흐르는 전류를 분류 (등분)하게 하여 병렬 운전이 안전하도록 한다.

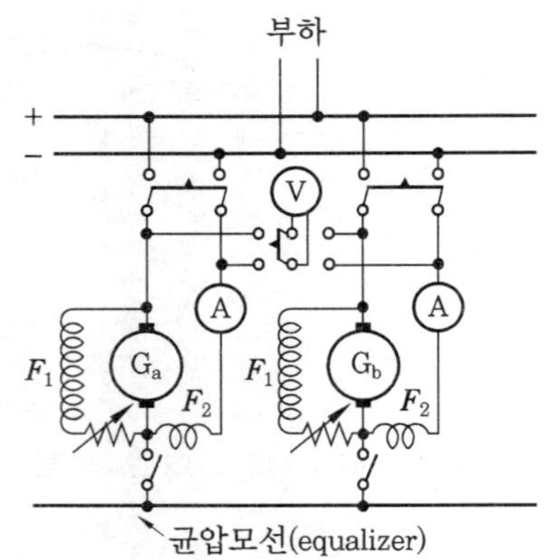

그림 2-11 복권 발전기의 병렬 운전 결선도

(4) 직류 발전기의 병렬 운전

① 병렬 운전의 목적

㈎ 1대의 발전기로 용량이 부족할 때

㈏ 부하 변동의 폭이 클 때에는 경부하에 효율이 좋게 운전하기 위하여

㈐ 예비기 또는 점검, 수리의 면에 유리

② 병렬 운전 조건

㈎ 정격 전압 (단자 전압) 및 극성이 같을 것

㈏ 외부 특성 곡선이 어느 정도 수하 특성일 것

㈐ 용량이 다를 경우 % 부하 전류로 나타낸 외부 특성 곡선이 거의 일치할 것

(5) 계자 방전 저항 (field descharge resistor)

① 분권 계자 권선과 병렬로 접속시킨 저항기이다.

② 계자 회로를 끊어도 유도 기전력은 저항을 통하여 방전하기 때문에, 단자 전압이 올라가는 것을 막을 수 있다.

2. 직류 발전기의 특성 및 운전

1. 직류 발전기의 무부하 포화 곡선과 관계되는 것은?

㉮ 부하 전류와 여자 전류
㉯ 단자 전압과 여자 전류
㉰ 유기 기전력과 계자 전류
㉱ 유기 기전력과 부하 전류

해설 무부하 포화 곡선 : 계자 전류 I_f와 유도 기전력 E와의 관계를 나타낸 곡선을 무부하 포화 곡선이라 한다 (그림 2-7 참조).

2. 직류 발전기의 외부 특성 곡선은?

㉮ 유도 기전력-전기자 전력 곡선
㉯ 단자 전압-부하 전류 곡선
㉰ 단자 전압-계자 전류 곡선
㉱ 부하 전류-계자 전류 곡선

해설 외부 특성 곡선
① 부하 저항을 변화시킬 때의 부하 전류와 단자 전압의 관계를 나타내는 곡선이다.
② 그림 2-8, 9, 10처럼 발전기의 종류에 따라 특성이 다르다.

3. 직류기의 여자 방식에서 자기 여자란 무엇인가?

㉮ 여자 전류를 다른 직류 전원에서 얻는다.
㉯ 여자 전류를 자체의 유기 기전력으로 흘려준다.
㉰ 여자 전류를 다른 발전기에서 얻는다.
㉱ 여자 전류를 다른 전동기에서 얻는다.

해설 자기 여자(self excitation) : 자체에서 발생한 기전력으로 계자 전류를 흐르게 하여 계자를 여자시키는 것이다.

4. 분권 발전기는 잔류 자속에 의해서 잔류 전압을 만들고 이때 여자 전류가 잔류 자속을 증가시키는 방향으로 흐르면 여자 전류가 점차 증가하면서 단자 전압이 상승하게 된다. 이 현상을 무엇이라 하는가?

㉮ 자기 포화 ㉯ 여자 조절
㉰ 보상 전압 ㉱ 전압 확립

해설 전압 확립(voltage build up) : 자여자가 되는 현상을 말한다.

5. 무부하에서 자기여자로 전압을 확립하지 못하는 직류 발전기는? [06, 10]

㉮ 직권 발전기
㉯ 분권 발전기
㉰ 복권 발전기
㉱ 타여자 발전기

해설 ① 자기여자 : 문제 3. 해설 참조
② 전압 확립(voltage build up) : 문제 4. 해설 참조
(가) 직권 발전기 : 무부하에서는 계자 권선에 전류가 흐르지 않으므로 자기여자로 전압을 확립하지 못한다.
(나) 타여자 발전기 : 별도의 여자전원을 사용하기 때문에 무부하에서도 전압 확립이 가능하다.

6. 직류 분권 발전기를 역회전시키면 어떻게 되는가?

㉮ 과전압이 발생된다.
㉯ 발전하지 않는다.
㉰ 정회전 때와 같다.
㉱ 섬락이 일어난다.

해설 분권 발전기를 역회전시키면, 잔류 자기가 소멸되어 자여자가 되지 않아 발전하지 못한다.

정답 1. ㉰ 2. ㉯ 3. ㉯ 4. ㉱ 5. ㉮ 6. ㉯

7. 정격속도로 회전하고 있는 분권 발전기가 있다. 단자전압 100 V, 권선의 저항은 50 Ω 계자전류 2 A, 부하전류 50 A, 전기자저항 0.1 Ω이다. 이때 발전기의 유기 기전력은 약 몇 V인가? (단, 전기장 반작용은 무시한다.) [08]

㉮ 100 ㉯ 105
㉰ 128 ㉱ 141

해설 $E = V + I_a R_a$
$= 100 + 52 \times 0.1 = 105.2$ V
여기서, $I_a = I_f + I = 2 + 50 = 52$ A

8. 유도 기전력 220 V, 단자 전압 210 V, 5 kW의 분권 발전기의 계자 저항이 500 Ω이면 그 전기자 저항은 약 얼마인가?

㉮ 0.41 ㉯ 4.1
㉰ 0.2 ㉱ 0.02

해설 $E = V + I_a \cdot R_a$ [V]에서,
전기자 저항 R_a는

$$R_a = \frac{E - V}{I_a} = \frac{220 - 210}{24.22} = 0.41\ \Omega$$

여기서, ① $I_f = \frac{V}{R_f} = \frac{210}{500} = 0.42$ A

② $I = \frac{P}{V} = \frac{5000}{210} = 23.8$ A

$\therefore I_a = I + I_f = 23.8 + 0.42 = 24.22$ A

9. 직류 분권 발전기의 전기자 저항 0.1 Ω, 전기자 전류 104 A, 계자 저항 27.5 Ω, 유도 기전력 120.4 V일 때 출력(kW)은?

㉮ 10 ㉯ 11 ㉰ 12 ㉱ 13

해설 ① $I = I_a - I_f = 104 - 4 = 100$ A

여기서, $I_f = \frac{V}{R_f} = \frac{110}{27.5} = 4$ A

② $V = E - I_a R_a$
$= 120.4 - 104 \times 0.1 = 110$ V
$\therefore P = VI = 110 \times 100 = 11 \times 10^3 = 11$ kW

10. 직류 분권 발전기의 용도 중 가장 적당한 것은?

㉮ 직류 승압기 ㉯ 용접기
㉰ 전철용 ㉱ 여자기

해설 분권 발전기의 용도
① 전기 화학 공업용 전원
② 축전기 충전용
③ 동기기의 여자기 및 일반 직류 전원용

11. 직류 발전기의 종류 중 부하의 변동에 따라 단자전압이 심하게 변화하는 어려움이 있지만 선로의 전압강하를 보상하는 목적으로 장거리 근접선에 직렬로 연결해서 승압기로 사용되는 것은? [08]

㉮ 직권 발전기 ㉯ 타여자 발전기
㉰ 분권 발전기 ㉱ 복권 발전기

해설 직권 발전기 외부 특성과 용도
① 직권 발전기는 부하의 변동에 따라 단자 전압이 심하게 변화하므로 보통의 직류 전원으로는 사용할 수 없다.
② 그러나 특성 곡선이 부하 전류에 거의 비례해서 전압이 상승하는 부분을 이용하여 선로의 전압 강하를 보상하는 목적으로 장거리 급전선에 직렬로 연결해서 승압기(booster)로 사용되고 있다.

12. 직류 직권 발전기의 외부 특성 곡선은 어느 것인가?

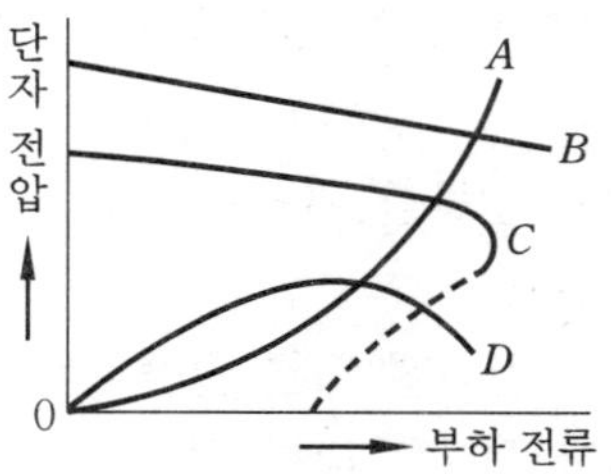

㉮ A ㉯ B ㉰ C ㉱ D

해설 외부 특성 곡선 : 그림 2-9 참조
참고 분권 발전기 : C

정답 7. ㉯ 8. ㉮ 9. ㉯ 10. ㉱ 11. ㉮ 12. ㉱

13. 정격 200 V, 20 kW 직권 발전기의 유도 기전력은 얼마인가? (단, $R_a = R_s = 0.05\,\Omega$)

㉮ 210 ㉯ 215
㉰ 220 ㉱ 225

해설 직권 발전기의 유도 기전력

① $I_a = I = I_f = \dfrac{P}{V} = \dfrac{20 \times 10^3}{200} = 100\ \text{A}$

② $E = V + I_a(R_a + R_s)$
$= 200 + 100(0.05 + 0.05) = 210\ \text{V}$

14. 직류 발전기 중 무부하 전압과 전부하 전압이 같도록 설계된 발전기는?

㉮ 분권 ㉯ 직권
㉰ 차동 복권 ㉱ 평복권

해설 평복권 발전기의 특성 : 그림 2-10 (b)에서 평복권 참조
① 가동 복권 중에서 계자에 대하여 직권 계자를 적당히 선택하여 전기자 반작용, 전압 강하, 속도 저하 등을 보상하도록 한 발전기이다.
② 부하의 변동에 대하여 단자 전압의 변화가 가장 적은 직류 발전기이다.

15. 다음 중 평복권 발전기의 용도로서 가장 적합한 것은?

㉮ 여자기용 ㉯ 용접기용
㉰ 축전지 충전용 ㉱ 전철용

해설 평복권 발전기의 용도
① 여자기용
② 일반적인 직류 전원용

참고 용접기는 차동 복권, 축전지 충전용은 분권 및 차동 복권, 전철용은 과복권이 사용된다.

16. 전기자 권선 저항 $R_a = 0.06\,\Omega$, 직권 계자 권선의 저항 $R_s = 0.04\,\Omega$, 분권 계자 권선의 저항 200 Ω의 외분권 가동 복권 발전기가 있다. 부하 전류 49 A, 단자 전압 200 V일 때 유기 기전력 E [V]는 어느 것인가?

㉮ 202 ㉯ 203 ㉰ 204 ㉱ 205

해설 복권 발전기의 유기 기전력

$E = V + I_a(R_a + R_s)$
$= 200 + 50(0.06 + 0.04) = 205\ \text{V}$

여기서, $I_f = \dfrac{V}{R_f} = \dfrac{200}{200} = 1\ \text{A}$

$I_a = I + I_f = 49 + 1 = 50\ \text{A}$

17. 정격 전압 220 V의 외분권 복권 발전기가 있다. 전기자, 직권 계자, 분권 계자의 각 저항은 0.2 Ω, 0.2 Ω, 60 Ω이다. 출력이 10 kW일 때 유기 기전력 V은?

㉮ 220 ㉯ 230
㉰ 240 ㉱ 250

해설 복권 발전기의 유기 기전력(외분권)

$E = V + I_a(R_a + R_s)$
$= 220 + 49.11(0.2 + 0.2) \fallingdotseq 240\ \text{V}$

① $I = \dfrac{P}{V_n} = \dfrac{10 \times 10^3}{220} = 45.45\ \text{A}$

② $I_f = \dfrac{V}{R_f} = \dfrac{220}{60} = 3.66\ \text{A}$

$I_a = I + I_f = 45.45 + 3.66 = 49.11\ \text{A}$

18. 직류 발전기를 정지시킨 후 계자 저항기의 위치는?

㉮ 0으로 놓는다.
㉯ 취소가 되도록 놓는다.
㉰ 중간 위치에 놓는다.
㉱ 최대가 되도록 놓는다.

해설 계자 저항기 : 기동 시 계자 저항의 조정으로 전압을 조정하므로, 계자 저항이 작으면 높은 전압이 되기 때문에 위험하다. 그러므로 정지 시는 반드시 최대 위치로 둔다.

정답 13. ㉮ 14. ㉱ 15. ㉮ 16. ㉱ 17. ㉰ 18. ㉱

19. **직류 분권 발전기의 계자 회로의 개폐기를 운전 중 갑자기 열면 어떻게 되는가?**

㉮ 과속도가 된다.
㉯ 속도가 감소된다.
㉰ 고전압이 유기된다.
㉱ 정류자가 파손된다.

해설 분권 발전기의 운전 : 계자 권선은 권수가 많기 때문에 운전 중 계자 회로를 갑자기 열면 고전압이 유기되어 절연 파괴의 원인이 되므로 유의하여야 한다.

$$e = L\frac{di}{dt} \text{ [V]}$$

20. **직류 발전기의 병렬 운전 조건 중 잘못된 것은?**

㉮ 단자 전압이 같을 것
㉯ 극성을 같게 할 것
㉰ 외부 특성이 같을 것
㉱ 유도 기전력이 같을 것

해설 본문 2-2. (4) 직류 발전기의 병렬 운전 참조

21. **다음 중 직류 직권 발전기의 병렬 운전에 필요한 것은?**

㉮ 균압 모선 ㉯ 집전환
㉰ 안정 저항 ㉱ 브러시의 이동

해설 병렬 운전과 균압 모선 : 본문 2-2. (3) 그림 2-11 참조

22. **2대의 직류 발전기를 병렬 운전할 때 부하 분담을 많이 받은 쪽은?**

㉮ 저항이 같으면 유도 전압이 작은 쪽
㉯ 유도 전압이 같으면 전기자 저항이 큰 쪽
㉰ 유도 전압이 같으면 전기자 저항이 작은 쪽
㉱ 저항이나 유도 전압의 대소에 관계없이 같다.

해설 부하 분담 : 저항이 같으면 유도 전압이 큰 쪽, 유도 전압이 같으면 전기자 저항이 작은 쪽이 부하를 많이 분담한다.

23. **직류 발전기의 병렬 운전 중 한쪽 발전기의 여자를 늘리면 그 발전기는?**

㉮ 부하 전류는 불변, 전압은 증가
㉯ 부하 전류는 늘고, 전압도 오른다.
㉰ 부하 전류는 줄고, 전압은 증가
㉱ 부하 전류는 늘고, 전압은 불변

해설 ① 여자를 늘린다는 것은 계자 전류의 증가를 말한다.
② 여자 자속이 늘면 유기 기전력이 증가하게 되어, 전류는 증가하고 전압도 약간 오른다.

24. **직류 발전기의 계자 방전 저항과 관계없는 것은?**

㉮ 단자 전압의 상승 방지
㉯ 계자 스위치 연결
㉰ 분권 계자 권선의 절연 보호
㉱ 분권 계자 권선과 직렬 연결

해설 계자 방전 저항(field discharge resistor)
① 계자 방전 저항은 분권 계자 권선과 병렬로 연결된다.
② 계자 회로를 끊어도 유도 기전력은 계자 방전 저항을 통하여 방전하기 때문에 단자 전압이 올라가는 것을 막을 수 있다.

정답 19. ㉰ 20. ㉱ 21. ㉮ 22. ㉰ 23. ㉯ 24. ㉮

3. 직류 전동기의 특성과 운전 및 제어

■ 직류 전동기(DC motor)

- 직류 전력을 기계적 동력(회전력)으로 전환시키는 장치로서, 그 구조는 직류 발전기와 같다.
- 회전 방향은 플레밍의 왼손 법칙에 의하여 결정된다.

3-1 직류 전동기의 종류 및 특성

(1) 종류에 따른 접속도 및 용도

① 종류에 따른 접속도

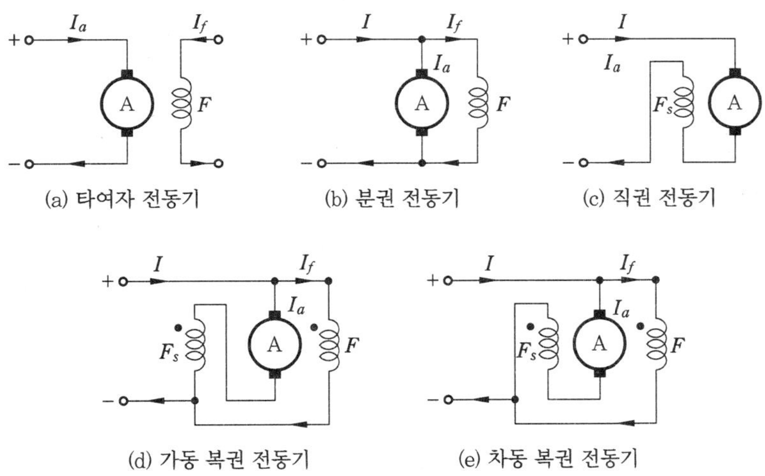

그림 2-12 직류 전동기의 종류와 접속도

② 직류 전동기의 용도

표 2-2 직류 전동기의 용도

종 류	용 도
타 여 자	압연기, 대형의 권상기 및 크레인, 엘리베이터(정속도)
분 권	직류 전원이 있는 선박의 펌프, 환기용 송풍기, 공작 기계
직 권	전차, 권상기, 크레인과 같이 가동 횟수가 빈번하고 토크의 변동도 심한 부하
가동 복권	크레인, 엘리베이터, 공작 기계, 공기 압축기

(2) 직류 전동기의 이론

① 역기전력 : E

전동기가 회전하면 도체는 자속을 끊고 있기 때문에 단자 전압 V와 반대 방향의 역기전력이 발생한다.

$$E = \frac{p}{a} z\,\phi \cdot \frac{N}{60} = K\phi N \text{ [V]} \quad \left(K = \frac{pz}{60a}\right)$$

여기서, p : 자극수, a : 병렬 회로수

z : 도체수, ϕ : 1극당 자속 [Wb]

N : 회전수 [rpm]

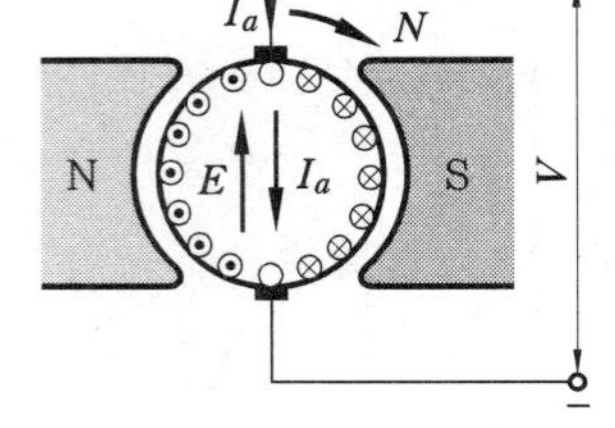

그림 2-13 역기전력

② 전기자 전류

$$I_a = \frac{V-E}{R_a} \text{ [A]}$$

③ 회전 속도

$$N = K\frac{E}{\phi} = K\frac{V - I_a R_a}{\phi} \text{ [rpm]}$$

④ 토크

$$T = K_T\,\phi I_a \text{ [N·m]}$$

여기서, $K_T = \frac{pz}{2a\pi}$

⑤ 기계적 출력

$$P_m = EI_a = \frac{p}{a} z\,\phi \cdot \frac{N}{60} \cdot I_a = \frac{2\pi NT}{60} \text{ [W]}$$

⑥ 전동기의 출력

$$P = P_m - (\text{철손} + \text{기계손}) \text{ [W]}$$

(3) 분권 전동기의 속도-토크 특성

① 속도 특성 : 정속도

② 토크 특성 : 전기자 전류 I_a에 비례

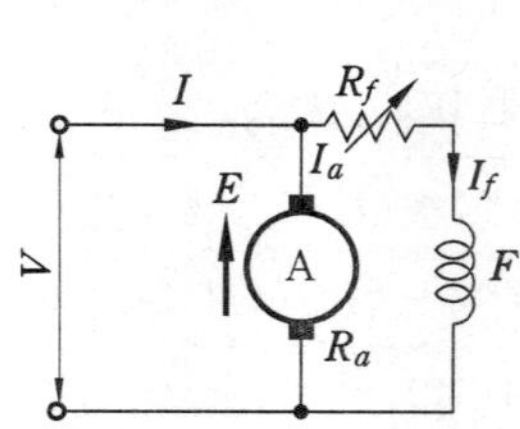

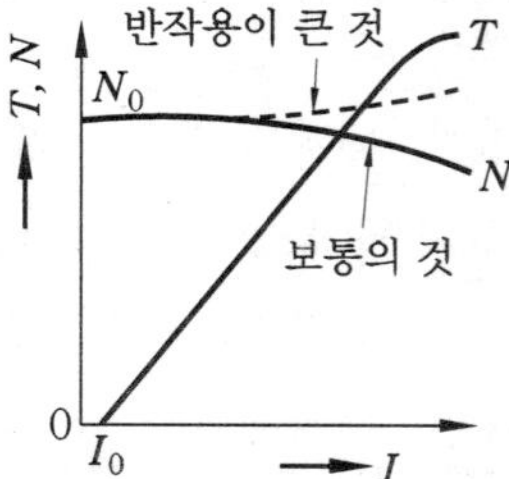

그림 2-14 분권 전동기의 특성

(4) 직권 전동기의 속도-토크 특성

① 속도 특성 : 가변 속도 ② 토크 특성 : 거의 I^2 에 비례

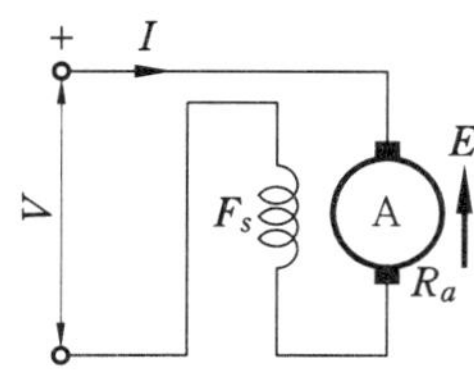

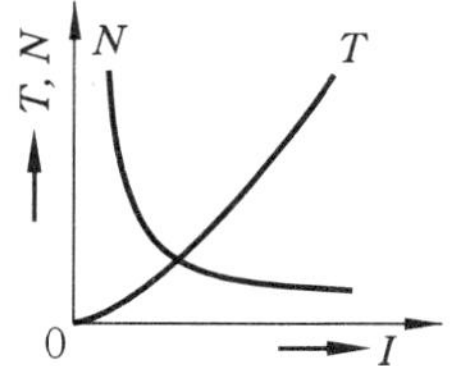

그림 2-15 직권 전동기의 특성

(5) 복권 전동기의 속도-토크 특성

① 가동 복권기 : 분권기보다 기동 토크가 크고, 무부하시 직권과 같이 위험 속도에 이르지 않는 중간 특성을 갖는다.

② 차동 복권기 : 부하가 늘면 자속이 줄어 속도 변동은 줄일 수 있으나, 과부하에서 과속이 될 염려가 있고 기동 시 직권이 강하면 역회전할 염려가 있다.

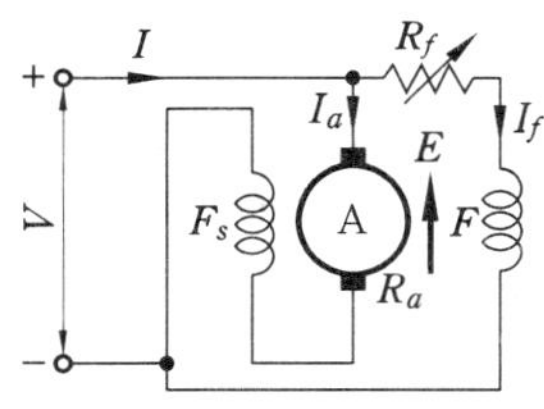

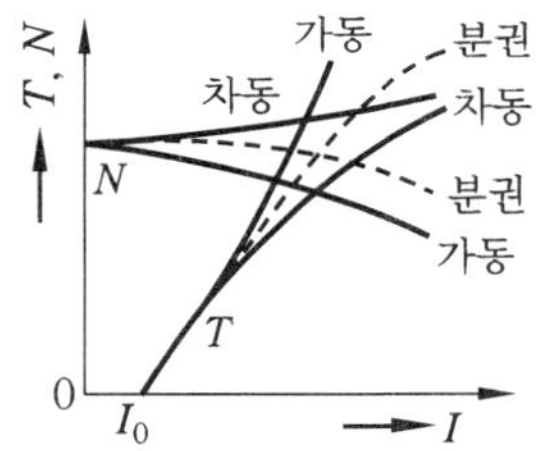

그림 2-16 복권 전동기의 특성

3-2 직류 전동기의 기동 및 회전 방향 변경

(1) 기 동

① 타여자 및 분권 전동기의 기동

기동 저항기 R_s를 그림과 같이 전기자에 직렬로 넣고, 또 기동 토크를 가급적 크게 하기 위하여 계자 저항기 R_f의 저항을 0으로 하여 기동한다.

M_1 : 무전압 계전기, M_2 : 과부하 계전기

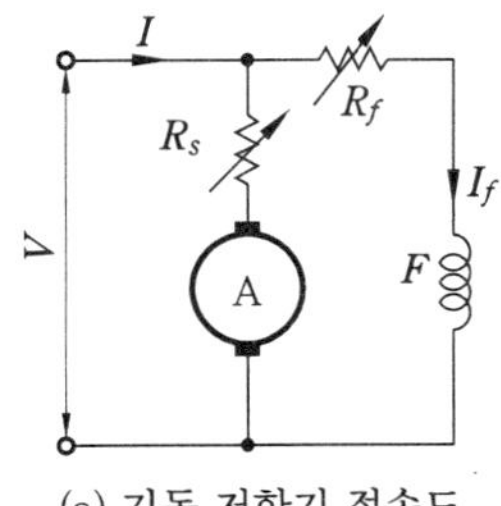

(a) 기동 저항기 접속도

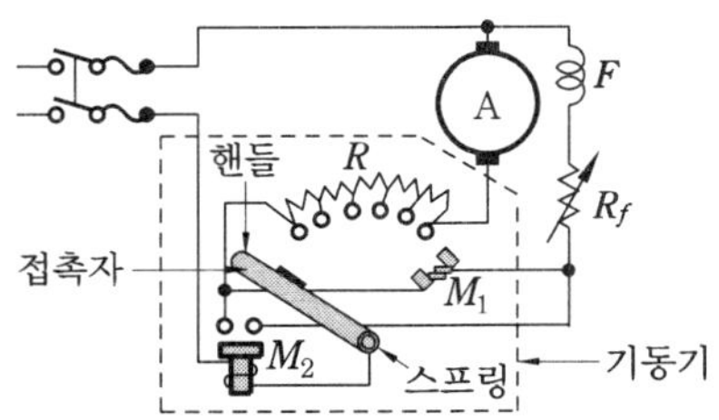

(b) 분권 전동기의 기동 저항기

그림 2-17 기동 저항기

② 직권 및 복권 전동기의 기동

㈎ 직권 전동기와 복권 전동기의 기동도 분권 전동기와 같이 한다. 다만, 직권 전동기에서는 기동 저항기의 무전압 계전기를 전기자 회로에 직렬로 넣는다.

㈏ 속도 조정용 저항기가 전기자 회로에 들어 있는 것은 기동 저항기로도 같이 쓰인다.

(2) 회전 방향의 변경과 회전 방향의 표준

① 전동기의 회전 방향을 바꾸려면 전기자 전류의 방향이나 자극의 극성을 바꾸면 된다.

② 대개 전기자 회로의 접속을 반대로 한다(이때, 보극 권선, 보상 권선, 전기자 권선의 접속은 그대로 두어도 된다).

③ 전동기 단자에서 전원의 극을 반대로 접속하여도 전기자와 계자의 양쪽 전류가 모두 역방향이 되므로 회전 방향이 바뀌지 않는다.

④ 전동기 회전 방향의 표준은 부하가 연결되어 있는 반대쪽에서 보아 시계 방향을 표준으로 한다. 즉, 풀리(pulley) 반대쪽에서 보아 시계 방향이다.

3-3 속도 제어

• 전동기의 회전 속도 : $N = K_1 \dfrac{V - I_a R_a}{\phi}$ [rpm]

• 회전 속도 제어 : 계자 자속 ϕ, 단자 전압 V, 전기자 회로의 저항 R_a 셋 중 어느 하나를 변화시키면 된다.

(1) 계자 제어(field control)

계자 저항기 R_f 로 계자 전류 I_f 를 조정하여 자속 ϕ를 변화시키는 방법이다.

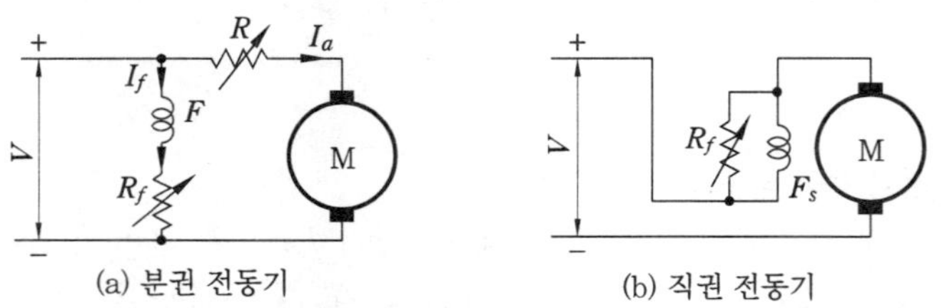

그림 2-18 전동기의 계자 제어

(2) 저항 제어(rheostatic control)

전기자 회로에 직렬로 저항 R을 넣어 속도를 조정하는 방법으로, 간단하나 저항 손실이 많은 한편, 부하 변화에 따른 회전 속도의 변동이 크다.

(3) 전압 제어(voltage control)

전기자에 가한 전압을 변화시켜서 회전 속도를 조정하는 방법으로, 가장 광범위하고 효율이 좋으며 원활하게 속도 제어가 되는 방식이다.

① 워드-레너드(Word-Leonard) 방식과 정지(static) 레너드 방식

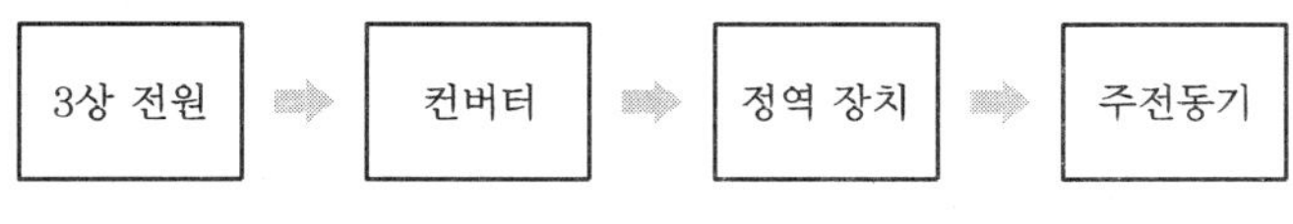

그림 2-19 흐름도

(가) 제철 공장의 압연기용 전동기 제어, 엘리베이터 제어, 공작, 기계, 신문 윤전기 등에 쓰인다.

(나) 반도체 정류기를 사용한 정지 레너드 방식은, 소형이고 효율이 높으며 가격도 저렴하다.

② 일그너(Ilgner) 방식 : 유도 전동기와 발전기와의 직결축에 큰 플라이휠(fly wheel, FW)을 붙여 부하가 갑자기 변할 때 출력의 변화를 줄이기 위한 방식이다.

③ 초퍼 제어(chopper control) 방식 : 지하철 및 전철의 견인용 전동기의 속도 제어에 저항을 이용한 종래의 방식을, 이 초퍼 제어 방식으로 대치함으로써 종래 저항 제어에서 발생하던 열이 없어지고 전력의 손실이 작아진다.

④ 직·병렬 제어(series parallei control) 방식

3-4 전기 제동

(1) 발전 제동

① 운전 중의 전동기를 전원으로부터 끊어 발전기로 동작시킨다.

② 이때 발생되는 전기적 에너지를 저항에서 소비시켜 제동하는 방법이다.

(2) 역전 제동(플러깅)

① 전동기를 전원에 접속한 상태로 전기자의 접속을 바꾸어, 회전 방향과 반대의 토크를 발생하여 급속히 정지시키는 방법이다.

② 이 방법을 플러깅(plugging)이라 한다.

(3) 회생 제동

① 운전 중의 전동기를 발전기로 하여 전원보다 높은 전압을 발생시켜서 전기적 에너지를 전원에 변환시키면서 제동하는 방법이다.

② 회생 제동은 전기 기관차가 비탈길을 내려올 때와 같은 경우에 응용되며, 직권 전동기에서는 직권 권선의 접속을 반대로 하든지 또는 직권 권선을 분리하고 이것을 타여자시켜야 한다.

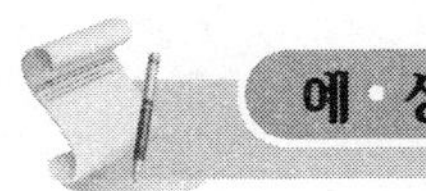

3. 직류 전동기의 특성과 운전 및 제어

1. 도면과 같은 전동기의 접속은 어떤 전동기의 접속법인가?

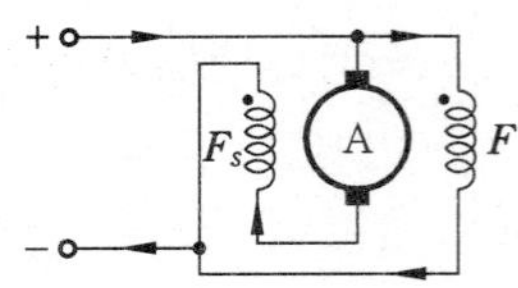

㉮ 분권 전동기
㉯ 가동 복권 전동기
㉰ 직권 전동기
㉱ 차동 복권 전동기

해설 본문 그림 2-16 참조

2. 다음 중 직류 분권 전동기의 부하로 알맞은 것은? [08]

㉮ 전차 ㉯ 크레인
㉰ 권상기 ㉱ 공작 기계

해설 직류 전동기의 용도 : 표 2-2 참조

3. 기중기, 전기 자동차, 전기 철도와 같은 곳에는 어느 전동기가 사용되는가?

㉮ 가동 분권 전동기
㉯ 차동 복권 전동기
㉰ 분권 전동기
㉱ 직권 전동기

해설 기동 횟수가 빈번하고 토크 변동이 심한 부하에는 직권 전동기가 적당하다.

4. 단자 전압 100 V, 정격 출력 5 kW, 전기자 회로 저항 0.2 Ω인 직류 전동기의 역기전력으로 옳은 것은?

㉮ 75 V ㉯ 90 V
㉰ 110 V ㉱ 125 V

해설 ① 전기자 전류

$$I_a = \frac{P}{V} = \frac{5000}{100} = 50\,\text{A}$$

② 역기전력

$$E = V - I_a R_a = 100 - 50 \times 0.2 = 90\text{ V}$$

5. 직류 전동기의 출력을 나타내는 것은? (단, V는 단자 전압, E는 역기전력, I는 전기자 전류이다.) [11]

㉮ VI ㉯ EI
㉰ V^2I ㉱ E^2I

해설 직류 전동기의 기계적 출력=역기전력×전기자 전류

$$\therefore P_m = EI\,[\text{W}]$$

6. 전기자 총 도체수가 360, 극수가 8극인 중권 직류 전동기가 있다. 전기자 전류가 50 A일 때 발생하는 토크(kg·m)는 얼마인가? (단, 한 극당 자속수는 0.06 Wb이다.)

㉮ 16 ㉯ 17.6
㉰ 18.5 ㉱ 19.5

해설 중권은 $a=p$ 이므로,

$$T = \frac{1}{9.8} \cdot \frac{Z}{2\pi}\phi I_a$$

$$= \frac{1}{9.8} \cdot \frac{360}{2\pi} \times 0.06 \times 50 = 17.6\text{ kg}\cdot\text{m}$$

7. 5 kW, 1700 rpm으로 회전하는 전동기의 토크(kg·m)는?

㉮ 약 32.2 ㉯ 약 17.6
㉰ 약 3.3 ㉱ 약 2.9

해설 ① $T = \dfrac{1}{9.8} \times \dfrac{P}{2\pi n} = \dfrac{1}{9.8} \times \dfrac{P}{2\pi \dfrac{N}{60}}$

정답 1. ㉱ 2. ㉱ 3. ㉱ 4. ㉯ 5. ㉯ 6. ㉯ 7. ㉱

$$= \frac{1}{9.8} \times \frac{P}{2\pi \frac{N}{60}}$$

$$= \frac{1}{9.8} \times \frac{5 \times 10^3}{2\pi \frac{1700}{60}} ≒ 2.9 \text{ kg} \cdot \text{m}$$

② $T' = 975 \frac{P}{N} = 975 \frac{5}{1700} ≒ 2.9 \text{ kg} \cdot \text{m}$

참고 $T = \frac{P}{\omega} = \frac{P}{2\pi n} = \frac{P \times 10^3}{2\pi \times \frac{N}{60}}$ [N·m] →

$T' = \frac{1}{9.8} \times T = 975 \frac{P}{N}$ [kg·m]

8. 직류 분권 전동기의 단자 전압이 215 V, 전기자 전류 50 A, 전기자 전저항 0.1Ω, 회전속도 1,500 rpm일 때 발생하는 회전력은 약 몇 N·m인가? [06]

㉮ 66.9 ㉯ 76.9
㉰ 86.9 ㉱ 96.9

해설 ① $n = \frac{N}{60} = \frac{1500}{60} = 25$ rps

② $E = V - I_a R_a = 215 - 50 \times 0.1 = 210$ V

$\therefore T = \frac{EI_a}{2\pi n} = \frac{210 \times 50}{2\pi \times 25} ≒ 66.9 \text{ N} \cdot \text{m}$

참고 ① $P_m = EI_a \times 10^{-3}$

$= 210 \times 50 = 10.5$ kW

② $T = 975 \cdot \frac{P_m}{N}$

$= 975 \times \frac{10.5}{1500} = 6.825 \text{ kg} \cdot \text{m}$

$\therefore T' = 9.8 \times 6.825 ≒ 66.9 \text{ N} \cdot \text{m}$

9. 정격 부하를 걸고 16.3 kg·m 토크를 발생하며 1200 rpm으로 회전하는 어떤 직류 분권 전동기의 역기전력이 100 V라 한다. 전류는 약 몇 A인가?

㉮ 100 ㉯ 150 ㉰ 175 ㉱ 200

해설 $T = 975 \frac{P}{N}$ [kg·m]에서,

$P = \frac{N \cdot T}{975} = \frac{1200 \times 16.3}{975} = 20$ kW

$\therefore I = \frac{P}{E} = \frac{20 \times 10^3}{100} = 200$ A

10. 직류 분권전동기의 공급 전압의 극성을 반대로 하였을 때 다음 중 옳은 것은 어느 것인가? [06, 09]

㉮ 회전 방향은 변하지 않는다.
㉯ 회전 방향이 반대로 된다.
㉰ 회전하지 않는다.
㉱ 발전기로 된다.

해설 ① 전원 극성을 반대로 하면 자속이나 전기자 전류가 모두 반대가 되므로, 회전 방향은 불변이다.
② 자속이나 전기자 전류 중 한가지만 방향이 반대가 되면, 회전 방향도 반대가 된다.

11. 다음 중 옳은 것은?

㉮ 전차용 전동기는 차동 복권 전동기이다.
㉯ 직권 전동기에서는 부하가 줄면 속도가 감소한다.
㉰ 분권 전동기의 운전 중 계자 회로만이 단선되면 위험 속도가 된다.
㉱ 분권 전동기는 부하에 따라 속도가 많이 변한다.

해설 ① 분권 전동기는 운전 중 계자 회로가 단선되면 자속 ϕ가 거의 0이 되므로, 회전수가 위험 속도로 상승하여 운전이 위험하게 된다.
② 분권 전동기의 계자 회로에는 퓨즈 등 차단기를 사용해서는 안 된다.

12. 부하 전류에 따라 속도 변동이 가장 심한 전동기는? [07]

㉮ 타여자 전동기
㉯ 분권 전동기

정답 8. ㉮ 9. ㉱ 10. ㉮ 11. ㉰ 12. ㉰

㉰ 직권 전동기
㉱ 차동 복권 전동기

해설 직류 전동기의 속도 특성 곡선 : 부하 변동에 따라 가장 속도의 변동이 심한 것이 직권 전동기이고, 가장 적은 것이 차동 복권 전동기이다.

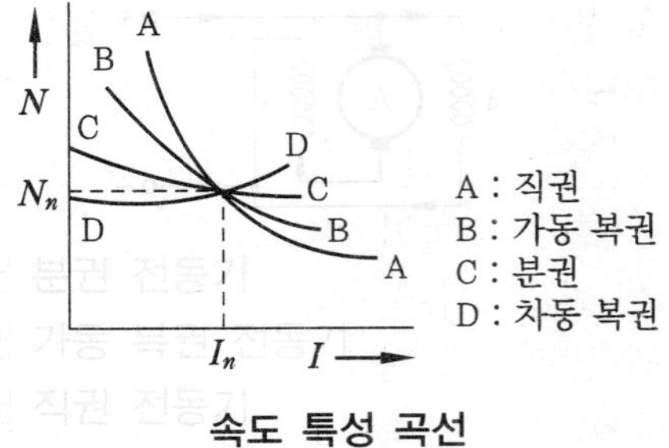

속도 특성 곡선

13. **직류 직권 전동기에서 토크 T와 회전수 N과의 관계는 어떻게 되는가?** [07,12]

㉮ $T \propto N$ ㉯ $T \propto N^2$
㉰ $T \propto \frac{1}{N}$ ㉱ $T \propto \frac{1}{N^2}$

해설 직권 전동기의 특성
① $T = kI^2$ ② $N = k'\frac{1}{I}$

$\therefore T = k''\frac{1}{N^2}$

참고 본문 그림 2-15 특성 곡선 참조

14. **직류 직권 전동기의 토크를 T라 할 때 회전수를 $\frac{1}{2}$로 줄이면 토크는?** [11]

㉮ $\frac{1}{2}T$ ㉯ $\frac{1}{4}T$ ㉰ $2T$ ㉱ $4T$

해설 문제 13. 해설에서, $T = k\frac{1}{N^2}$ 이므로 회전수 N을 $\frac{1}{2}$로 줄이면 토크 T는 4배가 된다.

15. **정격 속도 1000 rpm의 직류 직권 전동기의 토크가 $\frac{2}{3}$로 감소하였을 때의 회전수(rpm)는? (단, 자기 포화는 무시한다.)**

㉮ 1225 ㉯ 1500 ㉰ 1700 ㉱ 1900

해설 $T \propto \frac{1}{N^2}$에서, $N \propto \sqrt{\frac{1}{T}}$ 이므로

$$N' = N \cdot \sqrt{\frac{1}{T}} = N \cdot \sqrt{\frac{3}{2}} = 1000 \times \sqrt{\frac{3}{2}}$$
$$\fallingdotseq 1225 \text{ rpm}$$

16. **직류 전동기 중에서 무부하 운전이나 벨트를 연결한 운전을 하면 절대로 안되는 것은 어느 것인가?**

㉮ 직권 전동기
㉯ 분권 전동기
㉰ 가동 복권 전동기
㉱ 차동 복권 전동기

해설 직류 직권 전동기는 벨트가 벗겨지면 무부하가 되어 전기자 전류, 즉 여자 전류가 거의 0이 되어 자속이 없으므로 위험 속도가 된다.

17. **부하 변동에 비하여 속도 변동이 가장 적은 직류 전동기는?**

㉮ 직류 차동 복권
㉯ 직류 가동 복권
㉰ 직류 직권
㉱ 직류 분권

해설 차동 복권 전동기 : 부하가 늘게 되면 자속이 줄어 회전수를 크게 하는 작용을 하므로, 직권 계자를 잘 조절하면 부하 변동에 관계없이 회전수를 거의 일정하게 할 수 있다.

참고 문제 12. 해설에서, 속도 특성 곡선 참조

18. **직류 전동기의 속도 제어 중 계자권선에 직렬 또는 병렬로 저항을 접속하여 속도를 제어하는 방법은?** [12]

정답 13. ㉱ 14. ㉱ 15. ㉮ 16. ㉮ 17. ㉮ 18. ㉰

[가] 저항 제어　　　[나] 전류 제어
[다] 계자 제어　　　[라] 전압 제어

해설 본문 그림 2-18 전동기의 계자 제어 참조

19. 워드-레너드 (Ward Leonard) 방식은 직류기의 무엇을 목적으로 하는가? [08]

[가] 정류 개선
[나] 속도 제어
[다] 계자자속 조정
[라] 병렬 운전

해설 본문 그림 2-19 참조

20. 그림은 직류 전동기 속도 제어 중 정지형 레너드 방식의 블록 다이어그램의 일예이다. (　　) 속에 어떤 장치가 들어가야 하는가?

[가] 인버터　　　[나] 초퍼
[다] 컨버터　　　[라] 변압기 회로도

해설 그림 2-19 참조

21. 직류 분권 전동기나 타여자식 전동기의 기동시 계자 저항의 적절한 값은?

[가] 최소값　　　[나] 중간값
[다] 최대값　　　[라] 저항을 떼어낸다.

해설 분권 전동기의 기동 : 그림 2-17에서,
① 기동 토크를 크게 하기 위하여 계자 저항 R_f 를 최소값으로 한다.
② 기동 전류를 줄이기 위하여 기동 저항기 R_s 를 최대값으로 한다.

22. 직류 전동기의 회전 방향을 바꿀 때는 어떻게 하는가?

[가] 전원의 극성을 바꾼다.
[나] 발전기를 운전시킨다.
[다] 전기자의 접속을 바꾼다.
[라] 바꿀 수 없다.

해설 전기자의 접속을 바꾸면 극성이 반대가 되므로, 회전 방향이 반대가 된다.

23. 직류 전동기의 제동법이 아닌 것은 어느 것인가? [11]

[가] 발전 제동　　　[나] 저항 제동
[다] 회생 제동　　　[라] 역전 제동

해설 본문 3-4 전기 제동 참조

24. 직류 전동기에서 전기자에 가해 주는 전원 전압을 낮추어서 전동기의 유도 기전력을 전원 전압보다 높게 하여 제동하는 방법은?

[가] 맴돌이 전류 제동
[나] 발전 제동
[다] 역전 제동
[라] 회생 제동

25. 직류 전동기를 전원에 접속한 채로 전기자의 접속을 반대로 바꾸어 회전 방향과 반대 토크를 발생시켜 갑자기 정지 또는 역전시키는 방법을 무엇이라 하는가?

[가] 발전 제동　　　[나] 회생 제동
[다] 플러깅　　　[라] 마찰 제동

해설 플러깅(plugging) : 역전 제동

정답 19. [나]　20. [다]　21. [가]　22. [다]　23. [나]　24. [라]　25. [다]

4. 직류기의 정격 · 효율 · 측정 및 시험

■ 정격(rating) : 일정한 조건하에서 기기의 사용 한도를 정한 것을 말한다. 정격에는 출력, 극수, 회전수, 전압, 연속 정격 등이 있으며, 기계의 명판(name plate)에 표시한다.

4-1 직류기의 정격 및 효율과 손실

(1) 정격 출력의 표시

① 직류기의 정격 출력은 [W], [kW]로 나타내며, 교류 기기의 용량은 [VA], [kVA]로 나타낸다.

② 기계적 출력을 가지는 기기의 정격 출력은 [W], [kW] 또는 [HP]으로 나타낸다. (1 HP = 746 W)

(2) 전압 변동률과 속도 변동률

① 전압 변동률(voltage regulation) : 정격 상태에서 정격 전압 V_n, 무부하 전압 V_0일 때, 다음과 같이 정의한다.

$$\epsilon = \frac{V_0 - V_n}{V_n} \times 100[\%]$$

② 속도 변동률(speed regulation) : 정격 전압, 정격 부하에서의 정격 회전수 N_n, 무부하 회전수 N_0일 때, 다음과 같이 정의한다.

$$\epsilon' = \frac{N_0 - N_n}{N_n} \times 100[\%]$$

(3) 효 율

출력과 입력과의 비로서, 실측 효율과 규약 효율이 있다.

① 실측 효율

$$\eta = \frac{\text{출력}}{\text{입력}} \times 100[\%] = \frac{P_0}{P_1} \times 100[\%]$$

② 규약 효율

㈎ 발전기의 효율 $= \frac{\text{출력}}{\text{출력} + \text{손실}} \times 100[\%] = \frac{P_0}{P_0 + P_l} \times 100[\%]$

(나) 전동기의 효율 $= \dfrac{입력 - 손실}{입력} \times 100[\%] = \dfrac{P_1 - P_l}{P_1} \times 100[\%]$

(4) 손 실

① 고정손

(가) 마찰손 (friction loss) : 축과 베어링, 브러시와 정류자 등의 마찰에 의한 손실 — 기계손

(나) 풍손 (windage loss) : 회전 부분과 공기와의 마찰에 의한 손실 — 기계손

(다) 히스테리시스 손 : $P_h = K_h f B_m{}^2$ — 철손

(라) 맴돌이 전류손 : $P_e = K_e f^2 t^2 B_m{}^2$ — 철손

② 직접 부하손

(가) 전기자 또는 주권선의 저항손

(나) 여자 회로의 저항손

(다) 브러시에 있어서의 전기손 : 전기자 전류와 브러시 전압 강하 (브러시 1개에 대하여 1 V 정도)를 곱한 값이다.

③ 표유 부하손

(가) 측정이나 계산에 의하여 구할 수 있는 손실 이외에 부하가 걸렸을 때에 도체 또는 금속 내부에서 생기는 손실을 표유 부하손 (stray load loss)이라 하며, 부하에 비례하여 늘었다 줄었다 한다.

(나) 전기자 도체, 정류자편의 와류손, 단락 코일 손, 바인드선 철손 등이 있다.

4-2 직류기의 시험 및 보수

(1) 회로 저항 측정

① 전기자의 저항은 일반적으로 정격 용량에 반비례한다.

(가) 1~2 kW : 1~2 Ω

(나) 20~30 kW : 0.1 Ω 정도

② 계자 권선

(가) 1~2 kW : 100 Ω

(나) 30 kW : 20 Ω 정도

(2) 온도 상승과 그 시험법

① 온도 상승

(가) 기계에 부하가 걸리면 손실에 의하여 발열하고, 발생열과 발산열이 같아질 때까지 온도가 상승한다.

(나) 이때의 최고 온도가 허용 최고 온도이고, 기준 온도(40℃)와의 차이를 온도 상승이라 하며 출력이 제한된다.

② 최고 허용 온도

표 2-3 최고 허용 온도

절연물의 종류	Y종	A종	E종	B종	F종	H종	C종
최고 허용 온도[℃]	90	105	120	130	155	180	180 초과
온도 상승 한도[℃]	50	65	80	90	115	140	

※ 온도 상승 한도 = 최고 허용 온도 − 40℃

(3) 온도 시험

전부하 시 온도 상승을 측정한다(수은, 알코올 온도계로 표면 온도 측정).

① 저항법 : 온도가 오르면 저항이 증가하므로, $R_T = R_t\{1 + a_t\,(T - t)\}$에서 내부 온도 T를 구한다.

② 실부하법 : 소용량기에서 물저항, 전구, 전기 동력계, 프로니 브레이크 등의 부하를 사용하여 온도를 상승시킨다.

③ 반환 부하법(철손과 구리손만을 공급하여 시험)

(가) Kapp법 : 손실을 전원에서 공급한다.

(나) Hopkinson법 : 보조 전동기로 손실을 공급한다.

(다) Blondel법 : 보조 전동기 및 부스터로 손실을 공급한다.

(4) 전동기의 토크 및 효율 측정

① 보조 발전기를 쓰는 방법

② 프로니 브레이크를 쓰는 방법

③ 전기 동력계를 쓰는 방법

(5) 절연 저항 시험

절연 저항의 최소 한도 $R_t = \dfrac{\text{정격 전압[V]}}{1000 + \text{정격 출력[kW]}}$ [MΩ]

(6) 직류기의 내전압 시험

① 이 시험은 온도 시험이 끝난 다음, 곧 실시하는 것이 보통이다.

② 시험 전압을 가할 때에는 우선 전압의 $\dfrac{1}{3}$ 이하를 가하고, 전압을 차차 올려 시험 전압에 이른 다음 1분 동안 계속 가한다.

표 2-4 직류 기계의 시험 전압

<table>
<tr><th colspan="2">전기자 권선 및 계자 권선</th><th>시험 전압</th></tr>
<tr><td rowspan="4">정격 출력 1 kW 미만</td><td>E = 50 V 미만</td><td>500 V</td></tr>
<tr><td>E = 50 V 이상 250 V 미만</td><td>1000 V</td></tr>
<tr><td>E = 250 V 이상 2000 V 미만</td><td>2 E+500 V</td></tr>
<tr><td>E = 2000 V 이상</td><td>1.25 E+2000 V</td></tr>
<tr><td rowspan="2">정격 출력 1 kW 이상 100 kW 미만</td><td>E = 2000 V 미만</td><td>2 E+1000 V (최저 1500 V)</td></tr>
<tr><td>E = 2000 V 이상</td><td>1.25+2500 V</td></tr>
<tr><td colspan="2">정격 출력 100 kW 이상</td><td>2 E+1000 V (최저 1500 V)</td></tr>
</table>

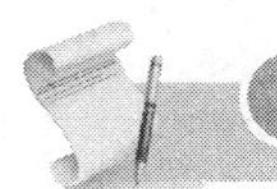

예·상·문·제

4. 직류기의 정격·효율·측정 및 시험

1. 다음 정격 중 가장 많이 쓰이는 것은 어느 것인가?

㉮ 단시간 정격　㉯ 연속 정격
㉰ 반복 정격　㉱ 공칭 정격

해설 특별한 표시가 없는 모든 정격은 연속 정격에 속한다.

2. 직류 발전기의 정격 전압 100 V, 무부하 전압 109 V이다. 전압 변동률 ϵ [%]는 얼마인가?

㉮ 1.09　㉯ 109　㉰ 0.9　㉱ 9

해설 $\epsilon = \dfrac{V_o - V_n}{V_n} \times 100$

$= \dfrac{109-100}{100} \times 100 = 9$

3. 어느 분권 발전기의 전압 변동률이 6 %이다. 이 발전기의 무부하 전압이 120 V이면 정격 전부하 전압은 약 몇 V인가? [08]

㉮ 96　㉯ 100　㉰ 113　㉱ 125

해설 $V_n = \dfrac{V_o}{1+\epsilon} = \dfrac{120}{1+0.06} = 113 \text{ V}$

4. 분권 발전기의 정격 전압 200 V, 전압 변동률 3 %일 때 무부하 단자 전압 V은 어느 것인가?

㉮ 180　㉯ 203　㉰ 206　㉱ 210

해설 $\epsilon = \dfrac{V_o - V_n}{V_n} \times 100 \%$

$\therefore V_o = \dfrac{\epsilon V_n}{100} + V_n = \dfrac{3 \times 200}{100} + 200 = 206 \text{V}$

5 정격 200 V, 10 kW 직류 분권 발전기에서 전기자 및 분권 계자 저항이 각각 0.1 Ω, 100 Ω일 때 전압 변동률(%)은?

㉮ 2　㉯ 2.6　㉰ 3　㉱ 3.6

해설 ① $I = \dfrac{P}{E} = \dfrac{10 \times 10^3}{200} = 50 \text{ A}$

② $I_f = \dfrac{200}{100} = 2 \text{ A}$

③ $I_a = I + I_f = 50 + 2 = 52 \text{ A}$

∴ 전압 변동률 ϵ은,

$\epsilon = \dfrac{E-V}{V} \times 100 = \dfrac{I_a R_a}{V} \times 100$

$= \dfrac{52 \times 0.1}{200} \times 100 = 2.6 \%$

6. 직류기에서 전압 변동률이 (+) 값으로 표시되는 발전기는?

㉮ 과복권 발전기　㉯ 직권 발전기
㉰ 평복권 발전기　㉱ 분권 발전기

해설 전압 변동률의 (+), (−)값
① (+)값 : 타여자, 분권 및 차동 복권 발전기
② (−)값 : 직권, 평복권, 과복권 발전기

7. 전부하 속도 1200 rpm, 속도 변동률 5 %인 전동기의 무부하 속도는?

㉮ 1140　㉯ 1200　㉰ 1260　㉱ 1300

해설 $\epsilon = \dfrac{N_o - N_n}{N_n} \times 100$에서,

$N_o = N_n\left(1 + \dfrac{\epsilon}{100}\right) = 1200\left(1 + \dfrac{5}{100}\right)$

$= 1260 \text{ rpm}$

8. 200 V, 20 kW 분권 직류 발전기의 전부하 효율(%)은? (단, 손실은 1 kW이다.)

㉮ 91.3 %　㉯ 93.5 %
㉰ 95.2 %　㉱ 99.5 %

정답 1. ㉯　2. ㉱　3. ㉰　4. ㉰　5. ㉯　6. ㉱　7. ㉰　8. ㉰

해설 $\eta = \frac{\text{출력}}{\text{입력}} \times 100 = \frac{\text{출력}}{\text{출력} + \text{손실}} \times 100$
$= \frac{20}{20+1} \times 100 = 95.2\ \%$

9. 효율 80 %, 출력 10 kW인 직류 발전기의 전 손실은 몇 kW인가? [06]

㉮ 1.25 ㉯ 2.5 ㉰ 2.0 ㉱ 3.0

해설 입력 $= \frac{\text{출력}}{\text{효율}} = \frac{10}{0.8} = 12.5\ \text{kW}$
$\therefore$ 손실 = 입력 − 출력 $= 12.5 - 10 = 2.5\ \text{kW}$

10. 다음 중 직류 전동기의 부하에 따라 손실이 변하는 것은?

㉮ 마찰손 ㉯ 풍손
㉰ 철손 ㉱ 구리손

해설 직류 전동기의 손실
① 고정손 (부하의 변화에 무관하는 무부하손) : 마찰손, 풍손, 철손
② 구리손 (동손, 부하의 변화에 따라 변화하는 부하손) : 저항손

11. 일정 전압으로 운전하고 있는 직류 발전기의 손실이 $\alpha + \beta I^2$으로 표시될 때 효율이 최대가 되는 전류는? (단, α, β는 상수이다.) [09]

㉮ $\frac{\alpha}{\beta}$ ㉯ $\sqrt{\frac{\beta}{\alpha}}$ ㉰ $\frac{\beta}{\alpha}$ ㉱ $\sqrt{\frac{\alpha}{\beta}}$

해설 손실 $\alpha + \beta I^2$ 중에서,
① α는 부하 전류에 무관한 고정손
② βI^2은 전류의 제곱에 비례하는 가변손 (부하손)
③ 최대 효율 조건 : 고정손 = 가변손
$\alpha = \beta I^2 \quad \therefore I = \sqrt{\frac{\alpha}{\beta}}$

12. A종 절연물의 온도 상승 한도(℃)는 얼마인가?

㉮ 40 ㉯ 50 ㉰ 65 ㉱ 80

해설 A종 절연물
① 최고 허용 온도를 105℃, 주위 온도를 40℃로 보고, 전기자 권선에서는 허용 온도 상승을 65℃로 본다.
② 명주, 종이 등 유기질 재료에 절연 도료를 합침한 것이다.

13. 직류기의 반환 부하법에 의한 온도 시험이 아닌 것은?

㉮ 키크법 ㉯ 블론델법
㉰ 홉킨스법 ㉱ 카프법

해설 직류기의 반환 부하법
① 카프법, ② 홉킨스법, ③ 블론델법

참고 키크법(Kick method)은 직류기의 중성축을 결정하는 방법이다.

14. 정격 전압 100 V, 출력 30 kW, 회전수 1200 rpm의 직류 전동기의 권선의 내전압 시험 전압(V)은?

㉮ 1000 ㉯ 1200 ㉰ 1500 ㉱ 1800

해설 직류기의 내전압 시험 : 표 2-4 참조
① 기준상 시험 전압
$= 2E + 1000\ \text{V}$ (최저 1500 V)
② 계산상 시험 전압
$= 2E + 1000 = 2 \times 100 + 100 = 1200\ \text{V}$
③ 실제 시험 전압은 1500 V가 된다.

15. 직류 전동기의 토크 효율 측정에 적당하지 않은 것은?

㉮ 암플리 다인법
㉯ 전기 동력계법
㉰ 프로니 브레이크법
㉱ 보조 발전기 사용법

해설 암플리다인(amplidyne)은 전류 증폭도와 속응성을 가급적 크게 한 것으로 증폭발전기에 속한다.

정답 9. ㉯ 10. ㉱ 11. ㉱ 12. ㉰ 13. ㉮ 14. ㉰ 15. ㉮

제 2 장

변압기

1. 변압기의 원리와 구조

■ 변압기(transformer)

- 일정 크기의 교류 전압을 받아 전자 유도 작용에 의하여 다른 크기의 교류 전압으로 바꾸어, 이 전압을 부하에 공급하는 역할을 한다.
- 규소 강판으로 성층한 철심에 2개의 권선을 감은 형태로 되어 있다.

┌1차 권선 (primary winding) : 전원에 접속
└2차 권선 (secondary winding) : 부하에 접속

1-1 변압기의 원리

(1) 이상 변압기의 전압과 전류

① 1차 유도 기전력

$$E_1 = \frac{1}{\sqrt{2}}\omega N_1 \phi_m = 4.44 f N_1 \phi_m \text{ [V]}$$

② 2차 유도 기전력

$$E_2 = \frac{1}{\sqrt{2}}\omega N_2 \phi_m = 4.44 f N_2 \phi_m \text{ [V]}$$

③ 권수비 (turn ratio) : a

변압기의 1차 권선 및 2차 권선에 유도되는 기전력의 크기는, 그 권수에 따라 비례한다.

$$a = \frac{E_1}{E_2} = \frac{N_1}{N_2} = \frac{I_2}{I_1}$$

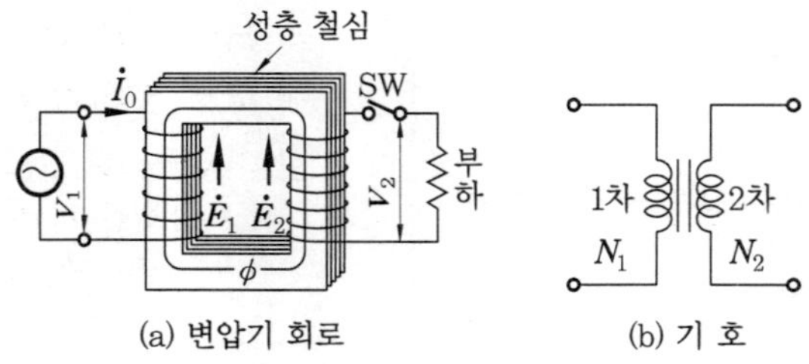

(a) 변압기 회로 (b) 기 호

그림 2-20 변압기

(3) 여자 전류와 여자 특성

① 자화 전류 : I_{0m}

여자 전류 중 순수한 자속을 만드는 데만 소요되는 전류이고, 자속과 동위상의 무효 전류이다.

② 철손 전류 : I_{0w}

여자 전류 중 손실(히스테리시스 및 맴돌이 전류 손실)에 해당하는 전류이며, 전원 전압과 거의 동상이고 전압 V'_1와 동상인 유효 전류이다.

$$\dot{I}_0 = \dot{I}_{0w} + \dot{I}_{0m}$$

여기서, $\dot{I}_{0m} = \dot{I}_0 \sin\theta_0$, $\dot{I}_{0w} = \dot{I}_0 \cos\theta_0$

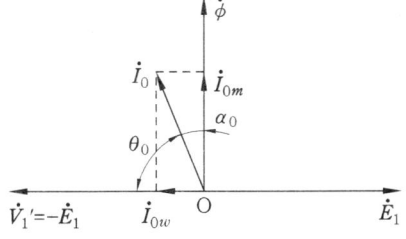

그림 2－21 여자 전류의 벡터도

③ 여자 전류의 파형 분석 : 여자 전류의 파형은 철심의 히스테리시스와 자기 포화 현상으로, 그 파형이 홀수 고조파를 많이 포함하는 첨두파형으로 나타난다.

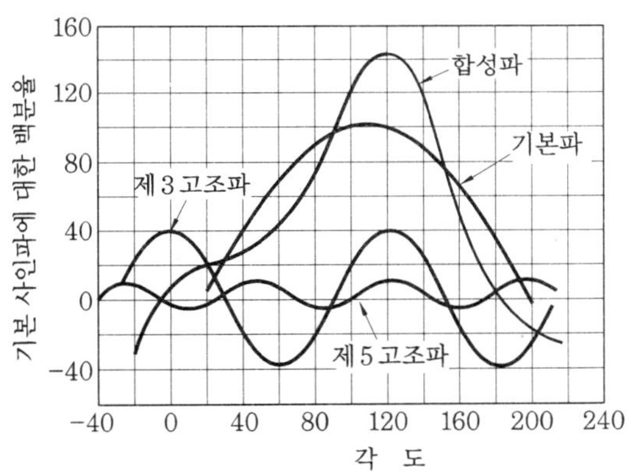

그림 2－22 여자 전류의 파형 분석

1-2 변압기의 구조와 종류

(1) 변압기의 형식

① 변압기의 주요 부분은 철심과 권선인데, 이 두 부분을 배치하는 방법에 따라 나누면 내철형과 외철형이 있다.

② 권철심형 변압기는 철손이 작고 여자 전류가 작게 흐르므로, 철심의 단면적이 작고 무게가 가볍다.

(2) 철 심

① 변압기의 철심은 철손을 적게 하기 위하여 약 3.5 %의 규소를 포함한 연강판을 쓰는데, 이것을 포개어 성층 철심으로 한다.

② 보통의 전력용 변압기에는 두께 0.35 mm의 것이 표준이며, 주파수 60 Hz, 자속 밀도 1 Wb/m^2일 때 철손은 2.0 W/kg 정도이다.

③ 철의 단면적과 철심의 단면적과의 비를 점적률(space factor)이라 하는데, 일반적으로 유효 단면적이 실제 단면적의 95 % 정도가 된다.

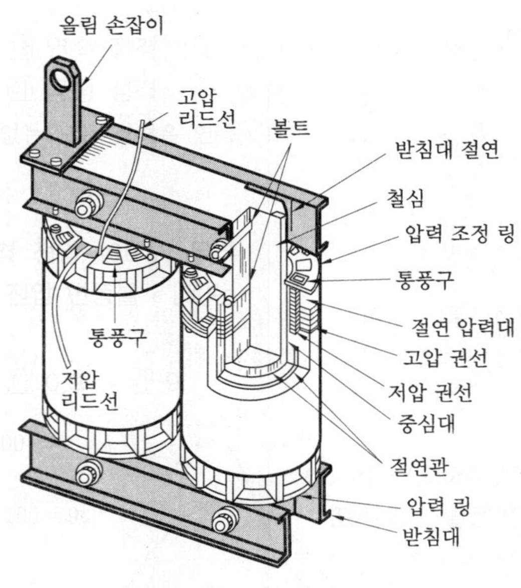

그림 2－23 실제의 변압기

(3) 권선(wound)

① 도체 : 소형에는 둥근 구리선, 대형에는 평각선을 쓰며 에나멜, 무명실, 종이 테이프 등의 피복을 한다.

② 직권 : 철심에 직접 저압 권선을 감고 절연 후 고압 권선을 감는 방법으로, 소형 내철형에 쓰인다.

③ 형권 : 목제 권형이나 절연통에 코일을 감은 것을 조립하는 것이다.

㈎ 원통 코일 : 내철형

㈏ 원판 코일 : 내철형이나 외철형 어느 것에나 쓰인다.

㈐ 사각형 평판 코일 : 외철형

(4) 절연과 권선 배치

① 권선층간이나 철심과 권선간의 동심형은 크래프트 종이를 감은 페놀 수지통을 쓰고, 교차형에는 니스 처리한 프레스 보드를 사용한다.

② 어느 것이나 철심 쪽에 저압 권선을, 그 다음에 고압 권선을 배치한다.

(5) 변압기의 종류

① 내부 구조에 의한 분류

(가) 내철형 (나) 외철형 (다) 권철심형

② 상수에 의한 분류

(가) 단상 변압기 (나) 3상 변압기

③ 용량에 의한 분류

(가) 소형 변압기 : 1~5 kVA

(나) 중형 변압기 : 75~500 kVA

(다) 대형 변압기 : 500 kVA 이상

④ 냉각 방식에 의한 분류

(가) 건식 자랭식 (나) 건식 풍랭식

(다) 유입 자랭식 (라) 유입 풍랭식

(마) 유입 수랭식 (바) 송유 자랭식

(사) 송유 풍랭식 (아) 송유 수랭식

⑤ 극성에 의한 분류

(가) 감극성 변압기 (나) 가극성 변압기

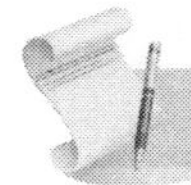

예·상·문·제

1. 변압기의 원리와 구조

1. **다음 중 변압기의 원리와 관계가 있는 것은?**

㉮ 전자 유도 작용
㉯ 표피 작용
㉰ 전기자 반작용
㉱ 편자 작용

해설 변압기 : 일정 크기의 교류 전압을 받아 전자 유도 (electromagnetic induction) 작용에 의하여 다른 크기의 교류 전압을 부하에 공급하는 역할을 한다.

2. **주파수 f, 권수 N, 자속 ϕ_m일 때 변압기 유도 기전력(E)는?**

㉮ $4.44 f N\phi_m$　　㉯ $4\pi f N^2 \phi_m$
㉰ $2\pi f N\phi_m$　　㉱ $2\sqrt{2}\,\pi^2 f N\phi_m$

해설 변압기의 유도 기전력

$$E = \frac{1}{\sqrt{2}}\omega N\phi_m = \sqrt{2}\,\pi f N\phi_m = 4.44 f N\phi_m$$

3. **50 Hz용 변압기에 60 Hz의 같은 전압을 가하면 자속 밀도는 50 Hz때의 몇 배인가?** [04]

㉮ $\frac{6}{5}$　　㉯ $\frac{5}{6}$
㉰ $\left(\frac{5}{6}\right)^{1.6}$　　㉱ $\left(\frac{6}{5}\right)^{2}$

해설 변압기의 주파수와 자속 밀도 관계

① $E = 4.44 f N\phi_m$에서, 전압이 같으면 자속 밀도는 주파수에 반비례한다.

② 주파수가 $\frac{6}{5}$배로 증가하면, 자속 밀도는 $\frac{5}{6}$배로 감소한다.

4. **변압기의 일정한 전압, 일정한 주파수에서 권수를 2배로 하고 같은 자속을 얻자면 여자 전류는 약 몇 배인가?**

㉮ 0.5　㉯ 1　㉰ 2　㉱ 4

해설 권수와 여자 전류 관계

$E = 4.44 f N\phi_m$[V]

전압과 주파수가 일정하므로, 권수 N과 ϕ_m은 반비례한다.

∴ 권수를 2배로 하면 여자 전류는 0.5배로 하면 된다.

5. **변압기의 1차 권회수 210, 2차 권회수 250일 때 1차측 전압이 100 V이면 2차측 전압(V)은?**

㉮ 약 110　　㉯ 약 114
㉰ 약 119　　㉱ 약 124

해설 $a = \frac{V_1}{V_2} = \frac{N_1}{N_2}$에서,

$$V_2 = V_1 \frac{N_2}{N_1} = 100 \times \frac{250}{210} = 119 \text{ V}$$

6. **변압기 여자 전류의 파형은?** [08, 12]

㉮ 파형이 나타나지 않는다.
㉯ 사인파이다.
㉰ 구형파이다.
㉱ 왜형파이다.

해설 본문 그림 2-22와 같이 홀수 고조파를 많이 포함하는 첨두파형으로 왜형파이다.

7. **변압기 여자전류에 가장 많이 포함된 고조파는?** [06]

㉮ 제2조파　　㉯ 제3조파
㉰ 제4조파　　㉱ 제5조파

정답 1. ㉮ 2. ㉮ 3. ㉯ 4. ㉮ 5. ㉰ 6. ㉱ 7. ㉯

해설 변압기에는 일반적으로 자기 포화 및 히스테리시스 현상이 있는 이유로, 제3고조파가 가장 많이 포함된다.

8. 변압기에 있어서 부하와는 관계없이 자속만을 발생시키는 전류는? [08]

㉮ 철손 전류 ㉯ 자화 전류
㉰ 여자 전류 ㉱ 1차 전류

해설 본문 그림 2-21에서, 자화 전류 I_{0m} 참조

9. 50 kVA, 3300/110 V의 단상 변압기가 있다. 무부하시 1차 전류는 0.5 A이고, 입력은 600 W이다. 이때 변압기의 자화 전류(A)는?

㉮ 약 0.25 ㉯ 약 0.38
㉰ 약 0.31 ㉱ 약 0.47

해설 변압기의 여자 전류 (= 무부하 1차 전류)

① 철손 전류 $I_{0w} = \frac{P_i}{V_1} = \frac{600}{3300} ≒ 0.18 \text{ A}$

② 자화 전류 $I_{0m} = \sqrt{I_0^2 - I_{0w}^2} = \sqrt{0.5^2 - 0.18^2} = 0.47 \text{ A}$

10. 1차 전압 2,200 V, 무부하 전류 0.088 A, 철손 110 W인 단상변압기의 자화 전류는 어느 것인가? [10]

㉮ 50 mA ㉯ 72 mA
㉰ 88 mA ㉱ 94 mA

해설 변압기의 자화 전류 : 본문 그림 2-21 여자 전류의 벡터도에서,

$$I_{0m} = \sqrt{I_0^2 - I_{0w}^2} = \sqrt{0.088^2 - 0.05^2} = 0.072 \text{ A}$$

$\therefore$ 72 mA

여기서, $I_{0w} = \frac{P_i}{V_1} = \frac{110}{2200} = 0.05 \text{ A}$

11. 변압기 철심용 규소강판의 두께는 보통 몇 mm 정도를 사용하는가? [07, 09]

㉮ 0.01 ㉯ 0.05
㉰ 0.35 ㉱ 0.85

해설 변압기용 규소 강판 : 맴돌이 전류손은 강판 두께의 제곱에 비례하므로, 기계적 강도를 고려하여 0.35~0.45 mm 정도로 한다.

12. 다음 중 변압기의 누설리액턴스를 줄이는 데 가장 효과적인 방법은? [12]

㉮ 권선을 분할하여 조립한다.
㉯ 코일의 단면적을 크게 한다.
㉰ 권선을 동심 배치시킨다.
㉱ 철심의 단면적을 크게 한다.

해설 변압기의 누설리액턴스

① 누설 자속은 변압 작용에는 도움이 되지 않고 인덕턴스 역할만 하기 때문에 누설리액턴스가 되고 권선에 전류가 흐르면 전압 강하를 일으킨다.

② 누설 자속을 줄이는 효과적인 방법은 권선을 분할하여 조립하는 것이다.

참고 변압기 권선의 배치 방법

① 교차형 : 저 · 고압 권선을 분할하여 교대로 배치하여 조립하는 것으로 누설자속을 감소시켜 전압 변동을 줄일 수 있으며 대전류 외철형에 사용된다.

② 동심권 : 철심의 내측에 저압권선을 감고, 다음에 고압권선을 동심형으로 배치한다.

정답 8. ㉯ 9. ㉱ 10. ㉯ 11. ㉰ 12. ㉮

2. 변압기의 이론과 특성

■ 등가 회로

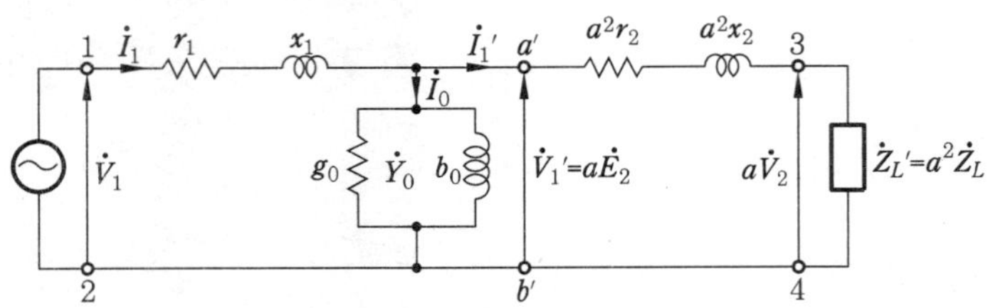

그림 2-24 1차 쪽에서 본 등가 회로

■ 환산표

표 2-5

구 분	2차를 1차로 환산	1차를 2차로 환산
저 항	$r_1{}' = a^2 r_2$	$r_2{}' = \dfrac{1}{a^2} r_1$
리액턴스	$x_1{}' = a^2 x_2$	$x_2{}' = \dfrac{1}{a^2} x_1$
부하 저항	$R' = a^2 R_2$	어드미턴스 $Y_0{}' = a^2 Y_0$
임피던스	$Z_1{}' = a^2 Z_2$	−
전 류	$I_1{}' = \dfrac{1}{a} I_2$	$I_2{}' = a I_1$
전 압	$E_1{}' = a E_2$	$E_2{}' = \dfrac{1}{a} E_1$

2-1 전압 변동률 · 퍼센트 전압 강하

(1) 전압 변동률의 정의

① 2차쪽 정격 전압 V_{2n}, 무부하 전압 V_{20}일 때 변동률 ϵ는

$$\epsilon = \frac{V_{20} - V_{2n}}{V_{2n}} \times 100\ [\%]$$

② 벡터도에서 선분으로 표시하면, 변동률 ϵ는 다음과 같다.

$$\epsilon \fallingdotseq \frac{\overline{Oc} - \overline{Oa}}{\overline{Oa}} \times 100\ \% = p\cos\theta + q\sin\theta\ [\%]$$

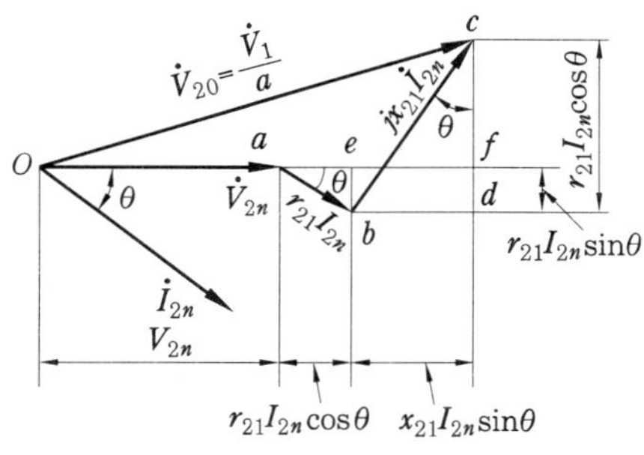

그림 2-25 벡터도

(2) 퍼센트 전압 강하

정격 전압에 대한 전압 강하의 비

① % 저항 강하

$$p=\frac{r_{21}\,I_{2n}}{V_{2n}}\times 100=\frac{r_{12}\,I_{1n}}{V_{1n}}\times 100\,[\%]$$

② % 리액턴스 강하

$$q=\frac{x_{21}\,I_{2n}}{V_{2n}}\times 100=\frac{x_{12}\,I_{1n}}{V_{1n}}\times 100\,[\%]$$

③ % 임피던스 강하

$$z=\sqrt{p^2+q^2}=\frac{\sqrt{{r_{21}}^2+{x_{21}}^2}}{V_{2n}}I_{2n}\times 100=\frac{\sqrt{{r_{12}}^2+{x_{12}}^2}}{V_{1n}}I_{1n}\times 100=\frac{V_{1s}}{V_{1n}}\times 100[\%]$$

④ 단락 전류

$$I_s=\frac{V_{1n}}{V_s}I_{1n}=\frac{100}{z}I_{1n}\ [\mathrm{A}]$$

(3) 전압 변동률의 계산

① 변압기의 1차를 2차로 환산한 간이 등가 회로를 써서 전압 변동률을 구한다.

$\epsilon \fallingdotseq p\cos\theta \pm q\sin\theta\ [\%]$ (ϵ 의 크기는 대략 1~3 % 정도)

여기서, 역률이 진상인 경우는 (－), 지상인 경우는 (＋)

② 최대 전압 변동률

(가) 역률 $\cos\theta_m=\cos\alpha=\frac{p}{z}=\frac{p}{\sqrt{p^2+q^2}}$ $\left(\alpha=\tan^{-1}\frac{q}{p}\right)$

(나) 최대 전압 변동률 $\epsilon_m=z=\sqrt{p^2+q^2}$

2-2 변압기의 손실

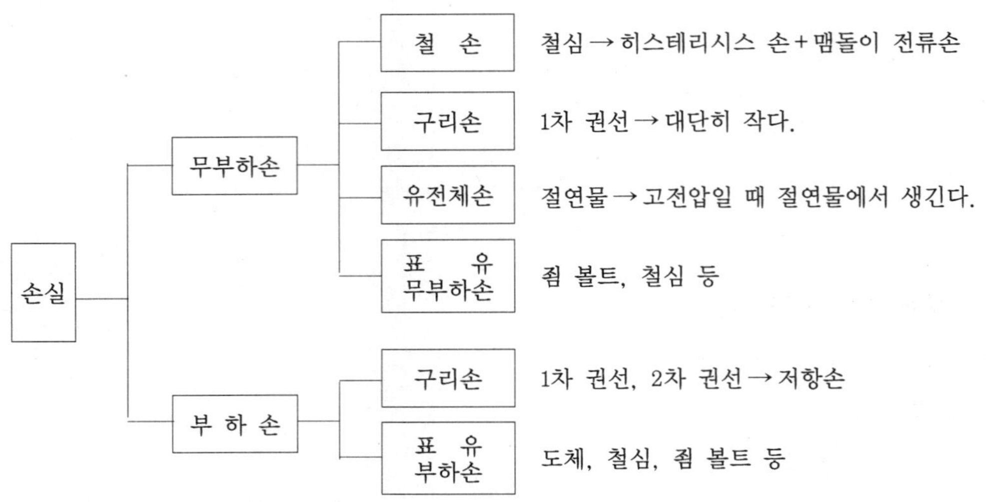

그림 2-26 변압기 손실의 분류

(2) 무부하손 (no-load loss)

① 무부하손은 주로 철손이고, 여자 전류에 의한 구리손(저항손)과 절연물의 유전체손 그리고 표유 무부하손이 있다.

② 철손 (iron loss)

(가) 히스테리시스 손 $P_h = \sigma_h f B_m^{\ 1.6} \sim \sigma_h f B_m^{\ 2}$ [W/kg]

(나) 맴돌이 전류손 $P_e = \sigma_e (t f k_f B_m)^2$ [W/kg]

여기서, σ_h, σ_e : 상수　　f : 주파수　　B_m : 최대 자속 밀도
t : 강판 두께　　k_f : 기전력의 파형률

(다) 철손 = 무부하손실 - 구리손

(2) 부하손 (load loss)

① 부하손은 주로 부하 전류에 의한 구리손이다.

② 누설 자기력선속에 관계되는 권속 내의 손실, 외함, 볼트 등에 생기는 손실로 계산하여 구하기 어려운 표유 부하손 (stray load loss)이 있다.

2-3 변압기의 효율

(1) 변압기의 효율을 나타내는 방법

① 실측 효율 : 출력과 입력을 실제로 측정하고 계산하여 구하는 효율을 말한다.

② 규약 효율 : 무부하 시험이나 단락 시험을 한 결과를 이용하여 일정한 규약 하에서 산출하는 효율로, 변압기의 효율은 규약 효율을 표준으로 하고 있다.

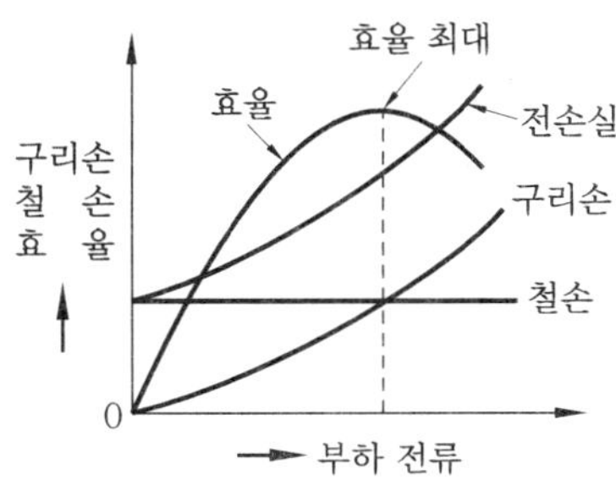

그림 2-27 손실과 효율

(2) 규약 효율 (conventional efficiency)

① 변압기의 효율은 정격 2차 전압 및 정격 주파수에 대한 출력 [kW]과 전체 손실 [kW]이 주어지면, 다음과 같이 나타낼 수 있다.

$$\eta = \frac{\text{출력 [kW]}}{\text{출력 [kW]} + \text{전체 손실 [kW]}} \times 100\ \%$$

$$= \frac{V_{2n} I_{2n} \cos\theta}{V_{2n} I_{2n} \cos\theta + P_i + r_{21} {I_{2n}}^2} \times 100\ \%$$

② 전부하 효율 $= \dfrac{P\cos\theta}{P\cos\theta + P_i + P_c} \times 100\ \%$

여기서, P : 정격 용량 [W]　　V_{2n} : 정격 2차 전압 [V]
I_{2n} : 정격 2차 전류 [A]　　$\cos\theta$: 부하의 역률
P_i : 철손 [W]　　P_c : 동손 (구리손) [W]
r_{21} : 2차 쪽으로 환산한 전체 저항 [Ω]

③ $\dfrac{1}{m}$ 부하 효율 $= \dfrac{\dfrac{1}{m} P\cos\theta}{\dfrac{1}{m} P\cos\theta + P_i + \left(\dfrac{1}{m}\right)^2 P_c} \times 100\ \%$

여기서, 출력 : $\dfrac{1}{m} P\cos\theta$　　전손실 : $P_i + \left(\dfrac{1}{m}\right)^2 P_c$

(3) 최대 효율 조건

① 철손 P_i [W]과 구리손 P_c [W]가 같을 때($P_i = P_c$) 최대 효율이 된다.

$$P_i = \left(\frac{1}{m}\right)^2 P_c \quad \left(\text{전손실} : P_l = P_i + \left(\frac{1}{m}\right)^2 P_c\ \text{[W]}\right)$$

② 변압기에서 최대 효율의 조건은 정격 부하의 70 % 부하일 때이며, 이때 철손과 구리손의 비는 $P_i : P_c = 1 : 2$이다.

(4) 전일 효율 (all-day efficiency)

① 변압기의 전일 효율 η_d 는 다음과 같이 나타낼 수 있다.

$$\eta_d = \frac{24\text{시간의 출력}}{24\text{시간의 입력}} \times 100\ \%$$

$$= \frac{\Sigma\, V_{2n} I_{2n} \cos\theta \cdot T}{\Sigma\, V_{2n} I_{2n} \cos\theta \cdot T + 24\, P_i + \Sigma\, r_{21} {I_{2n}}^2 \cdot T} \times 100\ \%$$

여기서, T : 시간

② 일반적으로 전일 효율은 전부하 효율의 50~60 % 정도이다.

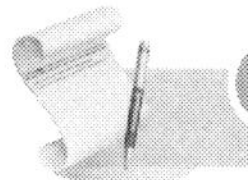

예·상·문·제

2. 변압기의 이론과 특성

1. 변압기 2차 저항 r_2, 권수비 a이면 1차 환산값 [Ω]은?

㉮ $a\, r_2$ ㉯ $a^2\, r_2$ ㉰ $\dfrac{r_2}{a}$ ㉱ $\dfrac{r_2}{a^2}$

해설 변압의 등가 회로와 1, 2차 환산 값 : 표 2-5 참조

1차로 환산한 값 $r_1{}' = a^2 \cdot r_2$

2. 3000/100 V인 단상 주상 변압기가 있다. 1차, 2차의 임피던스는 각각 $40 + j\,150$[Ω] 및 $0.05 + j\,0.2$[Ω]이다. 1차에 환산한 등가 임피던스는?

㉮ $85 + j\,330$ Ω

㉯ $105 + j\,340$ Ω

㉰ $210 + j\,450$ Ω

㉱ $305 + j\,520$ Ω

해설 ① 1차 환산 저항

$$R_1{}' = r_1 + a^2\, r_2 = 40 + 30^2 \times 0.05 = 85$$

② 1차 환산 리액턴스

$$X_1{}' = x_1 + a^2\, x_2 = 150 + 30^2 \times 0.2 = 330$$

$$\therefore Z_1{}' = R_1{}' + j\, X_1{}' = 85 + j\,330$$

3. 1차측 권수가 1500인 변압기의 2차측에 접속한 16 Ω의 저항은 1차측으로 환산했을 때 8 kΩ으로 되었다고 한다. 2차측 권수를 구하면?

㉮ 60 ㉯ 67 ㉰ 65 ㉱ 72

해설 $r_1{}' = a^2 \cdot r_2$에서,

$$a = \sqrt{\frac{r_1{}'}{r_2}} = \sqrt{\frac{8000}{16}} \fallingdotseq 22.36$$

$$N_2 = \frac{N_1}{a} = \frac{1500}{22.36} = 67\text{회}$$

4. 1차 900 Ω, 2차 100 Ω인 회로의 임피던스 정합용 변압기의 권수비는?

㉮ 81 ㉯ 9 ㉰ 3 ㉱ 1

해설 임피던스 정합 : 1차와 2차의 임피던스를 같게 하는 것이다.

$$Z_1 = a^2\, Z_2 \text{ 에서, } a = \sqrt{\frac{Z_1}{Z_2}} = \sqrt{\frac{900}{100}} = 3$$

5. 변압기 2차 정격 전압 100 V, 무부하 전압 104 V이면 전압 변동률(%)은?

㉮ 1 ㉯ 2 ㉰ 4 ㉱ 6

해설 $$\epsilon = \frac{V_{20} - V_{2n}}{V_{2n}} \times 100$$

$$= \frac{104 - 100}{100} \times 100 = \frac{4}{100} \times 100 = 4\ \%$$

6. 권수비 30인 단상 변압기가 전부하에서 2차 전압이 115 V, 전압 변동률이 2 %라 한다. 1차 단자 전압은? [11]

㉮ 3381 V ㉯ 3450 V

㉰ 3519 V ㉱ 3588 V

해설 1차 단자 전압

$$V_{10} = V_{1n}\left(1 + \frac{\epsilon}{100}\right) = a\,V_{2n}\left(1 + \frac{\epsilon}{100}\right)$$

$$= 30 \times 115\left(1 + \frac{2}{100}\right) = 3519\ \text{V}$$

참고 $$\epsilon = \frac{V_{20}}{V_{2n}} \times 100\ \%$$

7. % 저항 강하가 1.3[%], % 리액턴스 강하가 2[%]인 변압기가 있다. 전부하 역률 80[%](뒤짐)에서의 전압 변동률은 몇 %인가? [07]

정답 1. ㉯ 2. ㉮ 3. ㉯ 4. ㉰ 5. ㉰ 6. ㉰ 7. ㉱

㉮ 1.35 ㉯ 1.86 ㉰ 2.18 ㉱ 2.24

해설 $\epsilon = p\cos\theta + q\sin\theta$
$= 1.3\times 0.8 + 2\times 0.6 = 2.24\ \%$
여기서,
$\sin\theta = \sqrt{1-\cos^2\theta} = \sqrt{1-0.8^2} = 0.6$

8. 어떤 변압기의 단락 시험에서 % 저항 강하 1.5 % 리액턴스 강하 3 %를 얻었다. 부하 역률이 80 % 앞선 경우의 전압 변동률(%)은?

㉮ −0.6 ㉯ 0.6
㉰ −3.0 ㉱ 3.0

해설 $\epsilon \fallingdotseq p\cos\theta - q\sin\theta$
$= 1.5\times 0.8 - 3\times 0.6 = -0.6\ \%$
$\left(\sin\theta = \sqrt{1-\cos^2\theta} = \sqrt{1-0.8^2} = 0.6\right)$

9. 퍼센트 저항 강하 3 %, 리액턴스 강하 4 %, 역률 80 %인 경우 변압기의 최대 전압 변동률(%)은? (단, 지상이다.)

㉮ 3 ㉯ 4 ㉰ 5 ㉱ 6

해설 $\epsilon_m = \sqrt{p^2+q^2} = \sqrt{3^2+4^2} = 5\ \%$

10. 임피던스 전압 강하 4 %의 변압기가 운전 중에 단락되었다. 단락 전류는 정격 전류의 몇 배가 흐르는가?

㉮ 20 ㉯ 25 ㉰ 30 ㉱ 35

해설 $I_s = \frac{100}{z}\cdot I_{1n} = \frac{100}{4}\cdot I_{1n} = 25\cdot I_{1n}$
$\therefore$ 25배

11. 20 kVA, 3,300/210 V 변압기의 1차 환산 등가 임피던스가 $6.2+j7[\Omega]$일 때 백분율 리액턴스 강하는? [10]

㉮ 약 1.29 % ㉯ 약 1.75 %
㉰ 약 8.29 % ㉱ 약 9.35 %

해설 1차 정격 전류
$$I_1 = \frac{P}{V_1} = \frac{20\times 10^3}{3{,}300} \fallingdotseq 6.1\ \text{A}$$
$\therefore$ 백분율 리액턴스 강하
$$q = \frac{I_1 x_{12}}{V_1}\times 100 = \frac{6.1\times 7}{3{,}300}\times 100 = 1.29\ \%$$

12. 변압기의 전압 변동률을 작게 하려면 어떻게 해야 하는가? [07, 08, 09]

㉮ 권선의 리액턴스를 작게 한다.
㉯ 권선의 임피던스를 크게 한다.
㉰ 권수비를 작게 한다.
㉱ 역률이 작아야 한다.

해설 전압 변동률은 권선의 리액턴스에 비례하므로, 변동률을 작게 하려면 권선의 리액턴스를 작게 해야 한다.

참고 변압기의 권선을 분할하여 조립하면, 누설 리액턴스를 줄일 수 있다.

13. 다음 중 변압기의 무부하손으로 대부분을 차지하는 것은?

㉮ 유전체손 ㉯ 동손
㉰ 철손 ㉱ 표유 부하손

해설 무부하손
철손≒히스테리시스 손+와류손(맴돌이 전류손)

참고 히스테리시스 손 70 %, 맴돌이 전류손 30 % 정도이다.

14. 변압기에서 부하전류 및 전압은 일정하고, 주파수만 낮아지면 변압기는 어떻게 되는가? [09]

㉮ 철손이 증가한다.
㉯ 철손이 감소한다.
㉰ 동손이 증가한다.
㉱ 동손이 감소한다.

해설 맴돌이 전류손, 히스테리시스 손과 주

정답 8. ㉮ 9. ㉰ 10. ㉯ 11. ㉮ 12. ㉮ 13. ㉰ 14. ㉮

파수와의 관계(공급 전압이 일정할 때)

① $E=4.44fN\phi_m=4.44fNAB_m$

$=K_0 f B_m$[V] 에서,

전압이 일정하므로 $B_m=\dfrac{E}{K_0 f}=K\cdot\dfrac{1}{f}$

② 맴돌이 전류 (와류)손 : 전압과 두께가 일정하면 주파수에 관계없이 일정하다.

$$P_e=\sigma_e t^2 f^2 B_m^2=\sigma_e t^2 f^2\left(\frac{K}{f}\right)^2$$

$$=\sigma_e t^2 K^2=K_e$$

③ 히스테리시스 손 : 전압이 일정하면 주파수에 반비례한다.

$$P_h=\sigma_h f B_m^{1.6}=\sigma_h f\left(\frac{K}{f}\right)^{1.6}=K_h f^{-0.6}$$

∴ 철손(히스테리시스 손+맴돌이 전류손)은 증가한다.

15. 변압기의 철손을 나타내는 곡선은?

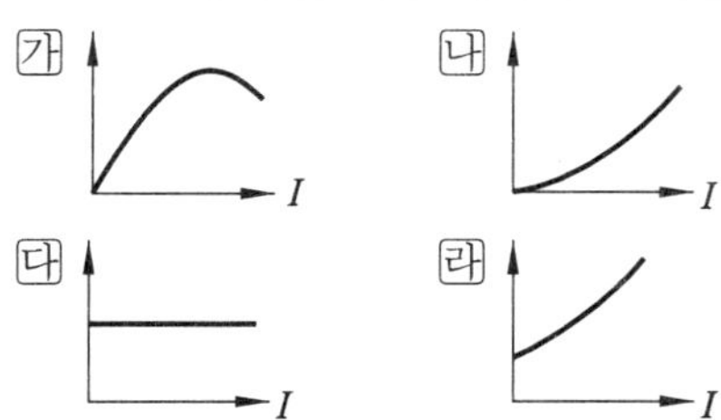

해설 변압기의 특성 곡선(본문 그림 2-27 참조)

가 효율

나 동손

다 철손 (부하에 무관계)

라 전손실

16. 다음 중 변압기의 효율(η)을 나타내는 것으로 가장 알맞은 것은? [09]

가 $\dfrac{\text{출력}}{\text{입력}}$ 나 $\dfrac{\text{출력}}{\text{입력}-\text{손실}}$

다 $\dfrac{\text{출력}}{\text{출력}+\text{손실}}$ 라 $\dfrac{\text{입력}-\text{손실}}{\text{입력}}$

해설 실측 효율 : 가

변압기, 발전기 규약 효율 : 다

전동기의 규약 효율 : 라

17. 200 kAV 단상 변압기가 있다. 철손은 1.6 kW, 전부하 동손은 2.4kW이다. 역률이 0.8일 때 전부하에서의 효율은 약 %인가? [07]

가 91.9 나 94.7 다 97.6 라 99.1

해설 ① 출력 $P=P_a\cos\theta$

$=200\times0.8=160$ kW

② 손실 $P_l=P_c+P_i=2.4+1.6=4$ kW

$$\therefore \eta=\frac{\text{출력}}{\text{출력}+\text{손실}}\times100$$

$$=\frac{160}{160+4}\times100=\frac{160}{164}\times100$$

$$=97.56\ \%$$

18. 변압기 철손 P_i [kW], 전부하 동손이 P_c[kW]일 때 정격 출력의 $\dfrac{1}{2}$인 부하를 걸었다면 전손실은? [10]

가 $\dfrac{1}{4}(P_i+P_c)$

나 $\dfrac{1}{4}P_i+P_c$

다 $P_i+\dfrac{1}{4}P_c$

라 $4(P_i+P_c)$

해설 정격 출력의 $\dfrac{1}{2}$인 부하일 때 손실

$$P_{\frac{1}{2}}=P_i+\left(\frac{1}{m}\right)^2P_c=P_i+\left(\frac{1}{2}\right)^2P_c$$

$$=P_i+\frac{1}{4}P_c$$

참고 $\dfrac{1}{m}$ 부하일 때의 전손실

① 철손은 부하에 관계없이 일정하고, 동손은 부하의 제곱에 비례한다.

② $\dfrac{1}{m}$로 부하가 감소하면, 동손은 $\left(\dfrac{1}{m}\right)^2$으로 감소한다.

∴ $P_{\frac{1}{m}}=P_i+\left(\dfrac{1}{m}\right)^2P_c$가 된다.

정답 15. 다 16. 다 17. 다 18. 다

19. 5 kVA 단상 변압기의 무유도 전부하에서의 동손은 120 W, 철손은 80 W이다. 전부하의 $\frac{1}{2}$ 되는 무유도 부하에서의 효율(%)은 얼마인가?

㉮ 98.3 ㉯ 97.0
㉰ 95.8 ㉱ 93.6

해설 ① $\frac{1}{m}$ 부하

$$\eta' = \frac{VI\cos\theta}{VI\cos\theta + P_i + \left(\frac{1}{m}\right)^2 P_c} \times 100\ \%$$

② $\frac{1}{2}$ 부하 효율

$$\eta' = \frac{5\times10^3 \times \frac{1}{2}}{5\times10^3 + 80 + \left(\frac{1}{2}\right)^2 \times 120} \times 100$$

$$= \frac{2500}{2500+80+30} \times 100 = 95.8\ \%$$

20. 변압기의 효율이 최고일 조건은? [12]

㉮ 철손 $= \frac{1}{2}$ 동손 ㉯ 동손 $= \frac{1}{2}$ 철손
㉰ 철손 = 동손 ㉱ 철손 = (동손)^2

해설 $$\eta_{\frac{1}{m}} = \frac{\frac{1}{m}P\cos\theta}{\frac{1}{m}P\cos\theta + P_i + \left(\frac{1}{m}\right)^2 P_c} \times 100[\%]$$

에서, 최대 효율($\eta_{\max}$) 조건은

$P_i = \left(\frac{1}{m}\right)^2 P_c$일 때이다.

∴ 철손(P_i) = 동손(P_c)

21. 철손 900 W, $\frac{3}{4}$ 부하에서 최대 효율이 되는 변압기의 전부하 동손(W)은?

㉮ 450 ㉯ 900 ㉰ 1600 ㉱ 3200

해설 최대 효율

$$P_i = m^2 P_c = \left(\frac{3}{4}\right)^2 P_c$$

$$\therefore P_c = \left(\frac{4}{3}\right)^2 \times P_i = \frac{16}{9} \times 900 = 1600\ \text{W}$$

22. 변압기의 전일 효율을 최대로 하기 위한 조건은? [12]

㉮ 전부하 시간이 길수록 철손을 작게 한다.
㉯ 전부하 시간이 짧을수록 무부하손을 작게 한다.
㉰ 전부하 시간이 짧을수록 철손을 크게 한다.
㉱ 부하 시간에 관계없이 전부하 동손과 철손을 같게 한다.

해설 전부하 시간이 짧을수록 무부하손을 작게 한다.

참고 ① 사용 시간이 짧으면 짧을수록 구리손에 비하여 철손이 적은 변압기, 즉 구리를 많이 사용하고 규소강판인 철을 비교적 적게 사용하여 설계한 변압기를 사용하는 것이 좋다.
② 하루종일 전부하로 사용되는 변압기는 철손과 구리손이 같은 것이 효과적이다.
(하루종일 중 $P_c = \frac{24}{t} P_i$일 때 전일 효율이 최대)

정답 19. ㉰ 20. ㉰ 21. ㉰ 22. ㉯

3. 변압기의 결선과 병렬 운전 및 상수 변환

■3상 교류 전압의 변성
- 3상 변압기를 사용하는 방법
- 단상 변압기 3대를 3상 결선하여 사용하는 방법

3-1 변압기의 극성 및 3상 결선

(1) 변압기의 극성

① 감극성 (subtractive polarity)

(가) 1차 권선에서 발생하는 유도 기전력 E_1과 2차 권선에 발생하는 유도 기전력 E_2의 방향이 동일 방향으로 되는 것을 말한다.

(나) 우리나라에서는 감극성이 표준으로 되어 있다.

② 가극성 (additive polarity) : E_1과 E_2의 방향이 반대로 되는 것을 말한다.

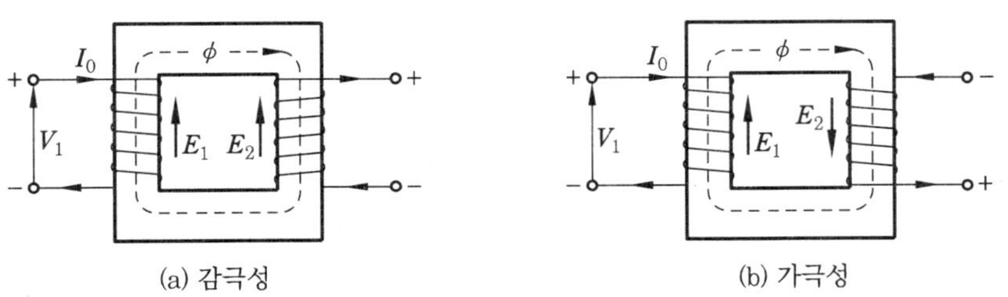

(a) 감극성 (b) 가극성

그림 2-28 변압기의 극성

③ 극성 시험과 기호

(가) 감극성인 경우 : $V = V_1 - V_2$

(나) 가극성인 경우 : $V = V_1 + V_2$

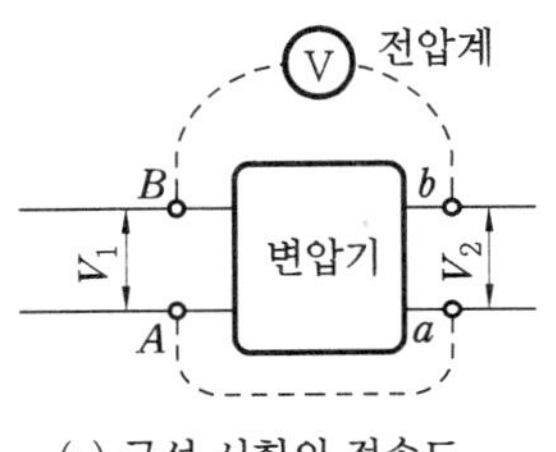

(a) 극성 시험의 접속도

기준 : 고압측에서 볼 때 우측 단자 u, 좌측 단자 v

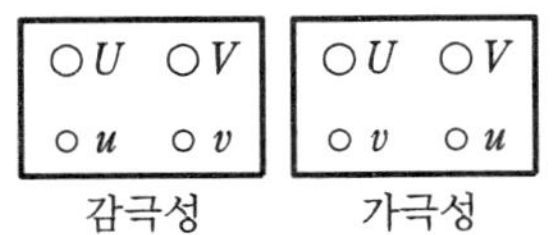

(b) 극성의 기호

그림 2-29 극성 시험·기호

(2) 단상 변압기의 3상 결선 조건과 방법

① 단상 변압기로 3상 변압을 하려면, 변압기에는 다음과 같은 조건이 필요하다.

㈎ 용량, 주파수, 전압 등의 정격이 같을 것

㈏ 권선의 저항, 누설 리액턴스, 여자 전류 등이 같을 것

② 결선 방법 : $\Delta-\Delta$, Y－Y, Δ－Y, Y－Δ, V－V

3-2 단상 변압기 3상 결선의 비교

(1) $\Delta-\Delta$ 결선

① 단상 변압기 2대 중 1대의 고장이 생겨도, 나머지 2대를 V 결선하여 송전할 수 있다.

② 제 3 고조파 전류는 권선 안에서만 순환되므로, 고조파 전압이 나오지 않는다.

③ 통신 장애의 염려가 없다.

④ 중성점을 접지할 수 없는 결점이 있다.

⑤ 30 kV 이하 배전용 변압기에 쓰이고, 100 kV 이상 되는 계통에는 전혀 쓰이지 않는다.

(2) Y－Y 결선

① 중성점을 접지할 수 있다.

② 권선 전압이 선간 전압의 $\frac{1}{\sqrt{3}}$이 되므로 절연이 쉽다.

③ 제 3 고조파를 주로 하는 고조파 충전 전류가 흘러 통신선에 장애를 준다.

④ 제 3 차 권선을 감고 Y－Y－Δ 의 3권선 변압기를 만들어 송전 전용으로 사용한다.

(3) Δ－Y, Y－Δ 결선

① Δ－Y 결선은 낮은 전압을 높은 전압으로 올릴 때 사용한다.

② Y－Δ 결선은 높은 전압을 낮은 전압으로 낮추는 데 사용한다.

③ 어느 한쪽이 Δ 결선이어서 여자 전류가 제 3 고조파 통로가 있으므로, 제 3 고조파에 의한 장애가 적다.

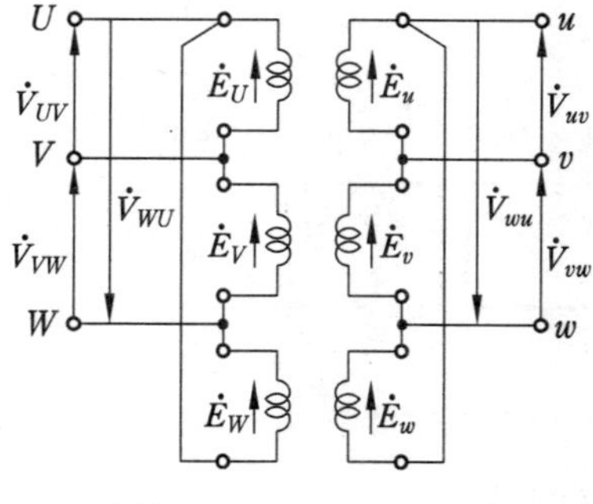

그림 2-30 $\Delta-\Delta$ 결선

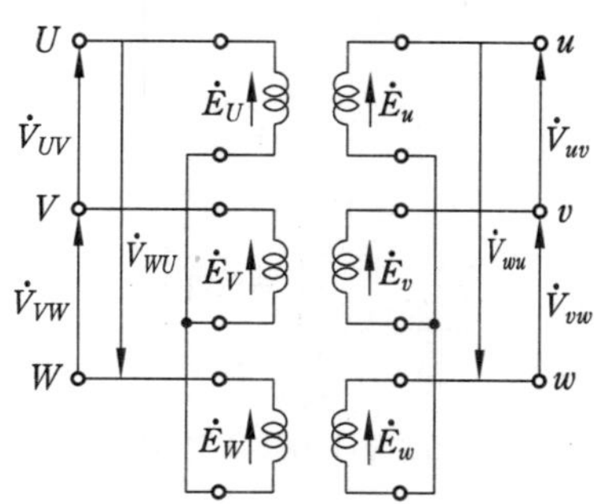

그림 2－31 Y－Y 결선

3-3 V−V 결선 (V−V connection)

$\Delta-\Delta$ 결선으로 한 3대의 단상 변압기 중에서 1대의 변압기가 고장이 나면, 제거하고 남은 2대의 변압기를 이용하여 3상 변압을 계속하는 3상 결선 방식이다.

(1) V 결선의 출력 P_v

① $P_v = P_1 + P_2 = V_{uv} I_{uv} \cos 30° + V_{vw} I_{vw} \cos 30°$ [W]

② 선간 전압 및 부하가 평형인 정격 상태에서는 다음과 같다.

$$V_{uv} = V_{vw} = V_{2n}$$

$$I_{uv} = I_{vw} = I_{2n}$$

$$\therefore P_v = \sqrt{3}\ V_{2n} I_{2n} = \sqrt{3} \cdot P \text{ [W]}$$

여기서, P = 1 대의 정격 용량 = $V_{2n} I_{2n}$ [W]

(2) 변압기 1대의 이용률과 출력비

① 이용률 $= \dfrac{\text{V 결선의 출력}}{\text{변압기 2대의 정격}} = \dfrac{\sqrt{3}P}{2P} = \dfrac{\sqrt{3}}{2} = 0.866$

∴ 출력은 변압기 2대의 용량을 합한 것의 86.6 %로 줄게 된다.

② 출력비 $= \dfrac{\text{V 결선의 출력}}{\text{변압기 3대의 정격 출력}} = \dfrac{\sqrt{3}P}{3P} = \dfrac{\sqrt{3}}{3} = 0.577$

∴ 3대의 정격 출력이 100 %일 때, V 결선의 경우에는 57.7 %이다.

3-4 변압기의 병렬 운전

(1) 단상 변압기의 병렬 운전

① 2대 이상의 병렬 운전 조건

(가) 무부하에서 순환 전류가 흐르지 않을 것

(나) 부하 전류가 용량에 비례하여 각 변압기에 흐를 것

(다) 각 변압기의 부하 전류가 같은 위상이 될 것

② 위의 세 가지 조건을 만족하려면, 다음과 같은 조건을 갖추어야 한다.

(가) 각 변압기의 같은 극성의 단자를 접속할 것

(나) 각 변압기의 1차 및 2차 전압, 즉 권수비가 같을 것

(다) 각 변압기의 임피던스 전압이 같을 것

(라) 각 변압기의 내부 저항과 리액턴스 비가 같을 것

(2) 3상 변압기군의 병렬 운전

단상 변압기 병렬 운전 조건 외에,

① 상회전 방향과 각 변위가 같을 것

② 각 군의 임피던스가 그 용량에 반비례할 것

(3) 3상 변압기 1대와 단상 변압기 3대와의 비교 (3상 변압기의 장·단점)

① 철심량이 15~20 % 정도 절약되고, 무게와 철손이 줄고 효율이 좋다.

② 부싱수, 외함, 기름의 양, 가격, 설치 면적 등이 작게 된다.

③ 고장 수리 곤란, 수선비 증가, 신뢰도 감소, 예비기가 대용량이다.

표 2-6 변압기군의 병렬 운전 조합

병렬 운전 가능		병렬 운전 불가능
Δ-Δ와 Δ-Δ Y-Y와 Y-Y Y-Δ와 Y-Δ	Δ-Y와 Δ-Y Δ-Δ와 Y-Y Δ-Y와 Y-Δ	Δ-Δ와 Δ-Y Y-Y와 Δ-Y

3-5 상수 변환

(1) 3상-6상 사이의 상수 변환

① 수은 정류기나 회전 변류기와 같은 정류기에서는 효율을 좋게 하고, 파형을 개선하기 위하여 3상을 6상 또는 12상으로 변환한 다음 정류한다.

② 결선 방식

(가) 환상 결선 (ring connection)

(나) 대각 결선 (diametrical connection)

• 2중 Y 결선, 2중 Δ 결선 • 포크 결선

(2) 3상-2상 사이의 상수 변환

① 3상 3선식의 전원에서 매우 큰 단상 전력을 얻고자 할 때, 3상식을 2상식으로 변환한다.

(가) 스코트 (scott) 결선

(나) 우드 브리지(wood bridge) 결선

(다) 메이어(meyer) 결선

② 스코트 결선

(가) 결선의 출력 $P = \sqrt{3}\ V_2 I_2$

(나) 변압기 이용률 $= \dfrac{\sqrt{3}P}{2P} = 86.6\ \%$

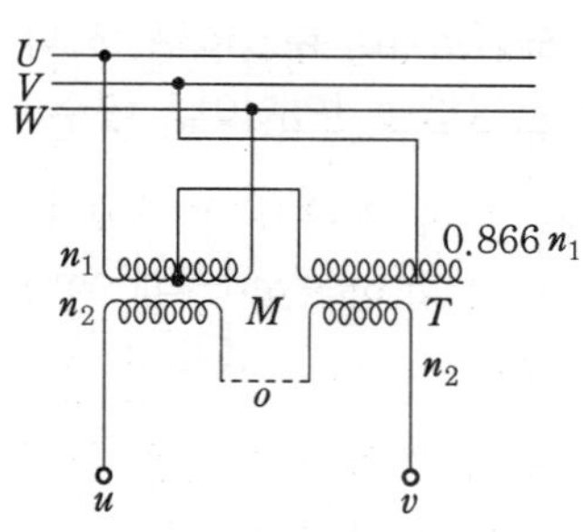

그림 2-32 스코트 결선 (T 결선)

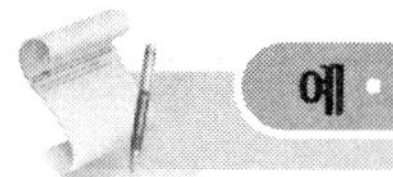

3. 변압기 결선과 병렬 운전 및 상수 변환

1. 13200/440 V 변압기의 극성 시험 그림에서 1차에 120 V를 가할 때, 감극성일 경우 전압계 Ⓥ의 지시(V)는?

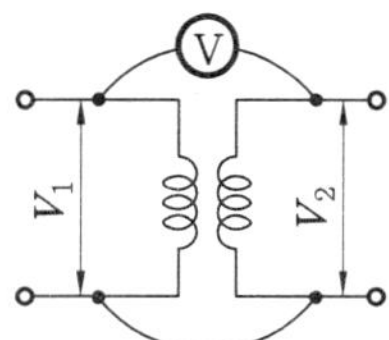

㉮ 4 ㉯ 116 ㉰ 120 ㉱ 124

해설 변압기의 극성 시험

$a = \dfrac{13200}{440} = 30$, $V_2 = \dfrac{V_1}{a} = \dfrac{120}{30} = 4$ V

$V = V_1 - V_2 = 120 - 4 = 116$ V

참고 가극성이면, $V = V_1 + V_2 = 124$ V이다.

2. 권수비 30인 변압기의 저압측 전압이 8 V인 경우 극성 시험에서 합성 전압의 읽음의 차이는 감극성의 경우 가극성의 경우보다 몇 V 적은가? [05]

㉮ 4 ㉯ 8 ㉰ 16 ㉱ 20

해설 $V = V_1 + V_2$, $V' = V_1 - V_2$

$\therefore V - V' = V_1 + V_2 - (V_1 - V_2)$

$= 2V_2 = 2 \times 8 = 16$ V

3. 변압기 결선 방식에서 $\Delta - \Delta$ 결선 방식의 특성이 아닌 것은?

㉮ 단상 변압기 3대 중 1대의 고장이 생겼을 때 2대로 V 결선하여 송전할 수 있다.

㉯ 외부에 고조파 전압이 나오지 않으므로 통신 장애의 염려가 없다.

㉰ 중성점 접지를 할 수 없다.

㉱ 100 kV 이상되는 계통에서 사용되고 있다.

해설 $\Delta - \Delta$ 결선은 30 kV 이하 배전용 변압기에 사용되고 있다.

4. 다음 중 발전소용 변압기와 같이 낮은 전압을 높은 전압으로 승압하는 데 적당한 결선 방법으로 옳은 것은?

㉮ Δ − Y ㉯ Y − Y
㉰ $\Delta - \Delta$ ㉱ V − V

해설 Δ − Y 결선은 2차 선간 전압이 높고 중성점 접지가 되므로 발전소, 1차 변전소의 승압용에 사용된다.

5. 3150/105 V 단상 변압기 3대를 Y − Δ 접속하고 1차에 3000 V를 가할 때 2 A가 흘렀다. 2차 전압과 전류는?

㉮ 57.7 V, 104 A ㉯ 173 V, 104 A
㉰ 57.7 V, 34.6 A ㉱ 100 V, 60 A

해설 $E_2 = \dfrac{E}{a} = \dfrac{3000/\sqrt{3}}{30} = 57.7$ V

$I_2 = \sqrt{3}\, I_{p2} = \sqrt{3}\, a I_{p1}$

$= \sqrt{3} \times 30 \times 2 = 60\sqrt{3} = 104$ A

여기서, $a = \dfrac{3150}{105} = 30$

6. 20 kVA 변압기 3대를 Δ 결선하여 3상 전력을 보내던 중 한 대가 고장나서 V결선으로 하였다. 이 경우 3상 최대 출력은 약 몇 kVA인가? [08]

㉮ 25 ㉯ 35
㉰ 40 ㉱ 60

해설 $P_V = \sqrt{3} P_1 = \sqrt{3} \times 20 \fallingdotseq 35$ kVA

정답 1. ㉯ 2. ㉰ 3. ㉱ 4. ㉮ 5. ㉮ 6. ㉯

7. 500 kVA의 단상 변압기 4대를 사용하여 과부하가 되지 않게 사용할 수 있는 3상 전력의 최대값은? [10]

㉮ 약 866 kVA ㉯ 약 1,500 kVA
㉰ 약 1,732 kVA ㉱ 약 3,000 kVA

해설 단상 변압기 4대 → 2대씩 V결선

$P_{max} = 2 \times \sqrt{3} P_1$
$= 2 \times \sqrt{3} \times 500$
$\fallingdotseq 1732$ kVA

8. 변압기를 병렬 운전 하고자 할 때 갖추어져야 할 조건이 아닌 것은? [06]

㉮ 극성이 같을 것
㉯ 변압비가 같을 것
㉰ % 임피던스 강하가 같을 것
㉱ 효율이 같을 것

해설 병렬 운전 조건
① 1차, 2차의 정격 전압, 권수비가 같을 것
② 각기의 임피던스가 용량에 반비례할 것
③ 각기의 저항과 누서 리액턴스의 비가 같을 것 – % 임피던스 강하가 같을 것
④ 극성이 같을 것 – 무부하에서 순환 전류가 흐르지 않을 것

9. 단상 변압기 2대를 병렬 운전하기 위한 조건을 잘못된 것은? [07]

㉮ 2차 유도 기전력의 크기가 같아야 한다.
㉯ 각 변압기의 저항과 리액턴스비가 같아야 한다.
㉰ 2차 권선에 폐회로에 순환 전류가 흐르지 않아야 한다.
㉱ 각 변압기에 흐르는 부하 전류가 임피던스에 비례해야 한다.

해설 각 변압기에 흐르는 부하 전류가 임피던스에 반비례해야 한다.

10. 변압기의 병렬 운전의 조건에 대한 설명으로 잘못된 것은? [08, 11]

㉮ 극성이 같아야 한다.
㉯ 권수비, 1차 및 2차의 정격 전압이 같아야 한다.
㉰ 각 변압기의 임피던스가 정격 용량에 비례하여야 한다.
㉱ 각 변압기의 저항과 누설 리액턴스비가 같아야 한다.

11. 변압기를 병렬 운전하고자 할 때 갖추어져야 할 조건이 아닌 것은? [11]

㉮ 극성이 같을 것
㉯ 변압비가 같을 것
㉰ % 임피던스 강하가 같을 것
㉱ 출력이 같을 것

12. 3상 변압기의 병렬 운전이 불가능한 결선은? [06, 10, 12]

㉮ Δ–Y와 Y–Y ㉯ Y–Δ와 Y–Δ
㉰ Δ–Y와 Y–Δ ㉱ Δ–Δ와 Y–Y

해설 본문 표 2–6 참조

13. 단상 변압기를 병렬 운전하는 경우 부하 전류의 분담은 어떻게 되는가? [07]

㉮ 임피던스에 비례
㉯ 리액턴스에 비례
㉰ 임피던스에 반비례
㉱ 리액턴스에 반비례

해설 변압기 병렬 운전 조건에서, '변압기의 내부 임피던스가 정격 용량에 반비례할 것'이는 부하 분담이 내부 임피던스에 반비례하므로, 용량에 비례하여 부하 분담을 시키려면 내부 임피던스가 용량에 반비례해야 한다.

정답 7. ㉰ 8. ㉱ 9. ㉱ 10. ㉰ 11. ㉱ 12. ㉮ 13. ㉰

∴ 부하 전류의 분담은 임피던스에 반비례하여 분담된다.

14. **용량 10 kVA, 임피던스 전압 5 %인 변압기 A와 용량 30 kVA, 임피던스 전압 3 %인 변압기 B를 병렬 운전시켜 36 kVA 부하를 연결할 때 A의 부하 분담은 어느 것인가?**

㉮ 3 ㉯ 6 ㉰ 15 ㉱ 30

해설 부하의 분담 : A기 kVA를 기준으로 하면 B기 30 kVA, 3 %는 10 kVA 1 %로 환산되고, 부하 분담은 퍼센트 임피던스에 반비례하기 때문에 부하 P일 때,

① $P_A = P\dfrac{Z_B}{Z_A+Z_B} = 36\times\dfrac{1}{5+1} = 6 \text{ kVA}$

② $P_B = P\dfrac{Z_A}{Z_A+Z_B} = 36\times\dfrac{5}{5+1} = 30 \text{ kVA}$

15. **정격이 같은 2대의 단상 변압기가 있다. 용량은 100 kVA이고 임피던스 전압은 A기 7 %, B기 8 %라고 하면, 이 두 변압기를 병렬로 하면 몇 kVA의 부하를 걸 수 있는가?**

㉮ 200 ㉯ 187.5 ㉰ 155.5 ㉱ 125

해설 병렬 운전과 부하 용량

① 부하 분담은 임피던스 전압에 반비례하므로, 7 % 변압기를 기준하여 정격 100 kVA을 분담시키면 8 % 변압기는 100 kVA 보다 작은 용량을 부담한다.

② A기의 경우 분담 부하 용량 100 kVA일 때,

$P_A = P\times\dfrac{8}{7+8} = 100 \text{ kVA}$에서,

$100 = \dfrac{8}{15}\times P$

$\therefore P = \dfrac{15}{8}\times 100 = 187.5 \text{ kVA}$

$P_A = 100 \text{ kVA}$

$P_B = 87.5 \text{ kVA}$

16. **3상에서 2상으로 변환할 수 없는 변압기 결선 방식은?** [08]

㉮ 포크 결선

㉯ 스코트 결선

㉰ 메이어 결선

㉱ 우드브리지 결선

해설 3상－2상 사이의 상수 변환 결선 방식

① 스코트(Scott) 결선

② 우드브리지(Wood Bridge) 결선

③ 메이어(Meyer) 결선

참고 포크 결선은 3상을 6상으로 변환하는 데 사용된다.

17. **3상에서 2상으로 상수를 변환하는 데 쓰이는 결선 방법은?**

㉮ T 결선 (스코트 결선)

㉯ 대각 결선

㉰ 포크 결선

㉱ 2중 성형 결선

해설 T결선 ; 스코트(scott) 결선 방식 : 본문 그림 2－32 참조

18. **3상－2상 상수 변환의 스코트 결선의 2차측에 평형 2상을 얻을 때 외선의 전류가 각각 10 A이면 중성선 전류(A)는?**

㉮ 7 ㉯ 10 ㉰ 14 ㉱ 20

해설 90° 위상차 (2상)이므로,

$I_0 = \sqrt{I_1^{\,2}+I_2^{\,2}} = \sqrt{10^2+10^2} = 10\sqrt{2}$
$= 14.14 \text{ A}$

19. **일반적으로 전철이나 화학용과 같이 비교적 용량이 큰 수은 정류기용 변압기의 2차측 결선 방식으로 쓰이는 것은?**

㉮ 3상 반파 ㉯ 6상 2중 성형

㉰ 3상 크로즐파 ㉱ 3상 전파

정답 14. ㉯ 15. ㉯ 16. ㉮ 17. ㉮ 18. ㉰ 19. ㉯

4. 변압기의 시험 및 온도 상승과 냉각

• 변압기의 시험 : 변압기는 사용하기 전에 저항 측정, 권수비 시험, 극성 시험, 무부하 시험, 단락 시험, 온도 시험, 절연 내력 시험 등을 하여야 한다.

4-1 등가 회로 정수 결정 시험

(1) 권수비 시험

1차에 V_1을 가하여 2차의 무부하 전압 V_2를 측정하여 권수비 a를 구한다.

$$a = \frac{V_1}{V_2}$$

(2) 저항 측정 시험

① 직류를 사용하여 전압 강하법이나, 브리지법에 의한다.

② 측정시 권선 온도 t[℃]를 측정하면 임의의 온도 T[℃]의 저항 R을 구한다.

$$R = \frac{234.5\,T}{234.5t} \cdot r_t \ [\Omega]$$

(3) 무부하 시험 (no-load test)

① 그림 2-33 (a)와 같이 고압쪽을 개방하고, 저압쪽에 정격 주파수의 정격 전압 V_{2n}[V]을 가해서 전력계에 나타나는 전력 P_1[W]를 읽으면 이것이 무부하손 (철손)이 된다.

② 전류계에 나타나는 전류 I_0[A]는 여자 전류가 된다.

③ 그림 (b) 등가 회로에서,

$$Y_0 = \frac{I_0}{V_{2n}} \ [℧]$$

$$g_0 = \frac{P_1}{{V_{2n}}^2} \ [℧]$$

$$b_0 = \sqrt{{Y_0}^2 - {g_0}^2} \ [℧]$$

$$\cos\theta_0 = \frac{P_1}{V_{2n} I_0}$$

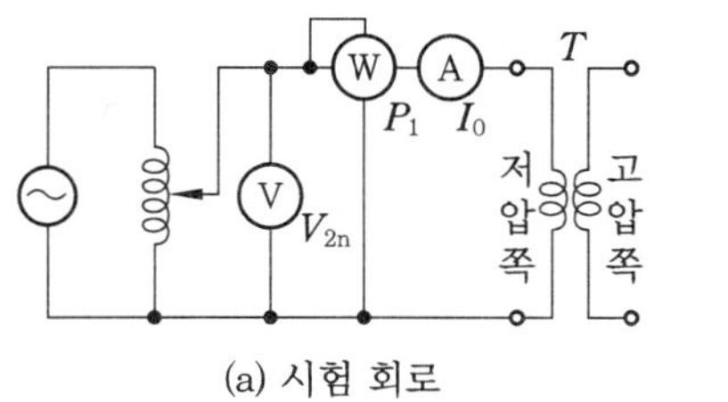

(a) 시험 회로

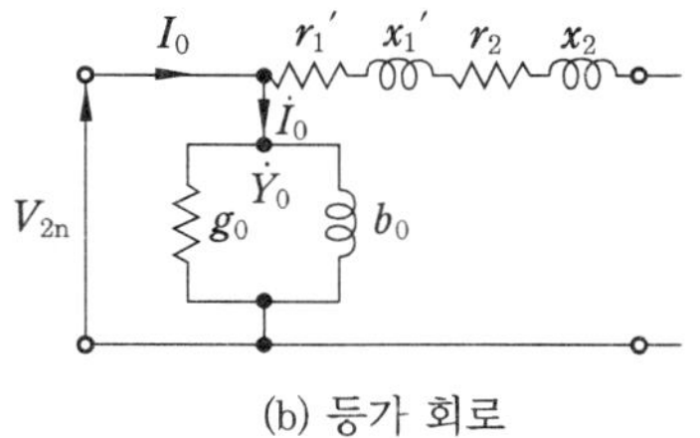

(b) 등가 회로

그림 2-33 무부하 시험

예 | 제

변압기 무부하 시험에서, $V_{2n} = 100$ V, $P_1 = 40$ W, $I_0 = 1.5$ A인 변압기가 있다. g_0, b_0, $\cos\theta_0$을 구하여라.

풀이 ① $g_0 = \dfrac{P_1}{{V_{2n}}^2} = \dfrac{40}{100^2} = 0.004$ ℧

② $b_0 = \sqrt{{Y_0}^2 - {g_0}^2} = \sqrt{\left(\dfrac{I_0}{V_{2n}}\right)^2 - ({g_0}^2)} = \sqrt{\left(\dfrac{1.5}{100}\right)^2 - (0.004)^2} = 0.0145$ ℧

③ $\cos\theta = \dfrac{P_1}{V_{2n}I_0} = \dfrac{40}{100 \times 1.5} = 0.267$

(4) 단락 시험 (short-circuit test)

① 그림 2-34 (a)과 같이 저압 쪽을 단락하고 고압 쪽에 정격 주파수의 낮은 전압을 가하면서 1차 회로에 흐르는 전류가 1차 정격 전류 I_{1n}[A]가 되도록 전압을 조정한다.

② 이때, 전압계에 나타나는 전압 V_{1s}[V]을 임피던스 전압 (impedance voltage)이라 하고, 전력계에 나타나는 전력 P_s[W]를 임피던스 와트 (impedance watt)라고 하며, 이 임피던스 와트는 변압기의 부하손이 된다.

③ 그림 (b) 등가회로에서,

(가) 권선 임피던스 : $z_{12} = \sqrt{(r_{12})^2 + (x_{12})^2} = \dfrac{V_{1s}}{I_{1n}}$ [Ω]

(나) 권선 저항 : $r_{12} = \dfrac{P_s}{{I_{1n}}^2}$ [Ω]

(다) 권선 누설 리액턴스 : $x_{12} = \sqrt{(Z_{12})^2 - (r_{12})^2}$ [Ω]

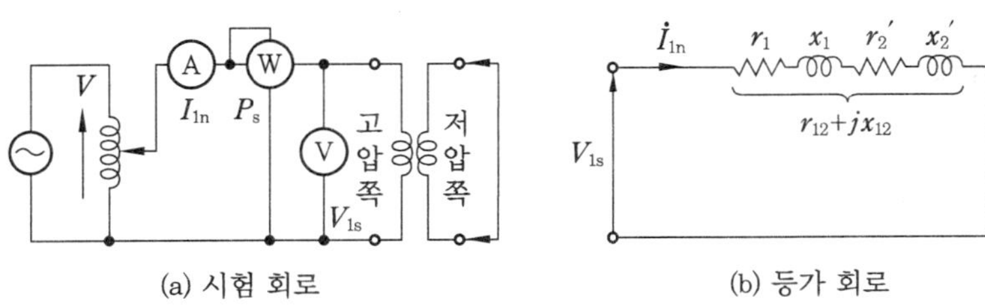

(a) 시험 회로

(b) 등가 회로

그림 2-34 단락 시험

4-2 온도 시험

(1) 실부하 시험(actual loading test)

① 변압기에 연속적으로 전부하를 걸어서 권선, 기름 등의 온도가 올라가는 상태를 시험하는 것이다.

② 전력이 많이 소비되므로, 소형의 변압기에만 적용할 수 있다.

(2) 반환 부하법(loading back method)

전력을 소비하지 않고, 온도가 올라가는 원인이 되는 철손과 구리손만을 공급하여 시험하는 방법이다.

① 보조 변압기를 이용하는 반환 부하법

② 탭을 이용하는 반환 부하법

③ 3상 결선의 반환 부하법

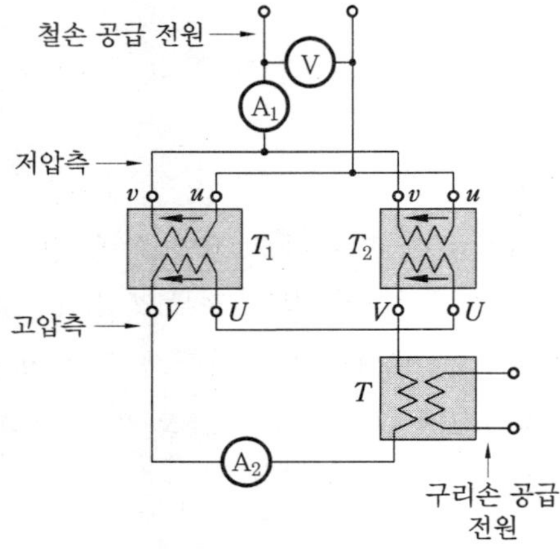

그림 2-35 보조 변압기를 이용하는 반환 부하법

(3) 등가 부하법(단락 시험법)

① 변압기의 권선 하나를 단락하고 전손실(무부하손+부하손)에 상당하는 부하 손실을 공급해서 변압기유의 온도를 상승시켜 변압기유의 온도 상승을 측정한다.

② 정격 전류를 흘려서 상승된 유온 상태에서 권선의 온도 상승을 구하는 시험 방법이다.

(4) 온도의 측정

① 변압기에 정격 부하를 연속적으로 걸었을 때, 온도 상승 한도는 다음과 같다.

㈎ 권선의 온도 상승은 저항법으로 55℃ 이하

㈏ 절연 기름의 온도 상승은 온도계법으로 50℃ 이하

② 기준 온도는 40℃를 기준으로 한다.

4-3 절연 내력 시험

변압기의 절연 내력 시험은 권선과 대지 사이 또는 권선 사이의 절연 강도를 보증하는 시험이다. 이 시험에는 가압 시험, 유도 시험, 충격 시험의 세 가지가 있다.

(1) 변압기 기름의 절연 파괴 전압 시험

① 절연 내력 시험을 하기 전에 절연 파괴 전압 시험을 하여야 한다.

② 시험 용기에 변압기 기름 약 150 cm^3를 넣고 지름 12.5 mm의 구상 전극을 써서 그 공극을 2.5 mm로 하고 사용 주파수의 전압을 가하였을 때, 절연 파괴 전압이 30000 V 이상이 되면 좋다.

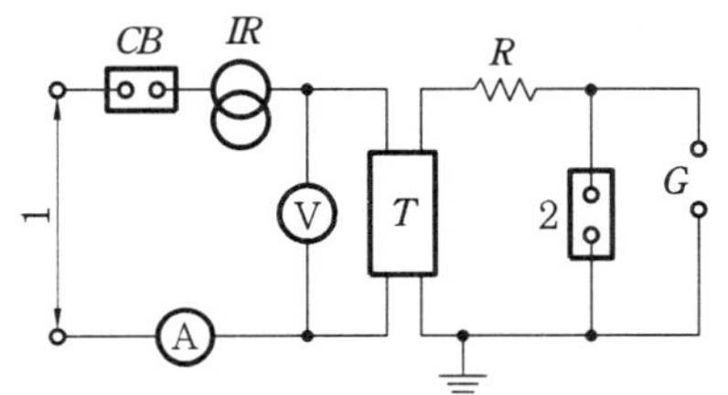

1 : 전원　　2 : 기름 시험기
T : 시험용 변압기　　IR : 유도 전압 조정기
CB : 기중 차단기　　R : 보호 저항
G : 공극 (2.5 mm)

그림 2-36 변압기 기름의 절연 파괴 전압 시험

(2) 가압 시험

① 이 시험은 온도 상승 시험 직후에 하여야 하는데, 가압 시간은 1분 동안이다.

② 6 kV 유입 변압기일 때에는, 다음과 같이 하도록 되어 있다.

(가) 2차 권선과 철심을 대지에 접속하고, 이것과 2차 권선 사이에 15000 V를 가한다.

(나) 1차 권선과 철심을 대지에 접속하고, 이것과 2차 권선 사이에 2000 V를 가한다.

(3) 유도 시험

① 변압기의 층간 절연을 시험하기 위하여, 권선의 단자 사이에 정상 유도 전압의 2배 되는 전압을 유도시켜 유도 절연 시험을 실시한다.

② 일반적으로 100~500 Hz의 주파수로 하며, 최단 시간은 15초이다.

$$\text{시험 시간} = \frac{\text{정격 주파수}}{\text{시험 주파수}} \times 120$$

③ 시험하려는 변압기의 여자 전류는 정격 전류의 30 %를 넘지 않도록 한다.

(4) 충격 전압 시험

변압기에 번개와 같은 충격파 전압의 절연 파괴 시험이다.

4-4 변압기의 온도 상승과 냉각

(1) 변압기 기름의 구비 조건

① 절연 내력이 높아야 한다. 변압기유의 절연 내력은 공기의 4~5배가 되나 수분이 약간 포함되면 절연 내력이 급격히 저하한다(변압기유 12 kV/mm, 공기 2 kV/mm).

② 인화의 위험성이 없고 인화점이 높으며, 사용 중의 온도로 발화하지 않아야 한다.

③ 화학적으로 안정하고 변압기의 구성 재료인 철, 구리, 절연물 등을 변화시키지 않으며, 또 이것들에 의해 영향받지 않아야 한다.

④ 고온에서 침전물이 생기거나 산화하지 않아야 한다.

⑤ 응고점이 낮아야 한다.

⑥ 냉각 작용이 좋고 비열과 열 전도도가 크며, 점성도가 적고 유동성이 풍부해야 한다.

⑦ 중량이 적어야 한다.

(2) 변압기유의 열화(aging)를 일으키는 주요 원인

① 호흡 작용에 의한 수분의 흡수

② 절연유의 온도 상승에 의한 기름의 산화 작용

(3) 변압기유의 열화 방지

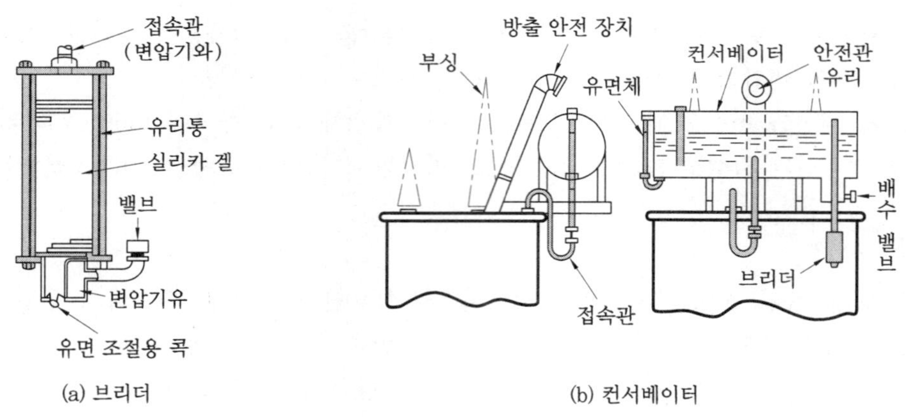

(a) 브리더 (b) 컨서베이터

그림 2-37 열화 방지 장치

① 변압기 기름 : 절연과 냉각용으로, 광유 또는 불연성 합성 절연유를 쓴다.

② 컨서베이터(conservator) : 기름과 공기의 접촉을 끊어 열화를 방지하도록 변압기 위에 설치한 기름통이다.

③ 브리더(breather) : 변압기 내함과 외부 기압의 차이로 인한 공기의 출입을 호흡 작용이라 하고, 탈수제(실리카 겔)를 넣어 습기를 흡수하는 장치이다.

④ 질소 봉입 : 컨서베이터 유면 위에 불활성 질소를 넣어 공기의 접촉을 막는다.

(4) 건식 자랭식 (air-cooled type, AN)

① 변압기 본체가 공기에 의하여 자연적으로 냉각되도록 한 것이다.

② 20 kV 정도 이하의 낮은 전압의 변압기에 적용한다.

(5) 건식 풍랭식 (air-blast type, AF)

건식 변압기에 송풍기를 사용하여, 강제로 통풍시켜 냉각 효과를 크게 한 것이다.

(6) 유입 자랭식 (oil-immersed self-cooled type, ONAN)

① 절연 기름을 채운 외함에 변압기 본체를 넣고, 기름의 대류 작용으로 열을 외기 중에 발산시키는 방법이다.

② 설비가 간단하고 다루기나 보수가 쉬우므로, 소형의 배전용 변압기로부터 대형의 전력용 변압기에 이르기까지 널리 쓰인다.

③ 일반적으로 주상 변압기도 유입 자랭식 냉각 방식이다.

(7) 유입 풍랭식 (oil-immersed air-blast type, ONAF)

① 방열기가 붙은 유입 변압기에 송풍기를 붙여서 강제로 통풍시켜 냉각 효과를 높인 것이다.

② 유입 자랭식보다 용량을 20~30 % 정도 증가시킬 수 있으므로, 대형 변압기에 많이 사용되고 있다.

(8) 송유 풍랭식 (oil-immersed forced circulating air-blast type, OFAF)

① 외함 위쪽에 있는 가열된 기름을 펌프로 외부에 있는 냉각기를 통하여 나오도록 한 다음, 냉각된 기름을 외함의 밑으로 돌려보내는 방법이다.

② 냉각 효과가 크기 때문에 30000 kVA 이상의 대용량 변압기에서는 거의 이 방식을 사용하고 있다.

예·상·문·제

4. 변압기의 시험 및 온도 상승과 냉각

1. 다음 중 변압기의 등가 회로도 작성에 필요 없는 시험은? [09]

㉮ 단락 시험 ㉯ 반환 부하법
㉰ 무부하 시험 ㉱ 저항 측정 시험

해설 변압기 등가 회로도 작성에 필요한 시험
① 저항 측정 시험
② 단락 시험
③ 무부하 시험

참고 반환 부하법은 변압기의 온도 시험 방법 중 하나이다.

2. 변압기의 시험 중에서 철손을 구하는 시험은? [12]

㉮ 극성 시험 ㉯ 단락 시험
㉰ 무부하 시험 ㉱ 부하 시험

해설 본문 그림 2-33 (a)에서, 전력계에 나타나는 전력이 철손이다.

3. 다음 중 변압기의 여자 전류, 철손을 알 수 있는 시험은?

㉮ 부하 시험 ㉯ 무부하 시험
㉰ 단락 시험 ㉱ 유도 시험

해설 본문 그림 2-33 (a)에서, 전류계에 나타나는 전류가 여자 전류가 된다.

4. 변압기의 철손은 부하 전류가 증가하면 어떠한가? [08,11]

㉮ 변동이 없다.
㉯ 감소한다.
㉰ 증가한다.
㉱ 변압기에 따라 다르다.

5. 변압기 2차측을 단락하고 1차 전류가 정격 전류와 같도록 조정하였을 때의 1차 전압을 무엇이라 하는가?

㉮ 임피던스 와트
㉯ 퍼센트 저항 강화
㉰ 임피던스 전압
㉱ 정격 1차 전압

해설 임피던스 전압(impedance voltage)
① 단락 시험에서 1차 전류가 정격 전류로 되었을 때의 입력이 임피던스 와트이고, 이때의 1차 전압이 임피던스 전압이다.
② 변압기의 누설 임피던스와 정격 전류와의 곱인 내부 전압 강하가 임피던스 전압이며, 임피던스 전압을 걸 때의 입력은 임피던스 와트이다.

6. 변압기의 임피던스 전압이란 어떤 전압을 말하는가? [06]

㉮ 부하 시험에서 인가하는 정격 전압
㉯ 무부하 시험에서 인가하는 정격 전압
㉰ 절연 내력 시험에서 절연이 파괴되는 전압
㉱ 정격 전류가 흐를 때의 변압기 내의 전압 강하 전압

해설 문제 5. 해설 참조

7. 변압기에서 임피던스의 전압을 걸 때 입력은? [12]

㉮ 정격 용량
㉯ 철손
㉰ 전부하시의 전손실
㉱ 임피던스 와트

해설 임피던스 와트(impedance watt) : 단락 시험시 부하손을 임피던스 와트라 한다. 즉, 임피던스 전압을 가할 때의 입력이다.

정답 1. ㉯ 2. ㉰ 3. ㉯ 4. ㉮ 5. ㉰ 6. ㉱ 7. ㉱

8. **변압기 권선의 저항, 누설 리액턴스, 퍼센트 전압 강하, 전압 변동률을 구할 수 있는 변압기 시험은?**

㉮ 단락 시험　　㉯ 온도 시험
㉰ 극성 시험　　㉱ 절연 내력 시험

9. **변압기의 철손과 동손을 측정할 수 있는 시험은?** [08]

㉮ 철손 : 무부하 시험, 동손 : 단락 시험
㉯ 철손 : 무부하 시험, 동손 : 절연 내력 시험
㉰ 철손 : 부하 시험, 동손 : 유도 시험
㉱ 철손 : 단락 시험, 동손 : 극성 시험

10. **다음 중 변압기의 효율을 결정하는데 필요한 시험은?**

㉮ 단락 시험 – 저항 시험
㉯ 무부하 시험 – 단락 시험
㉰ 저항 측정 – 무부하 시험
㉱ 속도 시험 – 반환 부하법

해설 변압기 효율 : 무부하 시험이나 단락 시험을 한 결과를 이용하여, 일정한 규약하에서 산출하는 규약 효율을 표준으로 한다.

11. **변압기에 대한 설명으로 잘못된 것은 어느 것인가?** [07]

㉮ 변압기 호흡 작용은 기름의 열화의 원인이 된다.
㉯ 변압기 임피던스 전압이 크면 전압 변동은 작다.
㉰ 변압기 온도 상승에 영향이 가장 큰 것은 동손이다.
㉱ 무부하 시험에서는 고압쪽을 개방하고 저압쪽에 계기를 단다.

해설 변압기의 특성 중에서, 권선의 전압 강하가 크면 임피던스 전압이 커지고 따라서 전압 변동도 커진다.

12. **변압기의 온도 상승 시험을 하는데 가장 좋은 방법은?** [07]

㉮ 실부하 시험법
㉯ 단락 시험법
㉰ 충격 전압 시험법
㉱ 전전압 시험법

해설 단락 시험법(등가 부하법) : 변압기의 권선 하나를 단락하고 전손실에 상당하는 부하 손실을 공급해서 변압기유의 온도 상승을 측정한다.

13. **변압기의 온도 상승 시험법은?**

㉮ 무부하 시험법
㉯ 절연 내력 시험법
㉰ 반환 부하법
㉱ 유도 시험법

해설 반환 부하법 : 전구나 물 저항 등 실부하를 걸지 않고, 철손과 전부하 동손을 공급하여 온도를 상승시키는 방법이다.

참고 본문 그림 2-35 참조

14. **변압기 온도 시험법의 반환 부하법에서 저압측에는 정격 전압의 (①)배를 가하여 철손을 공급하고, 고압측에는 임피던스 전압의 (②)배의 전압을 가하여 동손을 공급한다. 괄호 속에 알맞은 것은? (단, 단상 결선이다.)**

㉮ ①=1, ②=2　㉯ ①=0.5, ②=1
㉰ ①=1, ②=0.5　㉱ ①=2, ②=2

해설 탭을 이용하는 반환 부하법
① 저압측에는 정격 주파수, 정격 전압을 가한다.
② 고압측에는 탭을 이용하여 임피던스 전압의 2배가 되는 전압을 가한다.

정답 8. ㉮　9. ㉮　10. ㉯　11. ㉯　12. ㉯　13. ㉰　14. ㉮

15. 변압기의 절연 내력 시험에 있어서 적당하지 못한 것은?

㉮ 가압 시험 ㉯ 유도 시험
㉰ 충격 전압 시험 ㉱ 절연 저항 측정

해설 변압기의 절연 내력 시험
① 변압기 기름의 절연 파괴 전압 시험
② 가압 시험
③ 유도 시험
④ 충격 전압 시험

16. 변압기의 절연 내력 시험 중에서 온도 상승 직후에 실시하는 시험은?

㉮ 가압 시험 ㉯ 유도 시험
㉰ 충격 전압 시험 ㉱ 무부하 시험

해설 가압 시험은 온도 상승 시험 직후에 해야 하는데, 가압 시간은 1분 동안이다.

17. 변압기의 절연 내력 시험에서 유도 시험 시간을 구하는 식은?

㉮ $60 \times \dfrac{\text{정격 주파수}}{\text{시험 주파수}}$

㉯ $120 \times \dfrac{\text{시험 주파수}}{\text{정격 주파수}}$

㉰ $60 \times \dfrac{\text{시험 주파수}}{\text{정격 주파수}}$

㉱ $120 \times \dfrac{\text{정격 주파수}}{\text{시험 주파수}}$

18. 변압기 절연유의 구비 조건이 아닌 것은? [07]

㉮ 응고점이 낮을 것
㉯ 절연 내력이 높을 것
㉰ 점도가 클 것
㉱ 인화점이 높을 것

해설 점도가 낮고 냉각 효과가 클 것

19. 변압기유를 사용하는 가장 큰 목적은 어느 것인가?

㉮ 절연 내력을 낮게 하기 위해서
㉯ 녹이 슬지 않게 하기 위해서
㉰ 절연과 냉각을 좋게 하기 위해서
㉱ 철심의 온도 상승을 좋게 하기 위해서

해설 변압기유(기름)는 변압기 내부의 철심이나 권선 또는 절연물의 온도 상승을 막아주며, 절연을 좋게 하기 위하여 사용된다.

20. 변압기에 콘서베이터(conservator)를 설치하는 목적은? [11]

㉮ 절연유의 열화 방지
㉯ 누설 리액턴스 감소
㉰ 코로나 현상 방지
㉱ 냉각 효과 증진을 위한 강제 통풍

해설 본문 그림 2-37 (b) 참조

21. 변압기 기름의 열화를 방지하기 위하여 실행되는 방법 중의 하나는?

㉮ 질소 봉입 ㉯ 산소 봉입
㉰ 수소 봉입 ㉱ 이산화탄소 봉입

해설 콘서베이터 유면 위에 불활성 질소를 넣어 공기의 접촉을 막는다.

22. 변압기 기름의 최고 허용 온도(℃)는?

㉮ 70 ㉯ 75 ㉰ 80 ㉱ 90

해설 변압기 기름의 온도 상승 한도는, 온도계법으로 50℃이고 외기의 기준은 40℃이다.
∴ 최고 허용 온도 = 50 + 40 = 90℃

23. 유입 풍랭식을 사용하면 자랭식보다 대략 몇 % 정도 출력을 증가시킬 수 있는가?

㉮ 15 ㉯ 25 ㉰ 35 ㉱ 45

해설 대략 25 % 정도 증가시킬 수 있다.

정답 15. ㉱ 16. ㉮ 17. ㉱ 18. ㉰ 19. ㉰ 20. ㉮ 21. ㉮ 22. ㉱ 23. ㉯

5. 특수 변압기

- 단권 변압기
- 계기용 변성기
- 탭 절환 변압기
- 단상 유도 전압 조정기
- 누설 변압기
- 3권선 변압기
- 시험용 변압기

5-1 단권 변압기와 누설 변압기

(1) 단권 변압기 (auto transformer)

① 1, 2차 권선의 일부분이 공통으로 되어 있는 변압기로, N_1을 분로 권선, $N_2 - N_1$을 직렬 권선이라 한다.

② 단자 전압비

$$\frac{V_1}{V_2} = \frac{N_1}{N_2} = a$$

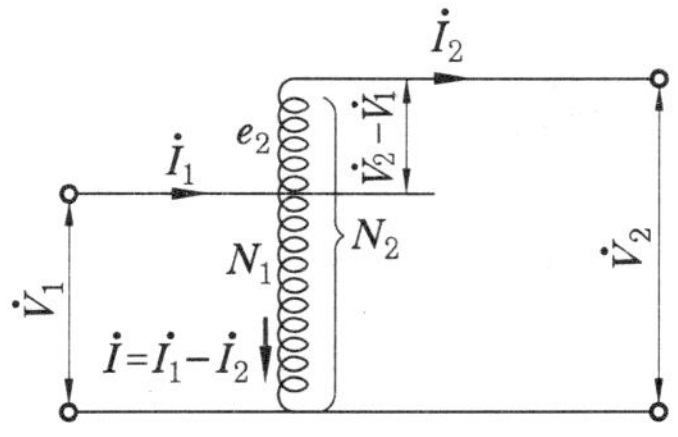

③ 전류비

$$\frac{I_1}{I_2} = \frac{N_2}{N_1} = \frac{1}{a}$$

- $I = I_1 - I_2 = (1-a) I_1$

그림 2-38 단권 변압기

④ 자기 용량

$$P_s = e_2 I_2 = (V_2 - V_1) I_2 = (1-a) V_2 I_2 \text{ [VA]}$$

여기서, V_1 : 저압측 전압, V_2 : 고압측 전압, $V_2 - V_1$: 승압된 전압

⑤ 출력 (정격 용량)

$$P_l = V_2 I_2 \text{ [VA]}$$

$$\therefore P_s = \frac{V_2 - V_1}{V_2} P_l \text{ [VA]}$$

⑥ 단권 변압기는 고압 배전선의 전압을 10 % 정도 높이는 승압기(booster transformer)로 사용된다.

⑦ 동기 전동기, 유도 전동기 등을 기동할 때 기동 전류 기동 보상기로도 쓰인다.

(2) 누설 변압기(leakage transformer)

① 자기 회로에 공극을 만들어 누설 자속을 크게 한 변압기 부하 전류 I_2가 증가하려 하면 누설 자속이 증가하여 2차 단자 전압을 감소시키고, 전류를 일정하게 유지하는 수하 특성(⊖ 특성)이 있는 정전류 변압기이다.

② 누설 리액턴스가 크므로, 전압 변동률이 대단히 크며 역률도 낮다.

③ 아크등, 방전등, 아크 용접기 등 기동시는 높은 전압이 필요하고, 사용 상태에서는 낮은 전압이 필요한 기기에 사용된다.

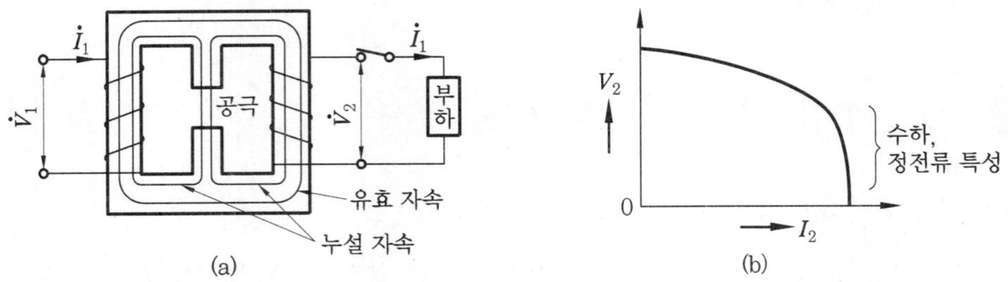

그림 2-39 누설 변압기

5-2 계기용 변성기(instrument transformer)

- 계기용 변압기 : 전압의 변성
- 변류기 : 전류의 변성

(1) 계기용 변압기(potential transformer, PT)

① 2차 정격 전압은 110 V이며, 2차측에는 전압계나 전력계의 전압 코일을 접속하게 된다.

② 전압계 지시 V_2이면, 피측정 전압 V_1은 다음과 같다.

$$V_1 = \frac{N_1}{N_2} \cdot V_2 = k \cdot V_2 \text{ [V]}$$

여기서, k : 변압비

③ 변압기 부담(burden)은 다음과 같다.

P = 정격 2차 전압 × 정격 2차 전류 [VA]

(2) 계기용 변류기(current transformer, CT)

① 2차 정격 전류 5 A이며 전류계 지시 I_2이면, 피측정 전류 I_1은 다음과 같다.

$$I_1 = \frac{N_2}{N_1} I_2 = k I_2 \text{ [A]}$$

여기서, $k = \frac{N_2}{N_1}$: 변압비

② 변류기 부담(burden) P 는, 2차측 임피던스 Z_2이면 다음과 같다.

$$P = I_2^{\,2} Z_2 = 5^2 Z_2 = 25Z_2 \text{ [VA]}$$

③ CT는 사용 중 2차 회로를 개방해서는 안되며, 계기를 제거시킬 때에는 먼저 2차 단자를 단락시켜야 한다.

- 이유 : 2차를 열면 1차의 전전류가 전부 여자 전류가 되어 많은 자속이 생기고, 2차 기전력과 자속 밀도는 모두 커지며, 철손이 늘게 되어 과열될 뿐만 아니라 절연이 파괴되기 때문이다.

④ 변류기는 1차 권선의 구조에 따라 권선형과 봉형으로 나눈다.

- 권선형 : 1000 A 이하 전류 측정에 사용된다.
- 봉형 : 1차 권선이 1개로 도체되어 있으며, 대전류 측정에 사용된다.

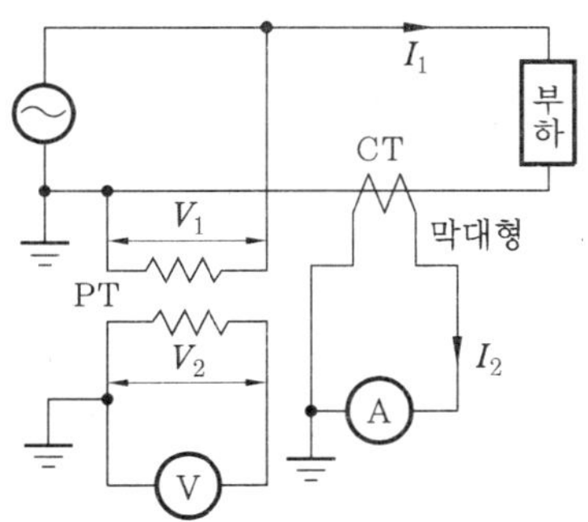

그림 2-40 계기용 변성기 접속도

5-3 3권선 변압기와 탭 절환 변압기

(1) 3권선 변압기(three-winding transformer)

① 3권선 변압기(Y-Y-Δ) : 1차 및 2차 권선 이외에 3차 권선(tertiary winding)도 감겨 있는 변압기이다. 여기서, Y-Y-Δ 결선, 1-2차는 Y-Y, 3차는 Δ 결선이다.

② 3차 권선의 목적(용도)

(가) Δ 결선으로 한 작은 용량의 제 3의 권선을 따로 감아서, 제 3 고조파를 제거하여 파형의 일그러짐을 막으려는 것이 3차 권선의 원래 목적이다.

(나) 3차 권선에 조상기(phase modifier)를 접속하여, 송전선의 전압 조정과 역률 개선용으로 사용한다.

(다) 3차 권선으로부터 발전소나 변전소에서 사용하는 전력을 내게 한다.

(라) 한 권선을 1차, 나머지 두 권선을 2차로 하여 서로 다른 송전 계통에 전력을 공급한다.

(2) 탭 절환 변압기(tap changing transformer)

① 주상 변압기

(가) 전압을 조정하기 위한 탭은 고압 권선에 만들어지는 것이 보통이며, 그림 2-101과 같이 다섯 탭으로 되어 있다. 여기서, 표준은 ③번 탭이다.

(나) 변압기에 여러 개의 탭을 만드는 것은, 부하 변동에 따른 전압을 조정하기 위해서이다.

(다) 2차측 1단자의 접지는 고·저압 혼촉에 의한 위험 방지를 위하여 제 2 종 접지 공사를 해야 한다.

② 무전압 탭 절환기(no-voltage tap changer) : 변압기를 선로에서 분리하고, 무전압 상태에서 탭을 절환하는 장치이다.

③ 부하시 탭 절환 변압기(no-load tap changing transformer)

(가) 전원을 분리하지 않고, 부하에 전원을 공급하는 상태에서 탭을 절환하는 설비가 있는 변환기이다.

(나) 순환 전류를 제한하기 위하여 임피던스로 리액터를 사용하는 것을 리액터식 부하시 탭 절환기라 하고, 저항을 사용하는 것을 저항식 부하시 탭 절환기라 한다.

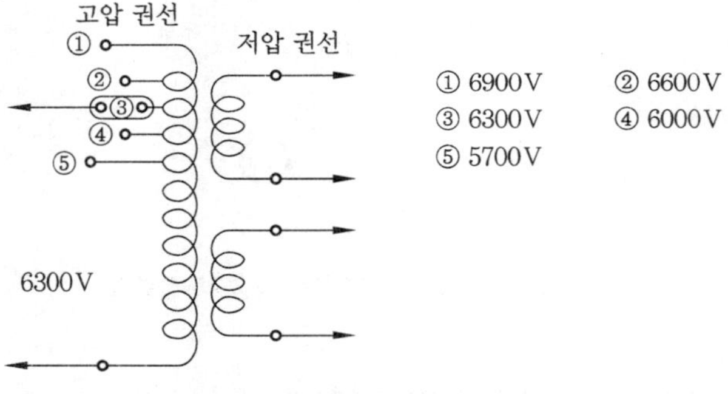

그림 2-41 주상 변압기의 전압 탭(예)

5-4 단상 유도 전압 조정기와 시험용 변압기

(1) 단상 유도 전압 조정기(single phase induction regulator)

① 그림 2-42와 같이 2차를 고정자(직렬 권선 S), 1차를 회전자(분로 권선 P)로 하여 상호 자속을 변화시켜 전압을 연속적으로 조정하는 단권 변압기의 구조이다.

② 누설 리액턴스를 줄이기 위하여 1차 권선과 직각으로 3차 권선(단락 권선 T)을 설치한다.

(가) 유도 전압 : $V_s = V_{sm} \cos\theta$

(나) 2차 전압 : $V_2 = V_1 + V_s = V_1 + V_{sm} \cos\theta$

(다) 최대값(범위) : $V_2 = V_1 \pm V_{sm}$

$$(\theta = 0 \sim 2\pi \text{ [rad]})$$

㈑ 정격 출력 : $P_a = V_{sm} I_2 \times 10^{-3}$ [kVA]

여기서, V_{sm} : 조정 전압

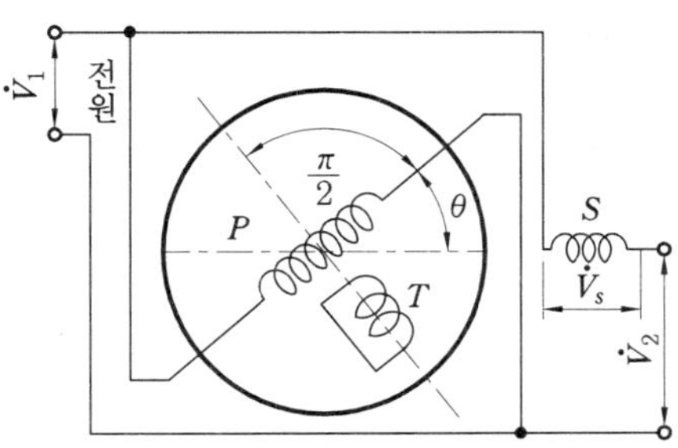

그림 2-42 단상 유도 전압 조정기

(2) 시험용 변압기(testing transformer)

① 전기 기기, 애자 등의 절연 내력 시험과 높은 전압 현상의 실험 등에 사용하는 높은 전압 발생용 변압기이다.

② 시험용 변압기는 100 kV 정도까지는 1대로 되지만, 보통 500 kV 이상의 것이면 절연 재료가 많이 들어 비용이 많이 들므로 2대 이상의 단위로 나누고, 이것을 종속으로 접속하여 사용한다.

예 · 상 · 문 · 제

5. 특수 변압기

1. 동기 전동기나 유도 전동기의 기동시 기동 보상기로 많이 사용하는 변압기로서 1차, 2차 전압을 같은 권선으로부터 얻는 변압기의 명칭은 무엇인가?

㉮ 단권 변압기 ㉯ 계기용 변압기
㉰ 누설 변압기 ㉱ 계기용 변류기

2. 3000/3300 V 단권 변압기의 자기 용량(kVA)은? (단, 부하는 1000 kVA이다.)

㉮ 30 ㉯ 50
㉰ 70 ㉱ 90

해설 $P_s = \dfrac{V_2 - V_1}{V_2} P_l$

$= \dfrac{3300 - 3000}{3300} \times 1000 \times 10^3$

$= 90.9 \times 10^3 \fallingdotseq 91\ \text{kVA}$

3. 1차 전압 200 V, 2차 전압 220 V, 50 kVA인 단상 단권 변압기의 부하 용량(kVA)은? [12]

㉮ 25 kVA ㉯ 50 kVA
㉰ 250 kVA ㉱ 550 kVA

해설 부하 용량

$P_l = \dfrac{V_2}{V_2 - V_1} \cdot P_s$

$= \dfrac{220}{220 - 200} \times 50 = 550\ \text{kVA}$

4. 용량 1 kVA, 3000/200 V의 단상 변압기를 단권 변압기로 결선해서 3000/3200 V의 승압기로 사용할 때 그 부하 용량(kVA)은 얼마인가?

㉮ 16 ㉯ 15 ㉰ 1 ㉱ 1/16

해설 $P_l = \dfrac{V_2}{V_2 - V_1} \cdot P_s$

$= \dfrac{3200}{3200 - 3000} \times 1 \times 10^3$

$= 16 \times 10^3 = 16\ \text{kVA}$

5. 다음 중 누설 변압기의 특징이 아닌 것은 어느 것인가?

㉮ 전압 변동률이 작고 역률이 높다.
㉯ 아크등, 방전등, 아크 용접기의 전원용 변압기로 쓰인다.
㉰ 부하에 일정한 전류를 공급하는 정전류 전원용으로 쓰인다.
㉱ 기동시에는 고전압, 운전 중에는 낮은 전압이 요구되는 곳에 쓰인다.

해설 누설 변압기 : 누설 리액턴스가 크므로 전압 변동률이 대단히 크며 역률이 낮다.

6. 다음 중 자기누설 변압기의 가장 큰 특징은 어느 것인가? [11]

㉮ 전압 변동률이 크다.
㉯ 단락 전류가 크다.
㉰ 역률이 좋다.
㉱ 무부하손이 적다.

7. 일정 전압으로 사용하는 용접용 변압기에서 2차 전류가 증가하게 될 때 이 2차 전류를 주로 억제하는 것은? [08]

㉮ 1차 권선의 저항
㉯ 2차 권선의 저항
㉰ 누설 리액턴스
㉱ 누설 커패시턴스

정답 1. ㉮ 2. ㉱ 3. ㉱ 4. ㉮ 5. ㉮ 6. ㉮ 7. ㉰

해설 용접용 변압기

① 그림과 같이 전류의 변화를 작게 하기 위해서 전류가 증가하려고 할 때 2차 코일을 이동시켜서 누설 리액턴스가 증가하도록 한 것이다.

② 2차 전류를 주로 억제하는 것은 누설 리액턴스이다.

참고 용접용 변압기는 누설 변압기의 원리를 이용한 것이다.

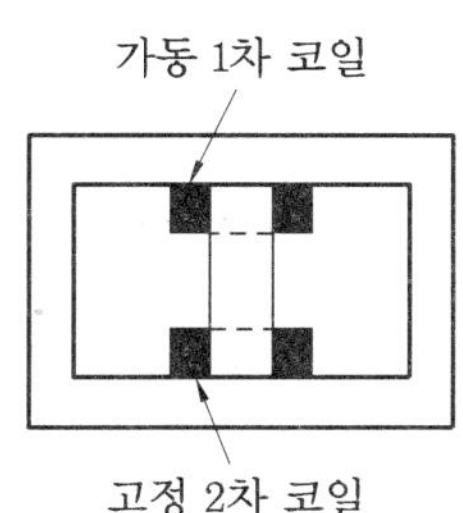

8. **계기용 변압기의 2차 표준 전압은 다음 중 몇 V인가?**

㉮ 100　　㉯ 110

㉰ 120　　㉱ 125

9. **계기용 변류기(CT)의 정격 2차 전류는 몇 A인가?**

㉮ 5　㉯ 15　㉰ 25　㉱ 50

10. **변류 개방 시 2차측을 단락하는 이유로 가장 옳은 것은?**

㉮ 2차측 절연 보호

㉯ 2차측 과전류 보호

㉰ 측정 오차 방지

㉱ 1차측 과전류 방지

해설 이유 : 2차를 열면 1차의 전전류가 전부 여자 전류가 되어 많은 자속이 생기고, 2차 기전력과 자속 밀도는 모두 커지며 철손이 늘게 되어 과열될 뿐만 아니라 절연이 파괴되기 때문이다.

11. **변류비가 150/5인 변류기가 있다. 이 변류기에 연결된 전류계의 지시가 3 A였다고 하면 측정하고자 하는 전류는 몇 A인가?**

㉮ 30　　㉯ 60

㉰ 90　　㉱ 120

해설 $I_1 = \frac{N_2}{N_1} \cdot I_2 = \frac{150}{5} \times 3 = 90 \text{ A}$

12. **수전 전압은 3000 V, 수전 전력 500 kW의 기계 공장에서 수배 전반에 설치하는 전류계용 변류기의 적당한 변류비는? (단, 3상이며 역률은 85 %이다.)**

㉮ 10　　㉯ 15

㉰ 30　　㉱ 100

해설 $P = \sqrt{3}\ VI\cos\theta$ [W]에서,

$$I = \frac{P}{\sqrt{3}\ V\cos\theta} = \frac{500 \times 10^3}{\sqrt{3} \times 3000 \times 0.85} = 113 \text{ A}$$

$$\therefore \text{ 변류비 } k = \frac{I_1}{I_2} = \frac{113}{5} = 22.6 \rightarrow 30$$

13. **다음 중 3권선 변압기의 3차 권선의 용도가 아닌 것은?**

㉮ 소내용 전원 공급

㉯ 제 3 고조파 제거

㉰ 조상 설비

㉱ 승압용

14. **60/20/6 kV 3권선 변압기의 2차에 4000 kVA 역률 0.8(늦음)의 부하와 3차에 정전 콘덴서 1500 kVA를 걸 때 1차쪽 피상 전력(kVA)은 얼마인가?**

㉮ 2900　　㉯ 3100

㉰ 3300　　㉱ 5500

정답 8. ㉯　9. ㉮　10. ㉮　11. ㉰　12. ㉰　13. ㉱　14. ㉰

해설 $P_1 = P_2 + P_3$
$= 4000(0.8 - j0.6) + j1500$
$= 3200 - j900$ [kVA]
$|P_1| = \sqrt{3200^2 + 900^2} \fallingdotseq 3300$ kVA

15. 주상 변압기 고압측에 여러 개의 탭(tap)을 설치하는 이유는?

㉮ 역률 개선용 ㉯ 주파수 조정용
㉰ 위상 조정용 ㉱ 전압 조정용

해설 부하의 변동에 따른 선로 전압 강하 보상용으로, 거리가 멀수록 낮은 탭을 사용한다.

16. 단상 유도 전압 조정기의 단락 권선의 역할은 무엇인가?

㉮ 철손 경감 ㉯ 전압 강하 경감
㉰ 절연 보호 ㉱ 전압 조정 용이

해설 그림 2-42에서, T 권선 참조
부하 전류에 의한 직렬 권선의 직각 기자력을 없애서 직렬 권선의 누설 리액턴스를 줄이고 전압 강하를 작게 한다.

17. 200±100 V, 3 kVA의 단상 유도 전압 조정기의 전압 조정 범위는?

㉮ 0~200 V ㉯ 0~300 V
㉰ 100~200 V ㉱ 100~300 V

해설 $V_2 = V_1 \pm V_{sm} = 200 \pm 100$
∴ 전압 조정 범위는 100~300 V이다.

18. 1차 100 V, 2차 최대 130 V, 2차 정격 50 A인 단상 유도 전압 조정기의 정격(kVA)은?

㉮ 1.5 ㉯ 3.5
㉰ 5.0 ㉱ 6.5

해설 $P = V_{sm} I_2 \times 10^{-3}$
$= (130 - 100) \times 50 \times 10^{-3}$
$= 1.5$ kVA

19. 단상 유도 전압 조정기에 관한 설명 중 틀린 것은?

㉮ 단상 단권 변압기의 일종이다.
㉯ 고정자와 회전자의 관계 위치를 변화시켜 전압을 가감한다.
㉰ 고정자 철심의 몸속에는 직렬 권선이 감겨 있다.
㉱ 입력 전압과 출력 전압에 위상차가 생긴다.

해설 단상 유도 전압 조정기 : 단상 단권 변압기의 일종으로, 입력 전압과 출력 전압은 동상이다.

정답 15. ㉱ 16. ㉯ 17. ㉱ 18. ㉮ 19. ㉱

제 3 장

유도 전동기

1. 유도 전동기의 원리와 구조 및 종류

■ 회전 원리 : 자석의 이동에 의해 발생하는 맴돌이 전류와 자속 사이에 생기는 전자력에 의해 회전력이 발생한 것으로, 회전 방향은 플레밍의 왼손 법칙에 의하여 정의된다.

■ 동기 속도 (synchronous speed) : N_s

회전 자장의 속도는 전원의 주파수와 극수로 정해진다.

$$N_s = \frac{120f}{p} \text{ [rpm]}$$

여기서, p : 극수, f : 전원 주파수 [Hz]

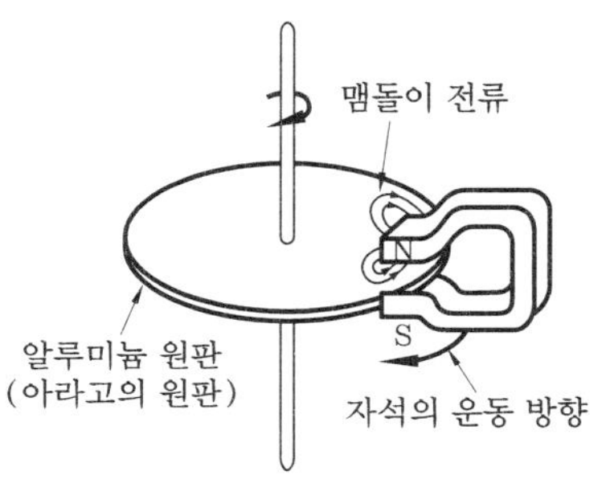

그림 2-43 회전 원리

1-1 유도 전동기의 구조

(1) 3상 유도 전동기의 주요 부분

① 고정자 (stator) : 3상 권선을 감아 회전 자장을 만들어 주는 부분이다.

② 회전자 (rotor) : 회전 자장에 끌려서 회전하는 부분이다.

(2) 고정자

① 고정자 프레임 (stator frame) : 전동기의 가장 바깥쪽에 있는 부분으로, 대형은 보통 압연 강판으로 만든다.

② 고정자 철심 (stator core)

㈎ 소형의 전동기는 둥근 모양으로 잘라낸 두께 0.35 mm 또는 0.5 mm의 강판을 성층하고, 통풍 덕트를 철심의 두께 50~60 mm마다 설치한다.

㈏ 대형의 전동기는 부채꼴의 규소 강판으로 조립한다.

그림 2-44 3상 농형 유도 전동기

③ 고정자 권선(stator coil)

㈎ 고정자 권선은 2층 중권으로 감은 3상 권선이다. 소형 전동기는 보통 4극이고, 홈 수는 24개 또는 36개이다.

㈏ 1극 1상의 홈수 N_{sp} 는 다음과 같다.

$$N_{sp} = \frac{\text{홈수}}{\text{극수} \times \text{상수}} \qquad \therefore N_{sp} = \frac{24}{4 \times 3} = 2 \text{ 또는 } N_{sp} = \frac{36}{4 \times 3} = 3$$

④ 고압 전동기는 일반적으로 Y 결선으로 하며, 저압 전동기에서는 Y 결선과 Δ 결선이 다 같이 쓰이고 있다.

(3) 회전자

① 주요 부분 : 축, 철심, 권선

② 회전자 철심 : 규소 강판을 성층하여 만든 것이다.

③ 농형 회전자(squirrel-cage rotor)

㈎ 구리 또는 알루미늄 도체를 사용한 것으로, 단락 고리와 냉각용의 날개가 한 덩어리의 주물로 되어 있다.

㈏ 비뚤어진 홈(skewed slot)

- 회전자가 고정자의 자속을 끊을 때 발생하는 소음을 억제하는 효과가 있다.
- 기동 특성, 파형을 개선하는 효과가 있다. - 크로우링(crawling) 방지

④ 권선형 회전자(wound type rotor)

㈎ 농형 회전자의 철심과 같이 규소 강판으로 적층하여 만든 원통형이다.

㈏ 절연 코일을 삽입할 수 있는 반폐 슬롯이 사용된다.

㈐ 권선형 회전자 내부 권선의 결선은 일반적으로 Y 결선하고, 3상 권선의 세 단자 각각 3개의 슬립 링(slip ring)에 접속하고 브러시(brush)를 통해서 바깥에 있는 기동 저항기와 연결한다.

㈑ 기동 저항기를 이용하여 기동 전류를 전부하 전류의 100~150 % 정도로 감소시킬 수 있고, 속도 조정도 자유로이 할 수 있는 이점이 있다.

㈒ 구조가 복잡하고 운전이 까다로우며, 효율과 능률이 떨어지는 단점도 있다.

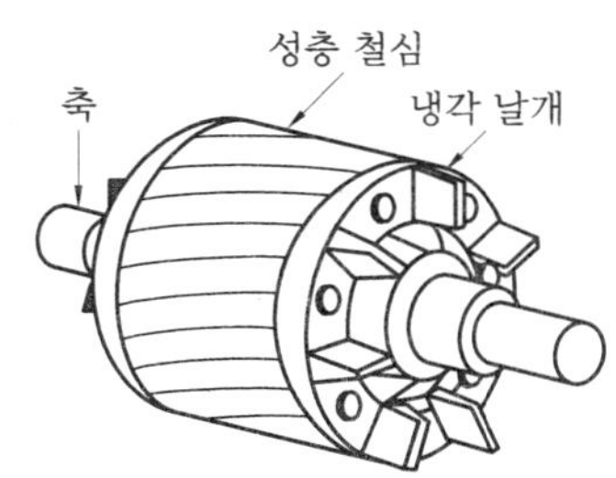

그림 2-45 Skewed slot 회전자

(4) 공극 (air gap)

① 유도 전동기의 고정자와 회전자 사이에는 여자 전류를 적게 하고, 역률 및 효율을 높이기 위해 될 수 있는 한 공극을 좁게 한다.

② 일반적으로, 공극이 넓으며 기계적으로는 안전하지만, 공극의 자기 저항은 철심에 비해 매우 크므로 여자 전류가 커져서 전동기의 역률이 현저하게 떨어진다.

③ 유도 전동기의 공극은 0.3~2.5 mm 정도로 한다.

1-2 유도 전동기의 종류

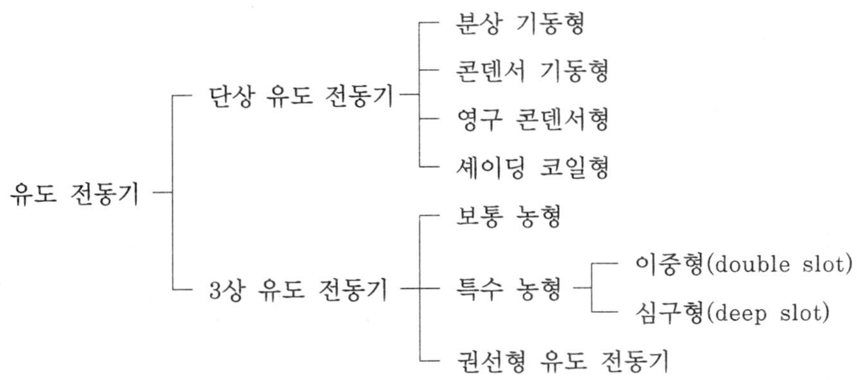

① 상의 수 : 단상 유도 전동기, 3상 유도 전동기

② 회전자의 구조 : 농형 유도 전동기, 권선형 유도 전동기

③ 겉모양 : 개방형, 반밀폐형

④ 보호 방법 : 방진형, 방적형, 방수형, 방폭형

⑤ 통풍 방법 : 자기 통풍식, 타력 통풍식

⑥ 절연 재료 : A종, E종, B종

예·상·문·제

1. 유도 전동기의 원리와 구조 및 종류

1. 플레밍의 왼손 법칙에 따르는 것은?

㉮ 전동기　　㉯ 발전기
㉰ 정류기　　㉱ 용접기

해설 플레밍의 왼손 법칙 : 전동기의 회전 방향을 정의한다.

2. 다음 중 유도 전동기의 원리와 직접 관계가 되는 것은?

㉮ 옴의 법칙
㉯ 키르히호프의 법칙
㉰ 정전 유도 작용
㉱ 회전 자기장

3. 유도 전동기의 특성이 아닌 것은?

㉮ 쉽게 전원을 얻을 수 있다.
㉯ 구조가 간단하고 값이 싸다.
㉰ 부하의 변동에 따라 속도 변동이 심하다.
㉱ 다루기가 간편하다.

해설 유도 전동기의 특성(장점)
① 쉽게 전원을 얻을 수 있다.
② 구조가 간단하고 값이 싸며, 튼튼하고 고장이 적다.
③ 다루기가 간편하여 전기 지식이 없는 사람이라도 쉽게 운전할 수 있다.
④ 슬립에 해당하는 약간의 변화는 있으나, 거의 정속도로 운전되는 전동기로서 부하가 변화하더라도 속도의 변동이 거의 없다.

4. 6극, 60 Hz의 3상 유도 전동기의 동기 속도(rpm)는 얼마인가?

㉮ 200　　㉯ 750
㉰ 1200　　㉱ 1800

해설 $N_s = \frac{120f}{p} = \frac{120 \times 60}{6} = 1200$ rpm

5. 동기 속도가 1800 rpm으로 회전하는 유도 전동기의 극수는? (단, 유도 전동기의 주파수는 60 Hz이다.)

㉮ 2극　　㉯ 4극
㉰ 6극　　㉱ 8극

해설 $p = \frac{120f}{N_s} = \frac{120 \times 60}{1800} = 4$극

6. 주파수 50 Hz용의 3상 유도 전동기를 60 Hz 전원에 접속하여 사용하면 그 회전 속도는 어떻게 되는가?

㉮ 20 % 늦어진다.
㉯ 변치 않는다.
㉰ 10 % 빠르다.
㉱ 20 % 빠르다.

해설 $N_s = \frac{120}{p} \cdot f$ [rpm]에서, 회전수 N_s는 주파수 f에 비례한다.
$\therefore \frac{60}{50} = 1.2$배로 주파수가 증가했으므로, 회전 속도는 20 % 빠르다.

7. 유도 전동기의 고정자 홈수 36개, 고정자 권선은 2층 중권으로 감은 경우 3상 4극으로 권선하려면 1극 1상의 홈수는 몇 개인가?

㉮ 1　㉯ 2　㉰ 3　㉱ 7

해설 1극 1상의 홈수 : S_{sp}

$$S_{sp} = \frac{\text{홈수}}{\text{극수} \times \text{상수}} = \frac{36}{4 \times 3} = 3$$

정답 1. ㉮　2. ㉱　3. ㉰　4. ㉰　5. ㉯　6. ㉱　7. ㉰

8. 4극 36홈의 3상 유도 전동기의 홈 간격을 전기각으로 나타내면?

㉮ 10 ㉯ 15 ㉰ 20 ㉱ 30

해설 전기각 : $\theta = \dfrac{4극 \times 180°}{36홈} = 20°$

9. 농형 회전자에 비뚤어진 홈을 쓰는 이유로 잘못된 것은?

㉮ 기동 특성 개선 ㉯ 파형 개선
㉰ 소음 경감 ㉱ 미관상 좋다.

해설 비뚤어진 홈(skewed slot) : 그림 2-45 참조
① 기동 특성을 개선한다.
② 소음을 경감시킨다.
③ 파형을 좋게 한다.

10. 다음 중 권선형 3상 유도 전동기의 장점이 아닌 것은?

㉮ 속도 조정이 가능하다.
㉯ 비례 추이를 할 수 있다.
㉰ 농형에 비하여 효율이 높다.
㉱ 기동시 특성이 좋다.

해설 권선형 3상 유도 전동기의 단점 : 구조가 복잡하고, 효율과 능률이 떨어진다.

11. 다음 중 3상 유도 전동기의 권선 설명이 잘못된 것은?

㉮ 고정자는 보통 2층권이다.
㉯ 고압 결선은 보통 Y 결선이다.
㉰ 권선형 회전자는 Y 결선이고 슬립 링을 붙인다.
㉱ 농형 회전자는 파권 결선이다.

해설 농형 회전자(squirrel cage rotor) : 구리 또는 알루미늄을 사용한 것으로, 단락 고리와 냉각용의 날개가 한 덩어리의 주물로 되어 있다.

12. 유도 전동기의 보호 방식에 따른 분류가 아닌 것은?

㉮ 방진형 ㉯ 방폭형
㉰ 밀폐형 ㉱ 방수형

13. 다음 중 승강기용으로 주로 사용되는 전동기는?

㉮ 동기 전동기
㉯ 단상 유도 전동기
㉰ 3상 유도 전동기
㉱ 셀신 전동기

해설 최근 인버터 속도 제어 방식의 개발로 모든 속도 범위에서 3상 유도 전동기가 주로 사용되고 있다.

14. 다음 중 크로우링 현상은 어느 것에서 일어나는가? [07, 09]

㉮ 농형 유도 전동기
㉯ 직류 직권 전동기
㉰ 회전 변류기
㉱ 3상 변압기

해설 농형 유도 전동기-크로잉(crawing) 현상
① 회전자 권선을 감은 방법과 슬롯수가 적당하지 않으면 토크 곡선에 凹, 凸이 생기는 현상이다.
② 이것은 고조파 회전 자계 때문에 발생한다.

정답 8. ㉰ 9. ㉱ 10. ㉰ 11. ㉱ 12. ㉰ 13. ㉰ 14. ㉮

2. 3상 유도 전동기의 이론

■ 유도 전동기(induction motor)

- 유도 전동기는 변압기와 같이 1차 권선과 2차 권선이 있고, 전자 유도 작용으로 전력을 2차 권선에 공급하는 회전 기계이다.
- 유도 전동기의 2차 권선은 전자 유도적으로 전력을 공급받아 토크를 발생하여 전기적 에너지를 기계적 에너지로 변환한다.

2-1 회전수와 슬립

(1) 슬립(slip)

① 3상 유도 전동기는 항상 회전 자기장의 동기 속도 N_s [rpm]와 회전자의 속도 N [rpm] 사이에 차이가 생기게 되며, 이 차이의 값으로 전동기의 속도를 나타낸다.

② 이때 속도의 차이($N_s - N$)와 동기 속도 N_s와의 비를 슬립(slip) s라 한다.

$$s = \frac{\text{동기 속도} - \text{회전자 속도}}{\text{동기 속도}} = \frac{N_s - N}{N_s}$$

③ 슬립 s를 백분율[%]로 표시하면 다음과 같다.

$$s = \frac{N_s - N}{N_s} \times 100\ [\%]$$

④ 무부하시 - 동기 속도로 회전할 때 : $N = N_s$ $\quad\therefore s = 0$

⑤ 기동시 - 회전자가 정지하고 있을 때 : $N = 0$ $\quad\therefore s = 1$

⑥ 대체로 정격 부하에서의 전동기의 슬립 s는 소형 전동기의 경우에는 5~10 % 정도가 되고, 중형 및 대형 전동기의 경우에는 2.5~5 % 정도가 된다.

(2) 회전 자기장과 회전자 사이의 상대 속도

① $N_s - N = s \cdot N_s$

② $N = (1 - s) \cdot N_s$ [rpm]

③ $N = \dfrac{120 f (1 - s)}{p}$ [rpm]

2-2 회전자의 유도 기전력과 주파수

(1) 전동기가 정지하고 있는 경우

① 1차 권선의 1상에 유도되는 기전력

$$E_1 = 4.44\ k_{w1}\, f_1\, N_1\, \phi\ [\mathrm{V}]$$

② 2차 권선의 1상에 유도되는 기전력

$$E_2 = 4.44\ k_{w2}\, f_2\, N_2\, \phi = 4.44\ k_{w2}\, f_1\, N_1\, \phi\ [\mathrm{V}]$$

③ 정지시 슬립 $s = 1$

$$f_2 = f_1$$

여기서, k_{w1} : 1차 권선 계수　　k_{w2} : 2차 권선 계수
f_1 : 전원의 주파수　　ϕ : 1극당의 평균 자속
N_1 : 1상에 직렬로 감긴 권선수　　f_2 : 2차 권선에 유도되는 기전력의 주파수

(2) 전동기가 회전하고 있는 경우

① 회전 자기장의 동기 속도 N_s와 회전자의 속도 N과의 차, 즉 상대 속도는 다음과 같다.

$$N_s - N = s \cdot N_s$$

② 슬립 s에서의 2차 권선 회전자에 유도되는 기전력의 실효값 E_{2s} [V]과 주파수 f_s는 다음과 같다.

$$f_s = s\, f_1\ [\mathrm{Hz}]$$
$$E_{2s} = s\, E_2\ [\mathrm{V}]$$

여기서, $s\, f_1$: 슬립 주파수(slip frequency)
$s\, E_2$: 슬립 s에서의 회전자 유도 기전력

2-3 유도 전동기의 등가 회로

(1) 운전하고 있는 전동기의 등가 회로

① 전동기가 슬립 s로 회전한다고 하면 전동기의 속도 n은 $(1-s)n_s$가 되고, 2차 권선의 1상에는 $E_{2s} = sE_2$의 기전력이 유도되고, $f_2 = sf_1$의 주파수가 만들어진다.

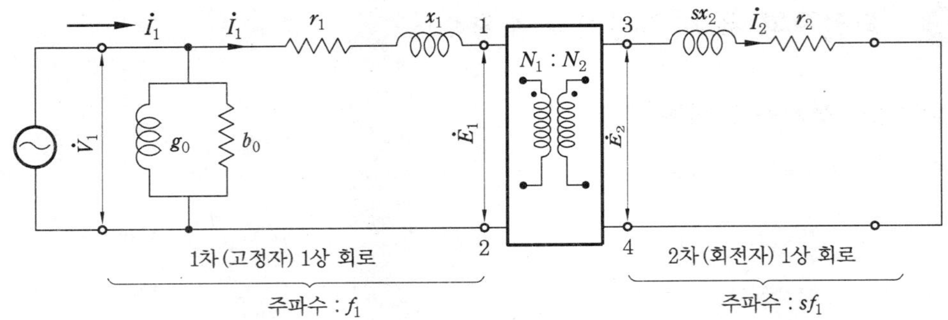

그림 2-46 유도 전동기의 등가 회로(운전시)

② 운전하고 있는 전동기의 2차 전류 : 그림의 등가 회로에서 회전자가 슬립 s로 회전하고 있을 때, 2차 전류 $\dot{I}_2$는 다음과 같다.

$$I_2 = \frac{sE_2}{\sqrt{{r_2}^2 + (sx_2)^2}} = \frac{E_2}{\sqrt{\left(\frac{r_2}{s}\right)^2 + {x_2}^2}} \text{ [A]}$$

$$\theta_2 = \tan^{-1}\frac{sx_2}{r_2}$$

③ 변형된 등가 임피던스 회로 : 1차와 2차가 같은 주파수로 되는 단상 변압기에 부하 저항 $R = \dfrac{r_2}{s} - r_2$를 접속한 변압기 회로로 생각할 수 있다.

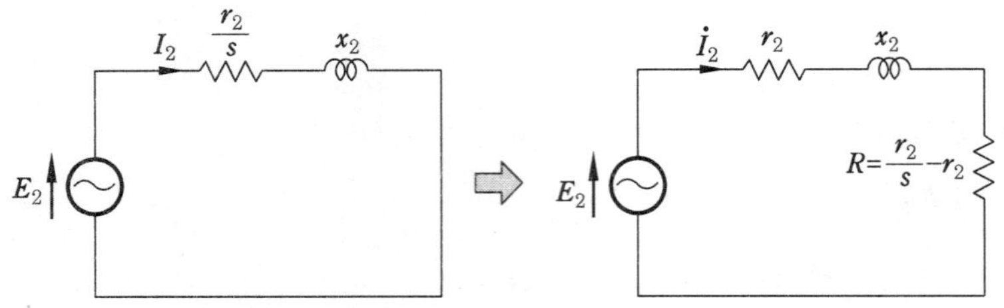

그림 2-47 등가 임피던스 회로

2-4 전력의 변환

(1) 유도 전동기의 기계적 출력

① 유도 전동기의 1차쪽에서 2차쪽으로 공급되는 전력의 일부는 2차 회로의 손실로 잃어버리게 되고, 나머지 대부분은 회전자에 의하여 기계적 출력으로 변환된다.

② 전동기의 출력 P_0

$$P_0 = P_2 - P_{c_2} = \frac{I_2^{\,2}\, r_2}{s} - I_2^{\,2}\, r_2 = I_2^{\,2}\left(\frac{r_2}{2} - r_2\right) = I_2^{\,2}\, R_2\ [\mathrm{W}]$$

여기서, P_2 : 2차쪽의 입력 [W]　　　　P_{c_2} : 2차 구리손 [W]

③ 그림 2-47에서 $R_2 = \left(\frac{r_2}{s} - r_2\right)$이고, 기계적 출력 P_0은 2차쪽의 입력 P_2에서 2차 구리손 P_{c_2}를 뺀 값으로, 저항 $R_2 = \left(\frac{r_2}{s} - r_2\right) = \frac{(1-s)}{s} r_2$인 부하에서 소비되는 전력이다.

④ 실제 P_0 [W] 만큼의 에너지가 기계적 동력으로 변환되는 것이다.

(2) 2차 입력, 2차 저항손과 슬립 s 와의 관계

① 2차 저항손 P_{c_2} [W]

$$\begin{aligned} P_{c_2} &= I_2^{\,2} \cdot r_2 = I_2 \cdot r_2 I_2 \\ &= I_2\, r_2 \frac{sE_2}{\sqrt{r_2^{\,2} + (sx_2)^2}} \\ &= sE_2 I_2 \cos\theta_2 = sP_2 \end{aligned}$$

② 슬립 s

$$s = \frac{P_{c_2}}{P_2} = \frac{2\text{차 전체 저항손}}{2\text{차 전체 입력}}$$

(3) 2차 입력, 기계적 출력과 슬립 s 와의 관계

① 기계적인 출력 P_0

$$P_0 = P_2 - P_{c_2} = P_2 - sP_2 = (1-s)P_2 = \frac{N}{N_s} P_2\ [\mathrm{W}]$$

(2차 입력 P_2) : (2차 저항손 P_{c_2}) : (기계적 출력 P_0)

$$= P_2 : sP_2 : (1-s)\,P_2 = 1 : s : (1-s)$$

② 실제의 기계적 출력은 풍손, 마찰손 때문에 P_0보다 약간은 작다.

(4) 전동기의 발생 토크-동기 와트 (synchronous watt)

① 2차 입력 P_2 [W]는 전동기가 T [N·m]을 내고, 동기 속도 N_s [rpm]으로 회전한다고 가정할 때의 출력과 같다.

② 기계적 출력 P_0 [W]

$$P_0 = \omega T = 2\pi \frac{N}{60} T \text{ [W]}$$

$$T = \frac{60 P_0}{2\pi N}$$

$$= \frac{60(1-s)P_2}{2\pi(1-s)N_s} = \frac{60P_2}{2\pi N_s} = \frac{P_2}{\omega_s} = \frac{P_2}{\frac{(4\pi f)}{p}} = \frac{p}{4\pi f \cdot P_2} = \kappa \cdot P_2 \text{ [N·m]}$$

여기서, $\omega = 2\pi \frac{N}{60}$ [rad/s]　　　$P_0 = (1-s)P_2$ [W]

$N = (1-s)N_s$ [rpm]　　　$N_s = \frac{120}{p} f$ [rpm]

③ 토크 T는 2차 입력 P_2에 비례함을 알 수 있으며, P_2로 토크를 나타낸 것을 동기 와트로 나타낸 토크라 한다.

예·상·문·제

2. 3상 유도 전동기의 이론

1. 유도 전동기의 동기 속도를 N_s, 회전 속도를 N이라 하면 슬립 s는?

㉮ $s=\dfrac{N_s-N}{N_s}$ ㉯ $s=\dfrac{N-N_s}{N_s}$

㉰ $s=\dfrac{N_s-N}{N}$ ㉱ $s=\dfrac{N-N_s}{N}$

해설 슬립(slip)

$$s=\frac{\text{동기 속도}-\text{회전자 속도}}{\text{동기 속도}}=\frac{N_s-N}{N_s}$$

2. 60 Hz의 전원에 접속된 4극, 3상 유도 전동기의 슬립이 0.05일 때의 회전 속도는 얼마인가? [10]

㉮ 90 rpm ㉯ 1,710 rpm

㉰ 1,890 rpm ㉱ 36,000 rpm

해설 $N_s=\dfrac{120f}{p}=\dfrac{120\times60}{4}=1800\text{ rpm}$

$\therefore N=(1-s)N_s$

$=(1-0.05)\times1800=1710\text{ rpm}$

3. 다음 중 3상 유도 전동기가 정지하고 있는 상태를 나타낸 것은?

㉮ $s=0$ ㉯ $0<s<1$

㉰ $0>s>1$ ㉱ $s=1$

해설 ① 정지 상태 : $N=0$ $\therefore s=1$

② 동기 속도로 회전 : $N=N_s$ $\therefore s=0$

③ 정격 부하 운전 : $0<s<1$

4. 3상 유도 전동기의 주파수 60 Hz, 극수 6극, 전부하시의 회전수가 1140 rpm이라 하면 슬립은 얼마인가?

㉮ 0.025 ㉯ 0.03

㉰ 0.05 ㉱ 0.07

해설 ① $N_s=\dfrac{120f}{p}=\dfrac{120\times60}{6}=1200\text{ rpm}$

② $s=\dfrac{N_s-N}{N_s}=\dfrac{1200-1140}{1200}=0.05$

5. 50 Hz, 슬립 0.2인 경우의 회전자 속도가 600 rpm이 되는 유도 전동기의 극수는?

㉮ 16극 ㉯ 12극 ㉰ 8극 ㉱ 4극

해설 $N=(1-s)N_s$에서,

① $N_s=\dfrac{N}{1-s}=\dfrac{600}{1-0.2}=750\text{ rpm}$

② $p=\dfrac{120f}{N_s}=\dfrac{120\times50}{750}=8$극

6. 유도 전동기의 회전자가 동기 속도로 회전하면 회전자에는 다음 중 어떤 주파수가 유기되는가? [01]

㉮ 전원 주파수와 같은 주파수

㉯ 전원 주파수에 권수비를 나눈 주파수

㉰ 전원 주파수에 슬립을 나눈 주파수

㉱ 주파수가 나타나지 않는다.

해설 동기 속도로 회전 : $s=0$

회전자 주파수 : $f_2=sf=0$

∴ 주파수가 나타나지 않는다.

7. 60 Hz, 슬립 3 %인 유도 전동기의 회전자 주파수(Hz)는? [04]

㉮ 1.2 ㉯ 1.8 ㉰ 58 ㉱ 60

해설 슬립 주파수 (slip frequency)

회전자 주파수 $f_2=sf_1=0.03\times60=1.8\text{ Hz}$

8. 4극 60 Hz, 7.5 kW의 3상 유도 전동기가 1728 rpm으로 회전하고 있을 때 2차

정답 1. ㉮ 2. ㉯ 3. ㉱ 4. ㉰ 5. ㉰ 6. ㉱ 7. ㉯ 8. ㉰

유기 기전력의 주파수(Hz)는?

㉮ 60 ㉯ 3.2 ㉰ 2.4 ㉱ 1.8

해설 $N_s = \frac{120f}{p}$

$= \frac{120 \times 60}{4} = 1800$ rpm이므로,

① $s = \frac{N_s - N}{N_s} \times 100 = \frac{1800 - 1728}{1800} \times 100$

$= 4\ \%$

② $f_2 = sf = 0.04 \times 60 = 2.4$ Hz

9. 6극, 3상 유도 전동기가 있다. 회전자도 3상이며 회전자 정지시의 1상의 전압은 200 V이다. 전부하시의 속도가 1152 rpm이면 2차 1상의 전압은 몇 V인가?(단, 1차 주파수는 60 Hz)

㉮ 8.0 ㉯ 8.3 ㉰ 11.5 ㉱ 23.0

해설 ① $N_s = \frac{120f}{p} = \frac{120 \times 60}{6} = 1200$ rpm

② $s = \frac{N_s - N}{N_s} = \frac{1200 - 1152}{1200} = 0.04$

$\therefore E_{2s} = sE_2 = 0.04 \times 200 = 8$ V

10. 유도 전동기의 2차 저항 r_2, 슬립 s일 때 기계적 출력에 상당한 등가 저항은?

㉮ r_2 ㉯ $\frac{1-s}{s} r_2$

㉰ $\frac{r_2}{s}$ ㉱ $\frac{s}{1-s} r_2$

해설 등가 저항 : 그림 2-47 참조

부하 저항 $R = \frac{r_2}{s} - r_2 = \frac{r_2}{s} - \frac{sr_2}{s}$

$= \frac{r_2 - sr_2}{s} = \frac{1-s}{s} \cdot r_2$

11. 슬립 4 %인 유도 전동기의 등가 부하 저항은 2차 저항의 몇 배인가?

㉮ 20 ㉯ 19

㉰ 5 ㉱ 24

해설 $R = \frac{1-s}{s} \cdot r_2 = \frac{1-0.04}{0.04} \times r_2 = 24 r_2$

$\therefore$ 24배

12. 유도 전동기의 2차에 있어 $E_2 = 127$ V, $r_2 = 0.03\ \Omega$, $x_2 = 0.05\ \Omega$, $s = 5\ \%$로 운전하고 있다. 이 전동기의 2차 전류 I_2 [A]는?(단, s = 슬립, x_2 = 2차 권선 1상의 누설 리액턴스, r_2 = 2차 권선 1상의 저항, E_2 = 2차 권선 1상의 유기 기전력이다.)

㉮ 약 210 A ㉯ 약 211 A

㉰ 약 221 A ㉱ 약 231 A

해설 $I_2 = \frac{sE_2}{\sqrt{r_2^2 + (sx_2)^2}}$

$= \frac{0.05 \times 127}{\sqrt{0.03^2 + (0.05 \times 0.05)^2}} \fallingdotseq 211$ A

13. 3상 유도 전동기의 2차 입력이 P_2, 슬립이 s라면 2차 저항손은 어떻게 표현되는가? [08, 09]

㉮ sP_2 ㉯ $\frac{P_2}{s}$

㉰ $\frac{1-s}{P_2}$ ㉱ $\frac{P_2}{1-s}$

해설 2차 저항손

$P_{C_2} = I_2^2 \cdot r_2 = I_2 \cdot r_2 I_2$

$= I_2 r_2 \frac{sE_2}{\sqrt{f_2^2 + (sx_2)^2}}$

$= sE_2 I_2 \cos\theta_2 = sP_2$

14. 유도 전동기의 2차 입력, 2차 동손 및 슬립을 각각 P_2, P_{C_2}, s라 하면 이들의 관계식은? [08, 12]

정답 9. ㉮ 10. ㉯ 11. ㉱ 12. ㉯ 13. ㉮ 14. ㉱

㉮ $s = P_2 \times P_{C_2}$

㉯ $s = P_2 + P_{C_2}$

㉰ $s = \dfrac{P_2}{P_{C_2}}$

㉱ $s = \dfrac{P_{C_2}}{P_2}$

해설 문제 13. 해설에서,

$$s = \frac{P_{C_2}}{P_2}$$

15. 60 Hz, 220 V, 7.5 kW인 3상 유도 전동기의 전부하시 회전자 동손이 0.485 kW, 기계손이 0.404 kW일 때 슬립은 몇 %인가?

㉮ 6.2　　㉯ 5.8
㉰ 5.5　　㉱ 4.9

해설 $s = \dfrac{P_{C_2}}{P_2} \times 100 = \dfrac{P_{C_2}}{P_0 + P_m + P_{C_2}} \times 100$

$$= \frac{0.485}{7.5 + 0.404 + 0.485} \times 100 = 5.8\ \%$$

16. 3상 유도 전동기가 입력 60 kW, 고정자 철손 1 kW일 때 슬립 5 %로 회전하고 있다면 기계적 출력은? [11]

㉮ 약 56 kW　　㉯ 약 59 kW
㉰ 약 64 kW　　㉱ 약 69 kW

해설 ① 2차 입력

P_2 =1차 입력 − 1차 손실

$= 60 - 1 = 59$ kW

② 기계적 출력

$P_0 = (1-s)P_2$

$= (1 - 0.05) \times 59 \fallingdotseq 56$ kW

17. 20극, 60 Hz의 권선형 유도 전동기를 전부하 운전시 2차 회로의 주파수가 3 Hz이고 2차 손실이 600 W일 때 기계적 출력은?

㉮ 43.5 W　　㉯ 31.4 W
㉰ 20.5 W　　㉱ 11.4 W

해설 ① $s = \dfrac{f_2}{f_1} = \dfrac{3}{60} = 0.05$

② $P_2 = \dfrac{P_{C_2}}{s} = \dfrac{600}{0.05} = 12$ kW

$\therefore P_0 = P_2 - P_{C_2} = 12 - 0.6 = 11.4$ kW

18. 유도 전동기의 2차 입력 : 2차 동손 : 기계적 출력 간의 비는?

㉮ $1 : s : 1-s$

㉯ $1 : 1-s : s$

㉰ $s : \dfrac{s}{1-s} : 1$

㉱ $1 : s : s^2$

해설 (2차 입력 P_2) : (2차 저항손 P_{2c}) : 기계적 출력 P_0) $= P_2 : P_{C_2} : P_0$

$= P_2 : sP_2 : (1-s)P_2$

$= 1 : s : 1-s$

19. 정격 출력 5 kW, 회전수 1,800 rpm인 3상 유도 전동기의 토크는 약 몇 N·m 인가? [07]

㉮ 2.7　　㉯ 26.5
㉰ 79.5　　㉱ 259.7

해설 $T = \dfrac{P}{2\pi \dfrac{N}{60}} = \dfrac{5 \times 10^3}{2 \times 3.14 \times \dfrac{1800}{60}}$

$= 26.54$ N·m

참고 $T' = 975 \dfrac{P}{N}$

$= 975 \times \dfrac{5}{1800} \fallingdotseq 2.7$ kg·m

$\therefore T = 2.7 \times 9.8$

$= 26.46$ N·m

정답 15. ㉯　16. ㉮　17. ㉱　18. ㉮　19. ㉯

20. 출력 3 kW, 회전수 1,500 rpm인 전동기의 토크는 약 몇 kg·m인가? [06]

㉮ 2　　㉯ 3
㉰ 5　　㉱ 15

해설 $T = 975\dfrac{P}{N} = 975 \times \dfrac{3}{1500} ≒ 2$ kg·m

21. 극수 p인 3상 유도 전동기가 주파수 f [Hz], 슬립 s, 토크 T [N·m]로 회전하고 있을 때 기계적 출력(W)은?

㉮ $T \cdot \dfrac{4\pi f}{p}(1-s)$

㉯ $T \cdot \dfrac{4\pi f}{p} \cdot s$

㉰ $T \cdot \dfrac{4pf}{\pi}(1-s)$

㉱ $T \cdot \dfrac{\pi f}{2p}(1-s)$

해설 ① $T = \dfrac{P_2}{(4\pi f)/p}$ [N·m]에서,

$P_2 = \dfrac{P_0}{1-s}$

② $T = \dfrac{P_0/(1-s)}{(4\pi f)/p}$ [N·m]

$\therefore P_0 = T \cdot \dfrac{4\pi f}{p}(1-s)$ [W]

22. 3상 유도 전동기의 기계적 출력을 P_0 [W], 회전수를 N [rpm], 슬립을 s라 하면 토크 T는 몇 kg·m인가?

㉮ $2\pi \dfrac{N}{60}$　　㉯ $\dfrac{60P_0}{9.8\pi N}$

㉰ $\dfrac{\pi \cdot N}{29.4}$　　㉱ $\dfrac{30P_0}{9.8\pi N}$

해설 $T = \dfrac{60P_0}{2\pi N}$ [N·m]

$T' = \dfrac{1}{9.8} \times \dfrac{60P_0}{2\pi N} = \dfrac{30 \cdot P_0}{9.8\pi N}$ [kg·m]

정답 20. ㉮　21. ㉮　22. ㉱

3. 3상 유도 전동기의 특성

■ 유도 전동기의 회전 속도 : 부하의 크기, 전압 그리고 2차 회로의 저항 등에 의해 변화한다.

3-1 속도 특성

(1) 속도 특성 곡선(speed characteristic curve)

1차 전압을 일정하게 하고 슬립, 즉 속도를 변화시킬 때 슬립 s의 함수인 1차 전류, 2차 전류, 토크, 기계적 출력, 역률 및 효율 등 이들의 양이 어떻게 변화하는지를 알아보는 곡선이다.

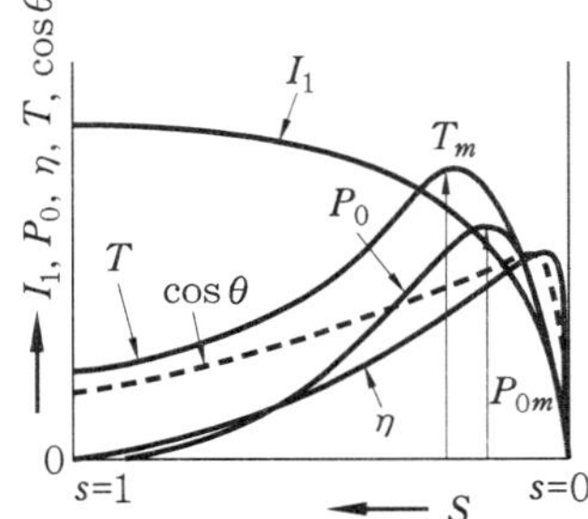

그림 2-48 속도 특성 곡선

(2) 슬립과 전류의 관계

① 2차 전류 I_2

$$I_2 = \frac{sE_2}{\sqrt{{r_2}^2 + (s\,x_2)^2}} \text{ [A]}$$

② 전동기가 기동하는 순간 : $s \fallingdotseq 1$의 근처에서 I_2는 s에 관계없이 거의 일정하다.

③ 운전하고 있을 때 : $s \fallingdotseq 0$의 근처에서는 $(sx_2)^2$의 값은 매우 작으므로, $I_2 \fallingdotseq \dfrac{sE_2}{r_2}$가 되어 I_2는 거의 s에 비례한다.

(3) 슬립과 토크의 관계

① 슬립 s가 일정하면, 토크는 공급 전압 V_1의 제곱에 비례하여 변화한다.

$$T = \frac{60}{2\pi N_s} P_2 = \frac{60}{2\pi N_s} \cdot \frac{{V_1}^2 \cdot \dfrac{{r_2}'}{s}}{\left(r_1 + \dfrac{{r_2}'}{s}\right)^2 + (x_1 + {x_2}')^2} \text{ [N·m]}$$

② 토크 속도 곡선(torque speed curve)

(가) 이 곡선의 모양은 r_1 및 ${r_2}'$, x_1 및 ${x_2}'$ 등의 값에 따라 변화하지만, 대략 그림 2-49와 같이 된다.

(나) 전부하 토크는 전부하 부근에 있어서는 2차 전류가 sE_2에 비례하게 된다.

(다) 기동 토크는 $s = 1$일 때의 토크이며, 정확히 공급 전압의 제곱에 비례한다.

(라) 최대 토크는 그림처럼 어떤 슬립 s에서 최대값에 이르렀다가 슬립이 늘어남과 함께 줄어들게 된다.

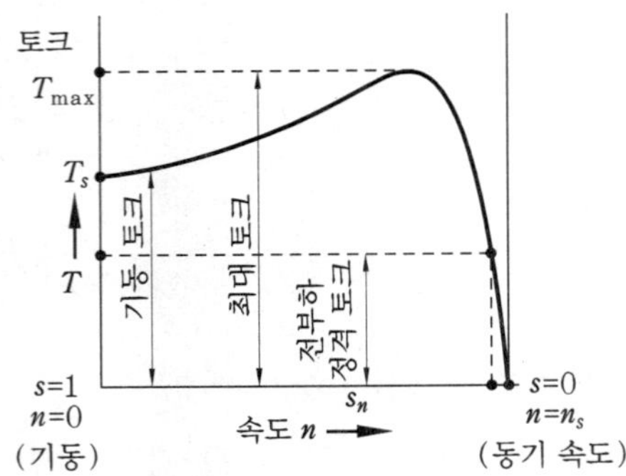

그림 2-49 속도-토크 특성

3-2 출력 특성·비례 추이·원선도

(1) 출력 특성

① 출력 특성 곡선(output characteristic curve) : 유도 전동기에 기계적 부하를 걸었을 때 출력에 따라 전류, 토크, 속도, 효율 및 역률 등의 변화를 나타내는 곡선이다.

② 유도 전동기에는 거의 무효 전류인 무부하 전류가 많이 흐르므로 역률이 낮다. 슬립은 약 5 % 정도로 거리 동기 속도로 운전하게 되며, 그 속도가 거의 일정한 정속도 전동기라 볼 수 있다.

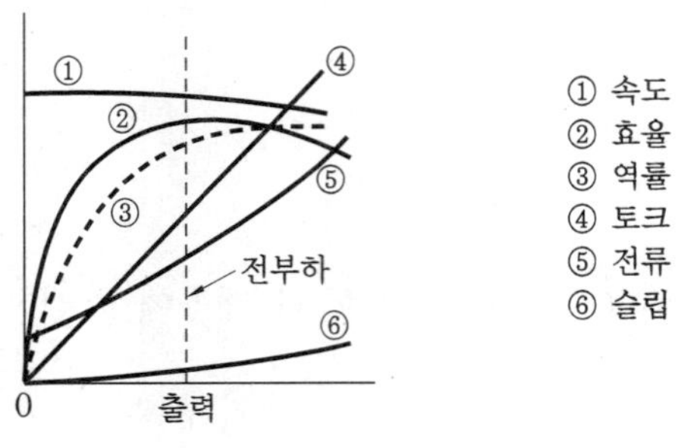

그림 2-50 출력 특성 곡선

(2) 비례 추이(proportional shift)

① 그림 2-51과 같이 토크 속도 곡선이 2차 합성 저항의 변화에 비례하여 이동하는 것을 토크 속도 곡선이 비례 추이한다고 한다.

② 2차 회로의 합성 저항 $(r_2' + R)$을 가변 저항기로 조정할 수 있는 권선형 유도 전동기는 비례 추이의 성질을 이용하여 기동 토크를 크게 한다든지 속도 제어를 할 수도 있다.

③ 저항을 2배, 3배… 로 할 때, 같은 토크에서 슬립이 2배, 3배 … 로 됨을 알 수 있다.

$$\frac{r_2'}{s} = \frac{r_{21}'}{s_1} = \frac{r_{22}'}{s_2} = \cdots\cdots = \frac{mr_2'}{ms}$$

④ 비례 추이는 토크, 전류, 역률, 동기 와트, 1차 입력 등에 적용된다.
⑤ 최대 토크 T_m 는 항상 일정하다.

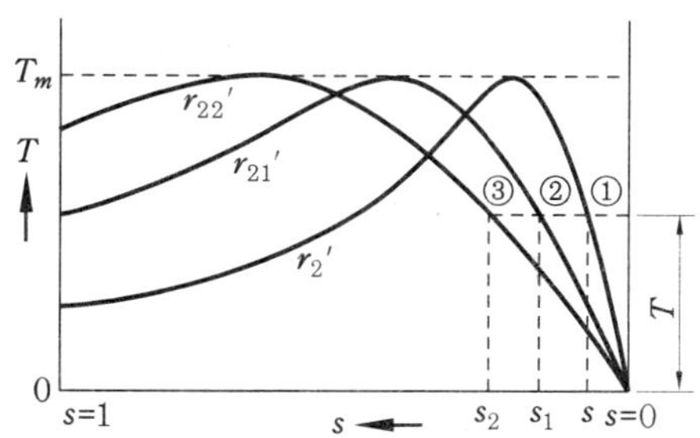

그림 2-51 비례 추이 곡선

(3) 원선도

① 유도 전동기의 특성을 실부하 시험을 하지 않아도, 등가 회로를 기초로 한 헤일랜드 (Heyland)의 원선도에 의하여 전부하 전류, 역률, 효율, 슬립, 토크 등을 구할 수 있다.
② 원선도 작성에 필요한 시험
(가) 저항 측정
(나) 무부하 시험
(다) 구속 시험
③ 1차 부하 전류 I_1'

$$I_1' = \frac{V_1}{x_1 + x_2'} \sin\theta_1'' \qquad (\theta_1'' = \angle PNK = \angle GNP)$$

④ V_1, x_1 및 x_2'는 모두 일정하므로, $\dot{I}_1$의 끝은 $\dfrac{V_1}{x_1 + x_2'}$을 지름으로 하는 원주 위에 있게 된다.

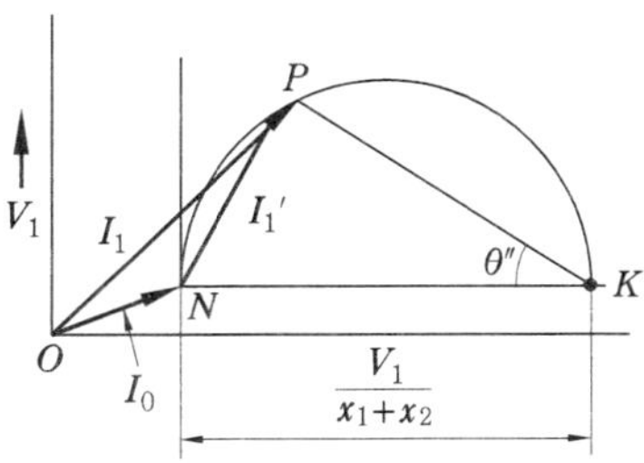

그림 2-52 헤일랜드 원선도

3-3 유도 전동기의 손실과 효율

(1) 손실 (loss)

① 유도 전동기에서도 다른 전기 기계와 마찬가지로 무부하손 (고정손)과 부하손 (구리손과 표유 부하손)이 생긴다.

② 손실

(개) 고정손 : 철손, 베어링 마찰손, 브러시 마찰손 (권선형 유도 전동기), 풍손

(내) 구리손 : 1차 권선의 저항손, 2차 회로의 저항손

(대) 표유 부하손 : 측정하거나 계산할 수 없는 손실로 부하에 비례하여 변화한다.

(2) 효율 (efficiency)

① 유도 전동기의 효율

$$\eta = \frac{\text{출력}}{\text{입력}} \times 100 = \frac{\text{입력} - \text{손실}}{\text{입력}} \times 100\,[\%]$$

② 1차 입력 : $P_1 = \sqrt{3}\, V_n I_1 \cos\theta_1 \times 10^{-3}$ [kW]일 때 효율은 다음과 같다.

$$\eta = \frac{\text{출력}\ P}{\text{1차입력}\ P_1} \times 100 = \frac{P \times 10^3}{\sqrt{3}\, V_n I_1 \cos\theta_1} \times 100\,[\%]$$

여기서, V_n : 정격 전압 [V]　　　I_1 : 1차 전류 [A]

$\cos\theta_1$: 역률　　　P : 출력 [kW]

③ 2차 효율

$$\eta_2 = \frac{P_0}{P_2} \times 100 = (1 - s) \times 100 = \frac{N}{N_s} \times 100\,[\%]$$

④ 전동기의 효율은 언제나 2차 효율보다 작다.

3. 3상 유도 전동기의 특성

1. 3상 유도 전동기 속도 특성 곡선이다. 효율을 나타내는 곡선은?

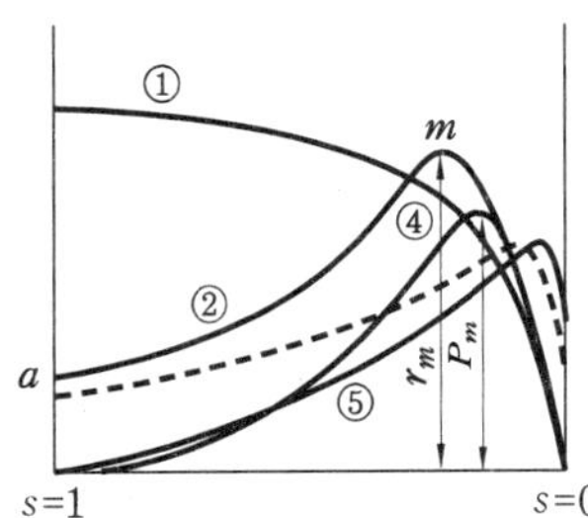

㉮ ① ㉯ ②
㉰ ④ ㉱ ⑤

해설 속도 특성 곡선 : 그림 2-48 참조
㉮ ① : 1차 전류
㉯ ② : 토크
㉰ ④ : 기계적 출력
㉱ ⑤ : 효율

2. 3상 유도 전동기의 회전력은 단자전압과 어떤 관계인가? [12]

㉮ 단자 전압에 무관하다.
㉯ 단자 전압에 비례한다.
㉰ 단자 전압의 2승에 비례한다.
㉱ 단자 전압의 $\frac{1}{2}$승에 비례한다.

해설 슬립 s가 일정할 때 토크 T는 공급 전압(단자 전압)의 제곱에 비례한다.

3. 유도 전동기의 공급 전압이 $\frac{1}{2}$로 감소하면 토크는 처음의 몇 배가 되는가?

㉮ $\frac{1}{2}$ ㉯ $\frac{1}{4}$
㉰ $\frac{1}{8}$ ㉱ $\frac{1}{\sqrt{2}}$

해설 $T \propto \left(\frac{1}{2}V_1\right)^2 \propto \frac{1}{4}V_1^2$

$\therefore \frac{1}{4}$배가 된다.

4. 220 V인 3상 유도 전동기의 전부하 슬립이 3 %이다. 공급 전압이 200 V가 되면 전부하 슬립은 약 몇 %가 되는가? [08]

㉮ 3.6 ㉯ 4.2
㉰ 4.8 ㉱ 5.4

해설 슬립 s는 공급 전압 V의 제곱에 반비례 하므로

$$s' = s \times \left(\frac{V}{V'}\right)^2 = 3 \times \left(\frac{220}{200}\right)^2 = 3.6$$

5. 다음 중 비례 추이의 성질을 이용할 수 있는 전동기는 어느 것인가?

㉮ 직권 전동기
㉯ 권선형 유도 전동기
㉰ 단상 동기 전동기
㉱ 농형 유도 전동기

해설 권선형 유도 전동기 : 비례 추이의 성질을 이용하여 기동 토크를 크게 하거나 속도를 제어할 수 있다.

참고 비례추이 : 그림 2-51 참조

6. 3상 유도 전동기의 특성 중 비례 추이 할 수 없는 것은?

㉮ 토크
㉯ 출력
㉰ 1차 입력
㉱ 1차 전류

해설 비례 추이 : 토크, 전류, 역률, 동기 와트, 1차 입력 등에 적용된다.

정답 1. ㉱ 2. ㉰ 3. ㉯ 4. ㉮ 5. ㉯ 6. ㉯

7. 3상 유도 전동기의 2차 저항을 2배하면 2배로 되는 것은?

㉮ 슬립 ㉯ 토크
㉰ 전류 ㉱ 역률

해설 2차 저항을 2배, 3배 … 로 할 때 같은 토크에서 슬립도 2배, 3배 … 로 된다.

8. 권선형 유도 전동기에서 2차측 저항을 2배로 하면 그 최대토크는 몇 배로 되는가? [08, 09]

㉮ $\frac{1}{2}$ ㉯ $\sqrt{2}$
㉰ 2 ㉱ 불변

해설 2차 저항이 변화하면 슬립은 비례하여 변화하지만, 최대 토크는 변화하지 않는다.

9. 슬립 5 %인 유도 전동기를 전부하 토크로 기동시키려면 2차에 2차 저항의 몇 배를 넣으면 되는가?

㉮ 5 ㉯ 15
㉰ 9 ㉱ 19

해설 기동 시 $s=1$이므로,
슬립 5 % 경우는 그 배수가 $\frac{1}{0.05}=20$배이다.
$R=(1+19)r_2=20 \cdot r_2$
∴ 기동 저항은 2차 저항의 19배가 되어야 한다.

10. 유도 전동기의 특성 산정에 가장 많이 사용되는 선도는?

㉮ 헤일랜드 선도
㉯ 브론델 선도
㉰ 벡터 선도
㉱ 블록 선도

해설 헤일랜드(Heyland) 선도 : 본문 그림 2-52 참조

11. 다음 중 원선도 작성에 필요한 시험은 어느 것인가?

㉮ 전력 시험 ㉯ 부하 시험
㉰ 전압 측정 ㉱ 무부하 시험

해설 원선도 작성에 필요한 시험 : 저항 측정, 무부하 시험, 구속 시험

12. 유도 전동기의 원선도에 있어서 원의 지름은? (단, V : 전압, r : 1차로 환산한 저항, x : 누설 리액턴스)

㉮ $\frac{V}{r}$에 비례 ㉯ $\frac{V}{x}$에 비례
㉰ rV에 비례 ㉱ xV에 비례

해설 $\dot{I_1}'$의 끝은 $\frac{V_1}{x_1+x_2'}$을 지름으로 하는 원주 위에 있게 된다 (본문 그림 2-52 참조).

13. 3상 유도 전동기의 정격 전압을 V_n [V], 출력을 P [kW], 1차 전류를 I_1 [A], 역률을 $\cos\theta$라 하면 효율을 나타내는 식은 어느 것인가?

㉮ $\frac{P\times10^3}{\sqrt{3}\ V_n I_1 \cos\theta}\times100$ %

㉯ $\frac{\sqrt{3}\ V_n I_1 \cos\theta}{P\times10^3}\times100$ %

㉰ $\frac{P\times10^3}{3\ V_n I_1 \cos\theta}\times100$ %

㉱ $\frac{3\ V_n I_1 \cos\theta}{P\times10^3}\times100$ %

해설 효율 $\eta=\frac{\text{출력}P}{\text{1차 입력}P_1}\times100$

$$=\frac{P\times10^3}{\sqrt{3}\,V_n I_1\cos\theta_1}\times100[\%]$$

14. 10 kW, 3상, 200 V 유도 전동기(효

정답 7. ㉮ 8. ㉱ 9. ㉱ 10. ㉮ 11. ㉱ 12. ㉯ 13. ㉮ 14. ㉯

율 및 역률 각각 85 %)의 전 부하 전류 (A)는?

㉮ 20　㉯ 40
㉰ 60　㉱ 80

해설 $P = \sqrt{3}\ VI\cos\theta \cdot \eta$ [W]

$$I = \frac{P}{\sqrt{3}\ V\cos\theta \cdot \eta}$$

$$= \frac{10 \times 10^3}{\sqrt{3} \times 200 \times 0.85 \times 0.85} = 40\ \text{A}$$

15. 200 V, 15 kW의 3상 유도 전동기가 슬립 0.04로 운전할 때 2차 효율 η_2 [%]는 얼마인가?

㉮ 90　㉯ 91
㉰ 93　㉱ 96

해설 $\eta_2 = \dfrac{P_0}{P_2} \times 100 = (1-s) \times 100$

$= (1 - 0.04) \times 100 = 96\ \%$

16. 정격 출력 P[kW], 역률 0.8, 효율 0.82로 운전하는 3상 유도 전동기에 V결선 변압기로 전원을 공급할 때 변압기 1대의 최소 용량은 몇 kVA인가? [06]

㉮ $\dfrac{2P}{0.8 \times 0.82 \times \sqrt{3}}$

㉯ $\dfrac{2P}{0.8 \times 0.82 \times 3}$

㉰ $\dfrac{\sqrt{3}\ P}{0.8 \times 0.82 \times 2}$

㉱ $\dfrac{P}{0.8 \times 0.82 \times \sqrt{3}}$

해설 변압기의 출력=전동기 입력

① 전동기의 소요 입력

$$P_0 = \frac{P}{\cos\theta} \cdot \frac{1}{\eta} = \frac{P}{0.8} \cdot \frac{1}{0.82}$$

$$= \frac{P}{0.8 \times 0.82}\ [\text{kVA}]$$

② 변압기 1대의 용량이 P_1 [kVA]일 때, V 결선의 출력 $P_V = \sqrt{3} P_1$ [kVA]

$\therefore P_0 = P_V$에서, $\dfrac{P}{0.8 \times 0.82} = \sqrt{3} P_1$

$\therefore P_1 = \dfrac{P}{0.8 \times 0.82 \times \sqrt{3}}$ [kVA]

17. 3상 유도 전동기의 전압이 200 V이고, 전류가 8 A, 역률이 80 %라 하면, 이 전동기를 10시간 사용했을 때의 전력량은 약 몇 kWh인가? [08]

㉮ 12.8　㉯ 16.3　㉰ 22.2　㉱ 27.8

해설 $W = P \cdot t = \sqrt{3}\ VI\cos\theta \times h$

$= \sqrt{3} \times 200 \times 8 \times 0.8 \times 10$

$\fallingdotseq 22170$ W

$\therefore$ 약 22.2 kW

18. 동기 각속도 ω_s, 회전 각속도 ω인 유도 전동기의 2차 효율은? [09]

㉮ $\dfrac{\omega_s - \omega}{\omega}$　㉯ $\dfrac{\omega_s - \omega}{\omega_s}$

㉰ $\dfrac{\omega_s}{\omega}$　㉱ $\dfrac{\omega}{\omega_s}$

해설 $\eta_2 = \dfrac{P_0}{P_2} = \dfrac{(1-s)P_2}{P_2} = 1 - s$

$= \dfrac{N}{N_s} = \dfrac{\omega}{\omega_s}$

여기서, $P_0 = (1-s)P_2$

$N = (1-s)N_s$

19. 무부하시 유도 전동기는 역률이 낮지만, 부하가 증가하면 역률이 높아지는 이유는?

㉮ 전압이 떨어지므로
㉯ 효율이 좋아지므로
㉰ 부하 전류가 증가하므로

정답 15. ㉱　16. ㉱　17. ㉰　18. ㉱　19. ㉰

㉱ 2차측의 저항이 증가하므로

해설 유도 전동기의 역률

① 무부하시 : 여자 전류는 대부분 무효 전류이고 일정하므로, 역률이 매우 낮다.
② 부하 증가시 : 부하가 증가하면 유효 (부하) 전류가 증가하므로 역률이 높아지게 된다.

20. **3상 유도 전동기를 불평형 전압으로 운전하는 경우 ㉠ 토크와 ㉡ 입력은?**

㉮ ㉠ 증가, ㉡ 감소
㉯ ㉠ 감소, ㉡ 증가
㉰ ㉠ 증가, ㉡ 증가
㉱ ㉠ 감소, ㉡ 감소

해설 3상 유도 전동기를 불평형 전압으로 운전하면

① 토크 감소 ② 입력 증가

21. **60 Hz로 설계된 유도기를 동일 전압에서 50 Hz로 사용할 때 낮아지거나 감소되는 것을 나열한 것으로 옳은 것은?** [10]

㉮ 역률, 냉각 속도, 누설 리액턴스
㉯ 온도, 최대 토크, 자속
㉰ 역률, 철손, 기동전류
㉱ 자속, 냉각 속도, 기동전류

해설 전원 주파수의 변화 (60 Hz → 50 Hz)에 따른 유도 전동기의 특성 변화

① 무부하 전류 증가
② 철손 증가
③ 온도 상승 증가
④ 속도 감소- 냉각 속도 감소
⑤ 누설 리액턴스 감소
⑥ 동기 속도 감소
⑦ 역률 낮아짐
⑧ 주 자속 증가

정답 20. ㉯ 21. ㉮

4. 3상 유도 전동기의 운전 및 시험

■ 운전(operation)

- 안전한 기동
- 회전 방향 변경
- 광범위하고 원활한 속도 제어
- 신속 · 안전한 제동

■ 시험(testing)

4-1 농형 유도 전동기의 기동 방법

(1) 전전압 기동(line starting)

① 기동 장치를 따로 쓰지 않고, 직접 정격 전압을 가하여 기동하는 방법이다.

② 보통 3.7 kW(5 hp) 이하의 소형 유도 전동기에 적용되는 직입 기동 방식이다.

(2) Y−Δ 기동 방법

① 10~15 kW 정도의 전동기에 쓰이는 방법이다.

② 이 방법은 기동할 때 1차 각 상의 권선에는 정격 전압의 $\frac{1}{\sqrt{3}}$의 전압이 가해져, 기동 전류가 전전압 기동에 의하여 $\frac{1}{3}$이 되므로, 기동 전류는 전부하 전류의 200~250 % 정도로 제한된다.

③ 토크는 전압의 제곱에 비례하므로, 기동 토크도 $\frac{1}{3}$로 줄게 된다.

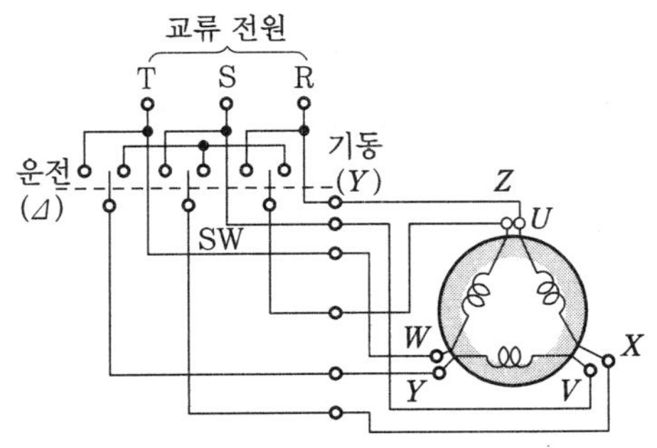

그림 2-53 Y−Δ 수동 기동법

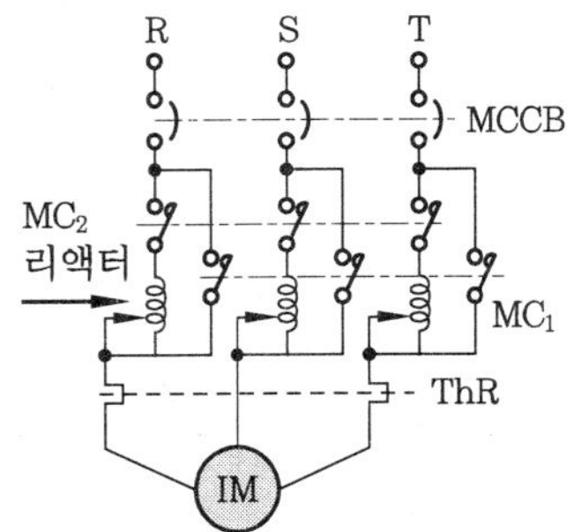

그림 2-54 리액터 기동

(3) 리액터 기동 방법

① 그림 2-54과 같이 전동기의 1차쪽에 직렬로 철심이 든 리액터를 접속하는 방법이다. 기동한 다음, 전류가 주는데 따라 전동기의 단자 전압이 높아지고 토크가 늘게 된다.

② 펌프나 송풍기와 같이 부하 토크가 기동할 때에는 작고, 가속하는 데 따라 늘어나는 부하에 동력을 공급하는 전동기에 적합하다.

③ 기동이 끝난 다음에는 리액터를 개폐기 S로 단락한다.

④ 이 방법은 구조가 간단하므로 15 kW 이하에서 자동 운전 또는 원격 제어를 할 때에 쓰인다.

(4) 기동 보상기법 : 단권 변압기 기동

① 약 15 kW 정도 이상 되는 농형 전동기를 사용하는 경우에 적용된다.

② 정격 전압의 40~85 %의 범위 안에서 2~4개의 탭을 내어 전동기의 용도에 따라 선택하여 사용한다.

③ 단권 변압기 기동을, 특히 콘돌퍼(Korndorfer) 기동이라 부른다.

4-2 권선형 유도 전동기의 기동 방법·회전 방향을 바꾸는 방법

(1) 2차 저항법

① 권선형 전동기에서 2차 권선 자체는 저항이 작은 재료로 쓰고, 슬립 링을 통하여 외부에서 조절할 수 있는 기동 저항기를 접속한다.

② 기동할 때에는 2차 회로의 저항을 적당히 조절하고, 비례 추이를 이용하여 필요한 만큼의 기동 토크를 내게 한다.

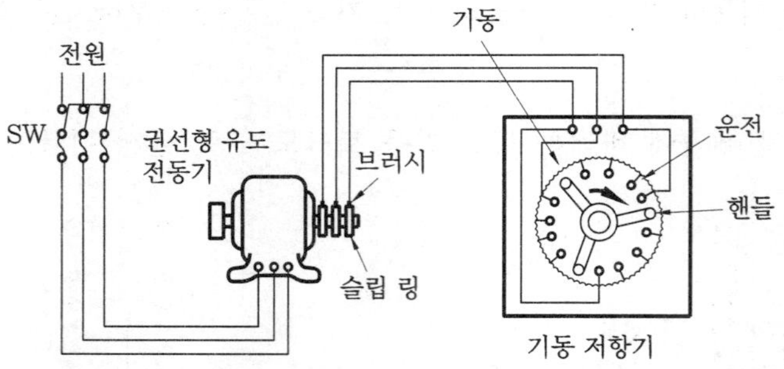

그림 2-55 권선형 유도 전동기의 기동 회로

(2) 회전 방향을 바꾸는 방법

① 회전 방향 : 부하가 연결되어 있는 반대쪽에서 보아 시계 방향을 표준으로 하고 있다.

② 회전 방향을 바꾸는 방법

㈎ 회전 자장의 회전 방향을 바꾸면 된다.

㈏ 전원에 접속된 3개의 단자 중에서 어느 2개를 바꾸어 접속하면 된다.

4-3 유도 전동기의 속도 제어

(1) 2차 회로의 저항을 조정하는 방법

① 2차 회로의 저항 변화에 의한 토크 속도 특성의 비례 추이를 응용한 방법이다.
② 속도 조정기(speed regulator) : 동기 속도보다 낮은 속도 제어를 연속적으로 원활하게 넓은 범위에 걸쳐 할 수 있는 기중기, 권상기 등에 이용한다.

(2) 전원의 주파수를 바꾸는 방법

전동기의 회전 속도는 $N = N_s(1-s) = \frac{120f}{p}(1-s)$이므로, 주파수 f, 극수 p 및 슬립 s를 변경함으로써 속도를 변경시킬 수 있다.

(3) 극수를 바꾸는 방법

① 대개 농형 전동기에 쓰이는 방법으로, 권선형에는 거의 쓰이지 않는다.
② 농형 전동기의 1차 권선의 극수를 바꾸는 3가지 방법
㈎ 같은 권선의 접속을 바꾸는 방법
㈏ 극수가 서로 다른 2개의 독립된 권선을 감는 방법
㈐ 위의 두 가지 방법을 함께 쓰는 방법
③ 이 방법으로 하면 비교적 효율이 좋으므로 자주 속도를 바꿀 필요가 있고, 또한 계단적으로 속도 변경이 되어도 좋은 부하, 즉 소형의 권상기, 승강기, 원심 분리기, 공작기계 등에 많이 쓰인다.

(4) 2차 여자 방법

① 권선형 유도 전동기의 2차 회로에 2차 주파수 f_2와 같은 주파수이며, 적당한 크기의 전압을 외부에서 가하는 것을 2차 여자라 한다.
② 전동기의 속도를 동기 속도보다 크게 할 수도 있고 작게 할 수도 있다.
③ 동기 속도보다 낮은 속도 제어를 원활하게 넓은 범위에 걸쳐 간단하게 조작할 수 있으나, 비교적 효율은 좋지 않은 단점이 있다.

4-4 전기 제동

(1) 회생 제동(regenerative braking)

① 유도 전동기를 동기 속도보다 큰 속도로 회전시켜 유도 발전기가 되게 함으로써, 발생 전력을 전원에 반환하면서 제동을 시키는 방법이다.
② 케이블 카, 광산의 권상기 또는 기중기 등에 사용된다.

(2) 발전 제동 (dynamic braking)

① 전차용 전동기의 발전 제동과 같은 것이다.

② 여자용 직류 전원이 필요하며, 대형의 천장 기중기와 케이블 카 등에 많이 쓰이고 있다.

(3) 역상 제동 (plugging)

① 전동기를 매우 빨리 정지시킬 때 쓴다.

② 전동기가 회전하고 있을 때 전원에 접속된 3선 중에서 2선을 빨리 바꾸어 접속하면, 회전 자장의 방향이 반대로 되어 회전자에 작용하는 토크의 방향이 반대가 되므로 전동기는 빨리 정지한다.

③ 이 방법은 제강 공장의 압연기용 전동기 등에 사용된다.

(4) 단상 제동

권선형 유도 전동기의 1차쪽을 단상 교류로 여자하고, 2차쪽에 적당한 크기의 저항을 넣으면 전동기의 회전 방향과는 반대 방향의 토크가 발생하므로 제동이 된다.

4-5 유도 전동기의 시험

(1) 공장 시험 또는 상용 시험 (commercial test)

유도 전동기는 공장에서 제작한 다음 구조 검사, 특성 시험, 절연 내력 시험 등을 한다.

① 실부하 시험

(가) 단상 유도 전동기나 소형의 3상 유도 전동기에 많이 쓰이는 방법이다.

(나) 직접 토크 회전수 입력 등을 측정한 다음, 효율, 슬립 등을 구하는 방법은 다음과 같다.

- 보조 전동기를 쓰는 방법
- 프로니 브레이크 (prony brake)법
- 동력계법

② 절연 저항과 내전압 시험

(가) 절연 저항 측정은 온도 시험 직후, 권선과 대지 사이의 절연 저항을 측정한다.

- 저압 전동기는 1 MΩ 이상
- 고압 전동기는 5 MΩ 이상

(나) 내전압 시험

- 고정자 권선과 철심 및 대지 사이
  $2E_1 + 1000$ V (최저 1500 V)
- 권선형 회전자 권선과 철심 및 대지 사이
  $2E_1 + 1000$ V (최저 1200 V)

(위 두 항목: 60 Hz의 사인파 전압으로 시험하여 1분 동안 이것에 견디어야 한다.)

여기서, E_1 : 회전자 단자 사이의 최대 유도 전압 [V]

(2) 슬립의 측정

① 직류 밀리볼트계법 : 권선형 유도 전동기에만 쓰이는 방법이다.

② 스트로보코프법(stroboscopic method) : 원판의 흑백 부채꼴의 겉보기의 회전수 n_2를 계산하면, 슬립 s는 다음과 같다.

$$s = \frac{n_2}{N_s} \times 100 = \frac{n_2 p}{120 f} \times 100 [\%]$$

여기서, p : 극수, f : 주파수

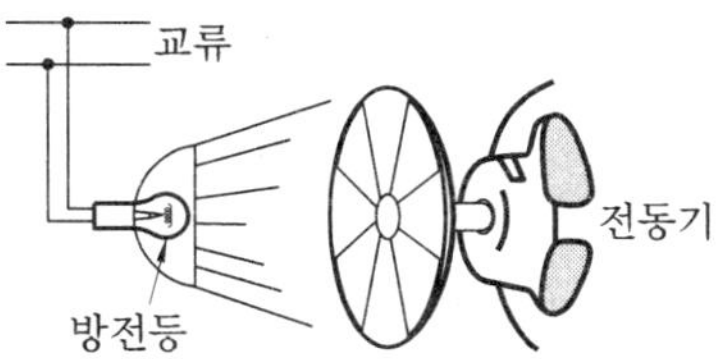

그림 2-56 스트로보코프법

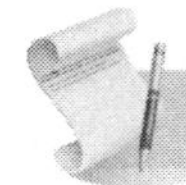

예·상·문·제

4. 3상 유도 전동기의 운전 및 시험

1. 10 kW의 농형 유도 전동기의 기동 방법으로 가장 적당한 것은? [11]

㉮ 전전압 기동법 ㉯ Y-Δ 기동법
㉰ 기동 보상 기법 ㉱ 2차 저항 기동법

해설 ① 전전압 기동법 : 3.7 kW 이하
② 리액터 기동법 : 15 kW 이하
③ Y-Δ 기동법 : 10~15 kW 정도
④ 기동 보상 기법 : 15 kW 이상

2. 유도 전동기의 1차 접속을 Δ에서 Y결선으로 바꾸면 기동시의 1차 전류는? [06, 12]

㉮ $\frac{1}{3}$로 감소한다.
㉯ $\frac{1}{\sqrt{3}}$로 감소한다.
㉰ 3배로 증가한다.
㉱ $\sqrt{3}$배로 증가한다.

해설 기동할 때 Y결선으로 각상의 권선에는 정격 전압의 $\frac{1}{\sqrt{3}}$의 전압이 가해지므로, 기동 전류는 전전압 기동에 비하여 $\frac{1}{3}$로 감소된다.

3. 10~15 kW의 농형 유도 전동기를 Y-Δ 기동법에 의해 기동시키는 경우 기동 전류는 전부하 전류의 대략 몇 %인가?

㉮ 200~250 ㉯ 250~400
㉰ 400~600 ㉱ 300~1000

해설 Y-Δ 기동법 : 기동 전류를 전부하 전류의 200~250 % 정도로 제한한다.

4. 1차 쪽에 철심형 리액터를 접속하여 전압 강하를 이용해서 저전압 기동하고 기동 후 단락한다. 구조가 간단하여 15 kW 이하에서 자동 운전, 원격 제어용에 사용되는 것은?

㉮ 리액터 기동 ㉯ 기동 보상 기법
㉰ Y-Δ 기동 ㉱ 전전압 기동

해설 본문 그림 2-54 참조

5. 20 kW의 농형 유도 전동기의 기동에 가장 적당한 방법은?

㉮ Y-Δ 기동법 ㉯ 기동 보상 기법
㉰ 리액터 기동법 ㉱ 전전압 기동법

6. 권선형 유도 전동기 기동법인 것은?

㉮ 직입 기동법 ㉯ 2차 저항 기동법
㉰ 콘도르퍼 방식 ㉱ Y-Δ 기동법

해설 본문 그림 2-55 참조

7. 권선형 유도 전동기의 기동시 2차측에 저항을 넣는 이유는?

㉮ 기동 전류 감소
㉯ 회전수 감소
㉰ 기동 전류 감소와 토크 증대
㉱ 기동 토크 감소

해설 비례 추이에 의하여 기동시킬 때, 기동 전류를 감소시키고 기동 토크를 크게 하기 위해서이다.

8. 전부하시 슬립은 5 %, 회전자 1상의 저항은 0.05 Ω인 3상 권선형 유도 전동기를 전부하 토크로 가동시키려면 회전자에 몇 Ω의 저항을 넣으면 되는가?

㉮ 0.85 ㉯ 0.90 ㉰ 0.95 ㉱ 1.05

정답 1. ㉯ 2. ㉮ 3. ㉮ 4. ㉮ 5. ㉯ 6. ㉯ 7. ㉰ 8. ㉰

해설 $R_s = 19 \times r_1 = 19 \times 0.05 = 0.95\ \Omega$

참고 기동 시 $s=1$이므로,
슬립 5% 경우는 그 배수가 $\frac{1}{0.05} = 20$배이다.

$R = (1+19)r_2 = 20 \cdot r_2$

∴ 기동 저항은 2차 저항의 19배가 되어야 한다.

9. 다음 중 3상 권선형 유도 전동기를 사용하는 주된 이유는?

㉮ 효율 향상
㉯ 역률 개선
㉰ 기동 특성의 향상
㉱ 소용량 기기에 적용

해설 권선형 유도 전동기는 비례 추이의 성질이 이용한 2차 저항법에 의한 기동으로 기동 특성이 향상되어 대형 기기에 사용된다.

10. 3상 유도 전동기의 회전 방향을 바꾸기 위한 방법으로 맞는 것은?

㉮ Δ - Y 결선
㉯ 3상 전원 중 2상의 접속을 바꾼다.
㉰ 전원의 주파수를 바꾼다.
㉱ 기동 보상기를 사용한다.

11. 3상 유도 전동기의 전전압 기동 토크는 전부하 시의 4.8배이다. 전전압의 $\frac{2}{3}$로 기동할 때 기동 토크는 전부하 시의 약 몇 배인가? [10]

㉮ 1.6 ㉯ 2.1 ㉰ 3.2 ㉱ 7.2

해설 3상 유도 전동기의 기동 토크

$T = k \cdot V^2$이므로 $T' = k' \cdot \left(\frac{V_1'}{V_1}\right)^2 T$

∴ $T' = \left(\frac{2}{3}\right)^2 \times 4.8T \fallingdotseq 2.1$배

12. 유도 전동기의 속도 제어법이 아닌 것은?

㉮ 2차 회로의 저항을 조정하는 방법
㉯ 1차 저항 방법
㉰ 2차 여자 방법
㉱ 전원의 주파수를 바꾸는 방법

13. 유도 전동기의 속도 제어법 중에서 인버터를 사용하면 가장 효과적인 것은 어느 것인가? [08]

㉮ 극수 변환법 ㉯ 슬립 변환법
㉰ 주파수 변환법 ㉱ 인가전압 변환법

해설 인버터를 사용한 주파수 변환법 : 주파수를 바꾸는 방법은 최근에 다이오드와 스위치 작용을 동시에 하는 전력용 반도체 소자인 사이리스터(thyristor)가 개발됨으로써 3상 인버터(3-phaseinverter)라 불리는 주파수 변환기가 만들어져 전동기 속도 제어에 사용되고 있다.

14. 유도 전동기 주파수 제어를 위한 정지형 전력 변환 장치는?

㉮ 정류기 ㉯ 여자기
㉰ 인버터 ㉱ 초퍼

해설 문제 13. 해설 참조

15. 유도 전동기의 속도 제어 방법에서 특별한 보조 장치가 필요없고 효율이 좋으며, 속도 제어가 간단한 장점이 있으나, 결점으로는 속도의 변화가 단계적인 제어 방식은? [12]

㉮ 극수 변환법
㉯ 주파수 변화 제어법
㉰ 전원 전압 제어법
㉱ 2차 저항 제어법

정답 9. ㉰ 10. ㉯ 11. ㉯ 12. ㉯ 13. ㉰ 14. ㉰ 15. ㉮

16. **유도 전동기의 회전자에 슬립 주파수의 전압을 가하는 속도 제어는?**

㉮ 자극수 변환법
㉯ 2차 저항법
㉰ 2차 여자법
㉱ 인버터 주파수 변환법

17. **2극과 8극의 3상 유도 전동기를 차동 접속법으로 속도 제어를 할 때 전원 주파수가 60 Hz인 경우 무부하속도 N_0는 몇 rpm인가?** [12]

㉮ 1800 rpm ㉯ 1200 rpm
㉰ 900 rpm ㉱ 720 rpm

해설 차동 종속법

$$N=\frac{120f}{p_1-p_2}=\frac{120\times 60}{8-2}=1200 \text{ rpm}$$

참고 3상 유도 전동기의 종속법에 의한 속도 제어

① 직렬 종속법 : $N=\frac{120f}{p_1+p_2}$ [rpm]

② 차동 종속법 : $N=\frac{120f}{p_1-p_2}$ [rpm]

③ 병렬 종속법 : $N=\frac{2\times 120f}{p_1\pm p_2}$ [rpm]

여기서, p_1: M_1의 극수, p_2: M_2의 극수

18. **농형 유도 전동기의 속도 제어를 위한 1차 주파수 제어 방식이 아닌 것은 어느 것인가?** [09]

㉮ 전압, 주파수 제어
㉯ 벡터 제어
㉰ 슬립, 주파수 제어
㉱ 일정 전압 제어

해설 벡터 제어 (vector contron)

① 유도 전동기의 벡터 제어는 고정자 전류를 자속 성분 전류와 토크 성분 전류로 분리하여 독립 제어함으로써 직류 전동기와 동등한 제어 특성을 부여하기 위한 제어 방식이다.

② 자속을 일정하게 유지하기 위해 전압과 주파수를 비례하게 가변시키는 제어법이다.

∴ 1차 주파수 제어 방식이 아닌 것은 일정 전압 제어 방식이다.

19. **유도 전동기의 토크가 전압의 제곱에 비례하여 변화하는 성질을 이용하여 유도 전동기의 속도를 제어하는 것은?** [08]

㉮ 극수 변환 방식
㉯ 전원 전압 제어법
㉰ 크래어 방식
㉱ 전원 주파수 변환법

해설 유도 전동기의 속도 제어 방식

㉮ 극수 변환 방식 : 권선의 직 · 병렬 접속의 변환으로 극수 변환에 적용된다.

㉯ 전원 전압 제어법 : 사이리스터 (SCR)을 사용하여 전동기의 공급 전압을 변화하는 방법으로 전동기의 속도-토크 특성을 변화시키는 것에 적용된다.

㉰ 크래머 방식 : 권선형 유도 전동기의 속도 제어 방식의 하나로 전자 (電磁) 커플링 방식에 적용된다.

㉱ 전원 주파수 변환법 : 3상 인버터, 주파수 변환기를 전원으로 가지고 있는 방식에 적용된다.

20. **유도 전동기의 제동 방법 중 슬립의 범위를 1~2 사이로 하여 3선 중 2선의 접속을 바꾸어 제동하는 방법은?** [11]

㉮ 직류 제동 ㉯ 회생 제동
㉰ 발전 제동 ㉱ 역상 제동

21. **다음 중 여자용 직류 전원이 필요하며 동기 속도의 1/10까지 제동할 수 있는 전동기의 제동은?**

정답 16. ㉰ 17. ㉯ 18. ㉱ 19. ㉯ 20. ㉱ 21. ㉱

㉮ 회생 제동　　㉯ 역상 제동
㉰ 단상 제동　　㉱ 발전 제동

22. 전동기의 토크 및 효율의 측정에서 실측 효율을 측정하는 데 관계가 없는 것은?

㉮ 프로니 브레이크를 사용하는 방법
㉯ 전기 동력계를 사용하는 방법
㉰ 보조 발전기를 사용하는 법
㉱ 무부하손 측정 방법

23. 100 HP, 3300 V 고압 3상 유도 전동기를 내압 시험을 하려고 한다. 고정자 권선과 철심 및 대지간에 가해야 할 전압은 얼마인가?

㉮ 3300 V　　㉯ 6600 V
㉰ 7600 V　　㉱ 9000 V

해설 $2E_1 + 1000 = 2 \times 3300 + 1000 = 7600$ V

24. 스트로보코프법은 다음 중 무엇을 측정하는 기계인가?

㉮ 전압　　㉯ 슬립
㉰ 속도　　㉱ 주파수

해설 본문 그림 2-56 참조

25. 유도 전동기의 슬립을 측정하기 위하여 스트로보코프법으로 원판의 겉보기 회전수를 측정하니 1분 동안 90회였다. 4극 60 Hz 용 전동기라면 슬립은 얼마인가? [01]

㉮ 3 %　　㉯ 4 %
㉰ 5 %　　㉱ 6 %

해설 ① $N_s = \frac{120f}{p} = \frac{120 \times 60}{4} = 1800$ rpm

② $s = \frac{N_2}{N_s} \times 100 = \frac{90}{1800} \times 100 = 5$ %

정답 22. ㉱　23. ㉰　24. ㉯　25. ㉰

5. 단상 유도 전동기 · 특수 유도기

5-1 단상 유도 전동기

(1) 단상 유도 전동기의 특성

① 전부하 전류와 무부하 전류의 비율이 대단히 크고, 역률과 효율은 대단히 나쁘다.
② 주로 0.75 kW 이하의 소출력 범위 내에서 사용되고 있다.
③ 표준 출력은 100, 200, 400 W이다.
④ 회전자는 농형으로 되어 있고, 고정자 권선은 단상 권선으로 되어 있다.
⑤ 단상 권선에서는 교번(이동) 자기장이 발생한다.
⑥ 기동 토크는 0이며, 기계손이 없어도 무부하 속도는 동기 속도 보다 작다.

(2) 단상 유도 전동기

표 2-7 단상 유도 전동기의 종류

형식	접 속 도	기동 토크	기동 전류	기동 장치	용 도	특 징
① 분상 기동형	기동 스위치, 농형 회전자, SW_2, ST, 주권선(M), 기동 권선	중 (125~200 %)	대 (500~600 %)	• 원심력 스위치 내장 • 정격 속도의 75%에서 원심력 스위치 동작	재봉틀, 볼반, 우물 펌프, 팬, 환풍기, 사무 기기, 농기기	비교적 염가이며, 기동 전류가 큰 것이 단점이다. 큰 출력으로 제작하기 어렵다.
② 콘덴서 기동	농형 회전자, SW, C_1, ST, M	대 (200~300 %)	중 (400~500 %)	• 기동용 콘덴서 1 HP : 400 μF 1/4 HP : 175 μF • 원심력 스위치 내장 • 정격 속도의 75 % 동작	• 200 W 이상 • 컴프레서, 펌프, 공업용 세척기, 냉동기, 농기기, 컨베이어	기동 전류가 적고 기동 토크가 크며, 기동 토크가 크게 요구되는 부하와 전원 전압 변동이 큰 곳에 적합하다.
③ 영구 콘덴서형	농형 회전자, C, A, M, 보조 권선	소 (50~100 %)	소 (300~400 %)	• 운전 콘덴서 0.5 HP : 15 μF	펌프, 세척기, 사무 기기, 선풍기, 세탁기	기동 전류와 전부하 전류가 적고 운전 특성이 좋으며, 기동 토크가 적은 용도에 적합하다. 기동용 스위치가 없으므로 고장이 적다.

④ 영구 콘덴서 기동형 콘덴서	SW, C, C_1, A, M, 농형 회전자	대 (250~350 %)	중 (400~500 %)	• 기동용 콘덴서 • 원심력 스위치 내장 • 운전 콘덴서	펌프, 컴프레서, 냉동기, 농기기	콘덴서 전동기와 같은 용도로 결국 기동 토크가 크게 요구되는 부하에 적합하다. 역률 90 % 이상
⑤ 반발 기동형	M, 정류자가 있는 분포권형 회전자, B_1, B_2	극대 (400~600 %)	극소 (300~400 %)	• 정류자 브러시 • 정류자 단락 링	펌프, 컴프레서, 냉동기, 공업용 세척기, 농기기	기동 토크가 크게 요구되고, 전원 전압 강하가 큰 부하에 적합하다. 정류자가 있어 유지 보수가 어렵다.
⑥ 셰이딩 코일형	M, 농형 회전자, 셰이딩 코일	소 (40~50 %)	중 (400~500 %)	• shading coil 사용	• 레코드 플레이어, 천장 선풍기	주로 소형 민생 기기에 사용되고, 기동 스위치가 없어 유지 보수가 쉽다.

5-2 특수 유도기

(1) 특수 농형 유도 전동기

① 2중 농형 유도 전동기(double squirrel-cage induction motor)

(가) 그림 2-57 (a)와 같이 회전자에 상하 2개의 홈을 파고, 바깥쪽 홈에 저항이 큰 기동용 도체 A를 넣는다.

(나) 안쪽 홈에 저항이 적고 굵은 운전용 도체 B를 넣어 기동 특성을 개선한 특수 농형 유도 전동기이다.

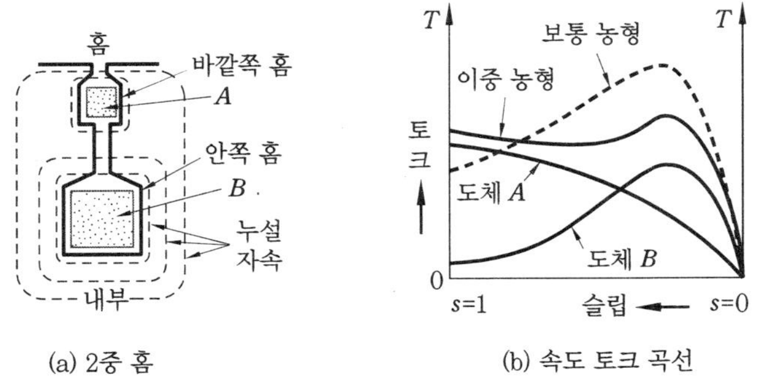

(a) 2중 홈 (b) 속도 토크 곡선

그림 2-57 2중 농형 전동기

표 2-8 특수 농형 유도 전동기의 기동 특성 비교

종 류	기동 토크 [%]	기동 전류 [%]
보통 농형	120~175	450~600
심홈 농형	120~200	400~550
2중 농형	120~250	350~500

② 딥슬롯형 전동기 (deep-slot squirrel cage induction motor)

(가) 보통 농형보다 매우 깊은 홈을 만들고, 가늘고 긴 도체를 넣어 표피 효과를 이용하여 기동 특성을 개선한 특수 농형 유도 전동기이다.

(나) 냉각 효과가 좋아 기동 정지가 빈번한 저속도 중·대형기에 적합하다.

(2) 3상 유도 전압 조정기 (three phase induction regulator)

① 구조 : 권선형 3상 유도 전동기의 1, 2차를 직렬 접속하고, 그림 2-58과 같이 고정자에는 2차 (직렬) 권선을, 회전자에는 1차 (분로) 권선을 Y 결선으로 한다.

$$\dot{V}_2 = \dot{E}_1 + \dot{E}_2 = \dot{V}_1 + \dot{E}_2 = (V_1 + E_2 \cos\theta) + jE_2 \sin\theta$$

② 조정 범위 : $V_2 = E_1 \pm E_2 = V_1 \pm E_2 = \sqrt{3}\,(V_1 + E_2)$

3상 : $V_2{}' = \sqrt{3}\ V_2 = \sqrt{3}\,(E_1 \pm E_2)$

③ 정격 출력 : $P = \sqrt{3}\,(\sqrt{3}\,E_2)\,I_2 \times 10^{-3} = 3\,E_2 I_2 \times 10^{-3}$ [kVA]

여기서, 정격 2차 전압 (조정 전압) : $\sqrt{3}\,E_2$

④ 정류기, 통신용 전원, 배전 전압의 자동 조정 등에 널리 쓰인다.

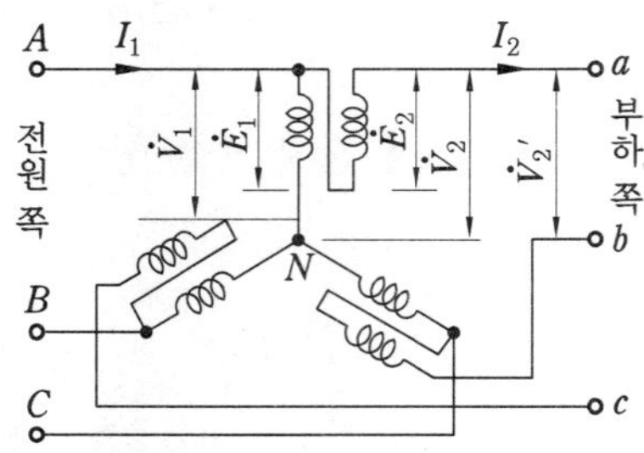

그림 2-58 3상 유도 전압 조정기

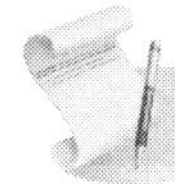

예·상·문·제

5. 단상 유도 전동기 · 특수 유도기

1. 단상 유도 전동기의 기동 방법 중 기동 토크가 가장 큰 것은? [12]

㉮ 분상 기동형 ㉯ 콘덴서 기동형
㉰ 반발 기동형 ㉱ 세이딩 코일형

해설 단상 유도 전동기의 기동 토크가 큰 순서
반발 기동형 → 반발 유도형 → 콘덴서 기동형 → 분상 기동형 → 셰이딩 코일형

2. 단상 유도 전동기의 반발 기동형(A), 콘덴서 기동형(B), 분상 기동형(C), 셰이딩 코일형(D)일 때 기동 토크가 큰 순서는?

㉮ A－B－C－D ㉯ A－D－B－C
㉰ A－C－D－B ㉱ A－B－D－C

3. 다음 중 역률이 가장 좋은 단상 유도 전동기는 어느 것인가?

㉮ 분상형 ㉯ 셰이딩 코일형
㉰ 콘덴서형 ㉱ 반발형

4. 회전 방향을 바꿀 수 없는 전동기는 어느 것인가?

㉮ 셰이딩 코일형 ㉯ 콘덴서 기동형
㉰ 반발 기동형 ㉱ 분상 기동형

5. 다음 중 단상 유도 전동기 중 브러시가 필요한 것은?

㉮ 반발 기동형 ㉯ 셰이딩 코일형
㉰ 분상형 ㉱ 콘덴서형

6. 역률이 좋아서 가정용 선풍기, 세탁기 등에 주로 사용되는 것은?

㉮ 분상 기동형
㉯ 반발 기동형
㉰ 콘덴서 기동 영구 콘덴서형
㉱ 셰이딩 코일형

7. 단상 유도 전동기에서 분상 기동형은 회전자 속도가 동기 속도의 어느 정도에 도달했을 때 원심력 개폐기가 동작하여 기동 권선을 개방하는가?

㉮ 20~30 % 정도 ㉯ 40~60 % 정도
㉰ 70~80 % 정도 ㉱ 90~95 % 정도

8. 탁상 선풍기용 전동기의 속도 조정은 어떻게 하는가?

㉮ 2차 저항 가감 ㉯ 주파수 조정
㉰ 전압 조정 ㉱ 극수 변환

해설 직렬 리액턴스와 값을 탭으로 조정하여 전동기 공급 전압을 가감한다.

9. 분상 기동형 단상 유도 전동기의 회전 방향을 바꾸려면? [10]

㉮ 주권선 및 기동권선 단자의 접속을 모두 바꾼다.
㉯ 기동권선이나 주권선 중 어느 한 권선의 접속을 바꾼다.
㉰ 전원의 두 선을 바꾸어 접속한다.
㉱ 정지 후 손으로 회전 방향을 바꾼 다음에 기동시킨다.

해설 분상 기동형 : 본문 표 2-7에서, 기동권선이나 주권선 중 어느 한 권선의 접속을 바꾸면 극성이 반대가 되므로 회전 방향이 반대가 된다.

정답 1. ㉰ 2. ㉮ 3. ㉰ 4. ㉮ 5. ㉮ 6. ㉰ 7. ㉰ 8. ㉰ 9. ㉯

10. 100 V의 단상 전동기를 입력 200 W, 역률 95 %로 운전하고 있을 때의 전류는 몇 A인가?

㉮ 1 ㉯ 2.1 ㉰ 3.5 ㉱ 4

해설 $I = \dfrac{P}{V\cos\theta} = \dfrac{200}{100 \times 0.95} \fallingdotseq 2.1$ A

11. 다음 유도 전동기 중 기동 토크가 가장 큰 것은?

㉮ 보통 농형 유도 전동기
㉯ 심홈(deep-slot)형 전동기
㉰ 권선형 유도 전동기
㉱ 2중 농형 전동기

해설 그림 2-57 (b), 표 2-8 참조

12. 그림의 속도 토크 특성 중 2중 농형 유도 전동기의 특성은?

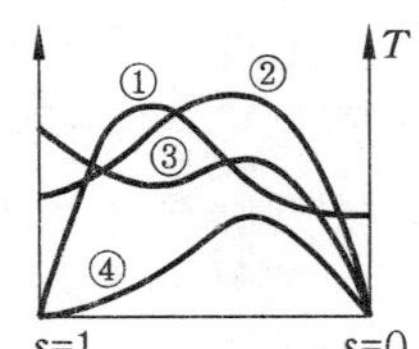

㉮ ① ㉯ ② ㉰ ③ ㉱ ④

해설 그림 2-57 참조

13. 3상 유도 전압 조정기에서 분로 권선 및 직렬 권선의 두 권축이 이루는 각을 θ라 하면, 전압은 어느 경우에 최대가 되는가?

㉮ $\theta = 0$ ㉯ $\theta = \dfrac{\pi}{4}$

㉰ $0 = \dfrac{\pi}{2}$ ㉱ $\theta = \pi$

해설 $V_2 = (V_1 + E_2\cos\theta) + jE_2\sin\theta$ [V]
$= V_1 + E_2\cos 0°$
$= V_1 + E_2$ [V]로 최대이다.
$\theta = 0$일 때 $\cos\theta = 1$, $\sin\theta = 0$

14. 다음 중 3상 유도 전압 조정기의 정격 출력(kVA)은? (단, I_2는 정격 2차 전류(A), E_2는 정격 2차 상전압(V)이다.)

㉮ $\sqrt{3}\,E_2\,I_2 \times 10^3$ ㉯ $\sqrt{3}\,E_2\,I_2 \times 10^{-3}$

㉰ $3\,E_2\,I_2 \times 10^3$ ㉱ $3\,E_2\,I_2 \times 10^{-3}$

해설 정격 2차 상전압이 E_2일 때,
정격 2차 전압(조정 전압)은 $\sqrt{3}\,E_2$ 이므로
$P = \sqrt{3}(\sqrt{3}\,E_2)\,I_2 \times 10^{-3}$
$= 3\,E_2\,I_2 \times 10^{-3}$[kVA]

15. 1상 전압 400 ± 200 V, 10 kVA 3상 유도 전압 조정기의 정격 2차 전류는?

㉮ 16.7 ㉯ 26.7
㉰ 33.5 ㉱ 42.4

해설 $P = 3E_2\,I_2 \times 10^{-3}$ [kVA]에서,

$I_2 = \dfrac{P}{3E_2} \times 10^3 = \dfrac{10}{3 \times 200} \times 10^3 = 16.7$ A

16. 배전용 변전소에서 배전 전압을 자동적으로 조정하는 데 많이 쓰이는 것은?

㉮ 단절 변압기
㉯ 단상 직권 정류자 전동기
㉰ 시험용 변압기
㉱ 3상 유도 전압 전동기

해설 3상 유도 전압 조정기의 용도 : 정류기, 통신용 전원, 배전 전압의 자동 조정에 널리 쓰인다.

정답 10. ㉯ 11. ㉱ 12. ㉰ 13. ㉮ 14. ㉱ 15. ㉮ 16. ㉱

제 4 장

동기기

1. 동기 발전기의 원리와 구조 및 권선법

- 3상 동기 발전기(three-phase synchronous generator) : 수력 발전소나 화력 발전소에서 발전기로 자연에 존재하는 에너지를 전력으로 바꾼 것을 말한다. 교류 발전기는 단상과 3상이 있으나 발전소에 있는 발전기는 모두 3상이며, 동기 속도라는 일정한 속도로 회전하므로 3상 동기 발전기라 한다.
- 동기기 : 동기 속도로 회전하는 교류 발전기, 전동기를 동기기라 한다.

1-1 동기 발전기의 원리

(1) 교류의 발생

① 발전기는 전자 유도 작용을 응용한 것으로, 그림과 같이 여자기로 슬립 링을 통하여 회전자의 계자 권선에 직류를 가하면 계자는 N, S의 자극이 생긴다.

② 계자를 회전시키면 고정자 권선에 자속이 쇄교되어 플레밍의 오른손 법칙에 의한 교번 기전력이 발생한다.

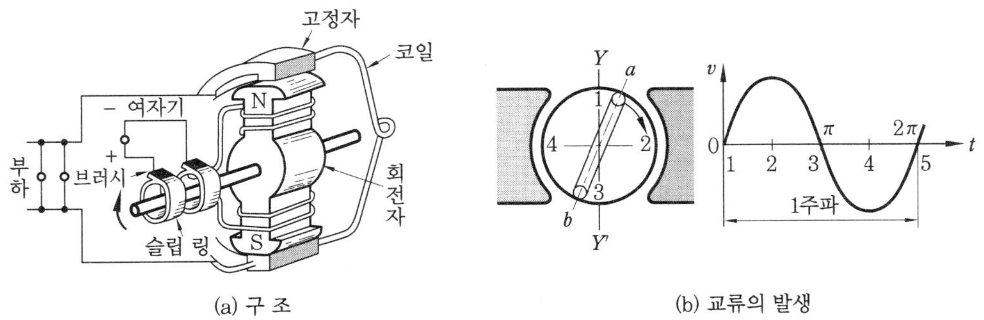

그림 2-59 동기 전동기의 원리

(2) 동기 속도 (synchronous speed)

① 교류 발전기의 주파수

$$f = \frac{p}{2} \times \frac{N_s}{60} = \frac{p}{120} \cdot N_s \text{ [Hz]}$$

② 동기 속도

$$N_s = \frac{120}{p} \cdot f \text{ [rpm]}$$

여기서, p : 극수, f : 주파수 [Hz], N_s : 동기 속도 [rpm]

(3) 유도 기전력

① 전기자 도체 1개에 유도되는 기전력의 순시값 e

$$e = vBl \text{ [V]}$$

여기서, B : 자속 밀도 [Wb/m^2]
l : 도체 유효 길이 [m]
v : 이동 속도 [m/s]

② 1상의 유도 기전력

$$E = 4.44\ kfn\phi = 4.44\ k_d k_p fn\phi \text{ [V]}$$

여기서, n : 직렬로 접속된 코일의 권수, ϕ : 1극의 자속 [Wb], k : 권선 계수 (0.9~0.95)
k_d : 분포 계수, k_p : 단절 계수

③ 회전자의 주변 속도

$$v = \pi D \frac{N_s}{60} \text{ [m/s]}$$

여기서, D : 회전자 지름 [m]

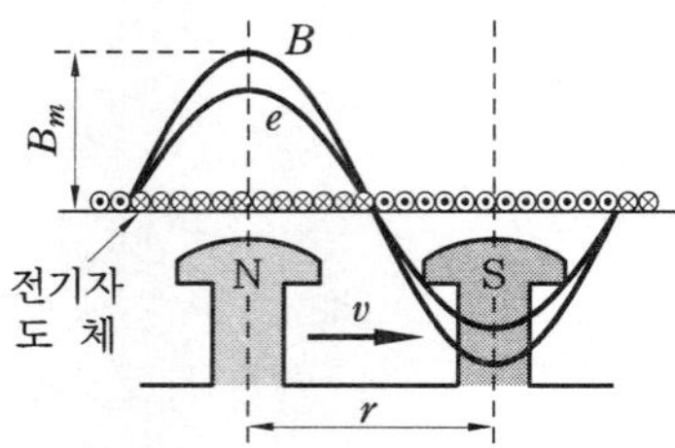

그림 2-60 유도 기전력의 파형

1-2 동기 발전기의 종류와 구조

(1) 회전자형에 따른 분류

① 회전 계자형 (revolving field type)

(가) 전기자를 고정자, 계자를 회전자로 하는 일반 전력용 3상 동기 발전기이다.

(나) 전기자가 고정자이므로, 고압 대전류용에 좋고 절연이 쉽다.

(다) 계자가 회전자이지만 저압 소용량의 직류이므로 구조가 간단하다.

② 회전 전기자형(revolving-armature type) : 전기자가 회전자, 계자가 고정자이며 특수한 소용량기에만 쓰인다.

③ 유도 자형(inductor type) : 계자와 전기자를 고정자로 하고, 유도자를 회전자로 한 것으로 고조파 발전기에 쓰인다.

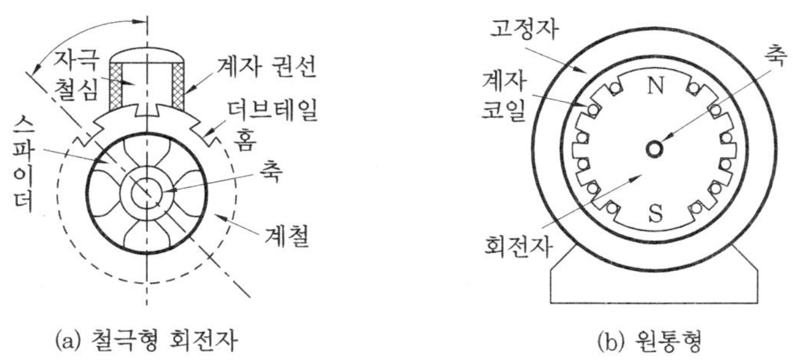

그림 2-61 동기 발전기의 구조(회전계자형)

(2) 수차 발전기의 구조

① 고정자

㈎ 고정자 프레임과 고정자 철심 : 전기자 철심은 규소 강판을 고정자 프레임(stator frame)의 안쪽에 포개서 성층한 것이다.

㈏ 전기자 코일 : 형권의 다이아몬드형 2층권이 주로 쓰인다.

② 회전자 : 수차 발전기의 회전자는 철극형(salient pole)을 사용하며, 1.6~3.2 mm의 연강판을 성층하여 붙인다.

(3) 터빈 발전기의 구조

① 고정자 : 철손을 작게 하기 위하여 수차 발전기보다 철손이 작은 규소 강판을 사용한다.

② 회전자 : 원통형 자극(cylindrical pole)으로 하고, 회전자 철심과 회전자 축은 특수강을 써서 한 덩어리로 만든다.

(4) 수소 냉각 발전기

① 수소의 비중이 공기의 약 7%이므로, 풍손이 공기 냉각의 약 1/10로 감소한다.

② 비열은 공기의 약 14배로 냉각 효과가 크고 동일 발전기에서의 온도 상승은 2/3배이며, 온도 상승이 같고 치수가 같으면 공기 냉각보다 출력은 약 25% 증가한다.

③ 코일의 절연이 파괴되어 아크가 발생하여도 연소하지 않는다.

④ 수소는 공기가 30~90% 혼입하면 폭발할 염려가 있으므로, 방폭 구조로 해야 하기 때문에 설비비가 많이 든다. 이 방식은 터빈 발전기, 대용량의 동기 조상기에 사용한다.

(5) 여자기(excitor)

① 교류 발전기의 계자 권선에 직류 전류를 공급하여 계자 철심을 자화시키기 위한 것으로, 분권 또는 복권 직류 발전기를 쓴다.

② 여자기의 용량

(가) 용량은 동기 발전기의 출력과 회전수로 정해지나, 발전기 용량의 0.3~4 % 정도이면 된다.

(나) 부여자기는 주여자기의 3~5 % 정도이다.

(다) 전압은 용량이 작은 것은 110 V, 큰 것은 220 V가 표준이다.

1-3 전기자 권선법과 권선 계수

(1) 집중권과 분포권

① 집중권(concentrated winding) : 1극 1상당의 홈(slot)수 q가 1개인 권선법이다.

$$E_r' = E_1 + E_2 + E_3 \text{ (대수합)}$$

② 분포권(distributed winding) : 1극 1상당의 홈수 q가 2개 이상인 권선법(보통 $q = 3 \sim 7$)으로, 전절권에 비하여 유도 기전력이 감소한다.

$$\dot{E}_r' = \dot{E}_1 + \dot{E}_2 + \dot{E}_3 \text{ (벡터합)}$$

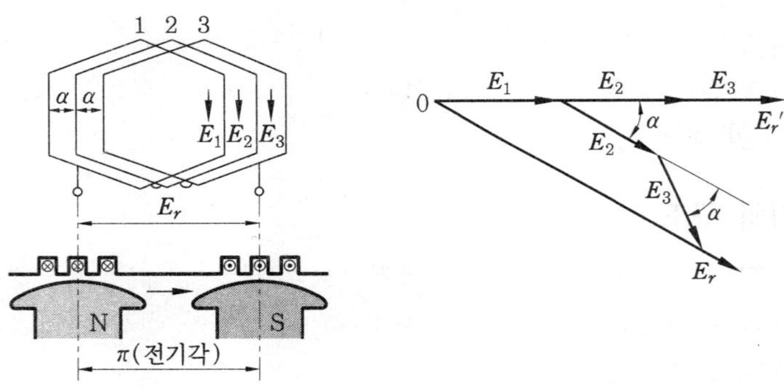

그림 2-62 집중권과 분포권

③ 분포 계수(distribution factor)

(가) 분포권일 때의 유도 기전력의 감소 비율로서 0.96 정도이다.

$$k_d = \frac{\text{분포권의 합성 기전력 } E_r}{\text{집중권의 합성 기전력 } E_r'} = \frac{\sin \pi/2m}{q \sin \pi/2mq}$$

여기서, q : 1극 1상당 홈수, m : 상수

(나) 집중권에 비하여 전기자 철심의 이용률이 좋고 기전력의 파형 개선, 누설 리액턴스 감소, 냉각 효과가 좋으나 유도 기전력이 감소한다.

(2) 전절권과 단절권

① 전절권(full pitch winding) : 코일 피치와 자극 피치가 같은 권선법이다(피치 π).

② 단절권(short pitch winding) : 코일 피치 $\beta\pi$가 자극 피치 π보다 작은 권선법이다 ($\beta=5/6$정도).

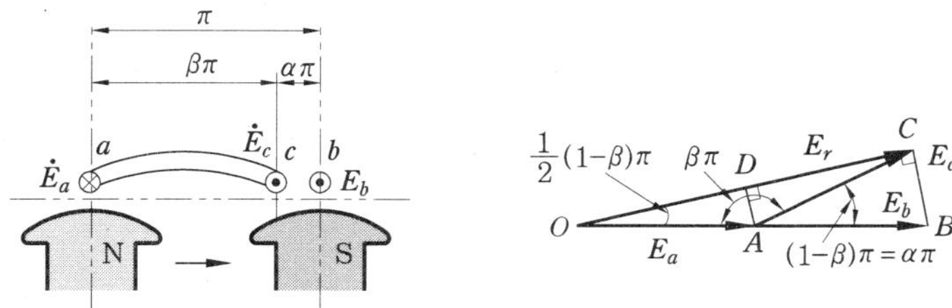

그림 2-63 전절권과 단절권

③ 단절 계수(short pich factor)

㈎ 단절권일 때의 유도 기전력의 감소 비율(0.96 정도)로서 그림에서 $E_a=E_b$ 일 때,

$$k_P=\frac{E_r}{E_a+E_b}=\frac{\overline{OC}}{\overline{OB}}=\frac{\overline{OD}}{\overline{OA}}=\frac{E_a\cos(1-\beta)\frac{\pi}{2}}{E_a}=\cos\frac{(1-\beta)\pi}{2}=\sin\frac{\beta}{2}\pi$$

$$\therefore k_P=\sin\frac{\beta}{2}\pi$$

㈏ 전절권에 비하여 파형(고조파 제거) 개선, 코일 단부 단축, 동량 감소 및 기계 길이가 단축되지만, 유도 기전력이 감소한다(k_P 배).

④ 유도 기전력

$$E=4.44\,k_w\,fN\phi\,[\mathrm{V}]\quad (\text{권선 계수} : k_w=k_d\cdot k_P)$$

표 2-9 단절권 계수의 값

β	1.0	17/18	14/15	11/12	8/9	13/15	5/6	12/15	7/9	9/12	11/15
k_P	1.0	0.996	0.995	0.991	0.985	0.978	0.966	0.951	0.940	0.924	0.914

㈜ 실제의 발전기에서는 $\beta=\frac{5}{6}$ 정도이다.

⑤ 양 코일변의 유도 기전력의 위상차

㈎ 전절권의 경우 : π

㈏ 단절권의 경우 : $(1-\beta)\pi$ 만큼의 상차가 생긴다.

(3) 전기자 코일의 접속법

① 접속 방법에는 직류기와 같이 중권, 파권 및 쇄권이 있다.

② 일반적으로 동기기는 2층권의 중권으로 감는다.

(4) 기전력의 파형

① 자극면의 모양과 공극의 길이를 적당하게 하여, 자속 밀도 분포를 사인파형이 되도록 한다.

② 전기자 권선을 분포권과 단절권으로 하여, 유도 기전력의 파형을 사인파형이 되도록 한다.

(5) 상간 접속

① 3상 발전기에서 전기각 60°만큼 떨어져 있는 코일 a, c, b 를 감고 c의 인출선을 반대로 접속하면 3상 단자 전압이 얻어진다.

② 상간 접속은 주로 성형(Y 결선) 또는 2중 성형으로 하며, 다음과 같은 장점이 있다.

㈎ 중성점 이용이 가능하며, 선간 전압이 3배가 된다.

㈏ 절연이 용이하며, 제 3 고조파가 발생하지 않는다.

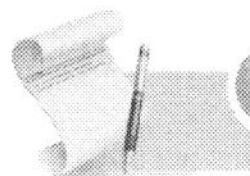

예 · 상 · 문 · 제

1. 동기 발전기의 원리와 구조 및 권선법

1. 플레밍(Fleming)의 오른손 법칙에 따르는 기전력이 발생하는 기기는?

㉮ 교류 발전기 ㉯ 교류 전동기
㉰ 교류 정류기 ㉱ 교류 용접기

2. 극수 8, 60 Hz의 주파수에서 동기 발전기의 회전수는?

㉮ 600 rpm ㉯ 900 rpm
㉰ 1200 rpm ㉱ 1500 rpm

해설 $N_s = \frac{120f}{p} = \frac{120 \times 60}{8} = 900$ rpm

3. 1,200 rpm의 회전수를 만족하는 동기기의 극수 p와 주파수 f[Hz]에 해당되는 것은? [08]

㉮ $p=6$, $f=50$ ㉯ $p=8$, $f=50$
㉰ $p=6$, $f=60$ ㉱ $p=8$, $f=60$

해설 $N_s = \frac{120f}{p}$ [rpm]에서,

$N_s = 1200$ [rpm]이므로

$1200 = 120 \cdot \frac{f}{p}$에서, $f = 10 \cdot p$

$\therefore f = 60$ Hz, $p = 6$극

4. 회전수 1800 rpm을 만족하는 동기기의 극수(㉠)와 주파수(㉡)는? [12]

㉮ ㉠ 4극, ㉡ 50 Hz
㉯ ㉠ 6극, ㉡ 50 Hz
㉰ ㉠ 4극, ㉡ 60 Hz
㉱ ㉠ 6극, ㉡ 60 Hz

해설 $N_s = \frac{120f}{p}$ [rpm]에서,

$N_s = 1800$ [rpm]이므로

$1800 = \frac{120f}{p}$에서, $f = 15p$

$\therefore f = 60$ Hz, $p = 4$극

참고 $N_s = \frac{120 \times 60}{4} = 1800$ rpm

5. 60 Hz, 12극의 동기 속도와 같은 속도를 50 Hz에서 얻자면 극수는 몇 개인가?

㉮ 6극 ㉯ 8극 ㉰ 10극 ㉱ 12극

해설 ① $N_s = \frac{120f}{p} = \frac{120 \times 60}{12} = 600$ rpm

② $p' = \frac{120f'}{N_s} = \frac{120 \times 50}{600} = 10$극

6. 회전자의 바깥 지름이 2 m인 50 Hz, 12극 동기 발전기가 있다. 주변 속도는 얼마인가?

㉮ 10 m/s ㉯ 20 m/s
㉰ 40 m/s ㉱ 50 m/s

해설 $v = \pi D \frac{N_s}{60} = 3.14 \times 2 \times \frac{500}{60} \fallingdotseq 52$ m/s

$\left(N_s = \frac{120}{p} \cdot f = \frac{120}{12} \times 50 = 500 \text{ rpm}\right)$

7. 4극, 50 Hz의 3상 동기 발전기의 회전자 주변 속도를 150 m/s 이하로 하려면, 회전자의 지름을 어떻게 선정하여야 하는가?

㉮ 1.5 m ㉯ 1.9 m ㉰ 2.4 m ㉱ 2.5 m

해설 $v = \pi D \frac{N_s}{60}$ [m/s]에서,

$D = \frac{60 \times v}{\pi N_s} = \frac{60 \times 150}{\pi \times 1500} = 1.9$ m

$\left(N_s = \frac{120f}{p} = \frac{120 \times 50}{p} = 1500 \text{rpm}\right)$

정답 1. ㉮ 2. ㉯ 3. ㉰ 4. ㉰ 5. ㉰ 6. ㉱ 7. ㉯

8. 동기 발전기에서 극수는 4, 1극의 자속수는 0.062 Wb, 1분간의 회전 속도를 1800, 코일의 권수를 100이라 하면 이 때 유기 기전력의 실효값(V)은? (단, 권선 계수는 1.0이라 한다.)

㉮ 526 ㉯ 1488 ㉰ 1652 ㉱ 2336

해설 $E = 4.44\,kfn\phi$

$= 4.44 \times 1 \times 60 \times 100 \times 0.062$

$= 1652\ \text{V}$

$\left(f = \frac{pN_s}{120} = \frac{4 \times 1800}{120} = \frac{7200}{120} = 60\text{Hz}\right)$

9. 극수 16, 회전수 450 rpm, 1상의 코일수 83, 1극의 유효자속 0.3 Wb의 3상 동기 발전기가 있다. 권선계수가 0.96이고, 전기자 권선을 성형 결선으로 하면 무부하 단자 전압은 약 몇 V인가? [12]

㉮ 8000 V ㉯ 9000 V
㉰ 10000 V ㉱ 11000 V

해설 동기 발전기의 무부하 단자 전압

① $f = \frac{N_s p}{120} = \frac{450 \times 16}{120} = 60\ \text{Hz}$

② $E = 4.44\,kfn\phi$

$= 4.44 \times 0.96 \times 60 \times 83 \times 0.3$

$\fallingdotseq 6370\ \text{V}$

$\therefore E_l = \sqrt{3}E = \sqrt{3} \times 6370 \fallingdotseq 11000\ \text{V}$

10. 동기기의 전기자 도체에 유기되는 기전력의 크기는 그 주파수를 2배로 했을 경우 어떻게 되는가?

㉮ 2배로 증가
㉯ 2배로 감소
㉰ 4배로 증가
㉱ 4배로 감소

해설 유기 기전력 E는 주파수 f에 비례하므로 2배로 증가한다.

참고 $E = 4.44kfn\phi$[V]에서, $E = k'f$

11. 전기자를 고정자로 하고 계자를 회전자로 한 동기기는?

㉮ 회전 전기자형 ㉯ 유도자형
㉰ 회전 계자형 ㉱ 고주파 발전기

해설 본문 그림 2-61 참조

12. 동기 발전기 중 회전 계자형 발전기의 설명으로 타당성이 적은 것은?

㉮ 고전압 대전류용으로 적당하다.
㉯ 계자 회로는 고전압 대용량의 직류 회로이다.
㉰ 계자 회로는 구조가 간단하다.
㉱ 동기 발전기는 대부분 회전 계자형이다.

해설 계자 회로는 저압 소용량의 직류 회로이다.

13. 회전 전기자형 동기 발전기에서 3상 교류 기전력은 어느 부분을 통하여 출력해 내는가? [07,10]

㉮ 모선 ㉯ 전기자권선
㉰ 회전자권선 ㉱ 슬립링

해설 회전 전기자형의 구조 : 회전 전기자형은 회전계자형과는 반대로 전기자가 회전하므로 기전력은 슬립링(slip ring)을 통하여 부하에 공급된다.

14. 터빈 발전기의 구조가 아닌 것은?

㉮ 고속 운전을 한다.
㉯ 축방향으로 긴 회전자로 되어 있다.
㉰ 회전 계자형의 철극형으로 되어 있다.
㉱ 일반적으로 극수는 2극 또는 4극으로 사용한다.

해설 터빈 발전기의 구조는 회전계자형의 원통형으로 되어있다.

참고 본문 그림 2-61 (b) 원통형 참조

정답 8. ㉰ 9. ㉱ 10. ㉮ 11. ㉰ 12. ㉯ 13. ㉱ 14. ㉰

15. 여자기(exciter)에 대한 설명으로 옳은 것은? [06, 11]

㉮ 발전기의 속도를 일정하게 하는 것이다.
㉯ 부하변동을 방지하는 것이다.
㉰ 직류 전류를 공급하는 것이다.
㉱ 주파수를 조정하는 것이다.

해설 여자기(exciter)
① 동기 발전기의 계자 권선에 여자(직류) 전류를 공급하여 계자 철심을 자화 즉, 자속을 만들기 위한 직류 전원 장치이다.
② 일반적으로 분권 또는 복권 직류 발전기를 사용한다.

16. 동기 발전기의 수소 냉각 방식의 장점이 아닌 것은?

㉮ 수소 비중이 공기의 약 7%이므로, 풍손이 공기 냉각의 약 $\frac{1}{10}$ 정도이다.
㉯ 비열은 공기의 약 14배이므로 냉각 효과가 크며, 같은 치수이면 냉각 방법에 비하여 출력을 약 25% 늘릴 수 있다.
㉰ 공기가 30~90% 혼입하면 폭발할 염려가 있으므로, 방폭 구조로 하여야 한다.
㉱ 코일의 절연이 파괴되어 아크가 발생하여도 연소하지 않는다.

해설 방폭 구조로 해야 하기 때문에, 설비비가 많이 소요되므로 장점으로 볼 수 없다.

17. 수소 냉각 발전기에서 발전기 내 수소 순환용 팬(fan)의 전후 압력차로 식별하고자 하는 것은? [07]

㉮ 발전기 내 수소 압력
㉯ 수소 가스의 순도
㉰ 팬의 회전 속도
㉱ 가스의 수분 함량

해설 수소 냉각 방식
① 수소 가스를 순환 냉각시키는 폐쇄풍도 순환형이다.
② 발전기 내 수소 순환용 팬(fan)의 전후 압력차로 수소 가스의 순도를 식별한다.

18. 동기기의 전기자 권선법이 아닌 것은 어느 것인가? [07, 09, 12]

㉮ 분포권 ㉯ 2층권
㉰ 중권 ㉱ 전절권

해설 전기자 : 권선법
① 집중권과 분포권 중에서 분포권을,
② 전절권과 단절권 중에서 단절권을,
③ 단층권과 2층권 중에서 2층권을,
④ 중권, 파권, 쇄권 중에서 중권을 사용한다.

19. 동기 발전기에서 전기자 권선을 단절권으로 하는 이유는? [06]

㉮ 절연을 좋게 한다.
㉯ 기전력을 높게 한다.
㉰ 역률을 좋게 한다.
㉱ 고조파를 제거한다.

해설 단절권의 장 · 단점
① 전절권에 비해서 고조파를 제거하여 파형이 좋아진다.
② 접속선의 길이가 짧아지며, 구리선이 절약된다.
③ 기계의 치수는 단축되지만, 유도 기전력이 감소된다.

참고 본문 그림 2-63 참조

20. 동기 발전기의 권선을 분포권으로 하면 어떻게 되는가?

㉮ 집중권에 비하여 합성 유도 기전력이 높아진다.
㉯ 권선의 리액턴스가 커진다.
㉰ 파형이 좋아진다.

정답 15. ㉰ 16. ㉰ 17. ㉯ 18. ㉱ 19. ㉱ 20. ㉰

㉣ 난조를 방지한다.

해설 분포권의 권선 특징(집중권에 비하여)
① 유도 기전력이 감소한다.
② 고조파가 감소하여 파형이 좋아진다.
③ 권선의 누설 리액턴스가 감소한다.
④ 냉각 효과가 좋다.

21. **6극, 홈수 54인 3상 동기 발전기의 전기자 코일의 양면이 1홈에서 8홈으로 넣어져 있을 때 단절 계수는?**

㉮ 0.64 ㉯ 0.866
㉰ 0.9397 ㉱ 0.975

해설 극간격 $Y_s = s/p = 54/6 = 9$이고, 단절권일 때 코일 간격은 1번 홈과 8번 홈에 감겨져 있다. 코일 간격은 1번 홈과 8번 홈에 감겨져 있으므로 $Y_s' = 7$이며, $\beta = Y_s' / Y_s = 7/9$

$$K_P = \sin\frac{\beta}{2}\pi = \sin\left(\frac{1}{2}\times\frac{7}{9}\times 180\right)$$
$$= \sin 70 = 0.9397$$

22. **3상 동기 발전기의 각 상의 유기 기전력 중에서 제 5고조파를 제거하려면 코일 간격/극 간격을 어떻게 하면 되는가?**

㉮ 0.5 ㉯ 0.6 ㉰ 0.7 ㉱ 0.8

해설 단절 계수 : 본문 1-3. (2) ③ 단절 계수 참조(표 2-9 참조)
① n 고조파에 대한 단절 계수
$k_{pn} = \frac{\sin n\beta\pi}{2}$에서, $\frac{n\beta}{2} = m$(정수)가 되도록 β를 선정하면 n차 고조파에 대한 단절 계수가 0이 되어 이 고조파가 제거됨을 알 수 있다.
② $k_{p5} = \sin\frac{5\beta\pi}{2}$ 여기서, $\beta = 0,\ 0.4,\ 0.8,\ 1.2 \cdots$ 구해지나 이 중에서 0.8이 가장 적당하다.
③ $\beta = 0.8$일 때 $k_{p5} = \sin\frac{5\times 0.8\times\pi}{2}$
$= \sin 2\pi = \sin 360°$
$= 0$

참고 실제의 발전기에서는 $\beta = \frac{5}{6} = 0.833$ 정도이다.

23. **3상 발전기의 전기자 권선에 Y결선을 채용하는 이유로 볼 수 없는 것은 어느 것인가?** [06, 08, 11]

㉮ 중심점을 이용할 수 있다.
㉯ 같은 상전압이면 Δ결선보다 높은 선간 전압을 얻을 수 있다.
㉰ 같은 상전압이면 Δ결선보다 상절연이 쉽다.
㉱ 발전기 단자에서 높은 출력을 얻을 수 있다.

해설 3상 동기 발전기의 상간 접속을 Y결선으로 하는 이유
① 중성점을 이용할 수 있다. - 중성점 접지에 의한 이상 전압 방지 대책
② 선간 전압이 상전압의 $\sqrt{3}$배가 된다.
③ 상전압은 선간 전압의 $\frac{1}{\sqrt{3}}$배이므로, Δ결선에 비하여 상절연이 쉽고, 코로나, 열화 등이 적다.
④ 권선의 불균형 및 제3고조파 등에 의한 순환 전류가 흐르지 않는다.

정답 21. ㉰ 22. ㉱ 23. ㉱

2. 동기 발전기의 이론과 특성

2-1 동기 발전기의 이론

(1) 전기자 반작용

전기자 자속이 계자 자속에 영향을 주는 현상으로, 역률에 따라 그 작용이 달라진다.

① 교차 자화 작용

(가) 역률 1일 때의 반작용으로, 가로축(횡축) 반작용이라고도 한다.

(나) 그림 (a)의 저항 부하에서 (b)와 같이 전압 전류가 동상이고 전압이 최대일 때 전류가 최대이다.

(다) 합성 자장은 90° 늦은 교차 자화 작용이 되며, 자기 포화로 감자가 된다.

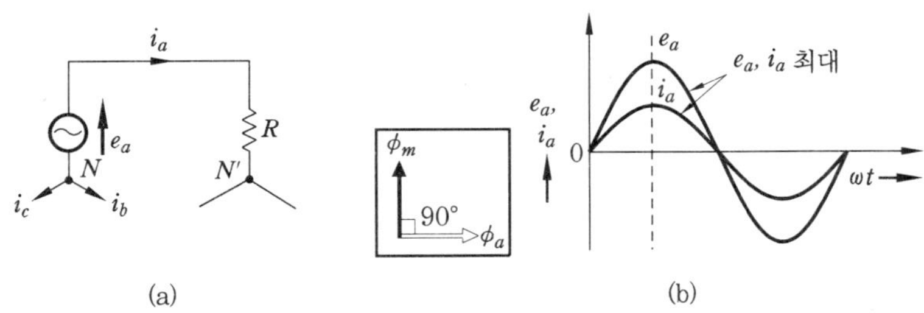

그림 2-64 교차 자화 작용

② 직축 반작용(direct axis reaction) : 역률 0일 때의 반작용으로 전압이 0일 때 전류가 최대이며, 도체 사이에 자극이 있는 순간으로 회전 자장의 축과 자극의 축이 일치한다.

(가) 감자 작용(demagnetizing action) : 역률이 0인 인덕턴스 부하, 즉 역률각이 90° 늦을 때에는 회전 자속(반작용 자속)이 역방향으로 되어 감자 작용을 한다.

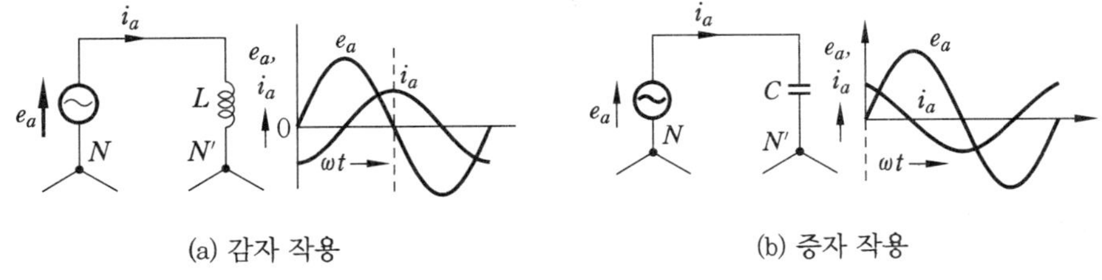

그림 2-65 직축 반작용

(나) 증자 작용(multimagnetizing action) : 역률이 0인 커패시턴스 부하, 즉 역률각이 90° 앞설 때에는 회전 자속과 자극축이 일치하여 증자 작용을 한다.

③ 역률 $\cos\theta$의 전류

(가) $I\cos\theta$ (유효 전류) : 횡축 반작용

(나) $I\sin\theta$ (무효 전류) : 직축 반작용

(2) 전기자 반작용 리액턴스 (armature reaction reactance) : x_a

① 전기자 반작용에 의한 증자, 감자 작용은 기전력을 증감시킨다.

② 전류와는 90° 위상차가 있으므로, 그 크기를 리액턴스 x_a로 나타내고 이를 반작용 리액턴스라 한다.

$$\dot{V} = \dot{E} - \dot{V}_x = \dot{E} - j x_a \dot{I} \text{ [V]}$$

(3) 전기자 누설 리액턴스 (armature leakage reactance) : x_l

① 누설 자속에 의한 권선의 유도성 리액턴스 $x_l = \omega L$을 누설 리액턴스라 한다.

② 돌발 (순간) 단락 전류를 제한한다.

(4) 동기 리액턴스와 동기 임피던스

① 동기 리액턴스 (synchronous reactance) : x_s

$$x_s = x_a + x_l \ [\Omega]$$

※ 영구 (지속) 단락 전류를 제한한다.

② 동기 임피던스 (synchronous impedance) : $\dot{Z}_s$

$$\dot{Z}_s = r_a + j x_s = r_a + j(x_l + x_a)$$

$$Z_s = \sqrt{{r_a}^2 + {x_s}^2} = \sqrt{{r_a}^2 + (x_l + x_a)^2}$$

※ 실용상 $r_a \ll x_s$ $\quad \therefore Z_s \fallingdotseq x_s$

여기서, r_a : 전기자 저항

x_s : 동기 리액턴스

x_a : 전기자 반작용 리액턴스

x_l : 전기자 누설 리액턴스

(5) 동기 발전기의 등가 회로

① 그림에서 1상의 유도 기전력 $\dot{E}$는 다음과 같다.

$$\dot{E} = \dot{V} + \dot{V}_{ra} + \dot{V}_x = \dot{V} + \dot{V}_z = \dot{V} + (r_a + j x_s)\dot{I} = \dot{V} + \dot{Z}_s \dot{I} \text{ [V]}$$

② 지상 역률 $\cos\theta$일 때의 벡터는 (b)와 같이 된다.

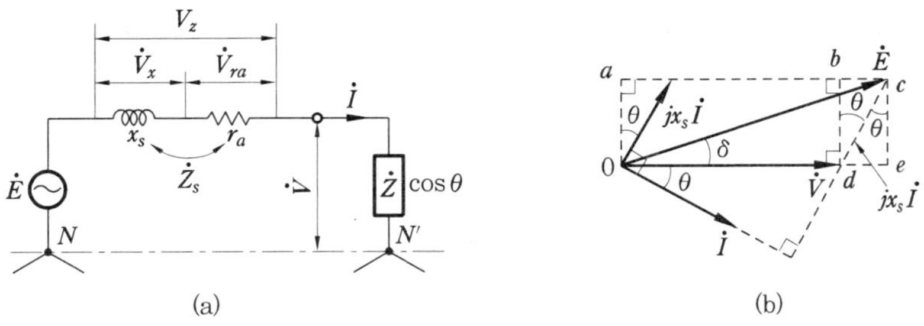

그림 2-66 동기 발전기의 등가 회로·벡터도

(6) 동기 발전기의 1상당 출력과 부하각

① r_a를 무시하면 $\dot{Z}_s = r_a + jx_s \fallingdotseq jx_s$이고, 1상의 출력 P_s는 다음과 같다.

$$P_s = VI\cos\theta = \frac{EV}{x_s}\sin\delta\ [\mathrm{W}]$$

② 그림 2-67에서 V, E 및 x_s가 일정하면 출력 P_s는 $\sin\delta$에 비례하며, $\dot{V}$, $\dot{E}$의 위상차 δ를 부하각(load angle)이라 한다.

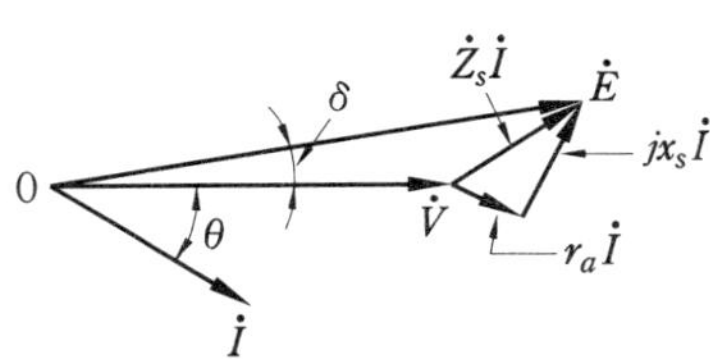

그림 2-67 출력과 부하각

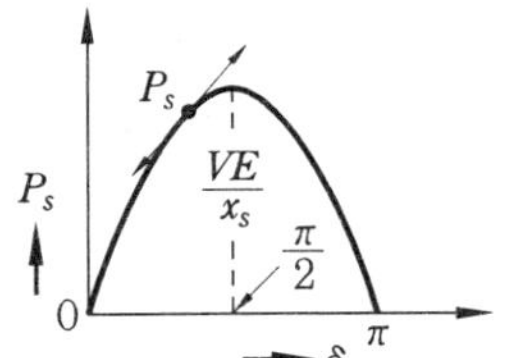

그림 2-68 부하각 특성

(7) 3상 전력의 표시

① 3상 전력

$$P_{s3} = \sqrt{3}\ V_l\, I_l\, \cos\theta = 3\ VI\cos\theta = 3\frac{EV}{x_s}\sin\delta = \frac{E_l\, V_l}{x_s}\sin\delta\ [\mathrm{W}]$$

② 그림 2-68과 같이 부하각 $\delta = 90°$에서 최대 전력이며, 실제 δ는 45°보다 작고 20° 부근이다.

$$P = P_m = \frac{E_l\, V_l}{x_s}\ [\mathrm{W}]$$

2-2 동기 발전기의 특성

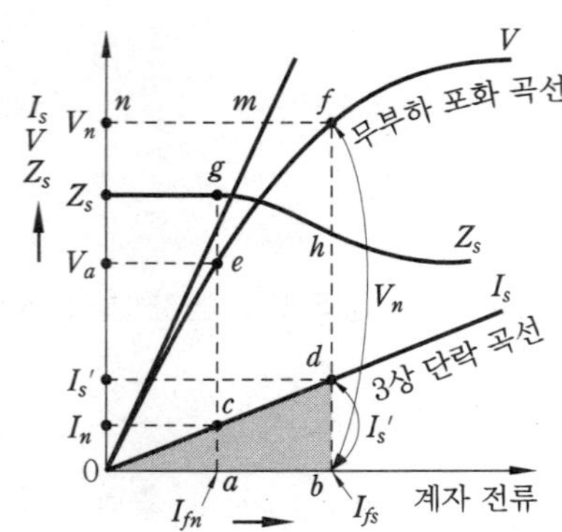

그림 2-69 동기 발전기의 특성 곡선

(1) 무부하 포화 곡선(no-load saturation curve)과 포화율

① 정격 속도 무부하에서 계자 전류 I_f를 증가시킬 때 무부하 단자 전압 V의 변화 곡선을 말하며, 철심의 B-H 곡선, $\phi - I_f$ 곡선과 같다.

② 포화율 : δ

포화의 정도를 나타내며, 다음과 같이 표시한다.

$$\delta = \frac{\overline{fm}}{\overline{nm}}$$

(2) 단락 곡선(short circuit curve)

정격 속도에서 3상을 단락하고 계자 전류 I_f 를 증가시킬 때 단락 전류 I_s의 변화 곡선으로 전류가 크므로, 반작용 감자 작용으로 철심의 포화가 없이 그림 2-69와 같이 직선이 된다.

(3) 지속 단락 전류

① 동기 리액턴스 x_s로 제한된다.

② 정격 전류의 1~2배 정도 된다.

$$I_s = \frac{V}{\sqrt{3}\,x_s} \text{ [A]}$$

(4) 돌발 단락 전류

① 누설 리액턴스 x_l 로 제한되며 대단히 큰 전류가 되지만, 수 [Hz] 후에 반작용이 나타나므로 지속 단락 전류로 된다.

$$I_s' = \frac{V}{\sqrt{3}\,x_l} \text{ [A]}$$

② 한류 리액터(current limiting eactor) : 전기자 누설 리액턴스가 작은 발전기에서는 전기자 회로에 직렬로 공심의 리액턴스 코일을 넣어 돌발 단락 전류를 제한할 때가 있다. 이것을 한류 리액터라 한다.

(5) 동기 임피던스의 계산

① 철심이 포화되면 V_n이 감소하여 Z_s가 감소된다.

② 동기 임피던스

$$Z_s = \sqrt{x_s^2 + r_a^2} = \frac{E_n}{I_s} = \frac{V_n}{\sqrt{3}\,I_s}\ [\Omega]$$

여기서, E_n : 유기 기전력 [V]

I_s : 단락 전류 [A]

③ % 동기 임피던스

$$z_s' = \frac{Z_s I_n}{E_n} \times 100 = \frac{I_n}{I_s} \times 100\ [\%]$$

여기서, $Z_s I_n$: 임피던스 강하

E_n : 정격 유도 기전력

※ 수차기 : 110 %, 터빈기 : 90 % 정도

(6) 단락비(short circuit ratio) : K_s

① 지속 단락 전류 I_s'와 정격 전류 I_n의 비로서, 무부하 포화 곡선과 3상 단락 곡선을 보면 다음과 같다.

$$K_s = \frac{\text{무부하에서 정격 전압을 유지하는 데 필요한 계자 전류}}{\text{정격 전류와 같은 단락 전류를 흘려주는 데 필요한 계자 전류}}$$

$$= \frac{I_{fs}}{I_{fn}} = \frac{I_s'}{I_n} = \frac{100}{z_s}$$

② % 동기 임피던스 z_s'는 단락비 K_s 역수를 %로 나타낸 것과 같다.

$$z_s' = \frac{I_n}{I_s'} \times 100 = \frac{1}{K_s} \times 100\ [\%]$$

③ 단락비는 동기기의 특성을 결정하는 중요한 상수의 하나이다.

(가) 수차 발전기 : 0.9~1.2

(나) 터빈 발전기 : 0.6~1.0

표 2-10 특성 비교

단락비가 작은 동기기	단락비가 큰 동기기
공극이 좁고 계자기자력이 작은 동기계이다.	공극이 넓고 계자기자력이 큰 철기계이다.
동기 임피던스가 크며, 전기자 반작용이 크다.	동기 임피던스가 작으며, 전기자 반작용이 작다.
전압 변동률이 크고, 안정도가 낮다.	전압 변동률이 작고, 안정도가 높다.
기계의 중량이 가볍고 부피가 작으며, 고정손이 작아 효율이 좋다.	기계의 중량과 부피가 크며, 고정손(철, 기계손)이 커서 효율이 나쁘다.

(7) 전압 변동률 : ϵ [%]

동기 발전기의 정격 단자 전압을 V_n, 무부하 단자 전압을 V_0라 하면 다음과 같다.

$$\epsilon = \frac{V_0 - V_n}{V_n} \times 100 \text{ [\%]}$$

예·상·문·제

2. 동기 발전기의 이론과 특성

1. 동기 발전기의 전기자 반작용에서 역률이 1인 경우에 일어나는 현상은?

㉮ 편자 작용 ㉯ 자화 작용
㉰ 교차 자화 작용 ㉱ 감자 작용

해설 ① 역률 1인 경우 : 교차 자화 작용 = 가로축 (횡축) 반작용
② 역률 0인 경우 : 직축 반작용

2. 동기 발전기에서 전기자 전류가 무부하 유도 기전력보다 $\frac{\pi}{2}$ 만큼 뒤진 경우의 전기자 반작용은? [11]

㉮ 교차 자화 작용 ㉯ 자화 작용
㉰ 감자 작용 ㉱ 편자 작용

해설 본문 그림 2-65 (a) 감자 작용 참조

3. 동기 발전기에서 전기자 전류를 I, 유기 기전력과 전기자 전류와의 위상각을 θ 라 하면, 횡축 반작용을 하는 성분은?

㉮ $I \cot\theta$ ㉯ $I \tan\theta$
㉰ $I \sin\theta$ ㉱ $I \cos\theta$

해설 ① 횡축 반작용 : $I \cdot \cos\theta$ – 유효 전류
② 직축 반작용 : $I \cdot \sin\theta$ – 무효 전류

4. 다음 중 전기자 반작용에 대한 설명으로 틀린 것은?

㉮ 동상일 때 횡축 반작용
㉯ 부하 전류가 90° 앞설 때는 직축 반작용
㉰ 전압보다 90° 늦은 전류는 계자 자속을 감소시킨다.
㉱ 전압보다 90° 뒤질 때는 횡축 반작용

해설 전압보다 90° 뒤질 때는 직축 반작용으로 감자 작용을 한다.

5. 동기기에서 동기 임피던스 값과 실용상 같은 것은? (단, 전기자 저항은 무시한다.)

㉮ 전기자 누설 리액턴스
㉯ 유도 리액턴스
㉰ 동기 리액턴스
㉱ 등가 리액턴스

해설 $\dot{Z}_s = r_a + jx_s \fallingdotseq jx_s$ (r_a 무시)
여기서, r_a : 전기자 저항, x_s : 동기 리액턴스

6. 동기 발전기의 돌발 단락 전류를 주로 제한하는 것은? [06, 08]

㉮ 동기 리액턴스 ㉯ 계자 저항
㉰ 누설 리액턴스 ㉱ 역상 리액턴스

해설 전기자 누설 리액턴스 $x_l = w$는 돌발(순간) 단락 전류를 제한한다.

참고 ① 돌발 단락 전류 : 단락 직후에는 전기자 반작용이 없어서 전류를 제한하는 것은 전기자 저항과 누설 리액턴스 뿐이므로 대단히 큰 전류가 흐르게 되는데 이 전류를 돌발 단락 전류라 한다.
② 동기 리액턴스 $x_s = x_a + x_l$ [Ω]
여기서, x_l : 누설 리액턴스, x_a : 전기자 반작용 리액턴스

7. 정격 전압 6600 V, 정격 출력 6000 kVA의 3상 동기 발전기의 정격 전류는?

㉮ 525 ㉯ 527
㉰ 530 ㉱ 550

해설 $I = \frac{P}{\sqrt{3}\,V} = \frac{6000 \times 10^3}{\sqrt{3} \times 6600} = 525$ A

정답 1. ㉰ 2. ㉰ 3. ㉱ 4. ㉱ 5. ㉰ 6. ㉰ 7. ㉮

8. 비돌극형 동기 발전기의 단자 전압(1상)을 V, 유도 기전력(1상)을 E, 동기 리액턴스를 x_s, 부하각을 δ 라고 하면, 1상의 출력은 대략 얼마인가?

㉮ $\dfrac{E^2V}{x_s}\sin\delta$ ㉯ $\dfrac{EV^2}{x_s}\sin\delta$

㉰ $\dfrac{EV}{x_s}\sin\delta$ ㉱ $\dfrac{EV}{x_s}\cos\delta$

해설 $P \fallingdotseq \dfrac{EV}{x_s}\sin\delta$ [W]

9. 동기 발전기는 부하각 δ 가 몇 도일 때 최대 출력을 낼 수 있는가?

㉮ 0° ㉯ 30° ㉰ 45° ㉱ 90°

해설 부하각 δ

$P_s = \dfrac{EV}{x_s}\sin\delta$ 에서 $\delta = 90°$ 이면,

$P_m = \dfrac{EV}{x_s}$ [W]로 최대이다.

비돌극형(원통형) : $\delta = 90°$

돌극형 : $\delta = 60°$ 부근

10. 그림은 3상 동기 발전기의 무부하 포화 곡선이다. 이 발전기의 포화율은 얼마인가?

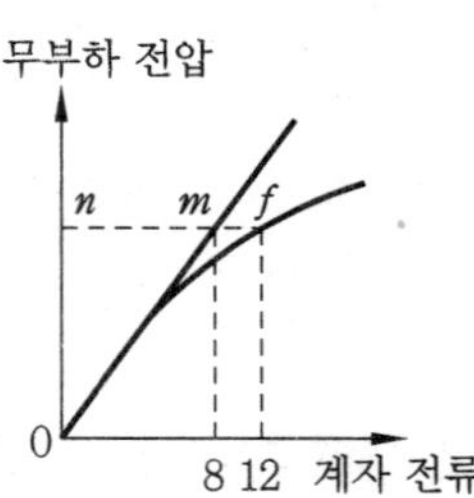

㉮ 0.5 ㉯ 0.7

㉰ 0.9 ㉱ 2.3

해설 $\delta = \dfrac{\overline{fm}}{\overline{nm}} = \dfrac{12-8}{8} = 0.5$

참고 포화율 : 그림 2-69 참조

11. 동기기의 3상 단락 곡선이 직선이 되는 이유는?

㉮ 무부하 상태이므로

㉯ 전기자 반작용으로

㉰ 자기 포화가 있으므로

㉱ 누설 리액턴스가 크므로

해설 3상 단락 곡선 : 전기자 반작용이 커서 감자 작용으로 자기 포화를 시키지 않기 때문이다.

12. 3상 동기 발전기가 있다. 이 발전기의 여자 전류 5 A에 대한 1상의 유기 기전력이 600 V이고, 그 3상 단락 전류는 30 A이다. 이 발전기의 동기 임피던스(Ω)는 얼마인가?

㉮ 2 ㉯ 3 ㉰ 20 ㉱ 30

해설 $Z_s = \dfrac{V}{\sqrt{3}\,I_s} = \dfrac{E}{I_s} = \dfrac{600}{30} = 20\,\Omega$

13. 단락비가 1.25인 동기 발전기의 % 동기 임피던스는?

㉮ 70 % ㉯ 80 % ㉰ 90 % ㉱ 125 %

해설 $Z_s' = \dfrac{1}{K_s} \times 100 = \dfrac{1}{1.25} \times 100 = 80\ \%$

14. % 동기 임피던스가 130 %인 3상 동기 발전기의 단락비는 약 얼마인가? [08]

㉮ 0.7 ㉯ 0.77 ㉰ 0.8 ㉱ 0.88

해설 $K_s = \dfrac{100}{\%Z} = \dfrac{100}{130} \fallingdotseq 0.77$

15. 정격이 6000 V, 8000 kVA인 3상 동기 발전기의 % 임피던스가 80 %라면 동기 임피던스는 몇 Ω인가?

㉮ 3.0 ㉯ 3.2 ㉰ 3.4 ㉱ 3.6

정답 8. ㉰ 9. ㉱ 10. ㉮ 11. ㉯ 12. ㉰ 13. ㉯ 14. ㉯ 15. ㉱

해설 $z_s = \dfrac{Z_s I_n}{V_n / \sqrt{3}} \times 100$에서,

$$I_n = \frac{P_s}{\sqrt{3}\,V_n} = \frac{8000 \times 10^3}{\sqrt{3} \times 6000} = 770\ \text{A}$$

$$\therefore Z_s = \frac{z_s V_n}{100\sqrt{3}\,I_n} = \frac{80 \times 6000}{100\sqrt{3} \times 770} = 3.6\ \Omega$$

16. 발전기의 단락비나 동기 임피던스를 산출하는 데 필요한 시험은? [06, 09, 10]

㉮ 무부하 포화 시험과 3상 단락 시험
㉯ 정상, 영상 리액턴스의 측정 시험
㉰ 돌발 단락 시험과 부하 시험
㉱ 단상 단락 시험과 3상 단락 시험

해설 단락비·동기 임피던스 산출(본문 그림 2-69 특성 곡선 참조)

① 무부하 포화 시험 : 단자 전압 V와 계자 전류 I_f와의 관계 곡선
② 3상 단락 시험 : 단락 시의 전류 I_s와 계자 전류 I_f와의 관계 곡선
③ 두 곡선상에서, 같은 계자 전류에서의 전압 $\dfrac{V}{\sqrt{3}}$와 전류 I_s와의 비를 구한다.

$$\therefore \text{동기 임피던스} : Z_s = \frac{V}{\sqrt{3}\,I_s}\ [\Omega]$$

$$\text{단락비} = \frac{1}{\%Z_s}$$

17. 동기 임피던스가 작은 동기 발전기는? [09]

㉮ 단락비가 작다.
㉯ 전기자 반작용이 작다.
㉰ 전압 변동률이 크다.
㉱ 과부하 내량이 작다.

해설 본문 표 2-10에서 단락비가 큰 동기기 참조

18. 다음 중 동기 발전기에서 단락비가 작은 기계는?

㉮ 동기 임피던스가 크므로 전압 변동률이 작다.
㉯ 동기 임피던스가 크므로 전기자 반작용이 크다.
㉰ 공극이 넓다.
㉱ 계자 기자력이 크다.

해설 본문 표 2-10 참조

19. 동기 발전기는 단락비가 클수록 전압 변동률은 어떻게 되는가?

㉮ 커진다.
㉯ 불변
㉰ 작아진다.
㉱ 부하 역률에 따라 다르다.

20. 10000 kVA, 6000 V, 60 Hz, 24극, 단락비 1.2인 3상 동기 발전기의 동기 임피던스(Ω)는 얼마인가?

㉮ $1/3$ ㉯ $1/\sqrt{3}$
㉰ 3 ㉱ $3\sqrt{3}$

해설 $z_s = \dfrac{1}{K_s} = \dfrac{Z_s I_n}{V_n / \sqrt{3}}$와 $I_n = \dfrac{P_s}{\sqrt{3}\,V_n}$에서,

$$Z_s = \frac{V_n^{\,2}}{P_s \cdot K_s} = \frac{6000^2}{10000 \times 10^3 \times 1.2} = 3\ \Omega$$

정답 16. ㉮ 17. ㉯ 18. ㉯ 19. ㉰ 20. ㉰

3. 동기 발전기의 자기 여자·병렬 운전

3-1 자기 여자 (self excitation)

- 무여자로 운전하고 있는 동기 발전기에 무부하의 장거리 송전선을 접속하면, 발전기의 잔류 자기에 의한 전압 때문에 90°의 앞선 전류가 흘러 전기자 반작용은 자화 작용을 하여 단자 전압이 높아지고 충전 전류도 늘게 된다.
- 이와 같이 단자 전압이 계속해서 높아지게 되는 현상을 자기 여자라 한다.
- 여기서, 무부하 장거리 송전 선로는 용량성 부하 특성을 갖는다.

충전 전류 : $I_c = 2\pi f C V$

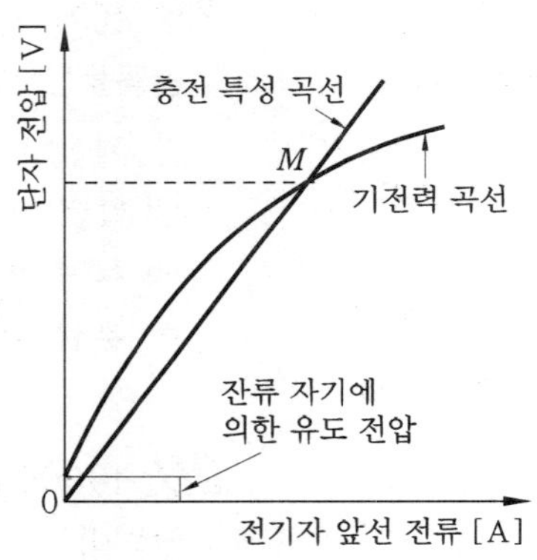

그림 2-70 충전 특성 곡선

(1) 단락비와 충전 용량

① 1대의 발전기로 송전 선로를 충전할 때, 자기 여자를 일으키지 않도록 하기 위해서는 단락비가 큰 발전기를 써야 한다.

② 안전하게 선로를 충전할 수 있는 단락비의 값은, 다음 식을 만족시켜야 한다.

$$\text{단락비} > \frac{Q'}{Q}\left(\frac{V}{V'}\right)^2 (1+\delta)$$

여기서, Q' : 충전 전압 V' 에서 선로의 충전 용량 [kVA]

Q : 발전기의 정격 출력 [kVA]

V : 발전기의 정격 전압 [V]

δ : 발전기의 정격 전압에서의 포화율

③ 발전기의 전압을 정격값의 80 % 정도로 하면 $V' = 0.8$ V, $\delta = 0.1$일 때, 다음과 같다.

$$단락비 > \frac{Q'}{Q} \times 1.72$$

④ 발전기의 정격 용량이 충전 용량과 같을 때, 단락비의 값은 1.72 이상 되어야 한다.
⑤ 점 M의 전압과 전류의 값이 정격값보다 클 때에는 발전기에 나쁜 영향을 주게 되므로, 이를 방지하여야 한다.

(2) 자기 여자 방지법

① 발전기를 여러 대 병렬로 접속한다.
② 수전단에 동기 조상기를 접속한다.
③ 송전 선로의 수전단에 변압기를 접속한다.
④ 단락비가 큰 발전기를 사용한다.
⑤ 수전단에 리액턴스를 병렬로 접속한다. 단, 리액턴스는 부하가 늘면 선로에서 분리해야 한다.

3-2 동기 발전기의 병렬 운전

(1) 병렬 운전 조건

표 2-11 병렬 운전 조건

병렬 운전의 필요 조건	운전 조건이 같지 않을 경우의 현상
① 기전력의 크기가 같을 것	무효 순환 전류가 흐른다.
② 상회전이 일치하고, 기전력이 동위상일 것	동기화 전류가 흐른다 (유효 횡류가 흐른다).
③ 기전력의 주파수가 같을 것	동기화 전류가 교대로 주기적으로 흘러 난조의 원인이 된다.
④ 기전력의 파형이 같을 것	고조파 무효 순환 전류가 흘러 과열 원인이 된다.

(2) 병렬 운전 시 원동기에 필요한 조건

① 균일한 각속도 : 플라이휠 (flywheel)을 설치하여야 한다.
② 적당한 속도 조정률을 가져야 한다.

(3) 동기 검정등

① 동기 검정기(synchroscope) 대신에 동기 검정등을 사용하여 위상을 알아본다.
② 주파수가 일치하면, 그림 (b)와 같이 벡터는 일정한 관계를 가지고 빛의 변화는 정지한다.

③ 발전기의 입력을 조정하여 위상이 완전히 일치하면, 벡터는 그림 (a)와 같이 되어 Ⓛ1 은 꺼지고 Ⓛ2, Ⓛ3 이 같은 밝기로 점등된다. 이 상태가 동기화된 상태이다.

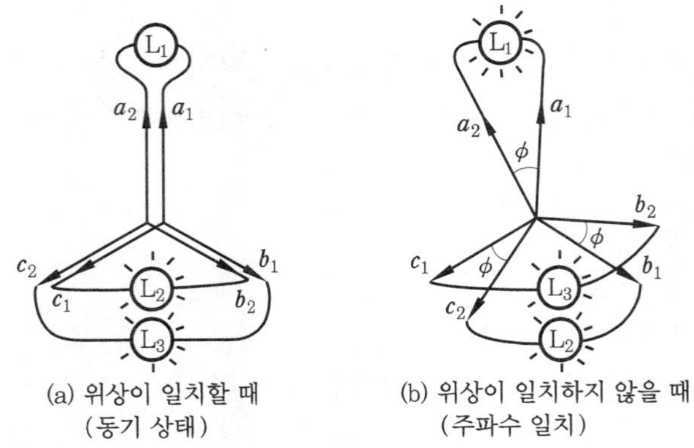

그림 2-71 동기 검정등

(4) 부하 분담의 조작

원동기의 입력을 늘려 유효 전력을, 여자를 강하게 하여 무효 전력을 늘리면 부하 역률은 변하지 않고 부하 분담이 된다.

① 유효 전력 분담 : 원동기 입력(조속기 속도)을 증가시켜 위상각을 α 만큼 앞서게 하면 유효 전력이 증가한다.

② 무효 전력 분담 : 여자 전류를 증가 (I_f 증가, R_f 감소)시켜 무효 순환 전류를 흘리면 역률이 저하하고, 무효 전류와 무효 전력이 증가한다.

(5) 난조 (hunting)

① 회전자가 어떤 부하각에서, 부하가 갑자기 변화하여 새로운 부하각으로 변화하는 도중 회전자의 관성으로 인하여 생기는 하나의 과도적인 진동 현상이다.

② 원인과 방지법은 표 2-12와 같다.

표 2-12 난조 발생의 원인과 방지법

난조 발생의 원인	난조 방지법
① 원동기의 조속기 감도가 지나치게 예민한 경우	조속기를 적당히 조정
② 원동기의 토크에 고조파 토크가 포함된 경우	플라이휠 효과를 적당히 선정
③ 전기자 회로의 저항이 상당히 큰 경우	회로의 저항을 작게하거나 리액턴스를 삽입
④ 부하가 맥동할 경우	플라이휠 효과를 적당히 선정

(6) 제동 권선(damper winding)

① 동기기 자극면에 홈을 파고 농형 권선을 설치한 구조이다.

② 제동 권선의 역할

㈎ 난조 방지 : 동기 속도 전후로 진동하는 것이 난조이므로, 속도가 변화할 때 제동 권선이 자속을 끊어 제동력을 발생시켜 난조를 방지한다.

㈏ 불평형 부하시의 전류 전압 파형을 개선한다.

㈐ 송전선의 불평형 단락시 이상 전압을 방지한다.

(7) 안전도의 증진 방법

① 속응 여자 방식을 채용할 것

② 조속기의 동작을 신속히 할 것

③ 동기 리액턴스를 작게 할 것

④ 플라이휠 효과를 크게 할 것

⑤ 회전자의 관성을 크게 할 것

⑥ 단락비를 크게 할 것

⑦ 역상 및 영상 임피던스를 크게할 것

예·상·문·제

3. 동기 발전기의 자기 여자 · 병렬 운전

1. 동기기의 자기 여자 현상의 방지법이 아닌 것은?

㉮ 단락비 증대
㉯ 리액턴스 접속
㉰ 발전기 직렬 연결
㉱ 변압기 접속

해설 발전기를 여러 대 병렬로 접속한다.

2. 포화율 0.1, 충전 전압이 정격의 80 % 일 때 동기 발전기의 정격이 충전 용량과 같다면 단락비가 얼마 이상이어야 자기 여자가 일어나지 않는가?

㉮ 0.72 ㉯ 1.0 ㉰ 1.21 ㉱ 1.72

해설 단락비 $> \dfrac{Q'}{Q}\left(\dfrac{V}{V'}\right)^2(1+\delta)$ 에서

$Q=Q'$ 이므로 $\therefore \dfrac{1}{0.8^2}\times 1.1=1.72$

3. 3상 동기 발전기를 병렬 운전시키는 경우 고려하지 않아도 되는 조건은? [09, 11]

㉮ 기전력의 위상이 같을 것
㉯ 회전수가 같을 것
㉰ 기전력의 크기가 같을 것
㉱ 상회전 방향이 같을 것

해설 병렬 운전 조건 : 본문 표 2-11 참조

4. 동기 발전기를 병렬 운전하고자 하는 경우 같지 않아도 되는 것은? [10]

㉮ 기전력의 임피던스
㉯ 기전력의 위상
㉰ 기전력의 파형
㉱ 기전력의 주파수

5. 동기 발전기 G_1, G_2를 병렬 운전할 때 G_2의 유효 전력 부담을 줄이려면 어떻게 하는 것이 적당한가?

㉮ G_1의 원동기 속도를 감소시킨다.
㉯ G_1의 여자를 감소시킨다.
㉰ G_2의 원동기 속도를 감소시킨다.
㉱ G_2의 여자를 감소시킨다.

6. 병렬 운전 중의 A, B 두 동기 발전기에서 A 발전기의 여자를 B보다 강하게 하면 A 발전기는 어떻게 변화되는가?

㉮ 90° 진상 전류가 흐른다.
㉯ 90° 지상 전류가 흐른다.
㉰ 동기화 전류가 흐른다.
㉱ 부하 전류가 증가한다.

해설 병렬 운전 중 여자 전류의 변화에 따른 특성의 변화

① 두 발전기의 기전력이 다르게 되어 순환 전류가 흐르게 된다.

$$\dot{I}_c=\frac{\dot{E}_A-\dot{E}_B}{2jx_s}=-j\frac{\dot{V}_{AB}}{2x_s}\ \text{[A]}$$

② 순환 전류는 90° 늦은 지상 전류이며 이를 무효 횡류라 한다.

7. 동기 임피던스 5 Ω인 2대의 3상 동기 발전기의 유도 기전력에 200 V의 전압 차이가 있다면 무효 순환 전류(A)는?

㉮ 5 ㉯ 10 ㉰ 20 ㉱ 40

해설 $I_c=\dfrac{V_{AB}}{2Z_s}=\dfrac{200}{2\times 5}=20$ A

8. 동기기의 병렬 운전 중 기전력의 차이

정답 1. ㉰ 2. ㉱ 3. ㉯ 4. ㉮ 5. ㉰ 6. ㉯ 7. ㉰ 8. ㉮

가 생길 때 잘못된 것은?

㉮ 동기 화력이 생긴다.

㉯ 무효 순환 전류가 생긴다.

㉰ 권선이 과열된다.

㉱ 고압측에 감자 작용에 생긴다.

해설 ① 두 발전기의 기전력이 다르면, 무효 순환 전류가 흐르고 권선이 과열된다.
② 전압이 높은 쪽은 무효 전류에 의한 감자 작용이 생긴다.

9. A, B 2대의 동기 발전기의 병렬 운전 중 A기의 역률을 좋게 하려면?

㉮ A기 여자 증가

㉯ A기의 원동기 입력 증가

㉰ B기 여자 증가

㉱ B기의 원동기 입력 증가

해설 역률 조정
① 역률이 좋으려면 무효 전력이 감소해야 하므로 계자를 줄여야 한다.
② A기의 역률을 좋게 하려면 A기의 여자를 줄이든가, B기의 여자를 증가시키면 된다.

10. 동기 발전기의 병렬 운전에서 동기 검정기(synchro scope)를 사용하여 측정이 가능한 것은? [07]

㉮ 기전력의 크기 ㉯ 기전력의 파형

㉰ 기전력의 진폭 ㉱ 기전력의 위상

해설 동기 검정등 : 그림 2-71 참조

11. 그림의 동기 검정등에서 동기 상태는?

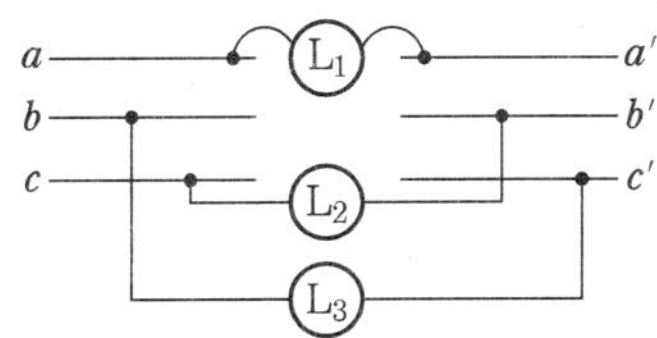

㉮ L_1은 꺼지고 L_2, L_3는 밝다.

㉯ L_1, L_2, L_3 모두 꺼진다.

㉰ L_2, L_3, L_1 순으로 밝다.

㉱ L_1, L_2, L_3 순으로 명멸한다.

해설 동기 상태 : 그림 2-71 참조
㉮ : 동기 상태이면 $V_{aa}{}' = 0$, $V_{ba}{}' = V_{cb}{}'$
㉯ : 상회전 방향이 반대이면, 각 등에 걸리는 전압은 0인 경우이다.
㉰ : 부하각이 작을 때의 현상
㉱ : 부하각이 클 때의 현상

12. 병렬 운전하고 있는 동기 발전기에서 부하가 급변하면 발전기는 동기 화력에 의하여 새로운 부하에 대응하는 속도에 이르지 않고 새로운 속도를 중심으로 전후로 진동을 반복하는데, 이러한 현상은? [11]

㉮ 난조 ㉯ 플러깅

㉰ 비례추이 ㉱ 탈조

해설 난조(hunting) : 과도적인 진동 현상

13. 동기기에서 제동권선의 가장 중요한 역할은? [06, 07, 08]

㉮ 정류 작용

㉯ 난조 방지

㉰ 전압 불평형 방지

㉱ 섬락 방지

14. 동기기의 안정도를 증진시키기 위한 방법으로 잘못된 것은? [10]

㉮ 속응 여자 방식을 채용한다.

㉯ 단락비를 크게 한다.

㉰ 회저부의 관성을 크게 한다.

㉱ 역상 및 영상 임피던스를 작게 한다.

해설 영상 임피던스와 역상 임피던스를 크게 한다.

정답 9. ㉰ 10. ㉱ 11. ㉮ 12. ㉮ 13. ㉯ 14. ㉱

4. 동기 전동기의 원리와 구조 및 이론과 특성

■ 원리 · 구조

- 동기 전동기는 대개 철극 회전 계자형 동기 발전기와 거의 같은 구조를 가지고 있으며, 플레밍의 왼손 법칙에 따라 자극과 회전 자계 사이의 흡입력에 의해서 자극의 회전 자계로 토크가 발생한다.
- 동기 전동기는 철극형 회전 계자형의 구조이며, 동기 속도로 회전하는 전동기이다.

$$N_s = \frac{120f}{p}\ [\text{rpm}]$$

4-1 동기 전동기의 이론과 특성

(1) 동기 전동기의 등가 회로

① 그림 2-72는 1상에 대한 등가 회로이며 $\dot{V}$ 는 공급 단자 전압, $\dot{E}$ 는 역기전력, $\dot{I}$ 는 전기자 전류이다.

② 동기 임피던스는 $\dot{Z} = r_a + jx_s$ 일 때, 이 회로에서 각 전압은 다음과 같은 관계가 성립된다.

$$\dot{V} = \dot{E} + \dot{I}Z_s = \dot{E} + \dot{I}(r_a + jx_s)\ [\text{V}]$$

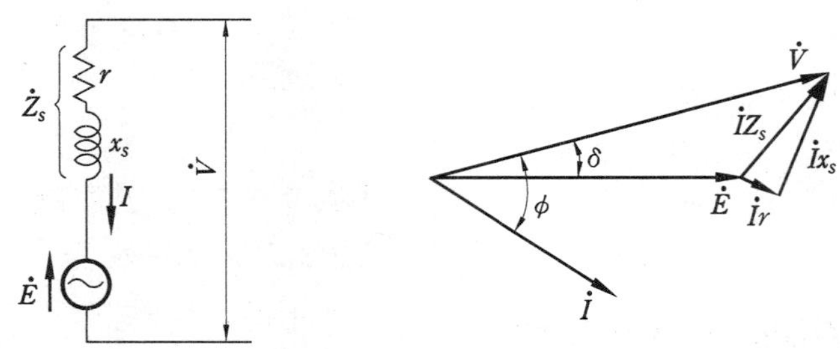

그림 2-72 등가 회로와 벡터도

(2) 동기 전동기의 전기자 반작용

동기 전동기는 동기 발전기의 경우에 비해 반대가 된다.

① I 와 V 가 동상인 경우 : 교차 자화 작용

② I 가 V 보다 $\pi/2$ 뒤지는 경우 : 증자 작용

③ I 가 V 보다 $\pi/2$ 앞서는 경우 : 감자 작용

(3) 동기 전동기의 입력, 출력 및 토크

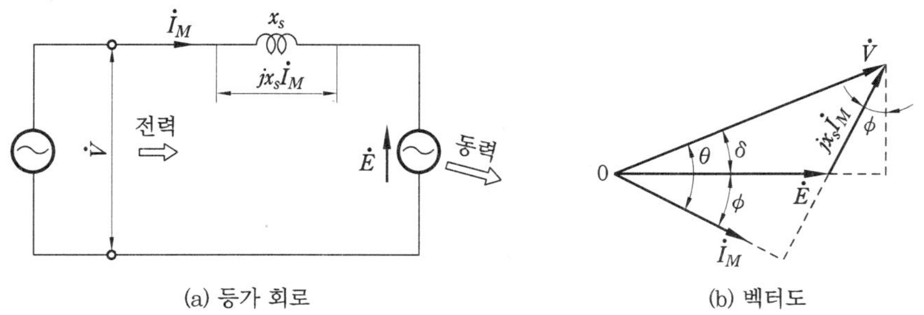

그림 2-73 등가 회로와 벡터도

① 입력(한상분)

$$P_1 = V I_M \cos\theta = \frac{V^2}{Z_s}\cos\alpha - \frac{VE}{Z_s}\cos(\alpha+\delta)\ [\text{W}]$$

② 출력(한상분)

$$P_2 = E I_M \cos\phi = \frac{E V \sin\delta}{x_s}\ [\text{W}]$$

※ 출력은 부하각 δ 의 sin에 비례한다.

③ 부하 특성 곡선

(가) 그림 2-74는 공급 전압 V 와 계자 전류 I_f 를 일정하게 하고, 출력과 전기자 전류 I 및 출력과 역률 $\cos\theta$ 와의 관계를 나타내는 곡선이다.

(나) 출력이 100 %일 때, 역률이 1이 되도록 계자 전류를 조정한 경우이다.

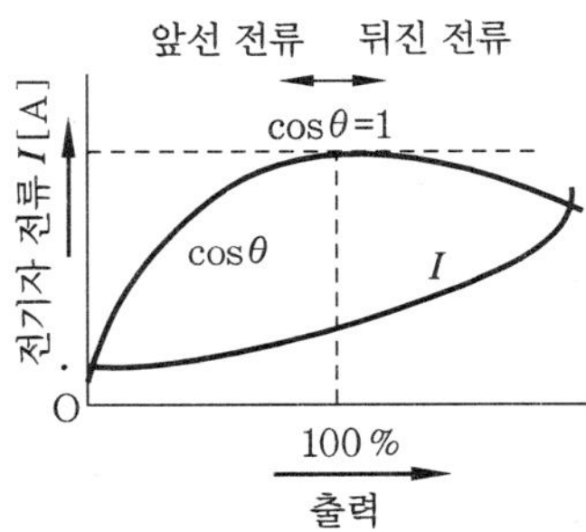

그림 2-74 부하 특성 곡선

④ 토크

(가) 동기 속도를 N_s [rpm], 주파수를 f [Hz]라 하면, 회전자의 각속도 ω

$$\omega = \frac{2\pi N_s}{60}\ [\text{rad/s}]$$

㈏ 전동기의 출력은 $P = \omega\tau$

$$\omega\tau = \frac{VE}{x_s}\sin\delta$$

㈐ 전동기의 토크

$$\tau = \frac{V_l E_l}{\omega x_s}\sin\delta\ [\mathrm{N \cdot m}]$$

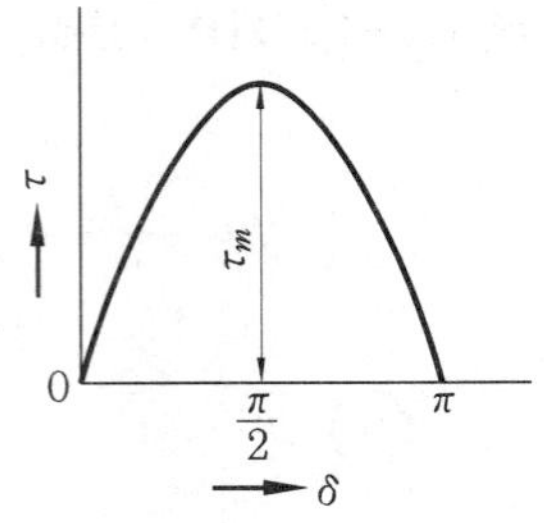

그림 2-75 부하각과 토크

㈑ 부하 토크가 최대 토크보다 크면 동기를 벗어나고, 결국은 정지한다. 이때의 τ_m을 이탈 토크라 한다.

(4) 위상 특성 곡선 (V 곡선) (phase characteristic curve)

① 일정 출력에서 유기 기전력 E (또는 계자 전류 I_f)와 전기자 전류 I의 관계를 나타내는 곡선이다.

② 동기 전동기는 그림에서 알 수 있는 바와 같이 계자 전류를 가감하여 전기자 전류의 크기와 위상을 조정할 수 있다.

③ 부하가 클수록 V 곡선은 위로 이동한다.

④ 이들 곡선의 최저점은 역률 1에 해당하는 점이며, 이 점보다 오른쪽은 앞선 역률이고 왼쪽은 뒤진 역률의 범위가 된다.

⑤ 동기 전동기를 부하의 역률을 개선하는 동기 조상기로 사용하는 것은 그림과 같은 특성 때문이다.

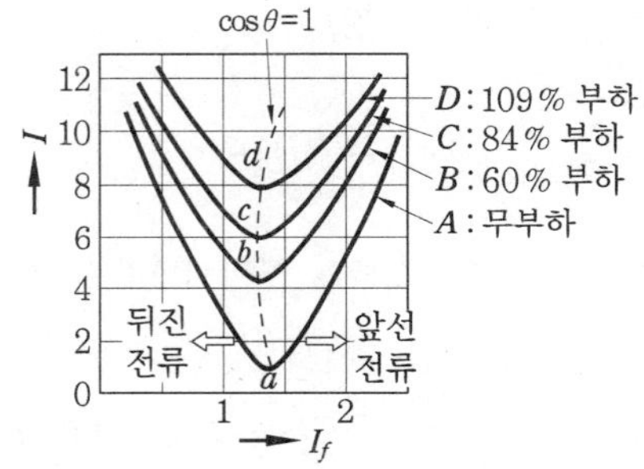

그림 2-76 위상 특성 곡선

4-2 동기 전동기의 기동 방법·종류와 특징 및 용도

(1) 토크 (torque)

① 기동 토크 (starting torque) : 동기 전동기의 기동 토크는 0이다. 그러므로 기동할 때에는 대개 제동 권선을 기동 권선으로 하여, 이것에서 기동 토크를 얻도록 한다.

② 인입 토크 (pull in torque) : 전동기가 기동하여 동기 속도의 95 % 속도에서의 최대 토크를 인입 토크라 한다.

(2) 자기 기동법 (self-starting method)

① 회전자 자극 N 및 S의 표면에 설치한 기동 권선(제동 권선)에 의하여 발생하는 토크를 이용한다.

② 기동 전류를 작게 하기 위하여 기동 보상기, 직렬 리액터 또는 변압기의 탭에 의하여 정격 전압의 30~50 % 정도의 저전압을 가하여 기동하고, 속도가 빨라지면 전전압을 가하도록 한다.

(3) 기동 전동기법

① 기동 전동기로 유도 전동기를 사용하는 경우 : 동기기의 극수보다 2극만큼 적은 극수이다.
② 유도 동기 전동기를 기동 전동기로 사용 : 극수는 동기 전동기와 같은 수이다 (동기 속도의 95 % 정도).

(4) 동기 전동기의 종류

① 철극형(보통 동기 전동기)
② 원통형(고속도 동기 전동기, 유도 동기 전동기)
③ 고정자 회전 기동형(초동기 전동기)

(5) 동기 전동기의 특징

① 장점
(가) 속도가 일정 불변이다.
(나) 항상 역률 1로 운전할 수 있다.
(다) 필요시 앞선 전류를 통할 수 있다.
(라) 유도 전동기에 비하여 효율이 좋다.
(마) 저속도의 전동기는 특히 효율이 좋다.
(바) 공극이 넓으므로, 기계적으로 튼튼하다.

② 단점
(가) 기동 토크가 작고, 기동하는 데 손이 많이 간다.
(나) 여자 전류를 흘려주기 위한 직류 전원이 필요하다.
(다) 난조가 일어나기 쉽다.
(라) 값이 비싸다.

(6) 용도

① 저속도 대용량 : 시멘트 공장의 분쇄기, 각종 압축기, 송풍기, 제지용 쇄목기, 동기 조상기
② 소용량 : 전기 시계, 오실로그래프, 전송 사진

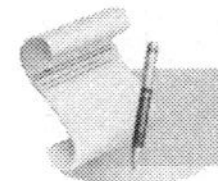

예·상·문·제

4. 동기 전동기의 원리와 구조 및 이론과 특성

1. 60 Hz의 동기 전동기의 최고 속도는 몇 rpm 인가?

㉮ 3600 ㉯ 2800
㉰ 2000 ㉱ 1800

해설 동기 속도

$$N_s = \frac{120}{p} \cdot f = \frac{120}{2} \times 60 = 3600 \text{ rpm}$$

(최소 자극수 = 2)

2. 60 Hz, 12극의 동기 전동기 회전자계의 주변 속도는 몇 m/s인가?(단, 회전자계의 극 간격은 1 m이다.) [08]

㉮ 60 ㉯ 90
㉰ 120 ㉱ 180

해설 ① $N_s = \frac{120f}{P} = \frac{120 \times 60}{12} = 600 \text{ rpm}$

② 회전자 둘레=극수×극간격

$= 12 \times 1 = 12\text{m}$

∴ 회전자 주변 속도 v=회전자 둘레×회전 속도[rps]

$= 12 \times \frac{600}{60}$

$= 120 \text{ m/s}$

참고 $v = \pi D \frac{N_s}{60}$ [m/s]

(D : 회전자 지름[m], πD : 회전자 둘레[m])

3. 동기 전동기의 공급 전압에 대하여 앞선 전류의 전기자 반작용은?

㉮ 감자 작용
㉯ 증자 작용
㉰ 교차 자화 작용
㉱ 자화 작용

해설 전동기에서는 앞선 역률은 감자 작용을, 뒤진 전류는 증자 작용을 하며, 역률 1에서 교차 자화 작용을 한다.

4. 6000 V, 60 Hz, 360 rpm, 500 kW 3상 동기 전동기의 전부하 토크(N·m)는?

㉮ 8700 ㉯ 10230
㉰ 13260 ㉱ 16340

해설 $T = \frac{60P}{2\pi N_s} = \frac{60 \times 500 \times 10^3}{2\pi \times 360}$

$\fallingdotseq 13260 \text{ N} \cdot \text{m}$

5. 계자 전류를 가감함으로써 역률을 개선할 수 있는 전동기는 다음 중 어느 것인가?

㉮ 동기 전동기
㉯ 유도 전동기
㉰ 복권 전동기
㉱ 분권 전동기

해설 동기 전동기는 위상 특성 곡선의 성질을 이용하여 부하의 역률을 개선할 수 있는, 즉 동기 조상 설비로 사용되며 이를 동기 조상기라 한다.

6. 동기 전동기를 무부하로 하였을 때, 계자 전류를 조정하면 동기기는 마치 L, C 소자로 작동하고, 계자 전류를 어떤 일정값 이하의 범위에서 가감하면 가변 리액턴스가 되고 어떤 일정값 이상에서 가감하면 가변 커패시턴스로 작동한다. 이와 같은 목적으로 사용되는 것은? [10]

㉮ 변압기 ㉯ 동기 조상기
㉰ 균압환 ㉱ 제동권선

해설 동기 조상기(同期 調相機 : synchronous phase modifier) : 전력 계통에서 역률을 개

정답 1. ㉮ 2. ㉰ 3. ㉮ 4. ㉰ 5. ㉮ 6. ㉯

선하기 위해 그 계자 전류를 조정하여 진상 도는 지상 전류를 취하면서 보통 무부하로 운전하는 동기 전동기이다.

7. 동기 조상기에 유입되는 여자 전류를 정격보다 적게 공급시켜 운전했을 때의 현상으로 옳은 것은?

㉮ 콘덴서로 작용한다.
㉯ 저항 부하로 작용한다.
㉰ 콘덴서와 리액터 작용을 반복한다.
㉱ 리액터로 작용한다.

해설 위상 특성 곡선 : 본문 그림 2-76 참조
① I_f를 적게 공급 시 : 부족 여자이므로 리액터 역할
② I_f를 많게 공급 시 : 과여자이므로 콘덴서 역할

8. 동기 조상기를 과여자로 해서 운전하였을 때 나타나는 현상이 아닌 것은?

㉮ 리액터로 작용한다. [07, 09, 11]
㉯ 전압강하를 감소시킨다.
㉰ 진상 전류를 취한다.
㉱ 콘덴서로 작용한다.

해설 문제 7 해설 참조

9. 동기 전동기 여자 전류를 증가하면 어떤 현상이 생기는가? [09, 12]

㉮ 앞선 무효 전류가 흐르고 유도 기전력은 높아진다.
㉯ 토크가 증가한다.
㉰ 난조가 생긴다.
㉱ 전기자 전류의 위상이 높아진다.

10. 부하를 일정하게 유지하고 역률 1로 운전 중인 동기 전동기의 계자 전류를 증가시키면? [12]

㉮ 아무 변동이 없다.
㉯ 리액터로 작용한다.
㉰ 뒤진 역률의 전기자 전류가 증가한다.
㉱ 앞선 역률의 전기자 전류가 증가한다.

11. 동기 전동기의 V 곡선(위상 특성 곡선)에서 부하가 가장 큰 경우는?

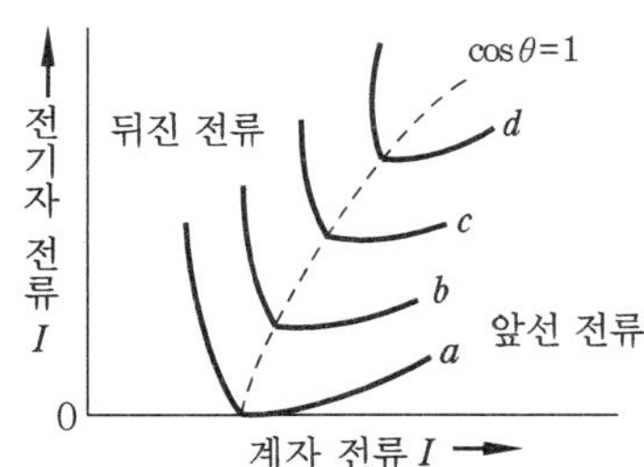

㉮ a ㉯ b ㉰ c ㉱ d

해설 부하가 클수록 V 곡선은 위로 이동한다 (그림 2-76 참조).

12. 1500 kW, 6000 V, 60 Hz의 3상 부하에 역률은 65 %(뒤짐)이다. 이때 역률을 100 %로 하기 위해 이 회로에 접속할 동기 조상의 용량(kVA)은 얼마인가?

㉮ 약 1652 kVA
㉯ 약 1754 kVA
㉰ 약 1832 kVA
㉱ 약 1948 kVA

해설 역률 개선 : 조상기의 용량

$$Q = P\tan\theta = P\cdot\frac{\sin\theta}{\cos\theta}$$

$$= P\left(\frac{\sqrt{1-\cos^2\theta}}{\cos\theta}\right)$$

$$= 1500\times\left(\frac{\sqrt{1-0.65^2}}{0.65}\right) = 1754\ \text{kVA}$$

13. 동기 전동기의 특성에 대한 설명으로 잘못된 것은? [11]

정답 7. ㉱ 8. ㉮ 9. ㉱ 10. ㉱ 11. ㉱ 12. ㉯ 13. ㉱

㉮ 기동 토크가 작다.
㉯ 여자기가 필요하다.
㉰ 난조가 일어나기 쉽다.
㉱ 역률을 조정할 수 없다.

14. 다음 중 동기 전동기의 특징을 설명하고 있는 것으로 옳은 것은? [08]

㉮ 저속도에서 유도 전동기에 비해 효율이 나쁘다.
㉯ 기동 토크가 크다.
㉰ 필요에 따라 진상 전류를 흘릴 수 있다.
㉱ 직류 전원이 필요 없다.

15. 역률을 항상 1로 운전할 수 있는 전동기는? [10]

㉮ 단상 유도 전동기
㉯ 3상 유도 전동기
㉰ 동기 전동기
㉱ 3상 권선형 유도 전동기

16. 운전 중 역률이 가장 좋은 전동기는 어느 것인가? [11]

㉮ 농형 유도 전동기
㉯ 동기 전동기
㉰ 반발 전동기
㉱ 권선형 유도 전동기

17. 동기 전동기에서 제동 권선의 사용 목적으로 가장 옳은 것은 어느 것인가?

㉮ 난조 방지
㉯ 정지 시간의 단축
㉰ 운전 토크의 증가
㉱ 과부하 내량의 증가

해설 제동 권선은 난조 방지 및 기동 토크 발생에 사용된다.

18. 동기 조상기에 대한 설명으로 옳은 것은? [12]

㉮ 유도 부하와 병렬로 접속한다.
㉯ 부하 전류의 가감으로 위상을 변화시켜 준다.
㉰ 동기 전동기에 부하를 걸고 운전하는 것이다.
㉱ 부족 여자로 운전하여 지상 전류를 흐르게 한다.

해설 ㉯ 계자 전류(I_f)의 가감으로 전기자 전류의 크기와 위상을 변화시킨다.
㉰ 동기 전동기에 부하를 걸지 않고 무부하 상태로 운전하는 것이다.
㉱ 부족 여자로 운전하면 지상 전류를 흐르게 한다.

참고 동기 조상기를 유도 부하와 병렬로 접속하고, 이것을 과여자로 하여 운전하면 동기 조상기는 선로에서 위상이 앞선 전류를 취하여 일종의 콘덴서 역할을 하므로 송전선의 역률을 개선하고 전압 강하를 감소시킨다.

19. 동기 전동기의 기동을 다른 전동기로 할 경우에 대한 설명으로 옳은 것은? [06]

㉮ 유도 전동기를 사용할 경우 동기 전동기의 극수보다 2극 정도 적은 것을 택한다.
㉯ 유도 전동기의 극수를 동기 전동기의 극수와 같게 한다.
㉰ 다른 동기 전동기로 기동시킬 경우 2극 정도 많은 전동기를 택한다.
㉱ 유도 전동기로 기동시킬 경우 동기 전동기보다 2극 정도 많은 것을 택한다.

해설 동기 전동기의 기동–기동 전동기법
기동용 전동기에는 보통 유도 전동기를 사용하며, 동기 전동기보다 속도가 빠르게 하여야 하므로 2극 만큼 적은 극수의 유도 전

정답 14. ㉰ 15. ㉰ 16. ㉯ 17. ㉮ 18. ㉮ 19. ㉮

동기를 사용한다(같은 극수로는 유도기는 동기 속도보다 sN_s 만큼 늦다).

20. **8극 동기 전동기의 기동 방법에서 유도 전동기로 기동하는 기동법을 사용하려면 유도 전동기의 필요한 극수는 몇 극인가?**

㉮ 6 ㉯ 8 [07]
㉰ 10 ㉱ 12

21. **동기 전동기의 자기 기동에서 계자 권선을 단락하는 이유는?**

㉮ 기동이 쉽다.
㉯ 고전압 유도를 방지한다.
㉰ 기동 권선으로 이용한다.
㉱ 전기자 반작용을 방지한다.

해설 계자 권선을 기동시 개방하면 회전 자속을 쇄교하여 고전압이 유도되어 절연 파괴의 위험이 있으므로, 저항을 통하여 단락시킨다.

22. **동기 전동기의 인입 토크는 일반적으로 동기 속도의 대략 몇 %에서의 토크를 말하는가?**

㉮ 65 % ㉯ 75 %
㉰ 85 % ㉱ 95 %

해설 인입 토크 (pull in torque) : 전동기가 기동하여 동기 속도 95 %의 속도에서의 최대 토크를 말한다.

정답 20. ㉮ 21. ㉯ 22. ㉱

제 5 장

교류 정류 자기·특수 회전 기기 및 제어 기기

1. 교류 정류 자기

■ 교류 정류자기(AC commutator machine) : 정류자를 가진 교류기의 총칭으로, 정류자의 주파수 변환 작용을 이용하여 고정자 회로와 회전자 회로 사이에 전력의 수수를 하는 비동기기의 일종이다.

(1) 교류 정류자 전동기의 종류

① 단상 정류자 전동기
 (가) 직권 특성 : 단상직권 정류자 전동기, 단상 반발전동기
 (나) 분권 특성 : 실용되고 있는 것은 없다.
② 3상 정류자 전동기
 (가) 직권 특성 : 3상 직권 정류자 전동기
 (나) 분권 특성 : 3상 분권 정류자 전동기
③ 단상 반발 전동기의 종류 : 아트킨손형, 톰슨형, 데리형, 윈터아이히 베르그 전동기
④ 3상 분권 정류자 전동기의 종류 : 시라게 전동기, 초분권 교류 정류자 전동기
⑤ 권선형 유도 전동기의 속도를 제어할 때 2차 여자용으로 사용하는 정류자 주파수 변환기와 저주파 발전기가 있다.

(2) 단상 직권 정류자 전동기

① 계자권선과 전기자권선을 직렬로 접속하고 단상 전압 V를 가하여 전류 I가 흐르게 하면, 브러시 사이에는 속도기 전력 E_v와 변압기 기전력 E_t가 발생한다.
② 속도 기전력의 실효값 : E_v

$$E_v = \frac{1}{\sqrt{2}}\frac{p}{a}Zn\Phi_m[\mathrm{V}]\left(n = \frac{N}{60}[\mathrm{rps}],\ \mathrm{N}[\mathrm{rpm}]\right)$$

③ 저항도선 : 전기자 코일과 정류자 간의 저항으로 접속하여 단락 전류를 감소시킨다.
④ 보상권선 : 역률을 좋게 하고 전기자 반작용을 제거하여 정류가 양호하게 한다.
⑤ 속도 특성 : 속도를 높여 주면 역률이 개선된다.

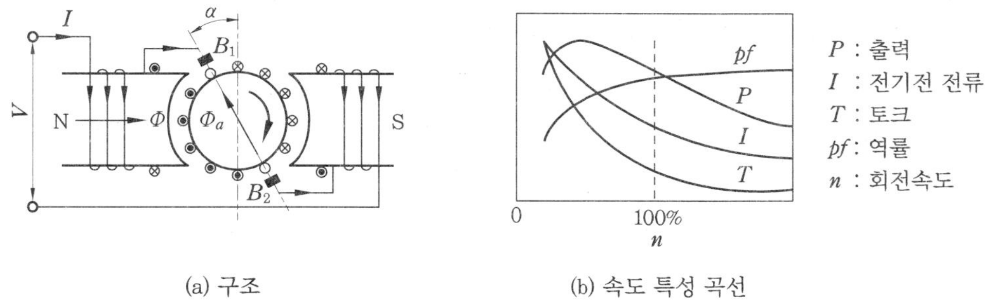

(a) 구조

(b) 속도 특성 곡선

그림 2-77 단상직권 정류자 전동기

⑥ 용도 : 직·교양용 전동기로 전기드릴, 전기청소기, 전기믹서 등의 전동기로 많이 사용되며 만능전동기라 부른다.

(3) 3상 직권 정류자 전동기(three-phase series commutator motor)

① 고정자는 3상 유도 전동기와 같고 회전자는 직류기의 전기자와 같은 구조이며, 중간 변압기 T를 통하여 고정자 권선과 회전자 권선이 직렬로 접속되어 있다.

② 중간 변압기의 역할

㈎ 정류자편 간 전압을 조정하여 정류 작용을 좋게 한다.

㈏ 무부하, 경부하 시 속도 상승을 막고, 정부하 때 속도 이상 상승을 방지하는 역할을 한다.

㈐ 권수비를 바꾸어 줌으로써 실효권수비 선정의 조정 역할을 할 수 있다.

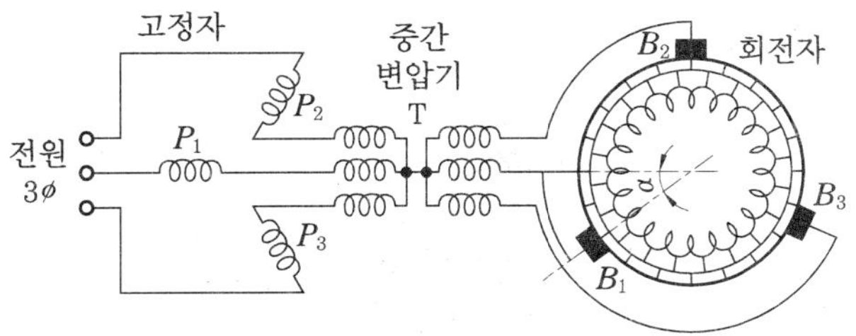

그림 2-78 3상 직권 정류자 전동기

(4) 3상 분권 정류자 전동기(three-phase shunt commutator motor)

〈시라게 전동기(scharge motor) 속도 토크 특성〉

① 토크의 변화에 대하여 회전 속도의 변화가 작아 분권 특성을 가진 정속도 전동기이다.

② 브러시 사이의 각을 조절함으로써 전동기의 회전 속도를 원활하게 넓은 범위에 걸쳐 제어할 수 있다.

③ 속도의 연속가감과 정속도 운전을 아울러 요하는 초지기(paper machine), 회전가마, 선박 등의 송풍기, 압연기, 공작 기계 등에 널리 사용되고 있다.

(5) 단상 반발 전동기(single-phase repulsion motor)

① 단상 반발 전동기는 단상 직권 정류자 전동기의 변형이다.

② 일정 부하에 대하여 속도를 변화하려면 브러시각을 이동시키면 되고 브러시각을 역방향으로 이동시키면 역회전도 시킬 수 있다.

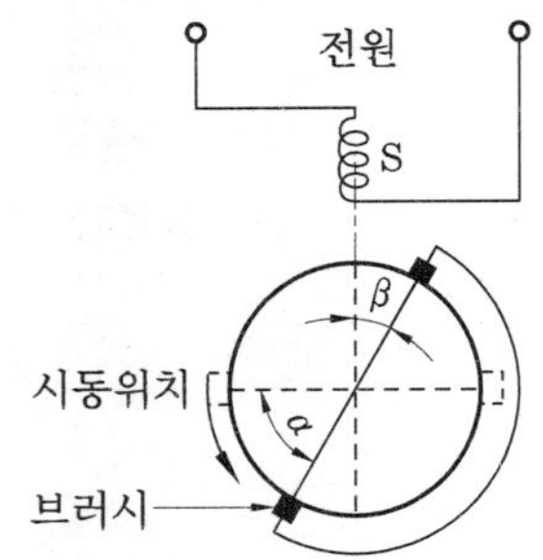

그림 2-79 단상 반발 전동기

(6) 정류자 주파수 변환기(commutator frequency changer)

① 회전자의 회전 속도를 자유로이 변화시켜 정전압 가변 주파수 전원으로 할 수가 있다.

② 그림과 같이 정류자에 $\frac{2\pi}{3}$ 간격으로 3개의 브러시를 배치하고 회전자 권선에 3개의 슬립링을 붙인다.

③ 고정자는 자기 회로의 자기 저항을 감소시키기 위한 것이며, 대개 권선은 감지 않으나 대용량의 것이면 보상권선을 감는다.

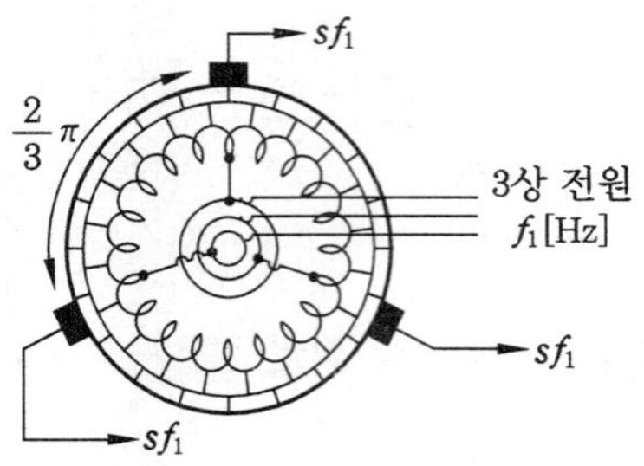

그림 2-80 정류자 주파수 변환기

2. 특수 회전 기기·제어용 기기

(1) 브러시리스 직류 서보 전동기(brushless DC servo motor)

① 정류자와 브러시가 없으며 교류 주파수를 변화시켜 속도를 변화시키는 동기형 교류 서보 전동기이다.

② 전기자 전류와 토크의 관계가 선형이므로, 속도 및 위치 제어가 정밀하게 이루어져 NC 공작기계, 산업용 로봇 자동제어기의 $x-y$ 구동, 자동 기계의 테이블(table)의 이송 등에 응용된다.

③ 서보 전동기의 특징

(가) 기동 토크가 크다.

(나) 회전자 관성모멘트가 작다.

(다) 속응성이 좋고, 시상수가 짧다.

(라) 제어 권선 전압이 "0"에서는 곧 정지해야 한다.

(2) 직류 스테핑 모터(DC stepping motor)

① 입력되는 각 전기 신호에 따라 규정된 각만큼 회전하며 회전 이동량을 입력되는 연속된 신호에 따라 정확하게 반복한다.

② 스테핑 모터는 자동화 설비 등에서 전기적 신호를 위치 신호로 변환시키는 데 사용된다.

③ 피드백 루프가 필요 없이 오픈 루프로 손쉽게 속도 및 위치 제어를 할 수 있다.

④ 디지털 신호를 직접 제어할 수 있으므로 컴퓨터 등 다른 디지털 기기와 인터페이스가 쉽다.

⑤ DC motor 등과 같이 brush 교환 등과 같은 보수를 필요로 하지 않고 신뢰성이 높다.

⑥ 가속, 감속이 용이하며 정·역전 및 변속이 쉽다.

⑦ 1 step당 각도 오차가 5 % 이내이며 회전각 오차는 step마다 누적되지 않는다.

⑧ 실용되고 있는 스텝 모터

(가) VR형(가변 릴럭턴스형) (나) PM형(영구자석형) (다) 하이브리드형

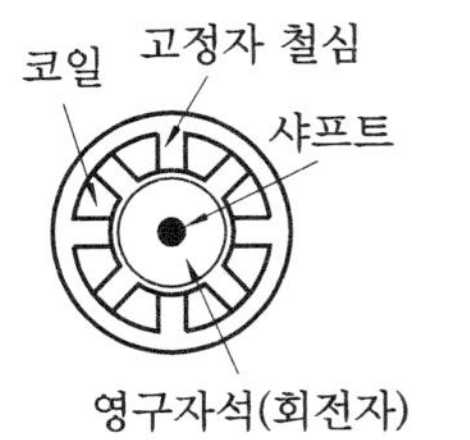

그림 2-81 PM형 스테핑 모터의 구조

(3) 셀신 (selsyn : self synchronous)

① 기계적으로 연결이 곤란한 2개 이상의 회전축을 전기적으로 연결하여 동기운전, 각위치(角位置)의 전달 등을 시키기 위하여 사용되는 회전기의 총칭이다.
  (가) 자동 동기장치(self synchronizer)
  (나) 동기 연계장치(synchrotie apparatus)
  (다) 자기 동기장치(auto selsyn)

② 셀신 모터(selsyn motor) : 단상 또는 다상 권선형 유도 전동기 2대를 사용하며, 1차 측은 동일 전원에, 2차 측은 서로 접속한다.

(4) 교류 서보 전동기 (AC servo motor)

① 원리적으로 농형 유도 전동기와 같으며, 제어용으로 활용되고 있다.

② 대표적인 것으로 2상 서보 전동기가 있다.

③ 제어권선의 공급 전압 위상을 반전시켜서 회전 방향을 바꾼다.

④ 제어측 전압의 크기를 변화시켜서 회전 속도 또는 토크를 제어한다.

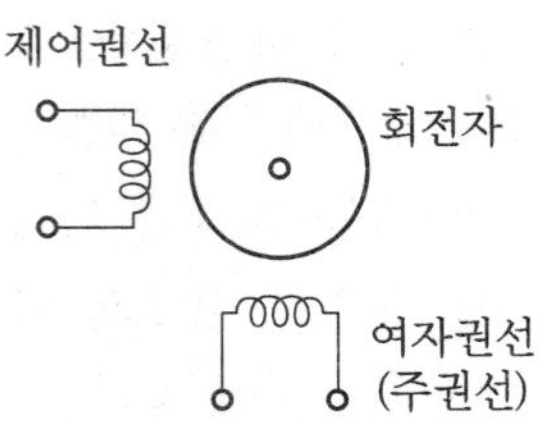

그림 2-82 2상 서보 전동기

(5) 회전 변류기 (rotary converter)

① 회전 변류기는 직류 발전기의 회전자 축에 슬립링을 붙여 교류 쪽에서 볼 때 동기 전동기가 되도록한 것이다.

② 동기 전동기로 운전되는 직류 발전기와 같은 역할을 한다.

③ 직류측의 전압을 조정하는 방법(교류측 전압을 변화시킴)
  (가) 부하 시 전압 조정 변압기 사용
  (나) 동기 승압기 사용
  (다) 직렬 리액터 사용
  (라) 유도 전압 조정기 사용

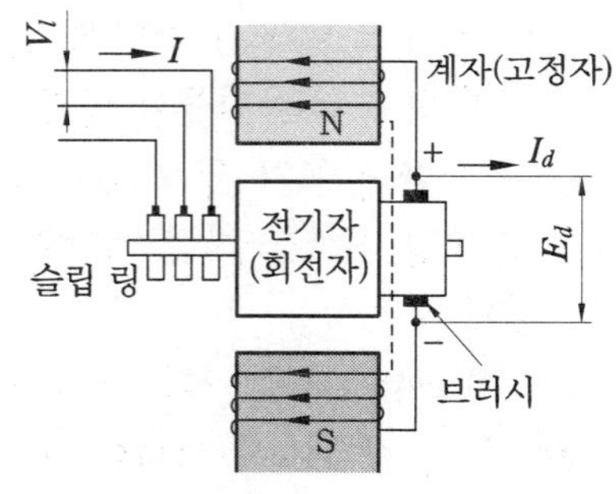

그림 2-83 회전 변류기

④ 교류 전압의 실효값 E_a와 직류 전압 E_d와의 관계

$$\frac{E_a}{E_d} = \frac{1}{\sqrt{2}} \sin\frac{\pi}{m}$$

여기서, m : 상(相)수, $\cos\theta$: 역률

※ $\frac{I_a}{I_d} = \frac{2\sqrt{2}}{m \cdot \cos\theta}$

(6) 포트 전동기(pot motor)

① 6000~10000 rpm의 고속도 수직축형 유도 전동기로 인견 공업(섬유 공장)에서 사용되고 있다.

② 독립된 주파수 변환기를 전원으로 사용, 즉 주파수 변환에 의한 속도 제어를 한다.

그림 2-84 포트 전동기의 블록도

(7) 반동 전동기 – 초동기 전동기 – 유도 동기 전동기

① 반동 전동기(reaction motor)

여자(excitation) 권선이 없이 동기속도를 회전하므로 속도가 일정하고 구조가 간단하며 동기 이탈이 없는 전동기이다.

② 초동기 전동기(super–synchronous motor)

전부하를 걸어 둔 상태에서 기동할 수 있으며 베어링(bearing)도 이중으로 되어 있어 고정자도 회전자 주위에 회전 가능한 구조의 전동기이다.

③ 유도 동기 전동기(induction synchronous motor)

권선형 유도 전동기의 회전자 권선에 직류를 흘려서 동기 전동기로 쓰게 되어 있는 구조의 전동기이다.

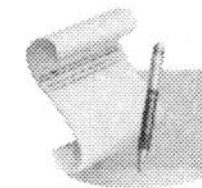

예·상·문·제

1. 교류 정류자기 2.특수 회전 기기·제어용 기기

1. **단상 정류자 전동기의 일종인 단상 반발 전동기에 해당되는 것은?**

㉮ 시라게 전동기
㉯ 아트킨손형 전동기
㉰ 단상직권 정류자 전동기
㉱ 반발 유도 전동기

해설 본문 1. (1) 교류 정류자 전동기의 종류 참조

2. **소형 공구 및 가전 제품에 일반적으로 널리 이용되는 전동기는?**

㉮ 교류 서보 전동기
㉯ 히스테리시스 전동기
㉰ 영구자석 스텝 전동기
㉱ 단상 직권 정류자 전동기

해설 본문 1. (2) 단상 직권 정류자 전동기의 용도 참조

3. **교류와 직류 양쪽 모두에 사용 가능한 전동기는?** [06]

㉮ 단상 반발 전동기
㉯ 단상 분권 정류자 전동기
㉰ 단상 직권 전동기
㉱ 셰이딩 코일형 전동기

4. **단상 직권 정류자 전동기의 속도를 고속으로 하는 이유는?** [09, 12]

㉮ 전기자에 유도되는 역기전력을 적게 한다.
㉯ 전기자 리액턴스 강하를 크게 한다.
㉰ 토크를 증가시킨다.
㉱ 역률을 개선시킨다.

해설 본문 그림 2-77 (b) 속도 특성 곡선 참조

5. **단상 정류자 전동기에서 보상권선과 저항도선의 작용을 설명한 것으로 틀린 것은 어느 것인가?**

㉮ 저항도선은 변압기 기전력에 의한 단락 전류를 작게 한다.
㉯ 변압기 기전력을 크게 한다.
㉰ 역률을 좋게 한다.
㉱ 전기자 반작용을 제거해 준다.

해설 보상권선과 저항도선
① 보상권선 : 역률을 좋게 하고 전기자 반작용을 제거하여 정류가 양호하게 한다.
② 저항도선 : 전기자 코일과 정류자 간을 저항으로 접속하여 단락 전류를 감소시킨다.

6. **3상 직권 정류자 전동기에 중간(직렬) 변압기가 쓰이고 있는 이유가 아닌 것은 어느 것인가?**

㉮ 정류자 전압의 조정
㉯ 회전자 상수의 감소
㉰ 경부하 때 속도의 이상 상승 방지
㉱ 실효 권수비 선정 조정

해설 본문 그림 3-78
3상 직권 정류자 전동기 참조, 1. (3) ② 중간 변압기의 역할 참조

7. **교류 분권 정류자 전동기는 다음 중 어느 때에 가장 적당한 특성을 갖고 있는가?**

㉮ 속도의 연속가감과 정속도 운전을 아울러 요하는 경우
㉯ 속도를 여러 단으로 변화시킬 수 있고 각 단에서 정속도 운전을 요할 때

정답 1. ㉯ 2. ㉱ 3. ㉰ 4. ㉱ 5. ㉯ 6. ㉯ 7. ㉮

㉰ 부하 토크에 관계없이 완전 일정 속도를 요하는 경우
㉱ 무부하와 전부하의 속도 변화가 적고 거의 일정 속도를 요하는 경우

해설 1. (4) 3상 분권 정류자 전동기 참조

8. **교류 전동기에서 브러시 이동으로 속도 변화가 편리한 것은?**

㉮ 시라게 전동기
㉯ 농형 전동기
㉰ 동기 전동기
㉱ 2중 농형 전동기

해설 시라게(schrage) 전동기 : 3상 분권 정류자 전동기

9. **교류 정류 자기의 전기자 기전력은 회전으로 발생하는 기전력으로서 속도 기전력이라 하는데, 그 식은 다음 중 어느 것인가?**

㉮ $E = \frac{a}{p} Z \frac{N}{60} \Phi$

㉯ $E = \frac{p}{a} Z \frac{60}{N} \Phi$

㉰ $E = \frac{p}{a} Z \frac{N}{60} \Phi$

㉱ $E = \frac{p}{a} \times \frac{N}{60Z} \Phi$

해설 속도 기전력

$$E_a = \frac{p}{a} Z\Phi n = \frac{p}{a} Z\Phi \frac{N}{60} \text{ [V]}$$

여기서, p : 극수
a : 전기자권선의 병렬회로 수
Z : 전기자 전도체 수
Φ : 1극에 대한 자속수(Wb)
n(rps), N(rpm) : 전기자 회전 속도

10. **브러시의 위치를 바꾸어서 회전 방향을 바꿀 수 있는 전기 기계가 아닌 것은 어느 것인가?**

㉮ 톰슨형 반발 전동기
㉯ 3상 직권 정류자 전동기
㉰ 시라게 전동기
㉱ 정류자 주파수 변환기

해설 본문 그림 2-80 정류자 주파수 변환기 참조

11. **다음 중 4극 60 Hz의 정류자 주파수 변환기가 1440 rpm으로 회전할 때의 주파수는 몇 Hz인가?**

㉮ 15 ㉯ 12
㉰ 10 ㉱ 8

해설 ① $N_s = \frac{120f}{p} = \frac{120 \times 60}{4} = 1800 \text{ rpm}$

② $s = \frac{N_s - N}{N_s} = \frac{1800 - 1400}{1800} = 0.02$

$\therefore f_2 = sf_1 = 0.02 \times 60 = 12 \text{ Hz}$

12. **인견 공업에 쓰여지는 포트 전동기의 속도 제어는?**

㉮ 극수 변환에 의한 제어
㉯ 주파수 변환에 의한 제어
㉰ 1차 회전에 의한 제어
㉱ 저항에 의한 제어

해설 2. (6) 포트(pot) 전동기 참조(그림 2-84)

13. **제어용 기기에 요구되는 일반적 조건으로 해당되지 않는 것은?**

㉮ 기동, 정지, 역전을 자유롭게 할 수 있을 것
㉯ 기동 시에 전류와 토크를 조정할 수 있을 것
㉰ 회전 속도 및 토크를 조정할 수 있을 것
㉱ 경부하를 방지할 수 있을 것

정답 8. ㉮ 9. ㉰ 10. ㉱ 11. ㉯ 12. ㉯ 13. ㉱

14. **브러시리스 DC 서보 모터의 특징이 아닌 것은?**

㉮ 단위 전류당 발생 토크가 크고, 역기전력에 의해 불필요한 에너지를 귀환하므로 효율이 좋다.

㉯ 토크 맥동이 작고 안정된 제어가 용이하다.

㉰ 기계적 시간상수가 크고 응답이 느리다.

㉱ 기계적 접점이 없고 신뢰성이 높다.

해설 본문 2. (1) ③ 서보(servo) 전동기 특징 참조

15. **스테핑 모터의 특징 중 잘못된 것은?**

㉮ 모터에 가동 부분이 없으므로 보수가 용이하고, 신뢰성이 높다.

㉯ 피드백이 필요치 않아 제어계가 간단하고 염가이다.

㉰ 회전각 오차는 스테핑마다 누적되지 않는다.

㉱ 모터의 회전각과 속도는 펄스 수에 반비례한다.

해설 회전각과 속도는 펄스 수에 비례한다.

16. **자동화 설비 등에서 위치 결정 기구에 사용되는 것은?**

㉮ 반동 전동기　　㉯ 전기 동력계
㉰ 셰이딩 모터　　㉱ 스테핑 모터

17. **다음 중 스테핑 모터의 구조형이 아닌 것은?**

㉮ 하이브리드형

㉯ 영구자석형

㉰ 가변 릴럭턴스형

㉱ 회전 전기자형

해설 스테핑 모터의 구조 형식

① 영구자석형(permanent-magnet type)

② 가변 릴럭턴스형(variable-reluctance type)

③ 하이브리드형(hybrid type)

18. **회전 변류기의 직류측 전압을 조정하는 방법이 아닌 것은?** [06]

㉮ 동기 승압기 사용 방법

㉯ 부하 시 전압 조정 변압기 사용 방법

㉰ 직렬 리액턴스를 이용한 방법

㉱ 여자 전류를 조정하는 방법

해설 본문 2. (5) 회전 변류기 참조

참고 그림 2-83 참조

19. **교류 서보 전동기(servo motor)로 많이 사용되는 것은?** [11]

㉮ 콘덴서형 전동기

㉯ 권선형 유도 전동기

㉰ 타여자 전동기

㉱ 영구자석형 동기 전동기

해설 영구자석 동기 전동기(PMSM)

① 직류 전동기와는 반대로 회전자가 영구자석이고 고정자에 권선을 설치하여 브러시를 없애는 것이다.

② 제어회로의 IC화로 소형화, 고성능화, 저가격화가 가능하다.

③ 고토크, 정속도, 고응답성, 고효율이 가능한 전동기이므로 교류 서보 전동기로 많이 사용되고 있다.

정답 14. ㉰　15. ㉱　16. ㉱　17. ㉱　18. ㉱　19. ㉱

제3편 전기 설비

제 1 장

전기 설비의 개요

1. 전기 설비의 기본 사항

■ 전기 설비의 기능에 의한 분류

- 전원 설비 : 전기 에너지 공급원 설비
- 전력 공급 설비 : 전력을 부하에 공급하는 설비
- 전력 부하 설비 : 전기 에너지를 소비하는 설비
- 감시 제어 설비 : 전력 공급 상태와 가동 상태 등을 감시·제어하는 설비
- 반송 설비 : 사람이나 물품을 운반하는 설비
- 정보 설비 : 정보 전달 설비
- 방재 설비 : 재해 예방, 통보 역할을 담당하는 설비

1-1 전압의 종류 및 대지 전압 제한

(1) 전압의 구분과 의미

① 전압의 구분에 따른 기준은 표 3-1과 같다.

표 3-1 전압의 종별

전압의 구분	기 준
저 압	• 직류 750 V 이하, 교류 600 V 이하
고 압	• 직류 750 V를 넘고, 7000 V 이하 • 교류 600 V를 넘고, 7000 V 이하
특별 고압	• 7000 V를 넘는 것

② 전압의 의미

㈎ 공칭 전압 : 전선로를 대표하는 선간 전압

㈏ 사용 전압 : 실제로 사용하는 전압 또는 전기 기구, 전기 재료 등에 사용되는 정격 전압

㈐ 대지 전압 : 어떤 측정점과 대지 사이의 전압

㈑ 접촉 전압 : 종류가 다른 물질이 접촉할 때 접촉면에서 나타나는 전압

(마) 정격 전압 (rated voltage) : 기계 기구에 대하여 사용 회로 전압의 사용 한도를 말하며, 사용상 기준이 되는 전압

(2) 옥내 전로의 대지 전압 제한과 시설 (내선규정 1405-1 참조)

① 전기 기계 기구 내의 전로를 제외한 옥내 전로의 대지 전압은 300 V 이하로 하며, 다음의 각호에 의하여 시설하여야 한다. 단, 대지 전압 150 V 이하인 경우는 각호에 의하지 않는다.

(가) 사용 전압은 400 V 미만일 것

(나) 주택의 전로 인입구에는 인체 보호용 누전 차단기를 시설할 것

(다) 백열전등의 전구 소켓은 키나 그밖의 점멸 기구가 없는 것일 것

② 정격 소비 전력이 3 kW 이상의 전기 기계 기구는 옥내 배선과 직접 접속시키고, 이것에 전기를 공급하는 전로에는 전용의 개폐기 및 과전류 차단기를 시설하여야 한다.

③ 백열전등 및 방전등용 안정기는 저압의 옥내 배선과 직접 접속하여 시설해야 한다.

④ 주택 이외의 장소에 전기를 공급하기 위한 옥내 배선을 사람이 접촉할 우려가 없는 은폐된 장소에 합성수지 전선관, 금속 전선관, 케이블 공사에 의하여 시설해야 한다.

(3) 설비 불평형률(단상 3선) (내선규정 1410-1 참조)

① 설비 불평형률은 중성선과 각 전압측 전선 간에 접속되는 부하 설비 용량의 차(VA)와 총부하 설비 용량(VA)의 평균값의 비(%)로 나타낸다.

$$\text{설비 불평형률} = \frac{\begin{pmatrix}\text{중성선과 각 전압측 전선 간에}\\ \text{접속되는 부하 설비 용량의 차}\end{pmatrix}}{\text{총 부하 설비 용량의 } \dfrac{1}{2}} \times 100\ [\%]$$

② 불평형 부하의 제한

(가) 단상 3선식 : 40 % 이하

(나) 3상 3선식 또는 3상 4선식 : 30 % 이하

1-2 전로의 절연과 접지

(1) 전로의 절연 (내선규정 1440-1 참조)

① 전로는 원칙적으로 대지로부터 절연해야 한다. 다만, 다음의 경우에는 제외한다.

(가) 수용 장소의 인입구 접지개소

(나) 제 2 종 접지 공사를 해야 할 개소

(다) 고압 계기용 변성기의 2차 측 전로의 접지점

(라) 시험용 변압기, 엑스선 발생 장치 등과 같이 부득이 절연을 할 수 없는 부분

② 저압 전로의 절연 저항 (내선규정 1440-2 참조)

(가) 사용 전압에 대한 누설 전류 ≦ 최대 공급 전류의 $\frac{1}{2000}$ 로 유지하여야 한다.

(나) 절연 저항 ≧ $\frac{\text{사용 전압} \times 2000}{\text{최대 공급 전류}}$

③ 사용 전압이 저압인 경우에 전로의 전선 상호간 및 전로와 대지간의 절연 저항은 인입구, 옥내 간선 및 분기 회로에 시설하는 개폐기 또는 과전류 차단기로 구분할 수 있는 전로마다 표 3-2에 정한 값 이상이어야 한다.

표 3-2 저압 전로의 절연 저항값

전로의 사용 전압 구분		절연 저항값 [MΩ]
400 V 미만	대지 전압 (접지식 전로는 전선과 대지간의 전압, 비접지식 전로는 전선간의 전압을 말한다. 이하 같다.)이 150 V 이하인 경우	0.1 MΩ
	대지 전압이 150 V를 넘고 300 V 이하인 경우 (전압측 전선과 중성선 또는 대지간의 절연 저항)	0.2 MΩ
	사용 전압이 300 V를 넘고 400 V 미만인 경우	0.3 MΩ
400 V 이상		0.4 MΩ

(2) 접지 (earth : grounding)

① 지기(地氣), 지락 (地絡), 어스 (earth)라고도 부른다.

② 전기 계통 내에서 대지를 0 전위로 하여 전위의 기준을 삼는다.

③ 전기적인 안전(감전 사고)을 확보하거나 신호의 간섭을 피하기 위해서 회로 (배선)의 일부를 대지에 도선으로 접속, 전기적으로 잇는 것이다.

1-3 전압 강하·극성 표시

(1) 전압 강하 (내선규정 1415 참조)

① 저압 배선 중의 전압 강하는 간선 및 분기회로에서 각각 표준전압의 2 % 이하로 하는 것을 원칙으로 한다. 다만, 전기 사용 장소 안에 시설한 변압기에 의하여 공급되는 경우에 간선의 전압 강하는 3 % 이하로 할 수 있다.

② 공급 변압기의 2차측 단자에서 최원단(最遠端)의 부하에 이르는 전선의 길이가 60 m 을 초과하는 경우의 전압 강하는 제1항에 관계없이 부하전류로 계산하며, 다음 표에 따를 수 있다.

표 3-3 전선 길이 60 m를 초과하는 경우의 전압 강하

공급 변압기의 2차측 단자 또는 인입선 접속점에서 최원단의 부하에 이르는 사이의 전선 길이(m)	전압 강하(%)	
	사용 장소 안에 시설한 전용 변압기에서 공급하는 경우	전기 사업자로부터 저압으로 전기를 공급받는 경우
120 이하	5 이하	4 이하
200 이하	6 이하	5 이하
200 초과	7 이하	6 이하

(2) 옥내배선의 중성선 및 접지측 전선의 표시 (내선규정 1420-1 참조)

① 다선식 옥내배선인 경우의 중성선(절연전선, 케이블 및 코드)은 백색 또는 회색의 표시를 해야 한다.

② 다음 각 호에 해당하는 접지측 전선은 제1항에 따라 표시해야 한다.

㈎ 인입구에서 중성선(다선식의 경우) 또는 1선(2선식의 경우)을 접지한 옥내배선

㈏ 수전용 변압기(전기 사용 장소 내 또는 사용 장소에 인접하여 설치한 것)의 2차측 중성점 또는 한 개의 단자를 접지한 경우의 간선에서 분기되는 2선식 옥내배선(분기점에서 접지측의 과전류 차단기를 생략한 경우에 한한다)

㈜ 전압측 전선은 원칙상 백색 또는 회색의 것을 사용하지 말 것

(3) 전선의 표시 방법

① 절연전선(단심코드를 포함한다)은 피복 절연물 자체의 색별에 따를 것. 다만, 단면적 16 mm^2를 초과하는 것은 시공시 말단, 기타 필요한 개소에 백색 테이프를 감는 등 적당한 방법으로 표시하면 된다.

② 단심 케이블은 제①호의 단서를 따를 것

③ 다심 케이블 또는 다심 코드는 심선의 색별에 따를 것

(4) 3상 4선식 접속의 경우에 전압측 전선의 표시

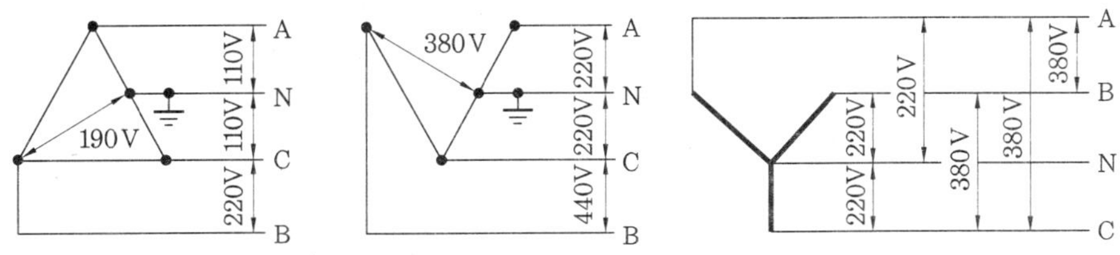

A상 : 흑색, B상 : 적색, C상 : 청색, N상 : 백색 또는 회색

그림 3-1 3상 4선식 접속의 전선 표시

예·상·문·제

1. 전기 설비의 기본 사항

1. 고압에서 직류는 750 V를 넘고 7000 V 이하라면, 교류는 600 V를 넘고 몇 V 이하인가?

㉮ 6000 V ㉯ 7000 V
㉰ 8000 V ㉱ 9000 V

해설 본문 표 3-1 전압의 종별 참조

2. 특별 고압은 몇 V를 초과하는 전압을 말하는가? [09]

㉮ 3,300 ㉯ 6,600
㉰ 7,000 ㉱ 9,000

3. 우리나라의 공칭 전압에 해당되는 것은?

㉮ 330 ㉯ 6900 [04]
㉰ 23000 ㉱ 154000

해설 공칭 전압 (우리나라의 대표적인 전압 계급) : 765 kV－345 kV－154 kV－22.9 kV－380 / 220 V

4. 전압의 종류에서 정격 전압이란 무엇을 말하는가?

㉮ 비교할 때 기준이 되는 전압
㉯ 그 어떤 기기나 전기 재료 등에 실제로 사용하는 전압
㉰ 지락이 생겨 있는 전기 기구의 금속제 외함 등이 인축에 닿을 때 생체에 가해지는 전압
㉱ 기계 기구에 대하여 제조자가 보증하는 사용 한도의 전압으로 사용상 기준이 되는 전압

5. 저압 전기 설비에서 적용되고 있는 용어 중 “사람이나 동물이 도전성 부위를 접촉하지 않은 경우 동시에 접근 가능한 전선 간 전압”을 무엇이라 하는가? [11]

㉮ 예상 접촉 전압
㉯ 공칭 전압
㉰ 스트레스 전압
㉱ 예상 감전 전압

해설 예상 접촉 전압 (prospective touch voltage) : 내선규정 5110-8 참조

참고 접촉 전압 (touch voltage) : 사람이나 동물이 동시에 접촉할 시 선간 전압을 말한다.

6. 옥내 전로의 대지 전압의 제한에서 잘못된 설명은?

㉮ 백열전등 또는 방전등 및 이에 부속하는 전선은 사람이 접촉할 우려가 없도록 한다.
㉯ 백열전등의 전구 소켓은 키나 그 밖의 점멸 기구가 있는 것으로 한다.
㉰ 백열전등 및 방전등용 안정기는 옥내 배선에 직접 접속하여 시설한다.
㉱ 사용 전압은 400 V 미만일 것

해설 백열전등의 전구 소켓은 키나 그 밖의 점멸 기구가 없는 것일 것

7. 백열전등을 사용하는 전광 사인에 전기를 공급하는 전로의 사용 전압은 대지 전압을 몇 V 이하로 하는가?

㉮ 200 V 이하 ㉯ 300 V 이하
㉰ 400 V 이하 ㉱ 600 V 이하

해설 주택 이외의 옥내 전로 : 주택 이외의 옥내에 시설하는 백열전등 (전기스탠드 및 장식용 전등 기구 제외) 또는 방전등에 전기

정답 1. ㉯ 2. ㉰ 3. ㉱ 4. ㉱ 5. ㉮ 6. ㉯ 7. ㉯

를 공급하는 옥내 전로의 대지 전압은 300 V 이하여야 한다.

8. **사용 전압이 220 V의 3상 3선식 전선로(최대 공급 전류 500 A의 1선과 대지간에 필요한 절연 저항값)의 최소값은 몇 Ω 인가?**

㉮ 770 ㉯ 880 ㉰ 920 ㉱ 980

해설 절연 저항의 최소값

$$=\frac{\text{사용 전압}\times 2000}{\text{최대 공급 전류}}=\frac{220\times 2000}{500}=880\,\Omega$$

9. **22900/220 V의 15 kVA 변압기로 공급되는 저압 가공 전선로의 절연 부분의 전선에서 대지로 누설하는 전류의 최고 한도는?** [10]

㉮ 약 34 mA ㉯ 약 45 mA
㉰ 약 68 mA ㉱ 약 75 mA

해설 ① 조건 : 누설 전류 $\leq \frac{\text{최대 공급 전류}}{2000}$

② 최대 공급 전류 $=\frac{15\times 10^3}{220}\fallingdotseq 68.2\,\text{A}$

$$I_l \leq \frac{68.2}{2000}\times 10^3 \leq 34\,\text{mA}$$

10. **전기 설비가 고장이 나지 않은 상태에서 대지 또는 회로의 노출 도전성 부분에 흐르는 전류는?** [10]

㉮ 접촉 전류
㉯ 누설 전류
㉰ 스트레스 전류
㉱ 계통외 도전성 전류

해설 용어의 의미 (내선규정 5110-2 참조) : 누설전류(leakage current)

11. **전로의 절연 저항 및 절연 내력 측정에 있어 사용 전압이 저압인 전로에서 정전이 어려운 경우 등 절연 저항 측정이 곤란한 경우에는 누설 전류를 몇 mA 이하로 유지해야 하는가?** [10]

㉮ 1 ㉯ 2 ㉰ 3 ㉱ 4

해설 전로의 절연 저항 및 절연 내력[판단 기준 제13조] 참조 : 절연 저항 측정이 곤란한 경우에는 누설 전류를 1 mA 이하로 유지해야 한다.

12. **대지 전압 150 V 이하의 옥내 전로 분기 회로의 절연 저항값(MΩ)은?**

㉮ 0.2 ㉯ 0.1 ㉰ 1.0 ㉱ 2.0

해설 표 3-2 참조
대지 전압 150 V 이하인 경우 : 0.1 MΩ 이상

13. **220 V 가정용 전기 설비의 절연 저항의 최소값은 몇 MΩ 이상인가?**

㉮ 0.1 ㉯ 0.2 ㉰ 0.3 ㉱ 0.4

14. **단상 3선식에서 부하가 평형이 되게 하는 것을 원칙으로 하나 부득이한 경우에는 설비 불평형률을 몇 %까지로 할 수 있는가?**

㉮ 10 ㉯ 20 ㉰ 30 ㉱ 40

해설 ① 단상 3선식 : 40 % 이하
② 3상 3선식, 3상 4선식 : 30% 이하

15. **단상 3선식 선로에 그림과 같이 부하가 접속되어 있을 경우에 설비 불평형률은 약 몇 %인가?** [07, 09]

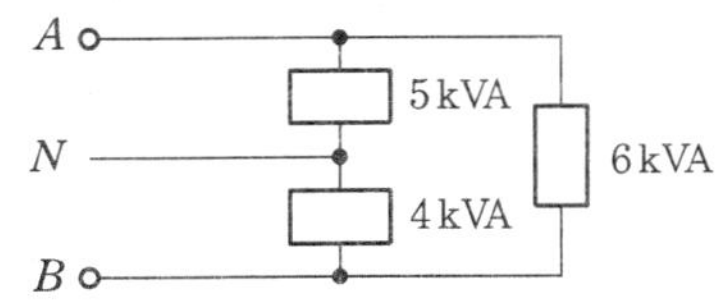

정답 8. ㉯ 9. ㉮ 10. ㉯ 11. ㉮ 12. ㉯ 13. ㉯ 14. ㉱ 15. ㉮

㉮ 13.33 ㉯ 14.33 ㉰ 15.33 ㉱ 16.33

해설 설비 불평형률$=\dfrac{5-4}{(5+4+6)\times\dfrac{1}{2}}\times 100$

$=13.33\%$

16. 단상 3선식 전원에 한(A)상과 중성선(N) 간에 각각 1 kVA, 0.8 kVA, 0.5 kVA의 부하가 병렬 접속되고 다른 한(B)상과 중성선(N)에 0.5 kVA 및 0.8 kVA의 부하가 병렬 접속된 회로의 양단[(A)상 및 (B)상]에 5 kVA의 부하가 접속되었을 경우 설비 불평형률(%)은 약 얼마인가? [11]

㉮ 11 ㉯ 23 ㉰ 42 ㉱ 56

해설 등가회로에서,

① $P_{AN}=1+0.8+0.5=2.3$ kVA

② $P_{BN}=0.5+0.8=1.3$ kVA

∴ 설비 불평형률

$$=\frac{P_{AN}-P_{BN}}{(P_{AN}+P_{BN}+P_{AB})\times\frac{1}{2}}\times 100$$

$$=\frac{2.3-1.3}{(2.3+1.3+5)\times\frac{1}{2}}\times 100 \fallingdotseq 23\ \%$$

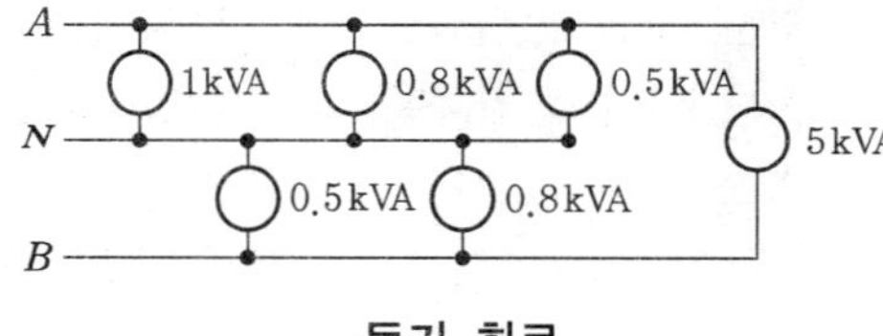

등가 회로

17. 고압 수전의 3상 3선식에서 불평형 부하의 한도는 단상 접속 부하로 계산하여 설비 불평형률을 30 % 이하로 하는 것을 원칙으로 한다. 다음 중 이 제한에 따르지 않을 수 있는 경우가 아닌 것은? [10]

㉮ 저압 수전에서 전용 변압기 등으로 수전하는 경우

㉯ 고압 및 특고압 수전에서 100 kVA 이하의 단상 부하의 경우

㉰ 고압 및 특고압 수전에서 단상 부하 용량의 최대와 최소의 차가 100 kVA 이하인 경우

㉱ 특고압 수전에서 100 kVA 이하의 단상 변압기 3대로 Δ 결선하는 경우

해설 설비 부하 평형의 시설 (내선규정 1410-1 참조)

〈제한에 따르지 않을 수 있는 경우 → ㉮, ㉯, ㉰ 이외에〉

특고압 수전에서 100 kVA 이하의 단상 변압기 2대로 역V접속을 하는 경우

18. 최대 사용 전압 3300 V인 고압 전동기가 있다. 이 전동기의 절연 내력 시험 전압은 몇 V인가? [09, 12]

㉮ 3630 V ㉯ 4125 V

㉰ 4950 V ㉱ 10500 V

해설 회전기의 절연 내력 시험 (판단 기준 제14조 참조) : 최대 사용 전압이 7000 V 이하인 경우에는 최대 사용 전압 1.5배의 전압으로 시험한다.

∴ 시험 전압$=1.5\times 3300=4950$ V

참고 회전기 절연 내력 시험

종류	회전기	
	발전기 · 전동기 · 조상기 · 기타 회전기	
	최대 사용 전압 7,000V 이하	최대 사용 전압 7,000V 초과
시험 전압	최대 사용 전압의 1.5배의 전압(500 V 미만으로 되는 경우에는 500 V)	최대 사용 전압의 1.25배의 전압 (10,500 V 미만으로 되는 경우에는 10,500 V)
시험 방법	권선과 대지 간에 연속하여 10분간 가한다.	

19. 저압 배선 중의 전압 강하는 간선 및 분기 회로에서 각각 표준 전압의 몇 % 이하로 하는 것을 원칙으로 하는가? [08]

정답 16. ㉯ 17. ㉱ 18. ㉰ 19. ㉮

㉮ 2 ㉯ 3 ㉰ 4 ㉱ 6

해설 저압 배선 중의 전압 강하는 표준 전압의 2% 이하로 하는 것을 원칙으로 한다.

참고 본문 1-3. (1) 전압 강하 참조

20. 전원 공급 점에서 각각 30 m의 지점에 60 A, 40 m의 지점에 50 A, 50 m의 지점에 30 A의 부하가 걸려 있는 경우 부하 중심까지의 거리는? [10]

㉮ 20.4 m ㉯ 37.9 m

㉰ 44.2 m ㉱ 122.3 m

해설 부하 중심까지의 거리

$$L = \frac{(\text{부하 전류} \times \text{거리})\text{의 합}}{\text{부하에 흐르는 전류의 합}} = \frac{I_1L_1 + I_2L_2 + I_3L_3}{I_1 + I_2 + I_3} = \frac{30 \times 60 + 40 \times 50 + 50 \times 30}{60 + 50 + 30} = 37.9\text{m}$$

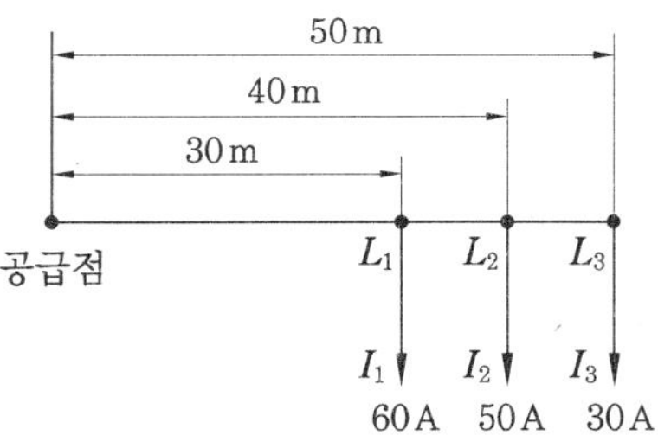

등가 회로

21. 공급 변압기의 2차측 단자에서 최원단 부하에 이르는 전선의 길이가 150 m인 경우 전압 강하는 몇 % 이하로 할 수 있는가? (단, 사용 장소 안에 시설한 전용 변압기에서 공급하는 경우이다)

㉮ 5 ㉯ 6 ㉰ 7 ㉱ 8

해설 본문 표 3-3 참조

22. 다선식 옥내 배선인 경우 중성선(절연 전선, 케이블 및 코드)의 표시로 옳은 것은 어느 것인가? [11]

㉮ 흑색 또는 회색

㉯ 백색 또는 회색

㉰ 녹색 또는 흑색

㉱ 청색 또는 적색

해설 본문 그림 3-1

23. 3상 4선식 Y접속 시 전등과 동력을 공급하는 옥내배선의 경우는 상별 부하 전류가 평형으로 유도 되도록 상별로 결선하기 위하여 전압측 전선에 색별 배선을 하거나 색 테이프를 감는 등의 방법으로 표시를 해야 한다. 이때 전압측 전선의 색법 표시에서 B상의 색상은? [08]

㉮ 백색 또는 회색

㉯ 흑색

㉰ 적색

㉱ 청색

해설 본문 그림 3-1 3상 4선식 접속의 전선 표시 참조

정답 20. ㉯ 21. ㉯ 22. ㉯ 23. ㉰

2. 전선 · 케이블 · 허용 전류 및 전선의 접속

■ 전선의 구비 조건

• 도전율이 클 것
• 비중이 작을 것
• 공사가 쉬울 것
• 기계적 강도가 클 것
• 내구성이 있을 것
• 값이 싸고 쉽게 구할 수 있을 것

2-1 전선 종류 · 기호 · 약호

(1) 정격 전압 450/750 V 이하 염화비닐 절연 케이블

① 배선용 비닐 절연 전선

표 3-4 KS C IEC 60227-3

종 류	기 호	절연체	약 호
450/750 V 일반용 단심 비닐 절연 전선	60227 KS IEC 01	PVC/C	NR
450/750 V 일반용 유연성 단심 비닐 절연 전선	60227 KS IEC 02	PVC/C	NF
300/500 V 기기 배선용 단심 비닐 절연 전선(70℃)	60227 KS IEC 05	PVC/C	NRI (70)
300/500 V 기기 배선용 유연성 단심 비닐 절연 전선(70℃)	60227 KS IEC 06	PVC/C	NFI (70)
300/500 V 기기 배선용 단심 비닐 절연 전선(90℃)	60227 KS IEC 07	PVC/E	NRI (90)
300/500 V 기기 배선용 유연성 단심 비닐 절연 전선(90℃)	60227 KS IEC 08	PVC/E	NFI (90)

② 배선용 비닐시스 케이블

표 3-5 KS C IEC 60227-4

종 류	기 호	절연체	시 스	약 호
300/500 V 연질 비닐시스 케이블	60227 KS IEC 10	PVC/C	PVC/ST 4	LPS

③ 유연성 비닐 케이블(코드)

표 3-6 KS C IEC 60227-5

종 류	기 호	절연체	시 스	약 호
300/300 V 평형 금사 코드	60227 KS IEC 41	PVC/D	–	FTC
300/300 V 평형 비닐 코드	60227 KS IEC 42	PVC/D	–	FSC
300/300 V 실내 장식 전등 기구용 코드	60227 KS IEC 43	PVC/D	–	CIC
300/300 V 연질 비닐시스 코드	60227 KS IEC 52	PVC/D	PVC/ST 5	LPC
300/500 V 범용 비닐시스 코드	60227 KS IEC 53	PVC/D	PVC/ST 5	OPC
300/300 V 내열성 연질 비닐시스 코드(90℃)	60227 KS IEC 56	PVC/E	PVC/ST 10	HLPC
300/500 V 내열성 범용 비닐시스 코드(90℃)	60227 KS IEC 57	PVC/E	PVC/ST 10	HOPC

(2) 정격 전압 1~3 kV 압출 성형 절연 전력 케이블 및 그 부속품

표 3-7 케이블(1 kV 및 3 kV) : KS C IEC 60502-1

종 류	기 호	절연체	시 스	약 호
0.6/1 kV 비닐 절연 비닐시스 케이블	VV	PVC/A	PVC/ST 1	VV
0.6/1 kV 비닐 절연 비닐시스 제어 케이블	CVV	PVC/A	PVC/ST 1	CVV
0.6/1 kV 비닐 절연 비닐 캡타이어 케이블	VCT	PVC/A	PVC/ST 1	VCT
0.6/1 kV 가교 폴리에틸렌 절연 비닐시스 케이블	CV	XLPE	PVC/ST 2	CV 1
0.6/1 kV 가교 폴리에틸렌 절연 폴리에틸렌시스 케이블	CE	XLPE	PE/ST 7	CE 1
0.6/1 kV 가교 폴리에틸렌 절연 저독성 난연 폴리올레핀시스 전력 케이블	HFCO	XLPE	ST 8	HFCO
0.6/1 kV 가교 폴리에틸렌 절연 저독성 난연 폴리올레핀시스 제어 케이블	HFCCO	XLPE	ST 8	HFCCO
0.6/1 kV 제어용 가교 폴리에틸렌 절연 비닐시스 케이블	CCV	XLPE	PVC/ST 2	CCV
0.6/1 kV 제어용 가교 폴리에틸렌 절연 폴리에틸렌시스 케이블	CCE	XLPE	PE/ST 7	CCE
0.6/1 kV EP 고무 절연 비닐시스 케이블	PV	EPR	PVC/ST 2	PV
0.6/1 kV EP 고무 절연 클로로프렌시스 케이블	PN	EPR	SE 1	PN
0.6/1 kV EP 고무 절연 클로로프렌 캡타이어 케이블	PNCT	EPR	SE 1	PNCT

(3) 네온관용 전선

표 3-8 KS C 3308-1988

기 호	도 체			절연체 두께 [mm]	시스 두께 (약)[mm]	평균 완성 바깥지름 [mm]
	공칭 단면적 [mm²]	소선 수/소선지름 [mm]	바깥지름 [mm]			
15 kV N-RV	2.0	19/0.35	1.8	3.2	1.0	10.2
15 kV N-RC	2.0	19/0.35	1.8	3.2	1.0	10.2
15 kV N-EV	2.0	19/0.35	1.8	2.0	0.8	7.4
7.5 kV N-RV	2.0	19/0.35	1.8	2.0	0.8	7.4
7.5 kV N-RC	2.0	19/0.35	1.8	2.0	0.8	7.4
7.5 kV N-EV	2.0	19/0.35	1.8	1.0	0.8	5.4
7.5 kV N-V	2.0	19/0.35	1.8	2.8	-	7.4

[비고] 1. 이 규격에서 비닐은 염화 비닐 수지를 말한다.
2. 기호의 뜻은 다음과 같다.
N : 네온 전선　R : 고무　V : 비닐
E : 폴리에틸렌　C : 클로로프렌

2-2 절연 전선 등의 허용 전류

(1) 저압 옥내 배선에 사용하는 450/750 V 이하 염화비닐 절연 전선 (내선규정 1435-2)

표 3-9 PVC 절연, 2개 부하전선, 동 또는 알루미늄

(전선 온도 : 70℃, 주위 온도 : 기중 30℃, 지중 20℃)

전선의 공칭 단면적 [mm^2]	공사 방법					
	A1	A2	B1	B2	C	D
1	2	3	4	5	6	7
동						
1.5	14.5	14	17.5	16.5	19.5	22
2.5	19.5	18.5	24	23	27	29
4	26	25	32	30	36	38
6	34	32	41	38	46	47
10	46	43	57	52	63	63
16	61	57	76	69	85	81
25	80	75	101	90	112	104
35	99	92	125	111	138	125
50	119	110	151	133	168	148
70	151	139	192	168	213	183
95	182	167	232	201	258	216
120	210	192	269	232	299	246
150	240	219	330	258	344	278
185	273	248	341	294	392	312
240	321	291	400	344	461	361
300	367	334	458	394	530	408
알루미늄						
2.5	15	14.5	18.5	17.5	21	22
4	20	19.5	25	24	28	29
6	26	25	32	30	36	36
10	36	33	44	41	49	48
16	48	44	60	54	66	62
25	63	58	79	71	83	80
35	77	71	97	86	103	96
50	93	86	118	104	125	113
70	118	108	150	131	160	140
95	142	130	181	157	195	168
120	164	150	210	181	226	189
150	189	172	234	201	261	213
185	215	195	266	230	298	240
240	252	229	312	269	352	277
300	289	263	358	308	406	313

[비고] 3, 5, 6과 7의 경우 면적이 16 mm^2 이하인 것은 원형 전선으로 간주한다. 단면적이 이를 초과할 경우 성형 전선에 대한 값으로, 이것은 원형 전선에 대해 안전하게 사용할 수 있다.

참고 공사 방법(전류용량 확보를 위한 표준 설치 방법)

A1 : 단열벽 내의 전선관에 공사한 절연 전선
A2 : 단열벽 내의 전선관에 공사한 다심 케이블
B1 : 목재 벽면의 전선관에 공사한 절연 전선
B2 : 목재 벽면의 전선관에 공사한 다심 케이블
C : 목재 벽면의 다심 케이블
D : 지중의 덕트 내에 공사한 다심 케이블

(2) 인입용 비닐 절연 전선 및 옥외용 절연 전선의 허용 전류 (내선규정 1435-2 참조)

표 3-10

(주위 온도 30℃ 이하)

도체의 종류	도 체			허용 전류(A)				
	지름 또는 소선 수와 공칭 단면적 [mm 또는 mm^2]			인입용 비닐 절연 전선(DV 전선)		옥외용 절연 전선		
				2개 꼬임 또는 평형	3개 꼬임 또는 평형	OW 전선	OE 전선	OC 전선
동	단선	2.0		28	25	-	-	-
		2.6		38	34	44	-	-
		3.2		50	44	58	-	-
		4.0		-	-	78	-	-
		5.0		-	-	103	114	142
	연선	14	7/1.6	70	62	-	-	-
		22	7/2.0	92	80	112	124	154
		38	7/2.6	130	113	153	169	212
		60	19/2.0	174	152	206	203	282
		100	19/2.6	238	209	283	306	389

2-3 단선과 연선의 표시

(1) 단선 (soled wire)

1가닥의 도체로 굵기 표시는 전선의 지름 [mm]으로 하며, 또한 공칭 단면적 [mm^2]으로 표시한다.

(2) 연선 (stranded wire)

① 여러 가닥의 소선(단선)으로 구성되며, 굵기 표시는 공칭 단면적 [mm^2]으로 표시한다.

② 동심 연선의 구성 : 중심선 위에 6의 층수 배수만큼 증가하는 구조로 되어 있다. (1－6－12－18)

(가) 단면적 $A = aN = \dfrac{\pi d^2}{4} \times N = \dfrac{\pi D^2}{4}$

(나) 총 소선수 $N = 3n(n+1)+1$

(다) 바깥 지름 $D = (2n+1)d$

여기서, a : 소선 1가닥의 단면적, d : 소선의 지름, n : 층수 (중심층 제외)

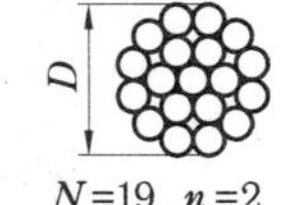

그림 3-2 동심 연선

2-4 전선의 접속

• 전선 접속 : 전선의 허용 전류에 의하여 접속 부분의 온도 상승 값이 접속부 이외의 온도 상승 값을 넘지 않도록 접속해야 한다.

(1) 전선의 접속 원칙 (내선규정 1430-7 참조)

① 나전선 상호 또는 나전선과 절연 전선 캡타이어 케이블 또는 케이블과 접속하는 경우

(가) 전선의 강도 (인장하중)를 20 % 이상 감소시키지 않는다.

(나) 접속 슬리브, 전선 접속기를 사용하여 접속한다(스프리트 슬리브는 제외한다).

② 절연 전선 상호 또는 절연 전선과 코드, 캡타이어 케이블 또는 케이블을 접속하는 경우는 제 1 항에 따르고 접속 부분을 절연 전선의 절연물과 동등 이상의 절연 효력이 있는 것으로 충분히 피복해야 한다.

③ 코드 또는 캡타이어 케이블과 옥내 배선과의 접속

(가) 점검할 수 없는 은폐 장소에는 시설하지 않는다.

(나) 로제트, 콘센트, 개폐기 및 기타 이와 유사한 것을 사용하여 시설한다.

④ 코드 상호, 캡타이어 케이블 상호 또는 이들 상호 간의 접속

(가) 코드 접속기, 접속함 및 기타 기구를 사용하여야 한다.

(나) 접속점에는 조명 기구 및 기타 전기 기계 기구의 중량이 걸리지 않도록 한다.

(2) 코드 또는 캡타이어 케이블과 전기 사용 기계 기구와의 접속 (내선규정 3310 참조)

① 충전(充電) 부분이 노출되지 않는 구조의 단자 금구에 나사로 고정하거나 또는 기구용 플러그 등을 사용한다.

② 기구 단자가 누름나사형, 클램프형 또는 이와 유사한 구조로 된 것을 제외하고 단면적 6 mm^2 를 초과하는 코드 및 캡타이어 케이블에는 터미널 러그를 부착한다.

③ 코드와 형광등 기구의 리드선과 접속은 전선 접속기로 접속한다.

(3) 전선과 기구 단자와의 접속 (내선규정 2210 참조)

동(銅) 전선과 전기 기계 기구 단자의 접속은 접촉이 완전하고 헐거워질 우려가 없도록 다음 각 호에 의하여야 한다.

① 전선을 나사로 고정할 경우에 진동 등으로 헐거워질 우려가 있는 장소는 2중 너트, 스프링 와셔 및 나사풀림 방지 기구가 있는 것을 사용한다.

② 전선을 1본만 접속할 수 있는 구조의 단자는 2본 이상의 전선을 접속하지 않는다.

③ 기구 단자가 누름나사형, 클램프형이거나 이와 유사한 구조가 아닌 경우는 단면적 10 mm^2를 초과하는 단선 또는 단면적 6 mm^2를 초과하는 연선(撚線)에 터미널 러그를 부착한다. 다만, 기구의 용량이 30 A 이하이고, 기구 단자에 접속하는 전선이 연선인 경우는 적당히 연선의 소선수를 감소하여 터미널 러그를 생략할 수 있다.

④ 터미널 러그 (압착형 등은 제외한다)는 납땜으로 전선을 부착한다.

⑤ 접속점에 장력이 걸리지 않도록 시설한다.

예·상·문·제

2. 전선·케이블·허용 전류 및 전선의 접속

1. 전선의 재료로서 구비할 조건이 아닌 것은 어느 것인가? [11]

㉮ 비중이 적을 것
㉯ 경제성이 있을 것
㉰ 인장 강도가 작을 것
㉱ 가요성이 풍부할 것

해설 인장 강도가 클 것

2. 다음 중 전선이 구비해야 될 조건으로 틀린 것은?

㉮ 도전율이 클 것
㉯ 비중이 클 것
㉰ 기계적인 강도가 강할 것
㉱ 내구성이 있을 것

3. 전선 약호 중 NRI(70)의 품명은? [10]

㉮ 450/750 V 일반용 단심 비닐 절연 전선(70℃)
㉯ 450/750 V 일반용 유연성 단심 비닐 절연 전선(70℃)
㉰ 300/500 V 기기 배선용 단심 비닐 절연 전선(70℃)
㉱ 300/500 V 기기 배선용 유연성 단심 비닐 절연 전선(70℃)

해설 본문 표 3-4 참조

4. 300/300 V 평형 비닐 코드의 약호는?

㉮ CIC ㉯ FTC ㉰ LPC ㉱ FSC

해설 본문 표 3-6 참조

5. 0.6/1 kV 비닐 절연 비닐시스 케이블의 약호는?

㉮ PV ㉯ PN
㉰ VCT ㉱ VV

해설 본문 표 3-7 참조

참고 비닐 절연 비닐 외장 케이블 : VV 케이블(PVC insulated PVC sheathed power cable)

6. 네온 전선 중 7.5 kV N-RV 전선의 명칭은 어느 것인가?

㉮ 7.5 kV, 고무 절연 비닐시스 네온 전선
㉯ 7.5 kV, 고무 절연 클로로프렌시스 네온 전선
㉰ 7.5 kV, 폴리에틸렌 절연 비닐시스 네온 전선
㉱ 7.5 kN, 비닐 절연 네온 전선

해설 본문 표 3-8 참조

7. N-EV는 네온관용 전선 기호이다. 여기서 V는 무엇을 말하는가? [08]

㉮ 네온전선 ㉯ 클로로프렌
㉰ 비닐시스 ㉱ 폴리에틸렌

해설 N : 네온전선, E : 폴리에틸렌, V : 비닐

8. 300/300 V 내열성 연질 비닐시스 코드(90℃)의 명칭은?

㉮ HLPC ㉯ HOPC
㉰ HPSC ㉱ HR(0.5)

해설 HOPC : 300/500 V 내열성 범용 비닐시스 코드(90℃)
HPSC : 450/750 V 경질 클로로프렌, 합성고무시스 유연성 케이블
HR (0.5) : 500 V 내열성 고무 절연 전선(110℃)

정답 1. ㉰ 2. ㉯ 3. ㉰ 4. ㉱ 5. ㉱ 6. ㉮ 7. ㉰ 8. ㉮

9. 리드용 2종 케이블의 약호로 옳은 것은 어느 것인가? [07]

㉮ WRNCT ㉯ WNCT
㉰ WCT ㉱ WRCT

해설 용접용 케이블(KS C 3391)

WCT	리드용 1종 케이블
WNCT	리드용 2종 케이블
WRCT	홀더용 1종 케이블
WRNCT	홀더용 2종 케이블

참고 아크 용접용 케이블(KS C IEC 60245-6)

종류	기호	약호
고무시스 용접용 케이블	60245 KS IEC 81	AWR
클로로프렌, 천연 합성 고무시스 용접용 케이블	60245 KS IEC 82	AWP

10. 절연체로 폴리에틸렌, 보호층으로 연질의 비닐, 외장으로 반 경질비닐을 사용한 것으로 600 V 이하의 저압 분기회로에 사용하는 케이블은? [06]

㉮ CV 케이블 ㉯ CB-EV 케이블
㉰ MI 케이블 ㉱ TFR-CV 케이블

해설 CB-EV 케이블
① 콘크리트 직매용 폴리에틸렌 절연 비닐시스 케이블(환형)
② 600 V 이하 저압 분기회로에 사용

참고 CV : 가교 폴리에틸렌 절연 비닐시스 케이블 - 저압에서 초고압에 이르기까지 널리 사용
MI : 미네랄 인슈레이션 케이블 - 저압용
TFR-CV : 가교 폴리에틸렌 절연 난연 비닐시스 트레이용 케이블

11. ACSR은 다음 중 어느 것에 해당 되는가? [06, 08]

㉮ 경동연선
㉯ 중공연선
㉰ 알루미늄선
㉱ 강심 알루미늄연선

해설 ① 강심 알루미늄연선(ACSR : aluminium cable steel reinforced)
② 경동연선(HECC : hard drawn copper cable)

참고 중공연선(hollow stranded wire)

12. 주석 도금한 0.75 mm^2(30/0.18)의 연동연선에 비닐을 피복한 것으로 형광등용 안정기의 2차 배선에 주로 사용되는 전선은? [06]

㉮ IAL 전선 ㉯ RB 전선
㉰ FL 전선 ㉱ ACSR 전선

해설 FL : 형광 방전등용 비닐 전선

13. 인입용 비닐 절연 전선의 약호는?

㉮ VV ㉯ CV 1
㉰ DV ㉱ MI

해설 ① VV : 0.6/1 kV 비닐 절연 비닐시스 케이블
② CV 1 : 0.6/1 kV 가교 폴리에틸렌 절연 비닐시스 케이블
③ DV : 인입용 비닐 절연 전선
④ MI : 미네랄 인슐레이션 케이블

14. 절연 전선 중 옥외용 비닐 절연 전선을 무슨 전선이라고 호칭하는가?

㉮ RB선 ㉯ IV선
㉰ OW선 ㉱ DV선

해설 옥외용 비닐 절연 전선
① outdoor polyvinyl chloride insulated wire를 약자로 OW선이라고도 한다.
② 가공 선로에 사용하는 것으로, 경동선에 염화 비닐 수지를 피복한 것이다.

참고 인입용 비닐 절연 전선(DV)

정답 9. ㉯ 10. ㉯ 11. ㉱ 12. ㉰ 13. ㉰ 14. ㉰

① 2개 연 : 검정(흑)색, 녹색 또는 청색
② 3개 연 : 검정색, 녹색, 청색
(녹색 : 중성선 또는 접지 측 전선)

15. 다음 중 보호선과 전압선의 기능을 겸한 전선은?

㉮ PEM선 ㉯ PEL선
㉰ PEN선 ㉱ DV선

해설 ① PEM선 : 보호선과 중간선의 기능을 겸한 전선
② PEL선 : 보호선과 전압선의 기능을 겸한 전선
③ PEM선 : 보호선과 중성선의 기능을 겸한 전선

참고 내선규정 5110-13 참조

16. 지름 2.6 mm 단선 19가닥을 사용한 연선의 규격은? [06]

㉮ 60 mm^2 ㉯ 80 mm^2
㉰ 100 mm^2 ㉱ 125 mm^2

해설 $a=\pi\frac{d^2}{4}=\pi\frac{2.6^2}{4} \fallingdotseq 5.3\ mm^2$

$\therefore A=19\times 5.3=100.7\ mm^2 \rightarrow 100\ mm^2$

참고 본문 2-3. (2) 연선의 단면적

$A=aN=\frac{\pi d^2}{4}\times N\,[mm^2]$

17. 다음 중 1.6 mm 19가닥의 경동 연선의 바깥지름(mm)은?

㉮ 11 ㉯ 10 ㉰ 9 ㉱ 8

해설 연선의 바깥지름

$D=(1+2n)d=(1+2\times 2)\times 1.6=8$

여기서, n : 연선의 층수(19가닥일 때 $n=2$)
d : 소선의 지름

18. 전선이나 케이블의 절연물에 손상 없이 안전하게 흘릴 수 있는 최대 전류는 어느 것인가? [10]

㉮ 허용전류 ㉯ 상용전류
㉰ 부하전류 ㉱ 안전전류

해설 허용전류(allowable current) : 도체 또는 절연 전선 등에 흘릴 수 있는 최대의 전류

참고 이 전류는 도체 또는 절연물에 대한 최고 허용 온도로 정해진다.

19. 전선 굵기의 결정에서 다음과 같은 요소를 만족하는 굵기를 사용해야 한다. 가장 잘 표현된 것은?

㉮ 기계적 강도, 전선의 허용 전류를 만족하는 굵기
㉯ 기계적 강도, 수용률, 전압 강하를 만족하는 굵기
㉰ 인장 강도, 수용률, 최대 사용 전압을 만족하는 굵기
㉱ 기계적 강도, 전선의 허용 전류, 전압 강하를 만족하는 굵기

해설 옥내 배선의 전선 지름 결정 요소
① 허용 전류 ② 전압 강하
③ 기계적 강도 ④ 사용 주파수
여기서, 가장 중요한 요소는 허용 전류이다.

20. 옥내 배선 공사에 사용하는 연동선의 최소 굵기(mm^2)는?

㉮ 1.5 ㉯ 2.5 ㉰ 3.0 ㉱ 4.0

해설 옥내 배선의 사용 전선의 굵기(내선규정 2210-4) : 배선에 사용하는 전선은 단면적 2.5 mm^2 이상의 연동선 또는 도체의 단면적이 1 mm^2 이상의 MI 케이블이어야 한다.

21. 다음 인입용 비닐 절연 전선의 허용 전류는 몇 A인가?

① 주위 온도 : 30℃
② 도체 : 연선 14 mm^2
③ DV 전선 : 2개 평형

정답 15. ㉯ 16. ㉰ 17. ㉱ 18. ㉮ 19. ㉱ 20. ㉯

㉮ 62 ㉯ 70 ㉰ 80 ㉱ 92

해설 표 3-10 허용 전류표 참조

22. **주위 온도 30℃, 도체가 100 mm^2 (19/2.6)인 OW 전선, OE 전선의 허용 전류가 각 283 A, 306 A이다. OC 전선의 허용 전류는 몇 A인가?**

㉮ 263 ㉯ 287
㉰ 300 ㉱ 389

해설 표 3-10 허용 전류표 참조

23. **다음 중 전선의 접속 원칙이 아닌 것은 어느 것인가?** [09]

㉮ 전선의 허용 전류에 의하여 접속 부분의 온도 상승값이 접속부 이외의 온도 상승값을 넘지 않도록 한다.
㉯ 접속 부분은 접속관, 기타의 기구를 사용한다.
㉰ 전선의 강도를 30 % 이상 감소시키지 않는다.
㉱ 구리와 알루미늄 등 다른 종류의 금속 상호간을 접속할 때에는 접속부에 전기적 부식이 생기지 않도록 한다.

해설 강도를 20 % 이상 감소시키지 않는다.

24. **다음 중 전선 접속에 관한 설명으로 옳지 않은 것은?** [06, 08, 09, 11]

㉮ 전선의 세기를 60 % 이상 유지해야 한다.
㉯ 접속 부분의 전기 저항을 증가시켜서는 안 된다.
㉰ 절연을 원래의 절연 효력이 있는 테이프로 충분히 한다.
㉱ 접속 슬리브나 전선 접속 기구를 사용하여 접속하거나 또는 납땜을 한다.

25. **전선의 접속법에 대한 설명으로 잘못된 것은?** [07, 11]

㉮ 접속 부분은 접속 슬리브, 전선 접속 기를 사용하여 접속한다.
㉯ 접속부는 전선의 강도(인장하중)를 20% 이상 유지한다.
㉰ 접속 부분은 절연 전선의 절연물과 동등 이상의 절연 효력이 있는 것으로 충분히 피복한다.
㉱ 전기 화학적 성질이 다른 도체를 접속하는 경우에는 접속 부분에 전기적 부식이 생기지 않도록 해야 한다.

26. **66 kV의 가공 송전선에 있어 전선의 인장하중이 220 kgf으로 되어 있다. 지지물과 지지물 사이에 이 전선을 접속할 경우 이 전선 접속 부분의 전선의 세기는 최소 몇 kgf 이상이어야 하는가?**

㉮ 85 ㉯ 176
㉰ 185 ㉱ 192

해설 전선의 세기 : 220 kgf×0.8=176 kgf 이상 유지해야 한다.

정답 21. ㉯ 22. ㉱ 23. ㉰ 24. ㉮ 25. ㉯ 26. ㉯

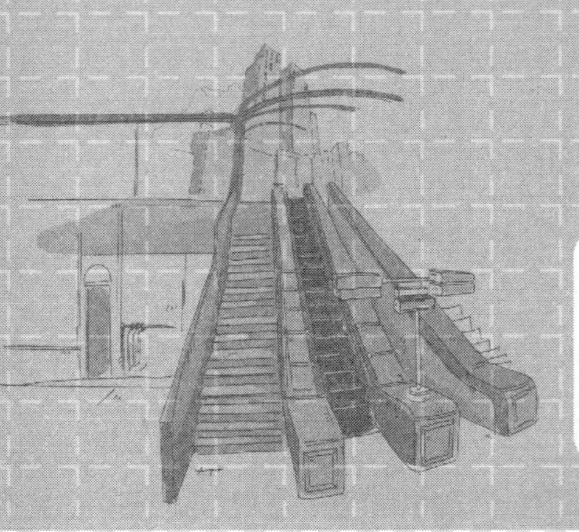

제 2 장

옥내 배선 공사·특수 장소의 전기 시설 공사

1. 배선 공사의 종류

1-1 배선 공사의 종류와 시설 장소

(1) 400 V 미만의 경우

표 3-11 시설 장소와 배선 방법 (400 V 미만)

배선 공사의 종류		옥내						옥측 옥외	
		노출 장소		은폐 장소					
				점검 가능		점검 불가능			
		건조한 장소	습기가 많은 장소 또는 물기가 있는 장소	건조한 장소	습기가 많은 장소 또는 물기가 있는 장소	건조한 장소	습기가 많은 장소 또는 물기가 많은 장소	우선 내	우선 외
애자 사용 배선		○	○	○	○	×	×	①	①
금속관 배선		○	○	○	○	○	○	○	○
합성수지관 배선	합성수지관 (CD관 제외)	○	○	○	○	○	○	○	○
	CD관	②	②	②	②	②	②	②	②
가요전선관 배선	1종 가요전선관	○	×	○	×	×	×	×	×
	2종 가요전선관	○	○	○	○	○	○	○	○
금속몰드 배선		○	×	○	×	×	×	×	×
합성수지몰드 배선		○	×	○	×	×	×	×	×
플로어덕트 배선		×	×	×	×	③	×	×	×
셀룰러덕트 배선		×	×	○	×	③	×	×	×
금속덕트 배선		○	×	○	×	×	×	×	×
라이팅덕트 배선		○	×	○	×	×	×	×	×
버스덕트 배선		○	×	○	×	×	×	④	④
케이블 배선		○	○	○	○	○	○	○	○
케이블 트레이 배선		○	○	○	○	○	○	○	○

[비고] ○ : 시설할 수 있다. ×: 시설할 수 없다.

CD관 : 내연성이 없는 것을 말한다.

① : 노출 장소 및 점검할 수 있는 은폐장소에 한하여 시설할 수 있다.

② : 직접 콘크리트에 매설하는 경우를 제외하고 전용의 불연성 또는 자소성이 있는 난연성의 관 또는 덕트에 넣는 경우에 한하여 시설할 수 있다.

③ : 콘크리트 등의 바닥 내에 한한다.

④ : 옥외용 덕트를 사용하는 경우에 한하여(점검할 수 없는 은폐 장소는 제외한다.) 시설할 수 있다.

(2) 400V 이상 전압인 경우

표 3-12 시설 장소와 배선 방법(400 V 이상)

<table>
<tr><th colspan="2" rowspan="4">배선 방법</th><th colspan="6">옥 내</th><th colspan="2" rowspan="3">옥측
옥외</th></tr>
<tr><th colspan="2" rowspan="2">노출 장소</th><th colspan="4">은폐 장소</th></tr>
<tr><th colspan="2">점검 가능</th><th colspan="2">점검 불가능</th></tr>
<tr><th>건조한 장소</th><th>습기가 많은 장소 또는 물기가 있는 장소</th><th>건조한 장소</th><th>습기가 많은 장소 또는 물기가 있는 장소</th><th>건조한 장소</th><th>습기가 많은 장소 또는 물기가 많은 장소</th><th>우선 내</th><th>우선 외</th></tr>
<tr><td colspan="2">애자 사용 배선</td><td>○</td><td>○</td><td>○</td><td>○</td><td>×</td><td>×</td><td>①</td><td>①</td></tr>
<tr><td colspan="2">금속관 배선</td><td>○</td><td>○</td><td>○</td><td>○</td><td>○</td><td>○</td><td>○</td><td>○</td></tr>
<tr><td rowspan="2">합성수지관 배선</td><td>합성수지관 (CD관 제외)</td><td>○</td><td>○</td><td>○</td><td>○</td><td>○</td><td>○</td><td>○</td><td>○</td></tr>
<tr><td>CD관</td><td>②</td><td>②</td><td>②</td><td>②</td><td>②</td><td>②</td><td>②</td><td>②</td></tr>
<tr><td rowspan="2">가요전선관 배선</td><td>1종 가요전선관</td><td>③</td><td>×</td><td>③</td><td>×</td><td>×</td><td>×</td><td>×</td><td>×</td></tr>
<tr><td>2종 가요전선관</td><td>○</td><td>○</td><td>○</td><td>○</td><td>○</td><td>○</td><td>○</td><td>○</td></tr>
<tr><td colspan="2">금속덕트 배선</td><td>○</td><td>×</td><td>○</td><td>×</td><td>×</td><td>×</td><td>×</td><td>×</td></tr>
<tr><td colspan="2">버스덕트 배선</td><td>○</td><td>×</td><td>○</td><td>×</td><td>×</td><td>×</td><td>×</td><td>×</td></tr>
<tr><td colspan="2">케이블 배선</td><td>○</td><td>○</td><td>○</td><td>○</td><td>○</td><td>○</td><td>○</td><td>○</td></tr>
<tr><td colspan="2">케이블트레이 배선</td><td>○</td><td>○</td><td>○</td><td>○</td><td>○</td><td>○</td><td>○</td><td>○</td></tr>
</table>

[비고] 기호의 뜻은 다음과 같다.

○ : 시설할 수 있다. ×: 시설할 수 없다.

CD관 : 내연성이 없는 것을 말한다.

① : 노출 장소에 한하여 시설할 수 있다.

② : 직접 콘크리트에 매설하는 경우를 제외하고 전용의 불연성 또는 자소성이 있는 난연성의 관 또는 덕트에 넣는 경우에 한하여 시설할 수 있다.

③ : 전동기에 접속하는 짧은 부분으로 가요성을 필요로 하는 부분의 배선에 한하여 시설할 수 있다.

1-2 시설 장소에 따른 공사 방법

표 3-13 시설 장소에 따른 공사 방법

시설 장소의 구분	공사 방법
건축물 안전 공간	고정하지 않은 공사, 전선관 공사, 케이블 덕트 공사, 케이블 트레이(사다리형, 선반형 포함) 공사
케이블 채널	고정하는 공사, 고정하지 않은 공사, 전선관 공사, 케이블 덕트 공사, 케이블 트레이 (사다리형, 선반형 포함) 공사
지중 매설	고정하지 않은 공사, 전선관 공사, 케이블 덕트 공사
콘크리트 매설	고정하는 공사, 고정하지 않은 공사, 전선관 공사, 케이블 트렁킹 (몰드형, 바닥매입형 포함) 공사, 케이블 덕트 공사
노출 장치	고정하는 공사, 전선관 공사, 케이블 트렁킹 (몰드형, 바닥매입형 포함) 공사, 케이블 덕트 공사, 케이블 트레이 (사다리형, 선반형 포함) 공사, 애자 사용 공사
가공	케이블 트렁킹 (몰드형, 바닥매입형 포함) 공사, 케이블 트레이 (사다리형, 선반형 포함) 공사, 애자 사용 공사, 지지용 선 공사
수중	고정하는 공사, 고정하지 않은 공사

예 · 상 · 문 · 제

1. 배선 공사의 종류

1. 사용 전압이 400 V 미만이고 노출 장소이며, 습기가 많은 장소일 때 시설할 수 없는 배선 방법은?

㉮ 애자사용 배선
㉯ 금속관 배선
㉰ 케이블 배선
㉱ 버스덕트 배선

2. 사용 전압이 400 V 미만이고 은폐 장소이며 점검은 가능하나 습기가 많은 장소일 때 시설할 수 있는 배선 방법은?

㉮ 케이블 트레이 배선
㉯ 금속몰드 배선
㉰ 금속덕트 배선
㉱ 버스덕트 배선

3. 사용 전압이 200 V이고, 은폐 장소이며 점검은 불가능하나 건조한 장소일 때 시설할 수 없는 배선 방법은?

㉮ 합성수지관 배선
㉯ 애자사용 배선
㉰ 2종 가요전선관 배선
㉱ 케이블 배선

4. 사용 전압이 200 V이고, 은폐 장소이며 점검은 가능하나 습기가 많은 장소일 때 시설할 수 없는 배선 방법은?

㉮ 금속관 배선
㉯ 애자사용 배선
㉰ 1종 가요전선관 배선
㉱ 케이블 트레이 배선

5. 사용 전압(저압), 옥내, 옥측, 옥외, 습기나 물기에 관계없이 배선 가능한 방법에 해당되지 않는 것은?

㉮ 케이블 배선
㉯ 금속관 배선
㉰ 애자사용 배선
㉱ 2종 가요전선관 배선

6. 직접 콘크리트에 매설하는 경우를 제외하고 전용의 불연성 또는 자소성이 있는 난연성의 관 또는 덕트에 넣는 경우에 한하여 시설할 수 있는 배선 방법은 어느 것인가?

㉮ 1종 가요전선관 배선
㉯ 케이블 트레이 배선
㉰ 버스덕트 배선
㉱ CD관 배선

7. 다음 설명 중에서 잘못된 것은 어느 것인가?

㉮ 1종 가요전선관은 옥측, 옥외 배선에 사용할 수 없다.
㉯ 1종 가요전선관은 사용 전압이 400 V 미만일 때는 습기가 많은 장소에 사용할 수 있으나 400 V 이상 저압에서는 사용할 수 없다.
㉰ 케이블 트레이드 배선은 노출, 은폐, 습기에 관계없이 시설할 수 있다.
㉱ 케이블 트레이드 배선은 옥측, 옥외에서 우선 내, 우선 외에 관계없이 시설할 수 있다.

정답 1. ㉱ 2. ㉮ 3. ㉯ 4. ㉰ 5. ㉰ 6. ㉱ 7. ㉯

2. 애자 사용 · 몰드 · 덕트 배선 공사

2-1 애자 사용 배선 공사

애자 사용 배선 공사에 사용하는 애자는 절연성, 난연성 및 내수성이 있는 것이어야 한다.

(1) 배선 방법과 제한 사항 (내선규정 2270 참조)

① 옥측 및 옥외에 시설하는 경우
 (가) 400 V 미만은 노출 장소 및 점검 가능한 은폐 장소에 한한다.
 (나) 400 V 이상은 노출 장소에 한한다.

② 애관, 합성수지관 등 양단의 전선을 애자로 지지할 경우 끝에서 애자까지의 거리는 전선의 길이로 20 cm 이하로 한다.

③ 전선은 절연 전선(DV 전선 제외)을 사용해야 한다.

(2) 전선의 이격 거리

표 3-14 전선의 이격 거리

사용 전압 / 거 리	400 V 미만의 경우	400 V 이상의 경우
전선 상호 간의 거리	6 cm 이상	6 cm 이상
전선과 조영재와의 거리	2.5 cm 이상	4.5 cm 이상 *

㈜ * : 건조한 장소에서는 2.5 cm 이상으로 할 수 있다.

2-2 몰드 배선 공사

(1) 합성수지 몰드 배선 시공 (내선규정 2215 참조)

① 옥내의 건조한 전개된 장소와 점검할 수 있는 은폐 장소에 한하여 시공할 수 있다.

② 사용 전압은 400 V 미만이고, 전선은 절연 전선을 사용하며 몰드 내에서는 접속점을 만들어서는 안 된다.

③ 두께는 2 mm 이상의 것으로, 홈의 폭과 깊이가 3.5 cm 이하이어야 한다. 단, 사람이 쉽게 접촉될 우려가 없도록 시설한 경우에는 폭 5 cm 이하, 두께 1 mm 이상인 것을 사용할 수 있다.

④ 베이스를 조영재에 부착할 경우 40~50 cm 간격마다 나사못 또는 접착제를 이용하여 견고하게 부착해야 한다.

(2) 금속 몰드 배선 시공 (내선규정 2230 참조)

① 황동제 또는 동제의 몰드는 폭 5 cm 이하, 두께 0.5 mm 이상일 것

② 사용 전압은 400 V 미만이고, 전선은 절연 전선을 사용하며 몰드 내에서는 전선의 접속점을 만들어서는 안 된다.

③ 1종 몰드에 넣는 전선 수는 10본 이하이며, 2종 몰드에 넣는 전선 수는 피복 절연물을 포함한 단면적의 총합계가 몰드 내 단면적의 20 % 이하로 한다.

④ 금속 몰드와 박스 등 부속품과의 접속 개소에는 부싱을 사용해야 한다.

⑤ 금속 몰드는 조영재에 1.5 m 이하마다 고정하고, 금속 몰드 및 기타 부속품에는 제 3 종 접지 공사를 해야 한다.

2-3 덕트 배선 공사

(1) 금속 덕트 공사 (wire-way wiring) (내선규정 2240 참조)

① 덕트 배선에는 절연 전선을 사용해야 한다 (옥외용 비닐 절연 전선 제외).

② 덕트 내에서는 전선에 접속점을 만들면 안 된다.

③ 금속 덕트는 폭이 5 cm를 넘고, 두께가 1.2 mm 이상의 철판으로 견고하게 제작된 것이어야 한다.

④ 금속 덕트의 크기

㈎ 전선의 피복 절연물을 포함한 단면적의 총합계가 금속 덕트 내 단면적의 20 % 이하가 되도록 선정해야 한다 (제어 회로 등의 배선에 사용하는 전선만을 넣는 경우에는 50 %).

㈏ 동일 금속 덕트 내에 넣는 전선은 30가닥 이하로 하는 것이 바람직하다.

⑤ 금속 덕트의 지지

㈎ 금속 덕트는 3 m 이하의 간격으로 견고하게 지지할 것 (취급자만이 출입 가능하고 수직으로 설치 시는 6 m 이하)

㈏ 금속 덕트의 종단부는 폐소할 것

⑥ 접지 공사

㈎ 사용 전압

- 400 V 미만인 경우 : 덕트에 제 3 종 접지 공사
- 400 V 이상인 경우 : 덕트에 특별 제 3 종 접지 공사

㈏ 배선과 다른 배선 또는 약전류 전선, 금속제 수관, 가스관 등과의 거리 규정에 따라 강전류 회로의 전선과 약전류 전선을 동일 금속 덕트 내에 넣는 경우에는 격벽을 시설하고 특별 제3종 접지 공사를 해야 한다.

(2) 버스 덕트(bus duct) 공사 (내선규정 2245 참조)

① 빌딩, 공장 등의 변전실에서 전선을 인출하는 곳에 사용하면 굵은 전선 공사보다 경제적으로 유리하다.

② 버스 덕트 배선에 의하여 시설하는 도체는 단면적 20 mm^2 이상의 띠 모양, 지름 5 mm 이상의 관 모양이나 둥근 막대 모양의 동 또는 단면적 30 mm^2 이상인 띠 모양의 알루미늄을 사용해야 한다.

③ 지지점의 간격 : 3 m 이하(취급자만 출입하고 수직 설치 시 6 m)

④ 접지 공사

(가) 사용 전압 400 V 미만 : 제3종 접지 공사

(나) 사용 전압 400 V 이상 : 특별 제3종 접지 공사

표 3-15 버스 덕트의 종류 및 정격

(KS C 8450-2006)

명 칭	형 식		정격 전류[A]
피더 버스 덕트	옥내용	환기형, 비환기형	100, 200, 300, 400, 600, 800, 1000, 1200, 1500, 2000, 2500, 3000, 3500, 4000, 4500, 5000
	옥외용	환기형, 비환기형	
익스팬션 버스 덕트 탭붙이 버스 덕트 트랜스 포지션 버스 덕트	옥내용	비환기형	
플러그인 버스 덕트	옥내용	환기형, 비환기형	

(3) 플로어 덕트 공사(under floor way wiring) (내선규정 2255 참조)

플로어 덕트는 마루 밑에 매입하는 배선용의 홈통으로 마루 위로 전선 인출을 목적으로 하는 배선 공사이다.

① 사용 전압 : 400 V 미만이어야 한다.

② 사용 전선 : 절연 전선으로 3.2 mm를 초과하는 것은 연선이어야 한다.

③ 전선의 접속은 접속함 내에서 하여야 한다.

④ 전선의 피복 절연물을 포함한 단면적의 총합계가 플로어 덕트 내 단면적의 32 % 이하가 되도록 선정해야 한다.

⑤ 접속함 간의 덕트는 일직선 상에 시설하는 것을 원칙으로 한다.

⑥ 금속제 플로어 덕트 및 기타 부속품은 두께 2.0 mm 이상인 강판으로 견고하게 만들고, 아연 도금을 하거나 에나멜 등으로 피복해야 한다.

⑦ 플로어 덕트는 제3종 접지 공사를 해야 한다.

⑧ 강전류 회로의 전선과 약전류 회로의 전선을 동일 플로어 덕트 및 접속함 내에 넣는 경우에는 특별 제3종 접지 공사를 해야 한다.

(4) 라이팅 덕트(lighting duct) 공사 (내선규정 2250 참조)

① 사용 전압 : 400 V 미만이어야 한다.

② 옥내에 있어서 건조한 노출 장소, 건조한 점검을 할 수 있는 은폐 장소에 한하여 시설할 수 있다.

③ 라이팅 덕트는 조영재를 관통하여 시설해서는 안 된다.

④ 조영재에 부착할 경우 : 덕트의 지지점은 매덕트마다 2개소 이상 및 지지점 간의 거리는 2 m 이하로 견고하게 부착할 것

⑤ 덕트의 금속제 부분은 제3종 접지 공사를 실시해야 한다.

예·상·문·제

2. 애자 사용 · 몰드 · 덕트 배선 공사

1. 저압 옥내 배선, 애자 사용 공사에 있어서 전선 상호 간의 최소 거리는?

㉮ 2.5 cm ㉯ 4 cm
㉰ 6 cm ㉱ 10 cm

해설 표 3-14 참조

2. 애자 사용 공사를 건조한 장소에 시설하고자 한다. 사용 전압이 400 V 이상인 경우 전선과 조영재 사이의 이격 거리는 최소 몇 cm 이상이어야 하는가?

㉮ 2.5 cm 이상 ㉯ 4.5 cm 이상
㉰ 6.0 cm 이상 ㉱ 12 cm 이상

3. 합성수지 몰드 공사에 사용하는 몰드 홈의 폭과 깊이는 몇 cm 이하가 되어야 하는가? [07]

㉮ 1.5 ㉯ 2.5 ㉰ 3.5 ㉱ 4.5

해설 합성수지 몰드 공사 : 합성수지 몰드는 홈의 폭 및 깊이가 3.5 cm 이하여야 한다. 단, 사람이 쉽게 접촉할 우려가 없도록 시설하는 경우에는 5 cm 이하의 것을 사용할 수 있다.

4. 금속 몰드 배선의 사용 전압은 몇 V 미만이어야 하는가?

㉮ 110 ㉯ 220
㉰ 400 ㉱ 600

해설 금속 몰드 공사(metal molding wiring) : 사용 전압은 400 V 미만이어야 한다.

5. 콘크리트 건물의 노출 공사용으로 금속관과 병용하여 사용하며 전자적 평형을 유지하기 위하여 1회로의 전선을 동일 몰드 내에 10가닥 이하로 넣는 공사 방법은?

㉮ 합성수지 몰드 ㉯ 금속 몰드
㉰ 목재 몰드 ㉱ 와이어 몰드

해설 금속 몰드 공사(metal molding wiring) : 주로 콘크리트 건축의 증설에 금속관 공사와 병용하여 행해지며, 전선 수는 10가닥 이하로 한다.

6. 옥내 노출 공사 시 전선을 접속하는 경우 다음 설명 중 틀린 것은?

㉮ 노출형 스위치 박스 내에서 접속하였다.
㉯ 덮개가 있는 C형 엘보 속에서 접속하였다.
㉰ 형광등용 프렌치 커버 속에서 접속하였다.
㉱ 팔각 정크션 박스 내에서 접속하였다.

해설 옥내 노출 배선 공사-전선의 접속 제한
① 금속 몰드 공사(metal molding wiring)에서 구부러지는 곳에는 그 상태에 따라 그것에 적합한 엘보를 사용할 수 있다.
② 엘보(elbow) 속에서는 전선을 상호 접속해서는 안 된다.

7. 몰드의 길이가 8.5 m인 금속 몰드 공사 시 금속 몰드는 제 몇 종 접지 공사를 해야 되는가? [07]

㉮ 제1종 접지 공사
㉯ 제2종 접지 공사
㉰ 제3종 접지 공사
㉱ 특별 제3종 접지 공사

8. 금속 덕트 공사 시 덕트를 조영재에 붙

정답 1. ㉰ 2. ㉮ 3. ㉰ 4. ㉰ 5. ㉯ 6. ㉯ 7. ㉰ 8. ㉯

이는 경우 덕트의 지지점 간의 거리 [m]는 얼마 이하로 해야 하는가? [11]

㉮ 2 ㉯ 3 ㉰ 4 ㉱ 5

해설 금속 덕트의 지지점 간격
① 수평의 경우 3 m 이하
② 수직의 경우 6 m 이하

9. 버스덕트 배선에 사용되는 버스덕트의 종류가 아닌 것은? [11]

㉮ 피더 버스덕트
㉯ 플러그인 버스덕트
㉰ 탭붙이 버스덕트
㉱ 플로워 버스덕트

해설 본문 표 3-15 참조

10. 버스덕트 공사에서 지지점의 최대 간격은 몇 m 이하인가? (단, 취급자 이외의 자가 출입할 수 없도록 설비한 장소로 수직으로 설치하는 경우이다.) [11]

㉮ 4 ㉯ 5 ㉰ 6 ㉱ 7

해설 지지점 간격은 3 m 이하이다. 단, 취급자 이외의 자가 출입할 수 없도록 설비한 곳에서 수직으로 붙이는 경우에는 6 m 이하로 할 수 있다.

11. 버스덕트 배선에 의하여 시설하는 도체의 단면적은 알루미늄 띠 모양인 경우 얼마 이상의 것을 사용해야 하는가? [12]

㉮ 20 mm^2 ㉯ 25 mm^2
㉰ 30 mm^2 ㉱ 40 mm^2

해설 도체의 단면적
① 알루미늄 : 30 mm^2 이상
② 구리 : 20 mm^2 이상

12. 빌딩, 공장 등의 전기실에서 많은 간선을 입출하는 곳에 사용하며, 건조하고 전개된 장소에서만 시설할 수 있는 공사는 무엇인가?

㉮ 경질 비닐관 공사
㉯ 금속관 공사
㉰ 금속 덕트 공사
㉱ 케이블 공사

해설 금속 덕트 공사 (wire-way wiring) : 주로 빌딩, 공장 등의 전기실에서 많은 간선을 입출하는 곳에 사용한다. 단, 건조하고 전개된 장소에서만 시설할 수 있다.

13. 셀룰라덕트 및 부속품은 제 몇 종 접지 공사를 해야 하는가?

㉮ 제1종 접지 공사
㉯ 제2종 접지 공사
㉰ 제3종 접지 공사
㉱ 특별 제3종 접지 공사

14. 절연 전선을 동일 플로어 덕트 내에 넣을 경우 플로어 덕트 크기는 전선의 피복 절연물을 포함한 단면적의 총합계가 플로어 덕트 내 단면적의 몇 % 이하가 되도록 선정해야 하는가?

㉮ 12 % ㉯ 22 % ㉰ 32 % ㉱ 42 %

해설 전선의 피복 절연물을 포함한 단면적의 총 합계가 덕트 내 단면적의 32 % 이하가 되도록 선정할 것

15. 라이팅 덕트 공사에 의한 저압 옥내배선 시 덕트의 지지점 간의 거리는 몇 m 이하로 해야 하는가?

㉮ 1.0 ㉯ 1.2 ㉰ 2.0 ㉱ 3.0

해설 라이팅 덕트(lighting duct)를 조영재에 부착할 경우, 지지점은 매 덕트마다 2개소 이상 및 지지점 간의 거리는 2 m 이하로 하고 견고하게 부착할 것

정답 9. ㉱ 10. ㉰ 11. ㉰ 12. ㉰ 13. ㉰ 14. ㉰ 15. ㉰

3. 합성수지관 · 가요 전선관 · 케이블 배선 공사

■ 합성수지관 공사

- 합성수지제 전선관(경질 비닐관)을 사용한 공사
- 합성수지제 가요관을 사용한 공사
  - PF (plastic flexible) 관
  - CD (combine duct) 관

3-1 합성수지관 배선 공사

(1) 합성수지관의 호칭과 규격 (내선규정 2220-31 참조)

① 1본의 길이는 4 m가 표준이고, 굵기는 관 안지름의 크기에 가까운 짝수의 [mm]로 나타낸다.

② 경질 비닐 전선관, 합성수지제 가요 전선관 규격은 다음과 같다.

표 3-16 경질 비닐관의 규격

관의 호칭	바깥지름 [mm]	두 께 [mm]	안지름 [mm]	관의 호칭	바깥지름 [mm]	두 께 [mm]	안지름 [mm]
14	18	2.0	14	42	48	4.0	40
16	22	2.0	18	54	60	4.5	51
22	26	2.0	22	70	76	4.5	67
28	34	3.0	28	82	89	5.9	77.2
36	42	3.5	35				

[비고] 안지름(바깥지름−두께×2)은 환산한 계산값이다.

표 3-17 합성수지제 가요 전선관의 규격

관의 호칭	바깥지름 [mm]		안지름 [mm]	
	PF 관	CD 관	PF 관	CD 관
14	21.5	19.0	14.0	14.0
16	23.0	21.0	16.0	16.0
22	30.5	27.5	22.0	22.0
28	36.5	34.0	28.0	28.0
36	45.5	42.0	36.0	36.0
42	52.0	48.0	42.0	42.0

㈜ 호칭은 안지름 표시이다.

(2) 사용 전선과 전선관 굵기 선정

① 절연 전선을 사용한다(옥외용 비닐전선은 제외).
② 전선은 단면적 10 mm^2 (알루미늄 전선은 16 mm^2)를 초과하는 것은 연선이어야 한다.
③ 관 안에서는 전선의 접속점이 없어야 한다.
④ 경질 비닐 전선관은 두께가 2 mm 이상의 것을 사용한다. 다만, 옥내 배선의 사용 전압이 400 V 미만으로 사람이 접촉할 우려가 없도록 시설할 경우에는 관의 두께를 1 mm 이상으로 할 수 있다.

(3) 관과 관의 접속 방법

① 커플링에 들어가는 관의 길이는 관 바깥지름의 1.2배 이상으로 되어 있다.
② 접착제를 사용하는 경우에는 0.8배 이상으로 할 수 있다.

(4) 배관의 지지

① 배관의 지지점 사이의 거리는 1.5 m 이하로 하고, 또한 그 지지점은 관의 끝, 관과 박스의 접속점 및 관 상호 간의 접속점 등에 가까운 곳(0.3 m 정도)에 시설할 것
② 합성수지제 가요관인 경우는 그 지지점 간의 거리를 1 m 이하로 한다.

(5) 접지 공사

① 사용 전압이 400 V 미만이고, 합성수지관을 금속제 풀박스에 접속하여 사용하는 경우에 그 풀박스는 제3종 접지 공사로 접지해야 한다.
② 사용 전압이 400 V 이상 저압인 경우 : 특별 제3종 접지 공사
여기서, 사람이 쉽게 접촉될 우려가 없도록 시설하는 경우 : 제3종 접지 공사

3-2 가요 전선관 배선 공사

가요 전선관(flexible conduit) 1종은 두께 0.8 mm 이상의 연강대에 아연 도금을 하고, 이것을 약 반폭씩 겹쳐서 나선 모양으로 만들어 자유롭게 구부릴 수 있는 전선관이다.

(1) 사용 전선(내선규정 2235 참조)

① 연선의 절연 전선을 사용한다.
② 10 mm^2 이하인 것은 단선을 사용할 수 있다(알루미늄 전선은 16 mm^2).
③ 전선관 내에서는 전선의 접속점을 만들지 말아야 한다.

(2) 가요 전선관 공사

① 가요 전선관은 2종 가요 전선관일 것. 다만, 전개된 장소 또는 점검할 수 있는 은폐된 장소로 건조한 장소에 사용하는 것은 1종을 사용할 수 있다.

② 작은 증설 공사, 안전함과 전동기 사이의 공사, 엘리베이터의 공사, 기차, 전차 안의 배선 등의 시설에 적당하다.

③ 2종 가요 전선관을 구부리는 경우의 시설은 다음 각 호에 의하여야 한다.

㈎ 노출 장소 또는 점검 가능한 은폐 장소에서 관을 시설하고 제거하는 것이 자유로운 경우는 곡률 반지름을 2종 가요 전선관 안지름의 3배 이상으로 할 것

㈏ 노출 장소 또는 점검 가능한 은폐 장소에 관을 시설하고 제거하는 것이 부자유하거나 또는 점검이 불가능할 경우는 곡률 반지름을 2종 가요 전선관 안지름의 6배 이상으로 할 것

④ 1종 가요 전선관을 구부릴 경우의 곡률 반지름은 관 안지름의 6배 이상으로 하여야 한다.

⑤ 샤프벤드(sharpbend)는 사용해서는 안 된다.

(3) 가요 전선관 지지·접속

① 가요 전선관을 금속관 배선, 금속 몰드 배선 등과 연결하는 경우는 적당한 구조의 커플링, 접속기 등을 사용하고 양자를 기계적, 전기적으로 완전하게 접속해야 한다.

㈎ 전선관의 상호 접속 : 스플릿 커플링 (split coupling)

㈏ 금속 전선관의 접속 : 콤비네이션 커플링 (combination coupling)

㈐ 박스와의 접속 : 스트레이트 커넥터, 앵글 커넥터, 더블 커넥터

② 가요 전선관을 새들 등으로 지지하는 경우의 지지점 간의 거리는 다음 표의 값 이상이어야 한다.

표 3-18 지지점 간의 거리

시설의 구분	지지점 간의 거리[m]
조영재의 측면 또는 하면에 수평 방향으로 시설한 것	1 이하
사람이 접촉될 우려가 있는 것	1 이하
가요 전선관 상호 및 금속제 가요 전선관과 박스 기구와의 접속 개소	접속 개소에서 0.3 이하
기 타	2 이하

(4) 접지 공사

① 사용 전압이 400 V 미만인 경우에는 금속제 가요 전선관 및 부속품은 제 3 종 접지 공사에 의하여 접지해야 한다 (단, 길이가 4 m 이하에 시설하는 경우에는 그렇지 않다).

② 사용 전압이 400 V 이상인 경우에는 특별 제3종 접지 공사로 접지해야 한다 (단, 사람이 접촉될 우려가 없도록 시설하는 경우에는 제3종 접지 공사로 할 수 있다).

3-3 케이블 배선 공사

(1) 비닐 외장 케이블 배선, 클로로프렌 외장 케이블 배선 또는 폴리에틸렌 외장 케이블 배선

① 시설 방법 (내선규정 2275-1 참조)

(가) 중량물의 압력 또는 심한 기계적 충격을 받을 우려가 있는 장소는 케이블을 시설해서는 안 된다.

(나) 마루바닥·벽·천장·기둥 등에 직접 매입하지 말 것

(다) 케이블을 금속제의 박스 등에 삽입하는 경우는 고무 부싱, 케이블 접속기 등을 사용하여 케이블의 손상을 방지할 것

② 케이블의 지지·굴곡

(가) 케이블을 시설하는 경우의 지지는 해당 케이블에 적합한 클리트(cleat)·새들·스테이플 등으로 케이블을 손상할 우려가 없도록 견고하게 고정해야 한다.

(나) 케이블을 조영재의 옆면 또는 아랫면에 따라서 시설할 경우의 지지점 간 거리는 2 m 이하로 해야 한다. 단, 케이블을 수직으로 시설할 경우로 사람이 접촉될 우려가 없는 곳에서는 조건에 따라 지지점 간의 거리를 6 m 이하로 할 수 있다.

㈜ 케이블을 수직으로 시설하는 경우는 매 층마다 지지하는 것이 좋다.

(다) 케이블 (단면적 10 mm^2 이하의 것)을 노출 장소에서 조영재에 따라 시설할 경우 지지점 간의 거리는 원칙적으로 다음 표에 따라야 한다.

표 3-19 케이블 지지점 간의 거리

시설의 구분	지지점 간의 거리 [m]
조영재의 옆면 또는 아랫면에 수평 방향으로 시설하는 것	1 이하
사람이 접촉될 우려가 있는 것	1 이하
케이블 상호 및 케이블과 박스, 기구와의 접속 개소	접속 개소에서 0.3 이하
기타의 장소	2 이하

(라) 케이블을 구부리는 경우는 피복이 손상되지 않도록 하고 그 굴곡부의 곡률 반경은 원칙적으로 케이블 완성품 외경의 6배 (단심인 것은 8배) 이상으로 해야 한다.

③ 케이블의 접속·접지

(가) 케이블 상호의 접속은 캐비닛, 아우트렛 박스 또는 접속함 등의 내부에서 하거나 적당한 접속함을 사용하여 접속 부분이 노출되지 않도록 할 것

(나) 케이블과 애자 사용 배선을 접속하는 경우는 외장을 벗겨내고 심선을 애자로 지지하여 450/750 V 일반용 단심 비닐 절연 전선 상호의 접속 방법에 따라 시공할 것, 이 경우 케이블 외장의 끝 단면은 조영재에서 6 mm 이상 이격하고 조영재에 고정할 것

㈐ 사용 전압이 400 V 미만인 경우는 관 기타 케이블을 넣는 방호 장치의 금속제 부분 및 금속제의 전선 접속함은 제3종 접지 공사로 접지해야 한다.

- 400 V 이상인 경우 : 특별 제3종 접지 공사

(2) 캡타이어 케이블 배선 (내선규정 2280 참조)

① 캡타이어 케이블의 사용 구분

표 3-20 시설 장소별 사용 구분

시설 장소 / 사용 전압 / 전선의 종류	옥 내		옥측, 옥외	
	400 V 미만	400 V 이상	400 V 미만	400 V 이상
비닐 캡타이어 케이블	△	×	△	×
고무 절연 클로로프렌 캡타이어 케이블	○	○	○	○

[비고] ○ : 사용할 수 있다.
△ : 노출 장소 또는 점검할 수 있는 은폐 장소에만 사용할 수 있다.
× : 사용할 수 없다.

② 중량물의 압력 또는 심한 기계적 충격을 받을 우려가 있는 장소에 시설해서는 안 된다.

③ 캡타이어 케이블을 조영재에 따라 시설하는 경우는 그 지지점 간의 거리는 1 m 이하로 하고 조영재에 따라 캡타이어 케이블이 손상될 우려가 없는 새들, 스테이플 등으로 고정해야 한다.

(3) 미네랄 인슐레이션(MI) 케이블 배선 (내선규정 2283 참조)

① 중량물의 압력 또는 심한 기계적 충격을 받는 개소에 시설하는 MI 케이블은 적당한 방호 장치를 시설해야 한다.

② MI 케이블을 구부리는 경우는 케이블의 금속제 외장이 손상되지 않도록 하고, 그 굴곡 부분의 곡률 반경은 케이블 바깥지름의 6배 이상이 되어야 한다.

(4) 콘크리트 직매용 케이블 배선 (내선규정 2286 참조)

① 케이블은 미네랄 인슐레이션 케이블·콘크리트 직매용(直埋用) 케이블을 사용하여야 한다.

② 박스는 전기용품 안전관리법 또는 산업표준화법의 적용을 받는 금속제이거나 합성수지제의 것 또는 황동이나 동으로 견고하게 제작한 것을 사용하여야 한다.

③ 콘크리트 내에서는 케이블의 접속점을 만들지 않을 것

④ 케이블은 철근 등을 따라 포설하는 것을 원칙으로 하고 바인드선 등으로 철근 등에 1 m 이하의 간격으로 고정할 것

⑤ 케이블을 구부릴 때에는 피복이 손상되지 않도록 그 굴곡부 안쪽의 반경은 케이블의 외경의 6배 (단심에 있어서의 8배) 이상으로 하여야 한다.

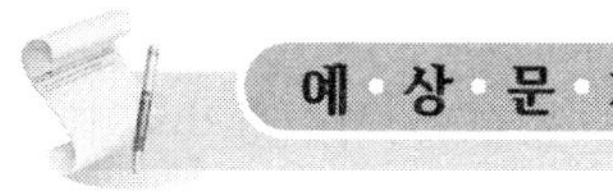

예·상·문·제

3. 합성수지관 · 가요 전선관 · 케이블 배선 공사

1. 다음 중 합성수지관의 굵기를 부르는 호칭은 무엇인가?

㉮ 반지름 ㉯ 단면적
㉰ 근사 안지름 ㉱ 근사 바깥지름

해설 합성수지관의 호칭 : 굵기는 관 안지름의 크기에 가까운 짝수의 mm로 나타낸다.

2. 경질 비닐관의 규격(굵기)이 아닌 것은?

㉮ 14 mm ㉯ 16 mm
㉰ 18 mm ㉱ 22 mm

해설 합성수지관(경질 비닐관)의 규격(mm) : 14, 16, 22, 28, 36, 42, 54, 70, 82

3. 합성수지관 상호 및 관과 박스는 접속시에 삽입하는 깊이를 관 바깥지름의 몇 배 이상으로 해야 하는가?(단, 접착제를 사용하지 않는다.) [09, 11]

㉮ 0.8 ㉯ 1.0
㉰ 1.2 ㉱ 1.4

해설 커플링에 들어가는 관의 길이는 관 바깥지름의 1.2배 이상으로 한다. 단, 접착제를 사용할 때는 0.8배 이상으로 한다.

4. 합성수지관을 새들 등으로 지지하는 경우에는 그 지지점 간의 거리를 몇 m 이하로 해야 하는가?

㉮ 3.0 m 이하 ㉯ 2.5 m 이하
㉰ 2.0 m 이하 ㉱ 1.5 m 이하

해설 배관의 지지점 사이의 거리는 1.5 m 이하로 하고, 또한 그 지지점은 관의 끝, 관과 박스의 접속점 및 관 상호 간의 접속점 등에 가까운 곳에 시설할 것

5. 합성수지제 가요관(CD관)의 치수에서 굵기(관의 호칭)가 아닌 것은?

㉮ 14 ㉯ 22
㉰ 36 ㉱ 43

해설 합성수지제 가요 전선관 : 관의 호칭은 짝수로 한다(14, 16, 22, 28, 36, 42 mm).

6. 직접 콘크리트에 매입하여 시설하거나 전용의 불연성 또는 난연성 덕트에 넣어야만 시공할 수 있는 전선관은? [06]

㉮ CD관
㉯ PD관
㉰ PF-P관
㉱ 두께 2 mm 합성수지관

해설 CD관은 직접 콘크리트에 매설하는 경우를 제외하고 전용의 불연성 또는 자기 소화성이 있는 난연성의 관 또는 덕트에 넣어 시설해야 한다.

참고 합성수지제 전선관에는 경질 비닐관(VE관), 합성수지제 가요관(PE관 CD관) 파상형 경질 폴리에틸렌관(ELP관 ; 지중전선관) 등이 있다.

7. 가요 전선관 공사에 의한 저압 옥내배선을 다음과 같이 시행하였다. 옳은 것은 어느 것인가? [12]

㉮ 2종 금속제 가요 전선관을 사용하였다.
㉯ 옥외용 비닐 절연 전선을 사용하였다.
㉰ 단면적 25 mm^{2}의 단선을 사용하였다.
㉱ 가요 전선관에 제1종 접지 공사를 하였다.

해설 가요 전선관 공사
① 전선관 : 2종 가요 전선관 사용

정답 1. ㉰ 2. ㉰ 3. ㉰ 4. ㉱ 5. ㉱ 6. ㉮ 7. ㉮

② 전선 : 연선의 절연 전선 사용 (옥외용 비닐 절연 전선 제외)
③ 접지 공사 : 제3종(400 V 미만), 특별 제3종(400 V 이상)

8. 가요 전선관 공사에 사용되는 부품 중 전선관 상호 간에 접속되는 연결구로 사용되는 부품의 명칭은? [07]

㉮ 스플릿 커플링
㉯ 콤비네이션 커플링
㉰ 콤비네이션 유니온 커플링
㉱ 앵글 박스 커넥터

해설 ① 금속제 가요 전선관의 상호 접속 : 스플릿 커플링(split coupling)
② 금속제 가요 전선관과 금속 전선관이 접속 : 콤비네이션 커플링(combination coupling)
③ 박스와 가요관 접속 : 스트레이트박스 커넥터, 앵글박스 커넥터

9. 2종 가요 전선관을 구부리는 경우 노출 장소 또는 점검 가능한 은폐 장소에서 관을 시설하고 제거하는 것이 부자유하거나 또는 점검이 불가능할 경우는 곡률 반지름을 2종 가요 전선관 안지름의 몇 배 이상으로 해야 하는가? [10]

㉮ 3배 ㉯ 6배
㉰ 8배 ㉱ 12배

10. 다음 중 가요 전선관 공사에 관하여 잘못된 것은?

㉮ 크기는 안지름에 가까운 홀수로 15, 19, 25 mm가 있다.
㉯ 길이는 5종류로 15, 25, 35, 40, 100 m가 있다.
㉰ 부속품은 스트럿 박스 커넥터, 앵글 박스 커넥터, 플렉시블 커플링, 콤비네이션 커플링이 있다.
㉱ 공사는 작은 증설 공사, 엘리베이터의 공사, 전차 안의 배선 등의 시설에 적당하다.

해설 가요 전선관의 길이 : 10, 15, 30 m

11. 케이블 공사에서 비닐 외장 케이블을 조영재의 옆면 또는 아랫면에 수평 방향으로 시설하는 경우 지지점 간 거리의 최대값 m은 얼마로 규정되어 있는가?

㉮ 1.0 ㉯ 1.5
㉰ 2.0 ㉱ 2.5

해설 표 3-19 참조

12. 평형 비닐 외장 케이블 서로 간을 노출한 곳에서 접속할 때는 어떤 방법이 좋은가?

㉮ 슬리브
㉯ 조인트 박스
㉰ 와이어 커넥터
㉱ 박스용 커넥터

해설 케이블(cable)의 접속 : 비닐 외장 케이블 서로 간을 노출한 곳에서 접속할 경우이므로, 분전반에서 하거나 접속함(조인트 박스) 등의 내부에서 하는 것이 원칙이다.

13. 케이블을 조영재에 지지하는 경우 이용되는 것으로 맞지 않는 것은?

㉮ 새들 ㉯ 터미널 캡
㉰ 스테이플 ㉱ 클리트

해설 케이블의 지지(내선규정 2275-2 참조) : 케이블을 시설하는 경우의 지지는 해당 케이블에 적합한 클리트(cleat), 새들, 스테이플 등으로 케이블을 손상할 우려가 없도록 견고하게 고정해야 한다.

정답 8. ㉮ 9. ㉯ 10. ㉯ 11. ㉮ 12. ㉯ 13. ㉯

4. 금속관 배선 공사 · 케이블 트레이 배선 공사

■ 금속관 공사(steel conduit wiring) : 금속관 공사는 전개된 장소, 은폐 장소, 어느 곳에서나 시설할 수 있으며 습기, 물기 있는 곳, 먼지 있는 곳 등에 시설한다.

4-1 금속 전선관 배선 공사

(1) 전선 · 전자적 평형 (내선규정 2225-1, 2, 3 참조)

① 금속관 배선은 절연 전선을 사용해야 한다.

② 전선은 단면적 6 mm^2 (알루미늄 전선은 16 mm^2)를 초과할 경우는 연선(撚線)이어야 한다.

③ 금속관 내에서 전선은 접속점을 만들어서는 안 된다.

④ 교류회로는 1회로의 전선 전부를 동일 관내에 넣는 것을 원칙으로 하며, 관내에 전자적 불평형이 생기지 않도록 시설해야 한다.

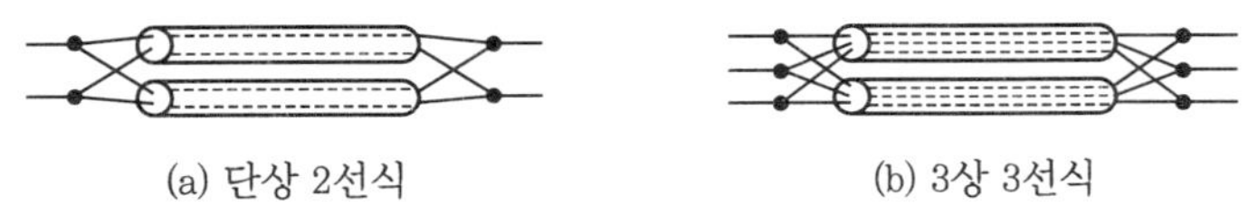

(a) 단상 2선식 (b) 3상 3선식

그림 3-3 전선을 병렬로 사용하는 경우

(2) 금속관 및 부속품의 선정 (내선규정 2225-4, 5 참조)

① 전기용품 안전관리법 또는 산업표준화법에 적합한 금속제나 황동 또는 동으로 견고하게 제작한 것

② 관의 두께는 콘크리트에 매입할 경우는 1.2 mm 이상, 기타의 경우는 1 mm 이상일 것, 다만, 이음매(joint)가 없는 길이 4 m 이하의 것을 건조한 노출 장소에 시설하는 경우는 0.5 mm 이상일 것

(3) 관의 굵기 선정 (내선규정 2225-5 참조)

① 동일 굵기의 절연 전선을 동일 관내에 넣는 경우의 금속관 굵기는 다음 전선관 굵기의 선정표에 따라 선정해야 한다.

② 관의 굴곡이 적어 쉽게 전선을 끌어낼 수 있는 경우는 동일 굵기로 단면적 10 mm^2 이하는 전선 단면적의 총합계가 관내 단면적의 48 % 이하가 되도록 할 수 있다(굵기가 다른 절연 전선을 동일 관내에 넣는 경우 : 32 % 이하).

(4) 금속 전선관의 규격

표 3-21 전선관의 규격

종 류	관의 호칭	바깥지름 [mm]	두 께 [mm]	안지름 [mm]	종 류	관의 호칭	바깥지름 [mm]	두 께 [mm]	안지름 [mm]
후강 전선관	16	21.0	2.3	16.4	박강 전선관	19	19.1	1.6	15.9
	22	26.5	2.3	21.9		25	25.4	1.6	22.2
	28	33.3	2.5	28.3		31	31.8	1.6	28.6
	36	41.9	2.5	36.9		39	38.1	1.6	34.9
	42	47.8	2.5	42.8		51	50.8	1.6	47.6
	54	59.6	2.8	54.0		63	63.5	2.0	59.5
	70	75.2	2.8	69.6		75	76.2	2.0	72.2
	82	87.9	2.8	82.3					
	92	100.7	3.5	93.7					
	104	113.4	3.5	106.4					

[비고] 안지름(바깥지름 − 두께 × 2)은 환산한 계산 값이다.

(5) 관 및 부속품의 연결과 지지(내선규정 2225-7 참조)

① 금속관 상호는 커플링으로 접속할 것

㈜ 금속관이 고정되어 있어 이것을 회전시켜 접속할 수가 없을 경우는 특수 커플링(예를 들면, 유니언 커플링 등)을 사용하여 접속할 것

② 금속관과 박스, 기타 이와 유사한 것을 접속하는 경우로서 틀어 끼우는 방법에 의하지 않을 때는 로크너트(lock nut) 2개를 사용하여 박스 또는 캐비닛 접속 부분의 양측을 조일 것

㈜ 박스나 캐비닛은 녹아웃의 지름이 금속관의 지름보다 큰 경우 박스나 캐비닛의 내외 양측에 링 리듀서(ring reducer)를 사용할 것

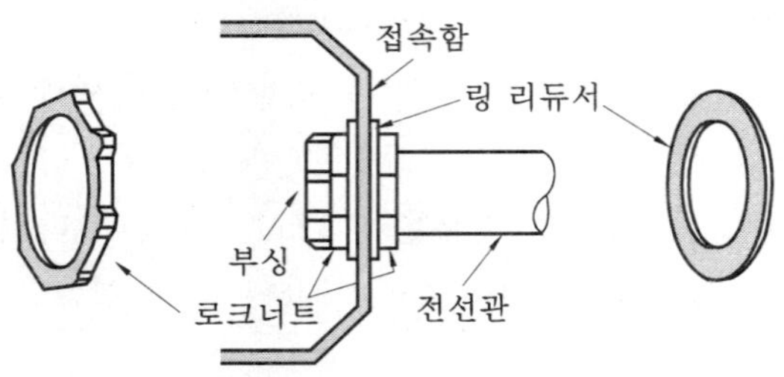

그림 3-4 금속관과 접속함의 접속

③ 금속관을 조영재에 따라서 시설하는 경우는 새들 또는 행어(hanger) 등으로 견고하게 지지하고, 그 간격을 2 m 이하로 하는 것이 바람직하다.

(6) 관의 굴곡(내선규정 2225-8 참조)

① 금속관을 구부릴 때 금속관의 단면이 심하게 변형되지 않도록 구부려야 하며, 그 안측의 반지름은 관 안지름의 6배 이상이 되어야 한다.

② 아우트렛 박스 사이 또는 전선 인입구가 있는 기구 사이의 금속관은 3개소를 초과하는 직각 또는 직각에 가까운 굴곡 개소를 만들어서는 안 된다.

㈜ 굴곡 개소가 많은 경우 또는 관의 길이가 30 m를 초과하는 경우는 풀박스를 설치하는 것이 바람직하다.

(7) 수직 배관 내의 전선

수직으로 배관한 금속관 내의 전선은 표의 간격 이하마다 적당한 방법으로 지지해야 한다.

표 3-22 전선의 굵기와 지지점의 간격

전선의 굵기 [mm^2]	50 이하	100 이하	150 이하	250 이하	250 초과
지지점의 간격 [m]	30	25	20	15	12

(8) 접지 (내선규정 2225-16 참조)

① 사용 전압이 400 V 미만인 경우의 금속관 및 그 부속품 등은 제3종 접지 공사로 접지해야 한다. 다만, 다음 각 호에 해당하는 경우는 제3종 접지 공사를 생략할 수 있다.

㈎ 금속관 배선의 대지 전압이 150 V 이하인 경우로 다음의 장소에 길이 8 m 이하의 금속관을 시설하는 경우

- 건조한 장소
- 사람이 쉽게 접촉될 우려가 없는 장소

㈏ 금속관 배선의 대지 전압이 150 V를 초과하는 경우로 길이 4 m 이하의 금속관을 건조한 장소에 시설하는 경우

② 사용 전압이 400 V 이상인 경우의 금속관 및 부속품 등은 특별 제3종 접지 공사로 접지해야 한다. 다만, 사람이 접촉될 우려가 없는 경우는 제3종 접지 공사로 할 수 있다. 금속관과 접지선의 접속은 접지 클램프를 사용하거나 또는 기타 적당한 방법에 의하여야 한다. 금속관 또는 기타 부속품과 접지선의 접속은 은폐 장소에서 해서는 안 된다.

㈜ 접지선에서 금속관의 최종 끝에 이르는 사이의 전기 저항은 2 Ω 이하를 유지하는 것이 바람직하다.

4-2 케이블 트레이(cable tray) 배선 공사

(1) 금속제 케이블 트레이의 종류 (내선규정 2289-1 참조)

① 통풍 채널형 : 바닥 통풍형, 바닥 밀폐형 또는 두 가지 복합 채널형 구간으로 구성된 조립 금속 구조

② 사다리형 : 길이 방향의 양 옆면 레일을 각각의 가로 방향 부재로 연결한 조립 금속 구조

③ 바닥 밀폐형 : 일체식 또는 분리식 직선 방향 옆면 레일에서 바닥에 통풍구가 없는 조립 금속 구조

④ 바닥 통풍형 : 일체식 또는 분리식 직선 방향 옆면 레일에서 바닥에 통풍구가 있는 조립 금속 구조

(2) 사용 전선

① 전선은 연피 케이블, 알미늄피 케이블 등 난연성 케이블, 기타 케이블 또는 금속관 혹은 합성수지관 등에 넣은 절연 전선을 사용해야 한다.

② 케이블 트레이 내에서 전선을 접속하는 경우는 전선 접속 부분에 사람이 접근할 수 있고 또한 그 부분이 옆면 레일 위로 나오지 않도록 하고 그 부분을 절연 처리해야 한다.

(3) 케이블 트레이 및 부속재 선정

① 수용된 모든 전선을 지지할 수 있는 적합한 강도의 것이어야 한다. 이 경우 케이블 트레이의 안전율은 1.5 이상으로 해야 한다.

② 비금속제 케이블 트레이는 난연성 재료의 것이어야 한다.

③ 케이블 트레이 공사에 사용하는 케이블 트레이 및 그 부속재의 규격은 전력산업기술기준(KEPIC) ECD 3000 (케이블 트레이)을 적용할 수 있다.

(4) 케이블 트레이 시설 방법·접지

① 저압 케이블과 고압 또는 특별 고압 케이블은 동일 케이블 트레이 내에 시설해서는 안 된다.

② 케이블 트레이가 방화 구획의 벽, 마루, 천장 등을 관통하는 경우는 개구부에 연소 방지 시설 등 적절한 조치를 해야 한다.

③ 저압 옥내 배선의 사용 전압이 400 V 미만인 경우는 제3종 접지 공사, 400 V 이상인 경우는 특별 제3종 접지 공사를 해야 한다.

예 · 상 · 문 · 제

4. 금속관 배선 공사 · 케이블 트레이 배선 공사

1. 금속관의 굵기(mm)를 부르는 것으로 옳은 것은? [12]

㉮ 후강 전선관은 바깥지름게 가까운 홀수로 정한다.

㉯ 후강 전선관은 안지름에 가까운 짝수로 정한다.

㉰ 박강 전선관은 바깥지름에 가까운 짝수로 정한다.

㉱ 박강 전선관은 안지름에 가까운 홀수로 정한다.

해설 ① 후강 전선관 : 안지름에 가까운 짝수
② 박강 전선관 : 바까지름에 가까운 홀수

2. 후강 전선관이란 관의 두께가 두꺼운 전선관을 말한다. 후강 전선관의 규격 중 관의 호칭으로 잘못된 것은? [10]

㉮ 28 ㉯ 34 ㉰ 42 ㉱ 54

해설 본문 표 3-21 전선관 규격 참조

3. 다음은 금속 전선관을 설명한 것이다. 옳지 않은 것은?

㉮ 후강 전선관은 16 mm에서 104 mm까지 10종이 있다.

㉯ 박강 전선관은 19 mm에서 75 mm까지 7종류가 있다.

㉰ 후강 전선관의 두께는 1.2 mm 이상이다.

㉱ 박강 전선관의 호칭은 바깥지름의 크기에 가까운 홀수로 호칭한다.

해설 본문 표 3-21 전선관 규격 참조

4. 금속관 공사에 의한 저압 옥내배선에서 사용하는 금속관을 콘크리트에 매설하는 경우 관의 두께는 몇 mm 이상이어야 하는가 ? [10, 12]

㉮ 0.5 ㉯ 0.75

㉰ 1.0 ㉱ 1.2

해설 ① 콘크리트에 매설하는 경우 : 1.2 mm 이상
② 기타의 경우 : 1 mm 이상

5. 동일한 굵기의 전선관을 동일관 내에 넣는 경우 금속관의 굵기를 선정할 때 전선의 피복을 포함한 단면적의 총 합계가 관내 단면적의 최대 몇 % 이하가 되도록 선정해야 하는가? [07, 09]

㉮ 32 ㉯ 40 ㉰ 48 ㉱ 55

해설 ① 동일 굵기의 절연 전선을 동일관 내에 넣을 경우 : 48 % 이하
② 굵기가 다른 절연 전선을 동일관 내에 넣는 경우 : 32 % 이하

6. 금속관 배선에서 금속관의 굵기를 선정하는 경우 굵기가 다른 절연 전선을 동일관 내에 넣는 경우 피복 절연물을 포함한 단면적의 총합계가 관내 단면적의 몇 % 이하가 되도록 해야 하는가? [10]

㉮ 20 ㉯ 32 ㉰ 48 ㉱ 50

7. 금속 전선관을 조영재에 따라 시설하는 경우에는 새들 또는 행거(hanger) 등으로 견고하게 지지하고, 그 간격을 최대 몇 m 이하로 하는 것이 바람직한가? [08]

㉮ 0.1 ㉯ 1.5

㉰ 2.0 ㉱ 2.5

정답 1. ㉯ 2. ㉯ 3. ㉰ 4. ㉱ 5. ㉰ 6. ㉯ 7. ㉰

8. 다음 중 아우트렛 박스 등 녹아웃 지름이 관의 지름보다 클 때에 관을 박스에 고정시키기 위해 쓰는 재료의 명칭은?

㉮ 터미널 캡　　㉯ 엔트런스 캡
㉰ 링 리듀서　　㉱ 유니버설

해설 링 리듀서 (ring reducer) 본문 그림 3-4 참조

9. 금속관 배선에서 관의 굴곡에 관한 사항이다. 금속관의 굴곡개소가 많은 경우에는 어떻게 하는 것이 바람직한가? [11]

㉮ 링 리듀서를 사용한다.
㉯ 풀박스를 설치한다.
㉰ 덕트를 설치한다.
㉱ 행거를 3 m 간격으로 견고하게 지지한다.

해설 굴곡개소가 많은 경우 또는 관의 길이가 30 m을 초과하는 경우는 풀 박스를 설치하는 것이 바람직하다.

10. 금속관을 구부릴 때 금속관의 단면이 심하게 변형되지 아니하도록 구부려야 하며, 그 안측의 반지름은 관 안지름의 몇 배 이상이 되어야 하는가?

㉮ 6　　㉯ 8
㉰ 10　　㉱ 12

해설 금속관 구부리기 : 구부러진 금속관의 안쪽 반지름은 금속관 안지름의 6배 이상으로 해야 하지만, 28 mm 이하의 금속관은 300 mm 이상, 70 mm 이하의 금속관은 450 mm 이상의 반지름으로 구부려야 한다.

11. 금속관 공사에서 수직 배관 내의 전선의 굵기가 250 mm^2 를 초과할 경우 지지점의 간격은 몇 m 이하마다 지지해야 하는가?

㉮ 25　　㉯ 20
㉰ 15　　㉱ 12

해설 전선의 굵기에 따른 수직 배관 내의 권선 지지점의 간격(본문 표 3-22 참조)

12. 주택 배선에 금속관 또는 합성수지관 공사를 할 때 전선을 2.5 mm^2 또는 4 mm^2의 단선으로 배선하려고 한다. 전선관의 접속함(정션박스)내에서 비닐테이프를 사용하지 않고 직접 전선 상호 간을 접속하는 데 가장 편리한 재료는?

㉮ 터미널 캡　　㉯ 서비스 캡
㉰ 와이어 커넥터　　㉱ 엔트런스 캡

13. 금속관 공사 시 관의 길이가 길 때 상호 관을 연결하면 접속 부분에서 접촉 저항이 증가한다. 이때 접지선에서 배관 끝까지 전기 저항을 몇 Ω 이하로 하는 것이 좋은가?

㉮ 1　　㉯ 2
㉰ 5　　㉱ 10

14. 금속관 공사 시 관을 접지하는 데 사용하는 것은?

㉮ 엘보
㉯ 노출 배관용 박스
㉰ 접지 클램프
㉱ 터미널 캡

해설 금속관과 접지선과의 접속 : 접지 클램프 (clamp) 또는 접지 부싱 (bushing)을 사용하여 분전반, 배전반 등의 인입 개폐기에 가까운 곳에서 각 관로마다 접속한다.

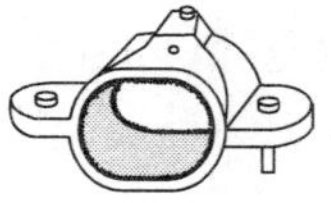

접지 클램프

정답 8. ㉰ 9. ㉯ 10. ㉮ 11. ㉱ 12. ㉰ 13. ㉯ 14. ㉰

15. 사용 전압이 400 V를 초과하는 경우의 금속관 및 부속품 등은 사람이 접촉될 우려가 없는 경우 제 몇 종 접지 공사를 하는가?

㉮ 제1종　　㉯ 제2종
㉰ 제3 종　　㉱ 특별 제3종

해설 특별 제3종 접지 공사: 사용 전압이 400V를 넘고 저압일 때 적용된다.
여기서, 사람이 접촉할 우려가 없는 경우에는 제 3 종 접지 공사를 할 수 있다.

16. 바닥 통풍형과 바닥 밀폐형의 복합채널 부품으로 구성된 조립 금속 구조로 폭이 150 mm 이하이며, 주 케이블 트레이로부터 말단까지 열결되어 단일 케이블을 설치하는 데 사용하는 트레이는? [08, 10, 11]

㉮ 통풍 채널형 케이블 트레이
㉯ 사다리형 케이블 트레이
㉰ 바닥 밀폐형 케이블 트레이
㉱ 트로프형 케이블 트레이

해설 본문 4-2 (1) 금속제 케이블 트레이의 종류 참조

17. 케이블 트레이 공사에 사용되는 케이블 트레이는 수용된 모든 전선을 지지할 수 있는 적합한 강도의 것으로서 이 경우 케이블 트레이 안전율은 얼마 이상으로 해야 하는가?

㉮ 1.1　㉯ 1.2　㉰ 1.3　㉱ 1.5

해설 케이블 트레이 및 부속품 선정(내선규정 2289－4): 수용된 모든 전선을 지지할 수 있는 적합한 강도의 것이어야 한다. 이 경우 케이블 트레이의 안전율은 1.5 이상으로 해야 한다.

18. 금속제 케이블 트레이 계통은 사용 전압이 400 V 미만인 경우, 금속제 케이블 트레이에 몇 종 접지 공사를 해야 하는가?

㉮ 제1종
㉯ 제2종
㉰ 제3종
㉱ 특별 제3종

해설 ① 400 V 미만 : 제3종 접지 공사
② 400 V 이상(저압) : 특별 제3종 접지 공사

정답 15. ㉰　16. ㉮　17. ㉱　18. ㉰

5. 위험한 장소의 전기 공사·특수 장소의 전기 공사

■ 위험한 장소 : 폭연성 분진이나 가연성의 가스 및 증기가 충만하여 점화원이 있으면 폭발하도록 되어 있는 장소, 연소하기 쉬운 위험한 물질이나 화약류를 저장하여 인화되면 큰 사고가 날 장소

5-1 위험한 장소의 전기 공사

(1) 화약고 등의 위험 장소

① 화약고 등의 위험 장소에는 전기 설비를 시설해서는 안 된다.

② 다만, 백열전등, 형광등 또는 이들에 전기를 공급하기 위한 전기 설비(개폐기와 과전류 차단기 제외)를 다음 각호에 의하여 시설하는 경우에는 시설할 수 있다.

㈎ 전로의 대지 전압은 300 V 이하로 할 것

㈏ 전기 기계 기구는 전폐형을 사용할 것

㈐ 옥내 배선은 금속 전선관 배선 또는 케이블 배선에 의하여 시설할 것

㈑ 전로에 지기가 생겼을 경우에는 자동적으로 전로를 차단 또는 경보하는 장치를 하여야 한다.

③ 개폐기 및 과전류 차단기에서 화약고의 인입구까지의 배선에는 케이블을 지중에 시설해야 한다.

④ 기계 기구의 철대, 금속제 외함 및 금속 프레임에 사용 전압 400 V 미만은 제3종 접지 공사, 400 V 이상의 저압은 특별 제3종 접지 공사를 해야 한다.

(2) 부식성 가스 등이 있는 장소

① 부식성 가스 또는 용액의 종류에 따라서 애자 사용 배선, 금속 전선관 배선, 합성수지관 배선(두께 2 mm 미만의 합성수지 전선관 제외), 2종 금속제 가요 전선관, 케이블 배선 또는 캡타이어 케이블 배선으로 시공해야 한다.

② 이동 전선은 필요에 따라서 방식 도료를 칠해야 한다.

③ 개폐기, 콘센트 및 과전류 차단기를 시설해서는 안 된다.

④ 기계 기구의 철대, 금속제 외함 및 금속 프레임에 사용 전압 400 V 미만은 제3종 접지 공사, 400 V 이상의 저압은 특별 제3종 접지 공사를 해야 한다.

(3) 위험물 등이 존재하는 장소

• 셀룰로이드, 성냥, 석유류 및 기타 타기 쉬운 위험한 물질이 존재하여 화재가 발생할

경우 위험이 큰 장소를 말한다.

① 금속 전선관 배선, 합성수지 전선관 배선(두께 2 mm 미만의 합성수지관 제외) 또는 케이블 배선으로 시공한다.

② 이동 전선은 접속점이 없는 1종 캡타이어 케이블 이외의 캡타이어 케이블을 사용한다.

③ 기계 기구의 철대, 금속제 외함 및 금속 프레임에 사용 전압 400 V 미만은 제3종 접지 공사를 해야 한다.

(4) 불연성 먼지가 많은 장소

폭연성 또는 가연성이 아닌 먼지가 많이 존재하는 탄광, 시멘트, 석분 등의 공장, 도자기 원료의 분쇄 및 혼합장 등 불연성 먼지가 많은 장소를 말한다.

① 애자 사용 배선, 금속 전선관 배선, 합성수지 전선관 배선(두께 2 mm 미만의 합성수지 전선관 제외), 금속제 가요 전선관 배선, 금속 덕트 배선, 버스 덕트 배선, 케이블 배선 또는 캡타이어 케이블 배선으로 시공해야 한다.

② 핸드 램프 등에 부속하여 사용하는 이동 전선은 캡타이어 케이블, 비닐 캡타이어 케이블 또는 클로로프렌 캡타이어 케이블을 사용한다.

③ 기계 기구의 철대, 금속제 외함 및 금속 프레임에 사용 전압 400 V 미만은 제3종 접지 공사, 400 V 이상의 저압은 특별 제3종 접지 공사를 해야 한다.

(5) 분진 위험 장소

폭연성 분진, 도전성 분진, 가연성 분진 또는 타기 쉬운 섬유가 존재하기 때문에 전기 설비가 점화원이 되어 폭발 또는 화재를 일으킬 수 있는 분진 위험 장소를 말한다.

① 금속 전선관 배선, 케이블 배선으로 시공해야 한다.

② 폭연성 분진 이외의 분진이 있는 위험 장소는 금속 전선관 배선, 합성수지 전선관 배선, 케이블 배선 또는 캡타이어 케이블 배선으로 시공해야 한다.

③ 콘센트 및 플러그를 사용해서는 안 된다.

(6) 가스 증기 위험 장소

가연성 가스 또는 인화점 40℃ 이하의 인화성 액체의 증기(폭발성 가스)가 공기 중에 존재하는 가스 증기 위험 장소를 말한다.

① 가스 증기 위험 장소는 금속 전선관 배선, 케이블 배선으로 시공해야 한다.

② 작업등(이동등)이나 전기 기구 등에 부속하는 이동 전선은 접속점이 없는 3종 캡타이어 케이블, 3종 클로로프렌 캡타이어 케이블, 4종 클로로설폰화 폴리에틸렌 캡타이어 케이블을 사용해야 한다.

③ 저압의 전기 기계 기구의 외함, 철프레임, 조명 기구, 캐비닛, 금속관과 그의 부속품 등 노출된 금속제 부분에는 특별 제3종 접지 공사를 해야 한다.

④ 전로에 지기가 생겼을 경우에 이를 검출하여 경보하고, 또한 전로를 자동 차단하는 보호 장치를 설치하는 경우에 접지 저항값 25 Ω 이하로 한다.

5-2 특수 장소의 전기 공사

(1) 흥행 장소 배선 공사

① 흥행장에 사용하는 저압 옥내 배선, 전구선 또는 이동 전선은 사용 전압이 400 V 미만이어야 한다.

② 무대 밑 배선은 금속 전선관 배선, 합성수지 전선관 배선(두께 2 mm 미만의 합성수지 전선관 제외), 케이블 배선 또는 캡타이어 케이블로 시공해야 한다. 단, 사람의 통행이 없고 전선이 외상을 받을 우려가 없는 장소에는 애자 사용 배선으로 할 수 있다.

③ 무대용 콘센트. 박스, 보더 라이트의 금속제 외함 등에는 제3종 접지 공사를 해야 한다.

(2) 평행 보호층 배선 공사

① 테이프 모양의 얇은 전선(플랫케이블이라고 한다)을 바닥 마감재인 카펫이나 콘크리트 바닥 사이에 배선하는 공사 방법이다.

② 기존의 매설배관이나 플로어 덕트 방식에 비해 인력의 절감과 공사 기간이 짧으며 레이아웃 변경 대응이 뛰어난 것이 특징이다.

③ 사무실, 전시장, 점포 등의 카펫 아래에 포설한다.

④ 사용 전압은 교류 400 V 이하의 저압 옥내 배선 및 대지 전압 150 V 이하의 분기회로에 사용한다.

⑤ 다음에 열거한 장소 이외의 장소에 시설할 것

㈎ 주택

㈏ 여관, 호텔, 숙박소 등의 숙박실

㈐ 초등학교, 중·고등학교, 맹아학교, 농아학교, 양호학교, 유치원, 보육원 등의 교실, 그 밖의 이와 유사한 장소

㈑ 병원, 진료소 등의 병실

㈒ 플로어 히팅(floor heating) 등 발연선이 시설된 바닥면

㈓ 가스 증기 위험 장소, 분진 위험 장소, 위험물 등이 존재하는 화약고 등의 위험 장소, 부식성 가스 등이 있는 장소

⑥ 바닥에 접착 테이프를 이용해 고정하며 적당한 방호 장치를 설치할 것, 또한 벽면에 시설할 경우 치켜올리는 것이 30 cm 이상인 경우는 금속 덕트에 넣어 시설한다.

⑦ 상부 보호층 및 상부 접지용 보호층과 조인트 박스 및 꽂음 접속기의 금속제 외함에는 제3종 접지 공사를 한다.

⑧ 전선은 평형도체 합성수지 절연전선을 사용하며 도체배열 중앙 또는 중앙 부근의 도체 1조(條)를 접지용 도체로 한다.

표 3-23 플랫 케이블의 특성

종류(기호)	도체수	정격 전류[A]	정격 전압[V]	최고 허용 온도
전력용 플랫 케이블	3 4 5	20 30	400	60℃

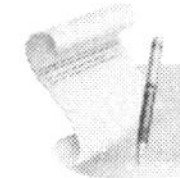

예 · 상 · 문 · 제

5. 위험한 장소의 전기 공사 · 특수 장소의 전기 공사

1. 화약고 등의 위험 장소의 배선 공사에서 전로의 대지 전압은 몇 V 이하여야 하는가?

㉮ 300　　㉯ 400
㉰ 500　　㉱ 600

2. 화약류 등의 제조소 내에 전기 설비를 시공할 때 준수할 사항이 아닌 것은? [12]

㉮ 전열 기구 이외의 전기 기계 기구는 전폐형으로 할 것
㉯ 배선은 두께 1.6 mm 합성수지관에 넣어 손상 우려가 없도록 시설할 것
㉰ 전열 기구는 시스선 등의 충전부가 노출되지 않는 발열체를 사용할 것
㉱ 온도가 현저히 상승 또는 위험 발생 우려가 있는 경우 전로를 자동 차단하는 장치를 갖출 것

해설 배선은 금속 전선관 배선 또는 케이블 배선에 의하여 시설해야 한다.

3. 부식성 가스 등이 있는 장소에서 시설이 허용되는 것은?

㉮ 개폐기　　㉯ 콘센트
㉰ 과전류 차단기　　㉱ 전등

해설 부식성 가스 등이 있는 장소는 개폐기, 콘센트 및 과전류 차단기를 시설하여서는 안 된다.

4. 셀룰로이드, 성냥, 석유류 등 기타 가연성 위험 물질을 제조 또는 저장하는 장소의 배선에서 사용할 수 없는 공사 방법은 어느 것인가? [09]

㉮ 케이블 공사
㉯ 금속관 공사
㉰ 애자 사용 공사
㉱ 합성수지관 공사

해설 사용 가능한 공사 방법
① 합성수지관 공사
② 금속전선관 공사
③ 케이블 공사

5. 소맥분, 전분, 기타의 가연성 분진이 존재하는 곳의 저압 옥내배선으로 적합하지 않은 공사 방법은? [10, 12]

㉮ 가요 전선관 공사
㉯ 금속관 공사
㉰ 합성수지관 공사
㉱ 케이블 공사

6. 폭연성 분진이 있는 곳의 금속관 공사이다. 박스 기타의 부속품 및 풀박스 등이 쉽게 마모, 부식, 기타 손상을 일으킬 우려가 없도록 하기 위해 쓰이는 재료는 어느 것인가? [07]

㉮ 새들　　㉯ 커플링
㉰ 노멀밴드　　㉱ 패킹

해설 금속관 공사에 의할 경우 : 박스 기타 부속품 및 풀박스는 쉽게 마모, 부식 기타 손상될 우려가 없는 패킹(packing) 사용하여 분진이 내부로 침입하지 않도록 시설할 것

참고 내선규정 4215-2 참조

7. 가연성 분진이 존재하거나 발생하는 곳의 저압 옥내배선 중 이동 전선은 어느 것을 사용하여 시설하여야 하는가?

정답 1. ㉮　2. ㉯　3. ㉱　4. ㉰　5. ㉮　6. ㉱　7. ㉯

㉮ 비닐 절연 캡타이어 케이블
㉯ 0.6/1 kV EP 고무 절연 클로로프렌 캡 타이어 케이블
㉰ 유압 케이블
㉱ CD 케이블

해설 이동 전선은 접속점이 없는 0.6/1 kV EP 고무 절연 클로로프렌 캡타이어 케이블을 사용할 것

참고 내선규정 4215-3

8. **불연성 먼지가 많은 장소에 시설할 수 없는 저압 옥내 배선의 방법은?**

㉮ 금속관 배선
㉯ 두께가 1.2 mm인 합성수지관 배선
㉰ 금속제 가요 전선관 배선
㉱ 애자 사용 배선

해설 합성 수지관 배선 : 두께 2 mm 이상일 것

9. **가연성 가스가 새거나 체류하여 전기 설비가 발화원이 되어 폭발할 우려가 있는 곳에 있는 저압 옥내 전기 설비의 시설 방법으로 가장 적절한 것은?**

㉮ 애자 사용 공사
㉯ 가요 전선관 공사
㉰ 셀룰러 덕트 공사
㉱ 금속관 공사

10. **폭발성 분진이 있는 위험 장소에 금속관 공사에 있어서 관 상호 및 관과 박스 기타의 부속품이나 풀박스 또는 전기 기계 기구는 몇 턱 이상의 나사 조임으로 시공해야 하는가?**

㉮ 2턱 ㉯ 3턱
㉰ 4턱 ㉱ 5턱

해설 관 상호 및 관과 박스 기타의 부속품이나 풀박스 또는 전기 기계 기구는 5턱 이상의 나사 조임으로 접속하는 방법, 기타 이와 동등 이상의 효력이 있는 방법에 의할 것

11. **평형 보호층 공사에 의한 저압 옥내 배선은 전로의 대지 전압 몇 V 이하에서 시설해야 하는가?** [07]

㉮ 150 ㉯ 220 ㉰ 300 ㉱ 400

해설 사용 전압은 교류 400 V 이하의 저압 옥내 배선 및 대지 전압 150 V 이하의 분기 회로에 사용한다.

12. **평형 보호층 배선의 시설 장소로 적합한 곳은?** [06]

㉮ 호텔 ㉯ 병원
㉰ 학교 ㉱ 연구소

해설 적합하지 못한 곳(시설 제한)
① 여관, 호텔 등 ② 학교
③ 병원 ④ 주택
⑤ 위험 장소

13. **무대, 무대 밑, 오케스트라 박스, 영사실, 기타 사람이나 무대 도구가 접촉할 우려가 있는 장소에 시설하는 저압 옥내 배선, 전구선 또는 이동 전선은 사용 전압이 몇 V 미만이어야 하는가?**

㉮ 400 V ㉯ 500 V
㉰ 600 V ㉱ 700 V

해설 이동 전선은 사용 전압의 400 V 미만이어야 한다.

14. **흥행장의 무대용 콘센트, 박스, 플라이 덕트 및 보더 라이트의 금속제 외함은 몇 종 접지 공사를 하여야 하는가?**

㉮ 제 1 종 ㉯ 제 2 종
㉰ 제 3 종 ㉱ 특별 제 3 종

정답 8. ㉯ 9. ㉱ 10. ㉱ 11. ㉮ 12. ㉱ 13. ㉮ 14. ㉰

제 3 장

전선 및 기계 기구의 보안 공사

1. 전로의 보호 장치와 간선의 시설과 보호

■ 전로(electric line)의 보호 : 저압 전로에 접속되는 전등, 전동기, 전열기 등에 전기를 공급하는 경우, 사람과 가축에 대한 감전이나 기계 기구에 손상을 주지 않도록 하기 위하여 보호용으로 개폐기, 과전류 차단기, 누전 차단기 등을 시설해야 한다.

1-1 과전류 차단기와 누전 차단기 시설

(1) 과전류 차단기

전로에 단락 전류나 과부하 전류가 생겼을 때, 자동적으로 전로를 차단하는 장치이다.

① 저압 전로 : 퓨즈 또는 배선용 차단기

② 고압 및 특별 고압 전로 : 퓨즈 또는 계전기에 의하여 작동하는 차단기

(2) 과전류 차단기의 시설 장소

① 전선 및 기계 기구를 보호하기 위한 인입구

② 간선의 전원측

③ 분기점 등 보호상 또는 보안상 필요한 곳

④ 발전기, 변압기, 전동기, 정류기 등의 기계 기구를 보호하는 곳

(3) 퓨즈의 규격 (내선규정 1470-2 참조)

저압 회로에 사용되는 퓨즈를 수평으로 시설하는 경우

① A종 및 B종 퓨즈의 특성은 표 3-24에 표시한 시간 내에 용단될 것

② 전동기용 퓨즈의 특성은 표 3-25에 표시한 시간 내에 용단될 것

③ 고압 전로의 퓨즈 특성(판단기준 제39조 참조)

(가) 비포장 퓨즈는 정격 전류 1.25배에 견디고, 2배의 전류로는 2분 안에 용단되어야 한다.

(나) 포장 퓨즈는 정격 전류 1.3배에 견디고, 2배의 전류로는 120분 안에 용단되어야 한다.

표 3-24 A종 퓨즈 및 B종 퓨즈의 특성

정격 전류 [A]	용단 시간의 한도[분]		정격 전류 [A]	용단 시간의 한도[분]	
	A종 135 % B종 160 %	200 %		A종 135 % B종 160 %	200 %
1~30	60	2	201~400	180	10
31~60	60	4	401~600	240	12
61~100	120	6	601~1000	240	20
101~200	120	8			
A종은 정격 전류의 110 %, B종은 정격 전류의 130 % 전류에 용단되지 않을 것					

표 3-25 전동기용 퓨즈의 특성

정격 전류 [A]	용단 시간의 한도		
	135 %	200 %	500 %
60 이하	120 (분)	4 (분)	3초 이상 45초 이하
60 초과	180 (분)	8 (분)	3초 이상 45초 이하
정격 전류의 110 % 전류에 용단되지 않을 것			

(4) 누전 차단기의 시설 방법 (내선규정 1475 참조)

① 주택의 옥내에 시설하는 것으로, 대지 전압 150 V 초과 300 V 이하의 저압 전로 인입구에는 누전 차단기를 설치해야 한다.

② 이때, 기계 기구 내에 내장되는 경우를 제외하고는 배전반 또는 분전반 내에 설치하는 것이 원칙이다.

③ 다만, 당해 전로의 전원측에 3 kVA 이하의 절연 변압기를 사람이 쉽게 접촉할 우려가 없도록 시설하고, 부하측을 접지하지 않는 경우에는 제외한다.

1-2 간선, 분기 회로와 보안

(1) 간선과 보안

① 저압 옥내 간선을 보호하기 위하여 시설하는 과전류 차단기는 그 간선의 허용 전류 이하의 크기로 해야 한다.

② 다만, 그 간선에 기동 전류가 큰 전동기가 있는 경우에는 전동기의 정격 전류 3배에 다른 모든 부하의 정격 전류를 합한 값 이하의 과전류 차단기를 시설할 수 있다 (이 경우에 간선의 허용 전류의 2.5배를 넘을 수 없다).

③ 다음의 경우에는 가는 전선을 보호하는 과전류 차단기를 생략할 수 있다.

㈎ 간선의 허용 전류가 과전류 차단기의 정격 전류의 55 % 이상인 경우

(나) 간선의 허용 전류가 과전류 차단기의 정격 전류의 35 % 이상이고, 또한 가는 간선의 길이가 8 m 이하인 경우

(다) 굵은 간선에 길이 3 m 이하의 가는 간선을 접속하는 경우

(2) 분기 회로와 보안

① 분기 회로의 보안은 간선에서 분기하여 3 m 이하의 곳에 분기 개폐기 및 과전류 차단기를 시설한다.

② 전선의 허용 전류가 과전류 차단기의 정격 전류의 35 % 이상, 55 % 미만인 경우에는 8 m 이하로 할 수 있다.

③ 55 % 이상의 경우에는 거리에 제한을 받지 아니한다.

1-3 전동기의 과부하 보호 장치

① 전동기 분기 회로에 시설하는 과전류 차단기는 단락 전류에 대한 전선을 보호하는 목적에만 사용되고, 전동기의 과부하에 대한 보호는 되지 않으므로 보호 장치가 요구된다.

② 전동기의 과부하 보호 장치로는 바이메탈형 또는 경보기를 조합한 것을 사용하며, 타임 러그 퓨즈(time-lug fuse), 온도 퓨즈, 전동기의 배선용 차단기, 마그넷 스위치 등이 사용된다.

③ 전동기용 분기 회로의 전선 허용 전류와 과전류 차단기의 용량은 표 3-26에 의한다.

표 3-26 전동기 회로의 전선 허용 전류와 과전류 차단기의 용량

전동기의 정격 전류 [A]	전선의 허용 전류 [A]	과전류 차단기의 용량
50 A 이하의 경우	1.25×전동기 전류 합계	2.5×전선의 허용 전류
50 A 이상의 경우	1.1×전동기 전류 합계	2.5×전선의 허용 전류

1-4 피뢰기(LA : lightning arrester)

(1) 피뢰 장치 설치 장소

① 발전소, 변전소 또는 이에 준하는 장소의 가공 전선 인입구 및 인출구

② 가공 전선로에 접속되는 배전용 변압기의 고압쪽 및 특별 고압쪽

③ 고압 및 특고압 가공 전선로로부터 공급을 받는 수용 장소의 인입구

④ 가공 전선로와 지중 전선로가 접속되는 곳

(2) 피뢰기에 요구되는 성능

① 제한 전압 또는 충격 방전 개시 전압이 충분히 낮고 보호 능력이 있을 것

② 속류 차단이 완전히 행해져 동작 책무 특성이 충분할 것

③ 대전류의 방전, 속류 차단의 반복 동작에 대하여 장시간 사용에도 견딜 것

④ 상용 주파 방전 개시 전압은 회로 전압보다 충분히 높아서 사용 주파 방전을 하지 않을 것

⑤ 방전 내량이 크면서 제한 전압은 낮을 것

(3) 피뢰기의 정격 전압 선정

① 피뢰기의 정격 전압이란, 그 전압을 선로 단자와 인가한 상태에서 소정의 단위 동작 책무를 소정의 횟수로 반복 수행할 수 있는 정격 주파수의 상용 주파수 전압 최고 한도를 규정한 값(실효값)을 말한다.

② 피뢰기의 정격 전압은 공칭 전압을 $\frac{1.4}{1.1}$배하여 정한다.

표 3-27 피뢰기의 정격 전압

전력 계통		피뢰기의 정격 전압[kV]	
전압[kV]	중성점 접지 방식	변전소	배전 선로
345	유효 접지	288	
154	유효 접지	144	
66	PC 접지 또는 비접지	72	
22	PC 접지 또는 비접지	24	
22.9	3상 4선 다중 접지	21	18

㈜ 전압 22.9 kV-Y 이하의 배전선로에서 수전하는 설비의 피뢰기 정격 전압(kV)은 배전선로용을 적용한다.

(4) 피뢰기의 공칭 방전 전류 (내선규정 3250 참조)

표 3-28 설치 장소별 피뢰기의 공칭 방전 전류

공칭 방전 전류[A]	설치 장소	적용 조건
10.000	변전소	• 154 kV 이상 계통 • 66 kV 및 그 이하 계통에서 뱅크 용량이 3000 kVA를 초과하거나 특히 중요한 곳 • 장거리 송전선 케이블 및 정전 축전기 뱅크를 개폐하는 곳 • 배전 선로 인출측
5000	변전소	• 66 kV 및 그 이하 계통에서 뱅크 용량이 3000 kVA 이하인 곳
2500	선로	배전 선로

㈜ 전압 22.9 kV-Y 이하(22 kV 비접지식 제외)의 배전 선로에서 수전하는 설비의 피뢰기 공칭 방전 전류는 일반적으로 2500 A의 것을 적용한다.

1-5 대기현상 또는 개폐로 인한 과전압에 대한 보호

(1) 목적

배전 계통에서 전달되는 대기 현상에 의한 과전압 및 설비의 기기 개폐로 인한 개폐 과전압에 대한 전기 설비의 보호를 목적으로 한다.

(2) 과전압에 대한 시설 보호 (내선규정 5220-2 참조)

서지 보호 장치(SPD : surge protective device)는 기능에 따라 다음 3종류가 있다.

① 전압 스위칭형 SPD

서지가 인가되지 않는 경우는 높은 임피던스 상태에 있으며 전압서지에 응답하여 급격하게 낮은 임피던스 값으로 변화하는 기능을 갖는 SPD를 말한다.

② 전압 제한형 SPD

서지가 인가되지 않은 경우는 높은 임피던스 상태에 있으며 전압서지에 응답한 경우는 임피던스가 연속적으로 낮아지는 기능을 갖는 SPD를 말한다.

③ 복합형 SPD

전압 스위칭형 소자 및 전압 제한형 소자의 모든 기능을 갖는 SPD를 말한다.

예 · 상 · 문 · 제

1. 전로의 보호 장치와 간선의 시설 보호

1. 저압 옥내간선의 전원측 전로에 그 저압 옥내 간선을 보호할 목적으로 설치하는 것은? [11]

㉮ 조가용선
㉯ 과전류 차단기
㉰ 콘덴서
㉱ 단로기

2. 과전류 차단기를 꼭 설치해야 하는 곳은?

㉮ 접지 공사의 접지선
㉯ 다선식 선로의 중성선
㉰ 저압 옥내 간선의 전원측 전로
㉱ 전로의 일부에 접지 공사를 한 저압 가공 전로의 접지측 전선

3. 저압 옥내 분기 회로의 분기 개폐기 및 자동 차단기를 시설하는 개소는 분기점에서 원칙적으로 몇 m 이내인가? [06, 10, 13]

㉮ 1 ㉯ 2 ㉰ 3 ㉱ 4

해설 개폐기 및 과전류 차단기 시설 : 저압 옥내 간선에서 분기하여 전기 기계·기구에 이르는 분기 회로 전선에는 분기점에서 전선의 길이가 3 m 이하인 곳에 개폐기 및 과전류 차단기를 시설해야 한다.

4. 220 V 저압 옥내 전로의 인입구 가까운 곳에 반드시 시설해야 하는 인입구 장치는 어느 것인가? [08]

㉮ 계량기 및 배선용 차단기
㉯ 계량기 및 누전 차단기
㉰ 분전반 및 배선용 차단기
㉱ 개폐기 및 과전류 차단기

5. 220 V 전선로에 사용하는 과전류 차단기용 퓨즈가 견디어야 할 전류는 정격 전류의 몇 배인가?

㉮ 1.5 ㉯ 1.25 ㉰ 1.2 ㉱ 1.1

6. 정격 전류 30 A 이하의 A종 퓨즈는 정격전류 200 %에서 몇 분 이내 용단되어야 하는가?

㉮ 2분 ㉯ 4분
㉰ 6분 ㉱ 8분

해설 표 2-23 참조

7. 과전류 차단기로 저압 전로에 사용하는 100 A 초과, 200 A 이하의 퓨즈는 수평으로 붙여서 2배의 전류를 통하는 경우에 몇 분 안에 용단되어야 하는가? [10]

㉮ 2 ㉯ 8 ㉰ 60 ㉱ 120

8. 과전류 차단기로 시설하는 퓨즈 중 고압 전로에 사용하는 포장 퓨즈는 정격 전류의 몇 배의 전류에 견디어야 하는가?

㉮ 1.3 ㉯ 1.5 ㉰ 2.0 ㉱ 2.5

해설 포장 퓨즈는 정격 전류의 1.3배에 견디고 2배의 전류로는 120분 안에 용단되어야 한다.

9. ELB의 뜻은?

㉮ 유입 차단기 ㉯ 진공 차단기
㉰ 배선용 차단기 ㉱ 누전 차단기

해설 ELB(earth leakage breaker) : 누전 차단기

정답 1. ㉯ 2. ㉰ 3. ㉰ 4. ㉱ 5. ㉱ 6. ㉮ 7. ㉯ 8. ㉮ 9. ㉱

10. 옥내 배선 회로에 누전이 발생했을 때 이를 감지하고, 회로를 자동 차단하여, 감전사고 및 화재를 방지할 수 있는 것은? [09]

㉮ 커버 나이프 스위치
㉯ 세프티 스위치
㉰ 배선용 차단기
㉱ 누전 차단기

11. 주택의 옥내에 시설하는 대지 전압 ( ) V 초과, ( ) V 이하의 저압 전로 인입구에는 인체 감전 보호용 누전 차단기를 시설해야 한다. 괄호 속에 가장 알맞은 것은? (단, 특수한 경우는 제외한다.)

㉮ 100, 200 ㉯ 60, 150
㉰ 150, 300 ㉱ 110, 150

12. 전동기 과부하 보호 장치에 해당되지 않는 것은?

㉮ 전동기용 퓨즈
㉯ 열동 계전기
㉰ 전동기 보호용 배선용 차단기
㉱ 전동기 기동 장치

해설 과부하 보호 장치로는 바이메탈형 또는 경보기를 조합한 것이 사용되며, ㉮, ㉯, ㉰ 등이 있다.

13. 간선의 굵기, 개폐기 용량 및 과전류 보호기의 결정 방법은 간선에 접속하는 전동기의 정격 전류의 합계가 50 A 이하인 경우 정격 전류 합계의 몇 배 이상으로 하는가? [06]

㉮ 1.1배 ㉯ 1.2배
㉰ 1.25배 ㉱ 1.4배

해설 본문 표 3-26 참조

14. 하나의 저압 옥내 간선에 접속하는 부하 중 전동기의 정격 전류의 합계가 40 A, 다른 전기 사용 기계 기구의 정격 전류의 합계가 28 A이라 하면 간선은 몇 A 이상의 허용 전류가 있는 전선을 사용해야 하는가? [11]

㉮ 40 A ㉯ 68 A ㉰ 72 A ㉱ 78 A

해설 간선의 허용 전류

$I_a \geq 1.25 I_M + I_L$

$= 1.25 \times 40 + 28 = 78$ A

참고 허용 전류 계산

$I_a \geq 1.25 \times$ 전동기 정격 전류 + 다른 기구의 정격 전류의 합

15. 전동기에 공급하는 간선의 설계에서 3개의 분기 회로에 각각 10, 20, 30 A의 정격 전류가 흐르는 전동기가 접속되어 있다. 간선의 허용 전류의 최저값으로 가장 적당한 것은?

㉮ 60 ㉯ 70
㉰ 80 ㉱ 100

해설 ① 전동기의 정격 전류의 합

$I_M = 10 + 20 + 30 = 60$ A

② 간선의 허용 전류

$I_o \geq 1.1 \times I_M \geq 1.1 \times 60 \geq 66$ A

∴ 70 A

16. 전원측 전로에 시설한 배선용 차단기의 정격 전류가 몇 A 이하의 것이면 이 전로에 접속하는 단상 전동기에는 과부하 보호 장치를 생략할 수 있는가? [08, 10]

㉮ 15 ㉯ 20 ㉰ 30 ㉱ 50

해설 전동기의 과부하 보호 장치의 시설 (판단기준 제174조 참조) 〈생략할 수 있는 경우〉: 단상 전동기로써 전원측 전로에 시설하는 과전류 차단기의 정격 전류가 15 A(배선용 차단기는 20 A) 이하인 경우

정답 10. ㉱ 11. ㉰ 12. ㉱ 13. ㉰ 14. ㉱ 15. ㉯ 16. ㉯

17. 누전 화재 경보기의 시설 방법에서 경보기의 조작 전원은 전용 회로를 두고 또한 이에 설치하는 개폐기로 배선용 차단기를 사용할 때 몇 A 이하의 것을 사용하는가? [09]

㉮ 20 A ㉯ 30 A ㉰ 40 A ㉱ 50 A

해설 누전화재 경보기 (내선규정 1480 참조)
경보기의 조작 전원은 전용 회로로 하고 또한 이에 설치하는 개폐기(15A의 퓨즈를 장치한 것 또는 20 A 이하의 배선용 차단기를 사용하는 것)는 "누전 화재 경보기용"이라고 적색으로 표시해야 한다.

18. 고압 또는 특별고압 가공 전선로에서 공급을 받는 수용 장소의 인입구 또는 이와 근접한 곳에는 무엇을 시설해야 하는가? [08, 12]

㉮ 동기 조상기
㉯ 직렬 리액터
㉰ 정류기
㉱ 피뢰기

해설 피뢰기의 시설 장소
① 발전소, 변전소 또는 이에 준하는 장소의 가공 전선 인입구 및 인출구
② 가공 전선로에 접속하는 특고압 배전용 변압기의 고압 측 및 특별고압 측
③ 고압 또는 특별고압 가공 전선로로부터 공급을 받는 수용 장소의 인입구
④ 가공 전선로와 지중 전선로가 접속되는 곳

19. 피뢰기를 시설하지 않아도 되는 것은 어느 것인가? [10]

㉮ 발전소 · 변전소의 가공 전선 인입구 및 인출구
㉯ 지중 전선로의 말단 부분
㉰ 가공 전선로에 접속한 1차측 전압이 35 kV 이하, 2차 전압이 저압 또는 고압인 배전용 변압기의 고압측 및 특고압측
㉱ 가공 전선로와 지중 전선로가 접속되는 곳

20. 다음 중 피뢰기를 반드시 시설해야 할 곳은? [08, 11]

㉮ 전기 수용 장소 내의 차단기 2차측
㉯ 수전용 변압기의 2차측
㉰ 가공 전선로와 지중 전선로가 접속되는 곳
㉱ 경간이 긴 가공 전선로

21. 전압 22.9 V－Y 이하의 배전선로에서 수전하는 설비의 피뢰기 정격 전압은 몇 kV로 적용하는가?

㉮ 18 kV ㉯ 24 kV
㉰ 144 kV ㉱ 288 kV

해설 피뢰기의 정격 전압 : 본문 표 3-27 참조

22. 피뢰기가 동작할 때 방전 중의 단자 전압의 파고값을 무엇이라고 하는가? [06]

㉮ 특성 요소의 방전 전류
㉯ 방전 개시 전압
㉰ 속류
㉱ 제한 전압

해설 피뢰기의 방전 개시 전압과 제한 전압
피뢰기가 방전을 개시할 때의 단자 전압의 순시값을 방전 개시 전압이라 하며 방전 중의 단자 전압의 파고값을 제한 전압이라 한다.

23. 피뢰기의 제한 전압이 750 kV이고, 변압기의 절연 강도가 1,050 kV라고 하면 여유도는? [10]

㉮ 20 % ㉯ 30 % ㉰ 40 % ㉱ 60 %

정답 17. ㉮ 18. ㉱ 19. ㉯ 20. ㉰ 21. ㉮ 22. ㉱ 23. ㉰

해설 $여유도 = \frac{절연\ 강도 - 제한\ 전압}{제한\ 전압} \times 100$

$= \frac{1050 - 750}{750} \times 100 = 40\ \%$

24. 피뢰기의 보호 제1대상은 전력용 변압기이며, 피뢰기에 흐르는 정격 방전 전류는 변전소의 차폐유무와 그 지방의 연간 뇌우 발생일수 등을 고려해야 한다. 다음 표의 ( )에 적당한 설치 장소별 피뢰기의 공칭 방전 전류(A)는? [12]

공칭 방전 전류(A)	설치 장소
(①)	154 kV 이상 계통의 변전소
(②)	66 kV 이하의 계통에서 뱅크 용량이 3000 kVA 이하인 변전소
(③)	배전 선로

㉮ ① 15000 ② 10000 ③ 5000
㉯ ① 10000 ② 5000 ③ 2500
㉰ ① 15000 ② 2500 ③ 2500
㉱ ① 5000 ② 5000 ③ 2500

해설 설치 장소별 피뢰기 공칭 방전 전류 : 본문 표 3-28 참조

25. 서지 흡수기는 보호하고자 하는 기기의 전단 및 개폐 서지를 발생하는 차단기 2차에 각 상의 전로와 대지간에 설치하는데 다음 중 설치가 불필요한 경우의 조합은 어느 것인가? [12]

㉮ 진공 차단기 – 유입식 변압기
㉯ 진공 차단기 – 건식 변압기
㉰ 진공 차단기 – 몰드식 변압기
㉱ 진공 차단기 – 유도 전동기

해설 서지 흡수기(SA : surge absorber)(내선규정 3260-3 참조) : 진공 차단기(VCB)를 사용 시 반드시 서지 흡수기를 설치해야 하나 진공 차단기와 유입 변압기를 사용시는 설치하지 않아도 된다.

26. 서지 보호 장치(SPD)의 기능에 따라 분류할 경우 해당되지 않는 것은? [08]

㉮ 전류 스위치형 SPD
㉯ 전압 스위치형 SPD
㉰ 전압 제한형 SPD
㉱ 복합형 SPD

해설 본문 1-5. (2) 과전압에 대한 시설 보호 참조

27. 서지 보호 장치(SPD) 중 서지가 인가되지 않은 경우는 높은 임피던스 상태에 있으며, 전압 서지에 응답한 경우는 임피던스가 연속적으로 낮아지는 기능을 갖는 것은? [10]

㉮ 전압 스위치형 SPD
㉯ 전압 제한형 SPD
㉰ 임피던스 스위칭형 SPD
㉱ 임피던스 제한형 SPD

정답 24. ㉯ 25. ㉮ 26. ㉮ 27. ㉯

2. 접지 공사

■ 접지의 목적 : 기기의 대지 전위 상승 억제, 감전 방지, 기기의 손상 방지, 보호 계전기 등의 동작을 확실하게 하고, 기기 전로의 영전위 확보 및 외부의 유도에 의한 장애를 방지한다.

2-1 접지 공사의 종류와 구분

(1) 접지 공사의 종류 (내선규정 1445-1 참조)

① 접지 공사는 제1종, 제2종, 제3종 및 특별 제3종 접지 공사로 구별되며, 접지 저항값은 표 3-29에서 정한 값 이하로 유지해야 한다.

표 3-29 접지 공사의 종류와 접지 저항값

접지 공사의 종류	접지 저항값
제1종 접지 공사	10 Ω
제2종 접지 공사	변압기의 고압측 또는 특별 고압측 전로의 1선 지락 전류의 암페어수로 150 (변압기의 고압측 전로 또는 사용 전압이 35000 V 이하의 특별 고압측 전로가 저압측 전로와 혼촉(混觸)에 의하여 대지 전압이 150 V를 초과하는 경우로서 1초를 넘고 2초 이내에 자동적으로 고압 전로 또는 사용 전압이 35000 V 이하의 특별 고압 전로를 차단하는 장치를 한 경우는 300, 1초 이내에 자동적으로 고압 전로 또는 사용 전압이 35000 V 이하의 특별 고압 전로를 차단하는 장치를 한 경우는 600)을 나눈 값과 같은 Ω 수
제3종 접지 공사	100 Ω
특별 제3종 접지 공사	10 Ω

② 조영재 등에 고정하는 접지선은 원칙적으로 450/750 V 일반용 단심 비닐 절연 전선 또는 이와 동등 이상의 절연 효력이 있는 전선을 사용해야 한다.

표 3-30 제1종 접지 공사의 접지선 굵기

<table>
<tr><th rowspan="2">제 1 종 접지 공사의 접지선의 부분</th><th rowspan="2">접지선의 종류</th><th colspan="2">접지선의 굵기 [mm²]</th></tr>
<tr><th>동</th><th>알루미늄</th></tr>
<tr><td>고정 또는 이동하면서 사용하는 전기 기계 기구에 접지 공사를 하는 경우에 가요성을 필요로 하지 않는 경우</td><td>-</td><td>6</td><td>10</td></tr>
<tr><td>이동하면서 사용하는 전기 기계 기구에 접지 공사를 하는 경우로서 가요성을 필요로 하는 부분</td><td>① 0.6/1 kV EP 고무 절연 클로로프렌 캡타이어 케이블
② 고압용의 캡타이어 케이블의 1심 또는 다심 캡타이어 케이블이나 고압용의 캡타이어 케이블
③ 고압용의 캡타이어 케이블의 차폐 금속체 또는 접지용 금속선</td><td>10</td><td>-</td></tr>
</table>

[비고] 이 표는 비접지식 고압 전로에 전기 기계 기구를 접속하는 경우의 최저 기준을 표시한다.

표 3-31 교류 회로의 제1종 접지 공사의 최소 접지선 굵기

최대 규격의 인입선(인입구 배선 포함) 또는 이들 병렬도체의 등가 전선 규격(동선) [mm^2]	접지선의 최소 굵기 (동선) [mm^2]
35 이하	10
50	16
70	25
70 초과 185 이하	35
185 초과 300 이하	50
300 초과 500 이하	70
630 이상	95

③ 고압 전로와 저압 전로를 변압기에 의하여 결합하는 경우의 제2종 접지 공사의 접지선 굵기는 원칙적으로 다음 표의 값에 의하여야 한다(내선규정 1445-5 참조).

표 3-32 제2종 접지선의 굵기

변압기 1상분 용량 [kVA]			접지선의 최소 굵기 [mm^2]	
110 V	220 V	440 V	동선	알루미늄선
5 kVA 까지	10 kVA 까지	20 kVA 까지	6	10
10 kVA 까지	20 kVA 까지	40 kVA 까지	6	10
15 kVA 까지	30 kVA 까지	60 kVA 까지	10	16
20 kVA 까지	40 kVA 까지	80 kVA 까지	10	16
30 kVA 까지	60 kVA 까지	120 kVA 까지	16	25
40 kVA 까지	80 kVA 까지	160 kVA 까지	25	35
50 kVA 까지	100 kVA 까지	200 kVA 까지	25	35
75 kVA 까지	150 kVA 까지	300 kVA 까지	35	50
100 kVA 까지	200 kVA 까지	400 kVA 까지	50	70
이하 생략				

[비고] 1. '변압기 1상분의 용량'이란 다음의 값을 말한다.

① 3상 변압기의 경우는 정격 용량의 1/3의 용량을 말한다. 다만, 계산상 소수점으로 계산될 경우 직상위 용량을 적용한다.

② 같은 용량의 단상 변압기 3대로 Δ결선 또는 Y결선하는 경우는 단상 변압기 1대의 정격 용량을 말한다.

③ 단상 변압기 V결선의 경우

㈎ 같은 용량의 단상 변압기 2대로 V결선하는 경우는 단상 변압기 1대의 정격 용량을 말한다.

㈏ 다른 용량의 단상 변압기 2대로 V결선하는 경우는 큰 용량의 단상 변압기 정격 용량을 말한다.

2. 저압측이 다선식인 경우는 그 사용 전압 중 최대 전압을 적용한다.

④ 제3종 또는 특별 제3종 접지 공사의 접지선 굵기는 원칙적으로 다음 표의 값에 의하여야 한다(내선규정 1445-3 참조).

표 3-33 제3종 또는 특별 제3종 접지 공사의 접지선 굵기

접지하는 전기기기 및 전선관 전단에 설치된 자동 과전류 차단 장치의 정격 전류 또는 다음의 실정 값을 초과하지 않는 경우[A]	접지선의 최소 굵기[mm^2]	
	동선	알루미늄선
15	2.5	4
20	2.5	4
30	2.5	4
40	2.5	4
50	2.5	4
100	6	10
200	10	16
300	16	25
400	25	35
500	25	50
이하 생략		

[비고] 1. 이 표의 과전류 차단기는 인입구 장치, 간선용 또는 분기용에 시설하는 것(개폐기가 과전류 차단기를 겸하는 경우를 포함한다)이며, 전자 개폐기와 같은 전동기의 과부하 보호기는 포함하지 않는다.

2. 코드 또는 캡타이어 케이블을 사용하는 경우의 2심인 것은 2심의 굵기가 동등한 것으로, 2심을 병렬로 사용하는 경우의 1심 단면적을 표시한다.

(2) 접지 공사의 구분 (내선규정 부록 100-9 참조)

① 제1종 접지 공사의 적용 장소

여기서, 전선로 이외의 금속체 접지에 적용되는 것으로, 고전압이 침입할 우려가 있는 곳과 특히 위험의 강도가 큰 곳에 적용된다.

(가) 피뢰기

(나) 옥내 또는 지상에 시설하는 특고압 또는 고압 기기의 외함

(다) 주상에 설치하는 3상 4선식 접지 계통의 변압기 및 기기 외함

(라) 22.9 kV를 넘는 특고압선과 교차, 접근할 경우에 시설하는 보호망

(마) 교류 전차선의 하방(아래쪽 방향)에 접근하는 경우에 시설하는 보호망

② 제2종 접지 공사의 적용 장소

여기서, 고압 또는 특별 고압 전로와 저압 전로를 결합하는 변압기의 저압측을 접지하는 경우에 적용된다.

(가) 저·고압이 혼촉한 경우에 저압 전로에 고압이 침입할 경우 기기의 소손이나 사람의 감전을 방지하기 위한 것

(나) 비접지 계통의 주상 변압기의 저압측 중성점 또는 저압측 일단과 변압기 외함

③ 제3종 접지 공사의 적용 장소

여기서, 전선로 이외의 금속체 접지에 적용되는 것으로, 주로 400 V 미만의 기계 기구의 외함 및 철대의 접지에 적용된다.

(가) 약전선과 교차 또는 접근 개소에서 시설하는 보호선과 보호망

(나) 철주, 철탑, 강관주

(다) 고·저압 가공 케이블의 조가용 강연선

(라) 1차가 접지 계통인 경우의 다중 접지된 중성선 및 저압선의 접지측 전선(단, 주상 변압기 2차측 접지는 제외)

(마) 옥내 또는 지상에 시설하는 400 V 미만 저압 기기의 외함

(바) 콘크리트 전주의 고압 및 특고압용 완금

(사) 1차가 비접지 계통인 경우의 단상 3선식 저압 중성선의 말단 등

(아) 교통 신호등의 제어 장치의 금속제 외함

(자) 네온 변압기를 수용하는 외함의 금속제 부분

④ 특별 제3종 접지 공사의 적용 장소

여기서, 전선로 이외의 금속체 접지에 적용되는 것으로, 주로 400 V 이상 저압 기계 기구의 외함 및 철대의 접지에 적용된다.

(가) 전선관, 버스 덕트, 금속 덕트 공사의 금속 부분

(나) 케이블 공사의 금속 방호물

(다) 금속 케이블 피복

(라) 풀용 수중 조명등을 수용하는 용기와 방호 장치의 금속제 부분

2-2 접지 공사의 시설 방법

(1) 접지 공사 방법 (내선규정 1445-6 참조)

여기서, 제1종 접지 공사 또는 제2종 접지 공사에 사용하는 접지선을 사람이 접촉할 우려가 있는 곳에 시설하는 경우에는 다음 각호에 의하여야 한다.

① 접지극은 지하 75 cm 이상으로 하되 동결 깊이를 감안하여 매설할 것

② 접지선을 철주 기타의 금속체를 따라서 시설하는 경우에는, 접지극을 철주의 밑면으로부터 30 cm 이상의 깊이에 매설하는 경우 이외에는 접지극을 지중에서 그 금속체로부터 1 m 이상 떼어 매설할 것

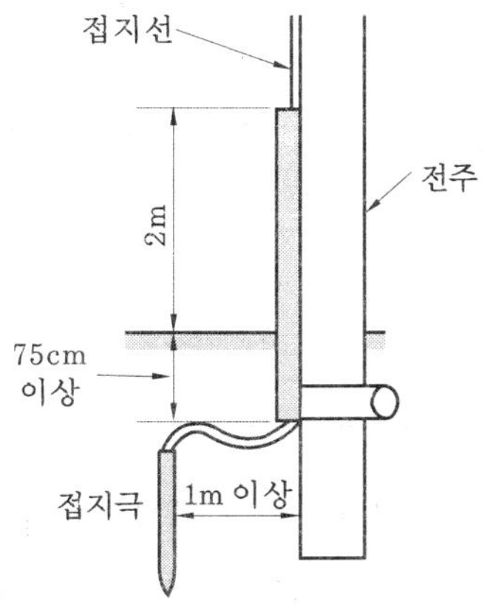

그림 3-5 접지 공사의 특례

③ 접지선에는 절연 전선, 캡타이어 케이블 또는 케이블을 사용할 것(옥외용 비닐 절연 전선은 제외)

④ 접지선은 지하 75 cm 부터 지표상 2 m 까지의 부분은 합성수지관 또는 이와 동등 이상의 절연 효력 및 강도를 가지는 몰드로 덮을 것

(2) 접지극을 대신하여 사용할 수 있는 수도관 등의 접지극

지중에 매설되어 있고 대지와의 전기 저항치가 3 Ω 이하의 값을 유지하고 있는 금속체 수도관로는 이를 제1종 접지 공사·제2종 접지 공사·제3종 접지 공사·특별 제3종 접지 공사, 기타의 접지 공사의 접지극으로 사용할 수 있다.

(3) 기계 기구의 철대 및 외함의 접지(내선규정 1445-2 참조)

전로에 시설하는 기계 기구의 철대 및 금속제 외함에는 표 3-34에서 정한 접지 공사를 실시해야 한다.

표 3-34 기계·기구의 철대 및 외함 접지

기계·기구의 구분	접지 공사
400 V 미만의 저압용	제3종 접지 공사
400 V 이상의 저압용	특별 제3종 접지 공사
고압용 또는 특별 고압용	제1종 접지 공사

2-3 인입구 부근의 접지 및 공통 접지 등의 시설

(1) 인입구 부근의 접지(내선규정 1445-9 참조)

접지 공사에 사용하는 접지선의 굵기는 표 3-35에 따라야 한다.

표 3-35 인입구 접지의 접지선 굵기

인입선 부착점에서 인입구까지의 부분 또는 이에 해당하는 부분의 전선		접지선의 최소 굵기 [mm^2]	
동 [mm^2]	알루미늄 [mm^2]	동	알루미늄
16까지	25까지	6	10
35까지	50까지	10	16
95까지	150까지	16	25
240까지	400까지	25	35
240 초과	400 초과	35	50

(2) 공통 접지 등의 시설(내선규정 1445-17 참조)

고압 및 특고압과 저압 전기 시설의 접지극이 서로 근접하여 시설되어 있는 변전소 또는 이와 유사한 곳에서는 공통 접지 공사를 할 수 있다.

예·상·문·제

2. 접지 공사

1. 다음 중 접지 공사의 목적으로 부적합한 것은 어느 것인가?

㉮ 감전 방지 ㉯ 뇌해 방지
㉰ 보호 협조 ㉱ 절연 강도 강화

2. 고압 선로의 1선 지락 전류가 20 A인 경우에 이에 결합된 변압기 저압측의 제2종 접지 저항값은 몇 Ω인가?(단, 이 선로는 고·저압 혼촉 시에 저압 선로의 대지 전압이 150 V를 넘는 경우로서 1초를 넘고 2초 이내에 고압 전로를 자동 차단하는 장치가 되어 있다.) [11]

㉮ 7.5 ㉯ 10
㉰ 15 ㉱ 30

해설 접지 저항값 $R_2 = \frac{300}{I_g} = \frac{300}{20} = 15\ \Omega$

참고 본문 표 3-29 참조

3. 고정하여 사용하는 전기 기계 기구에 제1종 접지 공사의 접지선으로 연동선을 사용할 경우 접지선의 굵기는 그 지름이 몇 mm^2 이상이어야 하는가? [08, 11]

㉮ 2.5 ㉯ 6.0
㉰ 8.0 ㉱ 16

해설 본문 표 3-30 참조

4. 제3종 접지 공사의 접지선을 동선으로 사용할 때 접지선의 최소 굵기는?

㉮ 1.5 mm^2 ㉯ 2.5 mm^2
㉰ 4 mm^2 ㉱ 6 mm^2

해설 본문 표 3-33 참조

5. 특별 제3종 접지 공사의 접지선으로 연동선을 사용할 때 접지선의 굵기(공칭단면적)는 몇 mm^2 이상이어야 하는가? [10]

㉮ 0.75 ㉯ 2.5 ㉰ 6 ㉱ 16

6. 제3종 접지 공사를 하여야 하는 금속체와 대지 간의 전기 저항값이 몇 Ω 이하인 경우에 제3종 접지 공사를 한 것으로 보는가? [06]

㉮ 10 ㉯ 40 ㉰ 70 ㉱ 100

해설 제3종 및 특별 제3종 접지 공사의 특례 (내선규정 1445-4 참조)

① 제3종 접지 공사를 해야 하는 금속체와 대지 사이의 전기 저항값이 100 Ω 이하인 경우에는 제3종 접지 공사를 한 것으로 본다.

② 특별 제3종 접지 공사의 경우에는 10Ω 이하이다.

7. 지중에 매설되어 있고 대지와의 전기 저항 값이 최대 몇 Ω 이하의 값을 유지하고 있는 금속제 수도관로는 이를 각종 접지 공사의 접지극으로 사용할 수 있는가? [10]

㉮ 0.3 ㉯ 3
㉰ 30 ㉱ 300

해설 본문 2-2. (2) 참조

8. 비접지식 고압 전로에 접속하는 기계 기구의 철대, 금속제 외함의 접지 공사 시 건물의 철골이 몇 Ω 이하이면 접지극으로 사용할 수 있는가? [04]

㉮ 2 ㉯ 3 ㉰ 4 ㉱ 5

정답 1. ㉱ 2. ㉰ 3. ㉯ 4. ㉯ 5. ㉯ 6. ㉱ 7. ㉯ 8. ㉮

해설 건물의 철골 등 금속체를 접지극으로 사용하는 경우

① 조건 : 금속체가 2 Ω 이하의 접지 저항을 가지고 있을 것

② 적용

(가) 비접지식 고압 전로에 접속하는 기계 기구의 철대, 금속제 외함의 제1종 접지 공사의 접지극 및 비접지식 고압 전로와 전압 전로를 결합하는 변압기 제2종 접지 공사의 접지극

(나) 제3종 및 특별 제3종 접지 공사의 접지극

9. **접지극은 지하 몇 cm 이상의 깊이에 매설하는가?** [10]

㉮ 55 ㉯ 65 ㉰ 75 ㉱ 85

해설 본문 그림 3-5 참조

10. **400 V 이상의 저압용 전로에 시설하는 기계 기구의 철대 및 금속제 외함의 접지 공사는 몇 종으로 하여야 하는가?** [10]

㉮ 제1종 접지 공사

㉯ 제2종 접지 공사

㉰ 제3종 접지 공사

㉱ 특별 제3종 접지 공사

해설 본문 표 3-34 참조

11. **기계 기구의 철대 및 외함 접지에서 옳지 못한 것은?** [12]

㉮ 400 V 미만인 저압용에서는 제3종 접지 공사

㉯ 400 V 이상의 저압용에서는 제2종 접지 공사

㉰ 고압용에서는 제1종 접지 공사

㉱ 특별 고압용에서는 제1종 접지 공사

12. **금속제의 전선 접속함 및 지중 전선의 피복으로 사용하는 금속체에는 몇 종 접지 공사를 해야 하는가? (단, 방식 조치(防蝕措置)를 한 부분이 아닌 경우이다.)** [11]

㉮ 제1종 접지 공사

㉯ 제2종 접지 공사

㉰ 제3종 접지 공사

㉱ 특별 제3종 접지 공사

해설 지중 전선의 피복 금속체의 접지 [판단기준 제139조] : 관 · 암거 · 기타 지중 전선을 넣은 방호 장치의 금속제 부분 · 금속제의 전선 접속함 및 지중 전선의 피복으로 사용하는 금속체에는 제3종 접지 공사를 해야 한다.

13. **전극식 온천용 승온기 차폐 장치의 전극에 시행해야 할 접지 공사는?** [08]

㉮ 제1종 접지 공사

㉯ 제2종 접지 공사

㉰ 제3종 접지 공사

㉱ 특별 제3종 접지 공사

해설 전극식 온천 승온기 (내선규정 4130절)

① 차폐 장치의 전극은 제1종 접지 공사를 할 것

② 승온기에 사용하는 절연 변압기 철심 및 금속제 외함은 제3종 접지 공사를 할 것

14. **수관을 통하여 공급되는 온천수의 온도를 올리는 전극식 온천용 승온기 차폐 장치의 전극에는 몇 종 접지 공사를 하여야 하는가?** [11]

㉮ 제1종 접지 공사

㉯ 제2종 접지 공사

㉰ 제3종 접지 공사

㉱ 특별 제3종 접지 공사

15. **접지선의 절연 전선 색상은 특별한 경**

정답 9. ㉰ 10. ㉱ 11. ㉯ 12. ㉰ 13. ㉮ 14. ㉮ 15. ㉰

우를 제외하고는 어느 색으로 표시를 해야 하는가?

㉮ 적색 ㉯ 황색 ㉰ 녹색 ㉱ 흑색

해설 접지선은 원칙적으로 녹색으로 표시한다(내선규정 1445-15 참조).

16. 접지 저감재의 구비 조건과 거리가 먼 것은? [09]

㉮ 전기적으로 양도체일 것

㉯ 지속성이 있을 것

㉰ 전극을 부식시키지 않을 것

㉱ 토양에 비해 도전도가 낮을 것

해설 접지 저감재는 토양에 비해 도전도가 높을 것

참고 저감재의 구비 조건

① 안전할 것-인축이나 식물에 대한 안전성

② 전기적으로 양도체일 것-주위 토양보다 도전도가 좋을 것

③ 지속성이 있을 것

④ 전극을 부식시키지 않을 것

⑤ 저감 효과가 클 것

17. 접지 공사에 있어서 자갈층 또는 산간부의 암반 지대 등 토양의 고유 저항이 높은 지역에서는 규정의 저항치를 얻기가 곤란하다. 이와 같은 장소에 있어서의 접지 저항 저감 방법이 아닌 것은? [11]

㉮ 접지 저감제 사용

㉯ 매설지선을 포설

㉰ mesh 공법에 의한 접지

㉱ 직렬 접지

해설 접지 저항 저감 방법

① 물리적 저감법

(가) 접지극의 병렬 접속과 치수 확대

(나) 매설지선 포설

(다) 메시(mesh) 공법(망상 공법)

② 화학적 저감법-저감제 주입

정답 16. ㉱ 17. ㉱

제 **4** 장

가공 인입선 · 가공 배전선 · 지중 배전선 공사

1. 가공 인입선 공사 · 지선 공사

■ 가공 인입선(service drop) : 가공 전선로의 지지물에서 분기하여 다른 지지물을 거치지 않고 수용 장소의 지지점에 이르는 가공 전선으로, 수용 장소에서 인입선의 회선수는 동일 전기 방식에 대하여 한 개로 한다.

1-1 가공 인입선 시설

(1) 인입선의 구분

① 인입 간선 : 고압 또는 저압 배전 선로에서 수용가에 인입을 목적으로 분기된 주요 인입 전선로이다.

② 본주 인입선 : 인입 간선에서 분기한 분주에서 수용가에 이르는 전선로이다.

③ 소주 인입선 : 본주에서 분기한 소주에서 수용가에 이르는 전선로이다.

④ 연접 인입선 : 연접 인입선은 수용 장소의 인입선에서 분기하여 지지물을 거치지 않고, 다른 수용 장소의 인입구에 이르는 부분의 전선로이다.

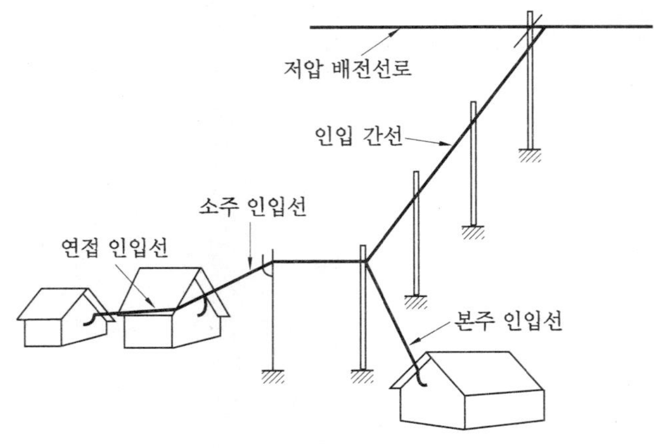

그림 3-6 가공 인입선

(2) 저압 연접 인입선의 시설 규정

① 인입선에서 분기하는 점에서 100 m 를 넘는 지역에 이르지 않아야 한다.

② 너비 5 m 를 넘는 도로를 횡단하지 않아야 한다.

③ 연접 인입선은 옥내를 통과하면 안 된다(고압 연접 인입선은 시설할 수 없다).

(3) 저압 구내 가공 인입선의 굵기 및 종류 (내선규정 2114-1 참조)

① 사용 전압에 따른 전선의 종류와 인입선 굵기는 표 3-36과 같다.

표 3-36 전선의 종류 및 굵기

전선의 종류	전선의 굵기	
	전선의 길이 15 m 이하	전선의 길이 15 m 초과
OW 전선, DV 전선, 고압 절연 전선 · 특고압 절연 전선	2.0 mm 이상	2.6 mm 이상
450/750 V 일반용 단심 비닐 절연 전선	4 mm^2 이상	6 mm^2 이상
케이블	기계적 강도면의 제한은 없음	

② 전선이 케이블인 경우는 가공 케이블의 시설의 규정에 따라 시설할 것. 다만, 케이블 길이가 1 m 이하인 경우는 멧센저 와이어를 생략할 수 있다.

(4) 저압 구내 가공 인입선의 높이에 대한 최소 이격 거리

표 3-37 저압 인입선의 높이에 대한 이격 거리

구 분	이격 거리
도 로	도로(차도와 보도의 구별이 있는 도로인 경우는 차도)를 횡단하는 경우는 5 m 이상(기술상 부득이한 경우로 교통에 지장이 없을 때는 3 m 이상)
철도 또는 궤도를 횡단	레일면상 6.5 m 이상
횡단보도교의 위쪽	횡단보도교의 노면상 3 m 이상
상기 이외의 경우	지표상 4 m 이상(기술상 부득이한 경우로 교통에 지장이 없을 때는 2.5 m 이상)

1-2 지선의 시설

(1) 지선의 시설 목적

① 지지물의 강도 보강 및 전선로의 안전성 증대

② 불평형 장력에 대한 평형 유지 및 건조물 등에 접근하는 전선로 보안

㈜ 지선이 분담하는 강도는 지지물이 받는 전체 풍압 하중의 1/2 미만이어야 한다.

(2) 지선의 종류 (사용 목적에 따른 형태별 분류)

① 보통 지선 : 전주 근원으로부터 전주 길이의 약 1/2 거리에 지선용 근가를 매설하여 설치하는 것으로 일반적인 경우에 사용한다.

② 수평 지선 : 지형의 상황 등으로 보통 지선을 시설할 수 없는 경우에 적용한다.

③ 공동 지선 : 두 개의 지지물에 공통으로 시설하는 지선으로서 지지물 상호 간 거리가 비교적 근접한 경우에 시설한다.

④ Y 지선 : 다단의 완철이 설치되고 또한 장력이 클 때 또는 H주일 때 보통 지선을 2단으로 시설하는 것이다.

⑤ 궁지선 : 장력이 비교적 적고 다른 종류의 지선을 시설할 수 없을 경우에 적용하며, 시공 방법에 따라 A형, R형 지선으로 구분한다.

⑥ 완철 지선 : 공사상 부득이 발생하는 창출, 편출 장주된 완철을 인류할 경우 완철의 끝단과 다른 지지물 사이에 설치한다.

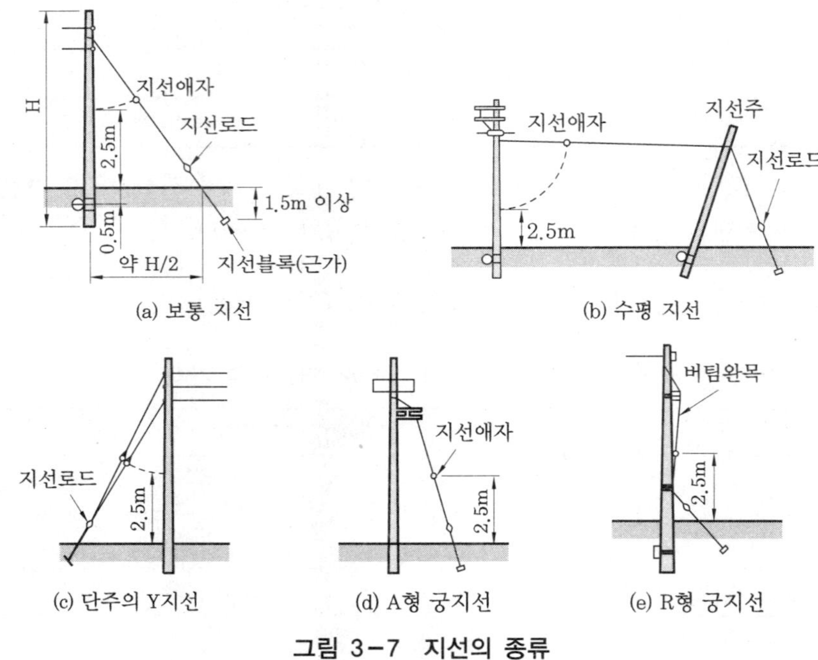

그림 3-7 지선의 종류

(3) 지선의 안전율·소선의 구성 (판단기준 제67조 참조)

① 지선의 안전율 : 2.5 이상

② 지선에 연선을 사용할 경우

㈎ 소선 3가닥 이상의 연선일 것

㈏ 소선의 지름이 2.6 mm 이상의 금속선을 사용한 것일 것

(4) 지선의 높이

① 도로 횡단 시 : 5 m 이상 (단, 교통에 지장을 초래할 염려가 없는 경우 4.5 m 이상)

② 보도의 경우 : 2.5 m 이상

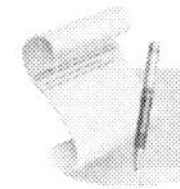

예·상·문·제

1. 가공 인입선 공사 · 지선 공사

1. 가공 전선로의 지지물로부터 다른 지지물을 거치지 아니하고 수용 장소의 붙임점에 이르는 가공 전선은? [09]

㉮ 연접 인입선 ㉯ 가공 인입선
㉰ 전선로 ㉱ 옥측배선

2. 수용가의 인입구에서 분기하여 다른 지지물을 거치지 않고 다른 수용가의 인입구에 이르는 부분의 전선은?

㉮ 가공 전선 ㉯ 가공 지선
㉰ 가공 인입선 ㉱ 연접 인입선

3. 저압 가공 인입선의 시설 기준으로 옳지 않은 것은? [12]

㉮ 전선이 옥외용 비닐 절연 전선일 경우에는 사람이 접촉할 우려가 없도록 시설할 것
㉯ 전선의 인장강도는 2.3 kN 이상일 것
㉰ 전선은 나전선, 절연 전선, 케이블일 것
㉱ 철도 또는 궤도를 횡단하는 경우에는 레일면상 6.5 m 이상일 것

해설 저압 인입선의 시설(판단기준 제100조 참조) : 전선은 절연 전선, 다심형 전선 또는 케이블일 것

4. 저압 인입선의 시설에서 인입용 비닐 절연 전선을 사용하는 경우 지름은 몇 mm 이상이어야 하는가?(단, 경간은 15 m를 넘는 경우임) [10]

㉮ 1.6 ㉯ 2.6 ㉰ 3.2 ㉱ 3.6

해설 저압 인입선의 굵기 : 지름 2.6 mm 이상의 인입용 비닐 절연 전선일 것

참고 경간이 15 m 이하인 경우에는 지름 2 mm 이상일 것

5. 다음 중 저압 연접 인입선의 시설 기준으로 틀린 것은? [06, 09]

㉮ 인입선에서 분기하는 점으로부터 100 m를 넘는 지역에 미치지 아니할 것
㉯ 폭 5 m를 넘는 도로를 횡단하지 아니할 것
㉰ 옥내를 통과하지 아니할 것
㉱ 지름은 3.2 mm 이상의 경동선을 사용할 것

해설 지름 2.6 mm 이상의 인입용 비닐 절연 전선일 것

참고 본문 표 3-36 참조

6. 저압 연접 인입선은 인입선에서 분기하는 점으로부터 100 m를 넘지 않는 지역에 시설하고 폭 몇 m를 초과하는 도로를 횡단하지 않아야 하는가? [07, 12]

㉮ 4 ㉯ 5 ㉰ 6 ㉱ 6.5

7. 저압 가공 인입선의 인입구에 사용하는 부속품은?

㉮ 플로어 박스 ㉯ 절연 부싱
㉰ 엔트런스 캡 ㉱ 노멀 밴드

해설 엔트런스 캡(entrance cap)
① 저압 가공 인입선의 인입구에 사용된다.
② 인입구 또는 인출구의 끝에 붙여서 관 내에 물의 침입을 방지할 수 있도록 사용된다.

엔트런스 캡

정답 1. ㉯ 2. ㉱ 3. ㉰ 4. ㉯ 5. ㉱ 6. ㉯ 7. ㉰

8. **가공 전선로의 지지물을 지선으로 보강하여서는 안 되는 곳은?**

㉮ 목주
㉯ A종 철근 콘크리트주
㉰ B종 철근 콘크리트주
㉱ 철탑

해설 전기설비 판단기준 제67조 [지선의 시설] : 가공 전선로의 지지물로 사용하는 철탑은 지선을 사용하여 그 강도를 분담시켜서는 안 된다.

9. **다단의 크로스 암이 설치되고 또한 장력이 클 때와 H주일 때 보통 지선을 2단으로 부설하는 지선은?**

㉮ 보통 지선 ㉯ 공동 지선
㉰ 궁지선 ㉱ Y 지선

해설 그림 3-7 지선의 종류 참조

10. **비교적 장력이 적고 타종류의 지선을 시설할 수 없는 경우에 적용되는 지선은?**

㉮ 공동 지선 ㉯ 궁지선
㉰ 수평 지선 ㉱ Y 지선

11. **가공 전선로의 지지물에 시설하는 지선의 안전율은 얼마 이상이어야 하는가?**

㉮ 3.5 ㉯ 3.0 ㉰ 2.5 ㉱ 1.0

해설 전기설비 판단기준 제67조 [지선의 시설] : 지선의 안전율은 2.5 이상일 것, 이 경우에 허용 인장하중의 최저는 4.31 kN으로 한다.

12. **가공 전선로의 지지물에 시설하는 지선에 연선을 사용할 경우 소선수는 몇 가닥 이상이어야 하는가?**

㉮ 3가닥 ㉯ 5가닥
㉰ 7가닥 ㉱ 9가닥

해설 지선의 시설 (전기설비 판단기준 제67조 참조) : 지선에 연선을 사용할 경우에는 소선 3가닥 이상의 연선일 것

13. **가공 전선로의 지지물에 시설하는 지선에서 맞지 않은 것은?**

㉮ 지선의 안전율은 2.5 이상일 것
㉯ 지선의 안전율이 2.5 이상일 경우에 허용 인장하중의 최저는 4.31 kN으로 한다.
㉰ 소선의 단면적 2.5 mm^2 이상의 동선을 사용한 것일 것
㉱ 지선에 연선을 사용할 경우에는 소선 3가닥 이상의 연선일 것

해설 전기설비 판단기준 제67조 [지선의 시설] 참조 : 소선 2.6 mm(6 mm^2) 이상의 금속선을 사용한 것일 것

정답 8. ㉱ 9. ㉱ 10. ㉯ 11. ㉰ 12. ㉮ 13. ㉰

2. 가공·지중 배전 선로 공사

- 지지물 : 철근 콘크리트주, 목주, 강관주, 철주, 철탑
- 기기, 기구 : 주상 변압기, 개폐기 및 차단기, 전력용 콘덴서, 피뢰기, 애자

2-1 배전 선로용 재료와 기구

(1) 지지물

① 목주와 철근 콘크리트주가 주로 사용되며, 필요에 따라 철주·철탑이 사용된다.

② 목주의 크기는 말구의 지름과 길이로 표시되며, 말구의 지름이 12 cm 이상의 것을 사용하게 되어 있다.

③ 철근 콘크리트주의 크기 표시

(개) 말구의 지름, 길이 및 설계 하중으로 한다.

(내) 설계 하중은 150, 250, 350, 500, 700 kg을 표준으로 하고 있다.

④ 목주를 사용하는 경우 지선 끝에는 목제 근가를 사용하면, 철근 콘크리트주는 앵커(anchor)에 콘크리트 블록을 사용한다.

⑤ 하중을 받는 지지물의 기초 안전율은 2 이상이어야 한다.

(2) 완목 및 완금 (steel cross arm)

① 지지물에 전선을 고정시키기 위하여 완목 또는 아연 도금된 완금도 많이 사용된다.

② 완목이나 완금을 목주에 붙이는 경우에는 볼트를 사용하고, 철근 콘크리트주에 붙이는 경우에는 U 볼트를 사용한다.

③ 암타이 (armtie) : 완목이나 완금이 상하로 움직이는 것을 방지하기 위해 사용하는 것이다.

④ 밴드 (band)

(개) 암 밴드 (arm band) : 완금을 고정시키는 것이다.

(내) 암타이 밴드 (armtie band) : 암타이를 고정시키는 것이다.

(대) 지선 밴드 (stay band) : 지선을 붙일 때에 사용하는 것이다.

⑤ 저압 가공 전선로에 있어서 완금이나 완목 대신에 래크 (rack)를 사용하여 전선을 수직 배선하는 경우도 있다.

(3) 애자

① 고압 가지 애자 : 전선을 다른 방향으로 돌리는 부분에 사용하는 것이다.

② 저압 곡핀 애자 : 인입선에 사용하는 것이다.

③ 구형 애자 : 인류용과 지선용이 있으며, 지선용은 지선의 중간에 넣어 양측 지선을 절연한다.

④ 현수 애자 : 특고압 배전 선로에 사용하는 현수 애자는 선로의 종단, 선로의 분기, 수평각 30° 이상인 인류 개소와 전선의 굵기가 변경되는 지점, 개폐기 설치 전주 등의 내장 장소에 사용된다.

⑤ 다구 애자 : 동력용 저압 인입선 공사시 건물 벽면에 시설할 때 사용된다.

2-2 장주, 건주 및 가선 공사

(1) 건주 (pole erecting)

① 지지물을 땅에 세우는 것을 건주라 한다.

② 전주가 땅에 묻히는 깊이는 전체 길이가 16 m 이하, 설계하중이 6.8 kN 이하인 것은 전주의 길이에 따라 다음과 같이 정해진다.

㈎ 15 m 이하 : 1/6 이상

㈏ 15 m 이상 : 2.5 m 이상

※ 16 m 초과 20 m 이하 : 2.8 m 이상

표 3-38 전주가 땅에 묻히는 깊이

전주의 길이 [m]	땅에 묻히는 깊이 [m]	전주의 길이 [m]	땅에 묻히는 깊이 [m]
7	1.2	12	2.0
8	1.4	13	2.2
9	1.5	14	2.4
10	1.7	15	2.5
11	1.9		

(2) 장주 (pole fittings)

① 지지물에 완목, 완금, 애자 등을 장치하는 것을 장주라 한다.

② 배전 선로의 장주에는 저·고압선의 가설 이외에도 주상 변압기, 유입 개폐기, 진상 콘덴서, 승압기, 피뢰기 등의 기구를 설치하는 경우가 있다.

③ 표 3-39은 전압과 가선조수에 따라 완금 사용의 표준을 나타낸 것이다.

표 3-39 완금의 사용 표준

[mm]

가선 조수	저 압	고 압	특고압
2조	900	1400	1800
3조	1400	1800	2400

(3) 가선 공사

① 가공 전선을 애자에 바인드하는 방법

㈎ 축부 바인드법 : 각도 선로에 있어 애자에 전선을 지지시킬 때 적용한다.

㈏ 두부 바인드법 : 직선 선로에 있어 애자에 전선을 지지시킬 때 적용한다.

㈐ 인류 바인드법 : 전선의 인류 개소에 적용한다.

② 바인드선은 1.6 ~2.0 mm의 반 경동선을 사용한다.

(4) 저압 및 고압 가공 전선의 최저 높이

① 도로 횡단의 경우 : 지표상 6 m 이상

② 철도 횡단의 경우 : 레일면상 6.5 m 이상

③ 횡단보도교 위에 시설하는 경우

㈎ 고압의 경우 : 노면상 3.5 m 이상

㈏ 저압의 경우 : 노면상 3 m 이상 (절연 전선, 다심형 전선, 케이블)

④ 그 밖의 장소 : 지표상 5 m 이상

2-3 배전용 기구 설치

(1) 주상 변압기

① 전등 부하에는 단상 변압기가 주로 쓰이고, 동력 부하에는 3상 변압기를 사용하는 것이 편리하다.

② 정격 출력은 5, 7, 10, 15, 20, 30, 50, 75, 100 kVA가 표준이다.

③ 지지물에 설치하는 방법은 변압기를 행어 밴드 (hanger band) 를 사용하여 설치하는 것이 소형 변압기에 많이 적용되고 있다.

④ 변압기의 1차측 인하선은 고압 절연선 또는 클로로프렌 외장 케이블을 사용하고, 2차측은 옥외 비닐 절연선(OW) 또는 비닐 외장 케이블을 사용하여 저압 간선에 접속한다.

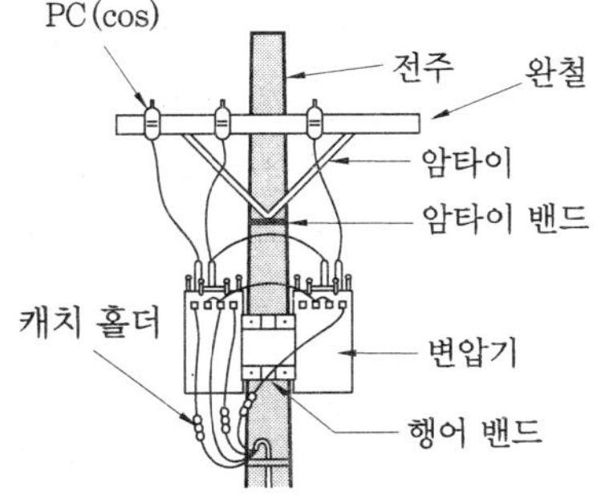

그림 3-8 주상 변압기 설치

(2) 변압기를 보호하기 위한 기구 설치

① 1차측 : 애자형 개폐기 또는 프라이머리 컷아웃(PC : primary cutout)을 설치하며 과부하에 대한 보호, 변압기 고장시의 위험 방지 및 구분 개폐를 하기 위한 것이다.

② 2차측 : 저압 가공 전선을 보호하기 위하여 주상 변압기의 2차측에 과전류 차단기를 넣는 캐치 홀더(catch-holder)를 설치한다.

2-4 활선 작업·무정전 작업

(1) 활선 작업의 개요

① 활선 작업(hotline work) : 고압 전선로에서 충전 상태, 즉 송전을 계속하면서 애자, 완목, 전주 및 주상 변압기 등을 교체하는 작업이다.

② 활선 공법에는 간접 활선 공법과 직접 활선 공법으로 나누어진다.

㈎ 간접 활선 공법 : 절연봉(hot stick), 로봇(robot) 이용

㈏ 직접 활선 공법 : 활선 작업차 이용

(2) 활선 장구의 종류

① 데드 엔드 커버(dead end cover) : 활선 작업 시 작업자가 현수 애자 및 데드 엔드 클램프에 접촉되는 것을 방지하기 위하여 사용되는 절연 장구

② 와이어 통(wire tong) : 핀 애자나 현수 애자의 장주에서 활선을 작업권 밖으로 밀어낼 때 사용하는 절연봉

③ 고무 브랑켓 : 활선 작업 시 작업자에게 위험한 충전 부분을 절연하기에 아주 편리한 고무판으로써 접거나 둘러 쌓을 수도 있고 걸어 놓을 수도 있다는 다목적 절연 보호 장구이다.

④ 애자 커버 : 활선 작업 시 특고핀 및 라인포스트 애자를 절연하여 작업자의 부주의로 접촉되더라도 안전 사고가 발생하지 않도록 사용되는 절연 덮개

⑤ 바이패스 점퍼스틱 : 활선 작업 시 점퍼선을 절단할 필요가 있을 때 정전되지 않도록 전류를 바이패스시켜 주는 절연봉과 케이블, 클램프로 구성된 장구

⑥ 와이어 홀딩스틱 : 점퍼선 작업 시 형태 잡기, 구부리기, 위치 잡아주기 등 기타 작업 시에 전선을 다각도에서 잡아주는 데 편리하고 안전하게 작업할 수 있는 장구

⑦ 그립올 클램프 스틱(grip-all clamp stick) : 활선 바인드 작업 시 전선의 진동을 방지하고 절단된 전선을 슬리브에 삽입할 때 전선이 빠지지 않도록 잡아주며, 간접 작업 시 활선 장구류(덮개)의 설치 및 제거 등 여러 용도로 사용되는 절연봉

⑧ 나선형 링크 스틱(spiral link stick) : 작업 장소가 좁아서 스트레인 링크 스틱(strain link stick)을 직접 손으로 안전하게 설치할 수 없을 때 사용하는 절연 장구

⑨ 롤러 링크 스틱(roller link stick) : 전주 교체 시 전주에 전선이 닿지 않도록 전선을 벌려 주어야 할 때 봉의 밑고리에 로프를 매어 양편으로 잡아당겨 전선 간격을 벌려 주어 전주 교체 작업이 수월하도록 할 경우 사용하는 절연 장구

⑩ 절연 고무 장화 : 활선 작업 시 작업자가 전기적 충격을 방지하기 위하여 고무 장갑과 더불어 이중 절연의 목적으로 작업화 위에 신고 작업할 수 있는 절연 장구

⑪ 고무 소매 : 방전 고무 장갑과 더불어 작업자의 팔과 어깨가 충전부에 접촉되지 않도록 착용하는 절연 장구

⑫ 라인 호스 : 활선 작업자가 활선에 접촉되는 것을 방지하고자 절연 고무관으로 전선을 덮어 씌워 절연하는 장구

⑬ 전선 피박기 : 활선 상태에서 전선의 피복을 벗기는 공구이다.

(3) 무정전 공법

① 공사용 개폐기 공법

㈎ 공사 구간 내에 부하가 없고 공사 구간 이후의 부하를 다른 선로로 전환할 수 있는 경우에 적용된다.

㈏ 공사용 개폐를 설치하여 공사 구간 전원 및 부하측 점퍼선을 활선 작업으로 분리하고 시공하는 작업 방법이다.

② 바이패스 케이블 공법

㈎ 공사 구간 내에 분기선로, 특고압 수용가, 변압기 설치 전주 등의 설비가 있는 경우에 적용된다.

㈏ 공사 구간의 전원 및 부하 측을 공사용 개폐기를 이용하여 바이패스 케이블 간선에 임시 연결하여 시공하는 작업 방법이다.

③ 이동용 변압기차 공법

㈎ 이동용 변압기차를 이용하여 주상 변압기 2차 측의 저압 부하에 전력을 공급하고자 할 경우 적용하는 공법이다.

㈏ 운전 중인 주상 변압기를 필요에 따라 교체하고자 할 경우에도 적용된다.

2-5 지중 배전선로 시설 공사

(1) 케이블 포설 방식

① 직매식

㈎ 전력 케이블을 직접 지중에 매설하는 방식이다.

㈏ 차량 등의 압력을 받는 곳에서는 1.2 m, 보도 등 기타의 곳에서는 0.6 m 이상으로 시공해야 한다.

② 관로식

㈎ 합성수지 평형관, PVC 직관, 강관 등 파이프를 사용하여 관로를 구성한 뒤 케이블을 부설하는 방식이다.

㈏ 일정 거리의 관로 양 끝에는 맨홀을 설치하여 케이블을 설치하고 접속한다.

③ 전력 구식

㈎ 터널과 같이 상부가 막힌 형태의 지하 구조물에 포설하는 방식이다.

(나) 가스, 통신, 상하수도 관로등과 전력 설비를 동시에 설치하는 공동 구식도 전력 구식의 일종이다.

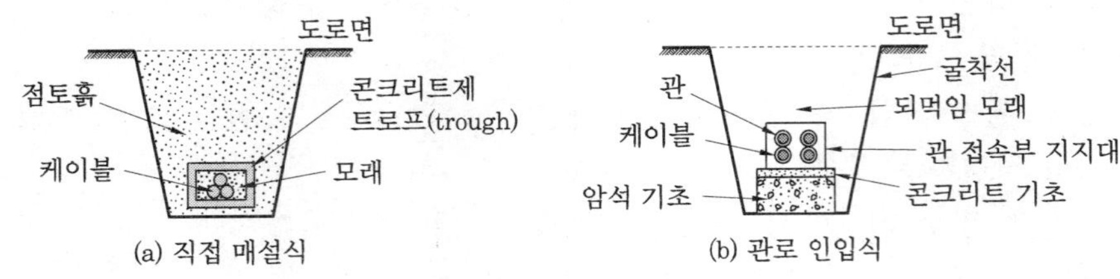

(a) 직접 매설식 (b) 관로 인입식

그림 3-9 케이블 포설 방식

(2) 전력 케이블의 종류

표 3-40

종 류	약 호	용 도
특고압 지중 케이블 수밀형 특고압 지중 케이블	CNCV CNCV-W	다중 배전 방식의 지중 선로용
난연성 특고압 지중 케이블	FR-CNCO-W	변전소 케이블 처리실, 전력구, 공동구용
600 [V] CV 케이블	600 [V] CV	지중 배전 저압 선로용

[비고] • CV : 가교 폴리에틸렌 절연 비닐시스 케이블
• CNCV : 동심 중성선 가교 폴리에틸렌 절연 비닐시스 케이블
• CNCV-W : 수밀형 동심 중성선 가교 폴리에틸렌 절연 비닐시스 케이블
• FR-CNCO-W : 난연성 수밀형 동심 중성선 가교 폴리에틸렌 절연 비닐시스 케이블

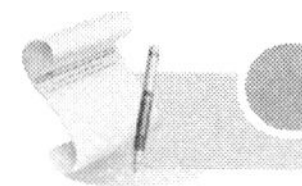

예 · 상 · 문 · 제

2. 가공 · 지중 배선 선로 공사

1. 가공 전선로의 지지물에 하중이 가하여지는 경우에 그 하중을 받는 지지물의 기초의 안전율은 일반적으로 얼마 이상이어야 하는가?

㉮ 1.5 ㉯ 2.0
㉰ 2.5 ㉱ 4.0

해설 가공 전선로의 지지물 기초의 안전율(판단기준 제63조) : 지지물 기초의 안전율은 2 이상이어야 한다.

2. 철근 콘크리트주가 원형의 것인 경우 갑종 풍압 하중(Pa)은? (단, 수직 투영 면적 1 m^2에 대한 풍압이다)

㉮ 588 Pa ㉯ 882 Pa
㉰ 1039 Pa ㉱ 1412 Pa

해설 갑종 풍압 하중(판단기준 제62조)

풍압을 받는 구분		구성재의 수직 투영 면적 1 m^2에 대한 풍압
철근 콘크리트주	원형	588 Pa
	기타	882 Pa
철주	원형	588 Pa
	삼각형	1412 Pa
이하 생략		

3. 철근 콘크리트주에 완금을 붙이고 고정하는 데 필요하지 않은 것은?

㉮ 암타이 ㉯ 행어 밴드
㉰ U 볼트 ㉱ 밴드

해설 행어 밴드(hanger band) : 지지물에 주상 변압기를 설치할 때 사용한다.

4. 랙(rack)을 이용한 배선 방법은 어떤 전선로에 사용되는가? [09]

㉮ 저압 가공 선로
㉯ 고압 가공 선로
㉰ 저압 지중 선로
㉱ 고압 지중 선로

해설 랙(rack)배선 : 간단한 저압 가공선의 경우에는 완금을 설치하지 않고 지지물에 수직으로 랙(rack)을 고정하고, 저압 인류애자를 사용하여 배선하는 것을 말한다.

5. 지지물에 완금, 완목, 애자 등을 장치하는 것을 무슨 공사라 하는가? [06]

㉮ 근가 공사 ㉯ 건주 공사
㉰ 장주 공사 ㉱ 가선 공사

해설 건주와 장주
① 건주(pole erecting) : 지지물(전주)을 땅에 세우는 것
② 장주(pole rittings) : 지지물에 완금, 완목, 애자 등을 장치하는 것

6. 철근 콘크리트주로서 그 전체의 길이가 16 m 초과 20 m 이하이고, 설계 하중이 6.8 kN 이하인 것을 지반이 튼튼한 곳에 시설하려고 한다. 지지물의 기초의 안전율을 고려하지 않기 위해서 묻히는 깊이는 몇 m 이상으로 해야 하는가? [10]

㉮ 2.5 m 이상 ㉯ 2.8 m 이상
㉰ 3.0 m 이상 ㉱ 3.2 m 이상

해설 철근 콘크리트 전주 → 땅에 묻히는 깊이 (판단기준 제63조 참조)
① 전체 길이 16 m 이하
㈎ 15 m 이하 → $\frac{1}{6}$ 이상
㈏ 15 m 초과 → 2.5 m 이상
② 전체 길이 16 m 초과 20 m 이하 → 2.8 m 이상

정답 1. ㉯ 2. ㉮ 3. ㉯ 4. ㉮ 5. ㉰ 6. ㉯

7. 전주의 길이가 15 m 이하인 경우 땅에 묻히는 깊이는 전장의 얼마 이상인가?

㉮ $\frac{1}{2}$ 이상　㉯ $\frac{1}{3}$ 이상
㉰ $\frac{1}{5}$ 이상　㉱ $\frac{1}{6}$ 이상

8. 전주의 뿌리받침은 전선로 방향과 어떤 상태인가?

㉮ 평행이다.
㉯ 직각 방향이다.
㉰ 평행에서 45° 정도이다.
㉱ 직각 방향에서 30° 정도이다.

해설 전주의 뿌리받침(근가)
① 뿌리받침은 지표면에서 30~40 cm 되는 곳에 전선로와 같은 방향(평행)으로 시설한다.
② 곡선 선로 및 인류 전주에서는 장력의 방향에 뿌리받침이 놓이도록 시설한다.

참고 전주의 길이 → 근가 길이
① 7~8 m일 때 : 1.2 m
② 9~12 m일 때 : 1.5 m
③ 13~16 m일 때 : 1.8 m

9. 행어 밴드라 함은? [12]

㉮ 전주에 COS 또는 LA를 고정시키기 위한 밴드
㉯ 전주 자체에 변압기를 고정시키기 위한 밴드
㉰ 완금을 전주에 설치하는 데 필요한 밴드
㉱ 완금에 암타이를 고정시키기 위한 밴드

해설 행어 밴드(hanger band) : 소형 변압기를 전주 자체에 고정시키는 밴드

참고 본문 그림 3-8 참조

10. 주상 변압기의 1차측 보호 장치로 사용하는 것은?

㉮ 컷 아웃 스위치
㉯ 유입 개폐기
㉰ 캐치 홀더
㉱ 리클로저

해설 컷 아웃 스위치(COS : cut out switch) : 배전용 변압기의 1차측의 각 상에 설치하여 변압기의 보호와 개폐를 위하여 사용되며, 단극으로 제작된다.

11. 변압기의 보호 및 개폐를 위해 사용되는 특고압 컷 아웃 스위치는 변압기 용량의 몇 kVA 이하에 사용되는가?

㉮ 100 kVA　㉯ 200 kVA
㉰ 300 kVA　㉱ 400 kVA

해설 컷 아웃 스위치(COS : cut out switch)
① 변압기에 사용할 때 6.6(3.3) kV는 150 kVA 이하, 특고압 22.9 kV에는 300 kVA 이하에 사용한다.
② 차단 용량은 최소 10 kV 이상을 선정한다.

12. 배전 선로 기기 설치 공사에서 전주에 승주 시 발판 못 볼트는 지상 몇 m 지점에서 180° 방향에 몇 m씩 양쪽으로 설치해야 하는가?

㉮ 1.5 m, 0.3 m
㉯ 1.5 m, 0.45 m
㉰ 1.8 m, 0.3 m
㉱ 1.8 m, 0.45 m

해설 발판 볼트 설치
① 기기(개폐기, 변압기 등) 설치 전주와 저압이 가선된 전주에서는 지표상 1.8 m로부터 완철 하부 약 0.9 m까지 설치하며, 그 밖의 전주는 지표상 3.6 m로부터 완철 하부 약 0.9 m까지 설치한다.
② 180° 방향에 0.45 m씩 양쪽으로 설치해야 한다.

정답 7. ㉱　8. ㉮　9. ㉯　10. ㉮　11. ㉰　12. ㉱

13. 배전 선로 보호를 위하여 설치하는 보호 장치는?

가 기중 차단기
나 진공 차단기
다 자동 재폐로 차단기
라 누전 차단기

해설 배전 선로의 보호 장치 종류에는 자동 재폐로 차단기(recloser), 자동 구간 개폐기(sectionalizer), 선로용 퓨즈(line fuse), 자동 루프 스위치(loop switch) 등이 있다.

14. 선로의 도중에 설치하여 회로에 고장 전류가 흐르게 되면 자동적으로 고장 전류를 감지하여 스스로 차단하는 차단기의 일종으로 단상용과 3상용으로 구분되어 있는 것은?

가 리클로저
나 선로용 퓨즈
다 섹셔널라이저
라 자동 구간 개폐기

해설 배전 선로의 보호 : 리클로저(recloser)
① 선로의 도중에 설치하여 고장 전류가 흐르게 되면, 자동적으로 고장 전류를 감지하여 스스로 차단하는 차단기의 일종이다.
② 단상용과 3상용으로 구분되고, 유압식과 전자식이 있다.

15. 배전 선로 공사에서 충전되어 있는 활선을 움직이거나 작업권 밖으로 밀어낼 때, 또는 활선을 다른 장소로 옮길 때 사용하는 활선 공구는?

가 피박기 나 활선 커버
다 데드 앤드 커버 라 와이어 통

해설 활선 작업(hotline work) – 와이어 통(wire tong)

참고 본문 2-4. (1), (2) 참조

16. 480 V 가공 전선이 철도를 횡단할 때 레일 면상의 최저 높이는?

가 4 m 나 4.5 m 다 5.5 m 라 6.5 m

해설 판단기준 제72조[저·고압 가공 전선의 높이]
① 도로를 횡단하는 경우에는 지표상 6 m 이상
② 철도 또는 궤도를 횡단하는 경우에는 궤조 면상 6.5 m 이상

17. 경간이 100 m인 저압 보안 공사에 있어서 지지물의 종류가 아닌 것은? [12]

가 철탑
나 A종 철근 콘크리트주
다 A종 철주
라 목주

해설 저압 보안 공사(판단기준 제77조)

지지물의 종류	경간
목주 · A종 철주 또는 A종 철근 콘크리트주	100 m
B종 철주 또는 B종 철근 콘크리트주	150 m
철 탑	400 m

18. 가공 전선이 건조물 · 도로 · 횡단보도 · 철도 · 가공 약전류 전선 · 안테나, 다른 가공 전선, 기타의 공작물과 접근 · 교차하여 시설하는 경우에 일반 공사보다 강화하는 것을 보안 공사라 한다. 고압 보안 공사에서 전선을 경동선으로 사용하는 경우 몇 mm 이상의 것을 사용해야 하는가? [12]

가 3 mm 나 4 mm
다 5 mm 라 6 mm

해설 고압 보안 공사(판단기준 제78조) : 전선은 케이블인 경우 이외에는 인장강도 8.01 kN 이상의 것 또는 지름 5 mm 이상의 경동선일 것

정답 13. 다 14. 가 15. 라 16. 라 17. 가 18. 다

19. 특고압 가공 전선로의 지지물로 사용하는 철탑의 종류에 대한 설명으로 잘못된 것은? [10]

㉮ 직선형은 전선로의 직선 부분에 그 보강을 위하여 사용하는 것
㉯ 각도형은 전선로 중 3도를 초과하는 수평각도를 이루는 곳에 사용하는 것
㉰ 인류형은 전기 접선을 인류하는 곳에 사용하는 것
㉱ 내장형은 전선로의 지지물 양쪽 경간의 차가 큰 곳에 사용하는 것

해설 철탑의 종류(판단기준 제144조 참조)
① 직선형 : 전선로의 직선 부분(3° 이하인 수평 각도를 이루는 곳을 포함)에 사용하는 것
② 각도형 : 전선로의 방향이 수평각도 3°를 넘고 20° 이하인 곳에 사용하는 것
③ 인류형 : 송전단 및 수전단처럼 한쪽 방향으로 선로가 연결된 곳에 사용하는 것
④ 내장형 : 전선로를 보강하기 위한 형태로 전선로의 지지물 양쪽 경간의 차가 큰 곳에 사용하는 것
⑤ 보강형 : 전선로의 직선 부분에 그 보강을 위하여 사용하는 것

20. 유도장해의 방지에서 사용 전압이 60,000 V 이하인 경우는 전화 선로의 길이 12 km마다 유도 전류가 몇 μA를 넘지 않도록 해야 하는가? [06]

㉮ 1 ㉯ 2 ㉰ 3 ㉱ 4

해설 유도 장해의 방지(판단기준 제105조 참조)
① 사용 전압 60 kV 이하 : 길이 12 km마다 2 μA를 넘지 아니할 것
② 사용 전압 60 kV 초과 : 길이 40 km마다 3 μA를 넘지 아니할 것

21. 전주 사이의 경간이 50 m인 가공 전선로에서 전선 1 m의 하중이 0.37 kg, 전선의 딥이 0.8 m라면 전선의 수평 장력은 약 몇 kg인가? [08, 12]

㉮ 80 ㉯ 120
㉰ 145 ㉱ 165

해설 전선의 딥(dip : D)

$D=\frac{WS^2}{8T}$ [m]에서

$T=\frac{WS^2}{8D}=\frac{0.37\times 50^2}{8\times 0.8}=145$ kg

참고 전선의 실제 길이 : $L=S+\frac{8D^2}{3S}$ [m]

여기서, W : 전선 1 m의 무게(kg)
T : 장력(kg)
S : 경간(m)

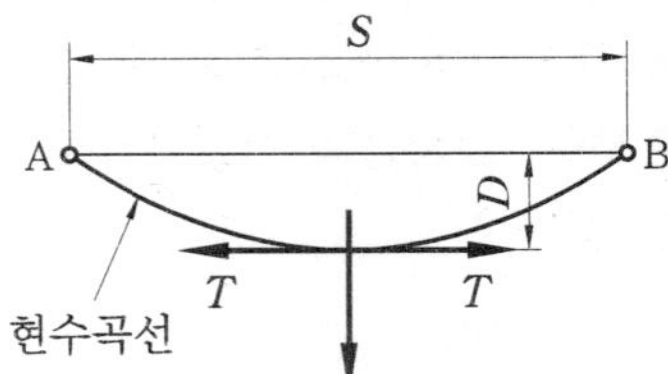

전선의 현수 곡선과 딥

22. 송전단전압 66 kV, 수전단전압 61 kV인 송전선로에서 수전단의 부하를 끊은 경우의 수전단전압이 63 kV이면 전압변동률은? [10]

㉮ 약 2.8 % ㉯ 약 3.3 %
㉰ 약 4.8 % ㉱ 약 8.2 %

해설 전압 변동률

$=\frac{\text{무부하시 수전단전압}-\text{전부하시 수전단전압}}{\text{전부하시 수전단전압}}$

$=\frac{63-61}{61}\times 100=3.3\ \%$

23. 다음 중 지중 전선로의 매설 방법이 아닌 것은?

㉮ 관로식 ㉯ 암거식
㉰ 직접 매설식 ㉱ 행어식

정답 19. ㉮ 20. ㉯ 21. ㉰ 22. ㉯ 23. ㉱

24. 지중 전선로는 케이블을 사용하고 직접 매설식의 경우 매설 깊이는 차량 및 기타 중량물의 압력을 받는 곳에서는 지하 몇 m 이상이어야 하는가? [12, 13]

㉮ 0.8 ㉯ 1.0
㉰ 1.2 ㉱ 1.5

해설 지중 전선로의 매설 깊이(내선규정 2150-1 참조)

시설 장소	매설 깊이(m)
차량, 기타 중량물의 압력을 받을 우려가 있는 장소	1.2 이상
기타 장소	0.6 이상

25. 다음 중 지중 송전 선로의 구성 방식이 아닌 것은? [09, 12]

㉮ 방사상 환상 방식
㉯ 루프방식
㉰ 가지식 방식
㉱ 단일 유닛 방식

해설 지중 송전 선로의 구성 방식

변압기, □ 차단기, ⊠ 차단기 개로

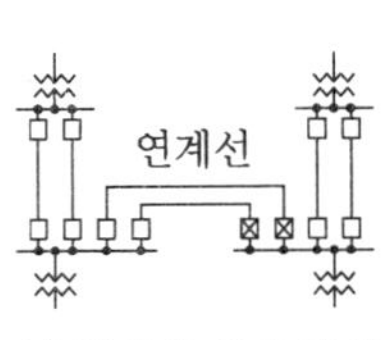

(a) 방사상 환상 방식

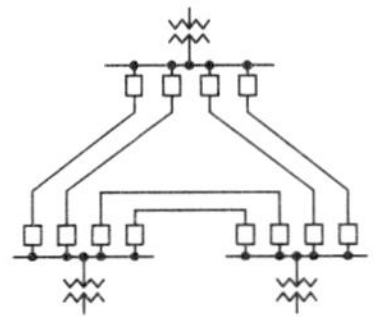
(b) 루프 방식

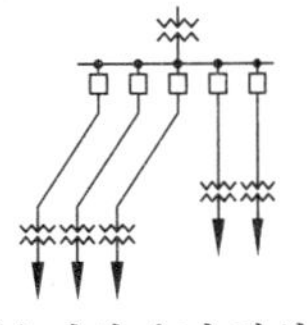
(c) 단일 유닛 방식

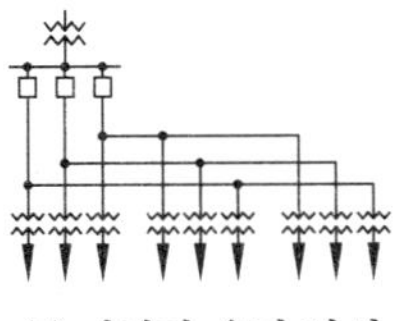
(d) 다단자 유닛 방식

26. 저압의 지중 전선이 지중약 전류 전선 등과 접근하거나 교차하는 경우 상호 간의 이격 거리가 몇 cm 이하인 때에 지중 전선과 지중약 전류 전선 등 사이에 견고한 내화성의 격벽을 설치하는가? [10, 13]

㉮ 15 ㉯ 30 ㉰ 60 ㉱ 100

해설 지중 전선과 지중약 전류 전선과의 접근 또는 교차(판단기준 제141조 참조)
- 견고한 내화성의 격벽을 설치
  ① 저압 또는 고압의 지중 전선은 30 cm 이하
  ② 특고압 지중 전선은 60 cm 이하

27. 지중 전선로 및 지중함의 시설 방식으로 잘못된 것은? [07, 10]

㉮ 지중 전선로는 전선에 케이블을 사용할 것
㉯ 지중 전선로는 관로식, 암거식 또는 직접 매설식에 의하여 시설할 것
㉰ 지중함 뚜껑은 시설자 이외의 자가 쉽게 열 수 없도록 시설할 것
㉱ 연소성 가스가 침입할 우려가 있는 곳에 시설하는 최소 0.5 m^3 이상의 지중함에는 통풍 장치를 할 것

해설 지중함의 시설(판단기준 제137조 참조): 폭발성 또는 연소성의 가스가 침입할 우려가 있는 것에 시설하는 지중함으로서 그 크기가 1 m^3 이상인 것에는 통풍 장치 기타 가스를 방산시키기 위한 적당한 장치를 시설할 것

28. 지중 배선에 사용되는 기기는 별도의 설치 공간에 적합한 구조로 제작되어 설치되는데, 이에 사용되는 일반 기기를 설치형태별로 구분한 종류에 해당하지 않는 것은? [07]

㉮ 지상 설치형 ㉯ 지중 설치형
㉰ 지하공 설치형 ㉱ 반 가대 설치형

해설 반 가대 설치: 받치는 시설물 위에 기기를 올려놓는 것으로 지중 배선 기기 설치 형태에 해당되지 않는다.

정답 24. ㉰ 25. ㉰ 26. ㉯ 27. ㉱ 28. ㉱

29. 전선 약호가 CN – CV – W인 케이블의 명칭은?

㉮ 동심중성선 수밀형 전력 케이블
㉯ 동심중성선 차수형 전력 케이블
㉰ 동심중성선 수밀형 저독성 난연 전력 케이블
㉱ 동심중성선 차수형 저독성 난연 전력 케이블

해설 전력 케이블

CNCV	동심중성선 가교 폴리에틸렌 절연 비닐시스 케이블
CNCV-W	수밀형 동심중성선 가교폴리에틸렌 절연 비닐시스 케이블
FR-CNCO-W	난연성수밀형 동심중성선 가교 폴리에틸렌 절연 비닐시스 케이블
TR CNCV-W	트리억제 수밀형 동심중성선 가교폴리에틸렌 절연 비닐시스 케이블

참고 CNCV-W : concentric neutral cross-linked polyethylene insulated polyvinyl chloride sheathed cable water proof

30. 지중배전선로에서 케이블을 개폐기와 연결하는 몸체는?

㉮ 스틱형 접속단자
㉯ 엘보 커넥터
㉰ 절연 캡
㉱ 접속 플러그

해설 엘보 커넥터(elbow connector) : 케이블을 개폐기와 연결하는 몸체(그림 참조)

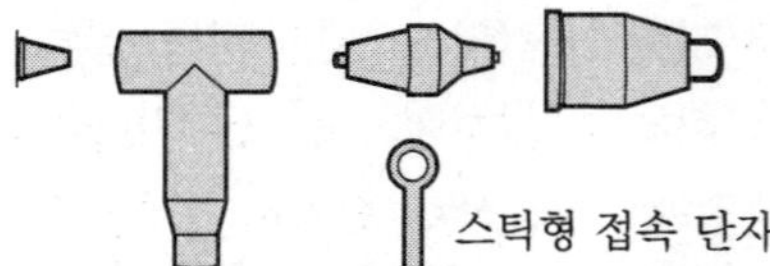

스틱 조작식(stick operable type)

31. 지중에 매설되어 있는 케이블의 전식(전기적 부식)을 방지하기 위한 대책이 아닌 것은? [07]

㉮ 희생 양극법
㉯ 외부 전원법
㉰ 선택 배류법
㉱ 배양법

해설 케이블(cable)의 전식 방지법
① 희생양극법(유전양극법)
② 외부전원법
③ 배류법(직접배류법, 강제배류법, 선택배류법)

32. 다음 중 전력용 케이블의 손실과 거리가 가장 먼 것은? [07]

㉮ 철손 ㉯ 저항손
㉰ 유전체손 ㉱ 차폐손

해설 전력용 케이블의 전력 손실에는 도체의 저항손과 교류에서 유전체손과 차폐손이 있다.

참고 ① 저항손 : 전류의 제곱에 비례하며, 케이블의 허용 전류를 결정한다.
② 유전체손 : 전압의 제곱에 비례하며, 사용전압 10 kV 이하에서는 무시해도 된다.
③ 차폐손 : 차폐층(연피)에서 발생하는 손실이다.

33. 케이블 포설 공사가 끝난 후 해야 할 시험의 항목에 해당되지 않는 것은? [08]

㉮ 절연 저항 시험
㉯ 절연 내력 시험
㉰ 접지 저항 시험
㉱ 유전체손 시험

해설 지중선 포설 공사가 끝난 후 시험 항목
① 절연 저항 시험 : 케이블을 접속하기 전에 각 구간별로 절연 저항을 측정
㈎ 심선-대지간

정답 29. ㉮ 30. ㉯ 31. ㉱ 32. ㉮ 33. ㉱

(나) 시스-대지간

② 절연 내력 시험 : 케이블의 심선과 대지간에 내전압 시험 실시

③ 접저 저항 시험 : 접지 저항 측정

34. 지중 케이블의 고장점을 찾아내는 방법은 머레이 루프, 발레이 루프 시험법이 있는데 이들 시험 방법은 어떤 브리지 원리를 이용하는가? [10]

㉮ 휘스톤 브리지(Wheatston bridge)

㉯ 쉐링 브리지(Schering's bridge)

㉰ 윈 브리지(Owen's bridge)

㉱ 임피던스 브리지(Impedance bridge)

해설 휘스톤 브리지의 원리를 이용한 머레이 루프(Murray loop)법

$$X = \frac{2l \cdot Q}{P+Q} \text{[m]}$$

l : 케이블 길이(m)

X : 고장점까지의 거리(m)

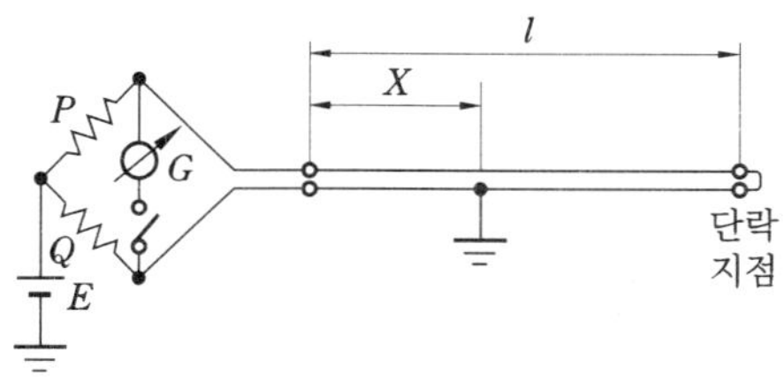

35. 시공이 불편하고 포설 공사비의 고가, 공기의 지연 등 난점을 해결한 지중 전선관으로 사용하는 것은? [09]

㉮ 흄관 ㉯ 동관

㉰ PVC관 ㉱ ELP관

해설 ELP(파상형 경질 폴리에틸렌 전선관 : corrugated hard polyethylene pipe)

① 지중 매설하는 전력용 케이블 및 통신 케이블을 보호하는 데 사용한다.

② 파상형이므로 시공이 용이하며 작업이 능률적이다.

③ 공사비가 절감된다.

참고 규격번호 KS C 8455

정답 34. ㉮ 35. ㉱

제 5 장

수 · 변전 설비 및 배 · 분전반 공사

1. 수 · 변전 설비

■ 수·변전 설비의 구성

표 3-41 구성도

구성 블록	구성 기기	비 고
인입 관계	• 케이블 전용회로(CN-CV, 229[kW]) • 자동 고장 구분 개폐기(ASS), 부하 개폐기(LBS) • 피뢰기(보호 장치)	책임 분계점, 재산 한계점(수급 지점)은 전력 회사와 협의한다.
고압 · 특별 고압 수전반	• 차단기(반부착, 수동 조작의 경우) • 조작 개폐기(차단기 원격 조작의 경우) • 계량 장치(각종 계기, 계기용 변성기, 영상 변류기) • 표시 장치(개폐, 고장을 표시) • 보호 장치(과전류 계전기, 부족 전압 계전기, 접지 계전기)	차단기는 회로의 사고(과전류, 부족 전압, 과부하, 단락, 지락 등) 발생 시 아주 짧은 시간에 차단하며, 평상시는 부하 전류의 개폐를 한다.
고압 · 특별 고압 개폐기	• 전력 퓨즈(한류형 PF) • 컷 아웃 스위치(COS)	전력 퓨즈와 컷 아웃 스위치의 사용법에 유의한다.
변압기	• 변압기(유입, 몰드, 가스 절연, 아몰퍼스)	변전 설비의 주체를 이루고 자가용에서는 특별 고압에서 저압으로 변성하는 장치이다.
진상용 콘덴서	• 진상용 콘덴서, 방전 코일, 직렬 리액터	역률 개선, 과전압 방지, 파형 개선용
저압 배전반	• 계량 장치(각종 계기, 계기용 변류기) • 배선용 차단기	간선 회로의 감시 및 보호
부하 설비	• 부하 설비(공기 조화 설비, 급 · 배수 동력 설비, 운반 수송 설비, 조명 설비 등)	전등 분전반 동력 조작반

1-1 수·변전 설비의 주요 기기

(1) 주요 기기의 명칭·용도 및 역할

표 3-42

명 칭	약 호	심벌(단선 도용)	용도 및 역할
계기용 변압 변류기	MOF	 WH MOF	• 계기용 변압기와 변류기의 조합 • 전력 수급용 전력량 계시
단로기	DS	 DS	• 기기 및 선로를 활선으로부터 분리 • 회로 변경 및 분리
피뢰기	LA	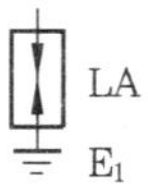 LA E_1	• 낙뢰 또는 이상 전압으로부터 설비 보호 • 속류 차단
전력 퓨즈	PF	 PF	• 전로나 기기를 단락 전류로부터 보호
교류 차단기	CB	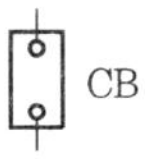 CB	• 부하전류 계폐 • 단락, 지락 사고 시 회로 차단
계기용 변류기	CT	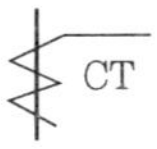 CT	• 대전류를 소전류로 변성 • 배전반의 전류계·전력계, 차단기의 트립 코일의 전원으로 사용
계기용 변압기	PT	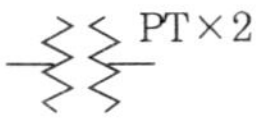 PT×2	• 고전압을 저전압으로 변성 • 배전반의 전압계, 전력계, 주파수계, 역률계 표시등 및 부족 전압 트립 코일의 전원으로 사용
영상 변류기	ZPT	 ZCT	• 지락 사고 시 영상 전류 검출 • 접지 계전기에 의하여 차단기를 동작시킴
변압기	Tr	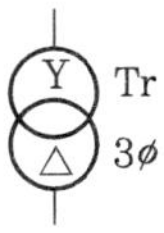 Y △ Tr 3ϕ	• 특별 고압 또는 고압 수전 전압을 필요한 전압으로 변성 • 부하에 전력 공급
전력용(진상) 콘덴서	SC	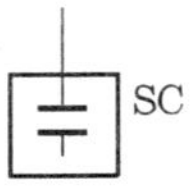 SC	• 부하에 역률 개선
전력 퓨즈	PF	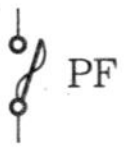 PF	• 고전압 회로 및 기기의 단락 보호용

(2) 수전반에 사용되는 각종 지시 계기

표 3-43 계기류의 심벌

명 칭	심 벌	명 칭	심 벌
전압계	Ⓥ 또는 [V]	전압계용 절환 스위치	⊕ VS
전류계	Ⓐ 또는 [A]	전류계용 절환 스위치	(AS 심벌) AS
전력계	Ⓦ 또는 [W]	적색 표시등	Ⓡ
역률계	(PF) 또는 [PF]	녹색 표시등	Ⓖ
주파수계	Ⓕ 또는 [F]	표시등	(PS) 또는 [FL]

1-2 차단기(circuit breaker, CB)·개폐기·조상 설비

(1) 차단기의 설치 위치와 기능

① 변전소의 수전 인입구, 송·배전선의 인출구, 변압기 군의 1차 및 2차측, 모선의 연결부 등에 설치된다.

② 평상시에는 부하 전류, 선로의 충전 전류, 변압기의 여자 전류 등을 개폐하고, 고장 시에는 보호 계전기의 동작에서 발생하는 신호를 받아 단락 전류, 지락 전류, 고장 전류 등을 차단한다.

(2) 차단기의 종류와 특성

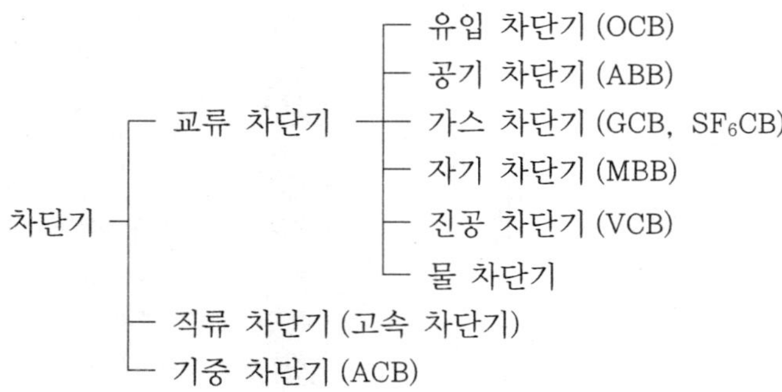

① 유입 차단기(OCB) : 아크를 절연유의 소호 작용에 의하여 소호한다.

② 자기 차단기(MBCB) : 아크와 직각으로 자기장을 주어 소호실 안에 아크를 밀어 넣고 아크 전압을 증대시키며, 또한 냉각하여 소호한다.

③ 가스 차단기(GCB) : 공기나 절연유 대신 아크에 SF_6 가스를 분사하여 소호한다.

④ 기중 차단기(ACB) : 자연 공기 내에서 개방할 때 접촉자가 떨어지면서 자연 소호에 의한 소호 방식을 가지는 차단기로서 교류 또는 직류 차단기로 많이 사용된다.

(3) 차단기의 정격 및 용량

① 정격 전압 : 정한 조항에 따라 그 차단기에 가할 수 있는 사용 전압의 한계를 말한다.

② 정격 전류

(개) 정격 전압 및 정격 주파수에서 규정한 온도 상승 한도를 초과하지 않는 상태에서 연속적으로 통할 수 있는 전류의 한도를 말한다.

(내) 그 값은 200, 400, 600, 1200, 2000 A를 표준으로 하고 있다.

③ 정격 차단 용량(rated interrupting capacity)

(개) 단상의 경우

정격 차단 용량 = (정격 전압) × (정격 차단 전류)

(내) 3상의 경우

정격 차단 용량 = $\sqrt{3}$ (정격 전압) × (정격 차단 전류)

(4) 개폐기

① 부하 개폐기(LBS : load breaking switch) : 수·변전 설비의 인입구 개폐기로 많이 사용되며 전류 퓨즈의 용단 시 결상을 방지할 목적으로 채용되고 있다.

② 선로 개폐기(LS : line switch) : 보안상 책임 분계점에서 보수점검 시 전로 개폐를 위하여 설치 사용된다.

③ 기중부하 개폐기(IS : interupter switch) : 22.9 kV 선로에 주로 사용되며, 자가용 수전 설비에서는 300 kVA 이하 인입구 개폐기로 사용된다.

④ 자동 고장 구분 개폐기(ASS : automatic section switch) : 수용가 구내에 지락, 단락사고 시 즉시 회로를 분리 목적으로 설치 사용된다.

⑤ 컷 아웃 스위치(COS : cut out switch) : 주로 변압기의 1차 측에 설치하여 변압기의 보호와 개폐를 위하여 단극으로 제작되며 내부에 퓨즈를 내장하고 있다.

(5) 조상설비

① 설치 목적

(개) 무효전력을 조정하여 역률 개선에 의한 전력 손실 경감

(내) 전압의 조정과 송전 계통의 안정도 향상

② 조상설비의 종류

(개) 전력용 콘덴서

(내) 리액터

(대) 동기 조상기

③ 전력용 콘덴서의 부속 기기

(개) 방전코일(DC : discharging coil) : 콘덴서를 회로에 개방하였을 때 전하가 잔류함으로써 일어나는 위험과 재투입 시 콘덴서에 걸리는 과전압을 방지하는 역할을 한다.

(내) 직렬 리액터(SR : series reactor) : 제5고조파, 그 이상의 고조파를 제거하여 전압, 전류파형을 개선한다.

④ 진상용 콘덴서(SC) 설치 방법 : 설치 방법 중에서 각 부하 측에 분산 설치하는 방법이 가장 효과적으로 역률이 개선되나 설치 면적과 설치 비용이 많이 든다.

⑤ 부하의 역률 개선의 효과

(가) 선로 손실의 감소

(나) 전압 강하 감소

(다) 설비 용량의 이용률 증가 (여유도 향상)

(라) 전력 요금의 경감

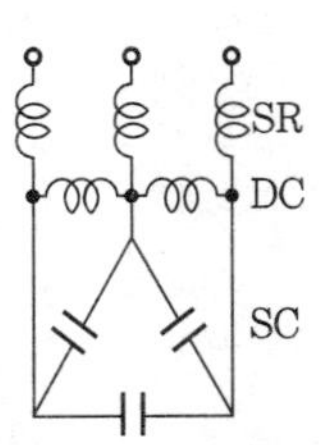

그림 3-10 전력용 콘덴서의 구성

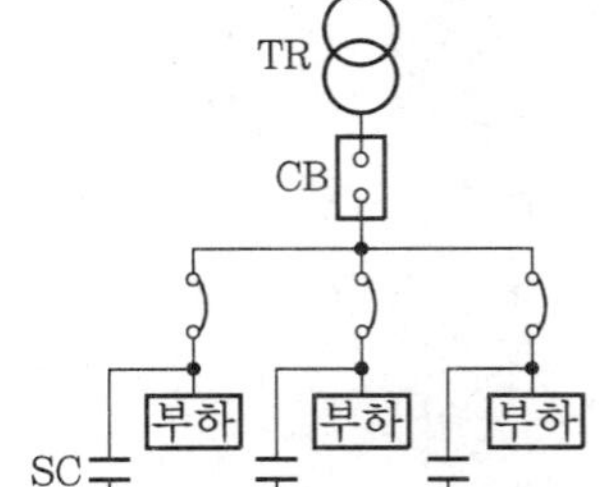

그림 3-11 각 부하 측에 분산 설치

2. 배 · 분전반 공사

2-1 배전반 공사

• 배전반(switch board) : 전기 계통의 중추적인 역할을 하며, 기기나 회로를 감시 제어하기 위한 계기류, 계전기류, 개폐기류 등을 한 곳에 집중하여 시설한 것이다.

(1) 배전반의 종류

① 라이브 프런트식 배전반 : 수직형

② 데드 프런트식 배전반 : 수직형, 포스트형, 벤치형, 조합형

③ 폐쇄식 배전반(큐비클형) : 조립형, 장갑형

(2) 라이브 프런트식 배전반(live front board)

① 보통 수직형(vertical panel)으로, 주로 저압 간선용에 많이 사용한다.

② 개폐기의 충전 부분이 앞면에 나타나 있다.

(3) 데드 프런트식 배전반(dead front board)

① 조작이 안전하므로 고압 수전반, 고압 전동기 운전반 등에 사용한다.

② 앞면은 각종 기계와 개폐기의 조작 핸들만이 나타나 있다.

③ 철제 수직형 배전반 고압측은 데드 프런트식으로, 저압측은 라이브 프런트식으로 되어 있다.

(4) 폐쇄식 배전반(safety enclosed board)

① 프런트식 배전반의 옆면 및 뒷면을 폐쇄하여 만든 것으로 큐비클형(cubicle type)이다.

② 조립형(draw-out type) : 차단기 등을 철제함에 조립한 것이다.

③ 장갑형(metal clad type) : 회로별로 모선, 계기용 변성기, 차단기 등을 하나의 함 내에 장치한 것이다.

참고 큐비클형(cubicle type)
점유 면적이 좁고 운전·보수에 안전하므로 공장, 빌딩 등의 전기실에 많이 사용된다.

(5) 배전반 공사

① 수전설비의 배전반 등의 최소 유지거리

표 3-44

(단위 : m)

기기별 \ 위치별	앞면 또는 조작·계측면	뒷면 또는 점검면	열상호간(점검하는 면)
특고압 배전반	1.7	0.8	1.4
고압 배전반	1.5	0.6	1.2
저압 배전반	1.5	0.6	1.2
변압기 등	0.6	0.6	1.2

② 접지 공사

(가) 제1종 접지 공사 : 피뢰기, 변압기, 유압 차단기 등의 외함

(나) 제2종 접지 공사 : 변압기의 저압측 중성점 또는 1단자

(다) 제3종 접지 공사 : 고압 변성기 및 변류기의 2차측과 저압 기기의 외함

2-2 분전반 공사

• 분전반(panel board) : 간선에서 각 기계·기구로 배선하는 전선을 분기하는 곳에 주 개폐기, 분기 개폐기 및 자동 차단기를 설치하기 위하여 시설한 것이다.

(1) 분전반의 설치 목적과 종류

① 분전반은 간선에서 각 기계 기구로 배선하는 전선을 분기하는 곳에 주 개폐기, 분기 개폐기 및 자동 차단기를 설치하기 위하여 시설된다.

② 분전반 유닛(panel board unit)의 종류에 따라 나이프식, 텀블러식, 브레이크식으로 구분된다.

(2) 분전반 설치

① 일반적으로 분전반은 철제 캐비닛(steel cabinet) 안에 나이프 스위치, 텀블러 스위치 또는 배선용 차단기를 설치하며, 내열 구조로 만든 것이 많이 사용되고 있다.

② 철제 분전반은 두께 1.2 mm 또는 1.6 mm의 철판으로 만들며, 문이 달린 뚜껑은 3.2 mm 두께의 철판으로 만든다.

③ 분전반은 부하의 중심 부근이고, 각 층마다 하나 이상을 설치하나 회로수가 6 이하인 경우에는 2개 층을 담당한다.

④ 하나의 분전반이 담당하는 경제 면적은 750~1000 m^2로 하고, 분전반에서 최종 부하까지의 거리는 30 m 이내로 하는 것이 좋다.

⑤ 분전반에서 분기 회로를 위한 배관의 상승 또는 하강이 용이해야 한다.
⑥ 보수 점검에 편리한 곳이어야 한다.
⑦ 분전반을 넣는 금속제의 함 및 이를 지지하는 금속 프레임 또는 구조물은 접지해야 한다.

(3) 배선 기구의 접속 방법

① 분전반 또는 배전반의 단극 개폐기, 점멸 스위치, 퓨즈, 리셉터클 등에서 전압측 전선과 접지측 전선을 구별할 필요가 있다.
② 소켓, 리셉터클 등에 전선을 접속할 때
㈎ 전압측 전선을 중심 접촉면에, 접지측 전선을 속 베이스(screw shell)에 연결해야 한다.
㈏ 이유 : 충전된 속 베이스를 만져서 감전될 우려가 있는 것을 방지하기 위해서이다.
③ 전등 점멸용 점멸 스위치를 시설할 때
㈎ 반드시 전압측 전선에 시설해야 한다.
㈏ 이유 : 접지측 전선에 접지 사고가 생기면 누설 전류가 생겨서 화재의 위험성이 있고, 또 점멸 역할도 할 수 없게 되기 때문이다.

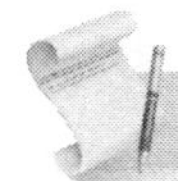

예·상·문·제

1. 수·변전 설비 2. 배·분전반 공사

1. MOF는 무엇의 약호인가?

㉮ 계기용 변압기
㉯ 계기용 변압 변류기
㉰ 계기용 변류기
㉱ 시험용 변압기

해설 MOF (metering out fit) 계기용 변압 전류기
① 계기용 변압기 (PT)와 계기용 변류기 (CT)를 조합한 것
② 전력 수급용 전력량 계시

2. 다음 중 변류기의 약호는?

㉮ CB ㉯ CT ㉰ DS ㉱ COS

해설 변류기(CT : current transformer)
① CB : 차단기
② DS : 단로기
③ COS : 컷 아웃 스위치

3. 변전소의 전력 기기를 시험하기 위하여 회로를 분리하거나 또는 계통의 접속을 바꾸거나 하는 경우에 사용되는 것은?

㉮ 나이프 스위치 ㉯ 차단기
㉰ 퓨즈 ㉱ 단로기

해설 단로기(DS : disconnecting switch)

4. 단로기의 사용상 목적으로 가장 적합한 것은? [11]

㉮ 무부하 회로의 개폐
㉯ 부하 전류의 개폐
㉰ 고장 전류의 차단
㉱ 3상 동시 개폐

해설 단로기 (DS)
① 부하 전류, 고장 전류의 차단 능력이 없다.
② 무부하시 회로를 개폐할 목적으로 사용된다.

5. 자연 공기 내에서 개방할 때 접촉자가 떨어지면서 자연 소호되는 방식을 가진 차단기로 저압의 교류 또는 직류 차단기로 많이 사용되는 것은?

㉮ 유입 차단기 ㉯ 자기 차단기
㉰ 가스 차단기 ㉱ 기중 차단기

6. 가스 절연 개폐기나 가스 차단기에 사용되는 가스인 SF_6의 성질이 아닌 것은?

㉮ 같은 압력에서 공기의 2.5~3.5배의 절연 내력이 있다.
㉯ 무색, 무취, 무해 가스이다.
㉰ 가스 압력, 3~4 kgf/cm^2에서는 절연 내력은 절연유 이상이다.
㉱ 소호 능력은 공기보다 2.5배 정도 낮다.

해설 소호 능력은 공기보다 100배 정도 높다.

7. 500 kW의 설비 용량을 갖춘 공장에서 정격 전압 3상 24 kV, 역률 80 %일 때의 차단기 정격 전류는 약 몇 A인가?

㉮ 8 A ㉯ 15 A
㉰ 25 A ㉱ 30 A

해설 차단기의 정격 전류(rated current)
3상의 경우

$$I_n = \frac{P}{\sqrt{3}\,V\cos\theta} = \frac{500}{\sqrt{3}\times 24\times 0.8} \fallingdotseq 15\text{ A}$$

8. 코일 주위에 전기적 특성이 큰 에폭시 수지를 고진공으로 침투시키고, 다시 그

정답 1. ㉯ 2. ㉯ 3. ㉱ 4. ㉮ 5. ㉱ 6. ㉱ 7. ㉯ 8. ㉰

주위를 기계적 강도가 큰 에폭시 수지로 몰딩한 변압기는?

㉮ 건식 변압기 ㉯ 유입 변압기
㉰ 몰드 변압기 ㉱ 타이 변압기

해설 몰드 변압기
① 고압 및 저압권선을 모두 에폭시로 몰드(mold)한 고체 절연 방식 채용
② 난연성, 절연의 신뢰성, 보수 및 점검이 용이, 에너지 절약 등의 특징이 있다.

9. 1차가 22.9 kV − Y의 배전 선로이고, 2차가 220/380 V 부하 공급 시는 변압기 결선을 어떻게 해야 하는가?

㉮ $\Delta - Y$ ㉯ $Y - \Delta$
㉰ Y − Y ㉱ $\Delta - \Delta$

해설 배전 방식에 의한 간선
① 특별 고압 간선 : 3상 4선식 22.9 kV 다중 접지식
② 저압 간선 : 3상 4선식 220/380 V (Y−Y)

10. 다음 모선 구성의 방식 중 일반적인 건물 시설인 경우에 해당되는 것은?

㉮ 단일 모선 방식
㉯ 이중 모선 방식
㉰ 3중 방식
㉱ 섹션 구분 단일 모선 방식

해설 모선(bus bar) 구성 방식
① 단일 모선 : 일반적인 건물 시설인 경우에 적용되며, 구성이 가장 간단하다.
② 이중 모선(복수 모선 방식) : 중요 시설인 경우에 적용(무정전)
③ 섹션 구분 단일 모선(타이 스위치 ; tie sw) : 급전에 융통성이 도모되는 방식으로 환상식이다.

11. 계전기별 기구 번호의 제어 약호 중 87B의 명칭은? [08]

㉮ 전류 차동계전기
㉯ 모선 보호 차동계전기
㉰ 발전기용 차동계전기
㉱ 주변압기 차동계전기

해설 계전기 기구 번호
87 : 전류 차동계전기
87B : 모선 보호용 차동계전기
87G : 발전기 차동계전기
87T : 주변압기용 차동계전기

12. 부흐홀츠 계전기로 보호되는 기기는 어느 것인가? [09]

㉮ 변압기 ㉯ 발전기
㉰ 동기 전동기 ㉱ 회전 변류기

해설 부흐홀츠 계전기(BHR)
① 변압기 내부 고장으로 2차적으로 발생하는 기름의 분해 가스 증기 또는 유류를 이용하여 부표(뜨는 물건)를 움직여 계전기의 접점을 닫는 것이다.
② 변압기의 주탱크와 콘서베이터의 연결관 도중에 설치한다.

13. 변압기, 발전기, 선로 등의 단락 보호용으로 사용되는 것으로서 보호할 회로의 전류가 정정치보다 커질 때 동작하는 계전기는? [08]

㉮ OVR ㉯ OCR ㉰ UCR ㉱ SGR

해설 OCR : 과전류 계전기
OVR : 과전압 계전기
UCR : 부족전류 계전기
SGR : 방향성 접지계전기

14. 22.9 kV−Y 수전설비의 부하전류가 20 A이며, 30/5 A의 변류기를 통하여 과전류 계전기를 시설하였다. 120 %의 과부하에서 차단기를 트립시키려고 하면 과전류 계전기의 Tap은 몇 A에 설정해야 하는가?

정답 9. ㉰ 10. ㉮ 11. ㉯ 12. ㉮ 13. ㉯ 14. ㉰

㉮ 2 A ㉯ 3 A [12]
㉰ 4 A ㉱ 5 A

해설 TAB값 $= 부하전류 \times \frac{1}{권수비} \times \alpha$

$$= 20 \times \frac{5}{30} \times 1.2 = 4 \text{ A}$$

15. **일반 변전소 또는 이에 준하는 곳의 주요 변압기에 시설해야 하는 계측 장치로 옳은 것은?** [12]

㉮ 전류, 전력 및 주파수
㉯ 전압, 주파수 및 역률
㉰ 전력, 주파수 또는 역률
㉱ 전압, 전류 또는 전력

해설 계측 장치(판단기준 제50조 참조)
① 주요 변압기의 전압 및 전류 또는 전력
② 특고압용 변압기의 온도

16. **특고압용 변압기의 냉각 방식이 타랭식인 경우 냉각 장치의 고장으로 변압기의 온도가 상승하는 것을 대비하기 위하여 시설하는 장치는?**

㉮ 방진장치 ㉯ 회로차단장치
㉰ 경보장치 ㉱ 공기정화장치

해설 특별고압용 변압기의 보호장치(판단기준 제48조)

뱅크 용량의 구분	동작 조건	장치의 종류
5000 kVA 이상 10000 kVA 미만	변압기 내부 고장	자동차단장치 또는 경보장치
10000 kVA 이상	변압기 내부 고장	자동차단장치
타랭식 변압기	냉각 장치에 고장이 생긴 경우 또는 변압기의 온도가 현저히 상승한 경우	경보장치

17. **방향 계전기의 기능이 적합하게 설명이 된 것은 어느 것인가?** [12]

㉮ 예정된 시간 지연을 가지고 응동(應動)하는 것을 목적으로 한 계전기
㉯ 계전기가 설치된 위치에서 보는 전기적 거리 등을 판별해서 동작
㉰ 보호 구간으로 유입하는 전류와 보호 구간에서 유출되는 전류와의 벡터차와 출입하는 전류와의 관계비로 동작하는 계전기
㉱ 2개 이상의 벡터량 관계 위치에서 동작하며 전류가 어느 방향으로 흐르는가를 판정하는 것을 목적으로 하는 계전기

해설 방향 계전기(directional relay) : 2개 이상의 벡터량(전류, 전압)의 관계 위상에 의해서 동작하는 계전기로서 전력 공급 방향을 식별하기 위해 사용된다.

참고 용도에 따른 종류
① 단락 방향 계전기
② 방향 전력 계전기
③ 지락 방향 계전기

18. **변전실의 위치 선정 시 고려해야 할 사항이 아닌 것은?** [11]

㉮ 부하의 중심에 가깝고 배전에 편리한 장소일 것
㉯ 전원의 인입과 기기의 반출이 편리할 것
㉰ 설치할 기기를 고려하여 천장의 높이가 4 m 이상으로 충분할 것
㉱ 빌딩의 경우 지하 최저층의 동력 부하가 많은 곳에 선정

해설 변전실 위치 선정
㉮, ㉯, ㉰ 이외에
① 물의 침입 또는 침투의 우려가 없는 장소일 것
② 발전기실, 축전지실과 서로 근접한 곳

정답 15. ㉱ 16. ㉰ 17. ㉱ 18. ㉱

일 것

참고 변전실의 천장 높이
① 고압 수전의 경우 : 3 m 이상
② 특고압 수전의 경우
㈎ 30 kV-4.5 m 이상
㈏ 70 kV-6 m 이상

19. 다음 중 '무효전력을 조정하는 전기기계기구'로 용어 정의되는 것은? [10]

㉮ 배류코일 ㉯ 변성기
㉰ 조상설비 ㉱ 리액터

해설 조상(調相) 설비 : 수전단에서 부하의 역률 조정에 의한 전압 조정에 필요한 무효전력의 공급원으로 작용한다. 즉, 무효전력을 조정하게 되는 것이다.

참고 조상 설비의 종류와 역할
① 진상(전력용) 콘덴서 : 앞선(진상) 무효전력 조정
② 분로 리액터(shunt reactor) : 뒤진(지상) 무효전력 조정
③ 동기 조상기 : 앞선, 뒤진 무효전력 조정

20. 진상용 고압 콘덴서에 방전 코일이 필요한 이유는? [10]

㉮ 전압 강하의 감소
㉯ 낙뢰로부터 기기 보호
㉰ 역률 개선
㉱ 잔류 전하의 방전

해설 방전 코일(DC : discharging coil) 잔류전하의 방지 및 과전압 방지 역할을 한다.

21. 역률 개선용 콘덴서에서 고조파 영향을 억제하기 위하여 사용하는 것은? [10]

㉮ 직렬저항 ㉯ 병렬저항
㉰ 직렬리액터 ㉱ 병렬리액터

해설 직렬 리액터 (SR : series reactor) 본문 그림 3-10 참조
제5고조파, 그 이상의 고조파를 제거하여 전압, 전류 파형을 개선한다.

참고 ① 재투입 시 돌입 전류를 억제하여 콘덴서를 보호하는 역할을 한다.
② 개폐 시 계통의 과전압 억제
③ 고조파 전류에 의한 계전기 오동작 방지
④ 리액터 용량은 콘덴서 용량의 이론상 4 %, 실제 6 %가 표준이며, 뱅크 용량이 300 kVA 이상일 때 설치한다.

22. 3상 유도 전동기가 여러 대 설치되어 있는 공장에서 역률을 개선하기 위하여 경제성, 보수성만 유리하게 콘덴서를 설치한다면 다음 중 어떤 방법이 가장 적절한가? [06]

㉮ 고압측에 설치한다.
㉯ 저압측에 일괄해서 설치한다.
㉰ 대용량 전동기에만 설치한다.
㉱ 저압측에 각 전동기마다 개별적으로 설치한다.

해설 역률 개선용 콘덴서의 설치 방법
① 수전단 모선에 설치 : 고압측에 설치하는 방법으로 경제성, 보수성에 유리하다.
② 수전단 모선과 부하측에 분산 설치
③ 부하측에 분산하여 설치 : 이상적이며 효과적이나 비용이 많이 든다.

23. 설치 면적과 설치 비용이 많이 들지만 가장 이상적이고 효과적인 진상용 콘덴서 설치 방법은 어느 것인가?

㉮ 수전단 모선에 설치
㉯ 수전단 모선과 부하 측에 분산하여 설치
㉰ 부하 측에 분산하여 설치
㉱ 가장 큰 부하 측에만 설치

24. 역률을 개선하면 전력 요금의 절감과 배전선의 손실 경감, 전압 강하의 감소, 설

정답 19. ㉰ 20. ㉱ 21. ㉰ 22. ㉮ 23. ㉰ 24. ㉱

비 여력의 증가 등을 기할 수 있으나, 너무 과보상하면 역효과가 나타난다. 즉, 경부하 시에 콘덴서가 과대 삽입되는 경우의 결점에 해당되는 사항이 아닌 것은? [11]

㉮ 모선전압의 과상승
㉯ 송전손실의 증가
㉰ 고조파 왜곡의 증대
㉱ 전압 변동폭의 감소

해설 경부하 시에 콘덴서가 과대 삽입되는 경우, 수전단 전압이 높아지는 페란티 현상이 발생하며 ㉮, ㉯, ㉰ 외에 전압 변동폭이 증가하는 결점이 생긴다.

25. **지상역률 80 %인 1,000 kVA의 부하를 100 %의 역률로 개선하는 데 필요한 전력용 콘덴서의 용량은 몇 kVA인가?**

㉮ 200 [06, 09, 11, 12]
㉯ 400
㉰ 600
㉱ 800

해설 $Q_c = P\sqrt{\frac{1}{\cos^2\theta_1} - 1}$

$= 800 \times \sqrt{\frac{1}{0.8^2} - 1}$

$= 800 \times 0.75 = 600 \text{ kVA}$

여기서, $P = 1000 \times 0.8 = 800 \text{ kW}$

참고 $Q_c = P\left(\sqrt{\frac{1}{\cos^2\theta_1} - 1} - \sqrt{\frac{1}{\cos^2\theta_2} - 1}\right)$에서,

$\cos\theta_2 = 1$일 때,

$Q_c = P \cdot \sqrt{\frac{1}{\cos^2\theta_1} - 1}$ [kVA]

26. **3상 배전선로의 말단에 늦은 역률 80 %, 80 kW의 평형 3상 부하가 있다. 부하점에 부하와 병렬로 전력용 콘덴서를 접속하여 선로 손실을 최소화하려고 할 때에 필요한 콘덴서 용량은 몇 kVA인가?** [08, 12]

㉮ 20 ㉯ 60 ㉰ 80 ㉱ 100

해설 문제 25. 해설 참조 : 손실을 최소화하려면 $\cos\theta_2 = 1$이 되어야 하므로

$Q_c = P\sqrt{\frac{1}{0.8^2} - 1} = 80\sqrt{0.5625} = 60 \text{ kVA}$

27. **역률 80 %, 300 kW의 전동기를 95 %의 역률로 개선하는 데 필요한 콘덴서의 용량은 약 몇 kVA가 필요한가?** [09]

㉮ 32 ㉯ 63 ㉰ 87 ㉱ 126

해설 $Q_c = P\left(\sqrt{\frac{1}{\cos^2\theta_1} - 1} - \sqrt{\frac{1}{\cos^2\theta_2} - 1}\right)$

$= 300\left(\sqrt{\frac{1}{0.8^2} - 1} - \sqrt{\frac{1}{0.95^2} - 1}\right)$

$= 126 \text{ kVA}$

28. **유효 전력 15 kW, 무효 전력 12.5 kVar를 소비하는 평형 3상 부하에 3.5 kVA의 전력용 콘덴서를 접속하면 접속 후 피상 전력은?** [10]

㉮ 약 9.7 kVA ㉯ 약 12.6 kVA
㉰ 약 17.5 kVA ㉱ 약 27.1 kVA

해설 벡터도에서,

$Q = Q_L - Q_C = 12.5 - 3.5 = 9 \text{ kVA}$

∴ 접속 후 피상 전력

$P_o = \sqrt{P^2 + Q^2} = \sqrt{15^2 + 9^2} \fallingdotseq 17.5 \text{ kVA}$

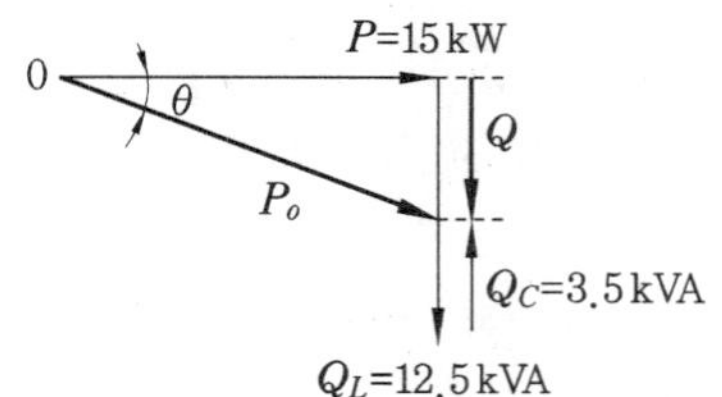

29. **빌딩의 부하 설비 용량이 2000 kW, 부하 역률 90 %, 수용률이 75 %일 때 수전 설비의 용량은 약 몇 kVA인가?** [09, 12]

㉮ 1554 kW ㉯ 1667 kW

정답 25. ㉰ 26. ㉯ 27. ㉱ 28. ㉰ 29. ㉯

㉰ 1800 kW ㉱ 2222 kW

해설 수전 설비 용량

$$P_a = \frac{\text{설비 용량}}{\text{역률}} \times \text{수용률}$$

$$= \frac{2000}{0.9} \times 0.75 ≒ 1666 \text{ kVA}$$

30. **다음 중 배전 변전소에서 전력용 콘덴서를 설치하는 주된 목적은?** [09]

㉮ 변압기 보호

㉯ 선로 보호

㉰ 역률 개선

㉱ 코로나손 방지

해설 전력용 콘덴서(SC : static capacitor)의 설치 목적-역률 개선

참고 주된 목적은 역률 개선에 있으며 다음과 같은 설치 효과가 있다.

① 변압기 동손의 경감

② 선로 손실의 경감

③ 설비용량의 여유도 향상

④ 전압 강하의 개선

31. **그림은 산업 현장에서 많이 응용되고 있는 회로이다. 이 회로에서 점선 부분에 가장 타당한 회로로 맞는 것은?** [08]

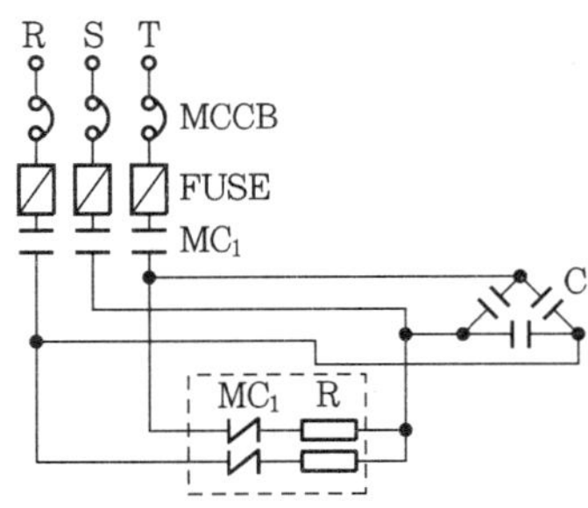

㉮ 정역 회로

㉯ Y-Δ 기동회로

㉰ 방전장치회로

㉱ 역률개선회로

해설 고압 진상용 콘덴서의 부속설비-방전장치회로

① 방전장치회로에는 방전 코일 또는 방전 저항이 사용된다.

② 콘덴서에 축적된 잔류전하를 방전하여 감전 사고를 방지한다.

32. **일반적으로 큐비클형이라 하며, 점유 면적이 좁고 운전 보수에 안전하므로 공장, 빌딩 등의 전기실에 많이 사용되며 조립형, 장갑형이 있는 배전반은?** [07]

㉮ 데드 프런트식 배전반

㉯ 철제 수직형 배전반

㉰ 라이브 프런트식 배전반

㉱ 폐쇄식 배전반

해설 큐비클(cubicle)형 : 폐쇄식 배전반

33. **교류 고압 배전반에서 전압이 높고 위험하여 전압계를 직접 주 회로에 병렬 연결할 수 없을 때 쓰이는 기기는?**

㉮ 전류 제한기

㉯ 계기용 변압기

㉰ 계기용 변류기

㉱ 전압용 절환 개폐기

해설 계기용 변압기

① 계기용 변압기(PT) : 전압계에 연결하여 피측정 전압을 낮추어 주는 기구이다.

② 계기용 변류기(CT) : 전류계에 연결하여 피측정 전류를 낮추어 주는 기구이다.

34. **간선에서 각 기계 기구로 배선하는 전선을 분기하는 곳에 주 개폐기, 분기 개폐기 및 자동 차단기를 설치하기 위하여 다음 중 무엇을 설치하는가?**

㉮ 분전반 ㉯ 운전반

㉰ 배전반 ㉱ 스위치반

정답 30. ㉰ 31. ㉰ 32. ㉱ 33. ㉯ 34. ㉮

35. **배전반 및 분전반을 넣은 강판제로 만든 함의 최소 두께는?**

㉮ 1.2 mm 이상 ㉯ 1.5 mm 이상
㉰ 2.0 mm 이상 ㉱ 2.5 mm 이상

해설 배·분전반 함의 규격(내선규정 1455-6 참조)

① 강판제로 만든 함은 두께 1.2 mm 이상이어야 한다.
② 난연성 수지로 만든 함은 두께 1.5 mm 이상으로 내(耐)아크성인 것일 것

36. **수전설비의 저압 배전반 앞에서 계측기를 판독하기 위하여 앞면과 최소 몇 m 이상 유지하는 것을 원칙으로 하고 있는가?**

㉮ 0.6 m ㉯ 1.2 m ㉰ 1.5 m ㉱ 1.7 m

해설 표 3-44 참조

37. **가정용 전등에 사용되는 점멸스위치를 설치해야 할 위치에 대한 설명으로 가장 적당한 것은?**

㉮ 접지 측 전선에 설치한다.
㉯ 중성선에 설치한다.
㉰ 부하의 2차 측에 설치한다.
㉱ 전압 측 전선에 설치한다.

해설 점멸 스위치는 전압 측 전선에 설치한다.

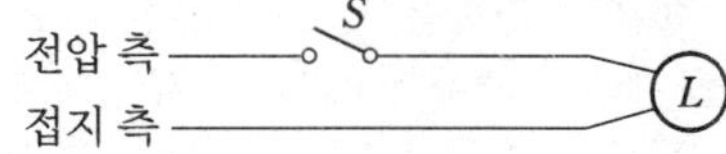

38. **전류계 및 전압계를 확도에 따라 분류할 때 일반 배전반용으로 사용되는 지시계기의 계급은?** [06, 10]

㉮ 0.5급 ㉯ 1.0급 ㉰ 1.5급 ㉱ 2.5급

해설 전류계, 전압계, 전력계 및 무효 전력계의 계급별 용도

급별	용도	사용 범위
0.2급	대형 부표준기	고도의 정밀 측정 또는 부표준기를 사용한다.
0.5급	휴대용 계기(정밀급)	정밀 측정에 사용한다.
1.0급	소형 휴대용 계기(정밀 측정)	보통 측정에 사용한다.
1.5급	배전반용 계기(공업용 보통 측정)	공업용 보통 측정에 사용한다.
2.5급	배전반용 소형 계기	정확도에 치중하지 않는 경우에 사용한다.

39. **다음 심벌의 명칭은?** [07, 09, 11]

(L)

㉮ 전류 제한기 ㉯ 지진 감지기
㉰ 전압 제한기 ㉱ 역률 제한기

해설 (L) : 전류 제한기, (EQ) : 지진 감지기

참고 전류 제한기 : 과전류 차단기의 일종으로 배선용 차단기와 비슷하다.

- 전기의 정액수용가가 계약 용량을 초과하여 사용하면 자동적으로 회로가 차단되어 경보를 발생한다.

40. **배전반 또는 분전반의 배관을 변경하거나 이미 설치된 캐비닛에 구멍을 뚫었을 때 사용하며 수동식과 유압식이 있다. 이 공구는 무엇인가?** [12]

㉮ 클리퍼 ㉯ 클릭볼
㉰ 커터 ㉱ 녹아웃 펀치

해설 녹아웃 펀치(knockout punch)

정답 35. ㉮ 36. ㉰ 37. ㉱ 38. ㉰ 39. ㉮ 40. ㉱

제 6 장

조명 설비·동력 설비·특수 설비·적산과 품셈

1. 조명 설비

■ 우수한 조명의 조건
- 조도가 적당할 것
- 그림자가 적당할 것
- 균등한 광속발산도 분포(얼룩이 없는 조명)일 것
- 휘도의 대비가 적당할 것
- 광색이 적당할 것

1-1 조명 방식·조명 설계

(1) 조명 기구의 배치에 의한 조명 방식

① 전반 조명(general lighting)

(가) 작업면의 전체를 균일한 조도가 되도록 조명하는 방식이다.

(나) 공장, 사무실, 교실 등에 사용하고 있다.

② 국부 조명(local lighting)

(가) 작업에 필요한 장소마다 그 곳에 필요한 조도를 얻을 수 있도록 국부적으로 조명하는 방식이다.

(나) 높은 정밀도의 작업을 하는 곳에서 사용된다.

③ 전반 국부 병용 조명

(가) 작업면 전체는 비교적 낮은 조도의 전반 조명을 실시하고 필요한 장소에만 높은 조도가 되도록 국부 조명을 하는 방식으로, 경제적으로 좋은 조명이다.

(나) 공장이나 사무실 등에 널리 사용된다.

④ TAL(task ambient lighting) 조명

(가) 작업 구역에는 전용의 국부 조명 방식으로 조명한다.

(나) 기타 주변 환경에 대해서는 간접 또는 직접 조명으로 한다.

(2) 기구의 배치에 의한 조명 방식의 분류

기구의 배치에 의한 조명 방식의 분류는 표 3-45과 같다.

표 3-45 조명 기구의 배광

조명 방식	직접 조명	반직접 조명		전반 확산 조명	반간접 조명		간접 조명
상향 광속	0~10 %	10~40 %		40~60 %	60~90 %		90~100 %
조명 기구							
하향 광속	100~90 %	90~60 %		60~40 %	40~10 %		10~0 %
용 도	일반 공장	일반 사무실, 학교, 상점, 주택		고급 사무실, 상점, 주택	고급 사무실 고급 주택		대합실 회의실 임원실

(3) 건축화 조명(architectural lighting) 방식

① 건축 의장과 조명 기구를 일체화하는 방식으로 광원의 설치 방법에 따라 표 3-46과 같이 분류된다.

표 3-46 건축화 조명

천장에 매입한 것	천장면을 광원으로 한 것	벽면을 광원으로 한 것
광량 조명(반매입 라인 라이트)	광천장 조명	코니스 조명(벽면 조명)
코퍼 조명(천장매입)	루버 조명	밸런스 조명
다운 라이트 조명	코브 조명(간접 조명)	광벽 조명

② 다운 라이트(down-light) 조명 방식 : 천장에 작은 구멍을 뚫어 그 속에 등기구를 매입시키는 방법으로 매입형에 따라 하면 개방형, 하면 루버형, 하면 확산형, 반사형 등이 있다.

③ 코브(cove) 조명 방식 : 간접 조명에 속하며 코브의 벽이나 천장면에 플라스틱, 목재 등을 이용하여 광원을 감추고, 그 반사광으로 채광하는 조명 방식이다.

④ 코니스(cornice) 조명 방식 : 천장과 벽면의 경계 구역에 건축적으로 턱을 만들어 그 내부에 조명 기구를 설치하여 아래 방향의 벽면을 조명하는 방식이다.

(4) 광원의 종류와 용도

표 3-47 광원의 종류와 용도

종 류		크기[W]	특 징	적합 장소
전구	일반 조명 전구	10~200	염가, 취급 간단	국부 조명, 보안용
	반사용 전구	40~500	취급 간단, 고광도	국부 조명, 먼지 많은 곳
	열선 차단형 빈 전구	75~150	열선이 적으므로, 고조도에서도 뜨겁지 않다.	국부 조명
	할로겐 전구	100~1500	소형, 고효율	전반, 국부 조명
형광등	형광등	4~40	고효율, 저휘도, 긴 수명	전반(저천장), 국부 조명
	고연색 형광등	20~40	연색성(Ra 92) 좋고, 고효율	연색성이 중시되는 공장
	고출력 형광등	60~110	고효율, 긴 수명, 내진성	전반(중천장)
	초고출력 형광등	110~220	연색성(Ra 63)	
형광 수은등		40~2000	고효율, 소형으로 광속이 크고 수명이 길다. 연색성(Ra 44)	전반(중 · 고천장)
메탈 할라이드등		250~2000	고효율, 연색성(Ra 68), 소형이고 광속이 크다.	전반(중 · 고천장)
고연색 메탈 할라이드등		125~400	고효율, 고연색성(Ra 92) 플리커 없음	연색성을 중시하는 공장, 고회전 운전 공장
고압 나트륨등		70~1000	고효율, 소형이고 과속이 크다.	연색성을 고려하지 않는 공장

(5) 조명의 계산

① 광속 보존의 법칙에 의하여, 다음 식으로 소요되는 총 광속을 구한다.

$$F_0 = \frac{AED}{U} = \frac{AE}{UM}\ [\mathrm{lm}]$$

$$N = \frac{F_0}{F} = \frac{AED}{FU}\ [\text{개}]$$

여기서, F_0 : 총 광속[lm], A : 실내의 면적[m^2], E : 평균 조도[lx], D : 감광 보상률
M : 보수율, U : 조명률, N : 광원의 등수, F : 등 1개의 광속[lm]

② 실지수$(K) = \dfrac{XY}{H(X+Y)}$

여기서, X : 실의 가로 길이[m], Y : 실의 세로 길이[m], H : 작업면에서 광원까지의 높이[m]

(6) 조명 기구의 배치

① 광원의 높이

직접 조명의 경우 : $H = \frac{2}{3} H_0$ [m]

간접 조명의 경우 : $H = \frac{4}{5} H_0$ [m]

여기서, H_0 : 작업면에서 천장까지의 높이 [m]

② 광원의 간격 : 광원 상호 간의 간격을 S, 벽과 광원 사이의 간격을 S_0라 할 때 광원의 간격을 나타낸 것이다.

$S \leqq 1.5\,H$

$S_0 \leqq \frac{H}{2}$ (벽측을 사용하지 않을 때)

$S_0 \leqq \frac{H}{3}$ (벽측을 사용할 때)

③ 조명 기구의 높이 H는 직접 조명 천장의 높이가 3 m 정도이면 기구를 천장에 직접 붙이고, 높이가 5 m 정도이면 작업면에서 천장까지 높이의 $\frac{2}{3}$정도로 하는 것이 좋다.

1-2 조명 설비 시설

(1) 코드·전구선 및 이동전선

① 코드는 전구선 및 이동선전으로만 사용할 수 있으며, 고정 배선으로는 사용해서는 안 된다.

② 코드는 사용 전압 400 V 이상의 전로에 사용해서는 안 된다.

③ 전구선 또는 이동전선은 단면적 0.75 mm^2 이상의 코드 또는 캡타이어 케이블을 용도에 따라 선정해야 한다.

(2) 점멸기 시설·3로 또는 4로 점멸기 (내선규정 3310-13 참조)

① 매입형 점멸기는 금속제 또는 난연성 절연물로 된 박스에 넣어 시설할 것

② 가정용 전등은 매 전등 기구마다 점멸이 가능하도록 할 것

③ 욕실 내에는 점멸기를 시설하지 말 것

④ 조명용 백열전구를 설치할 때 다음 각호에 의하여 타임 스위치를 시설할 것

㈎ 숙박업에 이용되는 객실의 입구등은 1분 이내에 소등

㈏ 일반 주택 및 아파트 각 호실의 형광등은 3분 이내에 소등

⑤ 3로 또는 4로 점멸기를 사용하여 2개소 이상의 장소에 전등을 점멸할 경우는 전로의 전압 측에 각각의 점멸기를 설치하는 것을 원칙으로 한다.

(가) N 개소 점멸을 위한 스위치의 소요

$$N = (2\text{개의 3로 스위치}) + [(N-2)\text{개의 4로 스위치}] = 2S_3 + (N-2)S_4$$

- $N=2$일 때 : 2개의 3로 스위치
- $N=3$일 때 : 2개의 3로 스위치 + 1개의 4로 스위치
- $N=4$일 때 : 2개의 3로 스위치 + 2개의 4로 스위치

(나) 전등 점멸을 위한 구성

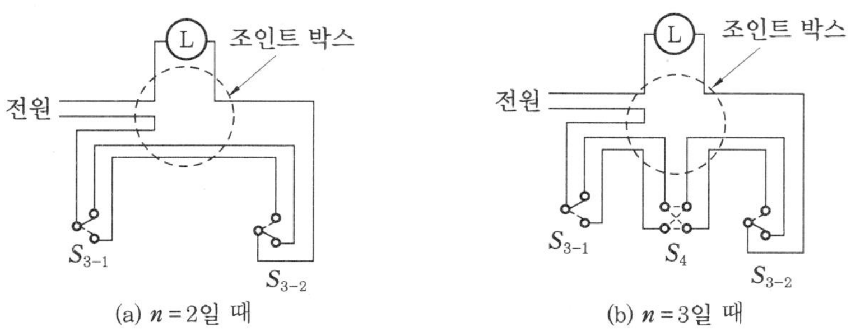

그림 3-12 실체 배선도

(3) 테이블 탭 · 분기 소켓

① 테이블 탭은 15 A 분기회로 또는 20 A 배선용 차단기 분기회로에 한하여 사용할 것

② 테이블 탭에는 단면적 1.5 mm^2 이상의 코드를 사용하고 플러그를 부속시킬 것

　㈜ 코드의 길이는 3 m 이하일 것

③ 옥내 배선과의 접속은 콘센트로 할 것

④ 분기 소켓은 15 A 분기회로 또는 20 A 배선용 차단기 분기회로에 한하여 사용할 것

⑤ 분기 소켓의 구수는 3구 이하일 것

(4) 진열장 또는 유사한 것의 내부 배선

건조한 장소에 시설하고 또한 내부를 건조한 상태로 사용하는 진열장 또는 이와 유사한 것의 내부에 사용 전압이 400 V 미만의 배선을 외부에서 잘 보이는 장소에 한하여 코드 또는 캡타이어 케이블로 직접 조영재에 밀착하여 배선할 수 있다.

① 전선은 단면적 0.75 mm^2 이상의 코드 또는 캡타이어 케이블일 것

② 전선은 피복이 손상되지 않도록 접촉하는 부분에 비닐, 파이버 등을 붙인 스테이플을 사용하여 조영재에 부착할 것

③ 전선의 부착점 간의 거리는 1 m 이하로 하고 배선에는 전구 또는 기구의 중량을 지지하지 않도록 할 것

④ 전선이 조영재를 관통할 경우는 그 부분에 테두리 애관 등을 사용할 것

⑤ 전선에는 분기점을 만들지 말 것

(5) 공장 내 등에서 대지 전압이 150 V를 초과하고 300 V 이하의 전로에 백열전등을 시설

① 백열전등은 사람이 접촉될 우려가 없도록 시설할 것
② 백열전등은 옥내배선과 직접 접속하여 시설할 것
③ 백열전등의 소켓은 키 및 점멸 기구가 없는 것을 사용할 것
④ 백열전등 회로에는 누전 차단기를 설치할 것

(6) 전주 외등 (내선규정 3330 참조)

대지 전압 300 V 이하의 백열전등, 형광등, 수은등 등을 배전 선로의 지지물 등에 시설

① 조명 기구 및 부착 금구

(가) 기구는 광원(光源)의 손상을 방지하기 위하여 원칙적으로 갓 또는 글로브가 붙은 것일 것

(나) 기구는 부착 상태에서 연직선(鉛直線)으로부터 45도까지의 경사 위로부터 빗물을 맞아도 지장이 없는 것일 것

(다) 기구는 전구를 쉽게 갈아 끼울 수 있는 구조일 것

(라) 기구의 인출선은 도체 단면적이 0.75 mm^2 이상일 것

(마) 중량은 부속 금구류를 포함하여 100 kg 이하일 것

② 기구의 시설

(가) 기구의 부착 높이는 하단에서 지표상 4.5 m 이상으로 할 것. 다만, 교통에 지장이 없는 경우는 지표상 3.0 m 이상으로 할 수 있다.

(나) 백열전등 및 형광등에 있어서는 기구를 전주에 부착한 점으로부터 돌출되는 수평거리를 1 m 이내로 할 것

표 3-48 기구와 전주상의 시설물과 최소 이격 거리

전주상의 지지물		최소 이격 거리[m]
저압 전선		0.6
기기		0.6
통신설비	나전선	0.6
	절연 전선	0.3
	단자함, 인류 금구	0.1
발판 볼트		0.15

③ 배선 및 공사 방법

(가) 배선은 단면적 2.5 mm^2 이상의 절연 전선

(나) 케이블 배선, 금속관 배선, 합성수지관 배선

(7) 전광사인

① 백열전등을 사용하는 전광사인에 전기를 공급하는 전로의 사용 전압은 대지 전압을 300 V 이하로 할 것

② 배선은 단면적 1.5 mm^2 이상의 절연 전선 (DV선 제외)을 사용할 것

③ 공사 방법은 금속관, 합성수지관, 2종 금속제 가요 전선관, 전광 사이용 덕트 배선 또는 케이블 배선 중에서 시설할 것

(8) 출퇴 표시등

① 출퇴 표시등 회로에 전기를 공급하기 위한 절연 변압기

㈎ 1차측 전로의 대지 전압은 300 V 이하일 것

㈏ 2차측 전로는 60 V 이하일 것

② 전선은 단면적 0.75 mm^2 이상의 코드, 캡타이어 케이블, 규격에 맞는 절연 전선 및 케이블, 통신용 케이블일 것

(9) 수중 조명등 (내선규정 3365 참조)

① 수영장 기타 이와 유사한 장소에 전기를 공급하는 절연 변압기

㈎ 절연 변압기의 1차측 전로의 사용 전압은 400 V 미만, 2차측은 150 V 이하일 것

㈏ 절연 변압기의 2차측은 접지하지 말 것

㈐ 절연 변압기의 2차측 전로에는 개폐기 및 과전류 차단기를 각 극에 시설할 것

② 이동 전선 : 접속점이 없는 단면적 2.5 mm^2 이상의 0.6/1 kV EP 고무 절연 클로로프렌 캡타이어 케이블일 것

③ 접지

㈎ 접지

- 1, 2차 권선 사이에 금속제의 혼촉 방지판을 설치하고, 이에 제1종 접지 공사를 할 것

㈏ 접지선은 사람이 접촉될 우려가 없는 장소에 시설할 경우

- 450/750 V 일반용 단심 비닐 절연 전선, 캡타이어 케이블 또는 케이블이어야 한다.

㈐ 개폐기, 과전류 차단기, 누전 차단기

- 외함에는 특별 제3종 접지 공사를 할 것

㈑ 접지선 굵기

- 단면적 6 mm^2 이상으로 한다 (단, 금속관의 접지부싱에 접속 시 4.0 mm^2 이상으로 할 수 있다).

④ 누전 차단기 설치 : 접지 변압기의 2차측 전로의 사용 전압이 30 V를 초과하는 경우에는 누전 차단기를 설치할 것

(10) 교통 신호등

① 제어 장치의 2차측 배선의 최대 사용 전압은 300 V 이하

② 가공 전선의 지표상 높이

(가) 도로횡단 : 6 m 이상 (나) 철도 및 궤도 : 6.5 m 이상

③ 교통 신호등의 인하선

(가) 전선의 지표상 높이 : 2.5 m 이상

(나) 전선은 케이블인 경우 이외에는 단면적 2.5 mm^2 이상의 450/750 V 일반용 단심 비닐 절연 전선 또는 450/750 V 내열성 에틸렌 아세테이트 고무 절연 전선일 것

④ 개폐기는 지표상 1.8 m 이상의 높이에 시설할 것

⑤ 신호등 회로의 사용 전압이 150 V를 초과하는 경우에는 누전 차단기를 설치할 것

1-3 배선 설계

(1) 부하의 상정(想定) (내선규정 3315-1 참조)

① 건물의 종류에 따른 표준 부하

표 3-49 표준 부하

건축물의 종류	표준 부하[VA/m^2]
공장, 공회당, 사원, 교회, 극장, 연회장	10
기숙사, 여관, 호텔, 병원, 학교, 음식점, 다방, 대중목욕탕	20
주택, 아파트, 사무실, 은행, 상점, 이용소, 미장원	30

[비고] 1. 건축물이 음식점과 주택 부분의 2종류로 될 때에는 각각 그에 따른 표준 부하를 사용할 것
2. 학교와 같이 건축물의 일부분이 사용되는 경우는 그 부분만을 적용한다.

② 건축물(주택, 아파트를 제외) 중 별도 계산할 부분의 표준 부하

표 3-50 부분적인 표준 부하

건축물의 종류	표준 부하[VA/m^2]
복도, 계단, 세면장, 창고, 다락	5
강당, 관람석	10

③ 표준 부하에 따라 산출한 값에 가산하여야 할 VA 수

(가) 주택, 아파트(1세대마다)에 대하여는 500~1,000 VA

(나) 상점의 진열장에 대하여는 진열장 폭 1 m에 대하여 300 VA

(다) 옥외의 광고등, 전광사인, 네온사인 등의 VA 수

(라) 극장, 댄스홀 등의 무대조명, 영화관 등의 특수 전등 부하의 VA 수

④ 설비 부하 용량은 ① 및 ②에 표시하는 건축물의 종류 및 그 부분에 해당하는 표준 부하에 바닥 면적을 곱한 값에, ③에 표시하는 건축물 등에 대응하는 표준 부하(VA)를 더한 값으로 할 것

표 3-51 수구의 종류에 의한 예상 부하

수구의 종류	예상 부하[VA/개]
소형 전등수구, 콘센트	150
대형 전등수구	300

[비고] 1. 콘센트는 1구이든 2구이든 몇 개의 구로 되어있더라도 1개로 본다.
2. 전등수구의 종류는 다음과 같다.
① 소형 : 공칭지름이 26 mm의 베이스인 것
② 대형 : 공칭지름이 39 mm의 베이스인 것

(2) 분기회로의 종류

표 3-52 분기회로의 종류

분기회로의 종류	분기과전류차단기의 정격 전류
15 A 분기회로	15 A
20 A 배선용 차단기 분기회로	20 A(배선용 차단기에 한한다.)
20 A 분기회로	20 A(퓨즈에 한한다.)
30 A 분기회로	30 A
40 A 분기회로	40 A
50 A 분기회로	50 A
50 A를 초과하는 분기회로	배선의 허용전류 이하

(3) 분기 회로의 수 (내선규정 3315-2 참조)

① 사용 전압 220 V의 15 A, 20(배선용 차단기에 한한다) 분기회로 수는 부하의 상정에 따라 상정한 설비 부하 용량 3300 VA로 나눈 값을 원칙으로 한다.

② 이 경우 계산 결과에 단수(端數)가 생겼을 때에는 절상한다.

㊟ 1. 대형 전기 기계 기구에 대하여는 별도로 전용 분기 회로를 만들 것
2. 시설자의 희망 또는 특수한 건축물 등으로 표준부하에 의하지 않고 부하를 상정하였을 경우에는 1회로의 부하를 2,600 VA(사용 전압이 220 V급인 경우) 이하로 하여 회로수를 결정하는 것이 바람직하다.

(4) 간선의 수용률 · 일반 주택의 간선 굵기

① 전등 및 소형 전기 기계 기구의 용량 합계가 10 kVA를 초과하는 것은 그 초과용량에 대하여 수용률을 적용할 수 있다.

표 3-53 간선의 수용률

건축물의 종류	수용률[%]
주택, 기숙사, 여관, 호텔, 병원, 창고	50
학교, 사무실, 은행	70

[비고] 상기 표에 의하여 계산한 여관인 경우의 예를 들면 다음과 같다.
전등 및 소형 전기 기계 기구 30 kVA
대형 전기 기계 기구 5 kVA
적용 수용률 30 %
최대 사용 부하 = (30 kVA − 10 kVA) × 0.5 + 10 kVA + 5 kVA = 25 kVA

② 일반주택의 간선 굵기

표 3-54

분기 회로수	동 전선의 최소 굵기[mm²]	
	단상 2선식 110 V	단상 2선식 220 V
2 이하	6	4
3	10	6
4	16	6
5 또는 6	−	10

[비고] 1. 이 표는 15 A 분기 회로 또는 20 A 배선용 차단기 분기 회로만을 대상으로 하고 있다.
2. 단상 220 V, 440 V의 경우 사용 전압은 220 V에 한한다.

예·상·문·제

1. 조명 설비

1. 조명 방식 중 원하는 곳에서 원하는 방향으로 조도를 줄 수 있으며, 불필요한 장소는 소등할 수 있어 필요한 만큼의 조도를 가장 경제적으로 얻을 수 있는 특징을 갖는 조명 방식은? [10]

㉮ 국부 조명 방식
㉯ 전반 조명 방식
㉰ 간접 조명 방식
㉱ 직접 전반 조명 방식

2. 반사 갓을 사용하여 90~100 % 정도의 빛이 아래로 향하고, 10 % 정도가 위로 향하는 방식으로 빛의 손실이 적고, 효율은 높지만, 천장이 어두워지고 강한 그늘이 생기며 눈부심이 생기기 쉬운 조명 방식은? [12]

㉮ 직접 조명 ㉯ 반직접 조명
㉰ 전반 확산 조명 ㉱ 반간접 조명

해설 본문 표 3-45 조명 기구의 배광 참조

3. 조명 기구의 배광에 의한 분류 중 40~60 % 정도의 빛이 위쪽과 아래쪽으로 고루 향하고 가장 일반적인 용도를 가지고 있으며, 상하 좌우로 빛이 모두 나오므로 부드러운 조명이 되는 방식은?

㉮ 직접 조명 방식
㉯ 반직접 조명 방식
㉰ 전반 확산 조명 방식
㉱ 반간접 조명 방식

4. 천장에 작은 구멍을 뚫어 그 속에 등기구를 매입시키는 방식으로 건축의 공간을 유효하게 하는 조명 방식은?

㉮ 코브 방식
㉯ 코퍼 방식
㉰ 밸런스 방식
㉱ 다운라이트 방식

해설 본문 표 3-46 건축화 조명 참조

5. 안개가 많은 장소나 터널 등의 조명에 적당한 것은?

㉮ 백열전구 ㉯ 나트륨등
㉰ 수은등 ㉱ 형광 방전등

해설 나트륨등(natrium lamp)
① 100~160 lm/W 정도로 효율이 매우 높으며, 물체의 형체를 정확히 식별할 수 있다.
② 안개나 연기가 있는 곳에서도 투시성이 우수하며 도로 조명, 특히 터널이나 안개 지역의 조명에 적합하다.

6. 최근에 백화점이나 고급 의상실 등에서 많이 사용되는 삼파장 형광 램프는 파장폭이 좋은 3가지 색의 빛을 조합하여 효율이 높은 백색 빛을 얻는 램프인데 이 3가지에 포함되지 않은 색은? [06]

㉮ 청색 ㉯ 녹색
㉰ 적색 ㉱ 황색

해설 3파장 형광 램프 : 사람의 눈에 가장 자연스러운 ① 청색 ② 녹색 ③ 적색이다.
참고 3파장대 형광 물질로는 히토류 분말을 사용한다.

7. 실지수가 높을수록 조명률이 높아진다.

정답 1. ㉮ 2. ㉮ 3. ㉰ 4. ㉱ 5. ㉯ 6. ㉱ 7. ㉯

방의 크기가 가로 9 m, 세로 6 m이고, 광원의 높이는 작업면에서 3 m인 경우 이 방의 실지수(방지수)는? [11]

㉮ 0.2 ㉯ 1.2 ㉰ 18 ㉱ 27

해설 실지수 (room index)

$$k=\frac{X \cdot Y}{H(X+Y)}=\frac{9\times 6}{3\times(9+6)}=1.2$$

8. 가로 9 m, 세로 6 m, 방바닥에서 천장까지의 높이가 3.85 m인 방에서 조명 기구를 천장에 직접 부착하고자 한다. 이 방의 실지수는?(단, 작업면은 방바닥에서 0.85 m이다.) [10]

㉮ 1.2 ㉯ 2.49 ㉰ 9.8 ㉱ 16.9

해설 $k=\frac{X \cdot Y}{H(X+Y)}$

$$=\frac{9\times 6}{(3.85-0.85)\times(9+6)}=1.2$$

9. 바닥 면적이 12 m^{2}인 방에 40 W 형광등 2등(1등당의 전광속은 3000 lm)을 점등하였을 때 바닥면에서의 광속의 이용도(조명률)를 60%라 하면 바닥면의 평균 조도는 몇 lx인가?(단, 감광 보상률은 1로 본다.)

㉮ 150 ㉯ 200 ㉰ 250 ㉱ 300

해설 $E=\frac{FUN}{AD}$

$$=\frac{3000\times 0.6\times 2}{12\times 1}=300 \text{ lx}$$

10. 평균 조도 300 lx의 전반 조명을 한 144 m^{2}의 방이 있다. 조명 기구 1대당 4600 lm, 조명률 0.5, 감광 보상률 1.25로 되어 있을 때 조명 기구당 소비 전력을 80 W로 할 경우, 이 방에서 24시간 연속 점등을 한다면 소비 전력(kWh)은 얼마인가?

㉮ 46 ㉯ 52 ㉰ 66 ㉱ 72

해설 전등수

$$N=\frac{EAD}{FU}=\frac{300\times 144\times 1.25}{4600\times 0.5}$$

$=23.47 \rightarrow 24$등 선정

∴ 소비 전력량 $W=P \cdot t$

$$=80\times 24\times 24\times 10^{-3}$$

$$=46.08 \fallingdotseq 46 \text{ kWh}$$

11. 폭 20 m 도로의 양쪽에 간격 10 m를 두고 대칭 배열(맞보기 배열)로 가로등이 점등되어 있다. 한 등당의 전광속이 4000 lm, 조명률 45 %일 때 도로의 평균 조도는? [11]

㉮ 9 lx ㉯ 17 lx ㉰ 18 lx ㉱ 19 lx

해설 $E=\frac{FU}{A}=\frac{4000\times 0.45}{20\times 10\times \frac{1}{2}}=18 \text{ lx}$

여기서,

피조면의 면적 : $A=$도로폭$\times$등간격$\times\frac{1}{2}$

$$=b \cdot s \cdot \frac{1}{2}[\text{m}^2]$$

참고 도로 조명 계산

① 중앙 또는 편측 배열

피조면의 면적 $A=b \cdot s[\text{m}^2]$

② 양측 대칭 또는 지그재그 배열

$A=\frac{1}{2}b \cdot s[\text{m}^2]$

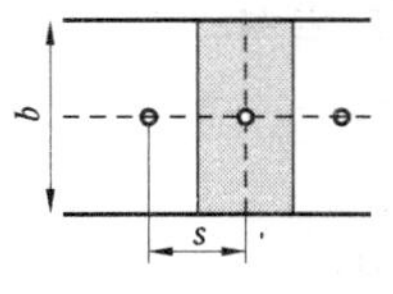

중앙 배열

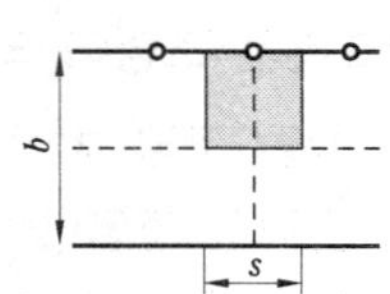

지그재그 배열

12. 작업 면에서 천장까지의 높이가 3 m

정답 8. ㉮ 9. ㉱ 10. ㉮ 11. ㉰ 12. ㉯

일 때 직접 조명일 경우의 광원의 높이는 몇 m인가?

㉮ 1 ㉯ 2 ㉰ 3 ㉱ 4

해설 직접 조명의 경우 광원의 높이는 작업면에서 $\frac{2}{3}H_0$ [m]로 한다.

∴ 광원 높이 $= \frac{2}{3}H_0 = \frac{2}{3} \times 3 = 2$ m

13. 가로등, 경기장, 공장, 아파트 단지 등의 일반 조명을 위하여 시설하는 고압 방전등의 효율은 몇 lm/W 이상의 것이어야 하는가?

㉮ 3 lm/W ㉯ 5 lm/W
㉰ 70 lm/W ㉱ 120 lm/W

해설 전기 설비 판단기준 제177조 [점멸 장치와 타임 스위치 등의 시설]

① 가로등, 경기장, 공장, 아파트 단지 등의 일반 조명을 위하여 시설하는 고압 방전등은 그 효율이 70 lm/W 이상의 것이어야 한다.

14. 조명용 전등에 일반적으로 타임 스위치를 시설하는 곳은?

㉮ 병원 ㉯ 은행
㉰ 아파트 현관 ㉱ 공장

해설 점멸 장치와 타임 스위치 등의 시설(판단기준 제177조) : 조명용 백열전등을 설치할 때는 다음 각호에 의하여 타임 스위치를 시설해야 한다.

① 관광 진흥법과 공중 위생법에 의한 관광숙박업 또는 숙박업(여인숙업을 제외한다)에 이용되는 객실의 입구등은 1분 이내에 소등되는 것일 것

② 일반주택 및 아파트 각 호실의 현관등은 3분 이내에 소등되는 것일 것

15. 4개소에서 1개의 전등을 자유롭게 점등, 점멸할 수 있도록 하기 위해 배선하고자 할 때 필요한 스위치의 수는? (단, SW_3은 3로 스위치, SW_4는 4로 스위치이다.)

㉮ SW_3 4개
㉯ SW_3 1개, SW_4 3개
㉰ SW_3 2개, SW_4 2개
㉱ SW_4 4개

해설 $N = 2SW_3 + (N-2)SW_4$

$4 = 2SW_3 + (4-2)SW_4$

$4 = 2SW_3 + 2SW_4$

∴ 4개소일 때는 SW_3 2개와 SW_4 2개가 필요하게 된다.

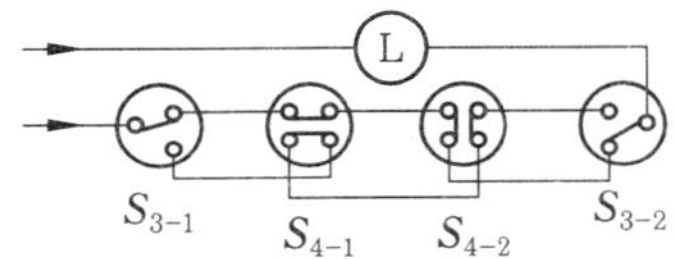

4개소에서의 전등 점멸

16. 진열장 안에 400 V 미만인 저압 옥내배선 시 외부에서 보기 쉬운 곳에 사용하는 전선은 단면적이 몇 mm² 이상의 코드 또는 캡타이어 케이블이어야 하는가?

㉮ 0.75 mm² ㉯ 1.25 mm²
㉰ 2 mm² ㉱ 3.5 mm²

17. 대지 전압 300 V 이하의 전주 외등 시설 시, 기구의 부착 높이는 하단에서 지표상 몇 m 이상으로 해야 하는가?

㉮ 1.8 ㉯ 2.3 ㉰ 3.5 ㉱ 4.5

18. 출퇴 표시등 회로에 전기를 공급하기 위한 절연 변압기의 2차측 전로는 몇 V 이하여야 하는가?

㉮ 200 ㉯ 100 ㉰ 80 ㉱ 60

정답 13. ㉰ 14. ㉰ 15. ㉰ 16. ㉮ 17. ㉱ 18. ㉱

19. **교통 신호등의 시설 기준으로 틀린 것은 어느 것인가?** [10]

㉮ 교통 신호등 회로의 사용 전압 300 V 이하여야 한다.

㉯ 전선을 매다는 급속선에는 지지점 또는 이에 근접하는 곳에 애자를 삽입한다.

㉰ 교통 신호등 제어 장치의 전원측에는 전용개폐기 및 과전류 차단기를 각 극에 시설한다.

㉱ 신호등회로 인하선의 전선은 지표상 3.5 m 이상이 되도록 한다.

해설 교통 신호등 회로의 인하선은 지표상의 높이가 2.5 m 이상일 것

20. **기숙사, 여관, 병원의 표준 부하는 몇 VA/m^2으로 상정하는가?** [07]

㉮ 10 ㉯ 20 ㉰ 30 ㉱ 40

해설 본문 표 3-49 표준 부하 참조

21. **아파트, 주택, 사무실, 은행, 상점, 미용원 등의 건축물 종류에서 표준 부하(VA/m^2) 값은 얼마로 규정하고 있는가?** [08]

㉮ 5 ㉯ 10

㉰ 20 ㉱ 30

22. **학교, 사무실, 은행 등의 옥내배선 설계에서 간선의 굵기를 선정할 때, 등 및 소형 전기 기계 기구의 용량 합계가 10 kVA를 넘는 것에 대한 수용률은 내선규정에서 몇 %를 적용하도록 규정하고 있는가?** [06, 08, 11]

㉮ 40 ㉯ 50

㉰ 60 ㉱ 70

해설 본문 표 3-53 간선의 수용률 참조

23. **관등회로에 대한 설명으로 옳은 것은 어느 것인가?** [06]

㉮ 방전등용 안정기로부터 방전관까지의 전로

㉯ 전선 지지점의 거리가 2 m 이하인 전로

㉰ 전선 상호 간의 간격이 0.8 m 이상인 전로

㉱ 금속관 공사로서 콘크리트에 매설하는 깊이가 0.2 m 이상인 전로

정답 19. ㉱ 20. ㉯ 21. ㉱ 22. ㉱ 23. ㉮

2. 동력 설비 · 특수 설비 · 적산과 품셈

■ 동력 설비

- 빌딩, 공장, 사무실 등의 건물에 설치되는 공기 조화용의 팬, 선풍기, 냉동기, 냉온수 펌프 등
- 건축 부대 시설의 엘리베이터, 에스컬레이터 등의 전동기를 필요로 하는 곳에 전력을 공급하는 배선, 감시 설비, 제어 설비 등

2-1 동력 설비의 종류·동력 설비용 전동기 선정

(1) 동력 설비의 종류

표 3-55 동력 설비 부하의 종류

분 류	항 목	부하의 종류
용도별	급배수 소화 동력	급 · 배수펌프, 양수펌프, 소화펌프, 스프링쿨러 펌프 등
	공기 조화용 동력	냉동기, 냉각수 펌프, 쿨링 타워 팬, 공기 조화기 팬, 급 · 배기팬, 방열 팬 등
	건축 부대 동력	엘리베이터, 에스컬레이터, 카 리프트, 턴테이블, 셔터 등
	주방용 동력	고속믹서, 케이크 오븐, 냉동기, 냉장고, 에어컨
	통신 기기용 동력	인버터, 직류 발전기
	기타	공장 동력(크레인 등 각종 동력 설비), 의료용 동력(X-선, 전기 연료 등), 사무기기용(컴퓨터 등의 전원 설비)
운전 기간별	상시 부하	급 · 배수 소화용 동력, 건축 부대 동력, 공조 동력용 환풍기, 급 · 배기팬 등 사무 기계용 동력, 의료용 동력 등
	하기 동력 부하	냉동기, 냉동 펌프, 냉동수 펌프, 쿨링타워 팬 등. 단, 이 부하들도 하기 이외에 운전할 수 있다.
비상 부하별	상용 시 부하	비상 시 부하 이외의 부하
	비상 시 부하	배연 팬, 소화펌프, 비상 엘리베이터, 배수펌프, 용수펌프 등

(2) 동력설비용 전동기 선정

① 전동기 선정을 위한 일반적인 사항

(가) 부하의 토크-속도 특성에 적당할 것

(나) 용도에 알맞은 기계적 형식일 것

(다) 운전 형식에 적당한 정격 및 냉각 방식일 것

(라) 사용 장소의 상황에 알맞은 보호 방식일 것

② 전동기의 소요 동력

(가) 기중기

$$P = \frac{Wv}{6.12\eta}[\text{kW}]$$

여기서, W : 권상하중 [t], v : 권상 속도 [m/min], η : 효율 (0.6～0.8)

(나) 엘리베이터 (elevator)

$$P = \frac{FWv}{6120\eta}[\text{kW}]$$

여기서, W : 적재하중[kg], v : 승강 속도 [m/min], η : 효율
F : 평형추의 평형률 (0.4～0.6)

(다) 에스컬레이터 (escalator)

$$P = \frac{H}{\eta}\left(\frac{270\sqrt{3}}{6120 \cdot 2}sv + p\right)[\text{kW}]$$

여기서, H : 양정[m], η : 구동기의 효율 (0.7～0.8), s : 디딤판 폭, v : 디딤판 속도
P : 양정 1[cm] 당의 무부하 운전 동력

(라) 송풍기

$$P = \frac{kQH}{6120\eta}[\text{kW}]$$

여기서, Q : 송풍기의 풍량 [m^3/min], H : 풍압 [mmAq], η : 송풍기의 효율
k : 여유도 (1.1～1.3)

(마) 펌프 (pump)

$$P = k\frac{Qh}{6.12\eta}[\text{kW}]$$

여기서, k : 여유 계수로 (1.1~1.2), h : 총 양정 [m], Q : 양수량 [m^3/min]
η : 펌프의 효율

(바) 냉동기

$$P_e = \frac{Q}{860\epsilon_r\eta_c\eta_m}[\text{kW}]$$

여기서, Q : 냉동부하 [Kcal/h], η_c : 압축 효율, η_m : 기계 효율,
ϵ_r : 냉동기의 성적계수

③ 교류 엘리베이터 구동용 유도 전동기의 속도 제어 방식

표 3-56

속도 제어 방식	적용 속도 m/min	특 성
교류 1단	30 이하의 저속용	• 3상 교류의 단속도 전동기에 전원을 공급하는 것으로 기동과 정속 운전 • 정지는 전원을 차단한 후, 제동기에 의해 기계적 브레이크를 거는 방식 • 기계적인 브레이크로 감속하기 때문에 착상이 불량-착상 오차가 큼
교류 2단	30 ~ 60 화물용	• 착상 오차를 감소시키기 위해 2단 속도 전동기 사용 • 기동과 주행은 고속권선으로 행하고 감속 시는 저속권선으로 감속하여 착상하는 방식
교류 궤환 제어	45 ~ 105 승용	• 카의 실속도와 지령 속도를 비교하여 사이리스터(thyristor)의 점호각을 바꿔, 유도 전동기의 속도를 제어하는 방식 • 감속 시에는 모터에 직류를 흐르게 하여 제동 토크를 발생
VVVF	전 속도 범위 적용	• 인버터(inverter) 제어-소비 전력 절감 • 유도 전동기에 인가되는 전압과 주파수를 동시에 변환시켜 직류 전동기와 동등한 제어 성능을 얻을 수 있는 방식

㈜ VVVF(variable voltage variable frequency : 가변 전압 가변 주파수)

(3) 릴레이 시퀀스(relay sequence) 회로의 스위치 및 개폐 접점

표 3-57 스위치의 종류 · 기호

명 칭	기 호	설 명
누름 버튼 스위치	(a) (b) 	수동 조작 자동 복귀형 빨간색 : 기동, 녹색 : 정지
유지형 스위치	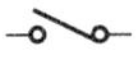	한번 조작하면 다음 조작이 있을 때까지 그 상태를 계속 유지한다.
토글 스위치 (toggle switch)		핸들 조작에 의해 회로를 개폐하는 유지형 스위치로 소용량의 전원 스위치로 사용한다.
실렉터 스위치 (selector switch)	(a) (b) 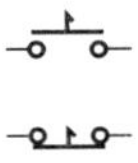	조작을 가하면 반대 조작이 있을 때까지 조작 접점 상태를 유지하는 유지형 스위치로서 운전 · 정지, 자동 · 수동, 연동 · 단동 등과 같이 조작 방법의 절환 스위치로 사용한다.
비상 스위치	(a) (b) 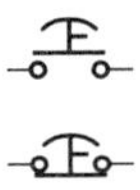	기기의 운전이나 기기의 작동 중 급작스런 이상이 발생할 때 수동으로 회로를 차단하는 스위치이다.

표 3-58 스위치의 종류·기호

명 칭	기 호	설 명
액면 스위치 (float switch)	(a) FLTS (b) FLTS	액면의 높이를 플로트로 검출하는 플로트 방식과 전극 간의 저항의 변화를 검출하는 전극식이 있다. 약자로 FLTS를 쓴다.
리밋 스위치	(a) (b)	보통 한계점 스위치라고도 하며, 물체의 위치 검출에 주로 사용한다.
근접 스위치 (proximity switch)	(a) PXS (b) PXS	무접점 스위치로 물체의 유무 및 위치 검출에 많이 쓰인다. PXS로 쓴다.

(4) 자동 스위치(automatic switch)

전동기, 전열 기구 등의 기동과 정지를 자동적으로 개폐하는 것은 마그넷 스위치와 자동 스위치를 조합하여 이루어진다.

① 부동 스위치(float switch) : 물탱크의 물의 양에 따라 동작하는 자동 스위치이다.

② 압력 스위치(pressure switch) : 액체 또는 기체의 압력이 높고 낮음에 따라 자동 조절되는 것으로 공기 압축기(air compressor), 가스 탱크, 기름 탱크 등의 펌프용 전동기에 쓰인다.

③ 수은 스위치(mercury switch) : 유리구에 봉입한 수은이 유리구의 기울어짐에 따라 접점이 자동적으로 바뀌는 스위치로 생산 공장 작업의 자동화, 바이메탈과 조합하여 실내 난방 장치의 자동 온도 조절에도 사용된다.

④ 타임 스위치(time switch) : 시계 장치와 조합하여 자동 개폐하는 스위치로 외등, 가로등, 전기사인등의 점멸에 사용하면 정확하고 편리하다.

2-2 특수 설비

(1) 전기 울타리 (내선규정 4110 참조)

① 시설 제한 : 전기 울타리는 목장·논밭 등 옥외에서 가축의 탈출 또는 야수의 침입을 방지하기 위하여 시설하는 경우를 제외하고는 시설해서는 안 된다.

② 전원 장치에 공급하는 전로의 사용 전압 : 150 V 이하

③ 전선 : 인장강도 1.38 kN 이상의 것 또는 지름 2 mm 이상의 경동선일 것

④ 전선과 기타 시설물 또는 수목과의 이격 거리 : 30 cm 이상

⑤ 접지 : 전원 장치 외함 및 변압기 철심은 제3종 접지 공사를 할 것

(2) 전기 욕조 (내선규정 4115 참조)

① 사용 전압 : 대지 전압 300 V 이하

② 전원 장치

㈎ 전원 변압기의 2차측 전압이 10 V 이하일 것

㈏ 1차측 전로는 개폐기 및 정격 전류 1 A 이하의 과전류 차단기를 각 극에 시설할 것

㈐ 금속제 외함 및 금속관은 제3종 접지 공사를 할 것

③ 2차측 배선

㈎ 단면적 : 2.5 mm^2 이상의 절연 전선

㈏ 단면적 : 1.5 mm^2 이상의 캡타이어 케이블

④ 욕조 내의 전극 간의 이격 거리는 1 m 이상으로 할 것

⑤ 배선과 대지 및 전선 상호간 절연 저항은 0.1 MΩ 이상일 것

(3) 전기 온돌 · 표피 전류 가열 장치 (내선규정 4140 참조)

① 사용 전압 : 대지 전압 300 V 이하

② 전기온돌의 발열선은 MI 케이블이 사용된다.

③ 표피 전류 가열 장치의 시설 장소는 도로 또는 옥외 주차장일 것

• 발열관, 발열선의 온도 : 120℃를 넘지 않도록 시설할 것

④ 개폐기 및 과전류 차단기 시설 : 지표상 1.8 m 이상

⑤ 접지 공사

㈎ 400 V 미만의 경우 : 제3종

㈏ 400 V 이상의 경우 : 특별 제3종

(4) 저압 옥외 조명 시설

① 사용 전압 : 대지 전압 300 V 이하

② 가공 배선(가공 케이블은 제외)

㈎ 도로 등(燈) 시설은 시가지에서 도로에 연하여 시설하는 경우는 폭 20 m를 초과하는 도로에는 시설하지 말 것

㈏ 가공 전선 : 인장강도 2.30 kN 이상의 것 또는 지름 2.6 mm 이상의 경동선

③ 가공 케이블 배선

㈎ 행어에 의하여 조가하는 경우 지지점 간의 거리 : 50 cm 이하

㈏ 조가용선 : 단면적 22 mm^2 이상의 아연 도강 연선일 것

④ 조명용 전주에 따라서 시설하는 배선

㈎ 저압 옥외 조명 시설에 전기를 공급하는 가공 전선 또는 지중 전선에서 분기하여 전등 또는 개폐기에 이르는 배선이다.

㈏ 전선 : 단면적 2.5 mm^2 이상의 절연 전선

㈐ 공사 방법 : 애자 사용, 금속관, 합성수지관, 케이블 배선

㈜ 애자 사용 배선의 경우에는 지표상 1.8 m 이상인 곳에 한하며, DV 전선은 제외한다.

(5) 의료실의 보호 접지 시설

① 의료용 접지 센터 및 접지 단자의 높이 : 바닥 위 80 cm 이상

② 의료용 접지선은 접지 간선과 접지 분기선으로 구분된다.

(가) 간선 : 단면적 16 mm^2 이상의 450/750 V 일반용 단심 비닐 절연 전선

(나) 분기선 : 단면적 6 mm^2 이상의 450/750 V 일반용 단심 비닐 절연 전선

③ 접지선의 절연체의 색 : 녹/황 또는 녹색

④ 접지 저항값 : 10Ω 이하 (단, 등전위 접속을 하는 경우 : 100Ω 이하)

⑤ 의료실의 전원 회로에는 인체 감전 보호용 누전 차단기를 설치할 것

⑥ 의료실의 절연 변압기 시설

(가) 절연 변압기는 전원 측에 시설하고 2차측 전로에 접지를 시공하지 않고, 1차측 전로는 누전 차단기를 시설하지 않는다.

(나) 2차측 전로의 정격 전압은 300 V 이하 단상 2선식으로 한다.

(다) 정격 용량 (1개실)은 7.5 kVA를 초과하지 않는다.

(6) 유희용 전차

① 전원 장치의 변압기는 절연 변압기일 것

(가) 변압기의 1차측 전압 : 400 V 미만

(나) 2차측 단자의 최대 사용 전압 : 직류 60 V, 교류 40 V 이하

② 2차측 배선에서, 접촉 전선은 제 3 레일 방식에 의하여 시설할 것

(7) 소세력 회로

• 가정용 신호벨, 방범벨 또는 리모컨 배선의 점멸기 등

① 전원 장치 : 전용의 절연 변압기 사용

(가) 사용 전압 : 300 V 이하 (나) 정격 출력 : 100 VA 이하

표 3-59 절연 변압기의 특성

최대 사용 전압	2차 단락 전류 [A]	과전류 차단기의 정격 전류 [A]
15 V 이하	8	5
30 V 이하	5	3
60 V 이하	9	1.5

② 전선을 조영재에 부착하여 시설하는 경우

(가) 전선은 코드, 캡타이어 케이블, 또는 케이블

(나) 단면적 1.0 mm^2 이상의 연동선

③ 전선을 지중에 시설하는 경우

(가) 전선은 450/750 V 일반용 단심 비닐 절연 전선, 캡타이어 케이블 또는 케이블

(나) 직접 매설 시 깊이 : 30 cm 이상 (압력을 받을 수 있는 경우 : 1.2 m 이상)

④ 습기, 물기가 있는 장소에 시설하는 경우

• 욕실 안의 경우 : 절연 변압기의 2차측 전로의 사용 전압은 24 V 이하로 한다.

(8) 전기 방식(防蝕)

① 전원 장치는 견고한 금속제의 외함에 넣을 것
㈎ 전원 장치란, 절연 변압기, 정류기, 개폐기 및 과전류 차단기를 말한다.
㈏ 1차측 사용 전압은 저압일 것
② 전기 방식 회로의 최대 사용 전압 : 직류 60 V 이하일 것
③ 통전 상태에서 지표 또는 수중에서 1 m의 간격을 가지는 임의의 2점 간의 전위차는 5V를 초과하지 말 것
④ 접지
㈎ 전원 장치 외함 : 제3종 접지 공사를 할 것
㈏ 10 Ω 이하의 접지 저항을 가지는 피방식체를 전극으로 사용할 수 있다.

(9) 자동화재 탐지 설비

① 자동화재 탐지 설비의 구성 요소
㈎ 감지기
㈏ 수신기
㈐ 중계기
㈑ 발신기
㈒ 표시등 및 음향 장치
② 화재 탐지기 회로의 배선
㈎ 1.5 mm^2 전선으로 15개 이하를 한 회로이다.
㈏ 회로의 길이가 50 m를 넘지 않도록 하고 있다.

2-3 적산과 품셈

• 적산(estimate, 積算) : 전기 시설 공사에 소요되는 재료, 노무의 수량, 단가, 품의 수량 등을 계산하는 것으로 예정 가격을 산출한다.

(1) 공사비의 구성

① 순공사(제조) 원가는 재료비, 노무비, 일반 관리비, 이윤 부가 가치세의 합계액을 말한다.

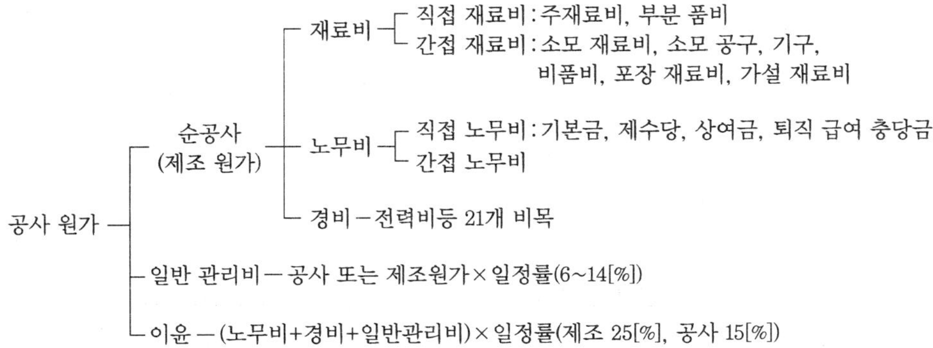

㈎ 예정 가격=공사원가+부가가치세(10 %)

㈏ 간접노무비율$=\dfrac{\text{간접노무비}}{\text{직접노무비}}$

② 일반 관리비

㈎ 기업의 유지를 위한 관리 활동 부문에서 발생하는 제비용으로서 제조 원가에는 포함되지 않는다.

$$\text{일반관리비율} = \frac{\text{일반 관리비}}{\text{매출원가}} \times 100$$

㈏ 일반관리비 계상 방법

표 3-60 계상 방법

시설 공사		전문 · 전기 · 전기 통신 공사	
공사 원가	일반 관리 비율	공사 원가	일반 관리 비율
5억원 미만	6 %	5천만원 미만	6 %
5억원~30억원 미만	5.5 %	5천만원~3억원 미만	5.5 %
30억원 이상	5 %	3억원 이상	5 %

③ 이윤과 부가가치세

㈎ 이윤 : 영업 이익을 말하며 공사원가 중 노무비, 경비와 일반 관리비의 합계액(이 경우 기술료 및 외주 가공비는 제외한다)에 이윤율 15 %를 초과하여 계상할 수 없다.
(제조구매 : 25 %, 용역 및 수입 물품 : 10 %)

㈏ 부가 가치세(공사 원가의 10%)
(재료비+노무비+경비+일반관리비+이윤)×10%

(2) 전기 재료의 할증률 및 철거손실률

표 3-61 전기 재료의 할증률

종류	할증률[%]	철거손실률[%]
옥외전선	5	2.5
옥내전선	10	–
cable(옥외)	3	1.5
cable(옥내)	5	–
전선관	10	–
케이블랙(트레이), 덕트, 레이스웨이	5	–
Trolley선	1	–

(3) 발생재의 처리 · 소운반

① 발생재의 처리

㈎ 작업 부산물 및 기타 발생재의 처리는 다음 표에 의하여 그 대금을 설계 당시 미리 공제한다.

표 3-62 발생재 처리

종류	철거손실률[%]
작업 부산물	90 %
토막강재	70 %
기타 발생제	발생량

(나) 시공도중 발생되었거나 수량의 변동을 가져왔을 경우에는 설계 변경해야 한다.

② 소운반

(가) 품에서 규정된 소운반이라 함은 20 m 이내의 수평 거리를 말한다.

(나) 소운반이 포함된 품에 있어서 소운반 거리가 20 m를 초과할 경우에는 초과분에 대하여 이를 별도 계상하며 경사면의 소운반 거리는 직고 1 m를 수평거리 6 m의 비율로 본다.

(4) 기능공의 직종 및 작업 구분

표 3-63 직종 · 작업 구분

직종	작업 구분
변전 전공	변전설비 시공 및 보수
송전 전공	철탑 및 송전설비의 시공 및 보수
특고압 케이블 전공	특고압 케이블 설비의 시공 및 보수(7 kV 초과)
고압 케이블 전공	고압 케이블 설비의 시공 및 보수(교류 600 V 초과 7 kV 이하, 직류 750 V 초과 7 kV 이하)
저압 케이블 전공	저압 및 제어용 케이블 설비의 시공 및 보수(교류 600 V 이하, 직류 750 V 이하)
송전 활선 전공	송전 전공으로서 활선 작업을 하는 전공
배전 활선 전공	배전 전공으로서 활선 작업을 하는 전공
전기 공사 기사	전기 공사업법에 의한 전기 기술자
전기 공사 산업 기사	전기 공사업법에 의한 전기 기술자

2. 동력 설비 · 특수 설비 · 적산과 품셈

1. 기중기로 200 t의 하중을 1.5 m/min의 속도로 권상할 때 소요되는 전동기 용량은?(단, 권상기의 효율은 70 %이다.) [10]

㉮ 약 35 kW　㉯ 약 50 kW
㉰ 약 70 kW　㉱ 약 75 kW

해설 $P=\dfrac{W\cdot v}{6.12\eta}=\dfrac{200\times 1.5}{6.12\times 0.7}\fallingdotseq 70\,\text{kW}$

2. 권하상중 25t인 기중기의 권상용 전동기의 출력이 25 kW인 경우 권상 속도는?(단, 권상 장치의 효율은 0.7이다) [10]

㉮ 약 0.7 m/mim
㉯ 약 1 m/mim
㉰ 약 4.28 m/mim
㉱ 약 6.12 m/mim

해설 $P=\dfrac{W\cdot v}{6.12\eta}$ [kW]에서,

$$v=6.12\frac{P\cdot\eta}{W}$$
$$=6.12\times\frac{25\times 0.7}{25}\fallingdotseq 4.28\ \text{m/mim}$$

3. 양수량 30 m^3/min이고 총양정이 15m인 양수 펌프용 전동기의 용량은 약 몇 kW인가?(단, 펌프 효율은 85 %, 설계 여유계수는 1.2로 계산한다.) [07, 10]

㉮ 103.8 ㉯ 124.4 ㉰ 382.5 ㉱ 459.1

해설 $P=k\dfrac{Qh}{6.12\eta}$

$$=1.2\times\frac{30\times 15}{6.12\times 0.85}\fallingdotseq 103.8\ \text{kW}$$

4. 양수량 35 m^3/min이고 총양정이 20 m인 양수 펌프용 전동기의 용량은 약 몇 kW인가?(단, 펌프 효율은 90 %, 설계 여유 계수는 1.2로 계산한다.) [12]

㉮ 103.8 kW　㉯ 124.6 kW
㉰ 152.4 kW　㉱ 184.2 kW

해설 $P=k\dfrac{Qh}{6.12\eta}$

$$=1.2\times\frac{35\times 20}{6.12\times 0.9}\fallingdotseq 152.4\ \text{kW}$$

5. 에스컬레이터의 적재하중이 1,500 kg, 속도 30 m/mim, 경사각 30°, 에스컬레이터의 총효율 0.6, 승객승입률 0.85일 때, 에스컬레이터의 전동기의 용량은 약 몇 kW인가? [10]

㉮ 2.2　㉯ 5.2　㉰ 32　㉱ 64

해설 $P=k\dfrac{W\cdot v}{6.12\eta}\sin\theta$

$$=0.85\times\frac{1500\times 10^{-3}\times 30}{6.12\times 0.6}\times\frac{1}{2}$$
$$\fallingdotseq 5.2\ \text{kW}$$

여기서, k : 승객 승입률
W : 적재하중(ton)
η : 총효율
v : 속도(m/min)
$\sin\theta=\sin 30=\dfrac{1}{2}$

6. 다음 기호의 스위치 명칭은?

㉮ 리밋 스위치　㉯ 액면 스위치
㉰ 근접 스위치　㉱ 비상 스위치

7. 급 · 배수 회로 공사에서 탱크의 유량을 자동 제어 하는데 사용되는 스위치는?

정답 1. ㉰ 2. ㉰ 3. ㉮ 4. ㉰ 5. ㉯ 6. ㉮ 7. ㉯

가 리밋 스위치
나 플로트리스 스위치
다 텀블러 스위치
라 타임 스위치

해설 플로트리스 스위치 : 플로트(float)를 쓰지 않고 액체 내에 전류가 흘러 그 변화로 제어하는 것으로, 전극 간에 흐르는 전류의 변화를 증폭하여 전자 계전기를 동작시키는 것이다.

8. 급수용으로 수조의 수면 높이에 의해 자동적으로 동작하는 스위치는?

가 팬던트 스위치 나 플로트 스위치
다 캐노피 스위치 라 텀블러 스위치

해설 플로트(float) 스위치 : 부동 스위치
물탱크 물의 양에 따라 동작하는 자동 스위치이다.

9. 동력 배선에서 경보를 표시하는 램프의 일반적인 색깔은?

가 백색 나 오렌지색
다 적색 라 녹색

해설 표시 램프(일반적)
① 녹색 : 전원 표시(정지)
② 적색 : 동작 표시
③ 황색 : 경보 표시
④ 백색 : 기타

10. 다음 중 전동기 제어반에 부착하여 과전류에 의한 전동기의 소손을 방지하기 위해 널리 사용되는 보호 기구는? [11]

가 차동 계전기 나 부흐홀쯔 계전기
다 리미트 스위치 라 EOCR

해설 EOCR : 전자과부하릴레이(electronic over load relays)
① 일반 과부하 릴레이(OCR)는 기계적 접점이 가동하는 구조이지만 전자 과부하 릴레이(EOCR)는 반도체 무접점으로 되어있고 반응 속도가 빠르며 반응 속도를 맘대로 조절할 수 있을 뿐 아니라 접점수명이 길며 가볍고 미세한 전류의 변화에도 반응하게 할 수 있도록 정밀하게 만들 수 있는 편리함을 가지고 있다.
② 내부에는 Op amp와 로직회로를 조합하거나 마이크로프로세서를 사용하여 사이리스터 같은 무접점 출력소자를 제어한다.
∴ 과전류에 의한 전동기 소손을 방지하기 위해 널리 사용되고 있다.

11. 생산 공장 작업의 자동화에 널리 사용되며, 바이메탈과 조합하여 실내 난방 장치의 자동 온도 조절에 사용되는 스위치는 어느 것인가? [09]

가 압력 스위치 나 부동 스위치
다 수은 스위치 라 타임 스위치

해설 본문 2-1. (4) 자동 스위치 참조

12. 목장의 전기 울타리에 사용하는 경동선의 지름은 최소 몇 mm 이상이어야 하는가?

가 1.6 나 2.0 다 2.6 라 3.2

해설 본문 2-2. (1) 전기 울타리 참조

13. 전기 욕조의 전원 장치인 전원 변압기의 2차측 전압은 몇 V 이하이어야 하는가?

가 40 나 30 다 20 라 10

해설 본문 2-2. (2) 전기 욕조 참조

14. 욕실 등 인체가 물에 젖어 있는 상태에서 물을 사용하는 장소에 콘센트를 시설하는 경우에는 인체 감전 보호용 누전차단기가 부착된 콘센트나 절연 변압기로 보호된 전로에 접속하여야 한다. 여기서

정답 8. 나 9. 나 10. 라 11. 다 12. 나 13. 라 14. 나

절연 변압기의 정격 용량은 얼마 이하인 것에 한하는가? [11]

㉮ 2 kVA ㉯ 3 kVA
㉰ 4 kVA ㉱ 5 kVA

해설 옥내에 시설하는 저압용 배선 기구의 시설 (판단기준 제170조 참조)
〈욕실 등 인체가 물에 젖어있는 상태에서 물을 사용하는 장소〉
① 절연 변압기(정격용량 3 kVA 이하)로 보호된 전로에 콘센트를 시설해야 한다.
② 인체 감전 보호용 누전 차단기가 부착된 콘센트를 시설해야 한다.

15. 전기 온돌 등에 발열선을 시설할 경우 대지 전압은 몇 V 이하로 해야 되는가?

㉮ 200 ㉯ 300 [11]
㉰ 400 ㉱ 500

해설 전기 온돌 · 표피 전류 가열 장치 : 대지 전압은 300 V 이하가 되어야 한다.

16. 전기 온돌의 발열선은 그 온도가 몇 ℃를 초과하지 않도록 시설해야 하는가?

㉮ 40 ㉯ 60 ㉰ 80 ㉱ 100

해설 발열선은 MI 케이블을 사용하며, 그 온도는 80℃를 초과하지 않도록 시설할 것

17. 저압 옥외 조명 시설에 전기를 공급하는 가공 전선 또는 지중 전선에서 분기하여 전등 또는 개폐기에 이르는 배선에 사용하는 절연 전선의 단면적은 몇 mm^2 이상이어야 하는가?

㉮ 2.0 mm^2 ㉯ 2.5 mm^2
㉰ 6 mm^2 ㉱ 16 mm^2

해설 본문 2-2. (4) 저압 옥외 조명 시설 참조 전선은 단면적 2.5 mm^2 이상의 절연 전선을 사용할 것

18. 의료실의 보호 접지 시설에서, 의료용 접지 센터 및 접지 단자는 바닥 위 몇 cm 이상 높이에 시설하여야 하는가?

㉮ 40 ㉯ 60
㉰ 80 ㉱ 100

19. 저압 옥외 전기 설비(옥측의 것을 포함한다)의 내염(耐鹽) 공사에서 설명이 잘못된 것은? [08]

㉮ 바인드선은 철제의 것을 사용하지 말 것
㉯ 계량기함 등은 금속제를 사용할 것
㉰ 철제류는 아연도금 또는 방청도장을 실시할 것
㉱ 나사못류는 동합금(놋쇠)제의 것 또는 아연 도금한 것을 사용할 것

해설 저압 옥외 전기 설비의 내선 공사[내선 규정 4245-2]
① 바인드선은 철제의 것을 사용하지 말 것
② 계량기함 등은 금속제의 것을 피할 것
③ 철제류는 아연도금 또는 방청도장을 실시할 것
④ 나사못류는 동합금(놋쇠)제의 것 또는 아연 도금한 것을 사용할 것

20. 자동화재 탐지 설비는 화재의 발생을 초기에 자동적으로 탐지하여 소방 대상물의 관계자에게 화재의 발생을 통보해주는 설비이다. 이러한 자동화재 탐지 설비의 구성 요소가 아닌 것은?

㉮ 수신기 ㉯ 비상경보기
㉰ 발신기 ㉱ 중계기

해설 자동화재 탐지 설비의 구성 요소
① 감지기 ② 수신기
③ 발신기 ④ 중계기
⑤ 표시등 ⑥ 음향 장치 및 배선

참고 비상 경보 설비는 비상벨 또는 자동식 사이렌이 있다.

정답 15. ㉯ 16. ㉰ 17. ㉯ 18. ㉰ 19. ㉯ 20. ㉯

21. 화재 탐지기 회로에 사용하는 전선의 단면적(mm^2)의 최소값은?

㉮ 1.5 ㉯ 2.5 ㉰ 4 ㉱ 6

22. 온도의 급상 시 공기의 부피 팽창을 이용하여 동작하는 것으로, 완만한 온도 상승에 대하여는 리크 구멍을 통한 공기 분출로 다이어프램의 평형이 유지되어 완만한 온도 상승에는 동작하지 않는 구조의 감지기는? [06]

㉮ 보상식 분포형 감지기
㉯ 차동식 분포형 감지기
㉰ 차동식 스포트형 감지기
㉱ 정온식 스포트형 감지기

해설 감지기(fire detector)
차동식 스포트형 감지기 : 외부 온도가 일정한 온도 상승률 이상이 되었을 때 작동하는 것으로
① 공기 부피 팽창을 이용한 것
② 열기전력을 이용한 것이 있다.

참고 ① 차동식 분포형 : 광범위한 열 효과의 누적에 의하여 작동하는 것으로 공기관식, 열반도체식, 열전대식이 있다.
② 정온식 스포트형 : 바이메탈의 변위, 금속의 열 팽창계수 차이 등을 이용한 것
③ 보상식 분포형 : 차동식 스포트형과 정온식 스포형의 특성을 동시에 갖춘 것

23. 인버터 제어라고도 하며 유도 전동기에 인가되는 전압과 주파수를 변환시켜 제어하는 방식은? [06, 07, 09]

㉮ VVVF 제어 방식
㉯ 궤환 제어 방식
㉰ 워드레오나드 제어 방식
㉱ 1단 속도 제어 방식

해설 본문 표 3-56 참조

24. 엘리베이터의 제어 방식 중 사이리스터의 점호각을 바꾸어 유도 전동기의 속도를 제어하는 방식은?

㉮ VVVF 제어
㉯ 교류 2단 제어
㉰ 교류 궤환 전압 제어
㉱ 워드 레오나드 제어

25. 공사원가는 공사시공 과정에서 발생한 항목의 합계액을 말하는데 여기에 포함되지 않는 것은? [09]

㉮ 경비 ㉯ 재료비
㉰ 노무비 ㉱ 일반관리비

해설 일반관리비는 기업의 유지를 위한 관리 활동 부분에서 발생하는 제반 비용으로서 순공사(제조)원가에 포함되지 않는다.

참고 순공사(제조) 원가 = 재료비 노무비 경비

26. 전기 재료의 할증에서 옥외전선은 몇 %의 할증률을 적용하는가? [07]

㉮ 1.5 ㉯ 2.5 ㉰ 5 ㉱ 10

해설 본문 표 3-61 전기 재료 할증률 참조
① 옥내 절연 전선 : 10 %
② 옥외 절연 전선 : 5 %

27. 품셈에서 규정된 소운반이라 함은 몇 m 이내의 수평 거리를 말하는가? [10]

㉮ 10 ㉯ 20 ㉰ 30 ㉱ 50

해설 품에서 규정된 소운반이라 함은 20 m 이내의 수평 거리를 말한다.

28. 플랜트 프로세스의 자동 제어 장치, 공업 제어 장치, 공업 계측 및 컴퓨터 설비의 시공 및 보수는 어느 직종의 기능공인가? [07]

㉮ 내선전공 ㉯ 배선전공
㉰ 플랜트전공 ㉱ 계장공

해설 본문 표 3-63 참조

정답 21. ㉮ 22. ㉰ 23. ㉮ 24. ㉰ 25. ㉱ 26. ㉰ 27. ㉯ 28. ㉱

MEMO

전력 전자

제 1 장 전력용 반도체 소자

1. 다이오드 · 트랜지스터

■ 전력 전자 (power electronics)
- 전력의 변환과 제어를 위한 반도체 전자 공학의 응용이다.
- 기본적으로 전력용 반도체 소자의 스위칭에 기초한 것이다.

■ 소자의 종류 : 전력용 다이오드, 전력용 트랜지스터, 사이리스터, 전력용 MOSFET 등

1-1 다이오드 (diode)

(1) PN 접합 다이오드의 구조와 특성

① P형 반도체와 N형 반도체의 특성

표 4-1 P형, N형 반도체

구 분	첨가 불순물			반송자 (carrier)
	명 칭	종 류	원자가	
P형 반도체 (4가)	억셉터 (acceptor)	인듐 (In) 붕소 (B) 알루미늄 (Al)	3	정공(hole)에 의해서 전기 전도가 이루어진다.
N형 반도체 (4가)	도너 (donor)	인 (P) 안티몬 (Sb) 비소 (As)	5	과잉 전자(excess electron)에 의해서 전기 전도가 이루어진다.

참고 반도체의 도전성

① 진성 반도체의 반송자는 같은 수의 전자와 정공을 가진다.
② N형 반도체의 반송자는 대부분 전자이고, 정공은 소수이다.
③ P형 반도체의 반송자는 대부분 정공이고, 전자는 소수이다.

② 다이오드의 정류 작용

PN 접합은 외부에서 가하는 전압의 방향에 따라 정류 특성을 가진다.

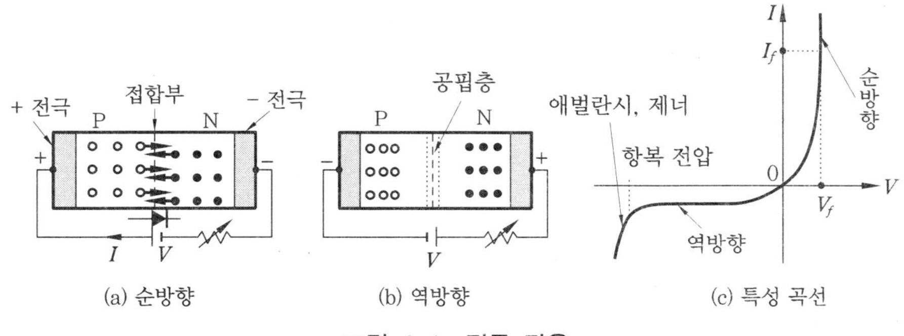

(a) 순방향 (b) 역방향 (c) 특성 곡선

그림 4-1 정류 작용

③ 공핍층 (depletion layer)과 접합 전위

(가) PN 접합에서, 전자와 정공의 확산에 의해서 캐리어 (carrier)가 없는 (+)와 (-)이 온만이 존재하는 영역, 즉 공간 전하 영역을 공핍층이라 한다.

(나) 공간 전하층 안에 전계가 발생하며, 이를 접합 전위라 한다.

④ 애벌란시 (avalanche) 효과와 제너 (zener) 전압

(가) 역전압이 어떤 임계점 값에 가까워지면 전류가 갑자기 증대하기 시작하여 그림(c) 특성 곡선처럼 거의 직선으로 내려간다.

(나) 이러한 현상을 접합부의 항복 (break down)이라고 하며, 이 역전압을 항복 전압 또는 제너 전압이라 한다.

(다) 항복이 일어난 후에는 전류가 변화하더라도 전압은 거의 일정하게 유지된다.

(라) 접합의 항복이 일어나는 물리적 원인은 애벌란시 효과와 제너 효과 두 가지가 있다.

(2) 다이오드의 종류와 용도

표 4-2 다이오드의 종류와 용도

종 류	용 도
일반용	검파 및 스위치 등
정류용	각종 정류 회로
정전압용	정전압 전원, 리미터 회로, 잡음 발생 회로
정전류용	정전압 전원, 발진기의 시정수 회로, 정전류 부하, 비교기의 기준 전압, OP 증폭기의 출력단 보호 회로
발광용	각종 표시기
가변 용량용	FM/AM 튜너, 동조 회로, 변조 회로, AFC 회로, 체배 회로
마이크로파용	마이크로파 신호 발생기

1-2 전력용 트랜지스터 (power transistor)

(1) 전력용 트랜지스터의 특성

① 턴 온 (turn on)과 턴 오프 (turn off) 특성을 제어할 수 있다.

② 스위칭 소자로 사용되는 트랜지스터는 낮은 on 상태 전압 강하로 인해 포화 영역에서 동작된다.

③ 역병렬 연결 방법으로, 초퍼 (dc-dc 변환) 또는 인버터 (dc-ac 변환) 등에 광범위하게 사용되고 있다.

④ 정격 전압 및 전류는 사이리스터의 것보다 낮으며, 일반적으로 중간 영역의 전력 응용에 사용된다.

(2) BJT (bipolar junction transistor)의 구조와 특성

① BJT (양극성 접합 트랜지스터)의 구조는 p형과 n형 반도체를 3개 층으로 접합한 것으로 npn형과 pnp형이 있다.

(가) 베이스 (base : B)　　(나) 컬렉터 (collector : C)　　(다) 이미터 (emitter : E)

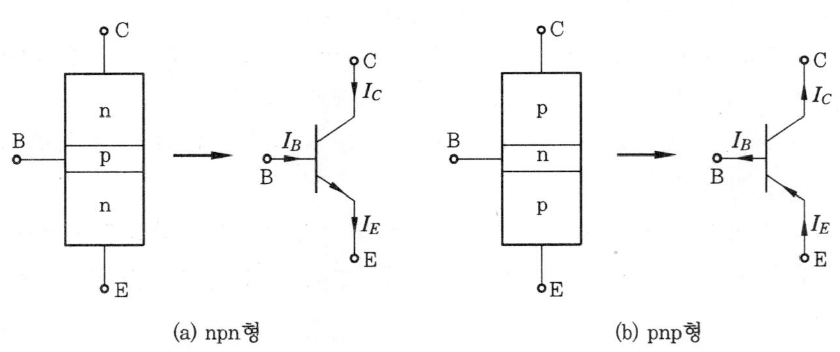

(a) npn형　　(b) pnp형

그림 4-2 BJT의 구조

② 접지 형태는 컬렉터 접지, 베이스 접지, 이미터 접지의 3가지 형태가 있으며 일반적으로 npn형의 이미터 접지 형태가 많이 사용된다.

③ 컷 오프 (cut off) 영역, 활성 (active) 영역, 포화 (saturation)의 세 가지 영역이 있다.

(가) 컷 오프 영역 : 스위치 동작의 off 상태

(나) 활성 영역 : 증폭기로 동작

(다) 포화 영역 : 스위치 동작의 on 상태

여기서, 베이스 전류는 실제 입력 전류가 되며, 컬렉터 전류는 출력 전류가 된다.

④ 베이스 전류로 컬렉터 전류를 제어하는 전류 제어 스위치의 기능을 갖는다.

⑤ on 상태를 유지하기 위해 지속적이고, 일정한 크기의 베이스 전류가 필요하다.

⑥ 스위칭 속도 : 수백 [nsec] ~ [μsec], 스위칭 주파수 : 수십 [kHz]

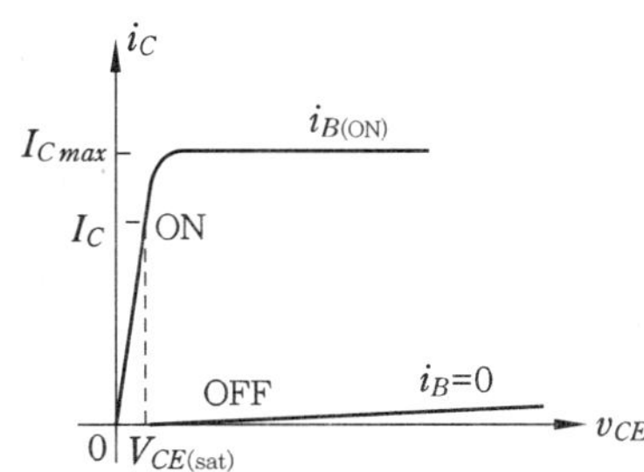

그림 4-3 BJT의 전압-전류 특성

(3) MOSFET의 구조와 특성

① MOSFET (metal-oxide semiconductor field effect transistor ; 금속 산화물 전계 효과 트랜지스터)은 공핍형과 증가형의 두 가지가 있으며, 3개의 단자를 갖는다.

(가) 게이트 (gate : G) (나) 드레인 (drain : D) (다) 소스 (source : S)

② 전압 제어 소자이며, 미세한 입력 전류만을 필요로 한다.

③ 게이트 전압으로 드레인 전류를 제어한다.

④ on 상태를 유지하기 위해 제어 전압을 지속적으로 인가해야 한다.

⑤ 스위칭 속도가 매우 높아 고속 스위칭이 가능하며, 구동 회로로 스위칭 시간을 조정할 수 있다.

⑥ 2차 항복 현상을 일으키지 않으며, 병렬 접속이 용이하다.

⑦ 정밀 서보 드라이브, 컴퓨터 정보 기기 등에 장착되는 스위치 모드 전원 장치 (SMPS) 등과 같이 소용량의 고주파 스위칭 분야에 사용된다.

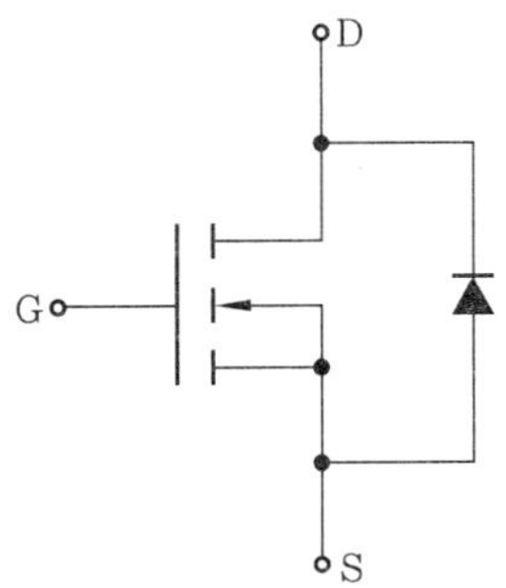

그림 4-4 전력용 MOSFET

(4) IGBT의 구조와 특성

① IGBT (insulated gate bipolar transistor : 절연 게이트 양극성 트랜지스터)는 BJT, MOSFET의 장점을 복합한 복합(hybrid) 소자이다.

② 켈렉터-이미터 특성은 BJT와 제어 특성은 MOSFET과 비슷하며 게이트와 이미터의 전압 V_{GE}로 컬렉터 전류 i_C를 제어한다.

(가) 게이트 (gate : G) (나) 이미터 (emitter : E) (다) 컬렉터 (collector : C)

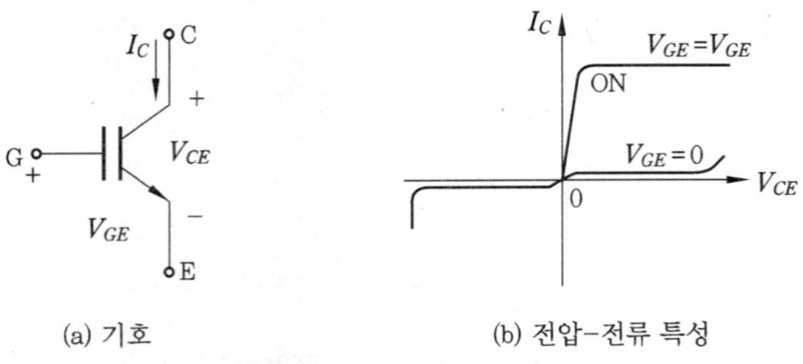

(a) 기호 (b) 전압-전류 특성

그림 4-5 IGBT (N채널형)

③ 게이트-이미터 간의 전압에 의해 구동되며, 입력 신호에 의해서 on-off가 되는 자기 소호형이므로, 대전력의 고속 스위칭이 가능한 반도체 소자이다.

④ IGBT는 열적 부성저항 현상을 갖고 있지 않아 2차 항복이라는 안전동작 영역상 문제가 일어나지 않는 특징이 있다.

⑤ 구동 전력이 작고, 고속스위칭, 고내압화, 고전류 밀도화가 가능한 소자이다.

⑥ IGBT는 전압 제어 전력용 트랜지스터이며, BJT보다 구동하기 쉽고 MOSFET보다 큰 전류를 흘릴 수 있으며 on-off 제어가 가능한 소자이다.

⑦ 용도

㈎ DC와 AC 전동기 구동

㈏ 전원 장치

㈐ 반도체 릴레이

㈑ 컨트렉터 (contractor)

1. 다이오드 · 트랜지스터

1. p형 반도체에 관한 내용으로 가장 관계가 먼 것은?

㉮ 알루미늄 ㉯ 도너(donor)
㉰ 불순물 반도체 ㉱ 정공

해설 본문 표 4-1 참조

2. PN 접합 정류소자에 대한 설명 중 틀린 것은? [06]

㉮ 정류비가 클수록 정류 특성은 좋다.
㉯ 역방향 전압에서는 극히 적은 전류만이 흐른다.
㉰ 순방향 전압은 P에 [+], N에 [−] 전압을 가함을 말한다.
㉱ 온도가 높아지면 순방향 및 역방향 전류가 모두 감소한다.

해설 온도가 높아지면 순방향 전류는 감소하지만 역방향 전류는 커진다.

참고 역방향 전류가 커지는 이유
① P, N 어느 반도체에도 소수 캐리어가 존재하고 있고 이것이 역방향 전압을 걸었을 때에 흐르기 때문이다.
② 이 소수 캐리어 발생은 온도 상승과 더불어 증대하기 때문에 역방향 전류는 큰 온도 의존성이 있고 고온에서는 무시할 수 없을 정도로 큰 값이 된다.

3. PN 접합 다이오드에서 공핍층이 생기는 경우는?

㉮ 전자와 정공의 확산에 의해서 생긴다.
㉯ (−) 전압만 가할 때 생긴다.
㉰ 전압을 가하지 않을 때 생긴다.
㉱ 다수의 반송자가 많이 모여 있는 순간 생긴다.

해설 공핍층 : 본문 그림 4-1 참조

4. 전력용 반도체 소자 중 일정한 전압값을 얻기 위해 역바이어스 상태에서 항복전압과 관련된 특성을 사용하는 반도체 소자는? [06]

㉮ SCR ㉯ Zener diode
㉰ IGBT ㉱ transistor

해설 제너 다이오드(Zener diode) : 본문 그림 4-1 (c) 특성 곡선 참조

참고 제너 다이오드를 정전압 다이오드라 하며, 전압 안정 회로에 사용된다.

5. 제너 다이오드의 용도 중 맞는 것은?

㉮ 고압 정류용 ㉯ 검파용
㉰ 전압 안정회로 ㉱ 전파 정류용

6. 다이오드의 애벌란시(avalanche) 현상이 발생되는 것을 옳게 설명한 것은? [07, 13]

㉮ 역방향 전압이 클 때 발생한다.
㉯ 순방향 전압이 클 때 발생한다.
㉰ 역방향 전압이 작을 때 발생한다.
㉱ 순방향 전압이 작을 때 발생한다.

해설 본문 그림 4-1 (C) 특성 곡선 참조

7. 피크 역전압(PIV)을 결정하는 것은? [06]

㉮ PN 접합 다이오드에 걸리는 전압
㉯ PN 접합 다이오드 역바이어스 특성으로 애벌란시 영역
㉰ PN 접합에 걸리는 전압
㉱ 유지 전류

8. 트랜지스터 스위칭 시간에서 턴오프(turn off) 시간은?

정답 1. ㉯ 2. ㉱ 3. ㉮ 4. ㉯ 5. ㉰ 6. ㉮ 7. ㉯ 8. ㉱

㉮ 상승 시간
㉯ 하강 시간 + 지연 시간
㉰ 축적 시간 + 상승 시간
㉱ 축적 시간 + 하강 시간

해설 ① 턴 오프(turn off) 시간
T_{off} =축적 시간(t_s)+하강 시간(t_f)
② 턴 온(turn on) 시간
T_{on} =지연 시간(t_d)+상승 시간(t_r)

9. 파워 트랜지스터를 병렬 접속하는 주목적은?

㉮ 대용량화　　㉯ 소형화
㉰ 고주파화　　㉱ 저손실화

해설 병렬 접속 : 하나의 소자로부터 부하 전류를 조정할 수 없을 때, 병렬 접속에 의한 전류 분담으로 대용량화할 수 있다.

참고 직렬 접속 : 전압 조정 능력을 확장하기 위하여 직렬로 접속한다.

10. 파워 트랜지스터에서 달링턴 트랜지스터가 널리 이용되는 이유는? [04]

㉮ 스위칭 특성이 뛰어나고 전류 증폭률이 높다.
㉯ 포화 전압 특성이 뛰어나다.
㉰ 전류 증폭률이 높고 베이스 드라이브 회로가 소형화된다.
㉱ 전류 분포가 균일하다.

해설 달링턴(darlington) 접속 이유
① 전류 증폭률을 높일 수 있다.
② 베이스 드라이브 회로를 소형화할 수 있다.

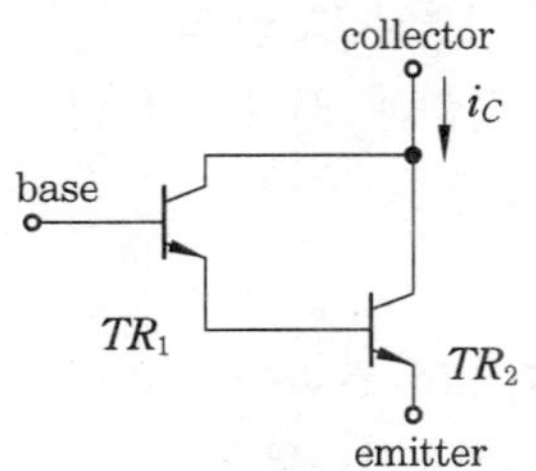

참고 달링턴 회로의 특성
① 2개의 TR을 직결합시켜 우수한 증폭 특성을 나타내도록한 복합 회로이다.
② 높은 입력 임피던스와 낮은 출력 임피던스를 가지며 전류 이득이 매우 높다.
③ TR_1의 이미터 전류가 TR_2의 바이어스 역할을 한다.
④ 같은 크기의 컬렉터 전류에 대해 트랜지스터 구동에 필요한 구동 회로 전류를 감소시키는 효과를 얻을 수 있다.

11. 바이폴라 트랜지스터의 동작 영역 중 트랜지스터가 정상적으로 증폭 동작을 하는 영역은? [06]

㉮ 포화 영역　　㉯ 항복 영역
㉰ 차단 영역　　㉱ 활성 영역

해설 바이폴라(bipolar) 트랜지스터 : BJT
bi-polar는 2개-극성이라는 뜻이며, 본문 그림 4-3과 같은 전압-전류 특성으로 다음 3가지 영역을 가진다.
① 컷오프 영역 : off 상태
② 활성 영역 : 증폭 동작
③ 포화 영역 : on 상태

12. 전력용(power) MOSFET의 특징을 설명한 것이다. 잘못된 것은?

㉮ 직렬 접속이 용이하다.
㉯ 열(熱)적으로 안정하다.
㉰ 고속 스위칭이 가능하다.
㉱ 구동 전력이 작다.

해설 병렬 접속이 용이하다.

13. MOSFET의 드레인 전류는 무엇으로 제어하는가? [08, 12]

㉮ 게이트 전압　　㉯ 게이트 전류
㉰ 소스 전류　　㉱ 소스 전압

해설 MOSFET은 전압 제어 소자이며, 게이트 전압으로 드레인 전류를 제어한다.

정답 9. ㉮ 10. ㉰ 11. ㉱ 12. ㉮ 13. ㉮

14. 다음은 전력용 MOSFET에 대한 설명이다. 잘못된 것은?

㉮ 작은 구동 전력을 요구하는 전압 제어 소자이다.
㉯ 작은 게이트 임피던스 때문에 작은 구동 전력이 요구된다.
㉰ 고속 스위칭의 수행이 가능하다.
㉱ 넓은 안정 동작 분야를 갖는다.

해설 MOSFET은 게이트와 이미터 사이의 입력 임피던스가 매우 크기 때문에 적은 입력 전류만으로도 구동이 가능하다. 즉, 작은 구동 전력이 요구된다.

15. 지속적인 게이트 신호를 필요로 하는 소자는?

㉮ TRIAC ㉯ SCR
㉰ GTO ㉱ MOSFET

해설 MOSFET은 on 상태를 유지하기 위해 제어 전압(게이트 신호)을 지속적으로 인가해야 한다.

16. 파워용 전력 반도체 소자 중 IGBT는 스위칭 속도가 빨라서 응용 범위가 확대되고 있는데 이 소자의 구동 방식은?

㉮ 전류 구동 ㉯ 클램프 구동
㉰ 전압 구동 ㉱ 자연 전류 구동

해설 IGBT(절연 게이트 양극성 트랜지스터) 제어 특성은 MOSFET과 유사하며, 이미터 전압으로 컬렉터 전류를 제어하는 전압 구동 방식이다.

17. IGBT는 파워 트랜지스터에 비하여 고속 스위칭이 가능하고 게이트 회로가 간단하여 많이 사용하는데 그림에서 IGBT 게이트 회로에서 IGBT가 on되는 조건은? [07]

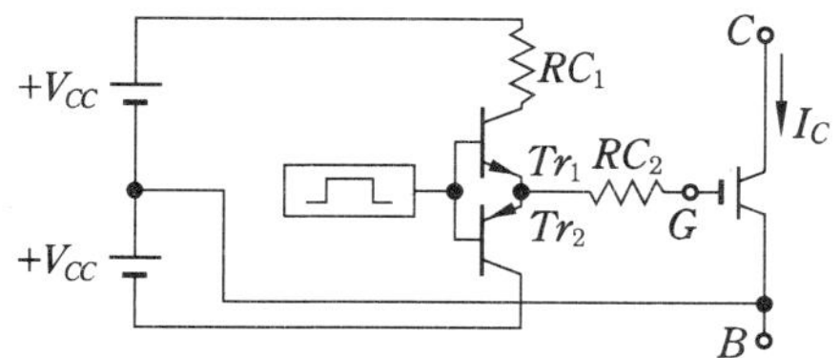

㉮ Tr_1이 on ㉯ Tr_1이 off
㉰ Tr_2이 on ㉱ Tr_2이 off

해설 IGBT가 on되는 조건 : Tr_1이 on되어야 $+V_{CC}$에 의한 V_{GB}에 의하여 on 상태가 된다.
여기서, V_{GB} : 게이트와 이미터 간의 전압

참고 $V_{GB}=0$ 일 때, IGBT는 off 상태가 된다.

18. BJT보다 구동하기 쉽고, MOSFET보다 훨씬 큰 전류를 흘릴 수 있으며, 온-오프 제어가 가능한 소자는?

㉮ SSS ㉯ SCR
㉰ RCT ㉱ IGBT

해설 본문 1-2. (3) IGBT의 구조와 특성 참조

19. 다음은 IGBT에 관한 설명이다. 잘못된 것은?

㉮ insulated gate bipolar thyristor의 약자이다.
㉯ 트랜지스터와 MOSFET을 조합한 구조이다.
㉰ 고속 스위칭이 가능하다.
㉱ 전력용 반도체 소자이다.

해설 IGBT : insulated gate bipolar transistor

20. 다음에서 양방향성 소자가 아닌 것은?

㉮ IGBT ㉯ TRIAC
㉰ RCT ㉱ DIAC

해설 양방향성 소자
① 2단자 : DIAC, SSS
② 3단자 : TRIAC, SBS, RCT

정답 14. ㉯ 15. ㉱ 16. ㉰ 17. ㉮ 18. ㉱ 19. ㉮ 20. ㉮

2. 사이리스터

■ 사이리스터 (thyristor)

- 셋 또는 그 이상의 pn 접합부로 구성된다.
- 주전압 · 전류 특성이 적어도 한 상한에서 on-off의 두 안정 상태를 유지한다.
- off에서 on으로의 전환 또는 그 반대의 전환을 행할 수 있는 전력용 반도체 스위칭 소자이다.

2-1 스위칭 (switching) 소자

(1) SCR (silicon controlled rectifier) : 실리콘 제어 정류 소자

① PNPN 4층 구조의 반도체 소자로서 세 개의 PN 접합으로 되어 있다.

② 단일 방향성 스위칭 소자이며, 전력 제어에 사용된다.

③ 세 개의 단자 애노드(anode : A), 캐소드(cathode : K), 게이트(gate : G)를 갖는다.

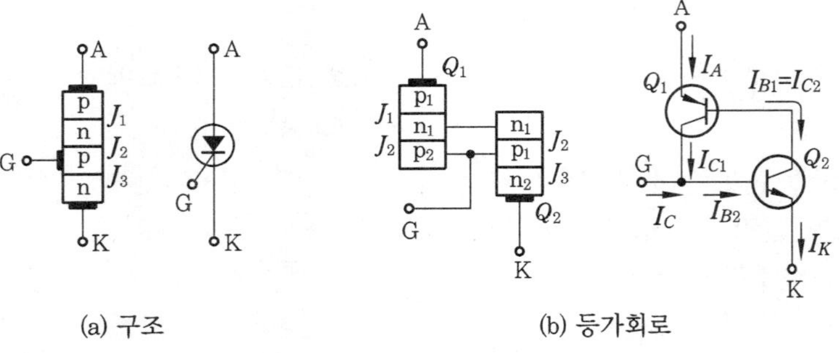

그림 4-6 SCR의 구조와 구성

④ SCR의 턴 온 (turn on) 방법

㈎ 게이트 턴 온 (gate turn on)

- 게이트에 순방향 전류를 흐르게 함으로써 양극-음극 간을 턴 온시키는 방법으로, 가장 일반적인 사용 방법이다.
- SCR은 한번 턴 온하면 게이트 전류를 끊더라도 온 상태를 자기 유지하므로 게이트의 트리거는 펄스로 할 수가 있다.
- 래칭 전류(I_L) : turn on시키기 위하여 게이트에 흘려야 할 최소 전류이다.

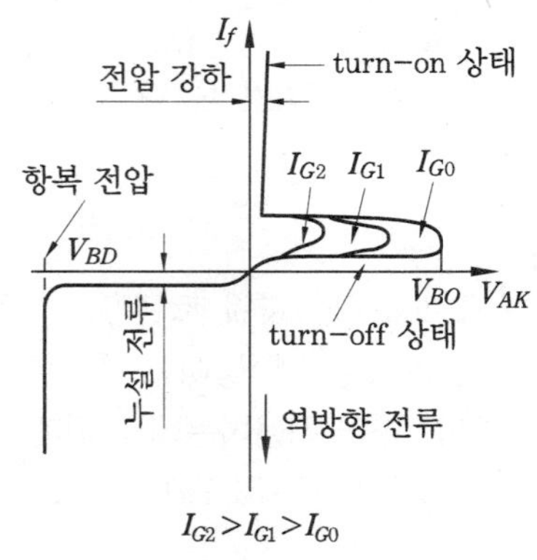

그림 4-7 SCR의 특성

- 유지 전류(I_H) : on 상태를 유지하기 위한 최소 전류이다.
- 브레이크 오버 전압(V_{BO}) : 순저지 전압이다.

(나) 브레이크 오버 전압에 의한 턴 온(turn on)

- SCR은 게이트 단자가 있는 것 이외에는 pnpn 구조의 4층 다이오드와 같으므로 순저지 전압(브레이크 오버 전압 : V_{BO})을 넘는 높은 전압을 양극-음극 간에 가해서 턴 온시키는 것도 가능하다.
- 직류적으로 고전압을 가해서 턴 온시키면 소자의 파괴를 초래할 수 있는 단점이 있다.

(다) 전압 상승률($\frac{dv}{dt}$)에 의한 턴 온(turn on)

- 반도체 PN 접합은 정전용량을 지니고 있기 때문에 전압 상승률($\frac{dv}{dt}$)이 클 경우에는 그림처럼 접합용량을 통해서 흐르는 전류 증폭률(α_1, α_2)을 증대시켜 턴 온한다.
- 이 경우에는 게이트에 트리거 신호를 넣지 않아도 턴 온하게 되며 오동작의 원인이 될 수 있는 단점이 있다. 이 때문에 V_{BO}를 저하시키지 않는다.

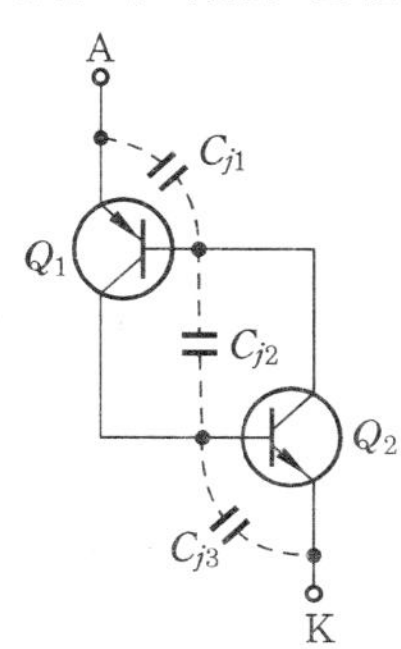

그림 4-8 접합 용량-전류 경로

(라) 빛에 의한 턴 온(turn on)

- 접합에 빛을 조사하면 빛에너지에 의해 J_2 접합에 흐르는 전류가 증대하여 턴 온된다.
- 포토 SCR 또는 LASCR 등은 빛을 게이트 전류 대신에 사용하는 소자이다.

⑤ 게이트에 의한 턴 오프(turn off) 방법

(가) 게이트 턴 오프(gate turn off) : 게이트에 역전류를 흐르게 함으로써 턴 오프(turn off)가 가능한 경우가 있다.

(나) 턴 오프 겐(turn off gane)을 크게 설계하고 게이트에 가하는 신호에 의해 턴 오프(turn off)시키도록 만든 소자는 GTO(gate turn off)가 있다.

⑥ SCR의 특성

(가) 순방향으로 음(陰)의 저항을 가지며 오프(off) 상태의 저항은 매우 높다.

(나) 아크가 생기지 않으므로 열의 발생이 적다.

(다) 과전압에 약하다.

(라) 게이트 신호를 인가할 때부터 도통할 때까지의 시간이 짧다.

(마) 단락 상태에서 애노드 전압을 '0' 또는 부(−)로 하면 차단 상태가 된다.

(바) 전류가 흐르고 있을 때 양극의 전압 강하가 작다.

(사) 브레이크 오버 전압이 되면 애노드 전류가 갑자기 커진다.

(아) 역률각 이하에서는 제어가 되지 않는다.

(자) 통전 중인 SCR에 게이트 펄스를 없애도 소호되지 않는다.

(차) 전원 전압의 위상 0~180°의 범위 안에서 원하는 시점에서 점호시킬 수 있는 위상

제어 (phase control)를 할 수 있다.

㈎ SCR은 점호 능력은 있으나 소호 능력이 없으므로 소호시키려면 SCR의 주전류를 유지전류 이하로 하거나, SCR의 애노드, 캐소드 간에 역전압을 인가한다.

(2) TRIAC (triode AC switch)

① TRIAC이란, AC 제어가 가능한 3극 소자의 뜻이다.

② 쌍방향 3단자 사이리스터이고 게이트에 의한 턴 온 (turn on) 기능을 갖는다.

③ 2개의 SCR을 역병렬로 접속하고 게이트를 한 개로 한 것 같은 기능을 갖는다.

④ 구조는 SSS와 같이 5층의 npnpn 접합에 의하여 구성된 소자이다.

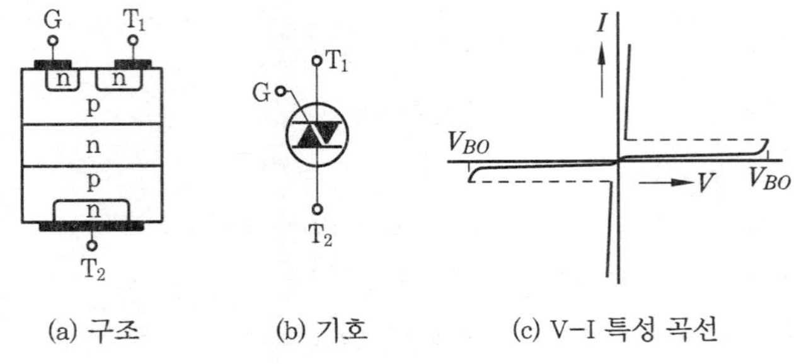

그림 4-9 TRIAC

⑤ 한번 턴 온되면 전류가 0으로 떨어진 후 스위칭이 가능하며 다시 턴 온하기 위해서는 또다른 펄스 입력이 있어야 한다.

⑥ TRIAC의 턴 오프 (turn off) 4가지 경우는 다음 그림과 같다.

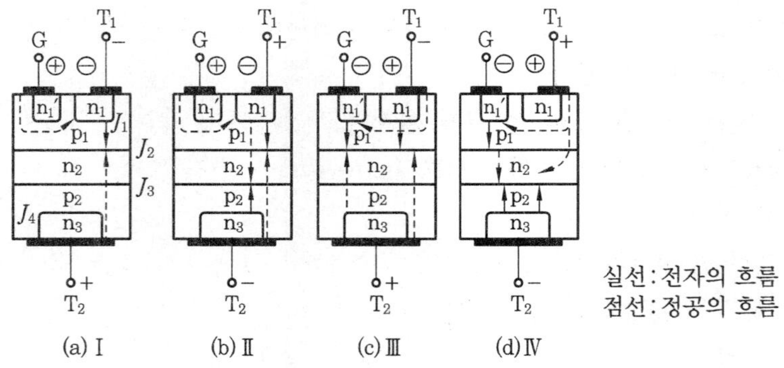

그림 4-10 TRIAC의 턴 오프

(3) GTO (gate turn off thyristors)

① GTO는 게이트에 인가된 전류의 극성에 따라 온-오프(on-off)를 절환하는 소자이다.

(+) : turn on　　　(−) : turn off

② 자기 소호 기능을 갖고 있으며, 역저지 3단자 사이리스터의 일종으로 GCS라고도 한다.

③ 높은 주파수의 스위칭이 가능한 빠른 턴 오프 (turn off) 기능을 갖는다.

④ 전압-전류 특성은 SCR과 동일하며, 온(on) 상태에서는 1방향 전류 특성을, 오프(off) 상태에서는 양방향 전압 저지 특성을 갖는다.

⑤ 응용 분야는 내압과 제어 전류가 크므로, 유도 전동기 구동용 PWM 제어 VVVF 인버터, 차단기 초퍼, 톱니파 발생기, 자려식(自勵式) 변환기 등에 사용된다.

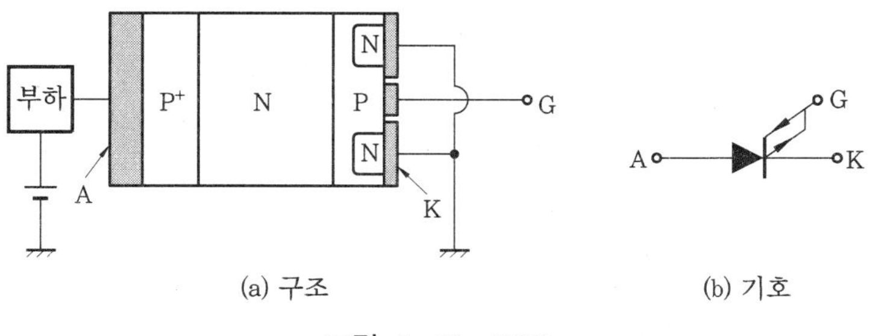

(a) 구조 (b) 기호

그림 4-11 GTO

2-2 트리거(trigger) 소자

(1) 대표적인 트리거 소자

표 4-3

종 류	기 호	구 조	정특성	특 징
단접합 트랜지스터 (UJT)	E, B_2, B_1	B_2, n, E, B_1	I_E, I_V, I_P, V, V_V, V_P, V_F	· 이상 발진 주파수가 큼 · 전도도 변조 · 일반적으로 범용성 큼 · 사이리스터 트라이액의 트리거용 · 발진 회로용
프로그래머블 단접합 트랜지스터 (PUT)	A, G, K	A, K, n, p, p, n, p, N, G	I, I_V, I_P, V, V_V, V_P	· η, I_p, I_V, R_{RB}를 외부 저항으로 바꿀 수 있으므로 제어성이 큼 · 장시간 타이머로 최적 · 사이리스트 트라이액의 트리거용 · 누설 전류가 적다. · 발진 회로용
다이액 (DIAC)	T_2, T_1	T_2, n, p, n, T_1	I, ΔV, V_{BO2}, I_{BO1}, V, I_{BO2}, V_{BO1}	· V_{BO}가 높다. · 펄스 출력이 작다. · 트리거 회로 설계가 간단 · 트라이액 트리거용 · 발신 회로용

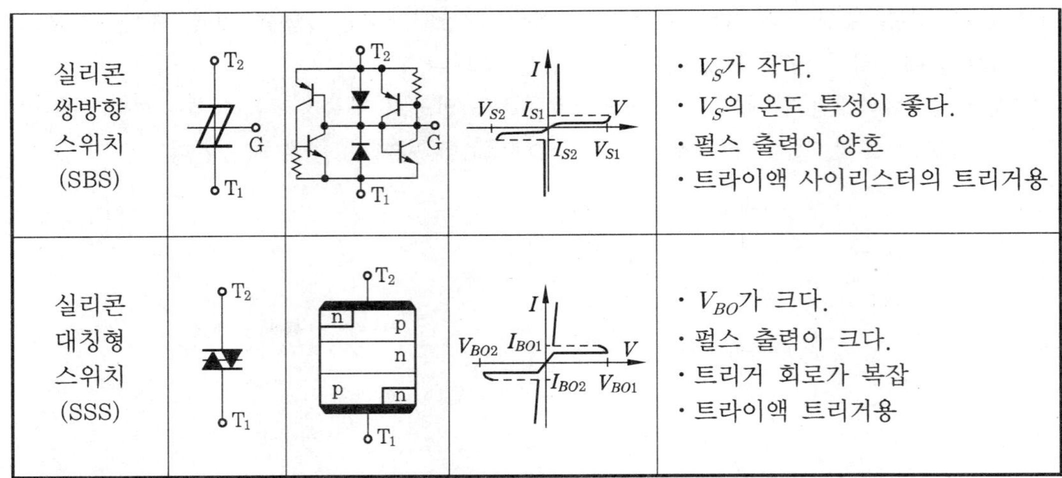

실리콘 쌍방향 스위치 (SBS)	T_2, G, T_1	T_2, G, T_1	I, V_{S2}, I_{S1}, V, I_{S2}, V_{S1}	· V_S가 작다. · V_S의 온도 특성이 좋다. · 펄스 출력이 양호 · 트라이액 사이리스터의 트리거용
실리콘 대칭형 스위치 (SSS)	T_2, T_1	T_2, n, p, n, p, n, T_1	I, V_{BO2}, I_{BO1}, V, I_{BO2}, V_{BO1}	· V_{BO}가 크다. · 펄스 출력이 크다. · 트리거 회로가 복잡 · 트라이액 트리거용

(2) 사이리스터 (thyristor)의 분류

① 단일 방향성 소자

(가) 3단자
- SCR (silicon controlled rectifier)
- GTO (gate turn off thyristor)

(나) 4단자 ── SCS (silicon controlled switch)

② 양방향성 소자

(가) 2단자
- DIAC (diode AC switch)
- SSS (silicon symmetrical switch)

(나) 3단자
- TRIAC (triode AC switch)
- SBS (silicon bilateral switch)
- RCT (reverse conduction thyristor)

2. 사이리스터

1. **사이리스터가 아닌 것은?** [10]

㉮ SCR ㉯ diode
㉰ TRIAC ㉱ SUS

2. **사이리스터에 대한 설명 중 틀린 것은?** [06]

㉮ PNPN 구조를 이용하여 2개의 안정된 on/off 동작을 한다.
㉯ SCR도 사이리스터의 일부분으로 이 소자는 확산 공정에 의하여 제조된다.
㉰ 단자의 수에 의하여 2단자, 3단자 또는 4단자가 있고, 전류가 흐르는 방향에 따라 구분하기도 한다.
㉱ NPN 또는 PNP의 3층 구조로서 베이스 신호에 의하여 on/off를 제어할 수 있다.

3. **사이리스터의 유지 전류(holding current)에 관한 설명으로 옳은 것은?** [09, 12]

㉮ 사이리스터가 턴 온(turn on)하기 시작하는 순전류
㉯ 게이트를 개방한 상태에서 사이리스터가 도통 상태를 유지하기 위한 최소의 순전류
㉰ 사이리스터의 게이트를 개방한 상태에서 전압을 상승하면 급히 증가하게 되는 순전류
㉱ 게이트 전압을 인가한 후에 급히 제거한 상태에서 도통 상태가 유지되는 최소의 순전류

해설 본문 그림 4-7에서, I_H 참조

4. **어떤 제어 소자를 턴 온하려고 할 때에는 유지 전류 이상의 순방향 전류가 필요하고 턴 온시키기 위한 최소의 순방향 전류를 무엇이라 하는가?**

㉮ 유지 전류
㉯ 래칭 전류
㉰ 브레이크 오버 전류
㉱ 브레이크 다운 전류

5. **다음은 사이리스터에 관한 설명이다. 옳은 것은?**

㉮ 브레이크 오버(break over) 전압에서 소자는 파괴된다.
㉯ 브레이크 다운(break down) 전압은 역방향 전압이다.
㉰ 유지(holding) 전류 이상이 되면 순방향 저지 상태가 된다.
㉱ 래칭(latching) 전류는 유지 전류보다 작다.

해설 ① 브레이크 오버 전압에서 소자는 턴 온(turn on)된다.
② 유지 전류 이상이 되면 순방향 도통 상태가 된다.
③ 래칭 전류는 유지 전류보다 크다.

6. **다음 중 사이리스터의 응용 분야가 아닌 것은?** [06]

㉮ 스위칭 ㉯ 증폭기
㉰ 초퍼 ㉱ 위상 제어

해설 증폭기는 사이리스터가 아닌 일반 트랜지스터의 응용 분야이다.

참고 사이리스터의 응용 분야와 기능
① 무접점 고속 스위칭 기능
② 위상 제어에 의한 AC 전력 제어, 전동기

정답 1. ㉯ 2. ㉱ 3. ㉯ 4. ㉯ 5. ㉯ 6. ㉯

속도 제어 및 조명 제어
③ 초퍼 기능
④ 가변 주파수 제어

7. 사이리스터의 응용에 대한 설명이 잘못된 것은?

㉮ 가격이 비싸고 주파수 제어, 직류 제어가 되지 않는다.
㉯ 무접점 스위치로 응답 특성이 빠르고 손실이 작다.
㉰ 위상 제어에 의한 AC 전력 제어가 된다.
㉱ AC-AD 변환, 제어가 가능하다.

8. 다음 중 SCR에 대한 설명으로 가장 옳은 것은? [06, 08]

㉮ 게이트 전류로 애노드 전류를 연속적으로 제어할 수 있다.
㉯ 쌍방향성 사이리스터이다.
㉰ 게이트 전류를 차단하면 애노드 전류가 차단된다.
㉱ 단락 상태에서 애노드 전압을 0 또는 부(−)로 하면 차단 상태가 된다.

9. SCR에 대한 설명으로 옳지 않은 것은 어느 것인가? [07, 09]

㉮ 게이트 전류로 턴 온할 수 있다.
㉯ 애노드, 게이트, 캐소드 구간의 3단자이다.
㉰ 역전압이 걸리면 턴 오프할 수 있다.
㉱ 턴 온 시 게이트 전류를 차단하면 소호된다.

해설 본문 2-1. (1) ④의 턴 온(turn on) 방법 참조

10. SCR에 대한 설명으로 옳지 않은 것은 어느 것인가? [12]

㉮ 대전류 제어 정류용으로 이용된다.
㉯ 게이트 전류로 통전 전압을 가변시킨다.
㉰ 주전류를 차단하려면 게이트 전압을 (0) 또는 (−)로 해야 한다.
㉱ 게이트 전류의 위상각으로 통전 전류의 평균값을 제어시킬 수 있다.

해설 주전류를 차단하려면 애노드 전압을 '0' 또는 부(−)로 해야 한다.

참고 게이트 전류로 통전 전압을 가변시킨다. → 본문 그림 4-7에서, I_G 참조

11. SCR의 전압 공급 방법(turn on) 중 가장 타당한 것은? [07]

㉮ 애노드에 (−)전압, 캐소드에 (+)전압, 게이트에 (+)전압을 공급한다.
㉯ 애노드에 (−)전압, 캐소드에 (+)전압, 게이트에 (−)전압을 공급한다.
㉰ 애노드에 (+)전압, 캐소드에 (−)전압, 게이트에 (+)전압을 공급한다.
㉱ 애노드에 (+)전압, 캐소드에 (−)전압, 게이트에 (−)전압을 공급한다.

해설 SCR의 턴 온을 위한 전원 공급

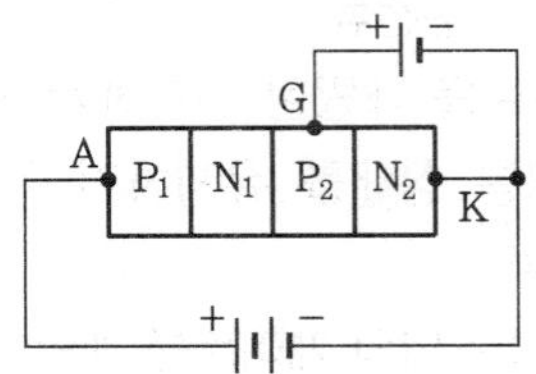

12. SCR의 턴 온 시 10 A의 전류가 흐를 때 게이트 전류를 1/2로 줄이면 SCR의 전류는? [11]

㉮ 5 A　㉯ 10 A
㉰ 20 A　㉱ 40 A

해설 게이트에 정(+)펄스에 의해서 턴 온(turn on)되며, 일단 도통이 되면 게이트 전류에 무

정답 7. ㉮ 8. ㉱ 9. ㉱ 10. ㉰ 11. ㉰ 12. ㉯

관하므로 SCR 전류는 변함이 없다.

참고 SCR는 자기 소호 능력이 없다.

13. **사이리스터는 자기 소호 능력이 없는 소자로서 턴 온에서 턴 오프하려는 방법 중 적당하지 못한 것은?**

㉮ 전류를 유지 전류 이하로 한다.
㉯ 역바이어스를 주는 방법을 취한다.
㉰ 게이트 전류를 차단한다.
㉱ 주전원을 완전히 차단한다.

해설 문제 12. 해설 참조

14. **도통 상태의 SCR을 턴 오프(turn off)하려면 애노드 전류의 값은?** [12]

㉮ 래칭(latching) 전류보다 작게 해야 한다.
㉯ 래칭(latching) 전류보다 크게 해야 한다.
㉰ 유지 전류보다 작게 해야 한다.
㉱ 래칭 전류보다는 작게 유지 전류보다는 크게 한다.

해설 본문 그림 4-7 SCR 특성 참조

15. **그림 기호와 같은 반도체 소자의 명칭은?** [08, 10]

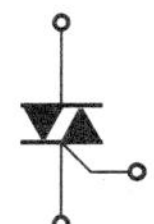

㉮ SCR ㉯ UJT
㉰ TRIAC ㉱ FET

16. **다음 중 2방향성 3단자 사이리스터는 어느 것인가?** [08, 09, 11]

㉮ SCR ㉯ TRIAC
㉰ SSS ㉱ SCS

해설 양방향성 소자
① 2단자 : DIAC, SSS
② 3단자 : TRIAC, SBS, RCT

참고 SCR : 단방향성 3단자
SCS : 단방향성 4단자

17. **트라이액(TRIAC)에 대하여 바르게 설명한 것은?** [06]

㉮ 단일방향 특성을 가진 소자이다.
㉯ 정(+)의 게이트 전류만을 흐르게 하는 소자이다.
㉰ 부(−)의 게이트 전류만을 흐르게 하는 소자이다.
㉱ 쌍방향 특성을 가진 소자이다.

해설 쌍방향 특성을 가진 소자이므로 정(+), 부(−) 게이트 펄스를 이용한다.

18. **트라이액에 대한 설명 중 틀린 것은 어느 것인가?** [12]

㉮ 3단자 소자이다.
㉯ 항상 정(+)의 게이트 펄스를 이용한다.
㉰ 두 개의 SCR을 역병렬로 연결한 것이다.
㉱ 게이트를 갖는 대칭형 스위치이다.

19. **반파 위상 제어에 의한 트리거 회로에서 발진용 저항이 필요한 경우의 트리거 소자가 아닌 것은?** [12]

㉮ SUS ㉯ PUT
㉰ UJT ㉱ TRIAC

해설 트리거(trigger) 소자 : SUS, PUT, UJT, SBS, SSS

참고 본문 표 4-3 참조

20. **교류 회로에서 스위칭 소자로 널리 사용되는 TRIAC은 부하에 흐르는 어떤 전류를**

정답 13. ㉰ 14. ㉰ 15. ㉰ 16. ㉯ 17. ㉱ 18. ㉯ 19. ㉱ 20. ㉯

제어하는 데 이용되는가?

㉮ 최대 전류 ㉯ 평균 전류
㉰ 실효 전류 ㉱ 누설 전류

21. **GTO의 동작 원리를 올바르게 설명한 것은?** [07]

㉮ 게이트에 정(+)의 전류 인가로 턴 온, 부(-)의 전류로 턴 오프
㉯ 한번 턴 온되면 게이트 입력에 관계없이 계속 유지
㉰ 게이트 입력은 오직 삼각파이어야 한다.
㉱ 빛에 의해서만 턴 온, 턴 오프된다.

해설 본문 2-1. (3) GTO 참조

22. **게이트에 인가된 전류의 극성에 따라 온-오프(on-off)를 절환하는 디바이스는?**

㉮ GTO ㉯ MOSFET
㉰ SIT ㉱ TR

23. **반도체에 트리거 소자로서 자기 회복 능력이 있는 것은?** [06]

㉮ GTO ㉯ SSS
㉰ SCS ㉱ SCR

24. **다음 중 UJT를 맞게 설명한 것은?**

㉮ 보통 트랜지스터와 같은 접합이다.
㉯ 1개의 접합 밖에 없다.
㉰ 2개의 Emitter 전극을 가지고 있다.
㉱ Gate 전극이 있다.

해설 UJT(unijunction transistor) : 단일 접합 트랜지스터

참고 본문 표 4-3 참조

25. **펄스 발생기로서 성능이 우수한 것은?**

㉮ varractor ㉯ thyristor
㉰ MOSFET ㉱ UJT

26. **UJT의 특징에 대한 설명으로 틀린 것은?**

㉮ 소비 전력이 적다.
㉯ 정격 피크 전류가 작다.
㉰ 트리거 전압이 안정하다.
㉱ 소형이다.

해설 UJT가 트리거 발생기로 사용되는 이유
① 정격 피크 전류가 크고, 트리거 전압이 안정하다.
② 특히 소비 전력이 적고 소형이다.

27. **사이리스터 트리거소자 중에서 애노드 측에 게이트 단자를 붙인 소형의 N게이트 사이리스터의 명칭은?**

㉮ SCS ㉯ DIAC
㉰ PUT ㉱ SSS

해설 PUT는 UJT와 비슷한 소자로서, 본문 표 4-3과 같은 구조로 되어 있으며, 매우 적은 게이트 전류로도 동작시킬 수 있다.

28. **PUT가 UJT에 비하여 좋은 점을 설명한 것이다. 잘못 설명된 것은?** [07]

㉮ 외부 저항에 의해 효율값을 조정할 수 있다.
㉯ 베이스간 저항을 조절할 수 있다.
㉰ 누설전류가 적다.
㉱ 발진주파수의 변화폭이 크다.

해설 PUT
① 게이트와 캐소드 사이에 외부에서 가변저항(VR)을 접속하여 V_{AK}를 변화시킬 수 있다.
② 출력 펄스의 상승 시간이 빠르며, 누설전류가 적다.

참고 본문 표 4-3에서, PUT, UJT 특징 참조

정답 21. ㉮ 22. ㉮ 23. ㉮ 24. ㉯ 25. ㉱ 26. ㉯ 27. ㉰ 28. ㉱

29. 다이액(DIAC)에 대한 설명으로 틀린 것은? [06, 11]

㉮ NPN 3층으로 되어 있다.
㉯ 트리거 용도로 사용된다.
㉰ 역저지 4극 사이리스터이다.
㉱ 쌍방향으로 대칭적인 부성 저항을 나타낸다.

해설 DIAC
① 3층 구조의 양방향성 다이오드이고, 2단자의 교류 스위칭 소자이다.
② 쌍방향성 부성 저항 특성을 이용하여 외부 회로에 접속된 콘덴서의 충전 전하를 방전시킬 때 다이액을 통하여 흐르는 전류는 펄스 형태이므로 SCR이나 TRIAC의 트리거(trigger)용으로 사용된다.

30. TRIAC을 사용하여 소용량 저항 부하의 AC 전력 제어를 하려고 한다. 게이트용 소자로 가장 간단히 사용할 수 있는 것은? [07, 09]

㉮ UJT ㉯ PUT
㉰ DIAC ㉱ SUS

31. 전파 제어 정류 회로에 사용하는 쌍방향성 반도체 소자는? [08]

㉮ SCR ㉯ SSS
㉰ UJT ㉱ PUT

해설 SSS(silicon symmetrical switch) : 쌍방향 2단자 사이리스터

32. SSS의 트리거에 대한 설명 중 옳은 것은? [07]

㉮ 게이트에 (+)펄스를 가한다.
㉯ 게이트에 (−)펄스를 가한다.
㉰ 게이트에 빛을 비춘다.
㉱ 브레이크 오버 전압을 넘는 전압의 펄스를 양 단자 간에 가한다.

해설 ① SSS는 브레이크 오버 전압 이상의 펄스를 줌으로써 온(on)시킬 수 있어 SCR과 같이 과전압이 걸려도 파괴되는 일 없이 온(on)이 된다는 강점을 가지고 있다.
② 과전압이 걸리기 쉬운 옥외용 네온사인의 조광 등에 알맞다.

33. 과전압이 걸리기 쉬운 옥외용 네온사인의 조광회로에 사용되는 소자는? [09]

㉮ SCR ㉯ TRIAC
㉰ SSS ㉱ TR

정답 29. ㉰ 30. ㉰ 31. ㉯ 32. ㉱ 33. ㉰

3. 특수 반도체 소자 · 반도체 소자의 보호

3-1 서미스터와 바리스터

(1) 서미스터 (thermistor)

① 서미스터는 온도 변화에 따라 저항값이 변하는 열민감성 저항 소자이다.

② 특징은 (-)의 온도 계수를 가지고 온도 변화에 따른 저항값의 변화율이 매우 크며, 보통 금속의 10배 이상이 된다.

③ 반도체 자체에 흐르는 전류에 의해서 생기는 열로 저항 변화를 일으키는 직렬형과 가열용 저항선을 따라 저항이 변하는 방렬형으로 구분하기도 한다.

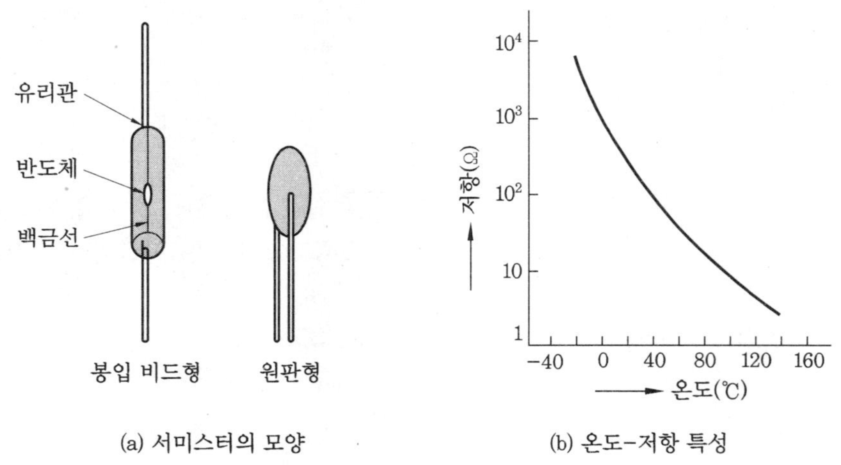

(a) 서미스터의 모양 (b) 온도-저항 특성

그림 4-12 서미스터

④ 용도는 저항 온도 변화의 보상, 온도의 자동 제어, 온도계, 전력계, 유량계, 시간 지연기 등에 널리 쓰인다.

⑤ 일반적으로, 서미스터는 상온(25℃)일 때의 저항값이 표시되어 있다.

(2) 바리스터 (varistor)

① 바리스터는 인가된 전압의 크기에 따라 저항이 비직선적으로 변하는 소자이다.

② 전류와 전압의 관계식

$$I = kVn\ [\mathrm{V}]$$

여기서, k는 상수이고, n은 대개 5~7 사이의 값을 가진다.

③ 바리스터는 탄화규소를 주원료로 한 분말에 탄소나 점토 등을 혼합해서 구워 놓은 구조이며, 온도에 대한 저항의 변화는 서미스터보다는 적지만 과부하에 강하다.

④ 바리스터는 서지전압을 흡수하여 과전압시 회로 보호를 하는 2단자 소자이다.

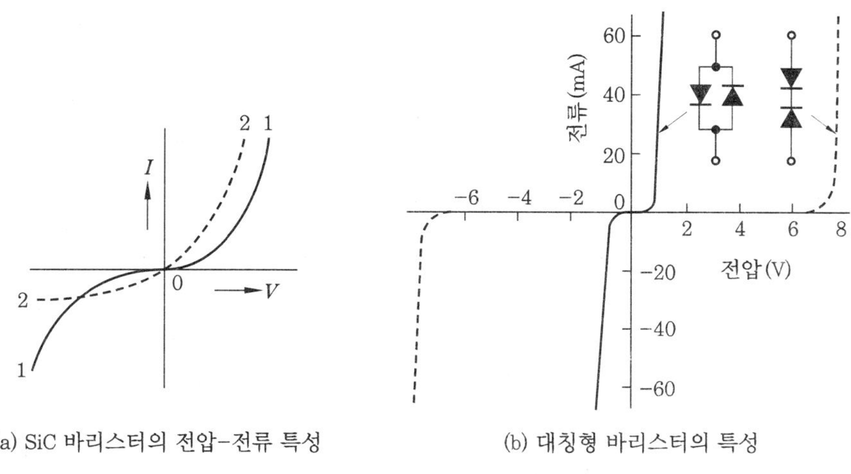

(a) SiC 바리스터의 전압-전류 특성　　(b) 대칭형 바리스터의 특성

그림 4-13 바리스터

⑤ 바리스터는 고압 송전용 피뢰침으로 사용되어 왔으나, 근래에는 저압용 바리스터가 많이 나와 전화기나 기타 통신 기기의 불꽃 잡음의 흡수, 정류 소자 및 계전기의 접점 보호 장치 등에 사용되고 있다.

3-2 광전자 소자

(1) CdS 광도전 소자

① CdS (황화카드뮴)는 카드뮴과 황을 화합하여 이것을 수백 도(℃) 정도로 가열하여 소성하거나 단결정으로 하여 만든 것이다.

② 빛을 많이 쬐어 줄수록 자유 전자가 증가하여 저항이 감소되므로 CdS 양단에 전압을 공급하고 있을 때에는 빛의 양에 비례하여 전류가 증가한다.

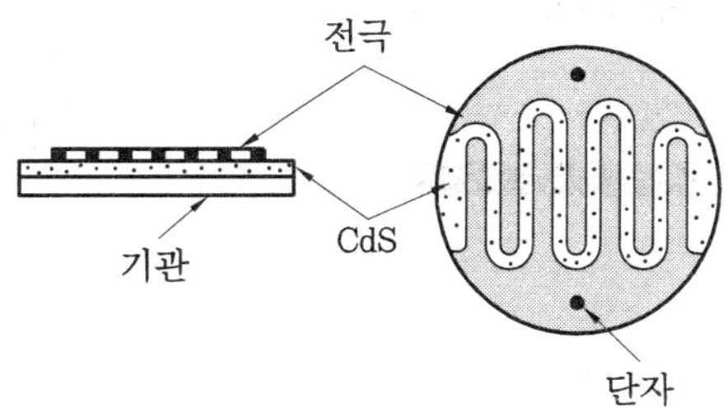

그림 4-14 CdS의 구조

③ CdS 광도전 소자는 TV 수상기의 자동 휘도 조정 회로나 자동 점멸기 등을 비롯한 각종 자동 제어 회로나 광통신 회로에 이용되고 있다.

(가) 암전류(dark current) : 빛을 비추어 주지 않고 있을 때에 흐르는 미소 전류

(나) 광전류(photo current) : 빛을 비추어 주었을 때 흐르는 전류

(2) 포토 다이오드(photo diode)

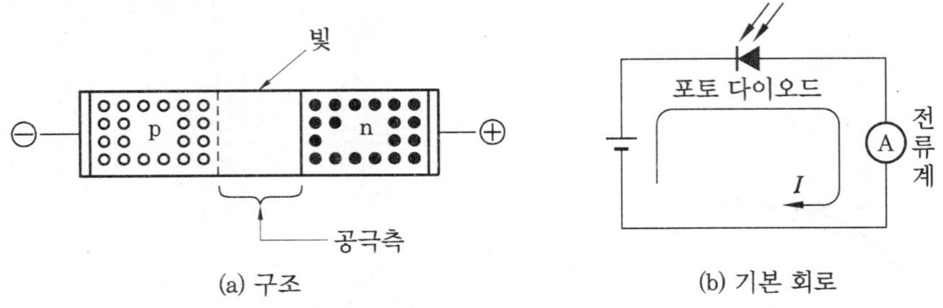

(a) 구조 (b) 기본 회로

그림 4-15 포토 다이오드

① 포토 다이오드의 주요 부분은 PN 접합을 가진 실리콘 판이다.

② 역방향 바이어스로 동작하는 다이오드로서, 빛에너지를 받으면 전류가 흐르는 소자이다.

③ 원리는 온도 즉, 열에너지 대신 빛에너지를 가해도 누설 전류가 증가하는 효과를 이용한 것이다.

④ 용도 : 조도계, 카메라 노출계, 연기센서, 분광 광도계, 광통신 등

(3) 포토 트랜지스터(photo transistor)

① 포토 트랜지스터는 매우 감도가 높은 광전 소자로서, 베이스가 개방되어 있고, 빛은 컬렉터 접합 근처로 집중하도록 만들어져 있다.

② 포토 다이오드에 증폭 기능을 더한 소자이다. 외부에서 빛을 비추면 베이스에 바이어스 전압을 인가한 경우와 마찬가지로 트랜지스터가 동작하게 된다.

③ 모든 빛에 반응하는 것이 아니고, 일정 파장 범위 내의 빛에만 반응한다.

④ 이미터 접지의 형식을 취하도록 되어 있다.

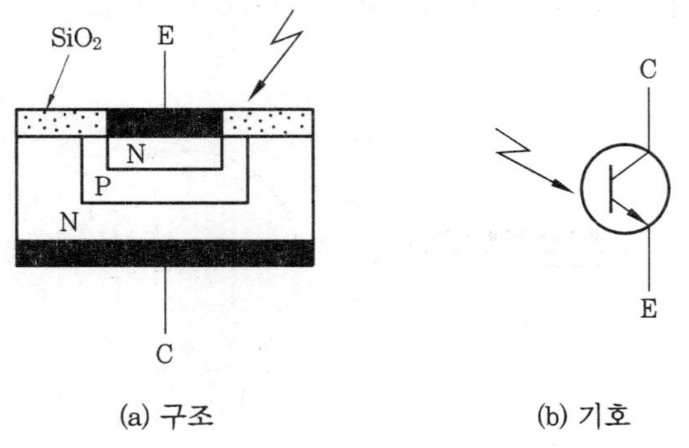

(a) 구조 (b) 기호

그림 4-16 포토 트랜지스터

(4) 포토 커플러(photo coupler)

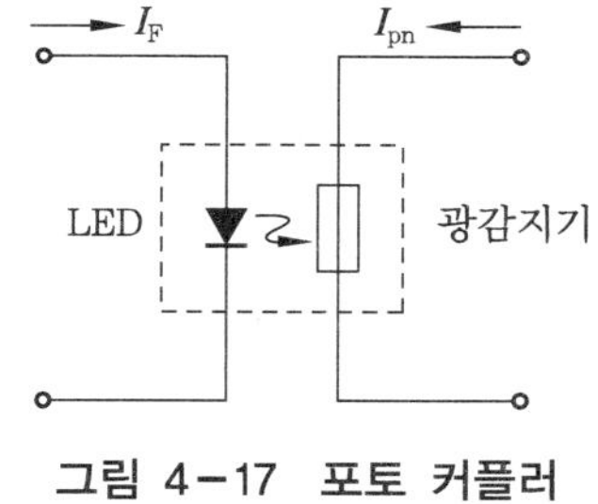

그림 4-17 포토 커플러

① 포토 커플러는 발광 소자와 수광 소자를 하나의 용기 속에 넣어 외부의 빛을 차단한 구조로 되어 있다.
② 수광 소자로는 감도가 높은 포토 트랜지스터를 이용하는 것이 일반적이다.
③ 발광 소자와 수광 소자는 전기적으로 절연되어 있으며, 그 절연 저항은 1000[MΩ] 이상이다.
④ 신호의 전송은 단방향성으로서 출력 쪽의 전기적 조건이 입력 쪽에 전혀 영향을 끼치지 않는다.

(5) 태양 전지(solar cell)

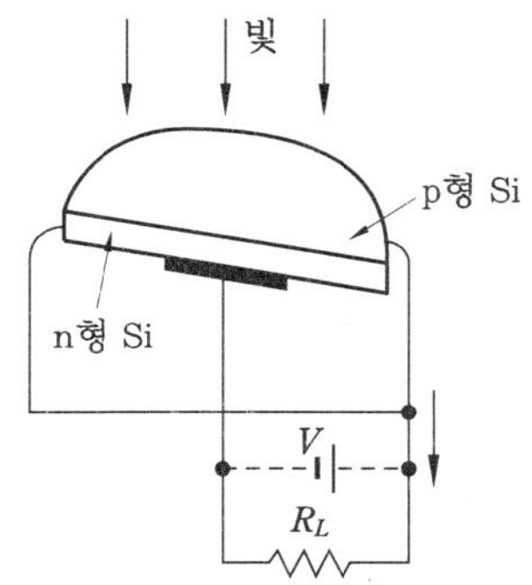

그림 4-18 실리콘 태양 전지의 구조

① 태양 전지는 빛의 에너지를 흡수해서 전기 에너지로 변환(광전 변환)하는 반도체 소자이다.
② 태양의 방사 에너지는 지표면에서 약 1[kW/m^2]이다.
③ 태양 전지의 동작 원리는 다음 세가지 과정으로 나눌 수 있다.
(가) 태양 전지에 입사된 빛이 내부에 흡수되는 과정
(나) 빛의 흡수에 의해서 발생된 전자, 정공의 전도 과정
(다) 전도 반송자가 외부로 유출(전류)되는 과정

3-3 반도체 소자의 보호

(1) 스너버(snubber) 회로

① 반도체 정류소자 등에 있어서, 소자에 공급되는 서지 전압이나 링잉(ringing) 전압을 흡수하기 위하여 소자에 병렬로 접속된 RC 직렬 분기이다.
② 일반적으로 RC 스너비는 $\frac{dv}{dt}$를 허용값 이내로 제한하기 위하여 반도체 양단에 연결하여 사용한다.

(2) 스너버 회로의 종류

① 순방향 극성 : 역병렬 다이오드가 연결될 때

참고 저항 R는 순방향 $\frac{dv}{dt}$를 제한하며, R_1은 소자가 턴 온될 때 커패시턴스의 방전 전류를 제한하는 역할을 한다.

② 역방향 극성 : 역방향 $\frac{dv}{dt}$를 제한이다.

③ 무극성 : 무극성 회로

참고 L_s : 직렬 리액터로서 $\frac{di}{dt}$, 즉 양극 전류 상승률 억제 역할

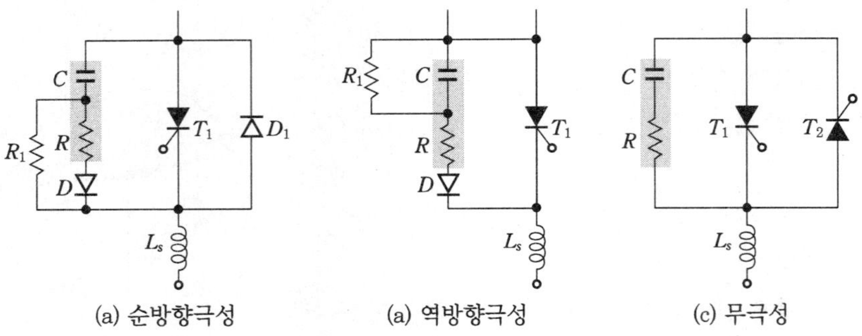

그림 4-19 스너버 (snubber) 회로

3. 특수 반도체 소자·반도체 소자의 보호

1. 온도 변화에 따라 저항값이 부(−)의 온도 계수를 갖는 열민감성 소자로 온도의 자동 제어에 사용되는 반도체는?

㉮ 다이오드 ㉯ CdS
㉰ 바리스터 ㉱ 서미스터

해설 서미스터(thermistor) : 온도에 민감한 저항체(thermally sensitive resistor)의 약자이며, 부(−)의 온도 계수를 갖는다.

2. 다음 중 온도에 따라 저항값이 부(−)의 방향으로 변화하는 특수 반도체는? [09]

㉮ 서미스터 ㉯ 바리스터
㉰ SCR ㉱ PUT

3. 낮은 전압에서 큰 저항을 나타내며, 높은 전압에서는 작은 저항을 갖는 소자는 어느 것인가? [09]

㉮ 서미스터
㉯ 바랙터
㉰ 바리스터
㉱ 사이리스터

해설 바리스터(varistor) :
① 비직선형 저항기로서 높은 전압일 때 저항이 낮아지는 특성이 있다.
② 서지 전압을 흡수하여 과전압 시 회로 보호를 하는 2단자 소자이다.

4. 특정 전압 이상이 되면 on되는 반도체인 바리스터의 주된 용도는? [08]

㉮ 온도 보상
㉯ 전압의 증폭
㉰ 출력 전류의 조절
㉱ 서지 전압에 대한 회로 보호

5. 바리스터(varistor)의 주된 용도는 무엇인가? [07, 09, 10]

㉮ 전압 증폭용
㉯ 서지 전압에 대한 회로 보호용
㉰ 출력 전류 조정용
㉱ 과전류 방지 보호용

6. CdS(황화 카드뮴)은 어떤 소자인가 바르게 설명한 것은? [08]

㉮ 빛에 의한 전도성을 이용하는 소자이다.
㉯ 빛에 의한 기전력이 발생하는 소자이다.
㉰ 태양 전지에서 0.55 V의 기전력을 발산하는 소자이다.
㉱ 광전 트랜지스터를 만드는 소자이다.

7. 황화 카드뮴(CdS) 소자의 특성을 설명한 것 중 적합한 것은?

㉮ 빛에 의하여 전기 저항이 변화한다.
㉯ 온도에 의하여 저항이 변화한다.
㉰ 전압에 의하여 전기 저항이 변화한다.
㉱ 태양 에너지를 전기 에너지로 변화한다.

8. 포토 다이오드(photo diode)에 관한 설명 중 틀린 것은?

㉮ 응답 속도가 빠르다.
㉯ 전기 에너지를 빛에너지로 변환시킨다.
㉰ PN 접합에 역방향으로 바이어스를 가한다.
㉱ 포토 트랜지스터와 기능면에서 유사하다.

9. 다음 포토 트랜지스터의 설명 중 잘못

정답 1. ㉱ 2. ㉮ 3. ㉰ 4. ㉱ 5. ㉯ 6. ㉮ 7. ㉮ 8. ㉯ 9. ㉰

된 것은?

㉮ 매우 감도가 높은 광전소자이다.

㉯ 포토 다이오드에 증폭 기능을 더한 소자이다.

㉰ 모든 빛에 반응한다.

㉱ 이미터 접지 형식을 취하도록 되어 있다.

해설 일정 파장 범위 내의 빛에만 반응한다.

10. 발광소자와 수광소자를 하나의 용기에 넣어 외부의 빛을 차단한 구조로 출력측의 전기적인 조건이 입력측에 전혀 영향을 끼치지 않는 소자는? [07, 09, 11]

㉮ 포토 다이오드 ㉯ 포토 트랜지스터

㉰ 서미스터 ㉱ 포토 커플러

해설 본문 그림 4-17 포토 커플러의 구조 참조

11. 다음 중 포토 커플러(photo coupler) 소자의 용도가 유사한 것은?

㉮ 펄스 변압기 ㉯ 서미스터

㉰ LASCR ㉱ GTO

해설 펄스 변압기(pulse transformer) : 펄스 변성기

① 펄스 회로의 임피던스 변환이나 직류분을 저지할 목적으로 사용된다.

② 펄스 회로에서 전원의 분리나 펄스의 결합 분배 등에 사용되며, 파형 왜곡을 줄이기 위해 누설 인덕턴스와 표유용량을 작게, 여자 인덕턴스는 크게 설계한다.

③ 포토 커플러와 유사하게 입력측과 출력측이 전기적으로 절연되어 있으며 출력측의 전기적 조건이 입력측에 전혀 영향을 끼치지 않는다.

12. 다음 중 광전자 소자가 아닌 것은? [06]

㉮ 포토 다이오드

㉯ 포토 트랜지스터

㉰ 서미스터

㉱ 태양 전지

13. 다음은 스너버(snubber) 회로에 관한 설명이다. 옳지 않은 것은?

㉮ R, C로 구성된다.

㉯ 반도체 소자와 병렬로 접속된다.

㉰ 반도체 소자의 전류 상승률 $\left(\frac{di}{dt}\right)$을 제한하기 위한 것이다.

㉱ 반도체 소자의 보호 회로에 사용된다.

해설 본문 그림 4-19 스너버 회로 참조

반도체 소자의 전압 상승률 $\left(\frac{dv}{dt}\right)$을 허용값 이내로 제한하기 위한 것이다.

14. 전력용 반도체 소자의 턴 오프 시 소자에 가해지는 과전압과 스위칭 손실을 저감시키거나 전력용 트랜지스터의 역바이어스 2차 항복 파괴 방지를 목적으로 하는 회로는?

㉮ 스너버 회로 ㉯ 드라이브 회로

㉰ 정류 회로 ㉱ 브리지 회로

15. 클램프 회로와 스너버 회로는 전력 전자 회로에서 주로 어떤 곳에 사용하는가?

㉮ 스위칭 속도의 증가

㉯ 정전용량 발생 억제

㉰ 래치업(latch-up) 상승

㉱ 과전압 방지

16. 과도한 전압 변화$\left(\frac{dv}{dt}\right)$에 의한 전력용 반도체 스위치의 소손을 막기 위해 사용하는 회로는? [12]

㉮ 스너버 회로 ㉯ 게이트 회로

㉰ 필터회로 ㉱ 스위치 제어 회로

정답 10. ㉱ 11. ㉮ 12. ㉰ 13. ㉰ 14. ㉮ 15. ㉱ 16. ㉮

해설 스너버(snubber) 회로

① 본문 그림 4-19에서, 소자에 병렬로 접속된 RC 직렬 분기이다.

② 본문 그림 4-19에서, 소자에 흐르는 전류의 급격한 변화 $\left(\frac{di}{dv}\right)$를 방지하기 위해 직렬로 사용하는 작은 인덕턴스(Ls)도 스너버로 포함시키는 수도 있다.

17. **전력용 사이리스터를 사용한 회로에서 과전류 보호를 위한 회로가 아닌 것은?**

㉮ 전류 제한 퓨즈 사용 회로

㉯ 리액터 사이리스터 클로버 회로

㉰ 접합부의 온도 상승 저지 회로

㉱ RC 서지 흡수기 회로

해설 과전류 보호

① 전류 제한 퓨즈 : 고속 동작 퓨즈

② 클로버(crowbar) 회로 : 전압 또는 전류에 대한 점호 회로와 함께 사이리스터로 구성된다.

③ 온도 상승 저지 회로 : 접합 온도는 최대 허용값 이내로 유지

참고 RC 서지 흡수기 회로 : 과전압 보호

18. **사이리스터에서 양극 전류 상승률 $\frac{di}{dt}$ 가 커지면 나타나는 현상은?**

㉮ 게이트 전류는 지수 함수적으로 증가한다.

㉯ 양극 전류가 감소한다.

㉰ $\frac{di}{dt}$를 증가시키면 고주파 진동을 억제할 수 있다.

㉱ 접합부 온도가 상승 과열되어 파괴가 되는 경우도 있다.

해설 양극 전류 상승률 $\frac{di}{dt}$

① 애노드 전류의 상승률이 턴 온 과정의 확산 속도와 비교하여 매우 빠르면, 국부적인 과열점(hot-spot)이 대전류 밀도에 의하여 발생되며 소자는 과도한 온도에 의하여 파괴되고 만다.

② 실제의 소자는 높은 $\frac{di}{dt}$에 대하여 보호되어야 하며, 직렬 리액터 Ls를 부착하여 제한할 수 있다.

정답 17. ㉱ 18. ㉱

제 2 장 정류 회로

■ 정류 회로의 분류
- 다이오드(diode)를 이용한 정류 회로
- 사이리스터(thyristor)를 이용한 위상 제어 정류 회로

1-1 정류 회로 특성 · 다이오드 정류 회로

(1) 정류 회로의 특성

① 맥동률(ripple factor : RF) : 리플(ripple) 함유율

$$\mathrm{RF} = \frac{V_{ac}}{V_{dc}} = \sqrt{\left(\frac{V_{\mathrm{rms}}}{V_{\mathrm{dc}}}\right)^2 - 1} = \sqrt{\mathrm{FF}^2 - 1}$$

㈎ 출력 전압의 ac 성분의 실효(effective)값

$$V_{ac} = \sqrt{V_{\mathrm{rms}}^2 - V_{\mathrm{dc}}^2}$$

여기서, V_{rms} : 출력 전압의 실효값, V_{dc} : 출력(부하) 전압의 평균값

㈏ 파형률(form factor : FF)

$$\mathrm{FF} = \frac{V_{\mathrm{rms}}}{V_{\mathrm{dc}}}$$

② 전압 변동률(voltage regulation)

$$\epsilon = \frac{V - V_0}{V_0} \times 100[\%]$$

여기서, V : 무부하 시 직류 전압, V_0 : 전부하 시 직류 전압

③ 정류 효율

$$\eta = \frac{\text{직류 출력의 전력 평균값}}{\text{교류 입력의 전력 실효값}} \times 100[\%]$$

표 4-4 정류 회로의 특성 비교

특성 \ 정류 회로	단상 반파	단상 전파	3상 반파	3상 전파
맥동률	121 %	48 %	17 %	4 %
맥동 주파수	f	$2f$	$3f$	$6f$
정류 효율	40.6 %	81.2 %	96.7 %	99.8 %

④ 변압기 이용률 (transformer utilization factor : TUF)

$$\text{TUF} = \frac{\text{직류 출력의 전력 평균값}}{\text{변압기의 1차와 2차 용량의 평균값}} \times 100[\%]$$

(2) 단상 정류 회로

① 단상 반파 정류

(가) 그림 4-20에서 (+) 반주 기간에만 통전하여(순방향 전압) 반파 정류를 한다.

(나) 직류 전압 e_{d0}의 평균값은 E_{d0}는

$$E_{d0} = \frac{\sqrt{2}\,V}{\pi} = 0.45\,V\ [\text{V}]$$

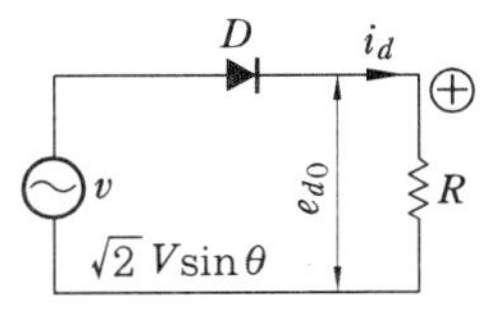

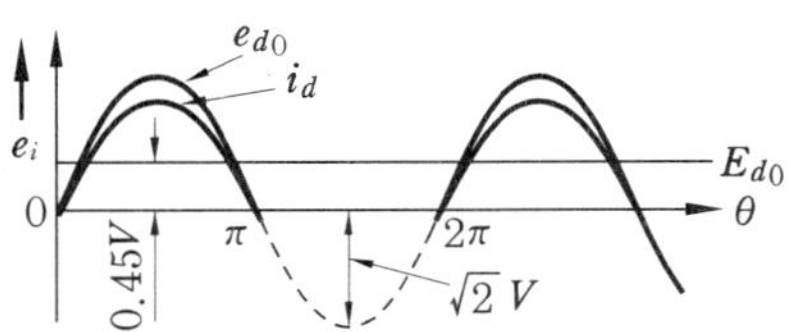

그림 4-20 단상 반파 정류 회로

② 단상 전파 정류

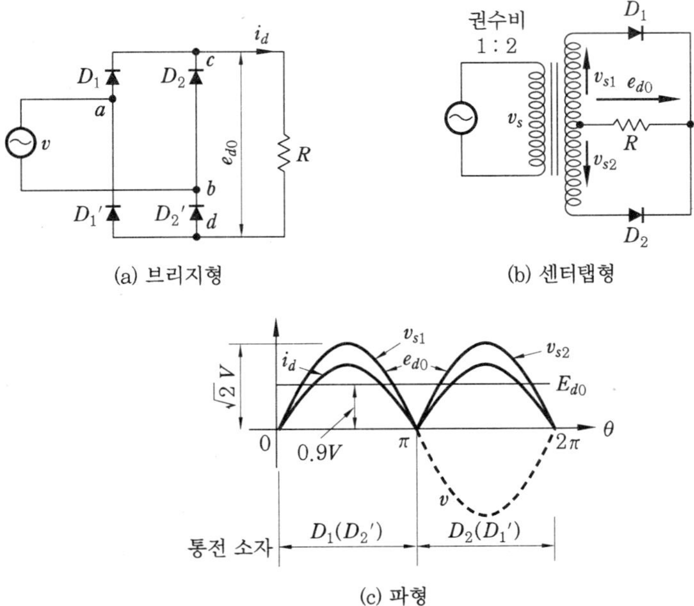

그림 4-21 단상 전파 정류 회로

(가) 그림 4-21에서 (+) 반주기(실선) 간에는 D_1, $(D_2{}')$가, (-) 반주기(점선) 간에는 $D_2, (D_1{}')$가 순방향 전압에 의하여 통전하여 (c)와 같이 전파 정류한다.

(나) 직류의 평균값은 사인파의 평균값과 같다.

$$E_{d0} = \frac{2}{\pi} V_m = \frac{2\sqrt{2}}{\pi} V = 0.9\,V \text{ [V]}$$

$$v = v_s = v_{s1} = v_{s2} = V_m \sin\theta = \sqrt{2}\ V \sin\theta \text{[V]}$$

(3) 3상 정류 회로

① 3상 반파 정류 회로

$$E_{d0} = \frac{3\sqrt{2}\sqrt{3}\,V}{2\pi} = 1.17\,V \text{ [V]}$$

② 3상 전파 정류 회로

$$E_{d0} = 2 \cdot \frac{3\sqrt{2}\sqrt{3}\,V}{2\pi} = 2.34\,V = 1.35\,V_l \text{[V]}$$

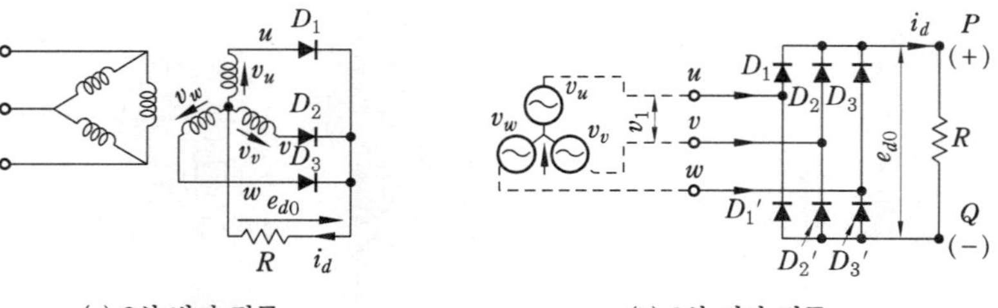

(a) 3상 반파 정류 (b) 3상 전파 정류

그림 4-22 3상 정류 회로

(4) 배전압 정류 회로

① 반파 배전압 정류 회로

(가) 그림 4-23의 b측 전위가 높아지면 D_1이 도통해서 C_1이 최대값 $\sqrt{2}\,V$까지 충전된다.

(나) 다음의 반주기는 a측이 높아지므로 C_1의 충전 전압과 직렬이 되고, 이 둘이 가해진 크기가 되어 D_2가 도통된다.

(다) C_2는 C_1의 2배의 내전압을 필요로 하며, D_1, D_2의 역내 전압은 $2\sqrt{2}\,V$가 된다.

∴ 부하 저항 R_L에는 입력 전압 V의 $2\sqrt{2}$ 배에 가까운 직류 전압이 생기게 된다.

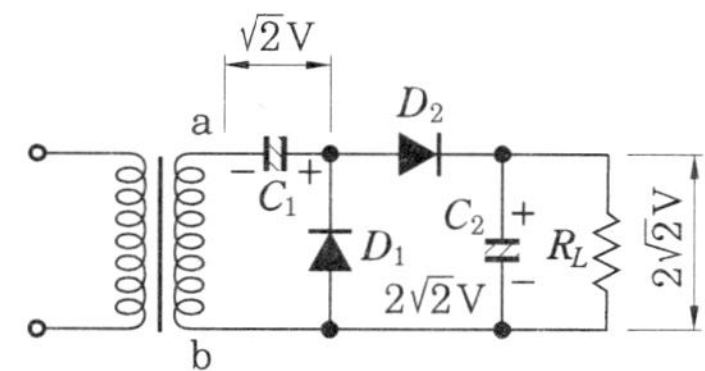

그림 4-23 반파 배전압 정류 회로

② 전파 배전압 정류 회로

(가) 그림 4-24의 a측의 전위가 높을 때 D_1이 도통하며 C_1은 $\sqrt{2}\,V$의 전압이 충전된다.

(나) 다음 반주기는 D_2가 도통하여 C_2는 $\sqrt{2}\,V$의 전압이 충전된다.

∴ 부하 저항 R_L에는 입력 전압 V의 $2\sqrt{2}$배에 가까운 직류 전압이 생긴다.

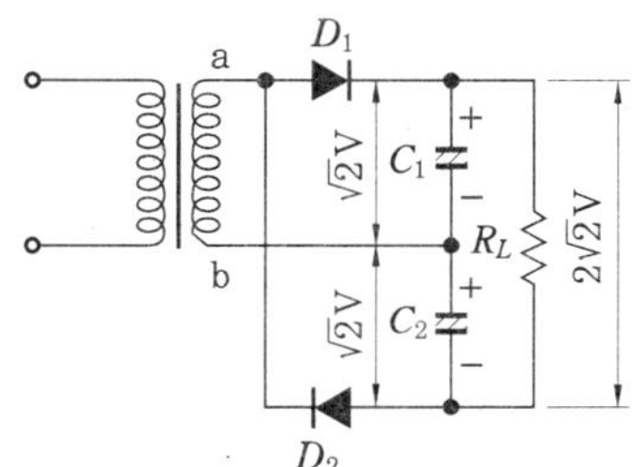

그림 4-24 전파 배전압 정류 회로

1-2 위상 제어 정류 회로

(1) 위상 제어 정류기의 동작 원리

① 저항 부하를 갖는 그림 4-25 (a)에서, 입력 전압의 정(+) 반주기 동안에 사이리스터 (thyristor) T는 순방향 바이어스된다.

② T가 $\omega t = \alpha$에서 점호될 때, T는 턴 온(turn on)되고 입력 전압은 부하 R 양단에 나타난다.

③ 입력 전압이 $\omega t = \pi$에서 부(-)로 시작될 때, T은 역방향 바이어스되므로 턴 오프 (turn off)된다.

④ 입력 전압이 정(+)으로 시작된 후에 T가 $\omega t = \alpha$에서 점호될 때까지의 시간을 점호각 (firing angle) 또는 지연각 α라고 한다.

⑤ 입・출력 전압의 파형은 그림(b)와 같으며, 평균 출력 전압은 다음과 같이 표시된다.

$$E_d = \frac{1}{2\pi}\int_0^{\pi} \mathrm{E_m} \sin\omega t \; d(\omega t) = \frac{\mathrm{E_m}}{2\pi}[-\cos\omega t]_{\alpha}^{\pi}$$

$$= \frac{\mathrm{E_m}}{2\pi}(1+\cos\alpha) = \frac{\sqrt{2}}{2\pi}\mathrm{E}(1+\cos\alpha)$$

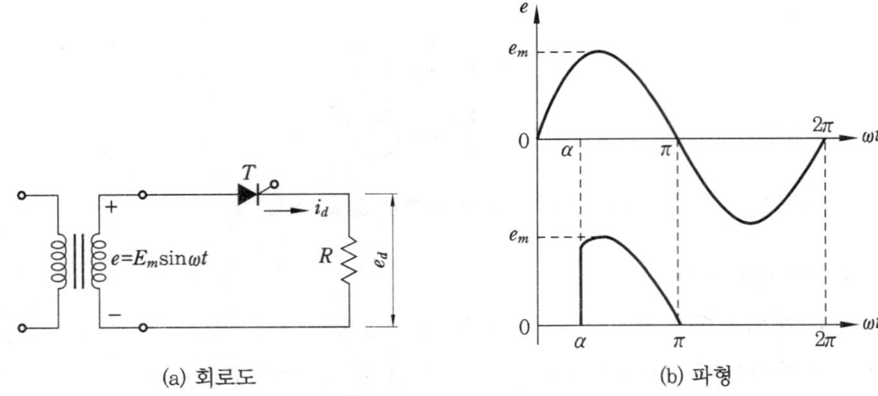

그림 4-25 위상 제어 동작 원리(단상 반파 정류 회로)

(2) 위상 제어 정류 회로의 평균 출력 전압의 비교

표 4-5 평균 출력 전압

정류 회로	단상 반파	단상 전파	3상 반파	3상 전파
출력 전압	$E_d = \dfrac{\sqrt{2}}{2\pi}E(1+\cos\alpha)$	• 저항 부하 $E_d = \dfrac{\sqrt{2}}{\pi}E(1+\cos\alpha)$ • 유도성 부하 $E_d = \dfrac{2\sqrt{2}}{\pi}E\cos\alpha$	• 유도성 부하 $E_d = \dfrac{3\sqrt{6}}{2\pi}E\cos\alpha$ $= 1.17E\cos\alpha$	• 유도성 부하 $E_d = \dfrac{3\sqrt{6}}{2\pi}E\cos\alpha$ $= 1.35E\cos\alpha$

(3) 단상 전파 정류 회로

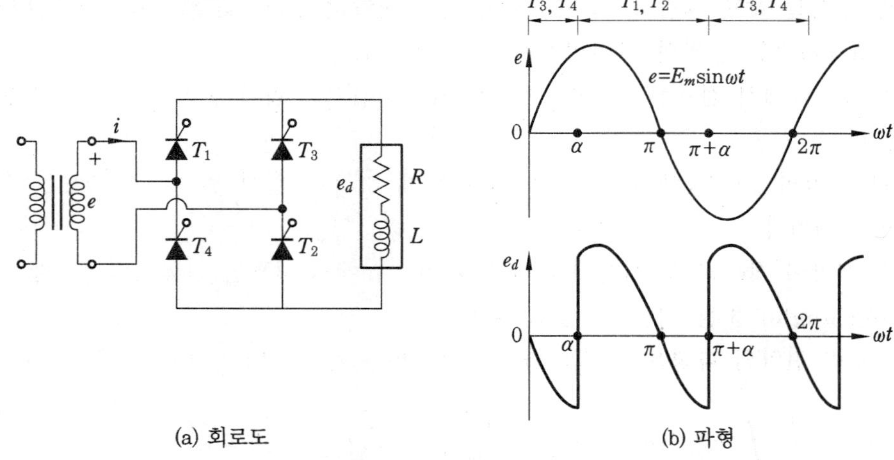

그림 4-26 단상 전파 정류 회로

(4) 3상 반파 정류 회로

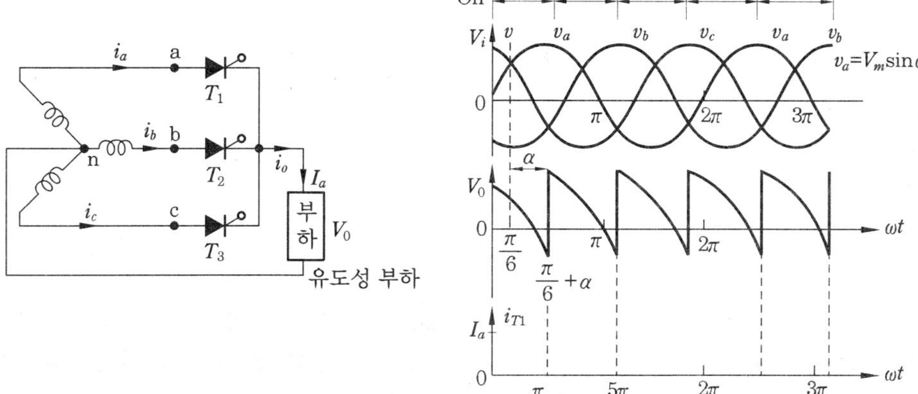

(a) 회로도 (b) 파형

그림 4-27 3상 반파 정류 회로

- **평균 출력 전압 : V_{dc}**

  상전압이 $v_a = V_m \sin\omega t$일 때, 연속적인 부하 전류에 대한 평균 출력 전압

$$V_{\mathrm{dc}} = \frac{3}{2\pi}\int_{\pi/6+\alpha}^{5\pi/6+\alpha} V_m \sin\omega t \, d(\omega t) = \frac{3\sqrt{3}\,V_m}{2\pi}\cos\alpha$$

예·상·문·제

1. 다음 중 저항 부하 시 맥동률이 가장 적은 정류 방식은? [08]

㉮ 단상 반파식 ㉯ 단상 전파식
㉰ 3상 반파식 ㉱ 3상 전파식

해설 본문 표 4-4 참조

2. 맥동 전압 주파수가 전원 주파수의 6배가 되는 정류 방식은? [07]

㉮ 단상 전파 정류
㉯ 단상 브리지 정류
㉰ 3상 반파 정류
㉱ 3상 전파 정류

3. 저항 부하 정류 회로의 특성 중 정류 효율이 가장 좋은 것은? [08, 12]

㉮ 단상 반파식 ㉯ 단상 전파식
㉰ 3상 반파식 ㉱ 3상 전파식

해설 본문 표 4-4 참조

4. 단상 전파 정류 회로에서 맥동률은 약 몇 %인가?

㉮ 4 ㉯ 17 ㉰ 48 ㉱ 96

해설 $RF = \sqrt{\left(\frac{V_{\text{rms}}}{V_{\text{dc}}}\right)^2 - 1} \times 100$

$= \sqrt{\left(\frac{V}{0.9\,V}\right)^2 - 1} \times 100 \fallingdotseq 48\%$

참고 본문 그림 4-4 참조

5. 단상 반파 정류 회로의 최대 정류 효율(%)은?

㉮ 30.6 ㉯ 40.6
㉰ 50 ㉱ 81.2

해설 $\eta = \frac{P_{dc}}{P_{ac}} \times 100 = \frac{{V_{\text{dc}}}^2/R}{{V_{\text{rms}}}^2/R} \times 100$

$\frac{\left(\frac{\sqrt{2}}{\pi}V\right)^2}{\left(\frac{\sqrt{2}}{2}V\right)^2} \times 100 = \frac{4}{\pi^2} \times 100 \fallingdotseq 40.6\%$

6. 단상 전파 정류 회로에 입력 교류 전압 200 V를 인가하여 출력되는 직류 전압은 몇 [V]인가? (단, 소자의 전압 강하는 무시하며, 부하는 순저항 부하이다.)

㉮ 90 ㉯ 180
㉰ 270 ㉱ 360

해설 $E_{d0} = 0.9\,V = 0.9 \times 200 = 180\,[\text{V}]$

7. 반파 정류 회로에서 직류 전압 200 V를 얻는 데 필요한 변압기 2차 상전압은 약 몇 [V]인가? (단, 부하는 순저항 변압기 내 전압강하를 무시하면 정류기 내의 전압 강하는 50V로 한다.)

㉮ 68 ㉯ 113 ㉰ 333 ㉱ 555

해설 $E_{d0} = 0.45\,V - e\,[\text{V}]$에서

$V = \frac{1}{0.45}(E_{d0} + e) = \frac{1}{0.45}(200 + 50)$

$\fallingdotseq 555\,[\text{V}]$

8. 그림과 같은 환류 다이오드 회로의 부하 전류 평균값은 몇 A인가? (단, 교류 전압 V=220[V], 60 Hz, 부하 저항 R=10 [Ω]이며, 인덕턴스 L은 매우 크다.) [12]

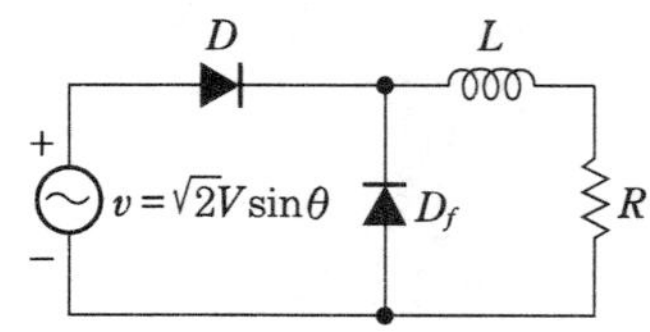

정답 1. ㉱ 2. ㉱ 3. ㉱ 4. ㉰ 5. ㉯ 6. ㉯ 7. ㉱ 8. ㉰

㉮ 6.7A　　㉯ 8.5A
㉰ 9.9A　　㉱ 11.7A

해설 단상 반파 정류 회로 – 환류 다이오드(D_f)

$$I_{dc} = \frac{V_{dc}}{R} = \frac{0.45\,V}{R} = \frac{0.45 \times 220}{10} = 9.9\text{A}$$

참고 환류 다이오드(free wheeling diode) : D_f
부하와 병렬로 접속되어 정류 다이오드가 off될 때 유도성 부하 전류의 통로를 만드는 역할을 하며, 부하 전류의 평활화, 다이오드의 역 바이어스 전압을 부하에 관계없이 일정하게 유지하여 준다.

9. 그림과 같은 회로에서 AB간 전압의 실효값을 200V라고 할 때, R_L 양단에서 전압의 평균값은 약 몇 [V]인가? (단, 다이오드는 이상적인 다이오드이다.) [07]

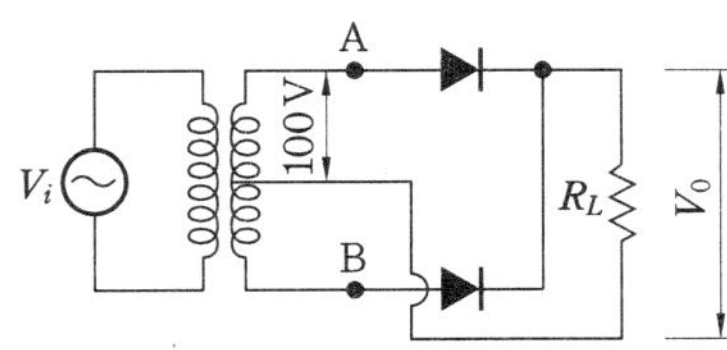

㉮ 64　　㉯ 90
㉰ 180　　㉱ 282

해설 단상 전파 정류 회로 : 본문 그림 4-21 (b) 참조
$V_0 = 0.9 \times 100 = 90[\text{V}]$

10. 권수비 1:2의 단상 센터탭형 전파 정류 회로에서 전원 전압이 100 V라면 직류 전압은 약 몇 [V]인가? [09]

㉮ 90　　㉯ 100
㉰ 110　　㉱ 140

해설 문제 9. 해설 참조

11. 입력 전원 전압이 $v_s = V_m \sin\theta$인 경우, 아래 그림의 전파 다이오드 정류기의 출력 전압 $v_0(t)$에 대한 평균치와 실효치를 각각 옳게 나타낸 것은? [10]

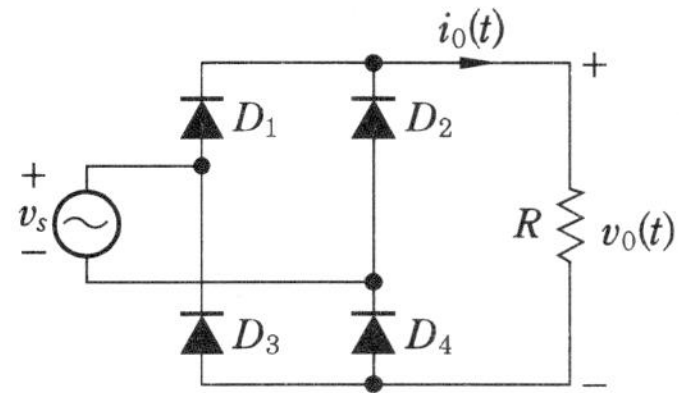

㉮ 평균치 : $\frac{V_m}{\pi}$, 실효치 : $\frac{V_m}{2}$

㉯ 평균치 : $\frac{V_m}{2}$, 실효치 : $\frac{V_m}{\pi}$

㉰ 평균치 : $\frac{V_m}{2\pi}$, 실효치 : $\frac{V_m}{\sqrt{2}}$

㉱ 평균치 : $\frac{2V_m}{\pi}$, 실효치 : $\frac{V_m}{\sqrt{2}}$

해설 단상 브리지 정류 회로 : 본문 그림 4-21 (a) 참조

① 평균치 : $V_d = \frac{1}{\pi}\int_0^{\pi} V_m \sin\theta\, d\theta = \frac{2V_m}{\pi}$

② 실효치 :

$$V_{rms} = \sqrt{\frac{1}{\pi}\int_0^{\pi}(V_m \sin\theta)^2 d\theta} = \frac{V_m}{\sqrt{2}}$$

12. 단상 전파 정류 회로를 구성한 회로로 가장 알맞은 것은? [06]

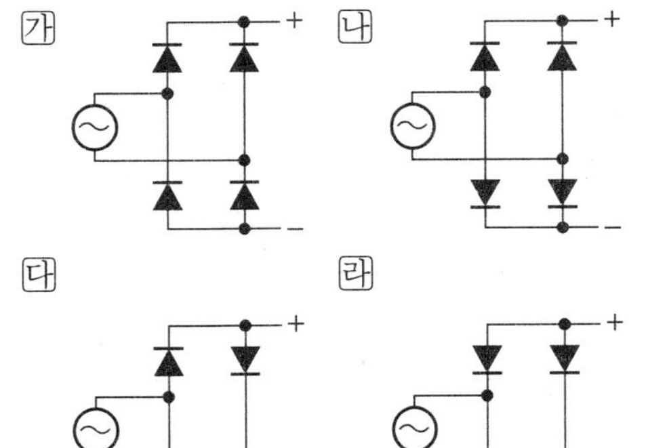

해설 본문 그림 4-21 (a) 참조

정답 9. ㉯　10. ㉮　11. ㉱　12. ㉮

13. 단상 전파 정류로 직류 전압 200 V를 얻는데 필요한 변압기의 2차 권선의 전압은 약 몇 [V]인가?

㉮ 220.5　　㉯ 222.2
㉰ 224.4　　㉱ 228.5

해설 $V_s = \frac{E_{d0}}{0.9} = \frac{200}{0.9} \fallingdotseq 222.22\,[\mathrm{V}]$

14. 상전압 300V의 3상 반파 정류 회로의 직류 전압은 몇 [V]인가? [07]

㉮ 117　　㉯ 200
㉰ 283　　㉱ 351

해설 $E_{d0} = 1.17\,V = 1.17 \times 300 = 351\,[\mathrm{V}]$

15. 그림의 정류 회로는 어떠한 회로인가?

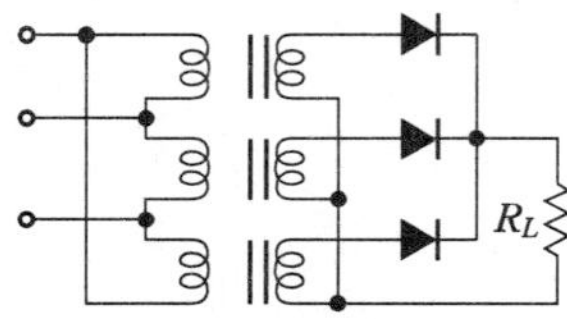

㉮ 단상 전파 정류 회로
㉯ 브리지 정류 회로
㉰ 단상 3배압 정류 회로
㉱ 3상 반파 정류 회로

해설 본문 그림 4-22 (a) 참조

16. 220V의 교류 전압을 배전압 정류할 때 최대 정류 전압은? [11]

㉮ 약 440 [V]　　㉯ 약 566 [V]
㉰ 약 622 [V]　　㉱ 약 880 [V]

해설 본문 그림 4-23 또는 그림 4-24에서, 최대 정류 전압 = 부하 저항 R_L 양단 전압
$\therefore\ E_{dm} = 2\sqrt{2}\,V = 2\sqrt{2} \times 220 \fallingdotseq 622\,[\mathrm{V}]$

17. 그림의 회로는 어떤 정류 회로인가?

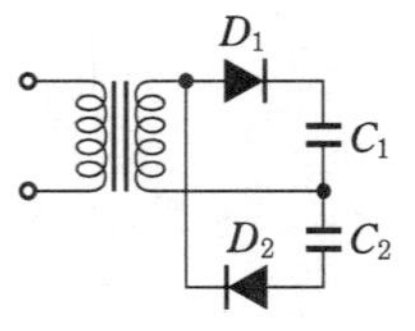

㉮ 2배압 정류 회로
㉯ 3배압 정류 회로
㉰ 단상 반파 정류 회로
㉱ 단상 브리지 정류 회로

18. 그림의 회로는 어떤 정류 회로인가?

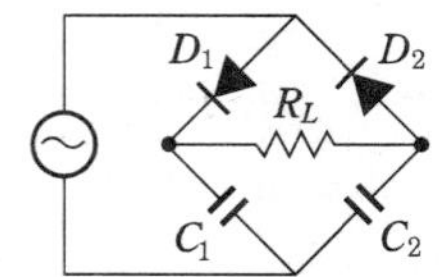

㉮ 단상 반파 정류 회로
㉯ 단상 전파 정류 회로
㉰ 단상 반파 배전압 정류 회로
㉱ 단상 전파 배전압 정류 회로

해설 본문 그림 4-24 참조

19. 다음 중 위상 제어에 대하여 바르게 설명한 것은?

㉮ 입력 전압이 직류이다.
㉯ 입력 전압이 교류이다.
㉰ 출력 전압이 교류이다.
㉱ 다이오드만 사용한다.

20. 사이리스터에 의한 제어는 다음 중 어느 것을 변화시키는 것인가?

㉮ 주파수　　㉯ 위상각
㉰ 최대값　　㉱ 토크

해설 본문 그림 4-25에서, 위상각 α 참조

21. $E = \sqrt{2}\,V \sin\theta$[V]의 단상 전압을 SCR 1개로 반파 정류하여 부하에 전력을

정답 13. ㉯　14. ㉱　15. ㉱　16. ㉰　17. ㉮　18. ㉱　19. ㉯　20. ㉯　21. ㉮

공급하는 회로에서 출력 직류 전압은 몇 [V]인가? (단, 점호각은 $\alpha = 60^\circ$이다.)

㉮ 0.34 [V] ㉯ 0.4 [V]
㉰ 0.74 [V] ㉱ 0.8 [V]

해설 $E_d = \dfrac{\sqrt{2}\,V}{2\pi}(1+\cos 60^\circ)$
$= 0.225\,V(1+0.5) \fallingdotseq 0.34\,[\mathrm{V}]$

22. 220 V, 60 Hz의 정현파 단상 교류 전압을 점호각 60°로 반파 정류하고자 한다. 순저항 부하 시 평균 출력 전압은 약 몇 [V]인가? [09]

㉮ 74 ㉯ 84 ㉰ 92 ㉱ 110

해설 $E_d = \dfrac{\sqrt{2}\,V}{2\pi}(1+\cos 60^\circ)$
$= \dfrac{220\sqrt{2}}{2\pi}\left(1+\dfrac{1}{2}\right) \fallingdotseq 74\,[\mathrm{V}]$

23. 순저항 부하이고, 점호각 α인 단상 전파 제어 정류 회로의 평균 출력 전압은? (단, V_m은 인가 전압의 최대값이다.)

㉮ $\dfrac{2V_m}{\pi}(1+\cos\alpha)$

㉯ $\dfrac{2V_m}{\pi}\cos\alpha$

㉰ $\dfrac{V_m}{\pi}\cos\alpha$

㉱ $\dfrac{V_m}{\pi}(1+\cos\alpha)$

해설 문제 24. 해설 참조

24. 단상 브리지 제어 정류 회로에서 저항 부하인 경우 출력 전압은? (단, α는 트리거 위상각이다.) [11]

㉮ $E_d = 0.255E(1+\cos\alpha)$

㉯ $E_d = \dfrac{2\sqrt{2}}{\pi}E\left(\dfrac{1+\cos\alpha}{2}\right)$

㉰ $E_d = \dfrac{2\sqrt{2}}{\pi}E\cos\alpha$

㉱ $E_d = 1.17E\,\cos\alpha$

해설 $E_d = \dfrac{1}{\pi}\displaystyle\int_0^\pi \sqrt{2}E\,\sin\omega t\;d(\omega t)$
$= \dfrac{\sqrt{2}E}{\pi}[-\cos\omega t]_\alpha^\pi = \dfrac{2\sqrt{2}}{\pi}E\left(\dfrac{1+\cos\alpha}{2}\right)$
$= \dfrac{\sqrt{2}}{\pi}E(1+\cos\alpha) = \dfrac{E_m}{\pi}(1+\cos\alpha)$
$= 0.45E(1+\cos\alpha)$

25. R-L 부하를 갖는 3상 반파 제어 정류 회로의 출력 전압의 평균값은? (단, V_m은 선간 전압의 최대값이고, 출력 전류는 연속이다.)

㉮ $\dfrac{3\sqrt{3}\,V_m}{2\pi}\cos\alpha$

㉯ $\dfrac{3\sqrt{3}\,V_m}{2\pi}(1+\cos\alpha)$

㉰ $\dfrac{3\sqrt{3}\,V_m}{\pi}\cos\alpha$

㉱ $\dfrac{3\sqrt{3}\,V_m}{\pi}(1+\cos\alpha)$

해설 본문 1-2. (4) 3상 반파 정류 회로 참조

26. 3상 제어 정류 회로에서 점호각의 최대값은 몇 도인가?

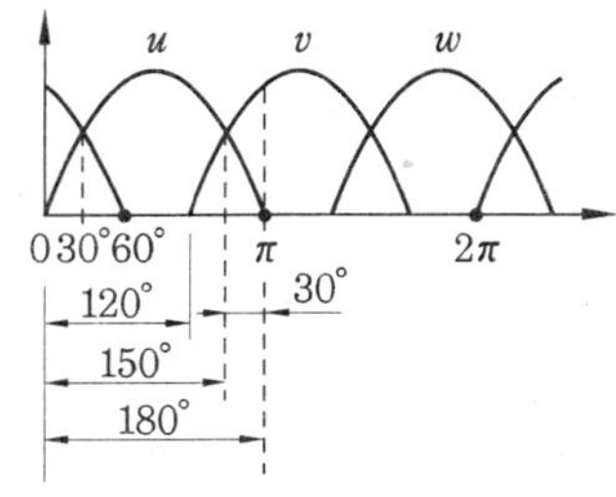

정답 22. ㉮ 23. ㉱ 24. ㉯ 25. ㉮ 26. ㉰

㉮ 30 ㉯ 90

㉰ 150 ㉱ 180

해설 3상 반파 제어 정류 회로 : 3상은 120° 차이고 각 상이 겹치는 각이 30°이므로 점호각의 최대값은 180° − 30° = 150°가 된다.

참고 점호각이 150° 이상이면 사이리스터가 턴 온되지 않으므로 150° ≤ α < 180°에서의 출력 전압은 '0'이다.

27. **순저항 부하를 갖는 3상 반파 정류 회로에서 출력 전류가 연속되기 위한 점호각 α의 범위는?**

㉮ $\alpha \leq 30°$

㉯ $\alpha \leq 45°$

㉰ $\alpha \leq 60°$

㉱ $60° \leq \alpha \leq 30°$

해설 부하가 순저항일 때 점호각 α의 범위

① 출력 전류의 연속 : $\alpha \leq 30°$

② 출력 전류 불연속 : $\alpha > 30°$

28. **아래 그림 3상 교류 위상 제어 회로에서 사이리스터 T_1, T_4는 a상에, T_3, T_6은 b상에, T_5, T_2는 c상에 연결되어 있다. 이때 그림의 3상 교류 위상 제어 회로에 대한 설명으로 옳지 않은 것은?** [12]

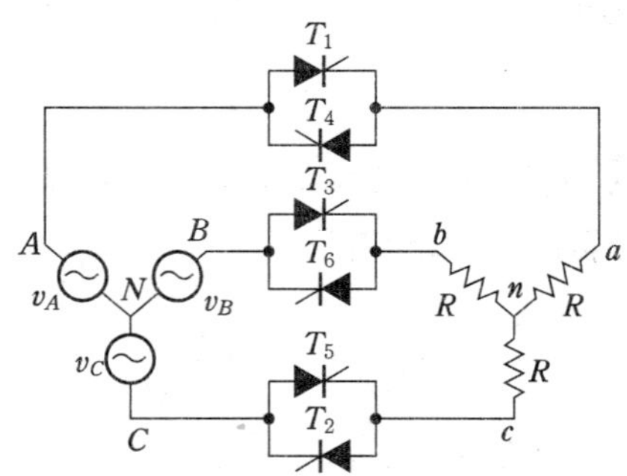

㉮ 사이리스터 T_1, T_6, T_2만 turn on 되어 있는 경우 각 상 부하 저항에 걸리는 전압은 전원 전압의 각 상전압과 동일하다.

㉯ 사이리스터 T_1, T_6만 turn on 되어 있고 나머지 사이리스터들이 모두 turn off 되어 있는 경우에는 a상 부하 저항에 걸리는 전압은 ab 선간 전압의 반이 걸리게 된다.

㉰ 6개의 사이리스터가 모두 turn off 되어 있는 경우에는 부하 저항에 나타나는 모든 출력 전압은 0이다.

㉱ 사이리스터 T_2, T_3만 turn on 되어 있고 나머지 사이리스터들이 모두 turn off 되어 있는 경우에는 a상 부하 저항에 걸리는 전압은 전원의 A상 전압이 그대로 걸리게 된다.

해설 ㉱의 경우, a상 부하 저항에 나타나는 출력 전압은 '0'이다.

참고 T_2, T_3만 turn on 상태이므로, BC 간의 선간 전압이 2등분되어 b, c 두 상의 부하에 나타난다.

29. **그림과 같은 회로에서 위상각 $\theta = 60°$의 유도부하에 대해 점호각 α를 0°에서 180°까지 가감하는 경우에 전류가 연속되는 α의 범위는?** [06, 11]

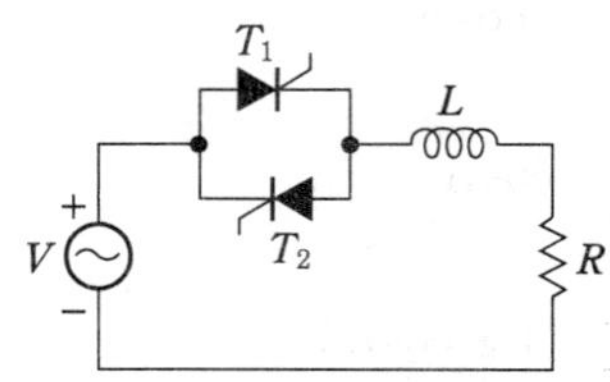

㉮ $0 < \alpha \leq 30°$

㉯ $0 < \alpha \leq 60°$

㉰ $0 < \alpha \leq 90°$

㉱ $0 < \alpha \leq 120°$

해설 점호각 α가 θ보다 클 때는 부하 전류가 불연속적이고 비정현적으로 된다.

∴ $\alpha = 60°$까지는 전류가 연속이다.

정답 27. ㉮ 28. ㉱ 29. ㉯

30. 그림과 같은 단상 전파 제어 정류 회로에서 저항이 5Ω, 유도 리액턴스가 5Ω인 부하에 전력을 공급하고자 한다. 전압 제어가 가능한 범위는?

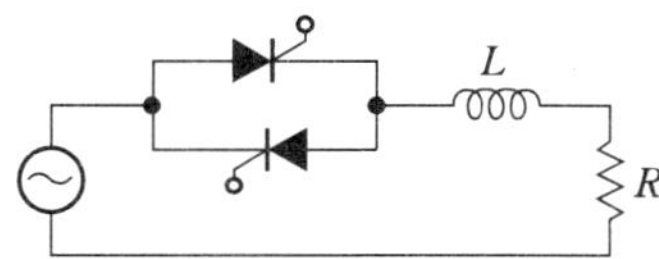

㉮ $0 \leq \alpha < \frac{\pi}{2}$　　　㉯ $0 \leq \alpha < \pi$

㉰ $\frac{\pi}{4} \leq \alpha < \pi$　　　㉱ $\frac{\pi}{4} \leq \alpha \leq \pi + \frac{\pi}{4}$

해설 $\theta = \tan^{-1}\frac{\omega L}{R} = \tan^{-1}\frac{5}{5} = 45° = \frac{\pi}{4}$

$\therefore \frac{\pi}{4} \leq \alpha \leq \pi$

참고 $\alpha_{max} = 180° = \pi$

31. 그림의 회로에서 전원 전압이 110V이면 사이리스터(SCR)에 인가되는 역전압은 몇 V인가?

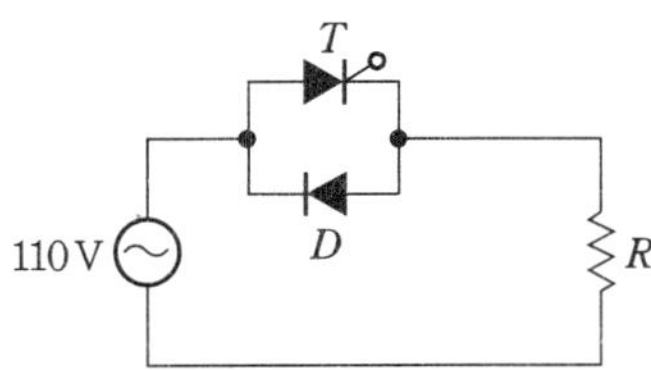

㉮ 0　　　㉯ 110

㉰ 220　　　㉱ 311

해설 역방향 전압은 다이오드 D를 순방향으로 턴 온시키므로 사이리스터 T의 A-K가 단락 상태가 된다.

∴ 역전압은 0 V가 된다.

32. 그림의 회로에 단상 220V, 60Hz를 인가할 때 부하에 흐르는 전류의 파형은? (단, 부하는 순저항 부하이고, 보기의 빗금 친 부분은 통전됨을 나타낸다.)

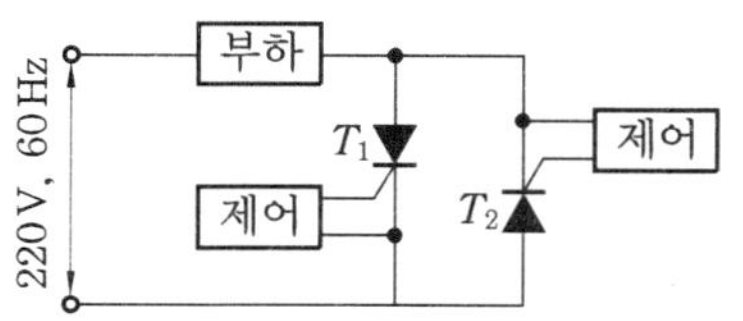

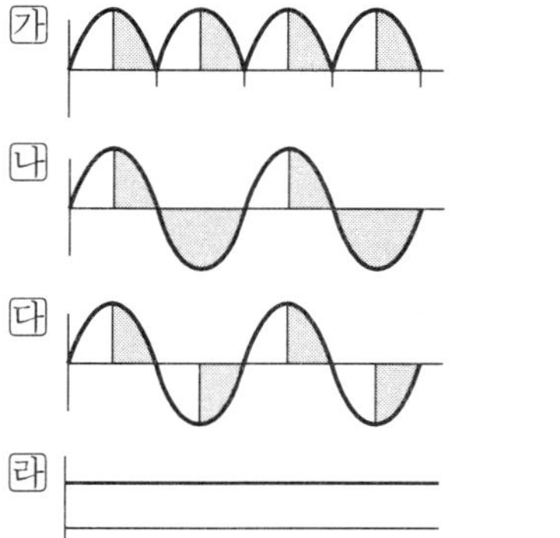

해설 입출력 파형

① 사이리스터 T_1, T_2에 의한 위상 제어

② 점호각 α

③ 부하는 순저항 부하

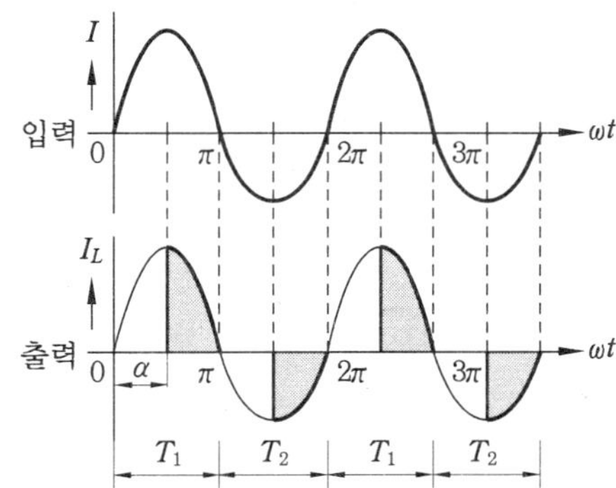

33. 입력 200V의 단상 교류 전압을 SCR 4개(브리지형)를 사용하여 전파 정류 제어하려고 한다. 이때 사용할 SCR 한 개의 최대 역전압(내압)은 약 몇 [V] 이상이어야 하는가?

㉮ 141.4　　　㉯ 200

㉰ 282.8　　　㉱ 400

해설 브리지형 전파 정류 회로의 최대 역전압

$PIV = V_m = \sqrt{2}\,V = \sqrt{2} \times 200 = 282.8\,[\text{V}]$

정답 30. ㉰　31. ㉮　32. ㉰　33. ㉰

제 3 장

전력 변환 제어 및 응용

■ 전력 변환 장치

- 직류–직류 변환기 (초퍼 : chopper), 스위칭 레귤레이터
- 직류–교류 변환기 (인버터 : inverter)
- 교류–직류 변환기 (컨버터 : converter), 제어 정류기 (controlled rectifier)
- 교류–교류 변환기 (사이크로 컨버터 : cyclo converter), 교류 전압 제어기

1. 전력 변환 제어

1–1 직류–직류 변환기 (초퍼 : chopper)

(1) 초퍼의 개요 및 용도

① 일정한 전압을 공급해주는 직류 전원으로부터 부하에 공급할 직류 전압값을 원하는 대로 변화시켜 주도록 만들어진 장치이다.

② 연속적으로 권수비를 가변할 수 있는 AC 변압기와 등가인 DC 전원으로도 생각할 수 있으며, DC 전원 전압을 승압 또는 강압시키는 데 사용한다.

③ 직류 전동기 속도 제어에 사용되며, 트롤리카(trolly car), 선박용 호이스터, 광산용 견인전차의 전동기 제어 등에 광범위하게 이용된다.

④ 전기 철도 주 전동기 제어, 전기 자동차 속응 서보 구동 기구 등 다양한 전동기에 응용 사용된다.

(2) 초퍼의 특징

① 원활한 가속 제어

② 고효율, 빠른 동특성 응답

③ 빈번한 정지를 하는 교통 시스템에 있어서 에너지 절약의 효과를 가져 온다.

(3) 초퍼의 동작 개념

스위칭 동작의 반복 주기 T를 일정하게 하고, 이중 스위치를 닫는 구간의 시간을 T_{on}이라 한다면 한 주기 동안 부하 전압의 평균값 V_d은 다음과 같다.

$$V_d = \frac{T_{on}}{T} V_s [\mathrm{V}]$$

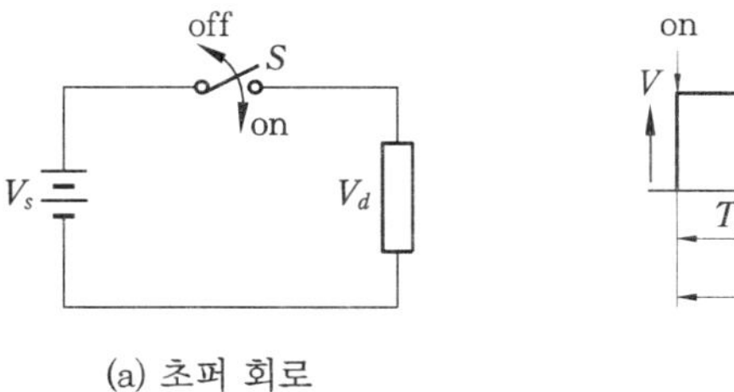

(a) 초퍼 회로 (b) 파형

그림 4-28 초퍼의 동작 개념

(4) 초퍼 스위치로 사용되는 소자

① 전력용 BJT
② 전력용 MOSFET
③ GTO
④ 강제 전류 사이리스터(thyristor)

(5) 초퍼에 의한 전력 제어 방법 (부하에 공급되는 전압의 평균값을 변화시키는 방법)

① 펄스 폭 변조 방식(PWM) : 펄스의 주기 T는 일정하게 유지하되 펄스폭 T-on을 변화시킨다.

② 펄스 주파수 변조 방식(PFM) : 펄스의 폭은 일정하게 유지하고 주기 T를 변화시킨다.

③ 혼합 변조 방식 : 위의 두 가지 방법을 동시에 사용

※ 전압을 낮추는 경우에는 강압형 초퍼(step down chopper)가 쓰이고, 전압을 높이는 경우에는 승압형 초퍼(step up chopper)가 사용된다.

1-2 직류-교류 변환기 (인버터 : inverter)

(1) 인버터의 개요

① 직류 전원으로부터 원하는 전압과 주파수의 교류 전력을 만들어 주는 역변환 장치이다.

② DC 입력 전압이 고정 시, 가변 출력 전압은 인버터의 이득을 변화시킴으로써 얻을 수 있으며 이것은 일반적으로 인버터의 펄스폭 변조(PWM) 제어에 의해서 이루어진다.

※ 인버터의 이득 = AC 출력 전압 / DC 출력 전압

③ 철도에서의 인버터의 최대 용도는 전압형 PWM 제어 VVVF 출력에 의한 유도 전동기 구동(驅動)이다. 교류 전기차에서는 교류 → 컨버터 → 직류 → 인버터와 회로를 만든다.

(2) 인버터의 용도

① 비상 전원, 항공기의 전원 및 무정전 전원 장치에 사용

② 가변속 교류 전동기(유도 전동기, 동기기)의 구동 장치에 사용

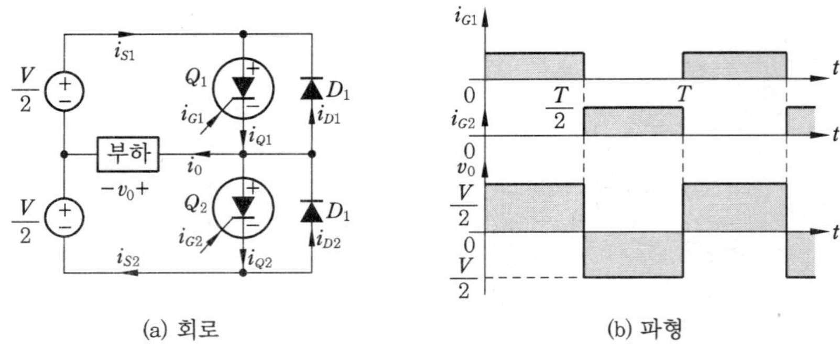

(a) 회로 (b) 파형

그림 4-29 반 브리지 인버터

(3) 인버터의 유형

① 단상 인버터와 3상 인버터로 분류된다.

② 각 유형은 다시 사이리스터의 전류 방식에 따라서 다음과 같이 구분된다.

㈎ 펄스폭 변조(PWM) 인버터 ㈏ 공진형 인버터

㈐ 보조 전류형 인버터 ㈑ 상보 전류형 인버터

(4) 인버터의 동작 방식에 따른 분류

① 타려식 인버터(external excited inverter)

㈎ 직류 전원으로부터 전압을 확립하고 있는 교류로 전력 변환을 수행하는 전력 변환기이며, 전류(轉流)는 교류 쪽의 외부 전압에 의해 이행된다.

㈏ 외부로부터는 무효전력의 보상을 받으며, 회로로서는 단상, 다상 정류 회로가 그대로 인버터를 형성하고 있다.

② 자려식 인버터(self-commutating inverter)

㈎ 전류 보조 회로나 자기 소호형(消弧形) 소자 등에 따라 변환 장치 자체에서 전류(轉流)를 수행하는 것이 가능한 인버터이다.

㈏ 회로 자체의 진상 장치(進相裝置)에 의해 전류(轉流)하고, 외부로부터는 무효 전력의 보상을 받지 않는 것으로, 회로 방식에는 직렬형과 병렬형이 있다.

㈐ 자려식에서는 원리적으로 임의의 스위칭이 가능하며, PWM 제어를 할 수 있다.

(5) 전압형 인버터

① 직류 측 입력 전압이 일정하고 또한 교류 측 출력 부하 역률을 변화시켰을 경우, 교류 전압 파형이 변화하지 않는다.

② 직류 측에 정전압원(定電壓源)이 되도록 콘덴서가 병렬 접속된다.

(6) 전류형 인버터

① 직류 측 입력 전류가 일정하며, 또 교류 측 출력 부하역률을 변화시킨 경우, 교류 전류파형이 구형파이며 스위칭 주파수가 높지 않으므로 SCR을 사용할 수 있다.

② 직류 측에 정(定) 전류원(電流源)으로 되도록 리액터가 직렬로 접속된다.
③ 용도 : 동기 전동기 구동, 유도가열, 타여자 직류 전동기의 구동

(7) 병렬형 인버터와 직렬형 인버터

① 전류(轉流) 에너지를 장치가 갖는 커패시터에서 얻고 있는 경우에, 이 커패시터가 부하와 실질적으로 병렬로 접속되어 있는 것을 병렬형, 부하와 직렬로 접속되어 있는 것을 직렬형이라고 한다.
② 직렬형에서는 회로 조건을 적당히 선택함으로써 전류(轉流)는 자연히 행하여지지만, 사이리스터의 개폐를 주회로의 공진 주파수와 다른 주파수로 하는 경우도 있다. 이 경우는 외부 구동형이 된다.

1-3 교류-교류 변환기

■ 분류
- 주파수의 변환은 없고 단지 전압의 크기만 바꾸어 주는 장치
- 주파수 및 전압의 크기까지 바꾸는 사이클로 컨버터 장치

(1) 사이클로 컨버터(cyclo converter)

① 교류 전원으로 작동하는 사이리스터(thyristor)를 사용하여 교류 전력의 주파수를 변환하는 전력 변환 장치로서, 교류 전동기의 가변 속도 운전 등에 사용된다.
② 전원 주파수와 출력 주파수 사이에 일정비의 관계를 가진 정비식 사이클로 컨버터와 출력 주파수를 연속적으로 바꿀 수 있는 연속식 사이클로 컨버터가 있다.
③ 사이클로 컨버터의 기본 회로에서, 제어각 α를 시간에 따라 변화시켜 주므로 부하측에는 교류 전류가 흐르게 된다.
㈎ 부하 전류가 양(+)일 때 : 정-컨버터만 구동
㈏ 부하 전류가 음(−)일 때 : 부-컨버터만 구동

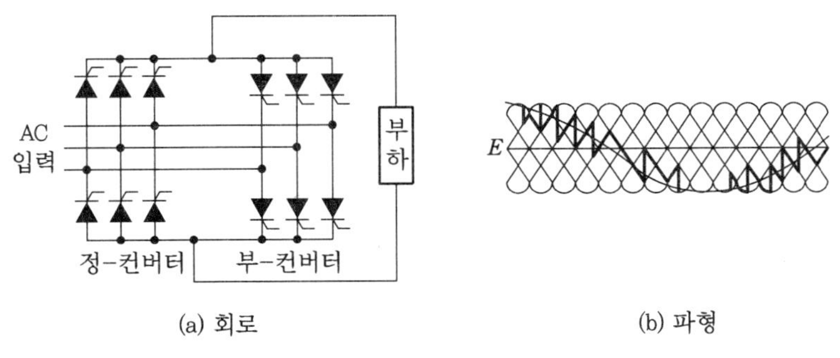

(a) 회로 (b) 파형

그림 4-30 사이클로 컨버터

④ 간접식과 직접식

㈎ 간접식 : 정류 회로와 인버터를 결합시킨 것

㈏ 직접식 : 사이클로 컨버터

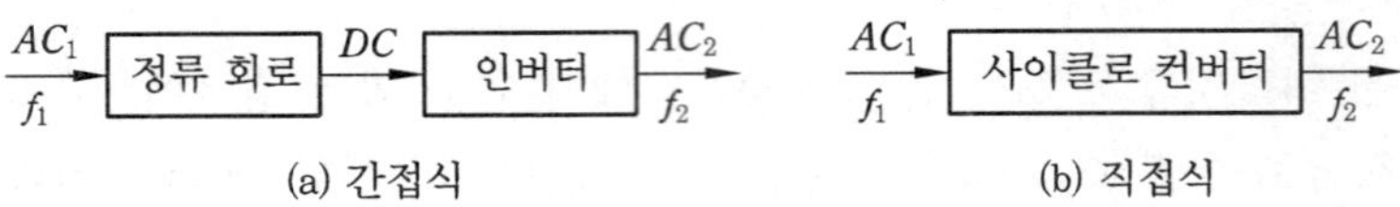

그림 4-31 주파수 변환

(2) 단상 교류 전력 제어

① 위상 제어를 통한 단상 교류 전력 제어는 역병렬로 접속된 SCR의 제어각 α를 변화시킴으로써 부하에 걸리는 전압의 크기를 제어한다.

② 용도는 전등의 조도 조절용으로 쓰이는 디머(dimmer), 전기담요, 전기밥솥 등의 온도 조절 장치로 이용된다.

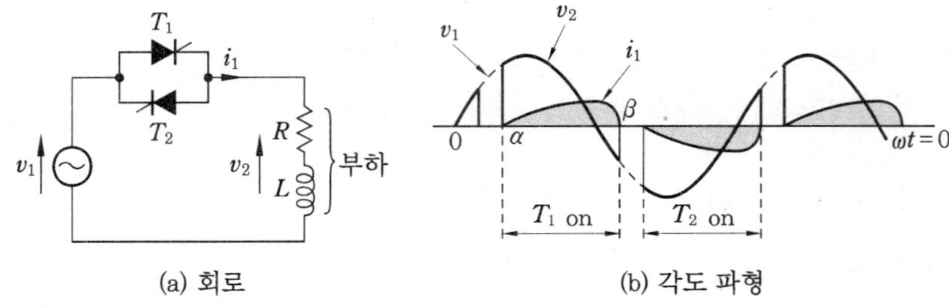

그림 4-32 단상 교류의 위상 제어

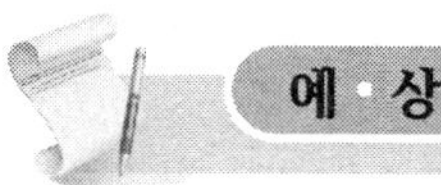

1. 전력 변환 제어

1. 다음 전력 변환 방식 중 직류를 크기가 다른 직류로 변환하는 것은? [08]

㉮ 인버터 ㉯ 컨버터
㉰ 반파정류 ㉱ 직류초퍼

2. 일정한 직류 전압에서 가변 직류 전압을 얻는 장치는?

㉮ 정류기 ㉯ 초퍼
㉰ 인버터 ㉱ 사이클로컨버터

3. 사이리스터의 온 기간, 오프 기간 및 동작 주기를 제어하여 부하의 직류 출력 전압을 직접 제어하는 것은?

㉮ 단상 인버터
㉯ 초퍼 회로
㉰ 브리지형 인버터
㉱ 3상 인버터

해설 본문 그림 4-28 참조

4. 전기 철도 주 전동기 제어, 전기 자동차 속응서보 구동 등 다양한 전동기 제어의 응용에 알맞은 변환 방식은?

㉮ 순변환 정류
㉯ 역변환 인버터
㉰ 직류 초퍼
㉱ 주파수 변환 사이클로컨버터

해설 본문 1-1. (1) 초퍼의 개요 및 용도 참조

5. 초퍼에 의한 전력 제어 방법이 아닌 것은 어느 것인가?

㉮ 위상 제어 방식
㉯ 펄스폭 변조 방식
㉰ 혼합 변조 방식
㉱ 펄스 주파수 변조 방식

해설 본문 1-1. (5) 초퍼에 의한 전력 제어 방법 참조

6. 스위칭 주기 10μs, 오프(off) 시간 2μs일 때 초퍼의 입력 전압이 100V이면 출력 전압(V)은 얼마인가?

㉮ 90 ㉯ 50
㉰ 20 ㉱ 80

해설 $V_d = \frac{T_{on}}{T} \times V_s = \frac{10-2}{10} \times 100 = 80\text{V}$

$T_{on} = \text{주기}(T) - \text{off}(T_{off})$

참고 본문 그림 4-28 참조

7. 그림과 같은 초퍼 회로에서 $V=600$ [V], $V_c=350$ V, $R=0.1$ Ω, 스위칭 주기 $T=1800$ μs, L은 매우 크기 때문에 출력 전류는 맥동이 없고 $I_0=100$ A로 일정하다. 이때 요구되는 T_{on} 시간은 몇 μs인가? [12]

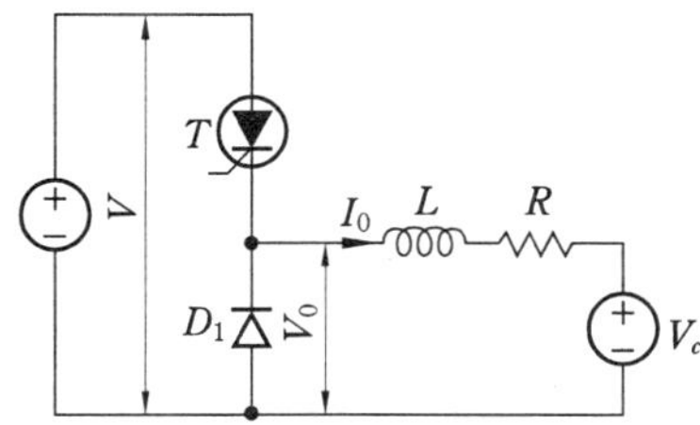

㉮ 950 μs ㉯ 1050 μs
㉰ 1080 μs ㉱ 1110 μs

해설 $V_0 = V_C + I_0 R = 350 + (100 \times 0.1)$
$= 360\text{V}$

$\therefore T_{on} = \frac{V_0 \cdot T}{V} = \frac{360 \times 1800}{600} = 1080\,\mu\text{s}$

정답 1. ㉱ 2. ㉯ 3. ㉯ 4. ㉰ 5. ㉮ 6. ㉱ 7. ㉰

8. 초퍼에 의해 구동되는 전기 기기에서 입력 전원은 직류 1,000V이고, 스위칭 소자의 유효 온(on) 시간은 20μs이다. 기동 시와 저속 운전 시 초퍼의 출력 전압이 직류 10V라면 이때 초퍼의 주파수는 몇 Hz인가?

㉮ 200 ㉯ 250
㉰ 500 ㉱ 750

해설 $V_d = \dfrac{T_{on}}{T} \cdot V_s$ 에서

$$T = \frac{T_{on}}{V_d} \cdot V_s$$

$$= \frac{20}{10} \times 10^{-6} \times 1000 = 2 \times 10^{-3} [\text{s}]$$

$$\therefore f = \frac{1}{T} = \frac{1}{2 \times 10^{-3}} = 500\text{Hz}$$

9. 직류를 교류로 변환하는 장치를 무엇이라 하는가? [08, 09]

㉮ 버퍼 ㉯ 정류기
㉰ 인버터 ㉱ 정전압 장치

10. 반도체 전력 변환 기기에서 인버터의 역할은? [10]

㉮ 직류 → 직류 변환
㉯ 직류 → 교류 변환
㉰ 교류 → 교류 변환
㉱ 교류 → 직류 변환

11. 인버터(inverter)의 전력 변환 관계에 대한 설명으로 옳은 것은? [10]

㉮ 직류를 교류로 변환시키기 위한 전력 변환기이다.
㉯ 교류를 직류로 변환시키기 위한 전력 변환기이다.
㉰ 하나의 다른 크기를 갖는 직류를 또 다른 크기의 직류값으로 변환하기 위한 전력 변환기이다.
㉱ 다른 크기(amplitude)나 주파수(frequency)를 갖는 교류를 또 하나의 다른 크기나 주파수를 갖는 교류값으로 변환하기 위한 전력 변환기이다.

12. 인버터(inverter)의 설명 중 맞는 것은?

㉮ 직류에서 교류로 변화하는 것을 역변환 또는 인버터라고 한다.
㉯ 교류에서 직류로 변화하는 것을 역변환 또는 변환이라고 한다.
㉰ 교류에서 직류로 변화하는 것을 순변환이라고 하고, 변환이라고 부른다.
㉱ 인버터란 교류에서 교류로 변환하는 것을 말한다.

13. 전력 변환기의 응용 중 항공기의 전원에 사용되는 것은?

㉮ 인버터 ㉯ 초퍼
㉰ 컨버터 ㉱ 사이클로 컨버터

해설 본문 1-2. (2) 인버터의 용도 참조

14. 인버터의 출력 전압 파형의 제어에 주로 사용되는 방식은?

㉮ 펄스폭 변조(PWM) 방식
㉯ 펄스진폭 변조(PAM) 방식
㉰ 펄스 주파수 변조(PFM) 방식
㉱ 혼합 변조 방식(PWM+PAM)

15. 전력 회로가 제어 정류 회로와 동일한 인버터는?

정답 8. ㉰ 9. ㉰ 10. ㉯ 11. ㉮ 12. ㉮ 13. ㉮ 14. ㉮ 15. ㉯

㉮ 직렬 인버터 ㉯ 타여식 인버터
㉰ 병렬 인버터 ㉱ 전류원 인버터

해설 본문 1-2. (4) ② 타여식 참조

16. 인버터의 스위칭 주기가 10[msec]이면 주파수는 몇 Hz인가?

㉮ 100 ㉯ 60
㉰ 20 ㉱ 1

해설 $f = \frac{1}{T} = \frac{1}{10 \times 10^{-3}} = 100\,\text{Hz}$

17. 다음의 설명 중에서 옳은 것은?

㉮ 전류형 인버터의 직류 회로에는 평활 콘덴서가 필요하다.
㉯ 전류형 인버터의 교류 전압은 부하에 따라 변한다.
㉰ 전류형 인버터의 직류 회로에는 다이오드가 직렬로 접속된다.
㉱ 전류형 인버터의 출력 전류는 구형파이다.

해설 본문 1-2. (6) 전류형 인버터 참조

18. 다음은 인버터에 관한 설명이다. 옳지 않은 것은? [12]

㉮ 전압원 인버터에는 직류 리액터가 필요하다.
㉯ 전압원 인버터의 전압 파형은 구형파이다.
㉰ 전류원 인버터는 부하의 변동에 따라 전압이 변동된다.
㉱ 전류원 인버터는 비교적 큰 부하에 사용된다.

해설 전압원 인버터에는 직류측에 정전압원이 되도록 콘덴서가 병렬 접속된다.

참고 리액터는 전류원 인버터에 적용된다.

19. 전압형 인버터의 특징이 아닌 것은?

㉮ 부하단락 시에도 과전류가 흐른다.
㉯ 프리휠링 다이오드가 있다.
㉰ 직류 전원에 직렬로 큰 인덕턴스를 접속한다.
㉱ 전동기의 4상한 운전을 위하여 회생용 컨버터가 필요하다.

20. 다음 중 직렬 인버터(inverter)를 사용하는 경우는?

㉮ 비교적 주파수가 높고 출력파형이 정현파에 가까운 것을 원할 때
㉯ 비교적 주파수가 낮고 출력파형이 정현파에 가까운 것을 원할 때
㉰ 비교적 주파수가 높고 출력파형이 삼각파를 원할 때
㉱ 비교적 주파수가 낮고 출력파형이 삼각파를 원할 때

21. 일반적으로 공진형 컨버터에 사용되지 않는 소자는? [08, 10]

㉮ MOSFET ㉯ SCR
㉰ 트랜지스터 ㉱ IGBT

해설 ① 공진형 컨버터는 회로의 공진을 일으키기 위해 인덕터와 커패시터를 사용한다.
② L과 C를 공진하게 하여 소모 전력도 줄이고 스위칭 반도체의 열도 감소시킬 수 있는 초퍼를 공진형 컨버터라고 한다.
③ 주로 사용되는 소자는 전력용 트랜지스터, BJT, MOS-FET, GTO, IGBT가 사용될 수 있다.

22. 사이클로 컨버터(cycloconverter)란 무엇인가? [07]

㉮ 실리콘 양방향성 소자이다.

정답 16. ㉮ 17. ㉱ 18. ㉮ 19. ㉰ 20. ㉮ 21. ㉯ 22. ㉯

㉯ 제어 정류기를 사용한 주파수 변환기 이다.
㉰ 직류 제어 소자이다.
㉱ 전류 제어 소자이다.

해설 본문 1-3. (1) 사이클로 컨버터 참조

23. **사이클로 컨버터에 대한 설명으로 옳은 것은?** [11]

㉮ 교류 전력의 주파수를 변환하는 장치이다.
㉯ 직류 전력을 교류 전력으로 변환하는 장치이다.
㉰ 교류 전력을 직류 전력으로 변환하는 장치이다.
㉱ 직류 전력 및 교류 전력을 변성하는 장치이다.

24. **교류 정전압을 가변 주파수나 교류 가변 전압으로 변화하는 기능을 무엇이라 하는가?**

㉮ 정류기 ㉯ 초퍼
㉰ 인버터 ㉱ 사이클로 컨버터

25. **사이클로 컨버터에 관한 설명 중 잘못된 것은?**

㉮ 일반적으로 출력파형이 좋다.
㉯ 일반적으로 다상 정류 결선이고, 각 상의 이용률이 나쁘다.
㉰ 전원 전압에 의해 전류(轉流)된다.
㉱ 직류를 이용하지 않으므로 일반적으로 종합 효율이 높다.

해설 사이클로 컨버터의 출력 전압은 순수하게 정현적이진 못하며, 그 결과로 고조파를 포함한다.

26. **저속, 대용량 동기 전동기의 구동에 적합한 장치는?**

㉮ 전류 제어형 PWH 인버터
㉯ 전압 제어형 PWH 인버터
㉰ 구형파 전류원 인버터
㉱ 사이클로 컨버터

정답 23. ㉮ 24. ㉱ 25. ㉮ 26. ㉱

2. 전력 변환 제어의 응용

2-1 직류 전동기의 속도 제어

(1) 타여자 및 분권 전동기의 속도 제어

① 정지 레오너드 방식이 사용된다.

② 이 방식은 전기자 전압 조정에 의한 방법으로 제어 정류기를 사용하여 사이리스터의 게이트를 제어하는 방식이다.

(2) 직류 직권 전동기의 속도 제어

① 공급 직류 전압을 변화시켜 주는 초퍼(chopper) 방식이 사용된다.

② 초퍼 방식은 포크 리프트(fork lifter), 전기 자동차 등에 사용된다.

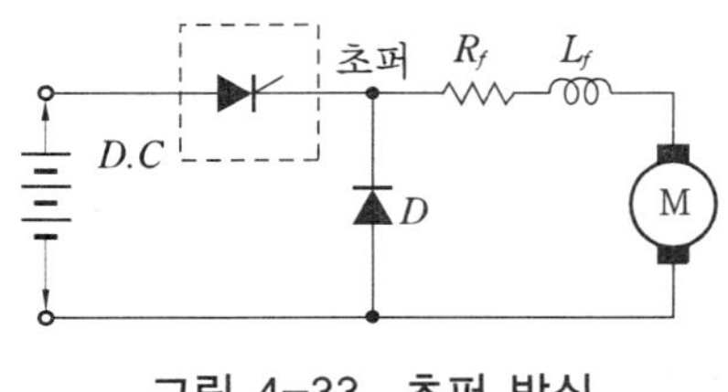

그림 4-33 초퍼 방식

(3) SCR에 의한 직류 전동기의 속도 제어

① 그림 4-34에서, 전기자 권선에 직렬로 연결된 SCR의 게이트 조정 회로는 SCR의 트리거 레벨을 설정하는 데 사용한다.

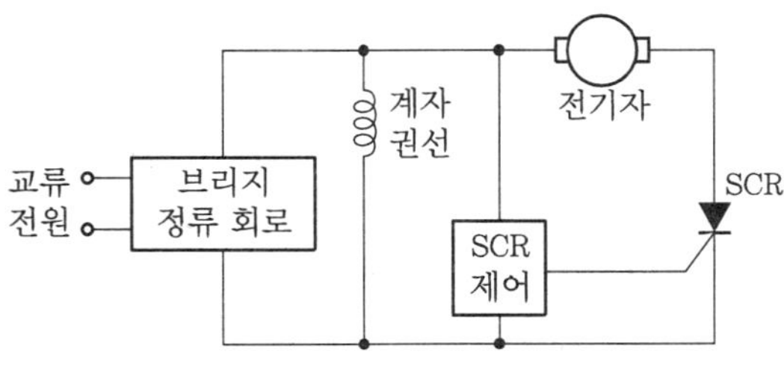

그림 4-34 SCR 속도 제어 회로의 블록 선도

2-2 교류 전동기의 속도 제어

(1) 교류 전동기의 속도 제어 방법

① 그림 4-35 (a)는 인버터 자체에서 교류 전압의 실효값 및 주파수 조정

② 그림 4-35 (b)는 제어 정류기가 인버터에 대한 입력 전압의 변화

③ 그림 4-35 (c)는 초퍼로써 인버터의 입력 전압을 조절

참고 인버터의 입력단에는 직류 전압에 대한 평활 회로(L-C 형)가 설치되어 리플을 줄인 직류 전압이 인버터에 공급된다.

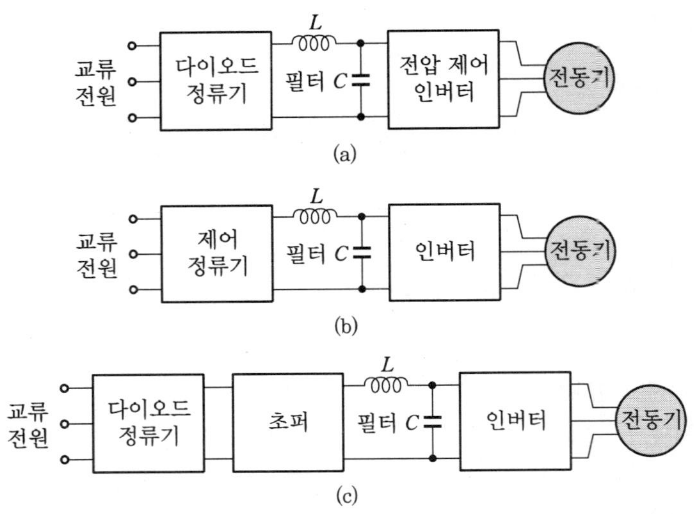

그림 4-35 교류 전동기의 속도 제어 방법

(2) 유도 전동기의 속도 제어

① 전원 주파수 변환법 : 전원 주파수의 변화에 의한 유도 전동기의 동기 속도 제어

② 1차 전압 제어법 : 1차측 사이리스터 회로에 의한 전압의 변화로 속도 제어

참고 **VVVF 제어 방식** : 전압과 주파수를 동시에 변화시켜 속도 제어

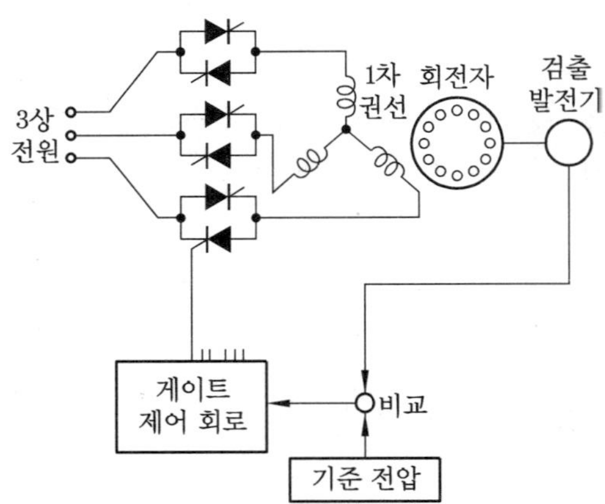

그림 4-36 1차 전압 사이리스터 제어

(3) 권선형 유도 전동기의 속도 제어 – 셀비어스 법

① 사이리스터를 이용한 컨버터 및 인버터 회로에 의한 방식으로 셀비어스 법이 있다.

② 셀비어스 법은 정토크 속도 제어법으로 펌프, 팬, 인쇄기, 콤푸레서 등에 쓰이고 있다.

2-3 무정전 전원 장치 (UPS)

- UPS (uninterruptible power supply)란, 상용 전원의 이상 상태 시에도 컴퓨터 응용 기기에 정전압, 정주파의 교류 전력을 안전하게 공급하기 위한 전원 장치이며, CVCF 전원 장치라고도 부른다.

(1) USP의 구성 기기의 명칭과 역할

① 컨버터 (정류기) : 교류 전원을 공급받아 직류 전원으로 바꾸어 주는 동시에 축전지를 충전시킴

② 축전지 : 정전 시 인버터에 직류 전원을 공급하여 일정 시간 동안 무정전으로 전원 공급

③ 인버터 : 직류 전원을 교류 전원으로 바꾸어 줌

④ 동기 절환 스위치(static switch) : 인버터의 과부하 및 이상 시, 예비 상용 전원으로 절체시킴

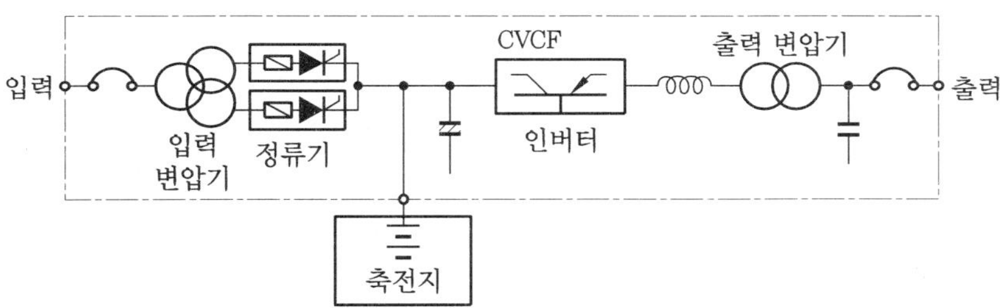

* 정전압 정주파수(constant voltage constant frequency : CVCF)

그림 4-37 UPS 장치 시스템의 중심 부분을 구성하는 CVCF의 기본 회로

(2) 무정전 전원 공급 장치의 블록

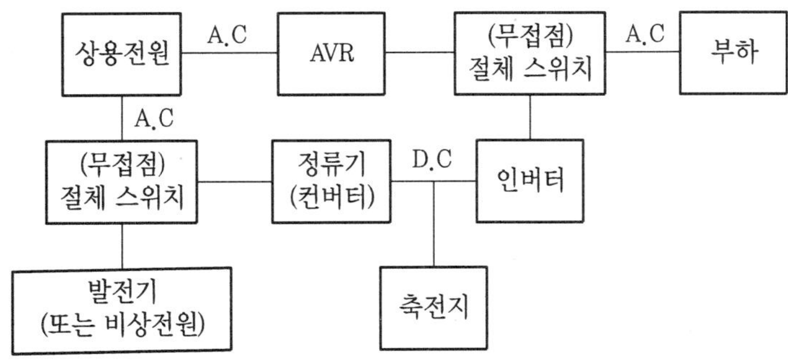

그림 4-38 UPS의 블록

(3) 정전압 전원 장치의 이상적인 조건

① 전압원은 내부 저항이 작을수록 이상적이다.(내부 저항 → 0)

② 전류원은 내부 저항이 클수록 이상적이다.(내부 저항 → ∞)

예·상·문·제

2. 전력 변환 제어의 응용

1. 직류를 교류로 변환하는 장치이며, 다시 정의하면 상용 전원으로부터 공급된 전력을 입력받아 자체 내에서 전압과 주파수를 가변시켜 전동기에 공급함으로써 전동기 속도를 고효율로 용이하게 제어하는 일련의 장치를 무엇이라 하는가? [11]

㉮ 전자접촉기 ㉯ EOCR
㉰ 인버터 ㉱ SCR

해설 본문 그림 4-35 참조

2. 인버터의 응용 분야의 부하로 적합하지 않은 것은?

㉮ 유도 가열 장치
㉯ 동기 전동기
㉰ 직류 분권 전동기
㉱ 유도 전동기

해설 인버터(inverter)의 용도
① 동기 전동기 구동
② 유도 가열
③ 타여자 직류 전동기의 구동
④ 유도 전동기의 구동·속도 제어

3. 유도 전동기의 속도 제어법 중에서 인버터를 사용하면 가장 효과적인 것은?

㉮ 극수 변환법
㉯ 주파수 변환법
㉰ 교류 2단 제어 방식
㉱ 1차 전압 제어 방식

해설 주파수 변환법 : 전원 주파수의 변화에 의한 유도 전동기의 동기 속도를 제어한다.

참고 전력용 반도체 소자인 사이리스터를 사용한 3상 인버터라 불리는 주파수 변환 장치가 사용된다.

4. 유도 전동기의 속도 제어를 위한 계통이 잘못된 것은?

㉮ 직류 전원 – 초퍼 – 필터 – 인버터 – 유도 전동기
㉯ 직류 전원 – PWM 인버터 – 유도 전동기
㉰ 교류 전원 – 제어 정류 회로 – 필터 – 인버터 – 유도 전동기
㉱ 교류 전원 – PWM 인버터 – 유도 전동기

해설 직류 전원 → PWM 인버터 → 유도 전동기

참고 본문 그림 4-35 참조

5. 그림은 유도 전동기의 구동 장치를 나타낸 것이다. 그림에서의 인버터의 역할을 가장 잘 설명한 것은?

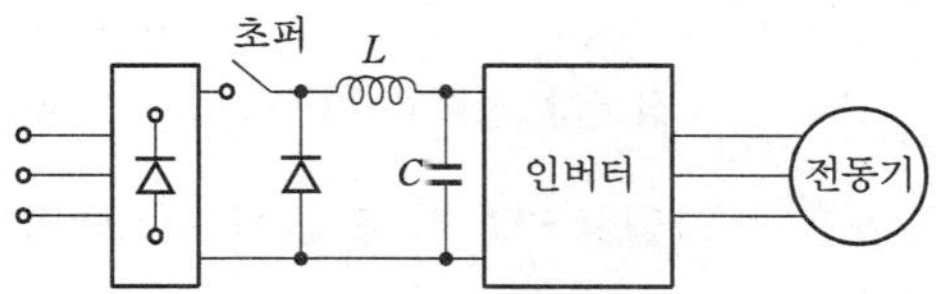

㉮ 전압을 가변한다.
㉯ 주파수를 가변한다.
㉰ 전압과 주파수를 가변한다.
㉱ 전압을 직류에서 교류로 변환한다.

6. 직류 직권 전동기의 속도 제어에 사용되는 전력 변환 기기에 알맞은 것은?

㉮ 사이클로 컨버터
㉯ 인버터
㉰ 듀얼컨버터
㉱ 초퍼

해설 본문 그림 4-33 초퍼 방식 참조

정답 1. ㉰ 2. ㉰ 3. ㉯ 4. ㉱ 5. ㉯ 6. ㉱

7. 다음 중 무정전 전원 장치를 나타내는 기호는?

㉮ CATV ㉯ PCS
㉰ UPS ㉱ PID

해설 UPS (Uninterrupted Power Supply) : 무정전 전원 공급 장치

8. 다음 중 UPS의 기능으로서 옳은 것은 어느 것인가? [07, 09]

㉮ 3상 전파정류 방식
㉯ 가변 주파수 공급 가능
㉰ 무정전 전원 공급 장치
㉱ 고조파 방지 및 정류 평활

9. 무정전 전원 장치(UPS)에는 별로 중요하지 않아 일반적으로 포함되지 않는 요소는?

㉮ 축전기 ㉯ 인버터
㉰ 컨버터 ㉱ 주파수 변환기

해설 본문 그림 4-38 참조

10. 정전압 정주파수(CVCF) 인버터를 응용할 수 있는 것은?

㉮ 컴퓨터용 무정전 전원
㉯ 유도 전동기
㉰ 직류 전동기의 계자 및 전기자
㉱ 교류 서보 모터

11. 무정전 전원 장치(UPS)란 다음 중 어느 것인가?

㉮ VVVF 인버터 ㉯ CVCF 인버터
㉰ VVCF 인버터 ㉱ CVVF 인버터

해설 CVCF (constant voltage constant frequency) : 정전압 정주파수

참고 VVVF (variable voltage variable frequency) : 가변전압 가변주파수

12. CVCF의 용도는?

㉮ 자동 전압 조정기
㉯ 콘덴서 차단 장치
㉰ 실리콘형 정류기
㉱ 정전압 및 정주파수 장치

13. 전자계산기용 전원, FA 기기나 OA 기기 또한 의료 기기 등 전력의 고품질화를 요구하는 기기에 광범위하게 사용되는 장치는?

㉮ CVCF 장치
㉯ VVVF 인버터 장치
㉰ 컨버터 장치
㉱ 승압기

14. 정전압 전원 장치로 가장 이상적인 조건은? [11]

㉮ 내부 저항이 무한대이다.
㉯ 내부 저항이 0이다.
㉰ 외부 저항이 무한대이다.
㉱ 외부 저항이 0이다.

해설 본문 2-3. (3) 정전압 전원 장치의 이상적인 조건 참조

15. 교류를 직류로 변화시키는 정류 회로에서 맥류를 직류에 가깝도록 파형을 개선하는 평활 회로에 반드시 필요한 콘덴서는?

㉮ 세라믹 콘덴서 ㉯ 전해 콘덴서
㉰ 공기 콘덴서 ㉱ 무극성 콘덴서

해설 평활 회로

정답 7. ㉰ 8. ㉰ 9. ㉱ 10. ㉮ 11. ㉯ 12. ㉱ 13. ㉮ 14. ㉯ 15. ㉯

평활 회로에는 유극성인 전해 콘덴서가 반드시 필요하다.

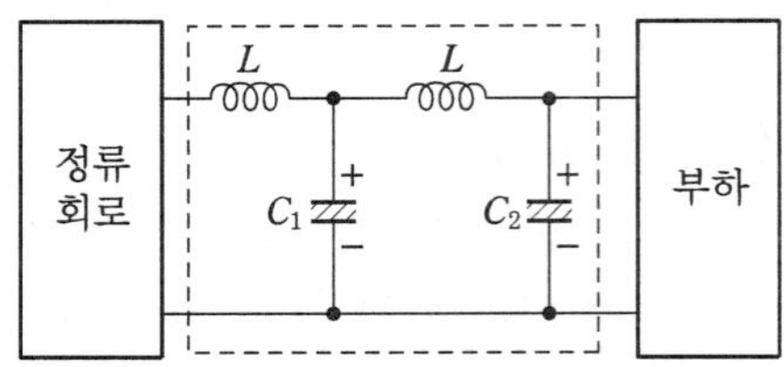

16. **정류기 회로에 사용되는 고조파 제거용 필터에 관한 설명으로 옳은 것은?**

㉮ 정류기의 입력 측에는 DC 필터를 사용한다.

㉯ 정류기의 출력 측에는 AC 필터를 사용한다.

㉰ DC 필터로는 LC형이 주로 사용된다.

㉱ AC 필터로는 L형과 C형이 사용된다.

해설 본문 그림 4-35에서 필터 참조

참고 필터(filter) : 원하는 형태의 신호 파형만 통과시키고 원하지 않는 파형을 걸러 내는 회로로서, 일반적으로 인덕턴스 L 및 용량 C(전해 콘덴서)의 조합으로 이루어진다.

17. **정류 회로에 사용되는 평활 회로는?**

㉮ 저역 여파기 ㉯ 고역 여파기

㉰ 대역 여파기 ㉱ 대역 소거 여파기

해설 필터의 기능상 분류

① 저역 필터(LPF) : 어느 주파수 이하의 신호를 통과시킨다.

② 고역 필터(HPF) : 어느 주파수 이상의 신호만 통과시킨다.

③ 대역 통과 필터(BPF) : 어느 주파수 대역의 신호를 통과시킨다.

④ 대역 소거 필터(BEF) : 어느 주파수 대역의 신호만을 정지시킨다.

정답 16. ㉰ 17. ㉮

디지털 공학

제 **1** 장

수의 표현과 코드화 · 불 대수와 논리 회로

1. 수의 표현과 코드화

■ 진법과 진수

- 2 진 : 0, 1
- 8 진 : 0, 1, 2, 3, 4, 5, 6, 7
- 10 진 : 0, 1, 2, 3, 4, 5, 6, 7, 8, 9
- 16 진 : 0, 1, 2, 3, 4, 5, 6, 7, 8, 9, A, B, C, D, E, F

1-1 진수의 변화

(1) 10진법과 2진법

① 10진의 표현 예 7392.642

(가) 정수 부분 : $7392 = 7 \times 10^3 + 3 \times 10^2 + 9 \times 10^1 + 2 \times 10^0 = 7000 + 300 + 90 + 2$

(나) 소수 부분 : $0.642 = 6 \times 10^{-1} + 4 \times 10^{-2} + 2 \times 10^{-3} = 0.6 + 0.04 + 0.002$

② 2진의 표현 예 1010.001

(가) 정수 부분 : $1010 = 1 \times 2^3 + 0 \times 2^2 + 1 \times 2^1 \times 0 \times 2^0$

(나) 소수 부분 : $0.001 = 0 \times 2^{-1} + 0 \times 2^{-2} + 1 \times 2^{-3}$

③ 2진을 10진으로 변환 예

$$\begin{aligned}(1010.001)_2 &= 1 \times 2^3 + 0 \times 2^2 + 1 \times 2^1 + 0 \times 2^0 + 0 \times 2^{-1} + 0 \times 2^{-2} + 1 \times 2^{-3} \\ &= 8 + 0 + 2 + 0 + 0 + 0 + 0.125 \\ &= (10.125)_{10}\end{aligned}$$

④ 10진을 2진으로 변환 예

$(41.6875)_{10}$을 정수 부분과 소수 부분을 나누어서 2진수로 변환

(가) 정수 부분 $(41)_{10} = (101001)_2$

```
2)41        나머지
2)20 ------1   ↑
2)10 ------0   |
2) 5 ------0   | 순
2) 2 ------1   | 서
2) 1 ------0   |
   0 ------1   |
```

$\therefore (41.6875)_{10} = (101001.1011)_2$

(나) 소수 부분 $(0.6875)_{10} = (0.1011)_2$

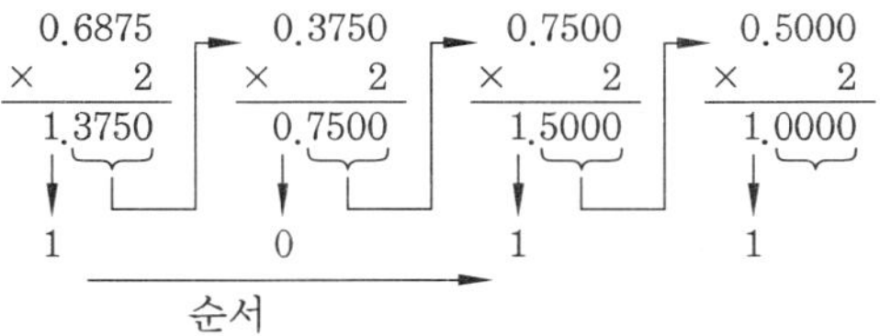

(2) 8진법과 16진법

① 8진을 10진으로 변환 예

8진수 3457.24를 10진수로 변환

$$(3457.24)_8 = 3\times8^3 + 4\times8^2 + 5\times8^1 + 7\times8^0 + 2\times8^{-1} + 4\times8^{-2}$$
$$= 3\times512 + 4\times64 + 5\times8 + 7\times1 + 2\times\frac{1}{8} + 4\times\frac{1}{64}$$
$$= (1839.3125)_{10}$$

② 10진을 8진으로 변환 예

10진수 1839.3125를 8진수로 변환

(가) 정수 부분 $(1839)_{10} = (3457)_8$

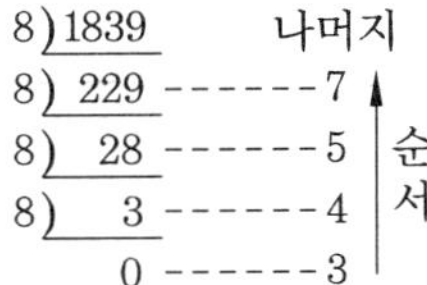

(나) 소수 부분 $(0.3125)_{10} = (0.24)_8$

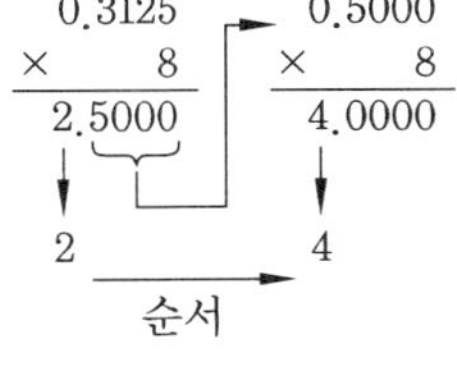

$\therefore (1839.3125)_{10} = (3457.24)_8$

③ 16진을 10진으로 변환 예

16진수 30A.C8을 10진수로 변환

$$(30A.C8)_{16} = 3\times16^2 + 0\times16^1 + A\times16^0 + C\times16^{-1} + 8\times16^{-2}$$
$$= 3\times256 + 10\times1 + 12\times\frac{1}{16} + 8\times\frac{1}{256}$$
$$= (778.78125)_{10}$$

④ 10진을 16진으로 변환 예

10진수 1839.78125를 16진수로 변환

(가) 정수 부분 $(1839)_{10} = (72F)_{16}$

```
16)1839        나머지
16) 114 ------F ↑
16)   7 ------2 | 순
      0 ------7 | 서
```

(나) 소수 부분 $(0.78125) = (0.C8)_{16}$

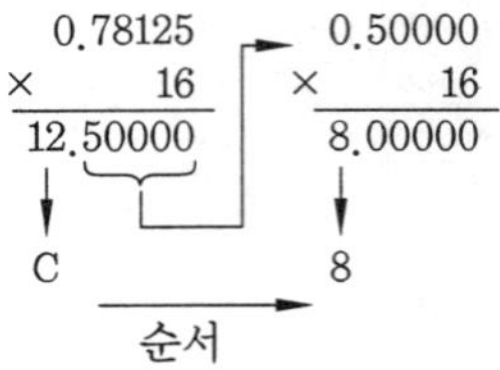

$\therefore (1839.78125)_{10} = (72F.C8)_{16}$

(3) 2진법과 8진법 및 16진법

① 2진법과 8진법

표 5-1

8 진	0	1	2	3	4	5	6	7
2 진	000	001	010	011	100	101	110	111

예 (가) 2진수 1 0 1 1 0 0 0 1 1 0 1 0 1 1 . 1 1 1 1 0 0 0 0 0 1 1 0

8진수 2 6 1 5 3 . 7 4 0 6

$\therefore (10110001101011.111100000110)_2 = (26153.7406)_8$

(나) 8진수 6 7 3 . 1 2 4

2진수 1 1 0 1 1 1 0 1 1 . 0 0 1 0 1 0 1 0 0

$\therefore (673.124)_8 = (110111011.001010100)_2$

② 2진법과 16진법

표 5-2

16진	0	1	2	3	4	5	6	7	8	9	A	B	C	D	E	F
2진	0000	0001	0010	0011	0100	0101	0110	0111	1000	1001	1010	1011	1100	1101	1110	1111

예 (가) 2진수 1 1 0 0 0 1 1 0 1 0 . 1 1 1 1 0 1 0 0

16진수 3 1 A . F 4

$\therefore (1100011010.11110100)_2 = (31A.F4)_{16}$

(나) 16진수 3 0 6 . D

2진수 0 0 1 1 0 0 0 0 0 1 1 0 . 1 1 0 1

$\therefore (306.D)_{16} = (001100000110.1101)_2$

1-2 2진수의 연산

(1) 양수와 음수

① 부호 비트(sign bit) 부호를 나타내기 위해 제일 왼쪽에 덧붙여지는 한 자리 2진수를 부호 비트라 한다. 0 → 양수, 1 → 음수

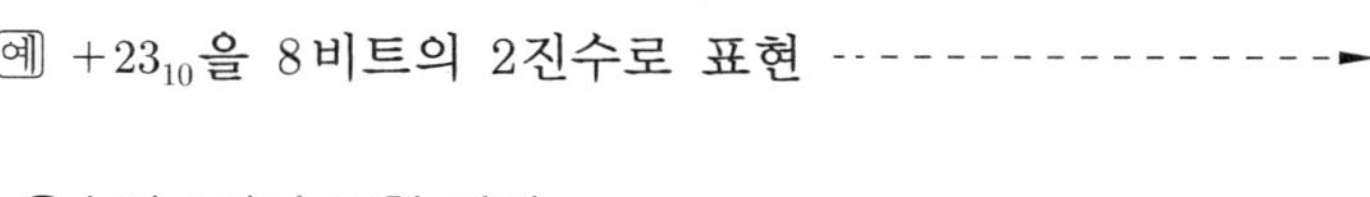

예 $+23_{10}$을 8비트의 2진수로 표현 ----→

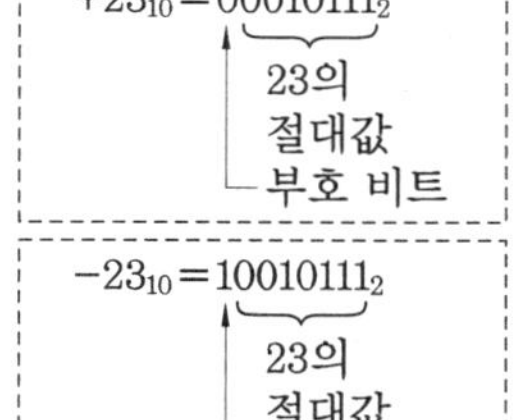

② 음수의 3가지 표현 방법

- 부호와 절대값(signed magnitude) ----→
- 1의 보수(1's complement)
- 2의 보수(2's complement)

(가) 1의 보수 : 주어진 2진수에서 0은 1로, 1은 0으로 바꾸어 놓은 것

(나) 2의 보수 : 1의 보수를 구한 다음 가장 낮은 자리에 1을 더한 것

(2) 2진수의 가산

① 가산 규칙

$0+0=0$
$0+1=1$
$1+0=1$
$1+1=0$　　자리올림(carry) 1

② 부호와 절대값 예

(가) 17+5

```
   0¦0010001(17₁₀)
+)0¦0000101( 5₁₀)
   0¦0010110(22₁₀)
```

(나) (−17)+(−5)

```
   1¦0010001(−17₁₀)
+)1¦0000101( −5₁₀)
   1¦0010110(−22₁₀)
```

(3) 2진수의 감산

① 감산 규칙

$0-0=0$
$1-0=1$
$1-1=0$
$0-1=1$　　빌림 수 1

② 부호와 절대값 예

(가) 17−5

```
   0¦0010001(17₁₀)
−)0¦0000101( 5₁₀)
   0¦0001100(12₁₀)
```

(나) (−17)−(−5)

```
   1¦0010001(−17₁₀)
−)1¦0000101( −5₁₀)
   1¦0001100(−12₁₀)
```

③ 1의 보수를 이용한 감산 예

〈순서〉 ㈎ 작은 수의 1의 보수를 구한다.

㈏ 큰 수에 작은 수의 1의 보수를 더한다.

㈐ 이때, 발생하는 최종 자리올림수를 결과의 최하위 자리에 더한다.

• 17−5

```
    0 0010001 (17₁₀)
 +) 1 1111010 (−5₁₀)
 ------------------
 [1] 0 0001011
 +)          1
 ------------------
    0 0001100 (12₁₀)
```

1-3 2진 코드

• 2진화 10진 코드(BCD : binary coded decimal)의 종류

① weighted code : 8421, 2421, 5421, $84\bar{2}\bar{1}$, 5111, 5211 등

② unweighted code : 3초과, 그레이, 2 out of 5, shift counter

(1) 8421 코드

① 8421 코드는 가장 많이 사용되는 2진화 10진 코드의 형식이다.

② 10진수의 기수(base) 0에서 9까지의 10진수에 각각 4자리의 2진수, 즉 4개의 2진 비트로 변환하여 구성한 것이다.

③ 8421은 각각 2^3 2^2 2^1 2^0의 자리 값을 갖는 자리 값 코드(weight code)이다.

예 10진수 472를 8421 code로 변환 : $(472)_{10}$ ⇒ 0100 0111 0010(8421 코드)

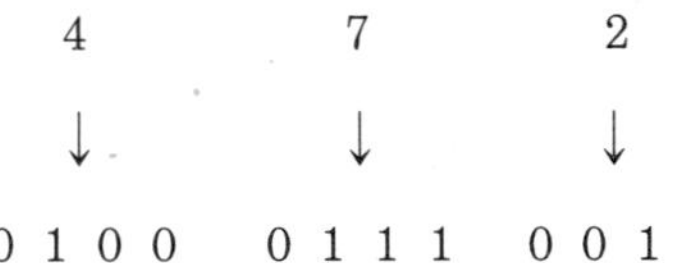

표 5-3 2진 코드에 대한 8421 코드 값

10진수	2진수 코드	8421 코드	10진수	2진수 코드	8421 코드
0	0000	0000	8	1000	1000
1	0001	0001	9	1001	1001
2	0010	0010	10	1010	0001 0000
3	0011	0011	11	1011	0001 0001
4	0100	0100	12	1100	0001 0010
5	0101	0101	13	1101	0001 0011
6	0110	0110	14	1110	0001 0100
7	0111	0111	15	1111	0001 0101

③ 8421 가산에 대한 규칙

㈎ 10진수를 해당 8421 코드로 표시한다.

㈏ 2진 가산법에 따라 8421 코드로 변환된 수들을 더한다.

(다) 만일 4비트군의 합이 9를 초과하거나 자리올림이 발생하면 6 (0110)을 더하여 8421 코드값으로 바꾸고, 합이 9보다 작으면 그대로의 값이 8421 코드가 된다.

예 10진수 8에 7을 다시 더하면

```
    1000
 +  0111
 --------
    1111     ← 15의 등가 2진수
 +  0110     ← 8421 코드 값으로 바꾸기 위해 6을 더한다.
 --------
00010101     ← 15의 등가 8421 코드
```

(2) 3증 코드 (excess-3 code) : 3초과 코드

① BCD 코드 중 유용한 것으로 3증 코드가 있는데, 이는 8421 코드에서 3(0011)이 증가된 코드로서 8421 코드에 3을 더하여 만든 코드이다.

② 10진수의 수를 3증 코드로 변환할 때는 4자리 2진 비트로 변환하기 전에 먼저 10진 자리 수에 3을 더하여 변환한다.

③ 이 코드는 4개의 비트에 해당하는 자리 수가 정해진 것이 아니므로 빈자리 값 코드 (unweighted code)이다.

④ 3증 코드는 자기 보수 코드 (self complementing code)이다.

표 5-4 8421 코드에 대한 3증 코드 값

10진수	8421 코드	3증 코드	10진수	8421 코드	3증 코드
0	0000	0011	8	1000	1011
1	0001	0100	9	1001	1100
2	0010	0101	10	0001 0000	0100 0011
3	0011	0110	11	0001 0001	0100 0100
4	0100	0111	12	0001 0010	0100 0101
5	0101	1000	13	0001 0011	0100 0110
6	0110	1001	14	0001 0100	0100 0111
7	0111	0101	15	0001 0101	0100 1000

⑤ 3증 코드를 이용한 가산에 대한 세 가지 규칙

(가) 3증 코드로 환산한 후 2진 가산과 같은 방법으로 더한다.

(나) 계산 결과의 4비트군에 자리올림 (carry)이 없으면 6증 값이 되므로 3증 값을 만들기 위해 결과에서 0011(3)을 뺀다.

(다) 계산 결과 4비트 군에 자리올림이 발생하면 2진수 값이 되므로 3증 값을 만들기 위해 결과에 0011(3)을 더한다.

예 한 자리 수의 덧셈에서 3에 4를 가산한 경우
3의 3증 값에 4의 3증 값을 더하기 때문에 합의 결과는 3증 값을 두 번 더하므로 6증 값이 되기에 3증 값으로 환산하기 위해 3(0011)을 빼서 최종 7(1010)의 3증 값을 얻는다.

```
  3(0011)          6(0110)  → 3의 3증 값
+ 4(0100)        + 7(0111)  → 4의 3증 값
  7(0111)         13(1101)  → 7의 6증 값
                 − 3(0011)  → 7의 3증 값으로 만들기 위해
                  10(1010)  → 최종 7의 3중 값
```

(3) 그레이 코드 (gray code)

① 그레이 코드는 광학적 또는 기계적 축 위치 부호기에 널리 이용되고 있다.

② 이 코드는 자리 값이 없는 코드로서, 연산에서는 사용하지 않으며 데이터의 전송, 입출력 장치, 아날로그-디지털 변환기 또는 기타 주변 장치에서 많이 쓰인다.

③ 표 5-5는 4비트 그레이 코드이며 다음과 같은 특징이 있다.

(가) 어느 그레이드 수를 보든지 바로 앞의 수와는 1비트만 다르다.

(나) 그레이 부호의 가장 왼쪽 비트는 이에 대응하는 2진수의 가장 왼쪽 비트와 동일하다.

표 5-5 4비트 그레이 코드

10진수	2진수	그레이 코드	10진수	2진수	그레이 코드
0	0000	0000	8	1000	1100
1	0001	0001	9	1001	1101
2	0010	0011	10	1010	1111
3	0011	0010	11	1011	1110
4	0100	0110	12	1100	1010
5	0101	0111	13	1101	1011
6	0110	0101	14	1110	1001
7	0111	0100	15	1111	1000

④ 2진수를 그레이 코드로 변환

(가) 최상위 비트는 그대로 그레이 비트가 된다.

(나) 이웃하고 있는 두 비트의 배타적 논리합 (XOR)을 취하여 그 결과를 그레이 비트로 한다.

예 $(1000)_2 \Rightarrow (1100)_G$

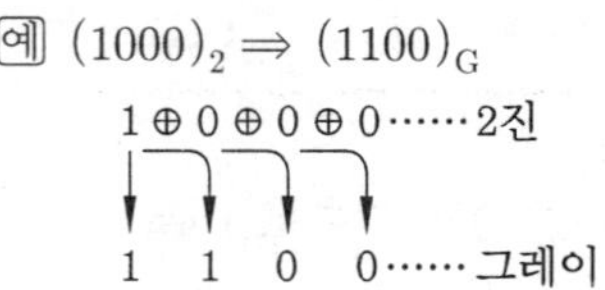

⑤ 그레이 코드를 2진수로 변환

(가) 최상위 비트는 그대로 둔다.

(나) 그대로 둔 최상위 비트와 그레이 코드의 두 번째 비트와의 배타적 논리합 (XOR)을 취하여 그 결과를 두 번째 비트로 한다. 이와 같은 과정을 반복한다.

예 $(1100)_G \Rightarrow (1000)_2$

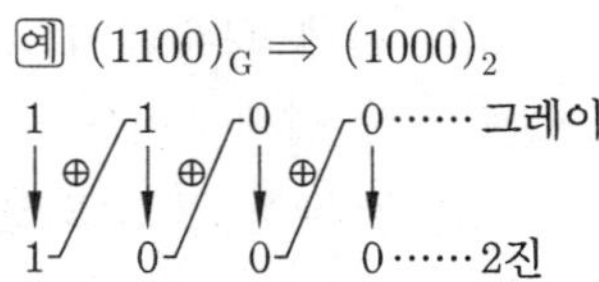

1-4 에러 검출 코드

• 에러 검출 코드(error detecting code) : 데이터 전송시 수신된 데이터의 에러비트를 검출하거나 교정할 수 있는 기능을 갖는 코드이다.

(1) 패리티 체크(parity check)

① 2진수를 사용하는 디지털 시스템(digital system)에서 데이터 전송 중에 발생한 오류 검출을 위하여 패리티 비트를 사용한다.
② 패리티 검사 방법에는 짝수(even) 패리티와 홀수(odd) 패리티의 두 가지 방법이 있다.
③ 짝수 패리티는 1의 개수가 짝수가 되도록 패리티 비트를 추가하는 것이고, 홀수 패리티는 1의 개수가 홀수가 되도록 패리티 비트를 추가하는 것이다.

표 5-6 패리티 비트를 갖는 8421 코드

10진수	8421 코드	짝수 패리티	홀수 패리티
0	0000	0	1
1	0001	1	0
2	0010	1	0
3	0011	0	1
4	0100	1	0
5	0101	0	1
6	0110	0	1
7	0111	1	0
8	1000	1	0
9	1001	0	1

(2) 해밍 코드(Hamming code)

데이터 수신시 데이터 중에서 발생한 1비트의 에러를 검출하고 교정까지 가능한 코드이다.

(3) 2-out-of-5 코드

5개의 비트로 구성되며, 각 비트는 74210의 자리값을 가지고 5개의 비트 중 2비트가 1로 구성된 코드이다.

(4) 비퀴너리 코드(biquinary code)

7개의 비트로 구성되며, 각 비트는 5043210의 자리값을 가지고 7개의 비트 중 2비트가 1로 구성된 코드이다.

(5) 링 카운터 코드(ring counter code)

10개 비트로 구성되어 있으며, 그중 1을 가지는 비트는 1개 뿐인 코드이다.

예·상·문·제

1. 수의 표현과 코드화

1. 2진수 $(1011.011)_2$을 10진수로 변환한 값은?

㉮ $(10.525)_{10}$ ㉯ $(11.375)_{10}$
㉰ $(12.575)_{10}$ ㉱ $(13.625)_{10}$

해설 $(1011.011)_2$

$$=1\times2^3+0\times2^2+1\times2^1+1\times2^0+0\times2^{-1}+1\times2^{-2}+1\times2^{-3}$$
$$=8+0+2+1+0\times0.5+1\times0.25+1\times0.125$$
$$=(11.375)_{10}$$

참고 2진의 웨이트(weight) 값

$2^3=8,\ 2^2=4,\ 2^1=2,\ 2^0=1,$
$2^{-1}=0.5,\ 2^{-2}=0.25,\ 2^{-3}=0.125$

2. 10진수 $(14.625)_{10}$를 2진수로 변환한 값은? [11]

㉮ $(1101.110)_2$ ㉯ $(1101.101)_2$
㉰ $(1110.101)_2$ ㉱ $(1110.110)_2$

해설 $(14.625)_{10}=(1110.101)_2$

① $(14)_{10}=(1110)_2$

```
2) 14
2)  7  ------0
2)  3  ------1
2)  1  ------1
    0  ------1
```

② $(0.625)_{10}=(0.101)_2$

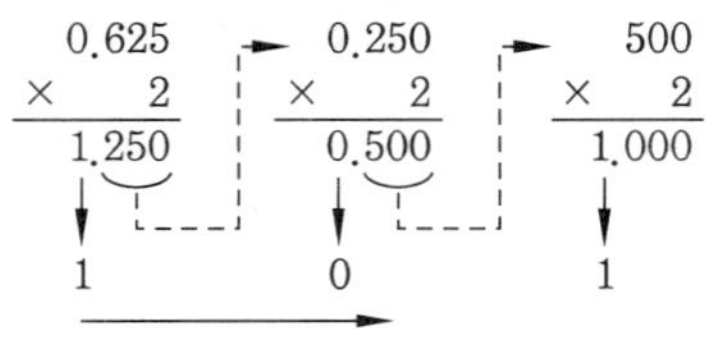

3. 8진수 $(57.24)_8$을 10진수 변환한 값은?

㉮ $(46.5250)_{10}$ ㉯ $(47.3125)_{10}$
㉰ $(48.3715)_{10}$ ㉱ $(49.3155)_{10}$

해설 $(57.24)_8$

$$=5\times8^1+7\times8^0+2\times8^{-1}+4\times8^{-2}$$
$$=40+7+2\times\frac{1}{8}+4\times\frac{1}{64}$$
$$=47+0.25+0.0625=(47.3125)_{10}$$

4. 10진수 $(229.3125)_{10}$를 8진수로 변환한 값은?

㉮ $(543.24)_8$ ㉯ $(543.42)_8$
㉰ $(345.42)_8$ ㉱ $(345.24)_8$

해설 $(229.3125)_{10}=(345.24)_8$

① $(229)_{10}=(345)_8$

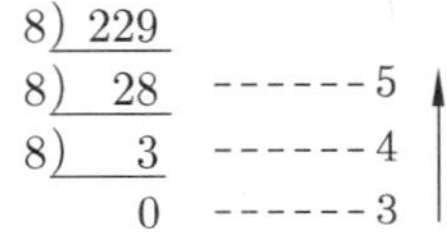

② $(0.3125)_{10}=(0.24)_8$

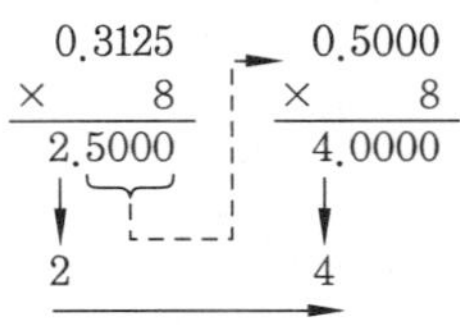

5. 16진수 $(3A.C)_{16}$를 10진수로 변환한 값은?

㉮ $(56.55)_{10}$ ㉯ $(58.75)_{10}$
㉰ $(61.57)_{10}$ ㉱ $(63.55)_{10}$

해설 $(3A.C)_{16}=3\times16^1+A\times16^0+C\times16^{-1}$

$$=48+10\times1+12\times\frac{1}{16}$$
$$=48+10+0.75=(58.75)_{10}$$

6. 10진수 249를 16진수 값으로 변환한 것은? [08]

정답 1. ㉯ 2. ㉰ 3. ㉯ 4. ㉱ 5. ㉯ 6. ㉱

㉮ 189 ㉯ 9F
㉰ FC ㉱ F9

해설 $(249)_{10} = (F9)_{16}$

16) 249
16) 15 ------9
0 ------F

7. 2진수 $(110010.111)_2$를 8진수로 변환한 값은? [07]

㉮ $(62.7)_8$ ㉯ $(32.7)_8$
㉰ $(62.6)_8$ ㉱ $(32.6)_8$

해설 $(110010.111)_2 = (62.7)_8$

110 010 · 111
6 2 · 7

8. 8진수 $(73.12)_8$를 2진수로 변환한 값은?

㉮ $(111011.001010)_2$
㉯ $(11101.0111)_2$
㉰ $(10101.0101)_2$
㉱ $(101011.0111)_2$

해설 $(73.12)_8 = (111011.001010)_2$

7 3 · 1 2
111 011 · 001 010

9. 2진수 $(111010.01001111)_2$를 16진수로 변환한 값은?

㉮ 72.213 ㉯ 4F.3A
㉰ 3A.4F ㉱ 322.1033

해설 $(111010.01001111)_2 = (3A.4F)_{16}$

11 1010 0100 1111
3 A · 4 F

10. 16진수 D28A를 2진수로 옳게 나타낸 것은? [12]

㉮ 1101001010001010
㉯ 0101000101001011
㉰ 1101011010011010
㉱ 1111011000000110

해설 $(D28A)_{16} = (1101001010001010)_2$

D 2 8 A
1101 0010 1000 1010

11. 2진수의 음수 표시법으로 −9의 8비트 부호화된 절대값의 표시값은? [12]

㉮ 10001001 ㉯ 11110110
㉰ 11110111 ㉱ 10011001

해설 부호 비트(sign bit) : 0→양수, 1→음수

1 0001001
부호 비트 / 9의 절대값

$\therefore (10001001)_2 = (-9)_{10}$

12. 2진수 10011의 2의 보수 표현으로 옳은 것은? [09]

㉮ 01101 ㉯ 10010
㉰ 01100 ㉱ 01010

해설 2의 보수는 1의 보수를 구한 다음 가장 낮은 자리에 1을 더한 값이다.

10011 → (1의 보수) → 01100
\+ 1
(2의 보수) → 01101

13. 2진수 101101에 대한 2의 보수(補數)는? [10]

㉮ 101110 ㉯ 010010
㉰ 010001 ㉱ 010011

해설 101101 → (1의 보수) → 010010
\+ 1
(2의 보수) → 010011

정답 7. ㉮ 8. ㉮ 9. ㉰ 10. ㉮ 11. ㉮ 12. ㉮ 13. ㉱

14. A=01100, B=00111인 두 2진수의 연산 결과가 주어진 식과 같다면 연산의 종류는? [12]

㉮ 덧셈
㉯ 뺄셈
㉰ 곱셈
㉱ 나눗셈

$$\begin{array}{r} 01100 \\ +11001 \\ \hline 00101 \end{array}$$

해설 ① $A: (01100)_2 = (12)_{10}$

② $B: (00111)_2 = (7)_{10}$

③ B : 00111 → (1의 보수) → 11000
+ 1
(2의 보수) → 11001

$$\therefore \begin{pmatrix} 01100 \\ +11001 \\ \hline 100101 \end{pmatrix}_2 = \begin{pmatrix} 12 \\ -7 \\ \hline 5 \end{pmatrix}_{10}$$

여기서, 자리올림 무시

15. 2진수 $(1001)_2$를 그레이 코드(Gray Code)로 변환한 값은? [09]

㉮ $(1110)_G$ ㉯ $(1101)_G$
㉰ $(1111)_G$ ㉱ $(1100)_G$

해설 본문 표 5-5 4비트 그레이 코드 참조

$1 \oplus 0 \oplus 0 \oplus 1$

1 1 0 1

$\therefore (1001)_2 = (1101)_G$

16. 에러(error) 검출이 가능하지 못한 코드(code)는?

㉮ gray code
㉯ parity code
㉰ 2-out-of-5 code
㉱ Hamming code

해설 본문 1-4. 에러 검출 코드 참조

17. 영문자 코드에 해당하는 것은?

㉮ gray code
㉯ BCD code
㉰ 3초과 code
㉱ ASCⅡ code

해설 ASCⅡ코드(아스키코드)

① 미국 표준 코드로서 한 개의 패리티 비트와 일곱 개의 데이터 비트로 구성되어 있다.

② 영문 ASCⅡ코드는 8비트이지만 한글/한자의 경우 16비트이다.

정답 14. ㉯ 15. ㉯ 16. ㉮ 17. ㉱

2. 불 대수와 논리 회로

■ 불 대수 (Boolean algebra)

- 영국의 수학자 G. Boole에 의해서 창시된 논리 수학이다.
- 논리 대수를 사용한 연산 과정이 정의되어 있는 대수계이다.
- 논리 곱 (AND), 논리합 (OR), 부정 (NOT) 등과 같은 논리 연산자 (operator)를 사용함으로써 수학적인 연산이 가능하다.
- 컴퓨터 등에 사용되는 전자 회로 설계에 응용되고 있다.

2-1 논리 게이트와 불 대수 (Boolean algebra)

(1) 기본 게이트

표 5-7 게이트 종류

게이트	논리 기호	논리식	진리표	계전기회로 · 케이트 구성
AND	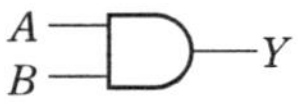 A, B → Y	$Y=A\cdot B$ $=AB$ $=A\times B$	A B Y 0 0 0 0 1 0 1 0 0 1 1 1	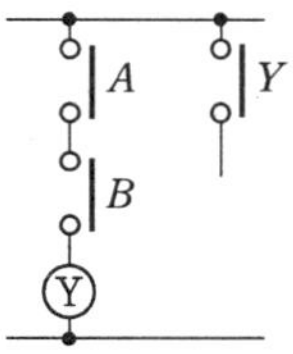
OR	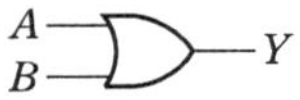 A, B → Y	$Y=A+B$	A B Y 0 0 0 0 1 1 1 0 1 1 1 1	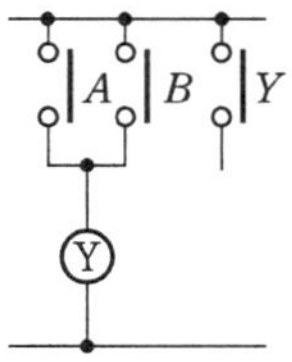
NOT	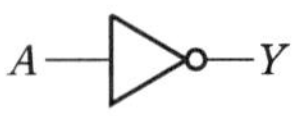 A → Y	$Y=\overline{A}$ $=A'$	A Y 0 1 1 0	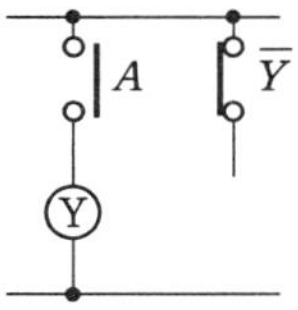
NAND	 A, B → Y	$Y=\overline{A\cdot B}$ $=\overline{AB}$	A B Y 0 0 1 0 1 1 1 0 1 1 1 0	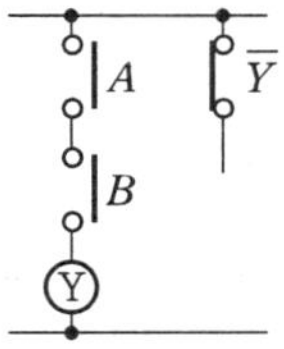

NOR	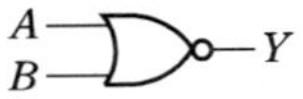	$Y=\overline{A+B}$	A B Y 0 0 1 0 1 0 1 0 0 1 1 0	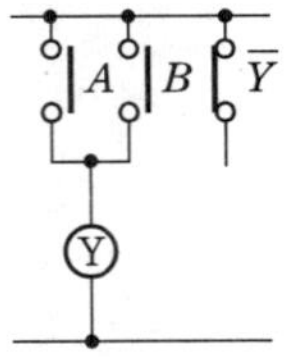
XOR	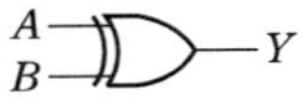	$Y=A\oplus B$ $=\overline{A}B+A\overline{B}$	A B Y 0 0 0 0 1 1 1 0 1 1 1 0	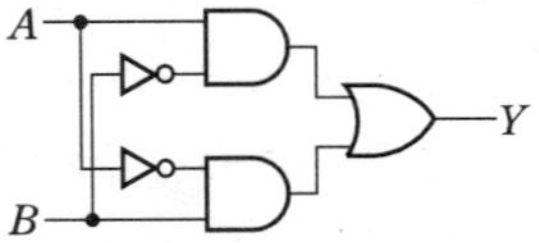
XNOR	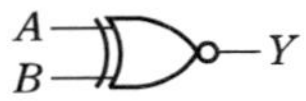	$Y=A\odot B$ $=\overline{A}\,\overline{B}+AB$ $=\overline{A\oplus B}$	A B Y 0 0 1 0 1 0 1 0 0 1 1 1	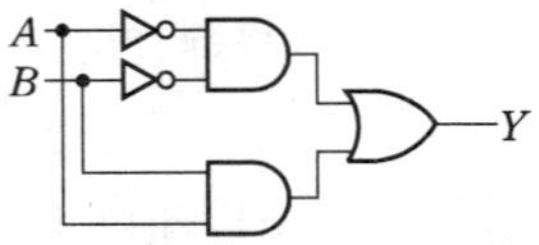

(2) 논리 대수

① 불 대수(Boolean algebra)의 공리

표 5-8 불 대수의 공리

번호	공리	대응 접점 회로		대응 논리 기호
1	$\overline{1}=0$	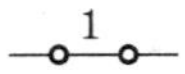 의 부정은 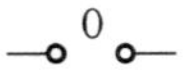		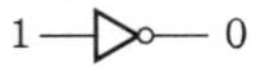
2	$\overline{0}=1$	 의 부정은 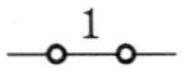		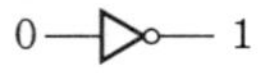
3	1+1=1	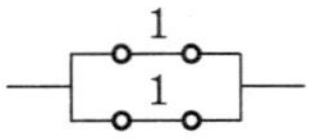	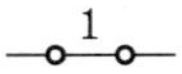	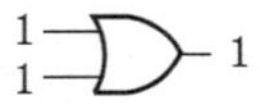
4	0・0=0	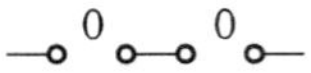	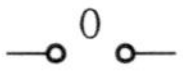	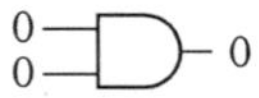
5	0+0=0	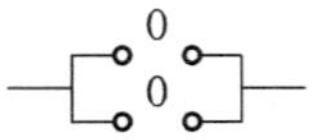	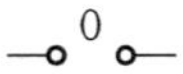	
6	1・1=1	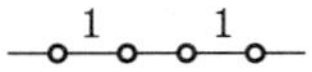	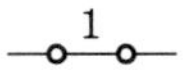	
7	0+1=1	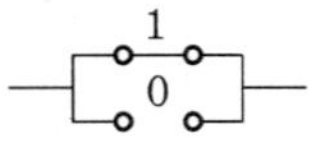	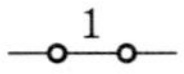	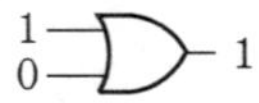
8	1・0=0	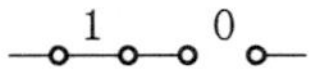		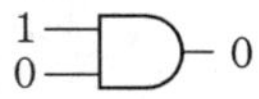

② 기본 정리

(가) $A \cdot 0 = 0, \quad A + 0 = A$

(나) $A \cdot 1 = A, \quad A + 1 = 1$

(다) $A \cdot A = A, \quad A + A = A$

(라) $A \cdot \overline{A} = 0, \quad A + \overline{A} = 1$

③ 논리 대수의 연산 법칙

(가) 교환 법칙 : $A + B = B + A$

$A \cdot B = B \cdot A$

(나) 결합 법칙 : $(A + B) + C = A + (B + C)$

$(A \cdot B) \cdot C = A \cdot (B \cdot C)$

(다) 분배 법칙 : $A + (B \cdot C) = (A + B) \cdot (A + C)$

$A \cdot (B + C) = (A \cdot B) + (A \cdot C)$

(라) 흡수 법칙 : $A + (A \cdot B) = A$

$A \cdot (A + B) = A$

(마) 2중 부정 : $\overline{\overline{A}} = A$

(3) 조합 논리 회로 등가 변환

① 기본적인 등가 변환

표 5-9 기본적인 등가 변환도

접점 회로		논리도	논리식
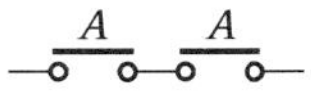		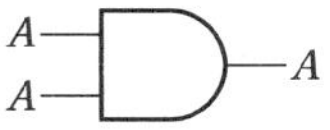	$A \cdot A = A$
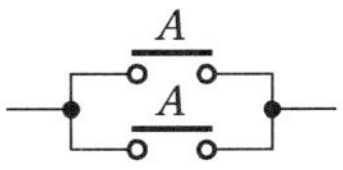		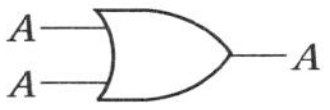	$A + A = A$
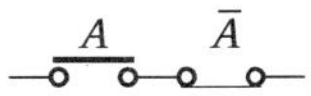		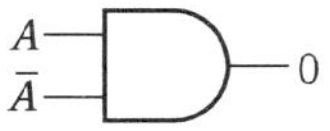	$A \cdot \overline{A} = 0$
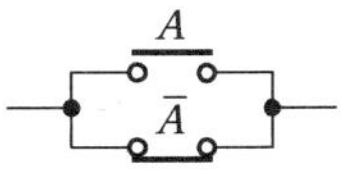		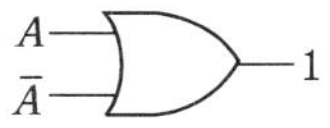	$A + \overline{A} = 1$
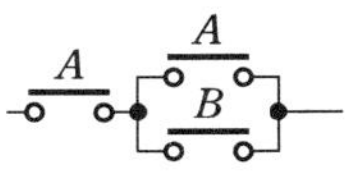	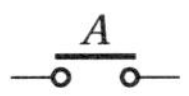	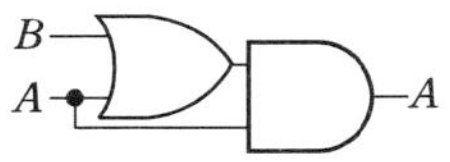	$A(A + B) = A$
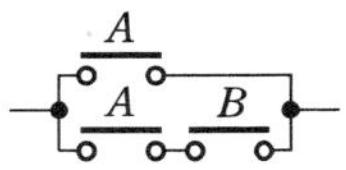		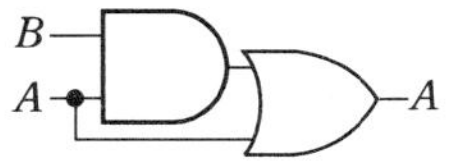	$A \cdot B + A = A$

② 드 모르간의 정리(De Morgan's theorem)

표 5-10

입력	AND		OR		NAND		NOR	
A B								
0 0	0	0	0	0	1	1	1	1
0 1	0	0	1	1	1	1	0	0
1 0	0	0	1	1	1	1	0	0
1 1	1	1	1	1	0	0	0	0
논리식	$A\cdot B=\overline{\overline{A}+\overline{B}}$		$A+B=\overline{\overline{A}\cdot\overline{B}}$		$\overline{A\cdot B}=\overline{A}+\overline{B}$		$\overline{A+B}=\overline{A}\cdot\overline{B}$	

2-2 논리 함수의 간소화

(1) 간소화하는 방법

① 불대수의 법칙이나 정리를 이용하는 대수적 변화에 의한 방법

② 카르노 도(Karnaugh map)에 의한 방법

대수적 변화에 의한 방법 예

(가) $Y=A+\overline{A}B$

$=(A+\overline{A})(A+B)$ ------------------ (14)

$=A+B$ ------------------ (3)

(나) $Y=A\cdot B+\overline{A}\cdot C+BC$

$=A\cdot B+\overline{A}\cdot C+BC(A+\overline{A})$ --------- (3)

$=AB+\overline{A}C+ABC+\overline{A}BC$ ----------- (13)

$=AB(1+C)+\overline{A}C(1+B)$ ------------ (13)

$=AB+\overline{A}C$ ------------------ (7)

(다) $Y=\overline{A}B\overline{C}+\overline{A}BC+AB\overline{C}$

$=\overline{A}B(\overline{C}+C)+AB\overline{C}$ --------------- (13)

$=\overline{A}B+AB\overline{C}$ ------------------ (3)

$=B(\overline{A}+A\overline{C})$ ------------------ (13)

$=B(\overline{A}+A)(\overline{A}+\overline{C})$ ------------------ (14)

$=B(\overline{A}+\overline{C})$ ------------------ (3)

(라) $Y=A+ABC+\overline{A}BC+AD+A\overline{D}+\overline{A}B$

$=A+BC(A+\overline{A})+A(D+\overline{D})+\overline{A}B$ ---- (13)

$=A+BC+A+\overline{A}B$ ------------------ (3)

$=A+BC+\overline{A}B$ ------------------ (5)

• 불 대수의 기본 법칙과 정리

(1) $A+0=A$

(2) $A\cdot 1=A$

(3) $A+\overline{A}=1$

(4) $A\cdot\overline{A}=0$

(5) $A+A=A$

(6) $A\cdot A=A$

(7) $A+1=1$

(8) $A\cdot 0=0$

(9) $A+B=B+A$

(10) $A\cdot B=B\cdot A$

(11) $A+(B+C)=(A+B)+C$

(12) $A(B\cdot C)=(A\cdot B)\cdot C$

(13) $A\cdot(B+C)=AB+AC$

(14) $A+BC=(A+B)(A+C)$

(15) $\overline{A+B}=\overline{A}\cdot\overline{B}$

(16) $\overline{A\cdot B}=\overline{A}+\overline{B}$

(17) $\overline{\overline{A}}=A$

$= (A+\overline{A})(A+B)+BC$ -------------- (14)

$= A+B+BC$ ---------------------- (3)

$= A+B(1+C)$ -------------------- (13)

$= A+B$ --------------------------- (7)

(2) 카르노도에 의한 방법

예 논리 함수 $F=\bar{x}yz+\bar{x}y\bar{z}+x\bar{y}\bar{z}+x\bar{y}z=\bar{x}y+x\bar{y}$

① 논리 함수 F는 이미 최소항의 합으로 표현되어 있으므로 진리표로 나타낼 필요 없이 바로 그림 5-1의 카르노 도로 표현될 수 있다.
② 1로 표시된 4개의 직사각형 중에서 서로 2개씩 인접하므로 이들을 묶으면 그림 5-1과 같이 2개의 2-큐브가 만들어진다.
③ 오른쪽 위의 2-큐브는 최소항 $\bar{x}yz$와 $\bar{x}y\bar{z}$를 포함하므로 이것을 간소화시키면 다음과 같다.

$\bar{x}yz+\bar{x}y\bar{z}=\bar{x}y(z+\bar{z})=\bar{x}y$

④ 마찬가지 방법으로, 왼쪽 아래의 2-큐브는 $x\bar{y}$로 간소화된다.

$\therefore F=\bar{x}y+x\bar{y}$

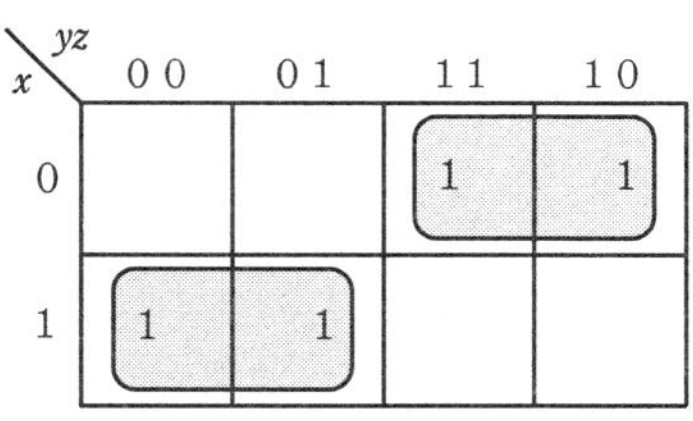

그림 5-1 카르노 도

예 논리 함수 $F=\bar{x}yz+x\bar{y}\bar{z}+xyz+xy\bar{z}=x\bar{z}+yz$

① 함수 F는 이미 최소항들만의 합으로 표현되어 있으므로 직접 카르노 도에 대응되는 직사각형을 1로 표시한 다음, 인접한 최소항끼리 묶으면 그림 5-2와 같이 된다.
② 최소항 $x\bar{y}\bar{z}$와 $xy\bar{z}$는 카르노 도에서는 분리되어 있지만 실제는 서로 인접 관계이므로 함께 묶여서 2-큐브를 형성하여 $x\bar{z}$로 단순화될 수 있다.
③ 셋째 번 열의 두 인접 최소항인 $\bar{x}yz$와 xyz는 yz로 간소화되므로, 간소화된 함수 $F=x\bar{z}+yz$ 이다.

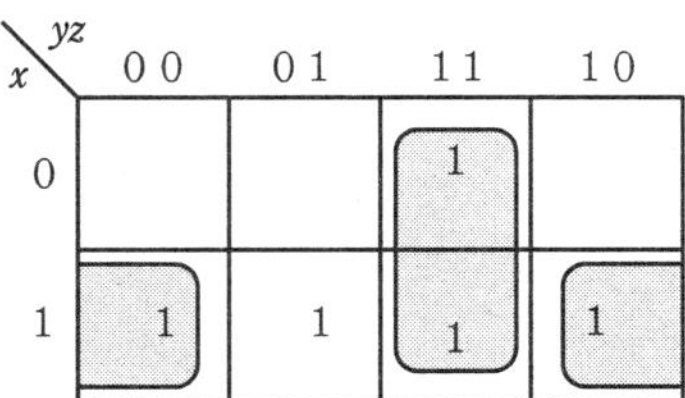

그림 5-2 보기2의 카르노 도

예 · 상 · 문 · 제

1. 그림과 같은 타임 차트의 기능을 갖는 논리 게이트는? [11]

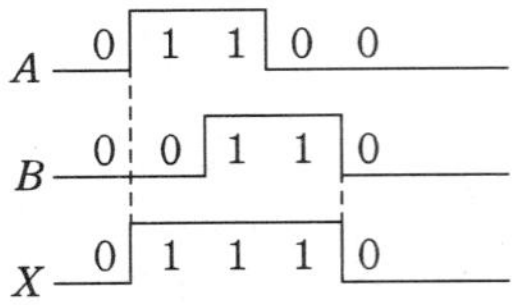

㉮ 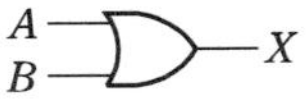 ㉯ 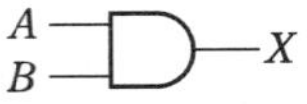

㉰ 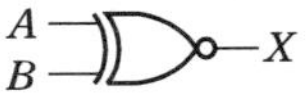 ㉱ 

해설 본문 표 5-7에서, OR 게이트 진리표 참조

2. 그림과 같은 논리 회로를 1개의 게이트로 표현하면? [11]

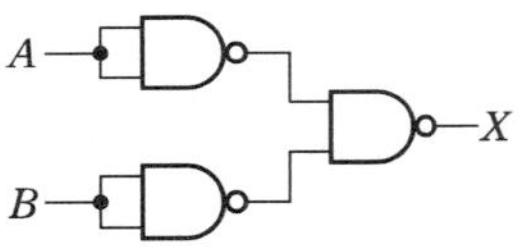

㉮ AND ㉯ NOR

㉰ NOT ㉱ OR

해설 $\overline{\overline{A}\cdot\overline{B}} = \overline{\overline{A}}+\overline{\overline{B}} = A+B$

3. 그림의 논리 회로와 그 기능이 같은 것은? [08]

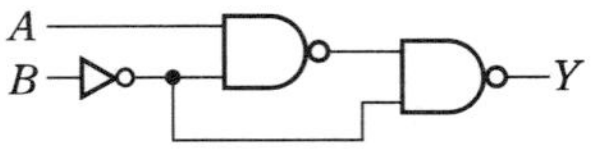

㉮ 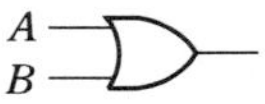 ㉯ 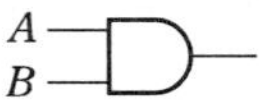

㉰ 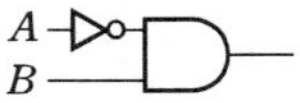 ㉱ 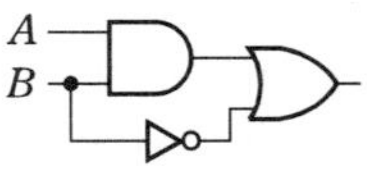

해설 $Y=\overline{(\overline{A\overline{B}})\cdot\overline{B}} = \overline{\overline{A\overline{B}}}+\overline{\overline{B}} = A\overline{B}+B$

$=(A+B)(\overline{B}+B)=(A+B)\cdot 1 = A+B$

참고 분배 법칙

$A\overline{B}+B=(A+B)(B+\overline{B})$

4. 다음 진리표에 해당되는 논리 게이트는?

㉮ AND
㉯ OR
㉰ NAND
㉱ NOR

A	B	Y
0	0	0
0	1	0
1	0	0
1	1	1

해설 본문 표 5-7 AND 게이트 참조

5. 논리 회로의 출력 함수가 뜻하는 논리 게이트의 명칭은? [06]

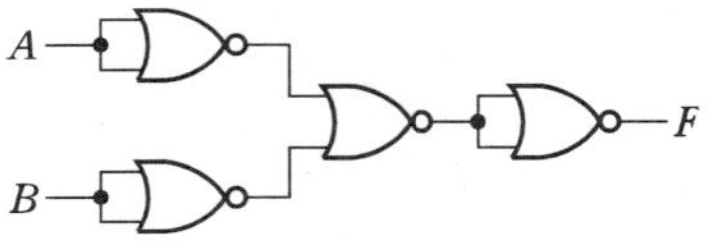

㉮ AND ㉯ OR

㉰ NAND ㉱ NOR

해설 $F=\overline{\overline{\overline{A}+\overline{B}}} = \overline{A}+\overline{B} = \overline{AB}$

참고 드 모르간 정리 참조

6. 다음 그림은 어떤 논리 회로인가? [07, 10]

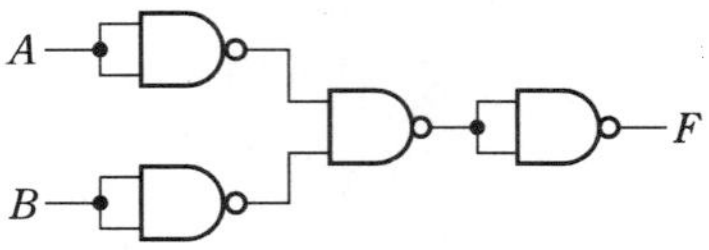

㉮ NAND
㉯ NOR
㉰ exclusive OR (XOR)
㉱ exclusive NOR (XNOR)

정답 1. ㉮ 2. ㉱ 3. ㉮ 4. ㉮ 5. ㉰ 6. ㉯

해설 NAND 게이트만을 이용한 NOR 게이트 표현

$$F=\overline{\overline{\overline{\overline{A}\cdot\overline{B}}}}$$
$$=\overline{A}\cdot\overline{B}$$
$$=\overline{A+B}$$

참고 NOR 게이트

A, B → F $=\overline{A+B}$

7. 다음 그림과 같은 논리 회로의 논리식은? [09]

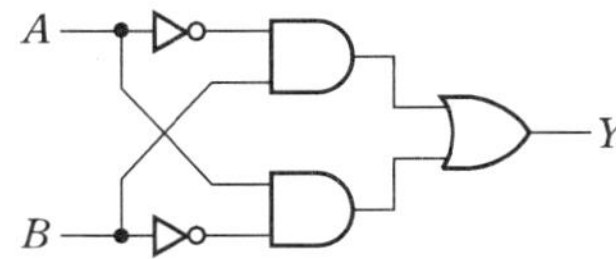

㉮ $Y=\overline{A+B}$

㉯ $Y=A\oplus B$

㉰ $Y=A\cdot B+\overline{A}\cdot\overline{B}$

㉱ $Y=\overline{A}\oplus\overline{B}$

해설 본문 표 5-7 XOR 게이트 참조

$Y=A\overline{B}+\overline{A}B=A\oplus B$

8. 그림과 같은 접점 회로를 논리 게이트로 표현하면? [06, 10]

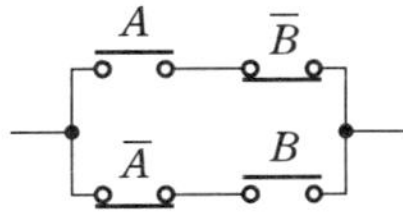

㉮ A, B

㉯ A, B

㉰ A, B

㉱ A, B

해설 $Y=A\overline{B}+\overline{A}B=A\oplus B$

∴ XOR 게이트

9. 그림과 같은 논리 회로의 논리 함수는 어느 것인가? [08]

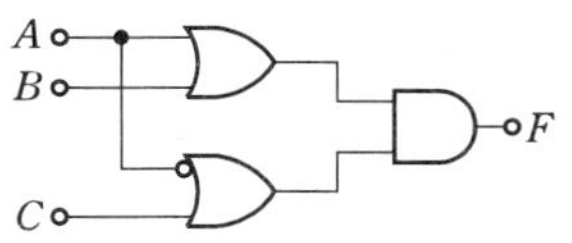

㉮ $A\overline{B}+AC+BC$

㉯ $\overline{A}B+\overline{A}C+BC$

㉰ $\overline{A}B+AC+BC$

㉱ $\overline{A}B+A\overline{C}+BC$

해설 $F=(A+B)\cdot(\overline{A}+C)$

$=A\overline{A}+AC+\overline{A}B+BC$

$=\overline{A}B+AC+BC$

참고 $A\overline{A}=0$

10. 다음 논리 회로와 등가인 논리 함수는? [07]

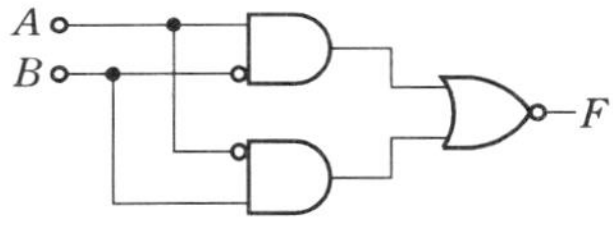

㉮ $(\overline{A}+\overline{B})(A+B)$

㉯ $(A+\overline{B})(\overline{A}+B)$

㉰ $(\overline{A}+\overline{B})(\overline{A}+\overline{B})$

㉱ $(\overline{A}+\overline{B})(\overline{A}+B)$

해설 $F=A\overline{B}+\overline{A}B$

$=A\overline{B}+\overline{A}B+A\overline{A}+B\overline{B}$

$=(A+B)\overline{A}+(A+B)\overline{B}$

$=(\overline{A}+\overline{B})(A+B)$

11. 그림과 같은 스위치 회로의 논리식은? [11]

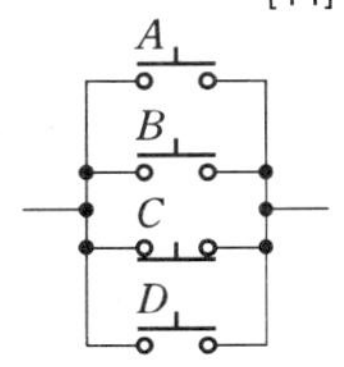

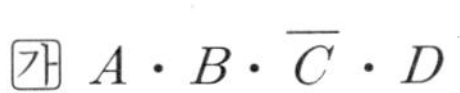
㉮ $A\cdot B\cdot\overline{C}\cdot D$

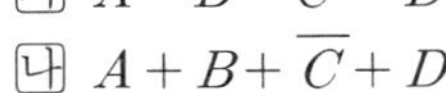
㉯ $A+B+\overline{C}+D$

㉰ $\overline{A}\cdot\overline{B}\cdot C\cdot\overline{D}$

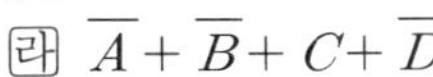
㉱ $\overline{A}+\overline{B}+C+\overline{D}$

해설 병렬 스위치 회로이므로 OR 게이트로 표현된다.

정답 7. ㉯ 8. ㉰ 9. ㉰ 10. ㉮ 11. ㉯

$F = A + B + \overline{C} + D$

(A, B, D는 a접점, C는 b접점)

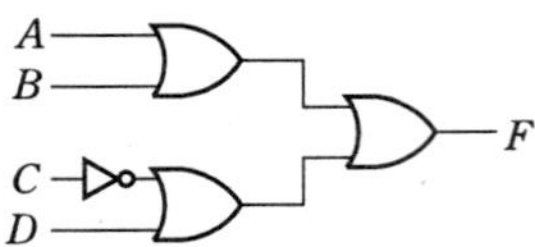

12. 다음 그림의 스위칭 회로에서 논리식은 어느 것인가? [07]

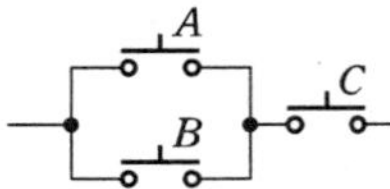

㉮ $(A+B)\,C$ ㉯ $AB+C$

㉰ $AC+B$ ㉱ $A+BC$

해설 스위치 병렬 접속은 OR, 직렬 접속은 AND 게이트로 표현된다.

$F=(A+B)\cdot C$

13. 그림과 같은 유접점 회로가 의미하는 논리식은? [12]

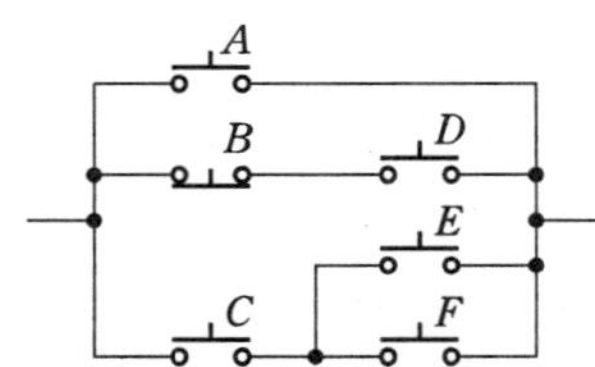

㉮ $A+\overline{B}\,D+C(E+F)$

㉯ $A+\overline{B}\,C+D(E+F)$

㉰ $A+B\overline{C}+D(E+F)$

㉱ $A+\overline{B}\,\overline{C}+D(E+F)$

해설 스위치 병렬 접속은 OR, 직렬 접속은 AND 게이트로 표현되며, B만 b접점이다.

$\therefore F=A+\overline{B}\,D+C(E+F)$

14. 그림과 같은 다이오드 논리 회로의 출력식은? [08]

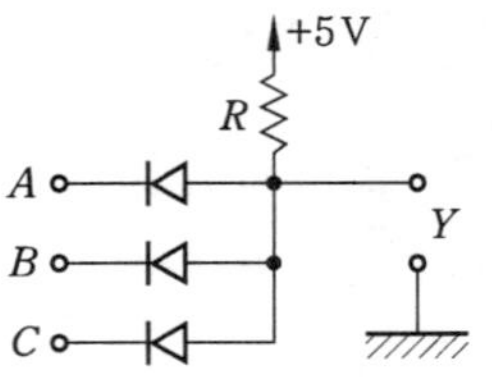

㉮ $Y=A+BC$

㉯ $Y=AB+C$

㉰ $Y=ABC$

㉱ $Y=A+B+C$

해설 ① 다이오드 3개 중에 1개라도 on 상태가 되면 출력 Y는 '0' 전위가 된다.

② 다이오드 3개 모두 off 상태일 때만 출력 Y는 (+)5V가 된다.

(A=B=C=1일 때, 다이오드는 모두 off 상태이다.)

등가 회로

15. 다음 그림은 무엇의 논리 회로인가?

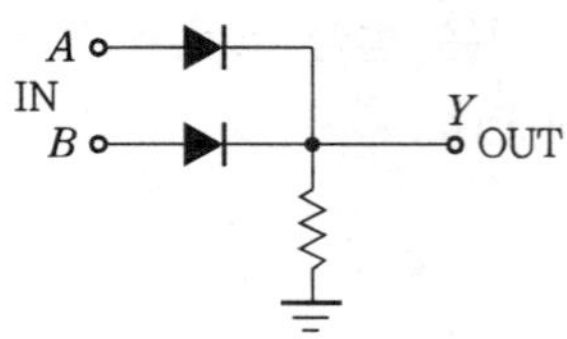

㉮ AND ㉯ OR

㉰ XOR ㉱ XNOR

해설 다이오드 A, B 중 하나 이상만 동작(ON)되면 출력은 '1'이 된다.

$Y=A+B$

16. 그림과 같은 회로는 어떤 논리 동작을 하는가?

정답 12. ㉮ 13. ㉮ 14. ㉰ 15. ㉯ 16. ㉯

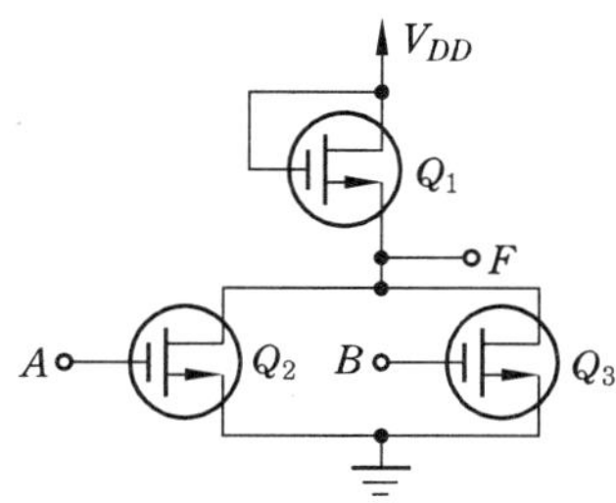

㉮ NAND ㉯ NOR
㉰ AND ㉱ OR

해설 ① 입력 A 또는 B 중 한 개만이라도 '1'이 가해지면 Q_2 또는 Q_3가 on 상태가 되어 출력 F점은 접지가 되므로 '0'이 된다.
② $A=B=0$일 때만 출력 F점은 Q_1을 통하여 V_{DD}, 즉 '1'이 된다.
$\therefore F=\overline{A+B} \Rightarrow NOR$

참고 본문 표 5-7 참조

A	B	X
0	0	1
0	1	0
1	0	0
1	1	0

진리표

17. 그림과 같은 회로는 어떠한 논리 동작을 하는가? [08]

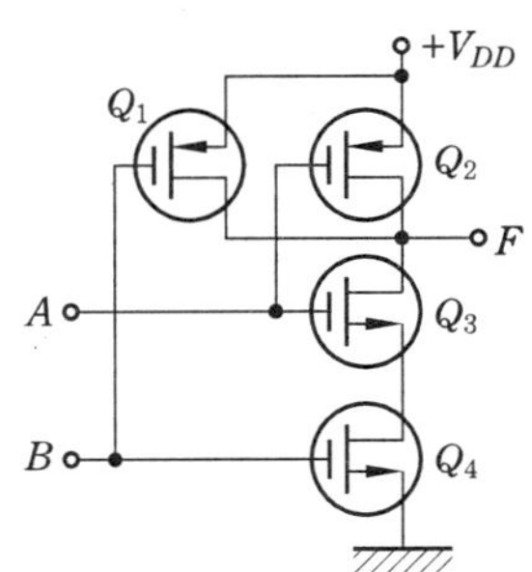

㉮ NAND 게이트 ㉯ NOR 게이트
㉰ OR 게이트 ㉱ AND 게이트

해설 ① $A=B=1$일 때만 Q_3와 Q_4가 동시에 동작(ON) 상태가 되어 출력 F점은 접지가 되므로 '0'이 된다. 이때, Q_1과 Q_2는 부동작(OFF) 상태가 된다.
② $A=0$일 때, Q_2 동작 → F=1
$B=0$일 때, Q_1 동작 → F=1
$\therefore F=\overline{AB} \Rightarrow NAND$

참고 본문 표 5-7 참조

A	B	X
0	0	1
0	1	1
1	0	1
1	1	0

진리표

18. 불 대수식 중 옳지 않은 것은?

㉮ $A \cdot 1 = A$ ㉯ $A+1=1$
㉰ $A \cdot \overline{A}=0$ ㉱ $A+\overline{A}=0$

해설 $A+\overline{A}=1$

참고 기본 정리 참조

19. A+BC와 같은 논리식은?

㉮ $(A+B)(A+C)$
㉯ $AB+AC$
㉰ $A(B+C)$
㉱ $A+(B+C)$

해설 $A+BC=(A+B)(A+C)$

참고 분배 법칙 참조

20. 다음의 그림과 같은 논리 기호와 같은 것은?

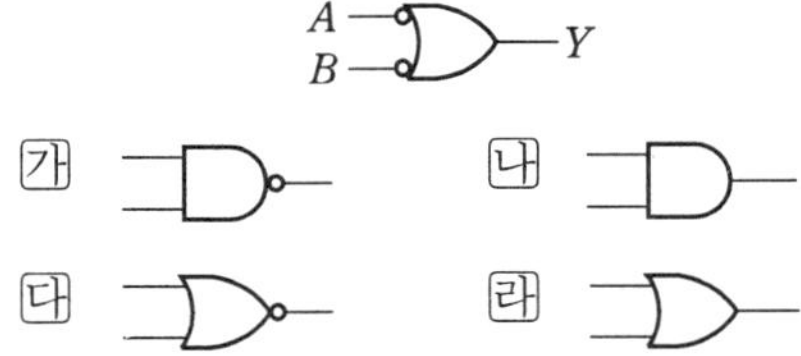

해설 $Y=\overline{A}+\overline{B}=\overline{AB}$

참고 본문 표 5-10 드 모르간의 정리 참조

정답 17. ㉮ 18. ㉱ 19. ㉮ 20. ㉮

21. 논리식 중 맞는 표현은? [07, 10]

㉮ $\overline{A+B}=\overline{A}\,\overline{B}$

㉯ $\overline{A}+\overline{B}=A+B$

㉰ $\overline{AB}=\overline{A}\,\overline{B}$

㉱ $\overline{A+B}=\overline{AB}$

해설 드 모르간의 정리

$\overline{A+B}=\overline{A}\,\overline{B}$

22. 논리식 'A+AB'를 간단히 계산한 결과는 어느 것인가? [09, 11]

㉮ A

㉯ $\overline{A}+B$

㉰ $A+\overline{B}$

㉱ $A+B$

해설 $A+AB=A(1+B)=A$

23. 논리식 'A · (A+B)'를 간단히 하면? [09]

㉮ A ㉯ B

㉰ $A\cdot B$ ㉱ $A+B$

해설 $A(A+B)=AA+AB$

$=A+AB=A(1+B)=A$

24. 논리식 $F=\overline{A}\,\overline{B}\,C+\overline{A}\,B\,\overline{C}+A\overline{B}\,C+AB\overline{C}$를 간소화한 것은? [08]

㉮ $F=\overline{A}C+A\overline{C}$

㉯ $F=\overline{B}C+B\overline{C}$

㉰ $F=\overline{A}B+A\overline{B}$

㉱ $F=\overline{A}B+B\overline{C}$

해설 $F=\overline{A}\,\overline{B}\,C+\overline{A}B\overline{C}+A\overline{B}\,C+AB\overline{C}$

$=\overline{A}(\overline{B}\,C+B\overline{C})+A(\overline{B}\,C+B\overline{C})$

$=(\overline{A}+A)(\overline{B}\,C+B\overline{C})$

$=\overline{B}\,C+B\overline{C}$

참고 카르노 도표를 이용

A \ BC	00	01	11	10
0	0	1	0	1
1	0	1	0	1
		↓ $\overline{B}C$		↓ $B\overline{C}$

25. 다음 논리 함수를 간략화하면 어떻게 되는가? [12]

$$Y=\overline{A}\,\overline{B}\,\overline{C}\,\overline{D}+\overline{A}\,\overline{B}\,C\,\overline{D}+A\,\overline{B}\,\overline{C}\,\overline{D}+A\,\overline{B}\,C\,\overline{D}$$

	$\overline{A}\overline{B}$	$\overline{A}B$	AB	$A\overline{B}$
$\overline{C}\overline{D}$	1			1
$\overline{C}D$				
CD				
$C\overline{D}$	1			1

㉮ $\overline{B}\,\overline{D}$ ㉯ $B\overline{D}$

㉰ $\overline{B}D$ ㉱ BD

해설 카르노 도표 상에서 논리적으로 '1'이 인접하고 있는 항을 서로 묶으면 하나가 된다.

∴ A, $\overline{A}$와 C, $\overline{C}$를 소거하면 $Y=\overline{B}\,\overline{D}$

참고 $Y=\overline{A}\,\overline{B}\,\overline{C}\,\overline{D}+\overline{A}\,\overline{B}\,C\,\overline{D}+A\overline{B}\,\overline{C}\,\overline{D}$

$+A\overline{B}\,C\,\overline{D}$

$=(\overline{A}+A)(\overline{B}\,\overline{C}\,\overline{D}+\overline{B}\,\overline{C}\,\overline{D})+$

$(\overline{A}+A)(\overline{B}\,C\,\overline{D}+\overline{B}\,C\,\overline{D})$

$=\overline{B}\,\overline{C}\,\overline{D}+\overline{B}\,C\,\overline{D}$

$=(\overline{C}+C)(\overline{B}\,\overline{D})$

$=\overline{B}\,\overline{D}$

26. 그림과 같은 논리 회로의 간략화된 논리 함수는? [06, 10]

정답 21. ㉮ 22. ㉮ 23. ㉮ 24. ㉯ 25. ㉮ 26. ㉯

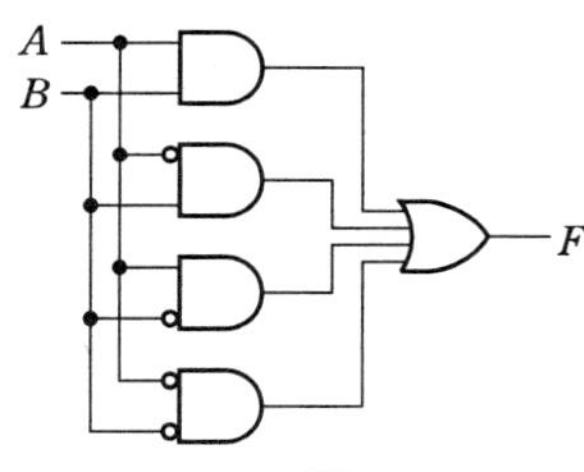

㉮ 0 ㉯ 1
㉰ A ㉱ B

해설 $F = AB + \overline{A}B + A\overline{B} + \overline{A}\,\overline{B}$
$= (A + \overline{A})B + (A + \overline{A})\overline{B}$
$= B + \overline{B} = 1$

27. 카르노(Karnaugh)도가 나타내는 논리식은?

CD \ AB	00	01	11	10
00	0	0	0	1
01	1	1	0	1
11	1	1	0	0
10	0	0	0	0

㉮ $X = \overline{A}D + A\overline{B}\,\overline{C}$
㉯ $X = \overline{A}\,\overline{D} + \overline{B}\,\overline{C}$
㉰ $X = \overline{A}D + BCD$
㉱ $X = A\overline{D} + \overline{A}BC$

해설 $X = \overline{A}D + A\overline{B}\,\overline{C}$

CD \ AB	00	01	11	10
00	0	0	0	1
01	1	1	0	1
11	1	1	0	0
10	0	0	0	0

$A\overline{B}\,\overline{C}$

$\overline{A}D$

정답 27. ㉮

제 **2** 장

조합 논리 회로·순서 논리 회로

1. 조합 논리 회로

- 산술 연산회로 : 반가산기, 전가산기
- 데이터 전송 회로 : 인코더, 디코더, 멀티 플렉서, 디멀티 플렉서

1-1 가산기와 감산기

(1) 반가산기 (half adder)

① 1자리의 2진수 가산을 하는 동작을 한다.

② 2개의 입력과 2개의 출력, 즉 2진수 A와 B를 더한 합 (sum) S와 자리올림(carry) C를 얻는 회로이다.

(가) 합 : $S = \overline{A}B + A\overline{B} = A \oplus B$

(나) 자리올림 수 : $C = AB$

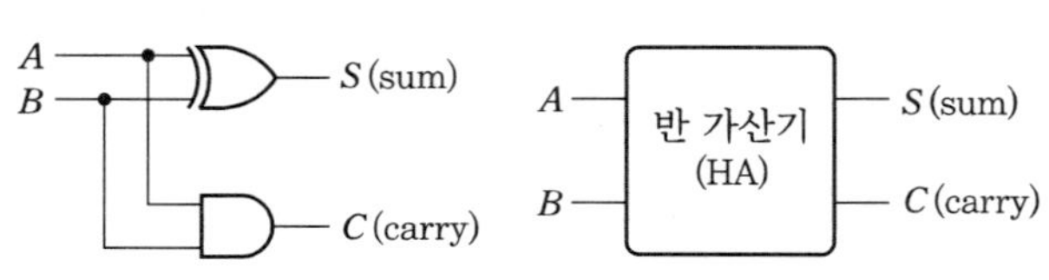

(a) 논리 회로도 (b) 논리 기호

A	B	S	C
0	0	0	0
0	1	1	0
1	0	1	0
1	1	0	1

(c) 진리표

그림 5-3 반가산기

③ 반가산기의 논리 회로도 표현

(가) $S = \overline{A}B + A\overline{B}$

$C = AB$

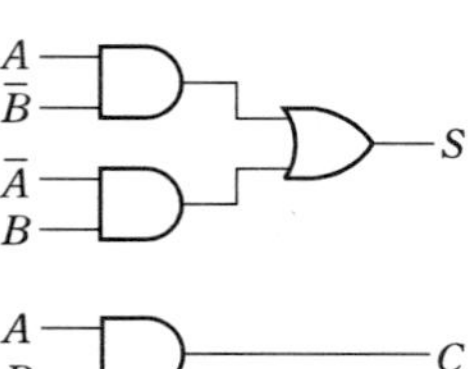

(나) $S = (A+B)(\overline{A}+\overline{B})$

$C = AB$

(다) $S = (A+B)(\overline{A}+\overline{B})$

$C = (\overline{\overline{A}+\overline{B}})$

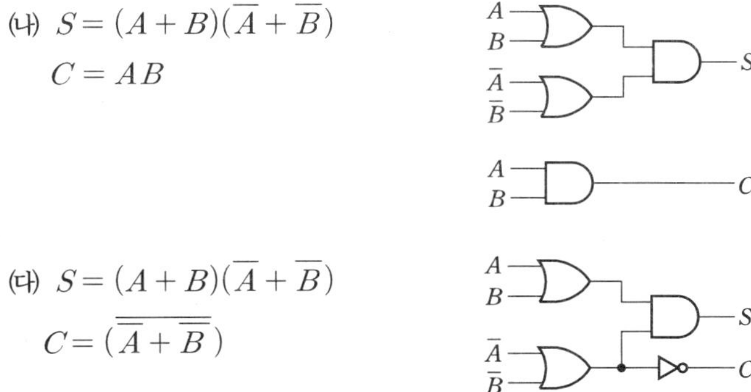

(2) 전가산기(full adder)

① 2개의 반가산기와 1개의 OR 게이트를 연결하여 한번에 3비트를 더할 수 있는 회로이다.

② 자리올림수(carry)를 고려하기 때문에 입력 변수는 3개가 되고, 출력은 합(sum)과 자리올림수 2개이다.

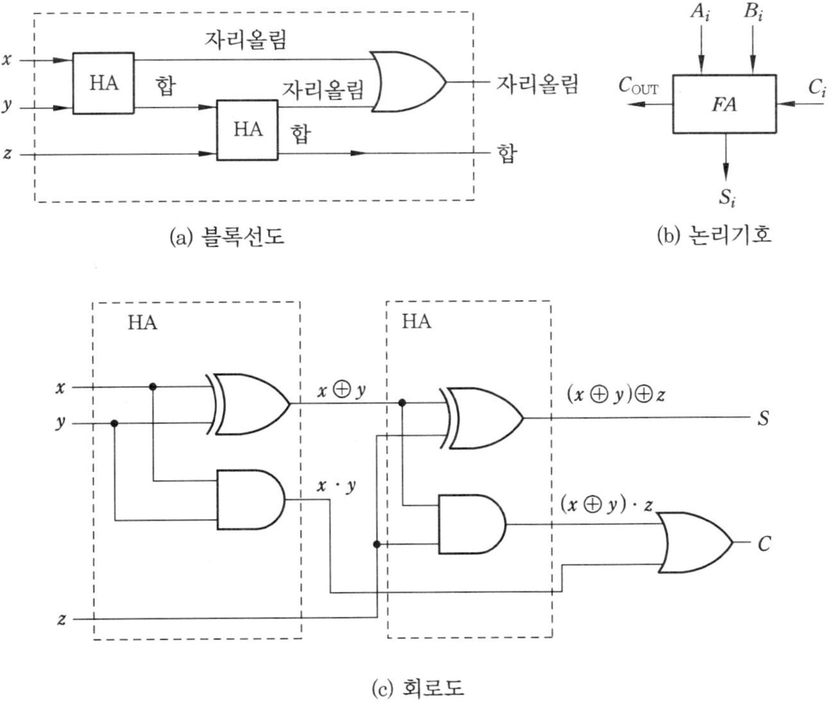

그림 5-4 전가산기

③ x와 y의 값을 XOR 연산하면 그림에 표시된 것과 같이 $x \oplus y$로 표시할 수 있다.

④ 다시 $x \oplus y$의 결과에 전자리에서 발생한 캐리, 즉 z값을 다시 XOR 연산하면 S는 그림과 같이 되므로 세 비트의 덧셈이 된다.

⑤ 3개의 비트를 더하는 경우에는 캐리가 발생할 경우는 $x \oplus y$하는 과정에서 발생할 수 있고, $(x \oplus y) \oplus z$ 연산 과정에서 발생할 수도 있으므로 $x \cdot y$와 $(x \oplus y) \cdot z$가 OR 게이트로 연결된 것이다.

⑥ 출력 S와 C를 구하면 다음과 같다.

(가) $S = \overline{x}\,\overline{y}z + \overline{x}y\overline{z} + x\overline{y}\,\overline{z} + xyz$

$$S = \overline{z}(\underbrace{\overline{x}y + x\overline{y}}_{A\text{로 치환}}) + z(\underbrace{\overline{x}\,\overline{y} + xy}_{\overline{A}\text{로 치환}})$$

$$S = \overline{z}A + z\overline{A},\quad S = A \oplus z,\quad \underline{S = x \oplus y \oplus z}$$

(나) $C = \overline{x}yz + x\overline{y}z + xy\overline{z} + xyz$

$$C = z(\overline{x}y + x\overline{y}) + xy(\underbrace{\overline{z} + z}_{1})$$

$$C = z(x \oplus y) + xy$$

표 5-11 전가산기의 진리표

x	y	z	C	S
0	0	0	0	0
0	0	1	0	1
0	1	0	0	1
0	1	1	1	0
1	0	0	0	1
1	0	1	1	0
1	1	0	1	0
1	1	1	1	1

(3) 반감산기(half subtractor)

① 2진수 뺄셈에 대한 기본 규칙과 진리표

0−0=0 (빌림 0)
0−1=1 (빌림 1)
1−0=1 (빌림 0)
1−1=0 (빌림 0)

여기서, B_0 : 빌림
D : 차(差)

표 5-12 반감산기의 진리표

A	B	B_0	D
0	0	0	0
0	1	1	1
1	0	0	1
1	1	0	0

② 차에 해당하는 D의 출력은 A와 B가 서로 같은 값일 때는 0이고, 다른 값일 때는 항상 1을 출력하고 있다.

③ 따라서 가산기에서와 같이 XOR 게이트를 쓰면 이와 같은 출력을 낼 수 있다.

④ 빌림에 해당하는 출력 B_o은 입력 A가 0이고, 입력 B가 1일 때 출력을 내게 되므로 $\overline{A}$와 B의 AND 함수로 구해진다.

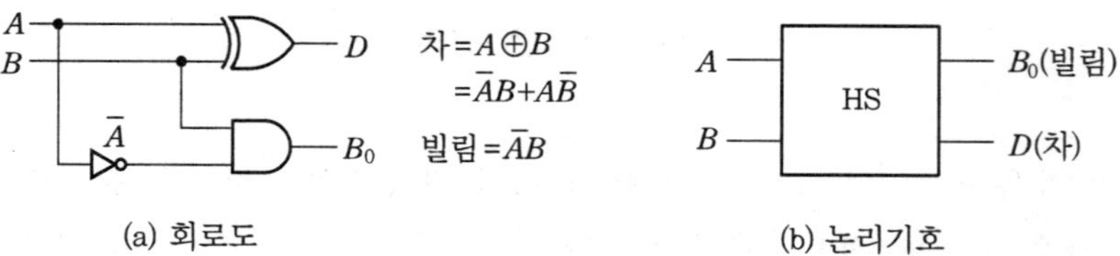

(a) 회로도　　(b) 논리기호

그림 5-5 반감산기

(4) 전감산기(full-subtractor)

① 전가산기와 마찬가지로 뺄셈의 경우에도 빌림이 있을 경우 3비트로 행해져야 한다.
② 전감산기는 3비트 뺄셈에 이용되는 회로이며 전가산기의 개념과 같다.
③ 반감산기 2개와 OR 게이트 1개를 사용하고, 진리표를 작성하여 출력 함수를 얻어 AND 게이트와 OR 게이트로 회로를 구성할 수도 있다.

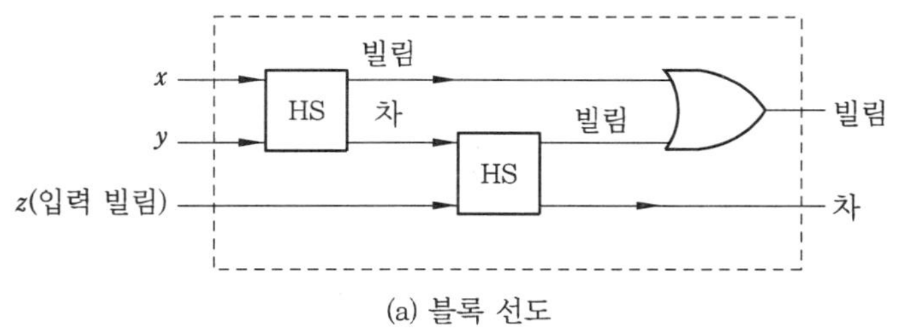

(a) 블록 선도

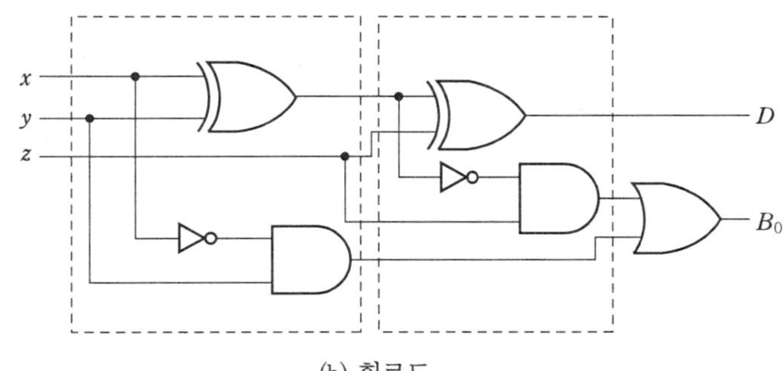

(b) 회로도

그림 5-6 전감산기

표 5-13 전감산기의 진리표

x	y	z	B_0	D
0	0	0	0	0
0	0	1	1	1
0	1	0	1	1
0	1	1	1	0
1	0	0	0	1
1	0	1	0	0
1	1	0	0	0
1	1	1	1	1

여기서, B_0 : 빌림, D : 차(差)

1-2 디코더와 인코더

• 디코더 : 해독기 • 인코더 : 부호기

(1) 디코더 (decoder)

① 디코더는 2진수를 10진수로 변환하는 조합 논리 회로로서, n비트의 2진수를 입력하여 최대 2^n개의 출력 신호를 만들며, $n \times m$ 디코더란 입력이 n개이고 출력이 m개임을 의미한다.
② 출력 중 단지 한 개만이 논리적으로 1이 되고 나머지 출력은 모두 0으로 만드는 회로이다.

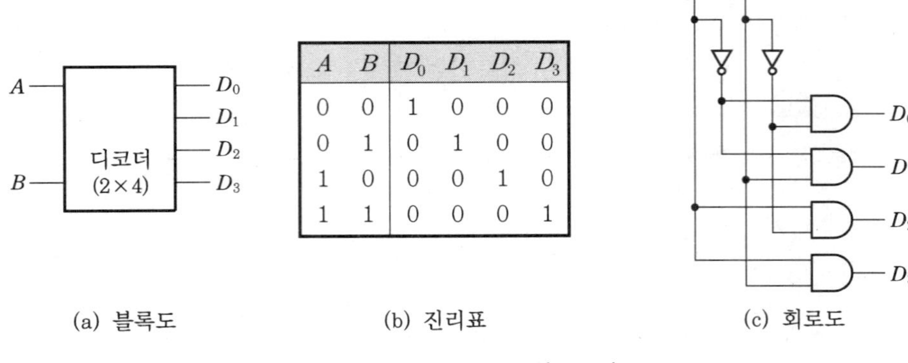

A	B	D_0	D_1	D_2	D_3
0	0	1	0	0	0
0	1	0	1	0	0
1	0	0	0	1	0
1	1	0	0	0	1

(a) 블록도 (b) 진리표 (c) 회로도

그림 5-7 디코더(2×4)

③ 디코더의 응용 : BCD-10진 디코더, BCD-7 세그먼트 디코더 등이 있다.

(2) 인코더 (encoder)

① 인코더는 디코더와 정 반대의 기능을 수행하는 조합 논리 회로로써 입력 단자에 나타난 정보를 코드화화여 출력으로 내보낸다.

② 2^n개 또는 그 이하의 입력으로부터 n개의 출력을 만들며 $m \times n$ 인코더란 입력이 m개이고 출력이 n개임을 의미한다.

③ 각 입력 단자는 서로 다른 정보를 나타내므로 인코더에서는 하나의 입력만 1이 되며, 출력은 1로 나타난 입력 정보에 부여된 코드값이 된다.

D_0	D_1	D_2	D_3	A	B
1	0	0	0	0	0
0	1	0	0	1	0
0	0	1	0	0	1
0	0	0	1	1	1

(a) 블록도 (b) 진리표 (c) 회로도

그림 5-8 인코더(4×2)

④ 인코더는 OR 게이트로 구성된다.

1-3 멀티플렉서와 디멀티플렉서

• 멀티플렉서 (MUX) : 데이터 선택기 (data selector)
• 디멀티플렉서 (DEMUX) : 데이터 분배기 (data distributor)

(1) 멀티플렉서(multiplexer : MUX)

① 여러개의 입력선 중에서 하나를 선택하여 단일 출력선으로 연결하는 조합 회로이다.

② 멀티플렉서는 정상적인 경우 2^n개의 입력선(input line)과 입력 선택을 위한 n개의 선택선, 그리고 하나의 출력선(output line)을 갖는다.

③ 선택 단자가 n비트이면 2^n개의 입력 중에서 하나를 선택하여 출력에 연결하며 이것을 간단히 $2^n \times 1$ MUX라고 표시한다.

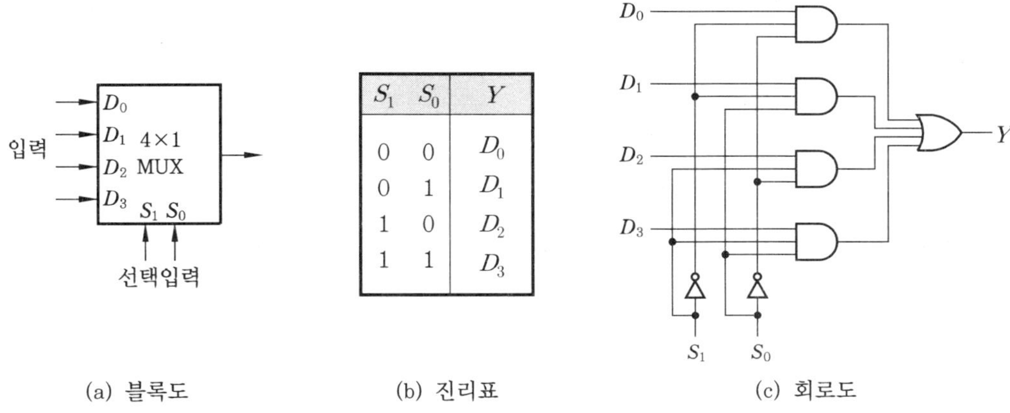

S_1	S_0	Y
0	0	D_0
0	1	D_1
1	0	D_2
1	1	D_3

(a) 블록도 (b) 진리표 (c) 회로도

그림 5-9 멀티플렉서(4×1)

(2) 디멀티플렉서(demultiplexer : DEMUX)

① 멀티플렉서와 반대의 동작을 하는 조합 논리 회로로서 여러 개의 출력 중에서 하나를 선택하여 입력을 연결시켜주는 기능을 갖는다.

② 입출력 단자 이외에 입력에 연결할 출력선을 선택하는 선택(select) 단자가 있다.

③ 선택 단자가 n비트이면 2^n개의 출력 중에서 하나를 선택하여 입력에 연결하면 이것을 간단히 1×2^n DEMUX라고 표시한다.

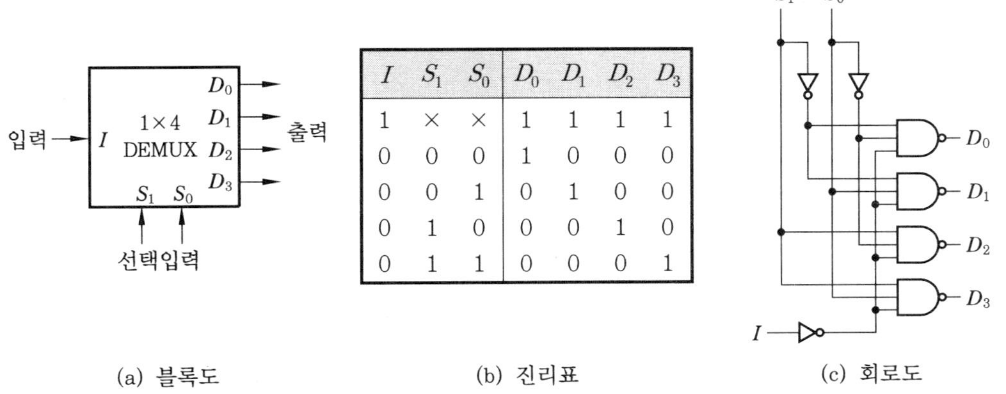

I	S_1	S_0	D_0	D_1	D_2	D_3
1	×	×	1	1	1	1
0	0	0	1	0	0	0
0	0	1	0	1	0	0
0	1	0	0	0	1	0
0	1	1	0	0	0	1

(a) 블록도 (b) 진리표 (c) 회로도

그림 5-10 디멀티플렉서

1-4 비교기와 코드 변환기

■ 비교기
- 반 비교기
- 전 비교기
- n비트 비교기

■ 코드 변환기
- BCD → 3초과 코드 변환기
- 2진 코드 → 그레이 코드 변환기
- 그레이 코드 → 2진 코드 변환기

(1) 비교기 (comparator)

① 비교기는 두 개의 수 A, B를 비교하여 이들의 대소를 결정하는 회로인데 비교 결과는 A > B, A < B, A = B를 나타내는 세 개의 2진 변수에 의해 나타난다.

② 반 비교기의 불대수 : $E = \overline{A}\,\overline{B} + AB = \overline{A \oplus B} = \overline{\overline{A}B + A\overline{B}}$ $H = A\overline{B}$ $L = \overline{A}B$

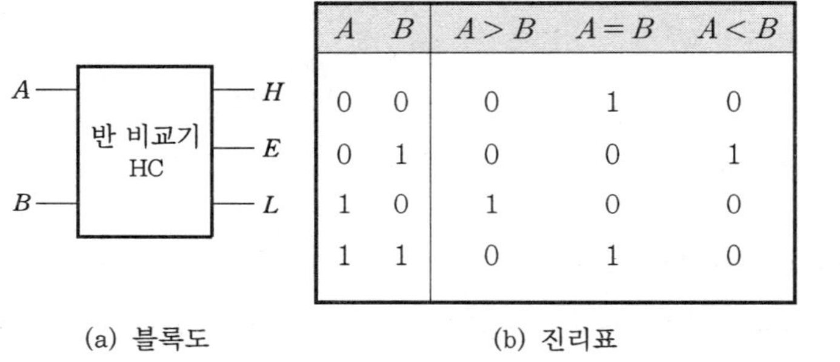

A	B	$A>B$	$A=B$	$A<B$
0	0	0	1	0
0	1	0	0	1
1	0	1	0	0
1	1	0	1	0

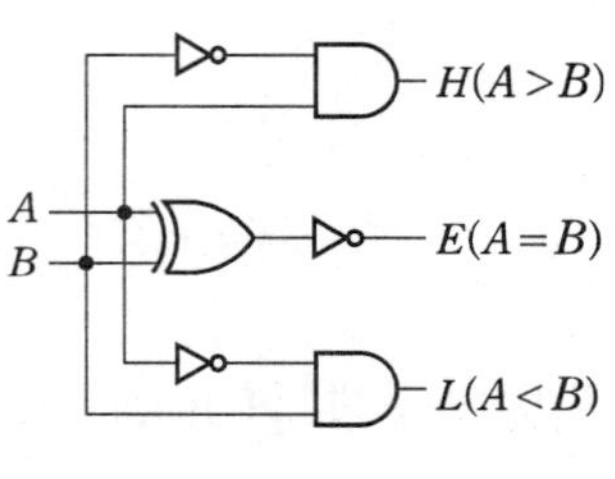

(a) 블록도 (b) 진리표 (c) 회로도

그림 5-11 반 비교기

(2) 코드 변환기

① BCD → 3 초과 코드 변환

(가) 3초과 코드인 연산 회로, 즉 BCD 가산기와 감산기 회로 등에 사용된다.

(나) 3초과 코드는 자기 보수 코드이며, BCD 코드를 3초과 코드로 변환하는 방법은 BCD 코드에 2진수의 3을 더하여 주면 된다.

(다) 3초과 코드의 원리

예

BCD 코드	+	0011	→	3초과 코드
0000	+	0011	→	0011
0001	+	0011	→	0100
0010	+	0011	→	0101
⋮		⋮		⋮

㈑ 입력 변수 A, B, C, D에 BCD 데이터를 입력하면 W, X, Y, Z에 3초과 코드로 변환된 데이터가 나타난다.

- $W = A + BC + BD = A + B(C + D)$
- $X = \overline{B}C + \overline{B}D + B\overline{C}\overline{D} = \overline{B}(C + D) + B\overline{C}\overline{D}$
- $Y = CD + \overline{C}\overline{D} = CD + \overline{C + D}$
- $Z = \overline{D}$

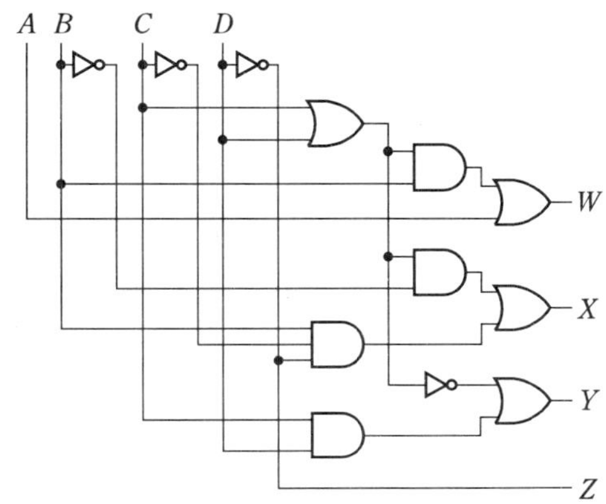

그림 5-12 3초과 코드 변환기의 회로도

② 2진 코드 → 그레이 코드(gray code) 변환기

㈎ 그레이 코드의 특징은 연속된 두 코드 중 오직 한 비트만 변화하는 것으로 연속적인 변화량을 디지털 정보로 변환하는 경우에 발생하는 에러를 쉽게 확인할 수 있게 된다.

㈏ 각 출력 함수와 논리 회로는 다음과 같으며 입력 A, B, C, D에 2진 코드 1011을 입력하면 출력 W, X, Y, Z는 1110이 출력된다.

- $W = A$
- $X = \overline{A}B + A\overline{B} = A \oplus B$
- $Y = B\overline{C} + \overline{B}C = B \oplus C$
- $Z = C\overline{D} + \overline{C}D = C \oplus D$

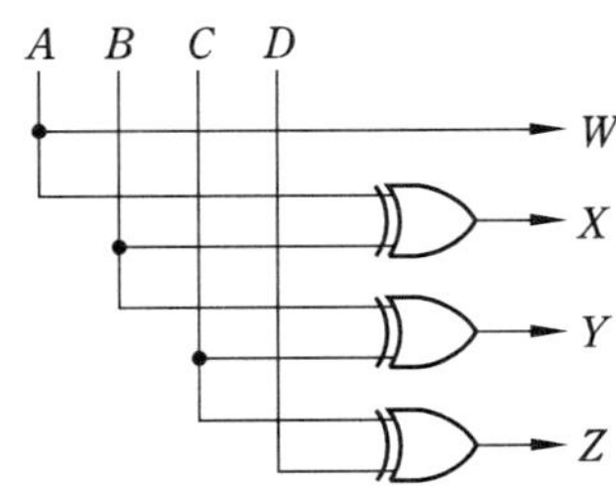

그림 5-13 그레이 코드 변환 회로도

③ 그레이 코드(gray code) → 2진 코드 변환기

각 출력 함수와 논리 회로는 다음과 같으며 그레이 코드의 입력 W, X, Y, Z가 1011이라면 2진 코드 A, B, C, D는 1101이 된다.

- $A = W$
- $B = W \oplus X$
- $C = W \oplus X \oplus Y$
- $D = W \oplus X \oplus Y \oplus Z$

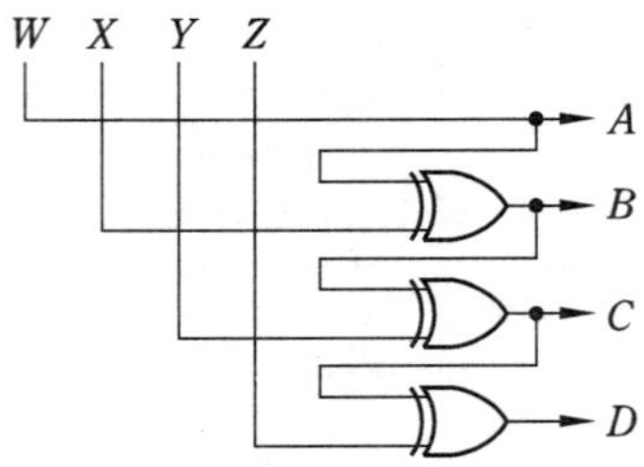

그림 5-14 2진 코드 변환 회로도

1. 조합 논리 회로

1. 다음 그림과 같은 회로의 명칭은? [09, 11]

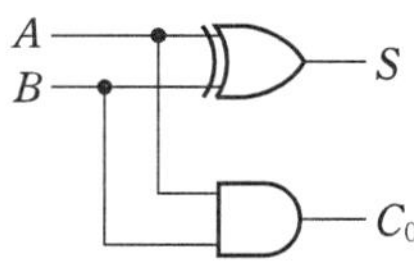

㉮ 플립플롭(flip-flop) 회로
㉯ 반가산기(half adder) 회로
㉰ 전가산기(full adder) 회로
㉱ 배타적 논리합(exclusive OR) 회로

해설 본문 그림 5-3 반가산기 참조

2. 다음의 진리표를 만족하는 논리 회로는? (단, A,B는 입력이고, 출력 S : Sum, C_0 : Carry임) [09]

입력		출력	
A	B	S	C_0
0	0	0	0
0	1	1	0
1	0	1	0
1	1	0	1

㉮ EX-OR 회로 ㉯ 비교 회로
㉰ 반가산기 회로 ㉱ Latch 회로

3. 그림과 같은 회로의 기능은? [06, 07, 12]

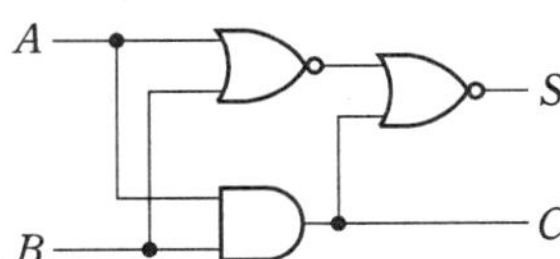

㉮ 반가산기 ㉯ 감산기
㉰ 반일치회로 ㉱ 부호기

해설 $S=\overline{\overline{A+B}+A\cdot B}$

$=\overline{\overline{A+B}}\cdot\overline{A\cdot B}=(A+B)\cdot(\overline{A}+\overline{B})$

$=\overline{A}B+A\overline{B}=A\oplus B$

$C=A\cdot B$

4. 반가산기 회로에서 입력을 A, B라 하고 합을 S로 표시할 때 S는 어떻게 되는가? [07]

㉮ $A\cdot B$ ㉯ $A+B$
㉰ $\overline{A}B+A\overline{B}$ ㉱ $\overline{A+B}$

5. 반가산기의 진리표에 대한 출력 함수는 어느 것인가? [11]

입력		출력	
A	B	S	C_0
0	0	0	0
0	1	1	0
1	0	1	0
1	1	0	1

㉮ $S=\overline{A}\,\overline{B}+AB,\ C_0=\overline{A}\,\overline{B}$
㉯ $S=\overline{A}B+A\overline{B},\ C_0=AB$
㉰ $S=\overline{A}\,\overline{B}+AB,\ C_0=AB$
㉱ $S=\overline{A}B+A\overline{B},\ C_0=\overline{A}\,\overline{B}$

6. 반가산기의 동작을 옳게 나타낸 것은 어느 것인가? [10]

㉮ 2의 자리수의 2진수 가산을 하는 동작을 한다.
㉯ 1의 자리의 2진수 가산을 하는 동작을 한다.
㉰ 3의 자리의 2진수 가산을 하는 동작을 한다.
㉱ 1의 자리 Carry를 덧셈과 같이 가산하는 동작을 한다.

정답 1. ㉯ 2. ㉰ 3. ㉮ 4. ㉰ 5. ㉯ 6. ㉯

7. 전가산기의 입력 변수가 X, Y, Z이고, 출력 함수가 S, C일 때 출력의 논리식으로 옳은 것은?

㉮ $S=x\oplus y\oplus z,\quad C=xyz$
㉯ $S=x\oplus y\oplus z,\quad C=xy\oplus xz\oplus yz$
㉰ $S=x\oplus y\oplus z,\quad C=(x\oplus y)z$
㉱ $S=x\oplus y\oplus z,\quad C=xy+(x\oplus y)z$

해설 본문 그림 5-4 전가산기 참조

8. 다음 그림과 같은 회로는?

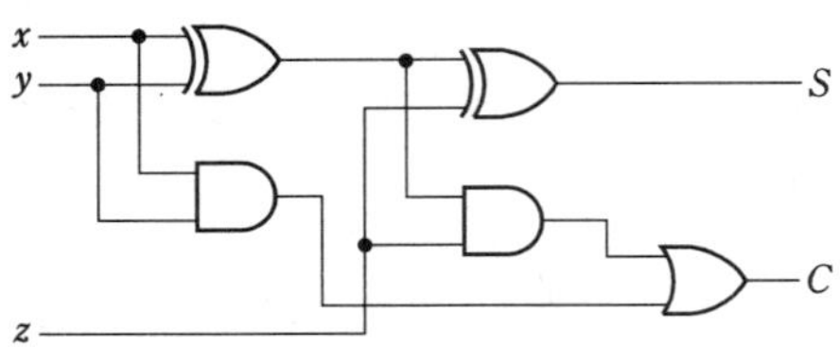

㉮ 반가산기 ㉯ 전가산기
㉰ 반감산기 ㉱ 전감산기

해설 본문 그림 5-4 참조

9. 표와 같은 $A-B$ 반감산기의 진리표에 대한 출력 함수는? [12]

입력		출력	
A	B	D	B_0
0	0	0	0
0	1	1	1
1	0	1	0
1	1	0	0

㉮ $D=\overline{A}\,\overline{B}+AB,\ B_0=\overline{A}B$
㉯ $D=\overline{A}B+A\overline{B},\ B_0=\overline{A}B$
㉰ $D=\overline{A}B+A\overline{B},\ B_0=A\overline{B}$
㉱ $D=\overline{AB}+AB,\ B_0=A\overline{B}$

해설 본문 그림 5-5 참조
① 차 : $D=\overline{A}B+A\overline{B}=A\oplus B$
② 빌림 수 : $B=\overline{A}B$

10. 다음 논리 회로를 무엇이라 하는가? [09]

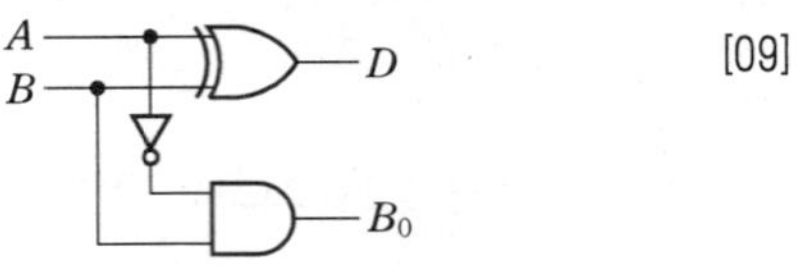

㉮ 반가산기 ㉯ 반감산기
㉰ 전가산기 ㉱ 전감산기

해설 본문 그림 5-5 반감산기 회로도 참조

11. 반감산기에서 차를 얻기 위해 사용되는 게이트는?

㉮ AND 게이트 ㉯ OR 게이트
㉰ NOT 게이트 ㉱ EX-OR 게이트

12. 어떤 시스템 프로그램에 있어서 특정한 부호와 신호에 대해서만 응답하는 일종의 장치 해독기로서 다른 신호에 대해서는 응답하지 않는 것을 무엇이라 하는가? [08, 12]

㉮ 디코더 (decoder)
㉯ 산술연산기 (ALU)
㉰ 인코더 (encoder)
㉱ 멀티플렉서 (multiplexer)

13. 다음은 무엇을 나타내는 진리표인가? [07, 09, 10]

입력		출력			
A	B	D_0	D_1	D_2	D_3
0	0	1	0	0	0
0	1	0	1	0	0
1	0	0	0	1	0
1	1	0	0	0	1

㉮ 디코더 ㉯ 인코더
㉰ 카운터 ㉱ 멀티플렉서

정답 7. ㉱ 8. ㉯ 9. ㉯ 10. ㉯ 11. ㉱ 12. ㉮ 13. ㉮

해설 2×4디코더(decoder) 본문 그림 5-7 참조

14. 다음 회로의 기능은?

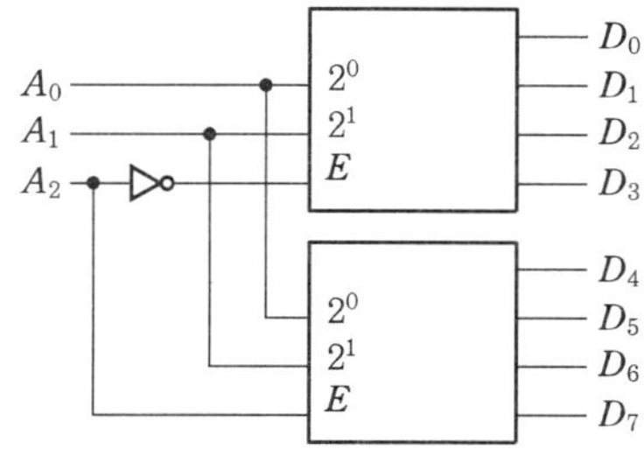

가 3×8 디코더
나 2×4 디코더
다 2×8 디코더
라 2×8 멀티플렉서

해설 입력 3개이고 출력이 8개인 3×8디코더이다.

15. 그림의 7-segment display (FND-507)에서 7의 숫자를 나타내기 위해서는 어떻게 해야 하는가?

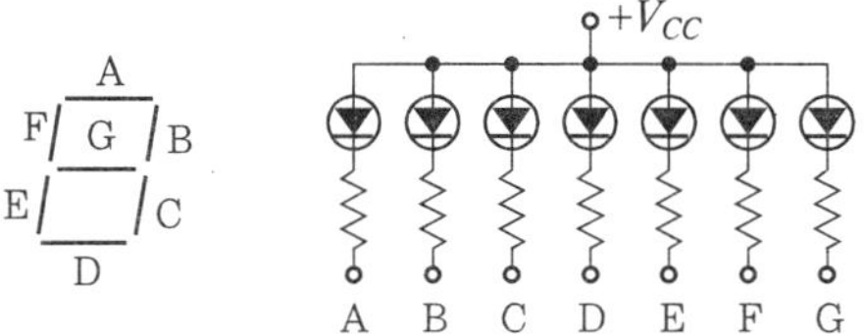

가 A, B, C를 $+V_{CC}$에 결선한다.
나 A, B, C를 접지시킨다.
다 A, F, E를 $+V_{CC}$에 결선한다.
라 A, F, E를 접지시킨다.

해설 7의 숫자를 구성하는 A, B, C의 LED가 점등되어야 하므로 A, B, C를 접지시킨다.

16. 다음은 7세그먼트에 의한 표시 회로를 나타내고 있다. (A), (B)의 표시는? [10]

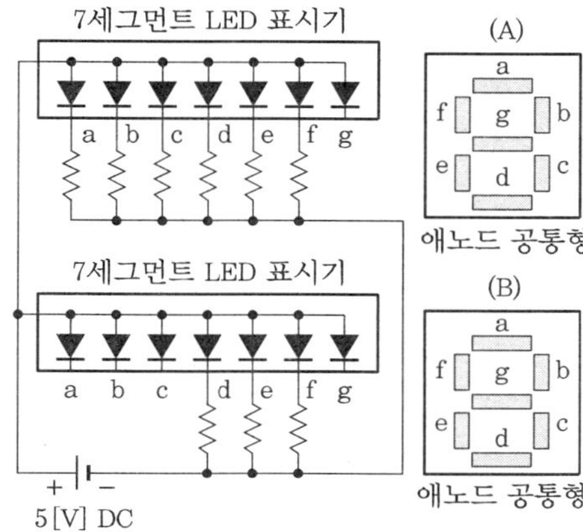

가 (A) 6 (B) 3 나 (A) L (B) 0
다 (A) 0 (B) 7 라 (A) 0 (B) L

17. 10진수의 입력을 전자계산기의 내부 code로 변환시키는 장치는?

가 decoder 나 multiplexer
다 encoder 라 adder

해설 인코더(encoder)는 디코더(decoder)와 정반대의 기능을 수행하는 장치로서 입력 정보를 코드화하여 내보낸다.

18. 주어진 진리표는 무엇을 나타내는가? [06, 11]

입력				출력	
D_0	D_1	D_2	D_3	B	A
1	0	0	0	0	0
0	1	0	0	0	1
0	0	1	0	1	0
0	0	0	1	1	1

가 디코더 나 인코더
다 멀티플렉서 라 디멀티플렉서

해설 본문 그림 5-8 인코더 참조

19. 멀티플렉서(multiplexer : MUX)란 무엇인가? [11]

정답 14. 가 15. 나 16. 라 17. 다 18. 나 19. 다

㉮ n비트의 2진수를 입력하여 최대 2^n 비트로 구성된 정보를 출력하는 조합 논리 회로이다.

㉯ 2^n비트로 구성된 정보를 입력하여 n 비트의 2진수를 출력하는 조합 논리 회로이다.

㉰ 여러 개의 입력선 중에서 하나를 선택하여 단일 출력선으로 연결하는 조합 회로이다.

㉱ 하나의 입력선으로부터 정보를 받아 여러 개의 출력 단자의 출력선으로 정보를 출력하는 회로이다.

해설 본문 1-3. (1) 멀티플렉서 참조

20. 많은 입력 중 선택된 입력선의 2진 정보를 출력선에 넘기므로 데이터 선택기라고도 불리는 것은?

㉮ demultiplexer ㉯ multiplexer
㉰ PLA ㉱ decoder

해설 멀티플렉서 (Multiplexer : MUX) : 데이터 선택기 (data selector)

21. 그림의 회로에서 S_0와 S_1을 선택 입력으로 하고 I를 데이터 입력 단자로 사용할 경우 이 회로의 기능은? [06]

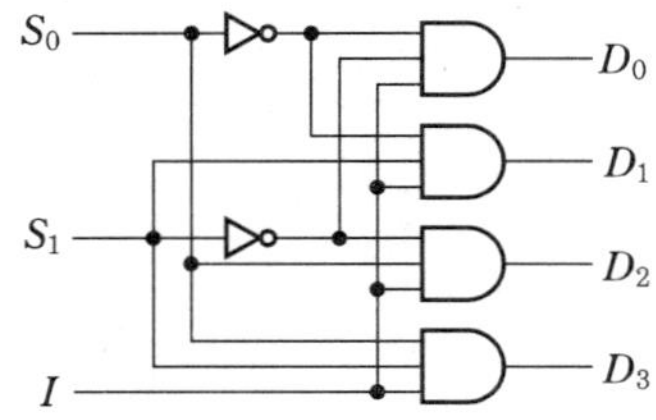

㉮ 데이터 셀렉터
㉯ 멀티플렉서
㉰ 엔코더
㉱ 디멀티플렉서

해설 1×4 디멀티플렉서

S_0	S_1	D_0	D_1	D_2	D_3
0	0	I	0	0	0
0	1	0	I	0	0
1	0	0	0	I	0
1	1	0	0	0	I

(a) 진리표

$D_0 = \overline{S_0}\,\overline{S_1}\ I$
$D_1 = \overline{S_0}\,S_1\ I$
$D_2 = S_0\,\overline{S_1}\ I$
$D_3 = S_0\,S_1\ I$

(b) 논리식

22. 그림과 같은 회로는? [12]

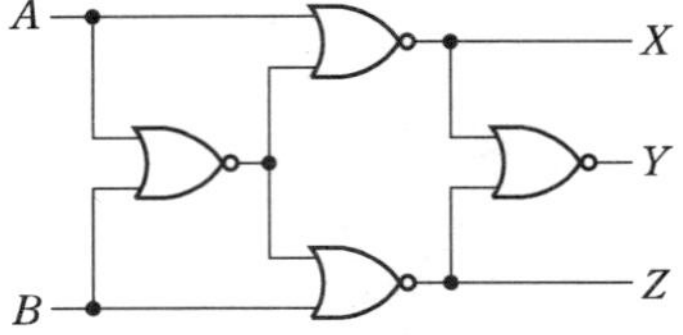

㉮ 비교 회로 ㉯ 반일치 회로
㉰ 가산 회로 ㉱ 감산 회로

해설 본문 1-4. (1) 비교기 참조

$X = \overline{A + \overline{A+B}}$
$= \overline{A} \cdot (A+B) = \overline{A}B$ ....$L(A<B)$

$Z = \overline{B + \overline{A+B}}$
$= \overline{B} \cdot (A+B) = A\overline{B}$ ....$H(A>B)$

$Y = \overline{\overline{A} \cdot B + A \cdot \overline{B}}$
$= \overline{A \oplus B}$ ....$E(A=B)$

23. 그림과 같은 회로의 기능은? [06]

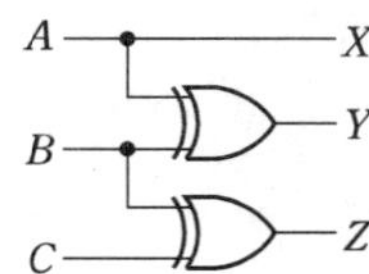

㉮ 홀수 패리티 비트 발생기
㉯ 크기 비교기
㉰ 2진 코드의 그레이 코드 변환기
㉱ 디코더

해설 본문 1-4. (2) ② 2진 코드 → 그레이 코드 변환기 참조

정답 20. ㉯ 21. ㉱ 22. ㉮ 23. ㉰

2. 순서 논리 회로

■ 순서 논리 회로

- 현재의 출력이 현재의 입력뿐만 아니라 현재의 상태나 과거의 입력에 영향을 받으며, 조합 회로와 기억 소자로 구성되어 있다.
- 기억 소자 중 가장 대표적인 것이 플립플롭(FF)이며 논리 게이트의 조합으로 구성되어 있다.

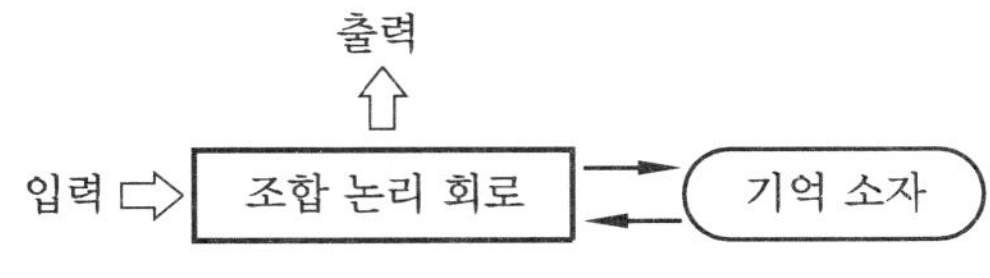

그림 5-15 순서 논리 회로의 구성

2-1 플립플롭 (F/F : flip-flops)

■ F/F가 갖추어야 할 조건

- 입력은 1개 또는 2개이어야 한다(R, S).
- 출력은 반드시 2개이어야 한다(Q, $\overline{Q}$).
- 메모리 기능을 가지고 있어야 한다.

(1) R-S 래치 (reset-set latch)

① 입력은 S를 set 입력, R를 reset 입력이라고 한다.

② 출력은 Q와 $\overline{Q}$가 있는데 Q는 정상 출력이라 하고, $\overline{Q}$는 보수 출력이라고 한다.

③ 출력은 다른쪽의 입력에 피드백(feedback)시킨다.

④ 구성은 NOR 게이트를 이용, 또는 NAND 게이트를 이용하여 구성하기도 한다.

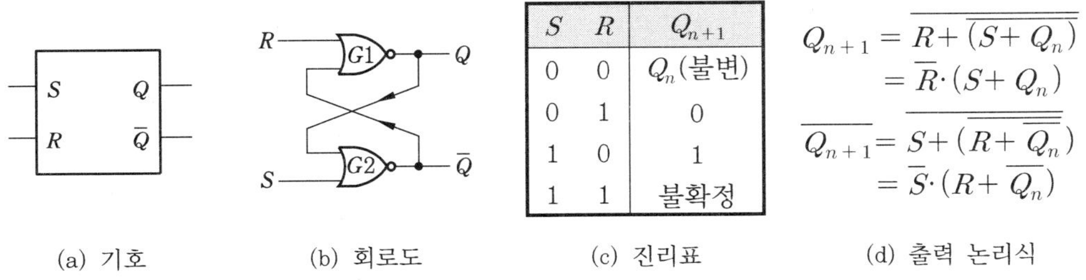

S	R	Q_{n+1}
0	0	Q_n(불변)
0	1	0
1	0	1
1	1	불확정

$$Q_{n+1} = \overline{R + \overline{(S + Q_n)}} = \overline{R} \cdot (S + Q_n)$$

$$\overline{Q_{n+1}} = \overline{S + \overline{(R + \overline{Q_n})}} = \overline{S} \cdot (R + \overline{Q_n})$$

(a) 기호 (b) 회로도 (c) 진리표 (d) 출력 논리식

그림 5-16 RS NOR 래치

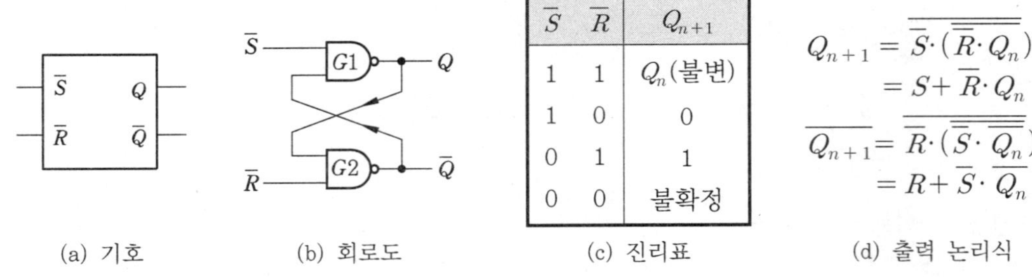

$\bar{S}$	$\bar{R}$	Q_{n+1}
1	1	Q_n(불변)
1	0	0
0	1	1
0	0	불확정

$$Q_{n+1} = \overline{\bar{S}\cdot(\overline{\bar{R}\cdot Q_n})} = S + \bar{R}\cdot Q_n$$

$$\overline{Q_{n+1}} = \overline{\bar{R}\cdot(\overline{\bar{S}\cdot \overline{Q_n}})} = R + \bar{S}\cdot \overline{Q_n}$$

(a) 기호 (b) 회로도 (c) 진리표 (d) 출력 논리식

그림 5-17 RS NAND 래치

(2) R-S 플립플롭(클록형)

① 기본적인 RS 래치에 필요한 클록(clock) 동작을 부가시킨 것으로 클록 펄스가 입력된 순간에만 동작한다.

② 클록펄스 C=1이 되는 동안 진리표와 같이 입력 신호의 변화에 따라 F/F의 상태가 변화한다.

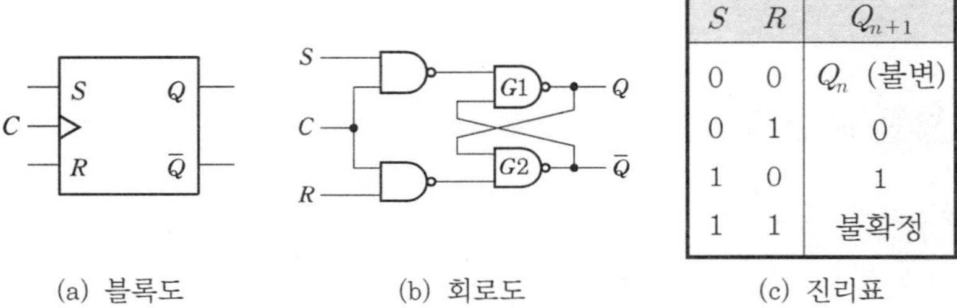

S	R	Q_{n+1}
0	0	Q_n (불변)
0	1	0
1	0	1
1	1	불확정

(a) 블록도 (b) 회로도 (c) 진리표

그림 5-18 RS F-F

(3) J-K 플립플롭

① J-K 플립플롭은 R-S 플립플롭과 AND 게이트로 구성되며, R-S 플립플롭의 결점을 보완한 기능을 갖는다.

② J=K=1 일 때에는 Q와 $\bar{Q}$의 출력 상태가 어느 입력 AND 게이트를 열어 줄 것인가에 따라 결정된다.

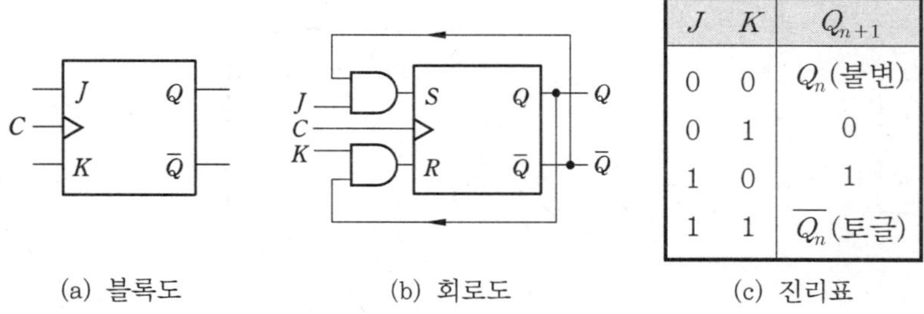

J	K	Q_{n+1}
0	0	Q_n(불변)
0	1	0
1	0	1
1	1	$\overline{Q_n}$(토글)

(a) 블록도 (b) 회로도 (c) 진리표

그림 5-19 JK F-F

(4) D 플립플롭

① D(data 또는 delay) 플립플롭은 어떤 데이터의 일시적인 보존이나 디지털 신호의 지연 작용 등의 목적으로 사용된다.

② 클록형 R-S F/F 또는 J-K F/F을 변형시킨 것으로 NOT 게이트를 추가한 회로이다.

③ 클록 펄스가 인가될 때 입력 D에 인가된 신호가 출력 Q에 그대로 나타나게 되어 데이터를 전송하는 작용을 한다.

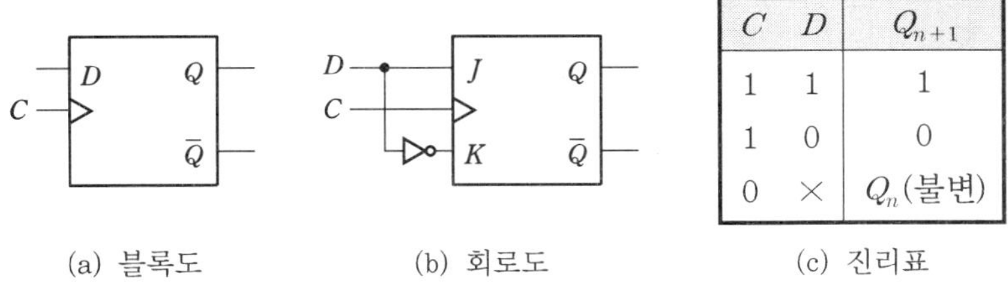

C	D	Q_{n+1}
1	1	1
1	0	0
0	×	Q_n(불변)

(a) 블록도 (b) 회로도 (c) 진리표

그림 5-20 D F-F

(5) T 플립플롭

① T(toggle) 플립플롭은 J-K F/F의 두 입력을 한데 묶어서 J=K=1을 입력하여 만든 것이다.

② 클록 펄스(clock pulse)가 인가될 때마다 출력 신호의 상태가 바뀌는 작용을 하며, 출력 신호는 입력 신호 주파수의 반이 된다.

③ 토글 또는 스위칭 작용을 하므로 일반적으로 계수기에 많이 사용된다.

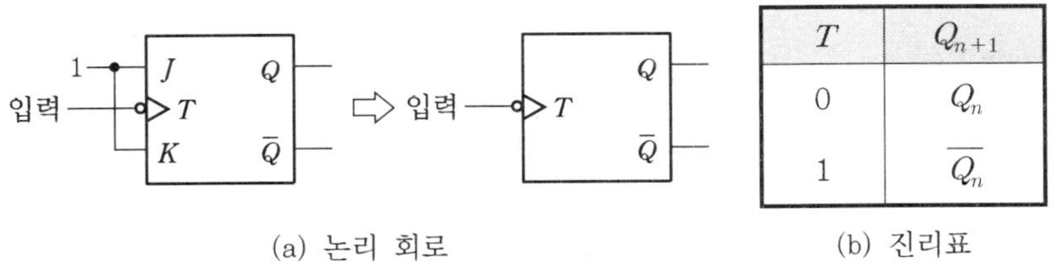

T	Q_{n+1}
0	Q_n
1	$\overline{Q_n}$

(a) 논리 회로 (b) 진리표

그림 5-21 T F/F

④ T 플립플롭에 클록 펄스를 가했을 때, 출력 Q의 파형을 그리면 다음과 같이 입력 파형에 대한 주파수의 $\frac{1}{2}$이 되기 때문에 $\frac{1}{2}$ 분주 회로 또는 계수 회로에 사용된다.

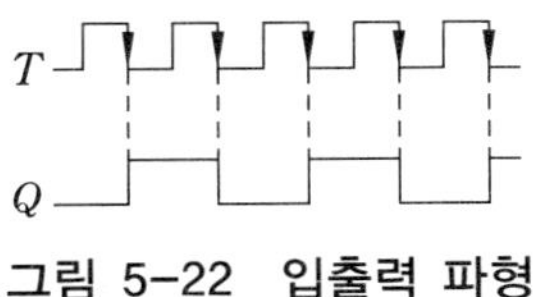

그림 5-22 입출력 파형

(6) M/S(master/slave) R-S 플립플롭

① M/S R-S 플립플롭은 에지 트리거를 하기 위한 방식 중의 하나로 일반적으로 2개의 플립플롭으로 구성된다.

② 그림 5-23 (a)와 같이 2개의 플립플롭이 180° 위상차를 가지고 동작하도록 1개의 인버터를 연결한다.

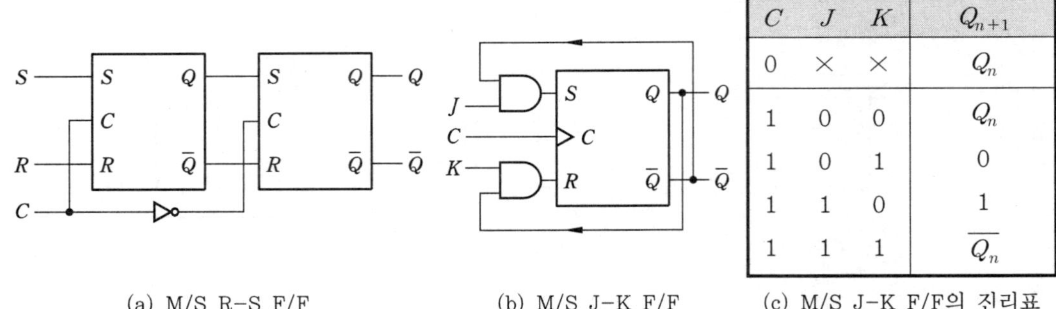

C	J	K	Q_{n+1}
0	×	×	Q_n
1	0	0	Q_n
1	0	1	0
1	1	0	1
1	1	1	$\overline{Q_n}$

(a) M/S R-S F/F (b) M/S J-K F/F (c) M/S J-K F/F의 진리표

그림 5-23 M/S 플립플롭

(7) M/S(master/slave) J-K 플립플롭

① M/S J-K 플립플롭은 클록형 RS 플립플롭과 AND 게이트로 구성된다.

② J=1, K=1 인 입력에 대해서도 확실한 출력 상태를 나타낼 수 있다.

2-2 레지스터 (register)

■ 레지스터의 개요

- 2진 데이터를 저장하는 데 사용되며 다수의 플립플롭으로 구성된다.
- 디지털 장치에 이용되는 중요한 논리적인 블록이다.
- 데이터를 일시 저장하는 기억 장소로 사용될 수도 있다.
- n비트의 데이터를 저장하기 위해서는 n개의 플립플롭이 필요하며 이것을 n비트 레지스터라고 한다.
- 시프트레지스터와 순환레지스터로 구분된다.
- 입출력 방식에 따라
  - 직렬 입력 → 직렬 출력
  - 직렬 입력 → 병렬 출력
  - 병렬 입력 → 직렬 출력
  - 병렬 입력 → 병렬 출력

(1) 좌우 방향 시프트 레지스터

- 좌방향 시프트 레지스터 : 곱셈기
- 우방향 시프트 레지스터 : 나눗셈기

① J–K F/F를 이용한 우방향 시프트 레지스터

클록 신호의 에지(edge)마다 좌측 첫 번째 F/F의 데이터가 우측으로 한 번씩 이동하게 된다.

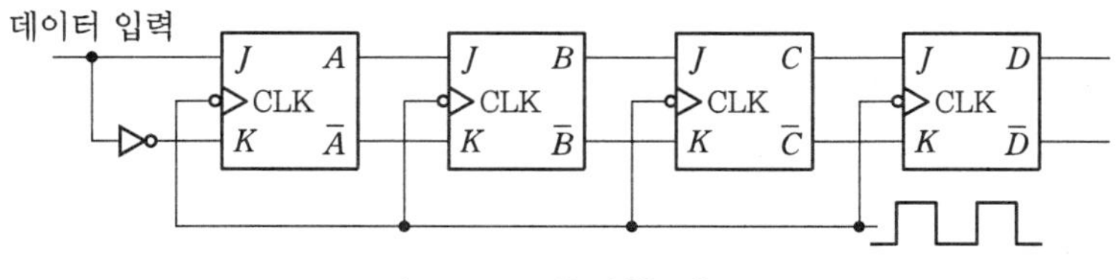

그림 5-24 우방향 시프트

② J–K F/F를 이용한 좌방향 시프트 레지스터

클록 신호의 에지(edge)마다 우측 첫 번째 F/F의 데이터가 좌측으로 한 번씩 이동하게 된다.

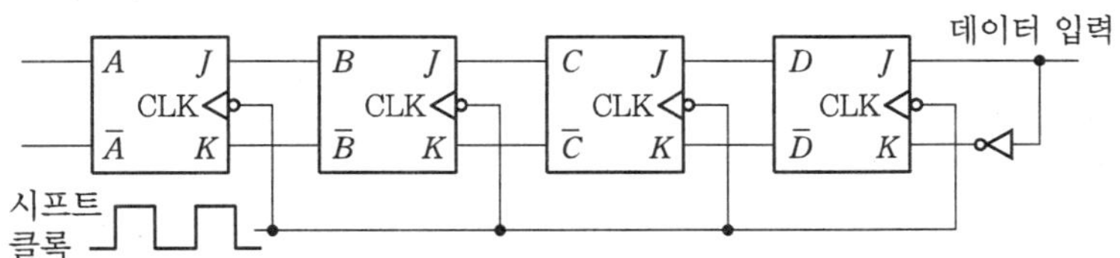

그림 5-25 좌방향 시프트

(2) 좌우 방향 순환 레지스터

좌우 방향 시프트 레지스터와 동일한 구성을 지니게 되나, 마지막 F/F의 출력 신호가 첫 번째 F/F의 입력 신호로 전달되는 점이 다르다.

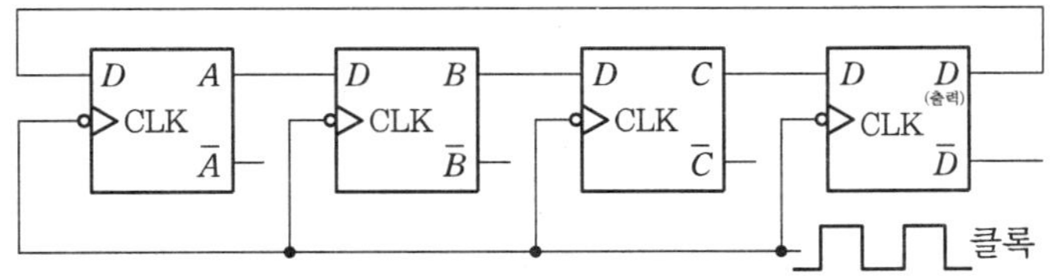

그림 5-26 D 플립플롭을 이용한 우방향 순환 레지스터

예·상·문·제

2. 순서 논리 회로

1. 다음 플립플롭의 설명 중 맞지 않는 것은 어느 것인가?

㉮ 데이터를 기억할 수 있다.
㉯ 단안정 멀티바이브레이터이다.
㉰ 두 개의 안정된 출력이 있다.
㉱ 두 개의 출력은 보수 관계가 있다.

해설 플립플롭은 쌍안정 멀티바이브레이터(bistable multivibrator)이다.

2. 플립플롭 회로에 대한 설명으로 잘못된 것은? [06, 09, 12]

㉮ 두 가지 안정 상태를 갖는다.
㉯ 쌍안정 멀티바이브레이터이다.
㉰ 반도체 메모리 소자로 이용된다.
㉱ 트리거 펄스 1개마다 1개의 출력 펄스를 얻는다.

해설 플립플롭(F/F)은 쌍안정 멀티바이브레이터로 2개의 안정된 출력을 가진다.
∴ 트리거 펄스 1개마다 2개의 출력 펄스를 얻는다.

3. 플립플롭의 기본형은?

㉮ RS ㉯ T ㉰ JK ㉱ M/S

해설 본문 그림 5-16, 5-17 참조

4. NOR 방식 RS 래치에서 S=R="1"이면 출력은 어떻게 되는가?

㉮ 0 ㉯ 1
㉰ 기억 유지 ㉱ 불확실

해설 본문 그림 5-16 참조

5. RS-NAND 래치 회로에서 $\overline{S}=1$, $\overline{R}=0$일 때 $Q=0$, $\overline{Q}=1$이다. 이때 동작 상태는 어떻게 되는가?

㉮ 기억 유지 ㉯ 세트
㉰ 리세트 ㉱ 금지 입력

해설 본문 그림 5-17 참조

6. 그림의 플립플롭은 RS-FF이다. 다음 어느 경우에서 정의되지 않는가?

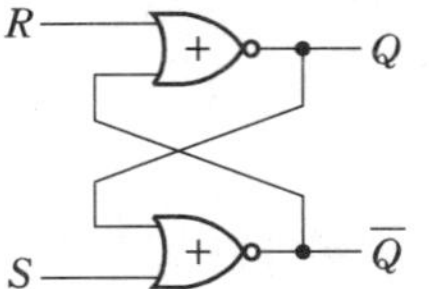

㉮ S=0, R=0 ㉯ S=0, R=1
㉰ S=1, R=0 ㉱ S=1, R=1

해설 본문 그림 5-16 (c) 진리표 참조

7. 다음의 회로에서 현재 출력 $Q \to 0$, $\overline{Q} \to 1$일 때 입력 S에 '1'을 R에 '0'을 가하면 출력의 상태는?

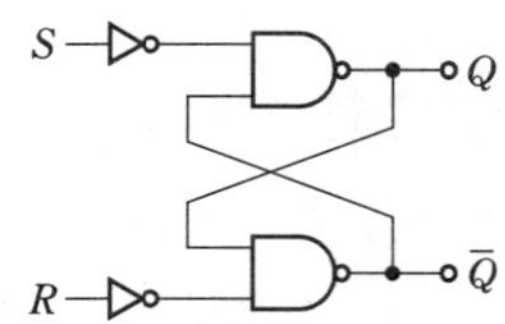

㉮ $Q \to 0$, $\overline{Q} \to 0$
㉯ $Q \to 0$, $\overline{Q} \to 1$
㉰ $Q \to 1$, $\overline{Q} \to 0$
㉱ $Q \to 1$, $\overline{Q} \to 1$

해설 본문 그림 5-17 RS NAND 래치 참조

참고 $S \to 1$, $R \to 0$을 가하면 $\overline{S} \to 0$, $\overline{R}=1$이 $Q \to 1$, $\overline{Q} \to 0$으로 반전된다.

정답 1. ㉯ 2. ㉱ 3. ㉮ 4. ㉱ 5. ㉰ 6. ㉱ 7. ㉰

8. 다음 그림에서 A, B 모두 1일 때 클록 펄스가 가해지면 출력은?

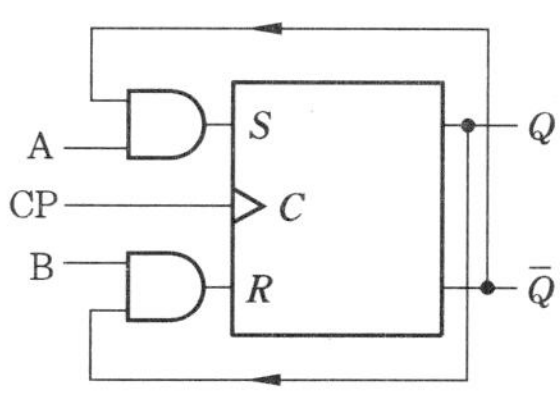

㉮ Q가 1이 된다.
㉯ Q가 0이 된다.
㉰ 현재 출력이 반전된다.
㉱ 현재 출력이 유지된다.

해설 본문 그림 5-19 JK F-F 참조

9. J-K F/F에서 J=K=1인 상태이면 clock이 "0" 상태로 갈 때 Q 출력은 어떻게 되는가?

㉮ 변화없음 ㉯ 세트
㉰ 리세트 ㉱ 반전

해설 Clock이 '0' 상태로 갈 때에는 하강 에지(edge)이므로 변화가 없다.

참고 클록(Clock) 펄스 파형
① '0' 상태에서 '1' 상태로 변하는 구간 → 상승 에지(rising edge)
② '1' 상태에서 '0' 상태로 변하는 구간 → 하강 에지(falling edge)

10. J-K F/F에서 현재 상태의 출력 Q_n을 1로 하고, J입력에 0, K입력에 0을 클럭 펄스 CP에 rising edge의 신호를 가하게 되면 다음 상태의 출력 Q_{n+1}은 무엇이 되는가? [08]

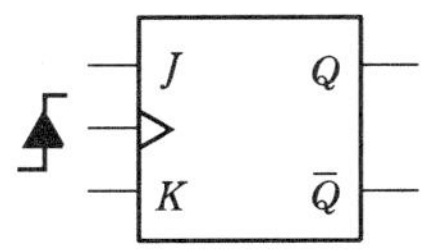

㉮ 1 ㉯ 0 ㉰ X ㉱ $\overline{Q}_n$

해설 본문 그림 5-19 (c) 진리표 참조

11. 그림은 어떤 플립플롭의 타임 차트이다. (A), (B)에 해당되는 것은? [10]

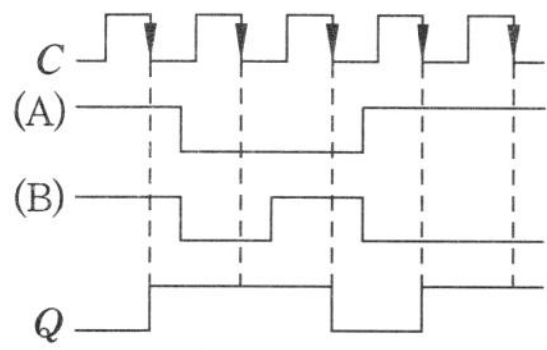

㉮ (A) : S, (B) : R
㉯ (A) : R, (B) : S
㉰ (A) : J, (B) : K
㉱ (A) : K, (B) : J

해설 본문 그림 5-19 J-K F/F의 진리표 참조

참고 하강 에지(falling edge)에 유의

12. 다음 그림의 회로 명칭은? [09]

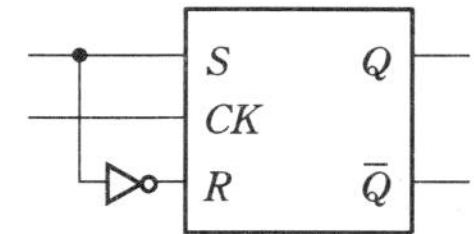

㉮ D 플립플롭 ㉯ T 플립플롭
㉰ J-K 플립플롭 ㉱ R-S 플립플롭

해설 본문 그림 5-20 참조

13. D 플립플롭의 현재 상태가 0일 때 다음 상태를 1로 하기 위한 D의 입력 조건은? [08]

㉮ 1
㉯ 0
㉰ 1과 0 모두 가능
㉱ 1에서 0으로 바뀌는 펄스

해설 본문 그림 5-20(c) 진리표 참조

14. R-S F/F의 입력 양단에 인버터를 부

정답 8. ㉰ 9. ㉮ 10. ㉮ 11. ㉰ 12. ㉮ 13. ㉮ 14. ㉯

가하여 불확실한 출력 상태가 되지 않도록 한 플립플롭(flip flop)은?

㉮ J-K F/F
㉯ D F/F
㉰ T F/F
㉱ 마스터 슬레이브 J-K F/F

15. T 플립플롭에서 T로 클록펄스가 들어올 때 출력은 다음 중 어느 것인가?

㉮ T가 0일 때 2개의 출력이 나온다.
㉯ T가 1일 때 2개의 출력이 나온다.
㉰ T가 0일 때 출력은 0이다.
㉱ T가 1일 때 출력은 반전된다.

해설 본문 그림 5-21 (c) 진리표 참조

16. T 플립플롭을 3단으로 직렬 접속하고 초단에 1kHz의 구형파를 가하면 출력 주파수는 몇 Hz인가? [12]

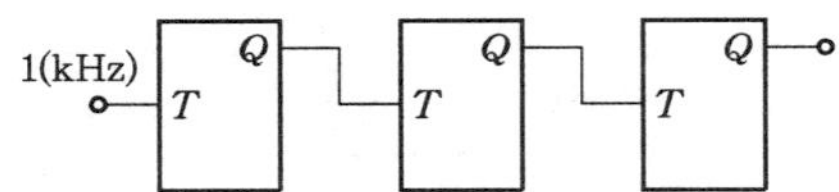

㉮ 1 ㉯ 125 ㉰ 250 ㉱ 500

해설 T F/F는 1/2 분주 회로이므로

출력 주파수 $f_0 = \frac{f_i}{2^n} = \frac{1000}{2^3} = 125\text{Hz}$

참고 본문 그림 5-22 입출력 파형 참조

17. 다음과 같은 S-R 플립플롭 회로는 어떤 회로 동작을 하는가? [06, 07]

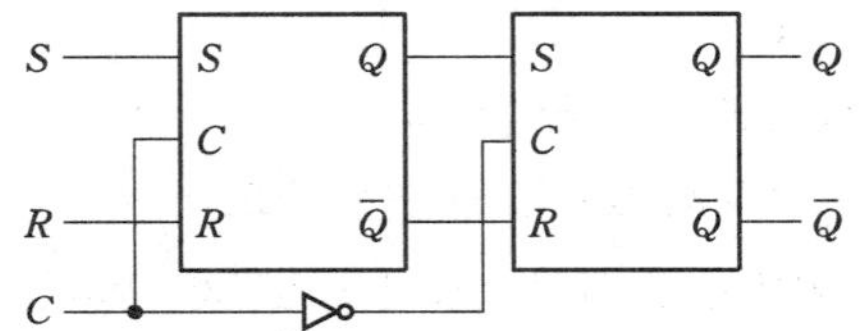

㉮ 4진 카운터
㉯ 시프트 레지스터
㉰ 분주 회로
㉱ M/S 플립플롭

해설 M/S (master/slave) F-F
: 본문 그림 5-23(a) 참조

18. 레이싱(racing) 결함을 방지하기 위해서 사용되는 FF는?

㉮ R-S F/F
㉯ 동기형 R-S F/F
㉰ D F/F
㉱ 마스터 슬레이브 J-K F/F

해설 레이싱(racing) 결함 방지
① 일반적으로 디지털 시스템에서 동시에 상태를 바꿔야 하는 2개의 입력 신호가 경합(racing)한 후에야 비로소 그 출력 상태가 안정될 때 이 스텝에는 경합 조건(race condition)이 있다고 한다.
② 이 경합 조건은 신호의 선후 관계로, 출력에 예측할 수 없는 결과가 나타날 수 있음을 의미하는 것이다.
∴ 이러한 문제점을 개선하기 위하여 마스터 슬레이브(M/S) F-F를 사용한다.

19. 2진 데이터를 저장하기 위해 사용되는 일종의 메모리는?

㉮ 데이터버스 ㉯ 타이머
㉰ 카운터 ㉱ 레지스터

해설 본문 2-2. 레지스터의 개요 참조

20. 레지스터의 구성 회로는 다음 중 어떠한 회로가 널리 사용되는가?

㉮ encoder ㉯ decoder
㉰ half-adder ㉱ flip-flop

정답 15. ㉱ 16. ㉯ 17. ㉱ 18. ㉱ 19. ㉱ 20. ㉱

마이크로 컴퓨터

제 1 장

마이크로프로세서

1. 마이크로프로세서의 개요

■ 마이크로프로세서(microprocessor) : 디지털 컴퓨터의 중앙 처리 장치(CPU)의 기능에 필요한 산술 · 논리 · 제어 회로를 내장하고 있는 단일 IC 칩에 집적시켜 만든 반도체 소자로써 MPU (microprocessor unit)라고 부르기도 한다.

1-1 마이크로프로세서의 내부 구조

(1) 연산부(arithmetic section)

① 산술 및 논리 연산 등 연산 기능을 수행하는 회로로서 ALU (arithmetic and logic unit)라 부른다.

② 가산기(adder)가 주요 구성이며 누산기(accumulator)와 특수(상태) 레지스터, 덧셈과 뺄셈 그 밖의 원하는 연산과 자리 이동을 위한 회로들로 구성된다.

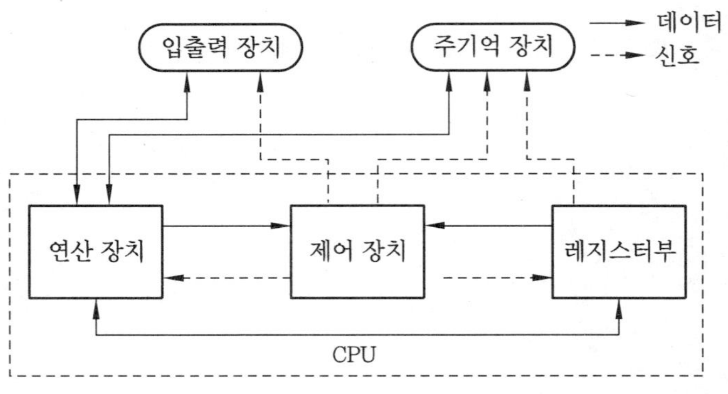

그림 6-1 CPU의 기본 구성

(2) 제어부(control section)

① 기억 장치에 축적되어 있는 명령을 해독하고 소요 신호를 내서 각 장치의 동작을 지시한다.

② 명령 레지스터(register), 명령 해독기, 타이밍 및 제어 신호 발생 회로 등으로 구성된다.

(3) 레지스터(register)

① 각종 데이터를 임시 저장하는 소규모 데이터 기억 장치이며, 이때 내부 버스(bus)가 연산 장치와 레지스터를 연결해준다.

② 범용 레지스터, 시스템 레지스터 등으로 구분된다.

③ 중요한 것으로는 명령 레지스터, 번지 레지스터, 인덱스 레지스터, 누산기 등이 있다.

④ 레지스터의 회로는 주로 플립플롭 회로를 많이 연결한 형태를 하고 있는데, 이것은 데이터를 쉽고 빠르게 읽고 쓸 수 있기 때문이다.

⑤ 예를 들어 레지스터의 데이터로 데이터를 저장하는 데 걸리는 시간은 보통 수 10ns (나노초) 이하로, 주기억 장치에 비하여 훨씬 빠르다.

1-2 연산 논리 장치(ALU)·버스(bus)

(1) ALU(arithmetic and logic unit)

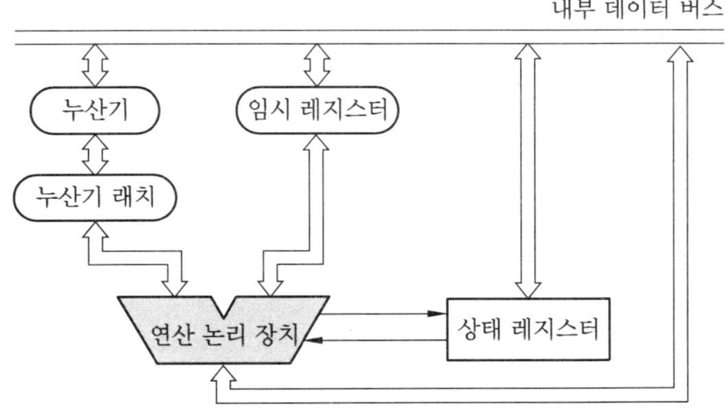

그림 6-2 연산 논리 장치의 내부 구조

① 기능 : 데이터를 연산 처리하고 데이터의 크기를 비교, 판단하여 논리 연산하는 기능을 수행하는 요소이다.

② 구성

㈎ 누산기(accumulator)

- 누산기는 연산 장치에 있는 주요한 레지스터로 사칙 연산, 논리 연산 등의 결과를 축적한 것이다.
- 연산을 할 때는 이 레지스터에 있는 데이터와 주기억에 있는 데이터를 바탕으로 연산 회로에서 처리된 뒤에 그 결과가 누산기에 세트된다.
- 누산기 래치(latch) : 누산기의 내용을 임시 기억하는 곳으로 새로운 값이 들어오기 전까지 현재의 값을 보관한다.

㈏ 상태 레지스터(status register)

- 연산 결과를 나타내는 데 사용되는 레지스터이다.

• 자리 올림수(carry digit), 오버플로(overflow), 부호, 제로 계수 인터럽트(zero count interrupt) 상태를 가지고 있다.

(다) 가산기(adder) : 덧셈기

(라) 계수기(counter)

(마) 보수기(complementer) : 입력 데이터로 표현되는 수의 보수를 출력 데이터로서 표현

(2) 자료의 연산(operation)

① 사용 자료의 성질에 따른 연산의 종류

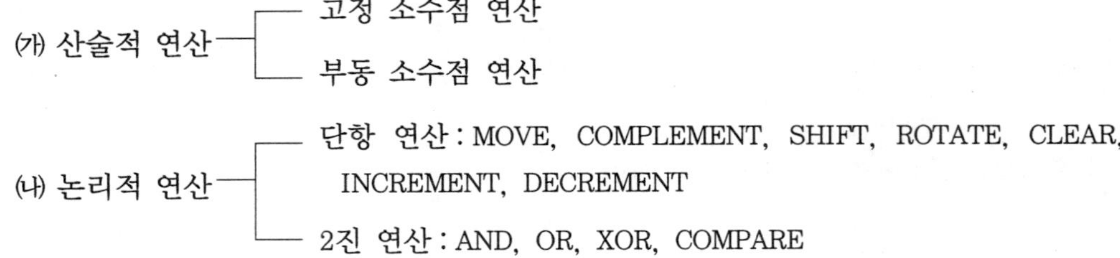

② 논리적 – 단항(unary) 연산

(가) MOVE(이동) : 입력 데이터를 그대로 출력

• 레지스터 → (데이터) → 다른 레지스터
• 로드(load) : 주기억 장치 → (데이터) → 레지스터
• 저장(store) : 레지스터 → (데이터) → 주기억 장치

(나) COMPLEMENT(보수) : 논리 회로에서 인버터(inverter)와 같은 논리 연산

(다) SHIFT(자리 이동) : 한 비트씩 좌우로 자리 이동

(라) ROTATE(회전) : 한쪽 끝에서 빠져나가는 비트가 다시 반대편 끝으로 들어오는 연산

(마) CLEAR(지움) : 모든 비트를 '0'으로 지우는 연산

(바) INCREMENT(증가) : '1'만큼 증가되는 연산으로 프로그램 카운터(PC)나 스택 포인터(SP) 등의 내용을 증가시킬 때 사용

(사) DECREMENT(감소) : '1'만큼 감소되는 연산으로 레지스터가 초기값으로부터 하향 계수되는 프로그램에 사용

③ 논리적 – 2진(binary) 연산

(가) AND 연산

• 두 개의 입력에 대한 논리적 AND 연산
• 불필요한 비트(bit)나 문자를 제거할 때 사용(삭제되는 비트를 마스크(mask)라 한다.)

(나) OR 연산

• 두 개의 입력에 대한 논리적 OR 연산
• 필요한 비트나 문자를 삽입할 때 사용

㈐ XOR 연산

- 두 개의 입력에 대한 논리적 XOR (exclusive-OR) 연산
- 두 개의 입력을 비교하는 경우, 특정 비트의 값을 선택적으로 반전시키는 경우에 사용

㈑ COMPARE (비교) 연산

- 두 개의 입력이 비교되어서 그 결과가 양수, 음수, 또는 '0'인지에 따라 여러 조건 플래그(flag)에 영향을 미친다.

④ 연산자(operator)의 시행 순서 : 산술 연산자 → 관계 연산자 → 논리 연산자

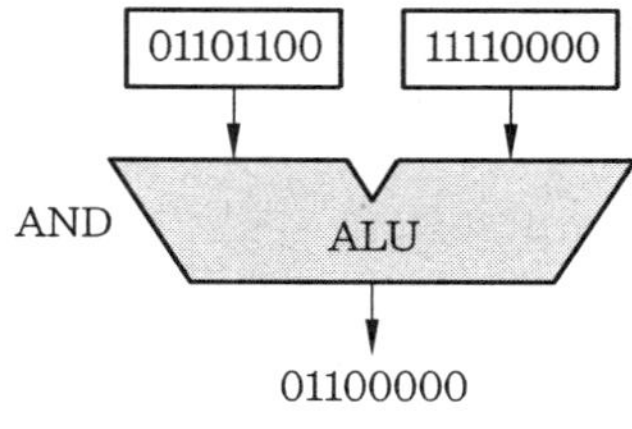

그림 6-3 AND 연산

(3) 중앙 처리 장치의 버스 (bus)

① 버스 (bus) : 중앙 처리 장치(CPU) 내의 논리 연산 장치와 각종 레지스터 사이의 자료 전달 통로, 즉 신호 회선이며, 같은 기능의 신호별로 묶어 버스(bus)를 만든다.

② 신호 (signal)의 구분

㈎ 제어 신호 (control signal) : CPU 내외부의 각 장치들 및 구성 시스템들을 제어하기 위한 신호

㈏ 데이터 신호 (data signal) : 메모리에 있는 데이터를 호출하거나 입력 장치로부터 데이터를 읽어와서 저장, 연산하는 신호

㈐ 어드레스 신호 (address signal) : 메모리에 데이터를 저장, 호출할 때 그 데이터의 저장, 호출 장소를 가르키는 신호

③ 버스 (bus)를 만드는 이유

㈎ 신호선 (signal line) 수를 줄일 수 있다.

㈏ 많은 양의 신호를 동시에 빠른 속도로 전송할 수 있다.

㈐ 배선의 구조를 간단히 할 수 있다.

④ 버스 (bus)의 분류 – 신호 버스의 3요소

㈎ 제어 버스 (control bus)

- 중앙 처리 장치(CPU)가 기억 장치나 입출력 장치와 데이터 전송을 할 때나, 자신의 상태를 다른 장치들에 알리기 위해 사용하는 신호를 전달한다.
- 제어 신호선의 신호는 단방향으로 전송된다.
- 신호에는 기억 장치 동기 신호, 입출력 동기 신호, 중앙 처리 장치 상태 신호, 끼어들기 요구 및 허가 신호, 클록 신호 등이 있다.

(나) 데이터 버스(data bus)

- 중앙 처리 장치(CPU)와 기억 장치, 입출력 장치 간의 데이터를 주고받기 위한 신호선이다.
- 신호는 상호 주고받을 수 있으므로 양방향으로 전송된다.
- 한 번에 취급하는 데이터의 길이에 따라 8, 16, 32 bit 컴퓨터라 부르며, 데이터 버스 회선 수도 8, 16, 32개이다.

(다) 어드레스 버스(address bus)

- 데이터가 저장된 또는 저장될 기억 장치의 장소를 지정하기 위한 신호이다.
- 신호는 단방향으로 전송된다.
- 버스 회선이 16개인 경우 : CPU가 직접 액세스 가능한 메모리 공간은 $2^{16} = 64K$ 이다.

1-3 레지스터(register)

- CPU 내의 레지스터 : 누산기, 프로그램 카운터, 스택 포인트 및 상태, 범용, 명령, 인덱스 레지스터(index register) 등으로 구성된다.

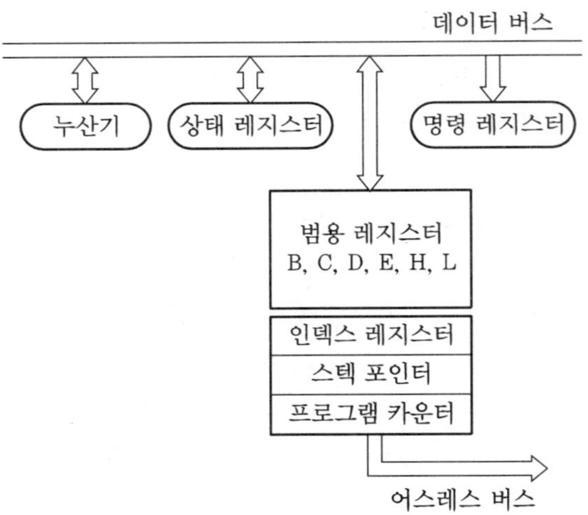

그림 6-4 CPU 내부 레지스터의 구성(Z-80)

(1) 범용 레지스터(GR : general register)

① CPU 내에 있는 레지스터 중에서 계산 결과의 임시 저장, 산술 및 논리 연산, 주소 색인 등의 여러 가지 목적으로 사용될 수 있는 레지스터이다.

② 메모리 어드레스 레지스터(MAR) : 기억 장치의 데이터나 프로그램이 저장된 주소를 기억한다.

③ 메모리 버퍼 레지스터(MBR) : 기억 장치와 데이터를 주고받을 때 일시적으로 보관한다.

④ 기본 레지스터인 데이터 레지스터(B, C, D, E, H, L)로 구성되는 범용 레지스터는 각각 독립적으로 데이터를 취급할 수 있을 뿐만 아니라 BC, DE, HL로 레지스터 페어

(register pair)를 구성하여 주기억 장치에 접근하는 어드레스 레지스터로 사용할 수도 있다.

(2) 인덱스 레지스터 (IX : index register)

① 실행하는 명령의 어드레스를 변경하기 위해서 사용되는 참조용 레지스터이다.
② 명령어의 피연산자(operand) 부분과 인덱스 레지스터가 가지고 있는 데이터를 더하여 실제 데이터가 저장되어 있는 기억 장치의 어드레스를 지정하는 데 사용된다.

(3) 프로그램 카운터 (PC : program counter)

① CPU에 필수적으로 존재하는 레지스터로서 다음 실행될 명령의 어드레스를 기억하고 있으며, 명령이 실행될 때마다 그 값은 변경된다.
② 데이터 이동 명령의 조작에만 사용되며, 산술 또는 논리 연산에는 사용하지 않는다.
③ 프로그램 카운터는 주기억 장치인 메모리에 대한 포인터(pointer), 즉 다음에 실행될 명령이 있는 어드레스를 가리킨다.

(4) 스택 포인터 (SP : stack pointer)

① 메모리 내에 있는 스택 영역에 대한 포인터(pointer)이다.
② RAM 주기억 장치에 있는 스택의 상단(top of stack)을 가리키고 있는 16비트 레지스터이다.
③ 스택은 LIFO(last-in first-out) 방식으로 사용하는 특별한 주기억 장치의 일부이다.

(5) 명령 레지스터 (IR : instruction register)

① 중앙 처리 장치의 제어 부분에 의해 해독되는 수행 명령어를 가지고 있는 레지스터이다.
② 기억 장치에서 읽어 내어진 명령을 받아 그것을 실행하기 위해 일시 기억해 두는 레지스터이다.
③ 명령 레지스터에 있는 명령어는 명령해독기(decoder)에서 분석되며, 명령을 실행하기 위하여 CPU의 외부로 제어 신호를 내보내게 된다.

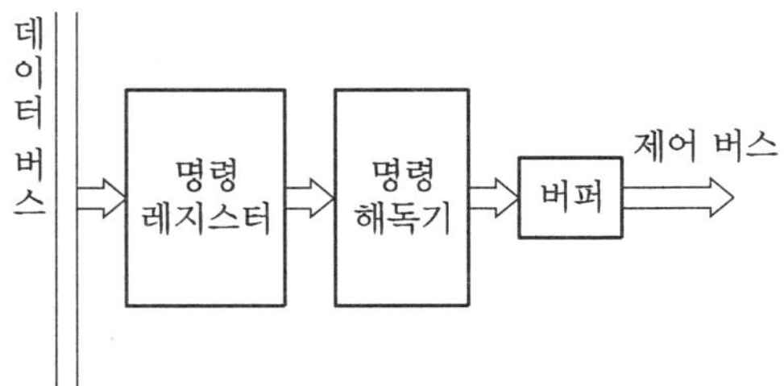

그림 6-5 명령 레지스터

예 · 상 · 문 · 제

1. 마이크로프로세서의 개요

1. 주기억 장치, 제어 장치, 연산 장치 사이에서 정보가 이동되는 경로이다. 빈 부분에 알맞은 장치는?

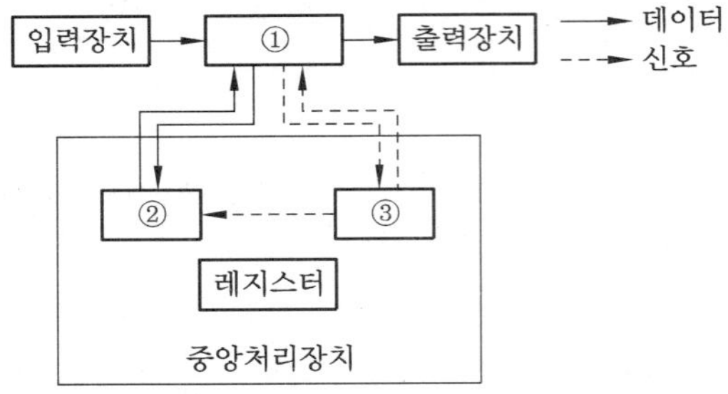

㉮ ① 제어 장치 ② 주기억 장치 ③ 연산 장치
㉯ ① 주기억 장치 ② 연산 장치 ③ 제어 장치
㉰ ① 주기억 장치 ② 제어 장치 ③ 연산 장치
㉱ ① 제어 장치 ② 연산 장치 ③ 주기억 장치

2. 마이크로프로세서의 구조를 가장 잘 표현한 수식은? [09]

㉮ ALU+CU
㉯ ALU+CU+ROM
㉰ ALU+CU+RAM
㉱ ALU+CU+REGISTER

해설 ALU : 연산 장치, CU : 제어 장치, REGISTER : 레지스터

3. 16비트 마이크로프로세서가 아닌 것은?

㉮ 8086 ㉯ 8088
㉰ Z8000 ㉱ MC6800

해설 주요 범용 마이크로프로세서의 종류
① 4비트 : 4004, 4040
② 8비트 : 8008, 8080, MC6800, Z80, Z180, …
③ 16비트 : 8086, 8088, Z8000, MC68010, …
④ 32비트 : 80386, Z80000, MC68020, …

4. 누산기 (accumulator)에 대한 설명으로 옳은 것은?

㉮ 산술 연산 또는 논리 연산의 결과를 일시적으로 기억하는 장치이다.
㉯ 연산 명령의 순서를 기억하는 장치이다.
㉰ 연산 부호를 해독하는 해독 장치이다.
㉱ 연산 명령이 주어지면 연산 준비를 하는 장치이다.

해설 본문 1-2. (1) ② ㈎ 누산기 참조

5. 컴퓨터의 중앙 처리 장치에서 연산의 결과나 중간값을 일시적으로 저장해 두는 레지스터는? [09, 11]

㉮ 인덱스 레지스터
㉯ 상태 레지스터
㉰ 메모리 주소 레지스터
㉱ 누산기

6. 레지스터, 가산기, 보수기 등으로 구성되는 장치는?

㉮ 제어 장치 ㉯ 입출력 장치
㉰ 기억 장치 ㉱ 연산 장치

해설 본문 1-2. (1) ② 참조

7. 연산기 (ALU)가 공통적으로 갖고 있는 기능이 아닌 것은? [11]

정답 1. ㉯ 2. ㉱ 3. ㉱ 4. ㉮ 5. ㉱ 6. ㉱ 7. ㉯

㉮ 2진 가감산 ㉯ 제어 기능
㉰ 불대수 연산 ㉱ SHIFT 또는 ROTATE

해설 본문 1-2. (2) 자료의 연산 참조

8. ALU (arithmetic logic unit)가 수행할 수 있는 동작이 아닌 것은?

㉮ 이진수 덧셈 ㉯ AND 동작
㉰ OR 동작 ㉱ 십진수 덧셈

9. 하나의 레지스터에 기억된 자료를 모두 다른 레지스터로 옮길 때 사용하는 논리 연산은?

㉮ ROTATE ㉯ SHIFT
㉰ MOVE ㉱ COMPLEMENT

10. 다음 중 이항(binary) 연산 명령이 아닌 것은? [06]

㉮ AND ㉯ OR
㉰ exclusive OR ㉱ MOVE

해설 본문 1-2. (2) 자료의 연산 중에서, MOVE는 논리적 연산-단항 연산에 속한다.

11. 연산의 종류를 단항(unary) 연산과 이항(binary) 연산으로 구분할 때 다음 중 이항 연산에 속하지 않는 것은? [10, 12]

㉮ OR ㉯ COMPLEMENT
㉰ AND ㉱ exclusive OR

12. 비수치적 연산 중에서 필요 없는 일부의 bit 혹은 문자를 지워버리고 나머지 bit나 문자들만을 가지고 처리하기 위하여 사용되는 연산자는? [10]

㉮ NOT ㉯ AND
㉰ XOR ㉱ OR

해설 본문 1-2. (2) ③ 논리적-2진(binary) 연산 참조

13. 마이크로프로세서의 일반적인 명령어이다. 연관이 틀린 것은? [10]

㉮ CMP-비교 ㉯ SUB-감산
㉰ ADD-가산 ㉱ AND-논리합

해설 AND-논리곱, OR-논리합

14. 연산에 사용되는 데이터 및 연산의 중간 결과를 레지스터에 저장하는 주된 이유는?

㉮ 비용 절약을 위하여
㉯ 연산 속도의 향상을 위하여
㉰ 기억 장소의 절약을 위하여
㉱ 연산의 정확도를 높이기 위하여

15. 연산의 중심이 되는 레지스터(register)는? [09]

㉮ general register
㉯ address register
㉰ accumulator
㉱ flip flop

해설 ㉮ 범용 레지스터 ㉯ 주소 레지스터 ㉰ 누산기 ㉱ 플립플롭

16. 컴퓨터 회로에서 버스선(bus line)을 사용하는 가장 큰 이유는? [11]

㉮ speed를 향상시키기 위함이다.
㉯ 보다 정확한 전송을 위함이다.
㉰ register 수를 줄이기 위함이다.
㉱ 결선 수를 줄이기 위함이다.

해설 본문 1-2. (3) ③ 버스(bus)를 만드는 이유 중에서, 가장 큰 이유는 신호선 수 즉, 결선수를 줄이기 위함이다.

정답 8. ㉱ 9. ㉰ 10. ㉱ 11. ㉯ 12. ㉯ 13. ㉱ 14. ㉯ 15. ㉰ 16. ㉱

17. 다음 중 마이크로프로세서의 시스템 버스(bus)가 아닌 것은? [06]

㉮ 데이터 버스
㉯ 어드레스 버스
㉰ 제어 버스
㉱ 입출력 버스

해설 본문 1-2, (3) ④ 버스(bus)의 분류 참조

18. 중앙 처리 장치에서 사용하고 있는 버스(bus)의 형태에 속하지 않는 것은?

㉮ address bus
㉯ control bus
㉰ data bus
㉱ system bus

19. Z-80 마이크로프로세서에서 쌍방향 버스는? [08, 09]

㉮ address bus
㉯ data bus
㉰ control bus
㉱ ALU

해설 데이터 버스(data bus) : 연산 장치, 메모리, 입출력 장치 등의 자료를 송수신하는 장치가 이 버스에 접속되기 때문에 자료가 어느 방향으로도 전송될 수 있도록 쌍방향성 버스로 되어 있다.

20. 마이크로프로세서 장치로 들어가는 4가지 입력 중에서 출력과 겸해져 쌍방향성인 것은?

㉮ 전원 공급 입력
㉯ 클록 입력
㉰ 인터럽트 입력
㉱ 데이터 버스 입력

21. 마이크로프로세서의 주소 버스(address bus)선의 수가 '20'인 경우, 접근할 수 있는 최대 메모리의 크기는 몇 byte인가? [06, 09, 12]

㉮ 256 ㉯ 512
㉰ 1K ㉱ 1M

해설 $2^n = 2^{20} = 1048576 = 1\text{MB}$

22. 8비트 마이크로프로세서의 데이터 버퍼(buffer)에 대한 설명으로 옳지 않은 것은? [08]

㉮ 범용 컴퓨터의 메모리 버퍼 레지스터에 해당한다.
㉯ CPU에 출입하는 데이터가 반드시 거쳐야 하는 레지스터이다.
㉰ 내부, 외부 데이터 버스 사이에서 완충 역할을 하는 직렬 전송 레지스터이다.
㉱ 쌍방향성이며, 3상태 구조를 갖는다.

해설 데이터 버퍼(data buffer)는 병렬 전송 레지스터이다.

참고 1. 중앙 처리 장치(CPU)와 메모리, 입출력(I/O) 사이에서 데이터를 전송하는 데이터 버스에도 버퍼가 마련되는데, 이것을 데이터 버퍼라고 한다.
2. 데이터를 일시적으로 저장하며 다양한 입출력기와 관련하여 여러 가지 기능을 수행하는 보조 자료 저장 장치이다.

23. 2진 데이터를 저장하기 위해 사용되는 일종의 메모리는? [08]

㉮ 데이터 버스 ㉯ 타이머
㉰ 카운터 ㉱ 레지스터

해설 레지스터(register) : 극히 소량의 데이터나 처리중인 중간 결과를 일시적으로 기억해 두는 고속의 전용 영역을 말한다.

24. 중앙 처리 장치에서 사용되는 레지스

정답 17. ㉱ 18. ㉱ 19. ㉯ 20. ㉱ 21. ㉱ 22. ㉰ 23. ㉱ 24. ㉱

터(register)의 종류가 아닌 것은? [10]

㉮ accumulator
㉯ program counter
㉰ instruction register
㉱ full adder

해설 레지스터의 종류 : ㉮ 누산기 ㉯ 프로그램 카운터 ㉰ 명령 레지스터 이외에 상태 레지스터, 인덱스 레지스터, 스택 포인터 등이 있다.

25. 컴퓨터의 내부 상태를 나타내는 레지스터(register)는?

㉮ 버퍼 레지스터(buffer register)
㉯ 상태 레지스터(status register)
㉰ 인덱스 레지스터(index register)
㉱ 명령 레지스터(instruction register)

26. 인덱스 레지스터(index register)의 사용 목적이 아닌 것은?

㉮ 어드레스 수정(address)
㉯ 반복 계산 수행
㉰ 서브루틴(subroutine) 연결
㉱ 입출력

해설 본문 1-3, (2) 인덱스 레지스터 참조

27. 중앙 처리 장치의 제어 부분에 의해서 해독되어 현재 실행 중인 명령어를 기억하는 레지스터는?

㉮ PC(program counter)
㉯ IR(instruction register)
㉰ MAR(memory address register)
㉱ MBR(memory buffer register)

해설 본문 1-3, (5) 명령 레지스터(IR) 참조

28. 수행할 명령의 주소를 기억하고 있는 레지스터는? [09]

㉮ accumulator
㉯ program counter
㉰ instruction register
㉱ magnetic bubble memory

해설 본문 1-3, (3) 프로그램 카운터 참조

29. 마이크로프로세서의 레지스터 중 다음에 실행할 어드레스를 기억하는 것은? [06]

㉮ 어큐뮬레이터
㉯ 인덱스 레지스터
㉰ 프로그램 카운터
㉱ 스택 포인터

30. 분기(branch) 혹은 점프(jump) 명령은 결국 다음 중 어떤 레지스터(Register)의 내용을 변경하고자 하는 것인가? [06]

㉮ accumulator
㉯ MAR(memory address register)
㉰ MBR(memory buffer register)
㉱ PC(program counter)

31. PC(program counter)의 기능에 대한 설명으로 올바른 것은? [10]

㉮ PC의 내용은 fetch cycle 동안에 1이 증가된다.
㉯ PC의 내용은 excute cycle 동안에 1이 증가된다.
㉰ PC의 내용은 fetching, executing과 관계 없다.
㉱ PC의 내용은 변화하지 않는다.

해설 fetch cycle : 명령 인출 단계
명령어의 실행 중 또는 실행 종료 후에 다음에 실행해야 할 명령어를 기억 장치로부

정답 25. ㉯ 26. ㉱ 27. ㉯ 28. ㉯ 29. ㉰ 30. ㉱ 31. ㉮

터 꺼내기(인출)를 시작할 때부터 끝날 때까지의 동작 단계이다. →fetch cycle 동안에 1 증가된다.

32. **8비트 마이크로프로세서의 레지스터에서 레지스터쌍으로 결합하여 16비트로는 사용할 수 없는 레지스터는?** [07]

㉮ BC ㉯ HL
㉰ DE ㉱ AF

해설 본문 1-3, (1) 범용 레지스터 참조
그림 6-4 참조

33. **8086 마이크로프로세서의 세그먼트 레지스터의 종류가 아닌 것은?** [07]

㉮ AS ㉯ CS
㉰ DS ㉱ ES

해설 세그먼트 레지스터의 종류
① CS (code segment)
② DS (data segment)
③ SS (stack segment)
④ ES (extra segment)

정답 32. ㉱ 33. ㉮

2. 제어 장치 · 명령어 형식 · 주소 지정 방식

2-1 제어 장치 (control unit)

• CPU를 구성하는 부분의 하나이며, 기억 장치에 축적되어 있는 명령을 해독하고 소요 신호를 내서 각 장치의 동작을 지시한다.

(1) 주요 제어 기능

① 명령어에 대한 해독 ② 기계 사이클 제어 ③ 타이밍(timing) 제어

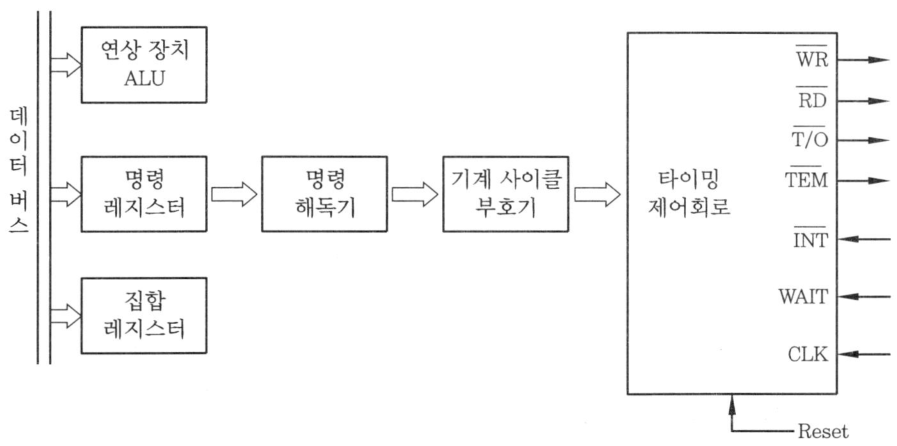

그림 6-6 제어 장치의 구성

(2) 제어 장치의 구성 요소

① 명령 레지스스터

② 명령 해독기 : 명령 레지스스터에 저장되어 있는 명령어를 해독하는 논리 회로로 구성되어 있다.

③ 제어 신호 발생기 (기계 사이클 부호기)

④ 타이밍 (timing)과 제어 : 타이밍은 제어 신호 발생기와 동기계수기 (시퀀스 카운터)에 의해서 발생된다.

참고 Z-80 CPU의 경우

데이터를 메모리로부터 읽는 명령을 실행하기 위해 다음의 신호들이 메모리와 각 버스의 게이트에 제공되며, 이 신호들은 제어 신호 및 타이밍 신호와 함께 동작한다.

• 기억 장치를 지정하는 MREQ
• 해당 번지를 가르키는 ADDR
• 데이터를 읽는 RD
• 데이터를 받을 DAT

(3) 메이저 상태 (major state)의 변환

① major state : CPU는 기억 장치가 동작하는 실행 사이클을 단위로 하여 동작하는데, 이때 CPU가 무엇을 하고 있는가를 나타내는 상태를 major state라 한다.

② 메이저 상태의 변환은 CPU가 기억 장치에 접근(access)할 때마다 그림 6-7과 같이 변경된다.

㈎ 호출 (fetch) 사이클 : 명령을 읽음

㈏ 간접 (indirect) 사이클 : 유효 주소를 읽음

㈐ 실행 (execution) 사이클 : 데이터를 읽음

㈑ 인터럽트 (interrupt) 사이클 : 외부 인터럽트에 의해 특정 서브루틴을 실행

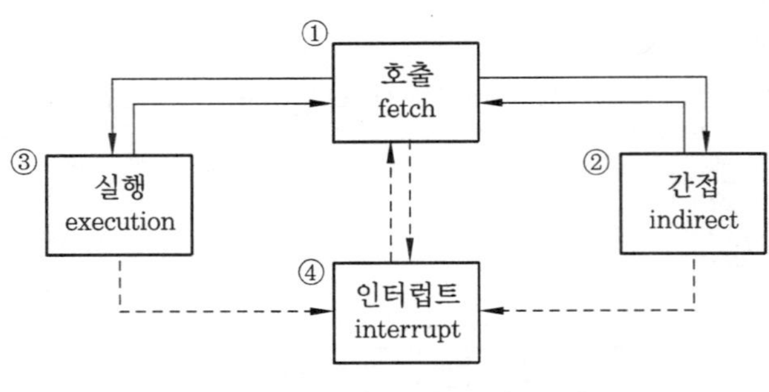

• 진행 순서: ① → ② → ③ → ④

그림 6-7 명령 사이클 4단계

(4) 마이크로프로세서의 기본 사이클 타이밍

① 컴퓨터에서 가장 기본이 되는 동작은 마이크로프로세서에서 하드웨어적으로 제공되는 클록 (clock) 신호에 따르며, 이 클록 신호를 'T cycle'이라 부른다.

② T cycle은 일정한 시간 간격으로 발생되어 반복적인 동작을 수행하는 호출 (fetch), 실행 (execution) 사이클 제어에 사용된다.

㈎ 명령 사이클 : 한 명령을 수행하는 시간

㈏ 기계 사이클 : 각 타이밍 상태의 수행 시간

③ 명령 사이클은 몇 개의 기계 사이클로 구성된다.

④ 모든 명령은 호출 (fetch) 사이클과 실행 (execution) 사이클 두 개의 상태로 수행된다.

2-2 명령어 형식

• CPU마다 고유의 명령어 집합 (instruction set)을 갖고 있으며, 이들을 이용하여 연산 및 입출력 등의 일정한 동작을 수행하도록 명령을 지시한다.

(1) 명령어의 형식

① 형식은 명령어의 연산자(OP 코드)와 주소부(피연산자 : operand)로 구성된다.

㈎ OP 코드 : 사칙연산, 비교논리, 데이터 전송, 입출력 등의 처리 명령을 지시하는 부분

㈏ 주소부(operand) : 명령이 수행될 장소인 레지스터, 어드레스 또는 데이터의 실제 값이 될 수 있다.

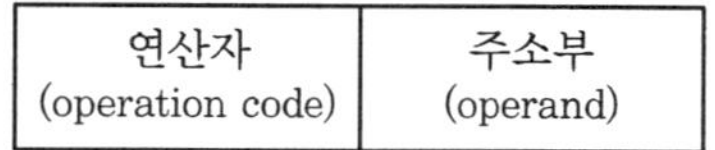

그림 6-8 명령어의 형식

② 명령어에 대한 최대 종류 수는 연산자(OP 코드)에 의해서 결정된다.

예 크기가 8(bit)이면 종류 수는 $2^8 = 256$가지가 된다.

(2) 명령어의 기능(연산자 : OP 코드에 따른)

① 산술 연산 기능 : 산술 연산, 보수 연산, 논리 연산, 증가

② 로드(load) 및 저장(store)의 전달 기능

③ 조건에 따른 프로그램 수행을 지시하는 제어 기능

④ 입출력 장치와 데이터를 주고 받는 입출력 기능

(3) 명령어의 주소 형식

표 6-1 주소 형식의 종류

형 식	구 성	특 성
3-주소 명령	OP 코드 | 오퍼랜드 1 | 오퍼랜드 2 | 오퍼랜드 3	• 처리 능력 우수, MOVE 연산 불필요
2-주소 명령	OP 코드 | 오퍼랜드 1 | 오퍼랜드 2	• 가장 보편적 방법
1-주소 명령	OP 코드 | 오퍼랜드 1	• 누산기(AC)가 필요함
0-주소 명령	OP 코드	• 스택(stack)이 필요함

참고 **명령문의 비트(bit) 수=OP 코드 비트수+오퍼랜드 비트수**

예 16 bit인 두 개의 오퍼랜드가 갖는 명령어 길이가 40 bit일 때, OP 코드(연산자)의 크기는?

OP 코드 = 40 − (2×16) = 8 bit

(4) CPU 명령의 기능별 분류

① 데이터 이동에 관한 명령

일반적으로 다음 그림 6-9와 같다.

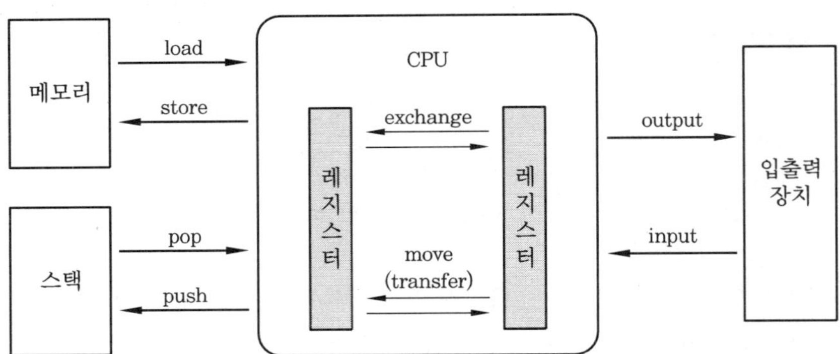

그림 6-9 데이터 이동에 관한 명령

② Z-80 (데이터 조작에 관한 명령)

(가) 산술연산
- 가산 (ADD, ADC), 감산 (SUB, SBC), 비교 (CP)
- 1증가 (INC), 1감소 (DEC)
- 1의 보수 (CPL), 2의 보수 (NEG)
- 곱하기 2 (shift left arithmetic), 나누기 2 (shift right arithmetic)
- 10진 보정 (DAA)

(나) 논리연산 — AND, OR, XOR

(다) 기타
- 좌/우 비트 이동 (shift)
- 좌/우 비트 회전 (rotate)
- 비트 세트 (SET), 비트 리셋 (RES), 비트 테스트 (BIT)

③ 프로그램 제어에 관한 명령

(가) 프로그램의 흐름을 제어하는 명령은 절대분기 (jump)와 상대분기 (branch)로 구분된다.

(나) Z-80 CPU에서는 이를 각각 jump 및 relative jump라고 부른다.

- JP (jump), JR (relative jump)
- CALL (call), RET (return)
- RST (restart)

④ CPU 제어에 관한 명령

(가) CPU 자체의 특별한 기능을 제어하는 명령은 다음 3가지로 나눌 수 있다.

- HALT (halt) : 멈춤
- NOP (no operation) : 무동작/무연산
- EL, DI, IM

2-3 주소 지정 방식

• CPU가 주소 및 레지스터를 사용하여 명령어를 실행할 때 절대 주소, 상대 주소, 기준 레지스터, 변위 등이 사용된다.

(1) 주소의 표현

① 절대 주소(absolute address) : 메모리 내부의 고정된 지정 주소

② 상대 주소(relative address) : 어느 지정된 주소를 기준으로 하여 프로그램에서 사용하는 임의의 주소

③ 기준 레지스터(base register) : 명령어를 실행할 때 명령어에서 지정하는 주소를 저장하고 있는 레지스터

④ 변위(displacement) : 기준 레지스터로부터 실제 주소(유효 주소)가 있는 주소까지의 거리

※ 실제 주소 = 기준 주소 + 변위

(2) 주소 지정 방식(addressing mode)

표 6-2 주소 지정 방식의 종류와 특성

주소 지정 방식	특성
고유 (implied) 묵시적	• 명령어의 주소 부분에 주소가 표시되지 않음 • 항상 일정한 기능을 수행하는 방식 • 누산기(AC)의 보수 또는 1 증가 연산에 사용
즉시 (immediate)	• 명령어의 주소 부분(오퍼랜드 : operand)에 있는 내용이 데이터가 되는 방식 • 레지스터의 값을 초기화할 때 주로 사용 • 실제 데이터를 얻기 위해 메모리를 액세스(access)하는 횟수는 '0'임
레지스터 (register)	• 명령어의 주소 부분에 하나 또는 그 이상의 레지스터가 사용되는 방식 • HL 레지스터 외에 BC, DE 등을 이용하여 자유로이 메모리를 액세스할 수 있다.
직접 (direct)	• 명령어 주소 부분에 유효 주소 데이터가 있다. • 액세스하는 횟수는 1회임 • 주기억 장치와 프로그램 사이의 주소가 일치하므로 간결함 • 자료가 기억된 장소에 직접 접근하는 주소
간접 (indirect)	• 명령어의 주소 부분에 실제 유효 번지가 저장되어 있는 주소를 갖고 있는 방식 • 최소한 두 번 이상의 주기억 장치를 접근한 후 유효 주소를 찾음 • 융통성 있는 방식임
상대 (relative)	• 현재 기준 주소가 저장되어 있는 레지스터의 값과 명령어의 주소 부분에 있는 상대 주소를 갖고 유효 주소를 찾는다. • 프로그램 카운터(PC)와 관련된 방식임 • jump 등의 분기 명령어에 많이 사용 • 명령의 길이를 짧게 하여 프로그램이 차지하는 메모리 양을 줄일 수 있음
인덱스 (index)	• 프로그램 카운터를 사용하지 않고 인덱스 레지스터를 이용하는 방식 • 배열(array) 또는 테이블(table) 구조의 프로그램에 유용함 • 유효 주소 = 오퍼랜드 + 인덱스 레지스터 값

2-4 서브루틴과 스택

(1) 서브루틴 (subroutine)

① 프로그램 중의 하나 이상의 장소에서 필요할 때마다 호출(call)하여 반복해서 사용할 수 있는 부분적 프로그램이다.

② 그 자체가 독립해서 사용되는 일 없이 메인 루틴과 결부시킴으로써 그 기능을 완수한다.

㈎ 폐쇄 서브루틴 : 서브루틴 본체를 프로그램 중의 한 장소에서만 실행시에 호출하는 방식

㈏ 개방 서브루틴 : 서브루틴의 본체를 프로그램 중의 필요한 개소에 직접 전개하는 방식

③ 전체 프로그램이 짧아지는 것은 물론 프로그램 유지 보수 면에서 유리하다.

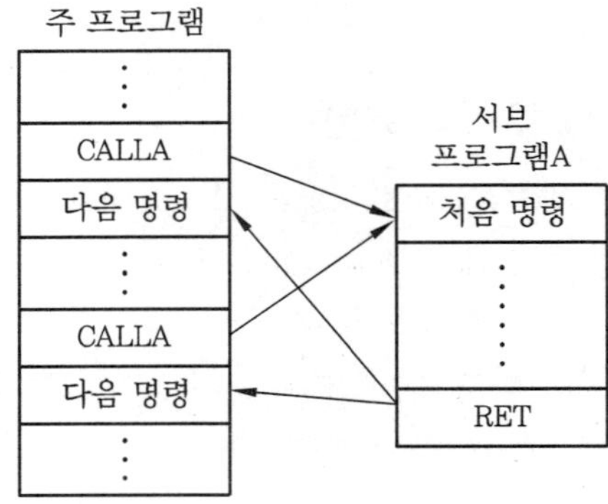

그림 6-10 서브 루틴 구성 형태

(2) 스택 (stack)

① 스택이란 쌓아 올린 더미를 의미하는데, 자료구조에서 기억 장치에 데이터를 일시적으로 겹쳐 쌓아 두었다가 필요할 때에 꺼내서 사용할 수 있게 주기억 장치나 레지스터 (register)의 일부를 할당하여 사용하는 임시 기억 장치를 말한다.

② 1차원 배열 스택 (1 : n)에 나타낼 수 있는 순서 리스트 (ordered list) 또는 선형 리스트 (linear list)의 한 형태이다.

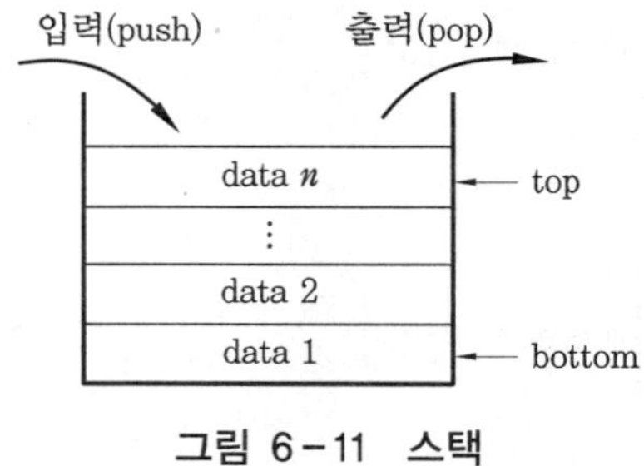

그림 6-11 스택

③ 스택은 선형 리스트의 일종으로서 삽입이나 삭제가 리스트의 한쪽 끝에서만 가능하다.

④ 데이터 저장 시 후입 선출 (LIFO)에 의해 기억 장치 내에 저장하기 위해 미리 약정된 영역을 후입 선출 스택이라고 부른다.

⑤ 스택 포인터 (SP)가 지정하는 번지에 데이터가 써 넣어지면 SP의 값은 '1' 감소, 데이터가 읽혀지면 '1'이 증가한다.

※ LIFO (last-in first-out)

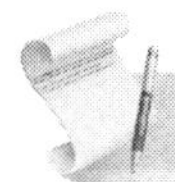

예·상·문·제

2. 제어 장치 · 명령어 형식 · 주소 지정 방식

1. **명령 레지스터(instruction register), 부호기, 번지 해독기, 제어 계수기 등과 관계있는 장치는?**

㉮ 제어 장치 ㉯ 연산 장치
㉰ 입력 장치 ㉱ 기억 장치

2. **주기억 장치에 기억된 명령을 꺼내서 해독하고, 시스템 전체에 지시 신호를 내는 것은?**

㉮ 채널(channel)
㉯ 제어 장치(control unit)
㉰ 연산 논리 기구(ALU)
㉱ 입출력 장치(I/O unit)

3. **명령 코드가 명령을 수행할 수 있게 필요한 제어 기능을 제공해 주는 것은?**

㉮ 레지스터
㉯ 누산기
㉰ 스택
㉱ CPU에 있는 제어 장치

4. **컴퓨터 제어 장치의 기능이 아닌 것은?**

㉮ 주기억 장치에 data의 read와 write
㉯ interrupt의 발생
㉰ 산술 논리 연산의 실행 지시
㉱ 입출력 장치의 제어

5. **제어 장치의 구성 요소가 아닌 것은?**

㉮ 명령 레지스터(instruction register)
㉯ 명령 이송 레지스터(instruction shift register)
㉰ 명령 해독기(instruction decoder)
㉱ 타이밍 및 제어 회로(timing & control circuit)

해설 본문 그림 6-6 제어 장치의 구성 참조

6. **컴퓨터 제어 장치의 기본 사이클에 속하지 않는 것은?** [10]

㉮ 인출 사이클(fetch cycle)
㉯ 다이렉트 사이클(direct cycle)
㉰ 실행 사이클(execute cycle)
㉱ 인터럽트 사이클(interrupt cycle)

해설 본문 그림 6-7 명령 사이클 4단계 참조

7. **CPU의 명령어 사이클(instruction cycle) 4단계에 해당되지 않는 것은?**

㉮ fetch cycle ㉯ control cycle
㉰ indirect cycle ㉱ interrupt cycle

8. **마이크로 사이클의 진행 순서로 옳은 것은?**

㉮ fetch → execute → indirect → interrupt
㉯ fetch → execute → interrupt → indirect
㉰ fetch → interrupt → indirect → execute
㉱ fetch → indirect → execute → interrupt

해설 본문 그림 6-7 실행 순서 참조

9. **다음 컴퓨터 사이클(cycle) 제어 중에서**

정답 1. ㉮ 2. ㉯ 3. ㉱ 4. ㉯ 5. ㉯ 6. ㉯ 7. ㉯ 8. ㉱ 9. ㉰

명령들이 메모리로부터 읽혀지는 사이클은 어느 것인가?

㉮ 명령 사이클 ㉯ execute 사이클
㉰ fetch 사이클 ㉱ indirect 사이클

10. **제어 장치가 앞의 명령 실행을 완료한 후, 다음에 실행할 명령을 기억 장치로부터 가져오는 동작을 완료할 때까지의 주기를 무엇이라고 하는가?**

㉮ fetch cycle ㉯ transfer cycle
㉰ search time ㉱ run time

11. **메모리로부터 읽은 내용이 오퍼랜드(operand)의 번지일 경우 컴퓨터의 사이클(cycle)은?**

㉮ 인터럽트 사이클
㉯ 페치 사이클
㉰ 실행 사이클
㉱ 간접 사이클

12. **중앙 처리 장치가 무엇을 하고 있는가를 나타내는 것으로서 기억 장치의 사이클을 단위로 하여 해당 사이클 동안에 무엇을 위해 기억 장치를 접근하는가를 나타내 주는 것은?**

㉮ 메이저 상태(major state)
㉯ 마이너 상태(minor state)
㉰ 홀드 상태(hold state)
㉱ 대기 상태(ready state)

해설 본문 2-1. (3) 메이저 상태의 변화 참조

13. **한 명령을 두 부분으로 나누면?**

㉮ 호출과 실행
㉯ 연산과 논리
㉰ 번지와 데이터
㉱ operation과 operand

해설 본문 그림 6-8 명령어의 형식 참조

14. **명령어 형식(Instruction Format)에서 첫 번째 바이트에 기억되는 것은?**

㉮ operand
㉯ length
㉰ question mark
㉱ Op-code

해설 본문 표 6-1 주소의 형식 참조

15. **호출 사이클(fetch cycle)의 시작점에서 프로그램 카운터(PC)는 다음 중 어느 것을 가지는가?** [05]

㉮ 호출된 operand의 번지
㉯ operand
㉰ 명령의 Op-code
㉱ 호출될 Op-code의 번지

16. **명령어의 연산자(operation code)의 기능과 관계없는 것은?**

㉮ 입출력 기능
㉯ 제어 기능
㉰ 논리 연산 기능
㉱ 주소 지정 기능

해설 본문 2-2. (2) 명령어의 기능 참조

17. **기계어의 operand에는 주로 어떤 내용이 들어 있는가?**

㉮ register number
㉯ address
㉰ instruction

정답 10. ㉮ 11. ㉰ 12. ㉮ 13. ㉱ 14. ㉱ 15. ㉱ 16. ㉱ 17. ㉯

㉣ Op-code

해설 본문 그림 6-8 참조

18. 8개의 Bit로 표현 가능한 정보의 최대 가지 수는?

㉮ 255 ㉯ 256
㉰ 257 ㉱ 258

해설 $2^8 = 256$

19. 명령어의 구성이 연산자부가 3Bit, 주소부는 5bit로 되어 있을 때, 이 명령어를 사용하는 컴퓨터는 최대 몇 가지 동작이 가능한가?

㉮ 25 ㉯ 16
㉰ 8 ㉱ 32

해설 $2^3 = 8$

20. 인스트럭션(instruction)의 길이를 줄이는 방법이 아닌 것은? [09]

㉮ PC(program counter)를 사용한다.
㉯ 다음 인스트럭션의 주소를 인스트럭션에 포함시킨다.
㉰ 오퍼랜드(operand) 중의 하나의 결과를 저장시킨다.
㉱ 레지스터 내에 있는 자료만을 오퍼레이션(operation)에 사용한다.

21. 명령 구성 형식 중 연산에 이용된 자료가 연산 후에도 기억 장치에 그대로 보존되는 형식은?

㉮ 1-주소 명령 형식
㉯ 2-주소 명령 형식
㉰ 3-주소 명령 형식
㉱ 0-주소 명령 형식

22. 다음의 명령(instruction) 형식 중 2-주소 명령은 어느 것인가?

㉮

연산자	자료 1 주소 (결과 주소)	자료 2 주소

㉯

자료 1 주소	자료 2 주소 (결과 주소)	연산자

㉰

연산자	자료 1 주소	자료 2 주소 (결과 주소)

㉱

자료 2 주소 (결과 주소)	자료 1 주소	연산자

해설 본문 표 6-1 주소 형식의 종류 참조

23. 주소 부분이 하나 밖에 없는 1-주소 명령 형식에서 결과 자료를 넣어 두는 데 사용하는 레지스터는?

㉮ 어큐뮬레이터(accumulator)
㉯ 스택(stack)
㉰ 인덱스(index) 레지스터
㉱ 범용 레지스터

24. 연산의 처리 결과를 항상 누산기(accumulator)에 저장하는 어드레스 방식은?

㉮ 0 어드레스 방식
㉯ 1 어드레스 방식
㉰ 2 어드레스 방식
㉱ 3 어드레스 방식

25. 명령 형식 중에서 스택(stack)을 필요로 하는 것은?

㉮ 3주소 명령어 ㉯ 2주소 명령어
㉰ 1주소 명령어 ㉱ 0주소 명령어

26. 인스트럭션 형식 중 자료의 주소를 지정

정답 18. ㉯ 19. ㉰ 20. ㉯ 21. ㉰ 22. ㉮ 23. ㉮ 24. ㉯ 25. ㉱ 26. ㉱

할 필요가 없는 형식은?

㉮ 1-주소 ㉯ 2-주소
㉰ 3-주소 ㉱ 0-주소

27. 다음 명령어 형식에 대한 특성 중 옳지 않은 것은?

㉮ 3-주소 명령어 형식은 명령어 길이가 증가한다.
㉯ 2-주소 명령어 형식은 MOVE 명령이 필요하다.
㉰ 1-주소 명령어 형식은 스택이 필요하다.
㉱ 0-주소 명령어 형식은 PUSH, POP 명령이 필요하다.

28. 메모리의 내용을 레지스터에 전달하는 기능을 무엇이라 하는가?

㉮ fetch ㉯ store
㉰ load ㉱ transfer

해설 본문 그림 6-9 명령어 이동에 관한 명령 참조

29. 레지스터의 내용을 메모리로 전달하는 기능은?

㉮ store ㉯ fetch
㉰ transter ㉱ load

30. 다음과 같은 명령어의 기능은?

```
JMP X
```

㉮ 제어 기능 ㉯ 함수 연산 기능
㉰ 전달 기능 ㉱ 입출력 기능

해설 본문 2-2. (4) ③ 프로그램 제어에 관한 명령 참조

31. Z-80 CPU 제어 명령에서 무동작 명령어로서 어떤 조작이나 연산을 지시하는 것이 아니라 컴퓨터로 다음에 실행해야 할 명령어로 진행할 것을 표시하는 명령어는? [06]

㉮ reset ㉯ NOP
㉰ INT ㉱ wait

해설 본문 2-2. (4) ④ CPU 제어에 관한 명령 참조
- NOP : no-operation의 약어, 어셈블리 언어 명령의 하나로서 아무것도 하지 않고 다음 명령의 실행을 지연시키는 명령이다(무작동/무연산).

32. Z-80 CPU 제어 명령에서 "NOP" 명령어가 계속 실행되는 것과 같은 결과를 가져오는 명령어인 것은?

㉮ reset ㉯ HALT
㉰ INT ㉱ Wait

해설 HALT : 컴퓨터 동작이 일시적으로 멈추는 것을 가리킨다.

33. 주소 지정 방식을 가장 잘 설명한 것은?

㉮ 데이터의 주소를 지정하는 방법
㉯ 명령어의 주소를 지정하는 방법
㉰ 인터럽트의 주소를 지정하는 방법
㉱ 입출력 주소를 지정하는 방법

34. 상대 주소 지정 방식(relative addressing mode)에 가장 많이 쓰이는 명령어는?

㉮ 분기 명령어 ㉯ 전달 명령어
㉰ 감산 명령어 ㉱ 입출력 명령어

해설 본문 표 6-2 주소 지정 방식의 종류와 특성(상대 주소 지정 방식 참조)

정답 27. ㉰ 28. ㉰ 29. ㉮ 30. ㉮ 31. ㉯ 32. ㉯ 33. ㉮ 34. ㉮

35. **마이크로프로세서의 주소 지정 방식 중 명령의 오퍼랜드 자체가 실제 데이터로 명령이 인출(fetch)됨과 동시에 기억장치의 데이터도 자동 인출되는 것은?** [10]

㉮ 즉시 주소 지정(immediate addressing)
㉯ 직접 주소 지정(direct addressing)
㉰ 간접 주소 지정(indirect addressing)
㉱ 묵시적 주소 지정(implied addressing)

해설 본문 표 6-2 참조

36. **직접 주소 지정 방식에 대한 설명 중 틀린 것은?** [11]

㉮ 명령(instruction)의 address부에 실제 주소가 들어간다.
㉯ 실제 주소를 사용하므로 프로그래머가 사용하기 쉽다.
㉰ 간접 지정 방식에 비해 실행 속도가 빠르다.
㉱ 명령에서는 자료의 위치를 직접 지정하지는 않는다.

37. **8비트 마이크로프로세서의 주소 지정 방식 중 명령어의 오퍼랜드에 실제 데이터가 들어있는 주소의 주소가 들어가는 방식은?** [06]

㉮ 간접 주소 지정 방식
㉯ 직접 주소 지정 방식
㉰ 즉시 주소 지정 방식
㉱ 상대 주소 지정 방식

38. **그림과 같은 구조를 가지고 있는 스택은?** [07, 11]

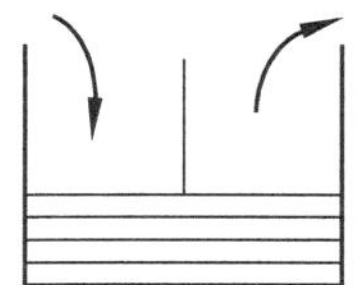

㉮ FIFO ㉯ LIFO
㉰ BUFFER ㉱ POINTER

해설 본문 그림 6-11 스택 참조
LIFO(last-in first-out, 후입선출)

39. **LIFO (last-in first-Out)와 관련된 것은 어느 것인가?** [07]

㉮ 프로그램 카운터
㉯ 스택
㉰ 인스트럭션 포인터
㉱ 베이스 포인트

40. **스택(Stack)과 관련 있는 어셈블리 명령어는?** [07]

㉮ MOV ㉯ ADD
㉰ AND ㉱ PUSH

해설 본문 그림 6-9, 6-11 참조

정답 35. ㉮ 36. ㉱ 37. ㉮ 38. ㉯ 39. ㉯ 40. ㉱

제 2 장

기억 장치 · 입출력 장치 · 인터럽트

1. 기억 장치

■ 기억 장치의 구분

- 주기억 장치
- 보조 기억 장치
- 고속버퍼 기억 장치
- 고체화일 기억 장치

1-1 주기억 장치 (main memory)

- 반도체 기억 소자를 이용한 주기억 장치에는 ROM과 RAM이 있다.
- 컴퓨터 시스템의 내부에 위치하며, 내부의 버스에 함께 연결된다.

(1) ROM (read only memory)

① 주기억 장치 중에서 오직 읽어만 올 수 있는 읽기 전용(read only) 기억 장치이다.

② 전원이 끊어져도 저장된 내용이 지워지지 않는 불휘발성 기억 장치이므로 영구적으로 저장할 수 있다.

③ 부팅 (booting) 작업을 시행한다.

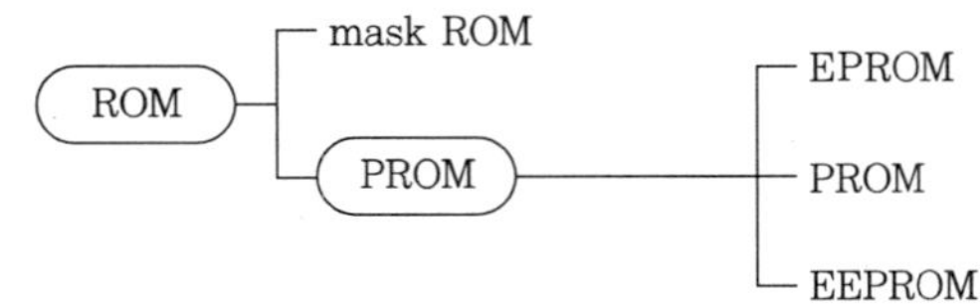

그림 6-12 ROM의 종류

④ ROM의 종류

(가) mask ROM : 초기 단계의 ROM으로 공장에서 출하시에 일정한 내용을 저장하여 제조한 ROM이다.

(나) PROM (programmable ROM) : 제조시 데이터는 없으며, 사용자가 PROM writer로 데이터를 저장할 수는 있으나 지울 수는 없는 ROM이다.

(다) EPROM (erasable PROM) : 데이터를 기록하는 것은 PROM과 같으며, 자외선으로 데이터를 지울 수 있는 PROM이다.

(라) EEPROM (electrically EPROM) : 전기적으로 데이터를 기록할 수도, 지울 수도 있는 EPROM이다.

(마) 플래시 메모리 : EEPROM의 한 종류이며 블록 단위로 다시 프로그래밍이 가능한 메모리로서 ROM과 RAM의 특성을 모두 가지고 있다.

(2) RAM (random access memory)

① 데이터를 저장하고 (write) 읽을 수 있는 (read) 기억 장치로 기억된 데이터를 지울 수 있다.

② 전원이 차단되면 기억된 데이터가 모두 없어지는 휘발성 기억 장치이다.

(가) SRAM (static RAM)의 특징

- 플립플롭으로 집적화되어, 재생 (refresh)이 필요 없는 정적이다.
- 전원이 켜져 있는 동안에는 내용을 유지한다.
- 액세스 시간이 DRAM에 비하여 빠르다.
- 소용량의 메모리에 사용된다.
- 소비 전력이 비교적 크다.

RAM ─ SRAM / DRAM

그림 6-13 RAM의 구분

(나) DRAM (dynamic RAM)의 특징

- 전하 저장 기능을 이용한 일종의 콘덴서로 집적화한다.
- 시간이 지나면 내용이 없어지므로 일정한 주기로 재생 (refresh)해야 된다.
- 대용량의 메모리에 사용된다.

③ 일반적으로 사용자 (user) 영역의 주기억 장치라 부르며, CPU가 직접 접근 (access) 가능한 고속의 기억 장치이다.

1-2 보조 기억 장치 (auxiliary memory)

(1) 보조 기억 장치의 특징

① 일반적으로 보조 기억 장치의 데이터를 주기억 장치에 저장할 때는 DMA (direct memory access) 방식을 사용한다.

② 대용량이면서 접근 (access) 시간이 저속이다.

(2) 자기 테이프 기억 장치 (magnetic tape memory)

① 플라스틱 테이프 표면에 자성 물질을 바른 기억 장치이다.

② 테이프 드라이브에 의해 사용되며, 기억 용량이 크고, 가격은 저가이다.

③ 순차적 접근 방식을 사용하므로 테이프 끝의 데이터를 저장하고 찾기 위해서는 전체를 모두 접근해야 한다 (주소가 없다).

④ 용량의 단위로는 bpi (bit per inch)가 사용되며, bpi는 1트랙의 1인치에 저장할 수 있는 비트 수로 기록 밀도를 나타낸다.

(3) 자기 디스크 장치 (magnetic disk storage)

① 자성 물질을 입힌 원판의 표면에 데이터를 저장하는 기억 장치이다.

② 구성은 읽고 쓰는 헤드, 디스크, 디스크에 접근하는 엑세스 암 (arm)으로 되어 있다.

③ 각 디스크는 트랙 (track)으로 구성되고, 트랙은 섹터 (sector)로 구성되며 같은 위치에 있는 트랙의 집합을 실린더 (cylinder)라고 부른다.

④ 현재 컴퓨터에서 많이 사용하고 있는 기억 장치로, 보통 프로그램 라이브러리 (library), 데이터베이스 등을 저장한다.

⑤ 속도가 빠르고 용량이 크다.

(4) 자기 코어 기억 장치 (magnetic core memory)

① 자성체 물질로 0.3~0.5mm 정도의 작은 고리 모양의 소자이며, 원리는 히스테리시스 (hysterisis) 현상을 이용한 것이다.

② 모든 기억 장소를 접근하는 접근 (access) 시간이 일정하며, 한 사이클 시간은 접근 시간과 재저장 시간의 합과 같다.

(5) 플로피 디스크 (floppy disk)

① 플로피 디스크는 폴리에틸렌의 원판 위에 있는 자화 물질의 상태에 따라 데이터가 기록되는 기억 장치이다.

② 플로피 디스크는 단면, 양면, 양면 배밀도, 양면 고밀도 디스크가 있으며, 이 디스크는 트랙과 섹터로 구성된다.

(6) 광 디스크 (optical disk)

① 데이터를 기록하거나 판독할 때 레이저 광선을 이용한다.

② 디스크 한 장에 수백 Mbyte~수 Gbyte의 정보를 기억할 수 있는 대용량의 기억 장치이다.

③ 자기 디스크에 비하여 안정성이 뛰어나며, 가격이 고가이지만, 플로피 디스크처럼 가지고 다닐 수 있어 편리하다.

1-3 특수 기억 장치

(1) 캐시 기억 장치(cache memory)

① 주기억 장치와 중앙 처리 장치와의 사이에서 일시적으로 자료나 정보를 저장하는 소규모 기억 장치를 가리킨다.

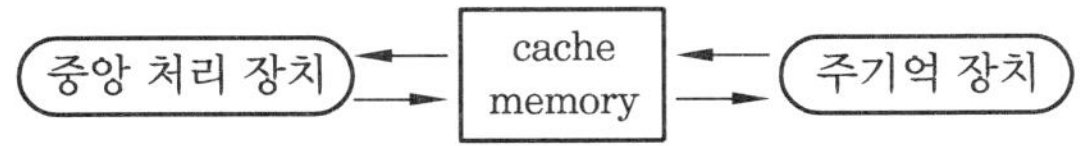

그림 6-14 캐시 기억 장치의 구성

② 기억 장치의 접근(access) 시간을 줄이므로 컴퓨터의 처리 속도가 향상되며 주기억 장치와 CPU 사이에서 일종의 버퍼(buffer) 기능을 수행한다.
③ 주기억 장치의 일부 영역과 똑같은 데이터를 갖는다.

(2) 어소시에이티브 기억 장치(associative memory) : 연관 기억 장치

① 어소시에이티브 기억 장치는 메모리에 기억된 데이터의 일부를 사용하여 해당 주소를 찾는 시스템이며, 결합 기억 장치(CAM ; content addressable memory)라고 부른다.
② 가상 기억 장치, 캐시 기억 장치의 주소 변환 테이블에 사용된다.
③ 주소를 변환하기 위해 논리 회로, 키 레지스터(key register) 등이 요구된다.

(3) 가상 기억 장치(virtual memory)

① 컴퓨터 시스템의 실질적인 기억 장치보다 더 큰 기억 장치를 가상적으로 사용하기 위해 가상 주소(virtual address)를 실제 주소로 변환하는 기억 장치이다.
② 가상 기억 장치의 목적은 속도가 아니라 기억 공간의 확장이다.
③ 보조 기억 장치에 저장되어 있는 프로그램과 데이터 중에서 필요한 부분을 우선 주기억 장치에 저장하여 사용한다.
④ 가상 기억 장치의 새 자료(페이지)와 주기억 장치 내의 자료(페이지)를 바꾸는 것을 스와핑(swapping)이라 한다.
⑤ 스와핑할 때 요구되는 자료의 주소 조정을 매핑(mapping)이라고 한다.

1-4 기억 장치의 기능

(1) 접근 시간 및 사이클 시간

① 접근 시간(access time)

㈎ 제어 장치가 기억 장치에 데이터 전송을 요구한 시간으로부터 데이터 전송이 완료된 시간까지를 가리킨다.

(나) 또한, 제어 장치가 데이터를 저장하는 명령을 받은 시간으로부터 기억 장치에 데이터를 전송할 때까지의 시간을 가리킨다.

• 접근 시간=탐색 시간+대기 시간+전송 시간

② 사이클 시간 (cycle time)

(가) 기억 장치에 대해 접근 (access)을 시작하고 종료한 후에, 다시 해당 기억 장치를 접근할 때까지의 소요 시간이다.

(나) 기억 장치로부터 데이터를 읽고 데이터를 다시 저장하는 데까지의 시간을 가리킨다.

• 사이클 시간≧접근 시간

(2) 기억 장치의 접근 방식

① 접근 방식에 따른 기억 장치의 분류

(가) 랜덤 접근 기억 장치 (RAM : random access memory)

(나) 내용에 의한 접근 기억 장치 (CAM : content access memory)

(다) 순차 접근 기억 장치 (SAM : sequential access memory)

(라) 직접 접근 기억 장치 (DAM : direct access memory)

② 접근 방식에 따라 데이터의 저장, 관리 방식이 다르게 된다.

표 6-3 접근(access) 방식 비교

접근 방식	기억 장치	특 성
랜덤 접근	주기억 장치	• 주소의 순서에 관계없이 접근 • 모든 주소에 대한 접근 시간이 동일
내용에 의한 접근	어소시에이티브 기억 장치(또는 CAM)	• 기억된 내용의 일부를 주소로 사용 • 속도가 빠름
순차 접근	자기 테이프(tape)	• 순서대로 앞에서부터 접근 • 검색 시간이 느림
직접 접근	자기 디스크, 자기 드럼	• 자료의 저장 위치를 직접 접근 • 정보 검색이나 각종 조회 업무에 적합

(3) 기억 용량

① 기억 용량 및 공간 범위

(가) 기억 장치가 데이터를 저장할 수 있는 최대의 크기를 기억 용량이라 하며, 일반적으로 바이트 (byte), 워드 (word) 등의 단위를 사용하여 나타낸다.

(나) 일반적으로 기억 장치는 페이지 (page) 단위의 모듈로 구성하여, 데이터를 저장 및 관리한다.

• 기억 장치의 1234H번지의 경우, 12H 페이지의 34H번지를 가리킨다.

(다) bit 단위의 용량을 갖는 DRAM에 데이터를 저장하기 위해서는 최소 8개를 사용하여야 한다.

㈑ 주기억 용량

• 주소 (address) 신호가 n개일 때 용량은 2^n 이다.

② 블록 (block) 구조

㈎ 자기 테이프, 자기 디스크 등의 보조 기억 장치에서 많이 사용한다.

㈏ 한 블록은 몇 개의 논리적 레코드로 구성되며, 이 논리적 레코드의 개수를 블록화 계수 (blocking factor)라고 한다.

• 레코드 길이가 100자 (character), 블록 크기가 1500자인 자기 테이프의 경우에 블록화 계수는 15이다.

• 블록 크기＝레코드 길이×블록화 계수

③ 기억 용량 단위의 순서

• bit ⇨ nibble (4bit) ⇨ byte (8bit) ⇨ half-word (2byte) ⇨ full word (4byte) ⇨ double-word (8byte)

예·상·문·제

1. 기억 장치

1. ROM에 대한 설명으로 옳지 않은 것은 어느 것인가? [12]

㉮ 판독(read) 전용의 기억 장치이다.
㉯ 사용자(user)의 프로그램 및 데이터가 기억된다.
㉰ R/W(read/write) 제어선이 없다.
㉱ monitor program도 기억된다.

해설 ㉯는 RAM에 대한 설명이다.

2. 반도체 기억 소자로서 저장된 데이터는 비소멸성으로 제조 당시에 저장되어 있는 내용을 인출할 수 있으나 새로운 데이터를 저장할 수 없는 기억 소자는? [07]

㉮ mask ROM ㉯ S-RAM
㉰ D-RAM ㉱ RWM

해설 본문 1-1. (1) ④ ROM의 종류 참조

3. ROM 중에서 써 넣은 자료를 자외선을 쬐어서 지울 수 있고 다시 새로운 자료를 써 넣을 수 있는 메모리 소자는?

㉮ ROM ㉯ PROM
㉰ EPROM ㉱ EEPROM

4. 다음 중 전기 신호를 사용하여 지울 수 있는 ROM은? [12]

㉮ PROM ㉯ EEPROM
㉰ EPROM ㉱ Mask ROM

5. 다음 중에서 일반적으로 주기억 장치에 사용되는 것은? [06, 08]

㉮ 램(RAM) ㉯ 플로피디스켓
㉰ 하드디스크 ㉱ 자기디스크

해설 본문 1-1. (2) RAM 참조

6. SRAM과 DRAM을 설명한 것으로 옳은 것은?

㉮ SRAM은 재생(refresh)이 필요 없는 메모리이다.
㉯ DRAM은 SRAM에 비해 속도가 빠르다.
㉰ SRAM의 소비전력이 DRAM 보다 낮다.
㉱ DRAM의 memory cell은 flip flop으로 구성되어 있다.

해설 본문 1-1. (2) SRAM, DRAM 특징 참조

7. 다음 중 DRAM의 특징으로 옳은 것은?

㉮ 전원이 끊어져도 기억 장치의 상태는 지워지지 않는다.
㉯ 주기적으로 메모리 재생(refresh)을 해야 한다.
㉰ 내용 주소화(content addressable) 기억 장치이다.
㉱ 동적 재배치(dynamic relocation)를 용이하게 한다.

8. 메모리 장치 중 보조 기억 장치에 사용되지 않는 것은? [08]

㉮ 자기 테이프 ㉯ 자기 디스크
㉰ 자기 드럼 ㉱ 중앙 처리 장치

해설 본문 1-2. 보조 기억 장치 참조

9. 보조 기억 장치로 부적합한 것은?

㉮ 자기 디스크 ㉯ DVD

정답 1. ㉯ 2. ㉮ 3. ㉰ 4. ㉯ 5. ㉮ 6. ㉮ 7. ㉯ 8. ㉱ 9. ㉱

㉰ 자기 테이프 ㉱ SDRAM

해설 SDRAM (synchronous dynamic RAM) : 주기억 장치에 적용된다.

참고 DVD (digital video disk) : 디지털 방식으로 입출력이 가능한 영상 매체

10. **순차적으로만 자료를 처리할 수 있으며, 주소가 없는 기억 장치는?**

㉮ magnetic tape
㉯ magnetic drum
㉰ disk pack
㉱ disk cartridge

해설 본문 1-2. (2) 자기 테이프 기억 장치 참조

11. **다음에서 임의 처리 (random access)에 불편한 보조 기억 장치는?**

㉮ 자기 드럼 장치 (magnetic drum unit)
㉯ 자기 코어 장치 (magnetic core unit)
㉰ 자기 디스크 장치 (magnetic disk unit)
㉱ 자기 테이프 장치 (magnetic tape unit)

12. **디스크판의 같은 위치에 있는 트랙의 집합을 무엇이라 하는가?**

㉮ 섹터 ㉯ 하드디스크
㉰ 실린더 ㉱ 블록

해설 실린더 (cylinder)
① 자기 디스크 기억 장치에서 각 디스크의 트랙 (track)을 실린더라고 부른다.
② 디스크 장치의 헤드는 같은 면의 트랙을 가리킨다.

13. **다음 중 자기 디스크 장치의 구성 요소가 아닌 것은?**

㉮ 읽고 쓰기 헤드 (read write head)
㉯ 디스크 (disk)
㉰ 실린더 (cylinder)
㉱ 액세스 암 (access arm)

14. **자기디스크의 특징이 아닌 것은?**

㉮ 접근 속도가 빨라 처리 시간이 빠르다.
㉯ 여러 개의 파일을 동시에 사용할 수 없다.
㉰ 주로 랜덤 액세스를 많이 한다.
㉱ 보조 기억 장치로 널리 사용된다.

15. **다음 중 cache memory에 대한 설명으로 옳지 않은 것은?** [09]

㉮ 주기억 장치의 유효 access time을 줄이기 위해서 사용된다.
㉯ 캐시 메모리의 관리는 주로 하드웨어에 의하여 구현한다.
㉰ 캐시 메모리를 사용하면 user에게 실제의 기억 공간보다 더 넓은 주소 공간을 제공한다.
㉱ 캐시 메모리를 가진 컴퓨터의 성능을 나타내는 척도의 하나로 적중률을 사용하며 그 적중률은 높을수록 좋다.

해설 본문 1-3. (1) 캐시 기억 장치 참조
주기억 장치와 CPU 사이에서 일종의 버퍼 (buffer) 기능을 수행하므로 더 넓은 주소 공간을 제공하는 것은 아니다.

16. **다음 기억 소자 중 CPU가 가장 빠르게 호출할 수 있는 메모리 형태는?** [11]

㉮ 보조 메모리
㉯ 가상 메모리
㉰ 캐시 메모리
㉱ associative 메모리

정답 10. ㉮ 11. ㉱ 12. ㉰ 13. ㉰ 14. ㉯ 15. ㉰ 16. ㉰

17. 중앙 처리 장치와 주기억 장치의 속도 차이가 현저할 때 인스트럭션의 수행 속도가 주기억 장치에 제한을 받지 않고 중앙 처리 장치의 속도로 수행되도록 하는 기억 장치는?

㉮ 캐시 메모리 ㉯ 인스트럭션 버퍼
㉰ CAM ㉱ 제어 기억 장치

18. 성능을 향상시키기 위하여 주기억 장치와 CPU 레이스터 사이에서 데이터를 이동시키는 중간 버퍼(buffer)로 동작하는 기억 장치는?

㉮ CD
㉯ C 드라이브
㉰ 캐시 기억 장치
㉱ 누산기

19. 기억된 정보의 일부분을 이용하여 원하는 정보가 기억된 위치를 알아낸 후 그 위치에서 나머지 정보에 접근하는 기억 장치를 무엇이라 하는가?

㉮ cache memory
㉯ associative memory
㉰ virtual memory
㉱ main memory

해설 본문 1-3. (2) 어소시에이티브 기억 장치 참조

20. 내용으로 접근할 수 있는 메모리는?

㉮ RAM
㉯ ROM
㉰ 가상 메모리(virtual memory)
㉱ 연관 기억 장치(associative memory)

해설 ① 지정된 내용을 이용해 접근하는 기억 장치이다.
② 일반적인 기억 장치와는 달리 기억된 내용의 일부를 이용하여 원하는 정보가 기억된 위치를 찾아 내어 접근하는 기억 장치로 보통 한 CPU에 하나의 연관 기억 장치가 사용된다.

21. 가상 기억 장치에서 주기억 장치로 자료의 페이지를 옮길 때 주소를 조정해 주어야 하는 데 이것을 무엇이라고 하는가?

㉮ spooling ㉯ blocking
㉰ mapping ㉱ buffering

해설 본문 1-3. (3) 가상 기억 장치 참조

22. 명령이 내려진 후 실제로 데이터가 판독(read) 또는 기록(write)되기 시작할 때까지의 소요 시간을 무엇이라 하는가?

㉮ access time [06, 09]
㉯ write time
㉰ delay time
㉱ transmission time

해설 본문 1-4. (1) 접근 시간(access time) 참조

23. 기억 장치에서 사이클(cycle) 시간과 접근(access) 시간의 관계가 옳은 것은?

㉮ 사이클 시간 ≥ 접근 시간
㉯ 사이클 시간 = 접근 시간
㉰ 사이클 시간 ≤ 접근 시간
㉱ 사이클 시간 ≠ 접근 시간

24. 랜덤 액세스 기억 장치(random access memory)의 특징은 무엇인가?

㉮ 데이터 입출력의 고속 처리

정답 17. ㉮ 18. ㉰ 19. ㉯ 20. ㉱ 21. ㉰ 22. ㉮ 23. ㉮ 24. ㉮

㉯ 데이터 입출력의 순서적 처리
㉰ 데이터 입출력의 정확한 처리
㉱ 데이터 기억 밀도의 조밀화

해설 랜덤 액세스 기억 장치(RAM)의 특징
① 입출력 시간이 빠르고 판독에 의해 기억 내용을 손상시키지 않는다.
② 데이터의 수정이 자유롭고 판독 시간이 어드레스와 관계없이 거의 일정하다.

25. 비트(bit)에 관한 설명 중 잘못된 것은 어느 것인가? [11]

㉮ Binary Digit의 약자이다.
㉯ 정보를 나타내는 최소 단위이다.
㉰ 0과 1을 함께 나타내는 정보 단위이다.
㉱ 2진수로 표시된 정보를 나타내기에 알맞다.

해설 비트(bit)
① 정보 표현의 최소 단위이며 2진수(binary digit)의 자리수이다.
② 0과 1을 각각 나타내는 정보 단위이다.

26. 다음 중 정보의 최소 단위는?

㉮ word　　㉯ byte
㉰ bit　　㉱ nibble

해설 본문 1-4. (3) ③ 기억 용량 단위의 순서 참조

27. 다음 중 4 비트로 나타낼 수 있는 정보 단위는?

㉮ nibble　　㉯ character
㉰ full-word　　㉱ double-word

28. 64가지의 각기 다른 자료를 나타내려고 하면 최소한 몇 개의 비트(bit)가 필요한가? [12]

㉮ 4　　㉯ 5
㉰ 6　　㉱ 8

해설 $2^n = 64$에서, $n = 6$

29. 1 byte로 표현 가능한 정보의 최대 가지 수는?

㉮ 8　　㉯ 64
㉰ 128　　㉱ 256

해설 1 byte=8 bit ∴ $2^8 = 256$

30. 주소 비트가 n이고, 단어 길이가 m인 메모리의 용량은? [07]

㉮ $2^n \times m$　　㉯ $2^m \times n$
㉰ $n \times m$　　㉱ $2n \times m$

정답 25. ㉰ 26. ㉰ 27. ㉮ 28. ㉰ 29. ㉱ 30. ㉮

2. 입출력 장치

2-1 입출력 장치의 분류

(1) 입력 장치

① 판독 장치 : 광학식 마크판독기 (OMR) / 광학식 문자판독기 (OCR) / 자기잉크 판독기 (MICR)
② 도형 입력 장치 : 스캐너 (scanner) / 태블릿 (tablet) / 디지타이저 (digitizer)
③ 키보드 (key board) / 마우스 (mouse) / 콘솔 (console)

(2) 출력 장치

① 인쇄 장치 : 프린터
② 도형 출력 장치 : 플로터 (plotter)
③ 그래픽 단말기 / 컨버터 (converter)

(3) 입출력 겸용 장치

① 문자 표시 장치 / 도형 출력 장치 / 영상 출력 장치(CRT)
② 음성 응답 장치 / 마이크로 필름 입출력 장치
③ 자기 디스크 장치 / 자기 테이프 장치 / 자기 드럼 장치

2-2 입출력 시스템의 구성과 기능

(1) 입출력 인터페이스 (I/O interface)

① 데이터 전송 방식
　(가) 병렬 입출력 인터페이스 : 근거리 전송
　(나) 직렬 입출력 인터페이스 : 원거리 전송
② 동기 방식
　(가) 동기 인터페이스 : 일정한 클록 (clock) 신호에 맞추어 데이터 전송
　(나) 비동기 인터페이스 : 약정된 비트 신호 (start, stop)에 의한 직렬 데이터 전송
③ 데이터 전송 방향에 따른 전송 방식
　(가) 단방향 방식 : 데이터를 한 방향으로 전송
　(나) 전이중 방식 : 데이터를 동시에 양방향으로 전송
　(다) 반이중 방식 : 데이터를 양방향으로 전송

(2) 입출력 프로세서 (IOP : I/O processor)

① 프로세서 기능

(가) CPU 또는 기억 장치와 주변 장치 사이의 통신 기능을 수행한다.

(나) 외부 입력 장치와 접속하여 주변 장치들을 제어한다.

② 프로세서 필요성

(가) CPU의 데이터 처리 속도가 매우 빠르므로, 데이터 전송 시 임시적으로 저장할 수 있는 버퍼 (buffer) 기능이 요구되기 때문이다.

(나) 데이터 특성에 따른 장치 상호 간의 데이터 변환이 요구되기 때문이다.

(다) 프로세서가 입출력 동작을 수행하는 동안 CPU는 다른 일을 수행할 수 있어 효율성이 증대되기 때문이다.

(3) 입출력에 필요한 기능

① 입출력 모듈 (I/O module : IOM)

(가) 입출력 모듈은 주변 장치들의 연결을 간단하게 하며, 실용화될 접속기들의 개발에 구애됨이 없이 원형 (prototype) 시스템의 조립을 가능하게 하며, 여러 종류의 처리기 버스들과 외부 장치들 간의 직렬 및 병렬 입출력을 처리하기 위한 모듈을 말한다.

(나) 키보드, 프린터 등과 같은 입출력 기기와 데이터를 교신하기 위한 주변 인터페이스나 원격지에서 통신 회선을 통하여 데이터를 교신하기 위한 입출력 통신 인터페이스 등으로 구성되어 있다.

② 고립형 입출력 (isolated I/O)

(가) 기억 장치에서의 전송 명령과는 달리 입출력 명령을 사용하므로 프로그램할 때 기억 장치 명령과는 구분이 되며, 포트 지정을 1바이트로 할 수 있다.

(나) IN, OUT 명령에 의해 주어진 I/O 포트에 입출력 기기가 접속되어 입출력을 행하는 방식이다.

③ 메모리 맵 입출력 (memory mapped I/O)

(가) 특별한 입출력 명령을 사용하지 않고도 주변 장치를 제어할 수 있으며, 마이크로프로세서와 입출력 기기를 접속하는 하나의 방법이다.

(나) 입출력 포트 중의 레지스터에 대해 메모리와 똑같이 주소를 할당하여 메모리의 데이터 판독/기록에 사용하는 것과 같은 명령으로 입출력을 실행하는 방식이다.

2-3 입출력 제어 방식

(1) 직접 제어 방식

① 입출력 프로세서 (IOP : I/O processor)가 없는 시스템에서 CPU가 직접 데이터 전송을 제어하는 방식이다.

② 데이터 전송은 CPU의 레지스터와 입출력 장치의 버퍼 레지스터 간에 이루어지며, 문자 단위로 전송된다.
   (가) 프로그램 입출력 제어 방식 : 폴링(polling)
   (나) 인터럽트 입출력 제어 방식

(2) DMA (direct memory access) 방식

① 입출력 장치와 주기억 장치 사이에 독립적인 데이터 전송 경로를 만들어 데이터를 송수신하는 방식으로서, 하드웨어에 의해 주기억 장치를 직접 접근(access)한다.
② DMA 장치가 입출력 동작을 수행할 때 CPU는 주프로그램을 수행하므로, 입출력 전송에 따른 CPU의 부하를 줄일 수 있다.
③ DMA 장치는 블록으로 대용량의 데이터를 전송할 수 있으며, 직접 제어 방식보다는 고속으로 데이터 전송을 할 수 있다.
④ DMA 장치와 CPU가 주기억 장치를 동시에 사용할 때는 CPU의 우선 순위가 낮으므로 DMA 장치가 주기억 장치를 접근한다(이러한 동작을 사이클 스틸링(cycle stealing)이라고 함). 이 경우 CPU의 동작은 중지된다.
⑤ 입출력 속도가 빠른 자기 디스크, 플로피 디스크, 자기 테이프 등의 보조 기억 장치와 입출력 시에 사용한다.

(3) 채널 (channel) 방식

① 채널은 입출력 제어를 위한 전용 장치로 주기억 장치를 접근하여 명령(채널 프로그램)을 읽어서 입출력 기능을 수행한다.
② 채널의 종류
   (가) 선택 채널 : 고속 입출력 장치에 적합하고 버스트(burst) 방식으로 데이터 전송
   (나) 바이트 다중 채널 : 저속인 다수의 입출력 장치를 한 회선에 접속
   (다) 블록 다중 채널 : 대형 컴퓨터에 널리 사용되며, 위 두 채널의 장점을 가진다.
③ 채널의 입출력 동작과는 독립적이게 CPU는 자체적으로 동작을 수행할 수 있으므로 CPU를 효율적으로 사용할 수 있다.
④ DMA는 하나의 명령에 의해 하나의 데이터 블록을 전송하나, 채널은 하나의 명령으로 여러 개의 데이터 블록을 전송할 수 있다.

> **참고** 입출력 프로세서(IOP)를 채널이라 부르며, 채널은 입출력 장치와 접속된다.

예 · 상 · 문 · 제

2. 입출력 장치

1. 다음 중 입력 장치만으로 구성된 항은?

㉮ 자기 디스크, 라인 프린터, OMR
㉯ OMR, OCR, 콘솔, 키보드
㉰ 콘솔 키보드, 카드 리더, XY-플로터
㉱ XY-플로터, OMR, 라인 프린터

2. 다음 주변 장치 중 입력 장치가 아닌 것은?

㉮ 스캐너(scanner)
㉯ 프린터(printer)
㉰ 디지타이저(digitizer)
㉱ 키보드(keyboard)

3. 다음 중 출력 장치에 해당하지 않는 것은?

㉮ 광학 문자 판독기(OCR)
㉯ 종이 테이프 천공기(paper tape punch)
㉰ 카드 천공기(card punch)
㉱ 프린터 장치(line print)

4. 다음 중 출력 장치로만 사용할 수 있는 것은?

㉮ 인쇄 장치
㉯ 카드 판독 장치
㉰ 자기 테이프 장치
㉱ 자기 디스크 장치

해설 본문 2-1. 입출력 장치의 분류 참조

5. 입력 장치인 동시에 출력 장치로도 사용할 수 있는 장치는?

㉮ 카드 판독 장치
㉯ 카드 천공 장치
㉰ 인쇄 장치
㉱ 자기 테이프 장치

6. 다음 중 영상 출력 장치는?

㉮ CRT 모니터
㉯ 마우스
㉰ 키보드
㉱ 카트 판독기

7. 다음 중 전자 계산기의 입출력에 필요한 기능이 아닌 것은?

㉮ 입출력 버스
㉯ 입출력 인터페이스
㉰ 입출력 제어
㉱ 입출력 기억

8. 입출력 장치를 기억 장치에 직접 연결시켜 입출력할 수 없는 이유는?

㉮ 처리하는 정보의 단위가 다르므로
㉯ 입출력 장치는 자율적으로 동작하므로
㉰ 동작 속도가 다르므로
㉱ 에러(error) 발생율이 크기 때문에

해설 본문 2-2. (2) 입출력 프로세서 참조

9. 기억 장치와 입출력 장치의 동작상 차이 중 가장 중요시되는 것은?

㉮ 정보의 단위
㉯ 동작의 자율성
㉰ 착오의 발생율
㉱ 동작의 속도

정답 1. ㉯ 2. ㉯ 3. ㉮ 4. ㉮ 5. ㉱ 6. ㉮ 7. ㉱ 8. ㉰ 9. ㉱

10. **입출력 인터페이스(I/O interface)에 대한 설명 중 옳지 않은 것은?** [12]

㉮ 대부분 CPU에 존재한다.
㉯ 데이터(data) 형식상의 차이를 맞춘다.
㉰ CPU와 입출력 장치 간의 동작 속도를 맞춘다.
㉱ CPU와 입출력 장치 사이에 존재하여 데이터의 전송을 원활하게 한다.

해설 I/O interface
① 컴퓨터가 입출력 장치와 접속하여 동작하기 위해서는 물리적인 연결과 소프트웨어적인 연결이 요구된다. 이를 I/O 인터페이스라 부른다.
② 역할은 ㉯, ㉰, ㉱와 같다.

11. **CPU가 입출력 데이터 전송을 메모리에서의 데이터 전송과 같은 명령으로 수행할 수 있는 입출력 제어 방식은?** [10]

㉮ memory mapped I/O
㉯ programmed I/O
㉰ isolated I/O
㉱ interrupt I/O

해설 본문 2-2. (3) ③ 메모리 맵 입출력 참조

12. **메모리 맵 입출력 장치의 가장 큰 장점은?**

㉮ 별도의 입출력 명령어가 필요 없다.
㉯ 입출력 시간이 짧다.
㉰ 입력 명령어의 구별이 용이하다.
㉱ 출력 명령어의 구별이 용이하다.

13. **CPU와 입출력 회로의 연결에 대한 설명으로 옳지 않은 것은?** [07]

㉮ 입력 회로로는 3스테이트(state) 버퍼를 사용한다.
㉯ 출력 회로의 기본은 T형 플립플롭 회로를 사용한다.
㉰ 메모리 맵(map) I/O 방법을 사용하면 명령이 다양하다.
㉱ 필요시 D/A, A/D 변환기를 사용해야 한다.

해설 출력 회로의 기본은 D형 플립플롭 회로를 사용한다.

14. **고속의 입출력 장치와 메모리 간에 CPU를 통하지 않고 직접 데이터를 주고받는 입출력 제어 방법을 무엇이라 하는가?** [09]

㉮ interrupt
㉯ DMA (direct memory access)
㉰ time sharing
㉱ interruption

해설 본문 2-3. (2) DMA 방식 참조

15. **입출력 장치에서 메모리로 데이터를 전송하는 방법 중 가장 빠른 방식은?** [06]

㉮ DMA에 의한 전송
㉯ 인터럽트에 의한 전송
㉰ 프로그램에 의한 전송
㉱ 시리얼에 의한 전송

16. **DMA 입출력에 관한 설명 중 옳은 것은?**

㉮ 일반적으로 속도가 느린 입출력 장치에 대하여 사용한다.
㉯ 미니 컴퓨터에서만 가능하다.
㉰ 중앙 처리 장치에 관계없이 자료를 직접 기억 장치에 입출력한다.
㉱ DMA 입출력을 수행할 때는 중앙 처리 장치는 다른 일을 할 수 없다.

정답 10. ㉮ 11. ㉮ 12. ㉮ 13. ㉯ 14. ㉯ 15. ㉮ 16. ㉰

17. 다음 입출력 방식에서 중앙 처리 장치의 효율을 높이기 위한 방법은 무엇인가?

㉮ 인터럽트에 의한 입출력
㉯ DMA 방식
㉰ 채널(channel)
㉱ 입출력 전용 컴퓨터의 이용

18. CPU의 명령을 받고 입출력 조작을 개시하면 CPU와는 독립적으로 조작을 하는 것은?

㉮ register ㉯ channel
㉰ terminal ㉱ buffer

해설 본문 2-3. (3) 채널 방식 참조

19. 다음 채널 방식 중 비교적 저속인 입출력 장치의 자료를 전송할 때 사용하는 방식은?

㉮ 버스트 방식
㉯ 바이트 다중 방식
㉰ 입출력 선택 채널
㉱ 입출력 블록 다중 채널

해설 본문 2-3. (3) ② 채널의 종류 참조

20. channel이 하는 일은?

㉮ 자료 전송을 추진한다.
㉯ 자료의 입력을 추진한다.
㉰ 컴퓨터에 달려 있는 I/O 장치를 통제한다.
㉱ 어느 한 장치에만 자료를 전송한다.

21. 입출력 장치와 CPU 사이에 속도 문제를 해결하기 위해 사용되는 것은?

㉮ console 장치
㉯ general register
㉰ channel 장치
㉱ terminal 장치

정답 17. ㉯ 18. ㉯ 19. ㉯ 20. ㉰ 21. ㉰

3. 인터럽트

■ 인터럽트 (interrupt)

- 실행 중인 프로그램을 일시 중단하고 우선 순위가 높은 다른 프로그램을 끼워 넣어 실행시키는 것
- 인터럽트 수행에 요구되는 요소
  - 요구 신호 (request signal)
  - 서브루틴 (subroutine)
  - 처리 (processing)
  - 스택 (stack)

3-1 인터럽트 동작과 인터럽트의 발생 원인

(1) 인터럽트 (interrupt) 동작 · 복귀

① CPU가 프로그램에 따라 동작을 수행하고 있는 중에 컴퓨터 내외에서 어떠한 상태 변화가 일어났을 때, CPU가 현재의 동작을 중단하고 발생한 상태 변화에 대응하는 동작이다.

② CPU가 인터럽트 동작을 완료한 후에는 다시 복귀하여 프로그램의 동작을 계속 수행한다.

(2) 인터럽터의 발생 원인

① 컴퓨터 자체의 기계적인 문제
- 컴퓨터 수행 중의 정전
- 자료 전달 과정에서의 에러 (error) 발생

② 프로그램의 문제
- 보호된 기억 공간의 접근 및 번지의 오류
- 연산 과정에서의 오버플로 (overflow) 발생

③ 사용자의 의도적인 인터럽트 발생 (SVC : supervisor call)

④ 외부로부터의 인터럽트 발생 – 주변 장치들이 CPU에게 입출력 동작 요구

⑤ 제어 (호출) 인터럽트 발생

3-2 단일 회선 인터럽트 체계

- 단일 회선 인터럽트 응답 신호의 연결 방식은 일반적으로 데이지 체인(daisy chain)으로 구성되며, CPU에서 가까이 있는 순서대로 입출력 장치들의 우선 순위가 부여된다.

(1) CPU에 인터럽트를 요구한 입출력 장치를 찾는 방법

① 폴링 (polling) 방식 · 특징

(가) 소프트웨어적으로 CPU가 모든 입출력 장치에 대해 인터럽트 요구를 했는가를 조사하여 해당 입출력 장치의 인터럽트 프로그램을 실행하는 방법이다.

(나) 입출력 장치의 우선 순위 조정이 자유롭다.

(다) 인터럽트 요구를 위한 하드웨어 회로가 필요없다.

(라) 인터럽트가 발생될 때마다 CPU가 모든 입출력 장치를 검색해야 하므로 처리 속도(인터럽트 응답 시간)가 느리다.

(마) 인터럽트 프로그램(인터럽트 서브루틴)을 실행하기 전에 다른 인터럽트를 받지 않기 위해 IR (interrupt request)을 0으로 리셋시킨다.

② 하드웨어 (hardware)적 방법 · 특징

(가) 인터럽트를 요구한 장치가 자신의 장치 번호를 CPU에게 알려주면 CPU는 이 번호를 참고하여 인터럽트 처리 프로그램을 실행한다.

- 벡터 인터럽트 방식 : 인터럽트 벡터 (interrupt vector) 데이터를 CPU에게 알려주어 CPU가 해당 인터럽트 프로그램으로 분기하는 방식이다.
- 데이지 체인 (daisy chain) 방식 : 입력 장치들을 직렬로 연결하여 우선 순위를 결정하는 방식으로 CPU로부터 전기적으로 가까울수록 우선 순위가 높다.

(나) 소프트웨어 방법의 구성보다 인터럽트 응답 시간이 빠르다.

(다) 하지만 우선 순위를 결정하고, 입출력 장치의 장치 번호를 전송하는 하드웨어가 필요하다.

(라) 새로운 입출력 장치를 추가할 때에는 하드웨어를 다시 확장 설치해야 한다.

③ 우선 순위 (priority) 체계

전원, 하드웨어 고장 등의 인터럽트는 순위가 높고, 입출력 장치의 데이터 전송 요구, 관리자 호출 등의 인터럽트는 우선 순위가 낮다.

예·상·문·제

3. 인터럽트

1. computer system에 예기치 않은 일이 발생하였을 때 제어 프로그램에게 알려주는 것을 무엇이라 하는가?

㉮ interrupt
㉯ PSW(program status word)
㉰ problem state (처리 프로그램 상태)
㉱ program library

해설 본문 3-1. (1) 인터럽트 동작·복귀 참조

2. 인터럽트에 관한 설명으로 틀린 것은? [10]

㉮ 하드웨어와 소프트웨어 제어 기능이다.
㉯ 인터럽트 기능을 이용하면 프로그램 오류를 자동으로 정정할 수 있다.
㉰ 컴퓨터 시스템에서 비정상적인 상태가 발생했을 때 일어날 수 있다.
㉱ CPU 안에 PSW가 교체됨으로서 프로그램의 진행 순서가 바뀐다.

해설 인터럽트 동작은 ① 인터럽트 요구 → ② 인터럽트 응답 → ③ 인터럽트 처리 순이며, 동작 완료한 후에는 다시 복귀하여 프로그램의 동작을 수행하게 된다.
∴ 기능을 이용하여 프로그램 오류를 자동적으로 정정할 수는 없다.

3. 다음 중 인터럽트 동작을 가장 잘 설명한 것은? [11]

㉮ 프로그램 계수기가 요구하여 수행된다.
㉯ 입출력 장치가 요구하여 수행된다.
㉰ 스택 포인터가 요구하여 수행된다.
㉱ 명령 레지스터가 요구하여 수행된다.

해설 본문 3-1. (2) 인터럽트 발생 원인 중에서, ④ 외부로부터 인터럽트 발생 참조

4. 다음 중 외부 인터럽트(interrupt)는?

㉮ 기계 착오 인터럽트
㉯ 프로그램 착오 인터럽트
㉰ 입출력 인터럽트
㉱ 계시 기구(timer) 인터럽트

5. interrupt에 관한 설명 중 옳지 않은 것은 어느 것인가?

㉮ program 착오 시 발생된다.
㉯ hardware 착오 시 발생된다.
㉰ operator가 임의로 발생시킬 수 없다.
㉱ 주변 장치의 입출력 요청 시 발생된다.

해설 본문 3-1. (2) 인터럽트 발생 원인 참조
사용자의 의도적인 인터럽트 발생

6. 우선 순위 인터럽트 처리 방법 중 소프트웨어에 의한 방법은? [09, 12]

㉮ 폴링 방법(polling method)
㉯ 스트로브 방법(strobe method)
㉰ 데이지-체인 방법(daisy-chain method)
㉱ 우선 순위 인코더 방법 (priority encoder method)

해설 본문 3-2. (1) ① 폴링 방식 참조
polling 방식은 여러 입출력 장치로부터 인터럽트 요구시 소프트웨어적으로 입출력 장치를 결정하는 방법이다.

7. 여러 입출력 장치로부터 인터럽트 요구 시 소프트웨어적으로 입출력 장치를 결정하는 방법은? [07]

㉮ 폴링 ㉯ DMA
㉰ 데이지 체인 ㉱ 벡터 인터럽트

정답 1. ㉮ 2. ㉯ 3. ㉯ 4. ㉰ 5. ㉰ 6. ㉮ 7. ㉮

8. **폴링(polling)에 대한 설명으로 맞지 않는 것은?**

㉮ 유연성이 있다.
㉯ 소프트웨어적으로 우선 순위가 높은 인터럽터를 찾아낸다.
㉰ 응답 속도가 빠르다.
㉱ 모든 인터럽터를 위한 공통의 서비스 루틴을 갖고 있다.

9. **여러 주변 장치에서 동시에 interrupt가 발생하여 bus에서 신호의 혼동이 발생하는 것을 방지하기 위한 하드웨어적인 방법은?** [08]

㉮ polling
㉯ daisy-chain
㉰ cycle steal
㉱ DMA (direct memory access)

해설 본문 3-2. (1) ② 하드웨어적 방법 참조
데이지 체인 : 우선 순위가 가장 높은 장치를 선두로 우선 순위에 따라 직렬로 연결한 하드웨어적인 우선 순위 체계 방법이다.

10. **다음 중 daisy chain에 대하여 가장 설명이 잘된 것은 어느 것인가?**

㉮ 인터럽트를 하드웨어적으로 enable 하거나 disable하기 위한 방법이다.
㉯ 인터럽트의 우선 순위를 결정하기 위하여 직접 연결한 H/W 회로이다.
㉰ 입출력 장치의 상태 레지스터를 polling하는 순서를 정하는 것이다.
㉱ 인터럽트 요구를 하드웨어적으로 disable 하도록 한 회로이다.

11. **데이지 체인(daisy chain) 우선 순위 인터럽트 방법에서 인터럽트를 발생하는 장치들의 연결 방법은?**

㉮ 모든 장치를 직렬로 연결한다.
㉯ 모든 장치를 병렬로 연결한다.
㉰ 직렬과 병렬로 연결한다.
㉱ 우선 순위에 따라 직렬 및 병렬로 연결한다.

해설 데이지 체인 방식은 CPU로부터 전기적으로 가까울수록 우선 순위가 높으며, 모든 장치를 직렬로 연결한다.

12. **데이지 체인(daisy chain) 방식과 폴링(polling) 방식의 설명으로 옳지 않은 것은?**

㉮ 폴링 방식은 소프트웨어 방식이다.
㉯ 데이지 체인 방식은 하드웨어 방식이다.
㉰ 데이지 체인 방식이 폴링 방식보다 속도가 빠르다.
㉱ 폴링 방식이 데이지 체인 방식보다 속도가 빠르다.

해설 폴링(polling) 방식은 인터럽트가 발생될 때마다 모든 입출력 장치를 검색해야 하므로 처리 속도가 느리다.

13. **다음 중 인터럽트 회선에 대하여 우선 순위를 배정하는 일차적 목적은?**

㉮ 인터럽트 루틴 어드레스를 선택한다.
㉯ 어느 인터럽트가 가장 자주 사용되는가를 결정한다.
㉰ 인터럽트가 하나 이상 발생할 때 어느 것이 선택되어야 하는가를 지적한다.
㉱ 마이크로프로세서가 하나 이상의 인터럽트 루틴을 동시에 실행하는 것을 방지한다.

14. **다음 인터럽트(interrupt) 중 가장 우선 순위가 높은 것은?**

정답 8. ㉰ 9. ㉯ 10. ㉯ 11. ㉮ 12. ㉱ 13. ㉰ 14. ㉱

㉮ program interrupt
㉯ I/O interrupt
㉰ paging interrupt
㉱ power failure interrupt

해설 본문 3-2. (1) ③ 우선순위 체계 참조
• 전원의 정전, 하드웨어 고장 등의 인터럽트는 순위가 높다.

15. 스택(stack) 메모리가 사용되는 경우는?

㉮ 무조건 점프(jump) 요구가 받아 들여졌을 때
㉯ 브랜치 명령이 실행될 때
㉰ 메모리 요구가 받아 들여졌을 때
㉱ 인터럽트가 받아 들여졌을 때

해설 인터럽트가 받아 들여졌을 때, 주 프로그램의 중단된 위치를 갖고 있는 프로그램 카운터(PC)의 내용을 저장하기 위하여 스택(stack)을 사용한다.

16. interrupt 발생시 복귀 주소를 기억시키는 데 사용되는 것은? [08, 11]

㉮ stack
㉯ accumulator
㉰ queue
㉱ program counter

17. 다음에서 인터럽트 작동 순서가 올바른 것은?

① 리턴에 의한 복귀 ② 벡터 인터럽트 처리 ③ CPU에게 인터럽트 요청 ④ 인터럽트 인지 신호 발생 ⑤ 현재 작업 중인 주소를 메모리에 저장

㉮ ③-⑤-④-②-①
㉯ ④-③-⑤-②-①
㉰ ⑤-②-③-①-④
㉱ ①-③-④-⑤-②

정답 15. ㉱ 16. ㉮ 17. ㉮

제 7 편 공업 경영

제 1 장

품질 관리

1. 품질 관리의 개요 · 통계적 품질 관리

■ 품질 관리 (QC : quality control)

- 소비자의 욕구에 맞는 품질의 제품을 가장 경제적으로 만들어 내기 위한 모든 수단의 체계이다.
- 특히 근대적 품질 관리는 통계적 수단을 활용하고 있으므로 통계적 품질 관리라고 한다.

1-1 품질 관리의 개요

(1) 품질 관리의 정의 및 목적

① 정의 : 품질 면과 가격 면에서 고객의 요구에 적합한 제품 또는 서비스를 제공하기 위한 관리 활동이다.

② 목적 : 합리적인 품질 표준을 설정하고 설정된 품질 표준을 생산 과정에서 그대로 유지하는 것이다.

(2) 품질 관리의 실시 단계 – 관리 활동의 사이클

① 품질 표준 설정 ─┐
② 표준화 (재료, 공정, 방법) ─┘ → 계획 · 설계 (Plan)
③ 생산 실시 → 생산 · 제조 (Do)
④ 제품 검사 → 검사 · 판매 · 체크 (Check)
⑤ 방법 수정 ─┐
⑥ 수정 효과 판단 확인 ─┘ → 조사 · 서비스 · 조치 (Action)

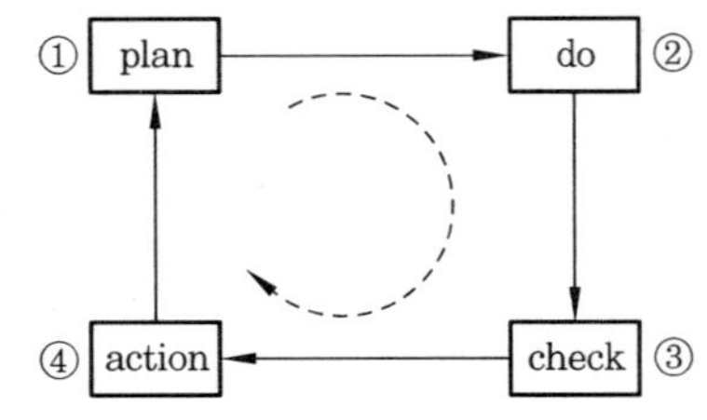

그림 7-1 관리 사이클

(3) 품질 특성 및 수준의 결정

① 품질 특성

㈎ 품질 특성은 외관, 성능, 치수, 수명, 신뢰성, 맛 등 제품의 제반 특성을 의미한다.

㈏ 품질 특성은 품질 평가의 대상이 되는 기준으로 품질 특성을 측정해서 데이터로 표시한 것이 품질 특성치이다.

㈐ 특성을 수치로 표시한 것이 중량, 길이, 강도 등이다.

② 수준의 결정

㈎ 시장 (사용) 품질 : 고객이 원하고 있는 품질

㈏ 설계 품질 (quality of design) : 시장 품질과 생산 능력을 균형시켜서 설정한 품질

㈐ 제조 품질 (quality of conformance) : 설계 품질에서 정한 시방에 적합하도록 제품을 제조한 품질

(4) 품질 관리 시스템의 요소 (4M)

① material : 재료

② machine : 설비

③ method : 가공 방법

④ man : 작업자

(5) 품질 관리의 기능과 수행하는 절차

① 기능 : 설계 – 제조 및 실험 – 판매 – 조사 및 서비스

② 절차 : 품질 관리 – 공정 관리 – 품질 보증 – 품질 개선

(6) 품질 관리의 문제 해결 활동 실시 순서

① 현장 조사 → ② 해석 → ③ 대책 확인 → ④ 표준화 · 관리

(7) 데이터의 통계적 처리를 위한 도수 분포표

① 도수 분포 (frequency distribution : 度數分布) : 측정값을 몇 개의 계급으로 나누고 각 계급에 속하는 수치의 출현 도수를 조사하여 나타낸 통계 자료의 분포 상태

② 도수 분포표

㈎ 출현 도수를 표의 형태로 나열한 것을 말하며 도수표, 막대 그래프, 히스토그램 등으로 표시한다.

㈏ 작성 목적

- 데이터의 흩어진 모양, 즉 로트 (lot)의 분포를 알기 위해서
- 데이터, 즉 로트 (lot)의 평균치와 표준편차를 알기 위해서
- 규격과 비교하여 부적합품율을 알기 위해서

③ 데이터의 정리 – 대표값의 정리

㈎ 중앙값(median : Me) : 도수 분포는 통계 집단의 분포를 나타내며 계급 크기 순으로 나열할 때, 중앙에 오는 값이 대표값이다.

㈏ 최빈값(mode : Mo) : 도수를 가장 많이 점유하는 변수(variable)의 값이다.

㈐ 범위(range : R) : 측정시, 규정값의 최대값과 최소값의 차이며 품질 관리의 기준이 된다.

㈑ 범위 중앙값(mid range : M) : 데이터 중 최소값과 최대값의 산술 평균 값이다.

㈒ 분산(variance : V) : 각 데이터의 값이 전체 평균값으로부터 어느 정도 떨어져 있는가를 정량적으로 나타낸다.

(8) 품질 경영(QM : quality management)

① 개념 : 품질 방침 및 계획을 정하여 실시하는 활동으로 품질 관리의 기법과 활동, 품질 보증, 개선 활동을 포함한다.

② 수리통계학의 수법을 응용해서 경제적인 생산을 목표로 하는 통계적 품질 관리(SQC)와 전사적 품질 관리(TQC)가 있다.

③ 전사적(全社的) 품질 관리(TQC : total quality control)

㈎ 기업의 전체 근로자 개개인이 종합적으로 품질을 관리하는 것으로 전사적 품질 관리 또는 종합적 품질 관리라고도 한다.

㈏ TQC는 설계, 제조, 판매 등의 각 부문은 물론 총무나 인사 등 직접 제품에 관계하지 않는 부문까지 포함해서 제품을 만들어 보자는 전사적(全社的) 운동이다.

④ 총체적 품질 경영(TQM : total quality management)

㈎ TQM은 전사적 품질 경영 또는 종합적 품질 경영으로 번역되며, 제품이나 서비스의 품질뿐만 아니라 경영과 업무, 직장 환경, 조직 구성원의 자질까지도 품질 개념에 넣어 관리해야 한다고 주장한다.

㈏ TQC에서는 통계학적인 것이 주방법론을 차지했다면 TQM은 통계학적인 것은 물론 조직적이며 관리론적인 방법론에 많은 비중을 두고 있다.

(9) ZD(zero defects) 운동

개별 종업원에게 계획 기능을 부여하는 자주 관리 운동의 하나로 전개된 것으로 종업원들의 주의와 연구를 통해 작업상 발생하는 모든 결함을 없애는 무결점 운동이다.

(10) 품질 비용 (CoQ : cost of quality)

CoQ란, 재료비, 인건비, 장비사용비 등 제품 생산의 직접 비용 이외에 불량 감소를 위한 품질 관리 활동 비용을 기간 원가로 계산하여 관리하는 것

① 예방 비용(P–cost) : 불량 발생을 예방하여, 품질 수준을 유지하기 위하여 제품 개발, 설계 및 제도 단계에서 지출되는 비용

② 실패 비용(F-cost) : 소정의 품질 수준을 유지하지 못한 결과로 발생하는 비용으로, 품질 비용 중에서 가장 큰 비중을 차지한다.

③ 평가 비용(A-cost) : 품질이 요구 사항에 일치하는가를 확인하기 위하여 측정 및 시험하는 데 소요되는 비용

④ 품질 코스트의 구성비
예방 : 평가 : 실패 = 5 : 25 : 70

1-2 통계적 품질 관리

■ 통계적 품질 관리(SQC : statistical quality control)

- 고객이 요구하는 제품과 서비스를 가장 경제적으로 생산하기 위해 생산 시스템의 모든 과정에 추리통계학과 확률 이론을 이용하는 품질 관리 기법을 말한다.
- 품질 관리를 위해 많은 자료를 모아 측정 해석하고 판단할 수 있도록 통계학을 응용함으로써 올바른 규준이나 표준을 결정하며, 이를 통해 제품의 품질 유지, 향상을 꾀할 수 있다.

(1) 품질 관리(QC : quality control) 7가지 기본 수법(도구)

① 파레토그램(paretogram)

(가) 불량, 고장 등의 건수(또는 손실금액)를 분류 항목별로 나누어 크기 순서대로 나열해 놓은 막대 그래프화한 차트이다.

(나) 손실 금액이 큰 순서 항목을 알 수 있으며, 이를 수정하여 원가 절감 등의 효과를 얻을 수 있다.

② 히스토그램(histogram)
길이, 무게, 시간, 경도, 두께 등을 측정하는 DATA(계량값)가 어떤 분포를 하고 있는가를 알아보기 쉽게 나타낸 막대 그래프화한 차트이다.

③ 특성 요인도(fish bone)
현장에서 발생하는 많은 문제점들의 원인을 정리하여 상호 관계를 조사함으로써 원인과 결과의 관계를 그림으로 나타낸 것으로 품질 특정치에 영향을 주는 요인을 도시한 것이다.

④ 층별 : 필요한 요인마다 DATA를 구분해서 잡는 것이다.

⑤ 산포도(scattergram) : 대응하는 두 종류의 데이터를 그래프(graph) 용지 위에 타점하여 작성한 그림이다.

⑥ 체크 시트(check sheet) : 계수치의 데이터가 분류 항목별의 어디에 집중되어 있는가를 알기 쉽게 나타낸 표로서 부적합품이나 부적합의 발생 원인 기록이나 원인 조사를 할 때 사용된다.

⑦ 관리도(control chart) : 어떤 일련의 표본에서 얻은 특성치(特性値)의 경시적인 변화를

통계학적으로 설정된 관리한계(허용한계)선(control limit line) 및 중심선과 더불어 가입한 그래프이다.

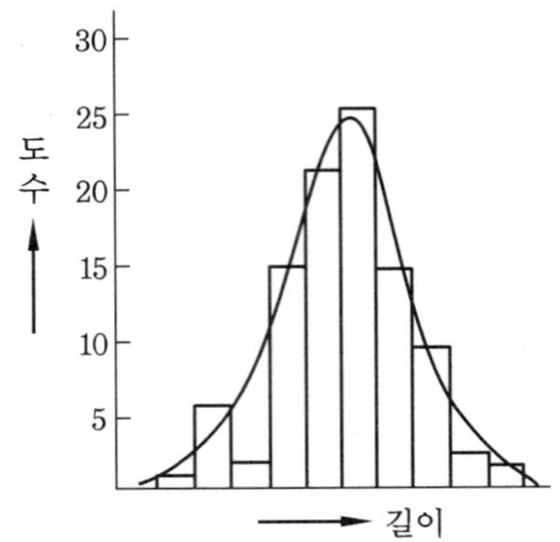

그림 7-2 히스토그램(histogram) 예

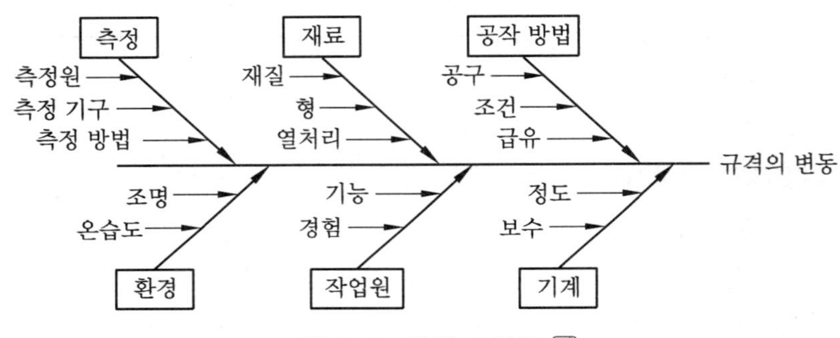

그림 7-3 특성 요인도 예

(2) 관리도의 종류

① 정의 : 공정의 상태를 나타내는 특성치에 관해 그린 그래프로서 공전의 관리 상태 유무를 조사하여 공정을 안정 상태로 유지하기 위해 사용하는 통계적 관리 기법이다.

② 관리 대상에 의한 분류 및 종류는 다음 표 7-1과 같다.

표 7-1 관리도의 종류

분류	관리 대상	종 류	특 성
계량형	• 연속적으로 변화하는 양을 관리 • 길이, 무게, 순도, 전력, 시간, 강도, 성분, 신장률 등	$\bar{x}-R$	• 평균치와 범위 관리도 • 시료 채취가 용이한 경우 • 축의 완성 지름, 철사의 인장 강도, 아스피린 순도 등
		$\bar{x}-s$	• 평균치와 표준편차 관리도
		x	• 개개의 측정치를 그대로 사용 • 시료 채취가 용이하지 않은 경우
		$Me-R$	• 메디안과 범위 관리도 • $\bar{x}$관리도 대신 사용

계수형	• 불연속적으로 변화하는 양 • 불량 개수, 일정 면적당 흠의 수 등	np	• 부적합품수 관리도 • 각 군의 시료 크기(n)가 일정할 때에 적용 • 나사 길이, 전화기 겉보기 등
		p	• 부적합품률 관리도
		c	• 부적합수 관리도 • 부적합수에 대한 n이 일정할 때 • 일정단위 중 나타나는 흠의 수 • 전자 제품 조립, 완성 후 부적합 개수(결점수)
		u	• 단위당 부적합수 관리도 • 에나멜 동선의 핀 홀수 • 직물의 단위 면적당 얼룩수

(3) 관리 한계(control limit)

품질 관리도에 있어서 생산 로트(lot)의 시료가 규격값에 드는가, 들지 않는가의 한계를 표시하는 값이다.

① 데이터의 경향치의 표시 방법

(가) 로트(lot)의 평균값 m과 시료의 평균값 $\bar{x}$

$$m = \frac{x_1 + x_2 + \cdots\cdots + x_n}{N}$$

$$\bar{x} = \frac{x_1 + x_2 + \cdots\cdots + x_n}{n}$$

여기서, x_1, x_2, x_n : 검사 단위의 품질 특성값

N : 로트의 크기

n : 시료의 크기

(나) 범위(range) R : n개의 데이터 가운데 최대값과 최소값의 차이

$$R = x_{\max} - x_{\min}$$

② 계수형 관리도의 중심선, 관리 한계선

표 7-2 관리선

관리도	중심선(CL)	관리 한계선(control limit)		비고
		상한선(UCL)	하한선(LCL)	
np	$CL=n\bar{p}$ $=\dfrac{\Sigma np}{k}$	$UCL=n\bar{p}+3\sqrt{n\bar{p}(1-\bar{p})}$	$LCL=n\bar{p}-3\sqrt{n\bar{p}(1-\bar{p})}$ * 음의 값일 때는 고려하지 않음	np : 부적합품수 n : 각 군의 시료 크기 k : 시료군의 크기 (단, $\bar{p}=\dfrac{\Sigma np}{\Sigma n}$)
p	$CL=\bar{p}$ $=\dfrac{\Sigma np}{\Sigma n}$	$LCL=\bar{p}+3\sqrt{\dfrac{\bar{p}(1-\bar{p})}{n_i}}$	$UCL=\bar{p}+3D(p)$ $=\bar{p}-3\sqrt{\dfrac{\bar{p}(1-\bar{p})}{n_i}}$ * 음의 값일 때는 존재하지 않음	p : 부적합품률 * 군의 크기(n)가 다를 때 n에 따라 관리 한계의 폭이 변한다.
c	$CL=c$ $=\dfrac{\Sigma c}{k}$	$UCL=c+3\sqrt{c}$	$LCL= c-3\sqrt{c}$ * 음의 값이 나오면 관리하한선은 존재하지 않는다.	c : 부적합수 (흠의 수) k : 시료군의 크기
u	$CL=u$ $=\dfrac{\Sigma c}{\Sigma n}$	$UCL=u+3\sqrt{\dfrac{u}{n}}$	$LCL=u-3\sqrt{\dfrac{u}{n}}$	u : 일정 단위당의 부적합수 * n이 변하면 한계선이 변한다.

(4) 관리도의 표현

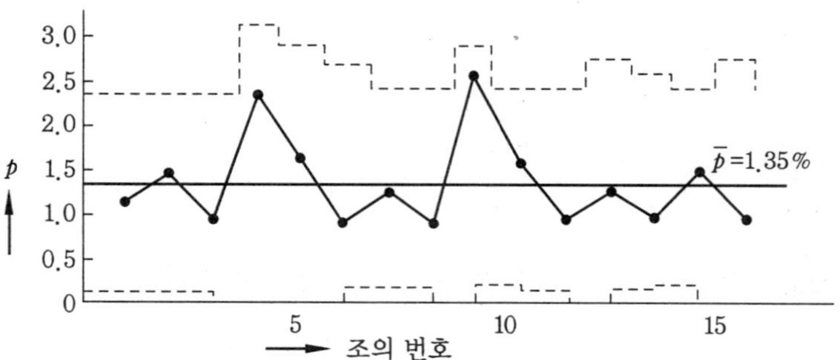

그림 7-4 P관리도(n의 변하는 경우) 예

주 점선은 UCL, LCL이 변동하는 모양

① 산포 (dispersion)

㈎ 측정값의 크기가 고르지 않은 것을 말한다.

㈏ 측정값의 고르지 않은 정도나 산포도(散布度)의 크기를 나타내는 데는 표준 편차가 사용된다.

② 주기 (period) – 사이클 (cycle)

㈎ 주기는 일정한 시간 간격을 두고 현상이 반복되는 것을 주기적이라고 한다.

㈏ 사이클은 계속해서 반복되는 일련의 과정을 말한다.

③ 경향 (tendency)

측정값이 순차적으로 상승하거나 하강하는 현상

④ 런 (rum)

측정값이 관리 한계 내에서 중심선 한쪽에 연속해서 나타나는 배열 현상

참고 집중화 경향 (central tendency)

관찰된 자료가 어느 위치에 집중되어 있는가를 나타내는 척도로 이 중 대표적인 것은 산술 평균, 중앙값, 최빈값 등이 있다.

예·상·문·제

1. 품질 관리의 개요 · 통계적 품질 관리

1. 관리 사이클의 순서를 가장 적절하게 표시한 것은?(단, A는 조치(act), C는 체크(check), D는 실시(do), P는 계획(plan)이다.) [07, 12]

㉮ P → D → C → A
㉯ A → D → C → P
㉰ P → A → C → D
㉱ P → C → A → D

해설 본문 그림 7-1 관리 사이클 참조

2. 소비자가 요구하는 품질로서 설계와 판매 정책에 반영되는 품질을 의미하는 것은? [12]

㉮ 시장 품질 ㉯ 설계 품질
㉰ 제조 품질 ㉱ 규격 품질

3. 다음 중 품질 관리 시스템에 있어서 4M에 해당하지 않는 것은? [08]

㉮ man ㉯ machine
㉰ material ㉱ money

해설 재료(material), 설비(machine), 가공방법(method), 작업자(man)

4. 품질 관리 기능의 사이클을 표현한 것으로 옳은 것은? [09]

㉮ 품질 개선-품질 설계-품질 보증-공정 관리
㉯ 품질 설계-공정 관리-품질 보증-품질 개선
㉰ 품질 개선-품질 보증-품질 설계-공정 관리
㉱ 품질 설계-품질 개선-공정 관리-품질 보증

5. 도수 분포표를 만드는 목적이 아닌 것은 어느 것인가? [11]

㉮ 데이터의 흩어진 모양을 알고 싶을 때
㉯ 많은 데이터로부터 평균치와 표준 편차를 구할 때
㉰ 원 데이터를 규격과 대조하고 싶을 때
㉱ 결과나 문제점에 대한 계통적 특성치를 구할 때

해설 본문 1-1. (7) ② 도수 분포표 작성 목적 참조

6. 도수 분포표에서 도수가 최대인 곳의 대표치를 말하는 것은?

㉮ 중위수 ㉯ 비대칭도
㉰ 모드(mode) ㉱ 첨도

해설 모드(mode) : 품질 관리에 있어서 대표값을 보여주는 방법의 하나로, 샘플의 도수 분포에서 도수가 가장 집중해 있는 수치

참고 ① 도수 분포는 통계 집단의 구조를 있는 그대로 나타내는 것이므로, 그 특징을 단순한 수치로 나타내기 위해 특성값이 사용된다.
② 특성값에는
(가) 평균값 산포도(散布度)
(나) 대칭도(비대칭의 방향 및 정도를 나타낸다.)
(다) 첨도(尖度 : 뾰족한 정도 · 정규 분포의 경우를 표준으로 한다.) 등이 있다.

7. 다음 중 모집단의 중심적 경향을 나타낸 측도에 해당하는 것은? [12]

㉮ 범위(range)

정답 1. ㉮ 2. ㉮ 3. ㉱ 4. ㉯ 5. ㉱ 6. ㉰ 7. ㉯

㉯ 최빈값(mode)
㉰ 분산(variance)
㉱ 변동계수(coefficient of variation)

해설 본문 1-1. (7) ③ 데이터의 정리-대표값 정리 참조

8. TQC(total quality control)란?

㉮ 시스템 사고 방법을 사용하지 않는 품질 관리 기법이다.
㉯ 애프터서비스를 통한 품질을 보증하는 방법이다.
㉰ 전사적인 품질 정보의 교환으로 품질 향상을 기도하는 기법이다.
㉱ QC부의 정보 분석 결과를 생산부에 피드백하는 것이다.

9. 일반적으로 품질 코스트 가운데 가장 큰 비율을 차지하는 코스트는? [08]

㉮ 평가 코스트 ㉯ 실패 코스트
㉰ 예방 코스트 ㉱ 검사 코스트

해설 ① 실패 코스트는 70% 정도 ② 평가 코스트는 약 25% 정도 ③ 예방 코스트는 약 5% 정도

10. 품질 코스트(quality cost)를 예방 코스트, 실패 코스트, 평가 코스트로 분류할 때, 다음 중 실패 코스트(failure cost)에 속하는 것이 아닌 것은? [11]

㉮ 시험 코스트 ㉯ 불량대책 코스트
㉰ 재가공 코스트 ㉱ 설계변경 코스트

11. '무결점 운동'이라고 불리우는 것으로 품질 개선을 위한 동기부여 프로그램은 어느 것인가? [07, 11]

㉮ TQC ㉯ ZD
㉰ MIL-SID ㉱ ISO

해설 ZD(zero defect) : 무결점 운동

12. '무결점 운동'으로 불리는 것으로 미국의 항공사인 마틴사에서 시작된 품질 개선을 위한 동기부여 프로그램은 무엇인가? [11]

㉮ ZD ㉯ 6시그마
㉰ TPM ㉱ ISO 9001

13. 다음 중 데이터를 그 내용이나 원인 등 분류 항목별로 나누어 크기의 순서대로 나열하여 나타낸 그림을 무엇이라 하는가? [08]

㉮ 히스토그램(histogram)
㉯ 파레토도(pareto diagram)
㉰ 특성 요인도(causes and effects diagram)
㉱ 체크 시트(check sheet)

해설 본문 1-2. (1) 품질 관리 7가지 기본 수법 참조

14. 파레토 그림에 대한 설명으로 가장 거리가 먼 내용은?

㉮ 부적합품(불량), 클레임 등의 손실 금액이나 퍼센트를 그 원인별, 상황별로 취해 그림의 왼쪽에서부터 오른쪽으로 비중이 작은 항목부터 큰 항목의 순서로 나열한 그림이다.
㉯ 현재의 중요한 문제점을 객관적으로 발견할 수 있으므로 관리 방침을 수립할 수 있다.
㉰ 도수 분포의 응용 수법으로 중요한 문제점을 찾아내는 것으로서 현장에서 널리 사용된다.

정답 8. ㉰ 9. ㉯ 10. ㉮ 11. ㉯ 12. ㉮ 13. ㉯ 14. ㉮

㉱ 파레토 그림에서 나타난 1~2개 부적합품(불량) 항목만 없애면 부적합품(불량)률은 크게 감소된다.

15. 문제가 되는 결과와 이에 대응하는 원인과의 관계를 알기 쉽게 도표로 나타낸 것은? [06]

㉮ 산포도 ㉯ 파레토도
㉰ 히스토그램 ㉱ 특성 요인도

해설 특성 요인도 (characteristics diagram, 特性要因圖) : 품질 특성치가 어떤 요인에 의해 영향을 받고 있는가를 조사하여 이것을 하나의 도형으로 묶어 특성과 원인과의 관계를 나타낸 것

참고 본문 그림 7-3 참조

16. 다음 중 브레인스토밍 (brainstorming)과 가장 관계가 깊은 것은? [10]

㉮ 파레토도 ㉯ 히스토그램
㉰ 회귀분석 ㉱ 특성 요인도

해설 브레인스토밍 (brainstorming) : 일정한 테마에 관하여 회의 형식을 채택하고, 구성원의 자유 발언을 통한 아이디어의 제시를 요구하여 발상을 찾아내려는 방법이다.

① 한 사람보다 다수인 쪽이 제기되는 아이디어가 많다.
② 아이디어 수가 많을수록 질적으로 우수한 아이디어가 나올 가능성이 많다.

17. 다음 중 통계량의 기호에 속하지 않는 것은? [10]

㉮ σ ㉯ R ㉰ S ㉱ $\overline{x}$

해설 통계량 표본의 특성을 기술하는 척도
① 범위(R)
② 표본 표준 편차(s)
③ 표본 평균($\overline{x}$)

참고 ① 통계량(statistic) : 표본 데이터를 사용하여 계산되는 모수 (parameter)에 대응하는 수치
② 모집단 (population)의 특성을 기술하는 척도
(가) 모평균(μ)
(나) 모분산(σ^2)
(다) 모표준편차(σ)

18. 관리도에 대한 설명 내용으로 가장 관계가 먼 것은?

㉮ 관리도는 공정의 관리만이 아니라 공정의 해석에도 이용된다.
㉯ 관리도는 과거의 데이터의 해석에도 이용된다.
㉰ 관리도는 표준화가 불가능한 공정에는 사용할 수 없다.
㉱ 계량치인 경우에는 $\overline{x}-R$관리도가 일반적으로 이용된다.

19. 관리도에서 측정한 값을 차례로 타점했을 때 점이 순차적으로 상승하거나 하강하는 것을 무엇이라 하는가? [11]

㉮ 런 (run) ㉯ 주기 (cycle)
㉰ 경향 (trend) ㉱ 산포 (dispersion)

해설 본문 1-2. (4) 관리도의 표현 참조

20. 관리도에서 점이 관리 한계 내에 있으나 중심선 한쪽에 연속해서 나타나는 점의 배열 현상을 무엇이라 하는가? [10]

㉮ 런 ㉯ 경향
㉰ 산포 ㉱ 주기

21. 관리도 중 계량값 관리도만으로 짝지어진 것은? [12]

㉮ c 관리도, u 관리도
㉯ $x-R_s$ 관리도, p관리도

정답 15. ㉱ 16. ㉱ 17. ㉮ 18. ㉰ 19. ㉰ 20. ㉮ 21. ㉱

㉰ $\bar{x}-R$ 관리도, np 관리도
㉱ $Me-R$ 관리도, $\bar{x}-R$ 관리도
해설 본문 표 7-1 관리도 종류 참조

22. 계수값 관리도는 어느 것인가?

㉮ R 관리도　　㉯ $\bar{x}$ 관리도
㉰ p 관리도　　㉱ $\bar{x}-p$ 관리도

23. 품질 특성을 나타내는 데이터 중 계수값 데이터에 속하는 것은? [08]

㉮ 무게　　㉯ 길이
㉰ 인장 강도　　㉱ 부적합품의 수

24. 다음 중 계수값 관리도가 아닌 것은? [09]

㉮ c 관리도　　㉯ p 관리도
㉰ u 관리도　　㉱ x 관리도

25. 축의 완성 지름, 철사의 인장 강도, 아스피린 순도와 같은 데이터를 관리하는 가장 대표적인 관리도는? [06,12]

㉮ c 관리도　　㉯ np 관리도
㉰ u 관리도　　㉱ $\bar{x}-R$ 관리도

26. 관리 한계선을 구하는 데 이항 분포를 이용하여 관리선을 구하는 관리도는?

㉮ np 관리도　　㉯ u 관리도
㉰ $\bar{x}-R$ 관리도　　㉱ x 관리도

참고 이항 분포(binomial distribution, 二項分布) : 통계학에서 정규분포(正規分布)와 마찬가지로 모집단이 가지는 이상적인 분포형으로 정규분포가 연속변량인데 대하여 이항 분포는 이산(離散) 변량이다.

27. np 관리도에서 시료군마다 $n=100$ 이고, 시료군의 수가 $k=20$이며, $\sum np=77$이다. 이때 np 관리도의 관리 상한성 UCL을 구하면 얼마인가?

㉮ UCL = 8.94　　㉯ UCL = 3.85
㉰ UCL = 5.77　　㉱ UCL = 9.62

해설 ① $n\bar{p}=\dfrac{\sum np}{k}=\dfrac{77}{20}=3.85$

② $\bar{p}=\dfrac{\sum np}{k \cdot n}=\dfrac{77}{20\times 100}=0.0385$

$\therefore$ UCL $=n\bar{p}+3\sqrt{n\bar{p}(1-\bar{p})}$

$=3.85+3\sqrt{3.85(1-0.0385)}=9.62$

28. x 관리도에서 관리 상한이 22.15, 관리 하한이 6.85, $R=7.5$일 때 시료군의 크기(n)는 얼마인가? (단, $n=2$일 때 $A_2=1.88$, $n=3$일 때 $A_2=1.02$, $n=4$일 때 $A_2=0.73$, $n=5$일 때 $A_2=0.58$) [09]

㉮ 2　　㉯ 3
㉰ 4　　㉱ 5

해설 ① 관리 상한(UCL) : $\bar{x}+A_2\bar{R}=22.15$
② 관리 하한(LCL) : $\bar{x}-A_2\bar{R}=6.85$
①+② $2\bar{x}=29$ $\therefore$ $\bar{x}=14.5$
③ (UCL) : $\bar{x}+A_2\bar{R}=14.5+A_2\times 7.5$
$=22.15$
$\therefore$ $A_2=1.02$
$\therefore n=3$일 때이다.

29. 미리 정해진 일정 면적 중에 포함된 부적합(결점)수에 의거 공정을 관리할 때 사용하는 관리도는?

㉮ p 관리도　　㉯ np 관리도
㉰ c 관리도　　㉱ u 관리도

정답 22. ㉰ 23. ㉱ 24. ㉱ 25. ㉱ 26. ㉮ 27. ㉱ 28. ㉯ 29. ㉰

해설 본문 표 7-1 관리도의 종류 - 특성 참조

30. MEI입의 자동차 또는 LCD TV 조립, 완성한 후 부적합수(결점수)를 점검한 데이터에는 어떤 관리도를 사용하는가? [07]

㉮ p 관리도 ㉯ np 관리도
㉰ c 관리도 ㉱ $\bar{x}-R$ 관리도

해설 c 관리도 : 계수값 관리도로서 불연속적으로 변화하는 양, 불량개수, 일정 면적당 흠의 수 등이 관리 대상이 된다.
① 자동차, LCD TV를 조립, 완성 후 부적합수
② 직물의 일정 면적 중의 흠집의 수
③ 에나멜선의 일정한 길이 중의 바늘 구멍 수 등

31. c 관리도에서 $k=20$인 군의 총부적합수 합계는 58이었다. 이 관리도의 UCL, LCL을 구하면 약 얼마인가? [08]

㉮ UCL = 6.92, LCL = 0
㉯ UCL = 4.90, LCL = 고려하지 않음
㉰ UCL = 6.92, LCL = 고려하지 않음
㉱ UCL = 8.01, LCL = 고려하지 않음

해설 ① CL : $\bar{c}=\dfrac{\sum c}{k}=\dfrac{58}{20}=2.9$
② UCL : $\bar{c}+3\sqrt{\bar{c}}=2.9+3\sqrt{2.9}=8.01$
③ LCL : $\bar{c}-3\sqrt{\bar{c}}=2.9-3\sqrt{2.9}=-2.21$
여기서, LCL 값은 (-)이므로 고려하지 않음

32. u 관리도의 관리 상한선과 관리 하한선을 구하는 식으로 옳은 것은? [07, 10]

㉮ $\bar{u}\pm 3\sqrt{\bar{u}}$ ㉯ $\bar{u}\pm\sqrt{\bar{u}}$
㉰ $\bar{u}\pm 3\sqrt{\dfrac{\bar{u}}{n}}$ ㉱ $\bar{u}\pm\sqrt{n}\cdot\bar{u}$

해설 본문 표 7-2 관리선 참조

33. 2,500m의 에나멜선을 검사한 결과 핀홀이 10개 발견되었다면 1,000m 당의 부적합수는?

㉮ 2.5 ㉯ 3
㉰ 3.5 ㉱ 4

해설 본문 표 7-2 관리선에서, u 관리도 참조
$n=\dfrac{2500}{1000}=2.5 \quad \therefore u=\dfrac{c}{n}=\dfrac{10}{2.5}=4$

34. 도금 부품의 양부 p를 관리하기 위하여 다음의 데이터를 얻었다. 중심선 CL은? (k = 40, 시료의 크기 $n=100$, 부적합품수 합계 106)

㉮ 0.0265
㉯ 0.0258
㉰ 0.0236
㉱ 0.0205

해설 CL : $\bar{p}=\dfrac{\sum np}{k\cdot n}=\dfrac{106}{40\times 100}=0.0265$

정답 30. ㉰ 31. ㉱ 32. ㉰ 33. ㉱ 34. ㉮

2. 검사 · 샘플링 (sampling) 검사

■ 검사 (inspection) : 품질을 적당한 방법으로 측정하고 그 결과를 판정 기준과 비교하여 품질의 양 · 불량 또는 로트의 합격 · 불합격의 판정을 내리는 일

2-1 검사의 종류

(1) 검사 공정 (목적)에 따른 분류

① 구입(수입) 감사 : 외부로부터 구입하는 경우의 검사

② 수락 검사 : 제품을 받아드리는 경우의 검사

③ 중간(공정) 검사 : 앞의 공정이 끝나고 다음 공정으로 옮기는 경우 또는 최종 공정에 들어가기 전 단계의 검사

④ 최종(완성) 검사 : 완성품의 경우의 검사

⑤ 출하(출고) 검사 : 출하할 때의 검사로, 제품을 보증하기 위하여 샘플링 검사가 적용된다.

(2) 검사 장소에 따른 분류

① 정위치 검사 : 일정한 장소에 모아서 하는 검사

② 순회 검사 : 현장을 순회하면서 하는 검사

③ 출장(입회) 검사 : 차량 및 기기의 검사가 이루어진 모양새를 체크하기 위해서 실시되는 검사

(3) 검사 성질에 따른 분류

① 파괴 검사 (destructive test) : 생산 제품의 검사에 있어서 제품이 파괴됨으로써 검사가 수행되는 검사로 인장 강도 시험 등에 해당된다.

② 비파괴 검사 : 물체를 절단한다든지 파괴한다든지 하지 않고, 내부의 흠이나 균열 등의 결함 유무를 검지하는 검사로 상품으로서의 가치를 유지할 수 있는 검사

③ 관능 검사 : 인간의 감각을 이용하여 품질 특성을 평가하며, 판정 기준에 맞추어 판정을 하는 검사를 말한다.

(4) 검사 방법 (판정 대상)에 따른 분류

① 전수(total) 검사 : 개개 제품, 재료 전부를 검사

(가) 부적합품이 1개 또는 일부분도 허용되지 않는 경우

(나) 전부를 용이하게 검사할 수 있는 경우

(다) 품질 특정치가 치명적인 결점을 포함하는 경우에는 전수 검사가 유리하다.

② 샘플링 (sampling) 검사 : 한 로트 (lot)의 물품 중에서 발췌한 시료(試料)를 조사하고 그 결과를 판정 기준과 비교하여 그 로트의 합격 여부를 결정하는 검사

(가) 검사 항목이 많은 경우

(나) 파괴 검사를 해야 하는 경우

(다) 어느 정도 부적합품이 섞여도 괜찮을 경우

(라) 검사 비용을 적게하는 편이 유리한 경우

(5) 검사 항목에 따른 분류

① 수량 검사 ② 외관 검사 ③ 중량 검사 ④ 치수 검사 ⑤ 성능 검사

2-2 샘플링 (sampling) 검사

(1) 샘플링 검사의 종류

① 계수 샘플링 검사

샘플링 검사에 있어서 채취한 시료 속의 부적합품의 개수 또는 부적합수의 크기를 조사하여 합격 · 불합격을 결정하는 검사이다.

② 계량 샘플링 검사

로트(lot)에서 뽑은 시료의 품질 특성치를 측정하여 그 결과를 가지고 로트의 합격 · 불합격을 결정하는 검사이다.

(2) 샘플링 검사 방식

① 랜덤 샘플링 (random sampling)

단순랜덤 샘플링은 모집단을 구성하는 모든 원소에 뽑힐 가능성이 동일하도록 하는 방식으로 무작위로 하기 때문에, 랜덤 주사위나 난수표를 사용한다.

② 2단계 샘플링

전체 모집단이 여러 개의 하위 모집단으로 구성되어 있을 때, 1차 샘플링으로 전체 모집단으로부터 몇 개의 하위 집단을 뽑고, 2차 샘플링으로 뽑혀진 각 하위 모집단으로부터 몇 개씩 표본을 취하는 방식이다.

③ 층별 샘플링 (stratified sampling)

전체 모집단이 서로 이질적인 하위 모집단(층)들로 구성되어있을 때, 모든 하위 모집단에 대해 표본을 몇 개씩 취하는 방식이다.

④ 집락(취락) 샘플링 (clusters sampling)

전체 모집단이 서로 동질적인 하위 모집단(층)들로 구성되어있을 때, 1차 샘플링에서 몇 개의 하위 모집단을 랜덤하게 선택하여 2차 샘플링에서는 선택된 하위 모집단의 전체 구성 요소를 모두 표본으로 취하는 방식이다.

⑤ 계통 샘플링 (systematic sampling)

모집단으로부터 시간 또는 거리적으로 일정한 간격으로 시료을 뽑아내는 방식으로, 공정으로부터 연속적으로 생산되어 나오는 제품 등에 적용된다.

(3) 샘플링 검사의 유형 (형태)

① 규준형 : 생산자와 소비자를 모두 보호하기 위한 검사로서 원칙적으로 검사한 로트에 대해서만 합격, 불합격을 판정한다.

② 조정형 : 제품의 매입자가 자의에 의하여 검사를 하는 것으로 완화 검사, 보통 검사, 엄격 검사 3가지 유형이 있다.

③ 선별형 : 어떤 로트가 샘플링 검사에서 불합격되었을 경우 로트 전체를 반품하지 않고 전수 검사를 하여 부적합품만을 양호품과 대치한다.

④ 연속 생산형 : 제품이 연속적으로 생산되는 공정에 적용되며, 계속 양호품이 생산될 때에는 일정한 간격으로 샘플링 검사를, 부적합품이 나오는 경우에는 전수 검사를 한다.

참고 **계수 규준형 1회 샘플링 검사의 특징**

① 최초 거래 시에 사용한다.

② 생산자와 구매자 양쪽 모두 불만이 없도록 설계되어 있다.

③ 파괴 검사와 같이 전수 검사가 불가능할 때 사용한다.

(4) 검사 특성 곡선 (operating characteristic curve)

① 품질을 관리할 때 로트로부터 임의 검사를 하는 경우에, 어떤 부적합률을 갖은 로트가 합격할 확률을 실험으로 구하여 그림으로 한 것이다.

② 생산자 위험 (제1종 과오) α와 소비자 위험 (제2종 과오) β

(가) α : 합격되어야 할 로트(lot)를 불합격이라고 판정하는 확률

(나) β : 불합격이 되어야 할 로트를 합격이라고 판정하는 확률

(다) α, β의 값은 P_0, P_1의 결정법이나 발취 개수에 따라 달라지므로 이것이 발취 조건의 결정에 이용된다.

(라) 로트가 합격되는 확률은 $1-\alpha$이며, 보통 $\alpha=5\%$, $\beta=10\%$로 한다.

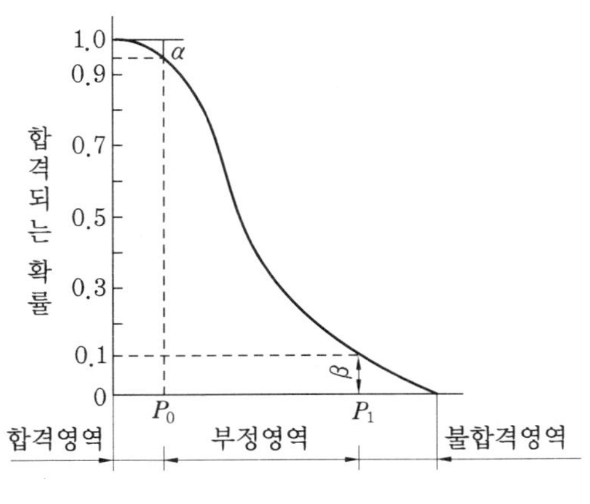

그림 7-5 검사 특성 곡선

③ 흔들림 (flucturation : 요동)

㈎ 같은 로트에 대하여 임의 검사를 되풀이하더라도 그 결과는 달라진다. 이것을 취함에 의한 흔들림이라 한다.

㈏ 흔들림 정도가 확률적으로 어떻게 되는가를 생각한 것이 OC 곡선으로 N (로트의 크기), n (시료의 크기) 값과 로트의 합격, 불합격의 판정 기준이 짝지어져 결정되는 그림이다.

(5) 측정 시스템 검증

① 랜덤 샘플링을 통하여 표본을 얻고 나면, 다음 표본을 측정하여 데이터를 얻게 된다.

② 측정 과정에서의 변동 요인이 개입하게 되므로 측정값과 참값 간에 차이가 발생하게 되며, 여기서, 허용 측정 오차의 기준을 정하여 관리하여야 한다.

③ 측정 시스템 변동

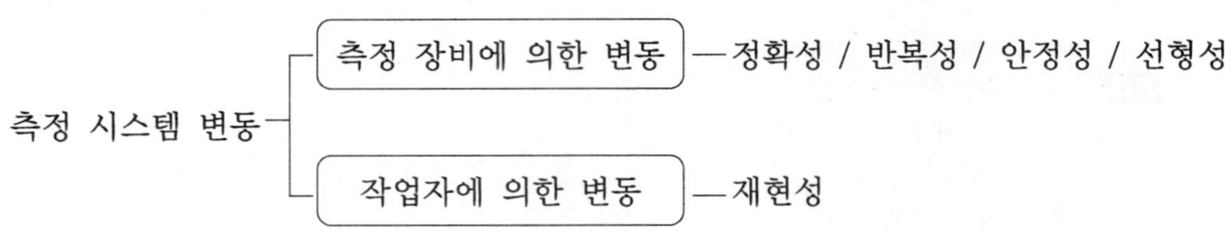

그림 7-6 측정 시스템 변동

㈎ 정확성 : 동일 시료를 여러 번 측정할 경우 측정값의 평균이 참값에 어느 정도 근사한가를 나타내는 것으로 평균값과 참값의 차이다.

㈏ 정밀도 : 측정값의 산포가 얼마나 작은가를 나타내는 측도로서, 반복성과 재현성으로 나누어진다.

- 반복성 : 동일한 조건에서 반복 측정했을 때, 얼마나 균일한 결과가 나오는가 하는 정도
- 재현성 : 측정기나 측정자 등 측정 조건 중 어느 하나를 달리하여 반복 측정했을 때, 얼마나 균일한 결과가 나오는가 하는 정도

㈑ 안정성 : 시간의 흐름에 상관없이 일관성 있는 측정 결과를 보여주는지에 대한 측도이다.

㈒ 선형성 : 전체 측정 범위에 걸쳐 측정값과 참값의 차이, 즉 치우침 (bias)이 선형으로 변화하는지에 대한 측도이며, 직교 좌표상의 기울기로 나타낸다.

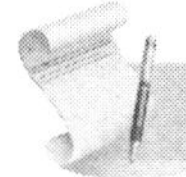

예·상·문·제

2. 검사 · 샘플링(sampling) 검사

1. 다음 중 공정에 따른 분류에서, 제품을 보증하기 위하여 샘플링 검사가 적용되는 검사는 어느 것인가?

㉮ 최종 검사　　㉯ 출하 검사
㉰ 중간 검사　　㉱ 구입 검사

해설 출하 검사(outgoing inspection) : 제품이 출하하기 전 고객의 요구 조건 또는 표준 검사 기준에 맞추어 샘플링 검사가 적용되는 검사

2. 다음 중 차량 및 기기의 검사가 이루어진 모양새를 체크하기 위해서 실시하는 검사는 어느 것인가?

㉮ 순회 검사　　㉯ 입회 검사
㉰ 중간 검사　　㉱ 출하 검사

3. 다음 중 검사 성질에 따른 분류에 속하지 않는 것은?

㉮ 파괴 검사　　㉯ 비파괴 검사
㉰ 관능 검사　　㉱ 성능 검사

해설 성능 검사는 검사 항목에 따른 분류에 속한다.

4. 다음 검사 중에서 판정의 대상에 의한 분류가 아닌 것은? [07]

㉮ 관리 샘플링 검사
㉯ 로트별 샘플링 검사
㉰ 전수 검사
㉱ 출하 검사

해설 판정 대상에 의한 분류 : 전수 검사, 로트별 샘플링, 관리 샘플링, 무검사, 자주 검사

5. 다음 중 검사 항목에 의한 분류가 아닌 것은?

㉮ 자주 검사　　㉯ 수량 검사
㉰ 중량 검사　　㉱ 성능 검사

6. 다음 검사의 종류 중 검사 공정에 의한 분류에 해당되지 않는 것은? [09, 11]

㉮ 수입 검사　　㉯ 출하 검사
㉰ 출장 검사　　㉱ 공정 검사

해설 출장 검사는 검사 장소에 따른 분류에 속한다.

7. 샘플링 검사의 목적으로 틀린 것은?

㉮ 검사 비용 절감
㉯ 생산 공정상의 문제점 해결
㉰ 품질 향상의 자극
㉱ 나쁜 품질인 로트의 불합격

8. 로트로부터 시료를 샘플링해서 조사하고, 그 결과를 로트의 판정 기준과 대조하여 그 로트의 합격, 불합격을 판정하는 검사를 무엇이라 하는가? [08]

㉮ 샘플링 검사　　㉯ 전수 검사
㉰ 공정 검사　　㉱ 품질 검사

9. 로트에서 랜덤하게 시료를 추출하여 검사한 후 그 결과에 따라 로트의 합격, 불합격을 판정하는 검사 방법을 무엇이라 하는가? [12]

㉮ 자주 검사　　㉯ 간접 검사
㉰ 전수 검사　　㉱ 샘플링 검사

정답 1. ㉯　2. ㉯　3. ㉱　4. ㉱　5. ㉮　6. ㉰　7. ㉯　8. ㉮　9. ㉱

10. **다음 중 샘플링 검사보다 전수 검사를 실시하는 것이 유리한 경우는?** [12]

㉮ 검사 항목이 많은 경우
㉯ 파괴 검사를 해야 하는 경우
㉰ 품질 특성치가 치명적인 결점을 포함하는 경우
㉱ 다수 다량의 것으로 어느 정도 부적합품이 섞여도 괜찮을 경우

해설 본문 2-1. (4) 검사 방법(판정 대상)에 따른 분류 참조

참고 ㉮, ㉯, ㉱는 샘플링 검사에 적용된다.

11. **모집단을 몇 개의 층으로 나누고 각 층으로부터 각각 랜덤하게 시료를 뽑는 샘플링 방법은?** [07]

㉮ 층별 샘플링 ㉯ 2단계 샘플링
㉰ 계통 샘플링 ㉱ 단순 샘플링

해설 본문 2-2. (2) 샘플링 검사 방법 참조

12. **200개 들이 상자가 15개 있다. 각 상자로부터 제품을 랜덤하게 10개씩 샘플링할 경우, 이러한 샘플링 방법을 무엇이라 하는가?** [09]

㉮ 계통 샘플링 ㉯ 취락 샘플링
㉰ 층별 샘플링 ㉱ 2단계 샘플링

13. **공급자에 대한 보호와 구입자에 대한 보증의 정도를 규정해 두고 공급자의 요구와 구입자의 요구 양쪽을 만족하도록 하는 샘플링 검사 방식은?**

㉮ 규준형 샘플링 검사
㉯ 조정형 샘플링 검사
㉰ 선별형 샘플링 검사
㉱ 연속 생산형 샘플링 검사

14. **계수 규준형 1회 샘플링 검사(KS A 3102)에 관한 설명 중 가장 거리가 먼 것은 어느 것인가?** [06, 08]

㉮ 검사에 제출된 로트의 공정에 관한 사전 정보가 없어도 샘플링 검사를 적용할 수 있다.
㉯ 생산자 측과 구매자 측이 요구하는 품질 보호를 동시에 만족시키도록 샘플링 검사 방식을 선정한다.
㉰ 파괴 검사의 경우와 같이 전수 검사가 불가능한 때에는 사용할 수 없다.
㉱ 1회만 거래 시에도 사용할 수 있다.

해설 본문 2장 2-3. (3) 샘플링 검사의 유형 참조 파괴 검사의 경우와 같이 전수 검사가 불가능할 때 사용할 수 있다.

15. **다음은 워크 샘플링에 대한 설명이다. 틀린 것은?**

㉮ 관측 대상의 작업을 모집단으로 하고 임의의 시점에서 작업 내용을 샘플로 한다.
㉯ 업무나 활동의 비율을 알 수 있다.
㉰ 기초 이론은 확률이다.
㉱ 한 사람의 관측자가 1인 또는 1대의 기계만을 측정한다.

16. **그림의 OC 곡선을 보고 가장 올바른 내용을 나타낸 것은?**

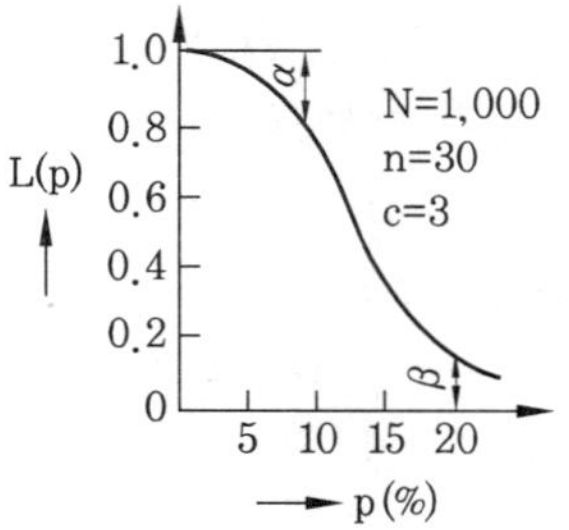

정답 10. ㉰ 11. ㉮ 12. ㉰ 13. ㉮ 14. ㉰ 15. ㉱ 16. ㉯

㉮ α : 소비자 위험
㉯ $L(p)$: 로트의 합격 확률
㉰ β : 생산자 위험
㉱ 불량률 : 0.03

해설 본문 그림 7-5 참조

17. **계수 규준형 샘플링 검사의 OC 곡선에서 좋은 로트를 합격시키는 확률을 뜻하는 것은? (단, α는 제1종 과오, β는 제2종 과오이다.)** [10]

㉮ α　　㉯ β
㉰ $1-\alpha$　　㉱ $1-\beta$

해설 본문 2-2. (4) 검사 특성 곡선 (그림 7-5)에서, 로트가 합격되는 확률은 $1-\alpha$이며 보통 $\alpha=5\%$, $\beta=10\%$로 한다.

18. **로트의 크기가 시료의 크기에 비해 10배 이상 클 때, 시료의 크기와 합격 판정 개수를 일정하게 하고 로트의 크기를 증가시킬 경우 검사 특성 곡선의 모양 변화에 대한 설명으로 가장 적절한 것은 어느 것인가?** [10, 12]

㉮ 무한대로 커진다.
㉯ 별로 영향을 미치지 않는다.
㉰ 샘플링 검사의 판별 능력이 매우 좋아진다.
㉱ 검사 특성 곡선의 기울기 경사가 급해진다.

해설 시료의 크기가 n과 합격 판정 개수 C는 일정하게 하고, 로트(lot)의 크기 N만 변화하는 경우(단, N/n이 10배 이상이다.)
① N은 OC 곡선(본문 그림 7-5)에 별로 영향을 미치지 않는다.
② 생산자 위험을 작은 수준으로 유지할 수 있는 샘플링이 가능하며 검사 비용을 절감할 수 있다.

19. **부적합품률이 1 %인 모집단에서 5개의 시료를 랜덤하게 샘플링할 때, 부적합품수가 1개일 확률은 약 얼마인가? (단, 이항 분포를 이용하여 계산한다.)** [09]

㉮ 0.048　　㉯ 0.058
㉰ 0.48　　㉱ 0.58

해설 이항 분포 (binomial distribution) : 부적합품(불량) 분포

$$P(X)=nC_xP^x(1-P)^{n-x}$$
$$=5C_1\times0.01\times(1-0.01)^{(5-1)}=0.048$$

참고 이항 분포 : 부적합품률이 P인 유한 모집단에서는 복원 추출 방식으로 취한 크기 n의 랜덤 시료 중에서 발견하는 부적합품 수 x의 출현 확률을 정의한 이산형 확률 분포를 이항 분포라 한다.

$$nC_x=\frac{n!}{x!(n-x)!}$$

20. **로트 크기 1000, 부적합품률이 15 %인 로트에서 5개의 랜덤 시료 중에서 발견된 부적합품수가 1개일 확률을 이항 분포로 계산하면 약 얼마인가?** [11]

㉮ 0.1648　　㉯ 0.3915
㉰ 0.6085　　㉱ 0.8352

해설 $P(X)=nC_xP^x(1-P)^{n-x}$

$$P(1)=5C_1\times0.15^1\times(1-0.15)^{5-1}$$
$$=0.3915$$

21. **어떤 측정법으로 동일 시료를 무한 회수로 측정하였을 때 데이터 분포의 평균치와 참값과의 차를 무엇이라 하는가?** [06, 09]

㉮ 신뢰성　　㉯ 정확성
㉰ 정밀도　　㉱ 오차

해설 정확성 : 동일 시료를 여러 번 측정할 경우 측정값이 평균이 참값에 어느 정도 근사한가를 나타내는 것으로 평균값과 참값의 차이다.

정답 17. ㉰ 18. ㉯ 19. ㉮ 20. ㉯ 21. ㉯

22. **어떤 측정법으로 동일 시료를 무한회 측정하였을 때 데이터 분포의 평균치와 참값과의 차를 무엇이라 하는가?** [11]

㉮ 재현성 ㉯ 안정성
㉰ 반복성 ㉱ 정확성

23. **어떤 측정법으로 동일 시료를 무한 회수 측정하였을 때 얻어진 데이터는 반드시 흩어지는데 그 데이터 분포의 폭의 크기를 무엇이라 하는가?**

㉮ 오차 (error)
㉯ 신뢰성 (reliability)
㉰ 정밀도 (precision)
㉱ 정확성 (accuracy)

24. **측정기나 측정자 등의 측정 조건 중 어느 하나를 달리하여 반복 측정했을 때, 얼마나 균일한 결과가 나오는가 하는 정도로서 정밀도를 구성하는 요소는?**

㉮ 재현성 ㉯ 안정성
㉰ 선형성 ㉱ 반복성

해설 2-2. (5) 측정 시스템 검증 참조

정답 22. ㉱ 23. ㉰ 24. ㉮

제 2 장

생산 관리 · 공정 관리

1. 생산 관리

■ 생산 관리 (production management)

기업 전체로서의 생산력을 최고로 하기 위해 생산에 관여하는 각종 요소 (기계, 설비, 원료, 노동력 등)의 능률적인 활용을 꾀함과 동시에 각 생산 요소의 종합적 조정을 행하는 것

1-1 생산 관리의 의의와 내용

(1) 생산 관리의 기능과 목표

① 기능 : 생산 활동을 계획 · 조직 · 집행 · 통제하는 것

② 목표 : 어떤 제품의 소정 수량을 소정 품질로 소정 시간까지 소정 원가로 생산하는 것

(2) 생산 활동의 요소와 원칙

① 생산의 3요소 : 3M

(가) man : 인간　(나) machine : 설비　(다) materials : 자재

② 생산 관리 상의 4요소 : 4M

(가) man : 생산 주체 – 인간　(나) materials : 생산 대상 – 자재, 부품

(다) machine : 생산 수단 – 설비, 기계, 공구　(라) method : 생산 방법

③ 생산 활동을 이룩하기 위한 요소 : 5M

(가) man : 인간　(나) money : 자본　(다) materials : 자재

(라) machine : 설비　(마) market : 시장

④ 생산 활동의 6하 원칙 : 5W 1H

(가) what : 생산 대상 – 재료 제품　(나) who : 생산 주체 – 작업자, 설비

(다) when : 시간 – 시간, 일수　(라) why : 이유 – 원인, 목적

(마) where : 장소 – 생산 장소　(바) how : 생산 방법 – 방식

(3) 생산 관리 활동 (관리의 사이클)과 생산 관리의 내용

① 사이클

⇨ 계획(plan) ⇨ 실시(do) ⇨ 통제(control) ⇨

② 생산 관리 내용 (제1차 관리 ; primary control)

(가) 공정 관리 : 생산 수량, 생산 일정, 생산의 능률화

(나) 품질 관리 : 품질 향상, 불량품 최소화

(다) 원가 관리 : 원가 절감, 가동률 향상, 재료 절약

1-2 생산 계획 (production planning)

(1) 정의

① 기업 (企業)의 생산 활동에 있어서 그 목적을 달성하기 위해 조직적인 예정을 수립하는 사고 (思考) 활동을 말한다.

② 생산 개시에 앞서서 제품의 종류, 수량, 가격 및 그 생산 방식, 장소, 기간 등에 대해 최소의 비용으로 최대의 이익을 확보하기 위한 합리적인 계획을 세우는 것을 말한다.

(2) 생산 계획

① 공정 계획 - 생산 방법 및 일정

② 노무 계획 - 생산 능력 (인간)

③ 기계 · 설비 계획 - 생산 능력 (기계, 설비)

④ 자재 계획 - 자재의 조달, 불출 - 재고 정리, 구매 계획

1-3 표준화

■ 생산의 표준화

제품의 단순화, 부품의 규격화, 생산 설비, 작업의 전문화를 수행하는 데 있다.

(1) 표준화의 내용

① 사람, 물건에 관한 표준

② 작업 방법, 작업 순서에 관한 표준

③ 달성 목표에 관한 표준

(2) 3S 운동

① 직장과 노동을 전문화하고 제품과 부품의 규격 및 종류를 표준화하여 제품과 작업 방법을 단순화시키려는 것이다.

㈎ 표준화 (standardization)
㈏ 단순화 (simplification)
㈐ 전문화 (specialization)
→ 3S 원칙

② 기업이 전문화되면 제품의 종류가 줄어서 동종 제품의 생산량이 증대하여, 대량 생산의 실현으로 생산비가 저하한다.

③ 도량형 제도의 정착 및 한국 공업 규격 (KS 표시) · 품질 보증(품자) 표시 등이 이 운동에 이바지하고 있다.

(3) 공업 규격 (KS)의 통일에 의한 이익

① 생산 능률의 향상, 생산비의 저하
② 품질의 유지 향상
③ 호환성의 이익

1-4 생산의 기본 계획과 생산 방식의 결정

(1) 기본 계획

㈎ 제품의 계획　㈏ 생산 수량의 계획　㈐ 생산 방식의 계획

(2) 생산 방식의 결정

① 주문 생산 방식 : 고객의 주문에 의하여 다종 소량 생산 방식
② 예상 생산 방식 : 수요 예측에 의하여 시장 판매 목적으로 소종 다량 생산 방식

(3) 제조 방법의 결정

① 개별 생산 : 주문 제품에 대한 개별적 생산 방식으로 설계나 재료 등의 제품마다 다르며, 원가가 높다.

예 선박 · 금형 · 특수 기계 · 특별 주문 수선 부품 등

② 로트 (lot) 생산 : 로트 (1회 생산 분량) 단위로 생산하는 방식으로 개별 생산과 연속 생산의 중간적 생산 방식이다.

예 기계류 · 기구류 생산

③ 연속 생산 : 동일 종류의 제품을 대량 생산하는 경우에 사용하는 방식으로 유동 작업이나 오토메이션은 연속 생산의 대표적인 방법으로 원재료가 장치 내를 이동하는 동안 점차로 제품화된다.

예 시멘트 공업, 석유 정제 공업

1-5 수요의 예측과 방법

수요 예측 기법 ┬ 정성적 기법 - 델파이법 / 시장 조사법 / 전문가 의견법
└ 정량적 기법 - 시계열 분석 기법 / 인과형 분석 기법

(1) 수요 예측 – 실적 데이터의 변동 형태

① 경향 변동 – 과거의 수요가 오랜 기간에 걸쳐 증가, 감소하는 경향

② 순환 (주기적) 변동 – 경기 변동에 의한 수요의 증감

③ 계절 변동 – 계절 변동에 의한 수요의 변동

④ 불규칙 변동 – 사회 현상으로 인한 수요의 일시적 증가나 감소

(2) 시계열 (time series) 분석

① 최소 자승법 : 과거의 실적 데이터들의 경향을 나타내는 경향선, 즉 회계귀선 (regression curve)을 구한 다음에 직선을 연장시켜 미래의 수요를 예측하는 방법이다.

② 단순 평균법 : 과거의 수요 실적치가 단순한 불규칙 변동을 나타내는 경우에 사용된다.

③ 지수 평활법 : 평활 상수를 사용하여, 수요 변동의 최근의 경향을 예측에 많이 반영할 수 있도록 한 방법이다.

(3) 상관 분석 (correlation analysis)

① 변수간의 상관 계수에 대하여 추정과 검정을 하는 것

② 예를 들면, 광고 비용의 증 · 감에 따른 판매 실적의 관계

(4) 델파이 (Delphi)법

① 그리스 고대 도시의 명칭을 딴 것이며, 전문가의 직감과 판단으로 하는 미래 예측을 말하며, 대단히 예측하기 어려운 것을 앙케트를 반복하고 계속 내용을 정리해 나가는 하나의 수법이다.

② 달리 예측 · 판정 · 평가 등의 방법이 없을 때 최후의 수단으로서 사용된다. 즉, 주관 (主觀)의 종합에 의한 판정이다.

예·상·문·제

1. 생산 관리

1. 다음 중 생산의 3요소(3M)에 해당되지 않는 것은?

㉮ 인간　　㉯ 설비
㉰ 자재　　㉱ 자본

해설 인간(man), 설비(machine), 자재(materials)

2. 다음 중 관리의 사이클에 해당되는 것은?

㉮ 계획－실시－통제의 순서로 행하여 진다.
㉯ 계획－통제－생산의 순서로 행하여 진다.
㉰ 계획－실시－판매의 순서로 행하여 진다.
㉱ 계획－생산－판매의 순서로 행하여 진다.

해설

⇨계획(plan)⇨실시(do)⇨통제(control)⇨

3. 생산 관리의 내용에서 생산 합리화에 직접적으로 결부되지 않는 것은?

㉮ 표준화　　㉯ 품질 관리
㉰ 안전 관리　　㉱ 원가 관리

4. 다음 중 생산의 표준화에서 3S 운동에 해당되지 않는 것은?

㉮ 표준화　　㉯ 규격화
㉰ 단순화　　㉱ 전문화

해설 ① 표준화(standardization)
② 단순화(simplification)
③ 전문화(specialization)

5. 다음 중 생산의 기본 계획에 해당되지 않는 것은?

㉮ 제품의 계획
㉯ 생산 수량의 계획
㉰ 생산 방식의 계획
㉱ 생산 통제 계획

6. 로트(Lot)수를 가장 올바르게 정의한 것은 어느 것인가?

㉮ 1회 생산 수량을 의미한다.
㉯ 일정한 제조 횟수를 표시하는 개념이다.
㉰ 생산 목표량을 기계 대수로 나눈 것이다.
㉱ 생산 목표량을 공정수로 나눈 것이다.

해설 로트(lot)
① 생산 관리의 편의상, 일정 수량의 작업 대상(제품, 반제품 등)을 한 단으로 취급하는데 이 작업 대상의 집합을 로트라고 한다.
② 1생산 기간 내에 취급하는 생산 수량, 또는 1주문의 수량을 로트라고 하는 경우도 있으나, 대량 생산의 경우에는 오히려 준비 시간, 기계 설비 능력, 공정간 작업 속도의 차 등을 고려하여 가능한 한 생산 기간을 짧게 하도록 로트를 적당한 크기로 정한다.

7. 과거의 자료를 수리적으로 분석하여 일정한 경향을 도출한 후 가까운 장래의 매출액, 생산량 등을 예측하는 방법을 무엇이라 하는가? [10]

㉮ 델파이법　　㉯ 전문가 패널법
㉰ 시장 조사법　　㉱ 시계열 분석법

해설 시계열 분석법
년, 월, 주, 일 등의 시간 간격에 따라 제시된 과거의 자료를 토대로 그 추세나 경향을 분석하여 미래를 예측하는 방법이다.

정답 1. ㉱　2. ㉮　3. ㉰　4. ㉯　5. ㉱　6. ㉯　7. ㉱

8. 수요 예측 방법의 하나인 시계열 분석에서 시계열적 변동에 해당되지 않는 것은?

㉮ 경향 변동　　㉯ 순환 변동
㉰ 계절 변동　　㉱ 판매 변동

해설 시계열 변동 분석 (time series analysis)
① 일반적으로 시계열을 경향(추세) 변동, 순환 변동, 계절 변동 및 불규칙 변동으로 분해하는 고전적인 분석이다.
② 시계열이란 시간의 흐름에 따라 일정한 간격으로 관측하여 기록된 자료로서, 동종의 통계를 일정한 시간 간격으로 관찰하여 그 순서대로 배열한 것을 통계적 시계열이라고 한다.
③ 통계적 시계열에 일정한 수학적 처리를 한 후 시간적 변동 법칙을 추출하는 것을 통계적 시계열 변동 분석이라고 한다.

9. 다음 중 시계열 분석 방법에 해당되지 않는 것은?

㉮ 최소자승법　　㉯ 단순평균법
㉰ 지수평활법　　㉱ 델파이(Delphi)법

해설 델파이(Delphi)법 : 전문가들의 경험이나 의견에 의존하는 신제품에 대한 수요 예측 방법으로 정성적 기법에 속한다.

10. 단순 지수 평활법을 이용하여 금월의 수요를 예측하려고 한다면 이때 필요한 자료는 무엇인가?

㉮ 일정 기간의 평균값, 가중값, 지수평활계수
㉯ 추세선, 최소자승법, 매개변수
㉰ 전월의 예측치와 실제치, 지수평활계수
㉱ 추세 변동, 순환 변동, 우연 변동

해설 단순 지수 평활법
최근의 실적값에 높은 비중을 두면서 과거로 거슬러 올라갈수록 그 비중을 적게 두고 계산하는 방법으로 최근 자료(data)로만 예측이 가능하다.

11. 다음 중 신제품에 대한 수요 예측 방법으로 가장 적절한 것은? [09]

㉮ 시장 조사법　　㉯ 이동 평균법
㉰ 지수 평활법　　㉱ 최소자승법

해설 시장 조사법
제품을 출시하기 전에 소비자 의견 조사 및 시장 조사를 행하여 수요를 예측하는 방법이다.

12. 다음 표는 A 자동차 영업소의 월별 판매 실적을 나타낸 것이다. 5개월 단순 이동 평균법으로 6월의 수요를 예측하면 몇 대인가? [09]

(단위 : 대)

월	1	2	3	4	5
판매량	100	110	120	130	140

㉮ 120　　㉯ 130
㉰ 140　　㉱ 150

해설 단순 이동 평균법

$$M_t = \frac{\Sigma X_t}{n} = \frac{100+110+120+130+140}{5}$$

$= 120$(대)

13. 다음과 같은 데이터에서 5개월 이동 평균법에 의하여 8월의 수요를 예측한 값은 얼마인가? [12]

월	1	2	3	4	5	6	7
판매 실정	100	90	110	100	115	110	100

㉮ 103　　㉯ 105
㉰ 107　　㉱ 109

해설 $$M_t = \frac{110+100+115+110+100}{5}$$

$= 107$

참고 5개월 이동 평균법이므로 3월부터 적용

정답 8. ㉱　9. ㉱　10. ㉰　11. ㉮　12. ㉮　13. ㉰

2. 공정 관리

■ 공정 관리

생산 공장에서 일정한 품질 · 수량 · 가격의 제품을 일정한 시간 안에 가장 효율적으로 생산하기 위해, 공장의 모든 활동을 총괄적으로 관리하는 활동으로 모든 생산 공정의 흐름을 원활하게 하려는 것이 공정 관리이다.

■ 생산 공정

원자재가 제품이 되기까지에는 여러 가지 작업을 필요로 하는데, 그러한 작업에는 일정한 순서와 계열이 있으며, 부분적인 공정의 결합을 이루고 있는 것

■ 생산 통제

일정 계획에 따라 각 작업의 진행 상황을 정확히 파악하고, 공정의 진행을 계획대로 진행하도록 조정 · 촉진하는 것

2-1 공정 관리의 기능

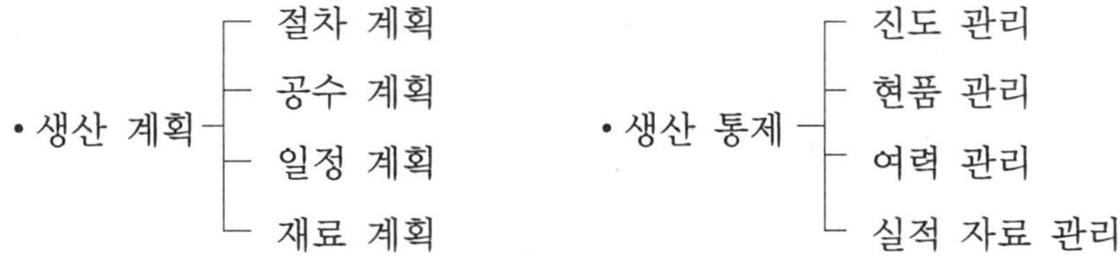

(1) 생산 계획의 수립

① 절차 계획 : 기본적인 작업의 순서-방법-사용 기계-공구 등, 공수의 기준을 결정

② 공수 계획 : 생산량에 대응한 소요 인원수나 기계 대수를 산정

③ 일정 계획 : 개개 작업의 착수 및 완성 일정과 자재의 조달 일정을 결정

④ 인원 계획 : 작업의 할당이나 인원의 보충 방법을 계획

⑤ 재료 계획 : 필요로 하는 종류의 재료를 필요 시기에 필요 수량을 조달하기 위한 계획

(2) 절차 계획

절차 계획은 공수, 일정, 인원, 재료 계획 등을 입안하는 기초가 되며 생산 계획 중에서 가장 중요한 기능이다.

① 주요 내용

㈎ 작업 공정의 순서와 내용 및 조립 작업의 순서와 방법

(나) 각 공정에서 필요로 하는 인원수, 기계 설비 및 치공구

(다) 각 공정의 작업 시간 및 사용 자재의 재질, 규격 등

② 목적

(가) 최적의 작업 방법을 결정한다.

(나) 작업 방법의 표준화를 도모한다.

(다) 작업 할당을 적정화한다.

③ 합리화 방향

(가) 가공 방법의 개선 및 가치 공학 (VE : Value Engineering)의 추진

(나) 로트 (lot)수의 적정화

(다) 공정 편성의 합리화

(라) 재료 선택의 합리화

(3) 공수 계획 (loading : 工數計劃)

① 기본적인 방침

(가) 부하 (負荷)와 능력의 균등화

(나) 가동율의 향상

(다) 일정별 부하변동의 방지

(라) 적정 배치와 전문화의 촉진

(마) 여유성

참고 **여유성 인정**
- 부하면의 여유 : 설계 변경, 돌발 작업, 시간 견적 오차, 불량 발생 등
- 능력면의 여유 : 가동률 저하, 사고, 결근, 보충 계획의 불비 등

② 공수의 단위

(가) 인-일 (man-day), 인-시 (man-hour), 인-분 (man-minute)

(나) 기계-일 (machine-day), 기계-시 (machine-hour), 기계-분 (machine-minute)

③ 공수 계획의 주요 내용

(가) 기준부하 계획

(나) 능력 계획

(다) 총합부하 계획

(라) 분배 계획

(4) 부하 및 능력의 산정

① 부하의 산정

(가) 실적 비교법 : 과거의 실적 공수 자료를 기초로 한다.

(나) 견적법 : 과거의 실적 자료가 없는 경우, 전문 기술자의 경험에 의하여 산정

(다) 시간 연구법 : 소요 시간을 스톱 워치 (stop watch)로 측정하여 산정

(라) 동작 시간 표준법 : 기본 동작에 대한 시간 표준을 일정한 방법에 의하여 산정

② 능력의 산정

(가) 환산 인원 : $M = (\sum m_i) \times n_1 \times n_2$

(나) 환산 대수 : $N = (\sum n_i) \times n_3$

(다) 인원 능력 : $C_p = M \times T \times d(1 - n_2)$

(라) 기계 능력 : $C_m = N \times T \times d(1 - n_s)$

C_p : 인원 능력(연시간/기간), M : 환산 인원, m_i : 개인별 숙련 계수

n_1 : 출근율(평균), n_2 : 작업자 가동률(평균), T : 1일 작업 시간

d : 당기 출근 일수(작업 일수), C_m : 기계 능력(연시간/기간)

N : 환산 대수, n_i : 기계별 능력 계수 (회전수, 정도 등)

n_3 : 기계 가동률, n_s : 제품 부적합률

③ $\text{여력} = \dfrac{\text{능력} - \text{부하}}{\text{능력}} \times 100\ [\%]$

2-2 PERT (program evaluation and review technique)

- 미국에서 유도탄 연구 개발 관리를 위해서 개발된 기법이며, 1961년부터 민간 생산 기업체에서 실용화되었다.
- 공사를 진행하기 위한 계획을 작성할 때 어떠한 방법과 어떠한 공정의 진전 방법을 이용해야 인원이나 자재의 낭비를 막고 공정 기간을 단축할 수 있는지를 밝히는 공정 관리 기법이다.

(1) PERT 기법의 시점과 네트워크

① 시점 (event) : 어떤 활동의 개시 또는 완료 시각으로 네트워크에서는 보통 원형으로 나타내고 각 시점마다 번호로 표시한다.

② 네트워크 (network) : 개개의 활동을 일정한 순서로 결합한 것으로 화살표의 집합으로 나타낸다.

(2) 시점 (event) 시간

① 최대 허용 시간 (TL) : 최종 완성 일을 늦추는 일이 없이 각 활동이 완료되어야 하는 최장 시간의 시점

② 최소 가능 시간 (TE) : 어떤 시점까지의 가장 빠른 완료 시간

③ 여유 시간 (stack) : TL−TE으로 표시되며, 활동의 지연이 허용되는 시간이다.

(3) 주 공정(critical path)

① PERT 수법에서 각 작업의 순서나 소요 시간의 관계 중에서 여유 시간이 없는 시점들을 잇는 가장 소요 기간이 긴 공정이다.

② PERT의 원리는 주 공정을 찾아냄으로써 계획 전체의 수정이 가능하게 된다.

활동 시간 표시 : 화살표 밑에 숫자

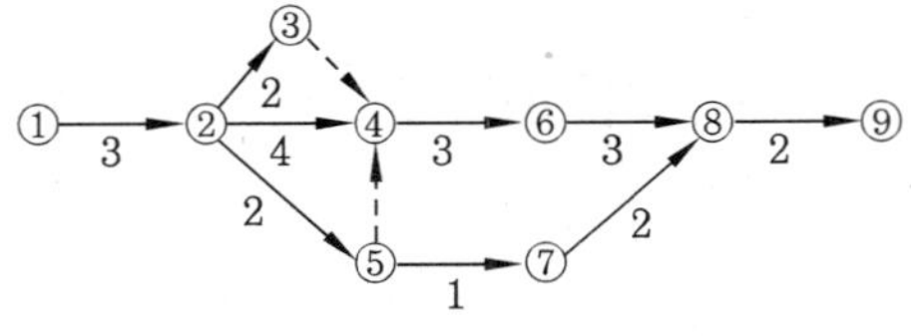

주 공정 : ①→②→④→⑥→⑧→⑨
명목상(모의) 활동 : ③---→④, ⑤---→④

그림 7-7 계획 공정도(네트워크)

(4) 퍼트/코스트(PERT/COST)

① 일정과 비용의 양면에서 계획, 관리를 하는 수법이다.

② PERT의 시간적 요소와 비용에 관련된 데이터를 더해 화살선도를 만든다.

③ 프로젝트의 일정 진로와 동기된 모양으로 작업 수행 코스를 평가하여 최종 비용의 예상 등이 얻어지므로 예산면에서의 문제점 등이 쉽게 판독된다.

(5) 비용 구배(cost slope)

① 비용 구배란, 일정 통제를 할 때 1일당 그 작업을 단축하는 데 소요되는 비용의 증가를 의미한다.

② 단축 일수에 비례하여 비용이 증가하며, 비용 구배가 클수록 비용이 증가한다.

$$C.S = \frac{\Delta C}{\Delta T} = \frac{C_c - C_n}{T_n - T_c} = \frac{\text{특급 비용} - \text{정상 비용}}{\text{정상 시간} - \text{특급 시간}} [\text{원}]$$

예 · 상 · 문 · 제

2. 공정 관리

1. "일정 계획에 따라 각 작업의 진행 상황을 정확히 파악하고, 공정의 진행을 계획대로 진행하도록 조정 · 촉진하는 것"은 다음 중 어느 것인가?

㉮ 공정 관리 ㉯ 생산 공정
㉰ 생산 통제 ㉱ 공수 계획

2. 다음 중 생산 계획 중에서 가장 중요한 기능은?

㉮ 절차 계획 ㉯ 공수 계획
㉰ 일정 계획 ㉱ 재료 계획

3. 다음 중 절차 계획에서 다루어지는 주요한 내용으로 가장 관계가 먼 것은? [07]

㉮ 각 작업의 소요 시간
㉯ 각 작업의 실시 순서
㉰ 각 작업에 필요한 기계와 공구
㉱ 각 작업의 부하와 능력의 조정

해설 2-1. (2) 절차 계획 ① 주요 내용 참조

4. 다음 절차 계획의 목적 중에서 가장 관계가 먼 것은?

㉮ 최적의 작업 방법을 결정한다.
㉯ 작업 방법의 표준화를 도모한다.
㉰ 부하와 능력의 균등화를 도모한다.
㉱ 작업 할당을 적정화한다.

5. 생산 계획량을 완성하는 데 필요한 인원이나 기계의 부하를 결정하여 이를 현재 인원 및 기계의 능력과 비교하여 조정하는 것은? [06]

㉮ 일정 계획 ㉯ 절차 계획
㉰ 공수 계획 ㉱ 진도 관리

6. 다음 중 부하와 능력의 조정을 도모하는 것은? [06]

㉮ 진도 관리 ㉯ 절차 관리
㉰ 공수 계획 ㉱ 현품 관리

해설 본문 2-1. (3) 공수 계획 참조

7. 다음 중 공수의 단위로 부적절한 것은?

㉮ man-day (1일 단위)
㉯ man-hour (시간 단위)
㉰ man-minute (분 단위)
㉱ man-sec (초 단위)

8. 다음 중 작업 방법만 결정되면 즉시 소요 시간을 산정할 수 있는 장점을 가지고 있는 부하의 산정법은?

㉮ 시간 연구법
㉯ 실적 비교법
㉰ 견적법
㉱ 동작 시간 표준법

해설 시간 연구법은 소요 시간을 스톱 워치(stop watch)로 측정하여 산정한다.

9. 여력을 나타내는 식으로 가장 올바른 것은?

㉮ 여력 = 1일 실동 시간 × 1개월 실동 시간 × 가동 대수

㉯ 여력 = (능력−부하)$\times\frac{1}{100}$

정답 1. ㉰ 2. ㉮ 3. ㉱ 4. ㉰ 5. ㉰ 6. ㉰ 7. ㉱ 8. ㉮ 9. ㉰

다 여력 $= \frac{\text{능력}-\text{부하}}{\text{능력}} \times 100$

라 여력 $= \frac{\text{능력}-\text{부하}}{\text{부하}} \times 100$

10. **PERT에서 network에 관한 설명 중 틀린 것은?** [06]

가 가장 긴 작업 시간이 예상되는 공정을 주공정이라 한다.
나 명목상의 활동(dummy)은 점선 화살표(--->)로 표시한다.
다 활동(activity)은 하나의 생산 작업 요소로서 원(O)으로 표시된다.
라 network는 일반적으로 활동과 단계의 상호 관계로 구성된다.

해설 활동 또는 작업은 화살표로 나타낸다.

참고 시점(event)은 'O'로 나타내고 각 시점마다 번호로 표시한다(본문 그림 7-7 참조).

11. **PERT/CPM에서 network 작도 시 ---> 은 무엇을 나타내는가?** [06]

가 단계(event)
나 명목상의 활동(dummy activity)
다 병행 활동(paralleled activity)
라 최초 단계(initial event)

해설 명목상(모의)의 활동 표시 : --->

12. **더미 활동(dummy activity)에 대한 설명 중 가장 적합한 것은?** [04]

가 가장 긴 작업 시간이 예상되는 공정을 말한다.
나 공정의 시작에서 그 단계에서 이르는 공정별 소요 시간들 중 가장 큰 값이다.
다 실제 활동은 아니며, 활동의 선행 조건을 네트워크에 명확히 표현하기 위한 활동이다.
라 각 활동별 소요 시간이 베타 분포를 따른다고 가정할 때의 활동이다.

해설 더미 활동(명목상 활동) : 실제 작업이 아니고 작업의 상호 관계만 나타내는 것으로 모의 활동이라 한다.

13. **다음의 PERT/CPM에서 주공정(critical path)은? (단, 화살표 밑의 숫자는 활동 시간을 나타낸다.)** [04]

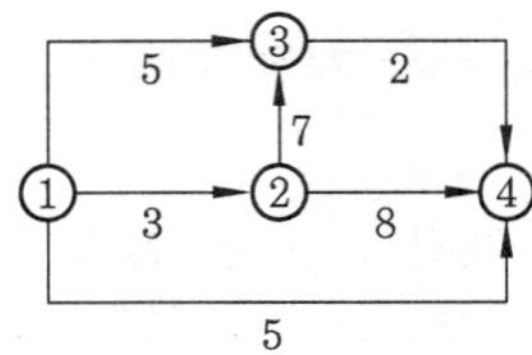

가 ①-③-②-④
나 ①-②-③-④
다 ①-②-④
라 ①-④

해설 주공정 : 나

① → ② → ③ → ④ (3, 7, 2)

: 활동 시간이 12시간으로 가장 길다.

참고 가 ① → ③ ← ② → ④에서, ③ ← ② 부분이 역방향이다.

참고 임계 경로법(CPM : critical path method)

① 네트워크를 중심으로 한 논리 구성으로 프로젝트를 일정 기일 내에 완성시키고 해당 계획이 원가의 최소값에 의해 보증되는 최적 스케줄을 구하는 관리 방법을 말한다.
② 보통은 PERT/CPM이라 부르고 PERT 원리와 병용한다.

14. **그림과 같은 계획 공정도(network)에서 주 공정으로 옳은 것은? (단, 화살표 밑의 숫자는 활동 시간[단위 : 주]을 나타낸다.)** [07, 11]

정답 10. 다 11. 나 12. 다 13. 나 14. 라

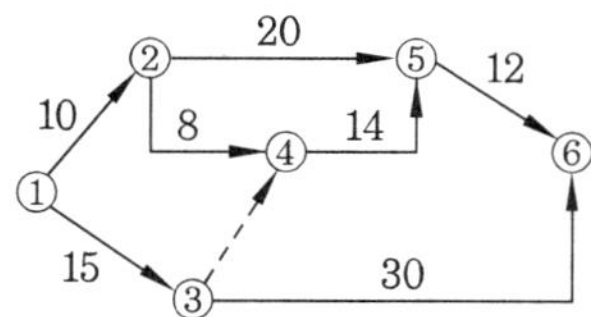

㉮ ①-②-⑤-⑥
㉯ ①-②-④-⑤-⑥
㉰ ①-③-④-⑤-⑥
㉱ ①-③-⑥

해설 ㉮ : 42 ㉯ : 44 ㉰ : 41 ㉱ : 45
∴ 주공정은 가장 활동 시간이 긴 ㉱ ① $\underset{15}{\rightarrow}$ ③ $\underset{30}{\rightarrow}$ ⑥ 이다.

15. 일정 통제를 할 때 1일당 그 작업을 단축하는 데 소요되는 비용의 증가를 의미하는 것은? [08]

㉮ 비용 구배 (cost slope)
㉯ 정상 소요 시간 (normal duration time)
㉰ 비용 견적 (cost estimation)
㉱ 총비용 (total cost)

해설 비용 구배 (cost slope) : 1일당 작업을 단축하는데 소요되는 비용의 증가를 의미한다.

$$\text{Cost Slopt} = \frac{\Delta \text{cost}}{\Delta time} = \frac{\text{특급 비용} - \text{정상 비용}}{\text{정상 작업일} - \text{특급 작업일}}$$

16. 정상 소요 기간이 5일이고, 이때의 비용이 20,000원이며 특급 소요 기간이 3일이고, 이때의 비용이 30,000원이라면 비용 구배는 얼마인가? [11]

㉮ 4,000원/일　㉯ 5,000원/일
㉰ 7,000원/일　㉱ 10,000원/일

해설 $$\text{비용 구배} = \frac{\text{특급 비용} - \text{정상 비용}}{\text{정상 시간} - \text{특급 시간}} = \frac{30{,}000\text{원} - 20{,}000\text{원}}{5\text{일} - 3\text{일}} = 5{,}000\text{원/일}$$

17. 다음 표를 이용하여 비용 구배(cost slope)를 구하면 얼마인가? [06]

정 상		특 급	
소요 시간	소요 비용	소요 시간	소용 비용
5일	40,000원	3일	50,000원

㉮ 3,000원/일　㉯ 4,000원/일
㉰ 5,000원/일　㉱ 6,000원/일

해설 $$\text{비용 구배} = \frac{\text{특급 비용} - \text{정상 비용}}{\text{정상 시간} - \text{특급 시간}} = \frac{50{,}000\text{원} - 40{,}000\text{원}}{5\text{일} - 3\text{일}} = 5{,}000\text{원/일}$$

18. 어떤 공장에서 작업을 하는 데 있어서 소요되는 기간과 비용이 다음 표와 같을 때 비용 구매는 얼마인가? [08]

정상 작업		특급 작업	
기간	비용	기간	비용
15일	150만원	10일	200만원

㉮ 50,000원　㉯ 100,000원
㉰ 200,000원　㉱ 300,000원

해설 $$\text{비용 구배} = \frac{\text{특급 비용} - \text{정상 비용}}{\text{정상 시간} - \text{특급 시간}} = \frac{2{,}000{,}000 - 1{,}500{,}000}{15 - 10} = 100{,}000\text{원}$$

정답 15. ㉮　16. ㉯　17. ㉰　18. ㉯

제 3 장

작업 관리 · 설비 관리 · 자재 관리 및 재고 관리

1. 작업 관리

■ 작업 관리(work control)

생산 현장에서 실시되는 작업을 개선 · 표준화하여 원가 절감을 꾀하기 위해 행해지는 각종 관리의 총칭이다.

1-1 작업 관리의 개요

(1) 작업 관리의 내용

작업 방법의 관리, 작업 환경의 관리, 기계나 공구 등의 관리

(2) 작업 방법의 설계, 분석, 검토, 개선 등에 사용되는 기법

① 공정 분석 ┬ 작업 시스템
└ 작업 공정

② 작업 분석 ┬ 단위 작업 : 요소 작업의 모음
└ 요소 작업 : 동작 요소의 모음

③ 동작 분석 ─ 동작 요소

1-2 공정 분석

(1) 공정 분석(process analysis)의 개념

① 재료가 가공되어 제품으로 될 때까지의 과정을 가공 · 운반 · 정체(停滯) · 검사 4개의 상태로 나누어서 그것들이 제작 과정에서 어떻게 연속하고 있는지를 조사하는 작업이다.

② 공정 분석을 행하는 데는 공정 도시 기호를 이용하여 공정 분석표에 정리한다.

③ 작업 연구의 중요한 일부분이 공정 분석이고 생산 과정을 각 단위 공정으로 분해하여 각 단위 공정별로 자재의 공간적, 시간적 움직임이나 공정 내용을 조사하고 이어서 단위 공정 간의 연결이 공간적, 시간적으로 원활히 수행되는 여부도 검토한다.

④ 공정 분석으로부터, 생산 과정이 불합리한 점이나 공정의 적절한 작업 속도 등이 판명되면, 공장 내 설비의 공간적 배치 계획, 인원이나 신설 설비류의 배치 등에 대한 자료를 얻을 수 있다.

(2) 공정 분석표

① 공정 분석표는 공정의 수를 하나의 축으로, 다른 축에 단위 제품수당 각 단위 공정에서의 소요 시간, 작업원 수, 자재의 이동 거리, 공정 내용, 기기, 장소 등의 기술을 정리하여 보여준다.

② 공정 분석표를 통하여, 작업 내용의 상세한 연구와 그 개선책이 보다 정량적으로 행해진다.

③ 작업의 표준 시간을 정할 때는 중간 정도의 숙련 작업원이 표준의 작업 방법에 따라 무리 없이 행한 경우, 그 작업에 요하는 시간을 대상으로 한다.

(3) 공정 분석의 종류

① 제품 공정 분석 : 설비, 일정, 운반 및 재고 계획 등의 기초 자료로 활용

② 사무 공정 분석 : 서류를 중심으로 하는 사무 제도나 수속을 분석, 개선하는 데 사용

③ 작업자 공정 분석 : 작업자 행위 분석을 통하여 업무 범위와 경로 등을 개선하는 데 사용

(4) 기본 분석

• 단순 공정 분석 : 제품 전체의 공정 계열이나 상호 관계를 표시하고 총체적인 생산 방법을 파악하기 위한 분석이다.

• 가공 공정 분석 : 단일 제품의 제조 공정을 가장 세밀하게 분석할 때 쓰이는 분석이다.

① 공정의 분류와 분석 기호

표 7-3 공정 분석 기호

공정 분류	기호	의미 · 응용 기호	비고
가공 (operation)	○	• 작업물이 물리적, 화학적으로 변형 또는 변질되는 과정 • 다음 공정을 위한 준비 상태 표시 (P1) 가공 작업 제1공정 (A2) 조립 작업 제2공정	가공, 조립, 분해 작업 예 자동차 엔진 조립
운반 (transportation)	⇨	• 작업물의 이동 상태 • 이동, 하역 등의 작업 활동 (⇨) 가공을 주로하며 운반 작업	검사 또는 가공 도중에 작업자에 의하여 발생하는 경우 제외

검사 (inspection)	수량 □ 품질 ◇	• 작업물의 품질, 규격, 수량 확인 • 표준 품질에 대하여 접근 정도 품질 검사를 주로하며 수량 검사 수량 검사를 주로하며 품질 검사 가공을 주로하며 수량 검사	□ : 수량 ◇ : 품질 검사, 측정하여 판정 예 자동차 주행 검사
저장 (storage)	▽	• 작업물의 일시적 보관 또는 계획적 저장 상태 • 원자재, 부품, 제품을 일시 보관 상태 △ : 원자재 ▽ : 제품	공식적인 형태에서만 저장된 물건을 움직이게 할 수 있을 때
정체 (delay)	D	• 다음 작업을 위해 대기 상태 • 가공, 검사되지 않은 채 한 장소에 정체된 상태 작업 중의 정체(일시 대기) 공정간에서 정체(물건의 위치)	예 완성 제품의 성능 검사를 위한 대기 상태

② 보조 기호

표 7-4 보조 기호

기호 분류	기호	의미	기호 분류	기호	의미
흐름선		요소 공정의 순서 관계 화살표로 방향 표시	생략		공정 계열 상의 일부 공정을 생략
구분		공정 계열에서 관리 상의 구분	폐기		공정 중에서 작업 대상물이 폐기

③ 기본 분석의 실시 순서

예비 분석 →기본 분석 → 조사 결과의 검토 → 총괄표의 작성

1-3 작업 분석

■ 목적 : 작업자에 의하여 수행되는 개개인의 작업 내용에 대한 개선

(1) 작업 분석 (working analysis)의 개념

① 작업을 가장 합리적인 형식으로 안정시키기 위해 행하는 것이며, 그 방법은 대상이나 목적에 따라 몇 가지의 분석 기법이 있다.

② 일반적으로 시간 분석, 동작 분석, 능력 분석, 경로 분석, 용역 분석, 공정 분석, 프로세스 분석, work sampling, WF (work factor) 및 MTM (methods-time measurement) 등이 있다.

③ 어느 것이나 재해 방지를 위한 작업 방법을 표준화하기 위해서는 필요한 기법이다. 특히, 동작 분석은 빠뜨릴 수 없다.

(2) 작업 분석표

① 작업 분석표의 작성으로 작업 스텝의 특징, 프로세스, 각 작업 간의 상호 관계, 이동, 검사, 대기 등의 발생 상황을 이해할 수 있다.

② 실제로 작업 분석표를 작성하면 1개의 큰 공정을 보다 작은 공정으로 분활하는 것이 가능하다.

1-4 동작 분석

(1) 동작 분석 (motion analysis)의 개념

① 동작 분석을 작업할 때에 발생하는 눈이나 손의 운동을 분석해서 쓸데없는 움직임을 없애고, 피로가 적은 경제적인 동작의 순서나 조합을 확립하기 위해 행해진다.

② 동작 분석을 하려면 동작 경제의 원칙이나 기본적인 동작 요소를 활용해서 실시한다.

(2) 경제 동작의 원칙 : 3가지 기본 원칙

반즈 (Ralph N. Barnes)에 의해 개발된 것으로, 다음의 3가지 원칙으로 작업 개선, 동작 개선의 방법을 모색하고 있다.

① 인체의 사용에 관한 원칙

② 작업장 배열에 관한 원칙

③ 공구 및 장비의 디자인 (설계)에 관한 원칙

1-5 작업 측정 (work measurement)

■ 목적 : 표준 시간 설정

(1) 작업 측정의 개념

① 소정의 작업을 수행하는데 소요되는 허용 시간

② 부과된 작업을 올바르게 수행하는 데 필요한 숙련도를 지닌 작업자가 주어진 작업 조건 하에서 보통 작업 페이스 (pace)로 작업하고, 정상적인 피로와 지연을 수반하면서 규정된 질과 양의 작업을 규정된 작업 방법에 따라 행하는데 필요한 시간을 측정하는 것을 말한다.

(2) 표준 시간의 설정 방법

① 실적 자료법 ② 스톱워치법 ③ 표준자료법 ④ PTS법 ⑤ 워크 샘플링법

(3) 표준 작업 시간 (standard operation time)

① 보통의 숙련도를 가진 공원이 표준 작업 방법에 의하여 보통의 노력으로 달성할 수 있는 작업 시간을 뜻한다.

② 표준 작업 시간 = 정미 작업 시간 + 여유 시간 (ST = NT + AT)

(가) 정미 작업 시간 (net working hours) : 정지 시간을 제외한 작업 수행에 필요한 시간

(나) 여유 시간 : 고장, 조정, 교체, 휴식, 재료의 부족 등으로 소요되는 시간

③ 내경법과 외경법

(가) 내경법 : 근무 시간을 기준으로 산정하는 방법

- $\text{표준 시간} = \text{정미 시간} \times \left(\dfrac{1}{1 - \text{여유율}}\right)$

- $\text{여유 시간} = \dfrac{\text{여유율} \times \text{정미 시간}}{1 - \text{여유율}}$

(나) 외경법 : 정미 시간을 기준으로 산정하는 방법

- $\text{표준 시간} = \text{정미 시간} \times (1 + \text{여유율})$

- $\text{여유 시간} = \text{여유율} \times \text{정미 시간}$

(4) 스톱워치 (stop watch)법

① 가장 보편적으로 사용하는 표준 시간 설정 방법이다.

② 표준 시간 = 측정된 시간 평균 × 작업자 속도 계수 × (1 + 여유율)

- 정미 시간 = 측정된 시간 평균 × 작업자 속도 계수

(5) PTS (predetermined time standard)법

① 작업의 기본 동작에 필요한 표준적인 시간을 실적 또는 실험으로 구하여 이 값을 기입한 표를 사용하여 표준 시간을 구하는 방법이다.

② PTS법의 대표적인 것으로는 WF 분석법, MTM법, BMT (basic motion time)법, DMT (dimensional motion time)법 등이 있으나 WF법과 MTM법이 널리 채용되고 있다.

③ MTM 방식의 시간 단위 1 TMU는 0.036초 (0.0006분 또는 0.00001시간)이며, WF 분석법의 시간 단위 1 WFU는 0.0001분이다.

(6) WF (work factor)법

① 작업 동작의 표준 시간을 정하는 방법. 인간의 작업은 손가락, 손, 팔, 허리, 다리 등의 동작으로 행하여지는데, 각 동작을 시계로 재는 대신에 미리 결정되어 있는 표준치를 적용하여 각종 작업의 표준 시간을 정하는 것이다.

② 인간의 육체적 동작 시간에 영향을 미치는 주요 변수

(가) 신체의 부위 : 손가락, 팔, 다리, 발, 몸통 등

(나) 이동 거리 : 직선 거리로 측정

(다) 다루는 물건의 중량 또는 저항량 : 사용되는 신체 부위, 성별에 따라 달라짐

(라) 동작의 난위도 : 방향의 조절이나 변경 주의, 정해진 정지 동작 등

- 4개의 온갖 경우의 표준 소요 시간을 1/10,000분 단위로 결정한다.

③ work factor (5개 항목)

W : 중량 또는 저항량
D : 일정한 정지 ┐
S : 방향의 조절 ┤
P : 주의 ├ 인위적 조절
u : 방향의 변경 ┘

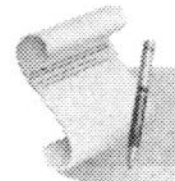

예·상·문·제

1. 작업 관리

1. 다음 중 작업 관리 내용에 포함되지 않는 것은?

㉮ 작업 방법의 관리
㉯ 작업 환경의 관리
㉰ 자재 관리
㉱ 설비·기계 등의 관리

2. 다음 중 작업 방법의 설계, 분석, 개선 등에 사용되는 기법에 해당되지 않는 것은 어느 것인가?

㉮ 공정 분석
㉯ 작업 분석
㉰ 동작 분석
㉱ 재료 분석

3. 다음 중 작업의 구분에서 작은 작업으로 부터 큰 작업 순으로 나열한 것은?

㉮ 단위 작업 – 요소 작업 – 동작 요소
㉯ 동작 요소 – 요소 작업 – 단위 작업
㉰ 요소 작업 – 동작 요소 – 단위 작업
㉱ 단위 작업 – 동작 요소 – 요소 작업

해설 ① 동작 요소의 모음이 요소 작업되고 ② 요소 작업의 모음이 ③ 단위 작업이 된다.

4. 원재료가 제품화되어가는 과정, 즉 가공, 검사, 운반, 지연, 저장에 관한 정보를 수집하여 분석하고 검토를 행하는 것은 어느 것인가?

㉮ 사무 공정 분석표
㉯ 작업자 공정 분석표
㉰ 제품 공정 분석표
㉱ 연합 작업 분석표

5. 작업 개선을 위한 공정 분석에 포함되지 않는 것은? [10]

㉮ 제품 공정 분석
㉯ 사무 공정 분석
㉰ 직장 공정 분석
㉱ 작업자 공정 분석

해설 본문 1-2. (3) 공적 분석의 종류 참조

6. 작업자가 장소를 이동하면서 작업을 수행하는 경우에 그 과정을 가공, 검사, 운반, 저장 등의 기호를 사용하여 분석하는 것을 무엇이라 하는가? [07]

㉮ 작업자가 연합 작업 분석
㉯ 작업자 동작 분석
㉰ 작업자 미세 분석
㉱ 작업자 공정 분석

7. 제품 공정 분석표(product process chart) 작성 시 가공 시간 기입법으로 가장 올바른 것은? [07]

㉮ $\dfrac{\text{1개당 가공 시간} \times \text{1로트의 수량}}{\text{1로트의 총 가공 시간}}$

㉯ $\dfrac{\text{1로트의 가공 시간}}{\text{1로트의 총가공 시간} \times \text{1로트의 수량}}$

㉰ $\dfrac{\text{1개당 가공 시간} \times \text{1로트의 총가공 시간}}{\text{1로트의 수량}}$

㉱ $\dfrac{\text{1개당 총가공 시간}}{\text{1개당 가공 시간} \times \text{1로트의 수량}}$

정답 1. ㉰ 2. ㉱ 3. ㉯ 4. ㉰ 5. ㉰ 6. ㉱ 7. ㉮

8. 공정 분석 기호 중 □는 무엇을 의미하는가? [06]

㉮ 검사　　㉯ 가공
㉰ 정체　　㉱ 보관

해설 본문 표 7-3 공정 분석 기호 참조

9. 제품 공정 분석표용 공정 도시 기호 중 정체 공정(delay) 기호는 어느 것인가? [06]

10. ASME(American society of mechanical engineers)에서 정의하고 있는 제품 공정 분석표에 사용되는 기호 중 "저장(storage)"을 표현한 것은? [09]

11. 공정 도시 기호 중 공정 계열의 일부를 생략할 경우에 사용되는 보조 도시 기호는?

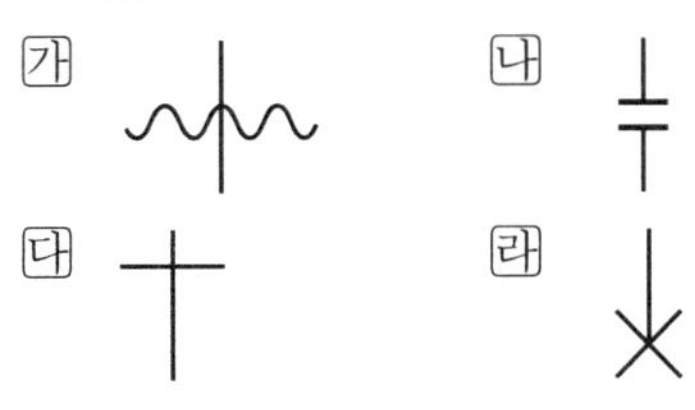

12. 제품 공정 분석표에 사용되는 기호 중 공정 간의 정체를 나타내는 기호는 어느 것인가?

㉮ ⊡　　㉯ ▽
㉰ ✡　　㉱ △

13. 서블리그(therblig) 기호는 어떤 분석에 주로 이용되는가?

㉮ 연합 작업 분석　㉯ 공정 분석
㉰ 동작 분석　　㉱ 작업 분석

해설 서블리그(therblig) 기호 – 동작 분석

① 어떤 통합된 작업은 다시 몇 개의 작업에서 성립되고, 그 작업은 결국 최소 단위인 기본적 동작 요소로 분해할 수 있다.
② 이렇게 모든 작업은 잡는다, 뗀다, 나른다 등 기본적 동작 요소의 조합에 의해서 실시되고 있다.
③ 서블리그(therblig)란, 인간이 하는 동작을 목적별로 세분(17 단위로 나누어)해서 모든 작업에 공통된다고 생각되는 기본적 동작 요소에 주어진 명칭이다.

14. 다음 중 반즈(Ralph M. Barnes)가 제시한 동작 경제의 원칙에 해당되지 않는 것은 어느 것인가? [09]

㉮ 표준 작업의 원칙
㉯ 신체의 사용에 관한 원칙
㉰ 작업장의 배치에 관한 원칙
㉱ 공구 및 설비의 디자인에 관한 법칙

해설 본문 1-4. (2) 경제 동작의 원칙 참조

15. Ralph M. Barnes 교수가 제시한 동작 경제의 원칙 중 작업장 배치에 관한 원칙(arrangement of the workplace)에 해당되지 않는 것은? [11]

㉮ 가급적이면 낙하식 운반 방법을 이용한다.
㉯ 모든 공구나 재료는 지정된 위치에 있도록 한다.
㉰ 충분한 조명을 하여 작업자가 잘 볼 수 있도록 한다.
㉱ 가급적 용이하고 자연스런 리듬을 타

정답 8. ㉮　9. ㉰　10. ㉱　11. ㉯　12. ㉯　13. ㉰　14. ㉮　15. ㉱

고 일할 수 있도록 작업을 구성하여야 한다.

해설 ㉣의 내용은 "인체의 사용에 관한 원칙"에 해당된다.

16. 작업 시간 측정 방법 중 직접 측정법은? [12]

㉮ PTS법 ㉯ 경험 견적법
㉰ 표준 자료법 ㉱ 스톱워치법

해설 계측기와 기록 장치 등을 이용하는 직접 측정 방법에서는 스톱워치 또는 촬영기가 사용된다. 여기서, 스톱워치는 보통 백분율제 (1눈금 = 1/100min)를 사용한다.

17. 다음 중에서 작업자에 대한 심리적 영향을 가장 많이 주는 작업 측정의 기법은 어느 것인가?

㉮ PTS법 ㉯ 워크샘플링법
㉰ WF법 ㉱ 스톱워치법

18. 모든 작업을 기본 동작으로 분해하고 각 기본 동작에 대하여 성질과 조건에 따라 정해놓은 시간치를 적용하여 정미 시간을 산정하는 방법은? [08]

㉮ PTS법 ㉯ WS법
㉰ 스톱워치법 ㉱ 실적기록법

해설 본문 1-5. (5) PTS법 참조

19. 방법 시간 측정법(MTM : method time measurement)에서 사용되는 1TMU (time measurement unit)는 몇 시간인가? [08]

㉮ $\frac{1}{100,000}$시간 ㉯ $\frac{1}{10,000}$시간
㉰ $\frac{6}{10,000}$시간 ㉱ $\frac{36}{1,000}$시간

해설 1TMU = 0.036초 = 0.00001시간

$$= \frac{1}{100,000}\text{시간}$$

참고 MTM 방식의 시간 단위 1TMU는 0.036초 (0.0006분 또는 0.00001시간)이며, WF 분석법의 시간 단위 1WFU는 0.0001분이다.

20. 표준 시간을 내경법으로 구하는 수식은 어느 것인가? [06]

㉮ 표준 시간 = 정미 시간 + 여유 시간
㉯ 표준 시간 = 정미 시간 × (1+여유율)
㉰ 표준 시간 = 정미 시간 × $\left(\frac{1}{1-\text{여유율}}\right)$
㉱ 표준 시간 = 정미 시간 × $\left(\frac{1}{1+\text{여유율}}\right)$

해설 1-5. (3) 표준 작업 시간 참조

21. 준비 작업 시간이 5분, 정미 작업 시간이 20분, Lot 수 5, 주작업에 대한 여유율이 0.2라면 가공 시간은?

㉮ 150분 ㉯ 145분
㉰ 125분 ㉱ 105분

해설 내경법

$$\text{표준 시간} = \text{정미 시간} \times \left(\frac{1}{1-\text{여유율}}\right)$$

$$= 20 \times \left(\frac{1}{1-0.2}\right) = 25\text{분}$$

$$\therefore \text{가공 시간} = \text{표준 시간} \times \text{lot 수}$$

$$= 25 \times 5 = 125\text{분}$$

22. 준비 작업 시간 100분, 개당 정미 작업 시간 15분, 로트 크기 20일 때 1개당 소요 작업 시간은 얼마인가? (단, 여유 시간은 없다고 가정한다.) [12]

㉮ 15분 ㉯ 20분
㉰ 35분 ㉱ 45분

정답 16. ㉱ 17. ㉱ 18. ㉮ 19. ㉮ 20. ㉰ 21. ㉰ 22. ㉯

해설 외경법

$$\text{표준 시간} = \text{정미 시간} \times (1 + \text{여유율})$$

$$= \text{정미 시간} \times \left(1 + \frac{\text{준비 작업 시간}}{\text{개당 작업 시간} \times \text{로트 수}}\right)$$

$$= 15 \times \left(1 + \frac{100}{15 \times 20}\right) = 20\text{분}$$

23. 로트 수가 10이고 준비 작업 시간이 20분이며 로트별 정미 작업 시간이 60분이라면 1로트당 작업 시간은?

㉮ 90분　　㉯ 62분

㉰ 26분　　㉱ 13분

해설 외경법

$$\text{표준 시간} = \text{정미 시간} \times (1 + \text{여유율})$$

$$= 60 \times \left(1 + \frac{20}{60 \times 10}\right) = 62\text{분}$$

24. 여유 시간이 5분, 정미 시간이 40분일 경우 내경법으로 여유율을 구하면 약 몇 %인가? [12]

㉮ 6.33%

㉯ 9.05%

㉰ 11.11%

㉱ 12.50%

해설 내경법

① $\text{표준 시간} = \text{정미 시간} \times \left(\frac{1}{1 - \text{여유율}}\right)$

② $\text{표준 시간} = \text{정미 시간} + \text{여유 시간}$

$$= 40 + 5 = 45\text{분}$$

$$\therefore \text{여유율} = \frac{\text{표준 시간} - \text{정미 시간}}{\text{표준 시간}} \times 100$$

$$= \frac{45 - 40}{45} \times 100 \fallingdotseq 11.11\%$$

25. 다음 중 인위적 조절이 필요한 상황에 사용될 수 있는 워크팩터(work factor)의 기호가 아닌 것은? [10]

㉮ D　　㉯ K

㉰ P　　㉱ S

해설 본문 1-5. (6) WF법 참조

참고 인위적 조절이 필요한 상황 표시 기호

① 일정 정지(D) : 작업자의 의식적인 동작 정지의 상황

② 방향 조절(S) : 좁은 간격을 통과하거나 작은 모적물을 향해 동작을 유도하는 상황

③ 주의(P) : 물건의 파손 내지 신체의 상해 방지 또는 동작 목표상 신체 조절이 요구되는 상황

④ 방향 변경(U) : 장애물을 제거하기 위한 동작 변경이 요구될 때의 상황

정답 23. ㉯　24. ㉰　25. ㉯

2. 설비 관리·자재 관리 및 재고 관리

■ 설비 관리(plant engineering)

설비에 대한 계획, 유지, 개선을 행함으로써 설비의 기능을 가장 효과적으로 활용하는 일체의 활동을 말한다.

2-1 설비 관리의 개요

(1) 설비의 사용 목적에 의한 분류

① 생산 설비

② 유틸리티(utility) 설비 : 배관, 발전, 공업 용수 설비, 연료 저장, 폐기물 처리 등

③ 연구 개발 설비

④ 수공 설비

⑤ 판매 설비

⑥ 관리 설비

(2) 설비의 열화(劣化) 현상

① 물리적 열화 : 설비의 노후화에 의한 것

② 기능적 열화 : 시간의 경과에 따른 기능 저하

③ 기술적 열화 : 새롭고 발전된 설비의 개발에 의하여 상대적으로 구식화에 따른 열화

④ 화폐적 열화 : 신 설비의 구매와 구 설비의 매각에 따른 열화

(3) 설비 보전 : 생산 보전

① 예방 보전(preventive maintenance : PM)

(가) 가능한 한 성능 저하나 생산성의 휴지 시간을 적게 하고, 유휴 손실의 감소를 위해서 미리 검사·조정 등의 보전 활동을 하는 것을 말한다.

(나) 시간 기준 보전(TBM) 방식과 상태 기준 보전(CBM) 방식으로 구분된다.

(다) 예방 보전의 효과

- 유휴 손실 감소
- 예비 기계 보유 불필요
- 기계 수리 비용 감소
- 작업자 안전 작업 유지
- 구매 기회 신장
- 생산 시스템의 신뢰도 향상 및 제조원가 절감

② 일상 보전(routine maintenance : RM)

매일, 매주로 점검·급유·청소 등의 작업을 함으로써 열화나 마모를 가능한 한 방지

하도록 하는 것이다.

③ 개량 보전(corrective maintenance : CM)

교정 보전이라고도 하는데, 설비 고장시에 단지 수리하는 것뿐만 아니라 보다 좋은 부품 교체 등을 통하여 설비의 열화, 마모의 방지는 물론 수명의 연장을 기하도록 하는 활동이다.

④ 사후 보전(breakdown maintenance : BM)

수리 부품을 준비해 둔다든지 수리를 외주하든지 또는 예비 기계를 설치하는 것이 필요하다.

⑤ 예측 보전(predictive maintenance)

보전 활동을 기계를 써서 행하도록 하는 방식이다. 예를 들면, 진동 분석기, 광학 측정기 등의 계측기를 기계 고장의 발생이 쉬운 곳에 설치하여 보전에 사용하도록 하는 것이다.

(4) 설비 보전 조직의 기본 형태

표 7-5 기본 형태의 종류

기본 형태	특 징	장 점	비 고
집중 보전	조직 및 배치면에서 보전 요원이 집중되는 형태	• 기동성, 노동력의 유효 이용 • 특정 설비에 대한 미숙지 • 보전원 기술 향상, 기술 축척 • 보전 책임의 확실성	• 운전과의 일체감 결여성 • 현장 감독의 곤란성 • 작업 일정 조정의 곤란성 • 특정 설비에 대한 미숙지
지역 보전	보전 요원을 제품별, 공정별, 종별로 분류되는 형태	• 운전과의 일체감 • 현장 감독의 용이성 • 작업 일정 조정의 용이 • 특정 설비에 대한 숙지성	• 노동력의 유효 이용 곤란 • 인원 배치의 유연성 제약 • 보전용 설비 공구의 중복
부분 보전	보전 요원을 각 제조 부분에 분산 배치하여 각각의 부문장 지휘 · 감독하에 두는 것	• 지역 보전과 유사	• 생산 우선에 의하여 보전을 경시 • 책임 소재가 불명확 • 기술 보전의 향상이 곤란
절충 보전	상기의 조직 형태 중 각각의 장점을 살려서 단점을 보완한 형태	• 집중 group의 기동성 • 지역 group의 운전상 일체감	• 집중 group의 왕복 손실 • 지역 group의 동효율 저하

2-2 TPM과 5S 및 3정

(1) TPM (total productive maintenance) : 총체적 설비 보전

① 총체적 설비 보전은 생산 시스템 효율의 극대화를 추구하기 위해 만들어진 현상 경영 기법 중의 하나이다.

② TPM의 추진은 생산 부문을 비롯하여 개발, 영업, 관리 등 전부문과 경영자로부터 제일선 작업자까지 전원 참가를 전제로 한다.

③ TPM이 추구하는 구체적인 테마는 설비 5S를 통한 공장 혁신, 설비 종합 효율 향상, 자주 보전 체제 만들기, 계획 보전 시스템 재구축, 설비 관리 전산화, 교육 훈련 시스템 구축 등이다.

(2) 작업장 유지를 위한 활동 : 5S

① 1S : 정리 (seiri) : 필요하지 않은 것을 버리는 것

② 2S : 정돈 (seition) : 필요한 것을 사용하기 좋은 일정 자리에 두는 것

③ 3S : 청소 (seiso) : 설비, 공구 등을 깨끗이 하는 것

④ 4S : 청결 (seiketsu) : 정리, 정돈, 청소의 세 가지를 유지하는 것

⑤ 5S : 습관화 (shitsuke) : 마음가짐-결정된 것을 항상 바르게 지키는 습관을 지니는 것

(3) 3정

① 정위치 ② 정품 ③ 정량

2-3 자재 관리 및 재고 관리

(1) 자재 관리 (material control)의 새로운 경향

① 자재 관리의 새로운 경향

(가) 통계적 수법과 계량적 전산 기법의 도입

(나) 효과적인 새로운 기법의 도입

(다) 자재 관리 사무의 기계화·자동화

② 자재 관리의 기본 업무

(가) 계획과 요구

(나) 재료의 조달 (구매와 외주)

(다) 수입-검수

(라) 보관-창고

(마) 배급-운반

③ 자재 관리 조직의 구비 조건

(가) 신뢰성 (나) 융통성 (다) 적시성 (라) 경제성

(2) 재고 관리 (inventory control)

① 재고란, 경제적 가치를 지닌 모든 것의 정체 (停滯) 또는 저장 (貯藏)을 가리킨다.

② 재고를 보유하는 이유는 다음과 같은 중요한 기능을 감당하기 때문이다.

(가) 경제적 발주 (제조) 기능

(나) 불확실성 대처 기능

(다) 생산 평준화 기능

③ 경제적 주문량 (EOQ : economic order quantity)

(가) 자재나 제품의 구입에 따르는 제비용과 재고 유지비 등을 고려해 가장 경제적이라고 판단되는 자재 또는 제품의 주문량으로, 주문 비용과 단위당 재고 유지 비용의 합계가 최저로 되는 1회분 주문량이다.

(나) 경제적 주문량

$$Q = \sqrt{\frac{2RP}{CI}}$$

R : 소요량 P : 주문 비용 C : 구입 단가 I : 재고 유지 비율

(3) 종속 수요 재고 관리 시스템

① 자재 소요 계획 (MRP : materials requirements planning)

제품 (특히 조립 제품)을 생산함에 있어서 부품 (자재)이 투입될 시점과 투입되는 양을 관리하기 위한 경영 정보 시스템을 말한다.

② 생산 자원 계획 시스템 (MRPS) : MRP II

체계적 경영 기법

③ 적시 생산 시스템 (JIT : just in time) : 적시 공급 생산

(가) 재고를 쌓아 두지 않고서도 필요한 때 적기에 제품을 공급하는 생산 방식이다.

(나) JIT는 혼류 생산 방식으로 변화에 대응하는 유연성을 추구하며 결과적으로 대폭적인 리드타임 단축, 납기 준수, 재고 감소, 생산성 향상, 불량 감소를 가능하게 한다.

예·상·문·제

2. 설비 관리 · 자재 관리 및 재고 관리

1. 다음 중 설비의 열화 현상의 분류에 해당되지 않는 것은?

㉮ 물리적 열화　　㉯ 기능적 열화
㉰ 기술적 열화　　㉱ 화학적 열화

2. 설비 (생산) 보전 (preventive maintenance : PM)의 내용에 속하지 않는 것은?

㉮ 사후 보전　　㉯ 안전 보전　[05]
㉰ 예방 보전　　㉱ 개량 보전

3. 예방 보전 (preventive maintenance)의 효과로 보기에 가장 거리가 먼 것은 어느 것인가?　[10]

㉮ 기계의 수리 비용이 감소한다.
㉯ 생산 시스템의 신뢰도가 향상된다.
㉰ 고장으로 인한 중단 시간이 감소한다.
㉱ 예비 기계를 보유해야 할 필요성이 증가한다.

해설 본문 2-1. (3) ① 예방 보전 참조

4. 예방 보전의 기능에 해당하지 않는 것은 어느 것인가?

㉮ 취급되어야 할 대상 설비의 결정
㉯ 정비 작업에서 점검 시기의 결정
㉰ 대상 설비 점검 개소의 결정
㉱ 대상 설비의 외주 이용도 결정

5. 다음 중 진동 분석기, 광학 측정기 등의 계측기를 기계 고장의 발생이 쉬운 곳에 설치하여 보전에 사용하도록 하는 것은?

㉮ 예방 보전　　㉯ 일상 보전
㉰ 예측 보전　　㉱ 사후 보전

6. 다음 중 설비 보전 조직의 기본 형태에 속하지 않는 것은?

㉮ 집중 보전　　㉯ 지역 보전
㉰ 일상 보전　　㉱ 절충 보전

해설 본문 표 7-5 참조

7. 다음 중 TPM 활동의 기본을 이루는 작업장 유지를 위한 5S에 속하지 않는 것은?

㉮ 정량　　㉯ 정리
㉰ 정돈　　㉱ 청결

8. TPM 활동의 기본을 이루는 3정 5S 활동에서 3정에 해당되는 것은?　[06]

㉮ 정시간　　㉯ 정돈
㉰ 정리　　㉱ 정량

9. 연간 소요량 4000개인 어떤 부품의 발주 비용은 매회 200원이며, 부품 단가는 100원, 연간 재고 유지 비율이 10%일 때 F.W. Harris식에 의한 경제적 주문량은 얼마인가?　[07]

㉮ 40개/회　　㉯ 400개/회
㉰ 1000개/회　　㉱ 1300개/회

해설 경제적 주문량

$$Q=\sqrt{\frac{2RP}{CI}}=\sqrt{\frac{2\times 4000\times 200}{100\times 0.1}}=400[\text{개/회}]$$

정답 1. ㉱　2. ㉯　3. ㉱　4. ㉱　5. ㉰　6. ㉰　7. ㉮　8. ㉱　9. ㉯

전/기/기/능/장

과년도 출제 문제

2007년도 시행 문제

▶2007년 4월 1일 시행(41회)

자격종목 및 등급(선택분야)	종목코드	시험시간	문제지형별	수험번호	성 명
전기기능장	3380	1시간	A		

01 그림과 같은 회로에서 a, b 간에 100 V의 직류 전압을 가했을 때 10 Ω의 저항에 4A의 전류가 흘렀다. 이때 저항 r_1에 흐르는 전류와 저항 r_2에 흐르는 전류의 비가 1 : 4라고 하면 r_1 및 r_2의 저항값은 각각 얼마인가?

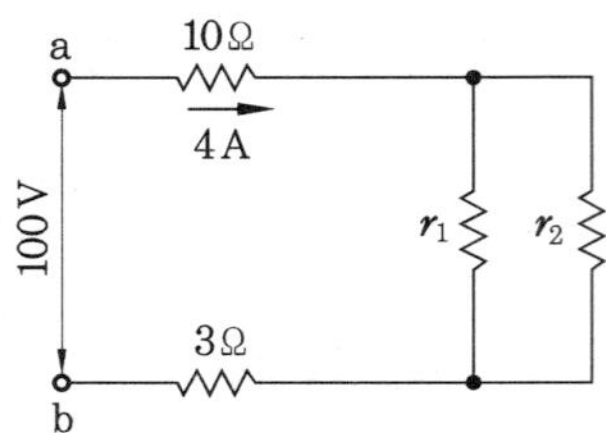

㉮ $r_1 = 12,\ r_2 = 3$
㉯ $r_1 = 36,\ r_2 = 9$
㉰ $r_1 = 60,\ r_2 = 15$
㉱ $r_1 = 40,\ r_2 = 10$

① 등가 회로에서, $V_{cd} = 100 - (V_{ac} + V_{db})$
$= 100 - (40 + 12)$
$= 48$ [V]

② $R_{cd} = \dfrac{V_{cd}}{I} = \dfrac{48}{4} = 12$ Ω

③ $R_{cd} = \dfrac{r_1 \times r_2}{r_1 + r_2} = 12$ Ω에서, 전류비가 1 : 4일 때,
저항비는 4 : 1이므로 $r_1 = 4r_2$가 된다.

$\therefore\ R_{cd} = \dfrac{4r_2 \times r_2}{4r_2 + r_2} = \dfrac{4{r_2}^2}{5r_2} = \dfrac{4}{5}r_2 = 12$ Ω에서, $\begin{cases} r_2 = \dfrac{12 \times 5}{4} = 15\ \Omega \\ r_1 = 4r_2 = 4 \times 15 = 60\ \Omega \end{cases}$

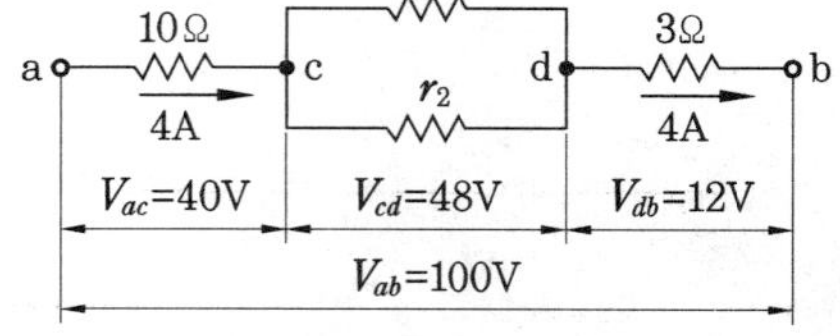

등가 회로

02 강자성체의 히스테리시스 루프의 면적은?

㉮ 강자성체의 단위체적당 필요한 에너지이다.
㉯ 강자성체의 단위면적당 필요한 에너지이다.
㉰ 강자성체의 단위길이당 필요한 에너지이다.
㉱ 강자성체의 전체 체적의 필요한 에너지이다.

정답 1. ㉰ 2. ㉮

 • 히스테리시스 루프(hysteresis loop) : 히스테리시스 곡선으로 둘러싸인 면적은 철심의 단위 체적당 필요한 에너지를 나타낸다.

참고 히스테리시스 손(hysteresis loss)

① 철심을 사용한 코일에 교류 전류를 흘리면 철심의 히스테리시스 루프 면적에 비례하는 양의 에너지를 잃게 되는데, 이 손실을 말한다.

② 히스테리시스 루프를 따라서 B, H가 변화하면 코일은 에너지를 흡수한다든지 방출한다든지 하여 그 차(히스테리시스 루프 내의 면적)의 에너지가 철심(단위 체적)에서 잃게 되어 기기의 온도 상승, 효율 저하를 초래한다.

03 **단면적이 50 cm^{2}인 환상철심에 500 AT/m의 자장을 가할 때 전자속은 몇 Wb인가? (단, 진공 중의 투자율은 $4\pi \times 10^{-7}$ H/m이고, 철심의 비투자율은 800이다.)**

가 $16\pi \times 10^{-2}$ 나 $8\pi \times 10^{-4}$ 다 $4\pi \times 10^{-4}$ 라 $2\pi \times 10^{-2}$

 • 전자속

$\phi = \mu_0 \mu_s HA = 4\pi \times 10^{-7} \times 800 \times 500 \times 50 \times 10^{-4} = 4\pi \times 10^{-7} \times 2 \times 10^7 \times 10^{-4}$

$= 8\pi \times 10^{-4}$ [Wb]

04 **평균 자로의 길이가 80 cm인 환상철심에 500회의 코일을 감고 여기에 4A의 전류를 흘렸을 때 자기장의 세기는 몇 AT/m인가?**

가 2,500 나 3,500 다 4,000 라 4,500

 • 자기장의 세기

$$H = \frac{NI}{l} = \frac{500 \times 4}{80 \times 10^{-2}} = 25 \times 10^2 = 2500 \text{ AT/m}$$

05 **자속밀도 1 Wb/m^{2}인 평등자계의 방향과 수직으로 놓인 50 cm인 도선을 자계와 30도의 방향으로 40 m/s의 속도로 움직일 때 도선에 유기되는 기전력은 몇 V인가?**

가 5 나 10 다 20 라 40

 • 유기 기전력

$$e = Blu \sin\theta = 1 \times 50 \times 10^{-2} \times 40 \times \sin 30^\circ = 20 \times \frac{1}{2} = 10 \text{ V}$$

06 **자기 인덕턴스 L [H]의 코일에 I [A]의 전류가 흐를 때 자로에 저축되는 에너지 W는 몇 J인가?**

가 $W = \frac{1}{2}LI^2$ 나 $W = 2LI^2$ 다 $W = \frac{I}{2L}$ 라 $W = \frac{2L}{I^2}$

정답 3. 나 4. 가 5. 나 6. 가

 • 자기 인덕턴스에 저축되는 에너지

인덕턴스 L[H]의 코일에 전류가 0에서 I[A]까지 증가될 때 코일에 저축되는 전자 에너지 W는

$$W=\frac{1}{2}LI^2\ [\mathrm{J}]$$

07 정현파 교류의 실효값을 계산하는 식은? (단, T는 주기이다.)

㉮ $I=\frac{1}{T}\int_0^T i^2dt$

㉯ $I=\sqrt{\frac{2}{T}\int_0^T idt}$

㉰ $I=\sqrt{\frac{1}{T}\int_0^T i^2dt}$

㉱ $I=\sqrt{\frac{2}{T}\int_0^T i^2dt}$

 •정현파 교류의 실효값

1주기에서 순시값의 제곱의 평균을 평방근으로 표시한다.

$$I=\sqrt{\frac{1}{T}\int_0^T i^2dt}$$

∴ 실효값의 표시 : 본문 1-1, 예상 문제 4번 해설 참조

08 어떤 가정에서 220 V 100 W의 전구 2개를 매일 8시간, 220 V 1 kW의 전열기 1대를 매일 2시간씩 사용한다고 한다. 이 집의 한 달 동안의 소비 전력량은 몇 kWh 인가? (단, 한 달은 30일로 한다.)

㉮ 432 ㉯ 324 ㉰ 216 ㉱ 108

 • 소비 전력량

① 전구 : $W_L=P\cdot t=100\times10^{-3}(\mathrm{kW})\times2(\text{개})\times8(\mathrm{h})\times30(\text{일})=48\,\mathrm{kW}$

② 전열기 : $W_H=P\cdot t=1(\mathrm{kW})\times2(\mathrm{h})\times30(\text{일})=60\,\mathrm{kW}$

∴ $W=W_L+W_H=48+60=108\,\mathrm{kW}$

09 3상 불평형 전압에서 역상 전압 40 V, 정상 전압 200 V, 영상 전압이 20 V라고 할 때 전압의 불평형률은 얼마인가?

㉮ 0.1 ㉯ 0.2 ㉰ 5 ㉱ 6

$$\text{불평형률}=\frac{\text{역상 전압}}{\text{정상 전압}}=\frac{40}{200}=0.2$$

 7. ㉰ 8. ㉱ 9. ㉯

10 교류 브리지용 전원의 주파수, 파형에 대한 구비 조건이 아닌 것은?

㉮ 주파수가 되도록 높을 것　　㉯ 파형이 정현파에 가까울 것
㉰ 주파수가 되도록 일정할 것　　㉱ 취급이 간단할 것

• 교류 브리지용 전원의 구비 조건
주파수가 되도록 낮을 것

11 직류기의 전기자 철심을 규소 강판으로 성층하는 가장 큰 이유는?

㉮ 기계손을 줄이기 위해서　　㉯ 철손을 줄이기 위해서
㉰ 제작이 간편하기 때문에　　㉱ 가격이 싸기 때문에

• 규소 강판의 성층 이유
① 철심에 규소를 함유시킨 규소 강판을 얇게 표면 처리하여 성층으로 만들면, 철손인 히스테리시스 손실과 맴돌이 전류(와류)손을 줄일 수 있다.
② 규소 함량은 1~2 %, 두께 0.35~0.5 mm 정도

12 자극수 6, 전기자 총 도체수 400, 단중 파권을 한 직류 발전기가 있다. 각 자극의 자속이 0.01 Wb 이고, 회전 속도가 600 rpm이면 무부하로 운전하고 있을 때의 기전력은 몇 V인가?

㉮ 110　　㉯ 115　　㉰ 120　　㉱ 150

• 직류 발전기의 유기 기전력

$$E = P\phi\frac{N}{60}\cdot\frac{Z}{a} = 6\times 0.01\times\frac{600}{60}\times\frac{400}{2} = 120\,\text{V}$$

13 직류 직권 전동기에서 토크 T와 회전수 N과의 관계는 어떻게 되는가?

㉮ $T \propto N$　　㉯ $T \propto N^2$　　㉰ $T \propto \frac{1}{N}$　　㉱ $T \propto \frac{1}{N^2}$

• 직류 직권 전동기의 특성
① $T = kI^2$　② $N = k'\frac{1}{I}$　$\therefore\ T = k''\frac{1}{N^2}$

참고 본문 그림 2-15 특성 곡선 참조

14 부하 전류에 따라 속도 변동이 가장 심한 전동기는?

㉮ 타여자 전동기　　㉯ 분권 전동기
㉰ 직권 전동기　　㉱ 차동 복권 전동기

정답 10. ㉮　11. ㉯　12. ㉰　13. ㉱　14. ㉰

 • 직류 전동기의 속도 특성 곡선 : 부하 변동에 따라 가장 속도의 변동이 심한 것이 직권 전동기이고, 가장 적은 것이 차동 복권 전동기이다.

A : 직권
B : 가동 복권
C : 분권
D : 차동 복권

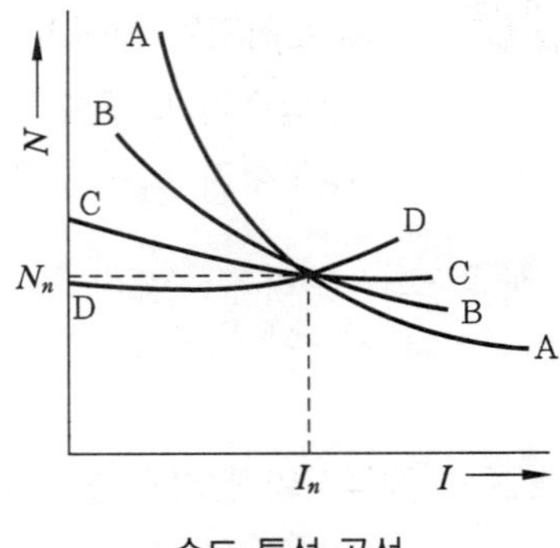

속도 특성 곡선

15 주상변압기 철심용 규소 강판의 두께는 몇 mm 정도를 사용하는가?

㉮ 0.01 ㉯ 0.05 ㉰ 0.35 ㉱ 0.85

 • 규소 강판의 두께[mm]와 규소 함량(%)

① 변압기 철심의 경우 : 0.35 mm, 4~4.5 %
② 회전자 철심의 경우 : 0.35~0.5 mm, 1~3.5 %

16 % 저항 강하가 1.3 %, % 리액턴스 강하기 2 %인 변압기가 있다. 전부하 역률 80 %(뒤짐)에서의 전압 변동률은 약 몇 %인가?

㉮ 1.35 ㉯ 1.86 ㉰ 2.18 ㉱ 2.24

 • 변압기의 전압 변동률

$\varepsilon = p\cos\theta + q\sin\theta = 1.3 \times 0.8 + 2 \times 0.6 = 2.24\ \%$

여기서, $\sin\theta = \sqrt{1-\cos^2\theta} = \sqrt{1-0.8^2} = 0.6$

17 변압기의 전압 변동률을 작게 하려면 어떻게 해야 하는가?

㉮ 권선의 리액턴스를 작게 한다. ㉯ 권선의 임피던스를 크게 한다.
㉰ 권수비를 작게 한다. ㉱ 권수비를 크게 한다.

 전압 변동률은 권선의 리액턴스에 비례하므로, 변동률을 작게 하려면 권선의 리액턴스를 작게 하여야 한다.

참고 변압기의 권선을 분할하여 조립하면, 누설 리액턴스를 줄일 수 있다.

18 변압기 절연유의 구비 조건이 아닌 것은?

㉮ 응고점이 낮을 것 ㉯ 절연 내력이 높을 것
㉰ 점도가 클 것 ㉱ 인화점이 높을 것

정답 15. ㉰ 16. ㉱ 17. ㉮ 18. ㉰

 • 변압기의 절연유의 구비 조건 〈㉮, ㉯, ㉱ 이외에〉
① 점도가 낮고 유동성이 풍부할 것
② 화학적으로 안정하고, 열전도도가 클 것
③ 중량이 적을 것

19 단상 변압기를 병렬 운전하는 경우 부하 전류의 분담은 어떻게 되는가?

㉮ 임피던스에 비례　　㉯ 리액턴스에 비례
㉰ 임피던스에 반비례　　㉱ 리액턴스에 반비례

 변압기 병렬 운전 조건에서, "변압기의 내부 임피던스가 정격 용량에 반비례 할 것" 이라는 부분은 부하 분담이 내부 임피던스에 반비례하므로, 용량에 비례하여 부하 부담을 시키려면 내부 임피던스가 용량에 반비례하여야 한다는 뜻이다.
∴ 부하 전류의 분담은 임피던스에 반비례하여 분담된다.

20 정격 출력 5 kW, 회전수 1,800 rpm인 3상 유도 전동기의 토크는 약 몇 N · m인가?

㉮ 2.7　　㉯ 26.5　　㉰ 79.5　　㉱ 259.7

 • 유도 전동기의 토크

$$T = \frac{P}{2\pi \frac{N}{60}} = \frac{5 \times 10}{2 \times 3.14 \times \frac{1800}{60}} = 26.54 \text{ [N} \cdot \text{m]}$$

참고 $T = 975 \times \frac{P}{N} = 975 \times \frac{5}{1800} \fallingdotseq 2.7 \text{ [kg} \cdot \text{m]}$

$\therefore\ T' = 2.7 \times 9.8 \fallingdotseq 26.54 \text{ [N} \cdot \text{m]}$

21 회전 전기자형 동기 발전기에서 3상 교류 기전력은 어느 부분을 통하여 출력해내는가?

㉮ 모선　　㉯ 전기자 권선　　㉰ 회전자 권선　　㉱ 슬립링

 • 회전 전기자형의 구조
회전 전기자형은 회전계자형과는 반대로 전기자가 회전하므로 기전력은 슬립링 (slipring)을 통하여 부하에 공급된다.
참고 본문 그림 2-59 (a) 구조 참조

22 동기 전동기에서 제동 권선의 사용 목적으로 가장 옳은 것은 어느 것인가?

㉮ 난조 방지　　㉯ 정지 시간의 단축
㉰ 운전 토크의 증가　　㉱ 과부하 내량의 증가

정답 19. ㉰　20. ㉯　21. ㉱　22. ㉮

• 제동 권선의 역할
① 동기 전동기에서는 난조 방지 및 기동 권선으로 사용되어 기동 토크를 얻는다.
② 동기 발전기에서는 난조 방지 및 제동 토크를 얻는다.

23 **리드용 2종 케이블의 약호로 옳은 것은?**

㉮ WRNCT0 ㉯ WNCT ㉰ WCT ㉱ WRCT

• 용접용 케이블의 약호 (KS C 3391)
① 리드용 제1종 : WCT ② 홀더용 제1종 : WRCT
③ 리드용 제2종 : WNCT ④ 홀더용 제2종 : WRNCT

24 **단선의 브리타니아 접속은 몇 mm^2 이상의 전선을 접속할 때 사용되는 방법인가?**

㉮ 1.5 ㉯ 2.5 ㉰ 4 ㉱ 10

• 전선 (동선)의 접속 방법
① 트위스트 (twist) 접속 : 6 mm^2 이하
② 브리타니아 (Britannia) 접속 : 10 mm^2 이상

25 **가요 전선관 공사에 사용되는 부품 중 전선관 상호 간에 접속되는 연결구로 사용되는 부품의 명칭은?**

㉮ 스플릿 커플링 ㉯ 콤비네이션 커플링
㉰ 콤비네이션 유니온 커플링 ㉱ 앵글 박스 커넥터

해설 ① 금속제 가요 전선관의 상호 접속
: 스플릿 커플링 (split coupling)
② 금속제 가요 전선관과 금속 전선관이 접속
: 콤비네이션 커플링 (combination coupling)

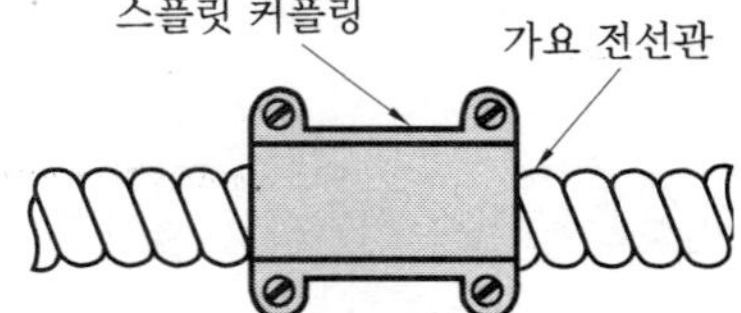

26 **기숙사, 여관, 병원의 표준 부하는 몇 VA/m^2로 상정하는가?**

㉮ 10 ㉯ 20 ㉰ 30 ㉱ 40

• 건물의 표준 부하

건물의 종류	표준 부하(VA/m^2)
공장, 공회당, 사원, 교회, 극장, 연회장 등	10
기숙사, 여관, 호텔, 병원, 학교, 음식점, 다방, 대중 목욕탕 등	20
주택, 아파트, 사무실, 은행, 상점, 이용소, 미장원	30

참고 내선규정 표 3315-1, 2 참조

정답 23. ㉯ 24. ㉱ 25. ㉮ 26. ㉯

27 몰드의 길이가 8.5 m인 금속 몰드 공사 시 금속 몰드는 제 몇 종 접지 공사를 하여야 되는가?

㉮ 제1종 접지 공사　　㉯ 제2종 접지 공사
㉰ 제3종 접지 공사　　㉱ 특별 제3종 접지 공사

 • 금속 몰드 공사(metal molding wiring)-접지 공사

① 금속 몰드 및 기타 부속품은 제3종 접지 공사로 접지하여야 한다.
② 대지 전압 150 V 이하이며, 몰드 길이가 8 m 이하로 건조한 장소에 시설하는 경우에는 생략할 수 있다.

28 폭연성 분진이 있는 곳의 금속관 공사이다. 박스 기타의 부속품 및 풀박스 등이 쉽게 마모, 부식, 기타 손상을 일으킬 우려가 없도록 하기 위해 쓰이는 재료는?

㉮ 새들　　㉯ 커플링　　㉰ 노멀 밴드　　㉱ 패킹

 • 폭연성 분진이 있는 위험 장소의 배선

금속관 공사에 의할 경우 : 박스 기타 부속품 및 풀박스는 쉽게 마모, 부식 기타 손상될 우려가 없는 패킹(packing)을 사용하여 분진이 내부로 침입하지 않도록 시설할 것

참고 내선규정 4215-2 참조

29 다음 중 전력용 케이블의 손실과 거리가 가장 먼 것은?

㉮ 철손　　㉯ 저항손　　㉰ 유전체손　　㉱ 차폐손

 전력용 케이블의 전력 손실에는 도체의 저항손과 교류에서는 유전체손과 차폐손이 있다.

참고 ① 저항손 : 전류의 제곱에 비례하며, 케이블의 허용 전류를 결정한다.
② 유전체손 : 전압의 제곱에 비례하며, 사용 전압 10 [kW] 이하에서는 무시해도 된다.
③ 차폐손 : 차폐층(연피)에서 발생하는 손실이다.

30 자중 전선로에 사용하는 지중함을 시설할 때 고려할 사항으로 잘못된 것은?

㉮ 차량 기타 중량물의 압력에 견디는 튼튼한 구조로 할 것
㉯ 물기가 스며들지 않으며, 또 고인 물은 제거할 수 있는 구조일 것
㉰ 지중함 뚜껑은 보통사람이 열 수 없도록 하여 시설자만 점검하도록 할 것
㉱ 폭발성 가스가 침입할 우려가 있는 곳에 시설하는 최소 0.5 m^3 이상의 지중함에는 통풍 장치를 할 것

 • 지중함의 시설시(판단기준 제137조 참조)

폭발성 또는 연소성의 가스가 출입할 우려가 있는 것에 시설하는 지중함으로서 그 크기가 1 m^3 이상인 것에는 통풍 장치나 기타 가스를 방산시키기 위한 적당한 장치를 시설할 것

정답 27. ㉰　28. ㉱　29. ㉮　30. ㉱

31

평형 보호층 공사에 의한 저압 옥내 배선은 전로의 대지 전압 몇 V 이하에서 시설해야 하는가?

㉮ 150 ㉯ 220 ㉰ 300 ㉱ 400

• 평형 보호층 공사

특수한 전선을 사용하여 카펫과 바닥 사이에 부설하여 전기를 공급하는 방식이다.

① 사용 전압은 대지 전압 150 V 이하일 것

② 전선은 30 A 이하, 과전류 차단기로 보호하는 전용 분기 회로로 할 것

32

전기 재료의 할증에서 옥외 전선은 몇 %의 할증률을 적용하는가?

㉮ 1.5 ㉯ 2.5 ㉰ 5 ㉱ 10

• 전선의 사용처에 따른 할증률

① 옥외 전선 : 5% ② cable (옥외) : 3%

③ 옥내 전선 : 10% ④ cable (옥내) : 5%

33

맥동 전압 주파수가 전원 주파수의 6배가 되는 정류 방식은?

㉮ 단상 전파 정류 ㉯ 단상 브리지 정류

㉰ 3상 반파 정류 ㉱ 3상 전파 정류

• 맥동률 (ripple factor) : 정류된 직류 속에 포함되어 있는 교류 성분의 정도를 말한다.

$$\gamma = \frac{\Delta V}{V_d} \times 100 \, [\%]$$

여기서, ΔV : 출력 파형에 포함된 교류분의 실효값

V_d : 출력 파형의 평균값 (직류 성분)

• 정류 방식에 따른 특성 비교

정류 방식	단상 반파	단상 전파	3상 반파	3상 전파
맥동률(%)	121	48	17	4
정류 효율	40.6	81.2	96.5	99.8
맥동 주파수	f	$2f$	$3f$	$6f$

34

다음 중 모선의 종류가 아닌 것은?

㉮ 단일 모선 ㉯ 2중 모선 ㉰ 3중 모선 ㉱ 환상 모선

• 모선 (bus bar) 구성 방식

① 단일 모선 : 일반적인 건물 시설인 경우에 적용되며, 구성이 가장 간단하다.

② 이중 모선 (복수 모선 방식) : 중요 시설인 경우에 적용 (무정전)

③ 섹션 구분 단일 모선 (타이 스위치 : tie sw) : 환상 모선

급전에 융통성이 도모되는 방식으로 환상식이다.

정답 31. ㉮ 32. ㉰ 33. ㉱ 34. ㉰

35 물체가 그 온도에 상응하여 방출하는 복사를 온도 복사라 한다. 이는 어떤 스펙트럼을 이루는가?

㉮ 구형 스펙트럼 ㉯ 선 스펙트럼
㉰ 대상 스펙트럼 ㉱ 연속 스펙트럼

• 온도 복사 – 연속 스펙트럼

온도 복사(열복사)는 상당히 넓은 범위의 방사를 포함한 태양광처럼 연속 스펙트럼을 이룬다.

참고 용어 설명

① 온도 복사 : 열복사(heat radiation)
열전달의 한 형식으로서, 물체 내부의 원자 집단의 열운동에 의하여 전자파를 방출하는 현상을 말한다.

② 방사(放射)
전자파 또는 광자의 형태로 전파하는 에너지를 방사라 한다.

③ 스펙트럼(spectrum)
방사를 파장의 순으로 늘어놓는 것을 스펙트럼이라 한다.
(가) 선 스펙트럼 : 불연속한 특정 과정에서의 방사 – 저압 나트륨 램프의 빛
(나) 띠 스펙트럼 : 약간 넓은 범위 – 형광체의 빛
(다) 연속 스펙트럼 : 상당히 넓은 범위의 방사를 포함 – 태양광

④ 햇빛이나 백열전구의 빛을 프리즘에 통과시키면 가시광선 영역의 스펙트럼인 무지개색 띠를 얻을 수 있다.

36 바리스터의 주된 용도는?

㉮ 전압 증폭용 ㉯ 서지 전압에 대한 회로 보호
㉰ 출력 전류 조정용 ㉱ 과전류 방지 보호용

• 바리스터(varistor)

① 비직선적인 전압 – 전류 특성을 가진 2단자 반도체 소자이다.

② 이상 전압에 대한 회로 보호용으로, 즉 서지 전압을 흡수하기 위해 피뢰기 등에 사용된다.

참고 바리스터(varistor) : 가변저항체(variable resistor)의 줄임말
소자에 가해지는 전압이 증가함에 따라 저항이 감소하는 반도체이다.

37 발광소자와 수광소자를 하나의 용기에 넣어 외부의 빛을 차단한 구조로 출력 측의 전기적인 조건이 입력 측에 전혀 영향을 끼치는 않는 소자는?

㉮ 포토 다이오드 ㉯ 포토 트랜지스터
㉰ 서미스터 ㉱ 포토 커플러

정답 35. ㉱ 36. ㉯ 37. ㉱

 • 포토 커플러(photo coupler)

입력과 출력이 전기적으로 절연되어있는 것이 특징이며, 발광소자와 수광소자로 투명 절연층을 사이에 두고 하나의 소자로 이루어져 있다.

참고 ① 발광소자로서는 화합물 반도체의 발광 다이오드, 수광소자로는 실리콘의 포토 다이오드나 포토 트랜지스터, 광사이리스터, OEIC로 이루어져 있다.

② 무접점 스위치, 고체화 릴레이(솔리드 릴레이) 등의 입출력 회로나 무접점의 가변 저항기 등으로 이용되어 진다.

③ 구조 : 본문 그림 4-19 참조

38 파워 트랜지스터의 파워 스위칭 전원의 용도로 사용되지 않는 것은?

㉮ 용접기 전원
㉯ 고주파 전원
㉰ UPS 전원
㉱ 직류 안정화 전원

 • 파워 트랜지스터의 파워 스위칭(power switching) 전원 장치

① 상용 전원으로부터 공급되는 교류(AC)를 고속 전력 반도체를 이용해 높은 주파수로 단속 제어를 한다.

② 전기 용접기, 고주파 전원, UPS 전원 등 각종 기기에 맞도록 변환시켜 주는 전원 장치이다.

③ 스위칭 과정에서 잡음 및 전자파를 발생시키는 단점이 있다.

39 실리콘 정류기의 동작 시 최고 허용 온도를 제한하는 가장 주된 이유는?

㉮ 브레이크 오버(breake over) 전압의 저하 방지
㉯ 브레이크 오버(breake over) 전압의 상승 방지
㉰ 역방향 누설 전류의 감소 방지
㉱ 정격 순전류의 저하 방지

 • 실리콘 정류기-최고 허용 온도 제한 이유

① 실리콘 정류기

(가) 실리콘의 pn 접합 다이오드로, 역내 전압이 높고, 전류 용량이 큰 것까지 만들어지므로 소형부터 대형까지의 정류기로서 널리 쓰이고 있다.

(나) 온도가 높아지면 순방향 전류는 감소하지만 역방향 전류는 커진다.

② 동작시 최고 허용 온도를 제한하는 이유는 브레이크 오버(breake over) 전압의 저하 방지에 있다.

40 SCR의 전압 공급 방법(turn-on) 중 가장 타당한 것은?

㉮ 애노드에 (−)전압, 캐소드에 (+)전압, 게이트에 (+)전압을 공급한다.
㉯ 애노드에 (−)전압, 캐소드에 (+)전압, 게이트에 (−)전압을 공급한다.
㉰ 애노드에 (+)전압, 캐소드에 (−)전압, 게이트에 (+)전압을 공급한다.
㉱ 애노드에 (+)전압, 캐소드에 (−)전압, 게이트에 (−)전압을 공급한다.

정답 38. ㉱ 39. ㉮ 40. ㉰

 SCR의 턴온(turn-on)을 위한 전압 공급

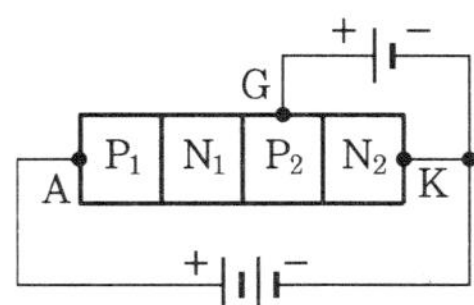

41 GTO의 동작 원리를 올바르게 설명한 것은?

㉮ 게이트에 정(+)의 전류 인가로 턴 온, 부(−)의 전류로 턴 오프
㉯ 한번 턴온되면 게이트 입력에 관계없이 계속 유지
㉰ 게이트 입력은 오직 삼각파이어야 된다.
㉱ 빛에 의해서만 턴 온, 턴 오프된다.

 • GTO(gate turn-off thyristor)의 동작 원리

① 역저지 3단자 사이리스터(thyristor)의 일종으로, 트리거 소자이다.
② 게이트에 정(+)전류 펄스에 의해서 턴 온(turn on)되고, 게이트에 부(−) 전류 펄스에 의해서 턴 오프(turn off)된다.

42 TRIAC을 사용하여 소용량 저항 부하의 AC 전력 제어를 하려고 한다. 게이트용 소자로 가장 간단히 사용할 수 있는 것은?

㉮ UJT ㉯ PUT ㉰ DIAC ㉱ SUS

 • 다이액(DIAC)의 특성

① NPN 또는 PNP 3층 구조의 양방향성 다이오드이며, 2단자의 교류 스위칭 소자이다.
② 교류 전원으로부터 직접 트리거 펄스를 얻는 회로에 사용되므로 트리거 다이오드(trigger diode)라고도 한다.
③ 쌍방향으로 대칭적인 부성저항 특성을 이용하여 콘덴서의 충전 전하를 방전시킬 때 다이액을 통하여 흐르는 전류는 펄스 상태이므로 SCR이나 트라이액의 트리거용으로 사용되고 있다.

43 사이클로 컨버터(cyclo converter)란?

㉮ 실리콘 양방향성 소자이다.
㉯ 제어 정류기를 사용한 주파수 변환기이다.
㉰ 직류 제어 소자이다.
㉱ 전류 제어 소자이다.

정답 41. ㉮ 42. ㉰ 43. ㉯

 • 사이클로 컨버터 (cyclo converter) : 본문 그림 4-32 참조

① 어떤 주파수의 교류를 직류 회로로 변환하지 않고 그 주파수의 교류로 변환하는 직접 주파수 변환 장치이다.

② 전원 주파수와 출력 주파수 사이에 일정비의 관계를 가진 정비식 사이클로 컨버터와 출력 주파수를 연속적으로 바꿀 수 있는 연속식 사이클로 컨버터가 있다.

참고 사이리스터를 사용하는 것은 전력용 주파수 변환 장치로서가 아니라 교류 전동기의 속도 제어용으로서이다.

44 다음 그림의 스위칭 회로에서 논리식은?

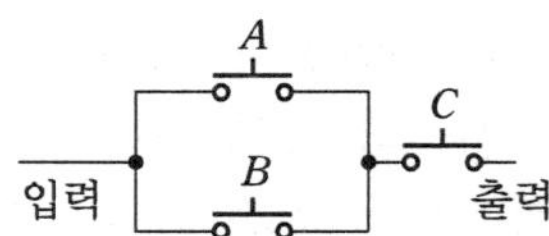

㉮ $(A+B)C$ ㉯ $AB+C$ ㉰ $AC+B$ ㉱ $A+BC$

 • 스위칭 회로의 논리식

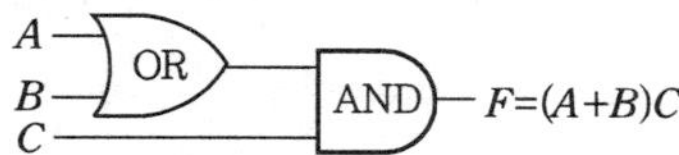

45 그림과 같은 논리 회로의 논리 함수는?

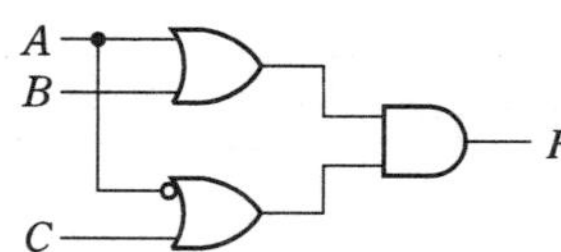

㉮ $A\overline{B}+AC+BC$ ㉯ $\overline{A}B+\overline{A}C+BC$

㉰ $\overline{A}B+AC+BC$ ㉱ $\overline{A}B+A\overline{C}+BC$

 • 논리 회로의 논리 함수

$F=(A+B)(\overline{A}+C)=A\overline{A}+AC+\overline{A}B+BC=\overline{A}B+AC+BC$

참고 $A\overline{A}=0$

46 다음 그림은 어떤 논리 회로인가?

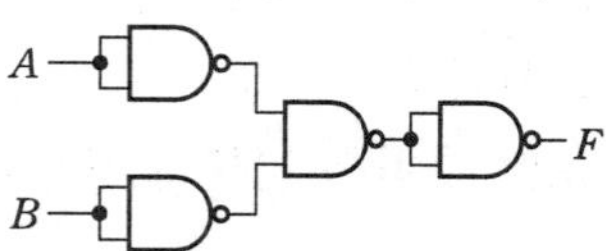

㉮ NAND ㉯ NOR ㉰ E-OR ㉱ E-NOR

정답 44. ㉮ 45. ㉰ 46. ㉯

 • NAND 게이트만을 이용한 NOR 게이트 표현

$F = \overline{\overline{\overline{A}}\,\overline{\overline{B}}} = \overline{A}\,\overline{B} = \overline{A+B}$ ∴ NOR

[참고] NOR 게이트

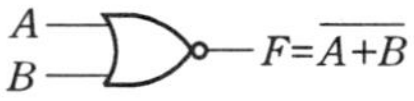

A, B — NOR — $F=\overline{A+B}$

47 반가산기 회로에서 입력을 A, B라 하고 합을 S로 표시할 때 S는 어떻게 되는가?

㉮ $A \cdot B$ ㉯ $A+B$ ㉰ $\overline{A}B+A\overline{B}$ ㉱ $\overline{A+B}$

 • 반가산기(half adder) 회로 : 본문 그림 5-3 참조

반가산기 회로는 한비트의 2진수를 더하여 합(S)과 자리올림(C) 값을 계산하는 회로이다.

$S=\overline{A}B+A\overline{B}$, $C=AB$

48 그림과 같은 회로에서 AB 간의 전압의 실효 값을 200 V라고 할 때 R_L양단에서 전압의 평균 값은 약 몇 V인가?(단, 다이오드는 이상적인 다이오드이다.)

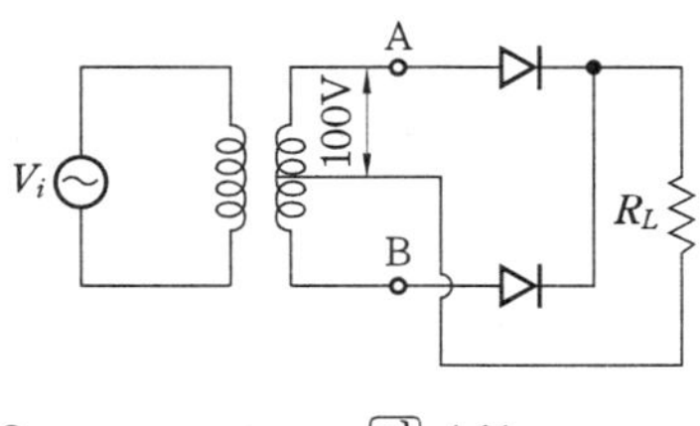

㉮ 64 ㉯ 90 ㉰ 141 ㉱ 282

 $E_{d0} = 0.9\,V = 0.9 \times 100 = 90$ V

 다음과 같은 회로에서 저항 R이 0 Ω인 것을 사용하면 무슨 문제가 발생하는가?

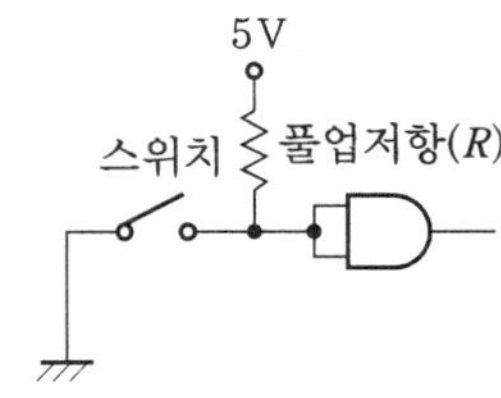

㉮ 낮은 전압이 인가되어 문제가 없다.

㉯ 저항 양단의 전압이 커진다.

㉰ 저항 양단의 전압이 작아진다.

㉱ 스위치를 on했을 때 회로가 단락된다.

정답 47. ㉰ 48. ㉯ 49. ㉱

 • 풀업 저항(pull-up resistor)

① 회로의 입출력 단자와 고전위 사이에 접속되어 있는 저항이다.

② 등가 회로에서 풀업 저항을 사용할 때 스위치가 열려 있으면 항상 5 V의 전압이 가해진다.

③ 스위치를 닫으면 접지가 되어 A점의 전압은 0 V가 되며, 이때 전류는 풀업 저항에 의하여 제한된다.

∴ 풀업 저항이 0 Ω인 것을 사용시 스위치를 닫게 되면 접지가 되어 회로가 단락 상태가 되며, 큰 단락 전류가 흐르게 된다.

+5V
+5V
R_P
A
논리 회로
SW

등가 회로

참고 단자를 높은 저항에 매달아 둔다는 뜻에서 '풀업 저항'이라 한다.

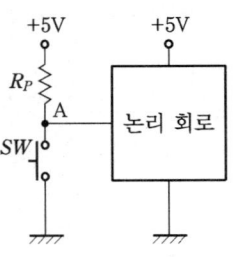

50 **8086 마이크로프로세서의 세그먼트 레지스터의 종류가 아닌 것은?**

㉮ AS ㉯ CS

㉰ DS ㉱ ES

 • 세그먼트(segment) 레지스터의 종류

① CS(code segment) ② DS(data segment)

③ SS(stack segment) ④ ES(extra segment)

참고 세그먼트(segment) : 프로그램 실행 시에 주기억 장치 상에 적재되는 프로그램의 분할 가능한 기본 단위

51 **8비트 마이크로프로세서의 레지스터에서 레지스터 쌍으로 결합하여 16비트로는 사용할 수 없는 레지스터는?**

㉮ BC ㉯ HL

㉰ DE ㉱ AF

 • 8비트 마이크로 프로세서의 범용 레지스터 쌍 결합

① 6개의 범용 레지스터 'BCDEHL' 중 결합이 가능한 조합은 'BC' 'DE' 'HL' 3개이다.

② 이 3개의 조합들은 하나의 16 Bit 레지스터로 사용되며 메모리 주소의 지정이나 연산 등에 사용된다.

52 **반도체 기억 소자로서 저장된 데이터는 비소멸성으로 제조 당시에 저장되어 있는 내용을 인출할 수 있으나 새로운 데이터를 저장할 수 없는 기억 소자는?**

㉮ mask ROM ㉯ S-RAM

㉰ D-RAM ㉱ RWM

정답 50. ㉮ 51. ㉱ 52. ㉮

 • ROM (read only memory) : 읽기 전용 기억 장치

① 컴퓨터에 미리 장착되어 있는 메모리로 읽을 수는 있지만 변경을 가할 수는 없다.

② ROM은 다시 쓰고 지울 수 있는 방식에 따라 mask ROM, PROM, EPROM, EEPROM으로 발전하였다.

③ 제조 과정에서 프로그램이 기록되는 것이 가장 기본적인 마스크 롬(mask ROM)이며, 사용자가 한번 기록할 수 있는 것이 PROM이고, 전기적으로 정보를 기록하고 소자에 강한 자외선을 비추어 정보를 지울 수 있기 때문에 반복해서 여러 번 정보를 기록할 수 있는 것이 EPROM이다.

참고 메모리는 크게 램(RAM)과 롬(ROM)으로 나뉜다.

① RAM (random access memory)

(가) 기억된 정보를 읽어내기도 하고 다른 정보를 기억시킬 수 있는 메모리이다.

(나) 전원이 끊어지면 휘발유처럼 기록된 정보도 날아가기 때문에 휘발성(소멸성) 메모리 (volatile memory)라고 한다.

(라) D-RAM (dynamic RAM) : 어느 정도의 시간이 경과하면 기억된 정보가 지워지는 것

(마) S-RAM (static RAM) : 메모리의 각 비트의 기억이 전원이 있는 한 유지되는 것

② RWM (read write memory) : 판독-기록 메모리

53 스택(stack)과 관련 있는 어셈블리 명령어는?

가 MOV 나 ADD 다 AND 라 PUSH

 • 스택(stack), PUSH, LIFO : 본문 그림 6-11 참조

• PUSH : 스택에 데이터나 어드레스를 쌓아서 저장하는 것(밀어 넣기)

참고 ① 스택(stack)이란 쌓아 올린 더미를 의미하는데, 자료 구조에서 기억 장치에 데이터를 일시적으로 겹쳐 쌓아 두었다가 필요할 때에 꺼내서 사용할 수 있게 주기억 장치(main memory)나 레지스터(register)의 일부를 할당하여 사용하는 임시 기억 장치를 말한다.

② 스택은 선형 리스트의 일종으로서 삽입이나 삭제가 리스트의 한쪽 끝에서만 가능하다. 또 "in/out"에 상당(相當)하는 조작을 각각 push down/pop up이라고 한다.

③ 데이터 저장시 후입 선출법(LIFO : last-in first-out)에 의해 기억 장치 내에 저장하기 위해 미리 약정된 영역을 후입 선출 스택이라고 부른다.

54 LIFO (last-in-first-out)와 관련된 것은?

가 프로그램 카운터 나 스택

다 인스트럭션 포인터 라 베이스 포인트

 • LIFO (last-in first-out) : 후입 산출법

각종 처리를 하는 경우에 대기 시간이 있을 때 나중에 입력된 데이터 등의 처리를 먼저 끝내는 방식, [문제 53] 해설 참조

정답 53. 라 54. 나

55 그림과 같은 계획 공정도(network)에서 주공정으로 옳은 것은?(단, 화살표 밑의 숫자는 활동 시간[단위 : 주]을 나타낸다.)

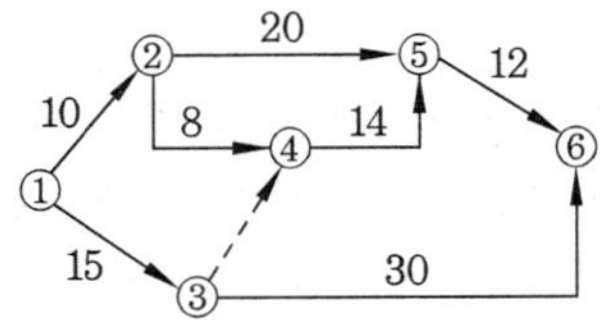

㉮ ①-②-⑤-⑥　　㉯ ①-②-④-⑤-⑥
㉰ ①-③-④-⑤-⑥　　㉱ ①-③-⑥

해설 • 계획 공정도(network)
일정(日程) 계획 속에 공정 전체의 관련성을 수용한 것으로서, 작업의 결합점이나 공사의 개시점과 종료점을 원으로 나타내고, 작업의 순서와 시간적 경과를 정확히 표현한 것이다.

㉮ ①→(10)②→(20)⑤→(12)⑥ : 42주　　㉯ ①→(10)②→(8)④→(14)⑤→(12)⑥ : 44주
㉰ ①→(15)③→( )④→(14)⑤→(12)⑥ : 41주　　㉱ ①→(15)③→(30)⑥ : 45주
∴ 활동 시간이 가장 긴 ㉱가 주공정이 된다.

56 모집단을 몇 개의 층으로 나누고 각 층으로부터 각각 랜덤하게 시료를 뽑는 샘플링 방법은?

㉮ 층별 샘플링　㉯ 2단계 샘플링　㉰ 계통 샘플링　㉱ 단순 샘플링

• 층별 샘플링(stratified sampling)
로트(lot)나 공정을 몇 개의 층으로 나누어 각 층으로부터 임의로, 즉 랜덤(random)하게 시료를 취하는 방법

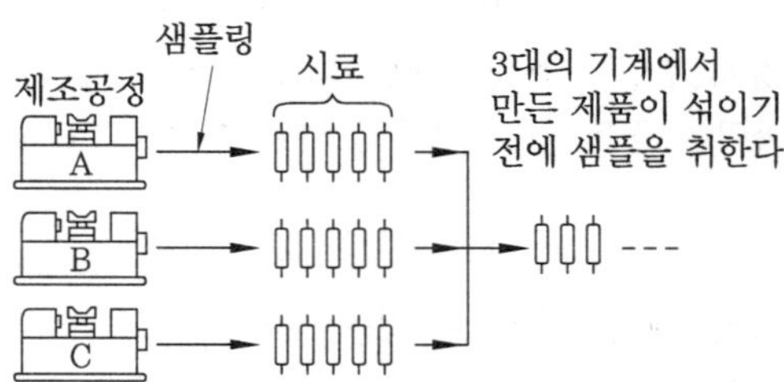

57 u 관리도의 공식으로 가장 올바른 것은?

㉮ $\bar{u} \pm 3\sqrt{\bar{u}}$　㉯ $\bar{u} \pm \sqrt{\bar{u}}$　㉰ $\bar{u} \pm 3\sqrt{\frac{\bar{u}}{n}}$　㉱ $\bar{u} \pm \sqrt{\frac{\bar{u}}{n}}$

정답 55. ㉱　56. ㉮　57. ㉰

 • u 관리도 (U chart)

① 에나멜 선의 핀홀 (pin hole)이나 길고 가는 판재의 홈 등의 결점을 관리할 때처럼, 구조 대상의 시료 길이나 면적이 일정하지 않은 경우에 사용하는 관리도이다.

② 관리 한계는 다음과 같다.

$$CL = \bar{u} = \frac{\Sigma c}{\Sigma n} \qquad UCL,\ LCL = \bar{u} \pm 3\sqrt{\frac{\bar{u}}{n}}$$

여기서, u : 일정 단위당의 결점수

c : 시료중의 결점수

n : 시료의 크기

58 다음 중 관리의 사이클을 가장 올바르게 표시한 것은? (단, A : 조치, C : 검토, D : 실행, P : 계획)

㉮ P → C → A → D ㉯ P → A → C → D

㉰ A → D → C → P ㉱ P → D → C → A

 • 관리 사이클

① 계획 (plan) → ② 실행 (do) → ③ 검토 (check) → ④ 조치 (action)

59 다음 중 절차 계획에서 다루어지는 주요한 내용으로 가장 관계가 먼 것은?

㉮ 각 작업의 소요 시간 ㉯ 각 작업의 실시 순서

㉰ 각 작업에 필요한 기계와 공구 ㉱ 각 작업의 부하와 능력의 조정

 • 절차 계획 (routing)에서 다루어지는 내용

① 작업 공정의 순서와 작업 내용

② 조립 작업의 순서와 방법

③ 각 공정에서 필요로 하는 인원수, 기계 설비 및 공구

④ 각 공정의 작업 시간

⑤ 사용 자재

참고 '각 작업자의 부하와 능력의 조정'은 공수 계획에 적용된다.

60 작업자가 장소를 이동하면서 작업을 수행하는 경우에 그 과정을 가공, 검사, 운반, 저장 등의 기호를 사용하여 분석하는 것을 무엇이라 하는가?

㉮ 작업자 연합 작업 분석 ㉯ 작업자 동작 분석

㉰ 작업자 미세 분석 ㉱ 작업자 공정 분석

 • 공적 분석 (process analysis)

재료가 가공되어 제품으로 될 때까지의 과정을 가공 · 운반 · 정체(停滯) · 검사 4개의 상태로 나누어서 그것들이 제작 과정에서 어떻게 연속하고 있는지를 조사하는 작업이다.

정답 58. ㉱ 59. ㉱ 60. ㉱

▶2007년 7월 15일 시행(42회)

자격종목 및 등급(선택분야)	종목코드	시험시간	문제지형별	수험번호	성 명
전기기능장	3380	1시간	A		

01 **히스테리시스 곡선의 횡축과 종축을 나타내는 것은?**

㉮ 자속 밀도－투자율 ㉯ 자장의 세기－자속 밀도

㉰ 자계의 세기－자화 ㉱ 자화－자속 밀도

• 히스테리시스 곡선(hysteresis loop)

횡축 H : 자장의 세기

종축 B : 자속 밀도

참고 본문 그림 1-20 히스테리시스 곡선 참조

02 **동일한 보빈 위에 동일한 인덕턴스 L [H]인 두 코일을 반대 방향으로 직렬로 연결할 때 합성 인덕턴스는 몇 H인가?**

㉮ 0 ㉯ L

㉰ $2L$ ㉱ $4L$

• 인덕턴스의 접속

차동 접속 : $L_s = L_1 + L_2 - 2M$ [H] ($L_1 = L_2$, 반대 방향 직렬 접속)

$L_s = L + L - 2\sqrt{L \cdot L} = 2L - 2L = 0$

참고 가동 접속 : $L_p = L_1 + L_2 + 2M$ [H] ($L_1 = L_2$, 같은 방향 직렬 접속)

$L_p = L + L + 2\sqrt{L \cdot L} = 2L + 2L = 4L$ [H]

03 **비투자율 $\mu_s = 800$, 단면적 $S = 10$ cm², 평균 자로 길이 $l = 30$ cm의 환상 철심에 $N = 600$회의 권선을 감은 무단 솔레노이드가 있다. 이것에 $I = 1A$의 전류를 흘릴 때 솔레노이드 내부의 자속은 약 몇 Wb인가?**

㉮ 1.10×10^{-3} ㉯ 1.10×10^{-4}

㉰ 2.01×10^{-3} ㉱ 2.01×10^{-4}

• 솔레노이드 내부의 자속 : ϕ [Wb]

① $\mu = \mu_0 \mu_s = 4\pi \times 10^{-7} \times 800 \fallingdotseq 1 \times 10^{-3}$

② $H = \dfrac{NI}{l} = \dfrac{600 \times 1}{30 \times 10^{-2}} = 2 \times 10^3$ [AT/m]

$\therefore \phi = BS = \mu HS = 1 \times 10^{-3} \times 2 \times 10^3 \times 10 \times 10^{-4} \fallingdotseq 2 \times 10^{-3}$ [Wb]

정답 1. ㉯ 2. ㉮ 3. ㉰

04 비투자율 1,500인 자로의 평균 길이 50 cm, 단면적 30 cm^2인 철심에 감긴 권수 425회의 코일에 0.5 A의 전류가 흐를 때 저축된 전자(電磁) 에너지는 몇 J인가?

㉮ 0.25　㉯ 2.73　㉰ 4.96　㉱ 15.3

• 전자 에너지

① $\mu = \mu_0 \mu_s = 4\pi \times 10^{-7} \times 1500 ≒ 1.885 \times 10^{-3}$

② $L = \mu \cdot \dfrac{A}{l} \cdot N^2 = 1.885 \times 10^{-3} \times \dfrac{30 \times 10^{-4}}{50 \times 10^{-2}} \times 425^2 ≒ 2\ \text{H}$

$\therefore\ W = \dfrac{1}{2} LI^2 = \dfrac{1}{2} \times 2 \times 0.5^2 = 0.25\ \text{J}$

05 5 Ω의 저항 10개를 직렬 접속하면 병렬 접속 시의 몇 배가 되는가?

㉮ 20　㉯ 50　㉰ 100　㉱ 250

① 직렬 접속 : $R_s = nR_1$

② 병렬 접속 : $R_p = \dfrac{R_1}{n}$

$\therefore\ \dfrac{R_s}{R_p} = \dfrac{nR_1}{\dfrac{R_1}{n}} = n^2 = 10^2 = 100$ 배

06 100 V 전원에 30 W의 선풍기를 접속하였더니 0.5 A의 전류가 흘렀다. 이 선풍기의 역률은 얼마인가?

㉮ 0.6　㉯ 0.7　㉰ 0.8　㉱ 0.9

• 선풍기의 역률

$\cos\theta = \dfrac{P}{VI} = \dfrac{30}{100 \times 0.5} = 0.6$

07 어떤 $R-L-C$ 병렬 회로가 병렬 공진되었을 때 합성 전류에 대한 설명으로 옳은 것은?

㉮ 전류는 무한대가 된다.　㉯ 전류는 최대가 된다.

㉰ 전류는 흐르지 않는다.　㉱ 전류는 최소가 된다.

• $R-L-C$ 병렬 공진 회로

① 병렬 공진 회로에서는 공진시에 어드미턴스가 최소, 임피던스는 최대가 된다.

② 전류는 전압과 동상이 되고, 그 크기는 최소가 된다.

정답 4. ㉮ 5. ㉰ 6. ㉮ 7. ㉱

08 철심을 자화할 때 발생하는 자기 점성의 원인은?

㉮ 자화에 따른 발열　　㉯ 자구의 변화에 대한 관성
㉰ 맴돌이 전류에 의한 자화 방해　　㉱ 전자의 전자 운동의 감속

 • 자기 점성의 원인 : 자구의 변화에 대한 관성

① 자기 점성 (magnetic viscosity) : 강자성체에 약한 자장을 작용시킬 경우, 자화가 평형 값에 도달하는 데에는 시간이 지연된다. 이 현상을 자기 점성 또는 자기 여효 (magnetic after effect)라 한다.

② 자구 (magnetic domain) : 원자 집단에서 전 영역을 말하며, 철판은 자구라는 영역으로 구성되어 있고, 이들의 영역에는 각각 10^{15}개 정도의 원자가 함유되어 있다.

09 전기자 도체의 총 수 500, 10극, 단중 파권으로 매극의 자속수가 0.2 Wb인 직류 발전기가 600 rpm으로 회전할 때의 유도기 전력은 몇 V인가?

㉮ 25,000　㉯ 5,000　㉰ 10,000　㉱ 15,000

 • 직류 발전기의 유도 기전력

$$E = P\phi\frac{N}{60}\cdot\frac{Z}{a} = 10\times0.2\times\frac{600}{60}\times\frac{500}{2} = 5000\ \text{V}$$

10 직류 전동기에서 전기자에 가해 주는 전원 전압을 낮추어서 전동기의 유도 기전력을 전원 전압보다 높게 하여 제동하는 방법은?

㉮ 맴돌이 전류 제동　　㉯ 발전 제동
㉰ 역전 제동　　㉱ 회생 제동

 • 회생 제동

① 운전 중의 전동기를 발전기로 하여 전원보다 높은 전압을 발생시켜서 전기적 에너지를 전원에 변환시키면서 제동하는 방법이다.

② 회생 제동은 전기 기관차가 비탈길을 내려올 때와 같은 경우에 응용되며, 직권 전동기에서는 직권 권선의 접속을 반대로 하든지 또는 직권 권선을 분리하고 이것을 타여자시켜야 한다.

11 200 kVA 단상 변압기가 있다. 철손은 1.6 kW, 전부하 동손은 2.4 kW이다. 역률이 0.8일 때 전 부하에서의 효율은 약 몇 %인가?

㉮ 91.9　㉯ 94.7　㉰ 97.6　㉱ 99.1

 ① 출력 $P = P_a\cos\theta = 200\times0.8 = 160\ \text{kW}$

② 손실 $P_l = P_c + P_i = 2.4 + 1.6 = 4\ \text{kW}$

$$\therefore\ \eta = \frac{\text{출력}}{\text{출력}+\text{손실}}\times100 = \frac{160}{160+4}\times100 = \frac{160}{164}\times100 = 97.56\%$$

정답 8. ㉯　9. ㉯　10. ㉱　11. ㉰

12

변압기에 대한 설명으로 잘못된 것은?

㉮ 변압기의 호흡 작용은 기름의 열화의 원인이 된다.
㉯ 변압기의 임피던스 전압이 크면 전압 변동률은 작다.
㉰ 변압기의 온도 상승에 영향이 가장 큰 것은 동손이다.
㉱ 무부하 시험에서는 고압 쪽을 개방하고 저압 쪽에 기계를 단다.

변압기의 특성 중에서, 변압기 권선의 전압 강하가 크면 임피던스 전압이 커지고, 따라서 전압 변동도 커진다.

13

단상 변압기 2대를 병렬 운전하기 위한 조건으로 잘못된 것은?

㉮ 2차 유도 기전력의 크기가 같아야 한다.
㉯ 각 변압기의 저항과 리액턴스비가 같아야 한다.
㉰ 2차 권선의 폐회로에 순환 전류가 흐르지 않아야 한다.
㉱ 각 변압기에 흐르는 부하 전류가 임피던스에 비례해야 한다.

• 변압기의 병렬 운전 조건〈㉮, ㉯, ㉰ 이외에〉
① 1차, 2차의 정격 전압, 권수비 및 극성이 같을 것(순환 전류 방지)
② 각 변압기의 임피던스가 정격 용량에 반비례 될 것, 따라서 부하 분담은 내부 임피던스에 반비례하여 분담한다.
∴ 각 변압기에 흐르는 부하 전류가 임피던스에 반비례해야 한다.

14

변압기의 온도 상승 시험을 하는 데 가장 좋은 방법은?

㉮ 실부하 시험법 ㉯ 단락 시험법
㉰ 충격 전압 시험법 ㉱ 전전압 시험법

• 변압기 온도 상승 시험–단락 시험법(등가 부하법)
단락 접속에 의한 등가 부하법은 변압기에 정격 전압과 정격 전류를 동시에 걸지 않지만 한쪽 권선에 전류를 흘리고 다른 한쪽의 권선을 단락시켜 기준 권선 온도의 부하손과 무부하손의 합계인 전손실에 해당하는 부하 손실을 공급, 온도 상승을 측정한다.

참고 온도 상승 시험
① 본체 및 냉각기를 조립하여 단락 접속에 의해 등가 부하법에 따라 변압기에 전손실을 공급하고 절연유와 권선 평균 온도의 상승이 포화됐다고 판단될 때까지 측정하는 동시에 냉각기의 냉각 성능 및 이음, 진동의 발생 상황을 확인하고 있다.
② 시험 방법에는 실부하법(소용량), 단락법(대용량–공장 시험), 반환 부하법(주로 현장 시험)이 있다.

정답 12. ㉯ 13. ㉱ 14. ㉯

15 크로잉 현상은 다음의 어느 것에서 일어나는가?

㉮ 농형 유도 전동기 ㉯ 직류 직권 정동기
㉰ 회전 변류기 ㉱ 3상 직권 전동기

 • 농형 유도 전동기－크로잉(crawing) 현상

① 회전자 권선을 감은 방법과 슬롯수가 적당하지 않으면 토크 곡선에 凹, 凸이 생기는 현상이다.
② 이것은 고조파 회전 자계 때문에 발생한다.

16 농형 유도 전동기 기동법이 아닌 것은?

㉮ 직입기동 ㉯ 2차 저항 기동법
㉰ 콘도르퍼 방식 ㉱ $Y-\Delta$ 기동법

 • 농형 유도 전동기의 기동 방법

① 전전압 기동법 : 소형(3.7 kW 이하)에 적용되는 직입 기동 방식
② $Y-\Delta$ 기동법 : 10~15 kW 정도
③ 기동 보상 기법 : 15 kW 이상으로, 단권 변압기 기동을 콘도르퍼(korndorfer) 기동이라 부른다.
④ 리액터 기동법 : 15 kW 이하에서 자동 운전 또는 원격 제어에 적용

17 동기기의 전기자 권선법이 아닌 것은?

㉮ 분포권 ㉯ 2층권 ㉰ 증권 ㉱ 전절권

 • 전기자 권선법

① 집중권과 분포권 중에서 분포권을 사용한다.
② 전절권과 단절권 중에서 단절권을 사용한다.
③ 단층권과 2층권 중에서 2층권을 사용한다.
④ 중권, 파권, 쇄권 중에서 중권을 사용한다.

18 동기 발전기에서 전기자 권선을 단절권으로 하는 이유는?

㉮ 절연을 좋게 하기 위해 ㉯ 기전력을 높게 한다.
㉰ 역률을 좋게 한다. ㉱ 고조파를 제거한다.

 • 동기 발전기의 전기자 권선법－단절권

① 전절권에 비해서 고조파를 제거하여 파형이 좋아진다.
② 접속선의 길이가 짧아지며, 구리선이 절약된다.
③ 기계의 치수는 단축되지만, 유도 기전력이 감소된다.

정답 15. ㉮ 16. ㉯ 17. ㉱ 18. ㉱

19 동기 발전기를 병렬 운전할 때 동기 검정기(synchro scope)를 사용하여 측정이 가능한 것은?

㉮ 기전력의 크기 ㉯ 기전력의 파형
㉰ 기전력의 진폭 ㉱ 기전력의 위상

해설 • 동기 검정기(synchro scope)

① 동기 발전기를 병렬 운전시킬 때에는 전압 이외에 주파수, 위상 및 상순 등을 같도록 조정하여야 한다.

② 상순(상회전)은 상순 검정기로, 전압은 전압계로, 기전력의 주파수 및 위상은 동기 검정 장치를 써서 검사한다. 여기서, 동기 검정 장치로는 동기 검정기가 있으며, 발전소에서는 모두 이것을 써서 검정한다.

참고 본문 그림 2-71 참조

20 8극 동기 전동기의 기동 방법에서 유도 전동기로 기동하는 기동법을 사용하려면 유도 전동기의 필요한 극수는 몇 극인가?

㉮ 6 ㉯ 8 ㉰ 10 ㉱ 12

해설 • 동기 전동기의 기동 – 기동 전동기법

기동용 전동기에는 보통 유도 전동기를 사용하며, 동기 전동기보다 속도가 빨라야 하므로 2극 만큼 적은 극수의 유도 전동기를 사용한다.

21 동기 조상기를 과여자로 해서 운전하였을 때 나타나는 현상이 아닌 것은?

㉮ 리액터로 작용한다. ㉯ 전압 강하를 감소시킨다.
㉰ 진상 전류를 취한다. ㉱ 콘덴서로 작용한다.

해설 • 동기 조상기의 운전

① 부족 여자 : 유도성 부하로 동작 → 리액터로 작용 → 지상 전류를 취한다. 즉, 전기자전류 위상이 뒤진다.

② 과여자 : 용량성 부하로 동작 → 콘덴서로 작용 → 진상 전류를 취한다. 즉, 전기자 전류의 위상이 앞선다.

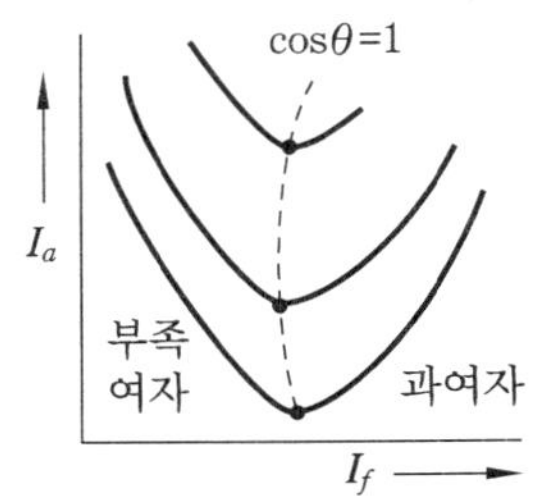

위상 특성 곡선

22 수소 냉각 발전기에서 발전기 내 수소 순환용 팬(fan)의 전후 압력차로 식별하고자 하는 것은?

㉮ 발전기 내 수소 압력 ㉯ 수소 가스의 순도
㉰ 팬의 회전 속도 ㉱ 가스의 수분 함량

정답 19. ㉱ 20. ㉮ 21. ㉮ 22. ㉯

해설 • 수소 냉각 방식

① 수소 가스를 순환 냉각시키는 폐쇄 풍도 순환형이다.

② 발전기 내 수소 순환용 팬(fan)의 전후 압력차로 수소 가스의 순도를 식별한다.

23 상전압 300 V의 3상 반파 정류 회로의 직류 전압은 몇 V인가?

㉮ 117 ㉯ 200 ㉰ 283 ㉱ 351

 • 3상 반파 정류 회로

$E_{do} = 1.17\,V = 1.17 \times 300 = 351\,[\mathrm{V}]$

24 단상 3선식 선로에 그림과 같이 부하가 접속되어 있을 경우 설비 불평형률은 약 몇 % 인가?

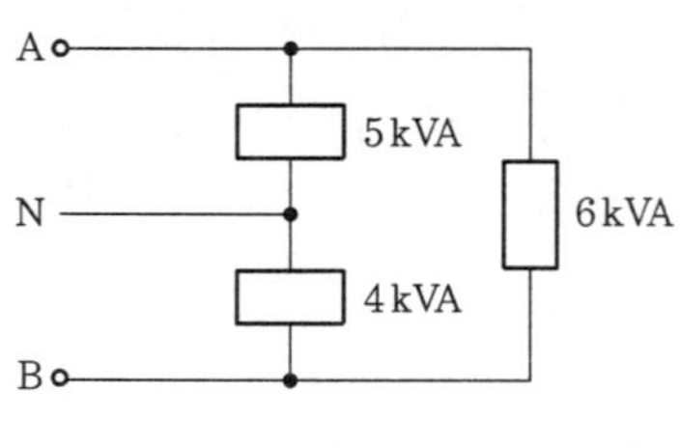

㉮ 13.33 ㉯ 14.33 ㉰ 15.33 ㉱ 16.33

 • 설비 불평형률 – 단상 3선식

$$\text{설비 불평형률} = \frac{\begin{pmatrix}\text{중성선과 각 전선 간에 접속되는} \\ \text{부하 설비 용량[kVA]의 차}\end{pmatrix}}{\text{총 부하 설비 용량[kVA]의 } \dfrac{1}{2}} \times 100 = \frac{5-4}{\dfrac{(5+4+6)}{2}} \fallingdotseq 13.33\,\%$$

참고 단상 3선식에서 중성선과 각 전압측 전선 사이의 부하는 평형이 원칙이나 부득이 한 경우는 설비 불평형률을 40 % 이하로 제한하고 있다.

25 전선의 접속 원칙이 아닌 것은?

㉮ 전선의 허용 전류에 의하여 접속 부분의 온도 상승 값이 접속부 이외의 온도 상승 값을 넘지 않도록 한다.

㉯ 접속 부분은 접속관, 기타의 기구를 사용한다.

㉰ 전선의 강도를 30 % 이상 감소시키지 않는다.

㉱ 구리와 알루미늄 등 다른 종류의 금속 상호 간을 접속할 때에는 접속부에 전기적 부식이 생기지 않도록 한다.

 • 전선의 접속 원칙(내선규정 1430-7 참조)

전선의 강도를 20 % 이상 감소시키지 않는다.

정답 23. ㉱ 24. ㉮ 25. ㉰

26 다음 심벌의 명칭은 어느 것인가?

㉮ 전류제한기 ㉯ 지진감지기
㉰ 전압제한기 ㉱ 역률제한기

(L)

 • 심벌의 명칭

(L) : 전류제한기

(EQ) : 지진감지기

27 동일한 굵기의 전선을 동일관 내에 넣는 금속관의 굵기를 선정할 때 전선의 피복을 포함한 단면적의 총합계가 관내 단면적의 최대 몇 % 이하가 되도록 선정해야 하는가?

㉮ 32 ㉯ 40 ㉰ 48 ㉱ 5

 • 금속관의 굵기 선정(내선규정 2225-5 참조)

① 동일한 굵기로 굴곡이 적은 경우 : 48% 이하

② 굵기가 다른 경우 : 32% 이하

28 합성수지몰드 공사에 사용하는 몰드 홈의 폭과 깊이는 몇 cm 이하가 되어야 하는가?

㉮ 1.5 ㉯ 2.5 ㉰ 3.5 ㉱ 4.5

 • 합성수지 몰드 공사(내선규정 2215 참조)

두께는 2mm 이상의 것으로, 홈의 폭과 깊이가 3.5cm 이하이어야 한다. 단, 사람이 쉽게 접촉될 우려가 없도록 시설한 경우에는 폭 5cm 이하, 두께 1mm 이상인 것을 사용할 수 있다.

29 저압 연접 인입선은 인입선에서 분기하는 점으로부터 100m를 넘지 않는 지역에 시설하고 폭 몇 m를 초과하는 도로를 횡단하지 않아야 하는가?

㉮ 4 ㉯ 5 ㉰ 6 ㉱ 6.5

해설 • 저압 연접 인입선의 시설 규정

① 인입선에서 분기하는 점에서 100m를 넘는 지역에 이르지 않아야 한다.

② 폭 5m를 넘는 도로를 횡단하지 않아야 한다.

③ 연입 인입선은 옥내를 통과하면 안된다.

참고 전선의 종류 및 굵기(내선규정 2115-1 참조)

전선의 종류	전선의 굵기	
	전선의 길이 15m 이하	전선의 길이 15m 초과
OW 전선, DV 전선	2.0mm 이상	2.6mm 이상
450/750V 일반용 단심 비닐 절연 전선	$4\,mm^2$ 이상	$6\,mm^2$ 이상

정답 26. ㉮ 27. ㉰ 28. ㉰ 29. ㉯

30 지중에 매설되어 있는 케이블의 전식(전기적인 부식)을 방지하기 위한 대책이 아닌 것은?

㉮ 회생양극법 ㉯ 외부전원법
㉰ 선택배류법 ㉱ 배양법

• 케이블(cable)의 전식 방지법의 종류
① 회생 양극법(유전 양극법)
② 외부 전원법
③ 배류법
(가) 직접 배류법 (나) 선택 배류법 (다) 강제 배류법

31 지중배선에 사용되는 기기는 별도의 설치 공간에 적합한 구조로 제작되어 설치되는 데 이에 사용되는 일반 기기를 설치 형태별로 구분한 종류에 해당하지 않는 것은?

㉮ 지상 설치형 ㉯ 지중 설치형
㉰ 지하공 설치형 ㉱ 반가대 설치형

① 지중 배선 대상 기기에는 개폐기, 변압기, 고장 차단기, 자동 부하 전환 개폐기(ALTS), 고장 표시기 등이 있다.
② 지중 배전용 기기는 용도에 따라 지상, 지하, 또는 옥내에 시설할 수 있다.
③ 일반 기기를 설치 형태별로 구분한 종류에는 ㉮, ㉯, ㉰가 해당되며, 옥내 설치 시 가대가 사용된다.

32 일반적으로 큐비클형이라 하여 점유 면적이 좁고 운전 보수에 안전하므로 공장, 빌딩 등의 전기실에 많이 사용되며 조립형, 장갑형이 있는 배전반은?

㉮ 데드 프런트식 배전반 ㉯ 철제 수직형 배전반
㉰ 라이브 프런트식 배전반 ㉱ 폐쇄식 배전반

폐쇄식 배전판(큐비클형(cubicle type))은 일반적으로 공장, 빌딩 등의 전기실에 많이 사용된다.

참고 ① 라이브 프런트식 배전반(live front board) : 보통 수직형으로 개폐기가 표면에 나타나 있으며 주로 저압 간선용에 많이 사용된다.
② 데드 프런트식 배전반(dead front board) : 반 표면은 각종 기계와 개폐기 조작 핸들만 나타나고 모든 충전 부분은 배전반 이면에 장치한 것으로 고압 수전반, 고압 전동기 운전반 등에 사용된다.
③ 폐쇄식 배전반(safety enclosed board) : 데드 프런트식 배전반의 옆면 및 뒷면을 폐쇄하여 만든 것으로 일반적으로 큐비클형(cubicle type)이라 하며, 점유 면적이 좁고, 운전, 보수에 안전하므로 공장, 빌딩 등의 전기실에 많이 사용된다.

정답 30. ㉱ 31. ㉱ 32. ㉱

33 조명용 전등에 일반적으로 타임 스위치를 시설하는 곳은?

㉮ 병원 ㉯ 은행
㉰ 아파트 현관 ㉱ 공장

• 점멸 장치와 타임 스위치 등의 시설(판단기준 제177조 참조)
조명용 백열전등을 설치할 때에는 다음 각호에 의하여 타임 스위치를 시설하여야 한다.
① 관광진흥법과 공중위생법에 의한 관광숙박업 또는 숙박업(여인숙업을 제외한다.)에 이용되는 객실의 입구등은 1분 이내에 소등되는 것일 것
② 일반주택 및 아파트 각 호실의 현관 등은 3분 이내에 소등되는 것일 것

34 양수량 30 m^3/min이고 총양정이 15 m인 양수 펌프용 전동기의 용량은 약 몇 kW인가?(단, 펌프 효율은 85 %, 설계 여유계수는 1.2로 계산한다.)

㉮ 103.8 ㉯ 124.4 ㉰ 382.5 ㉱ 459.1

• 양수 펌프용 전동기의 용량

$$P = 0.1633\frac{QH}{\eta}\cdot k = 0.1633\times\frac{30\times 15}{0.85}\times 1.2 \fallingdotseq 103.74\ \text{kW}$$

참고 $P = 9.8\frac{Q'H}{\eta}\cdot k = 9.8\frac{\frac{Q}{60}H}{\eta}\cdot k = \frac{9.8}{60}\cdot\frac{QH}{\eta}\cdot k \fallingdotseq 0.1633\frac{QH}{\eta}k\ [\text{kW}]$

여기서, Q' $[m^3/s]$

35 축전지의 충전 방식 중 비교적 단시간에 보통 충전 전류의 2~3배로 충전하는 방식은?

㉮ 세류 충전 ㉯ 균등 충전
㉰ 트리클 충전 ㉱ 급속 충전

• 축전지의 충전 방식
① 보통 충전 : 필요할 때마다 표준 시간율로 소정의 충전을 하는 방식이다.
② 급속 충전 : 비교적 단시간에 보통 충전 전류의 2~3배의 전류로 충전하는 방식이다.
③ 부동 충전 : 일반적으로 거치용 축전지 설비에서 가장 많이 채용되는 방식이다.
④ 균등 충전 : 1~3개월마다 1회, 정전압으로 10~12시간 충전하여 각 전해조의 용량을 균일화하기 위하여 행하는 방식이다.
⑤ 세류 충전(트리클 충전) : 자기 방전량만을 항상 충전하는 부동 충전 방식의 일종이다.

36 플랜트 프로세스의 자동 제어 장치, 공업 제어 장치, 공업 계측 및 컴퓨터 설비의 시공 및 보수는 어느 기능공인가?

㉮ 내선 전공 ㉯ 배전 전공
㉰ 플랜트 전공 ㉱ 계장공

정답 33. ㉰ 34. ㉮ 35. ㉱ 36. ㉱

해설 • 기능공

① 계장공 : 플랜트 프로세스의 자동 제어 장치, 공업 제어 장치, 공업 계측 및 컴퓨터 등 설비의 시공 및 보수

② 내선 전공 : 옥내 배관, 배선 및 등구류 설비의 시공 및 보수

③ 배전 전공 : 전주 및 배전 설비의 시공 및 보수

④ 플랜트 전공 : 발전 설비 및 중공업 설비의 시공 및 보수

37 **다이오드의 애벌란시(avalanche) 현상이 발생되는 것을 옳게 설명한 것은?**

㉮ 역방향 전압이 클 때 발생한다. ㉯ 순방향 전압이 클 때 발생한다.

㉰ 역방향 전압이 작을 때 발생한다. ㉱ 순방향 전압이 작을 때 발생한다.

• 다이오드의 애벌란시(avalanche) 현상

① pn 접합 다이오드에 역방향 전압을 가하고 그 전압을 차츰 높여 가면 어떤 전압에서 역방향 전류가 급격히 증가하는 이른바 브레이크 다운(break down) 즉, 항복 현상이 일어난다.

② pn 접합 다이오드의 전압-전류 특성 곡선에서, 접합의 항복(break down)이 일어나는 물리적인 원인은 애벌란시(avalanche) 효과와 제너(zener) 효과 2가지이다.

∴ 애벌란시(avalanche) 현상이 발생되는 것은 역방향 전압이 클 때이다.

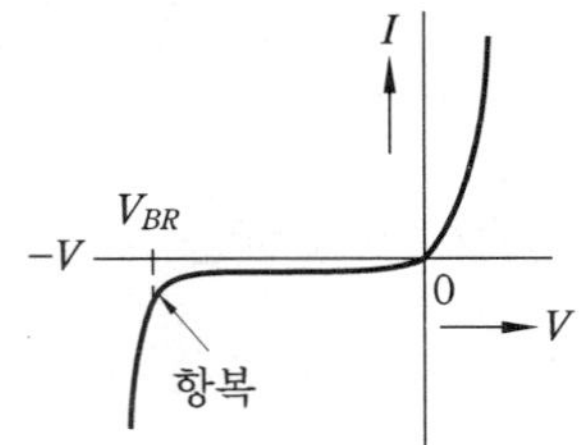

전압·전류 특성 곡선

38 **PUT가 UJT에 비하여 좋은 점을 설명한 것이다. 잘못 설명된 것은?**

㉮ 외부 저항에 의해 효율값을 조정할 수 있다.

㉯ 베이스 간 저항을 조절할 수 있다.

㉰ 누설 전류가 적다.

㉱ 발진 주파수의 변화폭이 크다.

• PUT/UJT 비교 : 본문 표 4-3 참조

① PUT(프로그래머블 단접합 트랜지스터)

(가) 발진 회로용

(나) 외부 저항에 의해 η값을 조정할 수 있다.

(다) 누설 전류가 적다.

② UJT(단접합 트랜지스터)

(가) 발진 회로용

(나) 이상 발진 주파수가 크다.

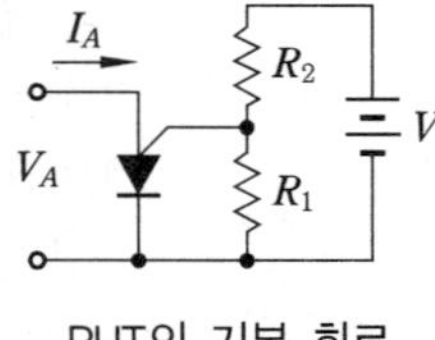

PUT의 기본 회로

참고 $\eta = \dfrac{R_1}{R_1 + R_2}$

정답 37. ㉮ 38. ㉱

39 SCR에 대한 설명으로 옳지 않은 것은?

㉮ 게이트 전류로 턴 온할 수 있다.
㉯ 애노드, 게이트, 캐소드 구간의 3단자이다.
㉰ 역전압이 걸리면 턴 오프할 수 있다.
㉱ 턴 온 시 게이트 전류를 차단하여 소호된다.

• SCR (실리콘 제어 정류기)의 특성
게이트에 정(+) 전류 펄스에 의해서 턴 온(turn on)되고, 일단 도통이 되면, 게이트 전류가 차단되어도 온(on) 상태를 유지한다. 즉, 소호되지 않는다.

참고 턴 오프(turn off), 즉 차단 상태로 하려면 애노드 전압을 '0'으로 하거나, 부(−)로 하면 된다.

40 SSS의 트리거에 대한 설명 중 옳은 것은?

㉮ 게이트에 (+)펄스를 가한다.
㉯ 게이트에 (−)펄스를 가한다.
㉰ 게이트에 빛을 비춘다.
㉱ 브레이크 오버 전압을 넘는 전압의 펄스를 양단자 간에 가한다.

• SSS (silicon symmetrical switch)

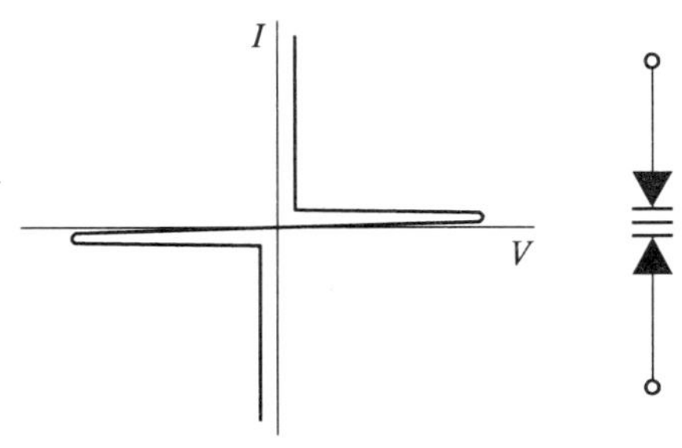

SSS의 특성 곡선과 기호

① 순방향과 역방향으로 대칭적인 부성 특성을 가진 2단자 쌍방향 사이리스터이다.
② 2단자이기 때문에 OFF 상태에서 ON 상태로 하려면 SCR과 같이 게이트로 제어할 수 없고 브레이크 오버 전압 이상의 날카로운 펄스를 양 단자 간에 가하지 않으면 안 된다.
③ 조광 장치, 온도 제어 등 비교적 간단한 교류 제어 회로에 쓰이고 있다. 소용량의 것은 TRIAC의 트리거 신호 발생용으로 쓰인다.

정답 39. ㉱ 40. ㉱

41 IGBT는 파워 트랜지스터에 비하여 고속 스위칭이 가능하고 게이트 회로가 간단하여 많이 사용되는데 그림에서 IGBT가 on되는 조건은?

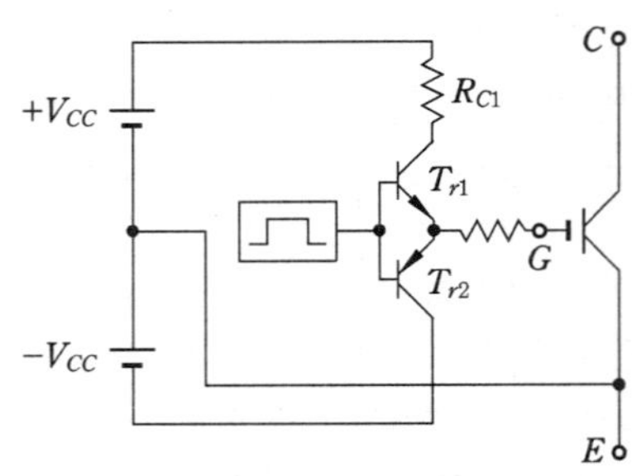

㉮ Tr_1이 on　　㉯ Tr_1이 off
㉰ Tr_2가 on　　㉱ Tr_2가 off

• IGBT (Insulated gate bipolar transistor) : 절연 게이트 양극성 트랜지스터
① 게이트 – 이미터 간의 전압 V_{GE}에 의하여 I_C를 제어한다. $V_{GE}=0$일 때 off 상태가 된다.
② 그림 (a) 특성 곡선에서 $IGBT$가 on이 되기 위해서는 T_{T1}이 on 상태가 되어 $+V_{CC}$에 의한 게이트 – 이미터 간에 전압 V_{GE}가 가해져야 한다.

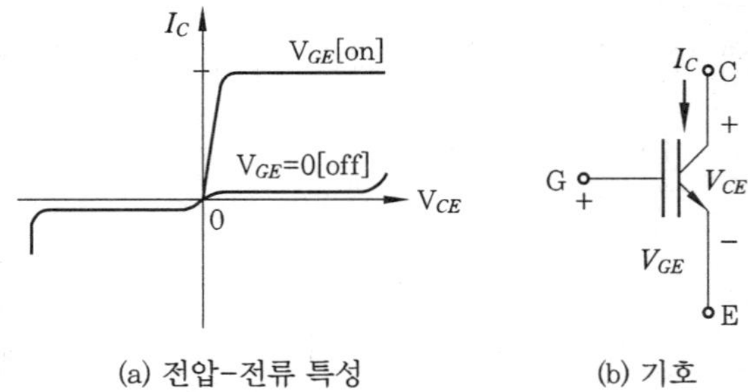

(a) 전압–전류 특성　　(b) 기호

42 반도체 전력 변환 기기에서 인버터의 역할은?

㉮ 직류 → 직류 변환　　㉯ 직류 → 교류 변환
㉰ 교류 → 교류 변환　　㉱ 교류 → 직류 변환

① 인버터 (inverter) : 전력용 반도체 소자를 이용하여 직류를 교류로 변환하는 장치
② 컨버터 (converter) : 교류 전력은 직류 전력으로 변환하는 장치

43 2진수 $(110010.111)_2$를 8진수로 변환한 값은?

㉮ $(62.7)_8$　　㉯ $(32.7)_8$
㉰ $(62.6)_8$　　㉱ $(32.6)_8$

정답 41. ㉮　42. ㉯　43. ㉮

 • 2진수 → 8진수 변환

① 8진법에서는 0, 1, 2, 3, 4, 5, 6, 7의 서로 다른 8개의 숫자를 일렬로 나열하여 수를 표현한다.

② 8진 숫자 하나는 3비트의 2진수와 1 : 1로 대응한다.

110 010 · 111
6 2 · 7

$\therefore (110010.111)_2 = (62.7)_8$

44 논리식 중 맞는 표현은?

가 $\overline{A+B} = \overline{A} \cdot \overline{B}$
나 $\overline{A} + \overline{B} = \overline{A+B}$
다 $\overline{A \cdot B} = \overline{A} \cdot \overline{B}$
라 $\overline{A+B} = \overline{A \cdot B}$

 • 드 모르간의 정리 (De Morgan's theorem)

① $\overline{A+B} = \overline{A} \cdot \overline{B}$

② $\overline{A \cdot B} = \overline{A} + \overline{B}$

참고 ① $\overline{A+B} = \overline{A} \cdot \overline{B}$ 의 증명

A	B	$A+B$	$\overline{A+B}$	$\overline{A}$	$\overline{B}$	$\overline{A} \cdot \overline{B}$
0	0	0	1	1	1	1
0	1	1	0	1	0	0
1	0	1	0	0	1	0
1	1	1	0	0	0	0

② $\overline{A \cdot B} = \overline{A} + \overline{B}$ 의 증명

A	B	$A \cdot B$	$\overline{A \cdot B}$	$\overline{A}$	$\overline{B}$	$\overline{A} + \overline{B}$
0	0	0	1	1	1	1
0	1	0	1	1	0	1
1	0	0	1	0	1	1
1	1	1	0	0	0	0

45 다음 논리 회로와 등가인 논리 함수는?

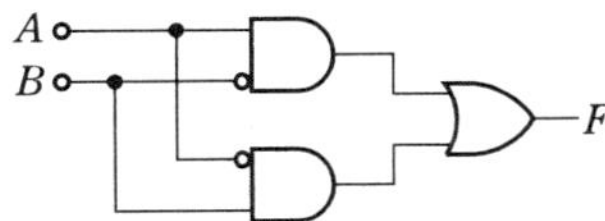

가 $(\overline{A} + \overline{B})(A+B)$
나 $(A+\overline{B})(\overline{A}+B)$
다 $(\overline{A} + \overline{B})(\overline{A} + \overline{B})$
라 $(\overline{A} + \overline{B})(\overline{A}+B)$

 • 논리 회로-논리 함수

$F = \overline{A}B + A\overline{B} = \overline{A}B + A\overline{B} + A\overline{A} + B\overline{B} = (A+B)\overline{A} + (A+B)\overline{B} = (\overline{A} + \overline{B})(A+B)$

정답 44. 가 45. 가

46 다음과 같은 S-R 플립플롭 회로는 어떤 회로 동작을 하는가?

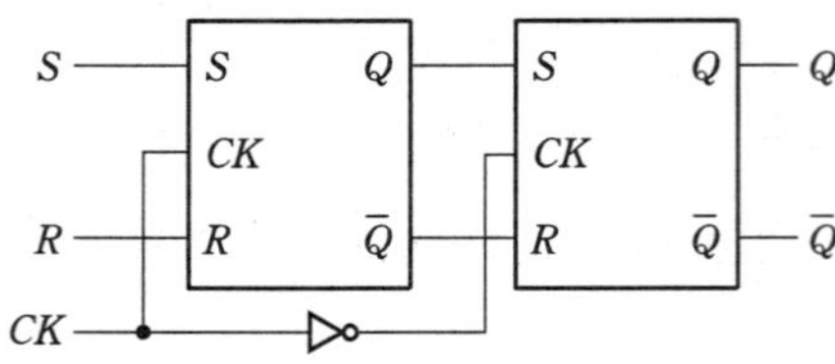

㉮ 4진 카운터　　㉯ 시프트 레지스터
㉰ 분주회로　　㉱ M/S 플립플롭

• M/S 플립플롭(master slave flip-flop : 주 · 종 플립플롭)

① 주 · 종 플립플롭은 2개의 플립플롭 회로로 구성되며, 한 회로는 주인의 역할을 하고 다른 회로는 종(從)의 역할을 하는 플립플롭이다.

② 2개의 F-F이 180° 위상차를 가지고 동작하도록 1개의 인버터를 연결한다.

참고 본문 그림 5-23 M/S 플립플롭 참조

47 그림과 같은 회로의 기능은?

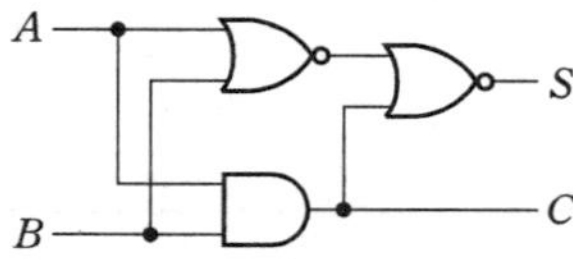

㉮ 반일치 회로　　㉯ 감산기
㉰ 반가산기　　㉱ 부호기

• 반가산기(half adder)

① 반가산기는 한 비트의 2진수를 더하여 합과 자리올림 값을 계산하는 회로이다.

② 합 : $S=(A+B)\ \overline{AB} = \overline{A}B + A\overline{B} = A\oplus B$

③ 자리올림 : $C=AB$

$\therefore\ S=\overline{\overline{(A+B)}+AB}=(\overline{\overline{A+B}})\ \overline{AB}$

$=(A+B)\ \overline{AB}=A\oplus B$

$C=AB$

48 인버터 제어라고도 하여 유도 전동기에 인가되는 전압과 주파수를 변환시켜 제어하는 방식은?

㉮ VVVF 제어 방식　　㉯ 궤한 제어 방식
㉰ 워드레오나드 제어 방식　　㉱ 1단 속도 제어 방식

정답 46. ㉱　47. ㉰　48. ㉮

 • 3상 유도 전동기의 속도 제어 방식
〈VVVF : 가변 전압 가변 주파수 제어 방식〉
① 인버터(inverter) 제어 : 소비 전력 절감
② 유도 전동기에 인가되는 전압과 주파수를 동시에 변화시켜 직류 전동기와 동등한 제어 성능을 얻을 수 있는 방식이다.
[참고] 본문 표 3-56 참조

49 진리표와 같은 입력 조합으로 출력이 결정되는 회로는?

입력		출력			
A	B	X_0	X_1	X_2	X_3
0	0	1	0	0	0
0	1	0	1	0	0
1	0	0	0	1	0
1	1	0	0	0	1

㉮ 인코더　㉯ 디코더
㉰ 멀티플렉서　㉱ 디멀티플렉서

 • 디코더 (decoder)
① 신호를 디지털 부호로 코드화해서 기억하거나 전송할 때 코드화된 신호를 원래 형태로 되돌리는 변환기이다.
③ 디코더는 인코더와 정반대 기능을 수행하며, n비트의 2진 코드 입력에 의해 최대 2^n개 출력이 나오므로 가능한 한 2진 입력의 조합만큼 출력을 가진다.
∴ 문제의 진리표와 입력 조합으로 출력이 결정되는 회로, 2×4 디코더이다.
[참고] 디코더 (decoder) 본문 그림 5-7 참조

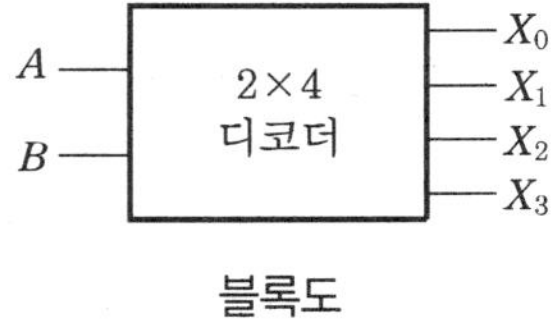

블록도

50 다음 중 UPS의 기능으로서 옳은 것은 어느 것인가?
㉮ 3상 전파 정류 방식　㉯ 가변주파수 공급 가능
㉰ 무정전 전원 공급 장치　㉱ 고조파 방지 및 정류 평활

 • UPS (uninterruptible power supply)
① 무정전 전원 공급 장치이다.
② 컴퓨터 시스템 등의 안전한 사용을 위해 전원을 안정적으로 공급해 주는 장치로 갑작스런 정전으로부터 시스템을 보호하기 위하여 사용된다.

 49. ㉯　50. ㉰

51 **CPU와 입출력 회로의 연결에 대한 설명으로 옳지 않은 것은?**

㉮ 입력 회로로는 3스테이트(state) 버퍼를 사용한다.
㉯ 출력 회로의 기본은 T형 플립플롭을 사용한다.
㉰ 메모리 맵(map) I/O 방법을 사용하면 명령이 다양하다.
㉱ 필요시 D/A, A/D 변환기를 사용해야 한다.

해설 • CPU와 입출력 회로의 연결
① 입력 회로로는 3스테이트(state) 버퍼를 사용한다.
② 출력 회로의 기본은 D형 플립플롭 회로가 사용된다.

참고 3스테이트 버퍼(3상태 버퍼(tri-state buffer))
3가지 출력 상태를 갖는 논리 소자의 하나. 입력을 반대(invert)로 하는 것과 그렇지 않은 것이 있다.

52 **여러 입출력 장치로부터 인터럽트 요구 시 소프트웨어적으로 입출력 장치를 결정하는 방법은?**

㉮ 폴링
㉯ DMA
㉰ 데이지 체인
㉱ 벡터 인터럽트

• 폴링 방식(polling system)
① 소프트웨어 우선 순위 체제로서, 우선 순위가 높은 인터럽트를 알아내는 방식이다.
② 소프트웨어적으로 입출력 장치를 결정하는 방식이다.

참고 ① 폴링 방식(polling system) : 데이터 링크 확립 방식의 하나이며, 분기 방식을 사용하고 있는 시스템에서 각 단말에서의 송신을 제어하기 위해서 사용되고 있는데, 이것을 폴링/실렉팅 방식 또는 폴링/드레싱 방식이라고도 한다.
② 인터럽트(interrupt) : 실행 중인 프로그램을 일시 중단하고 다른 프로그램을 끼워 넣어 실행시키는 것을 말한다.

53 **주소 비트가 n이고, 단어 길이가 m인 메모리의 용량은?**

㉮ $2^n \times m$
㉯ $2^m \times n$
㉰ $n \times m$
㉱ $2n \times m$

• 메모리 용량(memory capacity)
$2^n \times m$

정답 51. ㉯ 52. ㉮ 53. ㉮

54 그림과 같은 구조를 가지고 있는 스택은?

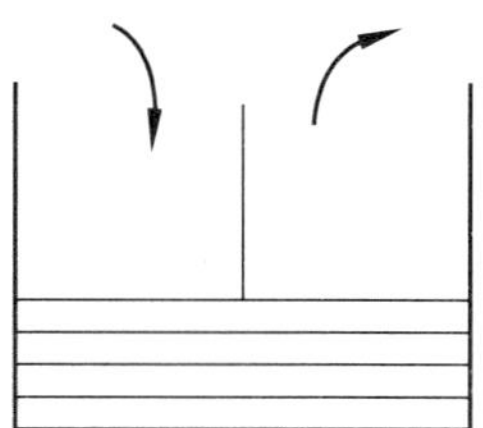

㉮ FIFO ㉯ LIFO
㉰ BUFFER ㉱ POINTER

• LIFO (last-in first-out) : 후입 선처리법
각종 처리를 하는 경우에 대기 시간이 있을 때 나중에 입력된 데이터 등의 처리를 먼저 끝내는 방식이다.
참고 FIFO : 본문 그림 6-11 스택 참조
① 대기 행령에서의 선입선처리(先入先處理) 제어 방식이다.
② 처리의 우선 순위를 붙이지 않고 먼저 도착한 순서로 처리하는 방식이다.

55 제품 공정 분석표 (product process chart) 작성 시 가공 시간 기입법으로 가장 올바른 것은?

㉮ $\dfrac{\text{1개당 가공 시간} \times \text{1로트의 수량}}{\text{1로트의 총 가공 시간}}$

㉯ $\dfrac{\text{1로트의 가공 시간}}{\text{1로트의 총가공 시간} \times \text{1로트의 수량}}$

㉰ $\dfrac{\text{1개당 가공 시간} \times \text{1로트의 총가공 시간}}{\text{1로트의 수량}}$

㉱ $\dfrac{\text{1개당 총가공 시간}}{\text{1개당 가공 시간} \times \text{1로트의 수량}}$

• 제품 공정 분석표 – 가공 시간 기입법

$$\dfrac{\text{1개당 가공 시간} \times \text{1로트의 수량}}{\text{1로트의 총 가공 시간}}$$

56 "무결점 운동"이라고 불리는 것으로 품질 개선을 위한 동기부여 프로그램은 어느 것인가?

㉮ TQC ㉯ ZD
㉰ MIL-STD ㉱ ISO

정답 54. ㉯ 55. ㉮ 56. ㉯

 • 무결점 운동(ZD : zero defects program)

① 품질의 4대 절대 원칙 중 하나

② 품질 개선을 위한 동기 부여 프로그램

참고 ZD 운동의 창안자는 품질 경제 분야의 선구자인 크로스비(P. B. Crosby)이며 그는 ≪품질은 무료(Quality Is Free)≫라는 저서에 ZD란 기술적으로 가능하며 보다 경제적이라고 주장하고 있으며, 이를 품질의 4대 절대 원칙 중 하나로 들고 있다.

57 M타입의 자동차 또는 LCD TV를 조립, 완성한 후 부적합수(결점수)를 점검한 데이터에는 어떤 관리도를 사용하는가?

가 p 관리도　　나 nP 관리도

다 c 관리도　　라 $\bar{x}-R$ 관리도

 • c 관리도(c control chart)

① 일정 단위 중에 나타나는 부적합수 c를 관리하기 위하여 사용하는 관리도이다.

② 계수값 관리도로서 불연속적으로 변화하는 양, 부적합품수, 일정 면적당 흠의 수 등이 관리 대상이 된다.

(가) 자동차, LCD TV를 조립, 완성 후 부적합수

(나) 직물의 일정 면적 중의 흠집의 수

(다) 에나멜선의 일정한 길이 중의 바늘구멍 수 등

58 다음 검사 중 판정의 대상에 의한 분류가 아닌 것은?

가 관리 샘플링 검사

나 로트별 샘플링 검사

다 전수 검사

라 출하 검사

 • 검사(inspection)–판정의 대상에 의한 분류

전수 검사, 로트별 샘플링, 관리 샘플링, 무검사, 자주 검사

참고 출하 검사는 검사 공정(목적)에 의한 분류에 해당된다.

59 이항 분포의 특징으로 가장 옳은 것은?

가 $P=0$일 때는 평균치에 대하여 좌, 우 대칭이다.

나 $P \leq 0.1$이고 $nP=0.1 \sim 10$일 때는 푸아송 분포에 근사한다.

다 부적합품의 출전 개수에 대한 표준편차는 $D(x)=nP$이다.

라 $P \leq 0.5$이고, $nP \geq 5$일 때는 푸아송 분포에 근사한다.

정답 57. 다 58. 라 59. 나

 • 이항 분포의 특징

① 분포가 이산적 특징을 취한다.

② N이 클 때, 초기하분포 계산의 근사치로 사용한다.

③ 부적합품수, 부적합품률, 출석률 등의 계수치는 이항 분포를 따른다.

④ $P=0.5$일 때, 평균치에 대해 좌우대칭의 분포를 한다.

⑤ $P \leq 0.5$, $nP \geq 5$ 일 때 정규 분포에 근사하다.

⑥ $P \leq 0.1$, $nP=0.1 \sim 10$일 때 포아송 분포에 근사하다.

⑦ $\frac{N}{n} < 10$(유한 모집단)일 때는 초기하분포를 따른다.

60 **연산 소요량이 4,000개인 어떤 부품의 발주 비용은 매회 200원이며 부품 단가는 100원, 연간 재고 유지 비율이 10 %일 때 F. W. Harris에 의한 경제적 주문량은 얼마인가?**

㉮ 40개/회 ㉯ 400개/회

㉰ 1,000개/회 ㉱ 1,300개/회

 • 경제적 주문량(economic order quantity)

$$EOQ=\sqrt{\frac{2 \cdot RP}{CI}}=\sqrt{\frac{2 \times 4000 \times 200}{100 \times 0.1}}=400 \text{ 개/회}$$

여기서, R : 연간 소비량 P : 1회 발주 비용

C : 구입 단가 I : 연간 재고 유지 비율

정답 60. ㉯

◎ 2008년도 시행 문제 ◎

▶2008년 3월 30일 시행(43회)

자격종목 및 등급(선택분야)	종목코드	시험시간	문제지형별	수험번호	성 명
전기기능장	**3380**	**1시간**	**A**		

01 **커패시턴스에서 전압과 전류의 변화에 대한 설명으로 옳은 것은?**

㉮ 전압은 급격히 변화하지 않는다.
㉯ 전류는 급격히 변화하지 않는다.
㉰ 전압과 전류 모두가 급격히 변화한다.
㉱ 전압과 전류 모두가 급격히 변화하지 않는다.

 • "콘덴서에서 전압은 급격히 변화할 수 없다."

$i_c = C\dfrac{dv}{dt}$에서 v가 급격히 변화한다면, i_c가 ∞가 되는 모순이 생긴다.

[참고] "코일에서 전류가 급격히 변화할 수 없다."

$v_c = L\dfrac{di}{dt}$에서 i가 급격히 변화하면 v_L이 ∞가 되는 모순이 생긴다. 즉, 무한대의 단자 전압을 필요로 하기 때문이다.

02 **10 μF의 콘덴서를 1 kV로 충전하면 에너지는 몇 J인가?**

㉮ 5　　㉯ 10　　㉰ 15　　㉱ 20

 • 정전 에너지

$$W = \frac{1}{2}CV^2 = \frac{1}{2} \times 10 \times 10^{-6} \times (1 \times 10^3)^2 = 5\ \text{J}$$

03 **100 Ω의 저항을 병렬로 무한히 연결하였을 때 합성 저항은 몇 Ω인가?**

㉮ 1　　㉯ 0　　㉰ ∞　　㉱ 100

$$R_p = \frac{R_1}{n} = \frac{100}{\infty} = 0\ \Omega$$

04 **어떤 교류 전압의 실효값이 314 V일 때 평균값은 약 몇 V인가?**

㉮ 122　　㉯ 141　　㉰ 253　　㉱ 283

정답 1. ㉮　2. ㉮　3. ㉯　4. ㉱

해설 • 실효값 V와 평균값 V_a의 관계

$$V_a = \frac{2\sqrt{2}}{\pi} V \fallingdotseq 0.9 \times 314 \fallingdotseq 283 \text{ [V]}$$

참고

$$\frac{V}{V_a} = \frac{\frac{1}{\sqrt{2}} \cdot V_m}{\frac{2}{\pi} \cdot V_m} = \frac{\pi}{2\sqrt{2}} \fallingdotseq 1.111$$

05 0.1 H인 코일의 리액턴스가 377 Ω일 때 주파수는 약 몇 Hz인가?

㉮ 60　㉯ 120　㉰ 360　㉱ 600

해설

$$X_L = 2\pi f \cdot L \text{ [Ω]에서, } f = \frac{X_L}{2\pi \cdot L} = \frac{377}{2\pi \times 0.1} \fallingdotseq 600 \text{ Hz}$$

06 $R = 10$ Ω, $L = 10$ mH, $C = 1\ \mu F$인 직렬 회로에 100 V 전압을 가했을 때 공진의 첨예도 Q는 얼마인가?

㉮ 1　㉯ 10　㉰ 100　㉱ 1000

해설 • 직렬 공진시 첨예도 (sharpness)

$$Q = \frac{1}{R}\sqrt{\frac{L}{C}} = \frac{1}{10}\sqrt{\frac{10 \times 10^{-3}}{1 \times 10^{-6}}} = \frac{1}{10}\sqrt{10 \times 10^3} = 10$$

참고 $$Q = \frac{\omega_0 L}{R} = \frac{1}{\omega_0 RC} = \frac{1}{\frac{1}{\sqrt{LC}} RC} = \frac{1}{R}\sqrt{\frac{L}{C}}$$

07 20 kVA 변압기 3대를 Δ 결선하여 3상 전력을 보내던 중 한 대가 고장나서 V결선으로 하였다. 이 경우 3상 최대 출력은 약 몇 kVA인가?

㉮ 25　㉯ 35　㉰ 40　㉱ 60

• V결선 3상 출력

$$P_v = \sqrt{3} P_1 = \sqrt{3} \times 20 \fallingdotseq 35 \text{ kVA}$$

08 2개의 전력계를 사용하여 평형 부하의 3상 회로의 역률을 측정하고자 한다. 전력계의 지시가 각각 1 kW 및 2 kW라 할 때 이 회로의 역률은 약 몇 %인가?

㉮ 58.8　㉯ 63.3　㉰ 74.4　㉱ 86.6

해설 • 3상 회로의 역률

$$\cos\theta = \frac{P_1 + P_2}{2\sqrt{P_1^2 + P_2^2 - P_1 P_2}} = \frac{1+2}{2\sqrt{1^2 + 2^2 - 1 \times 2}} = \frac{3}{3.464} \fallingdotseq 0.866$$

$\therefore$ 86.6 %

정답 5. ㉱　6. ㉯　7. ㉯　8. ㉱

09 전류 순시값 $i = 30\sin\omega t + 40\sin(3\omega t + 60°)$[A]의 실효값은 약 몇 A인가?

㉮ $25\sqrt{2}$ ㉯ $30\sqrt{2}$ ㉰ $40\sqrt{2}$ ㉱ $50\sqrt{2}$

해설 • 비사인파 교류 회로의 실효값

① $I_1 = \dfrac{30}{\sqrt{2}} = 21.2$ A

② $I_2 = \dfrac{40}{\sqrt{2}} = 28.3$ A

$\therefore I = \sqrt{I_1^2 + I_3^2} = \sqrt{21.2^2 + 28.3^2} \fallingdotseq 35.36 = 25\sqrt{2}$ A

10 어느 분권 발전기의 전압 변동률이 6 %이다. 이 발전기의 무부하 전압이 120 V이면 정격 전부하 전압은 약 몇 V인가?

㉮ 96 ㉯ 100 ㉰ 113 ㉱ 125

해설 • 전압 변동률

$\epsilon = \dfrac{V_o - V_n}{V_n} \times 100$ [%]에서, $V_n = \dfrac{V_o}{1+\epsilon} = \dfrac{120}{1+0.06} \fallingdotseq 113$ V

11 변압기의 여자 전류의 파형은?

㉮ 파형이 나타나지 않는다. ㉯ 사인파이다.

㉰ 구형파이다. ㉱ 왜형파이다.

해설 • 변압기의 여자 전류의 파형 분석

여자 전류의 파형은 철심의 히스테리시스와 자기 포화 현상으로, 그 파형이 홀수 고조파를 많이 포함하는 첨두파형으로 왜형파이다.

참고 본문 그림 2-22 참조

12 3상에서 2상으로 변환할 수 없는 변압기 결선 방식은?

㉮ 포크 결선 ㉯ 스코트 결선

㉰ 메이어 결선 ㉱ 우드브리지 결선

해설 • 변압기의 3상-2상 사이의 상수 변환

3상 3선식의 전원에서 매우 큰 단상 전력을 얻고자 할 때, 3상식을 2상식으로 변환한다.

① 스코트 (scott) 결선

② 우드 브리지 (wood bridge) 결선

③ 메이어 (meyer) 결선

참고 포크 (Fork) 결선은 3상-6상 사이의 상수 변환에 적용된다.

정답 9. ㉮ 10. ㉰ 11. ㉱ 12. ㉮

13 일정 전압으로 사용하는 용접용 변압기에서 1차 전류가 증가하게 될 때 이 2차 전류를 주로 억제하는 것은?

㉮ 1차 권선의 저항 ㉯ 2차 권선의 저항
㉰ 누설 리액턴스 ㉱ 누설 커패시턴스

 • 용접용 변압기–누설 변압기

그림 (a)는 전류의 변화를 작게 하기 위해서 전류가 증가하려고 할 때 2차 코일을 이동시켜서 누설 리액턴스가 증가하도록 한 것이다.

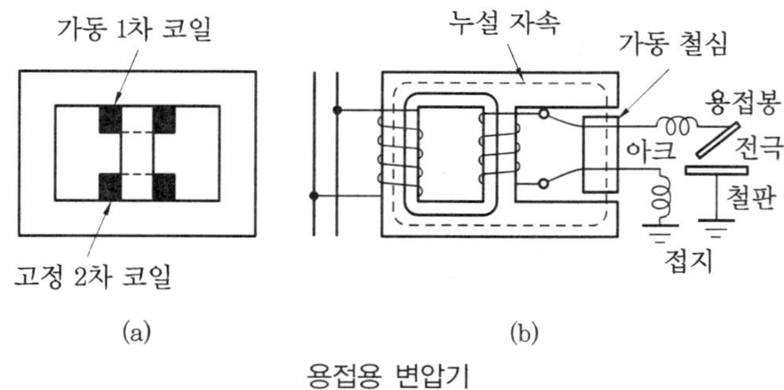

용접용 변압기

∴ 2차 전류를 주로 억제하는 것은 누설 리액턴스이다.

참고 그림 (b)에서 용접물인 철편은 접지극에 접속하고, 용접봉에는 전압을 가하여 아크 용접을 한다.

14 3상 유도 전동기에서 2차 측 저항을 2배로 하면 그 최대 토크는 몇 배로 되는가?

㉮ 2배가 된다. ㉯ $\frac{1}{2}$로 줄어든다.
㉰ $\sqrt{2}$ 배가 된다. ㉱ 변하지 않는다.

 • 유도 전동기(권선형)의 2차측 저항의 변화에 따른 특성 변화

2차 저항이 변화하면 슬립은 비례하여 변화하지만, 최대 토크는 변화하지 않는다.

참고 본문 그림 2-51 비례 추이 곡선 참조

15 전동기가 매분 1,200회 회전하여 9.42 kW의 출력이 나올 때 토크는 약 몇 kg · m인가?

㉮ 6.65 ㉯ 6.90 ㉰ 7.65 ㉱ 7.90

 • 전동기의 토크

$$T = 975\frac{P_0}{N} = 975 \times \frac{9.42}{1200} \fallingdotseq 7.65 \text{ [kg} \cdot \text{m]}$$

정답 13. ㉰ 14. ㉱ 15. ㉰

16 3상 유도 전동기의 전압이 200 V이고, 전류가 8 A, 역률이 80 %라 하면, 이 전동기를 10시간 사용했을 때의 전력량은 약 몇 kWh인가?

가 12.8　　나 16.3　　다 22.2　　라 27.8

• 소비 전력량

$W = P \cdot t = \sqrt{3}\, VI\cos\theta \times h = \sqrt{3} \times 200 \times 8 \times 0.8 \times 10 \fallingdotseq 22.2 \times 10^3$ [W]　　$\therefore$ 22.2 kW

17 220 V인 3상 유도 전동기의 전부하 슬립이 3 %이다. 공급 전압이 200 V가 되면 전부하 슬립은 약 몇 %가 되는가?

가 3.6　　나 4.2　　다 4.8　　라 5.4

해설 • 유도 전동기 슬립 s는 전압 V의 제곱에 반비례한다.

$\therefore\ s' = s \times \left(\dfrac{V}{V'}\right)^2 = 0.03 \times \left(\dfrac{220}{200}\right)^2 = 0.0363$　　$\therefore\ s' \fallingdotseq 3.6$ %

18 유도 전동기의 2차 입력, 2차 동손 및 슬립을 각각 P_2, P_{C2}, s라 하면 이들 관계식은?

가 $s = P_2 \cdot P_{C2}$　　나 $s = P_{C2} + P_2$　　다 $s = \dfrac{P_2}{P_{C2}}$　　라 $s = \dfrac{P_{C2}}{P_2}$

해설 • 2차 입력 P_2, 2차 동손 P_{C2}, 슬립 s와의 관계

① 2차 저항손

$$P_{C2} = I_2^{\,2} \cdot r_2 = I_2 r_2 \cdot I_2 = I_2 r_2 \cdot \frac{sE_2}{\sqrt{r_2^{\,2} + (sx_2)^2}} = sE_2 I_2 \cos\theta_2 = sP_2 \text{ [W]}$$

② 슬립

$$s = \frac{P_{C2}}{P_2}$$

19 유도 전동기의 속도 제어법 중에서 인버터를 사용하면 가장 효과적인 것은?

가 극수 변환법　　나 슬립 변환법

다 주파수 변환법　　라 인가 전압 변환법

해설 • 유도 전동기의 속도 제어법-인버터 주파수 변환법

주파수를 바꾸는 방법은 최근에 다이오드와 스위치 작용을 동시에 하는 전력용 반도체 소자인 사이리스터(thyristor)가 개발됨으로써 3상 인버터(3-phase inverter)라 불리는 주파수 변환기가 만들어져 전동기 속도 제어에 사용되고 있다.

정답 16. 다　17. 가　18. 라　19. 다

20 3상 발전기의 전기자 권선에서 Y결선을 채택하는 이유로 볼 수 없는 것은?

㉮ 중성점을 이용할 수 있다.
㉯ 같은 상전압이면 Δ결선보다 높은 선간 전압을 얻을 수 있다.
㉰ 같은 상전압이면 Δ결선보다 상절연이 쉽다.
㉱ 발전기 단자에서 높은 출력을 얻을 수 있다.

• 3상 동기 발전기의 상간 접속을 Y결선으로 하는 이유
① 중성점을 이용할 수 있다(중성점 접지에 의한 이상 전압 방지 대책).
② 선간 전압이 상전압의 $\sqrt{3}$ 배가 된다.
③ 상전압은 선간 전압의 $\frac{1}{\sqrt{3}}$ 배이므로, Δ결선에 비하여 상절연이 쉽고, 코로나, 열화 등이 적다.
④ 권선의 불균형 및 제 3고조파 등에 의한 순환 전류가 흐르지 않는다.

21 60 Hz, 12극의 동기 전동기 회전자계의 주변 속도는 몇 m/s인가?(단, 회전자계의 극 간격은 1 m이다.)

㉮ 60 ㉯ 90 ㉰ 120 ㉱ 180

• 회전자계의 주변 속도

$v = \pi D \frac{N_s}{60} = 12 \times \frac{600}{60} = 120$ m/s 여기서, D : 회전자 지름(m)

여기서, πD(회전자 둘레) = 극수×극간격 = 12×1=12 (m),

$$N_s = \frac{120f}{p} = \frac{120 \times 60}{12} = 600 \text{ (rpm)}$$

22 1,200 rpm의 회전수를 만족하는 동기기의 극수 p와 주파수 f [Hz]에 해당하는 것은?

㉮ $p=6,\ f=50$ ㉯ $p=8,\ f=50$ ㉰ $p=6,\ f=60$ ㉱ $p=8,\ f=50$

동기 속도 $N_s = \frac{120f}{p}$ [rpm]에서, $N_s = 1200$ rpm이므로

$1200 = 120 \cdot \frac{f}{p}$ 에서, $f = 10p$ $\therefore f = 60$ Hz, $p = 6$극

참고 $N_s = \frac{120f}{p} = \frac{120 \times 60}{6} = 1200$ rpm

23 % 동기 임피던스가 130 %인 3상 동기 발전기의 단락비는 약 얼마인가?

㉮ 0.7 ㉯ 0.77 ㉰ 0.8 ㉱ 0.88

$$\text{단락비} = \frac{100}{\text{\% 동기 임피던스}} = \frac{100}{130} \fallingdotseq 0.77$$

정답 20. ㉱ 21. ㉰ 22. ㉰ 23. ㉯

24 병렬 운전 중 A, B 두 동기 발전기에서 A 발전기의 여자를 B보다 강하게 하면 A 발전기는 어떻게 변화되는가?

㉮ 90° 진상 전류가 흐른다. ㉯ 90° 지상 전류가 흐른다.
㉰ 동기화 전류가 흐른다. ㉱ 부하 전류가 증가한다.

 • 병렬 운전 중 여자 전류의 변화에 따른 특성의 변화

① 두 발 전기의 기전력이 다르게 되어 순환 전류가 흐르게 된다.

$$\dot{I}c = \frac{\dot{E}_A - \dot{E}_B}{2jx_s} = -j\frac{\dot{V}_{AB}}{2x_s} \text{ [A]}$$

② 순환 전류는 90° 늦은 지상 전류이며 이를 무효횡류(reactive cross current)라 한다.

25 두 종류의 금속을 접속하여 두 접점을 다른 온도로 유지하면 전류가 흐르는 현상은?

㉮ 제벡 효과 ㉯ 제3금속의 법칙
㉰ 펠티에 효과 ㉱ 패러데이의 법칙

 • 열전 효과 - 제벡 효과, 펠티에 효과

① 제벡 효과(Seebeck effect) : 펠티에 효과와는 반대로 두 접합점의 온도를 다르게 하면 이 폐회로에 기전력이 발생하여 전류가 흐르는 현상으로 열전온도계, 열전계기 등에 응용된다.

② 펠티에(Peltier) 효과 : 제벡 효과와 반대로 두 종류의 금속의 접합부에 전류를 흘리면 전류의 방향에 따라 열의 발생 또는 흡수 현상이 생긴다. 이것이 전자 냉동기의 원리이다.

26 고체 유전체의 파괴 시험을 기름(Oil) 중에서 행하는 이유로 가장 적당한 것은?

㉮ 선행 불꽃 방전을 방지하기 위하여
㉯ 공기 중에서의 실행에 따른 위험을 방지하기 위하여
㉰ 연면 섬락을 방지하기 위하여
㉱ 매질 효과를 없애기 위하여

 • 고체 유전체의 파괴 시험

고체 유전체의 파괴 시험을 기름(oil) 중에서 행하는 가장 큰 이유는 연면(連綿) 섬락을 방지하기 위해서이다.

참고 ① 매질 효과 : 매질 속에서 코로나 방전이 일어나 낮은 전압에서도 절연 파괴를 일으키는 것으로 이를 가장자리 효과라 한다.

② 절연 파괴 전압이 높은 것 : 공기 중에서는 연면 방전(creeping discharge)을 일으켜 고전압을 가할 수 없으므로 기름 속에서 시험한다.

정답 24. ㉯ 25. ㉮ 26. ㉰

27 다음 중 저항 부하 시 맥동률이 가장 작은 정류 방식은?

㉮ 단상 반파식 ㉯ 단상 전파식
㉰ 3상 반파식 ㉱ 3상 전파식

• 맥동률(ripple factor) : 정류된 직류 속에 포함되어 있는 교류 성분의 정도를 말한다.

$$\gamma = \frac{\Delta V}{V_d} \times 100\ [\%]$$

여기서, ΔV : 출력 파형에 포함된 교류분의 실효값
V_d : 출력 파형의 평균값(직류 성분)

참고 정류 방식에 따른 특성 비교

정류 방식	단상 반파	단상 전파	3상 반파	3상 전파
맥동률(%)	121	48	17	4
정류 효율	40.6	81.2	96.5	99.8
맥동 주파수	f	$2f$	$3f$	$6f$

28 600 V 2종 비닐 절연 전선의 약호는?

㉮ DV ㉯ HIV
㉰ 2CT ㉱ IE

• 전선의 약호
HIV : 600 V 2종 비닐 절연 전선
DV : 인입용 비닐 절연 전선
2CT : 2종 600 V 천연고무 절연 캡타이어 케이블
IE : 600 V PE 절연 전선

참고 전선의 약호는 KS C IEC에 의한 본문 표 3-4, 3-5, 3-6, 3-7 참조

29 ACSR 약호의 명칭은?

㉮ 경동 연선 ㉯ 중공 연선
㉰ 알루미늄선 ㉱ 강심 알루미늄 연선

• 전선의 약호
① 강심 알루미늄 연선(ACSR : aluminum cable steel reinforced)
② 경동 연선(HDCC : hard drawn copper cable)

참고 ① 연동선 : A, 경동선 : H
② 연 알루미늄선 : A-Al
③ 경 알루미늄선 : HAL
④ 중공연선(hollow stranded wire)

정답 27. ㉱ 28. ㉯ 29. ㉱

30 **다음은 전선 접속에 관한 설명이다. 옳지 않은 것은?**

㉮ 접속 슬리브나 전선 접속 기구를 사용하여 접속하거나 또는 납땜을 한다.
㉯ 접속 부분의 전기 저항을 증가시켜서는 안된다.
㉰ 전선의 세기를 60 % 이상 유지해야 한다.
㉱ 절연을 원래의 절연 효력이 있는 테이프로 충분히 한다.

• 전선의 접속 (내선규정 1430-7 참조)
전선의 세기를 80 % 이상 유지해야 한다.

31 **버스덕트 공사 중 도중에서 부하를 접속할 수 있도록 꽂음 구멍이 있는 덕트는?**

㉮ feeder bus way ㉯ plug-in way
㉰ trolley bus way ㉱ floor bus way

• 버스덕트
① 플러그 인 버스 덕트 (plug-in bus way) : 도중에서 부하를 접속할 수 있도록 꽂음 구멍이 있는 것
② 피더 버스 덕트 (feeder bus way) : 도중에 부하를 접속하지 않는 것

32 **바닥 통풍형과 바닥 밀폐형의 복합 채널 부품으로 구성된 조립 금속 구조로 폭이 150 (mm) 이하이며, 주 케이블 트레이로부터 말단까지 연결되어 단일 케이블을 설치하는 데 사용하는 Tray는?**

㉮ 통풍 채널형 케이블 트레이 ㉯ 사다리형 케이블 트레이
㉰ 바닥 밀폐형 케이블 트레이 ㉱ 트로프형 케이블 트레이

• 금속제 케이블 트레이의 종류 (내선규정 2289-1 참조)
① 통풍 채널형 : 바닥 통풍형, 바닥 밀폐형 또는 두 가지 복합 채널형 구간으로 구성된 조립 금속 구조
② 사다리형 : 길이 방향의 양 옆면 레일을 각각의 가로 방향 부재로 연결한 조립 금속 구조
③ 바닥 밀폐형 : 일체식 또는 분리식 직선 방향 옆면 레일에서 바닥에 통풍구가 없는 조립 금속 구조
④ 바닥 통풍형 : 일체식 또는 분리식 직선 방향 옆면 레일에서 바닥에 통풍구가 있는 조립 금속 구조

33 **아파트, 주택, 사무실, 은행, 상점, 미용원 등의 건축물 종류에서 표준 부하 (VA/m^2) 값은 얼마로 규정하고 있는가?**

㉮ 5 ㉯ 10 ㉰ 20 ㉱ 30

정답 30. ㉰ 31. ㉯ 32. ㉮ 33. ㉱

해설 • 건물의 표준 부하

건물의 종류	표준 부하(VA/m²)
공장, 공회당, 사원, 교회, 극장, 연회장 등	10
기숙사, 여관, 호텔, 병원, 학교, 음식점, 다방, 대중 목욕탕 등	20
주택, 아파트, 사무실, 은행, 상점, 이용소, 미장원	30

참고 내선규정 표 3315-1, 2 참조

34 **전원측 전로에 시설한 배선용 차단기의 정격 전류가 몇 A 이하의 것이면 이 선로에 접속하는 단상 전동기에는 과부하 보호 장치를 생략할 수 있는가?**

㉮ 15 ㉯ 20 ㉰ 30 ㉱ 50

해설 • 전동기에 과부하 보호 장치의 시설 (판단기준 제174조 참조)
〈생략할 수 있는 경우〉
전동기가 단상의 것으로 그 전원측 전로에 시설하는 과전류 차단기의 정격 전류가 15A (배선용 차단기는 20 A) 이하인 경우

35 **셀룰러 덕트 및 부속품은 제 몇 종 접지 공사를 하여야 하는가?**

㉮ 제1종 접지 공사 ㉯ 제2종 접지 공사
㉰ 제3종 접지 공사 ㉱ 특별 제3종 접지 공사

해설 • 셀룰러 덕트 공사 (판단기준 제191조 참조)
덕트는 제3종 접지 공사를 할 것

36 **220 V 저압 옥내 전로의 인입구 가까운 곳에 반드시 시설하여야 하는 인입구 장치는 어느 것인가?**

㉮ 계량기 및 배선용 차단기 ㉯ 계량기 및 누전 차단기
㉰ 분전반 및 배전용 차단기 ㉱ 개폐기 및 과전류 차단기

해설 • 저압옥내 전로 인입구에서의 개폐기 시설 (판단기준 제169조 참조)
인입구에 가까운 곳에서 쉽게 개폐할 수 있는 곳에 개폐기를 시설하여야 한다.

37 **발전기, 변압기, 선로 등의 단락 보호용으로 사용되는 것으로 보호할 회로의 전류가 적정치보다 커질 때 동작하는 계전기는?**

㉮ O.C.R ㉯ S.G.R ㉰ O.V.R ㉱ U.C.R

정답 34. ㉯ 35. ㉰ 36. ㉱ 37. ㉮

해설 O.C.R : 과전류 계전기, S.G.R : 방향성 접지 계전기
O.V.R : 과전압 계전기, U.C.R : 부족 전류 계전기

38 **고압 또는 특별 고압 가공 전선로에서 공급을 받을 수용 장소의 인입구 또는 이와 근접한 곳에는 무엇을 시설하여야 하는가?**

㉮ 동기 조상기　　㉯ 직렬 리액터
㉰ 정류기　　㉱ 피뢰기

• 피뢰기 시설 장소 (판단기준 제42조 참조)
① 발전소 · 변전소 또는 이에 준하는 장소의 가공 전선 인입구 및 인출구
② 가공 전선로에 접속하는 배전용 변압기의 고압 측 및 특별 고압측
③ 고압 및 특별 고압 가공 전선으로부터 공급을 받는 수용 장소의 인입구
④ 가공 전선로와 지중전 선로가 접속되는 곳

39 **일반적으로 공진형 컨버터에 사용되지 않는 소자는?**

㉮ MOSFET　　㉯ SCR
㉰ 트랜지스터　　㉱ IGBT

① 공진형 컨버터 (resonant converter)
반도체 스위치에 공진 회로를 결합하여 전류 또는 전압을 사인파의 형태로 변환시킴으로서 스위치에서의 스위칭 손실을 거의 0으로 저감시킬 수 있는데, 이를 공진 스위칭 (resonant switch)라고 하며 이를 이용한 SMPS를 총칭하여 공진형 컨버터라고 한다.
② SMPS (Switch Mode Power Supply)
(가) 전원 장치의 한 종류이다.
(나) 교류를 일단 직류로 바꾼 다음 직류를 다시 수십kHz 고주파 교류로 바꾸고, 이것을 페라이트 트랜스와 같은 고주파 트랜스를 이용해 전압을 강압시킨 다음 정류+평활 시키는 것이다. 이렇게 하면 트랜스나 콘덴서 용량이 작아도 되고 효율적이다.
(다) TV, PC, 노트북 심지어 조그만 휴대폰 충전지도 SMPS가 적용된다.
③ 일반적으로 공진형 컨버터에 사용되는 소자는 그 소자의 특성상
MOSFET, 전력용 트랜지스터, IGBT, GTO 등이 있다.

40 **전력용 반도체 소자 중 양방향으로 전류를 흘릴 수 있는 것은?**

㉮ GTO　　㉯ TRIAC
㉰ DIODE　　㉱ SCR

정답 38. ㉱ 39. ㉯ 40. ㉯

• 사이리스터 (thyristor)의 분류

① 단일 방향성 소자

3단자 ─┬ SCR (silicon controlled rectifier)
　　　　└ GTO (gate turn-off thyristor)

4단자 ─ SCS (silicon controlled switch)

② 양방향성 소자

2단자 ─┬ DIAC (diode Ac switch)
　　　　└ SSS (silicon symmetrical switch)

3단자 ─┬ TRIAC (triode Ac switch)
　　　　└ SBS (silicon bilateral switch)

41 10진수 249를 16진수 값으로 변환한 것은?

가 189　　나 9F　　다 FC　　라 F9

• 10진수를 16진수로 바꾸는 방법

① 10진수를 16으로 나누어 나머지를 구하고,

② 그 몫을 다시 16으로 나누어 나머지를 구하는 과정을 몫이 0일 될 때까지 되풀이하면 된다.

16) 249
16) 15 ········· 9
　　0 ········· F

$\therefore (249)_{10} = (F9)_{16}$

42 그림의 논리 회로와 그 기능이 같은 것은?

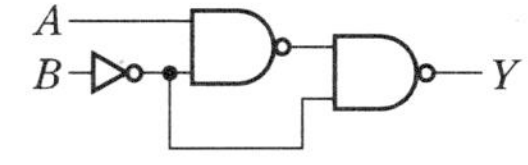

가 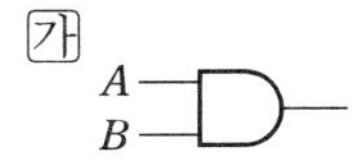

나 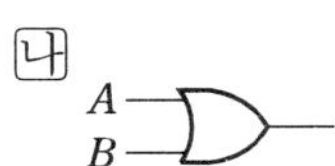

다 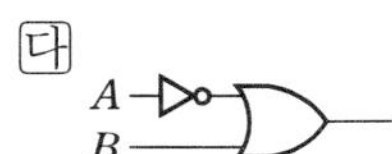

라 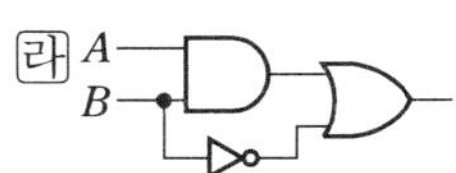

$$Y = \overline{\overline{(\overline{A\overline{B}})} \cdot \overline{B}} = \overline{\overline{A\overline{B}}} + \overline{\overline{B}} = A\overline{B} + B = (A+B)(B+\overline{B}) = (A+B) \cdot 1 = A+B$$

∴ 

참고 분배 법칙 : $A\overline{B} + B = (A+B)(B+\overline{B})$

43 특정 전압 이상이 되면 ON 되는 반도체인 바리스터의 주된 용도는?

가 온도 보상　　나 전압의 증폭

다 출력 전류의 조절　　라 서지 전압에 대한 회로 보호

정답 41. 라　42. 나　43. 라

 • 바리스터 (varistor)

① 비직선적인 전압-전류 특성을 가진 2단자 반도체 소자이다.

② 이상 전압에 대한 회로 보호용으로, 즉 서지 전압을 흡수하기 위해 피뢰기 등에 사용된다.

참고 바리스터 (Varistor) : 가변 저항체 (variable resistor)의 줄임말
소자에 가해지는 전압이 증가함에 따라 저항이 감소하는 반도체이다.

44 **직류를 교류로 변환하는 장치를 무엇이라 하는가?**

㉮ 버퍼 ㉯ 정류기 ㉰ 인버터 ㉱ 정전압 장치

 ① 인버터 (inverter) : 전력용 반도체 소자를 이용하여 직류를 교류로 변환하는 장치

② 컨버터 (converter) : 교류 전력은 직류 전력으로 변환하는 장치

45 **어떤 시스템 프로그램에 있어서 특정한 부호와 신호에 대해서만 응답하는 일종의 장치 해독기로서 다른 신호에 대해서는 응답하지 않는 것을 무엇이라 하는가?**

㉮ 디코더 (decoder) ㉯ 산술 연산기 (ALU)

㉰ 인코더 (encoder) ㉱ 멀티플렉서 (multiplexer)

 • 디코더 (decoder)

① 인코더 (encoder)로 부호화했거나 형식을 바꾼 전기 신호를 원상태로 회복하는 장치이다.

② 자료를 해독하는 장치이다.

참고 인코더 (encoder)

① 디지털 전자 회로에서 어떤 부호 계열의 신호를 다른 부호 계열의 신호로 바꾸는 변환기이다.

② 인코더는 디코더와는 정반대의 용어로 사용된다.

46 **8 bit의 레지스터로 2진수를 저장하고자 할 때 부호화된 2의 보수 표시 방법으로 가능한 수의 범위는?**

㉮ +127 ~ −126 ㉯ +127 ~ −127

㉰ +127 ~ −128 ㉱ +128 ~ −128

 • 부호화된 2의 보수

$-2^{n-1} \sim 2^{n-1}-1 = -2^{8-1} \sim 2^{8-1}-1 = -128 \sim +127$

참고

표현	부호 절대치	부호화된 1의 보수	부호화된 2의 보수
범위	$-(2^{n-1}-1) \sim 2^{n-1}-1$	$-(2^{n-1}-1) \sim 2^{n-1}-1$	$-2^{n-1} \sim 2^{n-1}-1$

정답 44. ㉰ 45. ㉮ 46. ㉰

47 J-K 플립플롭에서 J 입력과 K 입력에 모두 1을 가하면 출력은 어떻게 되는가?

㉮ 반전된다.
㉯ 불확정 상태가 된다.
㉰ 이전 상태가 유지된다.
㉱ 이전 상태에 상관없이 1이 된다.

• J-K F/F (J-K flip-flop) : 본문 그림 5-19 참조

① 클록형 R-S 플립플롭과 AND 게이트로 구성되어 있다.
② RS 플립플롭에서 불확실한 출력 상태(R과 S가 모두 1인 상태)를 정의하여 사용할 수 있도록 개량된 플립플롭이다.
③ $J=1$, $K=1$일 때
- $Q_n=1$인 경우 : 입력 K의 AND 게이트를 열어주어서 플립플롭을 리셋시킨다.
- $Q_n=0$인 경우 : 입력 J의 AND 게이트를 열어주어서 플립플롭을 세트시켜 준다.

∴ 출력은 반전된다.

48 D 플립플롭의 현재 상태가 0일 때 다음 상태를 1로 하기 위한 D의 입력 조건은?

㉮ 1
㉯ 0
㉰ 1과 0 모두 가능
㉱ 1에서 0으로 바뀌는 펄스

• D 플립플롭(D flip-flop) : 본문 그림 5-20 참조

동기 입력을 가진 R-S 플립플롭을 변형한 것으로 입력의 논리값이 그대로 출력으로 유지되는 플립플롭이다.

C	D	Q_{n+1}
1	1	1
1	0	0
0	×	Q_n(불변)

진리표

49 전가산기의 입력 변수가 x, y, z이고, 출력 함수가 S, C일 때 출력의 논리식으로 옳은 것은?

㉮ $S=x\oplus y\oplus z$, $C=xyz$
㉯ $S=x\oplus y\oplus z$, $C=xy+xz+yz$
㉰ $S=x\oplus y\oplus z$, $C=(x\oplus y)z$
㉱ $S=x\oplus y\oplus z$, $C=xy+(x\oplus y)z$

정답 47. ㉮ 48. ㉮ 49. ㉱

 • 전 가산기(full adder, 全加算機)

① 컴퓨터 내에서 2진 숫자(비트)를 덧셈하기 위한 논리 회로의 하나이며, 온 덧셈기라고도 한다.

② 전가산기는 3개의 디지털 입력(비트)을 받고, 2개의 디지털 출력(비트)을 생성한다.

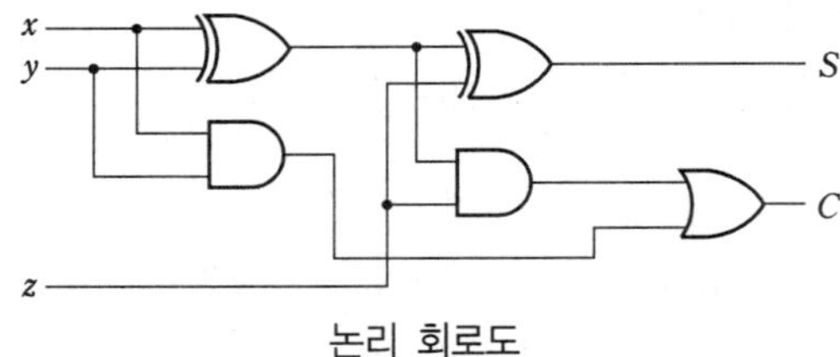

논리 회로도

∴ $S=x\oplus y\oplus z \quad C=xy+(x\oplus y)z$

50 **8비트 마이크로프로세서의 데이터 버퍼(buffer)에 대한 설명으로 옳지 않은 것은?**

㉮ 범용 컴퓨터의 메모리 버퍼 레지스터에 해당한다.

㉯ CPU에 출입하는 데이터가 반드시 거쳐야 하는 레지스터이다.

㉰ 내부, 외부 데이터 버스 사이에서 완충 역할을 하는 직렬 전송 레지스터이다.

㉱ 쌍방향성이며, 3상태 구조를 갖는다.

 • 데이터 버퍼(data buffer)

① 데이터를 일시적으로 저장하며 다양한 입출력기와 관련하여 여러 가지 기능을 수행하는 보조 자료 저장 장치이다.

② 병렬 전송 레지스터(register)이다.

51 **Z-80 마이크로프로세서에서 쌍방향 버스는?**

㉮ address bus ㉯ control bus

㉰ data bus ㉱ ALU

 • 데이터 버스(data bus)

① 자료를 전송하기 위한 버스이다.

② 연산 장치, 메모리, 입출력 장치 등의 자료를 송수신하는 장치가 이 버스에 접속되기 때문에 자료가 어느 방향으로도 전송될 수 있도록 쌍방향성 버스로 되어있다.

52 **다음 중에서 일반적으로 주기억 장치에 사용되는 것은?**

㉮ 램(RAM) ㉯ 플로피디스크

㉰ 하드디스크 ㉱ 자기디스크

정답 50. ㉰ 51. ㉰ 52. ㉮

 • 램(RAM : random access memory)

① 주기억 장치에 사용되며, 기억된 정보를 읽어내기도 하고 다른 정보를 기억시킬 수 있는 메모리이다.

② 데이터나 프로그램 등의 기억 내용을 저장, 호출, 말소시킬 수 있는 기억 소자이다.

③ LSI나 VLSI로 만들어져 컴퓨터 시스템의 내부 기억 장치 등에 사용되고 있다.

53 여러 주변 장치에서 동시에 interrupt가 발생하여 Bus에서 신호의 혼돈이 발생하는 것을 방지하기 위한 하드웨어적인 방법은?

㉮ polling ㉯ daisy-chain

㉰ cycle steal ㉱ DMA(direct memory access)

 • 데이지 체인(daisy-chain)

① 컴퓨터 주변 장치의 인터럽트 요구선(interrupt request line)을 덩굴같이 접속해 가는 것을 말한다.

② 우선순위가 가장 높은 장치를 선두로 우선순위에 따라 직렬로 연결한 하드웨어적인 우선순위 체계 방법이다.

참고 데이지(daisy) : 일반적으로는 고구마과의 식물 줄기가 연속적으로 뻗어 있는 것. 혹은 연결되어 있는 것을 말한다.

54 interrput 발생 시 복귀 주소를 기억시키는 데 사용되는 것은?

㉮ stack ㉯ accumulator

㉰ queue ㉱ program counter

 • 스택(stack)

① 쌓아 올린 더미를 의미한다.

② 자료 구조에서 기억 장치에 데이터를 일시적으로 겹쳐 쌓아 두었다가 필요할 때에 꺼내서 사용할 수 있게 주기억 장치나 레지스터(register)의 일부를 할당하여 사용하는 임시 기억 장치를 말한다.

③ 인터럽트(interrupt) 발생시 복귀 주소를 기억시키는 데 사용된다.

55 다음 중 데이터를 그 내용이나 원인 등 분류 항목별로 나누어 크기의 순서대로 나열하여 나타낸 그림을 무엇이라 하는가?

㉮ 히스토그램(histogram)

㉯ 파레토도(pareto diagram)

㉰ 특성요인도(causes and effects diagram)

㉱ 체크시트(check sheet)

정답 53. ㉯ 54. ㉮ 55. ㉯

해설 • 파레토도 (Pareto diagram) : 어떤 자료를 원인별, 또는 현상별로 구별하여 건수와 금액을 크기 순서대로 나열하여 나타낸 그림이다.

참고 ① 파레토도 (Pareto diagram)
불량, 결점, 고장 등의 발생 건수, 또는 손실 금액을 항목별로 나누어 발생 빈도의 순으로 나열하고 누적합도 표시한 그림이다.

② 히스토그램 (histogram) : 본문 그림 7-2 참조
주어진 빈도 분포의 자료를 도표로 나타내는 하나의 방법으로 횡축을 점수, 종축을 빈도로 하고, 각 급간의 빈도를 네모 기둥인 면적으로 나타낸다.

56 **일반적으로 품질 코스트 가운데 가장 큰 비율을 차지하는 코스트는?**

㉮ 평가 코스트 ㉯ 실패 코스트
㉰ 예방 코스트 ㉱ 검사 코스트

• 품질 코스트 (cost of quality : CoQ)의 분류

① 실패 코스트 : 품질 수준을 유지하는 데 실패하였기 때문에 생긴 불량 제품, 불량 원료에 의한 손실 비용 (약 50~75 % 정도)
② 평가 코스트 : 소정의 품질 수준을 유지하는 데 드는 비용 (약 25 % 정도)
③ 예방 코스트 : 대고객 품질 보증을 제대로 하기 위해 투자되는 비용 (약 10 % 정도)

57 **c 관리도에서 $K=20$인 군의 총부적합 (결점)수 합계는 58이었다. 이 관리도의 UCL, LCL을 구하면 약 얼마인가?**

㉮ UCL = 6.92, LCL = 0
㉯ UCL = 4.90, LCL = 고려하지 않음
㉰ UCL = 6.92, LCL = 고려하지 않음
㉱ UCL = 8.01, LCL = 고려하지 않음

• c 관리도 (c control chart) : 본문 표 7-2 참조

CL : $\overline{C} = \dfrac{\Sigma C}{K} = \dfrac{58}{20} = 2.9$

UCL : $\overline{C} + 3\sqrt{\overline{C}} = 2.9 + 3\sqrt{2.9} = 8.01$

LCL : $\overline{C} - 3\sqrt{\overline{C}} = 2.9 - 3\sqrt{2.9} = -2.21$

여기서, LCL 값은 (−)이므로 고려하지 않는다.

58 **모든 작업을 기본 동작으로 분해하고 각 기본 동작에 대하여 성질과 조건에 따라 정해 놓은 시간치를 적용하여 정미 시간을 산정하는 방법은?**

㉮ PST법 ㉯ WS법
㉰ 스톱워치법 ㉱ 실적기록법

정답 56. ㉯ 57. ㉱ 58. ㉮

 • PST법 : 모든 작업의 구성을 기본 동작으로 분해하여 그 동작의 성질과 조건에 따라 미리 정해진 시간치를 적용하는 방법이다.

참고 WS (work simplification) : 작업을 단순화하려는 연구

시간 동작 연구의 일부로, 작업이나 시스템의 각 부분에서 모든 낭비를 없애기 위하여 분석하는 수법이다. 이것은 배제(排除) · 결합 · 재편(再編) · 단순화의 여러 원리를 작업이나 시스템의 합리화에 적용해 가는 것이다.

59 **로트로부터 시료를 샘플링해서 조사하고, 그 결과를 로트 외 판정 기준과 대조하여 그 로트의 합격, 불합격을 판정하는 검사를 무엇이라 하는가?**

㉮ 샘플링 검사 ㉯ 전수 검사

㉰ 공정 검사 ㉱ 품질 검사

 • 샘플링 검사 (sampling inspection)

한 로트(lot)의 물품 중에서 발췌한 시료(試科)를 조사하고 그 결과를 판정 기준과 비교하여 그 로트의 합격 여부를 결정하는 검사를 뜻한다.

60 **일정 통제를 할 때 1일당 그 작업을 단축하는 데 소요되는 비용의 증가를 의미하는 것은?**

㉮ 비용 구배 (cost slope) ㉯ 정상 소요 시간 (normal duration)

㉰ 비용 견적 (cost estimation) ㉱ 초비용 (total cost)

 • 비용 구배 (cost slope) : 1일당, 작업을 단축하는 데 소요되는 비용의 증가를 의미한다.

참고 cost slope

작업 기간 1일 단축하는 데 추가되는 비용으로 단축일 수와 비례하여 비용은 증가한다.

$$\text{cost slope} = \frac{\text{특급 비용} - \text{정상 비용}}{\text{정상 작업일} - \text{특급 작업일}} = \frac{\Delta \text{cost}}{\Delta \text{time}}$$

정답 59. ㉮ 60. ㉮

▶2008년 7월 13일 시행(44회)

자격종목 및 등급(선택분야)	종목코드	시험시간	문제지형별	수험번호	성 명
전기기능장	**3380**	**1시간**	**A**		

01 공기 중에서 어느 일정한 거리를 두고 있는 두 점 전하 사이에 작용하는 힘이 0.5 N이었고 두 전하 사이에 종이를 채웠더니 작용하는 힘이 0.2 N으로 감소하였다. 이 종이의 비유전율은 얼마인가?

㉮ 0.1 ㉯ 0.4
㉰ 2.5 ㉱ 5

해설 ① 쿨롱의 법칙에서, 전기력 F는 유전율 ϵ에 반비례한다.

$$F = 9\times10^9 \times \frac{Q_1 \cdot Q_2}{\epsilon r^2} = \kappa\frac{1}{\epsilon}\ [\text{N}] \qquad \therefore\ \epsilon_s = \frac{F_0}{F_s} = \frac{0.5}{0.2} = 2.5$$

② 매질의 유전율 $\epsilon = \epsilon_0 \cdot \epsilon_s$

02 그림과 같은 회로에 전압 200 V를 가할 때 20Ω의 저항에 흐르는 전류는 몇 A인가?

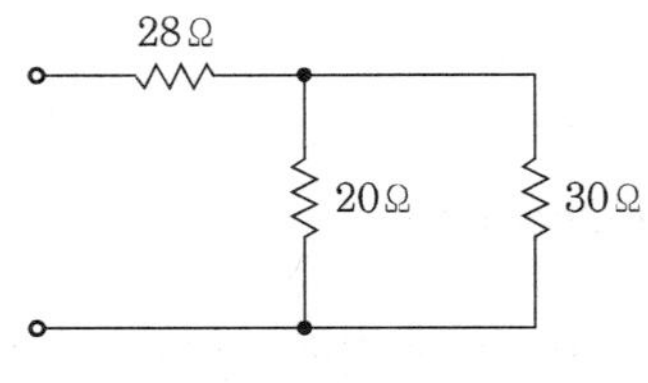

㉮ 2 ㉯ 3
㉰ 5 ㉱ 8

① $R_{ab} = 28 + \dfrac{30\times20}{30+20} = 40\ \Omega$

② $I = \dfrac{V}{R_{ab}} = \dfrac{200}{40} = 5\ \text{A} \qquad \therefore\ I_2 = \dfrac{30}{30+20}\times5 = 3\ \text{A}$

03 권회수 2회의 코일에 5 Wb의 자속이 쇄교하고 있을 때, 0.1초 사이에 자속이 0으로 변화하였다면, 이때 코일에 유도되는 기전력은 몇 V인가?

㉮ 10 ㉯ 50
㉰ 100 ㉱ 500

유도기전력 $e = N\dfrac{\Delta\phi}{\Delta t} = 2\times\dfrac{5}{0.1} = 100\ \text{V}$

정답 1. ㉰ 2. ㉯ 3. ㉰

04 자기인덕턴스가 L_1, L_2, 상호인덕턴스가 M인 두 회로의 결합 계수가 1인 경우 L_1, L_2, M의 관계는?

㉮ $L_1L_2 = M$　　㉯ $L_1L_2 < M^2$
㉰ $L_1L_2 > M^2$　　㉱ $L_1L_2 = M^2$

① 두 코일 간의 결합-상호 인덕턴스 : $M = k\sqrt{L_1 \cdot L_2}$
② 결합 계수 $k=1$일 때 $M = \sqrt{L_1 \cdot L_2}$
$\therefore\ M^2 = L_1 \cdot L_2$

05 어떤 정현파 전압의 평균값이 200 V이면 최대값은 약 몇 V인가?

㉮ 282　　㉯ 314　　㉰ 346　　㉱ 487

$V_m = \frac{\pi}{2} V_a = 1.57 V_a = 1.57 \times 200 ≒ 314$ [V]

참고 $V_a = \frac{2}{\pi} V_m = 0.637 V_m$

06 $R = 5\ \Omega$, $L = 20$ mH 및 가변 콘덴서 C로 구성된 $R-L-C$ 직렬 회로에 주파수 1,000 Hz인 교류를 가한 다음 C를 가변시켜 직렬 공진시킬 때 C의 값은 약 몇 μF인가?

㉮ 1.27　　㉯ 2.54
㉰ 3.52　　㉱ 4.99

• $R-L-C$ 직렬 공진 회로
공진 조건 : $\omega L = \frac{1}{\omega C}$에서
$C = \frac{1}{\omega^2 L} = \frac{1}{(2\pi f)^2 \times 20 \times 10^{-3}} = \frac{1}{4\pi^2 \times 1000^2 \times 20 \times 10^{-3}} ≒ 1.27 \times 10^{-6}$ [F]　$\therefore$ 1.27 μF

07 직류 발전기의 종류 중 부하의 변동에 따라 단자 전압이 심하게 변화하는 어려움이 있지만 선로의 전압 강하를 보상하는 목적으로 장거리 급전선에 직렬로 연결해서 승압기로 사용되는 것은?

㉮ 직권 발전기　　㉯ 타여자 발전기
㉰ 분권 발전기　　㉱ 복권 발전기

정답 4. ㉱　5. ㉯　6. ㉮　7. ㉮

 • 직권 발전기 외부 특성과 용도

① 직권 발전기는 부하의 변동에 따라 단자 전압이 심하게 변화하므로 보통의 직류 전원으로는 사용할 수 없다.

② 그러나 특성 곡선이 부하 전류에 거의 비례하므로 전압이 상승하는 부분을 이용, 선로의 전압 강하를 보상하는 목적으로 장거리 급전선에 직렬로 연결해서 승압기(booster)로 사용되고 있다.

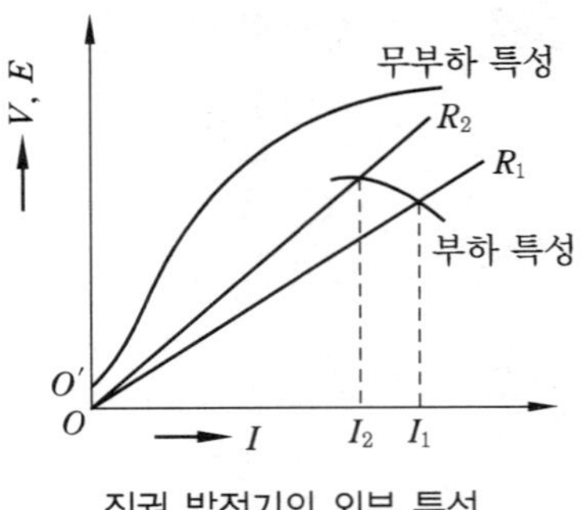

직권 발전기의 외부 특성

08 직류 발전기의 기전력을 E, 자속을 ϕ, 회전 속도를 N이라 할 때 이들 사이의 관계로 옳은 것은?

㉮ $E \propto \phi N$
㉯ $E \propto \phi / N$
㉰ $E \propto \phi N^2$
㉱ $E \propto \phi^2 N$

 • 직류 발전기의 유도 기전력

$$E = \frac{pz}{60a}\phi N = K \cdot \phi N \text{ [V]}$$

여기서, z : 전기자 도선의 수　a : 전기자 권선의 병렬 회로수
　　　p : 극수　ϕ : 1극당 자속(wb)

09 정격 속도로 회전하고 있는 분권 발전기가 있다. 단자 전압 100 V, 권선의 저항은 50 Ω, 계자 전류 2 A, 부하 전류 50 A, 전기자 저항 0.1 Ω이다. 이때 발전기의 유기 기전력은 약 몇 V인가?(단, 전기자 반작용은 무시한다.)

㉮ 100
㉯ 105
㉰ 128
㉱ 141

 • 분권 발전기의 유기 기전력

$E = V + R_a I_a = 100 + 0.1 \times (2 + 50) \fallingdotseq 105$ [V]

여기서, $I_a = I_f + I = 2 + 50$

10 직류 분권 전동기의 부하로 가장 적당한 것은?

㉮ 크레인
㉯ 권상기
㉰ 전동차
㉱ 공작 기계

정답 8. ㉮ 9. ㉯ 10. ㉱

 • 직류 전동기의 용도

종 류	용 도
타여자	압연기, 대형의 권상기 및 크레인, 엘리베이터 (정속도)
분권	직류 전원이 있는 선박의 펌프, 환기용 송풍기, 공작 기계
직권	전차, 권상기, 크레인과 같이 가동 횟수가 빈번하고 토크의 변동도 심한 부하
가동 복권	크레인, 엘리베이터, 공작 기계, 공기 압축기

11 워드 레너드 (Ward Leonard) 방식은 직류기의 무엇을 목적으로 하는 것인가?

㉮ 정류 개선　　㉯ 속도 제어
㉰ 계자 자속 조정　　㉱ 병렬 운전

 • 워드레너드 (Ward Leonard) 방식
① 직류 전동기의 속도 제어 방식의 하나이다.
② 제철 공작의 압연기용 전동기 속도 제어, 공작 기계, 신문 운전기 등에 쓰인다.

12 변압기의 여자 전류의 파형은?

㉮ 파형이 나타나지 않는다.　　㉯ 왜형파
㉰ 사인파　　㉱ 구형파

 • 변압기의 여자 전류의 파형 분석
여자 전류의 파형은 철심의 히스테리시스와 자기 포화 현상으로, 그 파형이 홀수 고조파를 많이 포함하는 첨두파형으로 왜형파이다.
[참고] 본문 그림 2-22 참조

13 변압기에 있어서 부하와는 관계없이 자속만을 발생시키는 전류는?

㉮ 철손 전류　　㉯ 자화 전류
㉰ 여자 전류　　㉱ 1차 전류

해설 • 변압기의 여자 전류
① 자화 전류 : I_{0m}
여자 전류 중 순수한 자속을 만드는 데만 소요되는 전류이고, 자속과 동위상의 무효 전류이다.
② 철손 전류 : I_{0w}
여자 전류 중 손실 (히스테리시스 및 맴돌이 전류 손실)에 해당하는 전류이며, 전원 전압과 거의 동상이고 전압 V_1'과 동상인 유효 전류이다.
[참고] 본문 그림 2-21. 여자 전류의 벡터도 참조

정답 11. ㉯　12. ㉯　13. ㉰

14 변압기의 철손은 부하 전류가 증가하면 어떠한가?

㉮ 변동이 없다. ㉯ 감소한다.
㉰ 증가한다. ㉱ 변압기에 따라 다르다.

• 변압기의 철손 (iron loss)
철손은 무부하손 (no-load loss)이므로 부하 전류의 변동에는 무관한다.
∴ 변동이 없다.
참고 철손 = 히스테리시스 손 + 맴돌이 전류 손

15 변압기의 전압 변동률을 작게 하려면 어떻게 해야 하는가?

㉮ 권선의 리액턴스를 작게 한다.
㉯ 권선의 임피던스를 크게 한다.
㉰ 권수비를 작게 한다.
㉱ 권수비를 크게 한다.

전압 변동률은 권선의 리액턴스에 비례하므로, 변동률을 작게 하려면 권선의 리액턴스를 작게 하여야 한다.
참고 변압기의 권선을 분할하여 조립하면, 누설 리액턴스를 줄일 수 있다.

16 다음 중 변압기의 병렬 운전 조건에 해당하지 않는 것은?

㉮ 극성이 같아야 한다.
㉯ 권수비, 1차 및 2차의 정격 전압이 같아야 한다.
㉰ 각 변압기의 저항과 누설 리액턴스의 비가 같아야 한다.
㉱ 각 변압기의 임피던스가 정격 용량에 비례해야 한다.

• 변압기의 병렬 운전 조건 〈㉮, ㉯, ㉰ 이외에〉
① 1차, 2차의 정격 전압, 권수비 및 극성이 같을 것(순환 전류 방지)
② 각 변압기의 임피던스가 정격 용량에 반비례 될 것, 따라서 부하 분담은 내부 임피던스에 반비례하여 분담한다.
참고 각 변압기에 흐르는 부하 전류가 임피던스에 반비례해야 한다.

17 변압기의 철손과 동손을 측정할 수 있는 시험은?

㉮ 철손 : 무부하 시험, 동손 : 단락 시험
㉯ 철손 : 무부하 시험, 동손 : 절연 내력 시험
㉰ 철손 : 부하 시험, 동손 : 유도 시험
㉱ 철손 : 단락 시험, 동손 : 극성 시험

정답 14. ㉮ 15. ㉮ 16. ㉱ 17. ㉮

 • 변압기의 무부하 시험과 단락 시험

① 무부하 시험 : 고압측을 개방하여 저압측에 정격 전압을 걸어 여자 전류와 철손을 구하고, 여자 어드미턴스를 구한다.

② 단락 시험 : 저압측을 단락하고 고압측에 임피던스 전압을 가하여, 정격 전류를 흘려서 입력인 부하손(동손)을 측정하고 임피던스를 구한다.

18 3상 유도 전동기의 2차 입력이 P_2, 슬립이 s라면 2차 저항손은 어떻게 표현되는가?

㉮ sP_2 ㉯ $\frac{P_2}{s}$

㉰ $\frac{1-s}{P_2}$ ㉱ $\frac{P_2}{1-s}$

 • 2차 입력 P_2, 2차 저항손 P_{C2}, 슬립 s와의 관계

① 2차 저항손

$$P_{C2} = I_2^{\ 2} \cdot r_2 = I_2 r_2 \cdot I_2 = I_2 r_2 \cdot \frac{sE_2}{\sqrt{r_2^{\ 2} + (sx_2)^2}} = sE_2 I_2 \cos\theta_2 = sP_2$$

② 슬립 $s = \frac{P_{C2}}{P_2}$

19 유도 전동기의 토크가 전압의 제곱에 비례하여 변화하는 성질을 이용하여 유도 전동기의 속도를 제어하는 것은?

㉮ 극수 변환 방식 ㉯ 전원 전압 제어법

㉰ 크래머 방식 ㉱ 전원 주파수 변환법

 • 유도 전동기의 속도 제어 방식

① 극수 변환 방식 : 권선의 직병렬 접속의 변환으로 극수 변환에 적용된다.

② 전원 전압 제어법 : 사이리스터(SCR)를 사용하여 전동기의 공급 전압을 변화하는 방법으로 전동기의 속도-토크 특성을 변화시키는 것에 적용된다.

③ 크래머 방식 : 권선형 유도 전동기의 속도 제어 방식의 하나로 전자(電磁) 커플링 방식에 적용된다.

④ 전원 주파수 변환법 : 3상 인버터를 사용하거나, 주파수 변환기를 전원으로 가지고 있는 방식에 적용된다.

20 동기 발전기의 돌발 단락 전류를 주로 제한하는 것은?

㉮ 동기 리액턴스 ㉯ 권선 저항

㉰ 누설 리액턴스 ㉱ 역상 리액턴스

정답 18. ㉮ 19. ㉯ 20. ㉰

해설 • 전기자 누설 리액턴스 $x_\ell = wL$은 돌발(순간) 단락 전류를 제한한다.

참고 ① 돌발 단락 전류 : 단락 직후에는 전기자 반작용이 없어서 전류를 제한하는 것은 전기자 저항과 누설 리액턴스 뿐이므로 대단히 큰 전류가 흐르게 되는데, 이 전류를 돌발 단락 전류라 한다.

② 동기 리액턴스 $x_s = x_a + x_\ell\,[\Omega]$

x_ℓ : 누설 리액턴스, x_a : 전기자 반작용 리액턴스

21 다음 중 동기 발전기의 병렬 운전 조건으로 옳지 않은 것은?

㉮ 유기 기전력의 역률이 같을 것 ㉯ 유기 기전력의 위상이 같을 것
㉰ 유기 기전력의 파형이 같을 것 ㉱ 유기 기전력의 주파수가 같을 것

 • 동기 발전기의 병렬 운전에 필요한 조건

병렬 운전의 필요 조건	운전 조건이 같지 않을 경우의 현상
① 기전력의 크기가 같을 것	무효 순환 전류가 흐른다.
② 상회전이 일치하고, 기전력이 동위상일 것	동기화 정류가 흐른다(유효 횡류가 흐른다).
③ 기전력의 주파수가 같을 것	동기화 전류가 교대로 주기적으로 흘러 난조의 원인이 된다.
④ 기전력의 파형이 같을 것	고조파 무효 순환 전류가 흘러 과열이 원인이 된다.

22 동기기에서 제동 권선의 가장 중요한 역할은?

㉮ 정류 작용 ㉯ 난조 방지
㉰ 전압 불평형 방지 ㉱ 섬락 방지

 • 제동 권선(damper winding)의 역할

① 난조 방지 : 동기 속도 전후로 진동하는 것이 난조이므로, 속도가 변화할 때 제동 권선이 자속을 끊어 제동력을 발생시켜 난조를 방지한다.

② 불평형 부하시의 전류 전압 파형을 개선한다.

③ 송전선의 불평형 단락시 이상 전압을 방지한다.

참고 제동 권선은 동기기 자극면에 홈을 파고 그 속에 농형 권선을 설치한 것이다.

23 다음 중 동기 전동기의 특징을 설명하고 있는 것으로 옳은 것은?

㉮ 저속도에서 유도 전동기에 비해 효율이 나쁘다.
㉯ 기동 토크가 크다.
㉰ 필요에 따라 진상 전류를 흘릴 수 있다.
㉱ 직류 전원이 필요 없다.

정답 21. ㉮ 22. ㉯ 23. ㉰

해설 • 동기 전동기의 특징

① 장점

(가) 속도가 일정 불변이다.

(나) 역률을 조정할 수 있으며, 항상 역률을 1로 운전할 수도 있다.

(다) 필요시 지상, 진상 전류를 흘릴 수 있다.

(라) 유도 전동기에 비하여 효율이 좋다.

② 단점

(가) 기동 토크가 작고, 기동하는 데 손이 많이 간다.

(나) 여자 전류를 흘려주기 위한 직류 전원인 여자기가 필요하다.

(다) 난조가 일어나기 쉽다.

24 반파 정류 회로에서 직류 전압 200 V를 얻는 데 필요한 변압기 2차 상전압은 약 몇 V인가?(단, 부하는 순저항, 변압기 내 전압 강하를 무시하면 정류기 내의 전압 강하는 50 V로 한다.)

가 68　　나 113　　다 333　　라 555

$E_{d0}=\dfrac{\sqrt{2}}{\pi}V-e=0.45V-e$ [V]에서, $V=\dfrac{1}{0.45}(E_{d0}+e)=\dfrac{1}{0.45}(200+50)\fallingdotseq 555$ [V]

25 N-EV는 네온관용 전선 기호이다. 여기서 V는 무엇을 의미하는가?

가 네온전선　　나 클로로프렌　　다 비닐시스　　라 폴리에틸렌

• N-EV : 폴리에틸렌 절연 비닐시스 네온전선(KS C 3308)

N : 네온전선　E : 폴리에틸렌　V : 비닐

참고 7.5 [kV] N-RC : 7.5 [kV] 고무 절연 클로로프렌 시스 네온전선

N : 네온전선　R : 고무　C : 클로로프렌

26 금속 전선관을 조영재에 따라서 시설하는 경우에는 새들 또는 행거(hanger) 등으로 견고하게 지지하고, 그 간격을 최대 몇 m 이하로 하는 것이 바람직한가?

가 1.0　　나 1.5　　다 2.0　　라 2.5

• 금속 전선관 및 부속품의 연결과 지지(내선규정 2225-7 참조)

조영재에 따라서 시설하는 경우, 그 간격을 2 m 이하로 하는 것이 바람직하다.

27 학교, 사무실, 은행 등의 옥내배선 설계에서 간선의 굵기를 선정할 때, 전등 및 소형 전기기계 기구의 용량 합계가 10 kVA를 넘는 것에 대한 수용률은 내선 규정에서 몇 %를 적용하도록 규정하고 있는가?

가 40　　나 50　　다 60　　라 70

정답 24. 라　25. 다　26. 다　27. 라

• 간선의 전선 굵기(내선규정 3315-8 참조)
전등 및 소형 전기 기계 기구의 용량 합계가 10[kVA]를 초과하는 것은 그 초과 용량에 대하여 다음 표의 수용률을 적용할 수 있다.

건축물의 종류	수용률(%)
주택, 기숙사, 여관, 호텔, 병원, 창고	50
학교, 사무실, 은행	70

28 저압 배선 중의 전압 강하는 간선 및 분기 회로에서 각각 표준 전압의 몇 % 이하로 하는 것을 원칙으로 하는가?

㉮ 2 ㉯ 3
㉰ 4 ㉱ 6

전압 강하(내선규정 1415-1 참조)
① 간선 및 분기 회로에서 각각 표준 전압의 2% 이하로 하는 것을 원칙으로 한다.
② 다만 전기 사용 장소 안에 시설한 변압기에 의하여 공급되는 경우에는 간선의 전압 강하는 3% 이하로 할 수 있다.

29 3상 4선식 Y접속 시 전등과 동력을 공급하는 옥내 배선의 경우는 상별 부하 전류가 평형으로 유도되도록 상별로 결선하기 위하여 전압 측 전선에 색별 배선을 하거나 색 테이프를 감는 등의 방법으로 표시를 하여야 한다. 이때 전압 측 전선의 색별 표시에서 B상의 색상은?

㉮ 백색 또는 회색 ㉯ 흑색
㉰ 적색 ㉱ 청색

• 3상 4선식 접속의 경우 : 전압측 전선의 색별 표시 (내선규정 1420-4 참조)
A상 : 흑색 C상 : 청색
B상 : 적색 N상 : 백색 또는 회색

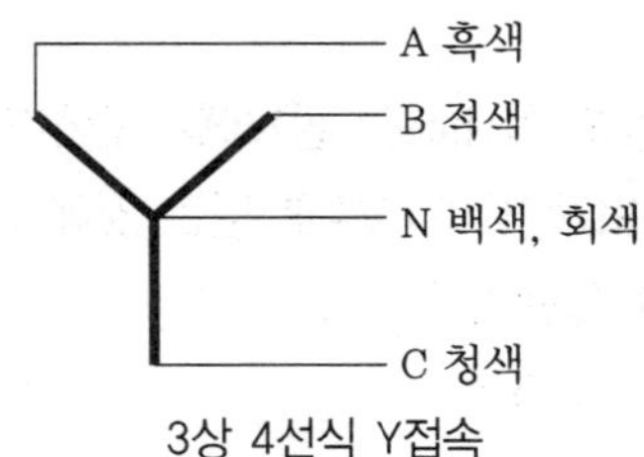

3상 4선식 Y접속

정답 28. ㉮ 29. ㉰

30 3상 배전 선로의 말단에 늦은 역률 80 %, 80 kW의 평형 3상 부하가 있다. 부하점에 부하와 병렬로 전력용 콘덴서를 접속하여 선로 손실을 최소화하려고 할 때에 필요한 콘덴서 용량은 몇 kVA인가?

㉮ 20 ㉯ 60 ㉰ 80 ㉱ 100

• 부하의 역률 개선-전력용 콘덴서의 용량 산정

손실을 최소로 하기 위한 조건은 역률을 100 [%]로 개선하여야 하므로 $\cos\theta_2 = 1$이 되어야 한다.

$$\therefore \ Q_c = P\left(\sqrt{\frac{1}{\cos^2\theta_1} - 1} - \sqrt{\frac{1}{\cos^2\theta_2} - 1}\right) = P\sqrt{\frac{1}{0.8^2} - 1} = 80\sqrt{0.5625} = 60 \text{ kVA}$$

31 전주 사이의 경간이 50 m인 가공 전선로에서 전선 1 m의 하중이 0.37 kg, 전선의 딥이 0.8 m라면 전선의 수평 장력은 약 몇 kg인가?

㉮ 80 ㉯ 120 ㉰ 145 ㉱ 165

해설 • 전선의 딥 (dip : D)

$$D \fallingdotseq \frac{WS^2}{8T}[\text{m}] \text{에서,} \ T = \frac{WS^2}{8D} = \frac{0.37 \times 50^2}{8 \times 0.8} \fallingdotseq 145[\text{kg}]$$

여기서, W : 전선 1 m의 무게 (kg), T : 장력 (kg), S : 경간 (m)

참고 전선의 실제 길이 : $L = S + \dfrac{8D^2}{3S}[\text{m}]$

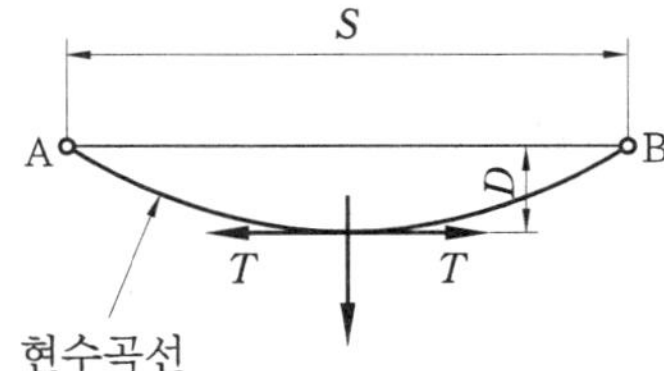

32 제1종 접지 공사의 접지선으로 연동선을 사용할 경우 그 굵기는 단면적이 몇 mm^2 이상이어야 하는가?

㉮ 2.5 ㉯ 4 ㉰ 6 ㉱ 10

• 접지 공사의 종류에 따른 접지선의 굵기 (판단 기준 제19조 참조)

접지 공사의 종류	접지 저항값
제1종 접지 공사	공칭 단면적 6 mm^2 이상의 연동선
제2종 접지 공사	공칭 단면적 16 mm^2 이상의 연동선
제3종 접지 공사 및 특별 제3종 접지 공사	공칭 단면적 2.5 mm^2 이상의 연동선

정답 30. ㉯ 31. ㉰ 32. ㉰

33 **전극식 온천용 승온기 차폐 장치의 전극에 시행하여야 할 접지 공사는?**

㉮ 제1종 접지 공사
㉯ 제2종 접지 공사
㉰ 제3종 접지 공사
㉱ 특별 제3종 접지 공사

 • 전극식 온천용 승온기의 시설(판단기준 제238조 참조)
차폐 장치의 전극에는 제1종 접지 공사를 할 것

34 **케이블 포설 공사가 끝난 후 하여야 할 시험의 항목에 해당되지 않는 것은?**

㉮ 절연 저항 시험 ㉯ 절연 내력 시험
㉰ 접지 저항 시험 ㉱ 유전체손 시험

 • 지중선 케이블 포설 공사 끝난 후 시험 항목
① 절연 저항 시험 : 케이블을 접속하기 전에 각 구간 별로 절연 저항을 측정한다.
(심선-대지간, 시스-대지간)
② 절연 내력 시험 : 케이블의 심선과 대지 간에 내전압 시험을 실시한다.
③ 접지 저항 시험 : 접지 저항 측정

35 **다음 중 피뢰기를 반드시 시설하여야 할 곳은?**

㉮ 전기 수용 장소 내의 차단기 2차측
㉯ 수전용 변압기의 2차측
㉰ 가공 전선로와 지중 전선로가 접속되는 곳
㉱ 경간이 긴 가공 전선로

 • 피뢰기 시설 장소(판단기준 제42조 참조)
① 발전소·변전소 또는 이에 준하는 장소의 가공 전선 인입구 및 인출구
② 가공 전선로에 접속하는 배전용 변압기의 고압 측 및 특별 고압측
③ 고압 및 특별 고압 가공 전선으로부터 공급을 받는 수용 장소의 인입구
④ 가공 전선로와 지중 전선로가 접속되는 곳

36 **계전기별 기구 번호의 제어 약호 중 87B의 명칭은?**

㉮ 전류 차동 계전기
㉯ 모선 보호 차동 계전기
㉰ 발전기용 차동 계전기
㉱ 주변압기 차동 계전기

정답 33. ㉮ 34. ㉱ 35. ㉰ 36. ㉯

해설 • 계전기 기구 번호
87 : 전류 차동 계전기
87B : 모선 보호용 차동 계전기
87G : 발전기 차동 계전기
87T : 주변압기용 차동 계전기

37 반사율이 50 %, 면적이 50 cm×40 cm인 완전 확산면에서 100 lm의 광속을 투사하면 그 면의 휘도는 약 몇 nt인가?

㉮ 60 ㉯ 80 ㉰ 100 ㉱ 120

완전 확산면의 조도 $E = \frac{F}{S} = \frac{100}{0.5 \times 0.4} = 500 \text{ lx}$

$\therefore B = \frac{\rho E}{\pi} = \frac{0.5 \times 500}{3.14} = 80 \text{ cd/m}^2$

38 그림은 산업 현장에서 많이 응용되고 있는 회로이다. 이 회로에서 점선 부분에 가장 타당한 회로로 맞는 것은?

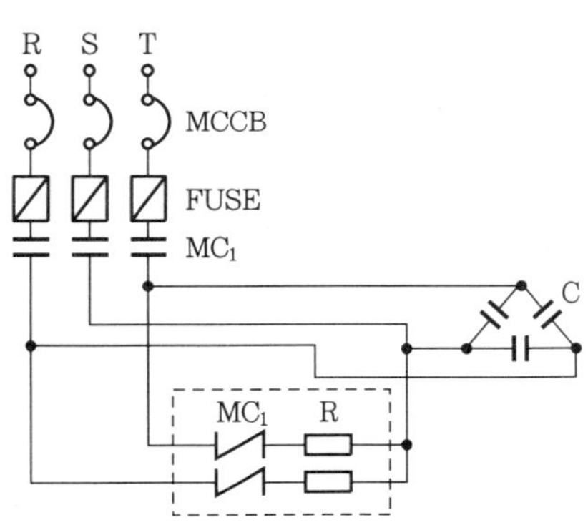

㉮ 정역 회로 ㉯ $Y-\Delta$ 기동 회로
㉰ 방전 장치 회로 ㉱ 역률 개선 회로

• 고압 진상용 콘덴서의 부속 설비-방전 장치 회로
① 방전 장치 회로에는 방전 코일 또는 방전 저항이 사용된다.
② 콘덴서에 축적된 잔류 전하를 방전하여 감전 사고를 방지한다.

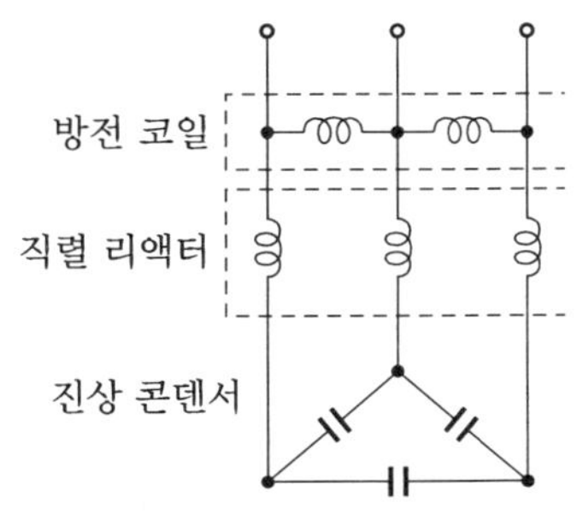

고압 진상용 콘덴서의 구성

정답 37. ㉯ 38. ㉰

39 서지 보호 장치(SPD)의 기능에 따라 분류할 경우 해당되지 않는 것은?

㉮ 전류 스위치형 SPD　　㉯ 전압 스위칭형 SPD
㉰ 전압 제한형 SPD　　㉱ 복합형 SPD

• 과전압에 대한 시설 보호(내선규정 5220-2 참조)
서지 보호 장치(SPD : surge protective device)는 기능에 따라
① 전압 스위칭형 ② 전압 제한형 ③ 복합형이 있다.

참고 서지(surge)란, 전력 계통의 전원선, 통신선 등의 도체를 통하여 발생, 침입되는 과도 이상 전압을 서지라하며, 서지의 침입으로 인하여 전기 기기, 전자 부품 파손, 소프트웨어의 오동작 등 많은 피해를 초래하게 된다.

40 다음 전력 변환 방식 중 직류를 크기가 다른 직류로 변환하는 것은?

㉮ 인버터　　㉯ 컨버터
㉰ 반파 정류　　㉱ 직류 초퍼

① 직류 초퍼(DC chopper) : 직류를 크기가 다른 직류로 변환
② 인버터(inverter) : 직류 전력을 교류 전력으로 변환
③ 컨버터(converter) : 교류 전력을 직류 전력으로 변환

41 빛의 에너지를 직접 전기 에너지로 변화시키는 것은?

㉮ 광전 다이오드　　㉯ 광전도 소자
㉰ 광전 트랜지스터　　㉱ 태양 전지

• 광전자 소자-태양 전지
태양 전지는 태양의 빛 에너지를 직접 전기 에너지로 변환하도록 설계되었으며, 여러 개의 광전지를 직병렬로 접속한다.

참고 ① 광전 다이오드 : 빛에너지를 받으면 전류가 흐르는 소자
② 광전 트랜지스터 : 광전 다이오드에 증폭 기능을 더한 소자
③ 광전도소자 : 수광소자 중의 하나로 광전도 현상을 이용한 소자

42 CdS(황화 카드뮴)은 어떠한 소자인가?

㉮ 빛에 의한 전도성을 이용하는 소자이다.
㉯ 빛에 의한 기전력이 발생하는 소자이다.
㉰ 태양 전지에서 0.55 V의 기전력을 발산하는 소자이다.
㉱ 광전 트랜지스터를 만드는 소자이다.

정답 39. ㉮ 40. ㉱ 41. ㉱ 42. ㉮

 • CdS (황화카드뮴) 광도전 소자

① CdS는 카드뮴과 황을 화합하여 이것을 수백도 (℃) 정도로 가열하여 소성하거나 단결정으로 하여 만든 것이다.

② 빛의 세기에 따라 저항값이 반비례하여 변하는 광 가변 저항기의 일종이다.

참고 광도전 현상이란, 빛이 물체에 비추어지면 물체의 도전율이 증가하는 현상이다.

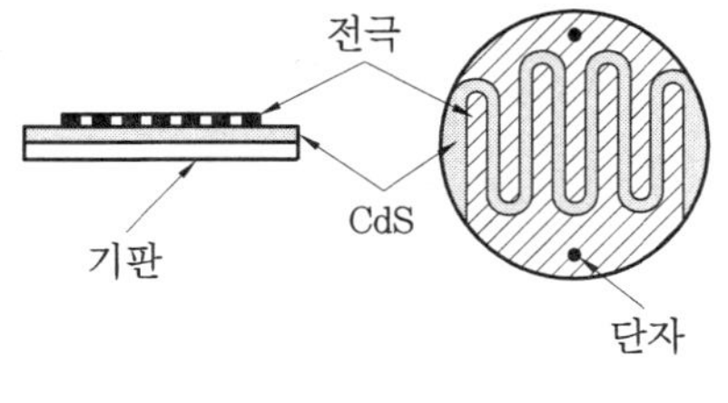

Cds 구조

43 MOSFET의 드레인 전류는 무엇으로 제어하는가?

㉮ 게이트 전압　　㉯ 게이트 전류

㉰ 소스 전류　　㉱ 소스 전압

 • MOSFET (metal-oxide semiconductor FET)

① 소스 (S)와 게이트 (G) 및 드레인 (D)으로 구성되어 있으며 게이트가 채널로부터 분리, 절연되어 있어 게이트 전압이 (+), (−)에 관계없이 게이트 전류가 흐르지 않는다.

② 증가형과 공핍형 중에서, 증가형은 게이트 전압을 가하여 채널을 형성하고, 드레인과 소스 사이의 전압에 의하여 전류가 흐르는 구조로 되어 있다.

∴ 드레인 전류는 게이트 전압에 의하여 제어된다.

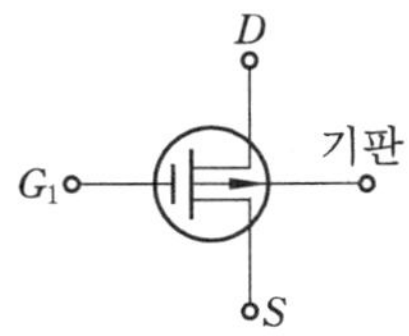

P채널 MOSFET

참고 FET (field effect transistor : 전계 효과 트랜지스터) : 전압으로 제어하는 소자

44 전파 제어 정류 회로에 사용하는 쌍방향성 반도체 소자는?

㉮ SCR　　㉯ SSS　　㉰ UJT　　㉱ PUT

 • SSS (silicon symmetrical switch)

① 순방향과 역방향으로 대칭적인 부성 특성을 가진 2단자 쌍방향 사이리스터이다.

② 조광 장치, 온도 제어 등 비교적 간단한 교류 제어 회로, 정류 회로 등에 쓰인다.

참고 쌍방향성 전력용 반도체

① 2단자 – SSS, DIAC

② 3단자 – TRIAC, SBS

45 다음 중 SCR에 대한 설명으로 가장 옳은 것은?

㉮ 게이트 전류로 애노드 전류를 연속적으로 제어할 수 있다.

㉯ 쌍방향성 사이리스터이다.

㉰ 게이트 전류를 차단하면 애노드 전류가 차단된다.

㉱ 단락 상태에서 애노드 전압을 0 또는 부(−)로 하면 차단 상태로 된다.

정답 43. ㉮　44. ㉯　45. ㉱

• SCR (실리콘 제어 정류기)의 특성

① 게이트에 정(+) 전류 펄스에 의해서 턴 온 (turn on)되고, 일단 도통이 되면 게이트에 정(+) 전류 펄스가 없어도 온 (on) 상태를 유지한다.

② 턴 오프 (turn off), 즉 차단 상태로 하려면 애노드 전압을 '0'으로 하거나, 부(−)로 하면 된다.

∴ 게이트 전류로 애노드 전류를 제어할 수 없으며, 전원 전압을 감소시켜 차단 (turn off)시킬 수 없으며 또한 게이트 전류를 차단하여 애노드 전류를 차단할 수 없다.

46 다음의 그림 기호와 같은 반도체 소자의 명칭은?

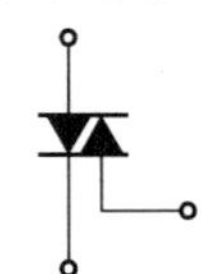

㉮ SCR ㉯ UJT ㉰ TRIAC ㉱ FET

• 반도체 소자의 명칭

① SCR ② UJT ③ TRIAC ④ FET

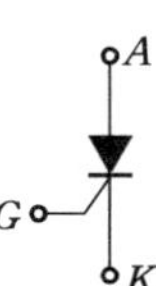

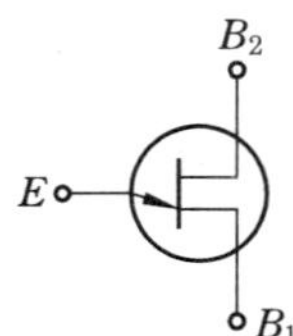

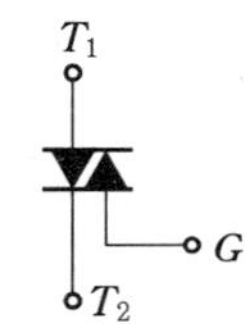

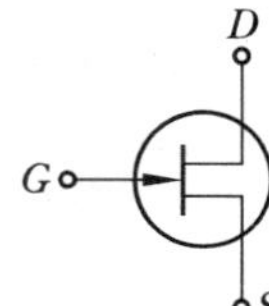

47 논리식 $F=\overline{A}\,\overline{B}\,C+\overline{A}B\overline{C}+A\overline{B}\,C+AB\overline{C}$를 간소화한 것은?

㉮ $F=\overline{A}\,C+A\overline{C}$ ㉯ $F=\overline{B}\,C+B\overline{C}$

㉰ $F=\overline{A}B+A\overline{B}$ ㉱ $F=\overline{A}\,B+B\overline{C}$

$$F=\overline{A}\,\overline{B}C+\overline{A}B\overline{C}+A\overline{B}\,C+AB\overline{C}=\overline{A}(\overline{B}C+B\overline{C})+A(\overline{B}\,C+B\overline{C})$$
$$=(\overline{A}+A)(\overline{B}C+B\overline{C})=\overline{B}C+B\overline{C}$$

48 그림과 같은 회로는 어떤 논리 동작을 하는가?

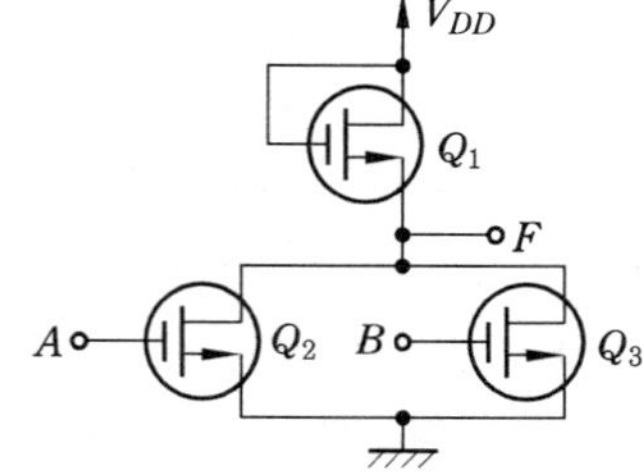

㉮ NAND ㉯ NOR ㉰ AND ㉱ OR

정답 46. ㉰ 47. ㉯ 48. ㉯

① Q_1는 항상 동작 상태에 있으므로 출력 F 점에는 (+) V_{DD}가 가해진다.
② Q_2, Q_3는 (+)입력 신호에 의하여 on/off 된다.
③ Q_2, Q_3 두 개 중, 1개만이라도 on 상태가 되면 출력 F 점은 Q_2 또는 Q_3를 통하여 접지가 되므로 '0' 전위가 된다.
∴ 이상 동작 상태를 진리표로 나타내면 NOR 회로이다.

49 그림과 같은 다이오드 논리 회로의 출력식은?

㉮ $Z = A + BC$
㉯ $Z = AB + C$
㉰ $Z = ABC$
㉱ $Z = A + B + C$

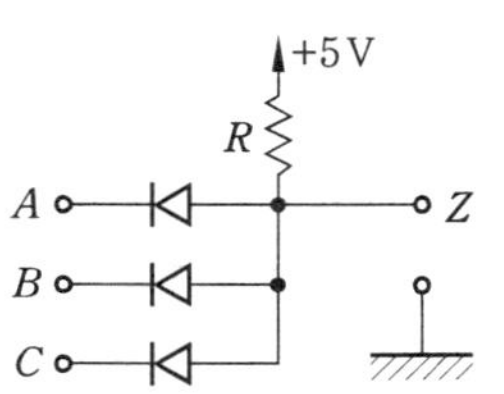

• 다이오드 논리 회로
① 다이오드 3개 중에 1개라도 on 상태가 되면 출력 Z 점은 '0' 전위가 된다.
② 다이오드 3개 모두 off 상태일 때만 출력 Z 점에 (+)5V가 가해진다. 즉, $A = B = C = 1$일 때만 $Z = 1$
∴ 이상 동작 상태를 진리표로 나타내면 AND 회로이다.
$Z = ABC$

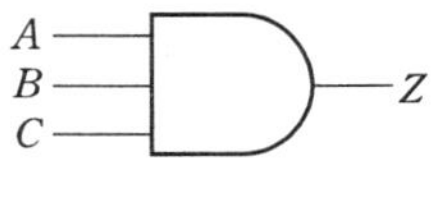

등가 회로

50 J-K FF에서 현재 상태의 출력 Q_n을 1로 하고, J 입력에 0, K 입력에 0을 클록펄스 C.P에 rising edge의 신호를 가하게 되면 다음 상태의 출력 Q_{n+1}은?

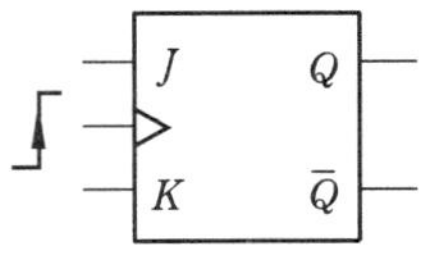

㉮ 1　㉯ 0　㉰ X　㉱ $\overline{Q_n}$

• J-K FF (J-K flip-flop)
① 클록형 RS 플립플롭과 AND 게이트로 구성되어 있다.
② RS 플립플롭에서 불확실한 출력 상태(R과 S가 모두 1인 상태)를 정의하여 사용할 수 있도록 개량된 플립플롭이다.
J=0, K=0 일 때 → $Q_{n+1} = Q_n$
∴ 변함이 없다.

C	J	K	Q_{n+1}
0	×	×	Q_n
1	0	0	Q_n
1	0	1	0
1	1	0	1
1	1	1	$\overline{Q_n}$ (토글)

진리표

정답 49. ㉰ 50. ㉮

51 2진 데이터를 저장하기 위해 사용되는 일종의 메모리는?

㉮ 데이터 버스 ㉯ 타이머
㉰ 카운터 ㉱ 레지스터

• 레지스터(register)

① 극히 소량의 데이터나 처리 중인 중간 결과를 일시적으로 기억해 두는 고속의 전용 영역을 레지스터라고 한다.

② 한 단어 또는 여러 단어, 때로는 수의 자릿수의 정보를 기억하는 장치이며 특정 목적에 사용되고, 수시로 그 내용을 이용할 수 있도록 되어 있다.

52 다음 중 CPU의 진행 상태를 나타내고 있는 레지스터는?

㉮ sequence counter ㉯ PSW
㉰ timer ㉱ interrupt

• PSW(program status word)

명령의 실행 순서를 제어하여 실행되고 있는 프로그램에 관계하는 시스템의 상태를 유지하는데 사용되는 레지스터를 말한다.

참고 프로세서 상태어 레지스터(PSW register)

명령어 주소 및 하드웨어를 제어하는 몇 가지 정보가 기억된 8바이트 길이의 명령어 주소 레지스터

53 메모리 장치 중 보조 기억 장치에 사용되지 않는 것은?

㉮ 자기 테이프 ㉯ 자기 디스크
㉰ 자기 드럼 ㉱ 중앙 처리 장치

• 보조 기억 장치(auxiliary memory unit)

① 주기억 장치의 용량 부족을 보충하기 위한 기억 장치이다.

② 주기억 장치와는 별도로 설치된 외부 기억 장치로, 이것에는 자기 드럼, 자기 디스크, 자기 테이프 등이 사용되고 있다.

54 8비트 CPU를 사용한 마이크로프로세서에서 가산과 감산 시에 변화되며, 특히 시프트(shift)와 로테이트(rotate) 명령 수행 시 9번째의 비트로 사용되는 플래그(flag)는?

㉮ 캐리(carry) 플래그 ㉯ 제로(zero) 플래그
㉰ 사인(sign) 플래그 ㉱ 패리티(parity) 플래그

정답 51. ㉱ 52. ㉯ 53. ㉱ 54. ㉮

 • 캐리 플래그(carry flag) : 올림수 플래그

① 컴퓨터 내에서의 수학적인 연산 과정에서 발생하는 레지스터의 오버플로(overflow)나 언더플로 조건을 가리키기 위한 플래그이다.

② 그 결과로 인한 차후 수행 조건을 가릴 때의 지침으로 사용된다.

참고 ① 플래그(flag): 컴퓨터의 중앙 처리 장치나 입출력 장치의 동작 상태, 또는 알람 등의 정보를 나타내는 비트를 말하며, 프로그램으로 참조하고 필요한 루틴으로 분기시킬 수 있다.

② 패리티 플래그(parity flag): 마이크로프로세서의 D1~D0 중의 1의 개수가 짝수 개일 때 세트(1)이 되고, 홀수 개일 때 리셋(0)되는 플래그

55 품질 특성을 나타내는 데이터 중 계수값 데이터에 속하는 것은?

㉮ 무게 ㉯ 길이 ㉰ 인장 강도 ㉱ 부적합품의 수

 • 품질 특성을 나타내는 데이터의 분류

① 계수 값 데이터

(가) 불연속적으로 변화하는 양

(나) 불량 개수, 부적합품의 수, 일정 면적당 흠의 수 등

② 계량 값 데이터

(가) 연속적으로 변화하는 양

(나) 길이, 무게, 순도, 강도, 습도, 전압, 신장률 등

56 공정에서 만성적으로 존재하는 것은 아니고 산발적으로 발생하며, 품질의 변동에 크게 영향을 끼치는 요주의 원인으로 우발적 원인인 것을 무엇이라 하는가?

㉮ 우연 원인 ㉯ 이상 원인

㉰ 불가피 원인 ㉱ 억제할 수 없는 원인

 • 이상 원인

① 산발적으로 발생하는 우발적 원인이다.

② 품질의 변동에 크게 영향을 끼치는 요주의 원인이다.

57 계수 규준형 1회 샘플링 검사(KS A 3102)에 관한 설명 중 가장 거리가 먼 것은?

㉮ 검사에 제출된 로트의 공정에 관한 사전 정보가 없어도 샘플링 검사를 적용할 수 있다.

㉯ 생산자 측과 구매자 측이 요구하는 품질 보호를 동시에 만족시키도록 샘플링 검사 방식을 선정한다.

㉰ 파괴 검사의 경우와 같이 전수 검사가 불가능한 때에는 사용할 수 없다.

㉱ 1회만 거래 시에도 사용할 수 있다.

정답 55. ㉱ 56. ㉯ 57. ㉰

 • 계수 규준형 1회 샘플링 검사(KS A 3102)의 특징〈가, 다, 라 이외에〉
파괴 검사와 같이 전수 검사가 불가능할 때 사용할 수 있다.

58 **다음 중 품질 관리 시스템에 있어서 4M에 해당하지 않는 것은?**

가 man　　나 machine　　다 material　　라 money

 • 품질 관리 시스템 – 4M

① man – 사람 (작업자)　　② machine – 설비
③ material – 원자재 (재료)　　④ method – 방법 (가공 방법)

59 **방법 시간 측정법(MTM : method time measurement)에서 사용되는 1TMU (time measurement unit)는 몇 시간인가?**

가 $\frac{1}{100,000}$시간　　나 $\frac{1}{10,000}$시간
다 $\frac{6}{10,000}$시간　　라 $\frac{36}{1,000}$시간

 • 방법 시간 측정법(MTM : methods time measurement)

① 시간 단위에는 TMU (time measurement unit)를 사용한다.
② 시간치는 1시간을 10만 TMU로 하는 TMU 단위로 나타낸다. → $\frac{1}{100,000}$ 시간

참고 MTM법

① 생산 활동의 합리화를 위하여 표준 작업 시간을 설정하는 PTS법 (기정 시간 표준법) 중의 하나이다.
② 시간표에서 각 요소 동작을 케이스 (작업 조건이 주는 곤란성)와 타입 (상태·속도 등)에 따라 더 세분하고, 그 각각에 대하여 동작의 크기 (거리·각도)마다 시간치 (時間値)를 표시하고 있다.

60 **어떤 공장에서 작업을 하는 데 있어서 소요되는 기간과 비용이 다음 표와 같을 때 비용 구배는 얼마인가? (단, 활동 시간의 단위는 일(日)로 계산한다.)**

정상 작업		특급 작업	
기간	비용	기간	비용
15일	150만 원	10일	200만 원

가 50,000원　　나 100,000원　　다 200,000원　　라 300,000원

 • 비용 구배 (cost slope)

$$비용\ 구배 = \frac{특급\ 비용 - 정상\ 비용}{정상\ 시간 - 특급\ 시간} = \frac{2,000,000 - 1,500,000}{15 - 10} = 100,000\ 원/일$$

정답 58. 라　59. 가　60. 나

2009년도 시행 문제

▶2009년 3월 29일 시행(45회)

자격종목 및 등급(선택분야)	종목코드	시험시간	문제지형별	수험번호	성 명
전기기능장	3380	1시간	A		

01 다음 중 전계의 세기를 구하는 법칙은?

㉮ 비오-사바르의 법칙　　㉯ 가우스의 법칙
㉰ 플레밍의 왼손법칙　　㉱ 암페어의 법칙

• 가우스(Gauss)의 정리

① 전하량 Q[C]을 둘러싼 폐곡면을 통하고 밖으로 나가는 전기력 총수 N은 다음과 같다.

$$N=\frac{Q}{\epsilon}=\frac{Q}{\epsilon_0\epsilon_s}\ [\text{개}] : [\text{가닥}]$$

② 반경 r인 구체의 표면적 $4\pi r^2$에서의 전기력선 밀도와 전계의 세기는 같으므로

$$E=\frac{N}{4\pi r^2}=\frac{Q}{4\pi\epsilon_0\epsilon_s r^2}\ [\text{V/m}]$$

∴ 전계의 세기를 구하는데 가우스의 정리가 적용된다.

참고 비오-사바르의 법칙 : 전류가 만드는 자기장의 세기를 정의한 것이다.

02 C[F]의 콘덴서에 V[V]의 전압을 가한 결과 Q[C]의 전기량이 충전되었다. 이 콘덴서에 저장된 에너지(J)는 어떻게 표현되는가?

㉮ $2CV$　　㉯ $2CV^2$
㉰ $\frac{1}{2}CV$　　㉱ $\frac{1}{2}CV^2$

• 정전 에너지

$W=\frac{1}{2}VQ=\frac{1}{2}CV^2$ [J]　　여기서, $Q=CV$

03 다음 중 전류에 의해 만들어지는 자기장의 자기력선 방향을 간단하게 알아내는 법칙은?

㉮ 앙페르의 오른나사 법칙　　㉯ 렌츠의 법칙
㉰ 플레밍의 왼손 법칙　　㉱ 가우스의 법칙

정답 1. ㉯　2. ㉱　3. ㉮

해설 • 앙페르의 오른나사 법칙(Ampere's right-handed rule) : 전류의 방향을 오른나사가 진행하는 방향으로 하면, 자기장의 방향은 오른나사의 회전 방향과 같다.

나사의 회전 방향
나사의 진행 방향
자기장의 방향
도체
전류의 방향

참고 렌츠의 법칙 : 유도 기전력의 방향 정의
플레밍의 왼손 법칙 : 전자력의 방향 정의
가우스 법칙 : 문제 1. 해설 참조

04 길이 50 cm인 직선상의 도체봉을 자속 밀도 0.1 Wb/m^{2}의 평등 자계 중에 자계와 수직으로 놓고 이것을 50 m/s의 속도로 자계와 60°의 각으로 움직였을 때 유도 기전력은 몇 V가 되는가?

가 1.08 나 1.25 다 2.17 라 2.51

해설 • 유도 기전력

$$e = Blu\sin\theta = 0.1 \times 50 \times 10^{-2} \times 50 \times \frac{\sqrt{3}}{2} \fallingdotseq 2.17 \text{ V}$$

여기서, $\sin\theta = \sin 60° = \frac{\sqrt{3}}{2}$

05 인덕턴스 $L = 20$ mH인 코일에 실효값 $V = 50$ [V], 주파수 $f = 60$ Hz인 정현파 전압을 인가했을 때 코일에 축적되는 평균 자기 에너지 W[J]는 약 얼마인가?

가 6.3 나 4.4 다 0.63 라 0.44

해설 ① $X_L = 2\pi f L = 2\pi \times 60 \times 20 \times 10^{-3} \fallingdotseq 7.5\ \Omega$

② $I = \frac{V}{X_L} = \frac{50}{7.5} \fallingdotseq 6.7$ A

$$\therefore\ W = \frac{1}{2}LI^2 = \frac{1}{2} \times 20 \times 10^{-3} \times 6.7^2 \fallingdotseq 0.44 \text{ J}$$

06 회로에서 단자 AB 간의 합성 저항은 몇 Ω인가?

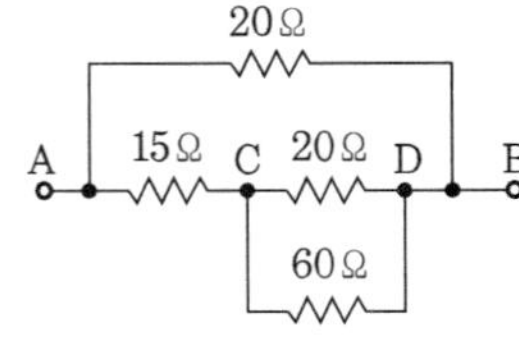

가 10 나 12 다 15 라 30

정답 4. 다 5. 라 6. 나

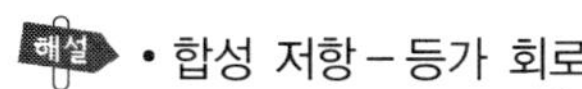

①

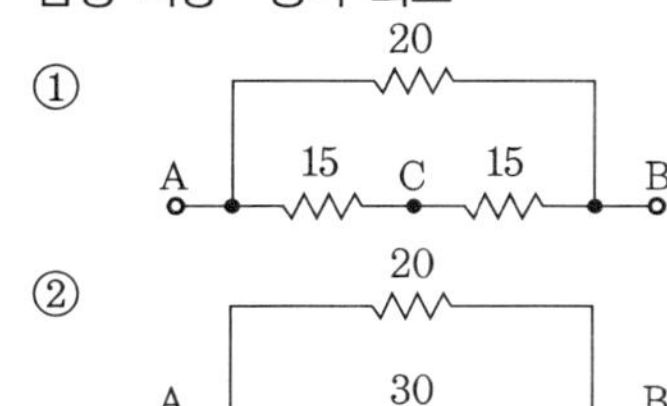

$$R_{CD} = \frac{20 \times 60}{20 + 60} = 15\ \Omega$$

②

$$R_{AB} = \frac{20 \times 30}{20 + 30} = 12\ \Omega$$

07 어떤 정현파 전압의 평균값이 191 V이면 최대값은 약 몇 V인가?

가 240　　나 270　　다 300　　라 330

$$V_m = \frac{\pi}{2} \cdot V_a = 1.57 \times 191 \fallingdotseq 300\ \text{V}$$

08 그림과 같은 $R-L-C$ 병렬 공진 회로에 관한 설명 중 옳지 않은 것은?

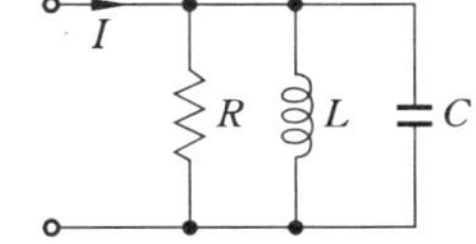

가 R이 작을수록 Q가 높다.

나 공진시 L 또는 C에 흐르는 전류는 입력 전류 크기의 Q배가 된다.

다 공진 주파수 이하에서의 입력 전류는 전압보다 위상이 뒤진다.

라 공진시 입력 어드미턴스는 매우 작아진다.

• $R-L-C$ 병렬 공진 회로의 특성

① 선택도 Q는 R이 클수록 커진다. → R이 클수록 Q가 높다.

$$Q = \frac{I_L}{I_0} = \frac{I_C}{I_0} = \frac{R}{\omega L} = \omega CR = R\sqrt{\frac{C}{L}}$$

② 공진시 L 또는 C에 흐르는 전류 I_L, I_C는 입력 전류 I_0 크기의 Q배가 된다.

$I_L = QI_0$, $I_C = QI_0$

③ 공진 주파수 이하에서의 입력 전류는 전압보다 위상이 뒤진다.

$f < f_0$이면 $\frac{1}{\omega C} > \omega L$이 되어 유도성 회로가 되기 때문이다.

④ 공진시 입력 어드미턴서는 매우 작아진다.

$$Y_0 = \frac{1}{R}$$

각 상의 임피던스가 $\dot{Z} = 6 + j8\ [\Omega]$ 인 평형 Y 결선 부하에 선간 전압 220 V의 대칭 3상 전압을 인가하였을 때 흐르는 선전류는 약 몇 A인가?

가 8.7　　나 10.5　　다 12.7　　라 17.5

정답 7. 다　8. 가　9. 다

해설 • 평형 Y결선 회로

① $Z=\sqrt{6^2+8^2}=10\ \Omega$

② $V_P=\dfrac{220}{\sqrt{3}}\fallingdotseq 127\ [\text{V}]$ $\quad\therefore\ I_l=I_P=\dfrac{V_P}{Z}=\dfrac{127}{10}=12.7\ \text{A}$

10 전기자 권선에 의해 생기는 전기자 기자력을 없애기 위하여 주 자극의 중간에 작은 자극으로 전기자 반작용을 상쇄하고 또한 정류에 의한 리액턴스 전압을 상쇄하여 불꽃을 없애는 역할을 하는 것은?

㉮ 보상권선 ㉯ 공극 ㉰ 전기자권선 ㉱ 보극

 • 직류기-보극(interpole)

① 자극 중간에 소형의 자극 N, S를 설치함으로써 리액턴스 전압을 지워 주는 기전력(정류 전압)을 정류 코일에 유도시켜 불꽃을 없애는 역할을 한다.

② 보극 권선은 전기자 권선과 직렬로 접속하고, 전기자 자속을 상쇄할 수 있는 극성이 되도록 하여 전기자 반작용을 상쇄시키는 역할을 한다. 따라서 전기적 중성점의 이동에 따른 브러시 이동을 방지한다.

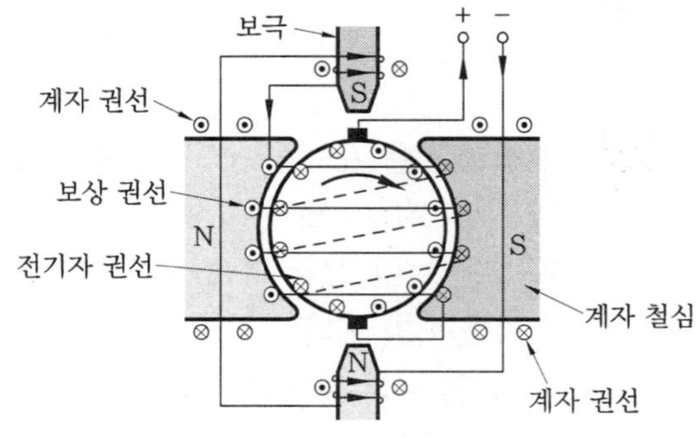

보상 권선과 보극

11 일정 전압으로 운전하는 직류 발전기의 손실이 $x+yI^2$으로 된다고 한다. 어떤 전류에서 효율이 최대로 되는가?(단, x, y는 정수이다.)

㉮ $\dfrac{y}{x}$ ㉯ $\dfrac{x}{y}$ ㉰ $\sqrt{\dfrac{y}{x}}$ ㉱ $\sqrt{\dfrac{x}{y}}$

해설 ① 직발전기의 손실 $W_L=x+yI^2$ [W] (x : 고정손, yI^2 : 가변손)

② 최대 효율 조건 : 가변손 = 고정손, $yI^2=x$ $\quad\therefore\ I=\sqrt{\dfrac{x}{y}}$

12 변압기에서 부하전류 및 전압은 일정하고, 주파수만 낮아지면 변압기는 어떻게 되는가?

㉮ 철손이 증가한다. ㉯ 철손이 감소한다.

㉰ 동손이 증가한다. ㉱ 동손이 감소한다.

정답 10. ㉱ 11. ㉱ 12. ㉮

 • 공급 전압이 일정할 때 변압기의 철손과 주파수와의 관계

전원 전압이 일정할 때, 히스테리시스 손이 주파수에 반비례하므로 철손이 증가한다.

참고 ① $E = 4.44fN\phi_m = 4.44fNAB_m = K_0 f B_m$ [V]에서,

전압이 일정하므로 $B_m = \dfrac{E}{K_0 f} = K \cdot \dfrac{1}{f}$

② 맴돌이 전류(와류)손 : 전압과 두께가 일정하면 주파수에 관계없이 일정하다.

$$P_e = \sigma_e t^2 f^2 B_m^2 = \sigma_e t^2 f^2 \left(\frac{K}{f}\right)^2 = \sigma_e t^2 K^2 = K_e$$

③ 히스테리시스 손 : 전압이 일정하면 주파수에 반비례한다.

$$P_h = \sigma_h f B_m^{1.6} = \sigma_h f \left(\frac{K}{f}\right)^{1.6} = K_h f^{-0.6}$$

13

변압기의 등가회로 작성에 필요 없는 시험은?

가 단락 시험　　나 반환 부하법

다 무부하 시험　　라 저항 측정 시험

 • 변압기 등가 회로도 작성에 필요한 시험

① 저항 측정 시험 : 권선 저항

② 단락 시험 : 동손, 전압 변동률, 임피던스, 효율

③ 무부하 시험 : 여자 전류, 철손, 여자 어드미턴스

참고 반환 부하법 : 전구나 물 저항 등 실부하를 걸지 않고, 철손과 전부하 동손을 공급하여 온도를 상승시키는 방법이다.

14

다음 중 변압기의 효율(η)을 나타낸 것으로 가장 알맞은 것은?

가 $\eta = \dfrac{\text{출력}}{\text{입력}+\text{손실}} \times 100\ \%$　　나 $\eta = \dfrac{\text{입력}}{\text{출력}+\text{손실}} \times 100\ \%$

다 $\eta = \dfrac{\text{입력}}{\text{입력}+\text{손실}} \times 100\ \%$　　라 $\eta = \dfrac{\text{출력}}{\text{출력}+\text{손실}} \times 100\ \%$

 • 변압기의 규약 효율

$$\eta_t = \frac{\text{출력}}{\text{출력}+\text{손실}}$$

참고 ① 실측 효율 : $\eta = \dfrac{\text{출력}}{\text{입력}}$

② 발전기 규약 효율 : $\eta_g = \dfrac{\text{출력}}{\text{출력}+\text{손실}}$

③ 전동기 규약 효율 : $\eta_m = \dfrac{\text{입력}-\text{손실}}{\text{입력}}$

정답 13. 나　14. 라

15 3상 유도 전동기의 2차 입력 P_2, 슬립 s이면 2차 동손은 어떻게 표현되는가?

㉮ sP_2 ㉯ $(2s-1)P_2$
㉰ $(s+1)P_2$ ㉱ $(1-s)P_2$

• 2차 입력 P_2, 2차 동손 P_{c2}, 슬립 s와의 관계

① 2차 동손(저항손)

$$P_{C2} = I_2^{\ 2} \cdot r_2 = I_2 r_2 \cdot I_2 = I_2 r_2 \cdot \frac{sE_2}{\sqrt{r_2^{\ 2} + (sx_2)^2}}$$

$$= sE_2 I_2 \cos\theta_2 = sP_2 \text{ [W]}$$

② 슬립

$$s = \frac{P_{C2}}{P_2}$$

16 권선형 유도 전동기에서 2차측 저항을 2배로 하면 그 최대 토크는 몇 배로 되는가?

㉮ 1/2 ㉯ $\sqrt{2}$
㉰ 2 ㉱ 불변

• 유도 전동기(권선형)의 2차측 저항의 변화에 따른 특성 변화

2차 저항이 변화하면 슬립은 비례하여 변화하지만, 최대 토크는 변화하지 않는다.

참고 본문 그림 2-51에서, T_m 참조

17 3상 동기 발전기의 각 상의 유기 기전력 중에서 제5고조파를 제거하려면 코일 간격/극 간격을 어떻게 하면 되는가?

㉮ 0.5 ㉯ 0.6
㉰ 0.7 ㉱ 0.8

• 단절 계수 : 본문 표 2-9 참조

① n 고조파에 대한 단절 계수 : $k_{pn} = \frac{\sin n\beta\pi}{2}$에서, $\frac{n\beta}{2} = m$ (정수)가 되도록 β를 선정하면 n차 고조파에 대한 단절 계수가 0이 되어 이 고조파가 제거됨을 알 수 있다.

② $k_{P5} = \sin\frac{5\beta\pi}{2}$

여기서, $\beta = 0,\ 0.4,\ 0.8,\ 1.2 \cdots\cdots$ 구해지나 이 중에서 0.8이 가장 적당하다.

③ $\beta = 0.8$일 때, $k_{P5} = \sin\frac{5 \times 0.8 \times \pi}{2} = \sin 2\pi = \sin 360° = 0$

참고 실제의 발전기에서는 $\beta = \frac{5}{6} = 0.833$ 정도이다.

정답 15. ㉮ 16. ㉱ 17. ㉱

18 동기기의 전기자 도체에 유기되는 기전력의 크기는 그 주파수를 2배로 했을 경우 어떻게 되는가?

㉮ 2배로 증가 ㉯ 2배로 감소
㉰ 4배로 증가 ㉱ 4배로 감소

 • 유도 기전력

① $E = 4.44 kfn\phi$ [V]

여기서, n : 직렬로 접속된 코일의 권수, ϕ : 1극의 자속 [Wb]

k : 권선 계수 (0.9 ~ 0.95)

② $E = k'f$ [V]

∴ 주파수 f를 2배로 했을 경우 기전력의 크기도 2배가 된다.

19 동기 발전기의 동기 임피던스나 단락비를 계산하는 데 필요한 시험은?

㉮ 무부하 포화 시험과 3상 단락 시험 ㉯ 정상, 영상 리액턴스의 측정 시험
㉰ 돌발 단락 시험과 부하 시험 ㉱ 단상 단락 시험과 3상 단락 시험

 • 동기 발전기의 단락비나 동기 임피던스를 산출하는 데 필요한 시험

① 무부하 포화 시험 : 단자 전압 V와 계자 전류 I_f와의 관계 곡선

② 3상 단락 시험 : 단락시의 전류 I_s와 계자 전류 I_f와의 관계 곡선

③ 두 곡선상에서, 같은 계자 전류에서의 전압 $\frac{V}{\sqrt{3}}$과 전류 I_s와의 비를 구한다.

∴ 동기 임피던스 $Z_s = \frac{V}{\sqrt{3}\, I_s}$ [Ω], 단락비 = $\frac{1}{\% Z_s}$

20 3상 동기 발전기를 병렬 운전시키는 경우 고려하지 않아도 되는 조건은?

㉮ 기전력의 위상이 같을 것
㉯ 회전수가 같을 것
㉰ 기전력의 크기가 같을 것
㉱ 상회전 방향이 같을 것

 • 동기 발전기의 병렬 운전에 필요한 조건

병렬 운전의 필요 조건	운전 조건이 같지 않을 경우의 현상
① 기전력의 크기가 같을 것	무효 순환 전류가 흐른다.
② 상회전이 일치하고, 기전력이 동위상일 것	동기화 정류가 흐른다(유효 횡류가 흐른다).
③ 기전력의 주파수가 같을 것	동기화 전류가 교대로 주기적으로 흘러 난조의 원인이 된다.
④ 기전력의 파형이 같을 것	고조파 무효 순환 전류가 흘러 과열이 원인이 된다.

정답 18. ㉮ 19. ㉮ 20. ㉯

21 **동기 전동기의 여자 전류가 증가하면 어떤 현상이 생기나?**

㉮ 토크가 증가한다.
㉯ 전기자 전류의 위상이 앞선다.
㉰ 난조가 생긴다.
㉱ 앞선 무효 전류가 흐르고 유도 기전력은 높아진다.

해설 • 동기 전동기의 위상 특성 곡선
역률 1일 때 전기자 전류가 가장 작고, 이때의 여자 전류보다 증가시키면 전기자 전류는 증가하며 앞선 역률이 된다. 곧 전기자 전류의 위상이 앞설 때이다.

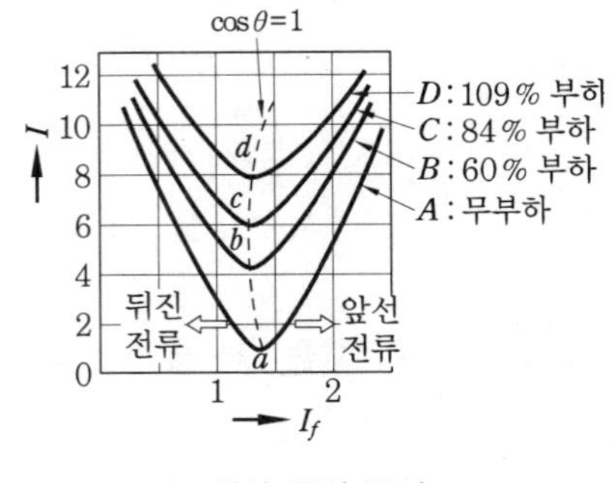

위상 특성 곡선

22 **단상 직권 정류자 전동기의 회전 속도를 높이는 이유는?**

㉮ 전기자에 유도되는 역기전력을 적게 한다.
㉯ 역률을 개선한다.
㉰ 토크를 증가시킨다.
㉱ 리액턴스 강하를 크게 한다.

 • 단상 직권 정류자 전동기
① 출력 특성에서, 부하 전류의 변화에 따라서, 회전 속도와 역률은 서로 비례하므로 회전 속도를 높이면 역률은 이에 비례하여 개선된다.
② 속도 제어는 단자 전압을 변화시키면 된다.

참고 본문 그림 2-77 단상 직권 정류자 전동기 참조

23 **단상 3선식 선로에 그림과 같이 부하가 접속되어 있을 경우에 설비 불평형률은 약 몇 %인가?**

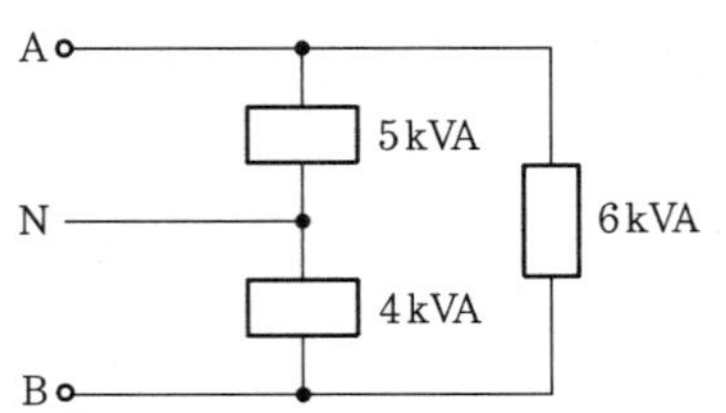

㉮ 13.33 ㉯ 14.33 ㉰ 15.33 ㉱ 16.33

정답 21. ㉯ 22. ㉯ 23. ㉮

해설 • 설비 불평형률–단상 3선식

$$\text{설비 불평형률} = \frac{\left(\begin{array}{c}\text{중성선과 각 전선 간에 접속되는} \\ \text{부하 설비 용량 [kVA]의 차}\end{array}\right)}{\text{총 부하 설비 용량[kVA]의 } \frac{1}{2}} \times 100 = \frac{5-4}{\frac{(5+4+6)}{2}} \fallingdotseq 13.33\ \%$$

참고 단상 3선식에서 중성선과 각 전압측 전선 사이의 부하는 평형이 원칙이나 부득이 한 경우는 설비 불평형률을 40 % 이하로 제한하고 있다.

24 다음 중 전선의 접속 원칙이 아닌 것은?

㉮ 전선의 허용 전류에 의하여 접속 부분의 온도 상승값이 접속부 이외의 온도 상승값을 넘지 않도록 한다.

㉯ 접속 부분은 접속관, 기타의 기구를 사용한다.

㉰ 전선의 강도를 30 % 이상 감소시키지 않는다.

㉱ 구리와 알루미늄 등 다른 종류의 금속 상호 간을 접속할 때에는 접속부에 전기적 부식이 생기지 않도록 한다.

해설 • 전선의 접속 원칙
전선의 강도를 20 % 이상 감소시키지 않는다.

25 다음 심벌의 명칭은?

㉮ 전류제한기 ㉯ 지진감지기
㉰ 전압제한기 ㉱ 역률제한기

해설 • 심벌의 명칭
Ⓛ : 전류제한기 EQ : 지진감지기

26 합성수지관 상호 및 관과 박스는 접속 시에 삽입하는 깊이를 관 바깥지름의 몇 배 이상으로 하여야 하는가? (단, 접착제를 사용하지 않는다.)

㉮ 0.8 ㉯ 1.0
㉰ 1.2 ㉱ 1.4

해설 • 합성수지 (경질 비닐)관 공사에서 관과 관의 접속 방법 (내선규정 2220–6 참조)
① 커플링에 들어가는 관의 길이는 관 바깥지름의 1.2배 이상으로 한다.
② 접착제를 사용하는 경우에는 0.8배 이상으로 할 수 있다.

정답 24. ㉰ 25. ㉮ 26. ㉰

27 셀룰로이드, 성냥, 석유류 등 기타 가연성 위험 물질을 제조 또는 저장하는 장소의 배선에서 사용할 수 없는 공사 방법은?

㉮ 케이블 공사　　㉯ 금속관 공사
㉰ 애자 사용 공사　　㉱ 합성수지관 공사

 • 가연성 위험 물질을 제조 또는 저장하는 장소의 배선(내선규정 제4230절 참조)

① 배선은 금속관 배선, 합성수지관 배선(두께가 2 mm 미만의 합성수지제 전선관 및 난연성이 없는 CD관은 제외한다.) 또는 케이블 배선 등에 의할 것
② 금속관 배선에 사용하는 금속관은 박강(薄鋼)전선관 또는 이와 동등 이상의 강도가 있는 것을 사용할 것

28 다음 중 저압 연접 인입선의 시설 기준으로 옳지 않은 것은?

㉮ 인입선에서 분기하는 점으로부터 100 m를 초과하지 말 것
㉯ 폭 5 m를 초과하는 도로를 횡단하지 말 것
㉰ 옥내를 통과하지 말 것
㉱ 지름은 최소 4.0 mm 이상의 경동선을 사용할 것

해설 • 저압 연접 인입선의 시설 규정(판단기준 제101조)

㉮, ㉯, ㉰와 같으며, 전선은 케이블인 경우 이 외에는 지름 2.6 mm 이상의 인입용 비닐 절연 전선일 것

29 다음 중 지중 송전선로의 구성 방식이 아닌 것은?

㉮ 방사상 환상 방식　　㉯ 루프 방식
㉰ 가지식 방식　　㉱ 단일 유닛 방식

 • 지중 송전선로의 구성 방식

변압기, □ 차단기, ⊠ 차단기 개로

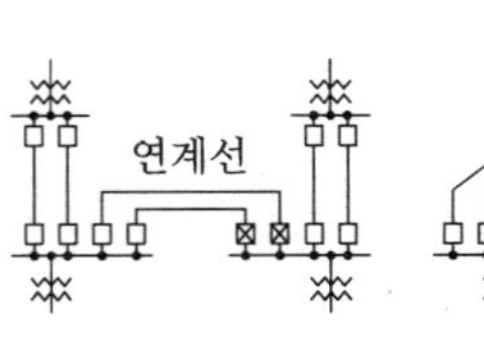

(a) 방사상 환상 방식　(b) 루프 방식

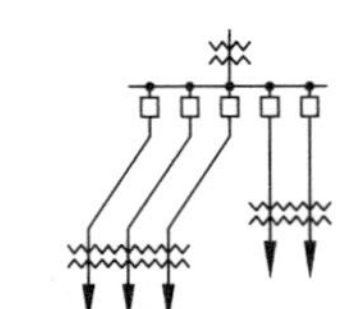
(c) 단일 유닛 방식

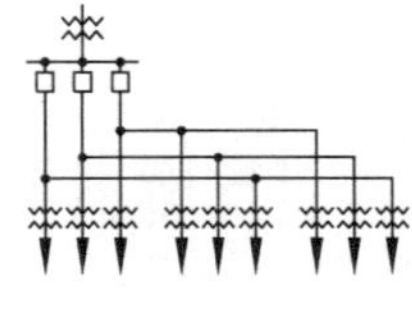
(d) 다단자 유닛 방식

30 접지 저감재의 구비 조건과 거리가 먼 것은?

㉮ 전기적으로 양도체일 것　　㉯ 지속성이 있을 것
㉰ 전극을 부식시키지 않을 것　　㉱ 토양에 비해 도전도가 낮을 것

정답 27. ㉰ 28. ㉱ 29. ㉰ 30. ㉱

 • 접지 저감재의 구비 조건〈가, 나, 다 이외에〉

① 토양에 비해 전도도가 높을 것

② 안전할 것 : 인축이나 식물에 대한 안정성을 고려할 것

③ 저감 효과가 클 것

참고 접지극을 시설하여 요구하는 접지 저항값을 얻을 수 없는 경우. 저감 대책에는 ① 물리적 저감 ② 화학적 저감 대책이 있다.

31 지상 역률 80 %인 1,000 kVA의 부하를 100 %의 역률로 개선하는 데 필요한 전력용 콘덴서의 용량은 몇 kVA인가?

가 200 나 400

다 600 라 800

 • 전력용 콘덴서의 용량

$$Q_c = P\left(\sqrt{\frac{1}{\cos^2\theta_1}-1} - \sqrt{\frac{1}{\cos^2\theta_2}-1}\right)[\text{kVA}]$$

여기서, $P = 1000 \times 0.8 = 800\ \text{kW}$, $\cos\theta_2 = 1$

$$\therefore\ Q_c = P\left(\sqrt{\frac{1}{\cos^2\theta_1}-1}\right) = 800 \times \sqrt{\frac{1}{0.8^2}-1} = 800 \times 0.75 = 600\,[\text{kVA}]$$

참고 $Q_c = P(\tan\theta_1 - \tan\theta_2)[\text{kVA}]$

$$= P\left(\frac{\sin\theta_1}{\cos\theta_1} - \frac{\sin\theta_2}{\cos\theta_2}\right) = P\left(\frac{\sin\theta_1}{\cos\theta_1}\right) = 800\left(\frac{0.6}{0.8}\right) = 600\,[\text{kVA}]$$

32 빌딩의 부하 설비 용량이 2,000 kW, 부하역률 90 %, 수용률이 75 %일 때 수전 설비 용량은 약 몇 kVA인가?

가 1,554 kVA 나 1,666 kVA

다 1,800 kVA 라 2,400 kVA

 • 수전 설비 용량

$$P_a = \frac{\text{설비 용량}}{\text{역률}} \times \text{수용률} = \frac{2000}{0.9} \times 0.75 \fallingdotseq 1666\,[\text{kVA}]$$

33 최대 사용 전압 3300 V의 고압 전동기가 있다. 이 전동기의 절연 내력 시험 전압은 몇 V인가?

가 3,925 나 4,250

다 4,950 라 10,500

정답 31. 다 32. 나 33. 다

해설 • 회전기의 절연 내력 시험 (판단기준 제14조 참조)

최대 사용 전압이 7000 V 이하인 경우에는 최대 사용 전압 1.5배의 전압으로 시험한다.(단, 500 V 미만으로 되는 경우에는 500 V로 한다.)

∴ 시험 전압 = 1.5 × 3300 = 4950 V

참고 회전기의 절연 내력 시험

<table>
<tr><th colspan="3">종 류</th><th>시험 전압</th><th>시험 방법</th></tr>
<tr><td rowspan="2">회
전
기</td><td rowspan="2">발전기 · 전동기 · 조상기 · 기타 회전기</td><td>최대 사용 전압 7,000 V 이하</td><td>최대 사용 전압의 1.5배의 전압 (500 V 미만으로 되는 경우에는 500 V)</td><td rowspan="2">권선과 대지 간에 연속하여 10분 간 가한다.</td></tr>
<tr><td>최대 사용 전압 7,000 V 초과</td><td>최대 사용 전압의 1.25배의 전압 (10,500 V 미만으로 되는 경우에는 10,500 V)</td></tr>
<tr><td colspan="5">이하 생략</td></tr>
</table>

34 **부흐홀츠 계전기로 보호되는 기기는?**

㉮ 변압기 ㉯ 발전기 ㉰ 동기 전동기 ㉱ 회전 변류기

 • 부흐홀츠 계전기 (BHR)

① 변압기 내부 고장으로 2차적으로 발생하는 기름의 분해 가스 증기 또는 유류를 이용하여 부표 (뜨는 물건)를 움직여 계전기의 접점을 닫는 것이다.

② 변압기의 주탱크와 콘서베이터의 연결관 도중에 설치한다.

35 **누전 화재 경보기의 시설 방법에서 경보기의 조작 전원은 전용 회로를 두고 또한 이에 설치하는 개폐기로 배선용 차단기를 사용할 때 몇 A 이하의 것을 사용하는가?**

㉮ 20 A ㉯ 30 A ㉰ 40 A ㉱ 50 A

 • 누전 화재 경보기 시설 방법 (내선규정 1480-2 참조)

경보기의 조작 전원은 전용 회로로 하고 또한 이에 설치하는 개폐기 (15 A의 퓨즈를 장치한 것 또는 20 A 이하의 배선용 차단기를 사용한 것)는 "누전 화재 경보기용"이라고 적색으로 표시하여야 한다.

36 **다음 중 보호선과 전압선의 기능을 겸한 전선은?**

㉮ PEM선 ㉯ PEL선 ㉰ PEN선 ㉱ DV선

 • 저압 전기 설비의 용어 (내선규정 5110-13 참조)

PEL선 : 보호선과 전압선의 기능을 겸한 전선

PEM선 : 보호선과 중간선의 기능을 겸한 전선

PEN선 : 보호선과 중성선의 기능을 겸한 전선

참고 PE : 보호선의 기호

정답 34. ㉮ 35. ㉮ 36. ㉯

37 **사이리스터의 유지전류(holding current)에 관한 설명으로 옳은 것은?**

㉮ 사이리스터가 턴 온(turn on)하기 시작하는 순전류
㉯ 게이트를 개방한 상태에서 사이리스터가 도통 상태를 유지하기 위한 최소의 순전류
㉰ 사이리스터의 게이트를 개방한 상태에서 전압을 상승하면 급히 증가하게 되는 순전류
㉱ 게이트 전압을 인가한 후에 급히 제거한 상태에서 도통 상태가 유지되는 최소의 순전류

 • 사이리스터(thyristor)의 유지(holding)전류(여러 가지 표현 방법)

① 순방향 도통 상태에서 그 이하에서는 순저지 상태로 돌아가는 최소의 애노드 전류이다.
② 도통 중 양극 전류가 어떤 값 이하가 되면 턴 오프되는 최소 전류
③ 사이리스터가 완전히 턴 온하여 온 상태로 된 후, 양극 전류를 감소시키면 양극 전류의 어떤 값에서 사이리스터가 온 상태에서 오프 상태가 된다. 이때의 양극 전류를 말한다.

∴ 게이트를 개방한 상태에서 사이리스터가 도통 상태를 유지하기 위한 최소의 순전류

38 **TRIAC을 사용하여 소용량 저항 부하의 AC 전력 제어를 하려고 한다. 게이트용 소자로 가장 간단히 사용할 수 있는 것은?**

㉮ UJT ㉯ PUT
㉰ DIAC ㉱ SUS

 • TRIAC – 게이트용(트리거용) 소자

〈DIAC의 특성〉

① NPN 또는 PNP 3층 구조의 양방향성 다이오드이며, 2단자의 교류 스위칭 소자이다.
② 교류 전원으로부터 직접 트리거 펄스를 얻는 회로에 사용되므로 트리거 다이오드(trigger diode)라고도 한다.
③ 쌍방향으로 대칭적인 부성 저항 특성을 이용하여 콘덴서의 충전 전하를 방전시킬 때 다이액을 통하여 흐르는 전류는 펄스 상태이므로 SCR이나 트라이액(TRIAC)의 트리거용으로 사용되고 있다.

∴ 트라이액(TRIAC)의 트리거용 소자로 DIAC이 사용된다.

참고 트라이액(TRIAC)

① 교류 제어가 가능한 쌍방향성 3단자 사이리스터(thyristor)이다.
② 게이트에 의한 턴 온(turn on) 기능을 가지며, 비교적 약한 전력으로도 동작할 수 있는 특징이 있다.
③ 교류의 전파 제어가 가능하여 교류 전력의 위상 제어나 전동기의 정격 제어 등에 사용된다.

정답 37. ㉯ 38. ㉰

39 다음 중 2방향성 3단자 사이리스터는 어느 것인가?

㉮ SCS　　㉯ TRIAC
㉰ SSS　　㉱ SCR

• 사이리스터(thyristor)의 분류

① 단일 방향성 소자

3단자 ─ SCR (silicon controlled rectifier)
　　　 └ GTO (gate turn-off thyristor)

4단자 ── SCS (silicon controlled switch)

② 양방향성 소자

2단자 ─ DIAC (diode Ac switch)
　　　 └ SSS (silicon symmetrical switch)

3단자 ─ TRIAC (triode Ac switch)
　　　 └ SBS (silicon bilateral switch)

40 사이리스터를 이용한 정류 회로에서 직류 전압의 맥동률이 가장 작은 정류 회로는?

㉮ 단상 반파 정류 회로　　㉯ 단상 전파 정류 회로
㉰ 3상 전파 정류 회로　　㉱ 3상 반파 정류 회로

• 맥동률(ripple factor) : 정류된 직류 속에 포함되어 있는 교류 성분의 정도를 말한다.

$$\gamma = \frac{\Delta V}{V_d} \times 100\ [\%]$$

여기서, ΔV : 출력 파형에 포함된 교류분의 실효값
　　　　V_d : 출력 파형의 평균값(직류 성분)

• 정류 방식에 따른 특성 비교

정류 방식	단상 반파	단상 전파	3상 반파	3상 전파
맥동률(%)	121	48	17	4
정류 효율	40.6	81.2	96.5	99.8
맥동 주파수	f	$2f$	$3f$	$6f$

41 발광소자와 수광소자를 하나의 용기에 넣어 외부의 빛을 차단한 구조로 출력측의 전기적인 조건이 입력측에 전혀 영향을 끼치는 않는 소자는?

㉮ 포토 다이오드　　㉯ 포토 트랜지스터
㉰ 서미스터　　㉱ 포토 커플러

정답 39. ㉯　40. ㉰　41. ㉱

 • 포토 커플러 (photo coupler)

입력과 출력이 전기적으로 절연되어있는 것이 특징이며, 발광소자와 수광소자로 투명 절연층을 사이에 두고 하나 소자로 이루어져 있다.

참고 ① 발광소자로서는 화합물 반도체의 발광 다이오드, 수광소자로는 실리콘의 포토 다이오드나 포토 트랜지스터, 광사이리스터, OEIC로 이루어져 있다.

② 무접점 스위치, 고체화 릴레이 (솔리드 릴레이) 등의 입출력 회로나 무접점의 가변 저항기 등으로 이용된다.

③ 구조 : 본문 그림 4-19 참조

42 다음 중 바리스터 (Varister)의 주된 용도는?

㉮ 전압 증폭용

㉯ 서지 전압에 대한 회로 보호용

㉰ 출력 전류의 조정용

㉱ 과전류 방지 보호용

 • 바리스터 (varistor)

① 비직선적인 전압-전류 특성을 가진 2단자 반도체 소자

② 이상 전압에 대한 회로 보호용으로, 즉 서지 전압을 흡수하기 위해 피뢰기 등에 사용된다.

참고 바리스터 (Varistor) : 가변저항체 (variable resistor)의 줄임말

소자에 가해지는 전압이 증가함에 따라 저항이 감소하는 반도체이다.

43 DC를 AC로 변환시키는 변환 장치는?

㉮ 초퍼 ㉯ 인버터

㉰ 정류기 ㉱ 사이클로 컨버터

 ① 인버터 (inverter) : 전력용 반도체 소자를 이용하여 직류를 교류로 변환하는 장치

② 컨버터 (converter) : 교류 전력은 직류 전력으로 변환하는 장치

44 논리식 "A+AB"를 간단히 계산한 결과는?

㉮ A ㉯ $\overline{A}+B$

㉰ $A+\overline{B}$ ㉱ $A+B$

정답 42. ㉯ 43. ㉯ 44. ㉮

 • 논리식의 간략화

$F = A + AB = A \cdot (1 + B) = A \cdot 1 = A$

45 다음 그림과 같은 논리 회로의 논리식은?

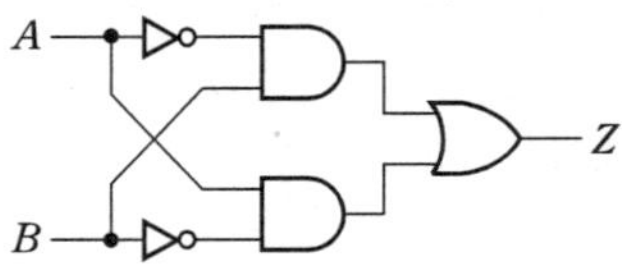

㉮ $Z = \overline{A + B}$ ㉯ $Z = A \oplus B$

㉰ $Z = AB + \overline{AB}$ ㉱ $Z = \overline{A} \oplus \overline{B}$

 • 논리 회로의 논리식

$Z = A\overline{B} + \overline{A}B = A \oplus B$

[참고] XOR : 배타적 OR (exclusive OR)

입력 중 '1'인 신호를 가진 입력의 개수가 홀수 개인 경우에만 '1'이 출력된다.

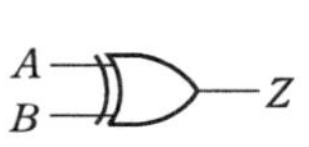

(a) 기호

$Z = A \oplus B$

혹은

$Z = A\overline{B} + \overline{A}B$

(b) 수식 표현

A	B	Z
0	0	0
0	1	1
1	0	1
1	1	0

(c) 진리표

46 다음 그림과 같은 회로의 명칭은?

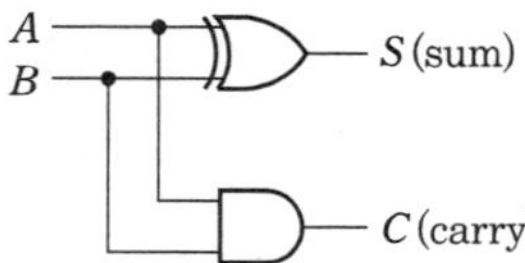

㉮ 일치 회로 ㉯ 반일치 회로

㉰ 감산기 회로 ㉱ 반가산기 회로

 • 반가산기 (half adder) 회로 : 본문 그림 5-3 참조

반가산기 회로는 한비트의 2진수를 더하여 합(S)과 자리올림(C) 값을 계산하는 회로이다.

$S = \overline{A}B + A\overline{B}$

$C = AB$

정답 45. ㉯ 46. ㉱

47 **다음 중 플립플롭 회로에 대한 설명으로 잘못된 것은?**

㉮ 두 가지 안정 상태를 갖는다.

㉯ 쌍안정 멀티바이브레이터이다.

㉰ 반도체 메모리 소자로 이용된다.

㉱ 트리거 펄스 1개마다 1개의 출력 펄스를 얻는다.

해설 • 플립플롭(filp-flop)

① 2개의 안정 상태가 있을 때 한쪽 안정 상태(stable state)를 정하는 입력이 인가되면 이어서 다른 쪽 안정 상태를 정하는 입력이 인가되기까지 그 상태를 유지하는 회로이다.

② 논리 회로로 사용할 경우에는 이 두 개의 상태를 0과 1에 대응시킨다.

③ 즉, 최초의 상태가 1이라 하면, 반대 상태의 입력이 없는 한 1의 상태를 계속하고 입력이 있으면 0의 상태가 된다.

④ 이와 같이 두 개의 상태를 갖는 회로를 쌍안정 회로(bistable-circuit)라고 한다.

⑤ 스위치로 말하면 토글 스위치이다.

⑥ 가장 간단한 플립플롭은 NAND 게이트(NAND gate)를 사용한 것이다.

⑦ 반도체 메모리 소자로 이용된다.

참고 ① 플립플롭(flip-flop)이 갖추어야 할 조건

㈎ 입력이 1개 이상이나 2개이어야 한다.

㈏ 출력은 반드시 2개이어야 한다.

㈐ 메모리 기능을 가지고 있어야 한다.

② 트리거 펄스 1개마다 2개의 서로 다른 출력 펄스를 얻는다.

48 **산술 및 논리 연산의 결과를 일시 보존하는 레지스터는?**

㉮ accumulator ㉯ instruction register

㉰ arithmetic register ㉱ storage register

• accumulator (ACC) : 누산기

연산 장치에 있는 주요한 레지스터로 사칙 연산, 논리 연산 등의 결과를 축적한 것이다.

참고 ① 현재 명령어 레지스터 (CIR : current instruction register)

명령 레지스터라고도 하며, 명령이 메모리에서 제어부로 옮겨진 후 실행 중에 있을 때 이 명령을 갖고 있는 제어부의 레지스터

② 산술 레지스터 (arithmetic register)

산술 연산 (arithmetic operation)이나 논리 연산 (logical arithmetic), 자리 이동 (shift) 등에서 연산의 대상이 되는 데이터나 연산 결과를 보조해 두기 위한 레지스터

③ 기억 레지스터 (storage register)

컴퓨터 내의 중앙 처리 장치 (CPU)와 같은 기억 장치 내의 레지스터

정답 47. ㉱ 48. ㉮

49 고속의 입출력 장치와 메모리 간에 CPU를 통하지 않고 직접 데이터를 주고 받는 입출력 제어 방법을 무엇이라 하는가?

㉮ interrupt ㉯ DMA (direct memory access)
㉰ time sharing ㉱ interruption

 • DMA (direct memory access)
① 입출력 장치 제어기 (IO device controller)가 CPU에 의한 프로그램의 실행없이 자료의 이동을 할 수 있도록 하는 것이 DMA이다.
② 이 방식에 의해서 입출력의 속도를 향상할 수 있으며, CPU와 주변 장치 간의 속도차를 줄일 수 있다.

50 인스트럭션 (instruction)의 길이를 줄이는 방법이 아닌 것은?

㉮ PC (program counter)를 사용한다.
㉯ 다음 인스트럭션의 주소를 인스트럭션에 포함시킨다.
㉰ 오퍼랜드 (operand) 중의 하나의 결과를 저장한다.
㉱ 레지스터 내에 있는 자료만을 오퍼레이션 (operation)에 사용한다.

51 마이크로프로세서의 주소 버스 (address bus)선의 수가 '20'인 경우, 접근할 수 있는 최대 메모리의 크기는 몇 byte인가?

㉮ 256 ㉯ 512 ㉰ 1 K ㉱ 1 M

 • 주소 버스 (address bus) 선의 수가 20일 때, 최대 메모리의 크기
$2^n = 2^{20} = 1048576 = 1\,\mathrm{M}$

52 수행할 명령의 주소를 기억하고 있는 레지스터는?

㉮ accumulator ㉯ program counter
㉰ instruction register ㉱ magnetic bubble memory

 • program counter (프로그램 카운터 : PC)
① PC는 항상 다음에 실행할 명령이 기억되어 있는 어드레스가 입력되어 있는 레지스터 (registrer)를 말한다.
② 현재의 명령이 실행될 때마다 그 레지스터의 내용에 '1'이 자동적으로 덧셈되고, 다음에 꺼낼 명령의 로케이션을 지시하도록 되어 있다.

참고 ① accumulator (ACC) : 누산기
② instruction register : 명령 레지스터
③ magnetic bubble memory : 외부 기억 장치의 일종

정답 49. ㉯ 50. ㉯ 51. ㉱ 52. ㉯

53 **프로그램 작성 후 기계어를 번역할 때나 수행할 때 문법적, 논리적 오류를 찾아서 고치는 작업을 무엇이라 하는가?**

가 loading　　나 editing
다 debugging　　라 trouble shooting

 • debugging (디버깅 : 오류 수정)
컴퓨터 프로그램의 잘못을 찾아내고 고치는 작업

참고 ① loading : 컴퓨터 기억 장치에 프로그램을 (보통 적재기를 써서) 기록하는 것
② editing : 편집
③ trouble shooting : 장해 추구 (障害追求) 즉, 시스템이나 장치 등에서 발생한 장해를 각종 수법을 써서 (그 발생 개소나 발생 원인을) 추구하고, 찾아내는 것

54 **우선 순위 인터럽트 처리 방법 중 소프트웨어에 의한 방법은?**

가 폴링 방법 (polling method)
나 스트로브 방법 (strobe method)
다 데이지-체인 방법 (daisy-chain method)
라 우선 순위 인코더 방법 (priority encoder method)

 • 폴링 방법 (polling method)
① 컴퓨터의 감시 프로그램 쪽에서 단말 장치로 신호를 보내어, 정보의 유무를 주기적으로 검사하는 방법이다.
② 소프트웨어 우선 순위 체제로서, 우선 순위가 높은 인터럽트를 알아내는 방식이다.

55 **품질 관리 기능의 사이클을 표현한 것으로 옳은 것은?**

가 품질 개선 - 품질 설계 - 품질 보증 - 공정 관리
나 품질 설계 - 공정 관리 - 품질 보증 - 품질 개선
다 품질 개선 - 품질 보증 - 품질 설계 - 공정 관리
라 품질 설계 - 품질 개선 - 공정 관리 - 품질 보증

 • 품질 관리 기능 사이클
① 품질 설계 → ② 공정 관리 → ③ 품질 보증 → ④ 품질 개선 (→ ①)

56 **부적합품률이 1%인 모집단에서 5개의 시료를 랜덤하게 샘플링할 때, 부적합품수가 1개일 확률은 약 얼마인가? (단, 이항분포를 이용하여 계산한다.)**

가 0.048　　나 0.058　　다 0.48　　라 0.58

정답 53. 다　54. 가　55. 나　56. 가

해설 이항 분포(binomial distribution) : 부적합품(불량) 분포

$$P(X) = nC_x P^x (1-P)^{n-x}$$
$$= 5C_1 \times 0.01^1 \times (1-0.01)^{(5-1)}$$
$$= 5 \times 1 \times 0.01 \times (0.99)^4 \fallingdotseq 0.05 \times 0.96 \fallingdotseq 0.048$$

참고 이항 분포 : 부적합품률이 P인 유한 모집단에서는 복원 추출 방식으로 취한 크기 n의 랜덤 시료 중에서 발견하는 부적합품수 x의 출현 확률을 정의한 이산형 확률 분포를 이항 분포라 한다.

$$nC_x = \frac{n!}{x!(n-x)!}$$

57 다음 중 반즈(Ralph M. Barnes)가 제시한 동작 경제의 원칙에 해당되지 않는 것은?

가 표준 작업의 원칙
나 신체의 사용에 관한 원칙
다 작업장의 배치에 관한 원칙
라 공구 및 설비의 디자인의 관한 원칙

 • 동작 경제의 원칙(principle of motion economy)

① 신체의 사용에 관한 원칙
② 작업자의 배치에 관한 원칙
③ 공구 및 설비의 설계에 관한 원칙

참고 동작 분석(motion analysis, 動作分析)

① 동작 분석을 작업할 때에 발생하는 눈이나 손의 운동을 분석해서 쓸데없는 움직임을 없애고, 피로가 적은 경제적인 동작의 순서나 조합을 확립하기 위해 행해진다.
② 동작 분석을 하려면 동작 경제의 원칙이나 기본적인 동작 요소를 활용해서 실시한다.

58 다음 중 계수치 관리도가 아닌 것은?

가 c 관리도
나 p 관리도
다 u 관리도
라 x 관리도

해설 • 관리도의 종류(관리 대상에 의한 분류)

① 계수치 관리도 : p 관리도, c 관리도, u 관리도, nP 관리도
② 계량치 관리도 : $\overline{x}-R$ 관리도, $Me-R$ 관리도, x 관리도

59 다음 검사의 종류 중 검사 공정에 의한 분류에 해당되지 않는 것은?

가 수입 검사
나 출하 검사
다 출장 검사
라 공정 검사

정답 57. 가 58. 라 59. 다

해설 • 검사의 종류

No	구 분	설 명
1	수입 검사 (II) (incoming inspection)	납품 업체로부터 제품 입고시 사내 표준 검사 기준에 의하여 현장에 투입 전 검사하는 방법
2	초도품 검사 (FAI) (first article inspection)	양산 공정에서 대량의 LOT 불량을 방지하기 위해서 처음 작업된 제품에 대하여 실시하는 검사 방법
3	공정 검사 (PI) (processing inspection)	공정 단위로 구분하여 후공정에 제품 연결시 양품만 연결될 수 있도록 실시하는 검사 방법
4	최종 검사 (FI) (final inspection)	하나의 완성품이 구성되어 생산의 마지막 공정 (검사)에서 실시하는 검사 방법
5	출하 검사 (OI) (outgoing inspection)	고객에게 제품이 납품되기 전 고객의 요구 조건 또는 표준 검사 기준에 맞추어 실시하는 검사 방법

60 다음 표는 A 자동차 영업소의 월별 판매 실적을 나타낸 것이다. 5개월 이동 평균법으로 6월의 수요를 예측하면 몇 대인가?

월	1	2	3	4	5
판매량	100	110	120	130	140

㉮ 120　　㉯ 130　　㉰ 140　　㉱ 150

• 단순 이동 평균법에 의한 예측값

$$M_t = \frac{\sum X_t}{n} = \frac{100+110+120+130+140}{5} = 120\text{대}$$

정답 60. ㉮

▶2009년 7월 12일 시행(46회)

자격종목 및 등급(선택분야)	종목코드	시험시간	문제지형별	수험번호	성 명
전기기능장	**3380**	**1시간**	**A**		

01 1전자 볼트(eV)는 약 몇 J 인가?

㉮ 1.60×10^{-19}　㉯ 1.67×10^{-21}
㉰ 1.72×10^{-24}　㉱ 1.76×10^{9}

 • 전자 볼트(electron volt)

$1\,(\text{eV}) \fallingdotseq 1.60\times10^{-19}\times1\,(\text{V}) = 1.60\times10^{-19}\,[\text{J}]$

참고 전자의 전기량 $= 1.60219\times10^{-19}\,[\text{C}]$

1전자 볼트란, 전자가 진공 중에서 1(V)의 전위차로 가속되어 얻어지는 에너지이다.

$1\,(\text{eV}) \fallingdotseq 1.602\times10^{-19}\,[\text{J}]$

02 5Ω의 저항 10개를 직렬 접속하면 병렬 접속 시의 몇 배가 되는가?

㉮ 20　㉯ 50
㉰ 100　㉱ 250

 $\frac{R_s}{R_p} = \frac{nR_1}{\frac{R_1}{n}} = n^2 = 10^2 = 100$배

03 콘덴서에 비유전률 ϵ_r인 유전체가 채워져 있을 때의 정전 용량 C와 공기로 채워져 있을 때의 정전 용량 C_0와의 비$(\frac{C}{C_0})$는?

㉮ ϵ_r　㉯ $\frac{1}{\epsilon_r}$　㉰ $\sqrt{\epsilon_r}$　㉱ $\frac{1}{\sqrt{\epsilon_r}}$

 • 정전 용량

① $C_0 = \epsilon_0\frac{A}{l}$　② $C = \epsilon_r\cdot\epsilon_0\frac{A}{l} = \epsilon_r\cdot C_0$　$\therefore \frac{C}{C_0} = \epsilon_r$

04 단면적 $S\,[\text{m}^2]$, 길이 $l\,[\text{m}]$, 투자율 $\mu\,[\text{H/m}]$의 자기 회로에 N회의 코일을 감고 $I\,[\text{A}]$의 전류를 흘릴 때 발생하는 자속(Wb)을 구하는 식은?

㉮ $\mu lNIS$　㉯ $\frac{\mu lS}{NI}$　㉰ $\frac{\mu SNI}{l}$　㉱ $\frac{\mu lSN}{I}$

정답 1. ㉮　2. ㉰　3. ㉮　4. ㉰

해설 • 자기 회로 – 자속ϕ

$$\phi = BA = \mu HS = \mu \cdot \frac{NI}{l} \cdot S = \frac{\mu SNI}{l} \text{ [Wb]}$$

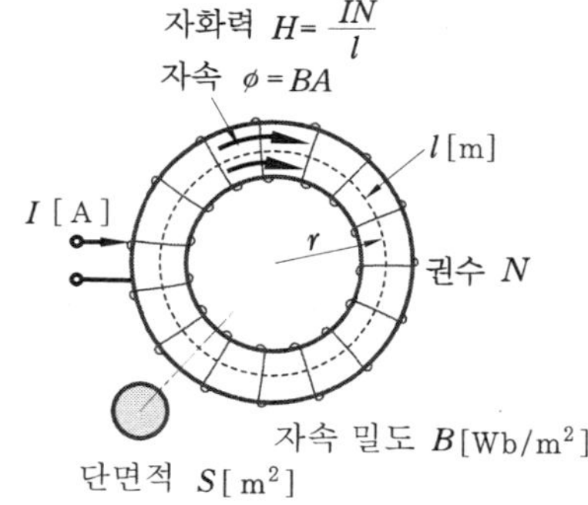

자기 회로 (예)

05 비투자율 1500인 자로의 평균 길이 50 cm, 단면적 30 cm^{2}인 철심에 감긴 권수 425회의 코일에 0.5 A의 전류가 흐를 때 저축된 전자(電磁) 에너지는 약 몇 J인가?

㉮ 0.25　　㉯ 2.73　　㉰ 4.96　　㉱ 15.3

해설 • 전자 에너지

① $\mu = \mu_0 \mu_s = 4\pi \times 10^{-7} \times 1500 \fallingdotseq 1.885 \times 10^{-3}$

② $L = \mu \cdot \frac{A}{l} N^2 = 1.885 \times 10^{-3} \times \frac{30 \times 10^{-4}}{50 \times 10^{-2}} \times 425^2 \fallingdotseq 2 \text{ H}$

$\therefore\ W = \frac{1}{2} LI^2 = \frac{1}{2} \times 2 \times 0.5^2 = 0.25 \text{ J}$

06 전기 회로에 100 V라는 표시가 있다. 여기서 100 V는 무엇을 나타내는가?

㉮ 최대값　　㉯ 실효값　　㉰ 평균값　　㉱ 파고율

해설 • 실효값

① 교류의 크기를 교류와 동일한 일을 하는 직류의 크기로 바꿔 나타냈을 때 이 값을 교류의 실효값이라 한다.

② 실효값을 교류의 기준값으로 표시한다.

07 다음 설명 중 옳은 것은?

㉮ 인덕턴스를 직렬 연결하면 리액턴스가 커진다.

㉯ 저항을 병렬 연결하면 합성 저항은 커진다.

㉰ 콘덴서를 직렬 연결하면 용량이 커진다.

㉱ 유도 리액턴스는 주파수에 반비례한다.

정답 5. ㉮　6. ㉯　7. ㉮

해설 • 교류 회로의 기본 소자의 특성

① 인덕턴스는 직렬 연결하면 리액턴스가 커진다.
② 저항을 병렬 연결하면 합성 저항은 작아진다.
③ 콘덴서는 직렬 연결하면 용량이 작아진다.
④ 유도 리액턴스는 주파수에 비례한다.

08 **다음 중 전류의 열작용과 관계있는 법칙은?**

㉮ 옴의 법칙　　㉯ 키르히호프의 법칙
㉰ 줄의 법칙　　㉱ 플레밍의 법칙

해설 • 줄의 법칙 (Joule's law)

저항에 전류가 흐를 때 발생하는 열량은 전류 세기의 제곱에 비례한다.

$H = 0.24 I^2 Rt$ [cal]

09 **직류 분권 전동기의 공급 전압의 극성을 반대로 하였을 때 다음 중 옳은 것은?**

㉮ 회전 방향은 변하지 않는다.　　㉯ 회전 방향이 반대로 된다.
㉰ 회전하지 않는다.　　㉱ 발전기로 된다.

해설 • 직류 전동기의 전원 극성-회전 방향

① 전원 극성을 반대로 하면 자속이나 전기자 전류가 모두 반대가 되므로, 회전 방향은 불변이다.
② 자속이나 전기자 전류 중 한가지만 방향이 반대가 되면 회전 방향도 반대가 된다.

10 **주상 변압기 철심용 규소 강판의 두께는 보통 몇 mm 정도를 사용하는가?**

㉮ 0.01　　㉯ 0.05　　㉰ 0.35　　㉱ 0.85

• 규소 강관의 두께 (mm)와 규소 함량 (%)

① 변압기 철심의 경우 : 0.35 mm, 4~4.5 %
② 회전자 철심의 경우 : 0.35~0.5 mm, 1~3.5 %

11 **변압기의 전압 변동률을 작게 하려면 어떻게 해야 하는가?**

㉮ 권선의 리액턴스를 작게 한다.　　㉯ 권선의 임피던스를 크게 한다.
㉰ 권수비를 작게 한다.　　㉱ 권수비를 크게 한다.

해설 전압 변동률은 권선의 리액턴스에 비례하므로, 변동률을 작게 하려면 권선의 리액턴스를 작게 하여야 한다.

참고 변압기의 권선을 분할하여 조립하면, 누설 리액턴스를 줄일 수 있다.

정답 8. ㉰　9. ㉮　10. ㉰　11. ㉮

12 △결선 변압기의 1대가 고장으로 제거되어 V 결선으로 할 때 공급 가능한 전력은 고장 전의 약 몇 %인가?

가 57.7　　나 66.6　　다 75　　라 86.6

• 변압기 V 결선의 출력비와 이용률

① 출력비 $=\dfrac{\text{V 결선 출력}}{\Delta\text{ 결선 출력}}=\dfrac{\sqrt{3}\,V_pI_p\cos\theta}{3V_pI_p\cos\theta}=\dfrac{1}{\sqrt{3}}=0.577\rightarrow 57.7\,\%$

② 이용률 $=\dfrac{\text{출력}}{\text{용량}}=\dfrac{\sqrt{3}\,V_pI_p\cos\theta}{2V_pI_p\cos\theta}=\dfrac{\sqrt{3}}{2}=0.866\rightarrow 86.6\,\%$

13 다음 중 3상 권선형 유도 전동기를 사용하는 주된 이유는?

가 효율 향상　　나 역률 개선

다 기동 특성의 향상　　라 소용량 기기에 적용

• 권선형 유도 전동기의 기동 특성

권선형 유도 전동기는 비례추이 현상을 이용할 수 있다. 기동 저항기를 사용하는 2차 저항법에 의한 기동으로 기동 특성이 향상된다.

참고 ① 유도 전동기는 기동시키는 순간에는 2차 리액턴스가 커서 2차 역률이 나빠지므로 기동 로크는 적다.

② $Y-\Delta$ 기동법 및 기동 보상 기법은 1차측의 기동 전압을 떨어뜨리므로 기동 토크가 줄게 된다.

14 다음 중 크로잉 현상은 어느 것에서 일어나는가?

가 농형 유도 전동기　　나 직류 직권 전동기

다 회전 변류기　　라 3상 변압기

• 농형 유도 전동기-크로잉(crawing) 현상

① 회전자 권선을 감은 방법과 슬롯수가 적당하지 않으면 토크 곡선에 凹, 凸이 생기는 현상이다.

② 이것은 고조파 회전 자계 때문에 발생한다.

15 전동기가 1200 rpm으로 회전하여 9.42 kW의 출력이 나올 때 토크는 약 몇 kg·m 인가?

가 6.65　　나 6.90　　다 7.65　　라 7.90

• 전동기의 토크

$$T=975\frac{P_0}{N}=975\times\frac{9.42}{1200}\fallingdotseq 7.65\,[\text{kg}\cdot\text{m}]$$

정답 12. 가　13. 다　14. 가　15. 다

16 동기 각속도 ω_s, 회전 각속도 ω인 유도 전동기의 2차 효율은?

㉮ $\frac{\omega_s - \omega}{\omega}$ ㉯ $\frac{\omega_s - \omega}{\omega_s}$ ㉰ $\frac{\omega_s}{\omega}$ ㉱ $\frac{\omega}{\omega_s}$

 • 유도 전동기의 2차 효율

$$\eta_2 = \frac{P_0}{P_2} = \frac{(1-s)P_2}{P_2} = 1-s = \frac{N}{N_s} = \frac{\omega}{\omega_s}$$

$P_0 = (1-s)P_2$, $N = (1-s)N_s$

17 농형 유도 전동기의 속도 제어를 위한 1차 주파수 제어 방식이 아닌 것은?

㉮ 전압, 주파수 제어 ㉯ 벡터 제어
㉰ 슬립, 주파수 제어 ㉱ 일정 전압 제어

 • 농형 유도 전동기의 1차 주파수 제어 방식에 일정 전압 제어 방식은 해당되지 않는다.

참고 벡터 제어(vector control)

① 유도 전동기의 벡터 제어는 고정자 전류를 자속 성분 전류와 토오크 성분 전류로 분리하여 독립 제어함으로써 직류 전동기와 동등한 제어 특성을 부여하기 위한 제어 방식이다.

② 자속을 일정하게 유지하기 위해 전압과 주파수를 비례하게 가변시키는 제어법이다.

18 동기기의 전기자 권선법이 아닌 것은?

㉮ 분포권 ㉯ 2층권 ㉰ 중권 ㉱ 전절권

 단절권과 전절권 중에서, 단절권을 사용한다.

19 동기 임피던스가 작은 동기 발전기는?

㉮ 단락비가 작다. ㉯ 전기자 반작용이 작다.
㉰ 전압 변동률이 크다. ㉱ 과부하 내량이 작다.

 • 동기 임피던스가 작은 동기 발전기의 특성

① 단락비가 크며, 전기자 반작용이 작다.

② 전압 변동률이 작고, 안정도가 높다.

20 동기 조상기를 과여자로 해서 운전하였을 때 나타나는 현상이 아닌 것은?

㉮ 리액터로 작용한다. ㉯ 전압 강하를 감소시킨다.
㉰ 진상 전류를 취한다. ㉱ 콘덴서로 작용한다.

정답 16. ㉱ 17. ㉱ 18. ㉱ 19. ㉯ 20. ㉮

 • 동기 조상기의 운전

① 부족 여자 : 유도성 부하로 동작 → 리액터로 작용 → 지상 전류를 취한다. 즉, 전기자전류 위상이 뒤진다.

② 과여자 : 용량성 부하로 동작 → 콘덴서로 작용 → 진상 전류를 취한다. 즉, 전기자 전류의 위상이 앞선다.

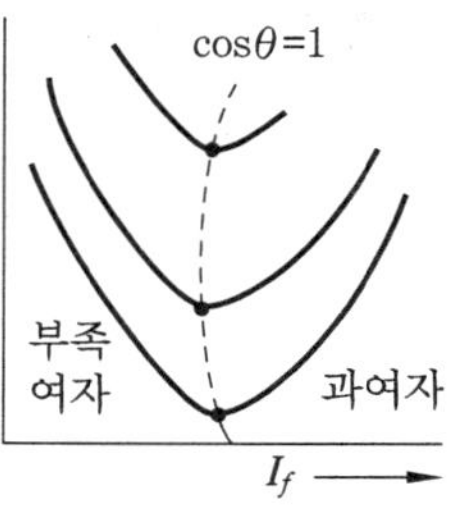

위상 특성 곡선

21 특별 고압은 몇 V를 초과하는 전압을 말하는가?

㉮ 3,300 ㉯ 6,600 ㉰ 7,000 ㉱ 9,000

 • 전압의 구분 (전기설비 기술기준 제3조 참조)

① 저압 : 직류는 750 V 이하, 교류는 600 V 이하인 것

② 고압 : 직류는 750 V를, 교류는 600 V를 초과하고 7000 V 이하인 것

③ 특별 고압 : 7000 V를 초과하는 것

22 전선에 대한 약호 중에서 HIV는 무엇을 말하는가?

㉮ 인입용 비닐 절연 전선 ㉯ 내열용 비닐 절연 전선

㉰ 옥외용 비닐 절연 전선 ㉱ 형광 방전등용 비닐 전선

 • 전선의 약호

HIV : 600V 2종 비닐 절연 전선

DV : 인입용 비닐 절연 전선

2CT : 2종 600V 천연 고무 절연 캡타이어 케이블

IE : 600V PE 절연 전선

참고 전선의 약호는 KS C IEC에 의한 본문 표 3-4, 5, 6, 7 참조

23 다음 중 전선 접속에 관한 설명으로 옳지 않은 것은?

㉮ 전선의 세기를 60 % 이상 유지해야 한다.

㉯ 접속 부분의 전기 저항을 증가시켜서는 안 된다.

㉰ 절연을 원래의 절연 효력이 있는 테이프로 충분히 한다.

㉱ 접속 슬리브나 전선 접속 기구를 사용하여 접속하거나 또는 납땜을 한다.

 • 전선의 접속 원칙 (내선규정 1430-7 참조)

전선의 세기를 80 % 이상 유지하여야 한다.

정답 21. ㉰ 22. ㉯ 23. ㉮

24 동일한 굵기의 전선을 동일 관내에 넣는 경우 금속관의 굵기를 선정할 때 전선의 피복을 포함한 단면적의 총 합계가 관내 단면적의 최대 몇 % 이하가 되도록 선정해야 하는가?

㉮ 32 ㉯ 40 ㉰ 48 ㉱ 55

 • 금속관의 굵기 선정(내선규정 2225-5 참조)

① 동일한 굵기로 굴곡이 적은 경우 : 48% 이하

② 굵기가 다른 경우 : 32% 이하

25 시공이 불편하고 포설 공사비의 고가, 공기의 지연 등 난점을 해결한 지중 전선관으로 사용하는 것은?

㉮ 흄관 ㉯ 동관 ㉰ PVC관 ㉱ ELP관

 • ELP(파상형 경질 폴리에틸렌 전선관 : Corrugated hard polyethylene pipe)

① 지중 매설하는 전력용 케이블 및 통신 케이블을 보호하는 데 사용된다.

② 파상형이므로 시공이 용이하며 작업이 능률적이다.

③ 공사비가 절감된다.

참고 규격번호 KS C 8455

26 금속 몰드의 접지 공사는 몇 종 접지 공사를 하여야 하는가?

㉮ 제1종 접지 공사 ㉯ 제2종 접지 공사

㉰ 제3종 접지 공사 ㉱ 특별3종 접지 공사

 • 금속 몰드 공사(metal molding wiring)–접지 공사

① 금속 몰드 및 기타 부속품은 제3종 접지 공사로 접지하여야 한다.

② 대지 전압 150 V 이하이며, 몰드 길이가 8 m 이하로 건조한 장소에 시설하는 경우에는 생략할 수 있다.

27 가공 전선로의 지지물로부터 다른 지지물을 거치지 아니하고 수용 장소의 붙임점에 이르는 가공 전선을 무엇이라 하는가?

㉮ 연접 인입선 ㉯ 가공 인입선

㉰ 전선로 ㉱ 옥측 배선

 ① 가공 인입선 : 가공 전선로의 지지물로부터 다른 지지물을 거치지 아니하고 수용 장소의 붙임점에 이르는 가공 전선이다.

② 연접 인입선 : 한 수용 장소의 인입선에서 분기하여 지지물을 거치지 아니하고 다른 수용 장소의 인입구에 이르는 부분의 전선을 말한다.

정답 24. ㉰ 25. ㉱ 26. ㉰ 27. ㉯

28 랙(rack)을 이용한 배선 방법은 어떤 전선로에 사용되는가?

㉮ 저압 가공 선로 ㉯ 고압 가공 선로
㉰ 저압 지중 선로 ㉱ 고압 지중 선로

 • 랙(rack) 배선 : 간단한 저압 가공선의 경우에는 완금을 설치하지 않고 지지물에 수직으로 랙을 고정하고, 저압 인류 애자를 사용하여 배선한다.

29 옥내 배선 회로에 누전이 발생했을 때 이를 감지하고, 회로를 자동 차단하여, 감전사고 및 화재를 방지할 수 있는 것은?

㉮ 커버 나이프 스위치 ㉯ 세프티 스위치
㉰ 배선용 차단기 ㉱ 누전 차단기

 • 누전 차단기(ELB : earth leakage breaker)
누전 발생 시 이를 감지하여 전원을 차단하는 차단기로 옥내 배선 공사에서 대지 전압 150 V를 초과하고 300 V 이하 저압 전로의 인입구에 반드시 시설하여야 한다.

30 생산 공장 작업의 자동화에 널리 사용되며, 바이메탈과 조합하여 실내 난방 장치의 자동 온도 조절에 사용되는 스위치는?

㉮ 압력 스위치 ㉯ 부동 스위치
㉰ 수은 스위치 ㉱ 타임 스위치

 • 자동 스위치(automatic switch)
① 부동 스위치(float switch) : 물탱크의 물의 양에 따라 동작하는 자동 스위치이다.
② 압력 스위치(pressure switch) : 액체 또는 기체의 압력이 높고 낮음에 따라 자동 조절되는 것으로 공기 압축기 가스 탱크, 기름 탱크 등의 펌퍼용 전동기에 쓰인다.
③ 수은 스위치(mercury switch) : 유리구에 봉입한 수은이 유리구의 기울어짐에 따라 접점이 자동적으로 바뀌는 스위치로 생산 공장 작업의 자동화, 바이메탈과 조합하여 실내 난방 장치의 자동 온도 조절에도 사용된다.
④ 타임 스위치(time switch) : 시계 장치와 조합하여 자동 개폐하는 스위치로 외등, 가로등, 전기 사인등의 점멸에 사용하면 정확하고 편리하다.

참고 전동기, 전열 기구 등의 기동과 정지를 자동적으로 개폐하는 것은 마그넷 스위치와 자동 스위치를 조합하여 이루어진다.

31 다음 중 배전 변전소에서 전력용 콘덴서를 설치하는 주된 목적은?

㉮ 변압기 보호 ㉯ 선로 보호
㉰ 역률 개선 ㉱ 코로나손 방지

정답 28. ㉮ 29. ㉱ 30. ㉰ 31. ㉰

 • 전력용 콘덴서(SC : static capacitor)의 설치 목적 – 역률 개선

참고 주된 목적은 역률 개선에 있으며 다음과 같은 설치 효과가 있다.

① 변압기 동손의 경감 ② 선로 손실의 경감 ③ 설비 용량의 여유도 향상
④ 전압 강하의 개선 ⑤ 전력 요금의 경감

32 역률 80 %, 300 kW의 전동기를 95 %의 역률로 개선하는 데 필요한 콘덴서의 용량은 약 몇 kVA가 필요한가?

㉮ 32 ㉯ 63 ㉰ 87 ㉱ 126

 • 부하 역률 개선 – 전력용 콘덴서의 용량

$$Q_c = P\left(\sqrt{\frac{1}{\cos^2\theta}-1}-\sqrt{\frac{1}{\cos^2\theta_2}-1}\right) = 300\left(\sqrt{\frac{1}{0.8^2}-1}-\sqrt{\frac{1}{0.95^2}-1}\right)$$

$$= 300(0.75-0.33) = 126 \text{ kVA}$$

참고 $Q_c = P(\tan\theta_1 - \tan\theta_2)$ [kVA]에서 $Q_c = P(\tan\cdot\cos^{-1}0.8 - \tan\cdot\cos^{-1}0.95)$

33 어느 물체의 표면으로부터 발산하는 광속 밀도를 무엇이라 하는가?

㉮ 광도 ㉯ 조도
㉰ 광속 발산도 ㉱ 휘도

 ① 광속 발산도 : 어떤 물체의 표면으로부터 발산되는 광속 밀도
② 광도 : 발산 광속의 입체각 밀도
③ 조도 : 단위 면적당의 입사 광속
④ 휘도 : 광원의 빛나는 정도, 눈부심
⑤ 광속 : 광원에서 나오는 복사속을 눈으로 보아 빛으로 느끼는 크기

34 공사 원가는 공사 시공 과정에서 발생한 항목의 합계액을 말하는데 여기에 포함되지 않는 것은?

㉮ 경비 ㉯ 재료비
㉰ 노무비 ㉱ 일반 관리비

 • 공사비의 구성

공사 가격 ┬ 공사 원가 ── 노무비 / 재료비 / 경비
　　　　　└ 일반 관리비

참고 일반 관리비 : 기업의 유지를 위한 관리 활동 부문에서 발생하는 제비용으로서 공사 원가에는 포함되지 않는다.

정답 32. ㉱ 33. ㉰ 34. ㉱

35 **고체 유전체의 파괴 시험을 기름(oil) 중에서 행하는 이유로 가장 적당한 것은?**

㉮ 매질 효과를 없애기 위하여
㉯ 연면섬락을 방지하기 위하여
㉰ 선행 불꽃 방전을 방지하기 위하여
㉱ 공기 중에서의 실행에 따른 위험을 방지하기 위하여

 • 고체 유전체의 파괴 시험

고체 유전체의 파괴 시험을 기름(oil) 중에서 행하는 가장 큰 이유는 연면(連綿) 섬락을 방지하기 위해서이다.

참고 ① 매질 효과 : 매질 속에서 코로나 방전이 일어나 낮은 전압에서도 절연 파괴를 일으키는 것으로 이를 가장자리 효과라 한다.

② 절연 파괴 전압이 높은 것 : 공기 중에서는 연면 방전(creeping discharge)을 일으켜 고전압을 가할 수 없으므로 기름 속에서 시험한다.

36 **낮은 전압에서 큰 저항을 나타내며, 높은 전압에서는 작은 저항을 갖는 소자는?**

㉮ 서미스터 ㉯ 바랙터
㉰ 바리스터 ㉱ 사이리스터

 • 바리스터(varistor)

① 비직선적인 전압-전류 특성을 가진 2단자 반도체 소자
② 이상 전압에 대한 회로 보호용으로, 즉 서지 전압을 흡수하기 위해 피뢰기 등에 사용된다.

참고 바리스터(varistor) : 가변 저항체(variable resistor)의 줄임말
소자에 가해지는 전압이 증가함에 따라 저항이 감소하는 반도체이다.

37 **SCR에 대한 설명 중 옳지 않은 것은?**

㉮ 게이트 전류로 턴 온할 수 있다.
㉯ 역전압이 걸리면 턴 오프할 수 있다.
㉰ 턴 온 시 게이트 전류를 차단하면 소호된다.
㉱ 애노드, 게이트, 캐소드 구간의 3단자이다.

 • SCR(실리콘 제어 정류기)의 특성

게이트에 정(+) 전류 펄스에 의해서 턴 온(turn on)되고, 일단 도통이 되면, 게이트 전류가 차단되어도 온(on) 상태를 유지한다. 즉, 소호되지 않는다.

참고 턴 오프(turn off), 즉 차단 상태로 하려면 애노드 전압을 '0'으로 하거나, 부(−)로 하면 된다.

정답 35. ㉯ 36. ㉰ 37. ㉰

38 **과전압이 걸리기 쉬운 옥외용 네온 사인의 조광 회로에 사용되는 소자는?**

㉮ SCR ㉯ TRIAC
㉰ SSS ㉱ TR

• SSS (silicon symmetrical switch)

① 순방향과 역방향으로 대칭적인 부성 특성을 가진 2단자 쌍방향 사이리스터이다.
② 2단자이기 때문에 OFF 상태에서 ON 상태로 하려면 SCR과 같이 게이트로 제어할 수 없고 브레이크 오버 전압 이상의 날카로운 펄스를 양 단자 간에 가하지 않으면 안 된다.
③ 조광 장치, 온도 제어 등 비교적 간단한 교류 제어 회로에 쓰이고 있다. 소용량의 것은 TRIAC의 트리거 신호 발생용으로 쓰인다.

39 **다음 중 온도에 따라 저항값이 부(−)의 방향으로 변화하는 특수 반도체는?**

㉮ 서미스터 ㉯ 바리스터
㉰ SCR ㉱ PUT

• 서미스터 (thermistor)

① 온도에 따라 저항값이 변하는 열 민감성 저항 소자이다.
② 특징은 (−)의 온도 계수를 가지므로 온도가 증가할 때 저항값이 감소된다.
③ 용도는 저항 온도 변화의 보상, 온도의 자동 제어, 온도계, 전력계, 유량계 시간 지연지 등에 널리 쓰인다.

40 **단상 센터탭형 전파 정류 회로에서 전원 전압이 200 V라면 직류 전압은 약 몇 V인가?**

㉮ 90 ㉯ 100 ㉰ 110 ㉱ 140

• 단상 전파 정류 회로

$E_d = 0.9\,V = 0.9 \times 100 = 90$ V

참고 본문 그림 4-23 (b) 센터탭형 참조

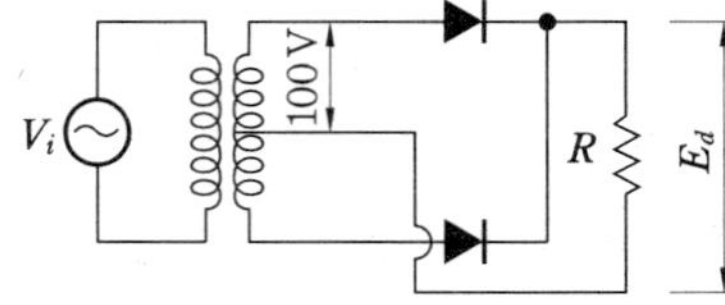

41 **인버터 제어라고도 하며 유도 전동기에 인가되는 전압과 주파수를 변환시켜 제어하는 방식은?**

㉮ VVVF 제어 방식 ㉯ 궤한 제어 방식
㉰ 워드레오나드 제어 방식 ㉱ 1단 속도 제어 방식

정답 38. ㉰ 39. ㉮ 40. ㉮ 41. ㉮

 • 3상 유도 전동기의 속도 제어 방식
〈VVVF : 가변 전압 가변 주파수 제어 방식〉
① 인버터(inverter) 제어 – 소비 전력 절감
② 유도 전동기에 인가되는 전압과 주파수를 동시에 변화시켜 직류 전동기와 동등한 제어 성능을 얻을 수 있는 방식이다.
참고 본문 표 3-56 참조

42 2진수 10011의 2의 보수 표현으로 옳은 것은?

가 01101 나 10010
다 01100 라 01010

 • 2진수의 2의 보수
2의 보수 구하는 방법 : 1의 보수를 구한 다음 가장 낮은 자리에 '1'을 더한다.
∴ 10011 → 1의 보수 = 01100 → 2의 보수 = 01101

43 2진수 $(1001)_2$를 그레이 코드(gray code)로 변환한 값은?

가 $(1110)_G$ 나 $(1101)_G$
다 $(1111)_G$ 라 $(1100)_G$

 • 그레이 코드로 변환하는 방법
① 첫 번째 비트를 동일하게 한 다음, 2진수 비트를 왼쪽으로부터 순차적으로 둘씩 더한 것을 그레이 비트로 하면 된다.
② 이때 자리 올림은 고려하지 않는다.

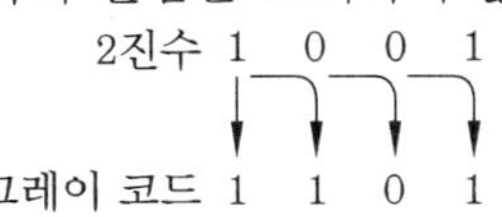

∴ $(1001)_2 = (1101)_G$

44 논리식 '$A \cdot (A+B)$'를 간단히 하면?

가 A 나 B
다 $A \cdot B$ 라 $A+B$

 • 논리식의 간략화
$F = A \cdot (A+B) = AA + AB = A + AB = A(1+B) = A$
여기서, $1+B=1$

 정답 42. 가 43. 나 44. 가

45 다음의 진리표를 만족하는 논리 회로는?(단, A, B는 입력이고, 출력 S : Sum, C_0 : Carry임)

A	B	S	C_0
0	0	0	0
0	1	1	0
1	0	1	0
1	1	0	1

㉮ EX-OR 회로 ㉯ 비교 회로
㉰ 반가산기 회로 ㉱ Latch 회로

• 반가산기(half adder)회로 : 본문 그림 5-3 참조

① 반가산기 회로는 한비트의 2진수를 더하여 합(S)과 자리 올림(C) 값을 계산하는 회로이다.

$S=\overline{A}\,B+A\,\overline{B}$

$C=AB$

참고 반가산기의 진리표에 의한 논리식 표현

$S=\overline{A}B+A\overline{B}+A\overline{A}+B\overline{B}=\overline{A}B+A\overline{B}$

$C=AB$

46 다음 논리 회로를 무엇이라 하는가?

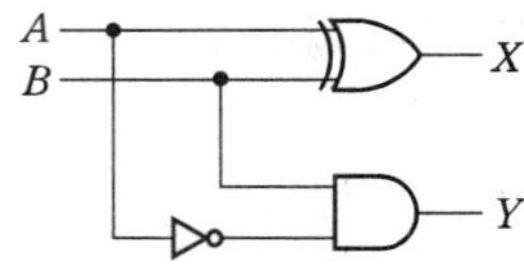

㉮ 반가산기 ㉯ 반감산기
㉰ 전가산기 ㉱ 전감산기

• 반감산기(half subtractor) : 본문 그림 5-5 참조

① 논리식

차 : $X=A\oplus B=\overline{A}B+A\overline{B}$

빌림 : $Y=\overline{A}B$

② 진리표

A	B	X	Y
0	0	0	0
0	1	1	1
1	0	1	0
1	1	0	0

정답 45. ㉰ 46. ㉯

47 다음은 무엇을 나타내는 진리표인가?

입력		출력			
B	A	D_0	D_1	D_2	D_3
0	0	1	0	0	0
0	1	0	1	0	0
1	0	0	0	1	0
1	1	0	0	0	1

㉮ 디코더　　㉯ 인코더
㉰ 카운터　　㉱ 멀티플렉서

• 디코더 (decoder)

① 신호를 디지털 부호로 코드화해서 기억하거나 전송할 때 코드화된 신호를 원래 형태로 되돌리는 변환기이다.

③ 디코더는 인코더와 정반대 기능을 수행하며, n비트의 2진 코드 입력에 의해 최대 2^n개 출력이 나오므로 가능한 한 2진 입력의 조합만큼 출력을 가진다.

∴ 문제의 진리표와 입력 조합으로 출력이 결정되는 회로로, 2×4 디코더이다.

48 다음 그림의 회로 명칭은?

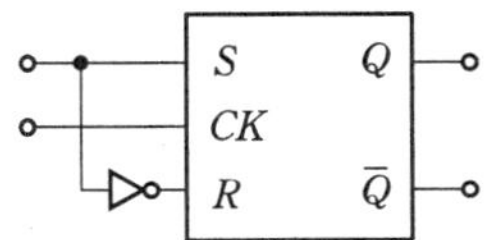

㉮ D 플립플롭　　㉯ T 플립플롭
㉰ J-K 플립플롭　　㉱ R-S 플립플롭

• D 플립플롭 (D flip-flop) : 본문 그림 5-20 참조

D 플립플롭은 클록형 RS 플립플롭 또는 JK 플립플롭을 변형시킨 것으로 NOT 게이트를 추가한 회로이며, 데이터 입력 신호 D가 그대로 출력에 전달되는 특성을 가진다.

입 력		출 력
C	D	Q_{n+1}
0	×	Q_n
1	1	1
1	0	0

(a) 진리표

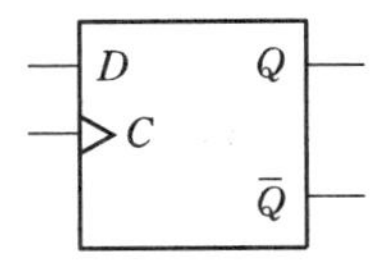

(b) 논리 기호

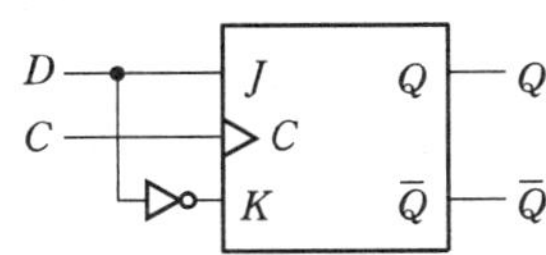

(c) 논리 회로

정답 47. ㉮　48. ㉮

49 Z-80 마이크로프로세서에서 쌍방향 버스는?

가 address bus　　나 control bus
다 data bus　　라 ALU

• 데이터 버스(data bus)
① 산술 논리 연산 장치 자료를 전송하기 위한 버스이다.
② 연산 장치, 메모리, 입출력 장치 등의 자료를 송수신하는 장치가 이 버스에 접속되기 때문에 자료가 어느 방향으로도 전송될 수 있도록 쌍방향성 버스로 되어 있다.

참고 버스(bus)
① 컴퓨터 내부에는 데이터나 신호가 지나가는 갖가지 통로가 있는데, 이것을 버스(bus)라고 한다.
② 이 중에서 실제로 처리 대상이 되는 데이터가 지나는 길을 데이터 버스(data bus)라 하고, 번지를 나타내기 위해 쓰는 것을 번지 버스(address bus)라고 한다.
③ 그리고 제어 장치에서 각 장치로 제어 신호를 전하기 위한 통로를 제어 버스(control bus)라고 한다.

50 다음 중 마이크로프로세서의 구조를 가장 잘 표한한 수식은?

가 ALU+CU　　나 ALU+CU+ROM
다 ALU+CU+RAM　　라 ALU+CU+register

• 마이크로프로세서의 구조=①+②+③
① ALU (arithmetic and logic unit) : 산술 논리 연산 장치
② CU (control unit) : 제어 장치
③ register : 레지스터

51 언어 프로세서 중 Object File을 생성하지 않고 번역 즉시 실행하는 것은?

가 assembler　　나 compiler
다 debugger　　라 interpreter

• interpreter : 해석기(解釋器)
① 원시 언어의 명령을 하나하나 번역, 실행하는 프로그램이다.
② 사람이 쓴 프로그램 그대로는 기계가 이해하지 못하기 때문에 기계가 이해할 수 있는 형식, 즉 0과 1의 모임(기계어)으로 바꾸어주는 역할을 하는 것이 인터프리터(Interpreter)이다.

참고 ① compiler (컴파일러) : 컴퓨터의 프로그램 작성을 보다 간단하게 하기 위한 소프트웨어
② assembler (어셈블러) : 기호 형식의 언어로 작성한 프로그램을 기계 명령어로 변환하는 컴퓨터 프로그램
③ debugger (디버거) : 프로그램의 오류를 찾아내기 위한 소프트웨어

정답 49. 다　50. 라　51. 라

52 다음 중 UPS의 기능으로서 옳은 것은?

㉮ 3상 전파 정류 방식
㉯ 가변 주파수 공급 가능
㉰ 무정전 전원 공급 가능
㉱ 고조파 방지 및 정류 평활

 • UPS (uninterruptible power supply)

① 무정전 전원 공급 장치이다.
② 컴퓨터 시스템 등의 안전한 사용을 위해 전원을 안정적으로 공급해 주는 장치로 갑작스런 정전으로부터 시스템을 보호하기 위하여 사용된다.

53 명령이 내려진 후 실제로 데이터를 판독(read) 또는 기록(write)되기 시작할 때까지의 소요 시간을 무엇이라 하는가?

㉮ access time
㉯ write time
㉰ delay time
㉱ transmission time

 • access time : 접근 시간

① 기억 장치의 동작 속도를 나타내는 단위의 하나이다.
② 제어 장치가 기억 장치로부터 또는 기억 장치의 데이터 전송을 요구하고 나서 전송이 완료되기까지의 시간으로 대기 시간과 전송 시간으로 나누어진다.

접근 시간
대기 시간 | 전송 시간

54 다음 중 cache memory에 대한 설명으로 옳지 않은 것은?

㉮ 주기억 장치의 유효 access time을 줄이기 위해서 사용된다.
㉯ 캐시 메모리의 관리는 주로 하드웨어에 의하여 구현한다.
㉰ 캐시 메모리를 사용하면 user에게 실제의 기억 공간보다 더 넓은 주소 공간을 제공한다.
㉱ 캐시 메모리를 가진 컴퓨터의 성능을 나타내는 척도의 하나로 적중률을 사용하며, 그 적중률은 높을수록 좋다.

정답 52. ㉰ 53. ㉮ 54. ㉰

• cache memory : 캐시 기억 장치

① 주기억 장치와 중앙 처리 장치(CPU) 사이에서 데이터와 명령어를 일시적으로 저장하는 소형의 고속 기억 장치이며, 주기억 장치 캐시 또는 CPU 캐시라고도 한다.

② 캐시 기억 장치의 기억 용량은 캐시 적중률(cache hit ratio)과 가격 등을 감안하여 결정되는데, 일반적으로 주기억 장치의 수천분의 1에서 수백분의 1 정도를 갖게 되어 있다.

∴ 일종의 버퍼(buffer) 기능을 수행하므로 더 넓은 주소 공간을 제공하는 것은 아니다.

참고 cache memory

CPU의 처리 속도에 비해 주기억 장치의 액세스 속도는 대단히 늦다. 이 때문에 주기억 장치로부터 처리에 필요한 명령이나 데이터를 실행할 때마다 읽어내는 방법으로는 명령을 빨리 처리할 수가 없다.
따라서 주기억의 일부를 캐시 메모리에 복사해 놓고, 메모리 참조를 이 캐시 메모리에 함으로써 처리를 고속화하는 방법이 개발되었다.

55 **ASME(American society of mechanical engineers)에서 정의하고 있는 제품 공정 분석표에 사용되는 기호 중 '저장(storage)'을 표현한 것은?**

㉮ ○　　㉯ D　　㉰ □　　㉱ ▽

해설 • 공정 도시 기호 : 본문 표 7-3 참조

㉮ : 가공　㉯ : 정체　㉰ : 검사　㉱ : 저장

56 **다음 중 신제품에 대한 수요 예측 방법으로 가장 적절한 것은?**

㉮ 시장 조사법　　㉯ 이동 평균법

㉰ 지수 평활법　　㉱ 최소 자승법

• 시장 조사법이 신 제품 수요 예측 방법으로 가장 적절하다.

참고 시장 조사법(소비자 조사법)

① 제품을 출시하기 전에 소비자 의견 조사 내지 시장 조사를 행하여 수요를 예측하는 방법이다.

② 단기 예측 능력이 높다.

57 **어떤 측정법으로 동일 시료를 무한 횟수 측정하였을 때 데이터 분포의 평균치와 모집단 참값과의 차를 무엇이라 하는가?**

㉮ 편차　　㉯ 신뢰성

㉰ 정확성　　㉱ 정밀도

정답 55. ㉱　56. ㉮　57. ㉰

 • 정확성(accuracy)

① 치우침이 작은 정도와 정밀함, 즉 모표준(母標準) 편차가 작은 정도를 포함해서 정확성이라 한다.

② 참값에서 평균값을 뺀 것을 말한다.

참고 편차(偏差, Deviation) : 측정치와 그 기대치와의 차를 말하며, 이 편차의 종류에는 표준 편차(standard deviation), 평균 편차(mean deviation), 4분위 편차가 있으며 이 편차는 모집단에 대한 모편차와 샘플에 대한 샘플 편차로 구분한다.

58 x 관리도에서 관리 상한이 22.15, 관리 하한이 6.85, $R = 7.5$일 때 시료군의 크기(n)는 얼마인가? (단, $n=2$일 때 $A_2 = 1.88$, $n=3$일 때 $A_2 = 1.02$, $n=4$일 때 $A_2 = 0.73$, $n=5$일 때 $A_2 = 0.58$이다.)

가 2 나 3

다 4 라 5

 • x 관리도 – 시료군의 크기 n

① 관리 상한(UCL) : $\bar{x} + A_2\bar{R} = 22.15$

② 관리 하한(LCL) : $\bar{x} - A_2\bar{R} = 6.85$

①+② $2\bar{x} = 29$ $\therefore \bar{x} = 14.5$

③ (UCL) : $\bar{x} + A_2\bar{R} = 14.5 + A_2 \times 7.5 = 22.15$ $\therefore A_2 = 1.02$

④ $A_2 = 1.02$ $\therefore n = 3$일 때이다.

59 200개 들이 상자가 15개 있다. 각 상자로부터 제품을 랜덤하게 10개씩 샘플링할 경우, 이러한 샘플링 방법을 무엇이라 하는가?

가 계통 샘플링

나 취락 샘플링

다 층별 샘플링

라 2단계 샘플링

 • 층별 샘플링(stratified sampling)

로트(lot)나 공정을 몇 개의 층으로 나누어 각 층으로부터 임의로, 즉 랜덤(random)하게 시료를 취하는 방법

참고 랜덤(random)

① 정보, 항목 등이 아무런 법칙도 없이 불규칙하게 늘어서 있는 것을 말한다.

② 일정한 법칙이나 규칙 또는 버릇이 붙어 있지 않는, 또는 사람의 의사(意思)가 개입하지 않은 무작위(無作爲)한 것을 말한다.

정답 58. 나 59. 다

60 **다음 중 사내 표준을 작성할 때 갖추어야 할 요건으로 옳지 않은 것은?**

㉮ 내용이 구체적이고 주관적일 것

㉯ 장기적 방침 및 체계하에서 추진할 것

㉰ 작업 표준에는 수단 및 행동을 직접 제시할 것

㉱ 당사자에게 의견을 말하는 기회를 부여하는 절차로 정할 것

해설 • 사내 표준 〈㉯, ㉰, ㉱ 이외에〉

① 기록 내용이 구체적이고 객관적일 것

② 실행 가능성이 있는 내용일 것

③ 직감적으로 보기 쉬운 표현으로 할 것

④ 적시에 개정 · 향상시킬 것

⑤ 기여도가 큰 것을 택할 것

㈎ 중요한 개선이 있을 때

㈏ 숙련공이 교체될 때

㈐ 산포가 클 때

㈑ 통계적으로 수법을 활용하고 싶을 때

㈒ 기타 공정에 변동이 있을 때

정답 60. ㉮

◎ 2010년도 시행 문제 ◎

▶2010년 3월 28일 시행(47회)

자격종목 및 등급(선택분야)	종목코드	시험시간	문제지형별	수험번호	성 명
전기기능장	3380	1시간	A		

01 평행판 콘덴서에 100 V의 전압이 걸려 있다. 이 전원을 가한 상태로 평행판 간격을 처음의 2배로 증가시키면?

㉮ 용량은 반으로 줄고, 저장되는 에너지는 2배가 된다.
㉯ 용량은 2배가 되고, 저장되는 에너지는 반으로 줄어든다.
㉰ 용량과 저장되는 에너지는 각각 반으로 줄어든다.
㉱ 용량과 저장되는 에너지는 각각 2배가 된다.

해설 • 평행판 콘덴서의 특성

① 정전 용량 $C=\epsilon\frac{A}{l}$ [F] → $C=k\frac{1}{l}$ ∴ 간격 l를 2배로 하면 용량 C는 $\frac{1}{2}$배 줄어든다.

② 정전 에너지 $W=\frac{1}{2}CV^2$ [J] → $W=k'C$

∴ 간격 l를 2배로 하면 C가 $\frac{1}{2}$배 줄어들므로, 에너지 W도 $\frac{1}{2}$배 줄어든다.

02 자기 회로에 대한 키르히호프의 법칙을 설명한 것으로 옳은 것은?

㉮ 수개의 자기 회로가 1점에서 만날 때는 각 회로의 기자력의 대수합은 '0'이다.
㉯ 자기 회로의 결합점에서 각 자로의 자속의 대수합은 '0'이다.
㉰ 수개의 자기회로가 1점에서 만날 때는 각 회로의 자속과 자기 저항을 곱한 것의 대수합은 '0'이다.
㉱ 하나의 폐자기 회로에 대하여 각 분로의 자속과 자기 저항을 곱한 것의 대수합은 폐자기 회로에 작용하는 기자력의 대수합과는 다르다.

해설 • 자기 회로에 대한 키르히호프의 법칙

① $\sum_{i=1}^{n}\phi_i=0$, 자기 회로의 결합점에서 각자로의 자속의 대수합은 '0'이다.

② $\sum_{i=1}^{n}V_{mi}=\sum_{j=1}^{n}R_{mj\phi j}$, 하나의 폐자기회로에 대하여 각 분로의 자속과 자기 저항을 곱한 것의 대수합은 폐자기회로에 작용하는 기자력의 대수합과 같다.

정답 1. ㉰ 2. ㉯

03 1 H인 코일의 리액턴스가 377 Ω일 때 주파수는?

㉮ 약 60 Hz ㉯ 약 120 Hz
㉰ 약 360 Hz ㉱ 약 600 Hz

• 코일의 리액턴스
$X_L = 2\pi f L$ [Ω]에서,

$$f = \frac{X_L}{2\pi L} = \frac{377}{2\pi \times 1} \fallingdotseq 60 \text{ Hz}$$

04 314 H의 자기 인턱턴스에 220 V, 60 Hz의 교류 전압을 가하였을 때 흐르는 전류는 몇 A인가?

㉮ 약 1.9×10^{-3} [A] ㉯ 약 1.9 [A]
㉰ 약 11.7×10^{-3} [A] ㉱ 약 11.7 [A]

$$X_L = 2\pi f L = 2\pi \times 60 \times 314 \fallingdotseq 118375 \ \Omega$$

$$\therefore \ I = \frac{V}{X_L} = \frac{220}{118375} \fallingdotseq 1.9 \times 10^{-3} \text{ [A]}$$

05 분류기를 사용하여 전류를 측정하는 경우 전류계의 내부 저항이 0.12 Ω, 분류기의 저항이 0.03 Ω이면 그 배율은?

㉮ 4 ㉯ 5
㉰ 15 ㉱ 36

• 분류기의 배율

$$m = 1 + \frac{R_A}{R_S} = 1 + \frac{0.12}{0.03} = 5$$

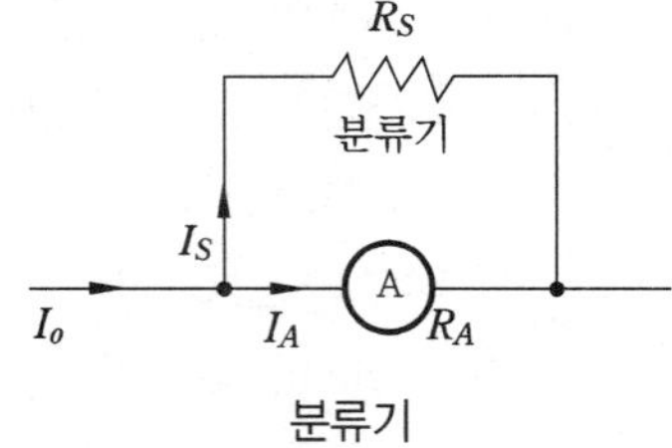

분류기

06 직류 전류계의 측정 범위를 확대하는 데 사용되는 것은?

㉮ 계기용 변류기 ㉯ 영상 변류기
㉰ 분류기 ㉱ 배율기

해설 • 분류기: 문제 5. 해설 참조

정답 3. ㉮ 4. ㉮ 5. ㉯ 6. ㉰

07 전류 순시값 $i = 30\sin\omega t + 40\sin(3\omega t + 60°)$ [A]의 실효값은?

가 약 35.4 A　나 약 42.4 A　다 약 56.6 A　라 약 70.7 A

• 비사인파 교류 회로의 실효값

① $I_1 = \dfrac{30}{\sqrt{2}} = 21.2$ A　② $I_2 = \dfrac{40}{\sqrt{2}} = 28.3$ A

$\therefore\ I = \sqrt{I_1^2 + I_2^2} = \sqrt{21.2^2 + 28.3^2} \fallingdotseq 35.4$ A

08 저항 20 Ω인 전열기로 21.6 kcal의 열량을 발생시키려면 5 A의 전류를 약 몇 분간 흘려주면 되는가?

가 3분　나 5.7분　다 7.2분　라 18분

• 줄의 법칙 : $H = 0.24I^2Rt$ [cal]에서,

$t = \dfrac{H}{0.24I^2R} = \dfrac{21.6 \times 10^3}{0.24 \times 5^2 \times 20} = 180$ s　$\therefore$ 3분

09 같은 규격의 축전지 2개를 병렬로 연결하면?

가 전압과 용량이 모두 2배가 된다.　나 전압과 용량이 모두 $\dfrac{1}{2}$배가 된다.

다 전압은 그대로, 용량은 2배가 된다.　라 전압은 2배, 용량은 그대로이다.

• 축전지의 연결

① 직렬 연결시 : 기전력은 n배가 되고, 용량은 변하지 않는다.

② 병렬 연결시 : 기전력은 변함이 없고, 용량은 n배가 된다.

∴ 축전지 2개의 병렬 접속시 전압은 그대로, 용량은 2배가 된다.

10 두 종류의 금속을 접속하여 두 접합 부분을 다른 온도로 유지하면 열기전력을 일으켜 열전류가 흐른다. 이 현상을 지칭하는 것은?

가 제벡 효과　나 제3금속의 법칙

다 펠티어 효과　라 패러데이의 법칙

• 열전 효과－제벡 효과, 펠티에 효과

① 제벡 효과(Seebeck effect) : 펠티에 효과와는 반대로 두 접합점의 온도를 다르게 하면 이 폐회로에 기전력이 발생하여 전류가 흐르는 현상으로 열전온도계, 열전계기 등에 응용된다.

② 펠티에(Peltier) 효과 : 제벡 효과와 반대로 두 종류의 금속의 접합부에 전류를 흘리면 전류의 방향에 따라 열의 발생 또는 흡수 현상이 생긴다. 이것이 전자 냉동기의 원리이다.

정답 7. 가　8. 가　9. 다　10. 가

11 무부하에서 자기 여자로 전압을 확립하지 못하는 직류 발전기는?

㉮ 직권 발전기 ㉯ 분권 발전기
㉰ 복권 발전기 ㉱ 타여자 발전기

• 직류 발전기의 전압 확립

① 자기 여자 (self excitation) : 자체에서 발생한 기전력으로 계자 전류를 흐르게 하여 계자를 여자시키는 것이다.

② 전압 확립 (voltage build up) : 자여자가 되는 현상을 말한다.

∴ 직권 발전기는 부하 전류에 의하여 여자되므로 무부하에서는 자기 여자로 전압을 확립하지 못한다.

12 1차 전압 2,200 V, 무부하 전류 0.088 A, 철손 110 W인 단상 변압기의 자화 전류는?

㉮ 50 mA ㉯ 72 mA
㉰ 88 mA ㉱ 94 mA

• 단상 변압기의 자화 전류

① 자화 전류는 여자 전류 중 순수한 자속을 만드는 데만 소요되는 전류의 자속과 동위상의 무효 전류이다.

② 벡터도에서, 자화 전류 $I_{om}=\sqrt{I_0^{\,2}-I_{ow}^{\,2}}=\sqrt{0.088^2-0.05^2}=0.072$ A ∴ 72 [mA]

여기서, $I_{ow}=\dfrac{P_i}{V_1}=\dfrac{110}{2200}=0.5$ A

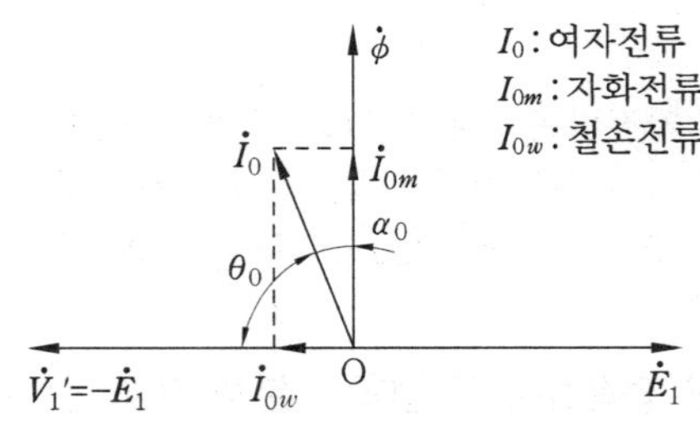

여자 전류의 벡터도

13 500 kVA의 단상 변압기 4대를 사용하여 과부하가 되지 않게 사용할 수 있는 3상 전력의 최대값은?

㉮ 약 866 kVA ㉯ 약 1,500 kVA
㉰ 약 1,732 kVA ㉱ 약 3,000 kVA

• 단상 변상기의 V결선

1대의 kVA 용량이 P_1일 때, V 결선시 출력 $P_V=\sqrt{3}\,P_1$ [kVA]

∴ 전력의 최대값 $P_m=2\cdot\sqrt{3}\,P_1=2\times\sqrt{3}\times 500 \fallingdotseq 1732$ kVA

정답 11. ㉮ 12. ㉯ 13. ㉰

14

3상 변압기의 병렬 운전이 불가능한 결선은?

㉮ $\Delta-Y$와 $Y-Y$　　　　㉯ $Y-\Delta$와 $Y-\Delta$

㉰ $\Delta-Y$와 $Y-\Delta$　　　　㉱ $\Delta-\Delta$와 $Y-Y$

• 변압기 군의 병렬 운전 조합

병렬 운전 가능		병렬 운전 불가능
△-△와 △-△ Y-Y 와 Y-Y Y-△ 와 Y-△	△-Y와 △-Y △-△ 와 Y-Y △-Y 와 Y-△	△-△와 △-Y Y-Y 와 △-Y

15

주파수 60 Hz로 제작된 3상 유도 전동기를 동일한 전압의 50 Hz 전원으로 사용할 때 나타나는 현상은?

㉮ 자속 감소　　　　㉯ 속도 증가

㉰ 철손 감소　　　　㉱ 무부하 전류 증가

• 전원 주파수의 변환(60 Hz → 50 Hz)에 따른 변압기의 특성 변환(일정 전압하에서)

① 자속 증가 : 여자 전류 $I_o = k\frac{1}{f}$

② 속도 감소 : 회전 속도 $N = k'f$

③ 철손 증가 : 철손 중에 히스테리시스손이 주파수에 반비례한다. $P_h = k''\frac{1}{f}$

④ 무부하 전류 증가 : 철손이 증가하므로 여자 전류, 즉 무부하 전류가 증가하게 된다.

16

3상 유도 전동기의 전전압 기동 토크는 전부하 시의 4.8배이다. 전전압의 $\frac{2}{3}$로 기동할 때 기동 토크는 전부하 시의 약 몇 배인가?

㉮ 1.6배　　㉯ 2.1배　　㉰ 3.2배　　㉱ 7.2배

• 3상 유도 전동기의 기동 토크

① $T = k \cdot V^2$이므로 $T' = k' \cdot \left(\frac{V_1'}{V_1}\right)^2 T$

② $T' = \left(\frac{2}{3}\right)^2 \times 4.8T \fallingdotseq 2.1\,T$ ∴ 2.1 T ∴ 2.1배

17

회전 전기자형 동기 발전기에서 3상 교류 기전력은 어느 부분을 통하여 출력해내는가?

㉮ 모선　　㉯ 전기자권선　　㉰ 회전자권선　　㉱ 슬립링

정답 14. ㉮　15. ㉱　16. ㉯　17. ㉱

 • 회전 전기자형의 구조

회전 전기자형은 회전 계자형과는 반대로 전기자가 회전하므로 기전력은 슬립링 (slip ring)을 통하여 부하에 공급된다.

참고 본문 그림 2-59 (a) 구조 참조

18 **정전압 계통에 접속된 동기 발전기는 그 여자를 약하게 하면?**

㉮ 출력이 감소한다.
㉯ 전압 강하가 생긴다.
㉰ 진상 무효 전류가 증가한다.
㉱ 지상 무효 전류가 증가한다.

 • 동기 발전기의 병렬 운전(모선 접속)

① 발전기의 여자를 약하게 하면, 기전력이 감소하게 되어 정전압 모선 간에 기전력의 차가 발생하므로 무효 순환 전류가 흐르게 된다.

② 발전기에는 진상 무효 전력이 증가하게 되며, 증자 작용으로 단자 전압을 모선 전압과 같도록 작용한다.

참고 이때 출력은 변함이 없고 역률만 변화할 뿐이다.

19 **역률을 항상 1로 운전할 수 있는 전동기는?**

㉮ 단상 유도 전동기
㉯ 3상 유도 전동기
㉰ 동기 전동기
㉱ 3상 권선형 유도 전동기

 • 동기 전동기의 특징 – 동기 조상기

동기 전동기의 위상 특성 곡선에서, 곡선의 최저점은 역률 '1'에 해당되는 점이다.

∴ 계자전류 I_f의 조정에 의해 역률을 항상 1로 운전할 수 있다.

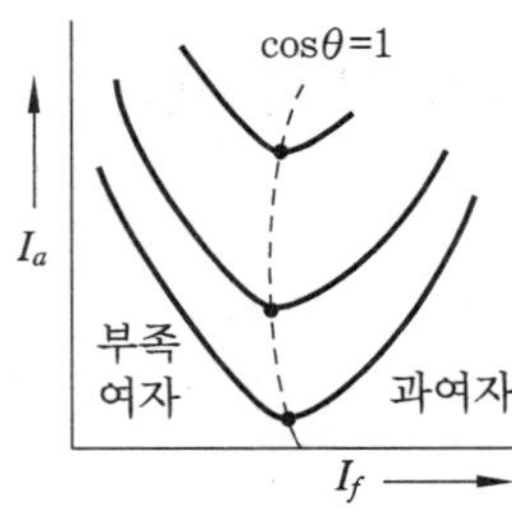

위상 특성 곡선

20 **동기 발전기를 병렬 운전하고자 하는 경우 같지 않아도 되는 것은?**

㉮ 기전력의 임피던스
㉯ 기전력의 위상
㉰ 기전력의 파형
㉱ 기전력의 주파수

정답 18. ㉰ 19. ㉰ 20. ㉮

 • 동기 발전기의 병렬 운전에 필요한 조건

병렬 운전의 필요 조건	운전 조건이 같지 않을 경우의 현상
① 기전력의 크기가 같을 것	무효 순환 전류가 흐른다.
② 상회전이 일치하고, 기전력이 동위상일 것	동기화 전류가 흐른다 (유효 횡류가 흐른다).
③ 기전력의 주파수가 같을 것	동기화 전류가 교대로 주기적으로 흘러 난조의 원인이 된다.
④ 기전력의 파형이 같을 것	고조파 무효 순환 전류가 흘러 과열이 원인이 된다.

21 220 V의 교류 전압을 배전압 정류할 때 최대 정류 전압은?

㉮ 약 440 [V] ㉯ 약 566 [V] ㉰ 약 622 [V] ㉱ 약 880 [V]

 • 배전압 정류 회로

$V_o = 2V_m = 2 \times \sqrt{2} \times 220 = 622$ [V]

여기서, $V_m = \sqrt{2}$ V

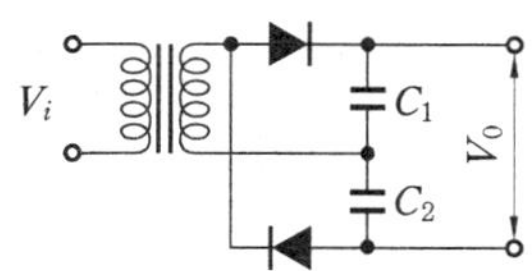

22 고압수전의 3상 3선식에서 불평형 부하의 한도는 단상 접속 부하로 계산하여 설비 불평형률을 30 % 이하로 하는 것을 원칙으로 한다. 다음 중 이 제한에 따르지 않을 수 있는 경우가 아닌 것은?

㉮ 저압 수전에서 전용 변압기 등으로 수전하는 경우

㉯ 고압 및 특고압 수전에서 100 kVA 이하의 단상 부하의 경우

㉰ 고압 및 특고압 수전에서 단상 부하 용량의 최대와 최소의 차가 100 kVA 이하인 경우

㉱ 특고압 수전에서 100 kVA 이하의 단상 변압기 3대로 Δ 결선하는 경우

 • 설비 부하 평형의 시설 (내선규정 1410-1 참조)

〈제한에 따르지 않을 수 있는 경우 : ㉮, ㉯, ㉰ 이외에〉

특고압 수전에서 100 kVA (kW) 이하의 단상 변압기 2대로 역 V결선하는 경우

23 전선이나 케이블의 절연물에 손상 없이 안전하게 흘릴 수 있는 최대 전류는?

㉮ 허용 전류 ㉯ 상용 전류

㉰ 부하 전류 ㉱ 안전 전류

 • 허용 전류 (allowable current) : 도체 또는 절연 전선 등에 흘릴 수 있는 최대 전류, 이 전류는 도체 또는 절연물에 대한 최고 허용 온도로 정해진다.

참고 부하 전류 (load current) : 부하를 걸어줌으로써 전기 기기(부하)에 흐르는 전류

정답 21. ㉰ 22. ㉱ 23. ㉮

24 금속관 공사에 의한 저압 옥내 배선에서 사용하는 금속관을 콘크리트에 매설하는 경우 관의 두께는 몇 mm 이상이어야 하는가?

㉮ 0.5 mm ㉯ 0.75 mm
㉰ 1.0 mm ㉱ 1.2 mm

• 금속관 공사에 의한 저압 옥내 배선
금속관의 두께는 콘크리트에 매입할 경우 1.2 mm 이상, 기타의 경우 1 mm 이상이어야 한다.

25 바닥 통풍형과 바닥 밀폐형의 복합 채널 부품으로 구성된 조립 금속 구조로 폭이 150 mm 이하이며, 주 케이블 트레이로부터 말단까지 연결되어 단일 케이블을 설치하는 데 사용하는 트레이는?

㉮ 통풍 채널형 케이블 트레이 ㉯ 사다리형 케이블 트레이
㉰ 바닥 밀폐형 케이블 트레이 ㉱ 트로프형 케이블 트레이

• 금속제 케이블 트레이의 종류(내선규정 2289-1 참조)
① 통풍 채널형 : 바닥 통풍형, 바닥 밀폐형 또는 두 가지 복합 채널형 구간으로 구성된 조립 금속 구조
② 사다리형 : 길이 방향의 양 옆면 레일을 각각의 가로 방향 부재로 연결한 조립 금속 구조
③ 바닥 밀폐형 : 일체식 또는 분리식 직선 방향 옆면 레일에서 바닥에 통풍구가 없는 조립 금속 구조
④ 바닥 통풍형 : 일체식 또는 분리식 직선 방향 옆면 레일에서 바닥에 통풍구가 있는 조립 금속 구조

26 전원측 전로에 시설한 배선용 차단기의 정격 전류가 몇 A 이하의 것이면 이 전로에 접속하는 단상 전동기에는 과부하 보호 장치를 생략할 수 있는가?

㉮ 15 A ㉯ 20 A ㉰ 30 A ㉱ 50 A

• 전동기에 과부하 보호 장치의 시설(판단기준 제174조 참조)
〈생략할 수 있는 경우〉
전동기가 단상의 것으로 그 전원측 전로에 시설하는 과전류 차단기의 정격 전류가 15 A (배선용 차단기는 20 A) 이하인 경우

27 과전류 차단기로 시설하는 퓨즈 중 고압 전로에 사용하는 포장 퓨즈는 정격 전류의 몇 배의 전류에 견디어야 하는가?

㉮ 1.3배 ㉯ 1.5배 ㉰ 2.0배 ㉱ 2.5배

정답 24. ㉱ 25. ㉮ 26. ㉯ 27. ㉮

 • 고압 전로 중의 과전류 차단기 시설(판단기준 제39조 참조)
과전류 차단기로 시설하는 퓨즈 중 고압 전류에 사용하는 포장 퓨즈는 정격 전류의 1.3 배의 전류에 견디고 또한 2배의 전류로 120분 안에 용단되는 것이어야 한다.
참고 비포장 퓨즈는 1.25배에 견디고, 2배의 전류로 2분 안에 용단되는 것이어야 한다.

28 **저압 옥내 분기 회로의 분기 개폐기 및 자동 차단기를 시설하는 개소는 분기점에서 원칙적으로 몇 m 이내인가?**

가 1 m　　나 2 m
다 3 m　　라 4 m

 • 개폐기 및 과전류 차단기 시설
저압 옥내간선에서 분기하여 전기 기계·기구에 이르는 분기 회로 전선에는 분기점에서 전선의 길이가 3m 이하인 곳에 개폐기 및 과전류 차단기를 시설하여야 한다.
참고 판단 기준 제176조 [분기회로의 시설 참조]

29 **다음 중 '무효 전력을 조정하는 전기 기계 기구'로 용어 정의되는 것은?**

가 배류 코일　　나 변성기
다 조상 설비　　라 리액터

 • 조상(調相) 설비 : 조상 설비는 수전단에서, 부하의 역률 조정에 의한 전압 조정에 필요한 무효 전력의 공급원으로 작용한다. 즉, 무효 전력을 조정하게 되는 것이다.
참고 조상 설비의 종류와 역할
① 진상(전력용) 콘덴서 : 앞선(진상) 무효 전력 조정
② 분로 리액터(shunt reactor) : 뒤진(지상) 무효 전력 조정
③ 동기 조상기 : 앞선, 뒤진 무효 전력 조정

30 **유효 전력 15 kW, 무효 전력 12.5 kVar를 소비하는 3상 평형 부하에 3.5 kVA의 전력용 콘덴서를 접속하면 접속 후의 피상 전력은?**

가 약 9.7 kVA　　나 약 12.6 kVA
다 약 17.5 kVA　　라 약 27.1 kVA

해설 • 벡터도에서
$Q = Q_L - Q_C = 12.5 - 3.5 = 9\ \text{kVA}$
∴ 접속 후 피상 전력 $P_o = \sqrt{P^2 + Q^2}$
$= \sqrt{15^2 + 9^2}$
$\fallingdotseq 17.5\ \text{kVA}$

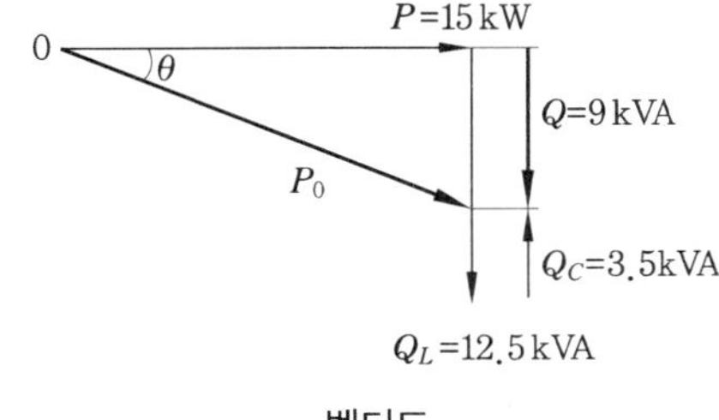

벡터도

정답 28. 다　29. 다　30. 다

31 접지극은 지하 몇 cm 이상의 깊이에 매설하는가?

㉮ 55 cm ㉯ 65 cm ㉰ 75 cm ㉱ 85 cm

• 접지극의 매설 깊이는 지하 75 cm 이상으로 하되 동결 깊이를 감안하여 매설할 것
(내선 규정 1445－10 참조)

32 400 V 이상의 저압용 전로에 시설하는 기계 기구의 철대 및 금속제 외함의 접지 공사는 몇 종으로 하여야 하는가?

㉮ 제1종 접지 공사 ㉯ 제2종 접지 공사
㉰ 제3종 접지 공사 ㉱ 특별 제3종 접지 공사

• 기계 기구의 철대 및 외함 접지(판단 기준 제33조 참조)

기계 기구의 구분	접지 공사
400 V 미만인 저압용의 것	제 3 종 접지 공사
400 V 이상의 저압용의 것	특별 제 3 종 접지 공사
고압용 또는 특별 고압용의 것	제 1 종 접지 공사

33 철근 콘크리트주로서 그 전체의 길이가 16 m 초과 20 m 이하이고, 설계 하중이 6.8 kN 이하인 것을 지반이 튼튼한 곳에 시설하려고 한다. 지지물의 기초의 안전율을 고려하지 않기 위해서 묻히는 깊이는 몇 m 이상으로 하여야 하는가?

㉮ 2.5 m 이상 ㉯ 2.8 m 이상 ㉰ 3.0 m 이상 ㉱ 3.2 m 이상

• 철근 콘크리트 전주 → 땅에 묻히는 깊이(m)
① 전체 길이 16 m 이하인 경우
  • 전체 길이가 15 m 이하 → 전체 길이의 1/6 이상
  • 전체 길이가 15 m 초과 → 2.5 m 이상
② 전체 길이가 16 m 초과 20 m 이하 → 2.8 m 이상

34 66 kV의 가공 송전선에 있어 전선의 인장 하중이 220 kgf으로 되어 있다. 지지물과 지지물 사이에 이 전선을 접속할 경우 이 전선 접속 부분의 전선의 세기는 최소 몇 kgf 이상이어야 하는가?

㉮ 85 kfg ㉯ 176 kfg
㉰ 185 kfg ㉱ 192 kfg

• 전선의 접속법(판단기준 제11조 참조)
전선의 세기(인하 하중)들 20 % 이상 감소시키지 말 것
∴ 전선의 세기 = 220×0.8 = 176 kgf 이상

정답 31. ㉰ 32. ㉱ 33. ㉯ 34. ㉯

35 지중 케이블의 고장점을 찾아내는 방법은 머레이루프, 발레이루프 시험법이 있는데 이들 시험 방법은 어떤 브리지 원리를 이용하는가?

㉮ 휘스토운 브리지 (Wheatston bridge)
㉯ 쉐링 브리지 (Schering's bridge)
㉰ 윈 브리지 (Owen's bridge)
㉱ 임피던스 브리지 (impedance bridge)

해설 • 지중 케이블의 고장점 검출
머레이 루프법 (Murray loop)은 휘스토운 브리지의 원리를 이용하여 고장난 케이블의 심선과 다른 심선을 브리지의 두 변으로 해서 고장난 곳 까지의 심선의 저항 및 정전 용량으로 위치를 찾아내는 방법이다.

$X=\frac{2l \cdot Q}{P+Q}$ [m] 여기서, l : 케이블 길이 (m)
X : 고장점까지의 거리 (m)

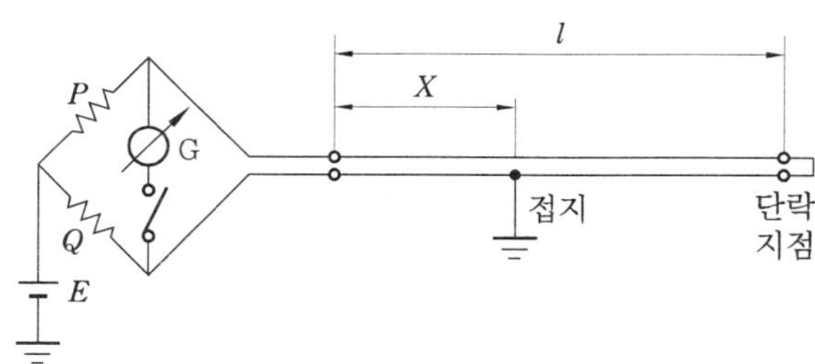

머레이 루프법

36 저압의 지중 전선이 지중 약전류 전선 등과 접근하거나 교차하는 경우 상호 간의 이격 거리가 몇 cm 이하인 때에는 지중 전선과 지중 약전류 전선 등 사이에 견고한 내화성의 격벽을 설치하는가?

㉮ 15 m ㉯ 30 m
㉰ 60 m ㉱ 100 m

 • 지중 전선과 지중 약전류 전선 등 또는 관과의 접근 또는 교차 (판단기준 제141조 참조)
견고한 내화성의 격벽 설치는
① 저압 또는 고압의 지중선은 30 cm 이하일 때
② 특고압 지중선은 60 cm 이하일 때

37 에스컬레이터의 적재 하중이 1,500 kg, 속도 30 m/min, 경사각 30°, 에스컬레이터의 총 효율 0.6, 승객 승입률 0.85일 때, 에스컬레이터 전동기의 용량은 약 몇 kW인가?

㉮ 2.2 kW ㉯ 5.2 kW ㉰ 32 kW ㉱ 64 kW

정답 35. ㉮ 36. ㉯ 37. ㉯

해설 • 에스컬레이터 전동기의 용량

$$P = 0.163 \cdot \frac{LVK}{\eta} \times \sin\theta = 0.163 \times \frac{1.5 \times 30 \times 0.85}{0.6} \times 0.5 \fallingdotseq 5.2 \text{ kW}$$

여기서, L : 적재 하중 (ton) k : 승객 승입률 $\sin 30^\circ = 0.5$
V : 속도 (m/min) η : 총 효율

38 교통 신호등의 시설 기준으로 틀린 것은?

㉮ 교통 신호등 회로의 시용 전압은 300 V 이하이어야 한다.
㉯ 전선을 매다는 금속선에는 지지점 또는 이에 근접하는 곳에 애자를 삽입한다.
㉰ 교통 신호등 제어 장치의 전원 측에는 전용 개폐기 및 과전류 차단기를 각 극에 시설한다.
㉱ 신호등 회로 인하선의 전선은 지표상 3.5 m 이상이 되도록 한다.

 • 교통 신호등의 시설 기준 (판단기준 제234조 참조)
신호등 회로 인하선의 전선은 2.5 m 이상일 것

39 양수량이 매분 10 m^3이고, 총 양정이 10m인 펌프용 전동기의 용량은? (단, 펌프 효율은 70 %이고, 여유 계수는 1.2라고 한다.)

㉮ 5 kW ㉯ 20 kW ㉰ 28 kW ㉱ 280 kW

 • 양수 펌프용 전동기 용량

$$P = 0.163 \frac{QH}{\eta} \times \kappa = 0.163 \times \frac{10 \times 10}{0.7} \times 1.2 \fallingdotseq 28 \text{ kW}$$

40 품셈에서 규정된 소운반이라 함은 몇 m 이내의 수평 거리를 말하는가?

㉮ 10 m ㉯ 20 m ㉰ 30 m ㉱ 40 m

 • 소운반
① 품셈에서 규정된 소운반이라 함은 20 m 이내의 수평 거리를 말한다.
② 소운반이 포함된 품에 있어서 소운반 거리가 20 m를 초과할 경우에는 초과분에 대하여 이를 별도 계상하며 경사면의 소운반 거리는 직고 1 m를 수평 거리 6 m의 비율로 본다.

41 어떤 회사의 매출액이 80,000원, 고정비가 15,000원, 변동비가 40,000원일 때 손익분기점 매출액은 얼마인가?

㉮ 25,000원 ㉯ 30,000원 ㉰ 40,000원 ㉱ 55,000원

정답 38. ㉱ 39. ㉰ 40. ㉯ 41. ㉯

 • 손익 분기점

$$\text{매출액} = \frac{\text{고정비}}{\text{한계 이익률}} = \frac{\text{고정비}}{1 - \frac{\text{변동비}}{\text{매출액}}} = \frac{15{,}000}{1 - \frac{40{,}000}{80{,}000}} = 30{,}000\text{원}$$

42 사이리스터가 아닌 것은?

㉮ SCR ㉯ diode

㉰ triac ㉱ SUS

 다이오드 (diode)는 사이리스터 (thyristor)가 아니다.

43 SCR의 단자 명칭과 거리가 먼 것은?

㉮ gate ㉯ base

㉰ anode ㉱ cathode

해설 • 실리콘 제어 정류 소자(silicon controlled rectifier : SCR)

① 대표적인 사이리스터이다.

② 실리콘 pnpn 4층 구조로 3단자를 갖는 단일 방향성 소자이다.

A : anode

K : cathode

G : gate

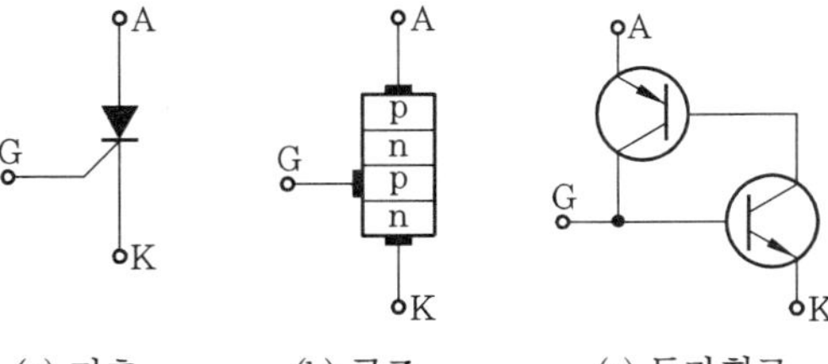

(a) 기호 (b) 구조 (c) 등가회로

44 일반적으로 공진형 컨버터에 사용되지 않는 소자는?

㉮ metal-oxide semiconductor field efffect transistor

㉯ insulated gate bipolar transistor

㉰ silicon controlled rectifier

㉱ transistor

정답 42. ㉯ 43. ㉯ 44. ㉰

 일반적으로 공진형 컨버터에 사용되는 소자는 그 소자의 특성상 MOSFET, 전력용 트랜지스터, IGBT, GTO 등이 있다.

참고 ① 공진형 컨버터(resonant converter)

반도체 스위치에 공진 회로를 결합하여 전류 또는 전압을 사인파의 형태로 변환시킴으로서 스위치에서의 스위칭 손실을 거의 0으로 저감시킬 수 있는데, 이를 공진 스위칭(resonant switch)라고 하며 이를 이용한 SMPS를 총칭하여 공진형 컨버터라고 한다.

② SMPS(switch mode power supply)

(가) 전원 장치의 한 종류이다.

(나) 교류를 일단 직류로 바꾼 다음 직류를 다시 수십kHz 고주파 교류로 바꾸고, 이것을 페라이트 트랜스와 같은 고주파 트랜스를 이용해 전압을 강압시킨 다음 정류+평활시키는 것이다. 이렇게 하면 트랜스나 콘덴서 용량이 작아도 되고 효율적이다.

(다) TV, PC, 노트북 심지어 조그만 휴대폰 충전지도 SMPS가 적용된다.

45 반도체 전력 변환 기기에서 인버터의 역할은?

가 직류를 직류로 변환

나 직류를 교류로 변환

다 교류를 교류로 변환

라 교류를 직류로 변환

 ① 인버터(inverter) : 전력용 반도체 소자를 이용하여 직류를 교류로 변환하는 장치

② 컨버터(converter) : 교류 전력은 직류 전력으로 변환하는 장치

46 바리스터(varistor)의 주된 용도는?

가 서지 전압에 대한 회로 보호 나 온도 보상

다 출력 전류 조정 라 전압 증폭

 • 바리스터(varistor)

① 비직선적인 전압-전류 특성을 가진 2단자 반도체 소자이다.

② 이상 전압에 대한 회로 보호용으로, 즉 서지 전압을 흡수하기 위해 피뢰기 등에 사용된다.

참고 ① 바리스터(varistor) : 가변저항체(variable resistor)의 줄임말

② 소자에 가해지는 전압이 증가함에 따라 저항이 감소하는 반도체이다.

47 다음 논리식 중 옳은 표현은?

가 $\overline{A+B}=\overline{A}\cdot\overline{B}$ 나 $\overline{A}+\overline{B}=\overline{A+B}$

다 $\overline{A\cdot B}=\overline{A}\cdot\overline{B}$ 라 $\overline{A}+\overline{B}=\overline{A\cdot B}$

정답 45. 나 46. 가 47. 가

해설 • 드 모르간의 정리 (De Morgan's theorem)

① $\overline{A+B}=\overline{A}\cdot\overline{B}$ ② $\overline{A\cdot B}=\overline{A}+\overline{B}$

참고 ① $\overline{A+B}=\overline{A}\cdot\overline{B}$ 의 증명

A	B	$A+B$	$\overline{A+B}$	$\overline{A}$	$\overline{B}$	$\overline{A}\cdot\overline{B}$
0	0	0	1	1	1	1
0	1	1	0	1	0	0
1	0	1	0	0	1	0
1	1	1	0	0	0	0

② $\overline{A\cdot B}=\overline{A}+\overline{B}$ 의 증명

A	B	$A\cdot B$	$\overline{A\cdot B}$	$\overline{A}$	$\overline{B}$	$\overline{A}+\overline{B}$
0	0	0	1	1	1	1
0	1	0	1	1	0	1
1	0	0	1	0	1	1
1	1	1	0	0	0	0

48 다음 그림은 어떤 논리 회로인가?

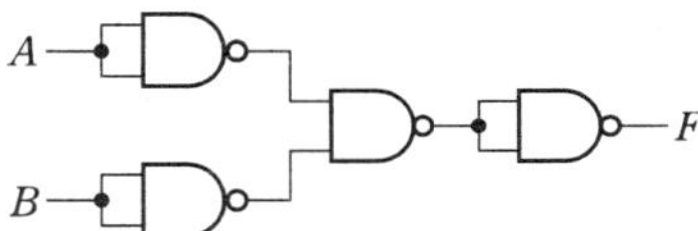

㉮ NAND ㉯ NOR

㉰ exclusive OR (XOR) ㉱ exclusive NOR (XNOR)

• NAND 게이트만을 이용한 NOR 게이트 표현

$F=\overline{\overline{\overline{A}\,\overline{B}}}=\overline{A}\,\overline{B}=\overline{A+B}$

A, B — F

∴ NOR

49 그림은 어떤 플립플롭의 타임 차트이다. (A), (B)에 해당되는 것은?

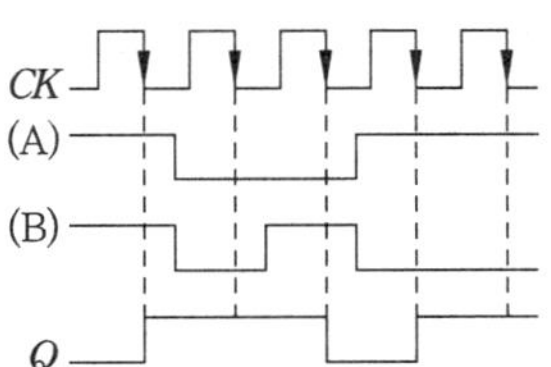

㉮ (A) : S, (B) : R ㉯ (A) : R, (B) : S

㉰ (A) : J, (B) : K ㉱ (A) : K, (B) : J

정답  48. ㉯ 49. ㉰

해설 • 하강 구간에서 동작하는 JK 플립플롭

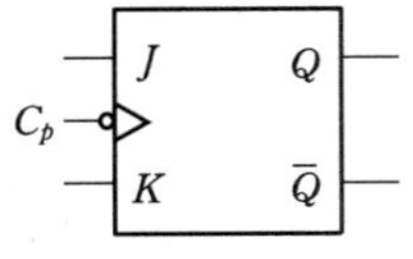

(a) 논리 기호

J	K	Q
0	0	무변화
1	0	1
0	1	0
1	1	토글

(b) 진리표

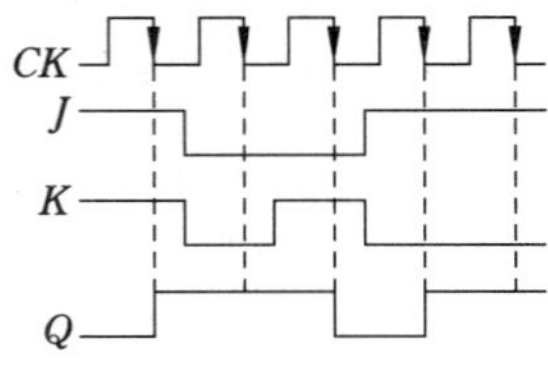

(c) 출력 파형

참고 토글 (toggle) : 클록 펄스가 들어올 때마다 플립플롭의 상태가 반전되는 것

50 진리표와 같은 입력 조합으로 출력이 결정되는 회로는?

입력		출력			
A	B	X_0	X_1	X_2	X_3
0	0	1	0	0	0
0	1	0	1	0	0
1	0	0	0	1	0
1	1	0	0	0	1

㉮ 디코더 ㉯ 인코더 ㉰ 멀티플렉서 ㉱ 카운터

 • 디코더 (decoder)

① 신호를 디지털 부호로 코드화해서 기억하거나 전송할 때 코드화된 신호를 원래 형태로 되돌리는 변환기이다.

③ 디코더는 인코더와 정반대 기능을 수행하며, n비트의 2진 코드 입력에 의해 최대 2^n개 출력이 나오므로 가능한 한 2진 입력의 조합만큼 출력을 가진다.

∴ 문제의 진리표와 입력 조합으로 출력이 결정되는 회로, 2×4 디코더이다.

참고 디코더 (decoder) 본문 그림 5-7 참조

51 마이크로프로세서의 일반적인 명령어이다. 연관이 틀린 것은?

㉮ CMP–비교 ㉯ SUB–감산

㉰ ADD–가산 ㉱ AND–논리합

 • 일반적인 명령어

① CMP : 레지스터 또는 메모리와 누산기를 비교하라는 명령
compare registor, compare memory with accumulator의 약어

② SUB : 감산 (subtraction)

③ ADD : 덧셈 (addition)

④ AND : 논리곱 (conjunction)

정답 50. ㉮ 51. ㉱

52 마이크로프로세서 연산을 단항(unary) 연산과 이항(binary) 연산으로 구분할 때 단항 연산을 표시하는 것은?

㉮ complement ㉯ OR
㉰ AND ㉱ 4칙 연산

 • 사용 자료의 성질에 따른 연산의 종류

산술적 연산 ─ 고정 소수점 연산
　　　　　　　└ 부동 소수점 연산

논리적 연산 ─ 단항 연산 : MOVE, COMPLEMENT, SHIFT, ROTATE, CLEAR, INCREMENT, DECREMENT
　　　　　　　└ 2진 연산 : AND, OR, XOR, COMPARE

53 마이크로프로세서의 주소 지정 방식 중 명령의 오퍼랜드 자체가 실제 데이터로 명령이 인출(fetch)됨과 동시에 기억 장치의 데이터도 자동 인출되는 것은?

㉮ 간접 주소 지정(indirect addressing)
㉯ 직접 주소 지정(direct addressing)
㉰ 즉시 주소 지정(immediate addressing)
㉱ 상대 주소 지정(relative addressing)

 • 즉시 주소 지정(immediate addressing) : 본문 표 6-2 참조

① 주소 지정은 컴퓨터의 기계어 레벨 개념이며, 명령이 지정하는 피연산자를 기억 장치에 주소를 지정하여 얻거나 지정한 주소에 저장하는 것을 말한다.
② 즉시 주소 지정 방식은 명령어의 주소 부분(오퍼랜드 : operand)에 있는 내용이 데이터가 되는 방식으로, 명령이 인출(fetch)됨과 동시에 기억 장치의 데이터도 자동 인출된다.

[참고] 간접 주소 지정(indirect addressing)

① 명령어(instruction)의 어드레스부에 간접 어드레스를 넣어두는 어드레스 지정 방식이다.
② 컴퓨터의 명령 어드레스부가 직접 오퍼랜드를 지정하지 않고 특정 레지스터나 주기억 장치의 임의 어드레스를 지정하며 레지스터 내용이나 지정된 어드레스 내용이 명령 오퍼랜드를 지정하는 어드레스 지정 방법을 말한다.

54 CPU가 입출력 데이터 전송을 메모리에서의 데이터 전송과 같은 명령으로 수행할 수 있는 입출력 제어 방식은?

㉮ memory mapped I/O ㉯ programmed I/O
㉰ isolated I/O ㉱ interrupt I/O

정답 52. ㉮ 53. ㉰ 54. ㉮

 • memory mapped I/O : 메모리 맵 입출력

① 특별한 입출력 명령을 사용하지 않고도 주변 장치를 제어할 수 있다.

② 마이크로프로세서와 입출력 기기를 접속하는 하나의 방법으로 입출력 포트 중의 레지스터에 대해 메모리와 똑같이 주소를 할당하여 메모리에의 데이터 판독/기록에 사용하는 것과 같은 명령으로 입출력을 실행하는 방식이다.

55 **레지스터의 종류가 아닌 것은?**

㉮ instruction register　　㉯ program counter

㉰ binary register　　㉱ index register

 ① instruction register : 명령 레지스터

② program counter : 프로그램 카운터, 컴퓨터에서의 제어 장치의 일부로, 컴퓨터가 다음에 실행할 명령의 로케이션이 기억되어 있는 레지스터이다.

③ index register : 색인 레지스터

참고 레지스터(register)

① 극히 소량의 데이터나 처리 중인 중간 결과를 일시적으로 기억해 두는 고속의 전용 영역을 레지스터라고 한다.

② 한 단어 또는 여러 단어, 때로는 수의 자릿수의 정보를 기억하는 장치이며 특정 목적에 사용되고, 수시로 그 내용을 이용할 수 있도록 되어 있다.

56 **계수 규준형 샘플링 검사의 OC 곡선에서 좋은 로트를 합격시키는 확률을 뜻하는 것은? (단, α는 제1종 과오, β는 제2종 과오이다.)**

㉮ α　　㉯ β

㉰ $1-\alpha$　　㉱ $1-\beta$

 • 검사 특성 곡선(operating characteristic curve)

생산자 위험(제1종 과오) α와 소비자 위험(제2종 과오) β

① α : 합격되어야 할 로트(lot)를 불합격이라고 판정하는 확률

② β : 불합격이 되어야 할 로트를 합격이라고 판정하는 확률

③ α, β의 값은 p_0, p_1의 결정법이나 발취 개수에 따라 달라지므로 이것이 발취 조건의 결정에 이용된다.

④ 로트가 합격되는 확률은 $1-\alpha$이며, 보통 α = 5 %, β = 10 %로 한다.

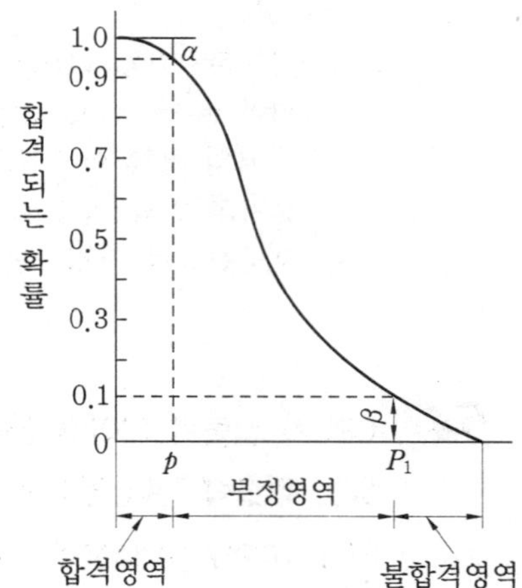

정답 55. ㉰ 56. ㉰

57 u 관리도의 관리 한계선을 구하는 식으로 옳은 것은?

㉮ $\bar{u} \pm \sqrt{\bar{u}}$ ㉯ $\bar{u} \pm 3\sqrt{\bar{u}}$

㉰ $\bar{u} \pm 3\sqrt{n\bar{u}}$ ㉱ $\bar{u} \pm 3\sqrt{\frac{\bar{u}}{n}}$

• u 관리도 (u chart)

① 에나멜 선의 핀홀 (pin hole)이나 길고 가는 판재의 흠 등의 결점을 관리할 때처럼, 구조 대상의 시료 길이나 면적이 일정하지 않은 경우에 사용하는 관리도이다.

② 관리 한계는 다음과 같다.

$CL = \bar{u} = \frac{\Sigma c}{\Sigma n}$

$UCL,\ LCL = \bar{u} \pm 3\sqrt{\frac{\bar{u}}{n}}$

u : 일정 단위당의 결점수 $= \frac{c}{n}$

c : 시료 중의 결점수

n : 시료의 크기

58 다음 중 인위적 조절이 필요한 상황에 사용될 수 있는 워크팩터 (work factor)의 기호가 아닌 것은?

㉮ D ㉯ K ㉰ P ㉱ S

• 워크 팩터 (work factor)의 기호

① D : 일시 정지 ② P : 주의

③ S : 방향 조절 ④ U : 방향 변경

참고 워크 팩터 [work factor]

① 표준 시간 설정을 위한 방식으로 WF법이라고도 한다.

② 스톱 워치를 사용하지 않고 객관적인 작업의 표준 시간을 설정하는 여러 방법을 PTS법(예정 시간 표준법)이라고 하는데 WF법은 그 대표적인 방법이다.

③ 이것은 미리 작업 동작을 기본적으로 분석하여 표준 시간을 정하고, 이로부터 모든 작업 동작의 시간치(時間値)를 도출하여 내는 것이다.
즉, 신체 각 부위의 동작 시간은 다른 조건이 같다면 움직이는 거리의 함수라는 개념을 근거로 하여 팔다리 등의 신체 부위와 거리에 따라 기본 시간이 주어진다.

④ 그리고 여기에 동작 시간의 지연 요인이라고 생각되는 5개의 워크 팩터(중량 또는 저항 · 정지 · 방향 조절 · 주의 · 방향 변경)를 감안하여 각 동작의 시간치를 구한다.

59 예방 보전 (preventive maintenance)의 효과로 보기에 가장 거리가 먼 것은?

㉮ 기계의 수리 비용이 감소한다.

㉯ 생산 시스템의 신뢰도가 향상된다.

㉰ 고장으로 인한 중단 시간이 감소한다.

㉱ 예비 기계를 보유해야 할 필요성이 증가한다.

정답 57. ㉱ 58. ㉯ 59. ㉱

 • 예방 보전(PM : preventive maintenance)의 효과

예비 기계를 보유해야 할 필요성이 감소한다.

참고 예방 보전[PM : preventive maintenance, 豫防保全]

① 기업에서는 생산 설비에 자주 돌발적인 고장, 사고가 발생하지만, 이러한 것은 생산 목표 달성을 저해하는 원인이 된다.

② 예방 보전은 설비의 성능을 유지하려면, 설비의 열화(劣化)를 방지하기 위한 예방 조치가 필요하다.

③ 이 때문에 윤활(潤滑), 조정, 점검, 교체 등의 일상적인 보전 활동과 동시에 설비를 계획적으로 정기 점검, 정기 수리, 정기 교체를 실시하는 활동이 필요하다. 다음 3가지 활동이 있다.

(가) 열화를 방지하는 활동 … 일상 보전

(나) 열화를 측정하는 활동 … 정기 검사(진단)

(다) 열화를 회복하는 활동 … 보수 · 정비 등. 이러한 돌발적인 사고, 고장이 발생하지 않도록 정기적으로 검사해서 가급적 빨리 불량한 부분을 발견해서 기계, 장치를 정비하는 것을 말한다. 적극 안전을 추진하기 위해 중요한 사항의 하나이다.

60 **다음 중 통계량의 기호에 속하지 않는 것은?**

가 σ 나 R

다 s 라 $\overline{x}$

 • 통계량의 기호

R : 범위 S : 표본 표준편차 $\overline{x}$: 표본 평균

참고 통계량[statistics, 統計量]

모집단(popula-tion)의 모수(parameter)에 대응되는, 표본(sample)에서 얻어지는 대표값이나 산포도를 일컫는 용어.

σ : 모표준편차 σ^2 : 모분산 μ : 모평균

정답 60. 가

▶ 2010년 7월 23일 시행(48회)

자격종목 및 등급(선택분야)	종목코드	시험시간	문제지형별	수험번호	성 명
전기기능장	**3380**	**1시간**	**A**		

01 그림과 같은 회로에서 10 Ω에 흐르는 전류는?

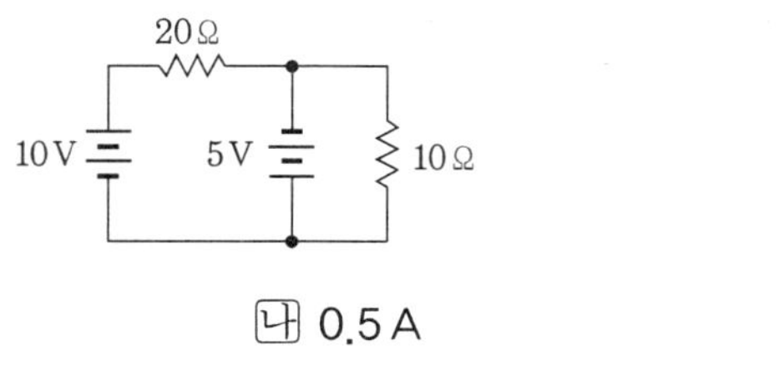

㉮ 0.2 A　　㉯ 0.5 A
㉰ 1 A　　㉱ 1.5 A

해설 • 중첩의 원리

① 전압원 10 V에 의한 $I_{10} = 0$

② 전압원 5 V에 의한 $I_{10}' = \frac{5}{10} = 0.5\ \text{A}$

∴ 10 Ω 흐르는 전류는 0.5 A이다.

02 정격 전압에서 소비 전력이 600 W인 저항에 정격 전압의 90 %의 전압을 가할 때 소비되는 전력은?

㉮ 480 W　　㉯ 486 W
㉰ 540 W　　㉱ 545 W

• 소비 전력 $P = \frac{V^2}{R} = 600\ \text{W}$

$\therefore\ P' = \frac{(0.9\,V)^2}{R} = 0.9^2 \times \frac{V^2}{R} = 0.81 \times 600 = 486\ \text{W}$

03 그림과 같은 회로에서 소비되는 전력은?

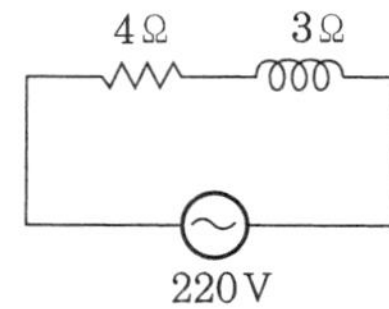

㉮ 5808 W　　㉯ 7744 W
㉰ 9680 W　　㉱ 12100 W

정답 1. ㉯　2. ㉯　3. ㉯

• R–L 직렬 회로의 $\dot{Z}=4+j3$ [Ω]

$$I=\frac{220}{\sqrt{4^2+3^2}}=44 \text{ A}$$

$$\therefore\ P=I^2\cdot R=44^2\times4=7744 \text{ W}$$

04 직류기에 보극을 설치하는 목적이 아닌 것은?

㉮ 정류자의 불꽃 방지 ㉯ 브러시의 이동 방지
㉰ 정류 기전력의 발생 ㉱ 난조의 방지

해설 • 직류기–보극 (interpole)

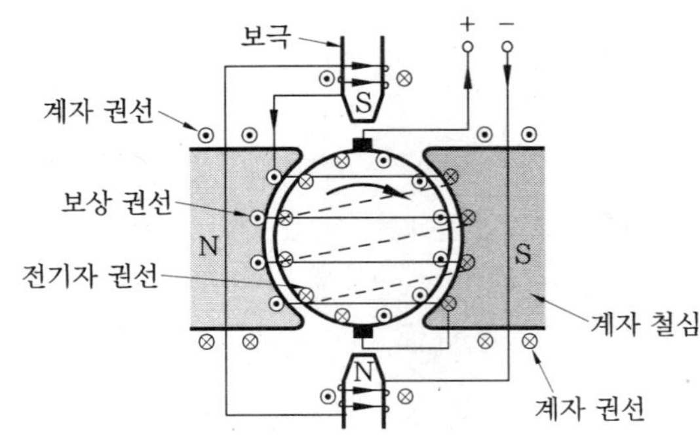

① 자극 중간에 소형의 자극 N, S를 설치함으로써 리액턴스 전압을 지워 주는 기전력(정류 전압)을 정류 코일에 유도시켜 불꽃을 없애는 역할을 한다.

② 보극 권선은 전기자 권선과 직렬로 접속하고, 전기자 자속을 상쇄할 수 있는 극성이 되도록 하여 전기자 반작용을 상쇄시키는 역할을 한다. 따라서 전기적 중성점의 이동에 따른 브러시 이동을 방지한다.

05 직류 전동기의 제동법이 아닌 것은?

㉮ 발전 제동 ㉯ 저항 제동 ㉰ 회생 제동 ㉱ 역전 제동

• 직류 전동기의 제동법

① 발전 제동 : 발전기로 동작시켜 제동
② 회생 제동 : 전원쪽으로 전기를 되돌려주면서 제동
③ 역전 제동 : 플러깅 (plugging)

06 20 kVA, 3300/210 V 변압기의 1차 환산 등가 임피던스가 6.2+j7 [Ω]일 때 백분율 리액턴스 강하는?

㉮ 약 1.29 % ㉯ 약 1.75 % ㉰ 약 8.29 % ㉱ 약 9.35 %

• 백분율 리액턴스 강하 : q

$$I_1=\frac{P_a}{V_1}=\frac{20\times10^3}{3300}\fallingdotseq 6.1 \text{ A}$$

$$\therefore\ q=\frac{x'\cdot I_1}{V_1}\times100=\frac{7\times6.1}{3300}\times100\fallingdotseq 1.29\ \%$$

정답 4. ㉱ 5. ㉯ 6. ㉮

07 변압기의 철손이 P_i [kW], 전부하 동손이 P_c [kW]일 때 정격 출력의 $\frac{1}{2}$인 부하를 걸었다면 전손실은?

㉮ $\frac{1}{4}(P_i+P_c)$ ㉯ $\frac{1}{4}P_i+P_c$

㉰ $P_i+\frac{1}{4}P_c$ ㉱ $4(P_i+P_c)$

해설 • 변압기의 전손실

$$P_l=P_i+\left(\frac{1}{m}\right)^2 P_c=P_i+\left(\frac{1}{2}\right)^2 P_c=P_i+\frac{1}{4}P_c \text{ [kW]}$$

참고 $\frac{1}{m}$ 부하일 때의 전손실

① 철손은 부하에 관계없이 일정하고, 동손은 부하의 제곱에 비례한다.

② $\frac{1}{m}$로 부하가 감소하면, 동손은 $\left(\frac{1}{m}\right)^2$으로 감소한다.

∴ 전손실 : $P_l=P_i+\left(\frac{1}{m}\right)^2 P_c$

08 60 Hz의 전원에 접속된 4극, 3상 유도 전동기의 슬립이 0.05일 때의 회전 속도는?

㉮ 90 rpm ㉯ 1710 rpm

㉰ 1890 rpm ㉱ 36000 rpm

• 유도 전동기의 회전 속도

① $N_s=\frac{120f}{p}=\frac{120\times 60}{4}=1800$ rpm

② $N=(1-s)N_s=(1-0.05)\times 1800=1710$ rpm

09 60 Hz로 설계된 유도기를 동일 전압에서 50 Hz로 사용할 때 낮아지거나 감소되는 것을 나열한 것으로 옳은 것은?

㉮ 역률, 냉각 속도, 누설리액턴스 ㉯ 온도, 최대 토크, 자속

㉰ 역률, 철손, 기동 전류 ㉱ 자속, 냉각 속도, 기동 전류

• 전원 주파수의 변화(60 Hz → 50 Hz)에 따른 유도 전동기의 특성 변화

① 무부하 전류 증가 ② 철손 증가 ③ 온도 상승 증가

④ 속도 감소-냉각 속도 감소 ⑤ 누설 리액턴스 감소 ⑥ 동기 속도 감소

⑦ 역율 낮아짐 ⑧ 주자속 증가

정답 7. ㉰ 8. ㉯ 9. ㉮

10 **분상 기동형 단상 유도 전동기의 회전 방향을 바꾸려면?**

㉮ 주권선 및 기동권선 단자의 접속을 모두 바꾼다.
㉯ 기동권선이나 주권선 중 어느 한 권선의 접속을 바꾼다.
㉰ 전원의 두 선을 바꾸어 접속한다.
㉱ 정지 후 손으로 회전 방향을 바꾼 다음에 기동시킨다.

 • 분상 기동형 단상 유동 전동기
회전 방향을 바꾸려면 그림에서 기동권선이나 주권선 중 어느 한 권선의 접속을 바꾸면 된다.

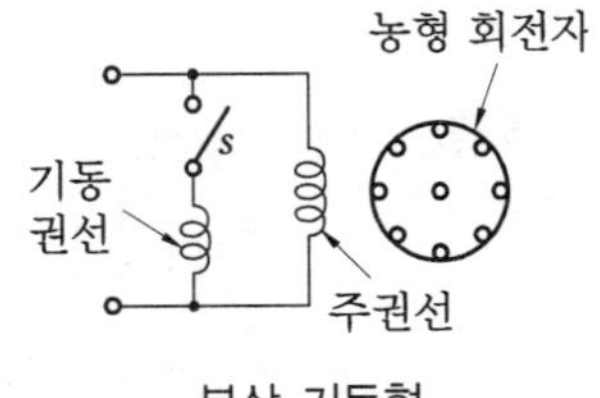

분상 기동형

11 **3상 동기 발전기의 단락비를 산출하는 데 필요한 시험은?**

㉮ 외부 특성 시험과 3상 단락 시험
㉯ 돌발 단락 시험과 부하 시험
㉰ 무부하 포화 시험과 3상 단락 시험
㉱ 대칭분의 리액턴스 측정 시험

 • 동기 발전기의 단락비 동기 임피던스를 산출하는 데 필요한 시험
① 무부화 포화 시험 : 단자 전압 V와 계자 전류 I_f와의 관계 곡선
② 3상 단락 시험 : 단락 시의 전류 I_s와 계자 전류 I_f와의 관계 곡선
③ 두 곡선 상에서, 같은 계자 전류에서의 전압 $\dfrac{V}{\sqrt{3}}$와 전류 I_s와의 비를 구한다.

∴ 동기 임피던스 : $Z_s = \dfrac{V}{\sqrt{3}\,I_s}$ [Ω], 단락비$= \dfrac{1}{\%Z_s}$

12 **동기기의 안정도를 증진시키기 위한 방법으로 잘못된 것은?**

㉮ 속응 여자 방식을 채용한다.
㉯ 단락비를 크게 한다.
㉰ 회전부의 관성을 크게 한다.
㉱ 역상 및 영상 임피던스를 작게 한다.

 • 동기기의 안정도 증진 방법
① 속응 여자 방식을 채용할 것
② 조속기의 동작을 신속히 할 것
③ 동기 리액턴스를 작게 할 것
④ 플라이휠 효과를 크게 할 것
⑤ 회전자의 관성을 크게 할 것
⑥ 단락비를 크게 할 것

정답 10. ㉯ 11. ㉰ 12. ㉱

13 동기 전동기를 무부하로 하였을 때, 계자 전류를 조정하면 동기기는 마치 L, C 소자로 작동하고, 계자 전류를 어떤 일정 값 이하의 범위에서 가감하면 가변 리액턴스가 되고 어떤 일정값 이상에서 가감하면 가변 커패시턴스로 작동한다. 이와 같은 목적으로 사용되는 것은?

㉮ 변압기 ㉯ 동기 조상기
㉰ 균압환 ㉱ 제동권선

• 동기조상기(同期調相機 : synchronous phase modifier)
전력 계통에서 역률을 개선하기 위해 그 계자 전류를 조정하여 진상 또는 지상 전류를 취하면서 보통 무부하로 운전하는 동기 전동기이다.

14 전선 약호 중 NRI(70)의 품명은?

㉮ 450/750 V 일반용 단심 비닐 절연 전선(70℃)
㉯ 450/750 V 일반용 유연성 단심 비닐 절연 전선(70℃)
㉰ 300/500 V 기기 배선용 단심 비닐 절연 전선(70℃)
㉱ 300/500 V 기기 배선용 유연성 단심 비닐 절연 전선(70℃)

• 배선용 비닐 절연 전선

KS C IEC 60227-3

종 류	기 호	절연체	약 호
450/750 V 일반용 단심 비닐 절연 전선	60227 KS IEC 01	PVC/C	NR
450/750 V 일반용 유연성 단심 비닐 절연 전선	60227 KS IEC 02	PVC/C	NF
300/500 V 기기 배선용 단심 비닐 절연 전선(70 ℃)	60227 KS IEC 05	PVC/C	NRI (70)
300/500 V 기기 배선용 유연성 단심 비닐 절연 전선 (70 ℃)	60227 KS IEC 06	PVC/C	NFI (70)
300/500 V 기기 배선용 단심 비닐 절연 전선(90 ℃)	60227 KS IEC 07	PVC/E	NRI (90)
300/500 V 기기 배선용 유연성 단심 비닐 절연 전선 (90 ℃)	60227 KS IEC 08	PVC/E	NFI (90)

15 후강 전선관이란 관의 두께가 두꺼운 전선관을 말한다. 후강 전선관의 규격 중 관의 호칭으로 잘못된 것은?

㉮ 28 ㉯ 34 ㉰ 42 ㉱ 54

• 금속 전선관의 규격 및 호칭
① 후강 : 안지름에 가까운 짝수 – 16, 22, 28, 36, 42, 54, 70, 82, 92, 104 [mm]
② 박강 : 바깥지름에 가까운 홀수 – 19, 25, 31, 39, 51, 63, 75 [mm]

정답 13. ㉯ 14. ㉰ 15. ㉯

16 금속관 배선에서 금속관의 굵기를 선정하는 경우 굵기가 다른 절연 전선을 동일 관내에 넣는 경우 피복 절연물을 포함한 단면적의 총합계가 관내 단면적의 얼마 이하가 되도록 하여야 하는가?

㉮ 20 % ㉯ 32 %
㉰ 48 % ㉱ 50 %

• 금속관의 굵기 선정(내선 규정 2225-5 참조)
① 동일한 굵기로 굴곡이 적은 경우 : 48 % 이하
② 굵기가 다른 경우 : 32 % 이하

17 2종 가요 전선관을 구부리는 경우 노출 장소 또는 점검 가능한 은폐 장소에서 관을 시설하고 제거하는 것이 부자유하거나 또는 점검이 불가능할 경우는 곡률 반지름을 2종 가요 전선관 안지름의 몇 배 이상으로 하여야 하는가?

㉮ 3배 ㉯ 6배
㉰ 8배 ㉱ 12배

• 가요 전선관의 배관(내선규정 2235-5 참조)
① 자유로운 경우 : 곡률 반지름을 전선관 안지름의 3배 이상으로 할 것
② 부자유로운 경우 : 곡률 반지름을 전선관 안지름의 6배 이상으로 할 것

18 소맥분 · 전분 · 유황 등 가연성 분진에 전기 설비가 발화원이 되어 폭발할 우려가 있는 곳에 시설하는 저압 옥내 배선의 공사 방법으로 옳지 않은 것은?

㉮ 가요 전선관 공사 ㉯ 금속관 공사
㉰ 합성수지관 공사 ㉱ 케이블 공사

• 분빈 위험 장소의 배선(내선규정 4215-2 참조)
가연성 분진이 존재하는 곳의 저압 옥내 배선 방법
① 금속관 배선
② 합성수지관 배선
③ 케이블 배선

19 과전류 차단기로 저압 전로에 사용하는 100 A 초과 200 A 이하의 퓨즈는 수평으로 붙여서 2배의 전류를 통하는 경우에 몇 분 안에 용단되어야 하는가?

㉮ 2분 ㉯ 8분
㉰ 60분 ㉱ 120분

정답 16. ㉯ 17. ㉯ 18. ㉮ 19. ㉯

해설 • 전압 전로 중의 과전류 차단기의 시설 (판단기준 제38조 참조)

정격 전류의 구분	시 간	
	정격 전류의 1.6배의 전류를 통한 경우	정격 전류의 2배의 전류를 통한 경우
30 A 이하	60분	2분
30 A 초과 60 A 이하	60분	4분
60 A 초과 100 A 이하	120분	6분
100 A 초과 200 A 이하	120분	8분
200 A 초과 400 A 이하	180분	10분
400 A 초과 600 A 이하	240분	12분
600 A 초과	240분	20분

20 전기 설비가 고장이 나지 않은 상태에서 대지 또는 회로의 노출 도전성 부분에 흐르는 전류는?

㉮ 접촉 전류　　㉯ 누설 전류
㉰ 스트레스 전류　　㉱ 계통외 도전성 전류

• 누설 전류 (leakage current)

① 절연물의 내부 또는 표면을 통하여 흐르는 미소 전류이다.
② 회로의 노출 도전성 부분에 흐르는 미소 전류이다.
③ 내부를 흐르는 것과 표면을 흐르는 것이 있으나, 보통 표면을 흐르는 것이 더 크며, 이것을 표면 누설 전류라 한다.
④ 내부 상태나 표면의 상태·형상에 따라 크게 차이가 난다.

21 % 오차가 2 %인 전압계로 측정한 전압이 153 V라면 그 참값은?

㉮ 122.4 V　　㉯ 133.7 V　　㉰ 150 V　　㉱ 156 V

• 백분율 오차

$\% \epsilon = \dfrac{M-T}{T} \times 100$ [%]에서, $T = \dfrac{M}{\dfrac{\% \epsilon}{100}+1} = \dfrac{153}{\dfrac{2}{100}+1} = 150$ V

여기서, M : 측정값, T : 참값

22 서지 보호 장치(SPD) 중 서지가 인가되지 않은 경우는 높은 임피던스 상태에 있으며, 전압 서지에 응답한 경우는 임피던스가 연속적으로 낮아지는 기능을 갖는 것은?

㉮ 전압 스위칭형 SPD　　㉯ 전압 제한형 SPD
㉰ 임피던스 스위칭형 SPD　　㉱ 임피던스 제한형 SPD

정답 20. ㉯ 21. ㉰ 22. ㉯

해설 • SPD는 기능에 따라 다음 3종류가 있다.

① 전압 스위치형 SPD

서지가 인가되지 않는 경우는 높은 임피던스 상태에 있으며 전압 서지에 응답하여 급격하게 낮은 임피던스 값으로 변화하는 기능을 갖는 SPD를 말한다.

② 전압 제한형 SPD

서지가 인가되지 않은 경우는 높은 임피던스 상태에 있으며 전압 서지에 응답한 경우는 임피던스가 연속적으로 낮아지는 기능을 갖는 SPD를 말한다.

③ 복합형 SPD

전압 스위칭형 소자 및 전압 제한형 소자의 모든 기능을 갖는 SPD를 말한다.

참고 서지 보호 장치 (SPD : surge protective device)(내선규정 5220-2 참조)

23

22900/220 V의 15 kVA 변압기로 공급되는 저압 가공 전선로의 절연 부분의 전선에서 대지로 누설하는 전류의 최고 한도는?

㉮ 약 34 mA　㉯ 약 45 mA　㉰ 약 68 mA　㉱ 약 75 mA

① 최대 공급 전류 $I_m = \dfrac{P_a}{V_2} = \dfrac{15 \times 10^3}{220} \fallingdotseq 68.2$ A

② 누설 전류 $I_g \leq \dfrac{I_m}{2000} \times 10^3 \leq \dfrac{68.2}{2000} \times 10^3 \leq 34.1$ mA

참고 누설 전류의 제한

절연 부분의 전선과 대지 사이의 절연 저항은 사용 전압에 대한 누설 전류가 최대 공급 전류의 $\dfrac{1}{2000}$ (1가닥)을 초과하지 않도록 해야 한다.

누설 전류 $I_g \leq \dfrac{\text{최대 공급 전류}}{2000}$

24

전로의 절연 저항 및 절연 내력 측정에 있어 사용 전압이 저압인 전로에서 정전이 어려운 경우 등 절연 저항 측정이 곤란한 경우에는 누설 전류를 mA 이하로 유지해야 하는가?

㉮ 1 mA　㉯ 2 mA　㉰ 3 mA　㉱ 4 mA

 • 전로의 절연 저항 및 절연 내력 (판단기준 제13조 참조)

사용 전압이 저압인 전로에서 정전이 어려운 경우 등 절연 저항 측정이 곤란한 경우에는 누설 전류 1 mA 이하로 유지하여야 한다.

25

전원 공급점에서 각각 30 m의 지점에 60 A, 40 m의 지점에 50 A, 50 m의 지점에 30 A의 부하가 걸려 있는 경우 부하 중심까지의 거리는?

㉮ 20.4 m　㉯ 37.9 m　㉰ 44.2 m　㉱ 122.3 m

정답 23. ㉮　24. ㉮　25. ㉯

 • 부하 중심점까지의 거리

$$L = \frac{(\text{부하 전류} \times \text{거리})\text{의 합}}{\text{부하에 흐르는 전류의 합}} = \frac{I_1L_1 + I_2L_2 + I_3L_3}{I_1 + I_2 + I_3}$$

$$= \frac{30 \times 60 + 40 \times 50 + 50 \times 30}{60 + 50 + 30}$$

$$= \frac{5300}{140} \fallingdotseq 37.9 \text{ m}$$

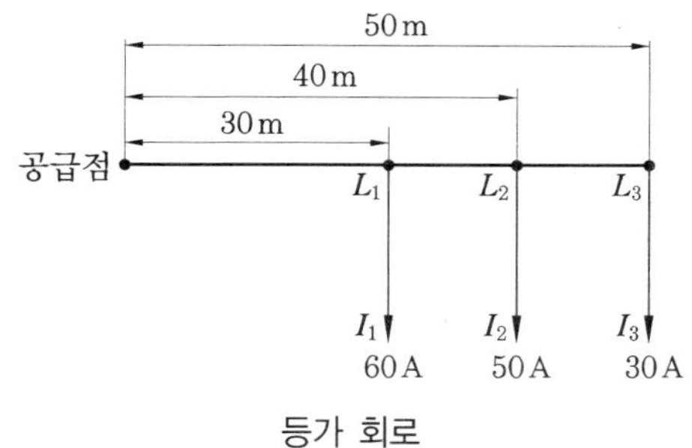

등가 회로

26 저압 인입선의 시설에서 인입용 비닐 절연 전선을 사용하는 경우 지름은 몇 mm 이상이어야 하는가? (단, 경간은 15 m를 넘는 경우임)

㉮ 1.6 mm ㉯ 2.6 mm ㉰ 3.2 mm ㉱ 3.6 mm

 • 저압 인입선의 시설

전선의 종류 및 굵기 (내선규정 2115-1 참조)

전선의 종류	전선의 굵기	
	전선의 길이 15 m 이하	전선의 길이 15 m 초과
OW 전선, DV 전선	2.0 mm 이상	2.6 mm 이상
450/750 V 일반용 단심 비닐 절연 전선	4 mm^2 이상	6 mm^2 이상

27 특고압 가공전선로의 지지물로 사용하는 철탑의 종류에 대한 설명으로 잘못된 것은?

㉮ 직선형은 전선로의 직선 부분에 그 보강을 위하여 사용하는 것
㉯ 각도형은 전선로 중 3도를 초과하는 수평 각도를 이루는 곳에 사용하는 것
㉰ 인류형은 전가섭선을 인류하는 곳에 사용하는 것
㉱ 내장형은 전선로의 지지물 양쪽에 경간의 차가 큰 곳에 사용하는 것

 • 특고압 가공 가공전선로의 철탑의 종류 (판단기준 제114조 참조)
직선형은 전선로의 직선 부분 (3도 이하인 수평 각도를 이루는 곳을 포함한다.)에 사용하는 것

참고 보강형은 전선로의 직선 부분에 그 보강을 위하여 사용하는 것

28 송전단 전압 66 kV, 수전단 전압 61 kV인 송전 선로에서 수전단의 부하를 끊은 경우의 수전단 전압이 63 kV이면 전압 변동률은?

㉮ 약 2.8 % ㉯ 약 3.3 %
㉰ 약 4.8 % ㉱ 약 8.2 %

정답 26. ㉯ 27. ㉮ 28. ㉯

해설 • 전압 변동률

$$\%\epsilon = \frac{V_{r0} - V_r}{V_r} \times 100 = \frac{63-61}{61} \times 100 \fallingdotseq 3.3\ \%$$

여기서, V_{r0} : 무부하시 수전 단전압, V_r : 전부하시 수전 단전압

29 **지중 전선로 및 지중함의 시설 방식으로 잘못된 것은?**

㉮ 지중 전선로는 전선에 케이블을 사용할 것
㉯ 지중 전선로는 관로식, 암거식 또는 직접 매설식에 의하여 시설할 것
㉰ 지중함 뚜껑은 시설자 이외의 자가 쉽게 열 수 없도록 시설할 것
㉱ 연소성 가스가 침입할 우려가 있는 곳에 시설하는 최소 0.5 m^3 이상의 지중함에는 통풍 장치를 할 것

해설 • 지중함의 시설 시(판단기준 제137조 참조)
폭발성 또는 연소성의 가스가 출입할 우려가 있는 것에 시설하는 지중함으로써 그 크기가 1 m^3 이상인 것에는 통풍 장치 기타 가스 방산시키기 위한 적당한 장치를 시설할 것

30 **지중에 매설되어 있고 대지와의 전기 저항 값이 최대 몇 Ω 이하의 값을 유지하고 있는 금속제 수도관로는 이를 각종 접지 공사의 접지극으로 사용할 수 있는가?**

㉮ 0.3 Ω ㉯ 3 Ω ㉰ 30 Ω ㉱ 300 Ω

해설 • 수도관 등의 접지극(판단기준 제21조 참조)
지중에 매설되어 있는 대지와의 전기 저항값이 3 Ω 이하인 금속제 수도관로는 각종 접지 공사의 접지극으로 사용할 수 있다.

31 **특별 제3종 접지 공사의 접지선으로 연동선을 사용할 때 접지선의 굵기(공칭 단면적)는 몇 mm^2 이상이어야 하는가?**

㉮ 0.75 mm^2 ㉯ 2.5 mm^2 ㉰ 6 mm^2 ㉱ 16 mm^2

해설 • 접지 공사의 종류에 따른 접지선의 굵기(판단기준 제19조 참조)

접지 공사의 종류	접지 저항값
제1종 접지 공사	공칭 단면적 6 mm^2 이상의 연동선
제2종 접지 공사	공칭 단면적 16 mm^2 이상의 연동선
제3종 접지 공사 및 특별 제3종 접지 공사	공칭 단면적 2.5 mm^2 이상의 연동선

32 **전류계 및 전압계를 확도에 따라 분류할 때 일반 배전반용으로 사용되는 지시계기의 계급은?**

㉮ 0.5급 ㉯ 1.0급 ㉰ 1.5급 ㉱ 2.5급

정답 29. ㉱ 30. ㉯ 31. ㉯ 32. ㉰

• 전류계, 전압계, 전력계 및 무효 전력계의 계급별 용도

급별	용도	사용 범위
0.2급	대형 부표준기	고도의 정밀 측정 또는 부표준기를 사용한다.
0.5급	휴대형 계기(정밀급)	정밀 측정에 사용한다.
1.0급	소형 휴대용 계기(정밀 측정)	보통 측정에 사용한다.
1.5급	배전반용 계기(공업용 보통 측정)	공업용 보통 측정에 사용한다.
2.5급	배전반용 소형 계기	정확도에 치중하지 않는 경우에 사용한다.

33 피뢰기를 시설하지 않아도 되는 것은?

㉮ 발전소 · 변전소의 가공 전선 인입구 및 인출구

㉯ 지중 전선로의 말단 부분

㉰ 가공 전선로에 접속한 1차측 전압이 35 [kV] 이하, 2차 전압이 저압 또는 고압인 배전용 변압기의 고압측 및 특고압측

㉱ 가공 전선로와 지중 전선로가 접속되는 곳

• 피뢰기 시설 장소 (판단기준 제42조 참조)

① 발전소 · 변전소 또는 이에 준하는 장소의 가공 전선 인입구 및 인출구
② 가공 전선로에 접속하는 배전용 변압기의 고압측 및 특별 고압측
③ 고압 및 특별 고압 가공 전선으로부터 공급을 받는 수용 장소의 인입구
④ 가공 전선로와 지중 전선로가 접속되는 곳

34 피뢰기의 제한 전압이 750 kV이고, 변압기의 절연 강도가 1050 kV라고 하면 보호 여유도는?

㉮ 20 % ㉯ 30 %

㉰ 40 % ㉱ 60 %

$$\text{보호 여유도} = \frac{\text{절연 강도} - \text{제한 전압}}{\text{제한 전압}} \times 100$$

$$= \frac{1050 - 750}{750} \times 100 = 40\ \%$$

35 진상용 고압 콘덴서에 방전 코일이 필요한 이유는?

㉮ 전압 강하의 감소 ㉯ 낙뢰로부터 기기 보호

㉰ 역률 개선 ㉱ 잔류 전하의 방전

정답 33. ㉯ 34. ㉰ 35. ㉱

 • 고압 진상용 콘덴서의 부속 설비–방전 장치 회로

① 방전 장치 회로에는 방전 코일 또는 방전 저항이 사용된다.

② 콘덴서에 축적된 잔류 전하를 방전하여 감전 사고를 방지한다.

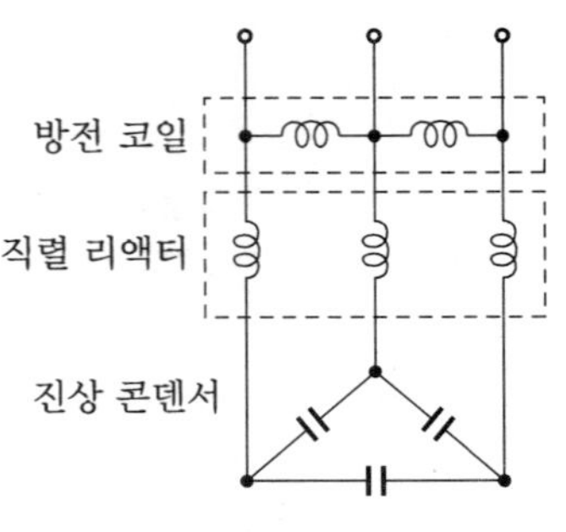

고압 진상용 콘덴서의 구성

36

역률 개선용 콘덴서에서 고조파 영향을 억제하기 위하여 사용하는 것은?

㉮ 직렬 저항 ㉯ 병렬 저항 ㉰ 직렬 리액터 ㉱ 병렬 리액터

 • 직렬 리액터(SR : series reactor)의 역할

① 제5고조파, 그 이상의 고조파를 제거하여 전압, 전류 파형을 개선한다.

② 재투입 시 돌입 전류를 억제하여 콘덴서를 보호하는 역할을 한다.

참고 문제 35. 해설의 그림 참조

37

건축물의 종류가 주택, 기숙사, 여관, 호텔, 병원, 창고인 경우의 옥내 배선 설계에 있어서 간선의 굵기를 선정할 때 전등 및 소형 전기 기계 기구의 용량 합계가 10 kVA를 초과하는 것은 그 초과량에 대하여 수용률을 몇 %로 적용할 수 있는가?

㉮ 30 % ㉯ 50 % ㉰ 70 % ㉱ 80 %

 • 간선의 전선 굵기(내선규정 3315-8 참조)

전등 및 소형 전기 기계 기구의 용량 합계가 10 [kVA]를 초과하는 것은 그 초과 용량에 대하여 다음 표의 수용률을 적용할 수 있다.

건축물의 종류	수용률 (%)
주택, 기숙사, 여관, 호텔, 병원, 창고	50
학교, 사무실, 은행	70

38

변류기 개방시 2차측을 단락하는 이유로 가장 옳은 것은?

㉮ 2차측 절연 보호 ㉯ 2차측 과전류 보호

㉰ 측정 오차 방지 ㉱ 1차측 과전류 방지

 • 변류기 개방 시 2차측을 단락시키는 이유

① 2차를 개방하면 2차 전류는 흐르지 않으나 1차측에 부하 전류가 전부 여자 전류로 사용되어 2차측에 고전압이 유기되어 2차측 절연이 파괴될 우려가 있기 때문이다.

② 2차측은 선로의 접지측에 접속하고 1단을 접지하여야 한다.

정답 36. ㉰ 37. ㉯ 38. ㉮

39 가로 9 m, 세로 6 m, 방바닥에서 천장까지의 높이가 3.85 m인 방에서 조명 기구를 천장에 직접 부착하고자 한다. 이 방의 실지수는? (단, 작업면은 방바닥에서 0.85 m이다.)

㉮ 1.2 ㉯ 2.49 ㉰ 9.8 ㉱ 16.5

 • 실지수 (room index) : K

$K=\frac{X\cdot Y}{H(X+Y)}=\frac{9\times6}{3(9+6)}=1.2$ 여기서, $H=3.85-0.85=3$ [m]

40 조명 방식 중 원하는 곳에서 원하는 방향으로 조도를 줄 수 있으며, 불필요한 장소는 소등할 수 있어 필요한 만큼의 조도를 가장 경제적으로 얻을 수 있는 특징을 갖는 조명 방식은?

㉮ 국부 조명 방식 ㉯ 전반 조명 방식
㉰ 간접 조명 방식 ㉱ 직접 전반 조명 방식

 • 조명 기구 배치에 의한 조명 방식

① 전반 조명 (general lighting) : 작업면 전반에 균등한 조도
② 국부 조명 (local lighting) : 작업면의 필요한 장소만 높은 조도
③ 전반 · 국부 병용 조명
④ TAL 조명 (task ambient lighting) : 작업 구역에서는 전용의 국부 조명 방식으로 조명하고 기타 주변 환경에 대하여는 간접 조명과 같은 낮은 조도 레벨로 조명하는 방식

41 권상 하중 25 t인 기중기의 권상용 전동기의 출력이 25 kW인 경우 권상 속도는? (단, 권상 장치의 효율은 0.7이다.)

㉮ 약 0.7 m/min ㉯ 약 1 m/min
㉰ 약 4.28 m/min ㉱ 약 6.12 m/min

 • 권상용 전동기의 용량

$P=\frac{W\cdot v}{6.12\eta}$ [kW]에서, $v=6.12\times\frac{P\cdot\eta}{W}=6.12\times\frac{25\times0.7}{25}\fallingdotseq4.28$ m/min

42 SCR의 전압 공급 방법(turn on)으로 가장 옳은 것은?

㉮ 애노드에 (−)전압, 캐소드에 (+)전압, 게이트에 (−)전압을 공급한다.
㉯ 애노드에 (−)전압, 캐소드에 (+)전압, 게이트에 (+)전압을 공급한다.
㉰ 애노드에 (+)전압, 캐소드에 (−)전압, 게이트에 (−)전압을 공급한다.
㉱ 애노드에 (+)전압, 캐소드에 (−)전압, 게이트에 (+)전압을 공급한다.

정답 39. ㉮ 40. ㉮ 41. ㉰ 42. ㉱

해설 SCR의 턴 온(turn on)을 위한 전압 공급

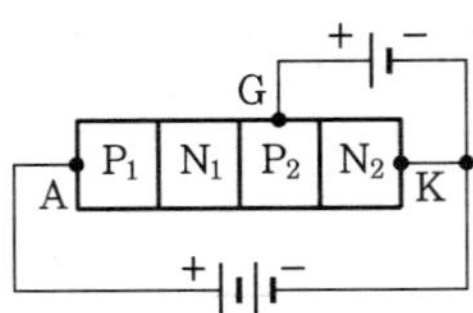

43 **그림 기호에 같은 반도체 소자의 명칭은?**

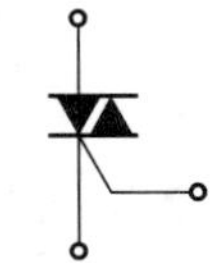

㉮ SCR ㉯ UJT

㉰ TRIAC ㉱ FET

 • 반도체 소자의 명칭

① SCR ② UJT ③ TRIAC ④ FET

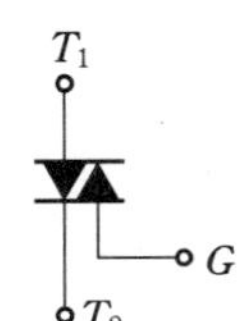

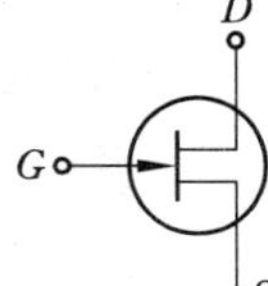

44 **입력 전원 전압이 $v_s = V_m \sin\theta$인 경우, 아래 그림의 전파 다이오드 정류기의 출력 전압$(v_0(t))$에 대한 평균치와 실효치를 각각 옳게 나타낸 것은?**

㉮ 평균치 : $\dfrac{V_m}{\pi}$, 실효치 : $\dfrac{V_m}{2}$

㉯ 평균치 : $\dfrac{V_m}{2}$, 실효치 : $\dfrac{V_m}{\pi}$

㉰ 평균치 : $\dfrac{V_m}{2\pi}$, 실효치 : $\dfrac{V_m}{\sqrt{2}}$

㉱ 평균치 : $\dfrac{2V_m}{\pi}$, 실효치 : $\dfrac{V_m}{\sqrt{2}}$

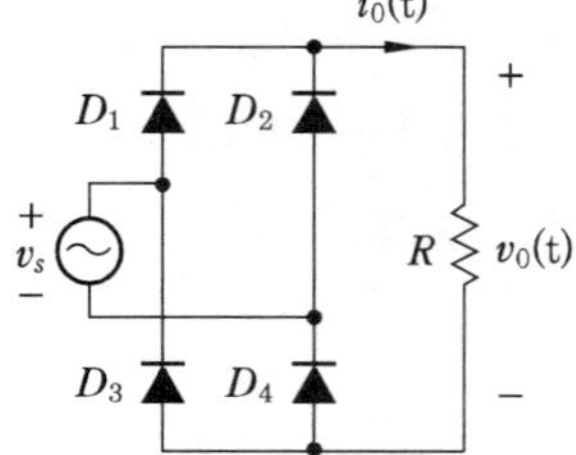

 • 전파 정류 회로(브리지)

전원 전압 $v_s = V_m \sin\theta$, 순저항 부하일 때

① 출력 전압의 평균값

$$V_{d0} = \frac{1}{\pi}\int_0^{\pi} V_i\, d\theta = \frac{1}{\pi}\int_0^{\pi} V_m \sin\theta d\theta = \frac{2V_m}{\pi} \text{ [V]}$$

② 실효값 $V = \dfrac{V_m}{\sqrt{2}}$

정답 43. ㉰ 44. ㉱

45 101101에 대한 2의 보수(補數)는?

㉮ 101110　　㉯ 010010
㉰ 010001　　㉱ 010011

• 2진수의 2의 보수
2의 보수 구하는 방법 : 1의 보수를 구한 다음 가장 낮은 자리에 '1'을 더 한다.
∴ 101101 → 1의 보수 = 010010 → 2의 보수 = 010011

46 그림과 같은 접점 회로를 논리 게이트로 표현하면?

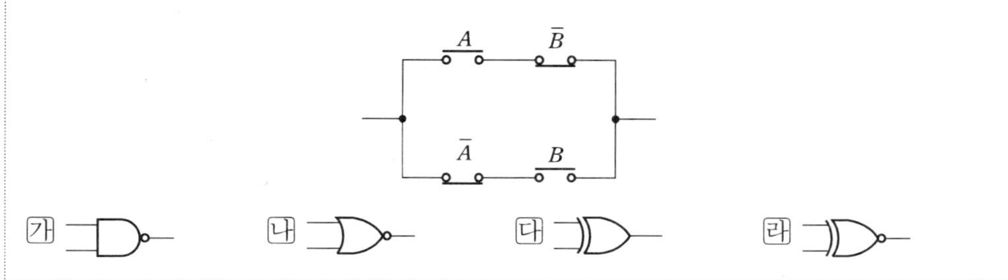

• XOR : 배타적 OR(exclusive OR)
입력 중 '1' 인 신호를 가진 입력의 개수가 홀수 개인 경우에만 '1'이 출력되는 논리소자이다.

(a) 기호

$X = A \oplus B$ 혹은
$X = A\bar{B} + \bar{A}B$

(b) 논리식

A	B	X
0	0	0
0	1	1
1	0	1
1	1	0

(c) 진리표

참고 본문 표 5-7 게이트의 종류 참조

47 그림과 같은 논리회로의 간략화된 논리함수는?

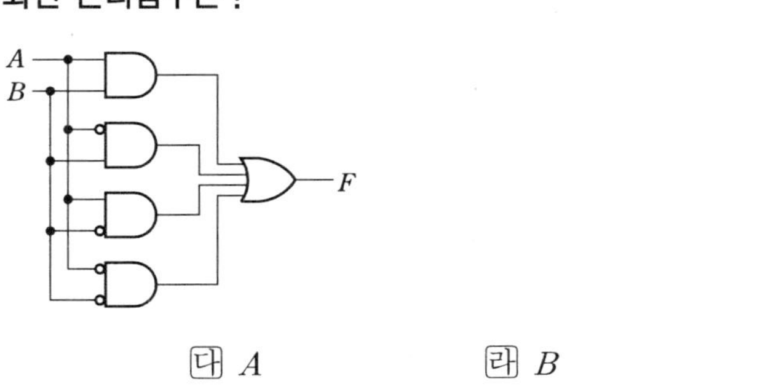

㉮ 0　　㉯ 1　　㉰ A　　㉱ B

정답 45. ㉱　46. ㉰　47. ㉯

해설 • 논리 회로의 간략화

$F = AB + \overline{A}B + A\overline{B} + \overline{A}\overline{B} = B(A + \overline{A}) + \overline{B}(A + \overline{A}) = B + \overline{B} = 1$

48 **인버터(inverter)의 전력 변환 관계에 대한 설명으로 옳은 것은?**

㉮ 직류를 교류로 변환시키기 위한 전력 변환기이다.

㉯ 교류를 직류로 변환시키기 위한 전력 변환기이다.

㉰ 하나의 다른 크기를 갖는 직류를 또 다른 크기의 직류값으로 변환하기 위한 전력 변환기이다.

㉱ 다른 크기(amplitude)나 주파수(frequency)를 갖는 교류를 또 하나의 다른 크기나 주파수를 갖는 교류값으로 변환하기 위한 전력 변환기이다.

해설 ① 인버터(inverter) : 전력용 반도체 소자를 이용하여 직류를 교류로 변환하는 장치

② 컨버터(converter) : 교류 전력은 직류 전력으로 변환하는 장치

49 **반가산기의 동작을 옳게 나타낸 것은?**

㉮ 두 자리의 2진수 가산을 하는 동작을 한다.

㉯ 한 자리의 2진수 가산을 하는 동작을 한다.

㉰ 세 자리의 2진수 가산을 하는 동작을 한다.

㉱ 한 자리의 진수를 carry와 함께 가산하는 동작을 한다.

해설 • 반가산기(half adder) 회로 : 본문 그림 5-3 참조

반가산기 회로는 한비트의 2진수를 더하여 합(S)과 자리올림(C) 값을 계산하는 회로이다.

$S = \overline{A}B + A\overline{B}$

$C = AB$

50 **비수치적 연산 중에서 필요 없는 일부의 bit 혹은 문자를 지워버리고 나머지 bit나 문자들만을 가지고 처리하기 위하여 사용되는 연산자는?**

㉮ NOT　　㉯ AND

㉰ XOR　　㉱ OR

해설 • AND 연산

① 두 개의 입력에 대한 논리적 AND 연산

② 불필요한 비트(bit)나 문자를 제거할 때 사용(삭제된 비트를 마스크(mask)라 한다.)

참고 AND 회로 : 여러 개의 입력 정보가 있을 경우 모든 입력이 '1'일 때에만 출력에 1을 출력하고 그 이외는 '0'을 출력하는 회로이다.

정답 48. ㉮　49. ㉯　50. ㉯

51 컴퓨터 제어 장치의 기본 사이클에 속하지 않는 것은?

가 인출 사이클 (fetch cycle)
나 다이렉트 사이클 (direct cycle)
다 실행 사이클 (execute cycle)
라 인터럽트 사이클 (interrupt cycle)

해설 • 기본 사이클

① 인출 사이클 (fetch cycle) : 명령어 (instruction)의 실행 중 또는 실행 종료 후에 다음에 실행해야 할 명령어를 기억 장치로부터 꺼내기 (인출) 시작할 때부터 끝날 때까지의 동작 단계이다.

② 실행 사이클 (execution cycle) : 명령어를 꺼내서 해석한 다음 각 레지스터, 연산 장치, 기억 장치에 동작 지령 펄스를 보내서 데이터를 처리하는 단계까지를 말한다.

③ 인터럽트 사이클 (interrupt cycle) : 내외적인 여러 요인에 의해 컴퓨터 시스템에 인터럽트가 발생하면, 실행 중인 프로그램을 특정 장소에 보관하고 인터럽트를 처리하기 위한 서비스 프로그램을 수행하게 되는데, 이러한 일련의 과정을 인터럽트 사이클이라고 하며 실행 사이클의 마지막에서 시작된다.

52 인터럽트에 관한 설명으로 틀린 것은?

가 하드웨어와 소프트웨어 제어 기능이다.
나 인터럽트 기능을 이용하면 프로그램 오류를 자동으로 정정할 수 있다.
다 컴퓨터 시스템에서 비정상적인 상태가 발생했을 때 일어날 수 있다.
라 CPU 안의 PSW가 교체됨으로써 프로그램의 진행 순서가 바뀐다.

 • 인터럽트 (interrupt)

인터럽트 동작은 ① 인터럽트 요구 → ② 인터럽트 응답 → ③ 인터럽트 처리 순이며, 동작 완료한 후에는 다시 복귀하여 프로그램의 동작을 수행하게 된다.

∴ 기능을 이용하여 프로그램 오류를 자동적으로 정정할 수는 없다.

53 PC (program counter)의 기능에 대한 설명으로 올바른 것은?

가 PC의 내용은 fetch cycle 동안에 1이 증가된다.
나 PC의 내용은 execute cycle 동안에 1이 증가된다.
다 PC의 내용은 fetching, executing과 관계없다.
라 PC의 내용은 변화하지 않는다.

 • fetch cycle : 명령 인출 단계

명령어의 실행 중 또는 실행 종료 후에 다음에 실행해야 할 명령어를 기억 장치로부터 인출할 때부터 끝날 때까지의 동작 단계이다. → fetch cycle 동안에 1 증가된다.

정답 51. 나 52. 나 53. 가

54 다음은 7세그먼트에 의한 표시 회로를 나타내고 있다. (A), (B)의 표시는?

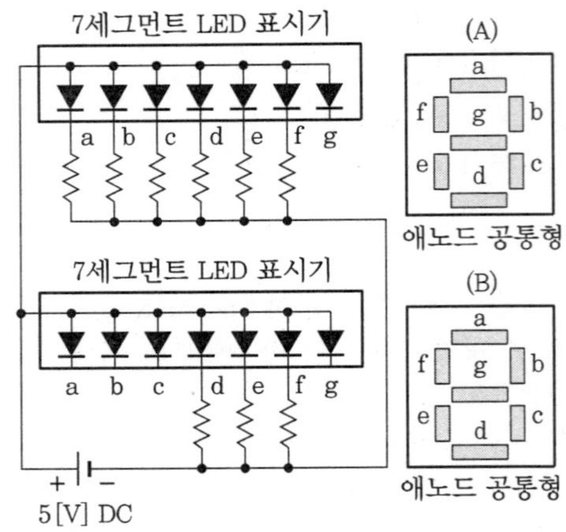

㉮ (A) 6 (B) 3 ㉯ (A) L (B) 0
㉰ (A) 0 (B) 7 ㉱ (A) 0 (B) L

 • 7 세그먼트

① (A) 동작되는 LED : a, b, c, d, e, f ② (B) 동작되는 LED : d, e, f

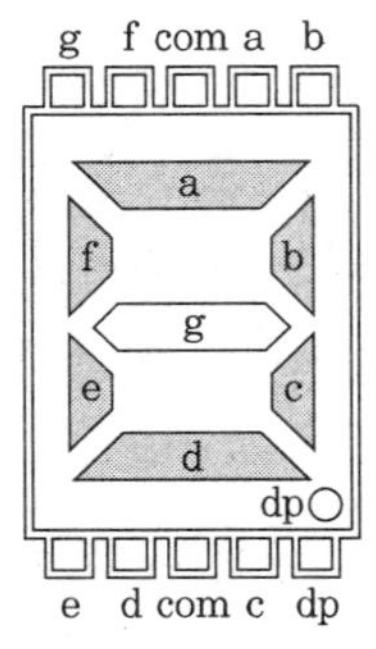

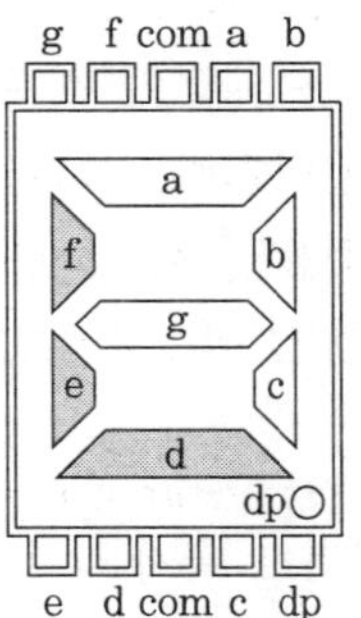

참고 7 세그먼트 표시 장치(seven-segment display)

① 7개의 조명 조각을 그림과 같이 배치하고, 그 몇 개를 골라서 빛을 냄으로써 0부터 9까지의 10진 디짓(digit)을 표시할 수 있도록 한 표시 장치
② 4비트의 BCD 입력에 의해서 이 표시 장치를 동작시키는 복호(復號) 드라이버(decoder driver)가 만들어져 시판되고 있다.

55 관리도에서 점이 관리한계 내에 있으나 중심선 한쪽에 연속해서 나타나는 점의 배열 현상을 무엇이라 하는가?

㉮ 런(run) ㉯ 경향
㉰ 산포 ㉱ 주기

정답 54. ㉱ 55. ㉮

 • 관리도-점의 배열 현상

① 산포 (dispersion)

㈎ 측정값의 크기가 고르지 않은 것을 말한다.

㈏ 측정값의 고르지 않은 정도나 산포도(散布度)의 크기를 나타내는 데는 표준 편차가 사용된다.

② 주기 (period) – 사이클 (cycle)

㈎ 주기는 일정한 시간 간격을 두고 현상이 반복되는 것을 주기적이라고 한다.

㈏ 사이클은 계속해서 반복되는 일련의 과정을 말한다.

③ 경향 (tendency) : 측정값이 순차적으로 상승하거나 하강하는 현상

④ 런 (run) : 측정값이 관리한계 내에서 중심선 한쪽에 연속해서 나타나는 배열 현상

56 다음 중 브레인스토밍(brainstorming)과 가장 관계가 깊은 것은?

가 파레토도	나 히스토그램
다 회귀 분석	라 특성 요인도

 ① 브레인 스토밍 (brainstorming) : 일정한 테마에 관하여 회의 형식을 채택하고, 구성원의 자유 발언을 통한 아이디어의 제시를 요구하여 발상을 찾아내려는 방법이다.

㈎ 한 사람보다 다수인 쪽이 제기되는 아이디어가 많다.

㈏ 아이디어 수가 많을수록 질적으로 우수한 아이디어가 나올 가능성이 많다.

② 특성 요인도법 (case-and-effect diagram) : 어떤 대상(對象)과 그것을 만들어낸 많은 요인과의 관련 정도를 도표로 해서 형상이 발생한 원인을 분석하려고 하는 수법이다.

57 로트의 크기가 시료의 크기에 비해 10배 이상 클 때, 시료의 크기와 합격 판정 개수를 일정하게 하고 로트의 크기를 증가시키면 검사 특성 곡선의 모양 변화에 대한 설명으로 가장 적절한 것은?

가 무한대로 커진다.

나 거의 변화하지 않는다.

다 검사 특성 곡선의 기울기가 완만해진다.

라 검사 특성 곡선의 기울기 경사가 급해진다.

 • 검사 특정 곡선의 모양 변화

시료의 크기 n과 합격 판정 계수 C를 일정하게 하고, 로트(lot)의 크기 N만 변화시킬 경우($N/n \geq 10$일 때)

참고 검사 특성 곡선(본문 그림 7-5) 변화에 별로 영향을 미치지 않는다.

∴ 거의 변화하지 않는다.

정답 56. 라 57. 나

58 **로트의 크기 30, 부적합품률이 10 %인 로트에서 시료의 크기를 5로 하여 랜덤 샘플링 할 때, 시료 중 부적합품수가 1개 이상일 확률은 약 얼마인가? (단, 초기하분포를 이용하여 계산한다.)**

가 0.3695　　나 0.4335

다 0.5665　　라 0.6305

① 부적합품 개수(M)=로트의 수(N)×부적합률(P)$=30\times(\frac{10}{100})=3$

② 시료의 크기 : n=5

$$P(x \geq 1) = \frac{(3C_1 \times 27C_4) + (3C_2 \times 27C_3) + (3C_3 \times 27C_2)}{30C_5} = \frac{52650+8775+351}{142506}$$

$$\fallingdotseq 0.4335$$

여기서, ${}_nC_x = \frac{n!}{x!(n-x)!} = \frac{{}_nP_x}{x!}$

예 ${}_{30}C_5 = \frac{{}_{30}C_5}{5!} = \frac{30\times29\times28\times27\times26}{5\times4\times3\times2\times1} = 142506$

참고 초기화 분포

① 모집단(N)의 크기가 유한 모집단일 때 사용하는 이항 분포의 파생 분포로서, 이항 분포가 N이 무한대이므로 모부적합품률(모불량률) P가 거의 변화하지 않는 복원 추출 방식이라면 초기하 분포는 비복원 추출 방식을 따른다.

② 따라서, 부적합품률이 P인 N개의 모집단에서 비복원 추출로 n개의 시료를 뽑았을 때, 그중의 부적합품 개수(불량품수) X는 $X=x$가 되는 확률 P(X)를 따른다.

$$P(X) = \frac{{}_MC_X \times {}_{N-M}C_{n-X}}{{}_MC_n} \quad (단,\ X=0,\ 1,\ 1,\ldots\ n,\ M=NP)$$

59 **작업 개선을 위한 공정 분석에 포함되지 않는 것은?**

가 제품 공정 분석

나 사무 공정 분석

다 직장 공정 분석

라 작업자 공정 분석

• 공정 분석(process analysis)의 종류

① 제품 공적 분석 : 설비, 일정, 운반 및 재고 계획 등의 기초 자료로 활용

② 사무 공적 분석 : 서류를 중심으로 하는 사무 제도나 수속을 분석, 개선하는데 사용

③ 작업자 공적 분석 : 작업자 행위 분석을 통하여 업무 범위와 경로 등을 개선하는 데 사용

참고 공정 분석(process analysis)

재료가 가공되어 제품으로 될 때까지의 과정을 가공 · 운반 · 정체(停滯) · 검사 4개의 상태로 나누어서 그것들이 제작 과정에서 어떻게 연속하고 있는지를 조사하는 작업

정답 58. 나　59. 다

60 **과거의 자료를 수리적으로 분석하여 일정한 경향을 도출한 후 가까운 장래의 매출액, 생산량 등을 예측하는 방법을 무엇이라 하는가?**

㉮ 델파이법
㉯ 전문가 패널법
㉰ 시장 조사법
㉱ 시계열 분석법

해설 • 시계열 분석법(time series analysis)

① 최소 자승법 : 과거의 실적 데이터들의 경향을 나타내는 경향선, 즉 회계귀선(regression curve)을 구한 다음에 직선을 연장시켜 미래의 수요를 예측하는 방법이다.

② 단순 평균법 : 과거의 수요 실적치가 단순한 불규칙 변동을 나타내는 경우에 사용된다.

③ 지수 평활법 : 평활 상수를 사용하여, 수요 변동의 최근의 경향을 예측에 많이 반영할 수 있도록 한 방법이다.

정답 60. ㉱

◎ 2011년도 시행 문제 ◎

▶2011년 4월 17일 시행(49회)

자격종목 및 등급(선택분야)	종목코드	시험시간	문제지형별	수험번호	성 명
전기기능장	3380	1시간	A		

01 1C의 전기량은 약 몇 개의 전자의 이동으로 발생하는가?(단, 전자 1개의 전기량은 1.602×10^{-19} [C]이다.)

㉮ 8.855×10^{-12} ㉯ 6.33×10^{4}
㉰ 9×10^{9} ㉱ 6.24×10^{18}

① 전기량의 단위는 coulomb (C)를 사용한다.
② 1C은 약 6.24×10^{18}개의 전자의 이동(과부족)으으로 발생한다.

$$1\,\mathrm{C}=\frac{1}{\text{전자 1개의 전기량}}=\frac{1}{1.602\times10^{-19}}\fallingdotseq6.24\times10^{18}\ (\text{개})$$

02 전계 중에 단위 점전하를 놓았을 때, 그 단위 점전하에 작용하는 힘을 그 점에 대한 무엇이라고 하는가?

㉮ 전위 ㉯ 전위차
㉰ 전계의 세기 ㉱ 변위 전류

• 전계(전기장)의 세기(intensity of electric field)
전기장 중에 단위 점전하 +1C의 전하를 놓았을 때 작용하는 전자력(힘)의 크기

03 같은 철심 위에 동일한 권수로 자체 인덕턴스 L [H]의 코일 두 개를 접근해서 감고 이것을 같은 방향으로 직렬 연결할 때 합성 인덕턴스(H)는?(단, 두 코일의 결합 계수는 0.5이다.)

㉮ L ㉯ $2L$ ㉰ $3L$ ㉱ $4L$

• 인덕턴스의 접속
① 동일한 인덕턴스이며 같은 방향으로 감고 직렬 연결이므로 가동 접속이다.
$L_0=L_1+L_2+2M=2L+2M$
② 결합 계수 $k=\dfrac{M}{\sqrt{L_1L_2}}$에서, $k=0.5$이므로 $0.5=\dfrac{M}{\sqrt{L^2}}$ $M=0.5L$
$\therefore\ L_0=2L+2M=2L+2\times0.5L=3L$

정답 1. ㉱ 2. ㉰ 3. ㉰

04 도전율이 큰 것부터 작은 것의 순으로 나열된 것은?

㉮ 금 > 은 > 구리 > 수은　　㉯ 은 > 구리 > 금 > 수은
㉰ 금 > 구리 > 은 > 수은　　㉱ 은 > 구리 > 수은 > 금

해설 • 도전율이 큰 순서
은 → 구리 → 금 → 수은
참고 금속의 저항률 비교 [Ω · m]×10^{-8}
은 (1.62) → 구리 (1.69) → 금 (2.4) → 수은 (95.8)

05 53 mH의 코일에 $10\sqrt{2}\sin 377t$ [A]의 전류를 흘리려면 인가해야 할 전압은?

㉮ 약 60 V　　㉯ 약 200 V
㉰ 약 530 V　　㉱ 약 $530\sqrt{2}$ V

해설
① $\omega = 2\pi f = 377$ rad/s에서, $f = \dfrac{377}{2\pi} \fallingdotseq 60$ Hz
② $X_L = 2\pi f L = 2\pi \times 60 \times 53 \times 10^{-3} \fallingdotseq 20\ \Omega$
$\therefore\ V = IX_L = 10 \times 20 = 200$ [V]

06 어떤 회로 소자에 $e = 250\sin 377t$ [V]의 전압을 인가하였더니 전류 $i = 50\sin 377t$ [A]가 흘렀다. 이 회로의 소자는?

㉮ 용량 리액턴스　　㉯ 유도 리액턴스
㉰ 순저항　　㉱ 다이오드

해설 전압 e와 전류 i는 sin파로서, 각속도(주파수)와 위상이 동일하므로 회로 소자는 순저항이다.

참고 $\omega = 2\pi f = 377$ rad/s에서, $f = \dfrac{\omega}{2\pi} = \dfrac{377}{2\pi} \fallingdotseq 60$ Hz (본문 그림 1-26 참조)

07 파형률과 파고율이 같고 그 값이 1인 파형은?

㉮ 사인파　　㉯ 구형파　　㉰ 삼각파　　㉱ 고조파

해설 • 파형률과 파고율
① 파형률 (form factor) : 평균값과 실효값의 비
② 파고율 (crest factor) : 실효값과 최대값의 비

파 형	최대값	실효값	평균값	파형률	파고율
구형파	A	A	A	1	1
사인파 (정현파)	A	$\dfrac{A}{\sqrt{2}}$	$\dfrac{2A}{\pi}$	1.11	1.414
삼각파	A	$\dfrac{A}{\sqrt{3}}$	$\dfrac{A}{2}$	1.155	1.732

정답 4. ㉯　5. ㉯　6. ㉰　7. ㉯

전기 분해에 관한 패러데이의 법칙에서 전기 분해시 전기량이 일정하면 전극에서 석출되는 물질의 양은?

㉮ 원자가에 비례한다. ㉯ 전류에 반비례한다.
㉰ 시간에 반비례한다. ㉱ 화학당량에 비례한다.

해설 • 패러데이의 법칙(Faraday's law)

① 전기 분해시 전극에 석출되는 물질의 양은 전해액을 통한 전기량에 비례한다.
② 전기량이 같을 때 석출되는 물질의 양은 그 물질의 화학당량에 비례한다.

정전압 전원 장치로 가장 이상적인 조건은?

㉮ 내부 저항이 무한대이다. ㉯ 내부 저항이 0이다.
㉰ 외부 저항이 무한대이다. ㉱ 외부 저항이 0이다.

해설 • 정전압 전원 장치의 이상적인 조건

전압원은 내부 저항이 작을수록 이상적이고, 전류원은 내부 저항이 클수록 이상적이다.
∴ 전압원의 내부 저항은 0이고 전류원의 내부 저항은 무한대(∞)이다.

직류 직권 정동기의 토크를 τ라 할 때 회전수를 $\frac{1}{2}$로 줄이면 토크는?

㉮ $\frac{1}{2}\tau$ ㉯ $\frac{1}{4}\tau$ ㉰ 2τ ㉱ 4τ

해설 • 직류 직권 전동기의 토크 τ와 회전수 N의 관계

$\tau = k\frac{1}{N^2}$ 이므로, $\tau' = \frac{1}{\left(\frac{N}{2}\right)^2} = 4 \cdot \frac{1}{N^2} = 4\tau$

권수비 30인 단상 변압기가 전부하에서 2차 전압이 115 V, 전압 변동률이 2 %라 한다. 1차 단자 전압은?

㉮ 3381 [V] ㉯ 3450 [V]
㉰ 3519 [V] ㉱ 3588 [V]

해설 • 단상 변압기의 전압 변동률

$$V_{10} = V_{1n}\left(1+\frac{\epsilon}{100}\right) = aV_{2n}\left(1+\frac{\epsilon}{100}\right) = 30\times115\left(1+\frac{2}{100}\right) = 3519 \text{ [V]}$$

참고 $\epsilon = \frac{V_{20}}{V_{2n}} \times 100$ [%]

정답 8. ㉱ 9. ㉯ 10. ㉱ 11. ㉰

12 변압기에 콘서베이터(conservator)를 설치하는 목적은?

㉮ 절연유의 열화 방지 ㉯ 누설 리액턴스 감소
㉰ 코로나 현상 방지 ㉱ 냉각 효과 증진을 위한 강제 통풍

 • 변압기의 콘서베이터(conservator)

① 변압기의 절연유가 공기와 접촉하여 열화되는 것을 방지 설치한다.
② 콘서베이터 유면 위에 불활성 질소를 넣어 공기의 접촉을 막는다.

13 변압기의 병렬 운전의 조건에 대한 설명으로 잘못된 것은?

㉮ 극성이 같아야 한다.
㉯ 권수비, 1차 및 2차의 정격 전압이 같아야 한다.
㉰ 각 변압기의 임피던스가 정격 용량에 비례하여야 한다.
㉱ 각 변압기의 저항과 누설 리액턴스비가 같아야 한다.

 • 변압기의 병렬 운전 조건

① 극성이 같을 것
② 변압비가 같을 것
③ %임피던스 강하가 같을 것

참고 임피던스 전압, 내부 저항과 리액턴스의 비가 각각 같을 것

① 정격 전압과 권수비가 같을 것
② 내부 임피던스가 용량에 반비례할 것
③ 3상은 상회전 방향과 각 변위가 같을 것

14 3상 유도 전동기가 입력 60 kW, 고정자 철손 1 kW일 때 슬립 5 %로 회전하고 있다면 기계적 출력은?

㉮ 약 56 kW ㉯ 약 59 kW
㉰ 약 64 kW ㉱ 약 69 kW

 • 유도 전동기의 기계적 출력

① 2차 입력

P_2 =1차 입력 − 1차 손실 = 60 − 1=59 kW

② 기계적 출력

$P_0 = (1-s)P_2 = (1-0.05) \times 59 ≒ 56\ \text{kW}$

15 3상 유도 전동기를 불평형 전압으로 운전하는 경우 ㉠ 토크와 ㉡ 입력은?

㉮ ㉠ 증가, ㉡ 감소 ㉯ ㉠ 감소, ㉡ 증가
㉰ ㉠ 증가, ㉡ 증가 ㉱ ㉠ 감소, ㉡ 감소

정답 12. ㉮ 13. ㉰ 14. ㉮ 15. ㉯

• 유도 전동기의 불평형 전압 운전
토크는 감소하고 입력은 증가한다.

16 **3상 발전기의 전기자 권선에 Y결선을 채택하는 이유로 볼 수 없는 것은?**

㉮ 중성점 접지에 의한 이상 전압 방지의 대책이 쉽다.
㉯ 발전기 출력을 더욱 증대할 수 있다.
㉰ 상전압이 낮기 때문에 코로나, 열화 등이 적다.
㉱ 권선의 불균형 및 제3고조파 등에 의한 순환 전류가 흐르지 않는다.

해설 • 3상 동기 발전기의 상간 접속을 Y결선으로 하는 이유 〈㉮, ㉰, ㉱ 이외에〉
① △결선에 비하여 절연이 용이하다.
② 선간 전압이 상전압의 $\sqrt{3}$ 배가 된다.
참고 발전기 출력은 동일하다.

17 **동기 발전기에서 여자기(exciter)란?**

㉮ 계자 권선에 여자 전류를 공급하는 직류 전원 공급 장치
㉯ 정류 개선을 위하여 사용되는 브러시 이동 장치
㉰ 속도 조정을 위하여 사용되는 속도 조정 장치
㉱ 부하 조정을 위하여 사용되는 부하 분당 장치

• 여자기(exciter)
교류 발전기의 계자 권선에 직류 여자 전류를 공급하여 제자 철심을 자화시키기 위한 직류 전원 장치로 분권 또는 복권 직류 발전기를 일반적으로 사용한다.

18 **병렬 운전하고 있는 동기 발전기에서 부하가 급변하면 발전기는 동기 화력에 의하여 새로운 부하에 대응하는 속도에 이르지 않고 새로운 속도를 중심으로 전후로 진동을 반복하는데 이러한 현상은?**

㉮ 난조 ㉯ 플러깅
㉰ 비례추이 ㉱ 탈조

• 동기 발전기의 병렬 운전 – 난조 현상
① 난조(hunting) : 부하의 급변시 동기 화력이 작용하여 관성으로 말미암아 생기는 과도적인 진동 현상
② 탈조(steep out) : 난조가 심하여 동기 속도를 벗어나는 것

정답 16. ㉯ 17. ㉮ 18. ㉮

19 4극 1500 rpm의 동기 발전기와 병렬 운전하는 24극 동기 발전기의 회전수(rpm)는?

㉮ 50 rpm ㉯ 250 rpm
㉰ 1500 rpm ㉱ 3600 rpm

• 동기 발전기의 동기 속도

① $f = \frac{pN_s}{120} = \frac{4 \times 1500}{120} = 50$ Hz

② $N' = \frac{120f}{p} = 120 \times \frac{50}{24} = 250$ rpm

20 동기 주파수 변환기를 사용하여 4극의 동기 전동기에 60 Hz를 공급하면, 8극의 동기 발전기에는 몇 Hz의 주파수를 얻을 수 있는가?

㉮ 15 Hz ㉯ 120 Hz ㉰ 180 Hz ㉱ 240 Hz

① 4극 동기 전동기의 동기 속도 $N_s = \frac{120f}{p} = \frac{120 \times 60}{4} = 1800$ rpm

② 8극 동기 발전기의 주파수 $f' = \frac{PN_s}{120} = \frac{8 \times 1800}{120} = 120$ Hz

21 동기 전동기의 특성에 대한 설명으로 잘못된 것은?

㉮ 기동 토크가 작다. ㉯ 여자기가 필요하다.
㉰ 난조가 일어나기 쉽다. ㉱ 역률을 조정할 수 없다.

• 동기 전동기의 특징

① 장점

(가) 속도가 일정 불변이다.
(나) 역률을 조정할 수 있으며, 항상 역률을 1로 운전할 수도 있다.
(다) 필요시 지상, 진상 전류를 흘릴 수 있다.
(라) 유도 전동기에 비하여 효율이 좋다.

② 단점

(가) 기동 토크가 작고, 기동하는 데 손이 많이 간다.
(나) 여자 전류를 흘려주기 위한 직류 전원인 여자기가 필요하다.
(다) 난조가 일어나기 쉽다.

22 저압 전기 설비에서 적용되고 있는 용어 중 "사람이나 동물이 도전성 부위를 접촉하지 않은 경우 동시에 접근 가능한 전선간 전압"을 무엇이라 하는가?

㉮ 예상 접촉 전압 ㉯ 공칭 전압
㉰ 스트레스 전압 ㉱ 예상 감전 전압

정답 19. ㉯ 20. ㉯ 21. ㉱ 22. ㉮

 • 접촉 전압과 예상 접촉 전압 (내선규정 5110 참조)

① 접촉 전압 : 사람이나 동물이 동시에 접촉할 시 선간 전압을 말한다.

② 예상 접촉 전압 : 사람이나 동물이 도전성 부위를 접촉하지 않을 경우 동시에 접근 가능한 전선간 전압을 말한다.

23 **전선의 접속법에 대한 설명으로 잘못된 것은?**

㉮ 접속 부분은 접속 슬리브, 전선 접속기를 사용하여 접속한다.

㉯ 접속부는 전선의 강도 (인장하중)를 20 % 이상 유지한다.

㉰ 접속 부분은 절연 전선의 절연물과 동등 이상의 절연 효력이 있는 것으로 충분히 피복한다.

㉱ 전기 화학적 성질이 다른 도체를 접속하는 경우에는 접속 부분에 전기적 부식이 생기지 않도록 하여야 한다.

 • 전선의 접속법

접속부는 전선의 강도 (인장하중) 80 % 이상 유지하여야 한다.

24 **금속관 배선에서 관의 굴곡에 관한 사항이다. 금속관의 굴곡 개소가 많은 경우에는 어떻게 하는 것이 바람직한가?**

㉮ 링 리듀서를 사용한다.

㉯ 풀박스를 설치한다.

㉰ 덕트를 설치한다.

㉱ 행거를 3 m 간격으로 견고하게 지지한다.

 • 금속관 배관 – 관의 굴곡 (내선규정 2225-8 참조)

아웃렛 박스 사이 또는 전선 인입구가 있는 기구 사이의 금속관은 3개소를 초과하는 직각 또는 직각에 가까운 굴곡 개소를 만들어서는 안된다.

∴ 굴곡 개소가 많은 경우 또는 관의 길이가 30 m를 초과하는 경우는 풀박스를 설치하는 것이 바람직하다.

25 **버스덕트 배선에 사용되는 버스덕트의 종류가 아닌 것은?**

㉮ 피더 버스덕트

㉯ 플러그인 버스덕트

㉰ 탭붙이 버스덕트

㉱ 플로워 버스덕트

정답 23. ㉯ 24. ㉯ 25. ㉱

해설 • 버스덕트의 종류 (내선규정 2245-3 참조)

명 칭	형 식	
피더 버스덕트	옥내용	환기형 비환기형
	옥외용	환기형 비환기형
익스팬션 버스덕트 탭붙이 버스덕트 트랜스포지션 버스덕트	옥내용	비환기형
플러그인 버스덕트	옥내용	환기형 비환기형

26 금속 덕트 공사시 덕트를 조영재에 붙이는 경우 덕트의 지지점 간의 거리 (m)는 얼마 이하로 하여야 하는가?

㉮ 2 m ㉯ 3 m ㉰ 4 m ㉱ 5 m

 • 금속 덕트의 시설 방법 (판단기준 제187조 참조)

① 덕트를 조영재에 붙이는 경우에는 덕트 지지점 간의 거리를 3 m 이하로 하고, 또한 견고하게 붙일 것

② 취급자 이외의 사람이 출입할 수 없도록 설비한 곳에서 수직으로 붙이는 경우에는 6 m 이하로 할 수 있다.

27 다선식 옥내 배선인 경우 중성선 (절연 전선, 케이블 및 코드)의 표시로 옳은 것은?

㉮ 흑색 또는 흰색 ㉯ 백색 또는 회색

㉰ 녹색 또는 흑색 ㉱ 청색 또는 적색

 • 옥내 배선의 중성선 및 접지측 전선의 표시 (내선규정 1420-1 참조)

중성선 (절연 전선, 케이블 및 코드)은 백색 또는 회색 표시를 하여야 한다.

28 하나의 저압 옥내 간선에 접속하는 부하 중 전동기의 정격 전류의 합계가 40 A, 다른 전기 사용 기계 기구의 정격 전류의 합계가 28 A이라 하면 간선은 몇 A 이상의 허용 전류가 있는 전선을 사용하여야 하는가?

㉮ 40 A ㉯ 68 A ㉰ 72 A ㉱ 78 A

 간선의 허용 전류$=1.25I_M+I_L=1.25\times 40+28=78$ A

참고 옥내 저압 간선의 시설 (판단기준 제175조 참조)

① 전동기 등의 정격 전류의 합계가 50 A 이하인 경우 : 정격 전류 합계의 1.25배

② 50 A를 초과하는 경우 : 정격 전류 합계의 1.1배

정답 26. ㉯ 27. ㉯ 28. ㉱

29 욕실 등 인체가 물에 젖어 있는 상태에서 물을 사용하는 장소에 콘센트를 시설하는 경우에는 인체 감전 보호용 누전 차단기가 부착된 콘센트나 절연 변압기로 보호된 전로에 접속하여야 한다. 여기서 절연 변압기의 정격 용량은 얼마 이하인 것에 한하는가?

㉮ 2kVA ㉯ 3kVA ㉰ 4kVA ㉱ 5kVA

• 옥내에 시설하는 저압용 배선 기구의 시설(판단기준 제170조 참조)
〈욕실 등 인체가 물에 젖어 있는 상태에서 물을 사용하는 장소〉
① 절연 변압기(정격 용량 3kVA 이하)로 보호된 전로에 콘센트를 시설하여야 한다.
② 인체 감전 보호용 누전 차단기가 부착된 콘센트를 시설하여야 한다.

30 금속제의 전선 접속함 및 지중 전선의 피복으로 사용하는 금속체에는 몇 종 접지 공사를 하여야 하는가?(단, 방식조치(防蝕措置)를 한 부분이 아닌 경우이다.)

㉮ 제1종 접지 공사 ㉯ 제2종 접지 공사
㉰ 제3종 접지 공사 ㉱ 특별 제3종 접지 공사

• 지중 전선의 피복 금속체의 접지(판단기준 제139조)
관, 암거, 기타 지중 전선을 넣은 방호 장치의 금속제 부분, 금속제의 전선 접속함 및 지중 전선의 피복으로 사용하는 금속체에는 제3종 접지 공사를 하여야 한다.

31 고정하여 사용하는 전기 기계 기구에 제1종 접지 공사의 접지선으로 연동선을 사용할 경우 접지선의 굵기(mm^2)는?

㉮ 2.5 mm^2 이상 ㉯ 6.0 mm^2 이상
㉰ 8.0 mm^2 이상 ㉱ 16 mm^2 이상

• 접지 공사의 종류에 따른 접지선의 굵기(판단 기준 제19조 참조)

접지 공사의 종류	접지 저항값
제1종 접지 공사	공칭 단면적 6 mm^2 이상의 연동선
제2종 접지 공사	공칭 단면적 16 mm^2 이상의 연동선
제3종 접지 공사 및 특별 제3종 접지 공사	공칭 단면적 2.5 mm^2 이상의 연동선

32 저압 연접 인입선의 시설에 대한 설명으로 잘못된 것은?

㉮ 인입선에서 분기되는 점에서 100m를 넘지 않아야 한다.
㉯ 폭 5m를 넘는 도로를 횡단하지 않아야 한다.
㉰ 옥내를 통과하지 않아야 한다.
㉱ 도로를 횡단하는 경우 높이는 노면상 5m를 넘지 않아야 한다.

정답 29. ㉯ 30. ㉰ 31. ㉯ 32. ㉱

 • 저압 연접 인입선의 시설 규정
도로를 횡단하는 경우 높이는 노면상 5 m 이상일 것

33 변전실의 위치 선정 시 고려해야 할 사항이 아닌 것은?

㉮ 부하의 중심에 가깝고 배전에 편리한 장소일 것
㉯ 전원의 인입과 기기의 반출이 편리할 것
㉰ 설치할 기기를 고려하여 천정의 높이가 4 m 이상으로 충분할 것
㉱ 빌딩의 경우 지하 최저층의 동력 부하가 많은 곳에 선정

 • 변전실의 위치 선정시 고려해야 할 사항 〈㉮, ㉯, ㉰ 이외에〉
① 물의 침입 또는 침투의 우려가 없는 장소일 것
② 발전기실, 축전지실과 서로 인접한 곳일 것

34 단로기의 사용상 목적으로 가장 적합한 것은?

㉮ 무부하 회로의 개폐 ㉯ 부하 전류의 개폐
㉰ 고장 전류의 차단 ㉱ 3상 동시 개폐

 • 단로기(DS)
① 단로기는 부하 전류를 차단할 능력이 없다.
② 무부하시 회로를 개폐할 목적으로 사용된다.

35 역률 80 %(늦음)인 1000 kVA의 부하에 전력용 콘덴서를 부하와 병렬로 연결하여 100 %의 역률로 개선하는 데 필요한 콘덴서의 용량은?

㉮ 200 kVA ㉯ 400 kVA
㉰ 600 kVA ㉱ 800 kVA

 • 전력용 콘덴서의 용량

$$Q_c = P\left(\sqrt{\frac{1}{\cos^2\theta_1}-1}-\sqrt{\frac{1}{\cos^2\theta_2}-1}\right)[\text{kVA}]$$

여기서, $P = 1000\times 0.8 = 800$ kW, $\cos\theta_2 = 1$

$$\therefore\ Q_c = P\left(\sqrt{\frac{1}{\cos^2\theta_1}-1}\right) = 800\times\sqrt{\frac{1}{0.8^2}-1}$$

$$= 800\times 0.75 = 600\text{kVA}$$

참고 $Q_c = P(\tan\theta_1 - \tan\theta_2)[\text{kVA}]$

$$= P\left(\frac{\sin\theta_1}{\cos\theta_1}-\frac{\sin\theta_1}{\cos\theta_2}\right) = P\left(\frac{\sin\theta_1}{\cos\theta_1}\right) = 800\left(\frac{0.6}{0.8}\right) = 600\text{kVA}$$

정답 33. ㉱ 34. ㉮ 35. ㉰

36 학교, 사무실, 은행의 옥내 배선 설계에 있어서 간선의 굵기를 선정할 때 전등 및 소형 전기 기계 기구의 용량 합계가 10 kVA를 초과하는 것은 그 초과량에 대하여 수용률을 몇 %로 적용할 수 있도록 규정하고 있는가?

㉮ 20 % ㉯ 30 % ㉰ 50 % ㉱ 70 %

• 간선의 전선 굵기(내선규정 3315-8 참조)
전등 및 소형 전기 기계 기구의 용량 합계가 10 kVA를 초과하는 것은 그 초과 용량에 대하여 다음 표의 수용률을 적용할 수 있다.

건축물의 종류	수용률 (%)
주택, 기숙사, 여관, 호텔, 병원, 창고	50
학교, 사무실, 은행	70

37 실지수가 높을수록 조명률이 높아진다. 방의 크기가 가로 9 m, 세로 6 m이고, 광원의 높이는 작업면에서 3 m인 경우 이 방의 실지수(방지수)는?

㉮ 0.2 ㉯ 1.2 ㉰ 18 ㉱ 27

• 실지수 (room index) : K

$$K=\frac{X \cdot Y}{H(X+Y)}=\frac{9\times 6}{3(9+6)}=1.2$$

38 폭 20 m 도로의 양쪽에 간격 10 m를 두고 대칭 배열(맞보기 배열)로 가로등이 점등되어 있다. 한 등당의 전광속이 4000 lm, 조명률 45 %일 때 도로의 평균 조도는?

㉮ 9 lx ㉯ 17 lx ㉰ 18 lx ㉱ 19 lx

• 도로 조명

$$E=\frac{FU}{A}=\frac{4000\times 0.45}{20\times 10\times \frac{1}{2}}=18\text{ lx}$$

참고 ① 평균 조도

$$E=\frac{FUN}{AD}=\frac{FUN}{A}\cdot M\,[\text{lx}]$$

A : 바닥면 면적(m^2), D : 감광보상률, M : 보수율
N : 광원의 등수, F : 광원 1개당 광속(lx)

② 도로 조명 계산

㈎ 중앙 또는 편측 배열 :
피조면의 면적 $A=b\cdot s\,[\text{m}^2]$

㈏ 양측 대칭 또는 지그재그 배열 :

$$A=\frac{1}{2}b\cdot s\,[\text{m}^2]$$

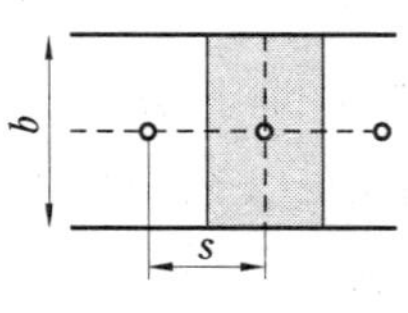

중앙 배열

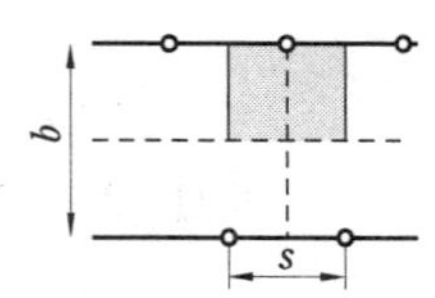

지그재그 배열

정답 36. ㉱ 37. ㉯ 38. ㉰

39 DC 12 V의 전압을 측정하려고 10 V용 전압계 Ⓐ와 Ⓑ 두 개를 직렬로 연결하였다. 이때 전압계 Ⓐ의 지시값은? (단, 전압계 Ⓐ의 내부 저항은 8 kΩ이고, Ⓑ의 내부 저항은 4 kΩ이다.)

㉮ 4 V ㉯ 6 V ㉰ 8 V ㉱ 10 V

 각 전압계가 지시하는 값은 내부 저항값의 크기에 비례하므로

$\frac{r_a}{r_b} = \frac{V_a}{V_b} = 2$ ① $V_a = 2V_b$ ② $V_a + V_b = 12$

∴ ①, ② 식에서, $V_a = 8$ [V], $V_b = 4$ [V]

참고 $I = \frac{E}{r_1 + r_2} = \frac{12}{(8+6)\times 10^{-3}} = 1\times 10^{-3}$ [A]

$V_a = I \cdot r_a = 1\times 10^{-3} \times 8 \times 10^3 = 8$ [V]

$V_b = I \cdot r_b = 1\times 10^{-3} \times 6 \times 10^3 = 6$ [V]

$E = V_a + V_b = 8 + 6 = 12$ [V]

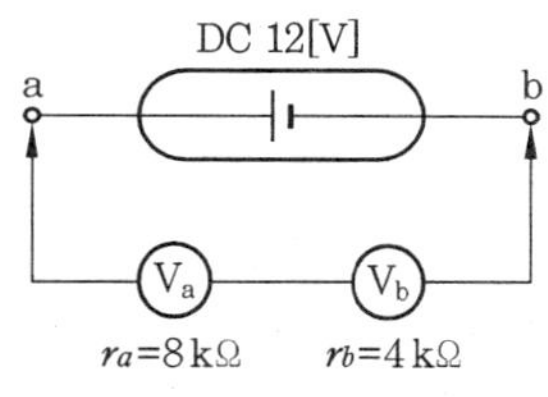

등가회로

40 SCR의 턴온시 10 A의 전류가 흐를 때 게이트 전류를 $\frac{1}{2}$로 줄이면 SCR의 전류는?

㉮ 5 A ㉯ 10 A ㉰ 20 A ㉱ 40 A

 • SCR (실리콘 제어 정류기)의 특성

게이트에 정 (+) 전류 펄스에 의해서 턴 온 (turn on)되고, 일단 도통이 되면 게이트 전류에 변화에 무관하므로 SCR의 전류는 일정하다.

∴ 턴 온 (turn on)시 전류 10 A가 유지된다.

41 다이맥 (DIAC : diode ac switch)에 대한 설명으로 잘못된 것은?

㉮ 트리거 펄스 전압은 약 6~10 V 정도가 된다.

㉯ 트라이액 등의 트리거 용도로 사용된다.

㉰ 역저지 4극 사이리스터이다.

㉱ 양방향으로 대칭적인 부성 저항을 나타낸다.

정답 39. ㉰ 40. ㉯ 41. ㉰

 • 다이액(DIAC)의 특성

① NPN 또는 PNP 3층 구조의 양방향성 다이오드이며, 2단자의 교류 스위칭 소자이다.

② 교류 전원으로부터 직접 트리거 펄스를 얻는 회로에 사용되므로 트리거 다이오드(trigger diode)라고도 한다.

③ 쌍방향으로 대칭적인 부성 저항 특성을 이용하여 콘덴서를 충전 방전시킬 때 다이액을 통하여 흐르는 전류는 펄스 상태이므로 SCR이나 트라이액의 트리거용으로 사용되고 있다.

42 **실리콘 정류기의 동작시 최고 허용 온도를 제한하는 가장 주된 이유는?**

㉮ 브레이크 오버(break over) 전압의 상승 방지

㉯ 브레이크 오버(break over) 전압의 저하 방지

㉰ 역방향 누설 전류의 감소 방지

㉱ 정격 순전류의 저하 방지

 • 실리콘 정류기 – 최고 허용 온도 제한 이유

① 실리콘 정류기

(가) 실리콘의 pn 접합 다이오드로, 역내 전압이 높고, 전류 용량이 큰 것까지 만들어지므로 소형부터 대형까지의 정류기로서 널리 쓰이고 있다.

(나) 온도가 높아지면 순방향 전류는 감소하지만 역방향 전류는 커진다.

② 동작시 최고 허용 온도를 제한하는 이유는 브레이크 오버(breake over) 전압 저하 방지에 있다.

43 **그림과 같은 회로에서 위상각 $\theta = 60°$의 유도 부하에 대하여 점호각 α를 $0°$에서 $180°$까지 가감하는 경우 전류가 연속되는 α의 각도는 몇 °까지인가?**

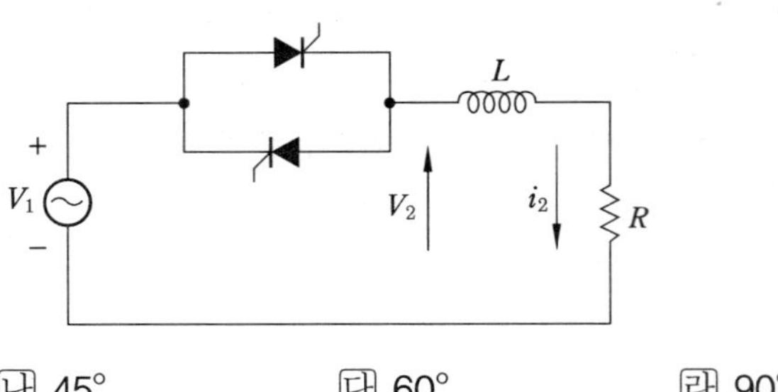

㉮ 30° ㉯ 45° ㉰ 60° ㉱ 90°

 점호각 α가 θ보다 클 때는 부하 전류가 불연속적이고 비정현적으로 된다.

∴ $\alpha = 60°$까지는 전류가 연속이다.

참고 $\nu = \sqrt{2}\, V\sin\omega t$가 순시 입력 전압이고 T_1의 점호각 α일 때 T_1의 전류 i_1는

$$i_1 = \frac{\sqrt{2}\, V_s}{Z}[\sin(\omega t - \theta) - \sin(\alpha - \theta)e^{(\frac{R}{L})(\frac{\alpha}{\omega - t})}]$$

정답 42. ㉯ 43. ㉰

44 사이클로 컨버터에 대한 설명으로 옳은 것은?

㉮ 교류 전력의 주파수를 변환하는 장치이다.
㉯ 직류 전력을 교류 전력으로 변환하는 장치이다.
㉰ 교류 전력을 직류 전력으로 변환하는 장치이다.
㉱ 직류 전력 및 교류 전력을 변성하는 장치이다.

해설 • 사이클로 컨버터(cyclo converter) : 본문 그림 4-32 참조

① 어떤 주파수의 교류를 직류 회로로 변환하지 않고 그 주파수의 교류로 변환하는 직접 주파수 변환 장치이다.

② 전원 주파수와 출력 주파수 사이에 일정비의 관계를 가진 정비식 사이클로 컨버터와 출력 주파수를 연속적으로 바꿀 수 있는 연속식 사이클로 컨버터가 있다.

참고 사이리스터를 사용하는 것은 전력용 주파수 변환 장치로서가 아니라 교류 전동기의 속도 제어용으로서이다.

45 그림과 같은 타임차트의 기능을 갖는 논리 게이트는?

A 0 1 1 0 0
B 0 0 1 1 0
X 0 1 1 1 0

㉮ A, B — OR — X
㉯ A, B — AND — X
㉰ A, B — XOR — X
㉱ A, B — NAND — X

해설 • 논리 게이트의 종류 : 본문 표 5-7참조

기 호	불대수	진리표	타임 차트
AND (A, B → X)	$X = A \cdot B$	A B X: 0 0 0 / 0 1 0 / 1 0 0 / 1 1 1	A: 0 1 1 0 0 B: 0 0 1 1 0 X: 0 0 1 0 0
OR (A, B → X)	$X = A + B$	A B X: 0 0 0 / 0 1 1 / 1 0 1 / 1 1 1	A: 0 1 1 0 0 B: 0 0 1 1 0 X: 0 1 1 1 0

정답 44. ㉮ 45. ㉮

46 표와 같은 반감산기의 진리표에 대한 출력 함수는?

입 력		출 력	
A	B	D	B_0
0	0	0	0
0	1	1	1
1	0	1	0
1	1	0	0

㉮ $D=\overline{A}\cdot\overline{B}+A\cdot B,\ \ B_0=\overline{A}\cdot B$

㉯ $D=\overline{A}\cdot B+A\cdot\overline{B},\ \ B_0=\overline{A}\cdot B$

㉰ $D=\overline{A}\cdot B+A\cdot\overline{B},\ \ B_0=A\cdot\overline{B}$

㉱ $D=\overline{A\cdot B}+A\cdot B,\ \ B_0=A\cdot\overline{B}$

해설 • 반감산기

① 진리표

A	B	B_0	D
0	0	0	0
0	1	1	1
1	0	0	1
1	1	0	0

여기서, B_0 : 빌림

D : 차(差)

② 회로도와 출력 함수

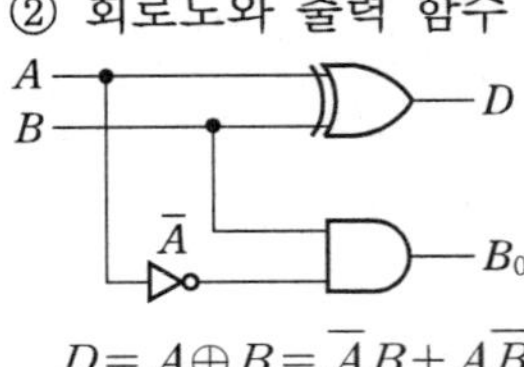

$D=A\oplus B=\overline{A}B+A\overline{B}$

$B_0=\overline{A}B$

47 멀티플렉서(multiplexer : MUX)란?

㉮ n비트의 2진수를 입력하여 최대 2^n비트로 구성된 정보를 출력하는 조합 논리 회로이다.

㉯ 2^n비트로 구성된 정보를 입력하여 n비트의 2진수를 출력하는 조합 논리 회로이다.

㉰ 여러 개의 입력선 중에서 하나를 선택하여 단일 출력선으로 연결하는 조합 회로이다.

㉱ 하나의 입력선으로부터 정보를 받아 여러 개의 출력 단자의 출력선으로 정보를 출력하는 회로이다.

정답 46. ㉯ 47. ㉰

 • 멀티플렉서 (MUX : multiplexer)

① 여러 개의 입력 데이터 중에서 한번에 1개를 선택해 출력단으로 내보내는 논리 회로이다. 즉, 데이터 선택기 (data selector)이다.

② 선택 기능을 가진 제어선을 선택 입력 또는 번지 입력이라 한다.

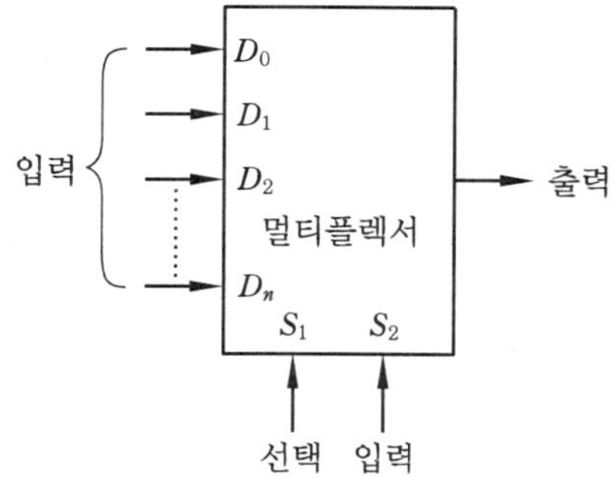

48 비트 (bit)에 관한 설명 중 잘못된 것은?

㉮ binary digit의 약자이다.

㉯ 정보를 나타내는 최소 단위이다.

㉰ 0과 1을 함께 나타내는 정보 단위이다.

㉱ 2진수로 표시된 정보를 나타내기에 알맞다.

 • 비트 (bit)

① binary digit의 약자이다.

② 2진수에서의 숫자 0, 1과 같이 신호를 나타내는 최소의 단위를 비트라 한다.

③ 수학이나 컴퓨터 분야의 2진법의 최소의 단위를 말한다.

49 interrupt 발생 시 복귀 주소를 기억시키는 데 사용되는 것은?

㉮ 큐 ㉯ 프로그램 카운터

㉰ 스택 ㉱ 메일 메모리

 인터럽트 (interrupt)가 받아들여졌을 때, 주프로그램의 중단된 위치를 갖고 있는 프로그램 카운터 (PC)의 내용을 저장하기 위하여 스택 (stack)을 사용한다.

50 컴퓨터 회로에서 버스선 (bus line)을 사용하는 가장 큰 이유는?

㉮ speed를 향상시키기 위함이다.

㉯ 보다 정확한 전송을 위함이다.

㉰ register 수를 줄이기 위함이다.

㉱ 결선 수를 줄이기 위함이다.

정답 48. ㉰ 49. ㉰ 50. ㉱

해설 ① 버스(bus) : 중앙 처리 장치(CPU) 내의 논리 연산 장치와 각종 레지스터 사이의 자료 전달 통로, 즉 신호 회선이며, 같은 기능의 신호별로 묶어 버스(bus)를 만든다.

② 버스(bus)를 만드는 이유

㈎ 신호선(signal line) 수를 줄일 수 있다.

㈏ 많은 양의 신호를 동시에 빠른 속도로 전송할 수 있다.

㈐ 배선의 구조를 간단히 할 수 있다.

참고 가장 큰 이유는 신호선 수, 즉 결선수를 줄이기 위함이다.

51 CPU의 마이크로 동작 사이클에 해당하지 않는 것은?

㉮ 인출 사이클 ㉯ 직접 사이클

㉰ 인터럽트 사이클 ㉱ 실행 사이클

① 호출(fetch) 사이클 : 명령을 읽음

② 간접(indirect) 사이클 : 유효 주소를 읽음

③ 실행(execution) 사이클 : 데이터를 읽음

④ 인터럽트(interrupt) 사이클 : 외부 인터럽트에 의해 특정 서브루턴을 실행

52 컴퓨터의 중앙 처리 장치에서 연산의 결과나 중간값을 일시적으로 저장해 두는 레지스터는?

㉮ 인덱스 레지스터 ㉯ 상태 레지스터

㉰ 메모리 주소 레지스터 ㉱ 누산기

• 누산기(accumulator, 累算器)

컴퓨터의 중앙 처리 장치에서 더하기, 빼기, 곱하기, 나누기 등의 연산을 한 결과 등을 일시적으로 저장해 두는 레지스터(register)를 누산기라고 한다.

참고 ① 레지스터의 회로는 주로 플립플롭을 많이 연결한 형태를 하고 있고, 가산기나 배수회로 등의 연산 장치는 논리곱(AND)·논리합(OR)·논리 부정(NOT), 지연 회로(遲延回路) 등의 소자를 많이 사용한다.

② 원래 누산기는 가산회로(加算回路)를 가진 레지스터[register : 저수 장치(貯數裝置)]에 대해 주어진 명칭이다.

53 다음 기억 소자 중 CPU가 가장 빠르게 호출할 수 있는 메모리 형태는?

㉮ 보조 메모리 ㉯ 가상 메모리

㉰ 캐시 메모리 ㉱ Associative 메모리

정답 51. ㉯ 52. ㉱ 53. ㉰

 • 캐시 메모리 (cache memory)
주기억 장치와 중앙 처리 장치 (CPU) 사이에서 데이터와 명령어를 일시적으로 저장하는 소형의 고속 기억 장치로 주기억 장치 캐시 또는 CPU 캐시라고도 한다.

[참고] cache memory

① CPU의 처리 속도에 비해 주기억 장치의 액세스 속도는 대단히 늦다. 그 때문에 주기억 장치로부터 처리에 필요한 명령이나 데이터를 실행할 때마다 읽어내는 방법으로는 명령을 빨리 처리할 수가 없다. 따라서 주기억의 일부를 캐시 메모리에 복사해놓고, 메모리 참조를 이 캐시 메모리에 함으로써 처리를 고속화하는 방법이 개발되었다.
② 최근에는 주기억보다 더욱 액세스 속도가 느린 외부 기억 장치 (주로 마그네틱 디스크)와의 속도 차를 메우기 위해 주기억과 외부 기억 사이에 고속 디스크 캐시 (disk cache)를 두는 컴퓨터 시스템도 볼 수 있다.
③ 캐시 기억 장치의 기억 용량은 캐시 적중률 (cache hit ratio)과 가격 등을 감안하여 결정되는데, 일반적으로 주기억 장치의 수천 분의 1에서 수백 분의 1 정도를 갖게 되어 있다.

54 **다음 중 인터럽트 동작을 가장 잘 설명한 것은?**

㉮ 프로그램 계수기가 요구하여 수행된다.
㉯ 입출력 장치가 요구하여 수행된다.
㉰ 스택 포인터가 요구하여 수행된다.
㉱ 명령 레지스터가 요구하여 수행된다.

 • 인터럽트 (interrupt)의 발생과 동작 수행
① 인터럽트 동작은 외부로부터 인터럽트 발생, 즉 주변 장치들이 CPU에게 입출 동작 요구시 수행한다.

[참고] 인터럽트 요인의 종류로는 입출력 종료 인터럽트, 프로그램 인터럽트, 감시 프로그램 호출, 장해 인터럽트 등이 있다.

55 **품질 코스트 (quality cost)를 예방 코스트, 실패 코스트, 평가 코스트로 분류할 때, 다음 중 실패 코스트 (failure cost)에 속하는 것이 아닌 것은?**

㉮ 시험 코스트　　㉯ 불량 대책 코스트
㉰ 재가공 코스트　　㉱ 설계 변경 코스트

 실패 코스트는 품질 수준을 유지하는 데 실패하였기 때문에 생긴 부적합품, 불량 원료에 의한 손실 비용이다. ∴ 시험 코스트는 이에 속하지 않는다.

56 **다음 중 계량값 관리도에 해당되는 것은?**

㉮ c 관리도　　㉯ nP 관리도
㉰ R 관리도　　㉱ u 관리도

정답 54. ㉯ 55. ㉮ 56. ㉰

• 관리도의 종류 (관리 대상에 의한 분류)

① 계수값 관리도 : p 관리도, c 관리도, u 관리도, nP 관리도

② 계량값 관리도 : $\bar{x}-R$ 관리도, $Me-R$ 관리도, x 관리도, R 관리도

57 **로트 크기 1000, 부적합품률이 15 %인 로트에서 5개의 랜덤 시료 중에서 발견된 부적합품수가 1개일 확률을 이항 분포로 계산하면 약 얼마인가?**

㉮ 0.1648 ㉯ 0.3915

㉰ 0.6085 ㉱ 0.8352

• 이항 분포 (binomial distribution, 二項分布)

$$P(X) = nC_xP^x(1-P)^{n-x} = 5C_1 \times 0.15^1 \times (1-0.15)^{(5-1)}$$

$$= 5 \times 0.15 \times (0.85)^4 = 0.3915$$

참고 이항 분포

부적합품률이 P인 유한 모집단에서 복원 추출 방식으로 취한 크기 n의 랜덤 시료 중에서 발견하는 부적합품수 x의 출현 확률을 정의한 이산형 확률 분포를 이항 분포라 한다.

$$nC_x = \frac{n!}{x!(n-x)!}$$

58 **그림과 같은 계획 공정도 (network)에서 주공정은? (단, 화살표 아래의 숫자는 활동 시간을 나타낸 것이다.)**

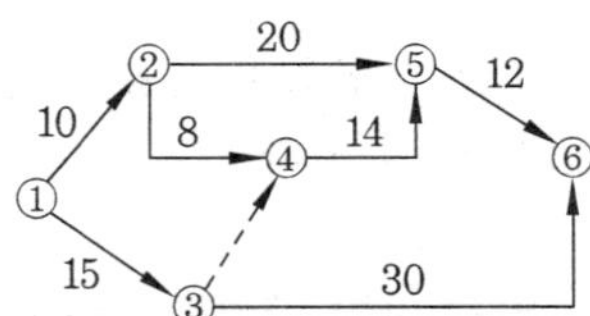

㉮ ①-③-⑥ ㉯ ①-②-⑤-⑥

㉰ ①-②-④-⑤-⑥ ㉱ ①-③-④-⑤-⑥

• 계획 공정도 (network)

일정 (日程) 계획 속에 공정 전체의 관련성을 수용한 것으로서, 작업의 결합점이나, 공사의 개시점과 종료점을 원으로 나타내고, 작업의 순서와 시간적 경과를 정확히 표현한 것이다.

㉮ ① →(15) ③ →(30) ⑥ : 45주

㉯ ① →(10) ② →(20) ⑤ →(12) ⑥ : 42주

㉰ ① →(10) ② →(8) ④ →(14) ⑤ →(12) ⑥ : 44주

㉱ ① →(15) ③ →(0) ④ →(14) ⑤ →(12) ⑥ : 41주

∴ 활동 시간이 가장 긴 ㉮가 주공정이 된다.

정답 57. ㉯ 58. ㉮

59 Ralph M. Barnes 교수가 제시한 동작 경제의 원칙 중 작업장 배치에 관한 원칙(arrangement of the workplace)에 해당되지 않는 것은?

㉮ 가급적이면 낙하식 운반 방법을 이용한다.
㉯ 모든 공구나 재료는 지정된 위치에 있도록 한다.
㉰ 충분한 조명을 하여 작업자가 잘 볼 수 있도록 한다.
㉱ 가급적 용이하고 자연스런 리듬을 타고 일할 수 있도록 작업을 구성하여야 한다.

해설 • 동작 경제의 원칙-작업장의 배치
㉱의 내용은 "인체의 사용에 관한 원칙"에 해당된다.

60 다음 검사의 종류 중 검사 공정에 의한 분류에 해당되지 않는 것은?

㉮ 수입 검사　　㉯ 출하 검사
㉰ 출장 검사　　㉱ 공정 검사

해설 • 검사 종류의 분류
출장 검사는 검사 장소에 따른 분류에 속한다.

참고 ① 검사 공정에 의한 분류
수입(구입) 검사, 공정 검사, 최종 검사, 출하 검사, 수락 검사
② 검사 장소에 의한 분류 : 정위치 검사, 순회 검사, 출장(입회) 검사

정답 59. ㉱ 60. ㉰

▶2011년 7월 31일 시행(50회)

자격종목 및 등급(선택분야)	종목코드	시험시간	문제지형별	수험번호	성 명
전기기능장	3380	1시간	A		

01 동일 규격 콘덴서의 극판 간에 유전체를 넣으면 어떻게 되는가?

㉮ 용량이 증가하고, 극판간 전계는 감소한다.
㉯ 용량이 증가하고, 극판간 전계는 증가한다.
㉰ 용량이 감소하고, 극판간 전계는 부변이다.
㉱ 용량이 불변이고, 극판간 전계는 감소한다.

① 콘덴서의 용량

$C=\epsilon\frac{A}{l}=k\cdot\epsilon$ [F]에서, 용량 C는 유전율 ϵ에 비례하므로 증가한다.

② 극판간의 전계

$E=k'\frac{1}{\epsilon}$ [V/m]에서, 전계 E는 유전율 ϵ에 반비례하므로 감소한다.

02 자기 인덕턴스가 L_1, L_2, 상호 인덕턴스가 M인 두 회로의 결합 계수가 1인 경우 L_1, L_2, M의 관계는?

㉮ $L_1L_2=M$
㉯ $L_1L_2<M^2$
㉰ $L_1L_2>M^2$
㉱ $L_1L_2=M^2$

① 두 코일 간의 결합-상호 인덕턴스 : $M=k\sqrt{L_1\cdot L_2}$
② 결합 계수 $k=1$일때 $M=\sqrt{L_1\cdot L_2}$
$\therefore\ M^2=L_1\cdot L_2$

03 그림과 같은 회로에 입력 전압 200 V를 가할 때 20 Ω의 저항에 흐르는 전류는 몇 A인가?

㉮ 2
㉯ 3
㉰ 5
㉱ 8

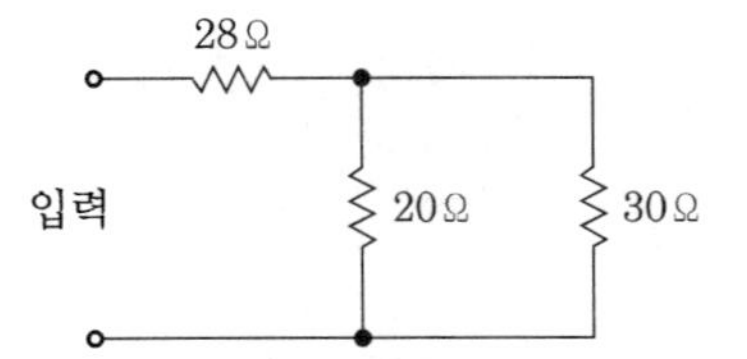

정답 1. ㉮ 2. ㉱ 3. ㉯

해설

① $R_{ab}=28+\dfrac{30\times20}{30+20}=40\ \Omega$

② $I=\dfrac{V}{R_{ab}}=\dfrac{200}{40}=5\ \text{A}$

$\therefore\ I_2=\dfrac{30}{30+20}\times5=3\ \text{A}$

04 그림과 같은 회로에서 ab 간에 전압을 가하니 전류계는 2.5 A를 지시했다. 다음에 스위치 S를 닫으니 전류계 및 전압계는 각각 2.55 A 및 100 V를 지시했다. 저항 R의 값은 약 몇 Ω인가?(단, 전류계 내부 저항 $r_a=0.2\,\Omega$이고, ab 사이에 가한 전압은 S에 관계없이 일정하다고 한다.)

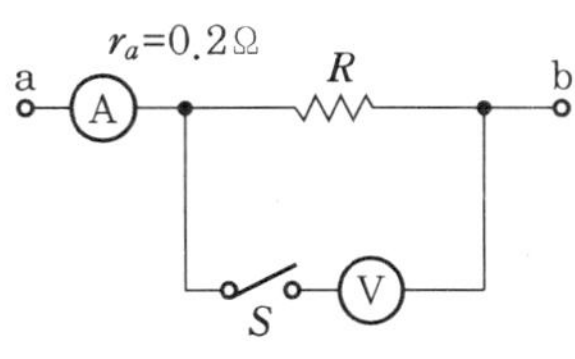

㉮ 30　㉯ 40　㉰ 50　㉱ 60

$R \fallingdotseq \dfrac{\text{전압계의 지시값}}{\text{전류계의 지시값}}=\dfrac{100}{2.55}=39.22\ \Omega\ \left(R\fallingdotseq\dfrac{100}{2.5}=40\,[\Omega]\right)$

참고 전압계의 내부 저항 γ_v는 매우 큰 값이므로 전압계에 흐르는 전류는 매우 작아 무시해도 된다.

풀이 ① S가 off 상태일 때 : $V_{ab}=I(r_a+R)=2.5(0.2+R)$

② S가 on 상태일 때 : $V_{ab}=I'r_a+V=2.55\times0.2+100=100.51$ [V]

①, ②식에서, $2.5(0.2+R)=100.51$

$\therefore\ R=\dfrac{100.51-0.5}{2.5}=40.004\ \Omega$

05 정현파 교류의 실효값을 계산하는 식은?(단, T는 주기이다.)

㉮ $I=\dfrac{1}{T}\displaystyle\int_0^T i\,dt$　㉯ $I=\sqrt{\dfrac{2}{T}\displaystyle\int_0^T i\,dt}$

㉰ $I=\sqrt{\dfrac{1}{T}\displaystyle\int_0^T i^2\,dt}$　㉱ $I=\sqrt{\dfrac{2}{T}\displaystyle\int_0^T i^2\,dt}$

• 정현파 교류의 실효값

1주기에서 순시값의 제곱의 평균을 평방근으로 표시한다.

$I=\sqrt{\dfrac{1}{T}\displaystyle\int_0^T i^2\,dt}$

∴ 실효값의 표시 : 본문 1-1, 예상문제 4번 해설 참조

정답 4. ㉯　5. ㉰

06 100 V의 단상 전동기를 입력 200 W, 역률 95 %로 운전하고 있을 때의 전류는 몇 A 인가?

㉮ 1 ㉯ 2.1 ㉰ 3.5 ㉱ 4

$P = VI\cos\theta$ [W]에서, $I = \dfrac{P}{V \cdot \cos\theta} = \dfrac{200}{100 \times 0.95} \fallingdotseq 2.1$ A

07 $R = 40\ \Omega$, $L = 80$ mH의 코일이 있다. 이 코일에 100 V, 60 Hz의 전압을 가할 때에 소비되는 전력은 몇 W인가?

㉮ 100 ㉯ 120 ㉰ 160 ㉱ 200

① $X_L = 2\pi f L = 2\pi \times 60 \times 80 \times 10^{-3} \fallingdotseq 30\ \Omega$

② $Z = \sqrt{R^2 + X_L^{\ 2}} = \sqrt{40^2 + 30^2} = 50\ \Omega$

③ $I = \dfrac{V}{Z} = \dfrac{100}{50} = 2$ A

$\therefore\ P = I^2 \cdot R = 2^2 \times 40 = 160$ W

08 4극 직류 발전기가 전기자 도체수 600, 매극당 유효 자속 0.035 Wb, 회전수가 1200 rpm일 때 유기되는 기전력은 몇 V인가?(단, 권선은 단중 중권이다.)

㉮ 120 ㉯ 220 ㉰ 320 ㉱ 420

• 직류 발전기의 유기 기전력

$E = P\phi \dfrac{N}{60} \cdot \dfrac{Z}{a} = 4 \times 0.035 \times \dfrac{1200}{60} \times \dfrac{600}{4} = 420$ V

09 직류 발전기의 기전력을 E, 자속을 ϕ, 회전 속도를 N이라 할 때 이들 사이의 관계로 옳은 것은?

㉮ $E \propto \phi N$ ㉯ $E \propto \dfrac{\phi}{N}$

㉰ $E \propto \phi N^2$ ㉱ $E \propto \phi^2 N$

해설 • 직류 발전기의 유도 기전력

$E = \dfrac{pz}{60a}\phi N = K \cdot \phi N$ [V]

여기서, z : 전기자 도선의 수, a : 전기자 권선의 병렬 회로수

p : 극수, ϕ : 1극당 자속 [wb], $K = \dfrac{pz}{60a}$

정답 6. ㉯ 7. ㉰ 8. ㉱ 9. ㉮

10 직류 전동기의 출력을 나타내는 것은?(단, V는 단자 전압, E는 역기전력, I는 전기자 전류이다.)

㉮ VI ㉯ EI
㉰ V^2I ㉱ E^2I

 직류 전동기의 기계적 출력 = 역기전력×전기자 전류 = EI

11 변압기의 철손은 부하 전류가 증가하면 어떻게 되는가?

㉮ 감소한다. ㉯ 증가한다.
㉰ 변압기에 따라 다르다. ㉱ 변동없다.

 • 변압기의 철손(iron loss)
철손은 무부하손(no-load loss)이므로 부하 전류의 변동에는 무관한다.
∴ 변동이 없다.
[참고] 철손 = 히스테리시스 손 + 맴돌이 전류 손

12 다음 중 자기 누설 변압기의 가장 큰 특징은 어느 것인가?

㉮ 전압 변동률이 크다. ㉯ 단락 전류가 크다.
㉰ 역률이 좋다. ㉱ 무부하손이 적다.

 • 자기 누설 변압기의 특징
① 누설 리액턴스가 크므로, 전압 변동률이 대단히 크며 역률도 낮다.
② 아크등, 방전등, 아크 용접기 등 기동시는 높은 전압이 필요하고, 사용 상태에서는 낮은 전압이 필요한 기기에 사용된다.

13 변압기를 병렬 운전하고자 할 때 갖추어져야 할 조건이 아닌 것은?

㉮ 극성이 같을 것 ㉯ 변압비가 같을 것
㉰ % 임피던스 강하가 같을 것 ㉱ 출력이 같을 것

 • 변압기의 병렬 운전 조건
① 극성이 같을 것
② 변압비가 같을 것
③ %임피던스 강하가 같을 것
[참고] ① 임피던스 전압, 내부 저항과 리액턴스의 비가 각각 같을 것
② 정격 전압과 권수비가 같을 것
③ 내부 임피던스가 용량에 반비례할 것
④ 3상은 상회전 방향과 각 변위가 같을 것

정답 10. ㉯ 11. ㉱ 12. ㉮ 13. ㉱

14 10 kW의 농형 유도 전동기의 기동 방법으로 가장 적당한 것은?

㉮ 전전압 기동법 ㉯ $Y-\triangle$ 기동법
㉰ 기동 보상 기법 ㉱ 2차 저항 기동법

• 농형 유도 전동기의 기동 방법
① 전전압 기동법 : 소형(3.7 kW 이하)에 적용되는 직입 기동 방식
② $Y-\Delta$ 기동법 : 10~15 kW 정도
③ 기동 보상 기법 : 15 kW 이상으로, 단권 변압기 기동을 콘도르퍼 (korndorfer) 기동이라 부른다.
④ 리액터 기동법 : 15 kW 이하에서 자동 운전 또는 원격 제어에 적용

15 유도 전동기의 제동 방법 중 슬립의 범위를 1~2 사이로 하여 3선 중 2선의 접속을 바꾸어 제동하는 방법은?

㉮ 직류 제동 ㉯ 회생 제동
㉰ 발전 제동 ㉱ 역상 제동

• 유도 전동기의 제동 방법 – 역상 제동 (plugging)
① 슬립의 범위를 1~2 사이로 하여, 전원에 접속된 3선 중에서 2선을 빨리 바꾸어 접속하면, 회전 자장의 방향이 반대로 되어 회전자에 작용하는 토크의 방향이 반대가 되므로 전동기는 빨리 정지한다.
② 이 방법은 제강 공장의 압연기용 전동기 등에 사용된다.

16 동기 발전기에서 전기자 전류가 무부하 유도 기전력보다 $\frac{\pi}{2}$ 만큼 뒤진 경우의 전기자 반작용은?

㉮ 교차 자화 작용 ㉯ 자화 작용
㉰ 감자 작용 ㉱ 편자 작용

• 동기 발전기의 전기자 반작용
① 교차 자화 작용 : 동상
② 감자 작용 : $90°\left(\frac{\pi}{2}\text{ rad}\right)$ 뒤짐
③ 증자 작용 : $90°\left(\frac{\pi}{2}\text{ rad}\right)$ 앞섬

17 동기 조상기를 과여자로 해서 운전하였을 때 나타나는 현상이 아닌 것은?

㉮ 리액터로 작용한다. ㉯ 전압 강하를 감소시킨다.
㉰ 진상 전류를 취한다. ㉱ 콘덴서로 작용한다.

정답 14. ㉯ 15. ㉱ 16. ㉰ 17. ㉮

 • 동기 조상기의 운전

① 부족 여자 : 유도성 부하로 동작 → 리액터로 작용 → 지상 전류를 취한다.
즉, 전기자전류 위상이 뒤진다.

② 과여자 : 용량성 부하로 동작 → 콘덴서로 작용 → 진상 전류를 취한다.
즉, 전기자 전류의 위상이 앞선다.

18 3상 동기 발전기를 병렬 운전시키는 경우 고려하지 않아도 되는 조건은?

㉮ 기전력의 위상이 같을 것 ㉯ 회전수가 같을 것
㉰ 기전력의 크기가 같을 것 ㉱ 상회전 방향이 같을 것

 • 동기 발전기의 병렬 운전에 필요한 조건

병렬 운전의 필요 조건	운전 조건이 같지 않을 경우의 현상
① 기전력의 크기가 같을 것	무효 순환 전류가 흐른다.
② 상회전이 일치하고, 기전력이 동위상일 것	동기화 정류가 흐른다(유효 횡류가 흐른다).
③ 기전력의 주파수가 같을 것	동기화 전류가 교대로 주기적으로 흘러 난조의 원인이 된다.
④ 기전력의 파형이 같을 것	고조파 무효 순환 전류가 흘러 과열이 원인이 된다.

19 교류 서보 전동기(servo motor)로 많이 사용되는 것은?

㉮ 콘덴서형 전동기 ㉯ 권선형 유도 전동기
㉰ 타여자 전동기 ㉱ 영구 자석형 동기 전동기

 • 교류 서보(servo) 전동기

① 서보 전동기는 일반 전동기와는 달리 빈번하게 변화하는 위치나 속도의 명령 값에 대하여 신속하고 정확하게 추종할 수 있도록 설계된 전동기를 의미한다.

② 급가속 및 급제동에 대응할 수 있는 구조를 가지고 있어야 한다.

∴ 일반적인 전동기는 적합하지 않으며 영구 자석형 동기 전동기가 많이 사용된다.

20 운전 중 역률이 가장 좋은 전동기는?

㉮ 농형 유도 전동기 ㉯ 동기 전동기
㉰ 반발 전동기 ㉱ 권선형 유도 전동기

 동기 전동기의 특징 중에서, 역률을 조정할 수 있으며 항상 역률을 "1"로 운전할 수 있다.
참고 본문 그림 2-76 위상 특성 곡선 참조

정답 18. ㉯ 19. ㉱ 20. ㉯

21 전선의 재료로서 구비할 조건이 아닌 것은?

㉮ 비중이 적을 것 ㉯ 경제성이 있을 것
㉰ 인장 강도가 작을 것 ㉱ 가요성이 풍부할 것

 • 전선의 구비 조건
① 비중이 작을 것(가벼울 것)
② 내구성이 있을 것
③ 공사가 쉬울 것(가요성이 풍부할 것)
④ 값이 싸고 쉽게 구할 수 있을 것(경제적일 것)
⑤ 도전율이 클 것(고유 저항이 작을 것)
⑥ 기계적 강도가 클 것(인장 강도가 클 것)

22 다음 중 전선 접속에 관한 설명으로 옳지 않은 것은?

㉮ 전선의 강도는 60% 이상 유지해야 한다.
㉯ 접속 부분의 전기 저항을 증가시켜서는 안 된다.
㉰ 접속 부분의 절연은 전선의 절연물과 동등 이상의 절연 효력이 있는 테이프로 충분히 피복한다.
㉱ 접속 슬리브, 전선 접속기를 사용하여 접속한다.

 • 전선 접속의 기본 원칙
전선의 강도는 80% 이상 유지할 것

23 경질 비닐 전선관 접속에서 관의 삽입 깊이는 관의 바깥지름의 최소 몇 배인가? (단, 접착제는 사용하지 않음)

㉮ 1배 ㉯ 1.1배
㉰ 1.2배 ㉱ 1.25배

 • 합성수지(경질 비닐)관 공사에서 관과 관의 접속 방법(내선규정 2220-6 참조)
① 커플링에 들어가는 관의 길이는 관 바깥지름의 1.2배 이상으로 한다.
② 접착제를 사용하는 경우에는 0.8배 이상으로 할 수 있다.

24 버스 덕트 공사에서 지지점의 최대 간격은 몇 m 이하인가? (단, 취급자 이외의 자가 출입할 수 없도록 설비한 장소로 수직으로 설치하는 경우이다.)

㉮ 4 ㉯ 5
㉰ 6 ㉱ 7

정답 21. ㉰ 22. ㉮ 23. ㉰ 24. ㉰

 • 금속 덕트의 시설 방법 (판단기준 제187조 참조)

① 덕트를 조영재에 붙이는 경우에는 덕트 지지점간의 거리를 3 m 이하로 하고, 또한 견고하게 붙일 것

② 취급자 이외의 자가출입할 수 없도록 설비한 곳에서 수직으로 붙이는 경우에는 6 m 이하로 할 수 있다.

25 **전등 회로 절연 전선을 동일한 셀룰라덕트에 넣을 경우 그 크기는 전선의 피복을 포함한 단면적의 합계가 셀룰라덕트 단면적의 몇 % 이하가 되도록 선정하여야 하는가?**

㉮ 20 ㉯ 32
㉰ 40 ㉱ 50

 • 셀룰라덕트 배선 (내선규정 2260-4 참조)

셀룰라덕트의 크기는 전선의 피복 절연물을 포함한 단면적의 총 합계가 덕트 단면적의 20% 이하가 되도록 선정하여야 한다(제어 회로 등의 배선만 넣는 경우은 50%).

26 **바닥 통풍형, 바닥 밀폐형 또는 두 가지 복합 채널형 구간으로 구성된 조립 금속 구조로 폭이 150 mm 이하이며, 주 케이블 트레이로부터 말단까지 연결되어 단일 케이블을 설치하는 데 사용하는 케이블 트레이는?**

㉮ 통풍 채널형 케이블 트레이 ㉯ 사다리형 케이블 트레이
㉰ 바닥 밀폐형 케이블 트레이 ㉱ 트로프형 케이블 트레이

 • 금속제 케이블 트레이의 종류 (내선규정 2289-1 참조)

① 통풍 채널형 : 바닥 통풍형, 바닥 밀폐형 또는 두 가지 복합 채널형 구간으로 구성된 조립 금속 구조

② 사다리형 : 길이 방향의 양 옆면 레일을 각각의 가로 방향 부재로 연결한 조립 금속 구조

③ 바닥 밀폐형 : 일체식 또는 분리식 직선 방향 옆면 레일에서 바닥에 통풍구가 없는 조립 금속 구조

④ 바닥 통풍형 : 일체식 또는 분리식 직선 방향 옆면 레일에서 바닥에 통풍구가 있는 조립 금속 구조

27 **저압 옥내 간선의 전원측 전로에 그 저압 옥내 간선을 보호할 목적으로 설치하는 것은?**

㉮ 조가용선 ㉯ 과전류 차단기
㉰ 콘덴서 ㉱ 단로기

 • 저압 옥내 간선의 시설 (판단기준 제175조 참조)

저압 옥내 간선의 전원측 전로에는 그 전압 옥내 간선을 보호하는 과전류 차단기를 시설할 것

정답 25. ㉮ 26. ㉮ 27. ㉯

28 정격 전류가 40 A인 3상 220 V 전동기가 직접 전로에 접속되는 경우 전로의 전선은 몇 A 이상의 허용 전류를 갖는 것으로 하여야 하는가?

㉮ 44　　㉯ 50　　㉰ 56　　㉱ 60

해설 선의 허용 전류 $= 1.25 \times I_M = 1.25 \times 40 = 50$ A

참고 옥내 저압 간선의 시설(판단기준 제175조 참조)
전동기의 정격 전류의 합계가 50 A 이하인 경우, 그 정격 전류의 합계의 1.25배 50 A를 초과하는 경우에는 1.1배

29 단상 3선식 전원에 한(A)상과 중성선(N) 간에 각각 1 kVA, 0.8 kVA, 0.5 kVA의 부하가 병렬 접속되고 다른 한(B)상과 중성선(N)에 0.5 kVA 및 0.8 kVA의 부하가 병렬 접속된 회로의 양단[(A)상 및 (B)상]에 5 kVA의 부하가 접속되었을 경우 설비 불평형률(%)은 약 얼마인가?

㉮ 11　　㉯ 23　　㉰ 42　　㉱ 56

해설 • 설비 불평형률 계산

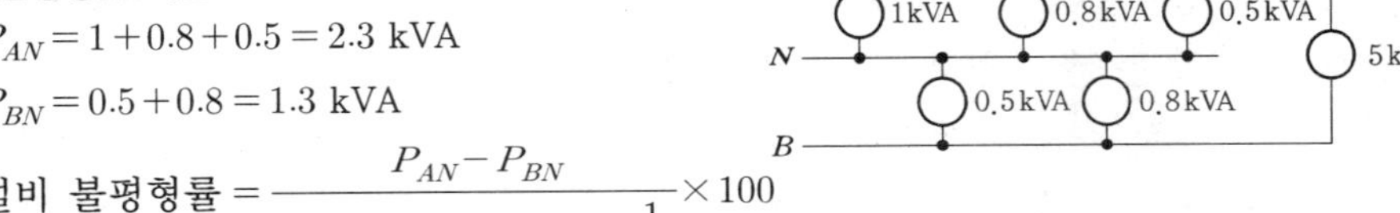

① $P_{AN} = 1 + 0.8 + 0.5 = 2.3$ kVA

② $P_{BN} = 0.5 + 0.8 = 1.3$ kVA

$$\therefore \text{설비 불평형률} = \frac{P_{AN} - P_{BN}}{(P_{AN} + P_{BN} + P_{AB}) \times \frac{1}{2}} \times 100$$

$$= \frac{2.3 - 1.3}{(2.3 + 1.3 + 5) \times \frac{1}{2}} \times 100 = \frac{1}{4.3} \times 100 \fallingdotseq 23\ \%$$

30 전기 온돌 등에 발열선을 시설 할 경우 대지 전압은 몇 V 이하로 하여야 되는가?

㉮ 200　　㉯ 300　　㉰ 400　　㉱ 500

해설 • 전기 온돌 공사(내선규정 4140-1 참조)
사용 전압 : 발열선을 시설하는 경우은 대지 전압 300 V 이하로 할 것

참고 전열 보드 또는 전열 시트를 시설하는 경우는 사용 전압을 400 V 이하로 할 것

31 다음 중 전동기 제어반에 부착하여 과전류에 의한 전동기의 소손을 방지하기 위해 널리 사용되는 보호 기구는?

㉮ 차동 계전기　　㉯ 부흐홀쯔 계전기

㉰ 리미트 스위치　　㉱ EOCR

정답 28. ㉯　29. ㉯　30. ㉯　31. ㉱

 • EOCR : 전자 과부하 릴레이(electronic over load relays)

① 일반 과부하 릴레이(OCR)는 기계적 접점이 가동하는 구조이지만 전자 과부하 릴레이(EOCR)는 반도체 무접점으로 되어 있고 반응 속도가 빠르며 반응 속도를 맘대로 조절할 수 있을 뿐만 아니라 접점 수명이 길며 가볍고 미세한 전류의 변화에도 반응하게 할 수 있도록 정밀하게 만들 수 있는 편리함을 가지고 있다.

② 내부에 는 0p amp와 로직 회로를 조합하거나 마이크로 프로세서를 사용하여 사이리스터와 같은 무접점 출력 소자를 제어한다.

∴ 과전류에 의한 전동기 소손을 방지하기 위해 널리 사용되고 있다.

32 다음 그림 기호의 명칭은?

㉮ 전류제한기 ㉯ 전등제한기

㉰ 전압제한기 ㉱ 역률제한기

(L)

 • 심벌의 명칭

(L) : 전류제한기(current limiter)

33 역률을 개선하면 전력 요금의 절감과 배전선의 손실 경감, 전압 강하의 감소, 설비 여력의 증가 등을 기할 수 있으나, 너무 과보상하면 역효과가 나타난다. 즉, 경부하 시에 콘덴서가 과대 삽입되는 경우의 결정에 해당되는 사항이 아닌 것은?

㉮ 모선 전압의 과상승 ㉯ 송전 손실의 증가

㉰ 고조파 왜곡의 증대 ㉱ 전압 변동폭의 감소

 경부하 시에 콘덴서가 과대하게 삽입되는 경우, 수전단 전압이 높아지는 페란티 현상(Ferranti effect)이 발생하며 ㉮, ㉯, ㉰ 이 외에 전압 변동폭이 증가하는 결점이 생긴다.

34 접지 공사에 있어서 자갈층 또는 산간부의 암반 지대 등 토양의 고유 저항이 높은 지역에서는 규정의 저항치를 얻기가 곤란하다. 이와 같은 장소에 있어서의 접지 저항 저감 방법이 아닌 것은?

㉮ 접지 저감제 사용 ㉯ 매설 지선을 포설

㉰ mesh 공법에 의한 접지 ㉱ 직렬 접지

 • 접지 저항 저감 방법

① 물리적 저감법

접지극의 병렬 접속과 치수 확대, 매설지선 포설, 메시(mesh) 공법(망상 공법)

② 화학적 저감법 : 저감제 주입

정답 32. ㉮ 33. ㉱ 34. ㉱

35 수관을 통하여 공급되는 온천수의 온도를 올리는 전극식 온천용 승온기 차폐 장치의 전극에는 몇 종 접지 공사를 하여야 하는가?

㉮ 제1종 접지 공사 ㉯ 제2종 접지 공사

㉰ 제3종 접지 공사 ㉱ 특별 제3종 접지 공사

 • 전극식 온천용 승온기의 시설(판단기준 제238조 참조)

〈접지 공사〉

① 차폐 장치의 전극은 제1종 접지 공사를 할 것

② 절연 변압기의 철심 및 금속제 외함에는 제3종 접지 공사를 할 것

36 고압선로의 1선 지락 전류가 20 A인 경우에 이에 결합된 변압기 저압측의 제2종 접지 저항값은 몇 Ω인가?(단, 이 선로는 고 · 전압 혼촉 시에 저압 선로의 대지 전압이 150 V를 넘는 경우로서 1초를 넘고 2초 이내에 고압 전로를 자동 차단하는 장치가 되어 있다.)

㉮ 7.5 ㉯ 10

㉰ 15 ㉱ 30

 • 제2종 접지 공사의 접지 저항값 산정(판단기준 제18조 참조)

"변압기의 고압측 또는 특고압측 전로의 1선 지락 전류의 암페어수로 150을 나눈 값과 같은 Ω수"(단, 문제에서 단서와 같은 조건일 때는 "300을 나눈 값과 같은 Ω수")

$$\therefore\ R_2 = \frac{300}{I_g} = \frac{300}{20} = 15\ \Omega$$

37 다음 중 피뢰기를 반드시 시설하여야 하는 곳은?

㉮ 고압 전선로에 접속되는 단권 변압기의 고압측

㉯ 발 · 변전소의 가공 전선 인입구 및 인출구

㉰ 수전용 변압기의 2차측

㉱ 가공 전선로

 • 피뢰기 시설 장소(판단기준 제42조 참조)

① 발전소 · 변전소 또는 이에 준하는 장소의 가공 전선 인입구 및 인출구

② 가공 전선로에 접속하는 배전용 변압기의 고압 측 및 특별 고압측

③ 고압 및 특별 고압 가공 전선으로부터 공급을 받는 수용 장소의 인입구

④ 가공 전선로와 지중 전선로가 접속되는 곳

정답 35. ㉮ 36. ㉰ 37. ㉯

38 사이리스터의 순전압 강하의 측정 방법이 아닌 것은?

㉮ 오실로스코프에 의해 순시값을 측정
㉯ 정현반파 전류를 흘렸을 때의 평균 순전압 강하를 측정
㉰ 직류를 흘려서 측정
㉱ 온도가 정상 상태로 되기 전에 측정

 온도가 정상 상태로 된 후에 측정할 것

39 쌍방향 3단자 사이리스터는?

㉮ SCR ㉯ GTO
㉰ TRIAC ㉱ DIAC

 • 사이리스터(thyristor)의 분류

① 단일 방향성 소자
- 3단자
  - SCR (silicon controlled rectifier)
  - GTO (gate turn-off thyristor)
- 4단자 — SCS (silicon controlled switch)

② 양방향성 소자
- 2단자
  - DIAC (diode Ac switch)
  - SSS (silicon symmetrical switch)
- 3단자
  - TRIAC (triode Ac switch)
  - SBS (silicon bilateral switch)

40 발광소자와 수광소자를 하나의 용기에 넣어 외부의 빛을 차단한 구조로 출력측의 전기적인 조건이 입력측에 전혀 영향이 미치지 않는 소자는?

㉮ 포토 다이오드 ㉯ 포토 트랜지스터
㉰ 서미스터 ㉱ 포토 커플러

 • 포토 커플러(photo coupler)

입력과 출력이 전기적으로 절연되어있는 것이 특징이며, 발광소자와 수광소자로 투명 절연층을 사이에 두고 하나 소자로 이루어져 있다.

참고 ① 발광 소자로서는 화합물 반도체의 발광 다이오드, 수광소자로는 실리콘의 포토 다이오드나 포토 트랜지스터, 광사이리스터, OEIC로 이루어져 있다.
② 무접점 스위치, 고체화 릴레이(솔리드 릴레이) 등의 입출력 회로나 무접점의 가변 저항기 등으로 이용되어 진다.
③ 구조 : 본문 그림 4-19 참조

정답 38. ㉱ 39. ㉰ 40. ㉱

41 직류를 교류로 변환하는 장치이며, 다시 정의하면 상용 전원으로부터 공급된 전력을 입력받아 자체 내에서 전압과 주파수를 가변시켜 전동기에 공급함으로써 전동기 속도를 고효율로 용이하게 제어하는 일련의 장치를 무엇이라 하는가?

㉮ 전자 접촉기 ㉯ EOCR
㉰ 인버터 ㉱ SCR

• 3상 인버터(3-phase inverter)
최근에 다이오드와 스위치의 작용을 동시에 하는 전력용 반도체 소자인 사이리스터가 개발되어, 3상 인버터라고 불리는 주파수 변환기가 전동기의 속도 제어에 사용된다.

42 220 V의 교류 전압을 배전압 정류할 때 최대 정류 전압은?

㉮ 약 440 [V] ㉯ 약 566 [V]
㉰ 약 622 [V] ㉱ 약 880 [V]

• 배전압 정류 회로
$V_o = 2V_m = 2\times\sqrt{2}\times 220 = 622$ [V] 여기서, $V_m = \sqrt{2}$ [V]

43 단상 브리지 제어 정류 회로에서 저항 부하인 경우 출력 전압은? (단, α는 트리거 위상각이다.)

㉮ $E_d = 0.225E(1+\cos\alpha)$ ㉯ $E_d = \dfrac{2\sqrt{2}}{\pi}E\left(\dfrac{1+\cos\alpha}{2}\right)$
㉰ $E_d = \dfrac{2\sqrt{2}}{\pi}E\cos\alpha$ ㉱ $E_d = 1.17E\cos\alpha$

• 단상 브리지 위상 제어 회로

$$E_d = \frac{1}{\pi}\int_0^{\pi}\sqrt{2}E\sin\omega t\, d(\omega t) = \frac{\sqrt{2}E}{\pi}[-\cos\omega t]_{\alpha}^{\pi} = \frac{2\sqrt{2}}{\pi}E\left(\frac{1+\cos\alpha}{2}\right)$$
$$= \frac{\sqrt{2}}{\pi}E(1+\cos\alpha) = \frac{E_m}{\pi}(1+\cos\alpha) = 0.45E(1+\cos\alpha)$$

참고 유도 부하일 때 $E_d = \dfrac{2\sqrt{2}}{\pi}E\cos\alpha$ [V]

44 10진수 $(14.625)_{10}$를 2진수로 변환환 값은?

㉮ $(1101.110)_2$ ㉯ $(1101.101)_2$
㉰ $(1110.101)_2$ ㉱ $(1110.110)_2$

정답 41. ㉰ 42. ㉰ 43. ㉯ 44. ㉰

해설 • $(14.625)_{10} = (1110.101)_2$

① $(14)_{10} = (1110)_2$

```
2 ) 14
2 )  7 → 0
2 )  3 → 1
2 )  1 → 1
     0 → 1
```

② $(0.625)_{10} = (0.101)_2$

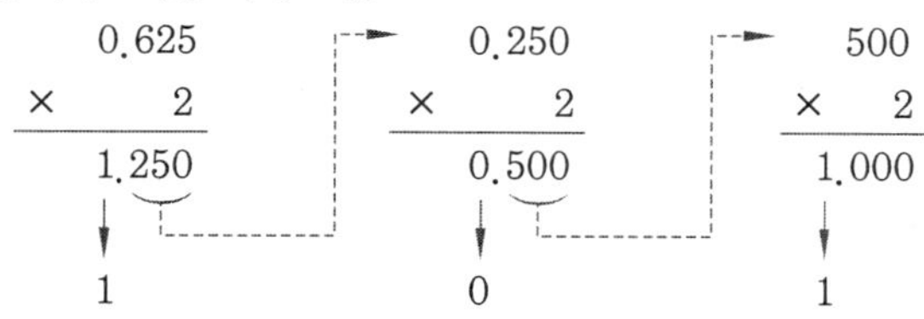

45 그림과 같은 스위치 회로의 논리식은?

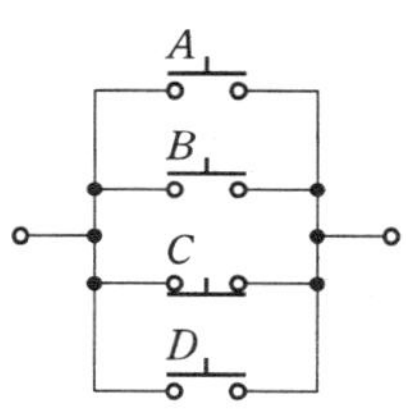

가 $A \cdot B \cdot \overline{C} \cdot D$

나 $A + B + \overline{C} + D$

다 $\overline{A} \cdot \overline{B} \cdot C \cdot \overline{D}$

라 $\overline{A} + \overline{B} + C + \overline{D}$

병렬 스위치 회로이므로 OR 게이트로 표현된다.

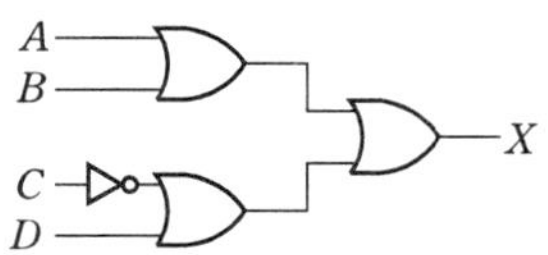

$\therefore\ X = A + B + \overline{C} + D$

46 논리식 '$A + AB$'를 간단히 계산한 결과는?

가 A 나 $\overline{A} + B$ 다 $A + \overline{B}$ 라 $A + B$

$A + AB = A(1 + B) = A$

47 그림과 같은 논리 회로를 1개의 게이트로 표현하면?

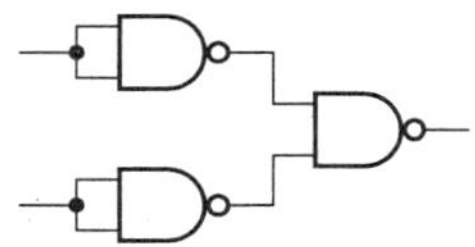

가 AND 나 NOR 다 NOT 라 OR

정답 45. 나 46. 가 47. 라

 • 등가회로와 논리식

$X=\overline{\overline{A}\,\overline{B}}=\overline{\overline{A}}+\overline{\overline{B}}=A+B$

48 순서 회로 설계의 기본인 JK FF 여기표에서 현재 상태의 출력 Q_n이 0이고, 다음 상태의 출력 Q_{n+1}이 1일 때 필요 입력 J 및 K의 값은? (단, X는 0 또는 1임)

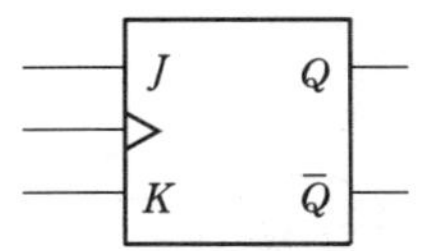

㉮ $J=1$, $K=0$
㉯ $J=0$, $K=1$
㉰ $J=x$, $K=1$
㉱ $J=1$, $K=x$

 • J–K FF (J–K flip–flop)

① 클록형 RS 플립플롭과 AND 게이트로 구성되어 있다.

② RS 플립플롭에서 불확실한 출력 상태 (R과 S가 모두 1인 상태)를 정의하여 사용할 수 있도록 개량된 플립플롭이다.

C	J	K	Q_{n+1}
0	×	×	Q_n
1	0	0	Q_n
1	0	1	0
1	1	0	1
1	1	1	$\overline{Q}_n$(토글)

진리표

(가) $J=0$, $K=0$ 일 때 : 변함이 없다.

(나) $J=0$, $K=1$ 일 때
- $Q_n=0$이면, 이미 리셋 상태에 있으므로 클록이 들어와도 변화가 없다.
- $Q_n=1$이면, $K=1$, $Q_n=1$이므로 RS F–F의 입력 $R=1$이 되어 리셋 상태로 전환하게 된다. 즉 $Q_{n+1}=0$으로 된다.

(다) $J=1$, $K=0$ 일 때
- $Q_n=0$이면, $J=1$, $\overline{Q}_n=1$이므로 RS F–F의 입력 $S=1$이 되어 $Q_{n+1}=1$로 세트된다.
- $Q_n=1$인 경우에는 F–F 상태는 그 전의 그대로 유지한다.

(라) $J=K=1$ 일 때
- $Q_n=1$이면, 입력 K의 AND 게이트를 열어주어서 F–F를 리셋시킨다.
- $Q_n=0$이면, 입력 J의 AND 게이트를 열어주어서 F–F를 세트시켜 준다.

그러므로 초기 상태에 관계없이 $Q_{n+1}=\overline{Q}_n$의 결과를 얻게 된다.
이와 같이 클록 펄스가 들어올때마다 F–F의 상태가 반전되는 것을 토글 (toggle)된다고 한다. ∴ $J=1$, $K=x$

정답 48. ㉱

49 다음 그림과 같은 회로의 명칭은?

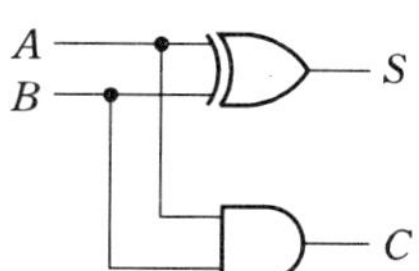

㉮ 플립플롭(flip-flop) 회로　㉯ 반가산기(half adder) 회로
㉰ 전가산기(full adder) 회로　㉱ 배타적 논리합(exclusive OR) 회로

• 반가산기(half adder) 회로
합 : $S=\overline{A}B+A\overline{B}=A\oplus B$
자리올림 수 : $C=AB$
∴ 문제의 논리 회로는 2진수의 합(S)과 자리올림(C) 구하는 반가산기 회로이다.

참고 반가산기 진리표에서,

$$S=\overline{A}B+A\overline{B}=\overline{A}B+A\overline{B}+A\overline{A}+B\overline{B}$$
$$=(A+B)\overline{A}+(A+B)\overline{B}$$
$$=(A+B)(\overline{A}+\overline{B})=(A+B)\overline{AB}$$
$$=A\oplus B$$
$$C=AB$$

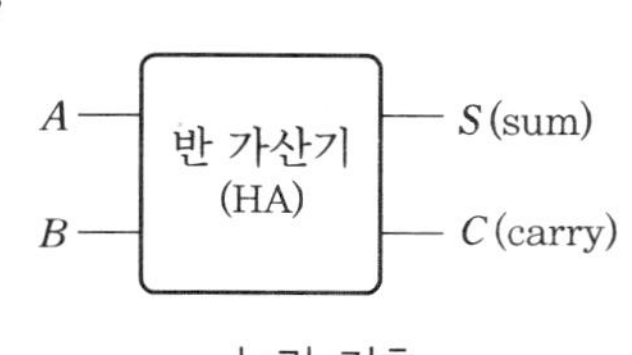

논리 기호

A	B	S	C
0	0	0	0
0	1	1	0
1	0	1	0
1	1	0	1

진리표

50 주어진 진리표가 나타내는 것은?

입력				출력	
D_0	D_1	D_2	D_3	B	A
1	0	0	0	0	0
0	1	0	0	0	1
0	0	1	0	1	0
0	0	0	1	1	1

㉮ 디코더　㉯ 인코더
㉰ 멀티플렉서　㉱ 디멀티플렉서

• 인코더(encoder) : 본문 그림 5-8 인코더(4×2) 참조
4개의 입력과 부호화된 신호를 출력하는 2개의 출력을 가진 인코더(encoder) 장치이다.

51 연산기(ALU)가 공통적으로 갖고 있는 기능이 아닌 것은?

㉮ 2진 가감산　㉯ 제어 기능
㉰ 불대수 연산　㉱ SHIFT 또는 ROTATE

정답 49. ㉯　50. ㉯　51. ㉯

• ALU (arithmetic and logic unit) : 산술 논리 연산 장치

중앙 처리 장치 속에서 연산을 하는 부분을 ALU라고 하며, 산술 연산과 논리 연산을 하는 유닛이다.

∴ 제어 기능은 해당되지 않는다.

참고 사용 자료의 성질에 따른 연산의 종류

① 산술적 연산

② 논적 연산
- 단항 연산 : MOVE, COMPLEMENT, SHIFT, ROTATE, CLEAR, INCREMENT, DECREMENT
- 2진 연산 : AND, OR, XOR, COMPARE

52 **내용으로 접근할 수 있는 메모리는?**

㉮ RAM

㉯ ROM

㉰ 가상 메모리 (virtual memory)

㉱ 연관 기억 장치 (associative' memory)

• 연관 기억 장치 (associative memory, 聯關記憶裝置)

① 저장된 내용을 이용해 접근하는 기억 장치이다.

② 일반적인 기억 장치와 달리 기억된 내용의 일부를 이용하여 원하는 정보가 기억된 위치를 찾아내서 접근하는 기억 장치로, 보통 한 CPU (중앙 처리 장치)에 하나의 연관 기억 장치가 사용된다.

참고 ① 내용 주소화 기억 장치, 내용 지정 메모리, 연관 메모리라고도 한다.

② 주기억 장치보다 속도가 빨라 많은 양의 정보를 검색할 때나 데이터베이스에 주로 사용한다.

53 **직접 주소 지정 방식에 대한 설명 중 틀린 것은?**

㉮ 명령 (instruction)의 address부에 실제 주소가 들어간다.

㉯ 실제 주소를 사용하므로 프로그래머가 사용하기 쉽다.

㉰ 간접 지정 방식에 비해 실행 속도가 빠르다.

㉱ 명령에서는 자료의 위치를 직접 지정하지는 않는다.

• 직접 주소 지정 방식 : 본문 표 6-2 참조

① 명령의 어드레스 (address)부가 직접 어드레스를 포함하는 주소 지정 방식이다.

② 명령 혹은 피연산자 (operand)의 어드레스가 베이스 레지스터나 인덱스 레지스터를 참조하는 일 없이 완전히 기계어 명령 속에 오퍼랜드로 직접 지정되는 주소 지정 방식이다.

정답 52. ㉱ 53. ㉱

54 그림과 같은 구조를 가지고 있는 스택은?

㉮ FIFO
㉯ LIFO
㉰ BUFFER
㉱ POINTER

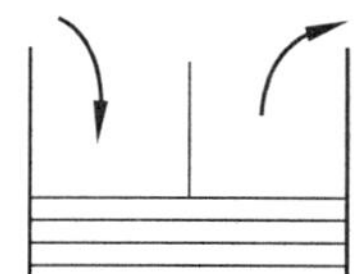

• LIFO (last-In first-out) : 후입 선처리법
각종 처리를 하는 경우에 대기 시간이 있을 때 나중에 입력된 데이터 등의 처리를 먼저 끝내는 방식이다.
참고 FIFO : 본문 그림 6-11 스택 참조
① 대기 행렬에서의 선입선처리(先入先處理) 제어 방식이다.
② 처리의 우선 순위를 붙이지 않고 먼저 도착한 순서로 처리하는 방식이다.

55 어떤 측정법으로 동일 시료를 무한회 측정하였을 때 데이터 분포의 평균치와 참값과의 차를 무엇이라 하는가?

㉮ 재현성 ㉯ 안정성
㉰ 반복성 ㉱ 정확성

• 정확성 (accuracy)
① 치우침이 작은 정도와 정밀함, 즉 모표준(母標準) 편차가 작은 정도를 포함해서 정확성이라 한다.
② 참값에서 평균값을 뺀 것

56 관리도에서 측정한 값을 차례로 타점했을 때 점이 순차적으로 상승하거나 하강하는 것을 무엇이라 하는가?

㉮ 런 (run) ㉯ 주기 (cycle)
㉰ 경향 (trend) ㉱ 산포 (dispersion)

• 관리도-점의 배열 현상
① 산포 (dispersion) : 측정값의 크기가 고르지 않은 것을 말한다. 측정값의 고르지 않은 정도나 산포도(散布度)의 크기를 나타내는 데는 표준 편차가 사용된다.
② 주기 (period) – 사이클 (cycle) : 주기는 일정한 시간 간격을 두고 현상이 반복되는 것을 주기적이라고 한다. 사이클은 계속해서 반복되는 일련의 과정을 말한다.
③ 경향 (tendency) : 측정값이 순차적으로 상승하거나 하강하는 현상을 말한다.
④ 런 (run) : 측정값이 관리 한계 내에서 중심선 한쪽에 연속해서 나타나는 배열 현상을 말한다.

정답 54. ㉯ 55. ㉱ 56. ㉰

57 **도수 분포표를 작성하는 목적으로 볼 수 없는 것은?**

가 로트의 분포를 알고 싶을 때
나 로트의 평균치와 표준 편차를 알고 싶을 때
다 규격과 비교하여 부적합품률을 알고 싶을 때
라 주요 품질 항목 중 개선의 우선 순위를 알고 싶을 때

• 도수 분포표의 작성 목적
① 데이터의 흩어진 모양, 즉 로트(lot)의 분포를 알기 위해서
② 데이터, 즉 로트(lot)의 평균치와 표준 편차를 알기 위해서
③ 규격과 비교하여 부적합품률을 알기 위해서

참고 도수 분포표(frequency distribution table)
① 품질 특성값의 불균일 상태를 표로 한 것
② 측정값 중에 같은 값이 반복해서 나타나는 경우, 각 값의 출현 빈도수를 배열한 표

58 **"무결점 운동"으로 불리는 것으로 미국의 항공사인 마틴사에서 시작된 품질 개선을 위한 동기 부여 프로그램은 무엇인가?**

가 ZD　　나 6 시그마
다 TPM　　라 ISO 9001

• 무결점 운동(ZD : zero defects program)
① 품질의 4대 절대 원칙 중 하나
② 품질 개선을 위한 동기부여 프로그램

참고 ZD란 기술적으로 가능하며 보다 경제적이라고 주장하고 있으며, 이를 품질의 4대 절대 원칙 중 하나로 들고 있다.

59 **정상 소요 기간이 5일이고, 이때의 비용이 20,000원이며 특급 소요 기간이 3일이고, 이때의 비용이 30,000원이라면 비용 구배는 얼마인가?**

가 4,000원/일
나 5,000원/일
다 7,000원/일
라 10,000원/일

• 비용 구배(cost slope)

$$\text{비용 구배} = \frac{\text{특급 비용} - \text{정상 비용}}{\text{정상 시간} - \text{특급 시간}} = \frac{30{,}000 - 20{,}000}{5 - 3} = 5{,}000\,[\text{원/일}]$$

정답 57. 라　58. 가　59. 나

60 **컨베이어 작업과 같이 단조로운 작업은 작업자에게 무력감과 구속감을 주고 생산량에 대한 책임감을 저하시키는 등의 폐단이 있다. 다음 중 이러한 단조로운 작업의 결함을 제거하기 위해 채택되는 직무 설계 방법으로서 가장 거리가 먼 것은?**

㉮ 자율 경영팀 활동을 권장한다.

㉯ 하나의 연속 작업 시간을 길게 한다.

㉰ 작업자 스스로가 직무를 설계하도록 한다.

㉱ 직무 확대, 직무 충실화 등의 방법을 활용한다.

해설 • 직무 설계 방법

참고 직무 설계(職務設計 : jop design)

개인과 조직을 연결시켜 주는 가장 기본적인 단위인 직무의 내용과 방법 및 관계를 구체화하여 종업원의 욕구와 조직의 목표를 통합시키는 것을 말한다.

정답 60. ㉯

◎ 2012년도 시행 문제 ◎

▶2012년 4월 8일 시행(51회)

자격종목 및 등급(선택분야)	종목코드	시험시간	문제지형별	수험번호	성 명
전기기능장	**3380**	**1시간**	**B**		

01 공기 중에서 어느 일정한 거리를 두고 있는 두 점전하 사이에 작용하는 힘이 16 N이었는데, 두 전하 사이에 유리를 채웠더니 작용하는 힘이 4 N으로 감소하였다. 이 유리의 비유전율은?

㉮ 2 ㉯ 4 ㉰ 8 ㉱ 12

• 쿨롱의 법칙(Coulomb's law) $F = \frac{1}{4\pi\epsilon_0\epsilon_s} \cdot \frac{Q_1 \cdot Q_2}{r^2} = \kappa\frac{1}{\epsilon_s}$ [N]에서

① 공기 중 : $F_o = 16\text{ N}$

② 유리 유전체 중 : $F_s = \frac{F_o}{\epsilon_s} = 4\text{ N}$ $\therefore\ \epsilon_s = \frac{F_o}{F_s} = \frac{16}{4} = 4$

02 그림과 같은 회로에서 단자 a, b에서 본 합성저항(Ω)은?

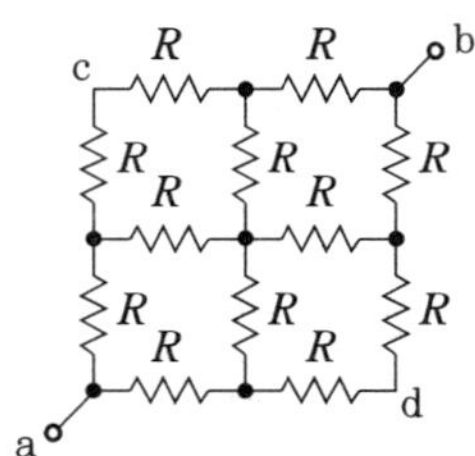

㉮ $\frac{1}{2}R$ ㉯ $\frac{1}{3}R$ ㉰ $\frac{3}{2}R$ ㉱ $2R$

단위 전류법에 의한 등가회로에서,

$$R_{ab} = \left(\frac{1}{2} + \frac{1}{4} + \frac{1}{4} + \frac{1}{2}\right)R = \frac{3}{2}R$$

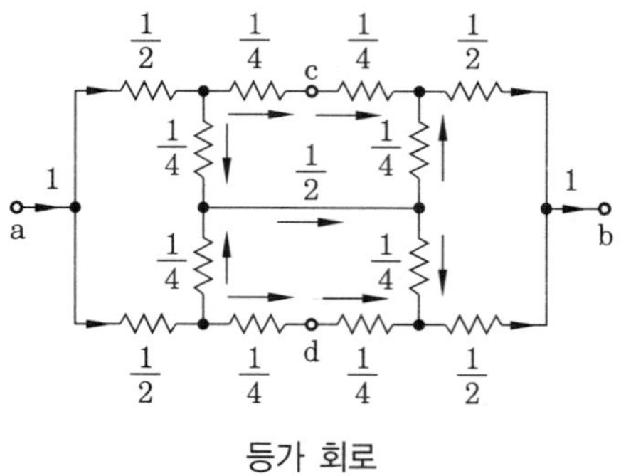

등가 회로

정답 1. ㉯ 2. ㉰

03 인덕터의 특징을 요약한 것 중 잘못된 것은?

㉮ 인덕터는 에너지를 축적하지만 소모하지는 않는다.
㉯ 인덕터의 전류가 불연속적으로 급격히 변화하면 전압이 무한대가 되어야 하므로 인덕터 전류가 불연속적으로 변할 수 없다.
㉰ 일정한 전류가 흐를 때 전압은 무한대이지만 일정량의 에너지가 축적된다.
㉱ 인덕터는 직류에 대해서 단락 회로로 작용한다.

• 인덕터의 특징 중에서,

① $V=L\dfrac{di}{dt}$ 에서 i가 일정하면 전압은 '0'이 된다. 따라서, 인덕터는 직류 전류에 대해서는 단락 회로로 작용한다.
② 인덕터에 흐르는 전류는 항상 연속적이다. 즉 불연속적으로 변할 수 없다.
③ 인덕터는 에너지를 축적하지만 소모하지는 않는다. 즉 소모 전력은 없다.

04 그림에서 1차 코일의 자기인덕턴스 L_1, 2차 코일의 자기 인덕턴스 L_2, 상호 인덕턴스를 M이라 할 때 L_A의 값으로 옳은 것은?

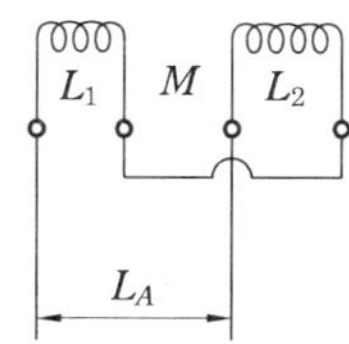

㉮ L_1+L_2+2M
㉯ L_1-L_2+2M
㉰ L_1+L_2-2M
㉱ L_1-L_2-2M

• 인덕턴스의 접속

① 차동 접속 : $L_{ab}=L_1+L_2-2M\,[\mathrm{H}]$
② 가동 접속 : $L_{ab}=L_1+L_2+2M\,[\mathrm{H}]$
$\therefore L_A=L_1+L_1-2M\,[\mathrm{H}]$

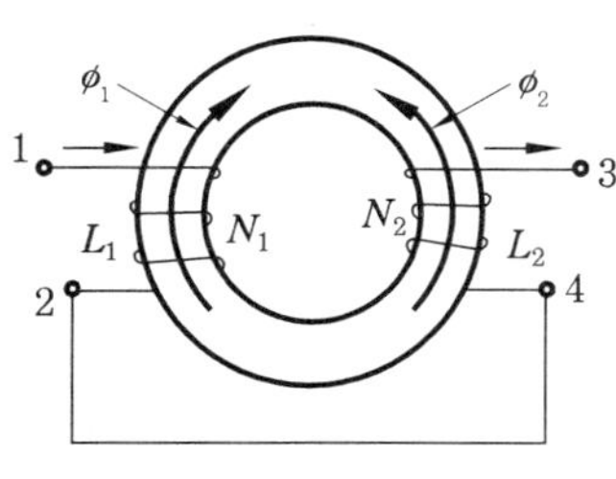

차동접속

05 $R=10\ \Omega$, $X_L=8\ \Omega$, $X_C=20\ \Omega$이 병렬로 접속된 회로에 80 V의 교류 전압을 가하면 전원에 흐르는 전류는 몇 A인가?

㉮ 5 A　㉯ 10 A　㉰ 15 A　㉱ 20 A

정답 3. ㉰ 4. ㉰ 5. ㉯

 • 각 소자에 흐르는 전류

$I_R = \frac{80}{10} = 8\text{ A},\ I_L = \frac{80}{8} = 10\text{ A},\ I_C = \frac{80}{20} = 4\text{ A}$

$\therefore\ I = \sqrt{I_R^2 + (I_L - I_C)^2} = \sqrt{8^2 + (10^2 - 4^2)} = 10\text{ A}$

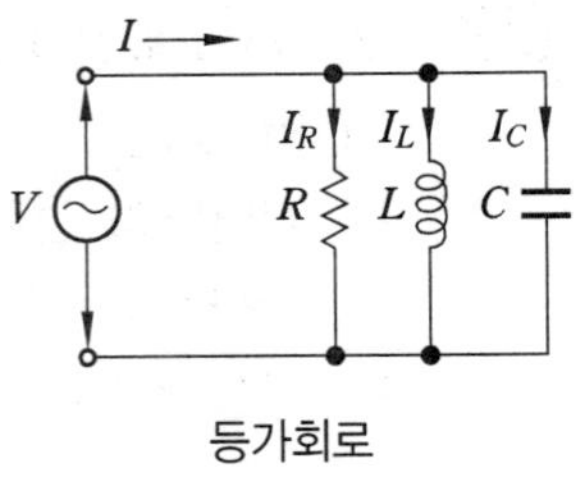

등가회로

06 어떤 $R-L-C$ 병렬 회로가 병렬 공진이 되었을 때 합성 전류에 대한 설명으로 옳은 것은?

㉮ 전류는 무한대가 된다. ㉯ 전류는 최대가 된다.
㉰ 전류는 흐르지 않는다. ㉱ 전류는 최소가 된다.

 • $R-L-C$ 병렬 공진 회로

① 병렬 공진 회로에서는 공진시에 어드미턴스가 최소, 임피던스는 최대가 된다.
② 전류는 전압과 동상이 되고, 그 크기는 최소가 된다.

07 100 V용 30 W의 전구와 60 W의 전구가 있다. 이것을 직렬로 접속하여 100 V의 전압을 인가하였을 때 두 전구의 상태는 어떠한가?

㉮ 30 W의 전구가 더 밝다. ㉯ 60 W의 전구가 더 밝다.
㉰ 두 전구의 밝기가 모두 같다. ㉱ 두 전구 모두 켜지지 않는다.

 • 전구의 직렬 접속

① 소비 전력은 전구의 내부 저항에 반비례하므로 30W 전구의 내부 저항은 60W 전구의 2배이다.
② 등가회로와 같이 직렬 접속인 경우, 두 전구에 흐르는 전류는 같으며 내부 저항이 2배인 30W 전구 양단(N) 전압이 2배가 되므로 30W가 더 밝게 된다.

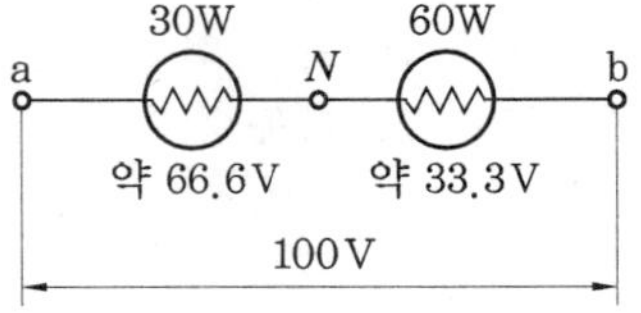

등가회로

참고 $R_{30} = \frac{V^2}{P_{30}} = \frac{100^2}{30} \fallingdotseq 333.33\ \Omega \quad R_{60} = \frac{V^2}{P_{60}} = \frac{100^2}{60} \fallingdotseq 166.67\ \Omega$

08 정현파에서 파고율이란?

㉮ $\frac{\text{최대값}}{\text{실효값}}$ ㉯ $\frac{\text{평균값}}{\text{실효값}}$ ㉰ $\frac{\text{실효값}}{\text{평균값}}$ ㉱ $\frac{\text{최대값}}{\text{평균값}}$

해설 • 파형률과 파고율

① 파형률(form factor) = $\frac{\text{실효값}}{\text{평균값}}$ ② 파고율(crest factor) = $\frac{\text{최대값}}{\text{실효값}}$

정답 6. ㉱ 7. ㉮ 8. ㉮

09 상전압 300 [V]의 3상 반파 정류 회로의 직류 전압은 몇 [V]인가?

㉮ 117 [V] ㉯ 200 [V]
㉰ 283 [V] ㉱ 351 [V]

 • 3상 반파 정류 회로 : $E_{do}=1.17V=1.17\times 300=351$ [V]

10 여자기(exciter)에 대한 설명으로 옳은 것은?

㉮ 발전기의 속도를 일정하게 하는 것이다.
㉯ 부하 변동을 방지하는 것이다.
㉰ 직류 전류를 공급하는 것이다.
㉱ 주파수를 조정하는 것이다.

 • 여자기(excitor)
교류 발전기의 계자 권선에 직류 여자 전류를 공급하여 계자 철심을 자화시키기 위한 직류 전원 장치로 분권 또는 복권 직류 발전기를 일반적으로 사용한다.

11 직류기에서 파권 권선의 이점은?

㉮ 효율이 좋다. ㉯ 출력이 크다.
㉰ 전압이 높게 된다. ㉱ 역률이 안정된다.

 • 직류기의 권선법–파권
파권은 전기자 병렬 회로수가 항상 2개이므로 소전류, 고전압을 얻을 수 있는 권선법이다.

12 직류 직권 전동기에서 토크 T와 회전수 N과의 관계는 어떻게 되는가?

㉮ $T\propto N$ ㉯ $T\propto N^2$ ㉰ $T\propto \frac{1}{N}$ ㉱ $T\propto \frac{1}{N^2}$

 • 직류 직권 전동기의 특성
① $T=kI^2$ ② $N=k'\frac{1}{I}$ $\therefore\ T=k''\frac{1}{N^2}$
참고 본문 그림 2-15 특성 곡선 참조

13 다음 중 변압기의 누설 리액턴스를 줄이는 데 가장 효과적인 방법은?

㉮ 권선을 분할하여 조립한다. ㉯ 코일의 단면적을 크게 한다.
㉰ 권선을 동심 배치시킨다. ㉱ 철심의 단면적을 크게 한다.

정답 9. ㉱ 10. ㉰ 11. ㉰ 12. ㉱ 13. ㉮

 • 변압기의 누설 리액턴스

① 누설 자속은 변압 작용에는 도움이 되지 않고 인덕턴스 역할만 하기 때문에 누설 리액턴스가 되고 권선에 전류가 흐르면 전압 강하를 일으킨다.

② 누설 자속을 줄이는 효과적인 방법은 권선을 분할하여 조립하는 것이다.

참고 변압기 권선의 배치 방법

① 교차형 : 저 · 고압권선을 분할하여 교대로 배치하여 조립하는 것으로 누설 자속을 감소시켜 전압 변동을 줄일 수 있으며 대전류 외철형에 사용된다.

② 동심권 : 철심의 내측에 저압 권선을 감고, 다음에 고압권선을 동심형으로 배치한다.

14 변압기의 전일 효율을 최대로 하기 위한 조건은?

㉮ 전부하 시간이 길수록 철손을 작게 한다.

㉯ 전부하 시간이 짧을수록 무부하손을 작게 한다.

㉰ 전부하 시간이 짧을수록 철손을 크게 한다.

㉱ 부하 시간에 관계없이 전부하 동손과 철손을 같게 한다.

 • 전일 효율 (all-day efficiency)

① 24시간 중의 출력에 상당한 전력량을 그 전력량과 그날의 손실 전력량의 합으로 나눈 것을 말한다.

② 변압기가 하루 중, T 시간은 $P = V_2 I_2 \cos\theta$의 부하로 운전되고 나머지 시간은 무부하라 할 때, 전일 효율은 다음과 같다.

$$\eta_d = \frac{V_2 I_2 \cos\theta \times T}{V_2 I_2 \cos\theta \times T + 24P_i + r_{12} I_2^{\,2} \times T} \times 100\ [\%]$$

여기서, P_i =무부하손

참고 전일 효율을 최대로 하기 위한 조건은 전부하 시간이 짧을수록 무부하손을 작게 하여야 한다.

15 3상 변압기 결선 조합 중 병렬 운전이 불가능한 것은?

㉮ △ - △와 △ - △ ㉯ △ - Y와 Y - △

㉰ Y - Y와 △ - Y ㉱ △ - △와 Y - Y

 • 변압기 군의 병렬 운전 조합

<table>
<tr><th colspan="2">병렬 운전 가능</th><th>병렬 운전 불가능</th></tr>
<tr><td>△ - △와 △ - △
Y - Y와 Y - Y
Y - △와 Y - △</td><td>△ - Y와 △ - Y
△ - △와 Y - Y
△ - Y와 Y - △</td><td>△ - △와 △ - Y
Y - Y와 △ - Y</td></tr>
</table>

정답 14. ㉯ 15. ㉰

16 변압기의 시험 중에서 철손을 구하는 시험은?

㉮ 극성 시험 ㉯ 단락 시험
㉰ 무부하 시험 ㉱ 부하 시험

• 변압기의 무부하 시험과 단락 시험

① 무부하 시험 : 고압측을 개방하여 저압측에 정격 전압을 걸어 여자 전류와 철손을 구하고, 여자 어드미턴스를 구한다.

② 단락 시험 : 저압측을 단락하고 고압측에 임피던스 전압을 가하여, 정격 전류를 흘러서 입력인 부하손(동손)를 측정하고 임피던스를 구한다.

17 유도 전동기의 2차 입력, 2차 동손 및 슬립을 각각 P_2, P_{C2}, s라 하면 이들의 관계식은 어느 것인가?

㉮ $s = P_2 \times P_{C2}$ ㉯ $s = P_2 \times P_{C2}$

㉰ $s = \dfrac{P_2}{P_{C2}}$ ㉱ $s = \dfrac{P_{C2}}{P_2}$

• 2차 입력 P_2, 2차 동손 P_{C2}, 슬립 s와의 관계

① 2차 저항손

$$P_{C2} = I_2^{\,2} \cdot r_2 = I_2 r_2 \cdot I_2 = I_2 r_2 \cdot \frac{sE_2}{\sqrt{r_2^{\,2} + (sx_2)^2}} = sE_2 I_2 \cos\theta_2 = sP_2 [\mathrm{W}]$$

② 슬립

$$s = \frac{P_{C2}}{P_2}$$

18 유도 전동기의 1차 접속을 △에서 Y 결선으로 바꾸면 기동시의 1차 전류는?

㉮ $\dfrac{1}{3}$로 감소한다. ㉯ $\dfrac{1}{\sqrt{3}}$로 감소한다.

㉰ 3배로 증가한다. ㉱ $\sqrt{3}$ 배로 증가한다.

• 3상 유도 전동기를 Y－△기동

기동할 때 Y 결선으로 각 상의 권선에는 정격 전압의 $\dfrac{1}{\sqrt{3}}$의 전압이 가해지므로, 기동 전류는 전전압 기동에 비하여 $\dfrac{1}{3}$로 감소한다.

19 회전수 1800 rpm를 만족하는 동기기의 극수(㉠)와 주파수(㉡)는?

㉮ ㉠ 4극, ㉡ 50 Hz ㉯ ㉠ 6극, ㉡ 50 Hz
㉰ ㉠ 4극, ㉡ 60 Hz ㉱ ㉠ 6극, ㉡ 60 Hz

정답 16. ㉰ 17. ㉱ 18. ㉮ 19. ㉰

해설 • 동기기의 동기 속도

$N_S = \frac{120f}{p}$ rpm 에서,

$N_S = 1800$ rpm 이므로 $1800 = \frac{120f}{p}$ 에서, $f = 15p$ 또는 $p = \frac{f}{15}$

$\therefore f = 60$ Hz, $p = 4$주

참고 $N_S = \frac{120 \times 60}{4} = 1800$ rpm

20 **극수 16, 회전수 450 rpm, 1상의 코일수 83, 1극의 유효자속 0.3 Wb의 3상 동기 발전기가 있다. 권선 계수가 0.96이고, 전기자 권선을 성형 결선으로 하면 무부하 단자 전압은 약 몇 V인가?**

가 8000 V　　나 9000 V

다 10000 V　　라 11000 V

 • 동기 발전기의 무부하 단자 전압

① $f = \frac{N_s P}{120} = \frac{450 \times 16}{120} = 60$ Hz

② $E = 4.44kfn\phi = 4.44 \times 0.96 \times 60 \times 83 \times 0.3 \fallingdotseq 6370$ V

$E_l = \sqrt{3}\,E = \sqrt{3} \times 6370 \fallingdotseq 11000$ V

21 **부하를 일정하게 유지하고 역률 1로 운전 중인 동기 전동기의 계자 전류를 증가시키면?**

가 아무 변동이 없다.

나 리액터로 작용한다.

다 뒤진 역률의 전기자 전류가 증가한다.

라 앞선 역률의 전기자 전류가 증가한다.

해설 • 동기 전동기의 위상 특성 곡선(V 곡선) : 본문 그림 2-76 참조

① 계자 전류 I_f를 증가시키면 앞선 역률의 전기자 전류가 증가
→ 콘덴서 부하로 동작

② 계자 전류 I_f를 감소시키면 뒤진 역률의 전기자 전류가 증가
→ 리액터 부하로 동작

22 **금속관 공사시 관의 두께는 콘크리트에 매설하는 경우 몇 mm 이상 되어야 하는가?**

가 0.6　　나 0.8　　다 1.2　　라 1.4

해설 • 금속관 공사에 의한 저압 옥내 배선

금속관의 두께는 콘크리트에 매입할 경우 1.2 mm 이상, 기타의 경우 1 mm 이상이어야 한다.

정답 20. 라　21. 라　22. 다

23 버스 덕트 배선에 의하여 시설하는 도체의 단면적은 알루미늄 띠 모양인 경우 얼마 이상의 것을 사용하여야 하는가?

㉮ 20 mm^2 ㉯ 25 mm^2
㉰ 30 mm^2 ㉱ 40 mm^2

 • 버스 덕트 배선의 도체의 단면적(판단기준 제188조 참조)
① 단면적 20 mm^2 이상의 띠 모양, 지름 5 mm 이상의 관 모양이나 둥글고 긴 막대 모양의 동(구리)
② 단면적 30 mm^2 이상의 띠 모양의 알루미늄일 것

24 화약류 등의 제조소 내에 전기 설비를 시공할 때 준수할 사항이 아닌 것은?

㉮ 전열 기구 이외의 전기 기계 기구는 전폐형으로 할 것
㉯ 배선은 두께 1.6 mm 합성수지관에 넣어 손상 우려가 없도록 시설할 것
㉰ 전열 기구는 시스선 등의 충전부가 노출되지 않는 발열체를 사용할 것
㉱ 온도가 현저히 상승 또는 위험 발생 우려가 있는 경우 전로를 자동 차단하는 장치를 갖출 것

 • 화약류 저장소에서 전기 설비의 시설(판단기준 제202조 참조)
① 전로의 대지 전압은 300 V 이하로 할 것
② 전기 기계 기구는 전폐형을 사용할 것
③ 옥내 배선은 금속 전선관 배선 또는 케이블 배선에 의하여 시설할 것
∴ 합성수지관 배선에 의하여 시설할 수 없다.

25 배전반 또는 분전반의 배관을 변경하거나 이미 설치된 캐비닛에 구멍을 뚫을 때 사용하며 수동식과 유압식이 있다. 이 공구는 무엇인가?

㉮ 클리퍼 ㉯ 클릭볼
㉰ 커터 ㉱ 녹아웃 펀치

26 특고압용 변압기의 냉각 방식이 타냉식인 경우 냉각 장치의 고장으로 인하여 변압기의 온도가 상승하는 것을 대비하기 위하여 시설하는 장치는?

㉮ 방진 장치 ㉯ 회로 차단 장치
㉰ 경보 장치 ㉱ 공기 정화 장치

정답 23. ㉰ 24. ㉯ 25. ㉱ 26. ㉰

해설 • 특별 고압용 변압기의 보호 장치(판단 기준 제48조 참조)

뱅크 용량의 구분	동작 조건	장치의 종류
5000 kVA 이상 10000 kVA 미만	변압기 내부 고장	자동 차단 장치 또는 경보 장치
10000 kVA 이상	변압기 내부 고장	자동 차단 장치
타냉식 변압기(변압기의 권선 및 철심을 직접 냉각시키기 위하여 봉입한 냉매를 강제 순환시키는 냉각 방식을 말한다.)	냉각 장치에 고장이 생긴 경우 또는 변압기의 온도가 현저히 상승한 경우	경보 장치

27 **최대 사용 전압 3300 V인 고압 전동기가 있다. 이 전동기의 절연 내력 시험 전압은 몇 V인가?**

㉮ 3630 V　　㉯ 4125 V　　㉰ 4950 V　　㉱ 10500 V

 • 회전기의 절연 내력 시험(판단기준 제14조 참조)

최대 사용 전압이 7000 V 이하인 경우에는 최대 사용 전압 1.5배의 전압으로 시험한다(단, 500 V 미만으로 되는 경우에는 500 V로 한다.).

∴ 시험 전압 = 1.5 × 3300 = 4950 V

참고 회전기의 절연 내력 시험

<table>
<tr><th colspan="3">종류</th><th>시험 전압</th><th>시험 방법</th></tr>
<tr><td rowspan="2">회
전
기</td><td rowspan="2">발전기 · 전동기 · 조상기 · 기타 회전기</td><td>최대 사용 전압 7,000 V 이하</td><td>최대 사용 전압의 1.5배의 전압 (500 V 미만으로 되는 경우에는 500 V)</td><td rowspan="2">권선과 대지 간에 연속하여 10분 간 가한다.</td></tr>
<tr><td>최대 사용 전압 7,000 V 초과</td><td>최대 사용 전압의 1.25배의 전압 (10,500 V 미만으로 되는 경우에는 10,500 V)</td></tr>
<tr><td></td><td colspan="3">이하 생략</td><td></td></tr>
</table>

28 **기계 기구의 철대 및 외함 접지에서 옳지 못한 것은?**

㉮ 400 V 미만인 저압용에서는 제3종 접지 공사

㉯ 400 V 이상의 저압용에서는 제2종 접지 공사

㉰ 고압용에서는 제1종 접지 공사

㉱ 특별 고압용에서는 제1종 접지 공사

해설 • 기계 기구의 철대 및 외함 접지(판단기준 제33조 참조)

기계 기구의 구분	접지 공사
400 V 미만인 저압용의 것	제 3 종 접지 공사
400 V 이상의 저압용의 것	특별 제 3 종 접지 공사
고압용 또는 특별 고압용의 것	제 1 종 접지 공사

정답 27. ㉰ 28. ㉯

29 저압 연접 인입선은 인입선에서 분기하는 점으로부터 100 m를 넘지 않는 지역에 시설하고 폭 몇 m를 초과하는 도로를 횡단하지 않아야 한는가?

㉮ 4 ㉯ 5 ㉰ 6 ㉱ 6.5

• 저압 연접 인입선의 시설 규정

① 인입선에서 분기하는 점에서 100 m를 넘는 지역에 이르지 않아야 한다.

② 폭 5 m를 넘는 도로를 횡단하지 않아야 한다.

③ 연접 인입선은 옥내를 통과하면 안된다.

30 전주 사이의 경간이 50 m인 가공 전선로에서 전선 1 m의 하중이 0.37 kg, 전선의 이도가 0.8 m라면 전선의 수평 장력은 약 몇 kg인가?

㉮ 80 ㉯ 120

㉰ 145 ㉱ 165

• 전선의 딥(dip : D)

$D \fallingdotseq \dfrac{WS^2}{8T}$ [m]에서, $T = \dfrac{WS^2}{8D} = \dfrac{0.37 \times 50^2}{8 \times 0.8} \fallingdotseq 145$ [kg]

여기서, W : 전선 1 m의 무게 (kg), T : 장력 (kg), S : 경간 (m)

참고 전선의 실제 길이 : $L = S + \dfrac{8D^2}{3S}$ [m]

31 경간이 100 m인 저압 보안 공사에 있어서 지지물의 종류가 아닌 것은?

㉮ 철탑 ㉯ A종 철근 콘크리트주

㉰ A종 철주 ㉱ 목주

• 저압 보안 공사(판단기준 제77조 참조)

〈지지물의 종류 – 경간〉

지지물의 종류	경간
목주 · A종 철주 또는 A종 철근 콘크리트주	100 m
B종 철주 또는 B종 철근 콘크리트주	150 m
철탑	400 m

32 지중 전선로는 케이블을 사용하고 직접 매설식의 경우 매설 깊이는 차량 및 기타 중량물의 압력을 받는 곳에서는 지하 몇 m 이상이어야 하는가?

㉮ 0.8 ㉯ 1.0

㉰ 1.2 ㉱ 1.5

정답 29. ㉯ 30. ㉰ 31. ㉮ 32. ㉰

 • 지중 전선로의 시설(판단기준 제136조 참조)
지중 전선로를 직접 매설식에 의하여 시설하는 경우에는 매설 깊이를 차량 기타 중량물의 압력을 받을 우려가 있는 장소에서는 1.2 m 이상, 기타 장소에서는 60 cm 이상으로 하여야 한다.

33 빌딩의 부하 설비 용량이 2000 kW, 부하 역률 90 %, 수용률이 75 %일 때 수전 설비의 용량은 약 몇 kW인가?

㉮ 1554 kVA ㉯ 1667 kVA ㉰ 1800 kVA ㉱ 2222 kVA

 • 수전 설비 용량

$$P_a = \frac{\text{설비 용량}}{\text{역률}} \times \text{수용률} = \frac{2000}{0.9} \times 0.75 \fallingdotseq 1667 \text{ kVA}$$

34 고압 또는 특고압 가공 전선로에서 공급을 받는 수용 장소의 인입구 또는 이와 근접한 곳에는 무엇을 시설하여야 하는가?

㉮ 동기 조상기 ㉯ 직렬 리액터
㉰ 정류기 ㉱ 피뢰기

 • 피뢰기 시설 장소(판단기준 제42조 참조)
① 발전소·변전소 또는 이에 준하는 장소의 가공 전선 인입구 및 인출구
② 가공 전선로에 접속하는 배전용 변압기의 고압 측 및 특별 고압측
③ 고압 및 특별 고압 가공 전선으로부터 공급을 받는 수용 장소의 인입구
④ 가공 전선로와 지중 전선로가 접속되는 곳

35 3상 배전 선로의 말단에 늦은 역률 60 %, 120 kW의 평형 3상 부하가 있다. 부하점에 부하와 병렬로 전력용 콘덴서를 접속하여 선로 손실을 최소화하려고 한다. 이 경우 필요한 콘덴서의 용량은?

㉮ 60 kVA ㉯ 80 kVA
㉰ 135 kVA ㉱ 160 kVA

해설 • 부하의 역률 개선 – 전력용 콘덴서의 용량 산정
손실을 최소로 하기 위한 조건은 역률을 100 %로 개선하여야 하므로 $\cos\theta_2 = 1$이 되어야 한다.

$$\therefore Q_C = P\left(\sqrt{\frac{1}{\cos^2\theta_1} - 1} - \sqrt{\frac{1}{\cos^2\theta_2} - 1}\right)$$
$$= 120\sqrt{\frac{1}{0.6^2} - 1}$$
$$\fallingdotseq 160 \text{ kVA}$$

정답 33. ㉯ 34. ㉱ 35. ㉱

36 **방향 계전기의 기능이 적합하게 설명이 된 것은 어느 것인가?**

㉮ 예정된 시간 지연을 가지고 응동(應動)하는 것을 목적으로 한 계전기
㉯ 계전기가 설치된 위치에서 보는 전기적 거리 등을 판별해서 동작
㉰ 보호 구간으로 유입하는 전류와 보호 구간에서 유출되는 전류와의 벡터차와 출입하는 전류와의 관계비로 동작하는 계전기
㉱ 2개 이상의 벡터량 관계 위치에서 동작하며 전류가 어느 방향으로 흐르는가를 판정하는 것을 목적으로 하는 계전기

• 방향 계전기(directional relay)
2개 이상의 벡터량(전류, 전압)의 관계 위상에 의해서 동작하는 계전기로서 전력 공급 방향을 식별하기 위해 사용된다.

[참고] 용도에 따른 종류
① 단락 방향 계전기 ② 방향 전력 계전기 ③ 지락 방향 계전기

37 **반사 갓을 사용하여 90~100 % 정도의 빛이 아래로 향하고, 10 % 정도가 위로 향하는 방식으로 빛의 손실이 적고, 효율은 높지만, 천장이 어두워지고 강한 그늘이 생기며 눈부심이 생기기 쉬운 조명 방식은?**

㉮ 직접 조명 ㉯ 반직접 조명
㉰ 전반 확산 조명 ㉱ 반간접 조명

• 조명 기구의 배광에 의한 분류 : 본문 그림 3-45 참조

조명 방식	직접 조명	반직접 조명	전반 확산 조명	반간접 조명	간접 조명
상향 광속	0~10 %	10~40 %	40~60 %	60~90 %	90~100 %
하향 광속	100~90 %	90~60 %	60~40 %	40~10 %	10~0 %

38 **MOSFET의 드레인 전류는 무엇으로 제어하는가?**

㉮ 게이트 전압 ㉯ 게이트 전류 ㉰ 소스 전류 ㉱ 소스 전압

• MOSFET(metal-oxide semiconductor FET)
① 소스(S)와 게이트(G) 및 드레인(D)으로 구성되어 있으며 게이트가 채널로부터 분리, 절연되어 있어 게이트 전압이 (+), (-)에 관계없이 게이트 전류가 흐르지 않는다.
② 증가형과 공핍형 중에서, 증가형은 게이트 전압을 가하여 채널을 형성하고, 드레인과 소스 사이의 전압에 의하여 전류가 흐르는 구조로 되어 있다.

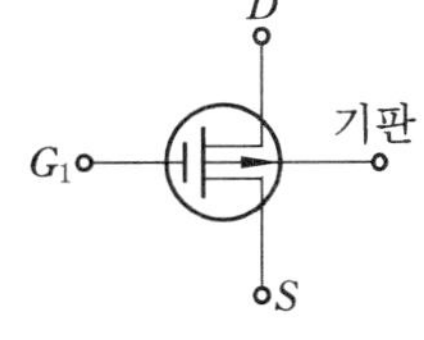

P채널 MOSFET

∴ 드레인 전류는 게이트 전압에 의하여 제어된다.

[참고] FET(field effect transistor : 전계 효과 트랜지스터) : 전압으로 제어하는 소자

정답 36. ㉱ 37. ㉮ 38. ㉮

39 **사이리스터의 유지 전류(holding current)에 관한 설명으로 옳은 것은?**

㉮ 사이리스터가 턴 온(turn on) 하기 시작하는 순전류
㉯ 게이트를 개방한 상태에서 사이리스터가 도통 상태를 유지하기 위한 최소의 순전류
㉰ 사이리스터의 게이트를 개방한 상태에서 전압을 상승하면 급히 증가하게 되는 순전류
㉱ 게이트 전압을 인가한 후에 급히 제거한 상태에서 도통 상태가 유지되는 최소의 순전류

• 사이리스터(thyristor)의 유지(holding)전류 [여러 가지 표현 방법]
① 순방향 도통 상태에서 그 이하에서는 순저지 상태로 돌아가는 최소의 애노드 전류이다.
② 도통 중 양극 전류가 어떤 값 이하가 되면 턴 오프되는 최소 전류
③ 사이리스터가 완전히 턴 온하여 온 상태로 된 후, 양극 전류를 감소시키면 양극 전류의 어떤 값에서 사이리스터가 온 상태에서 오프 상태가 된다. 이때의 양극 전류를 말한다.
∴ 게이트를 개방한 상태에서 사이리스터가 도통 상태를 유지하기 위한 최소의 손전류

40 **SCR에 대한 설명으로 옳지 않은 것은?**

㉮ 대전류 제어 정류용으로 이용된다.
㉯ 게이트 전류로 통전 전압을 가변시킨다.
㉰ 주전류를 차단하려면 게이트 전압을 영 또는 부(−)로 해야 한다.
㉱ 케이트 전류의 위상각으로 통전 전류의 평균값을 제어시킬 수 있다.

① SCR (실리콘 제어 정류기)의 특성 : 게이트에 정(+) 전류 펄스에 의해서 턴 온(turn on)되고, 일단 도통이 되면, 게이트 전류가 차단되어도 온(on) 상태를 유지한다. 즉, 소호되지 않는다.
② 턴 오프(turn off), 즉 차단 상태로 하려면 애노드 전압을 '0'으로 하거나, 부(−)로 하면 된다.

41 **트라이액에 대한 설명 중 틀린 것은?**

㉮ 3단자 소자이다.
㉯ 항상 정(+)의 게이트 펄스를 이용한다
㉰ 두 개의 SCR을 역병렬로 연결한 것이다.
㉱ 게이트를 갖는 대칭형 스위치이다.

정답 39. ㉯ 40. ㉰ 41. ㉯

 교류 제어가 가능한 쌍방향성 3단자 사이리스터(thyristor)
∴ 정 (+), 부 (−) 게이트 펄스를 이용한다.

참고 트라이액(TRIAC)의 특성
① 게이트에 의한 턴 온(turn−on) 기능을 가지며, 대칭형 스위치 기능을 갖는다.
② 두 개의 SCR을 병렬로 연결한 구조이다.
③ 교류의 전파 제어가 가능하여 교류 전력의 위상 제어나 전동기의 정격 제어 등에 사용된다.

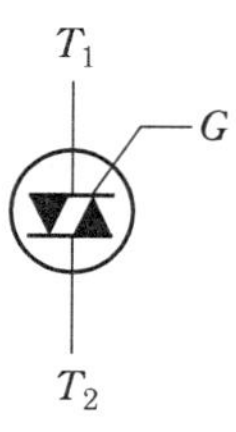

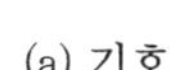
(a) 기호

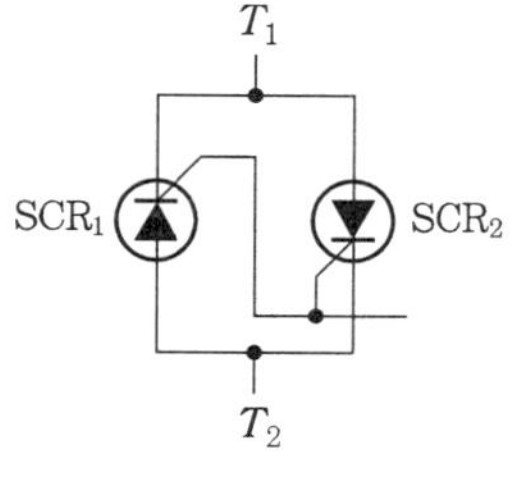

(b) 등가회로

42 16진수 D28A를 2진수로 옳게 나타낸 것은?

㉮ 1101001010001010 ㉯ 0101000101001011
㉰ 1101011010011010 ㉱ 1111011000000110

 • 16진수를 2진수로 변환하는 방법
16진수의 각 자리 숫자를 개별적으로 대응하는 4비트 2진수로 바꾸면 된다.

16진수 D 2 8 A

2진수 1101001010001010

$\therefore (D28A)_{16} = (1101001010001010)_2$

참고 16진 숫자와 2진수 관계

16진수	0	1	2	3	4	5	6	7	8	9	A	B	C	D	E	F
2진	0000	0001	0010	0011	0100	0101	0110	0111	1000	1001	1010	1011	1100	1101	1110	1111

43 A=01100, B=00111인 두 2진수의 연산 결과가 주어진 식과 같다면 연산의 종류는?

$$\begin{array}{r} 01100 \\ +11001 \\ \hline 00101 \end{array}$$

㉮ 덧셈 ㉯ 뺄셈 ㉰ 곱셈 ㉱ 나눗셈

 • 2진수의 뺄셈
① $A = (01100)_2 = (12)_{10}$
② $B = (00111)_2 = (7)_{10}$
③ B의 2의 보수 = 11001

$$\begin{array}{r} 01100 \\ +)\ 11001 \\ \hline 00101 \end{array} \qquad \begin{array}{r} 12 \\ +)\ -7 \\ \hline 5 \end{array}$$

참고 부호 비트로 부터의 자리올림은 무시한다.

정답 42. ㉮ 43. ㉯

44 그림과 같은 유접점 회로가 의미하는 논리식은?

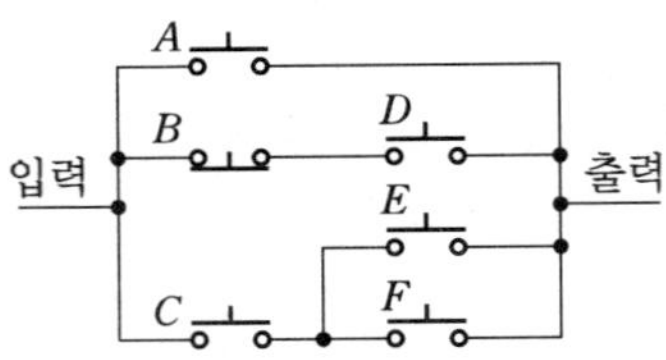

㉮ $A+\overline{B}D+C(E+F)$ ㉯ $A+\overline{B}C+D(E+F)$

㉰ $A+B\overline{C}+D(E+F)$ ㉱ $A+\overline{B}\,\overline{C}+D(E+F)$

 • 유접점 회로의 논리식 표현
$F=A+\overline{B}D+C(E+F)$

45 다음 논리 함수를 간략화하면 어떻게 되는가?

$$Y=\overline{A}\,\overline{B}\,\overline{C}\,\overline{D}+\overline{A}\,\overline{B}C\overline{D}+A\overline{B}\,\overline{C}\,\overline{D}+A\overline{B}C\overline{D}$$

㉮ $\overline{B}\,\overline{D}$
㉯ $B\overline{D}$
㉰ $\overline{B}D$
㉱ BD

	$\overline{A}\,\overline{B}$	$\overline{A}B$	AB	$A\overline{B}$
$\overline{C}\,\overline{D}$	1			1
$\overline{C}D$				
CD				
$C\overline{D}$	1			1

 • 카르노 도표상에서 논리적으로 '1'이 인접하고 있는 항을 묶으면 하나가 된다.
∴ A, $\overline{A}$와 C, $\overline{C}$를 소거하면 $Y=\overline{B}\,\overline{D}$

참고 $Y=\overline{A}\,\overline{B}\,\overline{C}\,\overline{D}+\overline{A}\,\overline{B}C\overline{D}+A\overline{B}\,\overline{C}\,\overline{D}+A\overline{B}C\overline{D}$
$=\overline{A}\,\overline{B}\,\overline{D}(\overline{C}+C)+A\overline{B}\,\overline{D}(\overline{C}+C)$
$=\overline{B}\,\overline{D}(\overline{A}+A)$
$=\overline{B}\,\overline{D}$

46 그림과 같은 회로의 기능은?

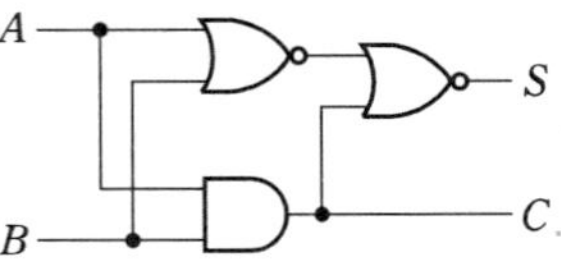

㉮ 반가산기 ㉯ 감산기

㉰ 반일치회로 ㉱ 부호기

정답 44. ㉮ 45. ㉮ 46. ㉮

 • 반가산기 (half adder) 회로

$S=\overline{\overline{(A+B)}+AB}=\overline{\overline{(A+B)}}\ \overline{AB}=(A+B)\overline{AB}=\overline{A}B+A\overline{B}=A\oplus B$

$C=AB$

∴ 문제의 논리 회로는 2진수의 합 (S)과 자리올림 (C) 구하는 반가산기 회로이다.

참고 반가산기 진리표에서,

$S=\overline{A}B+A\overline{B}=\overline{A}B+A\overline{B}+A\overline{A}+B\overline{B}$

$=(A+B)\overline{A}+(A+B)\overline{B}$

$=(A+B)(\overline{A}+\overline{B})$

$=(A+B)\overline{AB}$

$=A\oplus B$

$C=AB$

A	B	합 (S)	자리올림 (C)
0	0	0	0
0	1	1	0
1	0	1	0
1	1	0	1

반가산기 진리표

47 다음 중 저항 부하시 맥동률이 가장 적은 정류 방식은?

㉮ 단상 반파식 ㉯ 단상 전파식

㉰ 3상 반파식 ㉱ 3상 전파식

 • 맥동률 : 정류된 직류 속에 포함되어 있는 교류 성분의 정도를 말한다.

$\gamma=\frac{\Delta V}{V_d}\times 100\ [\%]$

여기서, ΔV : 출력 파형에 포함된 교류분의 실효값

V_d : 출력 파형의 평균값 (직류 성분)

참고 정류 방식에 따른 특성 비교

정류 방식	단상 반파	단상 전파	3상 반파	3상 전파
맥동률(%)	121	48	17	4
정류효율	40.6	81.2	96.5	99.8
맥동 주파수	f	$2f$	$3f$	$6f$

48 다음 중 플립플롭 회로에 대한 설명으로 잘못된 것은?

㉮ 두 가지 안정 상태를 갖는다.

㉯ 쌍안정 멀티바이브레이터이다.

㉰ 반도체 메모리 소자로 이용된다.

㉱ 트리거 펄스 1개마다 1개의 출력 펄스를 얻는다.

정답 47. ㉱ 48. ㉱

해설 • 플립플롭(flip-flop)

① 2개의 안정 상태가 있을 때 한쪽 안정 상태(stable state)를 정하는 입력이 인가되면 이어서 다른 쪽 안정 상태를 정하는 입력이 인가되기까지 그 상태를 유지하는 회로이다.

② 논리 회로로 사용할 경우에는 이 두 개의 상태를 0과 1에 대응시킨다.

③ 즉, 최초의 상태가 1이라 하면, 반대 상태의 입력이 없는 한 1의 상태를 계속하고 입력이 있으면 0의 상태가 된다.

④ 이와 같이 두 개의 상태를 갖는 회로를 쌍안정 회로(bistable-circuit)라고 한다.

⑤ 스위치로 말하면 토글 스위치이다.

⑥ 가장 간단한 플립플롭은 NAND 게이트(NAND gate)를 사용한 것이다.

⑦ 반도체 메모리 소자로 이용된다.

참고 플립플롭(flip-flop)이 갖추어야 할 조건

① 입력이 1개 이상이나 2개이어야 한다.

② 출력은 반드시 2개이어야 한다.

③ 메모리 기능을 가지고 있어야 한다.

트리거 펄스 1개마다 2개의 서로 다른 출력 펄스를 얻는다.

49 **64가지의 명령어를 나타내려고 하면 최소한 몇 개의 비트(bit)가 필요한가?**

[가] 4 [나] 6 [다] 8 [라] 12

• $2^n = 2^6 = 64$

참고 1비트에서는 '0'과 '1' 두 개의 값으로 표시되며, 2비트에서는 '00', '01', '10', '11' 네 개의 값으로 표시된다.

50 **마이크로프로세서의 주소 버스(address bus)선의 수가 '20'인 경우, 접근할 수 있는 최대 메모리의 크기는 몇 byte인가?**

[가] 256 [나] 512

[다] 1K [라] 1M

• 주소 버스(address bus) 선의 수가 20일 때, 최대 메모리의 크기

$2^n = 2^{20} = 1048576 = 1\text{ M}$

51 **우선 순위 인터럽트 처리 방법 중 소프트웨어에 의한 방법은?**

[가] 폴링 방법(polling method)

[나] 스트로브 방법(strobe method)

[다] 데이지-체인 방법(daisy-chain method)

[라] 우선 순위 인코더 방법(priority encoder method)

정답 49. [나] 50. [라] 51. [가]

 • 폴링 방법 (polling method)

① 컴퓨터의 감시 프로그램 쪽에서 단말 장치로 신호를 보내어, 정보의 유무를 주기적으로 검사하는 방법이다.

② 소프트웨어 우선 순위 체제로서, 우선 순위가 높은 인터럽트를 알아내는 방식이다.

52 다음 중 전기 신호를 사용하여 지울 수 있는 ROM은?

㉮ PROM ㉯ EEPROM ㉰ EPROM ㉱ mask ROM

 • ROM (read only memory) : 읽기 전용 기억 장치

① ROM은 다시 쓰고 지울 수 있는 방식에 따라 mask ROM, PROM, EPROM, EEPROM으로 구분한다.

② 제조 과정에서, 프로그램이 기록되는 가장 기본적인 것이 mask ROM이며,

(가) PROM은 사용자가 단 한 번 기록할 수 있는 것이다.

(나) EEPROM은 사용자가 전기적으로 기억시켰다 지웠다 해야 할 필요성이 있는 전화기, 전자레인지, 자동 세탁기 등 가전 제품이나 통신 기기에 많이 쓰인다.

참고 전기적으로 정보를 기록하고 소자에 강한 자외선을 비추어 정보를 지울 수 있기 때문에 반복해서 여러 번 정보를 기록할 수 있는 것이 EPROM이다.

53 ROM에 대한 설명으로 옳지 않은 것은?

㉮ 판독 (read) 전용의 기억 장치이다.

㉯ 사용자 (user)의 프로그램 및 데이터가 기억된다.

㉰ R/W (read/write) 제어선이 없다.

㉱ monitor program도 기억된다.

 • 사용자의 프로그램 및 데이터가 기억되는 것은 램 (RAM, random access memory)이다.

54 어셈블리어 문장의 구성 요소 중 인스트럭션이 차지하는 기억 장소를 나타내며, 필요에 따라 생략할 수 있는 요소는?

㉮ 레이블 (label) ㉯ 동작 이론

㉰ 주소나 자료 이름 ㉱ 설명

 • 레이블 (label)

프로그램을 수행할 때 제어를 특정 위치로 보내기 위해 사용되는 기호이다.

즉, 인스트럭션 (instruction : 명령어)이 차지하는 기억 장소를 나타낸다.

참고 ① 분기 문장에서 분기할 곳을 나타내기 위해 사용되며, 분기할 곳의 주소는 이 레이블이 있는 곳으로 보통 문장의 앞에 놓인다.

② 프로그램이 수행될 때 분기 문장을 만나면 이 레이블이 있는 곳으로 프로그램의 수행 순서가 옮겨진다.

③ 필요에 따라 생략할 수 있다.

정답 52. ㉯ 53. ㉯ 54. ㉮

55 다음 중 계량값 관리도만으로 짝지어진 것은?

㉮ c 관리도, u 관리도
㉯ $x-R_s$ 관리도, p 관리도
㉰ $\bar{x}-R$ 관리도, nP
㉱ $Me-R$ 관리도, $\bar{x}-R$ 관리도

• 관리도의 분류

① 계량값 관리도 : $\bar{x}-R$ 관리도, $Me-R$ 관리도, x 관리도, R 관리도
(가) 연속 변량의 특성을 가진 품질 특성을 대상으로 한다.
(나) 데이터 : 길이, 높이, 무게, 용적, 인장 강도, 화학 성분 등

② 계수값 관리도 : P 관리도, C 관리도, U 관리도, nP 관리도
(가) 불연속변량의 특성을 가진 품질 특성을 대상으로 한다.
(나) 데이터 : 부적합품수, 부적합수 등

56 관리 사이클의 순서를 가장 적절하게 표시한 것은?(단, A는 조치(act), C는 체크(check), D는 실시(do), P는 계획(plan)이다.)

㉮ P→D→C→A
㉯ A→D→C→P
㉰ P→A→C→D
㉱ P→C→A→D

•관리 사이클(본문 그림 7-1 참조)

① 계획(plan) → ② 실행(do) → ③ 검토(check) → ④ 조치(action)

57 로트에서 랜덤하게 시료를 추출하여 검사한 후 그 결과에 따라 로트의 합격, 불합격을 판정하는 검사 방법을 무엇이라 하는가?

㉮ 자주 검사
㉯ 간접 검사
㉰ 전수 검사
㉱ 샘플링 검사

• 샘플링 검사(sampling inspection)

한 로트(lot)의 물품 중에서 발췌한 시료(試料)를 조사하고 그 결과를 판정 기준과 비교하여 그 로트의 합격 여부를 결정하는 검사를 뜻한다.

58 다음과 같은 데이터에서 5개월 이동 평균법에 의하여 8월의 수요를 예측한 값은 얼마인가?

월	1	2	3	4	5	6	7
판매 실적	100	90	110	100	115	110	100

㉮ 103
㉯ 105
㉰ 107
㉱ 109

정답 55. ㉱ 56. ㉮ 57. ㉱ 58. ㉰

 • 단순 이동 평균법에 의한 예측값

$$M_t = \frac{\Sigma X_t}{n} = \frac{\text{3월부터 5개월 간 판매 실적}}{\text{개월 수}} = \frac{110+100+115+110+100}{5} = 107$$

다음 중 모집단의 중심적 경향을 나타낸 측도에 해당하는 것은?

㉮ 범위(range) ㉯ 최빈값(mode)

㉰ 분산(variance) ㉱ 변동계수(coefficient of variation)

 • 최빈(最頻)값 (mode)

① 도수를 가장 많이 점유하는 변수(variable)의 값을 최빈값 또는 유행값이라 한다.

② 데이터 수치들 중에서 가장 많이 나타나는 값이며, 최빈값은 여러 개 존재할 수 있다.

참고 기성복의 표준 치수 또는 유니폼의 표준 치수는 평균이나 중앙값보다는 오히려 최빈값을 그 표준치로 잡는 것이 보통이다.

여유 시간이 5분, 정미 시간이 40분일 경우 내경법으로 여유율을 구하면 약 몇 %인가?

㉮ 6.33% ㉯ 9.05%

㉰ 11.11% ㉱ 12.50%

 • 내경법 – 여유율

① 표준 시간 = 정미 시간 × $\frac{1}{1-\text{여유율}}$

② 표준 시간 = 정미 시간 + 여유 시간 = 40 + 5 = 45분

$$\therefore \text{여유율} = \frac{\text{표준 시간} - \text{정미 시간}}{\text{표준 시간}} \times 100 = \frac{45-40}{45} \times 100 \fallingdotseq 11.11\%$$

정답 59. ㉯ 60. ㉰

▶ 2012년 7월 22일 시행(52회)

자격종목 및 등급(선택분야)	종목코드	시험시간	문제지형별	수험번호	성 명
전기기능장	3380	1시간	A		

01 그림과 같이 대전된 에보나이트 막대를 박검전기의 금속판에 닿지 않도록 가깝게 가져갔을 때 금박이 열렸다면 다음 중 옳은 것은?(단, A는 원판, B는 박, C는 에보나이트 막대이다.)

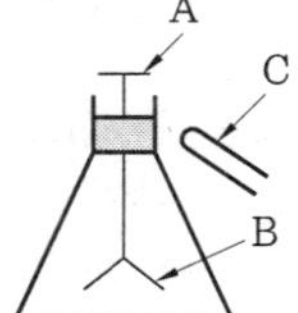

㉮ A : 양전기, B : 양전기, C : 음전기
㉯ A : 음전기, B : 음전기, C : 음전기
㉰ A : 양전기, B : 음전기, C : 음전기
㉱ A : 양전기, B : 양전기, C : 양전기

 • 정전 유도(본문 그림 1-1 참조)

① 대전된 에보나이트(C)를 원판(A)에 접근시키면 정전 유도에 의해서 A는 C와 반대 부호로, 금박(B)은 같은 부호로 대전된다.

② C가 음전기로 대전되었다면 B는 같은 음전기로 대전되며, 따라서 금박(B)의 끝부분은 서로 반발하므로 문제의 그림처럼 벌어진다.

참고 박 검전기(leat electroscope : 箔 檢電器)

02 반지름 25 cm의 원주형 도선에 π A의 전류가 흐를 때 도선의 중심축에서 50 cm 되는 점의 자계의 세기는?(단, 도선의 길이 l은 매우 길다.)

㉮ 1 AT/m ㉯ π AT/m ㉰ $\frac{1}{2}\pi$ AT/m ㉱ $\frac{1}{4\pi}$ AT/m

 • 직선 전류에 의한 자계의 세기(도선의 길이가 매우 길 경우)

$$H=\frac{I}{2\pi r}=\frac{\pi}{2\pi\times 0.5}=1\ \text{AT/m}$$

03 그림과 같은 회로의 합성 임피던스는 몇 Ω인가?

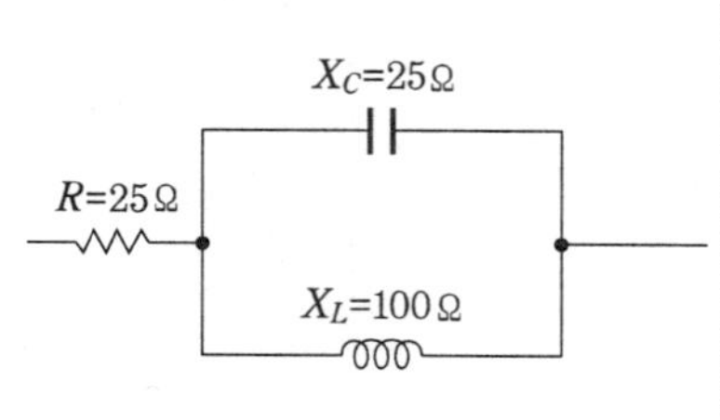

㉮ $25+j20$
㉯ $25-j20$
㉰ $25+j\frac{100}{3}$
㉱ $25-j\frac{100}{3}$

$$\dot{Z}_{ab}=R+\frac{-jX_C\times jX_L}{-jX_C+jX_L}=25+\frac{-j25\times j100}{-j25+j100}=25+\frac{2500}{j75}=25-j\frac{100}{3}\ [\Omega]$$

정답 1. ㉰ 2. ㉮ 3. ㉱

04 분류기를 사용하여 전류를 측정하는 경우 전류계의 내부 저항 0.12 Ω 분류기의 저항이 0.04 Ω이면 그 배율은?

㉮ 2배 ㉯ 3배 ㉰ 4배 ㉱ 5배

 • 분류기의 배율

$$m = 1 + \frac{R_A}{R_S} = 1 + \frac{0.12}{0.04} = 1 + 3 = 4$$

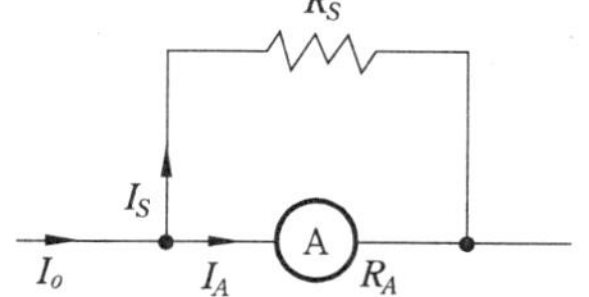

05 전지의 기전력이나 열전대의 기전력을 정밀하게 측정하기 위하여 사용하는 것은?

㉮ 켈빈 더블 브리지 ㉯ 켐벨 브리지
㉰ 직류 전위차계 ㉱ 메거

 • 직류 전위 차계(DC potentiometer)

① 영위법으로 평형을 취하므로 0~1.6 V 정도까지 직류 전압을 정밀하게 측정할 수 있다.
② 전지의 기전력, 열전대의 기전력을 가장 정확하게 측정하는 데 사용한다.

참고 ① 메거 : 절연 저항 측정에 사용
② 캠벨 브리지 : 가청 주파수 측정에 사용
③ 켈빈 더블 브리지 : 저 저항 정밀 측정에 사용

06 어떤 회로에 $V = 100\angle\frac{\pi}{3}$ [V]의 전압을 가하니 $I = 10\sqrt{3} + j10$ [A]의 전류가 흘렀다. 이 회로의 무효 전력(Var)은?

㉮ 0 ㉯ 1000 ㉰ 1732 ㉱ 2000

 • 복소 전력 – 무효 전력

1. ① $\dot{V} = 100\cos\frac{\pi}{3} + j100\sin\frac{\pi}{3} = 100 \times \frac{1}{2} + 100 \times \frac{\sqrt{3}}{2} \fallingdotseq 50 + j86.6$

② $\dot{I} = 10\sqrt{3} + j10 \fallingdotseq 17.3 + j10$

$\dot{P} = \dot{V} \times \overline{I} = (50 + j86.6) \times (17.3 - j10) \fallingdotseq 865 - j500 + j1498.2 + 866 = 1731 + j998.2$

∴ 무효 전력 $P_r \fallingdotseq 1000$ Var (유효 전력 $P = 1731$ W)

2. ① $\dot{I} = 10\sqrt{3} + j10 = 20\angle 30°$[A]   여기서, $|I| = \sqrt{(10\sqrt{3})^2 + 10^2} = 20$

$\phi = \tan^{-1}\frac{10}{10\sqrt{3}} = 30°$

② $\dot{V} = 100\angle\frac{\pi}{3} = 100\angle 60°$

③ 위상차 $\theta = 60° - 30° = 30°$

∴ $P_r = VI\sin\theta = 100 \times 20 \times \sin 30° = 2000 \times \frac{1}{2} = 1000$ var

정답 4. ㉰ 5. ㉰ 6. ㉯

07 그림과 같은 회로에서 대칭 3상 전압(선간 전압) 173 V를 $\dot{Z} = 12 + j16\ [\Omega]$인 성형 결선 부하에 인가하였다. 이 경우의 선전류는 몇 A인가?

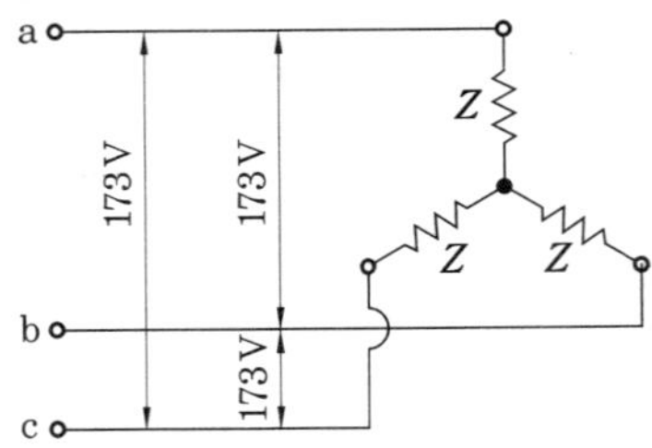

㉮ 5.0 A ㉯ 8.3 A ㉰ 10.0 A ㉱ 15.0 A

 • 3상 Y결선 부하 – 선전류

$$I_\ell = I_p = \frac{\frac{V_l}{\sqrt{3}}}{Z} = \frac{\frac{173}{\sqrt{3}}}{\sqrt{12^2+16^2}} \fallingdotseq \frac{100}{20} = 5\text{A}$$

08 직류 발전기의 유기 기전력을 E, 극당 자속을 ϕ, 회전 속도를 N이라 할 때 이들의 관계로 옳은 것은?

㉮ $E = \propto \frac{N}{\phi}$ ㉯ $E = \propto \frac{\phi}{N}$

㉰ $E \propto \phi N^2$ ㉱ $E \propto \phi N$

 • 직류 발전기의 유도 기전력

$$E = \frac{pz}{60a}\phi N = K \cdot \phi N\,[\text{V}]$$

여기서, z : 전기자 도선의 수, a : 전기자 권선의 병렬 회로수
p : 극수, ϕ : 1극당 자속 [wb]

09 직류 전동기의 속도 제어 중 계자권선에 직렬 또는 병렬로 저항을 접속하여 속도를 제어하는 방법은?

㉮ 저항 제어 ㉯ 전류 제어

㉰ 계자 제어 ㉱ 전압 제어

 • 계자 자속 ϕ를 변화시켜 속도를 제어하는 계자 제어

① 분권 전동기는 계자권선에 직렬로 접속된 계자 저항 R_f의 가변으로 계자 전류 I_f를 조정하여 ϕ를 변화시킨다.

② 직권 전동기는 계자 권선에 병렬로 접속된 계자 저항 R_f의 가변으로 계자 전류 I_f를 조정하여 ϕ를 변화시킨다.

정답 7. ㉮ 8. ㉱ 9. ㉰

10 변압기 여자 전류의 파형은?

㉮ 파형이 나타나지 않는다. ㉯ 사인파
㉰ 왜형파 ㉱ 구형파

• 변압기의 여자 전류의 파형 분석
여자 전류의 파형은 철심의 히스테리시스와 자기 포화 현상으로, 그 파형이 홀수 고조파를 많이 포함하는 첨두파형으로 왜형파이다.

참고 본문 그림 2-22 참조

11 변압기에서 임피던스의 전압을 걸 때 입력은?

㉮ 정격 용량 ㉯ 철손
㉰ 전부하 시의 전손실 ㉱ 임피던스 와트

• 변압기의 임피던스 전압(impedance voltage)과 임피던스 와트
단락 시험에서 1차 전류가 정격 전류로 되었을 때의 입력이 임피던스 와트이고, 이때의 1차 전압을 말하며 1, 2차 권선에 걸리는 전압이 임피던스 전압이다.
① 임피던스 전압은 변압기 누설 임피던스와 정격 전류와의 곱인 내부 전압 강하이다.
② 변압기에 임피던스 전압을 걸 때, 그 때의 입력이 임피던스 와트이다.

12 변압기의 효율이 최고일 조건은?

㉮ 철손 $= \frac{1}{2}$ 동손 ㉯ 동손 $= \frac{1}{2}$ 철손
㉰ 철손 = 동손 ㉱ 철손 = (동손)^2

• 변압기의 최대 효율 조건
① 철손 P_i와 동손 P_c가 같을 때 최대 효율이 된다 : 철손 = 동손
② 부하가 전부하의 $\frac{1}{m}$일 때 : $P_i = \left(\frac{1}{m}\right)^2 P_c$

참고 전손실 : $P_l = P_i + \left(\frac{1}{m}\right)^2 P_c$ [W]

13 1차 전압 200 V, 2차 전압 220 V, 50 kVA인 단상 단권 변압기의 부하 용량 kVA은?

㉮ 25 kVA ㉯ 50 kVA
㉰ 250 kVA ㉱ 550 kVA

정답 10. ㉰ 11. ㉱ 12. ㉰ 13. ㉱

해설 • 단상 단권 변압기의 부하 용량

$$P_\ell = \frac{V_2}{V_2 - V_1} \cdot P_s = \frac{220}{220-200} \times 50 = 550\ \text{kVA}$$

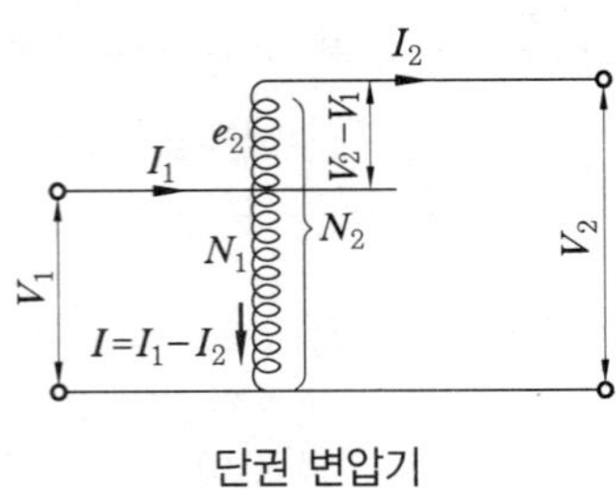

단권 변압기

14 3상 유도 전동기의 회전력은 단자 전압과 어떤 관계인가?

㉮ 단자 전압에 무관하다. ㉯ 단자 전압에 비례한다.

㉰ 단자 전압의 2승에 비례한다. ㉱ 단자 전압의 $\frac{1}{2}$승에 비례한다.

해설 • 3상 유도 전동기의 회전력과 단자 전압의 관계

① 슬립 s가 일정하면, 토크는 공급 전압 V_1의 제곱에 비례하여 변화한다.

$$T = \frac{60}{2\pi N_s} P_2 = \frac{60}{2\pi N_s} \cdot \frac{V_1^{\,2} \cdot \frac{r_2'}{s}}{\left(r_1 + \frac{r_2'}{s}\right)^2 + (x_1 + x_2')^2} = k \cdot V_1^{\,2}\ [\text{N} \cdot \text{m}]$$

15 2극과 8극의 2대의 3상 유도 전동기를 차동 접속법으로 속도 제어를 할 때 전원 주파수가 60 Hz인 경우 무부하 속도 N_o는 몇 rpm인가?

㉮ 1800 rpm ㉯ 1200 rpm ㉰ 900 rpm ㉱ 720 rpm

해설 • 3상 유도 전동기의 종속 접속법

차동 종속법 : $N_o = \frac{120f}{p_1 - p_2} = \frac{120 \times 60}{8-2} = 1200\ \text{rpm}$

참고 직렬 종속법 : $N_o = \frac{120f}{p_1 + p_2}$ [rpm]

병렬 종속법 : $N_o = \frac{2 \times 120f}{p_1 \pm p_2}$ [rpm]

여기서, p_1 : M_1의 극수, p_2 : M_2의 극수

16 유도 전동기의 속도 제어 방법에서 특별한 보조 장치가 필요 없고 효율이 좋으며, 속도 제어가 간단한 장점이 있으나, 결점으로는 속도의 변화가 단계적인 제어 방식은?

㉮ 극수 변환법 ㉯ 주파수 변환 제어법

㉰ 전원 전압 제어법 ㉱ 2차 저항 제어법

정답 14. ㉰ 15. ㉯ 16. ㉮

해설 • 유도 전동기의 속도 제어 방법

① 극수 변환법

(가) 1차측 권선의 극수 변환에 의한 속도 제어 방식으로 농형 유도 전동기에만 주로 사용된다.

(나) 자주 속도를 바꿀 필요가 있고, 단계적으로 속도를 변경하여도 되는 부하에 적용된다.

(다) 공작 기계, 엘리베이터, 송풍기 또는 소형의 권상기 등에 많이 사용된다.

② 주파수 변환 제어법 : 전원의 주파수 변환에 의한 속도 제어 방식으로 최근에는 3상 인버터 (3-phaseinverter) 주파수 변환기가 사용되고 있다.

③ 전원 전압 제어법 : 토크는 전압의 제곱에 비례하여 변화하는 특성을 이용, 1차 쪽에 리액터를 접속하여 그 리액턴스를 변화시키거나, 사이리스터 (thyristor) 회로를 접속하여 전압의 크기를 제어함으로써 속도를 제어한다.

④ 2차 저항 제어법 : 2차 쪽에 슬립링을 부착하고 속도 조정기를 넣어서 비례 추이에 의해 부하 토크와의 교차점을 변화시켜 속도를 제어하는 방식이다.

17 단상 유도 전동기의 기동 방법 중 기동 토크가 가장 큰 것은?

가 분상 기동형　나 콘덴서 기동형

다 반발 기동형　라 셰이딩 코일형

해설 • 단상 유도 전동기의 기동 토크가 큰 순서

반발 기동형 → 반발 유도형 → 콘덴서 기동형 → 분상 기동형 → 셰이딩 코일형

18 동기 전동기의 여자 전류를 증가하면 어떤 현상이 생기는가?

가 앞선 무효 전류가 흐르고 유도 기전력은 높아진다.

나 토크가 증가한다.

다 난조가 생긴다.

라 전기자 전류의 위상이 앞선다.

해설 • 동기 조상기의 운전

① 부족 여자 : 유도성 부하로 동작 → 리액터로 작용 → 지상 전류를 취한다. 즉, 전기자 전류 위상이 뒤진다.

② 과여자 : 용량성 부하로 동작 → 콘덴서로 작용 → 진상 전류를 취한다. 즉, 전기자 전류의 위상이 앞선다.

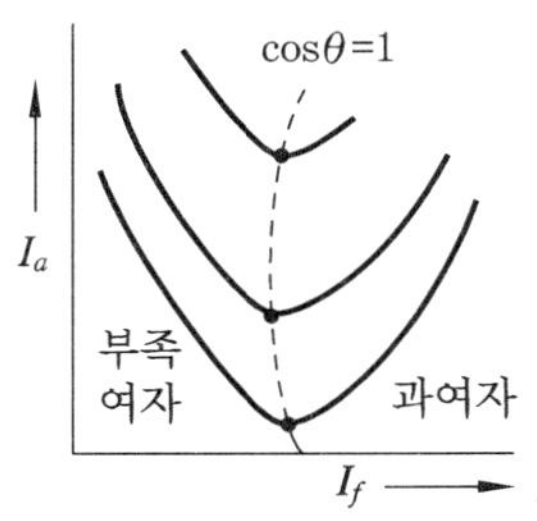

위상 특성 곡선

19 동기 발전기의 전기자 권선법으로 사용되지 않는 것은?

가 2층권　나 중권　다 분포권　라 전절권

정답 17. 다　18. 라　19. 라

해설 • 전기자 권선법

① 집중권과 분포권 중에서 분포권을,
② 전절권과 단절권 중에서 단절권을,
③ 단층권과 2층권 중에서 2층권을,
④ 중권, 파권, 쇄권 중에서 중권을 사용한다.

20 **동기 조상기에 대한 설명으로 옳은 것은?**

㉮ 유도 부하와 병렬로 접속한다.
㉯ 부하 전류의 가감으로 위상을 변화시켜 준다.
㉰ 동기 전동기에 부하를 걸고 운전하는 것이다.
㉱ 부족 여자로 운전하여 진상 전류를 흐르게 한다.

해설 • 동기 조상기의 특성

① 유도 부하와 병렬로 접속한다.
② 계자 전류 (I_f)를 변화시켜 전기자 전류의 크기와 위상을 변화시킨다.
③ 동기 전동기에 부하를 걸지 않고 무부하 상태로 운전하는 것이다.
④ 부족 여자로 운전하면 지상 전류를 흐르게 한다.

참고 문제 19번 해설의 위상 특성 곡선 참조

21 **단상 직권 정류자 전동기의 속도를 고속으로 하는 이유는?**

㉮ 전기자에 유도되는 역기 전력을 적게 한다.
㉯ 전기자 리액턴스 강하를 크게 한다.
㉰ 토크를 증가시킨다.
㉱ 역률을 개선시킨다.

해설 • 단상 직권 정류자 전동기

① 출력 특성에서, 부하 전류의 변화에 따라서, 회전 속도와 역률은 서로 비례하므로 회전 속도를 높이면 역률은 이에 비례하여 개선된다.
② 속도 제어는 단자 전압을 변화시키면 된다.

참고 본문 그림 2-77 단상 직권 정류자 전동기 참조

22 **금속 전선관의 굵기(mm)를 부르는 것으로 옳은 것은?**

㉮ 후강 전선관은 바깥지름에 가까운 홀수로 정한다.
㉯ 후강 전선관은 안지름에 가까운 짝수로 정한다.
㉰ 박강 전선관은 바깥지름에 가까운 짝수로 정한다.
㉱ 박강 전선관은 안지름에 가까운 홀수로 정한다.

정답 20. ㉮ 21. ㉱ 22. ㉯

 • 금속 전선관의 규격 및 호칭
① 후강 : 안지름에 가까운 짝수 – 16, 22, 28, 36, 42, 54, 70, 82, 92, 104 [mm]
② 박강 : 바깥지름에 가까운 홀수 – 19, 25, 31, 39, 51, 63, 75 [mm]

23 가요 전선관 공사에 의한 저압 옥내 배선을 다음과 같이 시행하였다. 옳은 것은?

㉮ 2종 금속제 가요 전선관을 사용하였다.
㉯ 옥외용 비닐 절연 전선을 사용하였다.
㉰ 단면적 25 mm^2의 단선을 사용하였다.
㉱ 가요 전선관에 제1종 접지 공사를 하였다.

 • 가요 전선관 공사 (내선규정 223참조)
① 전선관 : 2종 가요 전선관
② 전선
(가) 연선의 절연 전선 (옥외용 비닐 절연 전선 제외)
(나) 10 mm^2 이하인 것은 단선을 사용할 수 있다 (알루미늄 전선은 16 mm^2).
③ 접지 공사
(가) 사용 전압이 400V 미만인 경우 : 제3종 접지 공사
(나) 사용 전압이 400V 이상인 경우 : 특별 제3종 접지 공사

24 소맥분, 전분, 기타의 가연성 분진이 존재하는 곳의 저압 옥내 배선으로 적합하지 않는 공사 방법은?

㉮ 가요 전선관 공사　　㉯ 금속관 공사
㉰ 합성수지관 공사　　㉱ 케이블 공사

 • 분빈 위험 장소의 배선 (내선규정 4215–2 참조)
가연성 분진이 존재하는 곳의 저압 옥내 배선 방법
① 금속관 배선
② 합성수지관 배선
③ 케이블 배선

25 행거 밴드라 함은?

㉮ 전주에 COS 또는 LA를 고정시키기 위한 밴드
㉯ 전주 자체에 변압기를 고정시키기 위한 밴드
㉰ 완금을 전주에 설치하는 데 필요한 밴드
㉱ 완금에 암타이를 고정시키기 위한 밴드

정답 23. ㉮ 24. ㉮ 25. ㉯

 • 행거 밴드(hanger band)
전주 자체에 변압기를 고정시키는 밴드이다.

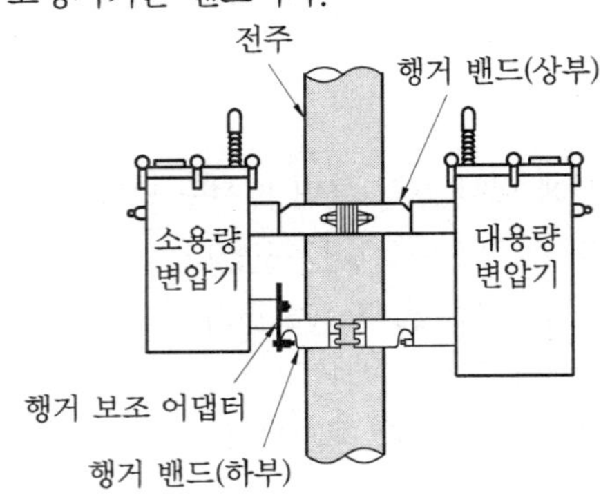

행거 밴드와 보조 어댑터 취부도

26 저압 가공 인입선의 시설 기준으로 옳지 않은 것은?

㉮ 전선이 옥외용 비닐 절연 전선일 경우에는 사람이 접촉할 우려가 없도록 시설할 것
㉯ 전선의 인장 강도는 2.3 kN 이상일 것
㉰ 전선은 나전선, 절연 절선, 케이블일 것
㉱ 철도 또는 궤도를 횡단하는 경우에는 레일면상 6.5 m 이상일 것

해설 • 저압 가공 인입선 시설 기준(판단기준 제100조 참조)
전선은 절연 전선, 다심형 전선 또는 케이블일 것

27 가공 전선이 건조물 · 도로 · 횡단보도교 · 철도 · 가공 약전류 전선 · 안테나, 다른 가공 전선, 기타의 공작물과 접근 교차하여 시설하는 경우에 일반 공사보다 강화하는 것을 보안 공사라 한다. 고압 보안 공사에서 전선을 경동선으로 사용하는 경우 몇 mm 이상의 것을 사용하여야 하는가?

㉮ 3 mm ㉯ 4 mm
㉰ 5 mm ㉱ 6 mm

 • 고압 보안 공사(판단기준 제78조 참조)
전선은 케이블인 경우 이외에는 인장 강도 8.01 KN 이상의 것 또는 지름 5 mm 이상의 경동선일 것

28 다음 중 지중 송전 선로의 구성 방식이 아닌 것은?

㉮ 방사상 환상 방식 ㉯ 가지식 방식
㉰ 루프 방식 ㉱ 단일 유닛 방식

정답 26. ㉰ 27. ㉰ 28. ㉯

해설 • 지중 송전 선로의 구성 방식

※ 변압기, □ 차단기, ⊠ 차단기 개로

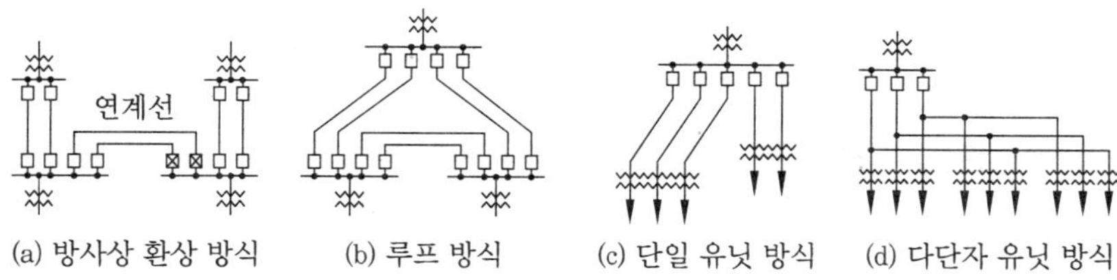

(a) 방사상 환상 방식 (b) 루프 방식 (c) 단일 유닛 방식 (d) 다단자 유닛 방식

29 220 V 가정용 전기 설비의 절연 저항의 최소값은 몇 MΩ 이상인가?

가 0.1 나 0.2
다 0.3 라 0.4

 • 저압 전로의 절연 성능 (기술 기준 제52조 참조)

전로의 사용 전압의 구분		절연 저항값
400 V 미만	대지 전압(접지식 전로는 전선과 대지 간의 전압, 비접지식 전로는 전선 간의 전압을 말한다. 이하 같다.)이 150 V 이하인 경우	0.1 MΩ
	대지 전압이 150 V를 초과하고 300 V 이하인 경우(전압측 전선과 중성선 또는 대지 간의 절연 저항)	0.2 MΩ
	사용 전압이 300 V를 초과하고 400 V 미만인 경우	0.3 MΩ
400 V 이상		0.4 MΩ

30 간선의 배선 방식 중 고조파 발생의 저감 대책이 아닌 것은?

가 전원의 단락 용량 감소 나 교류 리액터의 설치
다 콘덴서의 설치 라 교류 필터의 설치

 • 고조파 발생의 저감 대책

① 고조파 발생 측에서의 고조파 저감 대책
(가) 변환기의 다수 펄스화
(나) 교류 리액터 설치
(다) 필터 설치 : LC 수동 소자의 공진 특성을 이용하는 방식, 트랜지스터 또는 GTO 등의 능동 소자를 사용하는 방식
(라) PWM 컨버터 채용

② 고조파 장해를 받는 측에서의 대책
(가) 기기의 고조파 내량 증가
(나) 전원 단락 용량의 증대(회로 정수, 임피던스 변경)
(다) 고조파 부하용 변압기 및 배전선의 분리 전용화
(라) 간선의 굵기 선정 시 고조파 전류분을 고려하여 충분한 굵기를 선정

정답 29. 나 30. 다

31 지상 역률 60 %인 1000 kVA의 부하를 100 %의 역률로 개선하는 데 필요한 전력용 콘덴서의 용량은?

㉮ 200 kVA ㉯ 400 kVA
㉰ 600 kVA ㉱ 800 kVA

• 전력용 콘덴서의 용량

① $Q_c = P\left(\sqrt{\dfrac{1}{\cos^2\theta_1}-1}-\sqrt{\dfrac{1}{\cos^2\theta_2}-1}\right)$ [kVA]

② $P = 1000 \times 0.6 = 600\,\text{kW},\ \cos\theta_2 = 1$

$\therefore Q_C = P\left(\sqrt{\dfrac{1}{\cos^2\theta_1}-1}\right) = 600\ \sqrt{\dfrac{1}{0.6^2-1}} = 600 \times 1.33 \fallingdotseq 800\ \text{kVA}$

참고 $Q_C = P(\tan\theta_1 - \tan\theta_2)$ [kVA]

$= P\left(\dfrac{\sin\theta_1}{\cos\theta_1} - \dfrac{\sin\theta_2}{\cos\theta_2}\right) = P\left(\dfrac{\sin\theta_1}{\cos\theta_1}\right) = 600\left(\dfrac{0.8}{0.6}\right) \fallingdotseq 800\ \text{kVA}$

32 서지 흡수기는 보호하고자하는 기기의 전단 및 개폐 서지를 발생하는 차단기 2차에 각상의 전로와 대지 간에 설치하는데 다음 중 설치가 불필요한 경우의 조합은 어느 것인가?

㉮ 진공 차단기 – 유입식 변압기
㉯ 진공 차단기 – 건식 변압기
㉰ 진공 차단기 – 몰드식 변압기
㉱ 진공 차단기 – 유도 전동기

• 서지 흡수기(SA : surge absorber) (내선규정 3260–3 참조)

진공 차단기(VCB)를 사용시 반드시 서지 흡수기를 설치하여야 하나 진공 차단기와 유입 변압기를 사용시는 설치하지 않아도 된다.

33 일반 변전소 또는 이에 준하는 곳의 주요 변압기에 시설하여야 하는 계측 장치로 옳은 것은?

㉮ 전류, 전력 및 주파수 ㉯ 전압, 주파수 및 역률
㉰ 전력, 주파수 또는 역률 ㉱ 전압, 전류 또는 전력

• 계측 장치(판단기준 제50조 참조)

① 주요 변압기의 전압 및 전류 또는 전력
② 특고압용 변압기의 온도

정답 31. ㉱ 32. ㉮ 33. ㉱

34 22.9 kV-Y 수전 설비의 부하 전류가 20 A이며, 30/5 A의 변류기를 통하여 과전류 계전기를 시설하였다. 120 %의 과부하에서 차단기를 트립시키려고 하면 과전류 계전기의 Tap은 몇 A에 설정하여야 하는가?

가 2 A　　나 3 A
다 4 A　　라 5 A

해설 • 과전류 계전기의 정정탭

$$\text{탭 값} = \text{부하 전류} \times \frac{1}{\text{권수비}} \times \alpha = 20 \times \frac{5}{30} \times 1.2 = 4\ \text{A}$$

35 피뢰기의 보호 제1대상은 전력용 변압기이며, 피뢰기에 흐르는 정격 방전 전류는 변전소의 차폐 유무와 그 지방의 연간 뇌우 발생 일수 등을 고려하여야 한다. 다음 표의 ( )에 적당한 설치 장소별 피뢰기의 공칭 방전 전류(A)는?

공칭 방전 전류 [A]	설치 장소
(①)	154 kV 이상 계통의 변전소
(②)	66 kV 이하의 계통에서 뱅크 용량이 3000 kVA 이하인 변전소
(③)	배전 선로

가 ① 15000 ② 10000 ③ 5000
나 ① 10000 ② 5000 ③ 2500
다 ① 10000 ② 2500 ③ 2500
라 ① 5000 ② 5000 ③ 2500

해설 • 설치 장소별 피뢰기 공칭 방전 전류(내선규정 3250 참조)

공칭 방전 전류	설치 장소	적용 조건
10,000 A	변전소	① 154 kV 이상의 계통 ② 66 kV 및 그 이하의 계통에서 Bank 용량이 3,000 kVA를 초과하거나 특히 중요한 곳 ③ 장거리 송전 케이블(배전 선로 인출용 단거리 케이블은 제외) 및 정전축전기 Bank를 개폐하는 곳 ④ 배선 선로 인출측(배전 간선 인출용 장거리 케이블은 제외)
5,000 A	변전소	66 kV 및 그 이하 계통에서 Bank 용량이 3,000 kVA 이하인 곳
2,500 A	선　로	배전 선로

주 전압 22.9 kV-y 이하(22 kV 비접지 제외)의 배전 선로에서 수전하는 설비의 피뢰기 공칭 방전 전류는 일반적으로 2,500 A의 것을 적용한다.

정답 34. 다　35. 나

36 양수량 35 m^3/min이고 총양정이 20 m인 양수 펌프용 전동기의 용량은 약 몇 kW 인가? (단, 펌프 효율은 90 %, 설계 여유 계수는 1.2로 계산한다.)

㉮ 103.8 kW ㉯ 124.6 kW
㉰ 152.4 kW ㉱ 184.2 kW

• 양수 펌프용 전동기 용량

$$P=k\cdot\frac{QH}{6.12\eta}=1.2\times\frac{35\times20}{6.12\times0.9}\fallingdotseq152.5\,[\text{kW}]$$

37 트랜지스터에 있어서 아래 그림과 같이 달링톤(darlington) 구조를 사용하는 경우 맞는 설명은?

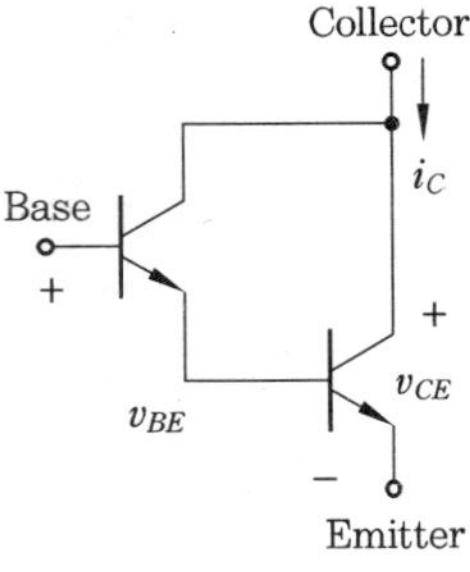

㉮ 같은 크기의 컬렉터 전류에 대해 트랜지스터가 2개 사용되므로 구동회로 손실이 증가한다.
㉯ 달링톤 구조를 사용하면 트랜지스터의 전체적인 전류 이득은 감소한다.
㉰ 같은 크기의 컬렉터 전류에 대해 트랜지스터 컬렉터-이미터 전압(V_{CE})을 2배로 하는 데 사용한다.
㉱ 같은 크기의 컬렉터 전류에 대해 트랜지스터 구동에 필요한 구동 회로 전류를 감소시키는 효과를 얻을 수 있다.

• 트랜지스터의 달링턴(darlington) 접속

① 2개의 트랜지스터를 직결합시켜 우수한 증폭 특성을 나타내도록 한 복합 회로이다.

② 그림에서 TR_1의 제어용 트랜지스터는 전원 전압이나 부하의 변동이 컬렉터와 이미터 사이의 전압 V_{CE}에 가해지므로 부담이 커진다. 그 때문에 부하 전류가 클 경우에는 TR_1의 구동용 트랜지스터로서 이미터폴로워 증폭기 TR_2를 달링턴 접속을 해서 전류 증폭을 하도록 한다.

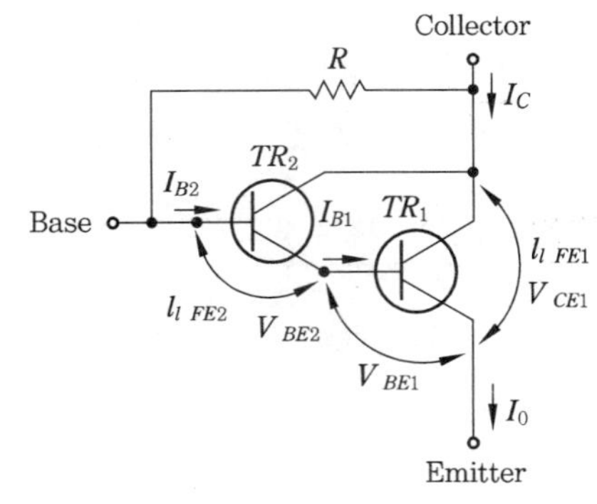

달링 접속

③ TR_1만 접속시 $I_0\fallingdotseq h_{FE1}\cdot I_{BI}$로 되어 큰 베이스 전류가 필요하나 회로에 TR_2를 접속하면 $I_0\fallingdotseq I_{B2}H_{FE1}\cdot h_{FE2}$로 되어 TR_1의 부담이 가벼워진다.

∴ 같은 크기의 컬렉터 전류에 대해 트랜지스터 구동에 필요한 구동 회로 전류를 감소시키는 효과를 얻을 수 있다.

참고 달링턴 접속 회로의 특징 : 높은 임피던스와 낮은 출력 임피던스를 가지고 있으며 전류 이득이 높다.

정답 36. ㉰ 37. ㉱

38 도통 상태에 있는 SCR을 차단 상태로 만들기 위해서는 어떻게 하여야 하는가?

㉮ 게이트 전압을 (−)로 가한다.
㉯ 게이트 전류를 증가한다.
㉰ 게이트 펄스 전압을 가한다.
㉱ 전원 전압이 (−)가 되도록 한다.

• SCR (실리콘 제어 정류기)의 특징
① 게이트에 정 (+) 전류 펄스에 의해서 턴 온 (turn on)되고, 일단 도통이 되면 게이트에 입력 펄스에 관계없이 온 (on) 상태를 유지한다.
② 턴 오프 (turn off), 즉 차단 상태로 하려면 애노드 전압 (전원 전압)을 '0'으로 하거나, 부 (−)로 하면 된다.

39 반파 위상 제어에 의한 트리거 회로에서 발진용 저항이 필요한 경우의 트리거 소자가 아닌 것은?

㉮ SUS ㉯ PUT
㉰ UJT ㉱ TRIAC

• 트리거 (trigger) 소자 : 본문 표 4-3 참조
UJT, PUT, DIAC, SBS, SSS, SUS

40 과도한 전류 변화 $\left(\frac{di}{dt}\right)$나 전압 변화 $\left(\frac{dv}{dt}\right)$에 의한 전력용 반도체 스위치의 소손을 막기 위해 사용하는 회로는?

㉮ 스너버 회로
㉯ 게이트 회로
㉰ 필터 회로
㉱ 스위치 제어 회로

• 스너버 (sunbber) 회로
① 인덕턴스에 의해 발생한 과도 전압으로부터 사이리스터를 보호한다.
② 사이리스터가 오프 (off)될 때의 전압 상승률 $(\frac{dv}{dt})$을 억제한다.
③ 첨두 회복 전압의 크기와 소자의 스위칭 손실을 감소시키는 역할을 한다.

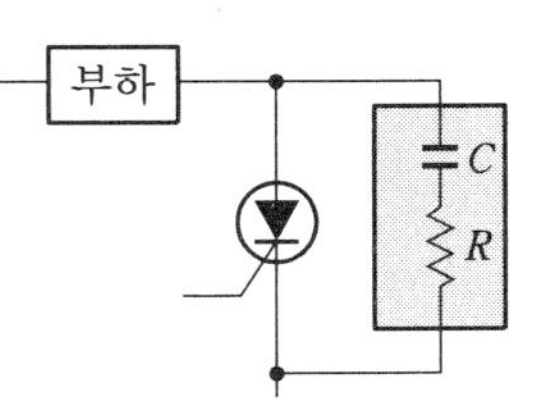

스너버 회로(CR 직렬 회로)

정답 38. ㉱ 39. ㉱ 40. ㉮

41 그림과 같은 초퍼 회로에서 $V=600$ [V], $V_e=350$ [V], $R=0.1\ \Omega$, 스위칭 주기 $T=1800\ \mu$s, L은 매우 크기 때문에 출력 전류는 맥동이 없고 $I_0=100$ A로 일정하다. 이때 요구되는 T_{on} 시간은 몇 μs인가?

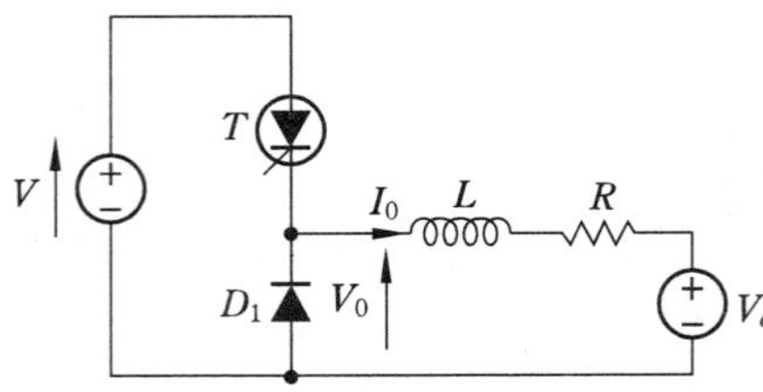

㉮ 950 μs ㉯ 1050 μs
㉰ 1080 μs ㉱ 1110 μs

• 초퍼(chopper) 회로

① $I_0=\dfrac{V_0-V_C}{R}$에서, $V_0=RI_0+V_C$

$=0.1\times100+350\equiv360$[V]

② $V_0=\dfrac{T_{on}}{T}V$에서, $T_{on}=\dfrac{V_0}{V}T=\dfrac{360}{600}\times1800\times10^{-6}=1080\mu s$

참고 초퍼(chopper) 회로

① 일정한 전압을 공급해 주는 직류 전원으로부터 부하에 공급할 전압값을 원하는 대로 변화시켜 주도록 만들어진 장치이다.

② 방법

㈎ PWM : 펄스의 주기 T는 일정하게 유지하되 펄스 폭 T_{on}을 변화시킨다.

㈏ PFM : 펄스의 폭 T_{on}은 일정하게 유지하되 펄스의 주기 T를 변화시킨다.

㈐ 위 두가지 방법을 동시에 사용한다.

42 그림과 같은 환류 다이오드 회로의 부하 전류 평균값은 몇 A인가?(단, 교류 전압 $V=220$ [V], 60 Hz, 부하 저항 $R=10\Omega$이며, 인덕턴스 L은 매우 크다.)

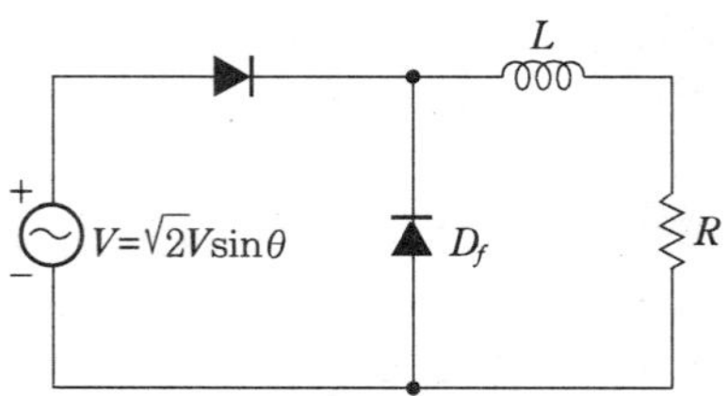

㉮ 6.7 A ㉯ 8.5 A
㉰ 9.9 A ㉱ 11.7

정답 41. ㉰ 42. ㉰

 • 단상 반파 정류 회로 – 환류 다이오드 (D_f)

$$I_{dc} = \frac{V_{dc}}{R} = \frac{0.45\,V}{R} = \frac{0.45 \times 220}{10} = 9.9\text{A}$$

참고 환류 다이오드 (free wheeling diode) : D_f

부하와 병렬로 접속되어 정류 다이오드가 off될 때 유도성 부하 전류의 통로를 만드는 역할을 하며, 부하 전류의 평활화, 다이오드의 역바이어스 전압을 부하에 관계 없이 일정하게 유지하여 준다.

43 다음은 인버터에 관한 설명이다. 옳지 않은 것은?

㉮ 전압원 인버터에는 직류 리액터가 필요하다.
㉯ 전압원 인버터의 전압 파형은 구형파이다.
㉰ 전류원 인버터는 부하의 변동에 따라 전압이 변동된다.
㉱ 전류원 인버터는 비교적 큰 부하에 사용된다.

 • 인버터 (inverter)

① 직류 전원으로부터 원하는 전압 또는 주파수의 교류 전력을 만들어주는 변환 장치이다.

② 전압원 인버터 (VSI)

(가) 출력 전압은 구형파이다.
(나) 자여식 인버터이다.
(다) 전동기 병렬 운전이 가능하다.
(라) 소형 경량이며, 취급이 간단하다.
(마) 용량성 부하에 사용할 수 없다.
(바) 4상한 운전이 불가능하다.
(사) 개루프 제어 (open loop control)가 가능하다.
(아) 유도 전동기 구동 시 속도 제어 범위가 전류형에 비해 넓다.
(자) 무부하 운전이 가능하다.
(차) 무10. 직류측에 정전압이 되도록 콘덴서가 병렬 접속된다.

③ 전류형 인버터 (CSI)

(가) 출력 전류는 구형파이다.
(나) 부하의 변동에 따라 전압이 변동된다.
(다) 비교적 큰 부하에 적합하다.
(라) 귀환 (feedback)제어가 필수적이다.
(마) 4상한 운전이 가능하다.
(바) 용량성, 유도성 부하에 사용할 수 있다.
(사) 주로 사용되는 소자 : SCR
(아) 용도 : 지상 무효 전력 발생/유도 가열/타여자 직류 전동기 속도 제어
(자) 전동기와 1:1 대응이다.
(차) 무부하 운전이 불가능하다.

정답 43. ㉮

44 **아래 그림 3상 교류 위상 제어 회로에서 사이리스터 T_1, T_4는 a상에 T_3, T_6은 b상에, T_5, T_2는 연결되어 있다. 이때 그림의 3상 교류 위상 제어 회로에 대한 설명으로 옳지 않은 것은?**

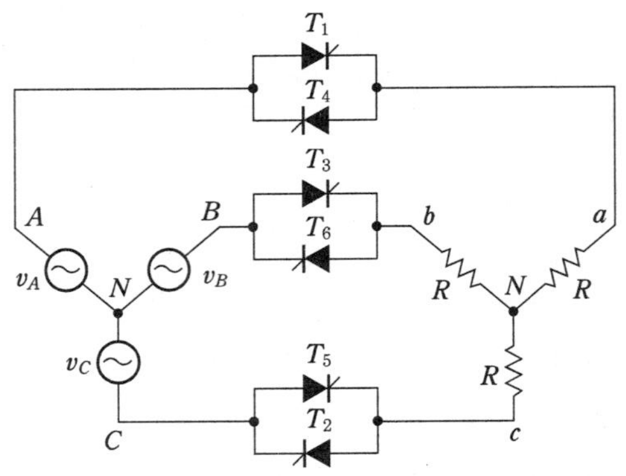

㉮ 사이리스터 T_1, T_6, T_2만 turn on되어 있는 경우 각 상 부하 저항에 걸리는 전압은 전원 전압의 각 상전압과 동일하다.

㉯ 사이리스터 T_1, T_6만 turn on되어 있고 나머지 사이리스터들이 모두 turn off 되어 있는 경우에는 a상 부하 저항에 걸리는 전압은 ab 선간 전압의 반이 걸리게 된다.

㉰ 6개의 사이리스터가 모두 turn off되어 있는 경우에는 부하 저항에 나타나는 모든 출력 전압은 0이다.

㉱ 사이리스터 T_2, T_3만 turn on되어 있고 나머지 사이리스터들이 모두 turn off 되어 있는 경우에는 a상 부하 저항에 걸리는 전압은 전원의 A상 전압이 그대로 걸리게 된다.

해설 • ㉱의 경우, a상 부하 저항에 나타나는 출력 전압은 '0'이다.

참고 T_2, T_3만 turn-on 상태이므로 BC 간의 선간 전압이 2등분되어 b, c 두 상(相)의 부하에 나타난다.

45 **2진수의 음수 표시법으로 −9의 8비트 부호화된 절대값의 표시값은?**

㉮ 10001001 ㉯ 11110110 ㉰ 11110111 ㉱ 10011001

해설 • 2진수의 음수 표시법

부호 비트(sign bit) : 0 → 양수, 1 → 음수

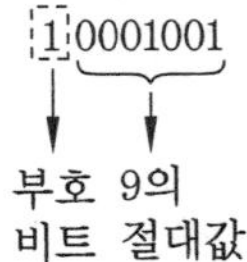

$\therefore (-9)_{10} = (10001001)_2$

정답 44. ㉱ 45. ㉮

46 T 플립플롭을 3단으로 직렬 접속하고 초단에 1 kHz의 구형파를 가하면 출력 주파수는 몇 kHz인가?

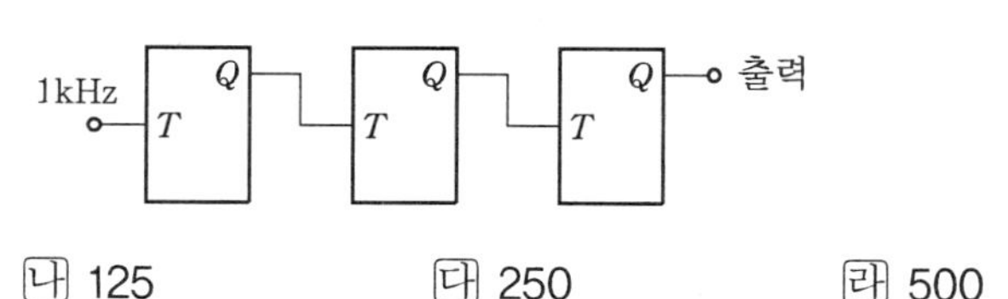

㉮ 1　㉯ 125　㉰ 250　㉱ 500

해설 • T 플립플롭의 출력 파형

1단 T형 플립플롭의 출력 파형은 입력 파형에 대한 주파수의 $\frac{1}{2}$이 된다.

$$\therefore F_0 = \frac{F_i}{2^n} = \frac{1000}{2^3} = \frac{1000}{8} = 125[\text{Hz}]$$

참고 T형 플립플롭

① T형 플립플롭은 JK 플립플롭의 두 입력을 한데 묶어서 하나의 입력으로 만든 것이다.

② JK 플립플롭의 동작 상태 중에서 입력이 모두 '0' 이거나 '1'인 경우만을 이용하는 플립플롭이다.

③ T형 플립플롭의 출력 파형은 입력 파형에 대한 주파수의 $\frac{1}{2}$이 되기 때문에 $\frac{1}{2}$ 분주 회로, 또는 계수 회로에 사용된다.

47 반가산기의 진리표에 대한 출력 함수는?

입력		출력	
A	B	S	C_0
0	0	0	0
0	1	1	0
1	0	1	0
1	1	0	1

㉮ $S = \overline{A}\,\overline{B} + AB,\ C_0 = \overline{A}\,\overline{B}$　㉯ $S = \overline{A}B + A\overline{B},\ C_0 = AB$

㉰ $S = \overline{A}\,\overline{B} + AB,\ C_0 = AB$　㉱ $S = \overline{A}B + A\overline{B},\ C_0 = \overline{A}\,\overline{B}$

해설 • 반가산기(half adder)회로 : 본문 그림 5-3 참조

① 반가산기 회로는 한비트의 2진수를 더하여 합(S)과 자리올림(C) 값을 계산하는 회로이다.

$S = \overline{A}B + A\overline{B}$

$C = AB$

② 반가산기의 진리표에 의한 논리식 표현

$S = \overline{A}B + A\overline{B} + A\overline{A} + B\overline{B} = \overline{A}B + A\overline{B}$

$C = AB$

정답 46. ㉯　47. ㉯

48 그림과 같은 회로는?

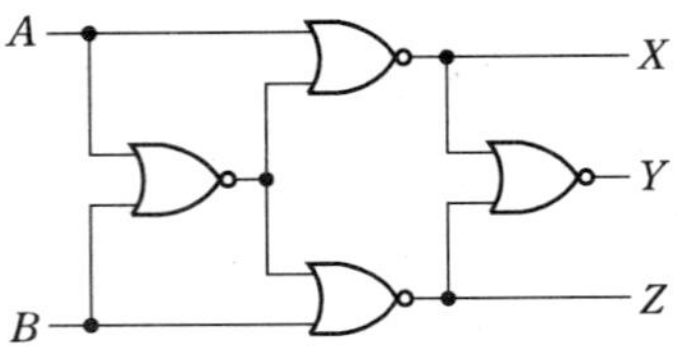

㉮ 비교 회로 ㉯ 반일치 회로
㉰ 가산 회로 ㉱ 감산 회로

• 비교 회로 (comparator)

① 두 수의 대소를 살피는 회로로, 논리 회로를 조합시켜서 만든다.

$X=\overline{A+\overline{A+B}}=\overline{A}\cdot(A+B)=\overline{A}B$ ························ L (A<B)

$Y=\overline{\overline{A}\cdot B+A\cdot\overline{B}}=\overline{A\oplus B}$ ···································· E (A=B)

$Z=\overline{B+\overline{A+B}}=\overline{B}\cdot(A+B)=A\overline{B}$ ························ H (A>B)

② 본문 1-4. (1) 비교기 참조

49 어떤 시스템 프로그램에 있어서 특정한 부호와 신호에 대해서만 응답하는 일종의 해독기로서 다른 신호에 대해서는 응답하지 않는 것을 무엇이라 하는가?

㉮ 산술 연산기 (ALU) ㉯ 디코더 (decoder)
㉰ 인코더 (encoder) ㉱ 멀티플렉서 (multiplexer)

• 디코더 (decoder)

① 디코더는 인코더의 반대 변환 작업을 수행하는 회로이며 이를 해독기라고도 한다.

② 입력 단자에 어느 조합 신호가 가해졌을 때, 그 조합에 대응하는 하나의 출력 단자에 신호가 나타나는 것이다.

참고 n-비트 디코더는 n개의 입력선과 n-비트 조합을 나타내며, 하나 이상 최대 2^n개의 출력선을 갖는다.

50 연산의 종류를 단항 (unary) 연산과 이항 (binary) 연산으로 구분할 때 다음 중 이항 연산에 속하지 않는 것은?

㉮ OR ㉯ complement
㉰ AND ㉱ exclusive OR

정답 48. ㉮ 49. ㉯ 50. ㉯

해설 • 사용 자료의 성질에 따른 연산의 종류

① 산술적 연산
- 고정 소수점 연산
- 부동 소수점 연산

② 논리적 연산
- 단항연산 : MOVE, COMPLEMENT, SHIFT, ROTATE, CLEAR, INCREMENT, DECREMENT
- 2진 연산 : AND, OR, XOR, COMPARE

51 어느 8비트 컴퓨터의 기억 용량이 1Mbyte이다. 이때 필요한 번지선(address line)의 수는?

가 16 나 20 다 24 라 8

 • 주소 버스(address bus) 선의 수가 20일 때, 최대 메모리의 크기

$2^n = 2^{20} = 1{,}048{,}576 = 1$ MB ∴ 번지선 수 $n = 20$

52 데이터 처리 명령에서 시프트 명령으로 알맞은 것은?

가 INC 나 CLRC 다 COMP 라 RORC

 • 시프트(shift instruction) – 데이터 처리 명령

① 레지스터 내의 데이터를 왼쪽 또는 오른쪽으로 한 자리 이동시키는 특수 명령이다.
② RORC : 1비트 우측으로 회전
③ ING : 1증가 ④ DEC : 1감소 ⑤ CLRC : 반전(1의 보수)

참고 시프트 명령(shift instruction)

① 레지스터 내의 데이터를 왼쪽 또는 오른쪽으로 한 자리 이동시키는 특수 명령이다.
② 산술적 자리 옮김 연산자는 이동 방향에 따라 밑수를 곱하거나 나누는 것과 같은 효과를 낼 수 있다.
③ 예를 들면, 2진수로 나타낸 수의 경우 오른쪽으로 한 자리 옮기는 것은 2로 나누는 것과 같고, 왼쪽으로 한 자리 옮기는 것은 2를 곱하는 것과 같다.

53 절대 조건 점프 명령 중에서 조건이 서로 상반되는 것끼리 나타낸 것은? (단, Z-80인 경우)

가 JP M, JP C 나 JP NC, JP C
다 JP NC, JP PE 라 JP Z, JP E

 • 절대 조건 점프 명령(Z-80) – JP(jump on positive)

① NC : non carry ② NZ : non zero
C : carry Z : zero
③ PE : parity even ④ M : sign negative(minus)
PO : parity odd P : sign positive(plus)

정답 51. 나 52. 라 53. 나

54 **입출력 인터페이스(I/O interface)에 대한 설명 중 옳지 않은 것은?**

㉮ 대부분 CPU 내에 존재한다.

㉯ 데이터(data) 형식 상의 동작 속도를 맞춘다.

㉰ CPU와 입출력 장치 간의 동작 속도를 맞춘다.

㉱ CPU와 입출력 장치 사이에 존재하여 데이터의 전송을 원활하게 한다.

• 입출력 인터페이스(input-output interface)

① CPU와 입출력 장치 사이에 존재하며 이들 사이의 데이터 전송을 지장 없게 해주는 연결기이다.

② 컴퓨터가 입출력 장치와 접속하여 동작하기 위해서는 물리적인 연결과 소프트웨어적인 연결이 요구된다. 이를 I/O 인터페이스라 부르며, 그 역할은 ㉯, ㉰, ㉱와 같다.

참고 입출력 인터페이스(input-output interface)

① CPU와 입출력 장치 사이에 존재하며 이들 사이의 데이터 전송을 지장 없게 해주는 연결기이다.

② 데이터 전송이 8비트 병렬로 이루어지는 경우에 사용하는 인터페이스를 병렬 인터페이스, 이에 대해 1비트씩을 직렬로 하여 데이터를 전송할 때 사용하는 인터페이스를 직렬 인터페이스라고 한다.

③ 2개의 입출력 채널, 즉 처리기 입출력 채널과 기억 장치 직접 접근 채널이 상호 작용할 수 있도록 하는 연결기이다.

④ 처리기 입출력 채널은 데이터 입력 버스를 통해 처리기와 연락을 하며, 문자 중심으로 데이터를 전송한다.

55 **축의 완성 지름, 철사의 안정 강도, 아스피린 순도와 같은 데이터를 관리하는 가장 대표적인 관리도는?**

㉮ c 관리도 ㉯ nP 관리도

㉰ u 관리도 ㉱ $\bar{x}-R$ 관리도

• $\bar{x}-R$ 관리도

① 품질을 길이, 온도, 습도, 무게, 강도, 순도 등과 같은 연속 변량에 의하여 관리하는 경우에 사용된다.

② 평균치와 범위의 관리도라고도 한다.

56 **다음 중 샘플링 검사보다 전수 검사를 실시하는 것이 유리한 경우는?**

㉮ 검사 항목이 많은 경우

㉯ 파괴 검사를 해야 하는 경우

㉰ 품질 특성치가 치명적인 결정을 포함하는 경우

㉱ 다수 다량의 것으로 어느 정도 부적합품이 섞여도 괜찮을 경우

정답 54. ㉮ 55. ㉱ 56. ㉰

 • 전수(total) 검사

① 불양품이 1개, 또는 일부분도 허용되지 않는 경우
② 전부를 용이하게 검사할 수 있는 경우
③ 품질 특정치가 치명적인 부적합함을 포함하는 경우

참고 샘플링(sampling) 검사

① 검사 항목이 많은 경우
② 파괴검사를 해야 하는 경우
③ 어느 정도 부적합품이 섞여도 괜찮을 경우
④ 검사 비용을 적게하는 편이 유리한 경우

57 소비자가 요구하는 품질로서 설계와 판매 정책에 반영되는 품질을 의미하는 것은?

㉮ 시장 품질 ㉯ 설계 품질 ㉰ 제조 품질 ㉱ 규격 품질

 • 품질 수준(quality level)의 결정-시장 품질

시장 품질은 어떠한 품질이 잘 팔리는가를 조사, 즉 소비자가 요구하는 품질을 말하며, 이는 설계와 판매 정책에 반영된다.

참고 품질 수준[quality level, 品質水準) : 품질이 좋고 나쁨을 나타내는 척도

58 로트의 크기가 시료의 크기에 비해 10배 이상 클 때, 시료의 크기와 합격 판정 개수를 일정하게 하고 로트의 크기를 증가시킬 경우 검사 특성 곡선의 모양 변화에 대한 설명으로 가장 적절한 것은?

㉮ 무한대로 커진다.
㉯ 별로 영향을 미치지 않는다.
㉰ 샘플링 검사의 판별 능력이 매우 좋아진다.
㉱ 검사 특성 곡선의 기울기 경사가 급해진다.

 • 검사 특성 곡선의 모양 변화

시료의 크기 n과 합격 판정 계수 C를 일정하게 하고, 로트(lot)의 크기 N만 변화시킬 경우 ($N/n \geq 10$일 때)

참고 검사 특성 곡선(본문 그림 7-5) 변화에 별로 영향을 미치지 않는다.

∴ 거의 변화하지 않는다.

59 준비 작업 시간 100분, 개당 정미 작업 시간 15분, 로트 크기 20일 때 1개당 소요 작업 시간의 얼마인가? (단, 여유 시간은 없다고 가정한다.)

㉮ 15분 ㉯ 20분
㉰ 35분 ㉱ 45분

정답 57. ㉮ 58. ㉯ 59. ㉯

해설 • 표준 작업 시간(standard operation time)

$$\text{표준 시간} = \text{정미 시간} \times (1 + \text{여유율}) = \text{정미 시간} \times \left(1 + \frac{\text{준비 작업 시간}}{\text{개당 작업 시간} \times \text{로트수}}\right)$$

$$= 15 \times \left(1 + \frac{100}{15 \times 20}\right) = 20\text{분}$$

참고 표준 시간

보통의 숙련도를 가진 공원이 표준 작업 방법에 의하여 보통의 노력으로 달성할 수 있는 작업 시간을 뜻한다.

① 내경법 : 표준 시간=정미 시간×(1/(1−여유율))

② 외경법 : 표준 시간=정미 시간×(1+여유율)

60 작업 시간 측정 방법 중 직접 측정법은?

가 PTS법 나 경험 견적법

다 표준 자료법 라 스톱 워치법

해설 작업 측정의 기법 중에서, 계측기와 기록 장치 등을 이용하는 직접 측정 방법에서는 스톱워치 또는 촬영기가 사용된다. 여기서, 스톱워치는 보통 백분율제 (1 눈금 = $\frac{1}{100}$ min)를 사용한다.

참고 PTS법(predetermined time standards method : 기정 시간 표준법)

표준 작업 시간을 결정하는 방법으로 통상 대량 생산 공장에서 채용된다.

정답 60. 라

2013년도 시행 문제

▶2013년 4월 14일 시행(53회)

자격종목 및 등급(선택분야)	종목코드	시험시간	문제지형별	수검번호	성 명
전기기능장	3380	1시간	A		

01 공기 중 10 Wb의 자극에서 나오는 자기력선의 총수는?

㉮ 약 6.885×10^6개　㉯ 약 7.958×10^6개

㉰ 약 8.855×10^6개　㉱ 약 9.092×10^6개

$N \fallingdotseq 7.958 \times 10^5 \times m = 7.958 \times 10^5 \times 10 = 7.958 \times 10^6$(개)

참고 $+m$[Wb]의 자극으로부터 나오는 총자력선 수

$$N = H \times 4\pi r^2 = \frac{1}{4\pi\mu_0} \cdot \frac{m}{r^2} \times 4\pi r^2$$

$$= \frac{m}{\mu_0} = \frac{m}{4\pi \times 10^{-7}} \fallingdotseq 7.958 \times 10^5 \times m\text{(개)}$$

02 무한히 긴 직선 도체에 전류 $I[A]$를 흘릴 때 이 전류로부터 r[m] 떨어진 점의 자속밀도는 몇 [Wb/m^2] 인가?

㉮ $\frac{\mu_0 I}{4\pi r}$　㉯ $\frac{I}{2\pi\mu_0 r}$

㉰ $\frac{I}{2\pi r}$　㉱ $\frac{\mu_0 I}{2\pi r}$

$B = \mu_0 H = \mu_0 \cdot \frac{I}{2\pi r} = \frac{\mu_0 I}{2\pi r}$ [Wb/m^2]

참고 본문 그림 1-9. 직선 도체에 의한 전기장 $H = \frac{I}{2\pi r}$ [AT/m]

03 자극의 흡인력 F[N]과 자속밀도 B[Wb/m^2]의 관계로 옳은 것은?
(단, $K = \frac{S}{2\mu_0}$ 이다.)

㉮ $F = K\frac{1}{B^2}$　㉯ $F = K\frac{1}{B}$

㉰ $F = KB^2$　㉱ $F = KB$

정답 1. ㉯　2. ㉱　3. ㉰

해설 • 자기 흡인력

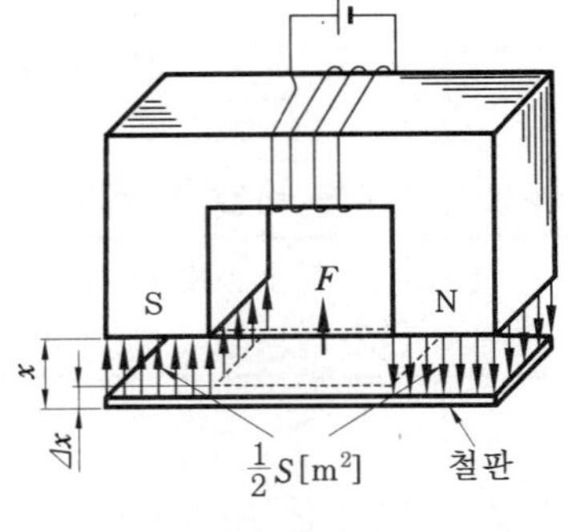

자기 흡인력

① 자속 밀도 B [Wb/m^2]인 공간에 그림과 같이 철판을 놓으면 흡인된다.

② 자석의 단면적 S [m^2]일 때 축적 에너지 W는

$$W=\frac{B^2}{2\mu_0}Sx \text{ [J]}$$

③ 흡인된 거리의 변화분 Δx [m]에 따른 축적 에너지의 변화분 ΔW[J]만큼 자기 흡인력이 작용하므로 F는

$$F=\frac{\Delta W}{\Delta x}=\frac{B^2}{2\mu_0}\cdot S=\frac{S}{2\mu_0}\cdot B^2=KB^2$$

04 그림과 같은 회로에서 단자 a, b에서 본 합성 저항(Ω)은? (단, $R=3$(Ω)이다.)

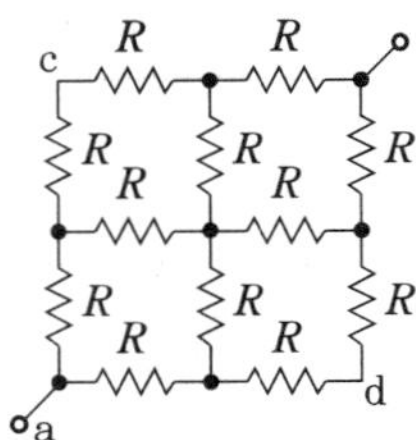

㉮ 1.0 Ω　　㉯ 1.5 Ω
㉰ 3.0 Ω　　㉱ 4.5 Ω

$$R_{ab}=\frac{3}{2}\cdot R=\frac{3}{2}\times 3 \fallingdotseq 4.5 \text{ Ω}$$

참고 본문 1. 직류 회로의 성질 - 예상 문제 10번 해설 참조

05 분류기의 배율을 나타낸 식으로 옳은 것은? (단, R_S는 분류기 저항, r은 전류계의 내부 저항이다.)

㉮ $\frac{R_S+1}{r}$　　㉯ $\frac{R_S}{r}+1$　　㉰ $\frac{r}{R_S}+1$　　㉱ $\frac{r}{r+R_S}+1$

해설 • 분류기의 배율 : m

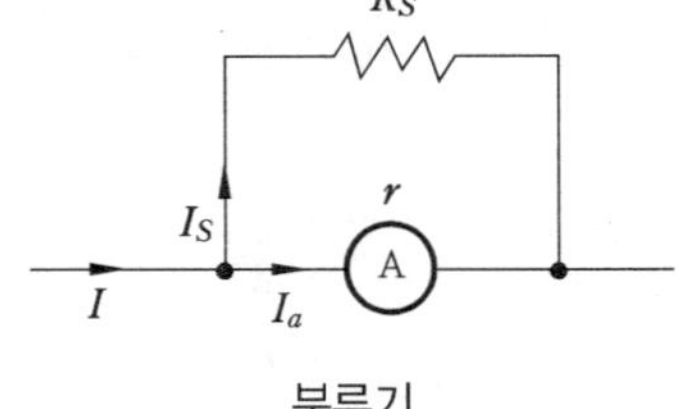

분류기

① $I_a=\frac{R_S}{R_S+r}\cdot I$　② $I=\frac{R_S+r}{R_S}\cdot I_a=\left(\frac{r}{R_S}+1\right)I_a$

$$\therefore\ m=\frac{I}{I_a}=\frac{r}{R_S}+1$$

정답 4. ㉱　5. ㉰

06 다음 설명 중 옳은 것은?

㉮ 인덕턴스를 직렬 연결하면 리액턴스가 커진다.
㉯ 저항을 병렬 연결하면 합성 저항은 커진다.
㉰ 콘덴서를 직렬 연결하면 용량이 커진다.
㉱ 유도 리액턴스는 주파수에 반비례한다.

• 기본 회로 소자의 특성
① 인덕턴스는 직렬 연결하면 리액턴스가 커진다.
② 저항을 병렬 연결하면 합성 저항은 작아진다.
③ 콘덴서는 직렬 연결하면 용량이 작아진다.
④ 유도 리액턴스는 주파수에 비례한다.

07 저항 10 Ω, 유도 리액턴스 10 Ω인 직렬 회로에 교류 전압을 인가할 때 전압과 이 회로에 흐르는 전류와의 위상차는 몇 도인가?

㉮ 60° ㉯ 45° ㉰ 30° ㉱ 0°

위상차 $\theta = \tan^{-1}\dfrac{\omega L}{R} = \tan^{-1}\dfrac{10}{10} = \tan^{-1}1 = 45°$

08 그림과 같은 회로에서 소비되는 전력은?

㉮ 5808 W
㉯ 7744 W
㉰ 9680 W
㉱ 12100 W

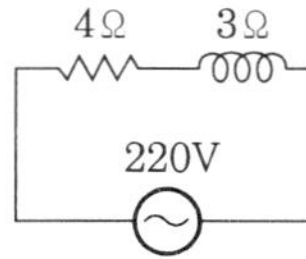

$$I = \frac{V}{\sqrt{R^2 + X^2}} = \frac{220}{\sqrt{4^2 + 3^2}} = 44 \text{ A}$$

$\therefore\ P = I^2 \cdot R = 44^2 \times 4 = 7744 \text{ W}$

09 2개의 전력계를 사용하여 평형 부하의 3상 회로의 역률을 측정하고자 한다. 전력계의 지시가 각각 1 kW 및 3 kW라 할 때 이 회로의 역률은 약 몇 %인가?

㉮ 58.8 ㉯ 63.3
㉰ 75.6 ㉱ 86.6

$$\cos\theta = \frac{P_1 + P_2}{2\sqrt{P_1^2 + P_2^2 - P_1P_2}} = \frac{1+3}{2\sqrt{1^2 + 3^2 - 1 \times 3}} \fallingdotseq \frac{4}{5.29} = 0.756$$

$\therefore$ 75.6 %

정답 6. ㉮ 7. ㉯ 8. ㉯ 9. ㉰

10 은전량계에 1시간 동안 전류를 통과시켜 8.054 g의 은이 석출되었다면, 이때 흐른 전류의 세기는 약 얼마인가?(단, 은의 전기적 화학당량은 0.001118 g/C이다.)

㉮ 2 A　㉯ 9 A　㉰ 32 A　㉱ 120 A

 $W = KQ = KIt$[g]에서,

$$I = \frac{W}{Kt} = \frac{8.054}{0.001118 \times 1 \times 3600} \fallingdotseq 2\ \text{A}$$

참고 • 전량계(coulometer)

① 전기 분해를 이용하여 전기량(전류×시간)을 구하는 장치이다.

② 사용하는 전해액에 따라 은 전량계, 동 전량계, 습산 전량계 등이 있다.

11 직류기에 주로 사용하는 권선법으로 다음 중 옳은 것은?

㉮ 개로권, 환상권, 이층권　㉯ 개로권, 고상권, 이층권

㉰ 폐로권, 고상권, 이층권　㉱ 폐로권, 환상권, 이층권

 직류기 전기자 권선법으로는 고상권-폐로권-2층권(중권, 파권)이 쓰인다.

참고 전기자 권선법 → 고상권 / 환상권 → 폐로권 / 개로권 → 2층권 / 단층권 → 중권 / 파권 → 단절권 / 전절권

12 직류 복권 전동기 중에서 무부하 속도와 전부하 속도가 같도록 만들어진 것은?

㉮ 과복권　㉯ 부족복권　㉰ 평복권　㉱ 차동복권

13 정격 30 kVA, 1차측 전압 6600 V, 권수비 30인 단상 변압기의 2차측 정격 전류는 약 몇 A인가?

㉮ 93.2 A　㉯ 136.4 A　㉰ 220.7 A　㉱ 455.5 A

 $V_2 = \frac{V_1}{\alpha} = \frac{6600}{30} = 220\ [\text{V}] \quad \therefore\ I_2 = \frac{P}{V_2} = \frac{30 \times 10^3}{220} \fallingdotseq 136.4\ \text{A}$

14 용량 10 kVA, 임피던스 전압 5 %인 변압기 A와 용량 30kVA, 임피던스 전압 3 %인 변압기 B를 병렬 운전시켜 36 kVA 부하를 연결할 때 변압기 A의 부하 분담은 몇 kVA인가?

㉮ 4.5 kVA　㉯ 6 kVA

㉰ 13.5 kVA　㉱ 18 kVA

정답 10. ㉮　11. ㉰　12. ㉰　13. ㉯　14. ㉯

 • 부하의 분담 : 용량과 임피던스 전압은 비례하므로, A기 kVA를 기준으로 하면 B기 30 kVA, 3 %는 10kVA 1 %로 환산되고, 부하 분담은 퍼센트 임피던스에 반비례하기 때문에 부하가 P일 때,

① $P_A = P \cdot \frac{Z_B}{Z_A + Z_B} = 36 \times \frac{1}{5+1} = 6\text{ kVA}$

② $P_B = P \cdot \frac{Z_A}{Z_A + Z_B} = 36 \times \frac{5}{5+1} = 30\text{ kVA}$

[참고] 본 문제는 변압기 B의 임피던스 전압을 1 %로 수정하여 풀이한 것임

15 용량 10 kVA의 단권 변압기에서 전압 3000 V를 3300 V로 승압시켜 부하에 공급할 때 부하 용량 (kVA)은?

㉮ 1.1 kVA ㉯ 11 kVA ㉰ 110 kVA ㉱ 990 kVA

부하 용량 $P_L = \frac{V_2}{V_2 - V_1} \cdot P_S = \frac{3300}{3300 - 3000} \times 10 = 110\text{ kVA}$

16 소형 유도 전동기의 슬롯을 사구(skew slot)로 하는 이유는?

㉮ 기동 토크를 증가시키기 위하여 ㉯ 게르게스 현상을 방지하기 위하여
㉰ 제동 토크를 증가시키기 위하여 ㉱ 크로우링을 방지하기 위하여

 • 사구(skew slot) : 비뚤어진 홈 (본문 그림 2-45 참조)

① 크로우링(crawling) 현상

(가) 유도 전동기에서는 회전자 권선을 감는 방법과 슬롯(slot) 수가 적당하지 않으면 토오크 속도 곡선의 왼쪽 부분에 凹凸이 생긴다(고조파 회전자계 때문임).

(나) 교점 c와 a는 안전점이고, b와 d는 불안전점이다.

(다) 전동기는 기동도중 c와 같은 낮은 속도에서 안정되어 버려 전속도에 이르지 못하는 경우가 일어난다. 이런 현상을 전동기의 크로우링이라 한다.

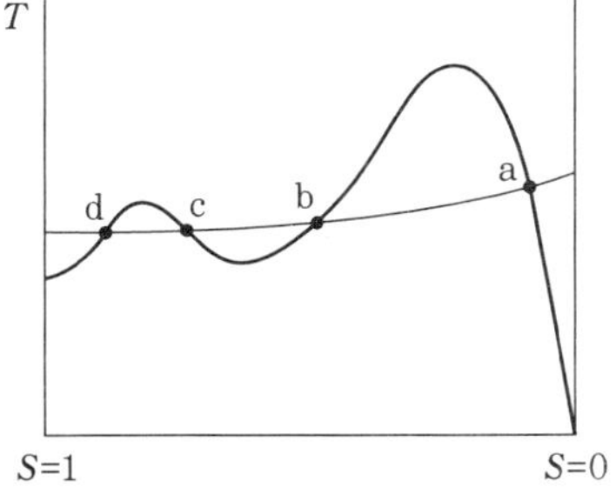

토오크 속도 곡선

② 사구(skew slot)의 장점

(가) 회전자가 고정자의 자속을 끊을 때 발생하는 소음을 억제하는 효과가 있다.

(나) 크로우링을 방지하여 기동 특성, 파형을 개선하는 효과가 있다.

17 3상 유도 전동기의 2차 동손, 2차 입력, 슬립을 각각 P_c, P_2, s라 하면 관계식은?

㉮ $P_c = sP_2$ ㉯ $P_c = \frac{P_2}{s}$ ㉰ $P_c = \frac{s}{P_2}$ ㉱ $P_c = \frac{1}{sP_2}$

정답 15. ㉰ 16. ㉱ 17. ㉮

해설 • 2차 동손

$$P_c = I_2^{\,2} \cdot r_2 = I_2 r_2 \cdot I_2 = I_2 r_2 \cdot \frac{sE_2}{\sqrt{r_2^{\,2} + (sx_2)^2}} = sE_2 I_2 \cos\theta = sP_2$$

18 주파수 60 Hz로 제작된 3상 유도 전동기를 동일한 전압의 50 Hz의 전원으로 사용할 때 나타나는 현상은?

㉮ 철손 감소 ㉯ 무부하전류 증가

㉰ 자속 감소 ㉱ 속도 증가

 • 전원 주파수의 변화(60Hz → 50Hz)에 따른 유도 전동기의 특성 변화

① 무부하 전류 증가 ② 철손 증가

③ 온도 상승 증가 ④ 속도 감소–냉각 속도 감소

⑤ 누설 리액턴스 감소 ⑥ 동기 속도 감소

⑦ 역율 낮아짐 ⑧ 주자속 증가

19 다음은 콘덴서형 전동기 회로로서 보조 권선에 콘덴서를 접속하여 보조 권선에 흐르는 전류와 주권선에 흐르는 전류의 위상차를 더욱 크게 한 것으로 회로에 사용한 콘덴서의 목적으로 옳지 않은 것은?

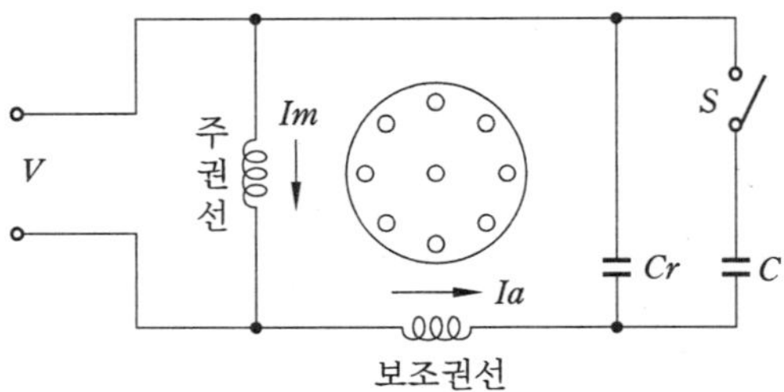

㉮ 정·역 운전에 도움을 준다. ㉯ 운전시에 효율을 개선한다.

㉰ 운전시에 역률을 개선한다. ㉱ 기동 회전력을 크게 한다.

 • 콘덴서 기동 영구 콘덴서형 단상 유도 전동기의 특성

① 운전용 콘덴서 Cr와 기동용 콘덴서 C 및 원심력 스위치 S가 내장되어 있다.

② 기동 전류가 작고 기동 토크가 크며, 운전 중 역률·효율이 좋게 개선된다.

③ 정·역 운전은 보통 보조 권선의 접속을 바꾸어 줌으로서 이루어진다.

20 동기 발전기에서 전기자 권선을 단절권으로 하는 목적은?

㉮ 절연을 좋게 한다. ㉯ 기전력을 높게 한다.

㉰ 역률을 좋게 한다. ㉱ 고조파를 제거한다.

정답 18. ㉯ 19. ㉮ 20. ㉱

 • 단절권 (본문그림 2-63 참조)

① 코일 피치 $\beta\pi$가 자극 피치 π보다 작은 권선법이다.

② 전절권에 비하여 고조파가 제거되어 파형이 개선되나, 유도기 전력이 감소된다.(0.96 정도)

참고 단절권의 특징

① 특정 고조파 제거　② 코일 단부 단축

③ 기계 길이와 동량 감소　④ 유도 기전력 감소

21 3상 동기발전기의 단락비를 산출하는데 필요한 시험은?

㉮ 돌발 단락 시험과 부하 시험　㉯ 동기화 시험과 부하 포화 시험

㉰ 외부 특성 시험과 3상 단락 시험　㉱ 무부하 포화 시험과 3상 단락 시험

 • 단락비 : S

① 본문 그림 2-69 동기 발전기의 특성 곡선에서, 정격 속도에서 무부하 정격 전압 V_n을 유기하는 데 필요한 계자 전류 I_{fs}, 3상 단락 정격 전류 I_n을 흐르게 하는 계자 전류 I_{fn}라 하면

$$S=\frac{I_{fs}}{I_{fn}}=\frac{I_s'}{I_n}$$

② 무부하 포화 시험에 의하여 무부하 포화 곡선을, 3상 단락 시험에 의하여 3상 단락 곡선이 얻어진다.

22 영구 자석을 회전자로 하고, 회전자의 자극 근처에 반대 극성의 자극을 가까이 놓고 회전시키면, 회전자는 이동하는 자석에 흡인되어 회전하는 전동기는?

㉮ 유도 전동기　㉯ 직권 전동기

㉰ 동기 전동기　㉱ 분권 전동기

 • 동기 전동기(synchronous motor)

외측과 내측의 자극이 다른 극을 대립시켜 외측의 자극을 회전시키면 내측의 자극은 같은 방향, 같은 속도로 회전한다. 이것이 동기 전동기이다.

참고 회전 원리

① 그림에서 고정자 3상 권선에 3상 교류 i_a, i_b, i_c를 흘리면 고정자 회전 자장은 동기 속도로 회전하며 자극은 Ⓝ, Ⓢ(점선)로 나타난다.

② 회전자를 고정자 회전 자장과 같은 방향, 같은 속도로 돌려주면 회전자 자극 Ⓝ, Ⓢ와 고정자 회전 자장의 자극 Ⓝ, Ⓢ가 서로 흡인력을 갖고 같은 동기 속도로 회전한다(이 때의 회전력은 0이다.).

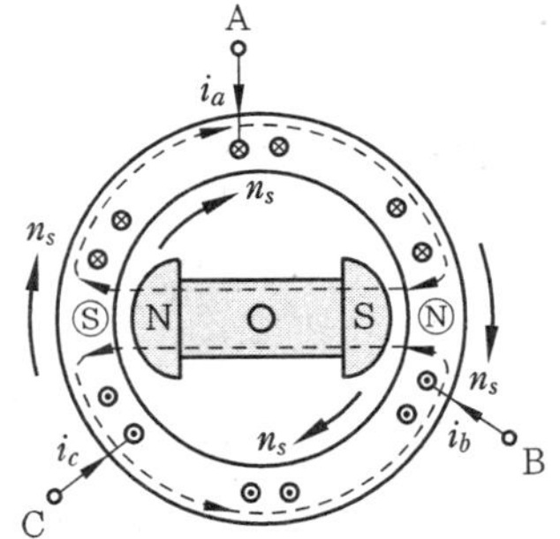

동기 전동기의 회전원리

정답 21. ㉱　22. ㉰

23 **동기 전동기에서 제동권선의 사용 목적으로 가장 옳은 것은?**

㉮ 난조 방지 ㉯ 정지 시간의 단축
㉰ 운전 토크의 증가 ㉱ 과부하 내량의 증가

 • 동기 전동기의 제동 권선의 사용 목적
① 난조 방지 ② 기동 토크 발생

24 **나전선 상호 또는 나전선 절연 전선, 캡타이어 케이블 또는 케이블과 접속하는 경우의 설명으로 옳은 것은?**

㉮ 접속 슬리브(스프리트 슬리브 제외), 전선 접속기를 사용하여 접속하여야 한다.
㉯ 접속 부분의 절연은 전선 절연물의 80% 이상의 절연 효력이 있는 것으로 피복하여야 한다.
㉰ 접속 부분의 전기 저항을 증가시켜야 한다.
㉱ 전선의 강도는 30% 이상 감소하지 않아야 한다.

 • 전선의 접속 원칙 (내선규정 1430 참조)
① 나전선 상호 또는 나전선과 절연 전선 캡타이어 케이블 또는 케이블과 접속하는 경우는 다음에 의하여야 한다.
(가) 전선의 강도 (인장하중)를 20% 이상 감소시키지 않는다.
(나) 접속 슬리브, 전선 접속기를 사용하여 접속한다(스프리트 슬리브는 제외한다).

25 **애자 사용 공사에 의한 고압 옥내배선의 시설에 있어서 적당하지 않은 것은?**

㉮ 전선이 조영재를 관통할 때에는 난연성 및 내수성이 있는 절연관에 넣을 것
㉯ 애자 사용 공사에 사용하는 애자는 난연성일 것
㉰ 전선과 조영재와의 이격 거리는 4.5cm로 할 것
㉱ 고압 옥내배선은 저압 옥내배선과 쉽게 식별되도록 시설할 것

 • 고압 옥내 배선 – 애자 사용 공사(판단기준 제209조 참조) 〈㉮, ㉯, ㉱ 이외에〉
① 전선 상호 간의 간격은 8cm 이상, 전선과 조영재 사이의 이격 거리는 5cm 이상일 것
② 전선은 공칭 단면적 6 mm^2 이상의 연동선으로 고압 또는 특고압 절연 전선일 것

26 **사용 전압이 220V인 경우에 애자 사용 공사에서 전선과 조영재와의 이격 거리는 최소 몇 cm 이상이어야 하는가?**

㉮ 2.5 ㉯ 4.5
㉰ 6.0 ㉱ 8.0

정답 23. ㉮ 24. ㉮ 25. ㉰ 26. ㉮

 • 애자 사용 공사(내선규정 2270-8) - 전선의 이격 거리

거리 \ 사용 전압	400 V 미만의 경우	400 V 이상의 경우
전선과 조영재와의 거리	2.5 cm 이상	4.5 cm 이상*

㈜ * : 건조한 장소에서는 2.5 cm 이상으로 할 수 있다.

27 유니언 커플링의 사용 목적으로 옳은 것은?

㉮ 금속관 상호의 나사를 연결하는 접속
㉯ 금속관의 박스와 접속
㉰ 안지름이 다른 금속관 상호의 접속
㉱ 돌려 끼울 수 없는 금속관 상호의 접속

 • 유니언 커플링(union coupling)
① 돌려 끼울 수 없는 금속관 상호의 접속에 사용된다.
② 박강과 EMT 전선 관을 상호 접속할 때 나사를 내지 않고 접속하는 나사 없는 커플링이다.

28 저압 옥내 간선에서 분기하여 전기 사용 기계 기구에 이르는 저압 옥내 전로의 분기 개소에 시설하는 개폐기 및 과전류 차단기는 분기점에서 전선의 길이가 몇 m 이내인 곳에 시설하여야 하는가?

㉮ 1.5 m ㉯ 3.0 m ㉰ 5.5 m ㉱ 8.0 m

 • 개폐기 및 과전류 차단기 시설
저압 옥내 간선에서 분기하여 전기 기계・기구에 이르는 분기 회로 전선에는, 분기점에서 전선의 길이가 3 m 이하인 곳에 개폐기 및 과전류 차단기를 시설하여야 한다.

29 공용 접지의 특징으로 적합한 것은?

㉮ 다른 기기 계통에 영향이 적다.
㉯ 보호 대상물을 제한할 수 있다.
㉰ 접지 전극수가 적어 시공면에서 경제적이다.
㉱ 접지 공사비가 상승한다.

 • 공용 접지는 접지극을 공용으로 함으로서, 접지 전극수가 적어 시공면에서 경제적이다.
① 공용접지(common grounding)는 여러 다른 시설인 통신 시스템, 전기 설비, 제어 설비 및 피뢰 설비 등을 하나의 접지 전극에 공통으로 접속하여 사용하는 접지 방식을 말한다.
② 공용 접지는 모든 설비가 공통으로 연결되므로 접지 전극의 성능 악화나 손상시는 전체 설비에 영향을 미치므로 처음 시공할 때 강한 내구성이 있는 신뢰도가 높은 접지를 시공하여야 한다.

정답 27. ㉱ 28. ㉯ 29. ㉰

30 고압 및 특고압의 전로에서 절연 내력 시험을 할 때 규정에 정한 시험 전압을 전로와 대지 사이에 몇 분간 가하여 견디어야 하는가?

㉮ 1분　　㉯ 5분
㉰ 10분　　㉱ 20분

• 전로의 절연 저항 및 절연 내력(판단기준 제13조 참조)
시험 전압을 전로와 대지 사이에 연속하여 10분간 가하여 절연 내력을 시험하였을 때 이에 견디어야 한다.

31 어떤 교류 3상 3선식 배전 선로에서 전압을 200 V에서 400 V로 승압하였을 때 전력 손실은?(단, 부하 용량은 같다.)

㉮ 2배로 증가한다.　　㉯ 4배로 증가한다.
㉰ $\frac{1}{2}$로 감소한다.　　㉱ $\frac{1}{4}$로 감소한다.

전력 손실은 전압의 제곱에 반비례하므로 $P_l' = k\left(\frac{200}{400}\right)^2 = k\frac{1}{4}$로 감소

32 저압 연접 인입선의 시설 기준으로 옳은 것은?

㉮ 인입선에서 분기되는 점에서 100 m를 초과하지 말 것
㉯ 폭 2.5 m를 초과하는 도로를 횡단하지 말 것
㉰ 옥내를 통과하여 시설할 것
㉱ 지름은 최소 2.5 mm^2 이상의 경동선을 사용할 것

• 저압 연접 인입선의 시설 규정(판단기준 제101조 참조)
① 인입선에서 분기하는 점에서 100 m를 넘는 지역에 이르지 않아야 한다. 너비 5 m를 넘는 도로를 횡단하지 않아야 한다.
② 연접 인입선은 옥내를 통과하면 안된다(고압 연접 인입선은 시설할 수 없다.).
참고 전선은 최소 2 mm 이상의 인입용 비닐 절연 전선일 것(경간이 15 m 이하인 경우)

33 공급점 30 m인 지점에 70 A, 45 m인 지점에 50 A, 60 m인 지점에 30 A의 부하가 걸려 있을 때, 부하 중심까지의 거리를 산출하여 전압 강하를 고려한 전선의 굵기를 결정하고자 한다. 부하 중심까지의 거리는 몇 m인가?

㉮ 62 m　　㉯ 50 m
㉰ 41 m　　㉱ 36 m

정답 30. ㉰ 31. ㉱ 32. ㉮ 33. ㉰

 • 부하 중심점까지의 거리

$$L = \frac{(\text{부하 전류} \times \text{거리})\text{의 합}}{\text{부하에 흐르는 전류의 합}} = \frac{I_1L_1 + I_2L_2 + I_3L_3}{I_1 + I_2 + I_3} = \frac{70 \times 30 + 50 \times 45 + 30 \times 60}{70 + 50 + 30} = \frac{6150}{150} = 41\,\text{m}$$

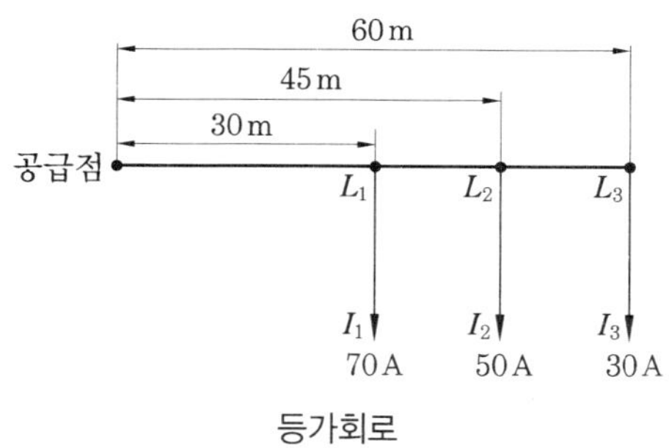

등가회로

34 3상 배전 선로의 말단에 늦은 역률 80 %, 150 kW의 평형 3상 부하가 있다. 부하점에 부하와 병렬로 전력용 콘덴서를 접속하여 선로 손실을 최소화하려고 한다. 이 경우 필요한 콘덴서의 용량은? (단, 부하단 전압은 변하지 않는 것으로 한다.)

㉮ 105.5 kVA　　㉯ 112.5 kVA
㉰ 135.5 kVA　　㉱ 150.5 kVA

 손실을 최소화하려면 $\cos\theta_2$=1이 되어야 한다.

$$\therefore\ Q_c = P\sqrt{\frac{1}{\cos^2\theta_1} - 1} = 150\sqrt{\frac{1}{0.8^2} - 1} = 112.5\ \text{kVA}$$

35 가공 전선로에 사용하는 원형 철근 콘크리트주의 수직 투영 면적 1 m^2에 대한 갑종 풍압 하중은?

㉮ 333 Pa　　㉯ 588 Pa
㉰ 745 Pa　　㉱ 882 Pa

 • 전기 설비 판단 기준 제62조[종별과 그 적용]
갑종 풍압 하중 : 다음 표에서 정한 구성재의 수직 투영 면적 1m^2에 대한 풍압을 기초로 하여 계산한 것

풍압을 받는 구분				구성재의 수직 투영 면적 1m^2에 대한 풍압
지지물	철근 콘크리트주	원형의 것		588 Pa
		기타의 것		882 Pa
	철 탑	단주 (완철류는 제외한다.)	원형의 것	588 Pa
			기타의 것	1117 Pa
		강관으로 구성되는 것 (단주는 제외한다.)		1255 Pa
		기타의 것		2157 Pa

정답 34. ㉯　35. ㉯

36 지중 전선로를 직접 매설식에 의하여 시설하는 경우 차량 기타 중량물의 압력을 받을 우려가 있는 장소에는 매설 깊이를 몇 m 이상으로 해야 하는가?

㉮ 0.6 m ㉯ 1.2 m ㉰ 1.8 m ㉱ 2.0 m

 • 지중 전선로의 매설 깊이(내선규정 2150-1 참조)

시설 장소	매설 깊이(m)
차량, 기타 중량물의 압력을 받을 우려가 있는 장소	1.2 이상
기타 장소	0.6 이상

37 저압의 지중 전선이 지중 약전류 전선 등과 접근하거나 교차하는 경우 상호 간의 이격 거리가 몇 cm 이하인 때에는 지중 전선과 지중 약전류 전선 등 사이에 견고한 내화성의 격벽을 설치하는가?

㉮ 20 cm ㉯ 30 cm
㉰ 50 cm ㉱ 60 cm

 • 지중 전선과 지중 약전류 전선과의 접근 또는 교차(판단기준 제141조 참조)
견고한 내화성의 격벽을 설치
(가) 저압 또는 고압의 지중 전선은 30 cm 이하
(나) 특고압 지중 전선은 60 cm 이하

38 전력용 콘덴서의 내부소자 사고 검출 방식이 아닌 것은?

㉮ 콘덴서 외향 평창변위 검출 방식
㉯ 중성점 간 전압 검출 방식
㉰ 중성점 간 전류 검출 방식
㉱ 회선 전류 위상비교 검출 방식

 •전력용 콘덴서 내부소자 검출 방식
① 중성점 간 전압, 전류 검출 방식
② 콘덴서 외함 평창변위 검출 방식 : 콘덴서의 내부 압력이 상승하면 외함이 팽창하며 팽창이 일정값을 넘는 경우는 내부 고장으로 추정한다.

39 평균 구면 광도 100 cd의 전구 5개를 지름 10 m인 원형의 방에 점등할 때, 방의 평균 조도(lx)는?

㉮ 약 26.7 lx ㉯ 약 35.5 lx
㉰ 약 48.8 lx ㉱ 약 59.4 lx

정답 36. ㉯ 37. ㉯ 38. ㉱ 39. ㉮

 ① $F=4\pi I=4\pi\times 100 \fallingdotseq 1256$ lm

② $A=\left(\frac{d}{2}\right)^2\cdot\pi=\left(\frac{10}{2}\right)^2\times\pi=25\times\pi\fallingdotseq 78.5\ \text{m}^2$

$\therefore E=\frac{FUN}{AD}=\frac{1256\times 0.5\times 5}{78.5\times 1.5}\fallingdotseq 26.7$ lx

40 자동 화재 탐지 설비의 감지기 회로에 사용되는 비닐 절연 전선의 최소 규격은?

가 1.0 mm² 나 1.5 mm²
다 2.5 mm² 라 4.0 mm²

41 정부나 공공 기관에서 발주하는 전기 공사의 물량 산출시 전기 재료의 할증률 중 옥내 케이블은 일반적으로 몇 % 값 이내로 하여야 하는가?

가 1 % 나 3 %
다 5 % 라 10 %

 • 전기 재료의 할증률 (본문 표 3-60 참조)
① 옥내 케이블 : 5 % ② 옥외 케이블 : 3 %

42 다이오드의 애벌런치 (avalanche) 현상이 발생되는 것을 옳게 설명한 것은?

가 역방향 전압이 클 때 발생한다.
나 순방향 전압이 클 때 발생한다.
다 역방향 전압이 적을 때 발생한다.
라 순방향 전압이 적을 때 발생한다.

 • 다이오드 (diode)의 애벌런치 현상은 본문 그림 4-1(c) 특성 곡선에서,
역방향 전압이 어떤 임계값에 가까워지면 전류가 갑자기 증대하기 시작하여 거의 직선으로 내려간다.

43 PN 접합 다이오드의 순방향 특성에서 실리콘 다이오드의 브레이크 포인터는 약 몇 V 인가?

가 0.2 V 나 0.5 V
다 0.7 V 라 0.9 V

 • PN 접합 다이오드의 순방향 특성-브레이크 포인터
① 실리콘(Si) 다이오드 : 약 0.7 V
② 게르마늄(Ge) 다이오드 : 약 0.2~0.3 V

정답 40. 나 41. 다 42. 가 43. 다

44 그림은 사이클로 컨버터의 출력 전압과 전류의 파형이다. $\theta_2 - \theta_3$ 구간에서 동작되는 컨버터와 동작 모드는?

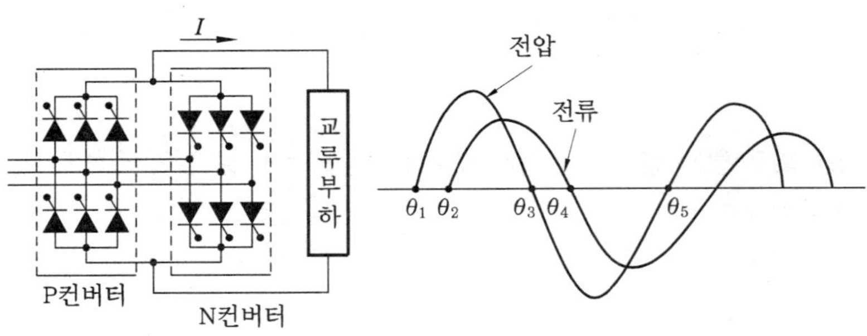

㉮ P 컨버터, 순변환　　㉯ P 컨버터, 역변환
㉰ N 컨버터, 순변환　　㉱ N 컨버터, 역변환

• 사이클로 컨버터(cyclo converter) : 본문 그림 4-32에서,
부하 전류가 양(+)일 때 : P 컨버터만 구동, 순방향

45 120°씩 위상차를 갖는 3상 평형 전원이 아래 3상 전파 정류 회로에 인가되어 있는 경우 다음 설명 중 적절하지 않은 것은?

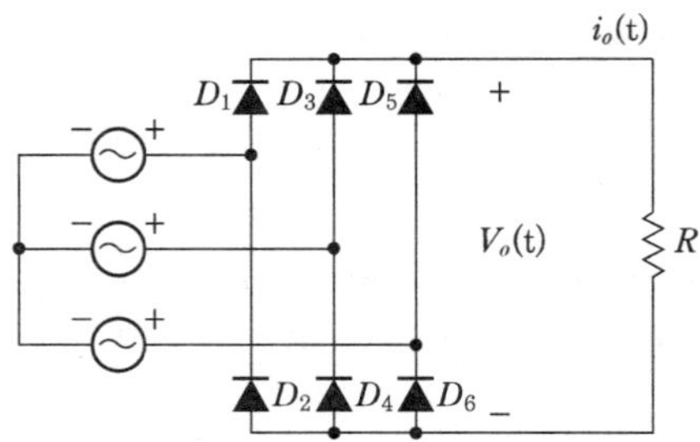

㉮ 3상 전파 정류 회로의 출력 전압($v_0(t)$)은 3상 반파 정류 회로의 경우보다 리플(ripple) 성분의 크기가 작다.
㉯ 상단부 다이오드(D1, D3, D5)는 임의의 시간에 3상 전원 중 전압의 크기가 양의 방향으로 가장 큰 상에 연결되어 있는 다이오드가 온(on)된다.
㉰ 3상 전파 정류 회로의 출력 전압($v_0(t)$)은 120°의 간격을 가지고 전원의 한 주기당 각 상전압의 크기를 따라가는 3개의 펄스로 나타난다.
㉱ 출력 전압($v_0(t)$)의 평균치는 전원 선간 전압 실효치의 약 1.35배이다.

정답 44. ㉮　45. ㉰

3상 전파 정류회로 출력 전압($V_0(t)$)은 60°의 간격을 가지고 다음과 같이 6개의 펄스로 나타난다.

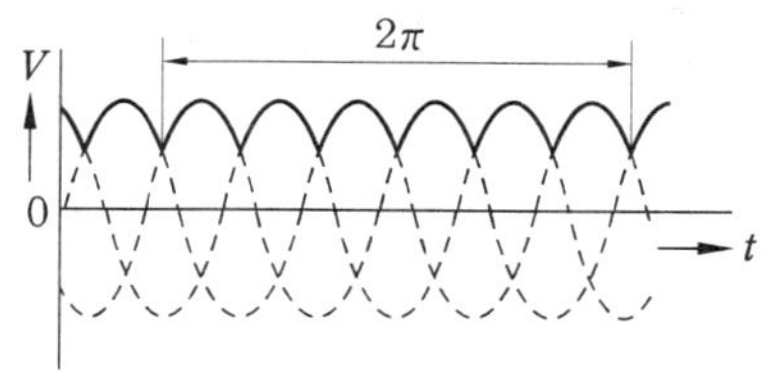

출력 파형

46 2진수 $(1011)_2$를 그레이 코드(gray code)로 변환한 값은?

㉮ $(1111)_G$　㉯ $(1101)_G$
㉰ $(1110)_G$　㉱ $(1100)_G$

$(1011)_2 \Rightarrow (1110)_G$

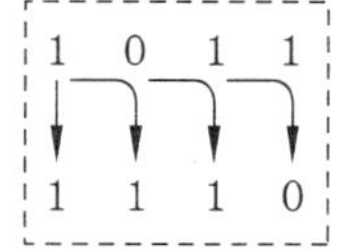

47 2진수 $(01100110)_2$의 2의 보수는?

㉮ 01100110　㉯ 01100111
㉰ 10011001　㉱ 10011010

01100110 → (1의 보수) → 10011001
\+ 1
(2의 보수) → 10011010

48 카르노도의 상태가 그림과 같을 때 간략화된 논리식은?

C \ BA	00	01	11	10
0	1	0	0	1
1	1	0	0	1

㉮ $\overline{A}\overline{B}\overline{C}+\overline{A}\overline{B}C+\overline{A}B\overline{C}+\overline{A}BC$　㉯ $A\overline{B}+\overline{A}B$
㉰ A　㉱ $\overline{A}$

$Y=\overline{A}\overline{B}\overline{C}+\overline{A}\overline{B}C+\overline{A}B\overline{C}+\overline{A}BC=\overline{A}\overline{B}(\overline{C}+C)+\overline{A}B(\overline{C}+C)$
$=\overline{A}\overline{B}+\overline{A}B=\overline{A}(\overline{B}+B)=\overline{A}$

참고 본문 1장 2-2, (2) 카르노도에 의한 방법을 이용하면, 예상 문제 24, 25번과 같이 쉽게 구할 수 있다.

정답 46. ㉰　47. ㉱　48. ㉱

49 진리표와 같은 출력의 논리식을 간략화한 것은?

입 력			출 력
A	B	C	X
0	0	0	0
0	0	1	1
0	1	0	0
0	1	1	1
1	0	0	0
1	0	1	0
1	1	0	1
1	1	1	1

㉮ $\overline{A}B+\overline{B}C$　　㉯ $\overline{A}\,\overline{B}+B\overline{C}$　　㉰ $AC+\overline{B}\overline{C}$　　㉱ $AB+\overline{A}C$

 $X=\overline{A}\overline{B}C+\overline{A}BC+AB\overline{C}+ABC=\overline{A}C(\overline{B}+B)+AB(\overline{C}+C)$
$=\overline{A}C+AB \quad \therefore\ X=AB+\overline{A}C$

50 D 플립플롭의 현재 상태(Q)가 0일 때 다음 상태 $[Q(t+1)]$를 1로 하기 위한 D의 입력 조건은?

㉮ 1　　㉯ 0
㉰ 1과 0 모두 가능　　㉱ Q

 • D 플립플롭(flip-flop)

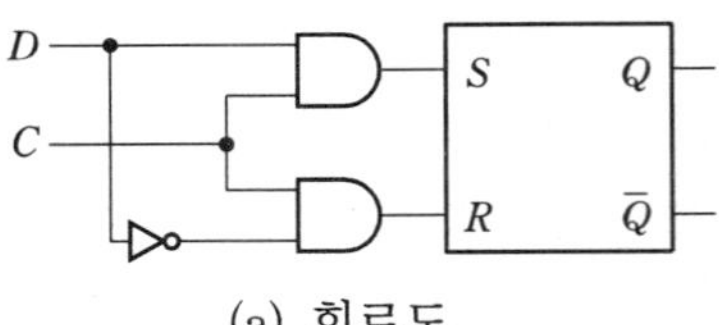

(a) 회로도

C	D	$Q(t+1)$
1	1	1
1	0	0
0	X	불변

(b) 진리표

51 명령어의 주소 부분에 있는 내용이 데이터가 되는 주소 지정 방식은?

㉮ 즉시 지정 방식　　㉯ 직접 지원 방식
㉰ 간접 지정 방식　　㉱ 인덱스 지정 방식

 • 즉시 지정 방식
① 명령어의 주소 부분(operand)에 있는 내용이 데이터가 되는 방식
② 레지스터의 값을 초기화할 때 주로 사용된다.
[참고] 주소 지정 방식(본문 표 6-2 참조)

정답 49. ㉱　50. ㉮　51. ㉮

52 컴퓨터의 중앙 처리 장치에서 사칙 연산 등의 연산 결과를 일시적으로 저장해두는 레지스터는?

㉮ 누산기 ㉯ 인덱스 레지스터
㉰ 스택포인터 ㉱ 플래그

 • 누산기(accumulator)

① 누산기는 연산 장치에 있는 주요 레지스터(register)로 사칙 연산, 논리 연산 등의 결과를 저장한다.

② 연산을 할 때는 이 레지스터에 있는 데이터와 주기억에 있는 데이터를 바탕으로 연산 회로에서 처리된 뒤에 그 결과가 누산기에 세트된다.

53 입출력 주소와 기억 장치 주소를 구별하는 입출력 방식은?

㉮ isolated I/O ㉯ memory mapped I/O
㉰ counter mapped I/O ㉱ register mapped I/O

 • isolated I/O(고립형 입출력)

① 기억 장치에서의 전송 명령과는 달리 입출력 명령을 사용하므로 프로그램할 때 기억 장치 명령과는 구분이 되며, 포트 지정을 1바이트로 할 수 있다.

② in, out 명령에 의해 주어진 I/O 포트에 입출력 기기가 접속되어 입출력을 행하는 방식이다.

54 다음 중 데이터 전송 명령이 아닌 것은?

㉮ load ㉯ increment
㉰ output ㉱ store

 • increment : 증가분

① 반복 동작 상태에서 어떤 데이터 항목에 대하여 어떤 일정한 규칙으로 양(量) 또는 값을 가산하는 것, 또는 가산되는 양과 값 그 자체를 가리킨다.

② 레지스터(register)와 카운터(counter)의 내용이 +1, +2 등으로 증가하는 동작을 말하며 증분이라고 번역된다.

55 다음 중 브레인스토밍(brainstorming)과 가장 관계가 깊은 것은?

㉮ 파레토도 ㉯ 히스토그램
㉰ 회귀분석 ㉱ 특성요인도

정답 52. ㉮ 53. ㉮ 54. ㉯ 55. ㉱

 • 브레인스토밍 (brainstorming)

① 일정한 테마에 관하여 회의 형식을 채택하고, 구성원의 자유발언을 통한 아이디어의 제시를 요구하여 발상을 찾아내려는 방법이다.

② 한 사람보다 다수의 쪽이 제기되는 아이디어가 많다.

③ 아이디어 수가 많을수록 질적으로 우수한 아이디어가 나올 가능성이 많다.

참고 특성 요인도 (characteristics diagram, 特性要因圖)

① 품질 특성치가 어떤 요인에 의해 영향을 받고 있는가를 조사하여 이것을 하나의 도형으로 묶어 특성과 원인과의 관계를 나타낸 것이다.

② 본문 그림 7-3 참조

56 c 관리도에서 $k=20$인 군의 총 부적합수 합계는 58이었다. 이 관리도의 UCL, LCL을 계산하면 약 얼마인가?

㉮ UCL = 2.90, LCL = 고려하지 않음

㉯ UCL = 5.90, LCL = 고려하지 않음

㉰ UCL = 6.92, LCL = 고려하지 않음

㉱ UCL = 8.01, LCL = 고려하지 않음

① CL : $\overline{C}=\dfrac{\sum C}{K}=\dfrac{58}{20}=2.9$

② UCL : $\overline{C}+3\sqrt{\overline{C}}=2.9+3\sqrt{2.9}=8.01$

③ LCL : $\overline{C}-3\sqrt{\overline{C}}=2.9-3\sqrt{2.9}=-2.21$

여기서, LCL 값은 (−)이므로 고려하지 않음

57 공정 중에 발생하는 모든 작업, 검사, 운반, 저장, 정체 등이 도식화된 것이며 또한 분석에 필요하다고 생각되는 소요 시간, 운반 거리 등의 정보가 기재된 것은?

㉮ 작업 분석 (operation analysis)

㉯ 다중 활동 분석표 (multiple activity chart)

㉰ 사무 공정 분석 (form process chart)

㉱ 유통 공정도 (flow process chart)

 • 유통 공정도 (flow process chart)

공정 중에 발생하는 모든 작업, 검사, 운반, 저장, 정체 등이 도식화된 것으로 제반 정보가 기재된 것이다.

정답 56. ㉱ 57. ㉱

58 테일러(F. W. Taylor)에 의해 처음 도입된 방법으로 작업 시간을 직접 관측하여 표준 시간을 설정하는 표준시간 설정기법은?

㉮ PTS법 ㉯ 실적기록법
㉰ 표준자료법 ㉱ 스톱워치법

 • 표준시간 설정기법

① 스톱워치법 : 스톱워치에 의해 실제로 작업하는 작업자를 측정하여 이를 기반으로 표준시간을 설정

② PTS법(predetermined time standard) : 작업의 기본 동작에 필요한 표준적인 시간을 실적 또는 실험으로 구하여 이 값을 기입한 표를 사용하여 표준 시간을 구한다.

③ 실적기록법: 동일하거나 유사한 작업의 과거 데이터를 이용한다.

④ 표준자료법 : 여러 가지 작업 조건과 작업과의 관계를 찾아내어 공식화하고 여기에 여유 시간을 반영한다.

59 검사와 분류 방법 중 검사가 행해지는 공정에 의한 분류에 속하는 것은?

㉮ 관리 샘플링 검사 ㉯ 로트별 샘플링 검사
㉰ 전수 검사 ㉱ 출하 검사

 • 검사 공정에 따른 분류

① 구입 검사 ② 수락 검사 ③ 중간 검사 ④ 최종(완성) 검사 ⑤ 출하 검사

60 단계 여유(slack)의 표시로 옳은 것은? (단, TE는 가장 이른 예정일, TL은 가장 늦은 예정일, TF는 총 여유 시간, FF는 자유 여유 시간이다.)

㉮ TE − TL ㉯ TL − TE
㉰ FF − TF ㉱ TE − TF

 • 단계 여유 = 가장 늦은 예정일(TL) − 가장 이른 예정일(TE)

참고 시점(event) 시간

① TE (earliest possible completion time) 최소 가능 시간

② TL (latest allowable completion time) 최대 허용 시간

slack = TL − TE (여유 시간 내에서 활동의 지연은 허용된다.)

정답 58. ㉱ 59. ㉱ 60. ㉯

▶2013년 7월 21일 시행(54회)

자격종목 및 등급(선택분야)	종목코드	시험시간	문제지형별	수험번호	성 명
전기기능장	**3380**	**1시간**	**A**		

01 **유전체에서 전자분극이 어떤 이유에서 일어나는가?**

㉮ 단결정 매질에서 전자운과 핵간의 상대적인 변위에 의함
㉯ 화합물에서 (+)이온과 (−)이온 간의 상대적인 변위에 의함
㉰ 화합물에서 전자운과 (+)이온 간의 상대적인 변위에 의함
㉱ 영구 전기 쌍극자의 전계 방향 배열에 의함

• 전자 분극[electronic polarization, 電子分極]
① 유전체에 전계가 가해지면 궤도상의 전자에 작용하여 궤도의 중심이 원자핵의 위치보다 약간 벗어나므로 음양의 전하 쌍을 일으킨다.
② 이것을 전자 분극이라 하며, 비유전율이 1보다 커지는 이유의 하나인데, 전계가 매우 높은 주파수가 분극을 일으키지 않게 되므로 비유전율은 저하한다.

02 **평균 반지름이 1 cm이고, 권수가 500회인 환상 솔레노이드 내부의 자계가 200 AT/m가 되도록 하기 위해서는 코일에 흐르는 전류를 약 몇 A로 하여야 하는가?**

㉮ 0.015
㉯ 0.025
㉰ 0.035
㉱ 0.045

환상 솔레노이드(solenoid) 내부의 자기장 $H=\dfrac{NI}{2\pi r}$ [AT/m]에서,

$$I=\frac{H}{N}\cdot 2\pi r=\frac{200}{500}\times 2\pi\times 1\times 10^{-2} \fallingdotseq 0.025\ \mathrm{A}$$

03 **자기 인덕턴스 50 mH인 코일에 흐르는 전류가 0.01초 사이에 5 A에서 3 A로 감소하였다. 이 코일에 유기되는 기전력(V)은?**

㉮ 10 V
㉯ 15 V
㉰ 20 V
㉱ 25 V

$$v=L\cdot\frac{\Delta I}{\Delta t}=50\times 10^{-3}\times\frac{5-3}{0.01}=10\ \mathrm{V}$$

정답 1. ㉮ 2. ㉯ 3. ㉮

04 최대 눈금 150 V, 내부 저항 20 kΩ인 직류 전압계가 있다. 이 전압계의 측정 범위를 600 V로 확대하기 위하여 외부에 접속하는 직렬 저항은 얼마로 하면 되는가?

㉮ 20 kΩ　　㉯ 40 kΩ
㉰ 50 kΩ　　㉱ 60 kΩ

 • 배율기(본문 그림 1-21 참조)

$$R_m = r_v(m-1) = 20 \times \left(\frac{600}{150} - 1\right) = 60\ \text{k}\Omega$$

05 어떤 교류 회로에 전압을 가하니 90°만큼 위상이 앞선 전류가 흘렀다. 이 회로는?

㉮ 유도성　　㉯ 무유도성
㉰ 용량성　　㉱ 저항 성분

 ① 용량성 : 90 ° 만큼 위상이 앞선 전류가 흐름
② 유도성 : 90 ° 만큼 위상이 뒤진 전류가 흐름
참고 용량성 회로의 전압과 전류의 순서값 표시
$v = V_m \sin \omega t$ [V]　$i = I_m \sin(\omega t + 90°)$ [A]

06 314 H의 자기 인덕턴스에 220 V, 60 Hz의 교류 전압을 가하였을 때 흐르는 전류는?

㉮ 약 1.86 [A]　　㉯ 약 1.86×10^{-3} [A]
㉰ 약 1.17×10^{-1} [A]　　㉱ 약 1.17×10^{-3} [A]

$$X_L = 2\pi f L = 2\pi \times 60 \times 314 \fallingdotseq 118315\ \Omega$$

$$\therefore\ I = \frac{V}{X_L} = \frac{220}{118315} \fallingdotseq 1.86 \times 10^{-3}\ [\text{A}]$$

07 RL 병렬회로의 양단에 $e = E_m \sin(\omega t + \theta)$ [V]의 전압이 가해졌을 때 소비되는 유효 전력은?

㉮ $\dfrac{E_m^2}{2R}$　　㉯ $\dfrac{E^2}{2R}$
㉰ $\dfrac{E_m^2}{\sqrt{2}R}$　　㉱ $\dfrac{E^2}{\sqrt{2}R}$

 • 소비되는 유효 전력

$$P = \frac{V^2}{R} = \frac{\left(\dfrac{V_m}{\sqrt{2}}\right)^2}{R} = \frac{V_m^2}{2R}\ [\text{W}]$$

정답 4. ㉱　5. ㉰　6. ㉯　7. ㉮

08 그림과 같은 RLC 병렬 공진 회로에 관한 설명 중 옳지 않은 것은?

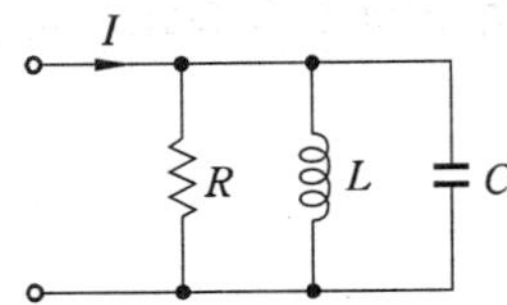

㉮ 공진시 입력 어드미턴스는 매우 작아진다.
㉯ 공진시 L 또는 C에 흐르는 전류는 입력 전류 크기의 Q배가 된다.
㉰ 공진 주파수 이하에서의 입력 전류는 전압보다 위상이 뒤진다.
㉱ L이 작을수록 전류 확대비가 작아진다.

해설 • RLC 병렬 공진 회로
L이 작을수록 전류 확대비가 커진다.

참고 ① 전류확대비$=\dfrac{R}{\omega_0 L}=R\omega_0 C=R\sqrt{\dfrac{C}{L}}$

② 본문 3장 1-2. 예상문제 14번 참조

09 $R\,[\Omega]$인 3개의 저항을 같은 전원에 △결선으로 접속시킬 때와 Y결선으로 접속시킬 때 선전류의 크기비$\left(\dfrac{I_\triangle}{I_Y}\right)$는?

㉮ $\dfrac{1}{3}$　㉯ $\sqrt{6}$　㉰ $\sqrt{3}$　㉱ 3

해설 • 동일한 3개의 저항을 △결선, Y결선의 경우 합성 저항의 비 : $\dfrac{R_\triangle}{R_Y}=\dfrac{1}{3}$

$\therefore$ 선전류의 비: $\dfrac{I_\triangle}{I_Y}=\dfrac{R_Y}{R_\triangle}=3$

참고 ① $I_\triangle=\sqrt{3}\,I_P=\sqrt{3}\,V_l\cdot\dfrac{1}{R}$

② $I_Y=I_P=\dfrac{V_l}{\sqrt{3}}\cdot\dfrac{1}{R}$　$\therefore\ \dfrac{I_\triangle}{I_Y}=\dfrac{\dfrac{\sqrt{3}\,V_l}{R}}{\dfrac{V_l}{\sqrt{3}\,R}}=3$

10 직류 전동기에서 전기자에 가해 주는 전원 전압을 낮추어서 전동기의 유도 기전력을 전원 전압보다 높게하여 제동하는 방법은?

㉮ 맴돌이 전류 제동　㉯ 발전 제동
㉰ 역전 제동　㉱ 회생 제동

정답 8. ㉱ 9. ㉱ 10. ㉱

• 전기 제동

① 회생 제동 : 전동기의 유도 기전력을 높게하여 전력을 회생시켜서 제동

② 발전 제동 : 전원을 끊어 발전기로 동작시켜서 제동

③ 역전 제동 : 전기자 접속을 바꾸어 반대 방향으로 토크를 발생시켜 제동 (플러깅 : plugging)

11 단권 변압기에 대한 설명으로 옳지 않은 것은?

㉮ 1차 권선과 2차 권선의 일부가 공통으로 되어 있다.

㉯ 3상에는 사용할 수 없는 단점이 있다.

㉰ 동일 출력에 대하여 사용 재료 및 손실이 적고 효율이 높다.

㉱ 단권 변압기는 권선비가 1에 가까울수록 보통 변압기에 비하여 유리하다.

• 단권 변압기(본문 그림 2-38 참조)

단권 변압기 3개를 △, Y결선 또는 2개를 V결전하여 3상 회로에 사용할 수 있다.

12 정격 150 kVA, 철손 1 kW, 전부하 동손이 4 kW인 단상 변압기의 최대효율(%)은?

㉮ 약 96.8 % ㉯ 약 97.4 %

㉰ 약 98.0 % ㉱ 약 98.6 %

① 철손은 항상 일정하고, 동손은 부하 전류의 제곱에 비례한다.

② 최대 효율은 $P_i = P_c$일 때이므로, 부하가 m배가 되면 η_m는 $m^2 P_c = P_i$일 때이다.

$$m = \sqrt{\frac{P_i}{P_c}} = \sqrt{\frac{1}{4}} = \frac{1}{2}$$

③ 손실$= P_i + \left(\frac{1}{2}\right)^2 P_c = 1 + \left(\frac{1}{2}\right)^2 \times 4 = 2$

$$\therefore \eta_{1/2} = \frac{150 \times \frac{1}{2}}{150 \times \frac{1}{2} + 2} \times 100 = \frac{75}{77} \times 100 \fallingdotseq 97.4\ \%$$

13 변압기의 누설 리액턴스를 줄이는 가장 효과적인 방법은?

㉮ 코일의 단면적을 크게 한다.

㉯ 권선을 동심 배치한다.

㉰ 권선을 분할하여 조립한다.

㉱ 철심의 단면적을 크게 한다.

정답 11. ㉯ 12. ㉯ 13. ㉰

 • 변압기 권선의 배치 방법

① 동심형 (concentric type)과 교차형 (sandwich type)이 있다.

② 교차형은 저압 권선과 고압 권선을 여러 가닥으로 분할하여 교대로 배치하는 방식으로,

㈎ 1차, 2차의 자속 통로가 고르므로 누설 자속을 감소시켜 전압 변동을 줄일 수 있다.

㈏ 대전류 외철형에 사용된다.

14 6극 60 Hz인 3상 유도 전동기의 슬립이 4 %일 때, 이 전동기의 회전수는 몇 rpm 인가?

- 가 952
- 나 1152
- 다 1352
- 라 1552

 $N=(1-s)N_s=(1-0.04)\times 1200=1152$ rpm

여기서, $N_s=\dfrac{120f}{p}=\dfrac{120\times 60}{6}=1200$ rpm

15 권선형 3상 유도 전동기에서 2차측 저항을 2배로 하면 그 최대 토크는 어떻게 되는가?

- 가 $\dfrac{1}{2}$로 줄어든다.
- 나 $\sqrt{2}$ 배로 된다.
- 다 2배로 된다.
- 라 불변이다.

 비례 추이 곡선(본문 그림 2-51) 참조

참고 최대 토크 T_m은 항상 일정하다. ∴ 불변이다.

16 권선형 유도 전동기 기동법으로 알맞은 것은?

- 가 직입 기동법
- 나 2차 저항 기동법
- 다 콘도르퍼 방식
- 라 Y-△ 기동법

 • 권선형 유도 전동기의 2차 저항 기동법 (본문 그림 2-55 참조)

기동할 때에는 2차 회로에 저항을 조절하고, 비례추이를 이용하여 필요한 만큼의 기동 토크를 내게 한다.

참고 가, 다, 라는 농형 유도 전동기에 적용된다.

17 220/380 V 겸용 3상 유도 전동기의 리드선은 몇 가닥을 인출하는가?

- 가 3
- 나 4
- 다 6
- 라 8

정답 14. 나 15. 라 16. 나 17. 다

18 동기 발전기에서 전기자 전류가 무부하 유도 기전력보다 $\frac{\pi}{2}$rad 만큼 뒤진 경우의 전기자 반작용은?

㉮ 교차 자화 작용 ㉯ 자화 작용 ㉰ 감자 작용 ㉱ 편자 작용

• 동기 발전기의 전기자 반작용 (본문 그림 2-70 참조)
① 뒤진 전기자 전류 : 감자 작용
② 앞선 전기자 전류 : 증자 작용

19 동기 전동기의 특징에 관한 설명으로 옳은 것은?

㉮ 저속도에서 유도 전동기에 비해 효율이 나쁘다.
㉯ 기동 토크가 크다.
㉰ 필요에 따라 진상 전류를 흘릴 수 있다.
㉱ 직류 전원이 필요 없다.

• 동기 전동기의 특징
① 저속도에서 특히 효율이 좋다.
② 기동 토크가 작다.
③ 필요에 따라 진상전류는 물론, 지상 전류도 흘릴 수 있다.
④ 여자 전류를 흘려주기 위한 직류 전원이 필요하다.

20 0.6/1 kV 비닐절연 비닐 캡타이어 케이블의 약호로서 옳은 것은?

㉮ VCT ㉯ CVT ㉰ VV ㉱ VTF

• 케이블 (1kV 및 3kV)의 약호

종 류	약 호
0.6/1kV 비닐 절연 비닐시스 케이블	VV
0.6/1kV 비닐 절연 비닐시스 제어 케이블	CVV
0.6/1kV 비닐 절연 비닐 캡타이어 케이블	VCT
0.6/1kV 가교 폴리에틸렌 절연 비닐시스 케이블	CV 1

참고 KS C IEC 60502-1

21 전선의 접속법에 대한 설명 중 옳지 않은 것은?

㉮ 접속 부분은 절연 전선의 절연물과 동등 이상의 절연 효력이 있도록 충분히 피복한다.
㉯ 전선의 전기 저항이 증가되도록 접속하여야 한다.
㉰ 전선의 세기를 20 % 이상 감소시키지 않는다.
㉱ 접속 부분은 접속관, 기타의 기구를 사용한다.

정답 18. ㉰ 19. ㉰ 20. ㉮ 21. ㉯

 전선의 전기 저항이 증가되도록 접속하여서는 안된다.

22 합성수지관 공사에 의한 저압 옥내배선의 시설 기준으로 옳지 않은 것은?

㉮ 전선은 옥외용 비닐 절연 전선을 사용할 것
㉯ 습기가 많은 장소에 시설하는 경우 방습 장치를 할 것
㉰ 전선은 합성수지관 안에서 접속점이 없도록 할 것
㉱ 관의 지지점 간의 거리는 1.5 m 이하로 할 것

 • 전선은 절연 전선을 사용할 것(단, 옥외용 비닐 전선은 제외)
참고 판단기준 183조 참조

23 소백분, 전분, 기타의 가연성 분진이 존재하는 곳의 저압 옥내 배선 공사 방법으로 적합하지 않는 것은?

㉮ 합성수지관 공사 ㉯ 금속관 공사
㉰ 가요전선관 공사 ㉱ 케이블 공사

 • 폭연성 분진 이외의 분진이 존재하는 곳은
① 금속 전선관 공사
② 합성수지관 공사
③ 케이블 또는 캡타이어 케이블 공사 방법이 적합하다.

24 화약류 저장 장소에 있어서의 전기 설비 시설에 대한 기준으로 적합한 것은?

㉮ 전선로의 대지 전압 400 V 이하일 것
㉯ 전기 기계 기구는 개방형일 것
㉰ 인입구 전선은 비닐 절연 전선으로 노출 배선으로 한다.
㉱ 지락 차단 장치 또는 경보 장치를 시설한다.

해설 • 화약고에 시설하는 전기 설비(내선규정 4220-1 참조)
① 전로의 대지 전압은 300V 이하로 할 것
② 전기 기계 기구는 전폐형의 것을 사용할 것
③ 인입구 배선은 케이블을 사용하고 또한 이것을 지중에 시설할 것
④ 전로에 지락이 발생될 경우는 자동적으로 전로를 차단 또는 경보하는 장치를 할 것

25 정격 전류 30 A의 전동기 1대와 정격 전류 5 A의 전열기 2대에 공급하는 저압옥내 간선을 보호할 과전류 차단기의 정격 전류는 몇 A인가?

㉮ 40 A ㉯ 55 A ㉰ 70 A ㉱ 100 A

정답 22. ㉮ 23. ㉰ 24. ㉱ 25. ㉱

 • 과전류 차단기의 정격 전류 ≤ 전동기의 정격 전류의 3배 + 다른 부하의 정격 전류의 합

$\therefore\ I_n = 3I_M + I_L = 3 \times 30 + 2 \times 5 = 100\text{A}$

26 고압 가공 전선로로부터 수전하는 수용가의 인입구에 시설하는 피뢰기의 접지 공사에 있어서 접지선이 피뢰기 접지 공사의 전용의 것이면 접지 저항은 얼마까지 허용되는가?

㉮ 5 Ω ㉯ 10 Ω ㉰ 30 Ω ㉱ 75 Ω

 • 피뢰기 접지(판단기준 제43조 참조)(내선규정 3250-2 참조)

피뢰기는 제1종 접지 공사를 하여야 하며, 그 접지 저항값은 10 Ω 이하를 유지하여야 하나 문제 내용의 경우에는 30 Ω까지 허용된다.

27 일반적으로 제2종 접지 공사에 있어서의 접지선은 공칭 단면적 몇 mm^2 이상의 연동선을 사용하여야 하는가?

㉮ 4 mm^2 ㉯ 10 mm^2 ㉰ 16 mm^2 ㉱ 35 mm^2

 • 각종 접지 공사의 세목(판단기준 제19조 참조) : 접지선의 굵기

① 제1종 – 공칭 단면적 6 mm^2 이상의 연동선

② 제2종 – 공칭 단면적 16 mm^2 이상의 연동선

③ 제3종, 특별 제3종 – 공칭 단면적 2.5 mm^2 이상의 연동선

28 수전용 유입 차단기의 정격 전류가 500 A일 때 접지선의 공칭 단면적(mm^2)은 다음 중 어느 것을 선정하면 적당한가?

㉮ 25 ㉯ 35 ㉰ 50 ㉱ 70

 • 제3종 또는 특별 제3종 접지 공사의 접지선 굵기(본문 표 3-32 참조)

① 정격 전류 500 A일 때 – 공칭 단면적 25 mm^2 동선

② 정격 전류 600 A일 때 – 공칭 단면적 35 mm^2 동선

참고 내선규정 표 1445-4(2013. 1. 1 개정)에 의거, 답은 ㉮이다.

(개정 이전인 경우에 답은 ㉯)

29 다음 중 앤트런스 캡의 주된 사용 장소는?

㉮ 부스 덕트의 끝부분의 마감재

㉯ 저압 인입선 공사시 전선관 공사로 넘어갈 때 전선관의 끝부분

㉰ 케이블 트레이의 끝부분 마감재

㉱ 케이블 헤드를 시공할 때 케이블 헤드의 끝부분

정답 26. ㉰ 27. ㉰ 28. ㉮ 29. ㉯

 • 엔트런스 캡(entrance cap)

① 저압 가공 인입선의 인입구에 사용된다.

② 인입구 또는 인출구 끝에 붙여서 관 내에 물의 침입을 방지할 수 있도록 사용된다.

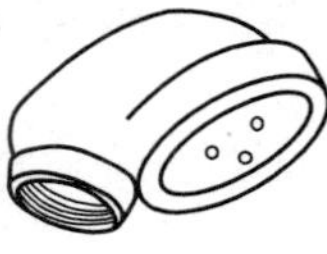
엔트런스 캡

참고 부스 덕트(BUS DUCT)

① 알루미늄과 구리(동) 재질의 도체를 사용하므로 전류 용량이 크고 전기적 특성과 기계적 특성이 우수하다.

② 외관이 금속 재질로 되어있어 불연성과 안전성이 높은 특징이 있다.

③ 종래의 배선 방식과 비교해 설치에 요구되는 장소를 절약할 수 있으며 설치가 용이하며 고층 빌딩 공사 등에 유리하다.

30 **일반적으로 큐비클형이라 하며, 점유 면적이 좁고 운전 보수에 안전하므로 공장, 빌딩 등의 전기실에 많이 사용되며 조립형, 장갑형이 있는 배전반은?**

가 데드 프런트식 배전반　　나 폐쇄식 배전반

다 라이브 프런트식 배전반　　라 철제 수직형 배전반

 • 폐쇄식 배전반(safety enclosed board)

① 프런트식 배전반의 옆면 및 뒷면을 폐쇄하여 만든 것으로 큐비클형(cubicle type)이다.

② 조립형(draw-out type) : 차단기 등을 철제함에 조립한 것이다.

③ 장갑형(metal clad type) : 회로별로 모선, 계기용 변성기, 차단기 등을 하나의 함 내에 장치한 것이다.

참고 큐비클형(cubicle type)

점유 면적이 좁고 운전・보수에 안전하므로 공장, 빌딩 등의 전기실에 많이 사용된다.

31 **22.9 kV 수전 설비에 50 [A]의 부하 전류가 흐른다. 이 수전 계통에 변류기(CT) 60/5 A, 과전류 계전기(OCR)를 시설하여 120 %의 과부하에서 차단기가 동작되게 하려면, 과전류 계전기 전류 탭의 설정값은?**

가 4 A　　나 5 A　　다 6 A　　라 7 A

$$\text{TAB값} = \text{부하 전류} \times \frac{1}{\text{권수비}} \times \alpha = 50 \times \frac{5}{60} \times 1.2 = 5\text{ A}$$

32 **다음 중 배전 변전소에서 전력용 콘덴서를 설치하는 주된 목적은?**

가 변압기 보호　　나 선로 보호　　다 역률 개선　　라 코로나손 방지

해설 • 전력용 콘덴서는 무효 전력을 조정하여 부하의 역률을 개선을 개선하는 조상 설비의 하나이다.

참고 조상 설비의 종류

① 전력용 콘덴서 ② 리액터 ③ 동기 조상기

정답 30. 나 31. 나 32. 다

33 광원은 점등 시간이 진행됨에 따라서 특성이 약간 변화한다. 방전 램프의 경우 초기 100시간의 떨어짐이 특히 심한데 이와 같은 특성은 무엇인가?

㉮ 수명 특성 ㉯ 동정 특성 ㉰ 온도 특성 ㉱ 연색성

• 동정(performance, 動程) 특성

① 전구, 형광등, 수은등 등의 광원이 점등 시간이 경과함에 따라 광속, 소비 전력, 효율 등의 특성을 변화시키는 것을 말한다.

② 전력과 광속 모두 감소하지만 광속의 감소가 큰 것이 통례이다. 또 그 변화는 초기에 심하다.

34 옥내 전반 조명에서 바닥면의 조도를 균일하게 하기 위하여 등 간격은 등 높이의 얼마가 적당한가?(단, 등 간격은 S, 등 높이는 H이다.)

㉮ $S \leq 0.5H$ ㉯ $S \leq H$

㉰ $S \leq 1.5H$ ㉱ $S \leq 2H$

• 광원의 간격

① $S \leqq 1.5H$

② $S_0 \leqq 0.5H$(벽측을 사용하지 않을 때)

③ $S_0 \leqq \dfrac{H}{3}$(벽측을 사용할 때) 여기서, S_0 : 벽과 광원 사이의 간격

35 양수량 10 m^3/min, 총양정 20 m의 펌프용 전동기의 용량(kW)은? (단, 여유계수 1.1, 펌프 효율은 75 %이다.)

㉮ 36 ㉯ 48 ㉰ 72 ㉱ 144

$$P = k\frac{QH}{6.12\eta} = 1.1 \times \frac{10 \times 20}{6.12 \times 0.75} \fallingdotseq 48 \text{ kW}$$

36 하나 이상의 부하를 한 전원에서 다른 전원으로 자동 절환할 수 있는 장치는?

㉮ ASS ㉯ ACB ㉰ LBS ㉱ ATS

• ATS (automatic transfer switch : 자동 절체 스위치)

ATS가 사용되는 곳은 저압으로, 정전이 되었을 때 중요한 부하에 대하여 비상용 발전기를 작동시켜서 계속해서 전원을 공급해 주어야 하는 부하에 사용되는 자동 절체 스위치이다.

참고 ① ASS(automatic section switch) : 자동 고장 구분 개폐기

② LBS(load breaking switch) : 부하 개폐기

③ ACB(air circuit breaker) : 기중 차단기

정답 33. ㉯ 34. ㉰ 35. ㉯ 36. ㉱

37 **달링턴(darlington)형 바이폴러 트랜지스터의 전류 증폭률은?**

㉮ 1~3 ㉯ 10~30 ㉰ 30~100 ㉱ 100~1000

• 달링턴(darlington) 트랜지스터
2개의 TR를 직결합시켜 우수한 증폭 특성(100~1000배 정도)을 나타낸다.

38 **MOSFET의 드레인(drain) 전류 제어는?**

㉮ 소스(source) 단자의 전류로 제어
㉯ 드레인(drain)과 소스(source) 간 전압으로 제어
㉰ 게이트(gate)와 소스(source) 간 전류로 제어
㉱ 게이트(gate)와 소스(source) 간 전압으로 제어

• MOSFET(금속 산화물 전계 효과 트랜지스터) : 본문 그림 4-4 참조
① 전압 제어 소자이며 미세한 입력 전류만을 필요로 한다.
② 게이트(gate)와 소스(source) 간 전압으로 드레이(drain) 전류를 제어한다.

39 **반도체 트리거 소자로서 자기 회복 능력이 있는 것은?**

㉮ GTO ㉯ SSS ㉰ SCS ㉱ SCR

• GTO(gate turn off thyristor)
① 게이트에 인가된 전류의 극성에 따라 on-off를 절환하는 소자이다.
② 자기 소호 기능을 갖고 있으며, 역저지 3단자 사이리스터의 일종으로 GCS라고도 한다.

40 **사이리스터 턴오프(turn-off) 조건은?**

㉮ 게이트에 역방향 전류를 흘린다. ㉯ 게이트에 역방향 전압을 가한다.
㉰ 게이트에 순방향 전류를 0으로 한다. ㉱ 애노드 전류를 유지 전류 이하로 한다.

• 사이리스터의 유지 전류(holding current)와 턴 오프(turn-off) 조건
① 유지 전류 : 게이트를 개방한 상태에서 사이리스터가 도통 상태를 유지하기 위한 최소전류이다.
② 턴 오프 조건 : 애노드 전류를 유지 전류 이하로 한다.

41 **단상 220 V, 60 Hz의 정현파 교류 전압을 점호각 60°로 반파 위상 제어 정류하여 직류로 변환하고자 한다. 순저항 부하시 평균 출력 전압은 약 몇 V인가?**

㉮ 74 V ㉯ 84 V ㉰ 92 V ㉱ 110 V

$$E_d = \frac{\sqrt{2}}{2\pi}E(1+\cos\alpha) = \frac{\sqrt{2}}{2\pi}\times 220(1+\cos 60°) = 49.5\left(1+\frac{1}{2}\right) \fallingdotseq 74\text{ V}$$

정답 37. ㉱ 38. ㉱ 39. ㉮ 40. ㉱ 41. ㉮

42 다음 회로는 3상 전파 정류기(컨버터)의 회로도를 나타내고 있다. 점선 부분의 역할로 가장 적당한 것은?

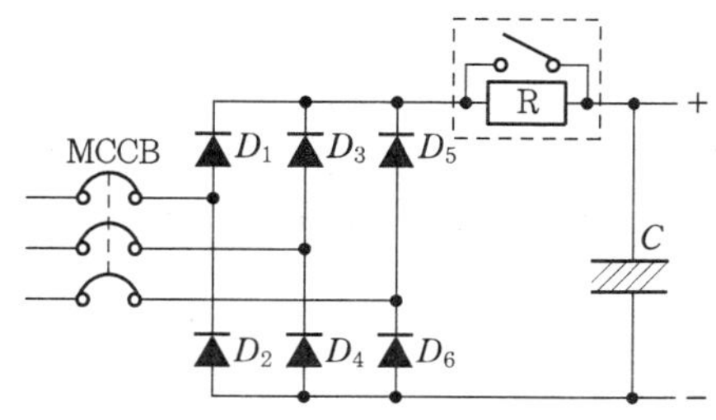

㉮ 전압파형 개선 회로　　㉯ 전류 증폭 회로
㉰ 돌입전류 억제 회로　　㉱ 전류 차단 회로

• 돌입 전류(inrush current)
선로, 변압기, 전동기, 콘덴서 등, 회로의 개폐기를 투입했을때, 순간적으로 증가하지만 즉시 정상태로 복귀되는 과도 전류이다.
[참고] 점선 부분의 역할은 돌입 전류를 억제하는 데 있다.

43 2진수$(110010.111)_2$를 8진수로 변환한 값은?

㉮ $(62.7)_8$　　㉯ $(32.7)_8$　　㉰ $(62.6)_8$　　㉱ $(32.6)_8$

$\underbrace{110}_{6}\ \underbrace{010}_{2}\cdot\underbrace{111}_{7}$　　$\therefore\ (110010.111)_2=(62.7)_8$

44 다음 논리식 중 옳은 표현은?

㉮ $\overline{A+B}=\overline{A}\cdot\overline{B}$　　㉯ $\overline{A}+\overline{B}=\overline{A+B}$
㉰ $\overline{A\cdot B}=\overline{A}\cdot\overline{B}$　　㉱ $\overline{A+B}=\overline{A\cdot B}$

• 드 모르간의 정리(본문 표 5-10 참조)
$\overline{A+B}=\overline{A}\cdot\overline{B}$

45 다음 진리표에 해당하는 논리 회로는?

㉮ AND 회로
㉯ EX-NOR 회로
㉰ NAND 회로
㉱ EX-OR 회로

입력		출력
A	B	X
0	0	0
0	1	1
1	0	1
1	1	0

정답 42. ㉰ 43. ㉮ 44. ㉮ 45. ㉱

 • 게이트의 종류 : 본문 표 5-7 참조
$X=\overline{A}B+A\overline{B}$를 만족하는 $EX-OR$ 회로이다.

46 교차 결합 NAND 게이트 회로는 RS 플립플롭을 구성하며, 비동기 FF 또는 RS NAND 래치라고도 하는데 허용되지 않는 입력 조건은?

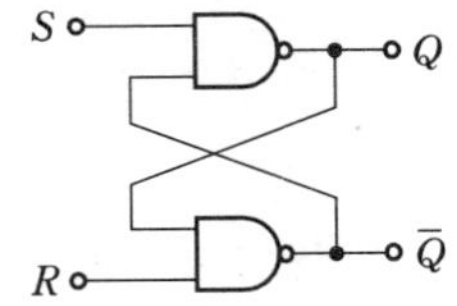

㉮ S=0, R=0
㉯ S=1, R=0
㉰ S=0, R=1
㉱ S=1, R=1

• NAND 게이트를 이용한 RS 래치의 진리표

S	R	출 력
1	1	불변
0	1	Q=1
1	0	Q=0
0	0	불확실(금지)

47 전가산기(full adder) 회로의 기본적인 구성은?

㉮ 입력 2개, 출력 2개로 구성
㉯ 입력 2개, 출력 3개로 구성
㉰ 입력 3개, 출력 2개로 구성
㉱ 입력 3개, 출력 3개로 구성

 • 전가산기 회로의 기본적인 구성 : 본문 그림 5-4 참조

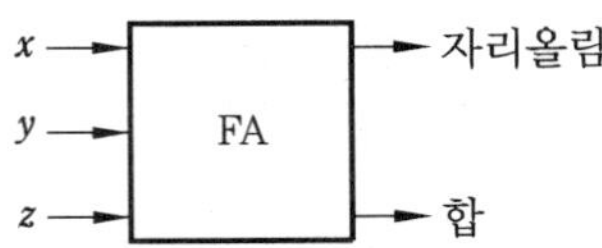

48 2^n의 입력선과 n개의 출력선을 가지고 있으며, 출력은 입력값에 대한 2진 코드 혹은 BCD 코드를 발생하는 장치는?

㉮ 디코더 ㉯ 인코더
㉰ 멀티플렉서 ㉱ 매트릭스

정답 46. ㉮ 47. ㉰ 48. ㉯

 • 인코더 (encoder) : 본문 그림 5-8 참조

① 2^n개 또는 그 이하의 입력으로부터 n개의 출력을 만들어 출력은 입력값에 대한 2진 코드 혹은 BCD 코드를 발생한다.

② 인코더는 디코더와 정반대의 기능을 수행한다.

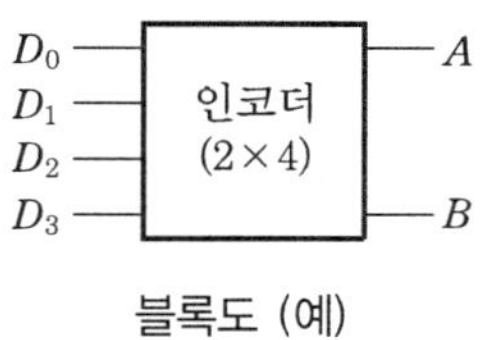

블록도 (예)

49 그림과 같은 다이오드 메트릭스 회로에서 A_1, A_0에 가해진 data가 1, 0이면, B_3, B_2, B_1, B_0에 출력되는 data는?

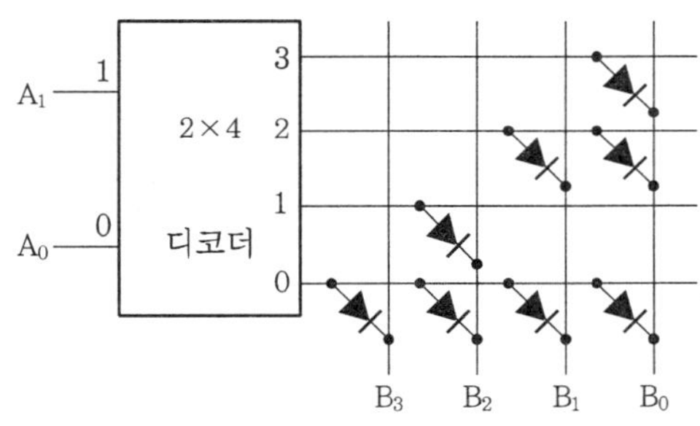

㉮ 1111　　㉯ 1010

㉰ 1011　　㉱ 0100

 • 2×4 디코더 (decoder) : 본문 그림 5-7 참조

① 출력 중 한 개만이 논리적으로 1이 되고 나머지 출력은 모두 0으로 만드는 회로이다.

A_1 A_0　　B_3 B_2 B_1 B_0

1 0 ⇒ 0 1 0 0

② 응용 : BCD-10진 디코더

A_1	A_0	B_3	B_2	B_1	B_0
0	0	0	0	0	1
0	1	0	0	1	0
1	0	0	1	0	0
1	1	1	0	0	0

진리표

50 Z-80 CPU에서 프로그램 카운터 (PC)의 값을 바꿀 수 있는 명령이 아닌 것은?

㉮ CALL 명령　　㉯ JR 명령

㉰ CP 명령　　㉱ JP 명령

정답 49. ㉱　50. ㉰

 • Z-80 CPU 명령의 기능별 분류

① 데이터 이동에 관한 명령

(가) LD (load)

(나) PUSH (push) / POP (pop)

(다) IN (input) / OUT (output)

② 프로그램 제어에 관한 명령

(가) JP (jump) / JR (relative jump)

(나) CALL (call) / RET (return)

(다) RST (restart)

③ CPU 제어에 관한 명령

(가) HALT (halt)

(나) NOP (no operation)

(다) EL, DI, IM

51 **8비트 마이크로프로세서의 동작에서 1회의 명령을 인출해낼 때 또는 1명령당 실행 기간이나 메모리로부터 명령어 레지스터에 명령을 꺼내는 시간을 무엇이라 하는가?**

가 머신 사이클 나 접근 시간

다 실행 사이클 라 메모리 사이클

 ① 접근 시간 (access time)

(가) 기억 장치의 동작 속도를 나타내는 단위의 하나이며, 제어 장치가 기억 장치로부터 또는 기억 장치의 데이터 전송을 요구하고 나서 전송이 완료되기까지의 시간으로 대기 시간과 전송 시간으로 나누어진다.

(나) 중앙 처리 장치 (CPU)가 데이터의 읽기를 요구한 이후부터 기억 장치가 데이터를 읽어내서 그것을 CPU에 돌려주기까지의 시간이다.

② 실행 사이클 (execution cycle)

(가) 명령어를 꺼내서 해석한 다음 각 레지스터, 연산 장치, 기억 장치에 동작 지령 펄스를 보내서 데이터를 처리하는 단계까지를 말한다.

(나) 데이터를 처리함에 있어서 프로그램의 명령어가 차례로 꺼내지는데, 이것은 명령 사이클이 반복되어 있을 뿐이다.

③ 메모리 사이클 (memory cycle)

메모리의 지정된 번지에 자료를 작성해 넣거나 지정된 번지로부터 자료를 읽게 하는 일련의 동작을 말하며 이것에 요하는 시간을 메모리 사이클 타임이라고 한다.

52 **보조 기억 장치의 역할이 아닌 것은?**

가 대량 데이터의 기억 나 프로그램 보관

다 데이터의 고속 처리 라 데이터의 영구 보존

 보조 기억 장치는 대용량이면서 접근 (access) 시간이 저속이다.

정답 51. 가 52. 다

53 **마이크로컴퓨터에서 isolated I/O 방식과 비교하여 memory-mapped I/O 방식의 특징으로 옳은 것은?**

가 하드웨어가 복잡하다.
나 기억 장치 명령과 입출력 명령을 구별하여 사용한다.
다 기억 장치의 주소 공간이 줄어든다.
라 입출력 장치들의 주소 공간이 기억 장치 주소 공간과 별도로 할당된다.

해설 • 메모리 맵 입출력(memory mapped I/O, MMIO)

① 마이크로프로세서(CPU)가 입출력 장치를 액세스할 때, 입출력과 메모리의 주소 공간을 분리하지 않고 하나의 메모리 공간에 취급하여 배치하는 방식이다.
② 입출력 장치의 메모리 주소가 나누어 있지 않기 때문에 액세스할 때는 메모리와 같은 주소 공간이므로 같은 기계어 코드로 수행하며, 하드웨어가 간단하다.
③ 입출력 장치가 주소(address)의 일부분을 사용한다(나머지 영역은 memory가 차지).
④ 기억 장치 이용 효율이 낮다.

참고 고립형 입출력(isolated I/O)

① 이것은 기억 장치에서의 전송 명령과는 달리 입출력 명령을 사용하므로 프로그램할 때 기억 장치 명령과는 구분이 되며, 포트 지정을 1바이트로 할 수 있다.
② IN, OUT 명령에 의해 주어진 I/O 포트에 입출력 기기가 접속되어 입출력을 행하는 방식이다.
③ 하드웨어가 복잡하다.

54 **주소 공간이 20 bit이고 각 주소당 저장되는 데이터의 크기가 8 bit일 때 주기억 장치의 용량은?**

가 1 Mbyte　　나 2 Mbyte
다 4 Mbyte　　라 8 Mbyte

해설 • 주기억 용량 계산

① 주소(address) 신호가 n개일 때 용량은 2^n이다.
② 주소 공간이 20bit(A0–A19)이고, 데이터가 8bit이면 용량은 1Mbyte이다.
(20bit = 1024Kbyte = 1Mbyte)

55 **제품 공정도를 작성할 때 사용되는 요소(명칭)가 아닌 것은?**

가 가공　　나 검사
다 정체　　라 여유

해설 • 제품 공정도 작성시 사용되는 요소 : 본문 표 7-3 참조

① 가공 : ○　　② 검사 : □　　③ 정체 : D　　④ 저장 : ▽

정답 53. 다　54. 가　55. 라

56 부적합수 관리도를 작성하기 위해 $\sum c = 559$, $\sum n = 222$를 구하였다. 시료의 크기가 부분군마다 일정하지 않기 때문에 u 관리도를 사용하기로 하였다. $n = 10$일 경우 u 관리도의 UCL 값은 약 얼마인가?

㉮ 4.023 ㉯ 2.518
㉰ 0.502 ㉱ 0.252

중심선(CL) : $\bar{u} = \dfrac{\sum c}{\sum n} = \dfrac{559}{222} \fallingdotseq 2.52$

$\therefore$ 상한선 UCL$= \bar{u} + 3\sqrt{\dfrac{\bar{u}}{n}} = 2.52 + 3\sqrt{\dfrac{2.51}{10}} \fallingdotseq 4.023$

57 모집단으로부터 공간적, 시간적으로 간격을 일정하게 하여 샘플링하는 방식은?

㉮ 단순 랜덤 샘플링(simple random sampling)
㉯ 2단계 샘플링(two-stage sampling)
㉰ 취락 샘플링(cluster sampling)
㉱ 계통 샘플링(systematic sampling)

• 계통 샘플링(systematic sampling)
모집단으로부터 시간 또는 거리적으로 일정한 간격으로 시료를 뽑아내는 방식으로, 공정으로부터 연속적으로 생산되어 나오는 제품 등에 적용된다.

58 이항 분포(binomial distribution)의 특징에 대한 설명으로 옳은 것은?

㉮ $P = 0.01$일 때는 평균치에 대하여 좌우 대칭이다.
㉯ $P \leq 0.1$이고, $nP = 0.1 \sim 10$일 때는 포아송 분포에 근사한다.
㉰ 부적합품의 출현 개수에 대한 표준편차는 $D(x) = nP$이다.
㉱ $P \leq 0.5$이고, $nP \leq 5$일 때는 정규 분포에 근사한다.

• 이항 분포의 특징
① $P = 0.5$일 때 평균치에 대해 좌우대칭의 분포를 한다.
② $P \leq 0.1$, $nP = 0.1 \sim 10$일 때 포아송 분포에 근사한다.
③ 부적합품수, 부적합품률, 출석률 등의 계수치는 이항 분포를 따른다.
④ $\dfrac{N}{n} < 10$(유한 모집단)일 때는 초기하분포를 따른다.
⑤ 분포가 이산적 특징을 취한다.
⑥ $P \leq 0.5, nP \geq 5$일 때 정규 분포에 근사한다.
⑦ N이 클 때 초기하분포 계산의 근사치로 사용된다.
(전제 조건 : $N > 10n$이거나 N이 알려져 있지 않을 경우)

정답 56. ㉮ 57. ㉱ 58. ㉯

59 작업 방법 개선의 기본 4원칙을 표현한 것은?

㉮ 층별 – 랜덤 – 재배열 – 표준화
㉯ 배제 – 결합 – 랜덤 – 표준화
㉰ 층별 – 랜덤 – 표준화 – 단순화
㉱ 배제 – 결합– 재배열 – 단순화

 • 작업 방법 개선의 기본 4원칙
① 배제 : 불필요한 작업 배제
② 결합 : 다른 작업과 결합할 수 있는가를 검토
③ 재배열 : 작업 순서 등을 재배열
④ 단순화 : 작업의 간소화를 검토

60 예방 보전(preventive maintenance)의 효과가 아닌 것은?

㉮ 기계의 수리 비용이 감소한다.
㉯ 생산 시스템의 신뢰도가 향상된다.
㉰ 고장으로 인한 중단 시간이 감소한다.
㉱ 잦은 장비로 인해 제조원단위가 증가한다.

 • 예비 보존에의 효과
① 기계 수리 비용 감소
② 생산 시스템의 신뢰도 향상 및 제조 원가 절감
③ 고장으로 인한 중단 시간 감소, 유휴손실 감소
④ 예비 기계 보유 불필요
⑤ 구매 기회 신장

 59. ㉱ 60. ㉱

2014년도 시행 문제

▶2014년 4월 6일 시행(55회)

자격종목 및 등급(선택분야)	종목코드	시험시간	문제지형별	수검번호	성 명
전기기능장	3380	1시간	B		

01 전류에 의해 만들어지는 자기장의 자기력선 방향을 간단하게 알아내는 법칙은?

㉮ 앙페르의 오른나사법칙 ㉯ 렌츠의 법칙

㉰ 플레밍의 왼손법칙 ㉱ 가우스의 법칙

• 앙페르(Ampere)의 오른나사법칙 : 전류에 의한 자력선 방향 정의

• 플레밍(Fleming)의 왼손법칙 : 전자력(힘)의 방향 정의

02 그림과 같은 회로에서 $i = I_m \sin\omega t$ [A]일 때 개방된 2차 단자에 나타나는 유기 기전력은 얼마인가?

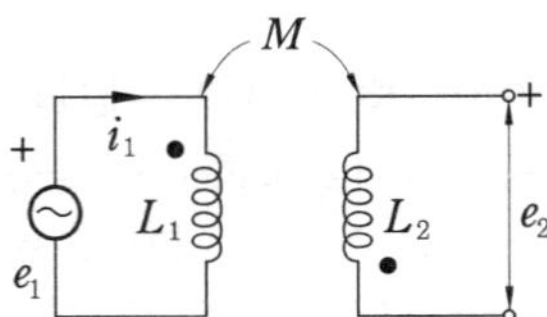

㉮ $\omega M I_m^2 \cos(\omega t + 90°)$ ㉯ $\omega M I_m \sin\omega t$

㉰ $-\omega M I_m \cos\omega t$ ㉱ $\omega M I_m^2 \sin(\omega t - 90°)$

$$e_2 = -M\frac{d}{dt} I_m \sin\omega t$$
$$= -\omega M I_m \cos\omega t$$

03 같은 크기의 철심 2개가 있다. A철심에 200회, B철심에 250회의 코일을 감고, A철심의 코일에 15 A의 전류를 흘렸을 때와 같은 크기의 기자력을 얻기 위해서는 B철심의 코일에는 몇 A의 전류를 흘리면 되는가?

㉮ 3 ㉯ 12

㉰ 15 ㉱ 75

정답 1. ㉮ 2. ㉰ 3. ㉯

해설 • 기자력(magnetic motive force) : $F = NI$ [AT]에서,

① $F_A = N_A \cdot I_A = 200 \times 15 = 3000$ AT

② $I_B = \frac{F_A}{N_B} = \frac{3000}{250} = 12$ A

※ F가 일정할 때, N과 I는 반비례한다.

$I_B = \frac{N_A}{N_B} \cdot I_A = \frac{200}{250} \times 15 = 12$ A

04 회로에서 I_1 및 I_2의 크기는 각각 몇 A인가?

㉮ $I_1 = I_2 = 0$

㉯ $I_1 = I_2 = 2$

㉰ $I_1 = I_2 = 5$

㉱ $I_1 = I_2 = 10$

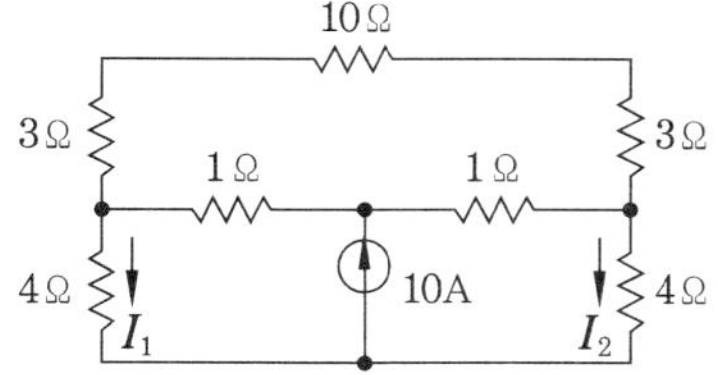

해설 등가회로에서 회로가 평형 상태이며, 두 지로의 저항이 동일하므로

$I_1 = I_2 = 5$ A

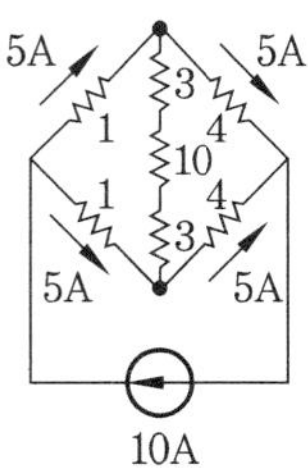

등가회로

05 어떤 정현파 전압의 평균값이 220 V이면 최댓값은 약 몇 V인가?

㉮ 282 ㉯ 314 ㉰ 346 ㉱ 487

해설

$V_m = \frac{\pi}{2} V_a$

$= 1.57 \times 220$

$\fallingdotseq 346$ V

06 500 kVA의 단상변압기 4대를 사용하여 과부하가 되지 않게 사용할 수 있는 3상 전력의 최댓값은 약 몇 kVA인가?

㉮ $500\sqrt{3}$ ㉯ 1500 ㉰ $1000\sqrt{3}$ ㉱ 2000

정답 4. ㉰ 5. ㉰ 6. ㉰

해설 • 변압기 V결선 시 3상 출력

$P_v = \sqrt{3}\,P_1 = \sqrt{3} \times 500$ kVA

$\therefore$ 최댓값 $= 2 \cdot P_v = 2 \times \sqrt{3} \times 500 = 1000\sqrt{3}$ kVA

07 그림의 전압(V), 전류(I) 벡터도를 통해 알 수 있는 교류회로는 어떤 회로인가? (단, R은 저항, L은 인덕턴스, C는 캐패시턴스이다.)

㉮ R만의 회로
㉯ L만의 회로
㉰ C만의 회로
㉱ RLC 직렬회로

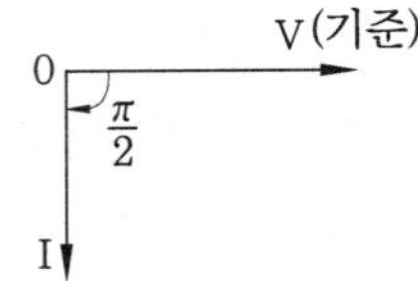

해설 • 인덕턴스(L)만의 회로의 특성

전류는 전압보다 그 위상이 $\frac{\pi}{2}$ [rad]만큼 뒤진다.

① $v = V_m \sin\omega t$ [V]

② $i = I_m \sin\left(\omega t - \frac{\pi}{2}\right)$ [A]

08 전기자 도체의 총수 500, 10극, 단중 파권으로 매극의 자속수가 0.2 Wb인 직류발전기가 600 rpm으로 회전할 때의 유도 기전력은 몇 V인가?

㉮ 2500　　㉯ 5000
㉰ 10000　　㉱ 15000

해설

$$E = \frac{p}{a} Z\phi \frac{N}{60}$$
$$= \frac{10}{2} \times 500 \times 0.2 \times \frac{600}{60} = 5000 \text{ V}$$

09 직류 발전기의 전기자 반작용을 줄이고 정류를 잘되게 하기 위해서는?

㉮ 브러시 접촉저항을 적게 할 것
㉯ 보극과 보상 권선을 설치할 것
㉰ 브러시를 이동시키고 주기를 크게 할 것
㉱ 보상 권선을 설치하여 리액턴스 전압을 크게 할 것

해설 • 보극과 보상 권선(본문 p.86 그림 2-5 참조)

보극과 보상 권선은 전기자 반작용을 없애주는 작용과 정류를 양호하게 하는 작용을 한다.

정답 7. ㉯　8. ㉯　9. ㉯

10 일정 전압으로 운전하는 직류발전기의 손실이 $y+xI^2$으로 표시될 때 효율이 최대가 되는 전류는?(단, x, y는 정수이다.)

㉮ $\frac{y}{x}$ ㉯ $\frac{x}{y}$ ㉰ $\sqrt{\frac{y}{x}}$ ㉱ $\sqrt{\frac{x}{y}}$

직류발전기 손실 $\alpha+\beta I^2$ 중에서,

① α는 부하 전류에 무관한 고정손

② βI^2은 전류의 제곱에 비례하는 가변손

③ 최대 효율 조건 : 고정손 = 가변손

$\alpha=\beta I^2 \quad \therefore\ I=\sqrt{\frac{\alpha}{\beta}}$

11 직류 분권전동기에서 운전 중 계자권선의 저항을 증가하면 회전속도의 값은?

㉮ 감소한다. ㉯ 증가한다.

㉰ 일정하다. ㉱ 감소와 증가를 반복한다.

• 직류 전동기의 회전 속도 특성

① $N=\kappa\frac{V-I_aR_a}{\phi}$ [rpm]에서, 속도 N과 자속 ϕ는 반비례한다.

② 운전 중 계자저항을 증가하면 계자전류가 감소하므로 자속 ϕ도 감소하게 된다.

∴ 회전속도는 자속과는 반대로 증가한다.

12 1차 전압이 380 V, 2차 전압이 220 V인 단상변압기에서 2차 권회수가 44회일 때 1차 권회수는 몇 회인가?

㉮ 26 ㉯ 76 ㉰ 86 ㉱ 146

• 권수비

$a=\frac{V_1}{V_2}=\frac{N_1}{N_2}$에서, $N_1=\frac{V_1}{V_2}\cdot N_2=\frac{380}{220}\times 44=76$ 회

13 15 kVA, 3000/100 V인 변압기의 1차 환산 등가 임피던스가 5+j8 Ω일 때 %리액턴스 강하는 약 몇 %인가?

㉮ 0.83 ㉯ 1.33 ㉰ 2.31 ㉱ 3.45

① 1차 정격전류 : $I_{1n}=\frac{P_a}{V_1}=\frac{15\times 10^3}{3000}=5$ A

② %리액턴스 강하 : $q=\frac{I_{1n}\cdot x}{V_{1n}}\times 100=\frac{5\times 8}{3000}\times 100 \fallingdotseq 1.33$ %

정답 10. ㉰ 11. ㉯ 12. ㉯ 13. ㉯

14 변압기의 철손은 부하 전류가 증가하면 어떻게 되는가?

㉮ 감소한다. ㉯ 비례한다.
㉰ 제곱에 비례한다. ㉱ 변동이 없다.

변압기 철손(iron loss)은 무부하손에 해당되므로 부하전류의 변화에 변동이 없다.
※ 철손 = 히스테리시스 손 + 맴돌이 전류(와류)손

15 변압기 병렬운전 조건으로 옳지 않은 것은?

㉮ 극성이 같아야 한다.
㉯ 권수비, 1차 및 2차의 정격전압이 같아야 한다.
㉰ 각 변압기의 저항과 누설리액턴스의 비가 같아야 한다.
㉱ 각 변압기의 임피던스가 정격용량에 비례해야 한다.

변압기 병렬 운전 조건에서, '변압기의 내부 임피던스가 정격 용량에 반비례하여야 한다.'
※ 이유 : 부하 분담이 내부 임피던스에 반비례하므로, 용량에 비례하여 부하 분담을 시키려면 내부 임피던스가 용량에 반비례해야 한다.

16 3상 유도전동기의 2차 입력이 P_2, 슬립이 s라면 2차 저항손은 어떻게 표현되는가?

㉮ sP_2 ㉯ $\dfrac{P_2}{s}$
㉰ $\dfrac{1-s}{P_2}$ ㉱ $\dfrac{P_2}{1-s}$

슬립(slip) : $s = \dfrac{\text{2차 저항손}}{\text{2차 입력}} = \dfrac{P_{c2}}{P_2}$

$\therefore\ P_{c2} = s \cdot P_2$

※ 기계적인 출력 P_0

$$P_0 = P_2 - P_{c2} = P_2 - sP_2 = (1-s)P_2 = \frac{N}{N_s}P_2\ [\text{W}]$$

17 3상 동기 발전기의 각 상의 유기 기전력 중에서 제5고조파를 제거하려면 단절계수(코일간격/극 피치)는 얼마가 가장 적당한가?

㉮ 0.4 ㉯ 0.8
㉰ 1.2 ㉱ 1.6

정답 14. ㉱ 15. ㉱ 16. ㉮ 17. ㉯

 • 단절계수(short pich factor) : 본문 p.193 ③ 참조

① n고조파에 대한 단절계수

$k_{pn}=\dfrac{\sin n\beta\pi}{2}$에서, $\dfrac{n\beta}{2}=m$ (정수)가 되도록 β를 선정하면 n차 고조파에 대한 단절계수가 0이 되어 이 고조파가 제거됨을 알 수 있다.

② $k_{p5}=\sin\dfrac{5\beta\pi}{2}$

여기서, $\beta=0,\ 0.4,\ 0.8,\ 1.2\cdots$ 구해지나 이 중에서 0.8이 가장 적당하다.

※ $\beta=0.8$일 때 $k_{p5}=\sin\dfrac{5\times0.8\times\pi}{2}$

$=\sin2\pi=\sin360°=0$

여기서, 실제의 발전기에서는 $\beta=\dfrac{5}{6}=0.833$ 정도이다.

18 그림은 3상 동기발전기의 무부하 포화곡선이다. 이 발전기의 포화율은 얼마인가?

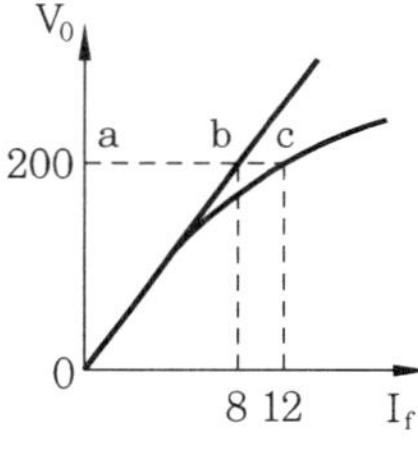

㉮ 0.5 ㉯ 0.67

㉰ 0.8 ㉱ 1.5

 • 포화율(본문 p.202 그림 2-69 참조)

$\delta=\dfrac{\overline{bc}}{\overline{ab}}=\dfrac{12-8}{8}=0.5$

19 정격전압 6600 V, 용량 5000 kVA의 Y결선 3상 동기 발전기가 있다. 여자전류 200 A에서의 무부하 단자전압 6600 V, 단락전류 600 A일 때, 이 발전기의 단락비는?

㉮ 1.15 ㉯ 1.37

㉰ 1.55 ㉱ 1.77

 • 단락비(short circuit ratio) (본문 p.202 그림 2-69 참조)

$I_n=\dfrac{P}{\sqrt{3}\,V_n}=\dfrac{5000\times10^3}{\sqrt{3}\times6600}\fallingdotseq437\ \text{A}$

$\therefore$ 단락비 $K_s=\dfrac{I_s}{I_n}=\dfrac{600}{437}=1.37$

정답 18. ㉮ 19. ㉯

20 **전압이 일정한 도선에 접속되어 역률 1로 운전하고 있는 동기 전동기의 여자전류를 증가시키면 이 전동기의 역률과 전기자 전류는?**

㉮ 역률은 앞서고 전기자 전류는 증가한다.
㉯ 역률은 앞서고 전기자 전류는 감소한다.
㉰ 역률은 뒤지고 전기자 전류는 증가한다.
㉱ 역률은 뒤지고 전기자 전류는 감소한다.

해설 • 동기 전동기의 위상 특성곡선
역률 1로 운전 중 여자전류 (I_f)를 증가시키며 과여자가 되어 앞선 전류가 흐르게 되고 전류는 증가하게 된다.

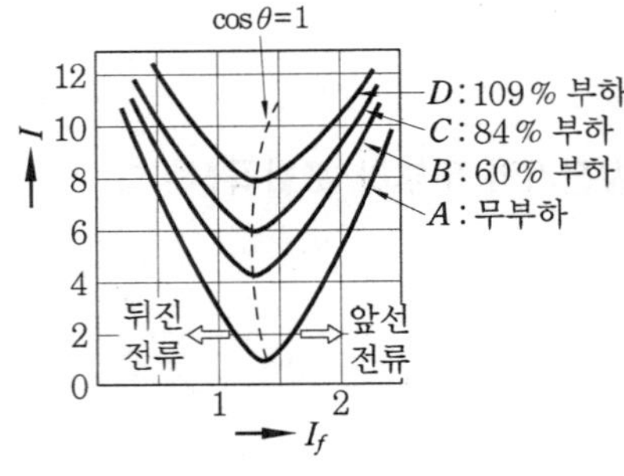

위상 특성 곡선

21 **서보 (servo) 전동기에 대한 설명으로 틀린 것은?**

㉮ 회전자의 직경이 크다.
㉯ 교류용과 직류용이 있다.
㉰ 속응성이 높다.
㉱ 기동 · 정지 및 정회전 · 역회전을 자주 반복할 수 있다.

 서보 (servo) 전동기는 속응성이 높아야 하므로 회전자의 직경을 작게, 길이는 비교적 길게 한다.

22 **디지털 계전기의 특징으로 부적합한 것은?**

㉮ 고도의 보호기능, 보호특성을 실현한다.
㉯ 고도의 자동감시기능을 실현한다.
㉰ 스위치 조작이 간편하며 동작 특성의 선택이 쉽다.
㉱ 계전기의 정정작업이 복잡하다.

 디지털 계전기는 전자식이나 논리회로에 의한 아날로그 계전기에 비유하여 유연성이 매우 크며, 정정작업이 간단하다.

정답 20. ㉮ 21. ㉮ 22. ㉱

23 합성수지관(PVC 관) 공사에 의한 저압 옥내배선에 대한 내용으로 틀린 것은?

㉮ 전선은 절연전선으로 14 mm^2의 연선을 사용하였다.
㉯ 관의 지지점 간의 거리를 2 m로 하였다.
㉰ 관 상호 간 및 박스와는 관을 삽입하는 깊이를 관의 바깥지름의 1.2배로 하였다.
㉱ 습기가 많은 장소의 관과 박스의 접속 개소에 방습장치를 하였다.

• 합성수지관 지지(내선규정 2220-6 참조)
합성수지관을 새들 등으로 지지하는 경우는 그 지지점 사이의 거리는 1.5 m 이하로 하여야 한다.

24 합성수지 몰드 공사에 의한 저압 옥내배선의 시설방법으로 옳은 것은?

㉮ 전선으로는 단선만을 사용하고 연선을 사용하여서는 안 된다.
㉯ 전선은 옥외용 비닐절연전선을 사용한다.
㉰ 합성수지 몰드 안에 전선의 접속점을 두기 위하여 합성수지제의 조인트 박스를 사용한다.
㉱ 합성수지 몰드 안에는 전선의 접속점을 최소 2개소 두어야 한다.

• 합성수지 몰드 공사(내선규정 2215 참조)
① 배선은 절연전선을 사용할 것(옥외용 비닐 절연전선은 제외)
② 몰드 내에서는 전선에 접속점을 만들지 말 것(단, 적합한 합성수지제의 조인트 박스를 사용하여 접속할 경우는 적용하지 않는다.)

25 플로어덕트 배선에 수용하는 전선은 피복절연물을 포함하는 단면적의 총합이 플로어덕트 내 단면적의 몇 % 이하가 되도록 하는가?

㉮ 20 ㉯ 32 ㉰ 40 ㉱ 60

• 플로어덕트의 선정(내선규정 2255-4 참조)
절연전선을 동일 덕트 내에 넣을 경우 : 32 % 이하가 되도록 선정

26 폭연성 분진 또는 화약류의 분말이 전기설비의 발화원이 되어 폭발할 우려가 있는 곳의 저압 옥내 배선의 공사 방법으로 적당한 것은?

㉮ 애자 사용 공사 또는 가요 전선관 공사
㉯ 금속몰드 공사
㉰ 금속관 공사
㉱ 합성수지관 공사

정답 23. ㉯ 24. ㉰ 25. ㉯ 26. ㉰

해설 ① 폭연성 분진, 도전성 분진, 가연성 분진 또는 타기 쉬운 섬유가 존재하기 때문에 전기 설비가 점화원이 되어 폭발 또는 화재를 일으킬 수 있는 분진 위험 장소를 말한다.
② 금속 전선과 배선, 케이블 배선으로 시공하여야 한다.

27 **사용전압이 400 V 미만인 저압 가공전선에 다심형 전선을 사용하는 경우의 중성선 또는 접지측 전선용에 절연물로 피복하지 않은 도체는 제 몇 종 접지공사를 하여야 하는가?**

㉮ 제1종 접지공사　　㉯ 제2종 접지공사
㉰ 제3종 접지공사　　㉱ 특별 제3종 접지공사

① 다심형 전선 : 절연물로 피복한 도체와 절연물로 피복하지 아니한 도체로 구성된 전선이다.
② 저고압 가공전선의 굵기 및 종류(판단기준 제70조 ⑤항 참조)
• 사용전압이 400 V 미만인 저압 가공전선에 다심형 전선을 사용하는 경우에 그 절연물로 피복되어 있지 아니한 도체는 제2종 접지공사를 한 중성선이나 접지측 전선 또는 제3종 접지공사를 한 조가용선으로 사용하여야 한다.

28 **저압 연접 인입선의 시설에 대한 기준으로 틀린 것은?**

㉮ 옥내를 통과하지 말 것
㉯ 인입선에서 분기되는 점에서 100 m를 초과하지 말 것
㉰ 폭 5 m를 넘는 도로를 횡단하지 말 것
㉱ 철도 또는 궤도를 횡단하는 경우에는 노면상 5 m를 초과하지 말 것

저압 연접 인입선은 폭 5 m 이내의 좁은 도로의 횡단만을 인정한다.
※ 저압 인입선이 철도 또는 궤도를 횡단할 경우, 레일면상 6.5 m 이상이어야 한다.

29 **고압 수전의 3상 3선식에서 불평형부하의 한도는 단상 접속부하로 계산하여 설비불평형률을 30 % 이하로 하는 것을 원칙으로 한다. 다음 중 이 제한에 따르지 않을 수 있는 경우가 아닌 것은?**

㉮ 저압 수전에서 전용변압기 등으로 수전하는 경우
㉯ 고압 및 특고압 수전에서 100 kVA 이하의 단상부하인 경우
㉰ 특고압 수전에서 100 kVA 이하의 단상변압기 3대로 Δ 결선하는 경우
㉱ 고압 및 특고압 수전에서 단상부하용량의 최대와 최소의 차가 100 kVA 이하인 경우

정답 27. ㉯ 28. ㉱ 29. ㉰

• 설비불평형의 시설(내선규정 1410-1 참조)
제한에 따르지 않을 수 있는 경우〈①, ②, ④ 이외에〉
1. 고압 및 특고압 수전에서 100 kVA 이하의 단상부하인 경우
2. 특고압 수전에서 100 kVA 이하의 단상변압기 2대로 역V결선하는 경우

30 배전선로에 사용하는 원형 철근 콘크리트주의 수직 투영면적 1 m^2에 대한 풍압을 기초로 하여 계산한 갑종 풍압하중은 얼마인가?

㉮ 372 Pa ㉯ 588 Pa
㉰ 882 Pa ㉱ 1255 Pa

• 갑종 풍압하중(전기설비 판단기준 제62조)

풍압을 받는 구분		구성재의 수직 투영면적 1 m^2에 대한 풍압
철근 콘크리트주	원형	588 Pa
	기타	882 Pa
철주	원형	588 Pa
	삼각형	1412 Pa
이하 생략		

31 66 kV의 가공송전선에 있어 전선의 인장하중이 240 kgf으로 되어 있다. 지지물과 지지물 사이에서 이 전선을 접속할 경우 이 전선 접속부분의 전선의 세기는 최소 몇 kgf 이상이어야 하는가?

㉮ 85 ㉯ 176
㉰ 185 ㉱ 192

전선 접속 시 전선의 강도(인장하중)를 20 % 이상 감소시키지 말 것

$\therefore\ 240 \times \frac{80}{100} \geq 192$ kgf 이상

32 220 V 저압 전동기의 절연내력을 시험하고자 한다. ( ) 안의 알맞은 내용은?

권선과 대지 사이에 시험전압 (㉠) V를 연속하여 (㉡)분간 가한다.

㉮ ㉠ 330, ㉡ 10 ㉯ ㉠ 330, ㉡ 1
㉰ ㉠ 500, ㉡ 10 ㉱ ㉠ 500, ㉡ 1

정답 30. ㉯ 31. ㉱ 32. ㉰

 • 회전기의 절연내력(판단기준 제14조 참조)

① 최대사용전압이 7 kV 이하인 전동기는 최대사용전압의 1.5배의 전압으로 권선과 대지 사이에 연속하여 10분간 가하여 시험하여야 한다.

② 시험전압이 500 V 미만으로 되는 경우에는 500 V를 시험전압으로 한다.

∴ 권선과 대지 사이에 시험전압 500 V를 연속하여 10분간 가한다.

33 **저압의 지중전선이 지중 약전류 전선 등과 접근하거나 교차하는 경우에 상호 간의 이격거리가 몇 cm 이하인 때에는 지중전선과 지중 약전류 전선 등 사이에 견고한 내화성의 격벽을 설치하는가?**

㉮ 60 ㉯ 50

㉰ 30 ㉱ 20

 • 지중전선과 지중 약전류 전선 등의 접근 또는 교차(판단기준 141조 참조)

① 저압 또는 고압인 경우 : 30 cm 이하

② 특고압인 경우 : 60 cm 이하

34 **지중 전선로에 사용하는 지중함의 시설기준으로 틀린 것은?**

㉮ 지중함은 조명 및 세척이 가능한 구조로 할 것

㉯ 지중함은 견고하고 차량 기타 중량물의 압력에 견디는 구조일 것

㉰ 지중함의 뚜껑은 시설자 이외의 자가 쉽게 열 수 없도록 시설할 것

㉱ 지중함은 그 안에 고인 물을 제거할 수 있는 구조로 할 것

 • 지중함의 시설(판단기준 제137조 참조) 〈㉯, ㉰, ㉱ 이외에〉

폭발성 또는 연소성 가스가 침입할 우려가 있는 것에 시설하는 지중함으로서 그 크기가 1 m^3 이상인 것에는 통풍장치를 시설할 것

35 **케이블 포설공사가 끝난 후 하여야 할 시험의 항목에 해당되지 않는 것은?**

㉮ 절연저항 시험 ㉯ 절연내력 시험

㉰ 접지저항 시험 ㉱ 유전체손 시험

 • 케이블 포설공사 후 시험항목

① 절연저항 시험

② 절연내력 시험

③ 접지저항 시험

※ 1. 전력 케이블의 전력손실에는 심선의 저항손, 이 외에 케이블 유전체손과 연피손이 있다.

2. 유전체손은 전압의 제곱에 비례하므로 사용전압 10 kV 이하에서는 무시한다.

정답 33. ㉰ 34. ㉮ 35. ㉱

36 역률 80 %, 150 kW의 전동기를 95 %의 역률로 개선하는 데 필요한 콘덴서의 용량은 약 몇 kVA가 필요한가?

㉮ 32 ㉯ 42
㉰ 63 ㉱ 84

$$Q_c = P(\tan\theta_1 - \tan\theta_2) = P\left(\frac{\sin\theta_1}{\cos\theta_1} - \frac{\sin\theta_2}{\cos\theta_2}\right)$$

$$= 150\left(\frac{0.6}{0.8} - \frac{0.312}{0.95}\right) \fallingdotseq 63 \text{ kVA}$$

여기서, $\sin\theta_2 = \sqrt{1-\cos^2\theta_2} = \sqrt{1-0.95^2} \fallingdotseq 0.312$

37 평균 구면광도 100 cd의 전구 5개를 지름 10 m인 원형의 방에 점등할 때 조명률 0.5, 감광보상률 1.5라 하면, 방의 평균 조도는 약 몇 lx인가?

㉮ 27 ㉯ 33
㉰ 36 ㉱ 42

① $F = 4\pi I = 4\pi \times 100 = 1256 \text{ lm}$

② $A = \pi r^2 = \pi \times 5^2 = 78.5 \text{ m}^2$

$$\therefore\ E = \frac{FNU}{AD} = \frac{1256 \times 5 \times 0.5}{78.5 \times 1.5} = \frac{3140}{117.75} \fallingdotseq 27 \text{ lx}$$

38 사이리스터에 관한 설명이다. 옳지 않은 것은?

㉮ 사이리스터를 턴 온시키기 위해 필요한 최소한의 순방향 전류를 래칭전류라 한다.
㉯ 도통 중인 사이리스터에 유지전류 이하가 흐르면 사이리스트는 턴 오프된다.
㉰ 유지전류의 값은 항상 일정하다.
㉱ 래칭전류는 유지전류보다 크다.

① 유지전류 (holding current)
(가) on 상태에 있는 사이리스터의 gate 회로를 개방하고 양극 전류를 줄여가면 어느 전류부터 off 상태로 옮아가서 전류가 흐르지 않게 된다.
(나) 유지전류 이하가 흐르면 턴 오프 (turn off)되며, 그 값은 형식에 따라 수 mA에서 수백 mA에 이른다.

② 래칭전류 (latching current) : 사이리스터를 턴 온 (turn on)시키기 위해 필요한 최소한의 순방향 전류이다.

③ 래칭전류는 유지전류보다 크다.

정답 36. ㉰ 37. ㉮ 38. ㉰

39 그림은 어떤 소자의 구조와 기호이다. 이 소자의 명칭과 ⓐ~ⓒ의 단자기호를 모두 옳게 나타낸 것은?

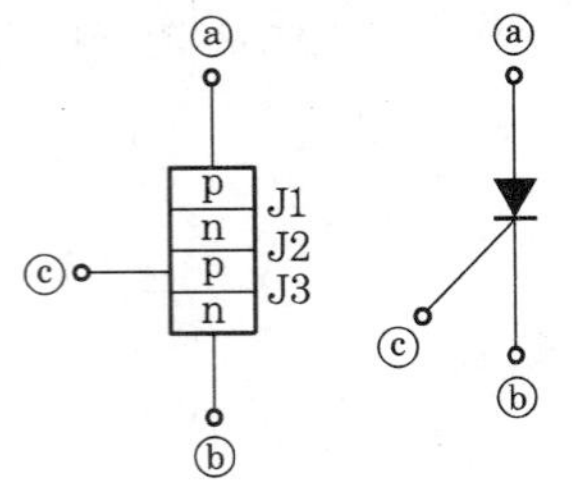

㉮ UJT, ⓐ K(cathode), ⓑ A(anode), ⓒ G(gate)
㉯ UJT, ⓐ A(anode), ⓑ G(gate), ⓒ K(cathode)
㉰ SCR, ⓐ K(cathode), ⓑ A(anode), ⓒ G(gate)
㉱ SCR, ⓐ A(anode), ⓑ K(cathode), ⓒ G(gate)

해설 • SCR : 본문 p.366 그림 4-6 참조

※ 유니-정션 트랜지스터(UJT ; uni-junction transistor) : UJT는 접합부가 하나인 트랜지스터로서, 이미터(E)단자 1개와 베이스단자 2개(B1, B2)로 구성되어 있다. 따라서 더블 베이스 다이오드(double base diode)라고도 한다.

40 다음은 SCR의 특징을 설명하고 있다. 옳지 않은 것은?

㉮ SCR 소자 자신은 게이트 전류를 흘리면 on 능력이 있다.
㉯ 유지전류는 보통 20 mA 정도이다.
㉰ Turn off 시키려면 원하는 시점에서 양극과 음극 사이에 역전압을 가해 준다.
㉱ 유지전류 이하의 소호회로를 외부에서 부가시키면 turn on이 된다.

해설 • SCR의 특징

① 게이트 턴 온(gate turn on) : 게이트에 순방향 전류를 흐르게 함으로써 양극-음극 간을 턴 온시키는 방법으로, 가장 일반적인 사용 방법이다.

② 유지 전류(I_H) : on 상태를 유지하기 위한 최소 전류이며 보통 20 mA 정도이다.

③ SCR은 점호 능력은 있으나 소호 능력이 없으므로 소호시키려면 SCR의 주전류를 유지전류 이하로 하거나, SCR의 애노드, 캐소드 간에 역전압을 인가한다.

41 전파제어 정류회로에 사용하는 쌍방향성 반도체 소자는?

㉮ SCR　　㉯ SSS
㉰ UJT　　㉱ PUT

해설 ① 양방향성 소자

2단자 ─ DIAC(diode AC switch)
　　　 └ SSS(silicon symmetrical switch)

② 단일 방향성 소자

3단자 ─ SCR(silicon controlled rectifier)
　　　 └ GTO(gate turn off thyristor)

정답 39. ㉱　40. ㉱　41. ㉯

42 그림의 회로에서 입력 전원(v_s)의 양(+)의 반주기 동안에 도통하는 다이오드는?

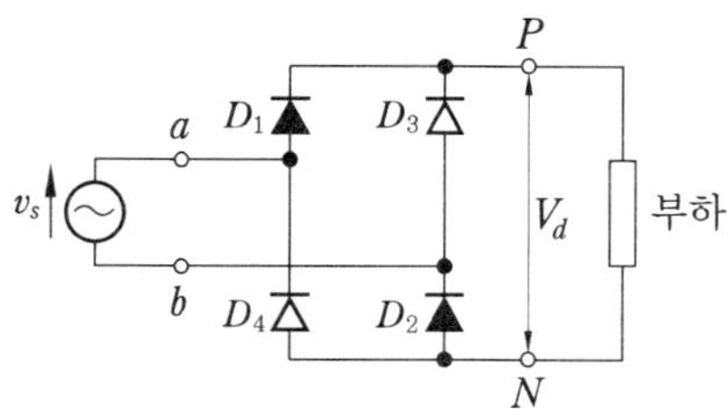

㉮ D_1, D_2　　㉯ D_2, D_3　　㉰ D_4, D_1　　㉱ D_1, D_3

등가회로에서
① 양(+)의 반주기 동안 : $D_1 \rightarrow D_2$
② 음(−)의 반주기 동안 : $D_4 \rightarrow D_3$

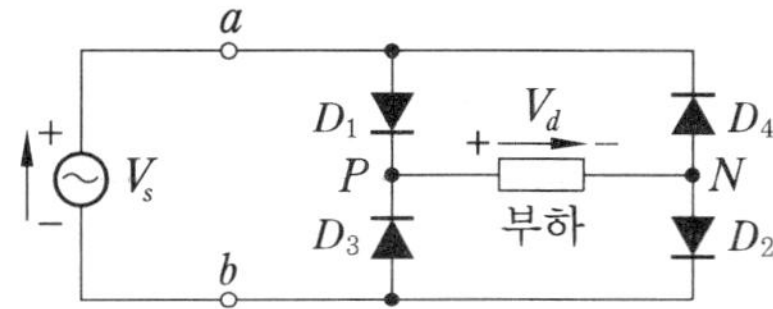

43 그림과 같은 회로에서 위상각 $\theta = 60°$의 유도부하에 대하여 점호각 α를 0°에서 180°까지 가감하는 경우 전류가 연속되는 α의 각도는 몇 °까지인가?

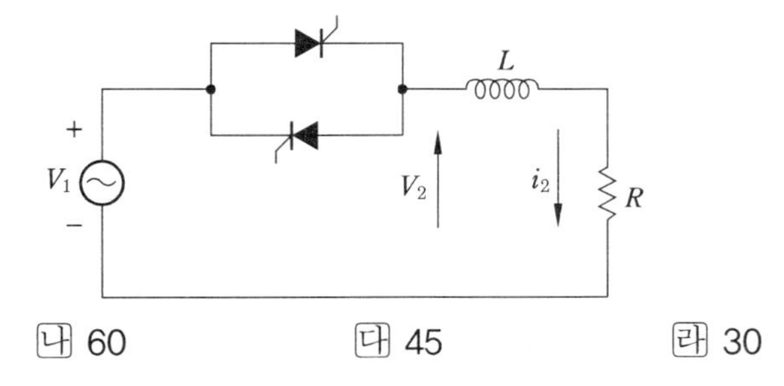

㉮ 90　　㉯ 60　　㉰ 45　　㉱ 30

점호각 α가 θ보다 클 때는 부하 전류가 불연속적이고 비정현적으로 된다.
∴ $\alpha = 60°$까지는 전류가 연속이다.

44 단상 반파 위상제어 정류회로에서 지연각을 α로 하면 출력전압의 평균값(E_d)은 몇 V인가?(단, $e = \sqrt{2}E\sin\omega t$이고 $\alpha > 90°$이다.)

㉮ $\frac{\sqrt{2}}{2\pi}E(1+\cos\alpha)$　　㉯ $\frac{\sqrt{2}}{\pi}E(1+\sin\alpha)$

㉰ $\frac{\sqrt{2}}{\pi}E(1-\cos\alpha)$　　㉱ $\frac{\sqrt{2}}{\pi}E(1-\sin\alpha)$

정답 42. ㉮　43. ㉯　44. ㉮

해설 • 단상 반파 위상제어 정류회로(본문 p.388 그림 4-25 참조)

$$E_d = \frac{1}{2\pi}\int_{\alpha}^{\pi}\sqrt{2}\,E\sin\omega t\,d(\omega t)$$

$$= \frac{\sqrt{2}\,E}{2\pi}\left[-\cos\omega t\right]_{\alpha}^{\pi} = \frac{\sqrt{2}}{2\pi}E(1+\cos\alpha)$$

45 2진수 10101010의 2의 보수 표현으로 옳은 것은?

가 01010101 나 00110011

다 11001100 라 01010110

해설 2의 보수는 1의 보수를 구한 다음 가장 낮은 자리에 1을 더한 값이다.

$$\begin{array}{lr} 10101010 \rightarrow (1\text{의 보수}) \rightarrow & 01010101 \\ & +\quad\quad 1 \\ \hline (2\text{의 보수}) \rightarrow & 01010110 \end{array}$$

46 10진수 753_{10}을 8진수로 변환하면?

가 753 나 357

다 1250 라 1361

해설 $(753)_{10} = (1361)_8$

```
8)753
8) 94 ---- 1  ↑
8) 11 ---- 6  |
8)  1 ---- 3  |
    0 ---- 1  |
```

47 그림과 같은 논리회로에서 X가 1이 되기 위한 입력조건으로 옳은 것은?

가 A=1, B=1

나 A=1, B=0

다 A=0, B=0

라 위 3가지 경우가 모두 해당

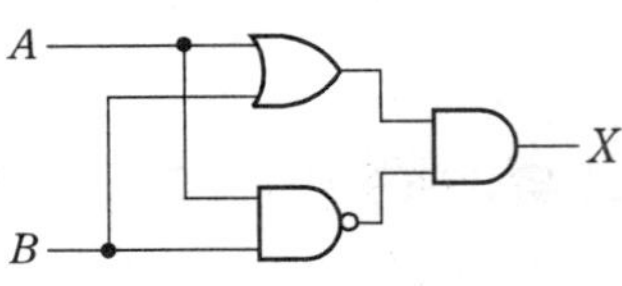

해설 $X = (A+B)(\overline{A \cdot B}) = (A+B)(\overline{A}+\overline{B})$

① $A+B=1$

② $\overline{A}+\overline{B}=1$

$\therefore\ A=1,\ B=0$

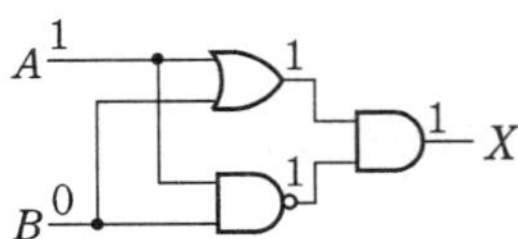

정답 45. 라 46. 라 47. 나

48 그림의 논리회로와 그 기능이 같은 회로는?

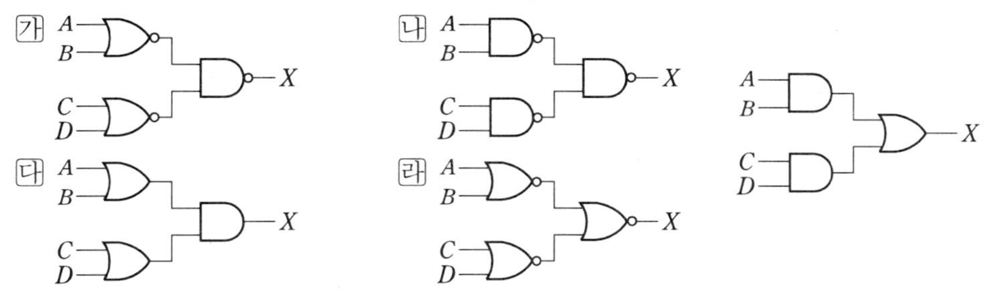

$X = AB + CD$

$= \overline{\overline{AB}} + \overline{\overline{CD}}$

$= \overline{(\overline{AB})(\overline{CD})}$

49 디멀티플렉서(DeMUX)의 설명으로 옳은 것은?

가 n비트의 2진수를 입력하여 최대 2^n 비트로 구성된 정보를 출력하는 조합 논리회로

나 2^n 비트로 구성된 정보를 입력하여 n비트의 2진수를 출력하는 조합 논리회로

다 여러 개의 입력선 중에서 하나를 선택하여 단일 출력선으로 연결하는 조합회로

라 하나의 입력선으로부터 데이터를 받아 여러 개의 출력선 중 한 곳으로 데이터를 출력하는 조합회로

- 디멀티플렉서(demultiplexer)

① 하나의 입력선으로부터 데이터를 받아 여러 개의 출력선 중 한 곳으로 데이터를 출력하는 조합회로이다.

② 멀티플렉서와 반대 동작을 하는 조합회로이다.

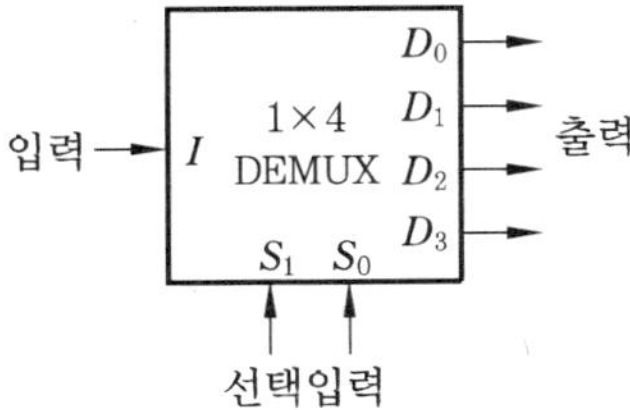

50 마이크로프로세서 시스템은 입력부, 출력부, 기억부, 중앙처리부, 전원부로 분류할 수 있다. 연산, 비교, 판정 등은 어디에서 하는가?

가 중앙처리부 나 기억부 다 입력부 라 출력부

- 중앙처리부(CPU)

① CPU는 연산장치, 제어장치, 레지스터부 및 내부 버스(bus)들로 구성되어 있다.

② 연산, 비교, 판정 등의 기능을 수행한다.

정답 48. 나 49. 라 50. 가

51 다음 중 마이크로프로세서의 시스템 버스(BUS)가 아닌 것은?

㉮ 데이터 버스 ㉯ 어드레스 버스
㉰ 제어 버스 ㉱ 입·출력 버스

• 마이크로프로세서의 시스템 버스
① 데이터 버스(data bus)
② 어드레스 버스(address bus)
③ 제어 버스(control bus)

52 I/O 포트(port)를 이용한 데이터의 입·출력 방법으로 관련이 없는 것은?

㉮ 프로그램에 의한 방법 ㉯ CTC 제어에 의한 방법
㉰ 인터럽트에 의한 방법 ㉱ DMA에 의한 방법

• I/O 포트(port)를 이용한 데이터 입·출력 방법
① 프로그램에 의한 방법
② 인터럽트(interrupt)에 의한 방법
③ DMA(direct memory access)에 의한 방법

53 인터럽트 수행 시 스택포인터의 기능을 가장 잘 설명한 것은?

㉮ 저장할 데이터의 주소를 보관한다. ㉯ 사용할 명령어의 주소를 보관한다.
㉰ 사용할 데이터를 보관한다. ㉱ 사용할 명령어를 보관한다.

• 스택포인터(stack pointer)
① 포인터(pointer) : 주기억장치의 특정한 주소 또는 위치를 가리키는 주소이다. 복잡한 데이터(data : 자료)를 첨가하거나 삭제하는 위치를 나타낼 때 사용한다.
② 스택포인터는 항상 스택의 top을 가리킨다.

54 주어진 표의 명령을 수행하려면 몇 μs의 실행시간이 필요한가?

명령어	T 스테이트
LD A, 36H	7
LD B, 49H	7
OR B	4
AND 99H	7
RL A	4

CPU 클록 : 2.5 MHz

㉮ 0.4 ㉯ 3.5 ㉰ 7.25 ㉱ 11.6

정답 51. ㉱ 52. ㉯ 53. ㉮ 54. ㉱

① $T_o = \frac{1}{f} = \frac{1}{2.5 \times 10^6} = 0.4 \times 10^{-6} = 0.4\ \mu s$

② 스테이트 (state) : $7+7+4+7+4=29$

∴ 실행시간 $= 0.4 \times 29 = 11.6\ \mu s$

55 다음 중 두 관리도가 모두 포아송 분포를 따르는 것은?

㉮ $\bar{x}$ 관리도, R 관리도　　㉯ c 관리도, u 관리도

㉰ np 관리도, p 관리도　　㉱ c 관리도, p 관리도

• 포아송 (Poisson) 분포

① 포아송분포는 이산형(discrete distribution) 분포 : 이산형이란 우리가 물건을 셀 때 하나, 둘, 셋 하고 셀 수 있는 것처럼 셀 수 있는 물건에 대한 개수 (number of unit)를 말한다.

② 포아송분포를 따르는 것은 u 관리도, c 관리도이다.

※ 계수치 데이터라면 이항분포나 포아송분포를 따르는 관리도를 사용한다.
이항분포 : p, np 관리도, 포아송분포 : c, u 관리도

56 도수분포표에서 도수가 최대인 계급의 대표값을 정확히 표현한 통계량은?

㉮ 중위수　　㉯ 시료평균

㉰ 최빈수　　㉱ 미드-레인지(mid-range)

• 최빈수 (mode, 最頻數)

1. 통계집단 (統計集團)에서 가장 많이 나타나는 변량 (變量)의 값으로, 모드라고도 한다.
2. 도수분포에서 최대의 도수를 가지는 변량의 값이다.

57 전수검사와 샘플링검사에 관한 설명으로 가장 올바른 것은?

㉮ 파괴검사의 경우에는 전수검사를 적용한다.

㉯ 전수검사가 일반적으로 샘플링검사보다 품질향상에 자극을 더 준다.

㉰ 검사항목이 많을 경우 전수검사보다 샘플링검사가 유리하다.

㉱ 샘플링검사는 부적합품이 섞여 들어가서는 안 되는 경우에 적용한다.

• 샘플링(sampling)검사

한 로트 (lot)의 물품 중에서 발췌한 시료 (試料)를 조사하고 그 결과를 판정 기준과 비교하여 그 로트의 합격 여부를 결정하는 검사로서 다음과 같은 경우에 적용된다.

① 검사 항목이 많은 경우

② 파괴검사를 해야 하는 경우

③ 어느 정도 부적합품이 섞여도 괜찮을 경우

④ 검사 비용을 적게 하는 편이 유리한 경우

정답 55. ㉯ 56. ㉰ 57. ㉰

58 다음 중 반즈(Ralph M. Barnes)가 제시한 동작경제원칙에 해당되지 않는 것은?

가 표준작업의 원칙

나 신체의 사용에 관한 원칙

다 작업장의 배치에 관한 원칙

라 공구 및 설비의 디자인에 관한 원칙

• 동작경제원칙

① 인체의 사용에 관한 원칙

② 작업장 배열에 관한 원칙

③ 공구 및 장비의 디자인(설계)에 관한 원칙

59 다음 [표]를 참조하여 5개월 단순이동평균법으로 7월의 수요를 예측하면 몇 개인가?

[단위 : 개]

월	1	2	3	4	5	6
실적	48	50	53	60	64	68

가 55개 나 57개 다 58개 라 59개

• 단순이동평균법

$$M_t = \frac{\Sigma X_t}{n} = \frac{50+53+60+64+68}{5} = 59\text{개}$$

60 근래 인간공학이 여러 분야에 크게 기여하고 있다. 다음 중 어느 단계에서 인간공학적 지식이 고려됨으로써 기업에 가장 큰 이익을 줄 수 있는가?

가 제품의 개발단계 나 제품의 구매단계

다 제품의 사용단계 라 작업자의 채용단계

• 인간공학(人間工學, ergonomics)

1. 인간과 그들이 사용하는 물건과의 상호작용을 다루는 학문이다.
2. 인간공학은 인간의 기계화가 아닌 인간을 위한 공학(design for human)을 말한다.
3. 인간공학의 적용분야

① 작업 방법의 설계 ② 기계 · 장치의 설계

③ 기구 · 공구의 설계 ④ 작업장의 설계

⑤ 컴퓨터의 설계 ⑥ 의복 및 신발의 설계

⑦ 가구 및 생활용품의 설계 ⑧ 환경공학

⑨ 제어공학 ⑩ 산업디자인

⑪ 생체전자공학

정답 58. 가 59. 라 60. 가

▶2014년 7월 20일 시행(56회)

자격종목 및 등급(선택분야)	종목코드	시험시간	문제지형별	수험번호	성 명
전기기능장	**3380**	**1시간**	**B**		

01 평행한 콘덴서에서 전극의 반지름이 30 cm인 원판이고, 전극간격 0.1 cm이며 유전체의 비유전율은 4이다. 이 콘덴서의 정전용량은 몇 μF인가?

㉮ 0.01　　㉯ 0.1

㉰ 1　　㉱ 10

$$C=\varepsilon_o\varepsilon_s\frac{A}{l}=8.855\times10^{-12}\times4\times\frac{\pi(30\times10)}{0.1\times10^{-2}}$$

$$=100097\times10^{-13}\fallingdotseq1\fallingdotseq10^{-8}\text{ F}$$

$$\therefore\ C'=1\times10^{-8}\times10^{6}$$

$$=1\times10^{-2}=0.01\ \mu\text{F}$$

02 단면적 S[m^2], 길이 l [m], 투자율 μ [H/m]의 자기회로에 N회의 코일을 감고 I[A]의 전류를 통할 때, 자기회로의 옴의 법칙을 옳게 표현한 것은?

㉮ $B=\frac{\mu SN^2I}{l}$ [Wb/m^2]　　㉯ $B=\frac{\mu S}{N^2Il}$ [Wb/m^2]

㉰ $\phi=\frac{\mu SNI}{l}$ [Wb]　　㉱ $\phi=\frac{\mu SI}{lN}$ [Wb]

• 자기회로–옴의 법칙

$$\phi=\frac{F}{R}=\frac{NI}{\frac{l}{\mu s}}=\frac{\mu s\cdot NI}{l}\ \text{[Wb]}$$

03 그림과 같은 회로에 입력 전압 220 V를 가할 때 30 Ω 저항에 흐르는 전류는 몇 A인가?

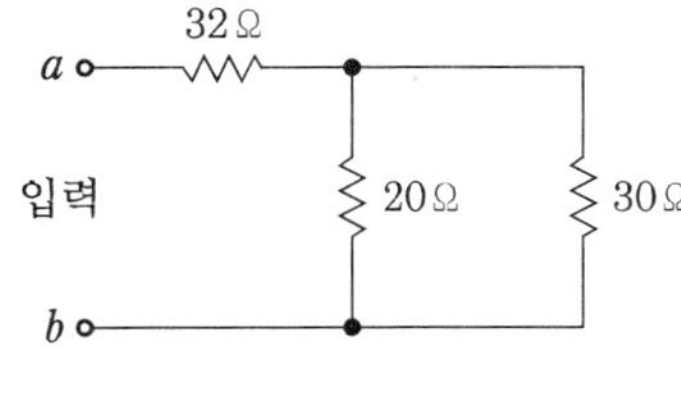

㉮ 2　　㉯ 3

㉰ 4　　㉱ 5

정답 1. ㉮　2. ㉰　3. ㉮

① 합성저항 $R_{ab} = R_1 + \frac{R_2 \cdot R_3}{R_2 + R_3}$

$= 32 + \frac{20 \times 30}{20 + 30} = 44\ \Omega$

② 전 전류 $I = \frac{V}{R_{ab}} = \frac{220}{44} = 5\ \text{A}$

$\therefore\ I_{30} = \frac{R_2}{R_2 + R_3} \cdot I = \frac{20}{20 + 30} \times 5 = 2\ \text{A}$

04 이상적인 전압 전류원에 관하여 옳은 것은?

㉮ 전압원, 전류원의 내부저항은 흐르는 전류에 따라 변한다.
㉯ 전압원의 내부저항은 0이고 전류원의 내부저항은 ∞이다.
㉰ 전압원의 내부저항은 ∞이고 전류원의 내부저항은 0이다.
㉱ 전압원의 내부저항은 일정하고 전류원의 내부저항은 일정하지 않다.

• 정전압 전원 장치의 이상적인 조건
전압원은 내부 저항이 작을수록 이상적이고, 전류원은 내부 저항이 클수록 이상적이다.
∴ 전압원의 내부 저항은 0이고 전류원의 내부 저항은 무한대(∞)이다.

05 어떤 정현파 전압의 평균값이 153 V이면 실효값은 약 몇 V인가?

㉮ 240 ㉯ 191
㉰ 170 ㉱ 153

평균값 V_a와 실효값 V의 관계

$V = \frac{\pi}{2\sqrt{2}} \cdot V_a = 1.11 \times 153 \fallingdotseq 170\ \text{V}$

06 저항 정류의 역할을 하는 것은?

㉮ 보상 권선 ㉯ 보극
㉰ 리액턴스 코일 ㉱ 탄소브러시

해설 • 저항 정류와 전압 정류 (본문 p.86 그림 2-6 참조)
① 저항 정류 : 브러시의 접촉 저항이 큰 것을 사용하여 정류 코일의 단락 전류를 억제하여 양호한 정류를 얻는다 (탄소질 및 금속 흑연질의 브러시).
② 전압 정류 : 보극 (정류극)을 설치하여, 정류 코일 내에 유기되는 리액턴스 전압과 반대 방향으로 정류 전압을 유기시켜 양호한 정류를 얻는다.

정답 4. ㉯ 5. ㉰ 6. ㉱

07 $v = 100\sqrt{2}\sin\left(\omega t + \frac{\pi}{6}\right)$ [V]를 복소수로 표시하면?

가 $50\sqrt{3} + j50$　　나 $50 + j50\sqrt{3}$

다 $50\sqrt{3} + j50\sqrt{3}$　　라 $50 + j50$

해설

① 순시값 : $v = 100\sqrt{2}\sin\left(\omega t + \frac{\pi}{6}\right)$ [V]

② 복소수 : $\dot{V} = 100\left(\cos\frac{\pi}{6} + \sin\frac{\pi}{6}\right) = 100\left(\frac{\sqrt{3}}{2} + j\frac{1}{2}\right)$

$= 50\sqrt{3} + j50$ V

※ 벡터 표시

(가) OX축 (실수축) : $a \rightarrow 100\cos\frac{\pi}{6} = 100 \times \frac{\sqrt{3}}{2} = 50\sqrt{3}$

(나) OY축 (허수축) : $b \rightarrow 100\sin\frac{\pi}{6} = 100 \times \frac{1}{2} = 50$

$\therefore\ \dot{V} = a + jb = 50\sqrt{3} + j50$ V

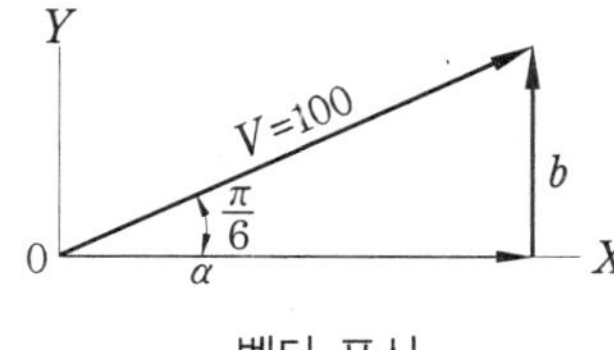

벡터 표시

08 유기기전력 110 V, 단자전압 100 V인 5 kW 분권 발전기의 계자 저항이 50 Ω이라면 전기자 저항은 약 몇 Ω인가?

가 0.12　　나 0.19

다 0.96　　라 1.92

$E = V + I_a \cdot R_a$ [V]에서, 전기자 저항 $R_a = \frac{E - V}{I_a} = \frac{110 - 100}{52} \fallingdotseq 0.19$ Ω

여기서

① $I_f = \frac{V}{R_f} = \frac{100}{50} = 2$ A

② $I = \frac{P}{V} = \frac{5 \times 10^3}{100} = 50$ A

③ $I_a = I + I_f = 50 + 2 = 52$ A

09 직류용 직권전동기를 교류에 사용할 때 여러 가지 어려움이 발생되는데 다음 중 교류용 단상 직권전동기에서 강구할 대책으로 옳은 것은?

가 원통형 고정자를 사용한다.

나 계자 권선의 권수를 크게 한다.

다 전기자 반작용을 적게 하기 위해 전기자 권수를 증가시킨다.

라 브러시는 접촉저항이 적은 것을 사용한다.

정답 7. 가　8. 나　9. 가

해설 • 강구할 대책

① 전기자와 계철을 성층 철심으로 하여 철손을 줄이며, 원통형 고정자를 사용한다.
② 계자 권선의 권수를 적게 하여 리액턴스를 줄인다.
③ 토크의 감소를 보충하기 위하여 전기자 권선 수를 크게 한다(단, 전기자 권선 수가 증가하면 전기자 반작용이 커지므로 보상 권선을 설치한다).
④ 어느 정도 접촉 저항이 큰 브러시를 사용하여 저항 정류를 한다.

10 **3300 V, 60 Hz용 변압기의 와류손이 620 W이다. 이 변압기를 2650 V, 50 Hz의 주파수에 사용할 때 와류손은 약 몇 W인가?**

가 500　　나 400　　다 312　　라 210

해설 와류손(eddy current loss)은 파형률에는 아무 관계가 없고, 전압의 제곱에 비례한다.

$$P_e = \sigma_e \left(\frac{E_1 t}{4N_1 A} \right)^2 = K \cdot E_1^2$$

$$\therefore\ P_e = \left(\frac{2650}{3300} \right)^2 \times 620 \fallingdotseq 400\ \text{W}$$

11 **누설 변압기의 가장 큰 특징은 어느 것인가?**

가 역률이 좋다.　　나 무부하손이 적다.
다 단락전류가 크다.　　라 수하특성을 가진다.

해설 • 누설 변압기(leakage transformer)

① 수하특성 : 그림은 누설 변압기의 2차 단자 전압과 2차 전류의 특성을 나타낸 것이며, I_2가 증가하면 V_2가 대단히 저하하는 수하특성을 가지게 되어 I_2를 일정하게 하는 특성(정전류 특성)을 나타낸다.
② 용도 : 아크용접기, 아크등, 또는 방전등

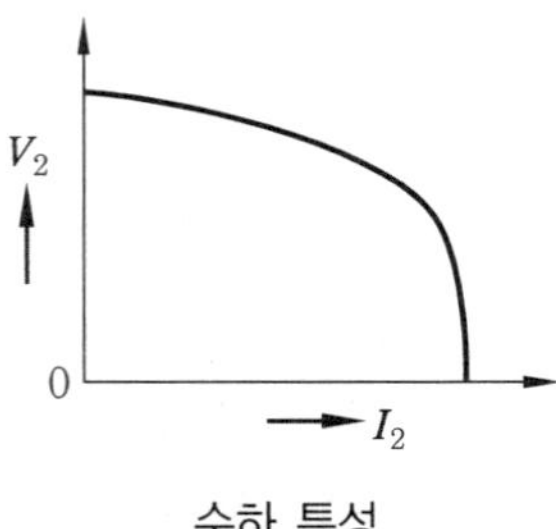

수하 특성

12 **변압기의 온도상승시험을 하는 데 가장 좋은 방법은?**

가 내전압법　　나 실부하법
다 충격전압시험법　　라 반환부하법

정답 10. 나　11. 라　12. 라

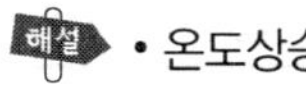 • 온도상승시험

① 실부하법 : 소용량

② 단락법 : 대용량 (공장시험)

③ 반환부하법 : 주로 현장시험

13 3상 유도전동기의 동기속도 N_s와 극수 P와의 관계는?

가 $N_s \propto \frac{1}{P}$　　나 $N_s \propto \sqrt{P}$　　다 $N_s \propto P$　　라 $N_s \propto P^2$

$$N_S = \frac{120f}{P} = k \cdot \frac{1}{P}$$

14 2중 농형 유도전동기가 보통 농형 전동기에 비하여 다른 점은?

가 기동 전류가 크고, 기동 토크도 크다.

나 기동 전류는 크고, 기동 토크는 적다.

다 기동 전류가 적고, 기동 토크도 적다.

라 기동 전류는 적고, 기동 토크는 크다.

 • 2중 농형 전동기(본문 p.185 그림 2-57 참조)

특성의 비교

종류	기동·토크 [%]	기동 전류 [%]
보통 농형	120~175	450~600
심홈 농형	120~200	400~550
2중 농형	120~250	350~500

15 게르게스현상은 다음 중 어느 기기에서 일어나는가?

가 직류 직권전동기　　나 단상 유도전동기

다 3상 농형 유도전동기　　라 3상 권선형 유도전동기

 • 게르게스현상

1896년 Görges가 발견한 현상으로 3상 권선형 회전자에서 3상 중 1상(相)이 고장 단선한 경우에 생긴다.

※ 1상이 단선되면 2차는 단상 회전자가 되고, 2차 전류는 교번 자계를 만들며, 이것은 진폭이 반이고 서로 반대 방향으로 회전하는 정상(正相)과 역상(逆相)의 두 회전자계로 분해된다. 여기서, 회전력은 $s=0.5$의 점에 함몰이 생겨 회전자는 동기속도의 50 %까지만 올라가고 그 이상 가속되지 않는다.

정답 13. 가　14. 라　15. 라

16 콘덴서 기동형 단상 유도 전동기의 설명으로 옳은 것은?

㉮ 콘덴서를 주 권선에 직렬 연결한다.

㉯ 콘덴서를 기동권선에 직렬 연결한다.

㉰ 콘덴서를 기동권선에 병렬 연결한다.

㉱ 콘덴서는 운전권선과 기동권선을 구별하지 않고 연결한다.

해설 • 콘덴서 기동형 단상 유도 전동기
기동권선 (ST)과 콘덴서 C_1는 직렬로 연결한다.

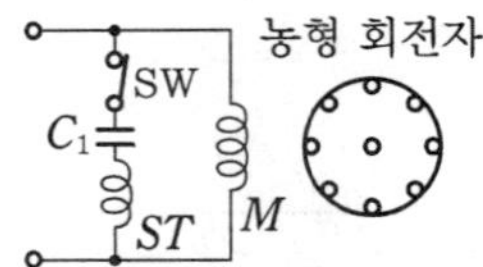

17 단상 유도 전압조정기의 동작 원리 중 가장 적당한 것은?

㉮ 교번자계의 전자유도 작용을 이용한다.

㉯ 두 전류 사이에 작용하는 힘을 이용한다.

㉰ 충전된 두 물체 사이에 작용하는 힘을 이용한다.

㉱ 회전자계에 의한 유도작용을 이용하여 2차 전압의 전압 조정에 따라 변화한다.

해설 • 단상 유도 전압 조정기(본문 p.149 그림 2-42 참조)
1차를 회전자로 2차를 고정자로 하여 상호자속을 변화시켜 전압을 연속적으로 조정하는 단권 변압기의 구조이다.
∴ 교번자계의 전자유도작용을 이용한 것이다.
※ 단상 유도 전압조정기는 특수 변압기에 속하며, 3상 유도 전압조정기는 회전자계에 의한 유도작용을 이용하므로 특수유도기에 속한다.

18 동기 발전기에서 부하가 갑자기 변화할 때 발전기의 회전 속도가 동기속도 부근에서 진동하는 현상을 무엇이라 하는가?

㉮ 탈조 ㉯ 공조

㉰ 난조 ㉱ 복조

해설 ① 난조 (hunting) : 부하의 급변 시 동기 화력이 작용하여 관성으로 말미암아 생기는 과도적인 진동 현상
② 탈조 (steep out) : 난조가 심하여 동기 속도를 벗어나는 것

19 동기 전동기는 유도 전동기에 비하여 어떤 장점이 있는가?

㉮ 기동특성이 양호하다. ㉯ 속도를 자유롭게 제어할 수 있다.

㉰ 구조가 간단하다. ㉱ 역률을 1로 운전할 수 있다.

정답 16. ㉯ 17. ㉮ 18. ㉰ 19. ㉱

해설 • 동기 전동기의 장점
① 속도가 일정 불변이다.
② 역률을 조정할 수 있으며, 항상 역률을 1로 운전할 수도 있다.
③ 필요 시 지상, 진상 전류를 흘릴 수 있다.
④ 유도 전동기에 비하여 효율이 좋다.

20 동기 조상기를 부족여자로 해서 운전하였을 때 나타나는 현상이 아닌 것은?

㉮ 역률을 개선시킨다.
㉯ 리액터로 작용한다.
㉰ 뒤진 전류가 흐른다.
㉱ 자기여자에 의한 전압 상승을 방지한다.

• 동기 조상기의 운전(본문 p.216 그림 2-76 참조)
① 부족 여자 : 유도성 부하로 동작 → 리액터로 작용 → 지상 전류를 취한다. 즉, 전기자전류 위상이 뒤진다.
② 과여자 : 용량성 부하로 동작 → 콘덴서로 작용 → 진상 전류를 취한다. 즉, 전기자전류의 위상이 앞선다.
∴ 부족 여자나 과여자로 하여 운전하면 역률이 저하한다.
※ 부족 여자로 운전 시 : 무부하의 장거리 송전선로에 발전기를 접속할 경우, 송전선로에 흐르는 진상 전류에 의한 발전기의 자기여자 작용에 의하여 생기는 단자전압의 이상 상승을 방지할 수가 있다.

21 모든 전기 장치에 접지시키는 근본적인 이유는?

㉮ 지구는 전류를 잘 통하기 때문이다.
㉯ 영상전하를 이용하기 때문이다.
㉰ 편의상 지면을 영전위로 보기 때문이다.
㉱ 지구의 정전용량이 커서 전위가 거의 일정하기 때문이다.

• 접지(earth, earthing ground)
① 회로의 일부 또는 기기의 외함 등을 대지와 같은 영전위로 유지하기 위해 땅 속에 설치한 매설도체(접지판)와 도선(접지선)으로 잇는 것이다.
② 지구의 정전용량은 매우 크므로 전위가 거의 일정하며, 대지는 영전위의 등전위면이다.

22 저압전선로 중 절연 부분의 전선과 대지 사이의 절연저항은 사용전압에 대한 누설전류가 최대 공급전류의 얼마를 넘지 않도록 하여야 하는가?

㉮ $\frac{1}{1000}$　㉯ $\frac{1}{2000}$　㉰ $\frac{1}{10000}$　㉱ $\frac{1}{20000}$

정답 20. ㉮ 21. ㉱ 22. ㉯

• 저압전로의 절연저항(내선규정 1440-2 참조)

① 사용전압에 대한 누설전류≦최대공급전류의 $\frac{1}{2000}$ 로 유지하여야 한다.

② 절연저항≧$\frac{사용전압}{최대공급전류}\times 2000$

23 네온관용 전선 표기가 15 kV N-EV일 때 E는 무엇을 의미하는가?

㉮ 네온전선 ㉯ 클로로프렌
㉰ 비닐 ㉱ 폴리에틸렌

• N-EV : 폴리에틸렌 절연 비닐시스 네온전선(KS C 3308)
N : 네온전선, E : 폴리에틸렌, V : 비닐

참고 7.5 kV N-RC : 7.5 kV 고무 절연 클로로프렌시스 네온전선
N : 네온전선, R : 고무, C : 클로로프렌

24 금속 몰드 공사에 의한 저압 옥내배선의 몰드에는 제 몇 종 접지 공사를 하여야 하는가?

㉮ 제1종 접지 공사 ㉯ 제2종 접지 공사
㉰ 제3종 접지 공사 ㉱ 특별 제3종 접지 공사

• 금속 몰드 공사(metal molding wiring)-접지 공사
① 금속 몰드 및 기타 부속품은 제3종 접지 공사로 접지하여야 한다.
② 대지 전압 150 V 이하이며, 몰드 길이가 8 m 이하로 건조한 장소에 시설하는 경우에는 생략할 수 있다.
※ 몰드 공사는 400 V 이하에 적용되므로 접지 공사는 제3종 접지 공사에 해당된다.

25 금속관 배선에서 관의 굴곡에 관한 사항이다. 금속관의 굴곡개소가 많은 경우에는 어떻게 하는 것이 가장 바람직한가?

㉮ 행거를 30 m 간격으로 견고하게 지지한다.
㉯ 덕트를 설치한다.
㉰ 풀박스를 설치한다.
㉱ 링리듀서를 사용한다.

해설 • 금속관 배관-관의 굴곡(내선규정 2225-8 참조)
아웃렛 박스 사이 또는 전선 인입구가 있는 기구 사이의 금속관은 3개소를 초과하는 직각 또는 직각에 가까운 굴곡 개소를 만들어서는 안 된다.
∴ 굴곡 개소가 많은 경우 또는 관의 길이가 30 m를 초과하는 경우는 풀박스를 설치하는 것이 바람직하다.

정답 23. ㉱ 24. ㉰ 25. ㉰

26 전선의 접속법에서 두 개 이상의 전선을 병렬로 시설하여 사용하는 경우에 대한 사항으로 옳지 않은 것은?

㉮ 병렬로 사용하는 각 전선의 굵기는 동선 50 mm^2 이상으로 하고, 전선은 같은 도체, 재료, 길이, 굵기의 것을 사용할 것
㉯ 같은 극의 각 전선은 동일한 터미널 러그에 완전히 접속할 것
㉰ 병렬로 사용하는 전선에는 각각 퓨즈를 설치할 것
㉱ 교류회로에서 병렬로 사용하는 전선은 금속관 안에 전자적 불평형이 생기지 않도록 시설할 것

 병렬로 사용하는 전선에는 각각 퓨즈를 설치하지 말아야 한다.
※ 옥내에서 전선을 병렬로 사용하는 경우(내선규정 1435-1)
① 병렬로 사용하는 각 전선의 굵기는 동 50 mm^2 이상 또는 알루미늄 70 mm^2 이상이고, 동일한 도체, 동일한 굵기, 동일한 길이여야 한다.
② 공급점 및 수전점에서 전선의 접속은 다음 각 호에 의하여 시설하여야 한다.
(가) 같은 극(極)의 각 전선은 동일한 터미널 러그에 완전히 접속한다.
(나) 같은 극인 각 전선의 터미널 러그는 동일한 도체에 2개 이상의 리벳 또는 2개 이상의 나사로 헐거워지지 않도록 확실하게 접속한다.
(다) 기타 전류의 불평형을 초래하지 않도록 한다.
③ 병렬로 사용하는 전선은 각각에 퓨즈를 장치하지 말아야 한다(공용 퓨즈는 지장이 없다).

27 정격 전류가 60 A인 3상 220 V 전동기가 직접 전로에 접속되는 경우 전로의 전선은 약 몇 A 이상의 허용 전류를 갖는 것으로 하여야 하는가?

㉮ 60 ㉯ 66 ㉰ 75 ㉱ 90

 전선의 허용 전류 $= 1.1 \times I_M = 1.1 \times 60 = 66$ A
참고 옥내 저압 간선의 시설(판단기준 제175조 참조)
전동기의 정격 전류의 합계가 50 A 이하인 경우에는 그 정격 전류의 합계가 1.25배, 50 A 초과하는 경우에는 1.1배

28 2.5 mm^2 전선 5본과, 4.0 mm^2 전선 3본을 동일한 금속전선관(후강)에 넣어 시공할 경우 관의 굵기의 호칭은? (단, 피복절연물을 포함한 전선의 단면적은 표와 같으며, 절연전선을 금속관 내에 넣을 경우의 보정계수는 2.0으로 한다.)

도체의 단면적(mm^2)	절연체의 두께(mm)	전선의 총 단면적(mm^2)
1.5	0.7	9
2.5	0.8	13
4.0	0.8	17

㉮ 16 ㉯ 22 ㉰ 28 ㉱ 36

정답 26. ㉰ 27. ㉯ 28. ㉱

① 전선의 단면적 합계 : $(2.5\ mm^2)$5본×13 + $(4.0\ mm^2)$3본×17
$= 5 \times 13 + 3 \times 17 = 116\ mm^2$
② 보정계수 2 적용 : $116 \times 2 = 232\ mm^2$
③ 후강 전선관의 내단면적 32 %
• 28호 − $201\ mm^2$
• 36호 − $342\ mm^2$
∴ 36호가 적합하다.
※ 금속관의 굵기 선정(내선 규정 2225-5 참조)
① 동일한 굵기로 굴곡이 적은 경우 : 48 % 이하
② 굵기가 다른 경우 : 32 % 이하

29

과전류 차단기로 저압전로에 사용하는 퓨즈를 수평으로 붙인 경우, 정격 전류의 1.1배의 전류에 견뎌야 한다. 퓨즈의 정격 전류가 30 A를 넘고 60 A 이하일 때 2배의 전류를 통한 경우 몇 분 이내로 용단되어야 하는가?

㉮ 2분　㉯ 4분
㉰ 6분　㉱ 8분

• 전압 전로 중의 과전류 차단기의 시설(판단기준 제38조 참조)

정격 전류의 구분	시간	
	정격 전류의 1.6배의 전류를 통한 경우	정격 전류의 2배의 전류를 통한 경우
30 A 이하	60분	2분
30 A 초과 60 A 이하	60분	4분
60 A 초과 100 A 이하	120분	6분

30

저압 옥상 전선로를 전개된 장소에 시설하고자 할 때 다음 중 옳지 않은 것은?

㉮ 전선은 조영재에 견고하게 붙인 지지대에 절연성 · 난연성 및 내수성이 있는 애자를 사용하여 지지하고 또한 그 지지점 간의 거리는 15 m 이하로 한다.
㉯ 전선은 인장강도 2.3 kN 이상의 것 또는 지름 2.6 mm의 경동선을 사용한다.
㉰ 전선과 그 저압 옥상 전선로를 시설하는 조영재와의 이격거리는 1.5 m 이상으로 한다.
㉱ 전선은 상시 부는 바람 등에 의하여 식물에 접촉하지 아니하도록 시설하여야 한다.

• 저압 옥상 전선로의 시설(내선규정 2125-1 참조)
조영재와의 이격거리는 2 m 이상일 것 (단, 전선이 고압 절연전선인 경우는 1 m 이상일 것)

정답 29. ㉯ 30. ㉰

31 저압 인입선의 인입용으로 수직 배관 시 비의 침입을 막는 금속관 공사의 재료는 다음 중 어느 것인가?

㉮ 유니버셜 캡 ㉯ 와이어 캡
㉰ 엔트런스 캡 ㉱ 유니온 캡

• 엔트런스 캡(entrance cap)
① 저압 가공 인입서의 인입구에 사용된다.
② 인입구 또는 인출구 끝에 붙여서 관 내에 물의 침입을 방지할 수 있도록 사용된다.

엔트런스 캡

32 다음 ( ) 안에 알맞은 내용으로 옳은 것은?

가공전선로의 지지물에 시설하는 지선의 안전율은 (㉠) 이상이어야 하고 허용 인장하중의 최저는 (㉡) kN으로 한다.

㉮ ㉠ 2.0, ㉡ 3.81 ㉯ ㉠ 2.0, ㉡ 4.05
㉰ ㉠ 2.5, ㉡ 4.31 ㉱ ㉠ 2.5, ㉡ 4.51

• 지선의 시설(판단기준 제67조)
지선의 안전율은 2.5 이상일 것. 이 경우에 허용 인장강도의 최저는 4.31 kN으로 한다.

33 지중전선로 공사에서 케이블 포설 시 케이블 끝단에 설치하여 당길 수 있도록 하는 데 사용하는 것은?

㉮ 풀링 그립(pulling grip) ㉯ 피시 테이프(fish tape)
㉰ 강철 인도선(steel wire) ㉱ 와이어 로프(wire rope)

• 풀링 그립(pulling grip)을 이용한 케이블 포설 방법

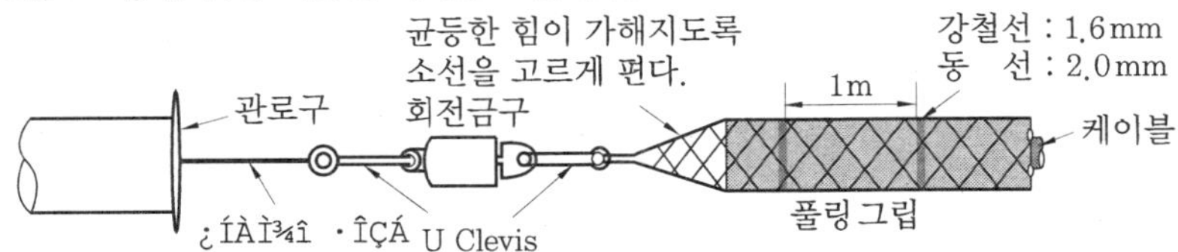

※ 풀링 아이(pulling eye)를 이용한 케이블 포설 방법

① 풀링 아이 몸체
② 도체
③ 풀링 아이 캡

정답 31. ㉰ 32. ㉰ 33. ㉮

34 **지중전선로 및 지중함의 시설방식 등의 기준에 대한 설명으로 옳지 않은 것은?**

㉮ 지중전선로는 전선에 케이블을 사용할 것
㉯ 지중전선로는 관로식, 암거식 또는 직접 매설식에 의하여 시설할 것
㉰ 지중함 뚜껑은 시설자 이외의 자가 쉽게 열 수 없도록 시설할 것
㉱ 폭발성 또는 연소성의 가스가 침입할 우려가 있는 곳에 시설하는 지중함으로서 그 크기가 0.5 m^2 이상인 것은 통풍장치를 설치할 것

 • 지중함의 시설 시(판단기준 제137조 참조)
폭발성 또는 연소성의 가스가 출입할 우려가 있는 것에 시설하는 지중함으로서 그 크기가 1 m^3 이상인 것에는 통풍 장치나 기타 가스를 방산시키기 위한 적당한 장치를 시설할 것

35 **조상기의 내부고장이 생긴 경우 자동적으로 전로를 차단하는 장치를 설치하여야 하는 용량의 기준은?**

㉮ 15000 kVA 이상 ㉯ 20000 kVA 이상
㉰ 30000 kVA 이상 ㉱ 50000 kVA 이상

 • 조상설비의 보호장치(판단기준 제49조)
조상기 내부에 고장이 생긴 경우 : 자동적으로 전로를 차단하는 장치를 설치하여야 하는 용량의 기준은 15000 kV 이상이다.

36 **풀용 수중 조명등에 전기를 공급하기 위하여 1차측 120 V, 2차측 30 V의 절연 변압기를 사용하였다. 절연 변압기의 2차측 전로의 접지공사에 관한 내용으로 옳은 것은?**

㉮ 제1종 접지 공사로 접지한다. ㉯ 제2종 접지 공사로 접지한다.
㉰ 제3종 접지 공사로 접지한다. ㉱ 접지를 하지 아니한다.

 • 풀용 수중 조명등 등의 시설(판단기준 제241조 참조)
절연 변압기의 2차측 전로는 접지하지 아니할 것

37 **1200 lm의 광속을 갖는 전등 10개를 120 m^2의 사무실에 설치할 때 조명률이 0.5이고 감광 보상률이 1.5이면 이 사무실의 평균조도는 약 몇 lx인가?**

㉮ 7.5 ㉯ 15.2
㉰ 33.3 ㉱ 66.6

$$E=\frac{FUN}{AD}=\frac{1200\times 0.5\times 10}{120\times 1.5}\fallingdotseq 33.3\ \text{lx}$$

정답 34. ㉱ 35. ㉮ 36. ㉱ 37. ㉰

38 **PN 접합 다이오드에 공핍층이 생기는 경우는?**

㉮ 전압을 가하지 않을 때 생긴다.
㉯ 다수 반송파가 많이 모여 있는 순간에 생긴다.
㉰ 음(−)전압을 가할 때 생긴다.
㉱ 전자와 정공의 확산에 의하여 생긴다.

 • 공핍층(depletion layer)
PN 접합에서, 전자와 정공의 확산에 의하여 캐리어(carrier)가 없는 (+)와 (−) 이온만이 존재하는 영역, 즉 공간 전하 영역을 공핍층이라 한다.

39 **래칭전류(latching current)를 올바르게 설명한 것은?**

㉮ 사이리스터를 온 상태로 스위칭시킨 후의 애노드 순저지 전류
㉯ 사이리스터를 턴 온시키는 데 필요한 최소의 양극 전류
㉰ 사이리스터를 온 상태로 유지시키는 데 필요한 게이트 전류
㉱ 유지전류보다 조금 낮은 전류값

 • 래칭전류(latching current)
사이리스터가 OFF 상태에서 ON 상태로의 전환이 행해지고, 트리거 신호가 제거된 직후에 사이리스터를 ON 상태로 유지하는 데 필요로 하는 최소한의 양극전류를 말한다.
※ ① 유지전류(holding current) : 사이리스터의 ON 상태를 유지하기 위한 최소한의 양극전류를 말한다. ON 상태에 있는 사이리스터의 gate 회로를 개방하고 양극전류를 줄여가면 어느 전류부터 OFF 상태로 옮아가서 전류가 흐르지 않게 된다. 이때의 전류를 유지전류라 한다.
② 유지전류와 래칭전류를 relay의 동작에 비추어 설명하면 다음과 같다. 래칭전류는 relay가 동작할 수 있는 최소한의 전류를 나타내는 것이고, 유지전류는 relay가 동작하고 있는 상태에서 전류를 점점 줄였을 때 relay가 동작하지 않게 되는 바로 직전의 전류를 말한다.
③ 따라서, 유지전류는 래칭전류보다 항상 작은 값을 갖는다.

40 **다음 사이리스터 중 순방향 전압에서 양(+)의 전류에 의하여 턴 온시킬 수 있고, 음(−)의 전류로 턴 오프시킬 수 있는 것은?**

㉮ GTO　　㉯ BJT　　㉰ UJT　　㉱ FET

 • GTO(gate turn off thyristor)(본문 p.369 그림 4-11 참조)
① GTO는 게이트에 인가된 전류의 극성에 따라 온-오프(on-off)를 절환하는 소자이다.
(+) : turn on
(−) : turn off
② 자기소호 기능을 갖고 있으며, 역저지 3단자 사이리스터의 일종이다.

정답 38. ㉱ 39. ㉯ 40. ㉮

41 그림은 어떤 전력용 반도체의 특성 곡선인가?

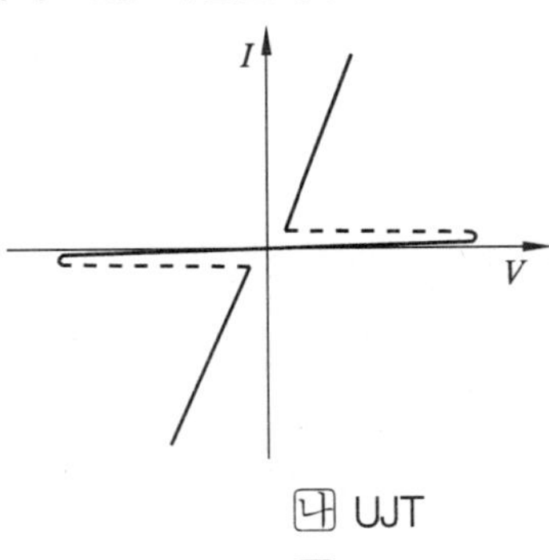

㉮ SSS ㉯ UJT
㉰ FET ㉱ GTO

• SSS (silicon symmetrical switch)(본문 p.369 본문 표 4-3 참조)
쌍방향 2단자 사이리스터이다.

42 다음 중 바리스터(varistor)의 주된 용도는?

㉮ 서지전압에 대한 회로 보호용 ㉯ 전압증폭용
㉰ 출력전류 조정용 ㉱ 과전류방지 보호용

• 바리스터(varistor)

① 전압-전류 특성이 비직선적인 반도체의 저항 소자로서 카보런덤(carborundum, SiC) 바리스터가 많이 쓰인다.
② 높은 전압일 때 저항값이 낮아지는 특성으로 피뢰침, 계전기의 접점 보호장치에 사용되는 반도체 소자이다. 즉, 서지(surge)전압에 대한 회로 보호용이다.

43 다음은 3상 전압형 인버터를 이용한 전동기 운전회로의 일부이다. 회로에서 트랜지스터의 기본적인 역할로 가장 적당한 것은?

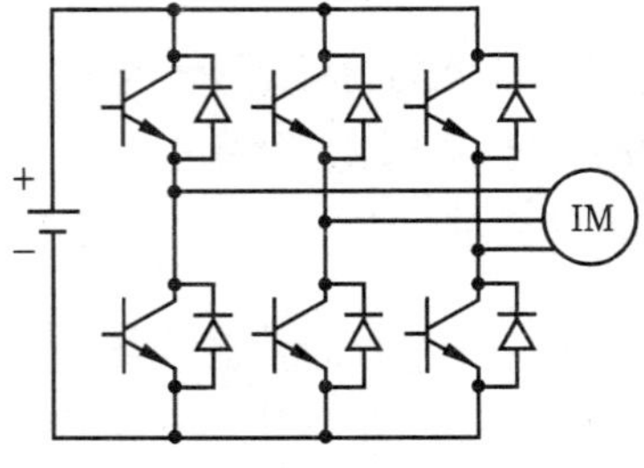

㉮ 전압증폭 ㉯ ON · OFF
㉰ 전류증폭 ㉱ 정류작용

정답 41. ㉮ 42. ㉮ 43. ㉯

 3상 인버터는 일반적으로 고전력응용에 사용되며 세 개의 단상 반파(또는 전파) 브리지 인버터를 병렬로 결선하여 3상 인버터를 구성할 수 있다.

① 전력용 반도체 소자를 주기적으로 on/off시켜 주면 부하에는 직사각형파 교류전압이 걸리게 된다.

② 반도체(TR) 소자에서는 역방향으로 전류가 흐를 수 없기 때문에 다이오드를 역병렬로 연결해 준다.

44 Boost 컨버터에서 입·출력 전압비 $\frac{V_o}{V_i}$ 는?(단, D는 시비율(duty cycle)이다.)

㉮ D　㉯ $1-D$　㉰ $\frac{1}{1-D}$　㉱ $\frac{1}{D}$

 • 비절연형 dc-dc 컨버터의 입·출력 전압비(V_o/V_i)

종류	boost	buck-boost	buck	cuk
전압비(V_o/V_i)	$\frac{1}{1-D}$	$\frac{D}{1-D}$	D	$\frac{D}{1-D}$

45 벅 컨버터(buck converter)에 대한 설명으로 옳지 않은 것은?

㉮ 직류 입력전압 대비 직류 출력전압의 크기를 낮출 때 사용하는 직류-직류 컨버터이다.

㉯ 입력전압(V_i)에 대한 출력전압(V_o)의 비$\left(\frac{V_o}{V_i}\right)$는 스위칭 주기(T)에 대한 스위치 온(on) 시간(t_{on})의 비인 듀티비(시비율)로 나타난다.

㉰ 벅 컨버터의 출력단에는 보통 직류성분은 통과시키고 교류성분을 차단하기 위한 LC 저역통과 필터를 사용한다.

㉱ 벅 컨버터는 일반적으로 고주파 트랜스포머(변압기)를 사용하는 절연형 컨버터이다.

 • 벅 컨버터(buck converter)

① 비절연 dc-dc 컨버터로 출력 전압을 낮출 때 사용하는 강압형이다.

② 교류성분을 차단하기 위한 LC 저역통과 필터를 사용한다.

※ 비절연형 컨버터이므로 절연용 변압기가 사용되지 않는다.

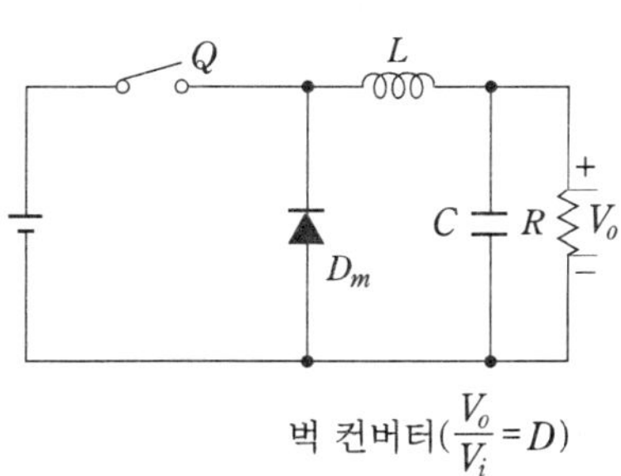

벅 컨버터($\frac{V_o}{V_i}=D$)

정답 44. ㉰　45. ㉱

46

10진수 45를 2진수로 나타낸 것은?

㉮ 101101 ㉯ 110010
㉰ 110101 ㉱ 100110

$(45)_{10}=(101101)_2$

```
2) 45
2) 22 ---- 1
2) 11 ---- 0
2)  5 ---- 1
2)  2 ---- 1
2)  1 ---- 0
    0 ---- 1
```

47

논리식 $F=\overline{A}\,\overline{B}C+\overline{A}B\overline{C}+A\overline{B}C+AB\overline{C}$를 간소화한 것은?

㉮ $F=\overline{A}B+A\overline{B}$ ㉯ $F=\overline{A}B+B\overline{C}$
㉰ $F=\overline{A}C+A\overline{C}$ ㉱ $F=\overline{B}C+B\overline{C}$

$$F=\overline{A}\,\overline{B}C+\overline{A}B\overline{C}+A\overline{B}C+AB\overline{C}$$
$$=\overline{A}(\overline{B}C+B\overline{C})+A(\overline{B}C+B\overline{C})$$
$$=(\overline{A}+A)(\overline{B}C+B\overline{C})=\overline{B}C+B\overline{C}$$

48

논리회로의 출력함수가 뜻하는 논리게이트의 명칭은?

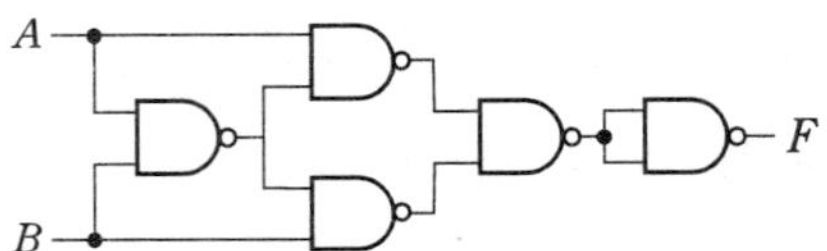

㉮ EX-OR ㉯ EX-NOR
㉰ NOR ㉱ NAND

$$F=\overline{A\overline{AB}B\overline{AB}}=\overline{\overline{AB}(AB)}$$
$$=\overline{AB}+AB=\overline{A\oplus B}$$

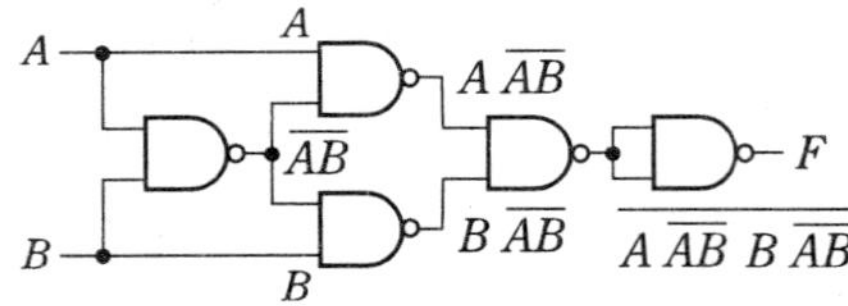

정답 46. ㉮ 47. ㉱ 48. ㉯

49 그림과 같은 DTL 게이트의 출력 논리식은?

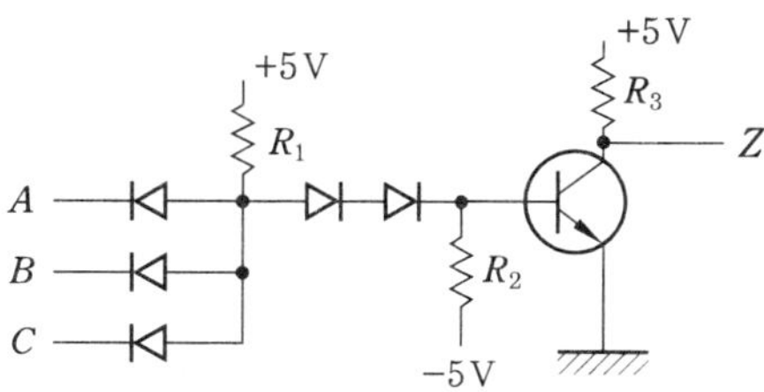

㉮ $Z=\overline{ABC}$ ㉯ $Z=ABC$
㉰ $Z=A+B+C$ ㉱ $Z=\overline{A+B+C}$

① 입력 회로

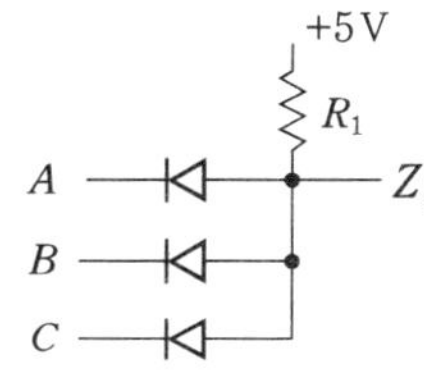

(가) 입력 A, B, C 중에 한 개라도 0이면 출력 $Z_i=0$
(나) 입력 A, B, C 모두 1일 때만 출력 $Z_i=1$
∴ $Z_i=$ ABC (AND 회로)

② 출력 회로
$Z_i=1$일 때만 TR이 on상태가 되어
$Z=0$이 된다.
∴ $Z=\overline{Z_i}=\overline{ABC}$ (NAND 회로)

50 마이크로프로세서에서 번지지정 방법 중 레지스터 간접번지 지정에 해당하는 명령의 표현인 것은?

㉮ LD A, (HL) ㉯ LD BC, (4455H)
㉰ LD B, D ㉱ JR ϕ3H

• 레지스터 간접 지정 방식(register-indirect addressing mode)
명령의 연상 기호 코드(mnemonic code)에서는 ( )를 사용하여 해당 메모리 번지 또는 I/O번지의 내용임을 나타낸다.
[예] LD A, (HL)
LD (HL), 10H
※ 상대 주소 지정 방식
[예] JR 10H
JR NZ, 20H

정답 49. ㉮ 50. ㉮

51 다음 중 8086 마이크로프로세서의 세그먼트 레지스터가 아닌 것은?

㉮ AS ㉯ CS ㉰ DS ㉱ ES

• 세그먼트의 종류

① CS (code segment) ② DS (data segment)

③ ES (extra segment) ④ SS (stack segment)

52 다음 중 기록된 자료를 자외선을 쬐어서 지울 수 있고, 다시 새로운 자료를 써 넣을 수 있는 것은?

㉮ ROM ㉯ PROM ㉰ EPROM ㉱ EEPROM

PROM (programmable ROM) : 사용자가 PROM writer로 데이터를 저장할 수 있으나 지울 수는 없는 것

EPROM (erasable PROM) : PROM과 같으나 자외선으로 데이터를 지울 수 있는 것

EEPROM (electrically EPROM) 전기적으로 데이터를 기록, 지울 수도 있는 것

53 인터럽트 (interrupt) 발생 시 수행되어야 할 일이 아닌 것은?

㉮ 수행 중인 프로그램을 보조 기억장치에 보관한다.

㉯ 프로그램 카운터의 내용을 보관한다.

㉰ 인터럽트 처리 루틴을 수행한다.

㉱ 어느 장치에서 인터럽트가 요청되었는지를 조사한다.

• 인터럽트 (interrupt)가 요청되어 현재 수행 중인 프로그램을 중단할 때의 동작기능

① 인터럽트를 요청하는 입·출력장치를 찾음

② 프로그램의 위치(프로그램 카운터 : PC)를 스택에 보관

③ 해당 인터럽트 서브루틴으로 점프 (jump)

④ 인터럽트 플래그를 세트

54 np 관리도에서 시료군마다 시료수 (n)는 100이고, 시료군의 수 (k)는 20, $\Sigma np=77$이다. 이때 np 관리도의 관리상한선 (UCL)을 구하면 약 얼마인가?

㉮ 8.94 ㉯ 3.85 ㉰ 5.77 ㉱ 9.62

① $n\bar{p}=\dfrac{\Sigma np}{k}=\dfrac{77}{20}=3.85$

② $\bar{p}=\dfrac{\Sigma np}{k \cdot n}=\dfrac{77}{20\times 100}=0.0385$

$\therefore \text{UCL}=n\bar{p}+3\sqrt{n\bar{p}(1-\bar{p})}$

$=3.85+3\sqrt{3.85(1-0.0385)}=9.62$

정답 51. ㉮ 52. ㉰ 53. ㉮ 54. ㉱

55 CISC (complex instruction set computer)의 특징으로 옳지 않은 것은?

㉮ 명령어의 개수가 보통 100~250개로 많다.
㉯ 주소 지정 방식은 5~20가지로 다양하다.
㉰ 명령어들은 기억장치 내의 오퍼랜드를 처리한다.
㉱ 명령어의 길이는 고정적이다.

 • CISC (complex instruction set computer) : 복합명령집합 컴퓨터

① 마이크로프로그래밍을 통해 사용자가 작성하는 고급언어에 각각 하나씩 기계어를 대응시킨 회로로 구성된, 중앙처리장치의 한 종류이다.

② CISC는 마이크로프로그래밍을 통해 고급 언어에 각기 하나씩의 기계어를 대응시킴으로써 명령어 집합이 커지고, 가변 길이의 다양한 명령어를 가진다.

※ 펜티엄을 포함한 인텔 계열의 모든 프로세서는 CISC 프로세서이다. RISC 프로세서는 IBM의 system/6000 기종과 매킨토시 컴퓨터에 사용되고 있다.

※ RISC (reduced instuction set computer) : 자주 쓰이지 않는 명령어들은 소프트웨어로 구현하고 자주 쓰이는 명령어만 간략화하여 CPU의 성능을 높인 것으로 CISC의 단점을 보완하고, CPU의 성능을 높인 것

56 그림의 OC 곡선을 보고 가장 올바른 내용을 나타낸 것은?

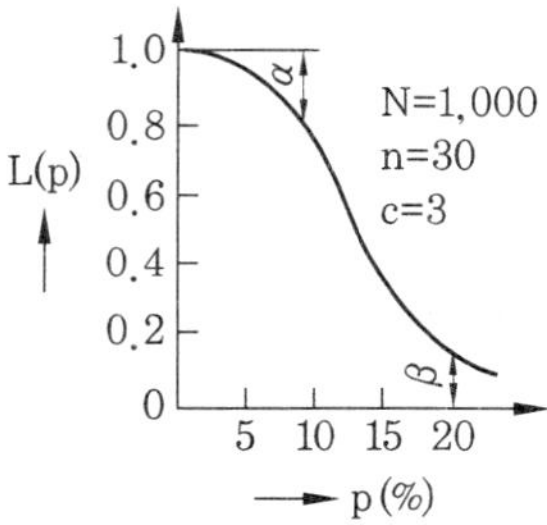

㉮ α : 소비자 위험 ㉯ L(p) : 로트가 합격할 확률
㉰ β : 생산자 위험 ㉱ 부적합품률 : 0.03

 검사 특성 곡선(operating characteristic curve) : OC 곡선

α : 생산자 유형(제1종 과오) L(p) : 로트가 합격되는 확률
β : 소비자 위험(제2종 과오) p : 로트의 불량률

57 일정 통제를 할 때 1일당 그 작업을 단축하는 데 소요되는 비용의 증가를 의미하는 것은?

㉮ 정상소요시간 (normal duration time)
㉯ 비용견적(cost estimation)
㉰ 비용구배(cost slope)
㉱ 총비용(total cost)

정답 55. ㉱ 56. ㉯ 57. ㉰

 • 비용 구배(cost slope)

1일당 작업을 단축하는 데 소요되는 비용의 증가를 의미한다.

참고 비용 구배

작업 기간 1일 단축하는 데 추가되는 비용으로 단축일 수와 비례하여 비용은 증가한다.

$$\text{비용 구배} = \frac{\text{특급 비용} - \text{정상 비용}}{\text{정상 작업일} - \text{특급 작업일}} = \frac{\Delta\text{cost}}{\Delta\text{time}}$$

58 **다음 중 단속생산 시스템과 비교한 연속생산 시스템의 특징으로 옳은 것은?**

㉮ 단위당 생산원가가 낮다. ㉯ 다품종 소량생산에 적합하다.

㉰ 생산방식은 주문생산방식이다. ㉱ 생산설비는 범용설비를 사용한다.

 연속생산 시스템은 같은 제품을 반복해서 대량으로 생산하고 전용시설이나 비전문 숙련 노동력을 사용하는 특징이 있어 단위당 생산원가가 낮다.

※ 연속생산과 단속생산의 특징 비교

특징	연속생산	단속생산
생산방식(시기)	예측생산	주문생산
단위당 생산원가	낮음	높음
생산(기계)설비	전용설비(특수목적용)	범용설비(일반목적용)
품종과 생산량	소품종 다량생산	다품종 소량생산
생산속도	빠름	느림
설비투자액	많음	적음

59 **MTM (method time measurement)법에서 사용되는 1 TMU (time measurement unit)는 몇 시간인가?**

㉮ $\frac{1}{100000}$ 시간 ㉯ $\frac{1}{10000}$ 시간 ㉰ $\frac{6}{10000}$ 시간 ㉱ $\frac{36}{1000}$ 시간

 • 방법 시간 측정법(MTM : methods time measurement)

① 시간 단위에는 TMU (time measurement unit)를 사용한다.

② 시간치는 1시간을 10만 TMU로 하는 TMU 단위로 나타낸다. → $\frac{1}{100000}$ 시간

60 **미국의 마틴 마리에타사 (Martin Marietta Corp.)에서 시작된 품질 개선을 위한 동기부여 프로그램으로, 모든 작업자가 무결점을 목표로 설정하고, 처음부터 작업을 올바르게 수행함으로써 품질비용을 줄이기 위한 프로그램은 무엇인가?**

㉮ TPM 활동 ㉯ 6 시그마 운동 ㉰ ZD 운동 ㉱ ISO 9001 인증

 • 무결점 운동 (ZD : zero defects program)

① 품질의 4대 절대 원칙 중 하나 ② 품질 개선을 위한 동기 부여 프로그램

정답 58. ㉮ 59. ㉮ 60. ㉰

◎ 2015년도 시행 문제 ◎

▶ 2015년 4월 4일 시행(57회)

자격종목 및 등급(선택분야)	종목코드	시험시간	문제지형별	수검번호	성 명
전기기능장	3380	1시간	A		

01 2개의 전하 Q_1 [C]과 Q_2 [C]를 r [m]의 거리에 놓았을 때 작용하는 힘의 크기를 옳게 설명한 것은?

㉮ Q_1, Q_2의 곱에 비례하고 r에 반비례한다.
㉯ Q_1, Q_2의 곱에 반비례하고 r에 비례한다.
㉰ Q_1, Q_2의 곱에 반비례하고 r의 제곱에 비례한다.
㉱ Q_1, Q_2의 곱에 비례하고 r의 제곱에 반비례한다.

• 쿨롱의 법칙(Coulomb's law) : 본문 그림 1-2 참조

$$F=\frac{1}{4\pi\epsilon_0\epsilon_s}\cdot\frac{Q_1\cdot Q_2}{r^2}\ [\mathrm{N}]$$

02 극판의 면적이 10 cm^2, 극판 간의 간격이 1 mm, 극판 간에 채워진 유전체의 비유전율 $\epsilon_s=2.5$인 평행판 콘덴서에 100 V의 전압을 가할 때 극판의 전하량은 몇 nC인가?

㉮ 0.6　㉯ 1.2　㉰ 2.2　㉱ 4.4

① $\epsilon=\epsilon_0\cdot\epsilon_s=8.855\times10^{-12}\times2.5\fallingdotseq2.2\times10^{-11}$ F/m

② $C=\epsilon\frac{A}{l}=2.2\times10^{-11}\times\frac{10\times10^{-4}}{1\times10^{-3}}=2.2\times10^{-11}$ F

$\therefore Q=CV=2.2\times10^{-11}\times100=2.2\times10^{-9}=2.2$ nC

03 자속밀도 1 Wb/m^{2}인 평등 자계의 방향과 수직으로 놓인 50 cm의 도선을 자계와 30° 방향으로 40 m/s의 속도로 움직일 때 도선에 유기되는 기전력은 몇 V인가?

㉮ 5　㉯ 10　㉰ 20　㉱ 40

• 유도 기전력

$e=Blu\sin\theta=1\times50\times10^{-2}\times40\times0.5=10$ V

여기서, $\sin\theta=\sin30°=\frac{1}{2}=0.5$

정답 1. ㉱　2. ㉰　3. ㉯

04 그림과 같이 내부 저항 0.1 Ω, 최대 지시 1 A의 전류계 Ⓐ에 분류기 R을 접속하여 측정 범위를 15 A로 확대하려면 R의 저항값을 몇 Ω으로 하면 되는가?

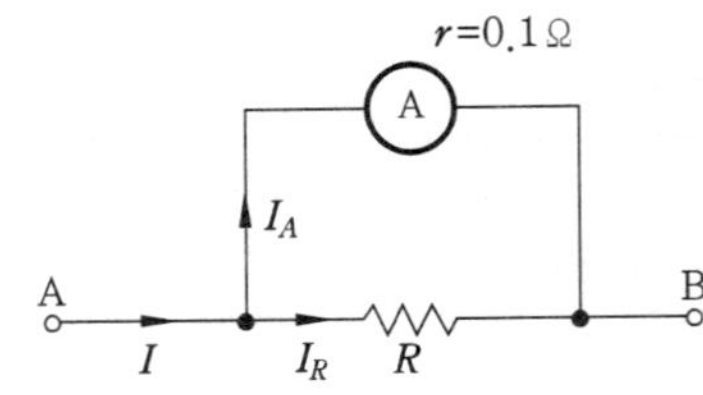

㉮ $\frac{1}{150}$ ㉯ $\frac{1}{140}$ ㉰ 1.4 ㉱ 1.5

해설 • 분류기(shunt) : 본문 그림 1-21(b) 참조

배율 : $m=1+\frac{r}{R}$에서, $R=\frac{r}{m-1}=\frac{0.1}{15-1}=\frac{1}{140}$ Ω

여기서, $m=\frac{I_R}{I_A}=\frac{15}{1}=15$

05 정현파 교류의 실효값을 계산하는 식은? (단, T는 주기이다.)

㉮ $I=\frac{1}{T}\int_0^T idt$ ㉯ $I=\sqrt{\frac{2}{T}\int_0^T idt}$

㉰ $I=\sqrt{\frac{1}{T}\int_0^T i^2dt}$ ㉱ $I=\sqrt{\frac{2}{T}\int_0^T i^2dt}$

해설 • 정현파 교류의 실효값

1주기에서 순시값의 제곱의 평균을 평방근으로 표시한다.

$I=\sqrt{\frac{1}{T}\int_0^T i^2dt}$

참고 실효값의 표시 : 본문 1편 3장 1-1, 예상문제 4번 해설 참조

06 $\phi=\phi_m\sin\omega t$ [Wb]인 정현파로 변화하는 자속이 권수 N인 코일과 쇄교할 때의 유기 기전력의 위상은 자속에 비해 어떠한가?

㉮ $\frac{\pi}{2}$만큼 빠르다. ㉯ $\frac{\pi}{2}$만큼 느리다.

㉰ π만큼 빠르다. ㉱ 동위상이다.

해설 $\phi=\phi_m\sin\omega t$ [Wb]

$e=E_m\sin\left(\omega t-\frac{\pi}{2}\right)$ [V]

정답 4. ㉯ 5. ㉰ 6. ㉯

07 R=40 Ω, L=80 mH의 코일이 있다. 이 코일에 220 V, 60 Hz의 전압을 가할 때 소비되는 전력은 약 몇 W인가?

㉮ 79　　㉯ 581　　㉰ 771　　㉱ 1352

① $X_L = 2\pi f L = 2\pi \times 60 \times 80 \times 10^{-3} \fallingdotseq 30\ \Omega$

② $Z = \sqrt{R^2 + X_L^2} = \sqrt{40^2 + 30^2} = 50\ \Omega$

③ $I = \dfrac{V}{Z} = \dfrac{220}{50} = 4.4\ \text{A}$

$\therefore\ P = I^2 \cdot R = 4.4^2 \times 40 \fallingdotseq 774\ \text{W}$

08 RLC 직렬 회로에서 L 및 C의 값을 고정시켜 놓고 저항 R의 값만 큰 값으로 변화시킬 때 올바르게 설명한 것은?

㉮ 공진 주파수는 커진다.　　㉯ 공진 주파수는 작아진다.

㉰ 공진 주파수는 변화하지 않는다.　　㉱ 이 회로의 양호도 Q는 커진다.

• 공진 주파수 : $f_0 = \dfrac{1}{2\pi\sqrt{LC}}$ [Hz]

∴ 공진 주파수는 변화하지 않는다.

참고 $Q = \dfrac{1}{R}\sqrt{\dfrac{L}{C}}$

∴ Q는 작아진다.

09 100 V, 25 W와 100 V, 50 W의 전구 2개가 있다. 이것을 직렬로 접속하여 100 V의 전압을 인가하였을 때 두 전구의 합성 저항은 몇 Ω인가?

㉮ 150　　㉯ 200　　㉰ 400　　㉱ 600

① $R_1 = \dfrac{V^2}{P_1} = \dfrac{100^2}{25} = 400\ \Omega$

② $R_2 = \dfrac{V^2}{P_2} = \dfrac{100^2}{50} = 200\ \Omega$

$\therefore\ R = R_1 + R_2 = 400 + 200 = 600\ \Omega$

10 코일에 단상 100 V의 전압을 가하면 30 A의 전류가 흐르고 1.8 kW의 전력을 소비한다고 한다. 이 코일과 병렬로 콘덴서를 접속하여 회로의 합성 역률을 100 %로 하기 위한 용량 리액턴스는 약 몇 Ω이면 되는가?

㉮ 2.32　　㉯ 3.24　　㉰ 4.17　　㉱ 5.28

정답 7. ㉰　8. ㉰　9. ㉱　10. ㉰

해설
① $\cos\theta_1 = \frac{P}{VI} = \frac{1.8\times 10^3}{100\times 30} = 0.6$

여기서, $P = 1.8$ kW, 합성 역률 $\cos\theta_2 = 1$이므로

② $Q_c = P\left(\frac{1}{\cos^2\theta_1} - 1\right) = 1.8\times\sqrt{\frac{1}{0.6^2} - 1} = 1.8\times 1.33 \fallingdotseq 2.4$ kVA

$\therefore X_c = \frac{V^2}{Q_c} = \frac{100^2}{2.4\times 10^3} \fallingdotseq 4.17\ \Omega$

참고 전력용 콘덴서의 용량

$$Q_c = P\left(\sqrt{\frac{1}{\cos^2\theta_1} - 1} - \sqrt{\frac{1}{\cos^2\theta_2} - 1}\right)\ [\text{kVA}]$$

11 4극 직류 분권 전동기의 전기자에 단중 파권 권선으로 된 420개의 도체가 있다. 1극당 0.025 Wb의 자속을 가지고 1400 rpm으로 회전시킬 때 발생되는 역기전력과 단자 전압은?(단, 전기자 저항은 0.2 Ω, 전기자 전류는 50 A이다.)

가 역기전력 : 490 V, 단자 전압 : 500 V 나 역기전력 : 490 V, 단자 전압 : 480 V
다 역기전력 : 245 V, 단자 전압 : 500 V 라 역기전력 : 245 V, 단자 전압 : 480 V

① $E = \frac{P}{a}Z\phi\frac{N}{60} = \frac{4}{2}\times 420\times 0.025\times\frac{1400}{60} = \frac{58800}{120} = 490$ V

② $V = E + R_a\cdot I_a = 490 + (0.2\times 50) = 500$ V

12 다음 ( ) 안의 알맞은 내용으로 옳은 것은?

"변압기의 등가 회로에서 2차 회로를 1차 회로로 환산하는 경우 전류는 (㉮)배, 저항과 리액턴스는 (㉯)배가 된다."

가 ㉮ $\frac{1}{a}$, ㉯ a^2 나 ㉮ $\frac{1}{a}$, ㉯ a 다 ㉮ a^2, ㉯ $\frac{1}{a}$ 라 ㉮ a^2, ㉯ a

해설 • 환산표

구 분	2차를 1차로 환산	1차를 2차로 환산
저항	$r_1' = a^2 r_2$	$r_2' = \frac{1}{a^2}r_1$
리액턴스	$x_1' = a^2 x_2$	$x_2' = \frac{1}{a^2}x_1$
전류	$I_1' = \frac{1}{a}I_2$	$I_2' = aI_1$
전압	$E_1' = aE_2$	$E_2' = \frac{1}{a}E_1$

정답 11. 가 12. 가

13 변압기의 여자 전류와 철손을 구할 수 있는 시험은?

㉮ 부하 시험　　㉯ 무부하 시험

㉰ 유도 시험　　㉱ 단락 시험

• 변압기의 무부하 시험과 단락 시험

① 무부하 시험 : 고압측을 개방하여 저압측에 정격 전압을 걸어 여자 전류와 철손을 구하고, 여자 어드미턴스를 구한다.

② 단락 시험 : 저압측을 단락하고 고압측에 임피던스 전압을 가하여, 정격 전류를 흘러서 입력인 부하손 (동손)을 측정하고 임피던스를 구한다.

14 변압기의 정격을 정의한 것으로 가장 옳은 것은?

㉮ 2차 단자 간에서 얻을 수 있는 유효 전력을 kW로 표시한 것이 정격 출력이다.

㉯ 정격 2차 전압은 명판에 기재되어 있는 2차 권선의 단자 전압이다.

㉰ 정격 2차 전압을 2차 권선의 저항으로 나눈 것이 2차 전류이다.

㉱ 전부하의 경우는 1차 단자 전압을 정격 1차 전압이라 한다.

• 변압기의 정격

① 정격 (rating)이란 명판 (name plate)에 기록되어 있는 출력, 전압, 전류, 주파수 등을 말하며, 변압기의 사용 한도를 나타내는 것이다.

② 정격 전압

(가) 변압기의 정격 2차 전압은 명판에 기록되어 있는 2차 권선의 단자 전압이며, 이 전압에서 정격 출력을 내게 되는 전압이다.

(나) 정격 1차 전압은 명판에 기록되어 있는 1차 전압을 말하며, 정격 2차 전압에 권수비를 곱한 것이 된다. 전부하에서의 1차 전압을 말하는 것은 아니다.

③ 정격 출력 (용량)

(가) 변압기의 정격 출력은 정격 2차 전압, 정격 2차 전류, 정격 주파수, 정격 역률도 2차 단자 사이에서 공급할 수 있는 피상 전력이다.

(나) 단위는 VA, kVA 또는 MVA로 나타낸다.

15 60 Hz, 4극, 3상 유도 전동기의 슬립이 4 %라면 회전수는 몇 rpm인가?

㉮ 1690　　㉯ 1728

㉰ 1764　　㉱ 1800

$N = (1-s)N_s = (1-0.04) \times 1800 = 1728$ rpm

여기서, $N_s = \frac{120f}{p} = \frac{120 \times 60}{4} = 1800$ rpm

정답 13. ㉯　14. ㉯　15. ㉯

16 3상 유도 전동기의 설명으로 틀린 것은?

㉮ 전부하 전류에 대한 무부하 전류의 비는 용량이 작을수록 극수가 많을수록 크다.
㉯ 회전자 속도가 증가할수록 회전자측에 유기되는 기전력은 감소한다.
㉰ 회전자 속도가 증가할수록 회전자 권선의 임피던스는 증가한다.
㉱ 전동기의 부하가 증가하면 슬립은 증가한다.

해설 • 회전자(rotor)

① 축, 철심, 권선으로 구성되며, 농형과 권선형이 있다.
② 회전자의 임피던스 $\dot{Z} = r_2 + jsx_2 \left(Z = \sqrt{r_2^2 + (sx_2)^2} \right)$
∴ 회전자 속도가 증가할수록 슬립 s가 "0"에 가까워지므로 임피던스는 감소한다.
③ 회전자 기전력 : sE_2
∴ 회전자 속도가 증가할수록 회전자측에 유기되는 기전력은 감소한다.

17 3상 권선형 유도 전동기의 2차 회로에 저항을 삽입하는 목적이 아닌 것은?

㉮ 속도 제어를 하기 위하여
㉯ 기동 토크를 크게 하기 위하여
㉰ 기동 전류를 줄이기 위하여
㉱ 속도는 줄어지지만 최대 토크를 크게 하기 위하여

• 비례 추이(본문 그림 2-51 참조)

① 2차 회로의 합성 저항($r_2' + R$)을 가변 저항기로 조정할 수 있는 권선형 유도 전동기는 비례 추이의 성질을 이용하여 기동 토크를 크게 한다든지 속도 제어를 할 수도 있다.
② 저항을 2배, 3배…로 할 때, 같은 토크에서 슬립이 2배, 3배…로 됨을 알 수 있다.
③ 비례 추이는 토크, 전류, 역률, 동기 와트, 1차 입력 등에 적용된다.
④ 최대 토크 T_m은 항상 일정하다.

18 동기 발전기의 권선을 분포권으로 하면?

㉮ 난조를 방지한다.
㉯ 파형이 좋아진다.
㉰ 권선의 리액턴스가 커진다.
㉱ 집중권에 비하여 합성 유도 기전력이 높아진다.

• 분포권의 권선 특징(집중권에 비하여)

① 유도 기전력이 감소한다.
② 고조파가 감소하여 파형이 좋아진다.
③ 권선의 누설 리액턴스가 감소한다.
④ 냉각 효과가 좋다.

정답 16. ㉰ 17. ㉱ 18. ㉯

19 3상 발전기의 전기자 권선에 Y결선을 채택하는 이유로 볼 수 없는 것은?

㉮ 상전압이 낮기 때문에 코로나, 열화 등이 적다.

㉯ 권선의 불균형 및 제3고조파 등에 의한 순환 전류가 흐르지 않는다.

㉰ 중성점 접지에 의한 이상 전압 방지의 대책이 쉽다.

㉱ 발전기 출력을 더욱 증대할 수 있다.

• 3상 동기 발전기의 상간 접속을 Y결선으로 하는 이유(㉮, ㉯, ㉰ 이외에)

① △결선에 비하여 절연이 용이하다.

② 선간 전압이 상전압의 $\sqrt{3}$ 배가 된다.

참고 발전기 출력은 동일하다.

20 20극, 360 rpm의 3상 동기 발전기가 있다. 전슬롯수 180, 각 코일의 권수 4, 전기자 권선은 성형이며, 단자 전압이 6600 V인 경우 1극의 자속(Wb)은 얼마인가? (단, 권선 계수는 0.9이다.)

㉮ 0.0375 ㉯ 0.0662 ㉰ 0.3751 ㉱ 0.6621

① 1상의 권수 $N = \dfrac{\text{슬롯수} \times \text{코일권수}}{\text{상(相)수}} = \dfrac{180 \times 4}{3} = 240$

② 주파수 $f = \dfrac{p \cdot n_s}{120} = \dfrac{20 \times 360}{120} = 60$ Hz

③ 단자 전압 $V = \sqrt{3}\,E = \sqrt{3} \times 4.44 \times fNk_w\phi$

$\therefore\ \phi = \dfrac{V}{\sqrt{3} \times 4.44 \times fNk_w} = \dfrac{6600}{\sqrt{3} \times 4.44 \times 60 \times 240 \times 0.9} \fallingdotseq 0.066$ Wb

21 동기 전동기의 위상 특성 곡선에 대하여 옳게 표현한 것은? (단, P : 출력, I_f : 계자 전류, E : 유도 기전력, I_a : 전기자 전류, $\cos\theta$: 역률이다.)

㉮ $P - I_f$ 곡선, I_a 일정 ㉯ $P - I_a$ 곡선, I_f 일정

㉰ $I_f - E$ 곡선, $\cos\theta$ 일정 ㉱ $I_f - I_a$ 곡선, P 일정

• 동기 전동기의 위상 특성 곡선(본문 그림 2-76 참조)

일정 출력(P = 일정)에서 계자 전류(I_f)와 전기자 전류(I_a)의 관계를 나타내는 곡선이다.

22 34극, 60 MVA, 역률 0.8, 60 Hz, 22.9 kV 수차 발전기의 전부하 손실이 1600 kW이면 전부하 효율은 약 몇 %인가?

㉮ 92.4 % ㉯ 94.6 % ㉰ 96.8 % ㉱ 98.2 %

정답 19. ㉱ 20. ㉯ 21. ㉱ 22. ㉰

$$\eta = \frac{P_0 \cos\theta}{P_0 \cos\theta + P_l} = \frac{60 \times 10^3 \times 0.8}{60 \times 10^3 \times 0.8 + 1600} = \frac{48000}{49600} \fallingdotseq 0.968$$

∴ 96.8 %

23 0.6/1 kV 비닐 절연 비닐시스 제어 케이블의 약호로 옳은 것은?

㉮ VCT ㉯ CVV

㉰ NFI ㉱ NRI

해설 • 케이블(1 kV 및 3 kV)의 약호

종 류	약 호
0.6/1 kV 비닐 절연 비닐시스 케이블	VV
0.6/1 kV 비닐 절연 비닐시스 제어 케이블	CVV
0.6/1 kV 비닐 절연 비닐 캡타이어 케이블	VCT
0.6/1 kV 가교 폴리에틸렌 절연 비닐시스 케이블	CV 1

참고 KS C IEC 60502－1

24 셀룰러 덕트 및 부속품은 제 몇 종 접지 공사를 하여야 하는가?

㉮ 제1종 접지 공사 ㉯ 제2종 접지 공사

㉰ 제3종 접지 공사 ㉱ 특별 제3종 접지 공사

• 셀룰러 덕트 배선(내선 규정 2260－6)

셀룰러 덕트 및 부속품은 제3종 접지 공사에 의하여 접지하여야 한다.

25 금속(후강) 전선관 22 mm를 90°로 굽히는 데 소요되는 최소 길이(mm)는 약 얼마이면 되는가?(단, 곡률 반지름 $r \geq 6d$로 한다.)

관의 호칭	안지름 (d)	바깥지름 (D)
22	21.9 mm	26.5 mm

㉮ 145 ㉯ 228

㉰ 245 ㉱ 268

① 굽힘 반지름 : $r = 6d + \frac{D}{2} = 6 \times 21.9 + \frac{26.5}{2} \fallingdotseq 144.7$ mm

② 구부리는 길이 : $L = 2\pi r \times \frac{1}{4} = 2 \times 3.14 \times 144.7 \times \frac{1}{4} \fallingdotseq 227.3$ mm

정답 23. ㉯ 24. ㉰ 25. ㉯

26 저압 옥내간선과의 분기점에서 전선의 길이가 몇 m 이하인 곳에 원칙적으로 개폐기 및 과전류 차단기를 시설하여야 하는가?

㉮ 3 ㉯ 4
㉰ 5 ㉱ 8

• 개폐기 및 과전류 차단기 시설
저압 옥내간선에서 분기하여 전기 기계·기구에 이르는 분기 회로 전선에는 분기점에서 전선의 길이가 3 m 이하인 곳에 개폐기 및 과전류 차단기를 시설하여야 한다.
참고 판단 기준 제176조 [분기 회로의 시설 참조]

27 제1종 접지 공사 및 제2종 접지 공사에 사용하는 접지선을 철주 및 기타의 금속체를 따라서 시설하는 경우에는 접지극을 지중에서 그 금속체로부터 몇 cm 이상 떼어 매설하여야 하는가?(단, 사람이 접촉할 우려가 있는 곳에 시설하는 경우이다.)

㉮ 150 ㉯ 125
㉰ 100 ㉱ 75

• 접지 공사 방법(본문 그림 3-5 참조)
접지선을 철주 기타의 금속체를 따라서 시설하는 경우에는, 접지극을 철주의 밑면으로부터 30 cm 이상의 깊이에 매설하는 경우 이외에는 접지극을 지중에서 그 금속체로부터 1 m 이상 떼어 매설할 것

28 전로의 중성점을 접지하는 목적에 해당되지 않는 것은?

㉮ 보호 장치의 확실한 동작 확보
㉯ 대지 전압의 저하
㉰ 이상 전압의 억제
㉱ 부하 전류의 일부를 대지로 흐르게 함으로써 전선의 절약

• 접지의 목적
기기의 대지 전위 상승 억제, 감전 방지, 기기의 손상 방지, 보호 계전기 등의 동작을 확실하게 하고, 기기 전로의 영전위 확보 및 외부의 유도에 의한 장애를 방지한다.

29 가공 전선로에서 전선의 단위 길이당 중량과 경간이 일정할 때 이도는 어떻게 되는가?

㉮ 전선의 장력에 비례한다. ㉯ 전선의 장력에 반비례한다.
㉰ 전선 장력의 제곱에 비례한다. ㉱ 전선 장력의 제곱에 반비례한다.

정답 26. ㉮ 27. ㉰ 28. ㉱ 29. ㉯

해설 • 전선의 이도 (dip : D)

$D \fallingdotseq \frac{WS^2}{8T}$ [m]

∴ 전선의 장력에 반비례한다.

여기서, W : 전선 1 m의 무게(kg), T : 장력(kg), S : 경간 (m)

참고 전선의 실제 길이 : $L = S + \frac{8D^2}{3S}$ [m]

30 바닥 통풍형, 바닥 밀폐형 또는 두 가지 복합 채널형 구간으로 구성된 조립 금속 구조로 폭이 150 mm 이하이며, 주 케이블 트레이로부터 말단까지 연결되어 단일 케이블을 설치하는 데 사용하는 케이블 트레이는?

가 사다리형 나 트로프형

다 일체형 라 통풍 채널형

 • 금속제 케이블 트레이의 종류 (내선 규정 2289-1 참조)

① 통풍 채널형 : 바닥 통풍형, 바닥 밀폐형 또는 두 가지 복합 채널형 구간으로 구성된 조립 금속 구조

② 사다리형 : 길이 방향의 양 옆면 레일을 각각의 가로 방향 부재로 연결한 조립 금속 구조

③ 바닥 밀폐형 : 일체식 또는 분리식 직선 방향 옆면 레일에서 바닥에 통풍구가 없는 조립 금속 구조

④ 바닥 통풍형 : 일체식 또는 분리식 직선 방향 옆면 레일에서 바닥에 통풍구가 있는 조립 금속 구조

31 주상 변압기를 설치할 때 작업이 간단하고 장주하는 데 재료가 덜 들어서 좋으나 전주 윗부분에는 무게가 가하여지므로 보통 20~30 kVA 정도의 변압기에 널리 쓰이는 방법은?

가 변압기 거치법 나 행어 밴드법

다 변압기 탑법 라 앵글 지지법

해설 • 행어 밴드(hanger band) : 본문 그림 3-8 참조

32 주택, 기숙사, 여관, 호텔, 병원, 창고 등의 옥내 배선 설계에 있어서 간선의 굵기를 선정할 때 전등 및 소형 전기 기계 기구의 용량 합계가 10 kVA를 초과하는 것은 그 초과량에 대하여 수용률을 몇 %로 적용할 수 있도록 규정하고 있는가?

가 30 나 50 다 70 라 100

정답 30. 라 31. 나 32. 나

 • 간선의 전선 굵기(내선 규정 3315－8 참조)

전등 및 소형 전기 기계 기구의 용량 합계가 10 kVA를 초과하는 것은 그 초과 용량에 대하여 다음 표의 수용률을 적용할 수 있다.

건축물의 종류	수용률 (%)
주택, 기숙사, 여관, 호텔, 병원, 창고	50
학교, 사무실, 은행	70

33 송배전 계통에 사용되는 보호 계전기의 반한시 특성이란?

㉮ 동작 전류가 커질수록 동작 시간이 길어진다.

㉯ 동작 전류가 작을수록 동작 시간이 짧다.

㉰ 동작 전류에 관계없이 동작 시간은 일정하다.

㉱ 동작 전류가 커질수록 동작 시간은 짧아진다.

 • 보호 계전기(동작 시간에 의한 분류)

① 순시성 계전기 : set 된 최소 동작 전류 이상의 전류가 흐르면 즉시 동작하는 고속도 계전기이다.

② 정한시 계전기 : set 된 값 이상의 전류가 흘렀을 때 동작 전류의 크기와는 관계없이 항상 정해진 일정한 시간에 동작하는 계전기

③ 반한시 계전기 : 전류값이 커질수록 동작 시간은 짧아진다.

④ 반한시성 정한시 계전기 : ②, ③번의 특성을 조합한 것으로서 어느 전류값까지는 반한시성이지만 그 이상이 되면 정한시로 되는 계전기

34 다음 전력 계통의 기기 중 절연 레벨이 가장 낮은 것은?

㉮ 피뢰기　　㉯ 애자

㉰ 변압기 부싱　　㉱ 변압기 권선

 • 절연 협조(coordination of insulation)

절연 레벨이 낮은 순서

① 피뢰기　　② 애자

③ 변압기 부싱　　④ 변압기 권선

35 진상용 고압 콘덴서에 방전 코일이 필요한 이유는?

㉮ 역률 개선　　㉯ 전압 강하의 감소

㉰ 잔류 전하의 방전　　㉱ 낙뢰로부터 기기 보호

정답 33. ㉱ 34. ㉮ 35. ㉰

• 고압 진상용 콘덴서의 부속 설비 – 방전 장치 회로

① 방전 장치 회로에는 방전 코일 또는 방전 저항이 사용된다.

② 콘덴서에 축적된 잔류 전하를 방전하여 감전 사고를 방지한다.

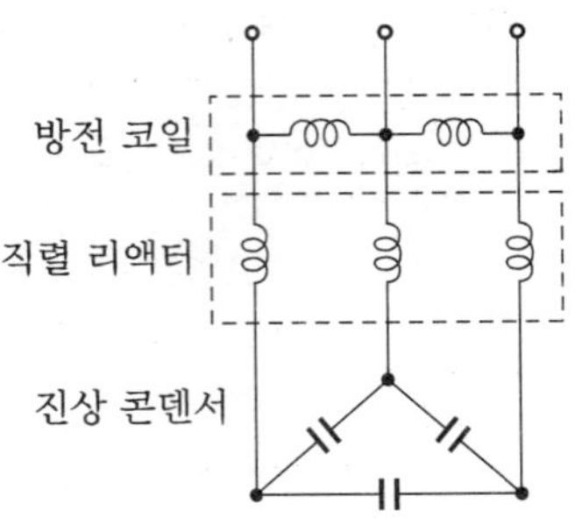

고압 진상용 콘덴서의 구성

36 2개의 단상 변압기(200/6000 V)를 그림과 같이 연결하여 최대 사용 전압 6600 V의 고압 전동기의 권선과 대지 사이의 절연 내력 시험을 하는 경우 입력 전압 V_i과 시험 전압 E은 각각 얼마로 하면 되는가?

㉮ $V_i = 137.5$ V, $E = 8250$ V

㉯ $V_i = 165$ V, $E = 9900$ V

㉰ $V_i = 200$ V, $E = 12000$ V

㉱ $V_i = 220$ V, $E = 13200$ V

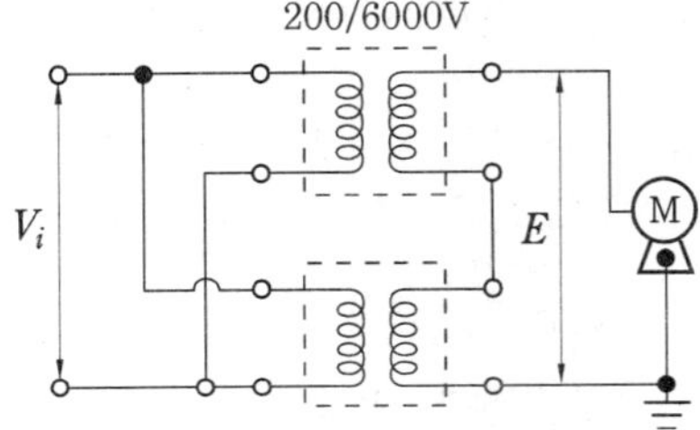

• 회전기의 절연 내력 시험(판단기준 제14조 참조)

① 최대 사용 전압이 7000 V 이하인 경우에는 최대 사용 전압 1.5배의 전압으로 시험한다 (단, 500 V 미만으로 되는 경우에는 500 V로 한다).

∴ 시험 전압 $E = 1.5 \times 6600 = 9900$ V

② 시험 전압 $E = 9900$ V를 얻기 위한 단상 변압기의 입력 전압 V_i

$$V_i = aE \times \frac{1}{2} = \frac{200}{6000} \times 9900 \times \frac{1}{2} = 165 \text{ V}$$

37 동일 정격의 다이오드를 병렬로 연결하여 사용하면?

㉮ 역전압을 크게 할 수 있다.

㉯ 순방향 전류를 증가시킬 수 있다.

㉰ 절연 효과를 향상시킬 수 있다.

㉱ 필터 회로가 불필요하게 된다.

동일 정격의 다이오드를 병렬로 연결하여 사용하면 그 연결 배수만큼 순방향 전류를 증가시킬 수 있다.

정답 36. ㉯ 37. ㉯

38 **사이리스터의 턴 오프에 관한 설명이다. 가장 적합한 것은?**

[가] 사이리스터가 순방향 도전 상태에서 역방향 저지 상태로 되는 것
[나] 사이리스터가 순방향 도전 상태에서 순방향 저지 상태로 되는 것
[다] 사이리스터가 순방향 저지 상태에서 역방향 도전 상태로 되는 것
[라] 사이리스터가 순방향 저지 상태에서 순방향 도전 상태로 되는 것

• 사이리스터 (thyristor)의 턴 오프 (turn off)와 턴 온 (turn on)
사이리스터가 순방향 도전 상태에서 역방향 저지 상태로 되는 것을 턴 오프라 하고, 반대 방향으로 상태가 전환하는 것을 턴 온이라 한다.

39 **그림의 파형이 나타날 수 있는 소자는? (단, v_s는 입력 전압, i_G는 게이트 전류, v_0는 출력 전압이다.)**

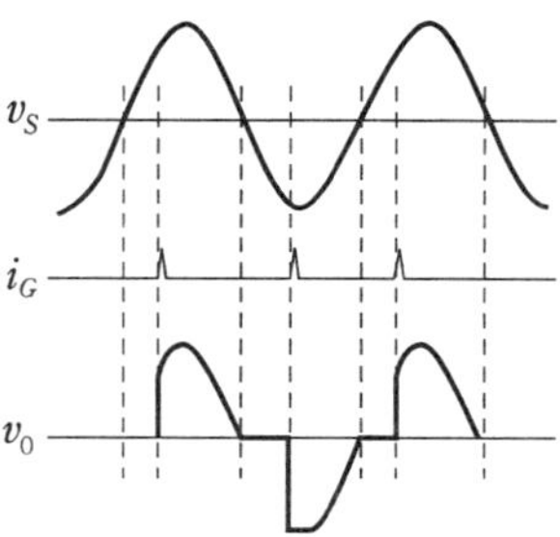

[가] GTO [나] SCR [다] DIODE [라] TRIAC

• 트라이액 (TRIAC)의 특성
① 교류 제어가 가능한 쌍방향성 3단자 사이리스터 (thyristor)이다.
② 게이트에 의한 턴 온 (turn－on) 기능을 가지며, 대칭형 스위치 기능을 갖는다.

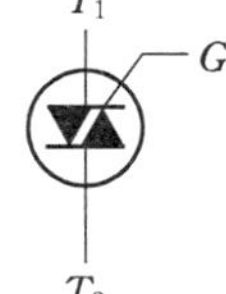

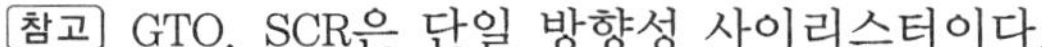

[참고] GTO, SCR은 단일 방향성 사이리스터이다.

40 **인버터의 스위칭 소자와 역병렬 접속된 다이오드에 관한 설명으로 옳은 것은?**

[가] 스위칭 소자에 걸리는 전압을 정류하기 위한 것이다.
[나] 부하에서 전원으로 에너지가 회생될 때 경로가 된다.
[다] 스위칭 소자에 걸리는 전압 스트레스를 줄이기 위한 것이다.
[라] 스위칭 소자의 역방향 누설 전류를 흐르게 하기 위한 경로이다.

스위칭 소자에 역병렬로 접속되어 있는 다이오드 (diode)는 유도성 부하 시 부하로부터 전원으로 에너지가 회생되는 환류 다이오드로 동작하며, 귀환 (feedback) 다이오드라고 한다.

정답 38. [가] 39. [라] 40. [나]

41 직류를 교류로 변환하는 장치이며, 상용 전원으로부터 공급된 전력을 입력받아 자체 내에서 전압과 주파수를 가변시켜 전동기에 공급함으로써 전동기 속도를 고효율로 용이하게 제어하는 장치를 무엇이라 하는가?

㉮ 컨버터 ㉯ 인버터
㉰ 초퍼 ㉱ 변압기

① 인버터 (inverter) : 전력용 반도체 소자를 이용하여 직류를 교류로 변환하는 장치
② 컨버터(converter) : 교류 전력을 직류 전력으로 변환하는 장치

42 특정 전압 이상이 되면 ON 되는 반도체인 배리스터의 주된 용도는?

㉮ 온도 보상 ㉯ 전압의 증폭
㉰ 출력 전류의 조절 ㉱ 서지 전압에 대한 회로 보호

• 배리스터(varistor)
① 비직선적인 전압－전류 특성을 가진 2단자 반도체 소자
② 이상 전압에 대한 회로 보호용으로, 즉 서지 전압을 흡수하기 위해 피뢰기 등에 사용된다.

참고 배리스터(varistor) : 가변 저항체(variable resistor)의 줄임말로서, 소자에 가해지는 전압이 증가함에 따라 저항이 감소하는 반도체이다.

43 단상 반파 위상 제어 정류 회로에서 220 V, 60 Hz의 정현파 단상 교류 전압을 점호각 60°로 반파 정류하고자 한다. 순저항 부하 시 평균 전압은 약 몇 V인가?

㉮ 74 ㉯ 84
㉰ 92 ㉱ 110

$$E_d = \frac{\sqrt{2}}{2\pi}E(1+\cos\alpha) = \frac{\sqrt{2}}{2\pi}\times 220(1+\cos 60°)$$

$$= 49.5\left(1+\frac{1}{2}\right) \fallingdotseq 74\text{ V}$$

44 2진수 $(1111101011111010)_2$를 16진수로 변환한 값은?

㉮ $(FAFA)_{16}$ ㉯ $(EAEA)_{16}$
㉰ $(FBFB)_{16}$ ㉱ $(AFAF)_{16}$

• 2진→16진(본문 표 5－2 참조)

1111 1010 1111 1010
F A F A

정답 41. ㉯ 42. ㉱ 43. ㉮ 44. ㉮

45 논리 회로가 뜻하는 논리 게이트의 명칭은?

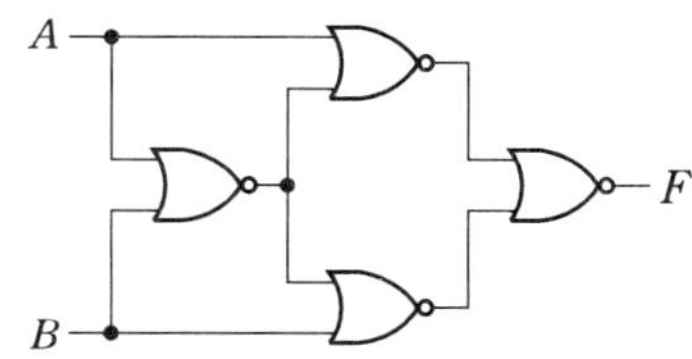

㉮ EX－NOR ㉯ EX－OR ㉰ INHIBIT ㉱ OR

$F=\overline{\overline{A+\overline{A+B}}+\overline{B+\overline{A+B}}}=\overline{\overline{A+\overline{A+B}}}\cdot\overline{\overline{B+\overline{A+B}}}$

$=(A+\overline{A+B})\cdot(B+\overline{A+B})=(A+\overline{A}\,\overline{B})\cdot(B+\overline{A}\,\overline{B})$

$=\overline{A}\,\overline{B}+AB=\overline{A\oplus B}=A\odot B$

참고 본문 표 5－7 참조

46 전가산기의 입력 변수가 x, y, z이고, 출력 함수가 S, C일 때 출력의 논리식으로 옳은 것은?

㉮ $S=(x\oplus y)\oplus z$, $C=xyz$ ㉯ $S=(x\oplus y)\oplus z$, $C=\overline{x}y+\overline{x}z+yz$

㉰ $S=(x\oplus y)\oplus z$, $C=(x\oplus y)z$ ㉱ $S=(x\oplus y)\oplus z$, $C=xy+(x\oplus y)z$

• 전가산기(본문 그림 5－4, 표 5－11 참조)

47 진리표와 같은 입력 조합으로 출력이 결정되는 회로는?

입 력		출 력			
A	B	X_0	X_1	X_2	X_3
0	0	1	0	0	0
0	1	0	1	0	0
1	0	0	0	1	0
1	1	0	0	0	1

㉮ 멀티플렉서 ㉯ 인코더 ㉰ 디코더 ㉱ 카운터

• 디코더(decoder) : 본문 그림 5－7 참조

① 디코더는 2진수를 10진수로 변환하는 조합 논리 회로로서, n비트의 2진수를 입력하여 최대 2^n개의 출력 신호를 만들며, $n\times m$ 디코더란 입력이 n개이고 출력이 m개임을 의미한다.

② 출력 중 단지 한 개만이 논리적으로 1이 되고 나머지 출력은 모두 0으로 만드는 회로이다.

∴ 디코더(2×4)

정답 45. ㉮ 46. ㉱ 47. ㉰

48 오른쪽 회로의 명칭은?

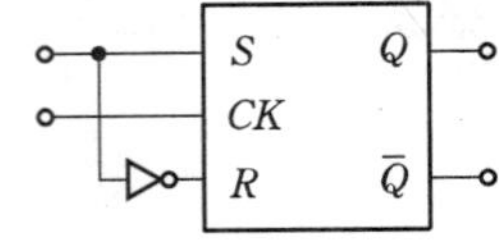

㉮ D 플립플롭 ㉯ T 플립플롭
㉰ J-K 플립플롭 ㉱ R-S 플립플롭

• D 플립플롭 (본문 그림 5-20 참조)
클록형 RS F/F를 변형시킨 것으로 NOT 게이트를 추가한 회로이다.

49 동기형 RS 플립플롭을 이용한 동기형 $J-K$ 플립플롭에서 동작이 어떻게 개선되었는가?

㉮ $J=1$, $K=1$, $C_P=0$일 때 Q_n
㉯ $J=0$, $K=0$, $C_P=1$일 때 Q_n
㉰ $J=1$, $K=1$, $C_P=1$일 때 $\overline{Q_n}$
㉱ $J=0$, $K=0$, $C_P=0$일 때 Q_n

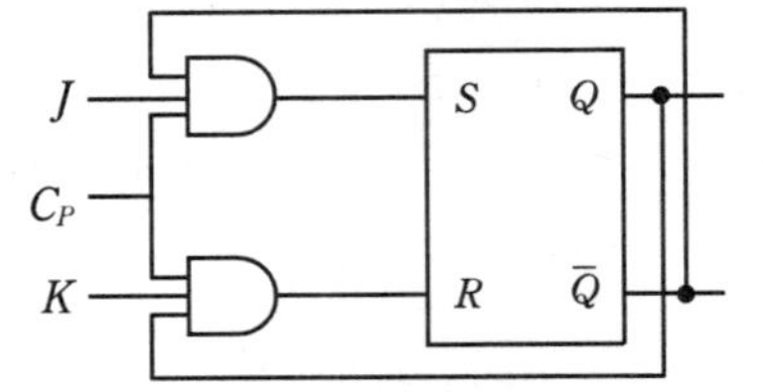

• 동기형 J-K 플립플롭의 진리표

C_P	J	K	Q_{n+1}
0	×	×	Q_n
1	0	0	Q_n
1	0	1	0
1	1	0	1
1	1	1	$\overline{Q_n}$ (토글)

50 2진 데이터를 저장하기 위해 사용되는 일종의 메모리는?

㉮ 데이터버스 ㉯ 타이머 ㉰ 카운터 ㉱ 레지스터

• 레지스터 (register)
① 극히 소량의 데이터나 처리 중인 중간 결과를 일시적으로 기억해 두는 고속의 전용 영역을 레지스터라고 한다.
② 한 단어 또는 여러 단어, 때로는 수의 자릿수의 정보를 기억하는 장치이며 특정 목적에 사용되고, 수시로 그 내용을 이용할 수 있도록 되어 있다.

51 컴퓨터의 중앙 처리 장치에서 연산의 결과나 중간값을 일시적으로 저장해 두는 레지스터는?

㉮ 메모리 주소 레지스터 ㉯ 누산기
㉰ 상태 레지스터 ㉱ 인덱스 레지스터

정답 48. ㉮ 49. ㉰ 50. ㉱ 51. ㉯

 • 누산기 (accumulator, 累算器)

컴퓨터의 중앙 처리 장치에서 더하기, 빼기, 곱하기, 나누기 등의 연산을 한 결과 등을 일시적으로 저장해 두는 레지스터 (register)를 누산기라고 한다.

52 CPU가 어떤 작업을 하던 중에 외부로부터의 요구가 있으면 그 작업을 잠시 중단하고 요구된 일을 처리한 후에 다시 원래의 작업으로 되돌아오는 기능은?

㉮ DMA (direct memory access) ㉯ Subroutine

㉰ Interrupt ㉱ Time sharing

 • 인터럽트 (Interrupt)

인터럽트 동작은 ① 인터럽트 요구 → ② 인터럽트 응답 → ③ 인터럽트 처리 순이며, 동작 완료한 후에는 다시 복귀하여 프로그램의 동작을 수행하게 된다.

53 마이크로프로세서 중 16비트 (bit)의 시스템이 아닌 것은?

㉮ 인텔 8086 ㉯ 모토롤라 68000

㉰ 자이로그 Z8000 ㉱ 인텔 8085

 • 16 비트 (bit)의 시스템

① Intel : 8086 ② Motorola : MC 68000

③ Zilog : Z8000

[참고] 32 비트 (bit)의 시스템

① NS : NS 32032 ② Intel : 80386

③ Motorola : MC 68020 ④ Zilog : Z80000

54 일정 시간이 지나면 기억된 내용이 지워지기 때문에 소생(refresh)이 필요한 메모리 소자는?

㉮ ROM ㉯ SRAM ㉰ DRAM ㉱ PROM

 • RAM (random access memory)

① 기억된 정보를 읽어내기도 하고 다른 정보를 기억시킬 수 있는 메모리이다.

② 전원이 끊어지면 휘발유처럼 기록된 정보도 날아가기 때문에 휘발성(소멸성) 메모리 (volatile memory)라고 한다.

(가) D-RAM (dynamic RAM) : 어느 정도의 시간이 경과하면 기억된 정보가 지워지는 것

(나) S-RAM(static RAM) : 메모리의 각 비트의 기억이 전원이 있는 한 유지되는 것

• ROM(read only memory) : 읽기 전용 기억 장치

① 컴퓨터에 미리 장착되어 있는 메모리로 읽을 수는 있지만 변경을 가할 수는 없다.

② ROM은 다시 쓰고 지울 수 있는 방식에 따라 mask ROM, PROM, EPROM, EEPROM으로 발전하였다.

정답 52. ㉰ 53. ㉱ 54. ㉰

55 품질 특성을 나타내는 데이터 중 계수치 데이터에 속하는 것은?

㉮ 무게 ㉯ 길이 ㉰ 인장강도 ㉱ 부적합품률

 • 품질 특성을 나타내는 데이터의 분류

① 계수값 데이터

(가) 불연속적으로 변화하는 양

(나) 불량 개수, 부적합품의 수, 일정 면적당 흠의 수 등

② 계량값 데이터

(가) 연속적으로 변화하는 양

(나) 길이, 무게, 순도, 강도, 습도, 전압, 신장률 등

56 관리도에서 측정한 값을 차례로 타점했을 때 점이 순차적으로 상승하거나 하강하는 것을 무엇이라 하는가?

㉮ 런(run) ㉯ 주기(cycle)

㉰ 경향(trend) ㉱ 산포(dispersion)

 • 관리도-점의 배열 현상

① 산포(dispersion)

(가) 측정값의 크기가 고르지 않은 것을 말한다.

(나) 측정값의 고르지 않은 정도나 산포도(散布度)의 크기를 나타내는 데는 표준 편차가 사용된다.

② 주기(period)-사이클(cycle)

(가) 일정한 시간 간격을 두고 현상이 반복되는 것을 주기적이라고 한다.

(나) 사이클은 계속해서 반복되는 일련의 과정을 말한다.

③ 경향(tendency) : 측정값이 순차적으로 상승하거나 하강하는 현상

④ 런(run) : 측정값이 관리 한계 내에서 중심선 한쪽에 연속해서 나타나는 배열 현상

57 200개 들이 상자가 15개 있을 때 각 상자로부터 제품을 랜덤하게 10개씩 샘플링할 경우, 이러한 샘플링 방법을 무엇이라 하는가?

㉮ 층별 샘플링 ㉯ 계통 샘플링 ㉰ 취락 샘플링 ㉱ 2단계 샘플링

 • 층별 샘플링(stratified sampling)

로트(lot)나 공정을 몇 개의 층으로 나누어 각 층으로부터 임의로, 즉 랜덤(random)하게 시료를 취하는 방법

참고 랜덤(random)

① 정보, 항목 등이 아무런 법칙도 없이 불규칙하게 늘어서 있는 것을 말한다.

② 일정한 법칙이나 규칙 또는 버릇이 붙어 있지 않는, 또는 사람의 의사(意思)가 개입하지 않은 무작위(無作爲)한 것을 말한다.

정답 55. ㉱ 56. ㉰ 57. ㉮

58 어떤 공장에서 작업을 하는 데 있어서 소요되는 기간과 비용이 다음 표와 같을 때 비용 구배는? (단, 활동 시간의 단위는 일(日)로 계산한다.)

정상 작업		특급 작업	
기간	비용	기간	비용
15일	150만원	10일	200만원

㉮ 50,000원　　㉯ 100,000원
㉰ 200,000원　　㉱ 500,000원

• 비용 구배(cos slope)

$$\text{비용 구배}=\frac{\text{특급 비용}-\text{정상 비용}}{\text{정상 시간}-\text{특급 시간}}$$
$$=\frac{2,000,000-1,500,000}{15-10}=100,000\text{ 원/일}$$

59 모든 작업을 기본 동작으로 분해하고, 각 기본 동작에 대하여 성질과 조건에 따라 미리 정해 놓은 시간치를 적용하여 정미시간을 산정하는 방법은?

㉮ PTS법　　㉯ work sampling법
㉰ 스톱워치법　　㉱ 실적자료법

• PTS법 : 모든 작업의 구성을 기본 동작으로 분해하여 그 동작의 성질과 조건에 따라 미리 정해진 시간치를 적용하는 방법이다.

참고 WS(work simplification) : 작업을 단순화하려는 연구
시간 동작 연구의 일부로, 작업이나 시스템의 각 부분에서 모든 낭비를 없애기 위하여 분석하는 수법이다. 이것은 배제(排除)·결합·재편(再編)·단순화의 여러 원리를 작업이나 시스템의 합리화에 적용해 가는 것이다.

60 생산 보전(PM ; productive maintenance)의 내용에 속하지 않는 것은?

㉮ 보전 예방　　㉯ 안전 보전
㉰ 예방 보전　　㉱ 개량 보전

• 생산 보전 : 설비의 일생(life cycle)을 통한 1. 설비 자체의 비용 2.설비 보전 비용 3. 설비 열화 손실 비용의 합계를 최소화하여, 생산성 향상을 이룩하는 것을 기본 개념으로 하고 있다.

① 보전 예방(MP)　　② 예방 보전(PM)
③ 개량 보전(CM)　　④ 사후 보전(BM)

정답 58. ㉯　59. ㉮　60. ㉯

58 어떤 공장에서 작업을 하는 데 있어서 소요되는 기간과 비용이 다음 표와 같을 때 비용 구배는? (단, 활동 시간의 단위는 일(日)로 계산한다.)

정상 작업		특급 작업	
기간	비용	기간	비용
15일	150만원	10일	200만원

㉮ 50,000원　　㉯ 100,000원
㉰ 200,000원　　㉱ 500,000원

 • 비용 구배(cos slope)

$$비용\ 구배 = \frac{특급\ 비용 - 정상\ 비용}{정상\ 시간 - 특급\ 시간}$$
$$= \frac{2,000,000 - 1,500,000}{15 - 10} = 100,000\ 원/일$$

59 모든 작업을 기본 동작으로 분해하고, 각 기본 동작에 대하여 성질과 조건에 따라 미리 정해 놓은 시간치를 적용하여 정미시간을 산정하는 방법은?

㉮ PTS법　　㉯ work sampling법
㉰ 스톱워치법　　㉱ 실적자료법

 • PTS법 : 모든 작업의 구성을 기본 동작으로 분해하여 그 동작의 성질과 조건에 따라 미리 정해진 시간치를 적용하는 방법이다.

참고 WS (work simplification) : 작업을 단순화하려는 연구
시간 동작 연구의 일부로, 작업이나 시스템의 각 부분에서 모든 낭비를 없애기 위하여 분석하는 수법이다. 이것은 배제(排除)·결합·재편(再編)·단순화의 여러 원리를 작업이나 시스템의 합리화에 적용해 가는 것이다.

60 생산 보전(PM ; productive maintenance)의 내용에 속하지 않는 것은?

㉮ 보전 예방　　㉯ 안전 보전
㉰ 예방 보전　　㉱ 개량 보전

 • 생산 보전 : 설비의 일생(life cycle)을 통한 1. 설비 자체의 비용 2. 설비 보전 비용 3. 설비 열화 손실 비용의 합계를 최소화하여, 생산성 향상을 이룩하는 것을 기본 개념으로 하고 있다.

① 보전 예방(MP)　　② 예방 보전(PM)
③ 개량 보전(CM)　　④ 사후 보전(BM)

정답 58. ㉯ 59. ㉮ 60. ㉯

41 직류를 교류로 변환하는 장치이며, 상용 전원으로부터 공급된 전력을 입력받아 자체 내에서 전압과 주파수를 가변시켜 전동기에 공급함으로써 전동기 속도를 고효율로 용이하게 제어하는 장치를 무엇이라 하는가?

㉮ 컨버터 ㉯ 인버터
㉰ 초퍼 ㉱ 변압기

해설 [illegible] 직류를 교류로 변환하는 장치
[illegible] 교류를 직류 전력으로 변환하는 장치 [illegible]

42 특정 전압 이상이 되면 ON되는 반도체인 배리스터의 주된 용도는?

㉮ 온도 보상 ㉯ 전압의 증폭
㉰ 출력 전류의 조절 ㉱ 서지 전압에 대한 회로 보호

해설 • 배리스터(varistor)
[illegible]
[illegible] 서지 전압을 흡수하기 위해 [illegible] 사용된다.
[illegible]

43 단상 반파 위상 제어 정류 회로에서 220 V, 60 Hz의 정현파 단상 교류 전압을 점호각 60°로 반파 정류하고자 한다. 순저항 부하 시 평균 전압은 약 몇 V인가?

㉮ 74 ㉯ 84
㉰ 92 ㉱ 110

해설 [illegible]

44 2진수 [illegible]를 16진수로 변환한 값은?

㉮ [illegible] ㉯ [illegible]
㉰ [illegible] ㉱ [illegible]

해설 [illegible]

정답 41. [illegible] 42. [illegible] 43. [illegible] 44. [illegible]

전기기능장 필기

2014년 1월 10일 1판1쇄
2015년 5월 10일 1판2쇄(개정)

저 자 : 김평식 · 김찬혁 · 박왕서 · 김학동
펴낸이 : 이정일

펴낸곳 : 도서출판 **일진사**
www.iljinsa.com
140-896 서울시 용산구 효창원로 64길 6
전화 : 704-1616 / 팩스 : 715-3536
등록 : 제1979-000009호 (1979.4.2)

값 30,000 원

ISBN : 978-89-429-1375-6